실용전자회로

서강수 · 이동원 공저

도서
출판 상 학 당

머리말

오늘날 전자공학은 그 발전 속도가 매우 빠르며, 그 기술의 영향은 거의 대부분의 산업분야에 파급되어 관련 산업분야를 더욱 정밀하게 고도화시키고 있으므로 전자, 전기공학도뿐만 아니라 기계 관련 분야의 전공자도 그 기초적 바탕을 요구하고 있는 추세이다.

전자공학은 그 범위가 매우 방대하나 대부분의 전자관련 시스템들은 다양한 기본 전자회로들의 조합으로 구성되어 있으므로 이들을 쉽게 이해하고 빨리 접근할 수 있는 가장 효율적인 방법은 전자회로를 이해하는 것이다.

이 책은 이러한 추세에 부응하기 위해 난해한 이론적 전개과정을 거치지 않고서도 쉽게 필요한 결과를 도출하고, 이해할 수 있도록 서술하려고 노력하였고, 가능한 한 많은 분야를 포함하면서도 유사항목은 통합 압축하여 간략화시켰으며, 그림과 예제를 많이 삽입하여 보다 쉽게 이해할 수 있도록 하였다.

이 책은 총 15장으로 구성되어 있는데, 각 장의 전반부는 중요한 토픽과 내용들이 간략한 설명이 되어 있어 이 책이 설명하고자 하는 개요가 무엇인지를 알게 되고 책의 내용을 더 쉽게 이해할 수 있도록 기술하였으며, 간단명료한 해설로 문장을 읽는 데 지루하지 않도록 배려했고, 다음 단계의 학습을 위해서 다시 한 번 반복해서 생각할 수 있도록 배려하였다.

또한, 각 장에는 중요한 주제에 대한 연습문제에 대한 단계적인 해를 구할 수 있도록 배려했고, 순간적인 순발력을 개발할 수 있는 새로운 문제와 상황을 부여하였으며, 예제문제 역시 흥미 있는 것들을 발췌해서 학생들이 쉽게 이해할 수 있도록 하였다.

이 책에는 각 장마다 10여 개 이상의 질문이 포함되어 있는데 이런 질문들이 갖는 공통점은 기술자로서 이해하고 있어야 하는 고장진단에 관한 내용들이다.

끝으로 이 책 내용 가운데에는 무리한 풀이가 없지 않을 것이나, 동학 선배 및 동료 여러분의 많은 지적과 편달을 바라며, 짧은 기간임에도 불구하고 이 책의 출판을 위하여 정성을 다해 주신 상학당 관계자 여러분께 감사드리고, 전자회로의 기초기술을 필요로 하는 공학도 및 현장 기술자들에게 미력하나마 도움이 되기를 간절히 바라는 바이다.

2012. 1월

저자 씀

차 례

01 반도체 및 다이오드 이론 / 11

1-1 원자구조 12
1-2 반도체 물질 17
1-3 반도체 물질의 도핑 20
1-4 PN 접합 23
1-5 PN 접합 바이어스 25
1-6 PN 접합형 다이오드 28
1-7 PN 접합형 다이오드 특성곡선 29
1-8 다이오드 모델 31
1-9 제너 다이오드 38
1-10 제너 조정기 46
1-11 발광 다이오드 52
▮ 기초문제 57
▮ 응용문제 60
▮ 연습문제 60

02 다이오드 응용회로 / 65

2-1 직류전원 공급장치의 블록 다이어그램 66
2-2 변 압 기 67
2-3 정 류 기 69
2-4 필터(여파기) 79
2-5 전압조정기 84
2-6 전압체배기 회로 89
2-7 다이오드 클리퍼 회로와 클램핑 회로 98
▮ 기초문제 106
▮ 응용문제 108
▮ 연습문제 108

03 쌍극성 트랜지스터(BJT) / 115

3-1 쌍극성 트랜지스터의 구조 및 동작 특성 116
3-2 직류 부하선 127

3-3 쌍극성 트랜지스터 회로의 구조와 특성 ······ 130
3-4 트랜지스터의 on/off 스위칭 동작 ······ 136
3-5 트랜지스터 전류원 ······ 137
3-6 트랜지스터의 응용 ······ 141
▮ 기초문제 ······ 146
▮ 응용문제 ······ 148
▮ 연습문제 ······ 148

04 쌍극성 트랜지스터 바이어스 / 153

4-1 베이스 바이어스 회로 ······ 155
4-2 이미터 바이어스 회로 ······ 157
4-3 전압분배기 바이어스 회로 ······ 159
4-4 기타 바이어스 회로 ······ 164
▮ 기초문제 ······ 174
▮ 응용문제 ······ 176
▮ 연습문제 ······ 177

05 쌍극성 트랜지스터 증폭기 / 181

5-1 결합용 및 측로용 커패시터 ······ 182
5-2 증폭기에서의 중첩의 원리 ······ 187
5-3 이미터 다이오드의 교류저항 ······ 188
5-4 이미터 접지 증폭기 ······ 191
5-5 공통 이미터 증폭단의 교류 모델 ······ 195
5-6 스왐핑된 증폭기 ······ 199
5-7 공통 컬렉터 증폭기 ······ 204
5-8 이미터 폴로어의 교류 모델 ······ 208
5-9 공통 베이스 증폭기 ······ 213
▮ 기초문제 ······ 217
▮ 응용문제 ······ 219
▮ 연습문제 ······ 219

06 전력증폭기 / 225

6-1 서 론 ······ 226
6-2 공통 이미터 증폭기의 최대 전압 스윙 ······ 229
6-3 이미터 폴로워 최대 전압 스윙 ······ 237
6-4 A급 증폭기의 전력 고찰 ······ 239
6-5 변압기 결합 ······ 244
6-6 B급 증폭기 ······ 250

6-7 바이어스 된 푸시풀 증폭기 ······ 258
6-8 C급 증폭기 ······ 264
6-9 C급 증폭기의 관계식 ······ 270
▮ 기초문제 ······ 272
▮ 응용문제 ······ 274
▮ 연습문제 ······ 274

07 특수한 트랜지스터 회로 / 281

7-1 달링턴 쌍 ······ 282
7-2 달링턴 쌍 공통 이미터 증폭기 ······ 284
7-3 캐스코드 증폭기 ······ 289
7-4 캐스코드 증폭기의 교류해석 ······ 293
7-5 전류 버퍼로 사용되는 이미터 폴로워 ······ 296
7-6 제너 전압조정기와 전류 버퍼 ······ 299
7-7 완충증폭기 ······ 302
▮ 기초문제 ······ 308
▮ 응용문제 ······ 309
▮ 연습문제 ······ 310

08 접합형 전계효과 트랜지스터 / 315

8-1 접합형 전계효과 트랜지스터의 구조 및 동작 ······ 316
8-2 JFET의 바이어스 ······ 322
8-3 전달 컨덕턴스 ······ 331
8-4 공통 소스, 공통 드레인, 공통 게이트 증폭기 ······ 333
8-5 JFET의 응용분야 ······ 336
8-6 MOSFET ······ 339
8-7 증가형 MOSFET ······ 343
8-8 MOSFET의 취급과 검사 ······ 349
▮ 기초문제 ······ 352
▮ 응용문제 ······ 354
▮ 연습문제 ······ 355

09 H 파라미터 / 363

9-1 4가지 파라미터 시스템 ······ 364
9-2 H 파라미터의 의미 ······ 366
9-3 해석공식 ······ 369
9-4 공통 이미터 회로 해석 ······ 373
9-5 공통 컬렉터 증폭기 해석 ······ 377

9-6 공통 베이스 증폭기 해석 ······ 379
▮ 기초문제 ······ 381
▮ 응용문제 ······ 382
▮ 연습문제 ······ 383

10 선형 연산증폭기 회로 / 385

10-1 비반전증폭기와 반전증폭기 ······ 386
10-2 가산증폭기 ······ 388
10-3 차동증폭기 ······ 397
10-4 미분과 적분 ······ 401
10-5 개선된 전압조정기 ······ 407
▮ 기초문제 ······ 410
▮ 응용문제 ······ 411
▮ 연습문제 ······ 412

11 비선형 연산증폭기 회로 / 419

11-1 정 류 기 ······ 420
11-2 리 미 터 ······ 428
11-3 0점 교차검출기 ······ 431
11-4 비교기(레벨 검출기) ······ 434
11-5 슈미트 트리거 ······ 438
▮ 기초문제 ······ 444
▮ 응용문제 ······ 445
▮ 연습문제 ······ 445

12 능동 필터 / 453

12-1 저역통과 필터(LPF) ······ 455
12-2 저역통과 능동 필터 ······ 458
12-3 고역통과 능동 필터 ······ 463
12-4 대역통과 능동 필터 ······ 467
12-5 고차 필터 ······ 473
12-6 능동 필터의 고장진단 ······ 474
▮ 기초문제 ······ 479
▮ 응용문제 ······ 480
▮ 연습문제 ······ 481

13 발진기 회로 / 487

13-1 LC발진기 회로 ······ 488

13-2 수정발진기 회로 ········· 497
13-3 RC발진기 회로 ········· 503
13-4 555 타이머 ········· 507
▌기초문제 ········· 517
▌응용문제 ········· 518
▌연습문제 ········· 518

14 다이리스터 / 525

14-1 이상적인 래치 ········· 526
14-2 4층 다이오드 ········· 529
14-3 실리콘 제어 정류기(SCR) ········· 532
14-4 SCR의 변형 ········· 536
14-5 쌍방향 다이리스터 ········· 538
14-6 단접합 트랜지스터 ········· 540
14-7 다이리스터의 응용분야 ········· 543
▌기초문제 ········· 547
▌응용문제 ········· 550
▌연습문제 ········· 550

15 조정된 전력공급 / 553

15-1 전압 레귤레이터 회로 ········· 554
15-2 3단자 IC조정기 ········· 559
15-3 함수발생기 회로 ········· 565
15-4 PLL 회로 ········· 567
▌기초문제 ········· 571
▌응용문제 ········· 573
▌연습문제 ········· 573

• 찾아보기 • 578

제 1 장

반도체 및 다이오드 이론

- ❑ 1-1 원자구조 / 12
- ❑ 1-2 반도체 물질 / 17
- ❑ 1-3 반도체 물질의 도핑 / 20
- ❑ 1-4 PN 접합 / 23
- ❑ 1-5 PN 접합 바이어스 / 25
- ❑ 1-6 PN 접합형 다이오드 / 28
- ❑ 1-7 PN 접합형 다이오드 특성곡선 / 29
- ❑ 1-8 다이오드 모델 / 31
- ❑ 1-9 제너 다이오드 / 38
- ❑ 1-10 제너 조정기 / 46
- ❑ 1-11 발광 다이오드 / 52

물질은 물질의 양단에 전압이 인가될 때 전류와 반응하는 방식에 따라서 절연체, 도체, 반도체로 구분된다.

도체는 많은 자유전자(free electron)를 가지며, 전류를 쉽게 흐르는 물질로 구리, 은, 금과 같은 단일 원소로 이루어져 있다. 반면에 자유전자를 거의 가지고 있지 않은 절연체는 정상 상태에서는 전류가 흐르지 못하는 물질이다.

반도체(semiconductor)는 도체와 절연체 사이의 물질로 외부 조건에 따라 도체가 될 수도 있고 절연체가 될 수도 있다. 즉, 반도체는 저항을 증가시키면 절연체와 같은 동작을 하게 되고 저항을 감소시키면 도체와 유사한 동작을 얻을 수 있기 때문이다. 또한, 단일 원소로 구성된 반도체는 4개의 가전자(valence electron)를 가진 실리콘(Si), 게르마늄(Ge), 탄소(C) 등이 있고, 갈륨비소(GsAs)와 같은 화합물 반도체도 많이 사용된다.

이와 같은 반도체 물질의 저항 특성을 가변시킬 수 있는 능력이 전기회로와 전자회로에서의 응용에 유용하도록 해준다.

이 장에서는 반도체 소자의 동작과 특성을 보다 쉽게 이해 할 수 있도록 반도체 물질의 특성을 설명한다.

1-1 | 원자구조

원자를 직접 본 사람은 없지만, 가상적인 원자구조는 측정된 실험 자료와 잘 일치하고 있다. 원자의 내부에 존재하는 눈에 보이지 않는 작은 입자의 크기와 전하는 전기적인 힘에 의해서 얼마나 편향되는가로 표시될 수 있다.

우리가 사용하는 원자의 혹성 모델(planetary model)은 1913년 닐스 보어(Niels Bohr)에 의해서 제안되었고, 맥스 플랑크(Max Planck)와 앨버트 아인슈타인(Albert Einstein)에 의한 복사의 양자이론과 러더퍼드(Lord Rutherford)에 의한 핵원자와 같은 새로운 이론을 정립하는 데 공헌을 했다.

모든 물질은 원자(atom)로 이루어져 있으며, 이 원자들은 물질에 전류를 흐르게 하는 전기적 특성을 갖게 한다.

원자구조는 전자와 양자의 안정한 조합으로 이루어져 있다. 즉, 전자와 양성자가 결합되는 경우의 수는 여러 가지가 되더라도 안정한 상태를 유지하기 위해서는 특별한 배열 형태로만 결합되어 원자구조를 만들게 되는데 그 형태는 [그림 1-1]에 표시한 것과 같다.

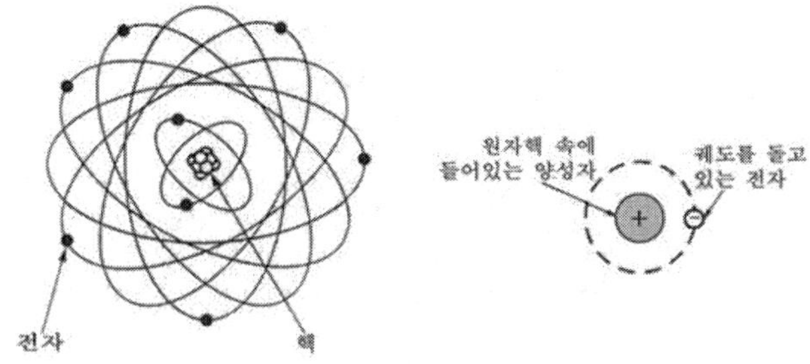

(a) (b)

[그림 1-1] (a) 원자의 전자와 핵 (b) 수소원자에서의 전자와 양성자

[그림 1-1(b)]는 가장 간단한 구조인 수소원자를 표시한 것으로 중앙에 핵이라고 불리는 중심 물질이 있고, 그 주위를 한 개의 전자가 돌고 있는데 핵(nucleus) 속에는 중성자와 양성자가 존재하며, 양성자는 전자의 1,840배 정도의 질량을 갖기 때문에 원자가 안정하게 된다. 즉, 수소원자의 경우, 한 개의 전자가 핵 주위를 운동할 때 일정한 궤도를 따라서 돌고 있는 것을 볼 수 있는데, 이것은 마치 혹성이 태양의 주위를 운동하는 것과 유사하고, [그림 1-1(a)]에 표시된 것과 같은 다른 모든 원자에서도 원자의 전기적인 안정을 보장하기 위해서 모든 전자들이 핵 주위를 회전하고 있다고 가정한다.

이때 핵이 전자를 잡아당기는 전기적인 인력은 원자가 바깥쪽으로 튀어 나가려고 하는 원심력과 균형을 유지하기 때문에 핵 주위에서 각자의 궤도를 유지하면서 회전하게 된다.

또한, 핵은 원자 내에서의 모든 '+' 전하를 갖는 양자를 포함하고 있고, 핵 속에서 양자의 숫자는 전자의 숫자와 정확히 일치하기 때문에 양자의 전하량($+1.602\times10^{-19}$[C])과 전자의 전하량(-1.602×10^{-19}[C])은 크기가 같고 부호가 반대이기 때문에 중성상태를 유지하게 되며, 전자의 운동궤도를 각(shell) 혹은 에너지 준위(energy level)라고 부른다.

▮ 전자의 운동궤도

회전운동하는 전자들은 [그림 1-2]에 표시된 것처럼 핵으로부터 바깥쪽으로 멀어질수록 반경이 길어지는 K, M, N, O, P, Q라고 불리는 각을 따라서 운동하고 있고, 각각의 각 속에는 안정하게 되기 위한 최대 허용전자의 개수가 정해져 있다.

안정한 궤도는 주로 헬륨, 네온과 같은 불활성 기체에서 찾아볼 수 있다. 즉, 10개의 전자를 갖는 원자번호 10의 네온은 [그림 1-2]에 표시한 것처럼, K각이 핵으로부터 가장 인접한 거리를 유지하고 있는데 2개의 전자가 운동할 수 있고, 다음 궤도인 L각에 8개의 전자를 할당하기 때문에 안정하게 되어 불활성 기체가 되며, 더 많은 전자를 갖고 있다면 M각과 N각에 나머지 전자를 할당하게 된다.

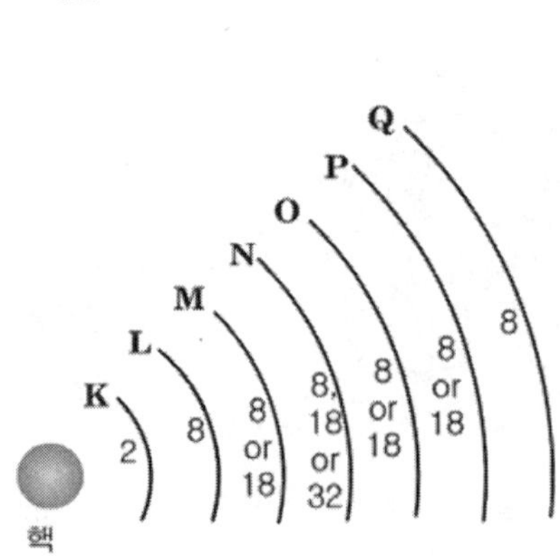

[그림 1-2] 에너지각과 각 궤도에 할당된 전자수

각 궤도에 들어가는 전자의 개수는 일정한 규칙을 갖게 되는데, 안정된 개수의 전자가 각을 채우게 되면 더 이상의 전자가 그 궤도에 들어올 수 없다. 즉, 이것을 증명하기 위해서 [그림 1-3]에 표시된 실리콘 원자와 구리원자의 구조를 살펴보자.

따라서 수소원자보다 많은 양자와 전자를 갖는 원자에서도 양자는 어떤 경우에든 핵 속에 존재하고, 전자가 핵 주위를 운동하게 되는데, [그림 1-3(a)]는 핵 속에 14개의 양성자를 가지고 있고 3개의 궤도(K각, L각, M각)에서 회전하는 14개의 전자를 갖는 실리콘 원자의 구조를 표시했다. 이때 양성자와 전자의 개수가 서로 일치하기 때문에 실리콘 원자는 전기적으로 중성이며, 전자의 궤도 내에서의 분배 상태가 원자의 전기적인 안정도를 결정한다.

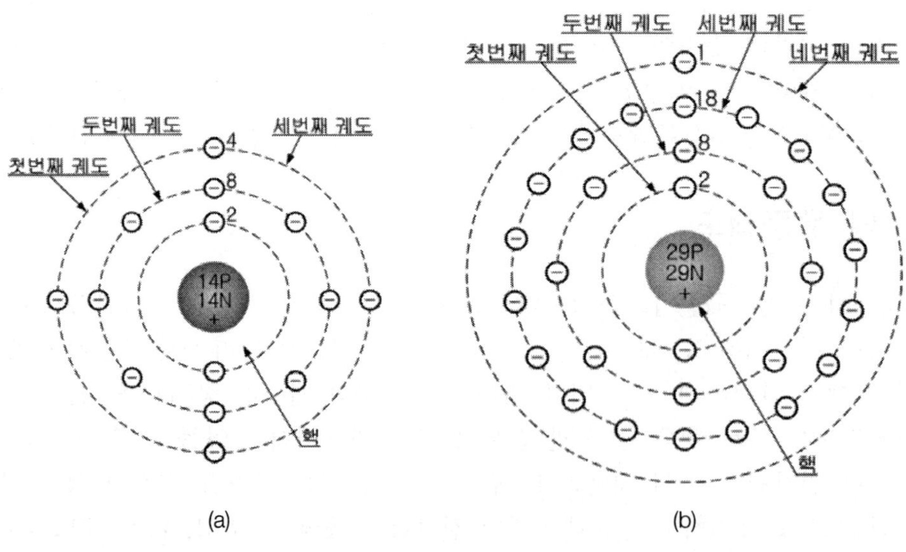

[그림 1-3] 원자구조 (a) 14개의 양성자와 14개의 궤도전자를 갖는 실리콘 원자
(b) 29개의 양성자와 29개의 궤도전자를 갖는 구리원자

중요한 사실은 핵으로부터 가장 멀리 떨어진 최외각 궤도에 따라 원자의 전기적 특성이 결정된다는 사실이며, 이런 전자를 가전자라고 부르고, 최외각 궤도를 가전자 궤도라 부른다.

[그림 1-3(a)]에서 실리콘 원자의 궤도전자는 첫 번째 궤도(K각)에 2개, 두 번째 궤도(L각)에 8개, 세 번째 궤도(M각)에 4개가 돌고 있는데 이것은 첫 번째 궤도는 최대로 운동할 수 있는 전자의 개수가 2개, 두 번째 궤도는 8개, 세 번째 궤도는 18개의 전자가 돌 수 있기 때문에 세 번째 궤도에 나머지 4개의 전자가 운동하므로 실리콘을 반도체라 부른다.

[그림 1-3(b)]의 구리원자는 맨 마지막 궤도에 8개의 전자가 돌 수 있는데 한 개의 전자만이 돌고 있기 때문에 구리원자의 마지막 궤도는 탄소원자의 마지막 궤도보다 덜 안정하게 된다.

구리도선에서 많은 원자들이 인접하게 될 때 최외각의 전자들은 서로 쉽게 이동할 수 있게 되는데 이런 전자를 자유전자(free electron)라고 부르고, 이런 특성 때문에 구리원자는 전기를 잘 흐르게 되며, 금속도체에서 전류 역시 자유전자에 기인한다.

전압이 가해지지 않은 상태에서도 도선 내에서 자유전자의 이동현상이 있지만 불규칙한 운동으로 인해서 전기적인 크기는 '0'과 같으나, 전압이 인가되면 같은 방향으로 전자의 흐름을 발생시키기 때문에 모든 자유전자가 한쪽 방향으로 흐르게 되는데 이것이 바로 전류이다.

대부분의 원소에서 각 궤도를 채울 수 있는 전자의 최대 개수는 $2n^2$이 되는데, 여기서 N은 핵으로부터 바깥쪽으로 멀어지는 궤도의 순서를 표시한다. 즉, 첫 번째 궤도는 $2\times1^2=2$개, 두 번째 궤도는 $2\times2^2=8$개, 세 번째 궤도는 $2\times3^2=18$개, 네 번째 궤도는 $2\times4^2=32$개가 된다. 이런 각 궤도의 전자수는 안에서부터 채워져 나오며 도중에 다른 임의의 각부터 채워지지는 않는다.

원자번호

원자번호는 각 원소의 원자 내에 존재하는 양자 혹은 전자의 숫자를 표시한다. 즉, 수소원자는 [그림 1-1(b)]에서 표시한 것처럼 원자번호가 1이기 때문에 핵 속에 1개의 양자를 가지고 있고, 균형을 유지하기 위해서 전자도 1개가 존재한다.

유사하게 [그림 1-3]에서의 실리콘 원자는 원자번호가 14이기 때문에 14개의 양성자와 14개의 전자를 갖게 되고, 구리원자 역시 29개의 양성자와 29개의 전자를 갖기 때문에 원자번호는 29가 된다.

원자가

이 값은 완전히 채워지지 않은 최외각 궤도에 있는 전자의 숫자를 표시한다.

구리는 최외각에 1개의 전자를 갖고 있기 때문에 1가이며, 수소 역시 1가이고, 탄소는 4가이다.

최외각 궤도의 전자수는 '+'로 표시되는데 이것은 안정한 각으로 부가되기 때문에 수소와 헬륨을 제외한 모든 원자는 8가를 갖게 되는데, 이것은 최외각의 궤도에 8개의 전자를 갖는 것이 안정하다는 의미이다.

따라서, 최외각 궤도에 존재하는 전자의 수는 +로 표시되고 8개에서 자신의 숫자를 뺀 수는 −로 표시하게 된다. 예를 들면 구리는 +1가이면서 −7(8−1)가이기도 하고 탄소는 +4가이면서도 −4가이기도 하다. 그러나 불활성 기체는 원자가가 0이고, 이것은 불활성 기체의 최외각의 전자수는 모두 8개를 갖고 있다는 의미이다.

다시 말하면, 원자가는 원자가 얼마나 쉽게 전자를 얻거나 잃어버릴 수 있는가를 표시한다. +1의 원자가는 최외각의 전자를 1개 쉽게 잃어버릴 수 있다는 것을 의미한다.

확인문제 1-1

1. 29개의 양성자와 29개의 전자를 갖는 원소의 원자번호는 얼마인가?
2. 원자번호가 14번인 원소의 원자가는 얼마인가?
3. 원자번호 32는 얼마나 많은 전자를 갖는가?

해답 **1.** 29번 **2.** 4가 **3.** 32개

도체, 반도체, 절연체

도체는 전자가 어떤 원자로부터 다른 원자로 쉽게 이동할 수 있는 물질을 말하며, 일반적으로 모든 금속은 양도체이고, 그중에서 은(silver)이 가장 우수하고, 두 번째가 구리(copper)이다. 이들의 원자구조는 최외각 궤도의 전자가 자유롭게 이동하는 것이 허용된다.

도체의 원자구조는 [그림 1-4(a)]에 표시된 것처럼 최외각 궤도에 1개에서 3개의 전자를 가지게 된다. 구리도선은 은보다 가격이 저렴하기 때문에 실제로 가장 많이 사용되는 도체이다. 도체를 사용하는 목적은 저항을 최소로 해서 전류를 잘 흐르도록 하기 위한 것이다. 도선은 어떤 기능을 수행하기 위하여 전류를 필요로 하는 기기에 전압원에 의해서 발생되는 전류를 운반해 주는 역할을 담당한다. 예를 들면, 전구는 필라멘트를 통해서 전류를 흘러가도록 만들어진 것이다. 그러나 전자가 원자 내에서 자신의 궤도에서만 존재하도록 되어 있는 물질은 전기를 쉽게 흐르지 못하게 하기 때문에 절연체 또는 부도체라고 부른다.

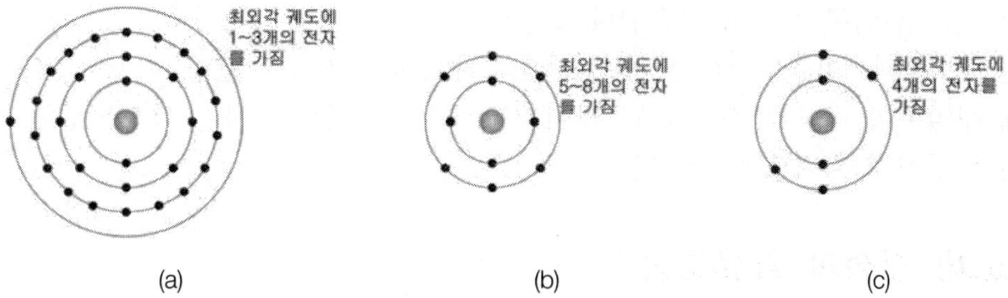

[그림 1-4] (a) 도체 (b) 절연체 (c) 반도체

절연체는 도체보다 전기를 저장하거나 축적하는 능력은 뛰어나며, 유리(glass), 플라스틱(plastic), 고무(rubber), 종이(paper), 공기(air), 운모(mica)와 같은 절연체는 전하를 저장할 수 있다는 의미로 유전체(dielectric)라고 부른다.

절연체는 전류의 흐름을 방해하는 데 아주 유용하게 사용되며, 콘덴서처럼 전하를 축적해야 하는 응용분야에서 도체는 전하를 저장할 수 없기 때문에 절연체가 유전체 물질로서 사용된다. 절연체의 원자구조는 [그림 1-4(b)]에 표시된 것처럼 최외각 궤도에 5개에서 8개의 전자를 가지게 된다.

탄소는 전도성이 도체와 절연체의 중간 정도이기 때문에 반도체로 사용되고, 트랜지스터의 재료로 사용되는 게르마늄(germanium)과 실리콘(silicon)도 다른 반도체 소자와 함께 반도체 그룹 속에 포함된다. 반도체의 원자구조는 [그림 1-4(c)]에 표시된 것처럼 최외각 궤도에 4개의 전자를 가진다.

확인문제 1-2

1. 금속과 절연체 중 어느 것이 더 많은 자유전자를 가지고 있는가?
2. 은, 탄소, 철 중에서 어느 것이 가장 좋은 도체인가?
3. 구리, 게르마늄, 실리콘, 네온 중에서 반도체는 어느 것인가?

해답 **1.** 금속 **2.** 은 **3.** 실리콘, 게르마늄

1-2 | 반도체 물질

전자와 전기의 응용분야에 가장 널리 사용되는 반도체 물질은 실리콘과 게르마늄이다.

게르마늄은 온도 안정성이 좋지 못하고, 탄소결정(다이아몬드)은 너무 가격이 비싸기 때문에 다이오드, 트랜지스터와 같은 반도체를 제조하는 데는 뛰어난 온도의 안정성을

가지고 있는 실리콘이 주로 사용된다.

또한, 진성 게르마늄은 실리콘의 1/1000에 해당하는 저항을 갖지만, 누설전류가 적기 때문에 실리콘이 반도체 소자에 더 많이 사용되며, 투입되는 불순물의 농도에 따라 반도체의 특성이 전기적으로 변화된다.

반도체 결정과 공유결합

실리콘 원자는 핵 속에 14개의 양성자를 가지고 있고, 세 개의 전자궤도를 가지고 있는데, 첫 번째 궤도에 2개, 두 번째 궤도에 8개, 최외곽 궤도인 가전자 궤도에 4개의 전자를 가지고 있다.

게르마늄 원자는 핵 속에 32개의 양성자를 가지고 있고, 4개의 전자궤도에서 2, 8, 18, 4개의 전자 분포를 가진다.

게르마늄과 실리콘 원자가 가지는 공통적인 특징은 4개의 가전자를 가지고 있다는 점이다. 즉, 원자가 오직 한 개의 가전자만을 가진다면 양도체로 분류되지만, 원자가 8개의 가전자를 가지게 되면 가전자 궤도를 완전하게 채우게 되어 절연체로 분류되므로, 반도체는 물질의 전도도를 결정하는 가전자의 개수가 4개이기 때문에 도체와 절연체의 중간에 있게 된다.

[그림 1-5]는 두 개 이상의 유사한 반도체 원자들이 고체원소를 구성하기 위해서 4개의 가전자를 가지고 있는 원자가 이웃하는 4개의 원자와 결합함으로써 결정으로 알려진 격자구조로 배열된다.

각 원자는 이웃하는 원자와 한 개의 전자를 공유하고, 두 개의 원자는 중심과 중심 사이에서 두 개 또는 1쌍의 전자를 공유하게 된다. 이런 두 원자의 코어는 두 개의 전자로 채워지지만, 서로 등가의 반대되는 힘을 가지고 있고, 이것이 고체 결정 격자구조에서 원자를 결합시키기 위해서 채워지는 작용을 하게 되며, 두 개의 반도체 원자가 함께 결합되는 것을 전자쌍 결합 또는 공유결합(covalent bonds)이라고 부른다.

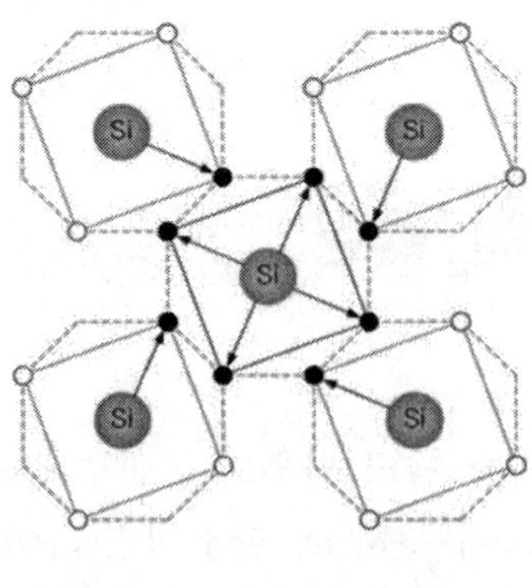

[그림 1-5] 공유결합 (가전자를 공유하는 실리콘 원자)

많은 원자들이 결합될 때 이와 같은 방식에 의해서 결정격자 구조를 구성하게 된다. 이런 결합의 과정을 설명하기 위해서 [그림 1-5]에 표시된 각 원자는 사각형으로 표시되고 각 가전자 궤도는 원자에 속한 전자를 쉽게 이해할 수 있도록 8각형으로 그려진다. 여러분들이 보다시피 대각선의 중심에 있는 원자는 4개의 가전자를 가지고 있다.

각각 이웃한 4개의 원자로부터 한 개의 전자를 공유하게 된다. [그림 1-5]는 실리콘 결정구조를 확대해서 표시하고 있다. 이런 구조에서의 모든 원자는 그들의 가전자 궤도가 완전하게 결합되기 때문에 전기적으로 중성이다(원자는 모두 8개의 전자를 가진다). 즉, 가전자 궤도가 완전하게 채워지면 순수한 결정구조를 구성하게 된다.

순수한 반도체 물질은 진성 반도체라고 부르며, 실온에서 진성 반도체는 열에너지에 의하여 생성되는 자유전자와 정공의 수가 소수이기 때문에 절연체처럼 동작하기 때문에 도체로서의 성능은 아주 좋지 못하다. 따라서 반도체 소자를 구성하기 위해서는 반드시 도핑과정을 거쳐야만 된다.

▮반도체 양단에 인가되는 전압

[그림 1-6]은 대전된 금속판 사이에 놓여 있는 실리콘 결정의 일부분을 보인 것으로, 점 A에 있는 가전자가 오른쪽으로 이동하면 점 A에는 새로운 정공이 생성된다. 이것은 마치 원래의 정공이 왼쪽으로 이동한 것과 같다. 점 A의 새로운 정공은 또 다른 가전자를 끌어 당겨 포획할 수 있다. 이러한 방법으로 가전자는 화살표로 표시된 경로를 따라 이동하며, 이것은 마치 정공이 A→B→C→D→E→F의 경로를 따라 반대방향으로 이동하는 것과 같다.

따라서, 반도체 물질에서 모든 자유전자는 전압원의 '+' 단자를 향해서 오른쪽으로 이동하고, 전압원의 '−' 단자에서 발생되는 또 다른 전자들은 반도체 물질의 왼쪽으로 주입되며, 이렇게 주입되는 전자들은 반도체 물질에서의 정공과 재결합하게 된다.

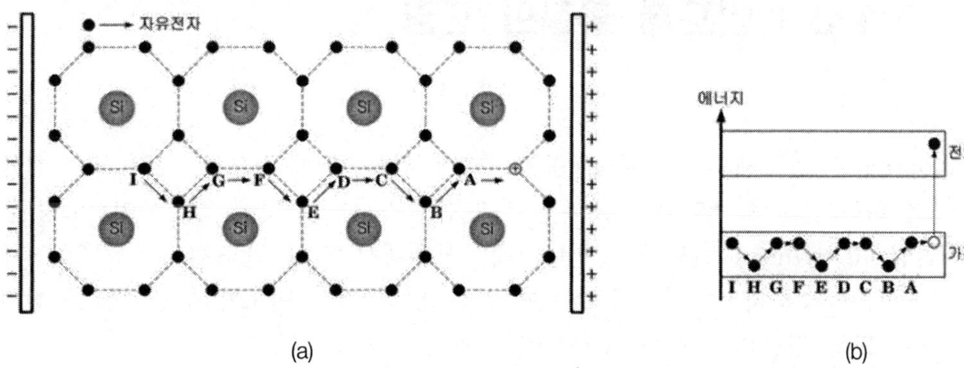

[그림 1-6] 진성 반도체에서의 전자 흐름과 정공 흐름

반도체 물질에서의 전류는 정공과 전자로 구성된다. 즉, 정공은 '+'로 대전된 입자로, 전자는 '−'로 대전된 입자로 동작하고, 전자가 전압의 '+' 단자로 이동하기 위해서는 원자들 사이를 통과해야 하는데 이때 정공을 만들게 되는데 이런 정공들은 뒤이어 이동하는 전자와 다시 재결합하게 된다. 뒤이어 이동하는 전자 역시 뒤에 정공을 남기게 되고, 이런 현상은 마치 정공들이 전압원의 '−' 단자 방향으로 이동하는 것과 같다.

이런 정공의 흐름은 우리들에게는 새로운 현상이지만 반도체와 도체에서의 전류 흐름의 차이점을 설명하는 열쇠가 된다. 도체에서는 오로지 자유전자의 흐름에 대해서 고찰하지만 반도체에서는 자유전자와 정공의 이동을 동시에 고려해야 한다.

다시 설명하자면 반도체 양단에 전압이 인가되면 전자는 전압원의 '+' 단자를 향해서 이동하고 정공은 전압원의 '−' 단자를 향해서 이동하며, 전체 전류의 흐름은 전자 전류와 정공전류의 합과 같아진다.

확인문제 1-3

1. 반도체 원자는 공통적으로 무엇을 가지고 있는가?
2. 원소의 전기 전도도는 가전자 궤도의 전자에 의해서 결정된다. 반도체 원자는 (   )개 이내의 가전자를 갖는 도체와 (   )개의 가전자를 갖는 부도체와의 중간이다.
3. 결정격자 구조를 갖는 반도체 원자는 이웃하는 4개의 원자와 전자를 공유하게 되는데 이런 원자 사이의 결합을 (   )이라고 부른다.
4. 반도체 양단에 전압이 인가되면 전자는 전압원의 (   ) 단자를 향해서 이동한다. 반면 정공은 전압원의 (   ) 단자를 향해서 이동한다.

해답 **1.** 정공과 전자 **2.** 4, 8 **3.** 공유결합 **4.** +, −

1-3 | 반도체 물질의 도핑

도핑(doping)은 반도체의 도전율을 증가시키기 위한 한 방법으로, 전기적 도전율을 변화시키기 위하여 진성 반도체에 불순물 원자를 첨가시키는 것을 의미하며, 도핑된 반도체를 외인성(extrinsic) 반도체라 한다. 즉, 실온에서 진성 반도체에는 거의 전류가 흐르지 못하므로 충분히 큰 전류를 흐르게 하기 위해 진성 반도체에 불순물을 첨가하여 자유전자 또는 정공의 숫자를 증가시키는 과정이 필요하다.

반도체 결정에 첨가되는 불순물은 5개의 가전자를 가지는 5가의 원소와 3개의 가전자를 가지는 3가의 원소가 있으며, 불순물에 따라 n형 반도체와 p형 반도체로 나눌 수 있다.

N형 반도체

[그림 1-7(a)]는 4가인 실리콘 결정에 5가의 불순물로 도핑되어 자유전자가 정공보다 많은 반도체 물질을 나타낸 것으로, n형 반도체라 한다. 즉, 5가의 불순물인 비소(As), 인(P), 안티몬(Sb), 비스무스(Bi)와 같은 원소들이 용해된 실리콘에 첨가되고 냉각되면 전도대에 5가의 원자에 의해서 발생되는 여분의 자유전자를 갖는 결정구조를 구성하게 되며, 5개의 가전자 중 다섯 번째의 전자는 더 이상 공유결합을 하지 않고, [그림 1-7(b)]에 나타낸 것처럼 적은 에너지에 의해서 전도대로 뛰어오르게 된다.

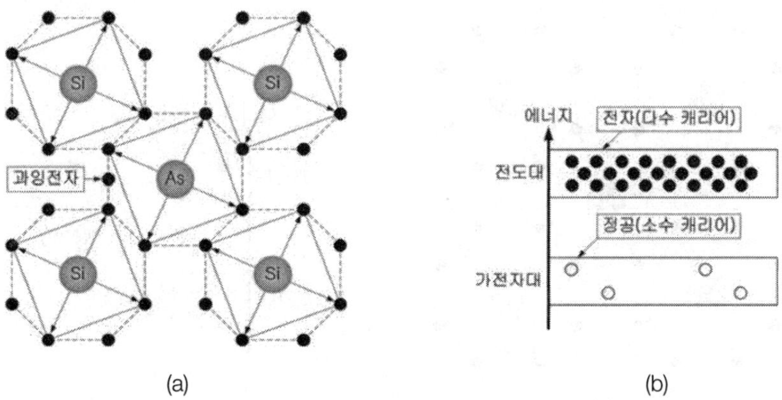

[그림 1-7] n형 반도체 물질을 구성하기 위해서 첨가되는 5가 원소

예를 들면, 100만개의 5가 원소가 순수한 반도체에 첨가된다면 100만개의 자유전자가 물질을 통해서 흐를 수 있게 되지만, 도핑된 반도체가 100만개의 자유전자를 가지고 있다고 하더라도 반도체 물질은 아직은 전기적으로 중성이다. 즉, 반도체 내의 양성자의 개수와 전자의 개수가 동일하기 때문에 전류는 흐르지 않는다.

그러나 n형 반도체 물질은 가전자대 정공보다 더 많은 전도대 전자를 가지므로 전도대 전자들을 다수 캐리어라고 부르고, 가전자대 정공을 소수 캐리어라고 부른다.

P형 반도체

[그림 1-8(a)]는 4가인 실리콘 결정에 3가의 불순물 원자들이 도핑되어 정공이 자유전자보다 많은 반도체 물질을 나타낸 것으로, p형 반도체라 한다. 즉, 3가의 불순물인 알루미늄(Al), 갈륨(Ga), 붕소(B), 인듐(In)과 같은 원소들이 용해된 실리콘에 첨가된

후 냉각되면 3가의 불순물 원자들이 [그림 1-8(b)]에 나타낸 것처럼 가전자대에 정공을 갖는 결정구조를 가지게 되며, 여분의 전자 대신에 이번에는 여분의 정공을 볼 수 있다.

예를 들면, 100만개의 3가 원소가 순수한 실리콘에 도핑된다면 반도체 물질을 통해서 100만개의 정공이 흐르게 되지만, 도핑된 반도체가 100만개의 정공을 가지고 있다고 하더라도 반도체 물질은 아직은 전기적으로 중성이다. 즉, 반도체 내의 양성자의 개수와 전자의 개수가 동일하기 때문에 전류는 흐르지 않는다.

그러나 p형 반도체 물질은 전도대 전자보다 더 많은 가전자대 정공을 가지므로 정공을 다수 캐리어라고 부르고, 전도대의 전자를 소수 캐리어라고 부른다.

반도체가 실온에서 사용되기 때문에 전도대에는 열에너지에 의해서 발생된 몇 개의 전자만이 존재한다.

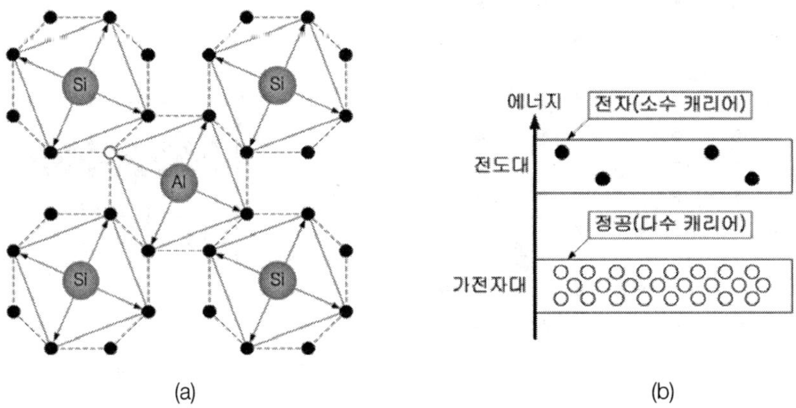

[그림 1-8] p형 반도체 물질을 구성하기 위해서 첨가되는 3가 원소

확인문제 1-4

1. 순수한 반도체 물질에 불순물을 첨가하는 이유는 무엇인가?

2. ( )형 반도체 물질을 제조하기 위해서 5가의 원소들이 ( )된 반도체 결정에 첨가된다.

3. ( )형 반도체 물질을 제조하기 위해서 3가의 원소들이 ( )된 반도체 결정에 첨가된다.

4. n형 반도체에서 다수 캐리어는 ( )이고 p형 반도체에서 다수 캐리어는 ( )이다.

해답 **1.** 전류와 전도도를 증가시키기 위해서 **2.** n형, 용해 **3.** p형, 용해 **4.** 전자, 정공

1-4 | PN 접합

[그림 1–9(a)]는 개별적인 n형 물질과 p형 물질을 나타내고 있다. 즉, n형 물질에는 여분의 전자가 포함된 블록으로 표시되어 있고, p형 물질은 여분의 정공이 포함된 블록으로 표시되어 있다.

여기서, '−' 및 '+'는 5가 및 3가 원자를 나타내며, '⊖' 및 '⊕'는 반도체에 기여하는 자유전자 및 가전자 궤도의 정공이다.

[그림 1–9(b)]는 n형 반도체와 p형 반도체를 함께 결합시킨 단결정을 나타낸 것으로서, 반도체 소자의 제조 시 pn 접합을 만들기 위해서 개별적인 두 물질을 연결하는 것이 아니라 단일 조각의 순수한 반도체 물질에 p형 영역과 n형 영역을 갖도록 도핑시키게 된다.

접합은 반대로 도핑된 두 개의 물질이 만나는 경계를 말하며, 이런 두 물질의 접합은 n형 영역의 자유전자가 p형 영역의 정공과 결합하는 것이 허용되며, 바이어스가 가해지지 않은 상태 즉, 외부전압이 연결되지 않은 접합된 상태를 [그림 1–9(b)]에 나타낸 것이다. 또한, pn 접합 결정을 다른 이름으로 접합 다이오드(junction diode)라 한다.

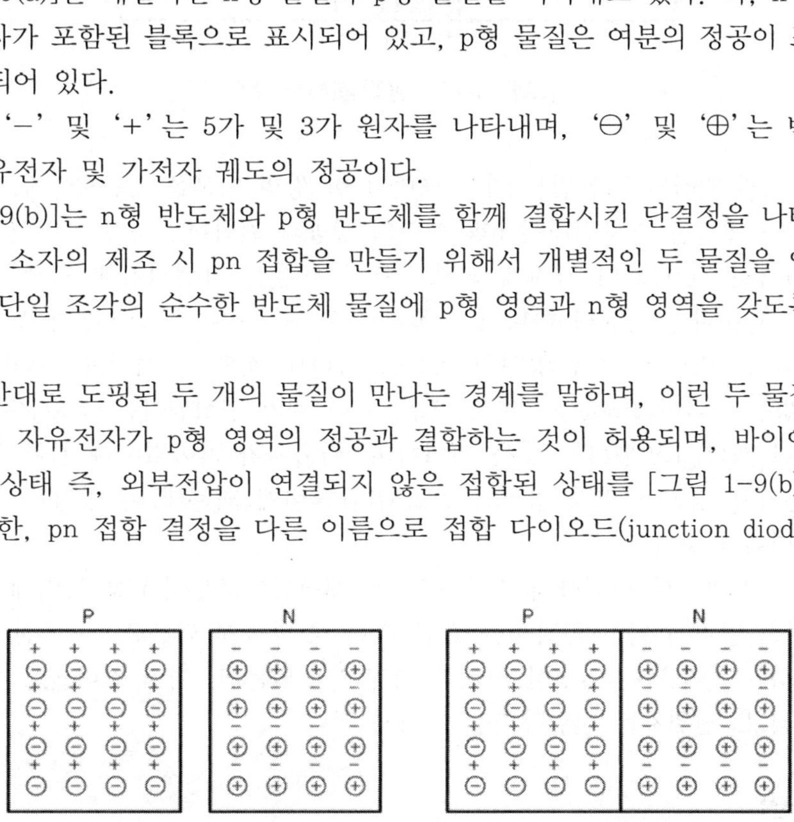

(a) 분리된 반도체 (b) 결정체(확산 전)

[그림 1-9] pn 접합

공핍층

[그림 1–9(b)]에 바이어스를 걸면 [그림 1–10]과 같이 n형 영역의 자유전자는 상호간의 반발작용 때문에 전자의 농도가 낮은 모든 방향으로 확산하려고 하며, 일부는 접합면을 넘어서 전자의 농도가 적은 p형 쪽으로 전자가 확산되어 들어가고, p형 영역으로 확산해 들어간 전자는 소수 캐리어가 되고, 자유전자가 p형 영역으로 들어가면 그 주위의 많은 정공으로부터 둘러싸이기 때문에 쉽게 정공과 결합하게 되므로 정공은 소멸되어 자유전자는 가전자로 된다. 따라서 소수 캐리어의 수명은 짧게 된다.

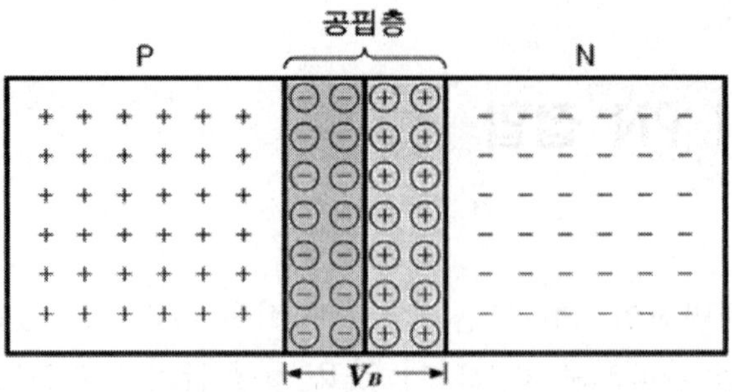

[그림 1-10] 공핍층(확산 후)

또한, 한 개의 전자가 접합면을 넘을 때마다 한 쌍의 이온을 만든다. 즉, n형 영역에서 자유전자가 접합을 가로질러서 p형 영역의 정공과 결합하면 p형 영역의 3가 원자는 양자보다 하나의 전자를 더 가지게 되므로 '−' 이온을 발생시키게 되고, n형 물질에 남아 있는 5가 원자는 음전하 하나가 부족하므로 '+' 이온을 남겨놓게 된다.

[그림 1-10]은 접합의 양측 영역의 이온을 나타낸 것으로, 접합에 나타낸 양이온과 음이온 한 쌍을 쌍극자(dipole)라 하고, 쌍극자 한 개가 생성된다는 것은 자유전자와 정공이 각각 한 개씩 소멸된다는 것을 의미하며, 쌍극자가 많아질수록 접합 근처의 영역에는 자유전자와 정공이 점점 없어져 공핍되거나 비게 되는데 이 영역을 공핍층 또는 공간전하영역이라 한다.

즉, 접합 근처의 p형 영역에서 '−' 이온은 재결합으로부터 n형 영역에서의 자유전자를 방해하고 밀치게 되어 공핍층을 점점 더 크게 만들게 되므로 '+' 전하('+' 이온)와 '−' 전하('−' 이온)는 일정한 전위를 축적하게 되는데, 이런 전하들은 반대의 극성을 가지게 되고, 전위차는 전위장벽을 가지게 된다.

전위장벽

공핍층은 확산이 어느 정도 이루어진 후, 더 이상 자유전자의 확산을 막는 장벽과 같은 역할을 하게 된다. 즉, [그림 1-10]에서 오른쪽 자유전자가 좌측의 공핍층 내부로 확산해 들어가면 음전하를 띠는 이온 벽에 밀려 다시 오른쪽으로 돌아가게 되지만, 자유전자가 충분한 에너지를 가진다면 그 벽을 넘어 p형 영역에 들어가 정공과 결합하여 또 다른 음이온을 형성하게 되며, 공핍층의 전기장의 세기는 확산이 멈출 때까지 넘어가는 전자와 함께 증가하게 된다. 이 공핍층 양단의 전위차를 전위장벽이라 한다. 실온(25[℃])에서 실리콘의 pn 접합 전위장벽 크기는 약 0.7[V]이고, 게르마늄의 pn 접합 전위장벽 크기는 약 0.3[V]이다.

1-5 | PN 접합 바이어스

순방향 바이어스

순방향 바이어스(forward bias)는 [그림 1-11]과 같이 pn 접합에 직류전원의 '+'를 p형 반도체에, 직류전원의 '−'를 n형 반도체에 연결한 것으로서, 순방향 전류를 흐르게 한다.

그림으로부터 알 수 있는 바와 같이, n형 영역에 존재하는 전도대 전자는 직류전원의 '−' 전압원에 의해서 접합 쪽으로 밀어내며, 이때 충분한 에너지를 소유한 전자들은 접합면을 통과하여 정공과 결합하고, 재결합한 자유전자는 가전자가 된다. 이 가전자는 p형 영역 내의 정공을 거쳐 왼쪽 끝으로 이동하며, 결정의 왼쪽 끝에 도착한 가전자는 결정을 따라 전원의 '+' 단자로 들어가게 된다. 또한, 반대쪽에서 역시 p형 영역의 가전자대에 존재하는 정공은 직류전원의 '+' 전압원에 의해서 접합 쪽으로 밀려나고, pn 접합의 전위장벽을 극복할 수 있을 정도로 충분히 큰 외부 전압원이 연결되면 순방향 전도전류가 흐르게 된다.

직류전원의 '−' 전압원을 떠나 '+' 단자로 한 개의 전자가 이동하는 과정을 정리하면 다음과 같다.

① 전자는 전원의 음극을 떠나 결정의 오른쪽인 n형 쪽에 주입된다.
② 주입된 전자는 자유전자로서 n형 영역을 통과한다.
③ 접합면 근처에서 재결합하여 가전자가 된다.
④ 가전자로서 p형 영역을 통과한다.
⑤ 결정의 왼쪽 끝을 떠나 전원의 +단자로 흘러들어간다.

이런 예에서 10[V]의 전압원이 연결된다고 가정하면, 전압원의 크기는 0.7[V]인 실리콘의 전위장벽에 비해서 대단히 크기 때문에 순방향으로 바이어스 되면 pn 접합은 도체로 동작하고 단자 양단에서 나타나는 전압강하를 발생시키는 원인이 되는 아주 적은 저항을 갖게 된다. 이런 순방향 전압강하는 pn 접합의 전위장벽과 유사하다.

> 실리콘의 순방향 전압 (V_F) = 0.7[V]
> 게르마늄의 순방향 전압 (V_F) = 0.3[V]

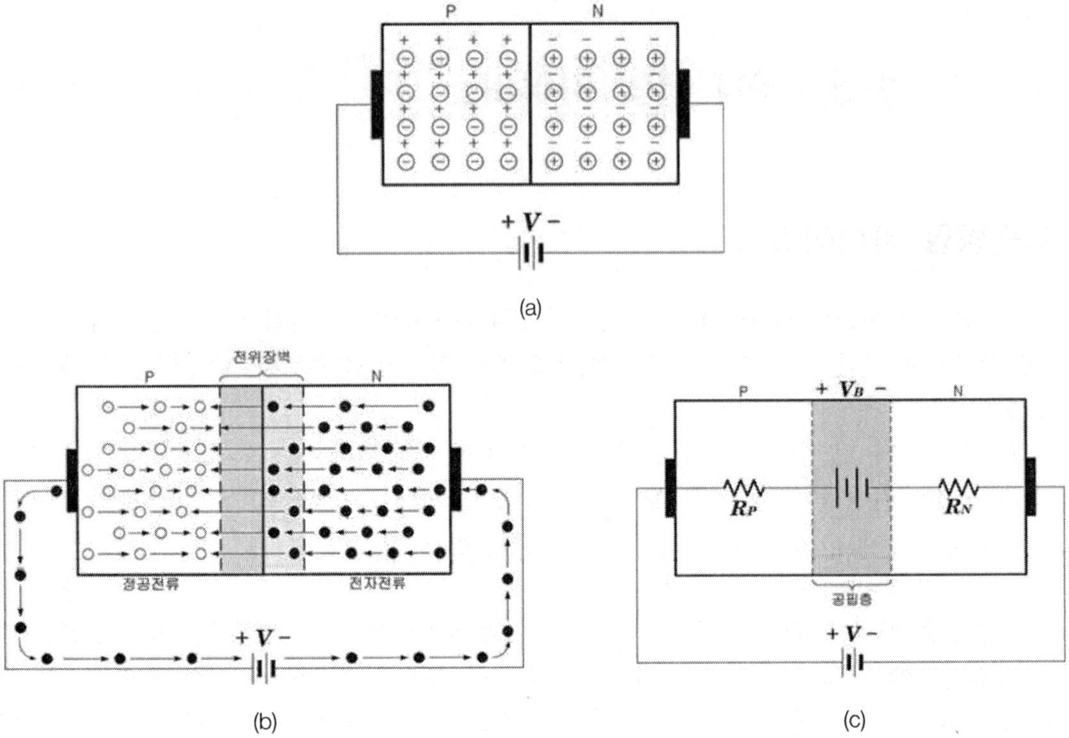

[그림 1-11] 순방향으로 바이어스 된 pn 반도체 접합

역방향 바이어스

역방향 바이어스(revers bias)는 [그림 1-12]와 같이 pn 접합 다이오드에 직류전원의 '+'를 n형 반도체에, 직류전원의 '−'를 p형 반도체에 연결한 것이다.

따라서 역방향 바이어스는 [그림 1-12(b)]와 같이 n영역 접합 근처의 자유전자를 '+' 전원단자 쪽으로 끌어당기고, p영역 접합 근처의 정공을 '−' 전원단자 쪽으로 끌어당기므로 [그림 1-12(c)]와 같이 공핍층의 폭이 점점 넓어지게 된다.

즉, 움직일 수 없는 양이온과 음이온을 각각 남기고, 자유전자와 정공이 접합면을 떠나면 새로운 이온들이 생성되어 공핍층 양단의 전위차가 증가하며, 공핍층의 폭이 넓어질수록 전위차가 더욱 커지고, 공핍층의 전위차와 역방향 전압이 같아지면 공핍층의 확대가 중지되고, [그림 1-12(d)]와 같이 자유전자와 정공들이 더 이상 접합면에서 이탈하지 않는다.

즉, [그림 1-12(c)]에 표시한 것처럼 pn 접합의 공핍층 폭은 [그림 1-12(b)]에 표시된 그림보다 훨씬 크다는 것을 알 수 있으며, [그림 1-12(d)]에 표시된 것처럼 접합 양쪽의 이온은 pn 접합의 내부장벽 전위가 외부 전압원의 크기와 같아질 때까지 생성된다.

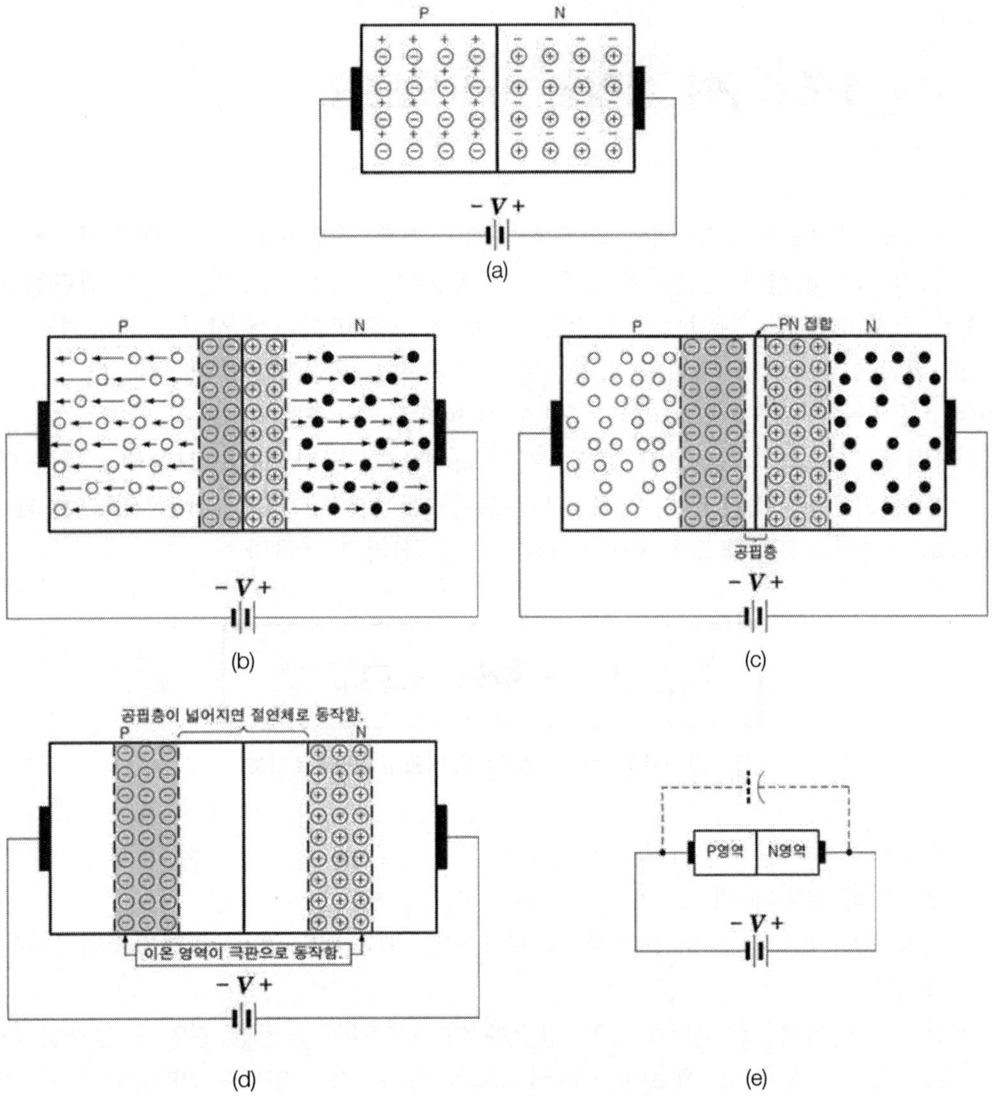

[그림 1-12] 역방향으로 바이어스 된 pn 접합 다이오드

역방향으로 바이어스 되면 pn 접합 양단에 걸리는 전압강하 V_R은 인가된 전압의 크기와 같게 되면, 이때 접합의 저항은 전류가 '0' 으로 될 만큼 크게 증가되고, pn 접합에는 실제로 아주 적은 전류가 흐르게 되는데 이런 전류를 누설전류 혹은 역방향 전류라고 부른다.

따라서 역방향으로 바이어스 되면 pn 접합은 절연체와 같이 동작하고, 개방 스위치와 등가가 된다.

1-6 | PN 접합형 다이오드

pn 접합형 다이오드는 두 개의 단자를 가진 소자로 단순히 pn 접합체의 반도체 물질에 각각 리드(lead)선이 연결되어 있으며, 한쪽 방향으로만 도통되는 가장 간단한 형태의 회로 소자이다. 즉, 다이오드에 순방향으로 전압을 바이어스 시키면 도통되고, 역방향으로 전압을 바이어스 시키면 전기전도가 거의 영(zero)으로 떨어진다.

또한, 동작특성과 응용에 따라서 여러 가지 형태로 구분되는데, 가장 일반적으로 사용되는 다이오드는 pn 접합형 다이오드, 제너 다이오드, 발광 다이오드(LED) 등이 있다.

[그림 1-13]은 pn 접합형 다이오드의 회로기호를 나타낸 것으로, n형 물질은 캐소드(Cathode : 음극), P형 물질은 애노드(anode : 양극)라고 부른다.

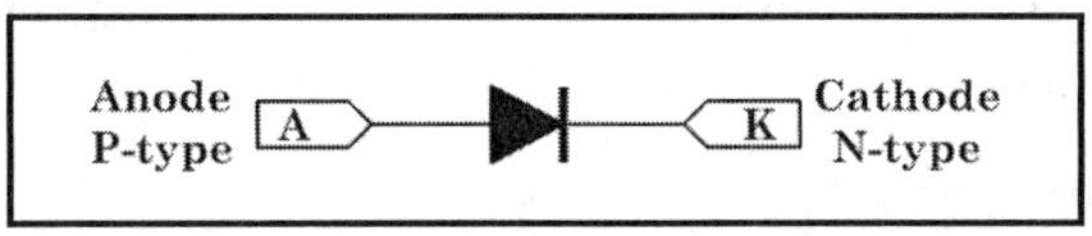

[그림 1-13] pn 접합형 다이오드의 회로기호

pn 접합 다이오드가 도통되기 위해서는 다음과 같은 세 가지 조건이 만족되어야 한다.

- 캐소드의 전위가 애노드의 전위보다 더욱 더 부(−)로 된다.
- 애노드와 캐소드 단자 양단에 걸리는 전압(전위차)은 소자의 전위장벽보다는 커야 한다.
- 실리콘 다이오드의 경우, 소자 양단에 약 0.7[V]의 순방향 전압이 인가될 때 다이오드가 도통되며, 게르마늄 다이오드의 경우, 소자 양단에 약 0.3[V]의 순방향 전압이 인가 될 때 다이오드가 도통된다.

[그림 1-14]는 두 가지 형태의 순방향 전압이 인가된 다이오드 회로의 동작을 나타낸 것으로, 계측기로 측정되는 실제적인 다이오드의 순방향 전류 I_F는 회로에 인가된 전압과 저항에 의해서 결정된다.

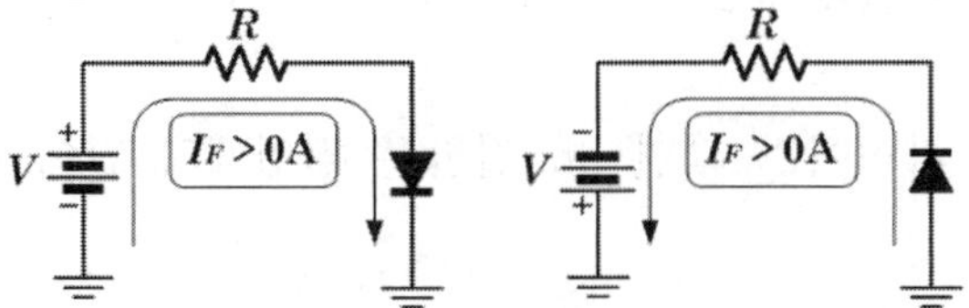

[그림 1-14] 순방향으로 바이어스 된 다이오드 회로

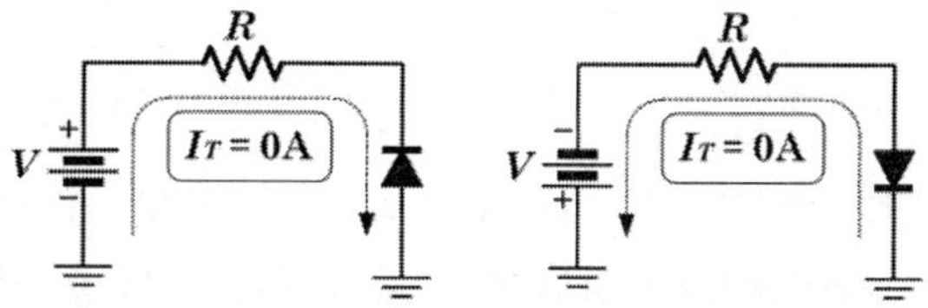

[그림 1-15] 역방향으로 바이어스 된 다이오드 회로

또한, [그림 1-15]와 같이 캐소드의 전위가 애노드의 전위보다 더 정(+) 전위로 되면 다이오드는 역방향으로 바이어스 된다. 따라서, 역방향으로 바이어스 되면 공핍층의 폭이 넓어지고 전류의 흐름을 차단하게 되므로 다이오드는 도통되지 않는다.

1-7 | PN 접합형 다이오드 특성곡선

[그림 1-16]은 pn 접합형 다이오드에 인가되는 직류전원을 변화시킴에 따라 다이오드의 순방향 및 역방향 전류와 전압을 측정하여 특성곡선을 나타낸 것이다. 즉, [그림 1-16(a)]와 같이 순방향으로 바이어스 되어 있으면 직류전원을 '+' 방향으로 증가시킴에 따라 다이오드의 전류가 증가하게 되며, [그림 1-16(b)]와 같이 역방향으로 바이어스 되어 있으면 직류전원을 '−' 방향으로 증가시킴에 따라 항복점 전에서는 극단적으로 작지만 항복전압 이상을 인가하면 역방향 전류가 −' 방향으로 급격히 증가하는 것을 알 수 있다. 따라서 pn 접합형 다이오드는 저항의 선형성과 달리 매우 높은 비선형성을 가진다.

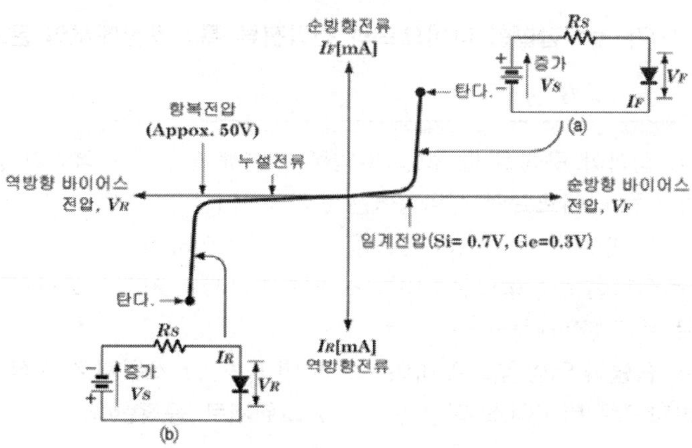

[그림 1-16] pn 접합형 다이오드의 전압전류 특성곡선

온도특성

[그림 1-17]은 온도변화에 의해서 다이오드의 순방향 및 역방향 전류의 변화를 나타낸 것으로서, 도통되는 다이오드의 양단에서 나타나는 순방향 전압강하는 온도에 반비례한다. 즉, 반도체 물질의 경우, 저항에 대하여 부(negative)의 온도계수를 가지므로 온도가 증가하면 저항이 감소하기 때문에 온도가 높아질수록 다이오드 양단에 걸리는 전압강하가 감소한다는 것을 의미한다.

또한, 순방향 전압강하에서의 이런 변화는 아주 적기 때문에 대부분의 응용에서 큰 영향을 미치지는 않지만, 다이오드의 역방향 전류는 온도변화에 큰 영향을 받게 된다.

따라서 고온에서는 역방향 누설전류가 증가하기 때문에 이 점부터는 다이오드가 더 이상 개방 스위치가 아니다. 즉, 회로가 오동작할 만큼 과도한 열을 발생시키거나, 시스템의 냉각팬이 고장을 일으킨다면 역방향으로 바이어스 되어 있어도 다이오드는 더 이상 OFF 스위치가 아니라는 것을 의미한다. 일반적인 규칙에 의하면, 온도가 10[℃] 증가할 때마다 역방향 누설전류는 2배씩 증가하게 된다.

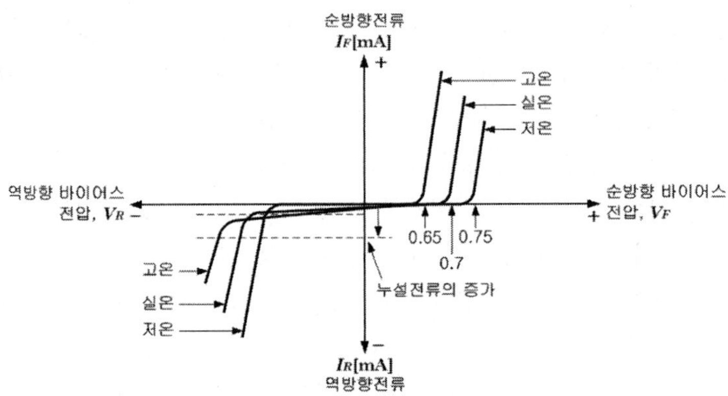

[그림 1-17] pn 접합형 다이오드의 전압전류 특성곡선에서의 온도효과

확인문제 1-5

1. pn 접합이 구성될 때 접합의 양쪽 측면에 (　　　) 영역이 생성된다.

2. 실리콘 다이오드의 전위장벽은 (　　　)이다.

(a) 700[mV]　　(b) 7.0[V]　　(c) 0.3[V]　　(d) 어느 것도 아니다.

3. pn 접합이 순방향으로 바이어스 되면 P단자는 자신의 N단자에 비해서 positive로 된다.(True/False)

4. pn 접합이 역방향으로 바이어스 되면 (　　　) 스위치로 동작하고 pn 접합이 순방향으로 바이어스 되면 (　　　) 스위치로 동작한다.

해답 **1.** 이온 **2.** (a) **3.** True **4.** 개방, 단락

1-8 | 다이오드 모델

회로 소자 모델은 특별한 환경(specific circumstance)이나, 특별한 응용분야(specific application)에 사용되는 소자를 표시하기 위해서 사용되며, 다이오드의 경우, 이상적인 다이오드 모델(ideal diode model, 1차 근사해석), 실제적인 다이오드 모델(practical diode model, 2차 근사해석), 완전한 다이오드 모델(complete diode model, 3차 근사해석)로 구분하고 있지만, 실제적인 경우에 있어서 2차 근사해석 방법인 실제적인 다이오드 모델로 설명이 충분할 것이다.

〈표 1-1〉은 세 가지 다이오드 모델을 사용용도에 따라 요약한 것이다.

〈표 1-1〉 다이오드 모델의 간략한 특성 비교

분 류	응용분야
이상적인 다이오드 모델	회로의 고장진단 및 수리
실제적인 다이오드 모델	수학적인 회로 해석 주어진 응용분야에 적합한 다이오드의 결정
완전한 다이오드 모델	회로 개발 특수한 회로 해석 회로의 측정값과 예측되는 값 사이의 차이가 발생되는 원인규명

이상적인 다이오드 모델

이상적인 다이오드 모델은 다이오드에 직류전원을 연결하는 방향에 따라 단순하게 단락(short) 스위치 혹은 개방(open) 스위치로 표시하게 된다. 즉, 직류전원을 역방향으로 바이어스하면 개방된 스위치로 동작하고, 순방향으로 바이어스하면 단락된 스위치로 동작하는 특성을 가진다. 따라서 스위치 상태에 따른 스위치 특성을 정리하면 〈표 1-2〉와 같다.

〈표 1-2〉 스위치 특성

스위치 상태	스위치 특성
개 방	무한대 저항, 전류 차단 소자 양단에서 인가된 전체 전압의 전압강하가 발생된다.
단 락	'0' 저항, 최대 전류가 흐른다. 소자 양단에서 전압강하는 없다.

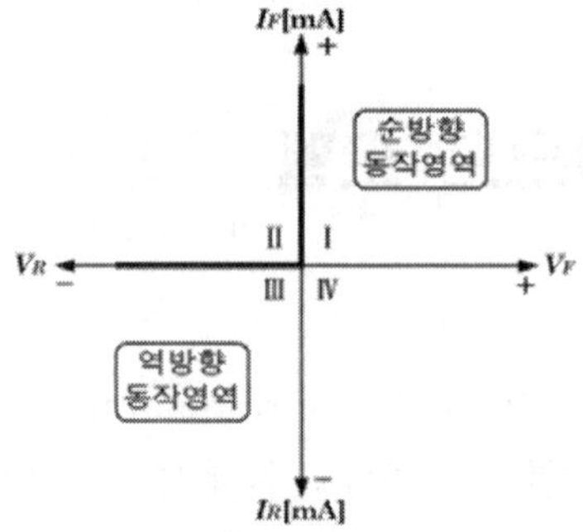

[그림 1-18] 이상적인 다이오드의 특성곡선

[그림 1-18]은 이상적인 다이오드의 특성곡선을 나타낸 것이다. 즉, 그림과 같이 순방향으로 바이어스 되면 완전한 도전체와 같고('0' 전압), 역방향으로 바이어스 되면 완전한 결연체('0' 전류)와 같다. 따라서 순방향 전압 V_F와 역방향 전압 V_R은 X축에서 측정되고, 순방향 전류 I_F와 역방향 전류 I_R은 Y축에서 측정된 값으로, 그래프의 1사분면은 순방향 특성을 나타내는 영역으로 V_F와 I_F의 조합으로 표시되며, 그래프의 3사분면은 역방향 특성을 나타내는 영역으로 V_R과 I_R의 조합으로 표시된다.

[그림 1-18]에 나타낸 바와 같이 순방향 동작영역은 다이오드 양단의 순방향 전압 V_F가 '0'[V]인 것으로 가정하였지만, 이상적인 다이오드가 순방향으로 바이어스 되었을 때, 순방향 전류 I_F는 외부인가 전압과 소자 외부의 저항값에 의해서 제한된다.

또한, 역방향 동작영역은 역방향 전압 V_R이 증가할수록 역방향 전류 I_R이 '0'을 유지하므로, 다이오드가 역방향으로 바이어스 되면 인가된 전압의 크기에 무관하게 회로를 통해서 흐르는 전류가 없기 때문에 개방회로(개방 스위치)로 된다는 것을 의미한다.

〈표 1-3〉 이상적인 다이오드 특성

바이어스	순방향	역방향
바이어스 극성	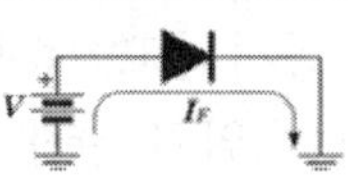	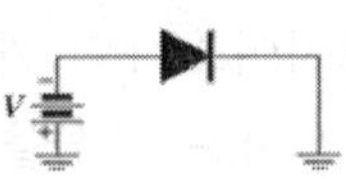
등가회로	 (닫힌 스위치)	 (열린 스위치)
소자저항	0	무한대
소자전류	외부저항과 전압에 의해서 캐소드-애노드 사이의 전류크기가 제어된다.	0
애노드와 캐소드 사이의 전압	0	인가전압과 등가

따라서 다이오드 회로가 역방향으로 바이어스 되면 개방회로로 동작하고 인가된 전체 전압이 소자의 양단에 걸리게 된다.

〈표 1-3〉은 이상적인 다이오드의 순방향 특성과 역방향 특성을 비교한 것이다.

실제적인 다이오드 모델

실제적인 다이오드 모델(practical diode model)은 이상적인 다이오드 모델보다 다이오드 회로의 수치적 해석이나 특정회로에 특정한 다이오드를 사용할지 여부를 결정할 때 고려해야 할 특성들이 포함된다. 즉, 순방향 전압(forward voltage), 최대 역전압(peak reverse voltage), 순방향 평균 전류(average forward current), 순방향 소비 전력(forward power dissipation) 등이 있다.

[그림 1-19]는 순방향 전압 V_F에 의한 다이오드의 특성곡선을 나타낸 것이다.

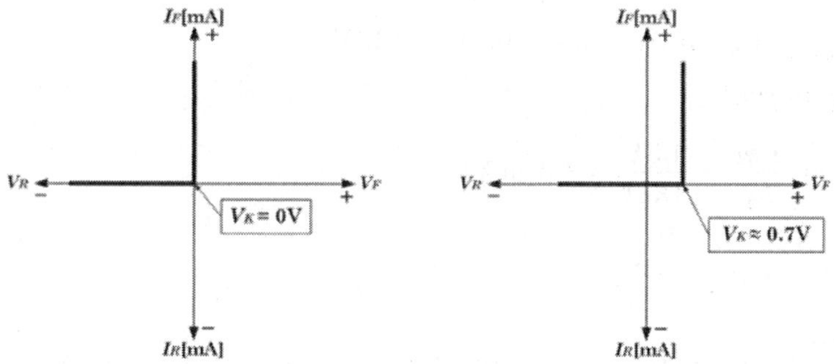

(a) 이상적인 경우 (b) 실제적인 경우

[그림 1-19] 다이오드 특성곡선

[그림 1-19]는 이상적인 다이오드의 특성곡선과 실제적인 다이오드의 특성곡선을 나타낸 것으로, 그림에서 V_K로 표시된 점에서 I_F가 급격하게 증가하므로 V_K를 전압·전류 특성곡선상의 임계전압(knee voltage)이라 한다. 즉, [그림 1-19 (b)]로부터 알 수 있는 바와 같이 실제적인 다이오드의 경우, V_K값은 실리콘 pn 접합형 다이오드의 경우에 대략 0.7[V]인 V_F와 같게 된다. 따라서 실제적인 다이오드의 순방향 동작 특성을 정리하면 다음과 같다.

- 다이오드 전류는 순방향 전압이 임계전압에 도달할 때까지 영(zero)이다.
- 일단 외부 인가 전압이 V_K에 도달하면 다이오드는 도통된다.
- 다이오드의 도통이 계속되는 동안 V_F값은 V_K와 거의 일치한다. 한편 V_F는 I_F에 무관하게 약 0.7[V]로 가정한다.

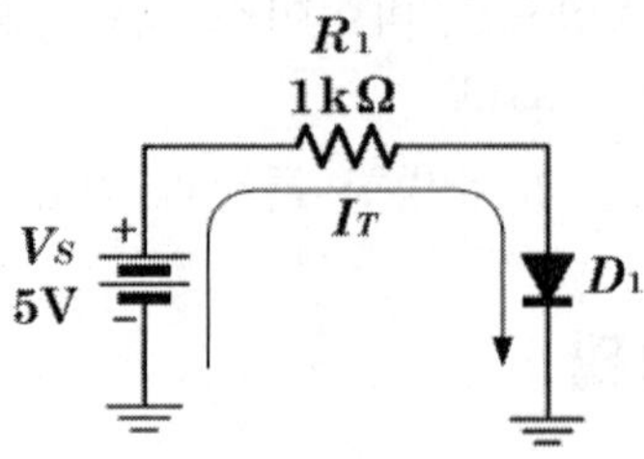

[그림 1-20]

다이오드 회로 해석에서 V_F의 값이 포함되면 어떻게 변하게 되는가? 이 질문에 대한 해답을 얻기 위해 [그림 1-20]에 표시된 회로를 살펴보자.

키르히호프의 전압 법칙에 따르면 회로 내의 소자전압의 합은 외부인가 전압과 같다.

$$V_S = V_{R1} + V_F$$

V_F를 V_K(=0.7[V])를 대입하고, V_{R1}을 구하기 위해서 수식을 다시 정리하면

$$V_{R1} = V_S - 0.7\text{V} = 5\text{V} - 0.7\text{V} = 4.3[\text{V}]$$

옴의 법칙에 따르면

$$I_T = \frac{V_{R1}}{R_1} = \frac{4.3\text{V}}{1\text{k}\Omega} = 4.3[\text{mA}]$$

로 구해진다.

예제 1-1 [그림 1-21]에 표시된 것과 같은 회로에서 I_T 값을 구하시오.

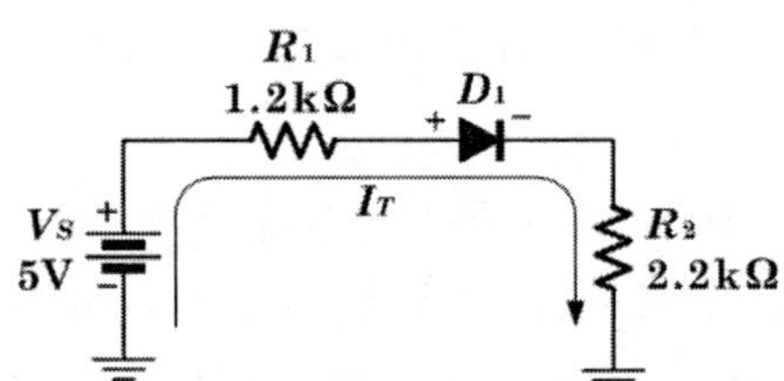

[그림 1-21]

풀이 회로를 해석하기 위해 R_1, 대신 R_T가 사용되었다는 점을 주목하자.

$$R_T = R_1 + R_2 = 1.2\text{k}\Omega + 2.2\text{k}\Omega = 3.4[\text{k}\Omega]$$

$$I_T = \frac{V_S - 0.7\text{V}}{R_T} = \frac{5\text{V} - 0.7\text{V}}{3.4\text{k}\Omega} = \frac{4.3\text{V}}{3.4\text{k}\Omega} = 1.26[\text{mA}]$$

따라서, $I_T = 1.26[\text{mA}]$이다.

예제 1-2 [그림 1-22]에 표시된 것과 같은 회로에서 I_T 값을 구하시오.

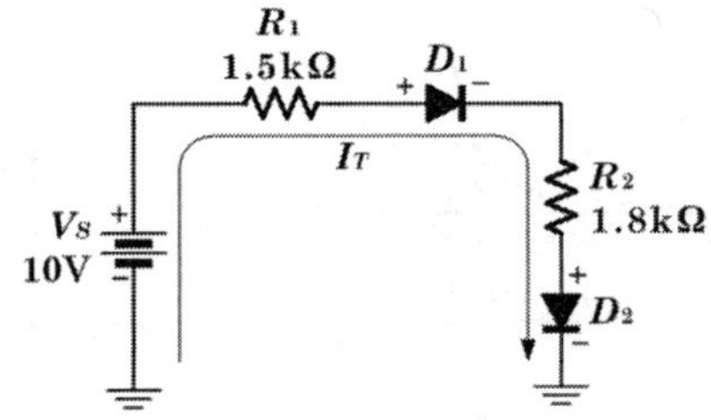

[그림 1-22]

풀이 다이오드 회로 해석에서 전체 합성저항을 다루는 것과 마찬가지로, 회로 내에 여러 개의 다이오드가 직렬연결 되는 경우에는 다이오드 양단 전압에서의 전압강하의 합을 고려해 주어야 한다.

$$R_T = R_1 + R_2 = 1.5\text{k}\Omega + 1.8\text{k}\Omega = 3.3[\text{k}\Omega]$$

$$V_D = V_{D1} + V_{D2} = 0.7\text{V} + 0.7\text{V} = 1.4[\text{V}]$$

$$I_T = \frac{V_S - V_D}{R_T} = \frac{10\text{V} - 1.4\text{V}}{3.3\text{k}\Omega} = \frac{8.6\text{V}}{3.3\text{k}\Omega} = 2.61[\text{mA}]$$

따라서, $I_T = 2.61[\text{mA}]$이다.

완전한 다이오드 모델

완전한 다이오드 모델(complete diode model)은 다이오드 모델 중 가장 복잡하며, 회로설계나 고주파 해석 등과 같은 특정 조건에서만 고려되는 특성들이 포함되어 있으므로, 일반 기술자가 일상적인 업무에서는 일반적으로 고려하지 않는 것이다. 즉, 이런 모델을 정확하게 만들기 위해서는 벌크저항과 역방향 전류라는 두 가지 요소가 필수적이다. 따라서 완전한 다이오드는 0.7[V]에서 도통되어 부가적인 전압이 벌크저항 양단에 나타나 다이오드의 전체 전압은 0.7[V]보다 크게 된다.

[그림 1-23(a)]는 이 벌크저항의 영향을 고려한 특성곡선이다. 실리콘 다이오드가 도통된 후로는 전류에 의해 r_B 양단에 전압이 나타나는데, 전류가 크면 클수록 선형적으로 이 전압이 커지게 된다.

완전한 다이오드의 등가회로는 [그림 1-23(b)]와 같이 스위치와 0.7[V] 배터리 그리고, 저항 r_B가 직렬로 연결된 회로로 나타낼 수 있으며, 외부회로가 전위장벽을 극복한 후에는 다이오드의 전류에 의해 벌크저항 양단에 $I_F r_B$만큼의 전압강하가 발생한다. 그러므로 실리콘 다이오드 양단의 총 전압은 다음과 같다.

$$V_F = V_B + I_F r_B = 0.7 + I_F r_B$$

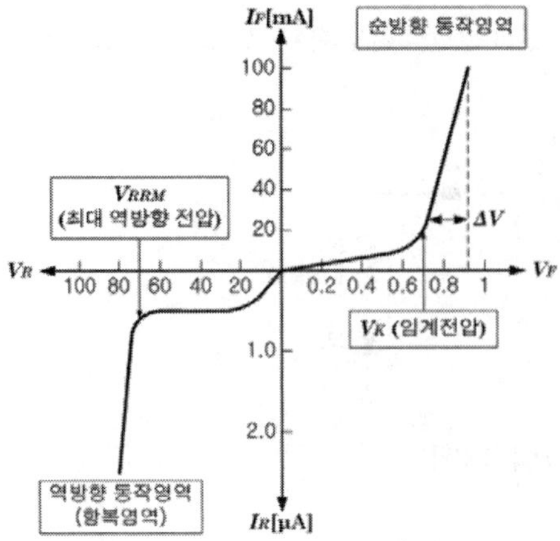

(a) 특성곡선

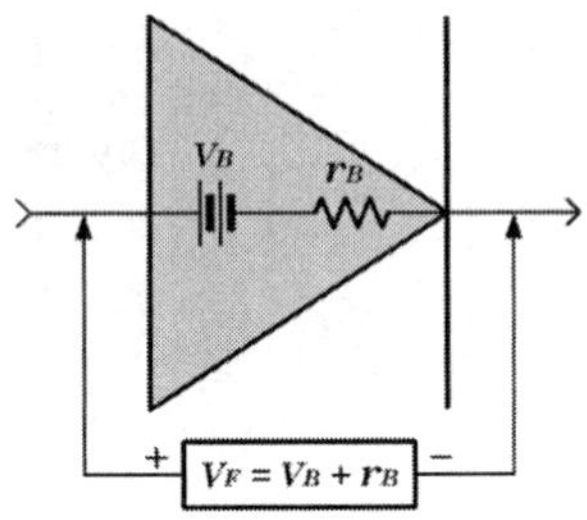

(b) 등가회로

[그림 1-23] 완전한 다이오드

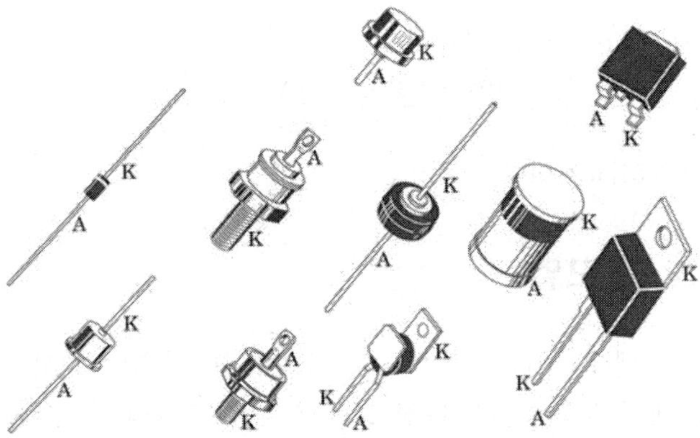

[그림 1-24] 다이오드의 일반적인 형태

다이오드의 단자확인

[그림 1-24]는 여러 가지 형태의 다이오드를 나타내었다. 가능하다면 주어진 다이오드 스펙을 이용해서 애노드와 캐소드를 구분할 수 있어야 하며, 대부분의 경우, [그림 2-2]와 같이 단자가 이루어졌다.

접합형 다이오드의 응용

다이오드는 자신의 최대 순방향 전류정격과 역방향 전압정격을 넘어서 동작될 때 오동작을 발생시켜 다이오드가 타버려서 영원히 개방 스위치로 동작하게 되거나, 반도체 물질이 효과적으로 녹아 내려서 영원한 단락 스위치로 동작하는 두 가지 형태의 고장을 유발시킨다. 따라서 손상된 다이오드는 ON이나 OFF로 스위칭 될 수 없으며, 대신에 영원히 OFF이거나 ON인 스위치로 남아 있게 된다.

[그림 1-25]는 저항계를 사용해서 다이오드가 정상으로 동작하는지, 아니면 오동작하는지를 설명하고 있다. 즉, 정상적인 다이오드의 경우, ON 상태로 바이어스 될 때 아주 적은 저항값을 표시하지만, OFF 상태로 바이어스 되면 대단히 큰 저항값을 표시하게 된다.

[그림 1-25(a)]는 저항계의 '+' 단자를 애노드에, '−' 단자를 캐소드에 연결하는 순방향 바이어스를 나타낸 것으로서, 다이오드가 정상적이라면 저항계는 10[Ω] 이내의 아주 적은 값을 표시하게 된다.

[그림 1-25(b)]는 저항계의 '+' 단자가 캐소드에, '−' 단자가 애노드에 연결되는 역방향 바이어스를 나타낸 것으로서, 다이오드가 정상적이라면 저항계는 적어도 100[MΩ] 이상의 대단히 큰 저항값을 표시하게 된다.

이런 저항값은 [그림 1-25(c)]와 같이 일반적으로 저항계 스케일을 넘어서기 때문에 OL이나 OR로 표시된다. 이것은 다이오드가 역방향으로 바이어스 되면 저항값이 대단히 크기 때문에 범위를 넘어섰다는 의미인 OR이나 스케일을 넘어섰다는 OL의 의미를 표시하게 된다. 또한, [그림 1-25(d)]와 같이 다이오드가 손상되어 애노드와 캐소드 사이가 영구적으로 단락되면 저항계에 의해서 순방향으로 바이어스 되든 역방향으로 바이어스 되든 간에 아주 적은 저항값을 표시하게 된다.

다이오드가 오동작을 할 경우는 인접한 다른 소자에 미치는 영향을 고려해야 한다. 즉, 회로에서 단락된 다이오드를 발견하면 고장의 문제가 해결된 것처럼 보이지만 사실은 다이오드의 정격을 초과했기 때문에 이미 인접한 다른 소자들도 영향을 받게 되므로 또 다른 부품들이 손상되었는지 여부를 검사하는 것이 필요하다.

다이오드가 손상되면 영구적으로 개방상태로 되고, 순방향 바이어스와 역방향 바이어스에서 저항계로 측정되는 자신의 캐소드와 애노드 사이의 저항은 대단히 크게 표시된다.

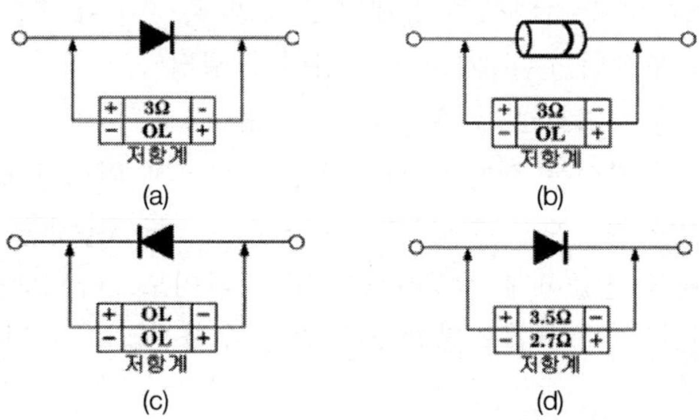

[그림 1-25] 저항계를 사용한 다이오드의 검사

다이오드의 파괴는 제조업체에서 제공되는 정격을 초과하는 과도한 전압과 전류에 의해서 발생된다. 그러나, 다이오드가 개방된 경우는 다이오드가 파괴되면서 마치 퓨즈처럼 전류를 차단하기 때문에 인접한 소자에 거의 영향을 미치지 않게 된다.

확인문제 1-6

1. 실리콘 다이오드 양단에 걸리는 순방향 전압강하는 얼마인가?
2. 실리콘 다이오드의 순방향 바이어스를 위해서 극복되어야 할 전위장벽은 얼마인가?
3. 접합형 다이오드 내의 pn 접합은 몇 개인가?
4. 일반적으로 실리콘 다이오드가 갖는 최대 역전압의 크기는 얼마인가?
5. 다이오드의 온도가 증가하면 순방향 전압강하는 증가하는가? 감소하는가?

해답 **1.** 0.7[V] **2.** 0.7[V] **3.** 1개 **4.** 50[V] **5.** 감소한다

1-9 | 제너 다이오드

전압전류 특성곡선

소신호용 다이오드와 정류용 다이오드는 파괴를 방지하기 위해서 항복전압 영역 이내에서만(정격) 동작시키고, 항복전압 영역에서는 의도적으로 사용하지 않는다. 즉, 일반적인 pn 접합형 다이오드는 이런 영역에서 동작되면 과전류로 인해서 파괴된다.

그러나, 제너 다이오드는 이와 달리 다이오드 특성곡선 중 역방향 항복영역에서 동작시키도록 만들어진 실리콘 다이오드이다.

[그림 1-26]은 제너 다이오드의 기호와 특성곡선의 역방향 항복영역을 나타낸 것으로, 역방향 항복영역에서 동작하도록 설계된 소자의 특성이 표시되어 있다. 즉, 역방향 항복 전압이 V_{BR}에 도달되면 두 가지의 현상이 발생된다.

- 다이오드 전류가 극적으로 증가한다.
- 다이오드 양단에 걸리는 역방향 전압 V_R은 비교적 일정하게 유지된다.

다시 말하자면, 일반 다이오드는 항복영역에서는 절대로 동작할 수 없으나, 제너 다이오드는 항복영역에서 훌륭하게 동작하므로 항복 다이오드라고도 불리며, 부하저항과 인가전압이 자주 변한다 하더라도 항상 일정하게 부하전압을 유지시켜 주는 전압조정기에 사용된다.

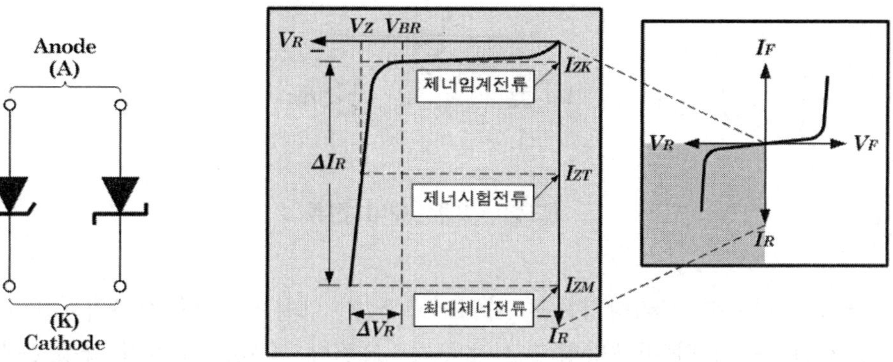

(a) 기호 (b) 역방향 항복제너 동작 특성곡선

[그림 1-26] 제너 다이오드

[그림 1-26(b)]는 제너 다이오드의 전류-전압 특성곡선을 표시한 것으로 제너 다이오드도 순방향 영역에서는 실리콘 다이오드처럼 0.7[V]에서 도통되며, 누설영역('0'에서 항복영역 사이)에서는 아주 미소한 크기의 누설전류(역방향 전류)가 흐르는데, 제너 다이오드의 항복현상은 대단히 날카롭게 나타나며 전류의 증가는 거의 수직적으로 일어난다.

또한, [그림 1-26(b)]에 나타낸 제너 임계전류 I_{ZK}는 전압조정(일정한 전압)을 유지하기 위해서 필요로 하는 최소 전류를 의미한다. 제너 다이오드가 전압조정기로 사용될 때 다이오드를 통해서 흐르는 전류는 이런 크기 아래로 떨어져서는 안 된다.

최대 제너 전류 I_{ZM}은 소자의 손상이나 파괴 없이 사용할 수 있는 최대 허용 전류량을 의미하며, 제너 시험전류 I_{ZT}는 다이오드의 V_Z 정격에서 측정된 전류를 의미한다. 예를 들면 주어진 제너 다이오드의 V_Z값이 9.1[V]이고, I_{ZT}가 20[mA]라면 시험 전류가 20[mA]일 때 제너 다이오드는 9.1[V]의 역방향 전압을 가진다. 다른 전류값에서는 V_Z가 정격보다는 약간 작거나 크게 된다.

I_{ZT}는 시험전류 값이기 때문에 회로 해석에서 아주 중요한 값은 아니지만, 회로설계에서는 중요하다. 만약, V_Z의 정격에 가까운 제너 전압을 필요로 한다면 제너 시험전류 I_{ZT}와 동일한 전류를 갖도록 설계하여야 한다. 회로전류가 I_{ZT}로부터 증가한다면 V_Z는 자신의 정격으로부터 증가하게 된다. I_{ZK}와 I_{ZM}은 회로 해석과 소자 교체에서 중요하다.

정적 역방향 전류 I_R은 V_R이 V_Z보다 적은 경우의 제너 다이오드를 통해서 흐르는 역방향 전류이다. 즉, 제너 다이오드가 OFF된 상태에서의 역방향 누설전류이다.

여기서, 중요한 것은 항복영역에서는 전압이 제너 전압과 거의 같은 크기의 값으로 변화가 없다는 점이다. 제너 다이오드의 데이터시트에는 시험전류 I_{ZT}에서 특별한 값을 갖는 V_Z를 표시하고 있다.

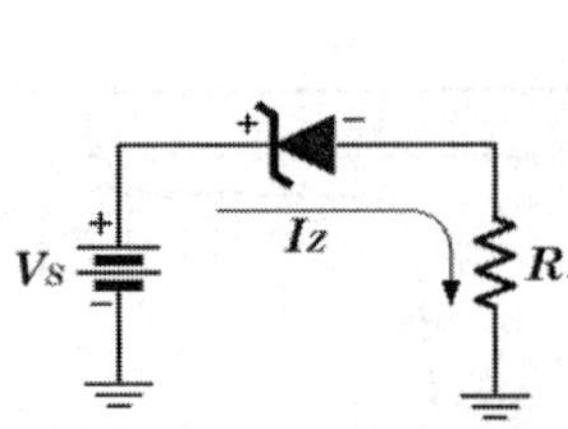

[그림 1-27] 제너 전류

제너 다이오드는 항상 역방향으로 바이어스 되기 때문에 제너 전류가 [그림 1-27]에 표시된 것처럼 화살표의 반대방향으로 흐른다. 그림에 표시된 것처럼 극성 표시는 캐소드가 애노드보다 더 정(positive)으로 된다. 따라서, 소자는 역방향으로 바이어스 되고, 전류의 흐름은 그림에 표시된 것과 같아진다.

제너 다이오드가 일반적인 다이오드의 전도방향과 동일한 방향으로 전도가 이루어지는가? 순방향 동작영역에서 동작하도록 사용될 수도 있을까? 거의 그렇지 않다는 점이다. 비록 제너 다이오드가 일반적인 pn 접합형 다이오드와 유사한 순방향 동작 특성을 가지고 있다고 하더라도 제너 다이오드는 전압조정기로 사용될 때 진가를 발휘하게 된다.

제너 다이오드가 순방향으로 바이어스 되면 제너 다이오드의 이런 특성을 잃어버리기 때문에 순방향 동작영역에서는 거의 사용되지 않는다. 제너 다이오드가 역방향 동작영역에서 동작하게 되면 소자 양단에 걸리는 전압은 제너 전압 V_Z로 일정하게 된다. 제너 전압 V_Z의 정격은 1.8[V]에서 수백 [V] 범위를 가지며, 소비전력 정격은 50[mW]에서 50[W] 사이의 범위를 가진다.

최대 정격

제너 다이오드의 기본적인 파라미터는 최대 정적상태 소비전력(maximum steady state power dissipation)과 전력 감소율(power derating factor)이다.

최대 정적상태 소비전력 정격은 역방향 항복에서 동작하는 제너 다이오드의 허용 가능한 최대 평균 소비전력 P_{ZM}이다. 이런 정격은 소자의 데이터 시트에 I_{ZM}이 표시되지 않은 경우 최대 제너 전류 I_{ZM}을 결정하기 위해서 사용된다.

제너 다이오드의 전력소비는 전압과 전류의 곱으로 표시된다. 즉,

$$P_Z = V_Z I_Z \tag{1-1}$$

예를 들어서 $V_Z = 10[\text{V}]$, $I_Z = 10[\text{mA}]$라면 $P_Z = 10\text{V} \times 10\text{mA} = 100[\text{mW}]$가 된다. 제너 다이오드의 소비전력 P_Z가 정격전력보다 적기만 하면 제너 다이오드는 파괴됨이 없이 항복영역에서 동작할 수 있다. 보통 구할 수 있는 제너 다이오드의 정격전력은 1/4[W]에서부터 50 이상까지 있다. 데이터시트에서는 정격전력 이내에서 견딜 수 있는

제너 다이오드의 최대 전류도 표시하고 있다. 최대 전류는 정격전력과 관계를 갖고 있는데 식 (1-2)와 같다.

$$I_{ZM} = \frac{P_{ZM}}{V_Z} \tag{1-2}$$

위식에서 I_{ZM}=최대 정격 제너 전류, P_{ZM}=제너 다이오드의 정격전력, V_Z=제너 전압을 의미한다. 예를 들어서 10[V] 제너 다이오드가 400[mW]의 전력전격을 가진다면 전류정격은 25[mA]이다.

다시 말하면, 제너 전류를 25[mA] 이하로 유지시키기에 충분한 전류제한 저항이 있다면 제너 다이오드는 파괴되지 않고(타지 않고) 항복영역에서 동작할 수 있다.

제너 저항

제너 다이오드가 항복영역에서 동작할 때 전류가 증가하더라도 전압의 변화는 미소한 크기만 증가한다. 이것은 제너 다이오드가 미소한 교류저항을 갖고 있다는 의미이다. 데이터시트에는 V_Z를 측정하기 위해서 사용된 시험 전에서의 제너 저항을 명시하고 있다(종종 제너 임피던스라 부른다).

시험전류 I_{ZT}에서의 제너 저항은 $R_{ZT}(Z_Z)$로 표시된다. 예를 들면 1N3020의 데이터 시트의 항목에는 $V_{ZT} = 10[\mathrm{V}]$, $I_{ZT} = 25[\mathrm{mA}]$, $Z_{ZT} = 7[\Omega]$으로 기록되어 있다. 이것은 제너 다이오드의 전압이 10[V]이고 I_{ZT}가 25[mA]일 때 제너 저항은 7[Ω]이라는 것을 표시하고 있다.

전압조정

제너 다이오드는 흘러가는 전류가 변한다고 할지라도 출력 측 전압을 일정하게 유지시키기 때문에 전압조정기라고 불린다.

제너 다이오드를 정상으로 동작시키기 위해서는 [그림 1-28]과 같이 역방향으로 바이어스를 걸어 주어야 하며, 항복현상을 발생시키기 위해서 전원전압 V_S는 제너 다이오드 항복전압 V_Z보다 크지 않으면 안 된다.

직렬로 연결된 저항 R_S는 제너 다이오드의 전류가 정격을 넘지 않도록 제한시켜 주는 역할을 한다. 그렇지 않다면 제너 다이오드는 과도한 전력소비 때문에 다른 소자와 마찬가지로 타버리게 된다.

직렬로 연결된 저항 양단에 걸리는 전압은 전원전압과 제너 전압의 차인 $V_S - V_Z$와 등가이며, 이때 저항을 통해 흐르는 전류는 식 (1-3)과 같다.

$$I_S = \frac{V_S - V_Z}{R_S} \tag{1-3}$$

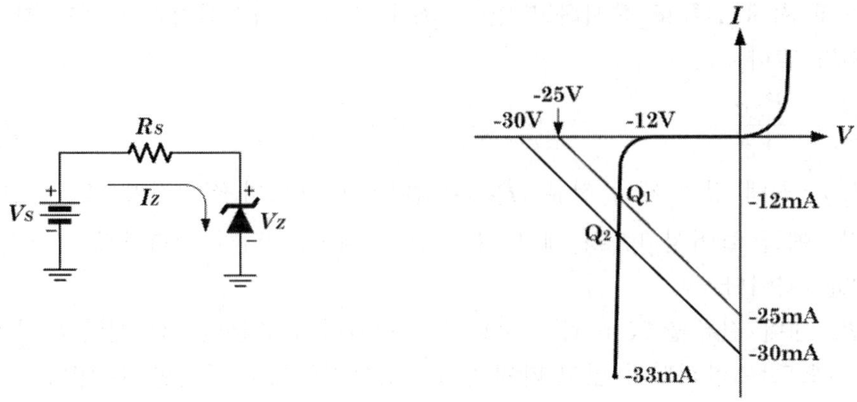

(a) 제너 다이오드 회로　　(b) 2개의 동작점 Q_1과 Q_2는 같은 전압값을 가진다.

[그림 1-28]

회로가 단일 루프이기 때문에 $I_S = I_Z$이다. 예를 들어서 $V_S = 25[\text{V}]$, $R_S = 1[\text{k}\Omega]$이라고 가정하면 식 (1-3)은

$$I_S = \frac{25\text{V} - V_Z}{1000\,\Omega}$$

가 된다. 앞에서처럼 V_Z를 '0'으로 놓고 풀면 포화점(수직축 교점)이 얻어지고 이때 I_Z의 크기는 25[mA]가 된다.

유사하게 cutoff(차단) point(수평축 교점)를 얻기 위해서는 I_Z를 '0'으로 놓고, V_Z를 구하면 되는데, 이때 V_Z의 크기가 25[V]가 된다. 또 다른 방법은 다음과 같은 방식에 의해서 부하선의 끝을 구할 수 있다.

[그림 1-28(a)]를 $V_S = 25[\text{V}]$, $R_S = 1[\text{k}\Omega]$으로 형상화시켜 보자. 제너 다이오드가 단락되었을 때 최대 다이오드 전류는 25[mA]이고, 다이오드를 개방시키면 최대 다이오드 전압은 25[V]가 된다. 제너 다이오드가 12[V]의 항복전압(breakdown voltage)을 가진다고 가정하면 I-V 특성곡선은 [그림 1-28(b)]와 같이 표시된다.

[그림 1-28(b)]에서 $V_S = 25[\text{V}]$이고, $R_S = l[\text{k}\Omega]$이라고 한다면 부하선은 위쪽에 나타나고, 교차점 Q_1이 동작점으로 표시된다. 제너 다이오드 양단에 걸리는 전압이 항복영역에서 임계전압(knee voltage)보다 조금 크게 되므로, I-V 특성곡선이 약간의 경사(slope)를 가진다.

전압조정이 어떻게 이루어지는가를 이해하기 위해서 전원전압을 30[V]로 변화시켰다고 가정하면 제너 전류는

$$I_Z = \frac{30\text{V} - V_Z}{1000\,\Omega}$$

로 변하게 된다.

[그림 1-28(b)]에 표시된 것처럼 부하선의 양 끝은 -30[V]와 -30[mA]를 표시하고 있고, I-V 특성곡선과의 새로운 교차점 Q_2가 얻어진다. 여기서 Q_1과 Q_2점을 비교해 보면 전류의 세기는 달라졌지만, 전압은 거의 변하지 않고 있음을 확인할 수 있다.

전원전압이 25[V]에서 30[V]까지 변한다 해도 제너 전압은 12[V]에 가까운 값을 유지하게 된다. 이것이 바로 전압조정의 원리이다. 다시 말하자면 입력전압이 매우 큰 범위에서 변화한다 해도 출력전압은 항상 일정한 값을 유지하게 된다.

제너 다이오드의 검사

제너 다이오드 검사는 양방향으로 전류가 흐르도록 설계되기 때문에 pn 접합형 다이오드와 동일한 방법으로 저항계를 사용하여 검사할 수 없기 때문에 [그림 1-29]에 표시된 것처럼 전원이 인가된 상태에서 제너 다이오드 양단에 전압계를 연결하여 검사하여야 한다. 만약, 제너 다이오드 양단에 걸리는 전압이 지정된 전압과 같다면 제너 다이오드는 정상적으로 동작하지만, 제너 다이오드 양단에 걸리는 전압이 비정상이라면 다음과 같은 단계를 거쳐서 검사하면 된다.

① 입력전원의 크기를 측정한다. 만약 입력전원의 크기가 제너 전압보다 적다면 제너 다이오드는 고장상태가 되는데, 이것은 입력전원의 크기가 제너 다이오드를 역방향 항복영역에서 동작하도록 하는 데 필요한 만큼 크기가 크지 않기 때문이다.

② 직렬저항 R_S가 단락되었는지 혹은 개방상태인지를 검사한다. 직렬저항이 개방상태라면 모든 입력전압이 직렬저항 양단에 나타나고, 제너 다이오드 양단에는 전압이 걸리지 않는다. 직렬저항이 단락상태라면 전류제한 기능을 상실하기 때문에 제너 다이오드는 과도한 전류에 의해서 타버리게 된다.

③ 부하저항 양단이 단락상태인지를 검사한다. 부하저항이 단락된다면 제너 양단의 전압이 '0'[V]인 것처럼 보이게 되고, 제너가 마치 고장상태인 것처럼 된다. 이런 문제를 해결하기 위해서는 부하저항을 회로에서 제거시키면 되는데 이런 경우 제너 다이오드는 정상적으로 동작하게 된다.

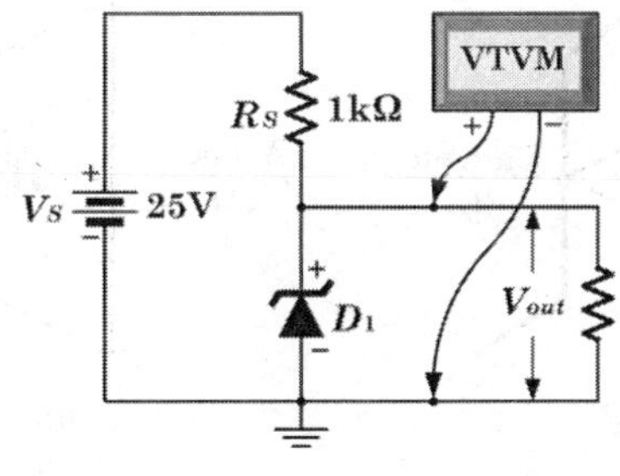

[그림 1-29] 제너 다이오드의 검사

만약 이와 같은 세 가지의 측정이 실행될 때 제너 다이오드가 고장상태라면 교체하면 된다.

확인문제 1-7

1. 제너 다이오드는 항복을 초과하는 전압에서 동작하도록 특별히 설계되었다. 사실인가? 거짓인가?
2. 대부분의 응용에서 제너 다이오드는 (   )으로 바이어스 된다.
3. 제너 다이오드 기호와 pn 접합형 다이오드 기호의 차이점은 무엇인가?
4. 제너 전압조정회로에서 직렬저항 양단에 걸리는 전압은 입력전압의 변화와 같이 일정하게 유지된다.
5. 전압조정기 회로는 (   )과 (   )이 변화해도 출력전압을 일정하게 공급한다.

해답 **1.** 사실 **2.** 역방향 **3.** 수직선의 막대가 영문자 Z로 대체된다. **4.** 사실 **5.** 부하저항, 입력전압

제너 다이오드의 2차 근시해석법

이상적인 제너 다이오드는 고장진단과 기초적인 설계에서 항복영역을 수직처럼 근사화시킬 수 있다. 이것은 제너 다이오드의 저항을 무시한 것으로 전류의 세기가 변한다 하더라도 전압이 일정하다는 의미이다.

[그림 1-30(a)]는 제너 다이오드의 근사법을 표시하고 있다. 이것은 제너 다이오드는 항복영역에서 마치 전지인 것처럼 동작한다는 의미로 회로에서 제너 다이오드는 전압원 V_Z로 대치시켜서 사용할 수 있으나, 전류-전압 특성곡선에서 항복영역은 제너 저항 때문에 정확하게 수직은 아니다.

[그림 1-30(b)]는 2차 근사법을 사용했을 때 제너 다이오드가 어떻게 형상화되는가를 표시하고 있다. 그림에 표시된 것처럼 제너 저항이(비록 작은 크기이지만) 이상적인 제너 전지와 직렬로 연결되어 있다.

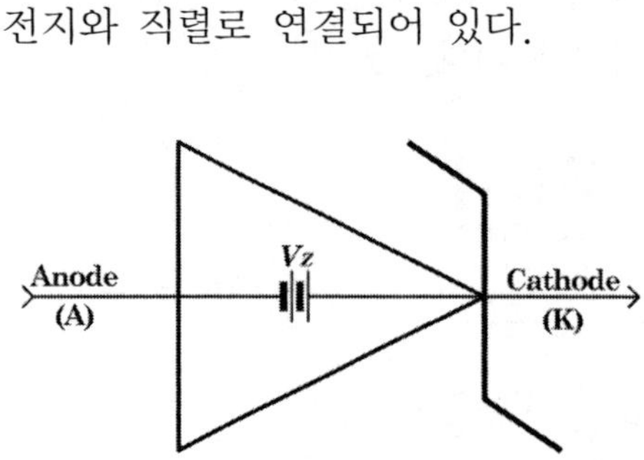

(a) 이상적인 경우

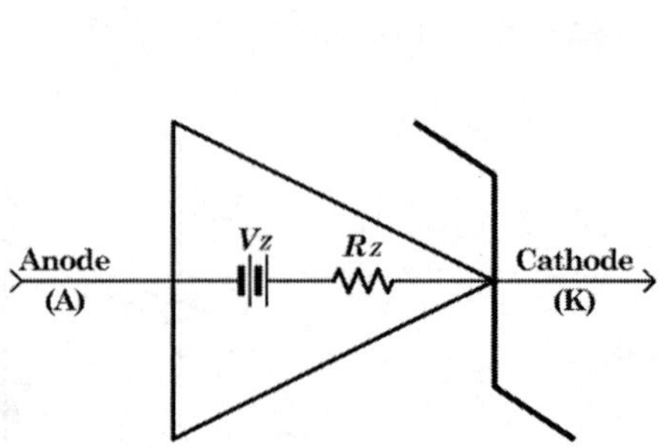

(b) 2차 근사화법

[그림 1-30] 제너 다이오드의 근사해석

저항은 전류의 세기가 증가하게 되면 $I \times R$ 이상의 전압강하를 시킨다. 따라서, 회로 설계 시에는 제너 저항을 고려해야 한다. 비록 R_Z가 작다고 하더라도 전류의 변화가 클 경우에는 수십 분의 1 볼트 정도 전압의 변동이 발생된다.

예를 들면 [그림 1-28(b)]에 표시된 것처럼 Q_1에서의 전압은 $V_1 = I_1 \cdot R_Z + V_Z$로 표시되고, Q_2에서의 전압은 $V_2 = I_2 \cdot R_Z + V_Z$로 표시된다.

전압의 변화는 $V_2 - V_1 = (I_2 - I_1)R_Z$가 되고 일반화해서 표시하면 식 (1-4)와 같이 표시된다.

$$\Delta V_Z = \Delta I_Z R_Z \tag{1-4}$$

여기서 ΔV_Z는 제너 전압의 변화값, ΔI_Z는 제너 전류의 변화값, R_Z는 제너 저항을 의미한다.

예제 1-3 [그림 1-31(a)]에 표시된 제너 다이오드가 $V_Z = 12[V]$를 가질 때 이상적인 제너 다이오드의 근사해석법을 사용해서 최대 제너 전류와 최소 제너 전류값을 구하시오.

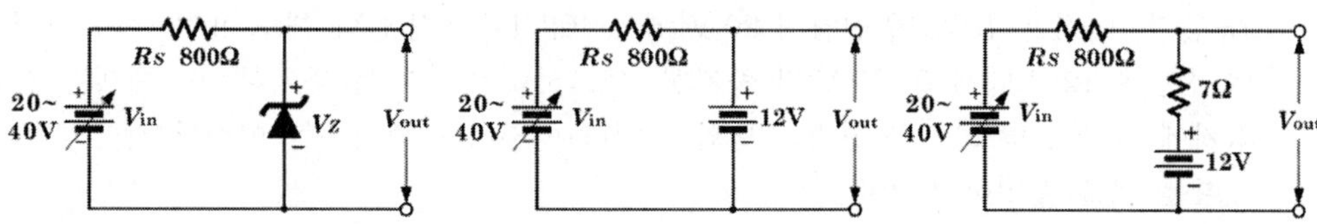

[그림 1-31] 전압조정기

풀이 인가되는 전압은 20~40[V]로 표시된 제너 다이오드의 항복전압(12[V])보다 크다. 따라서 제너 다이오드는 [그림 1-31(b)]에서 표시된 것처럼 전지와 같이 형상화시킬 수 있다. 이것은 입력전압이 20~40[V]까지 변화한다고 하더라도 출력전압은 12[V]로 일정하다는 의미이다. 직렬저항을 통해서 흐르는 전류 I_S를 구하면

$$I_S = \frac{V_S - 12\text{V}}{820\Omega}$$

이다. 회로는 단일 루프를 갖기 때문에 저항을 통해서 흐르는 전류의 세기 I_S와 제너 다이오드를 통해서 흐르는 제너 전류 I_Z의 크기가 같다. 제너 다이오드의 최소 제너 전류 $I_{Z(\min)}$을 구하면,

$$I_{Z(\min)} = \frac{20\text{V} - 12\text{V}}{800\Omega} = 10[\text{mA}]$$

이고, 최대 제너 전류 $I_{Z(\max)}$를 구하면

$$I_{Z(\max)} = \frac{40\text{V} - 12\text{V}}{800\Omega} = 35[\text{mA}]$$

가 된다. [그림 1-31(a)]에 표시된 것과 같은 전압조정기는 입력전원전압의 크기가 20[V]에서 40[V]까지 변화하는 동안 출력전압을 12[V]로 일정하게 유지시킨다. 따라서 큰 제너 전원전압은 더 큰 제너 전류를 흐르게 하지만 출력전압은 12[V]로 고정시켜 준다.

예제 1-4 〈예제 1-3〉의 회로에서 제너 다이오드가 7Ω의 저항을 가진다고 가정하면 전원전압이 20[V]에서 40[V]까지 변화될 때 2차 근사해석법을 사용해서 제너 전압의 변화는 얼마인지 계산하시오.

풀이 [그림 1-31(c)]의 회로는 제너 다이오드의 2차 근사해석법을 표시한 것이다. 제너 저항이 7[Ω]이므로 전원저항 800[Ω]과 비교할 때 매우 적은 양이기 때문에 무시될 수 있다.

다시 말하자면 제너 저항 R_Z는 제너 전류에 아무런 영향을 미치지 못하고, 전압이 20[V]에서 40[V]로 변하면 전류의 세기는 앞의 예제에서 구했던 것처럼 10[mA]에서 35[mA]까지 변화한다. 그러나 전류가 변화함에 따라서 출력의 전압은 조금 변화한다. 식 (1-4)를 이용하면

$$\Delta V_Z = (35\text{mA} - 10\text{mA}) \times 7\Omega = 0.175[\text{V}]$$

가 된다. 이것은 입력전원전압이 20[V]에서 40[V]까지 변한다 해도 제너 다이오드의 제너 전압은 12[V]에서 0.175[V]가 증가한 12.175[V]가 된다는 뜻이다. 이 예제는 전압조정기에 관한 설명으로 큰 입력의 변화가 있다 할지라도 출력에는 미소한 전압의 변화가 있다는 것을 설명하고 있다.

1-10 | 제너 조정기

[그림 1-32]는 부하저항 양단의 전압을 조정하기 위해서 사용되는 제너 다이오드 조정기를 보여주고 있다. 이 회로는 두 개의 루프를 갖고 있기 때문에 앞에서 살펴본 회로들보다는 복잡하게 보이지만, 제너 다이오드가 갖는 기본적인 개념, 즉 항복영역에서 동작되고 출력전압을 일정하게 유지시키는 특성은 같다.

테브닌 전압

고장 진단이나 설계를 할 때는 전류와 전압 사이의 어떤 기본적인 관계를 알아 둘 필요가 있는데, 첫 번째 할 일은 제너 다이오드가 항복영역에서 동작하는가를 검사하는 것이다.

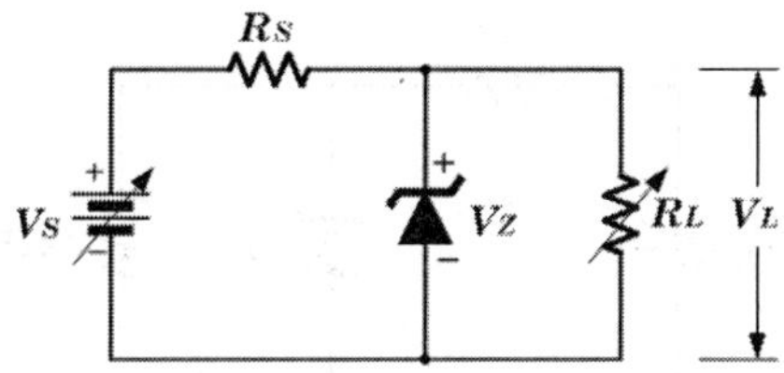

[그림 1-32] 제너 조정기

부하저항 때문에 제너 다이오드를 구동시키는 테브닌 전압은 전원전압보다 적다. 제너 다이오드를 구동시키는 테브닌 전압은 무엇인가? 제너 다이오드를 회로에서 분리해서 형상화하면 전압분배는 R_S와 R_L에 의해서 이루어지고, 테브닌 전압은 식 (1–5)와 같다.

$$V_{TH} = \frac{R_L}{R_S + R_L} V_S \tag{1–5}$$

제너 다이오드의 항복동작은 V_{TH}가 V_Z보다 큰 경우에 일어난다. 이것이 어떤 제너 전압조정기에서도 만족되어야 하는 첫 번째 관계이다. 제너 다이오드가 항복영역에 있다고 가정하고, 다음을 계산해 보자.

직렬저항 R_S을 통해서 흐르는 전류세기는 식 (1–6)과 같다.

$$I_S = \frac{V_S - V_Z}{R_S} \tag{1–6}$$

▌부하전류와 제너 전류

제너 저항은 일반적으로 매우 적은 영향만을 끼치기 때문에 부하전압을 근사화시키면 식 (1–7)과 같고 여기에 옴의 법칙을 사용해서 부하전류를 구하면 식 (1–8)과 같다.

$$V_L \cong V_Z \tag{1–7}$$

$$I_L = \frac{V_L}{R_L} \tag{1–8}$$

회로는 두 개의 루프를 갖기 때문에 제너 다이오드와 부하저항의 접점에서 직렬전류가 분리되고 키르히호프의 전류 법칙을 사용하면 $I_S = I_Z + I_L$이 되고, 제너 전류 I를 구하면 식 (1–9)와 같이 표시된다.

$$I_Z = I_S - I_L \tag{1–9}$$

예제 1–5 [그림 1–33]에 표시된 전압조정기의 동작 여부를 확인하고, 제너 전류를 구하시오.

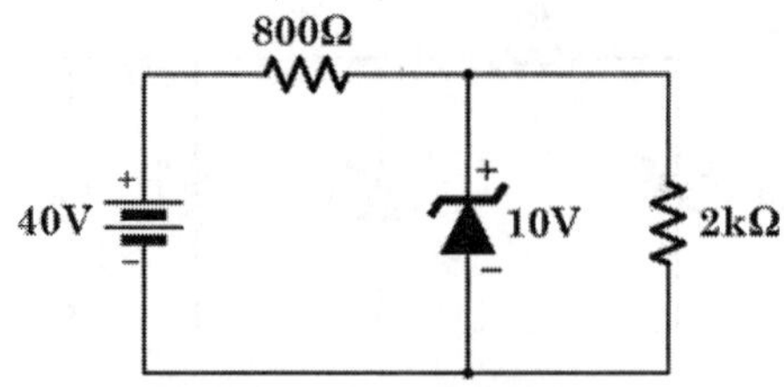

[그림 1-33]

● **풀이** [그림 1-33]에서 제너 다이오드를 구동시키는 테브닌 전압을 구해 보면

$$V_{TH}=\frac{R_L}{R_S+R_L}V_S=\frac{2\text{k}\Omega}{800\text{k}\Omega+2\text{k}\Omega}40\text{V}=28.5[\text{V}]$$

이다. V_{TH}는 제너 전압보다 크기 때문에 항복영역에서 동작하는 데 적절하며 직류전류를 구해 보면 I_S는

$$I_S=\frac{V_S-V_Z}{R_S}=\frac{40\text{V}-10\text{V}}{800\Omega}=37.5[\text{mA}]$$

가 구해진다. 부하전압이 거의 10[V]에 가까우므로 부하전류는

$$I_L=\frac{V_L}{R_L}=\frac{10\text{V}}{2\text{k}\Omega}=5[\text{mA}]$$

이다. 따라서 제너 전류는 다음과 같다.

$$I_Z=I_S-I_L=37.5\text{mA}-5\text{nA}=32.2[\text{mA}]$$

부하저항 양단에서의 리플

[그림 1-34(a)]에서 콘덴서 입력형 필터를 갖는 정류기가 제너 조정기를 구동하는 것일 수 있다.

이것은 2가지 영향이 있는데, 그 첫째는 전력선의 변화에 의한 정류된 피크 전압이 변화해도 부하전압은 거의 일정하게 유추된다는 것이고, 둘째는 제너 조정기가 리플의 피크-피크 값을 감소시키는 것이다.

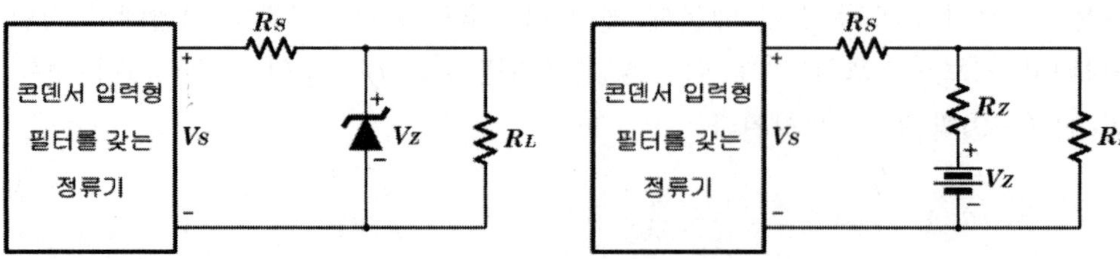

(a) 제너 조정기　　(b) 2차 근사해석법

[그림 1-34] 리플의 영향

리플의 감소는 얼마의 크기만큼 일어나는가? 제너 다이오드의 제2차 근사해석법에 의해서 [그림 1–34(b)]와 같이 형상화시키면 방전이 일어나는 순간 직렬저항을 통해서 흐르는 전류 I_S는

$$I_{S(\max)} \cong \frac{V_{S(\max)} - V_Z}{R_S}$$

로 구해진다. 방전이 끝날 때는

$$I_{S(\min)} \cong \frac{V_{S(\min)} - V_Z}{R_S}$$

이 된다. 두 식을 빼면

$$I_{S(\max)} - I_{S(\min)} \cong \frac{V_{S(\max)} - V_{S(\min)}}{R_S}$$

로 표시된다. 이것을 일반식으로 고치면

$$\Delta I_S \cong \frac{\Delta V_S}{R_S}$$

로 표시할 수 있고, 다시 정리하면

$$\Delta V_S \cong \Delta I_S \times R_S$$

이다. 이것은 입력의 피크–피크 리플은 (직렬전류의 변화×직렬저항)으로 구할 수 있다는 것을 의미한다. 앞에서 사용한 것처럼 제너 전압 ΔV_Z는

$$\Delta V_Z \cong \Delta I_Z \times R_Z$$

가 된다. [그림 1–34(b)]에서 최대로 변화한다면 제너 다이오드 양단에 걸리는 피크–피크 리플은 (제너 저항×제너 전류의 변화값)과 같다. 따라서 입력 리플에 대한 출력 리플의 비를 구하면

$$\frac{\Delta V_Z}{\Delta V_S} = \frac{\Delta I_Z \times R_Z}{\Delta I_S \times R_S}$$

이다. 일정한 부하저항에서의 제너 전류의 변화값은 전원전류의 변화값과 같기 때문에 위식을 간략화하면($\Delta I_Z = \Delta I_S$) 식 (1–10)으로 쓸 수 있다.

$$\frac{\Delta V_Z}{\Delta V_S} = \frac{R_Z}{R_S} \tag{1–10}$$

여기서 ΔV_Z는 출력 리플, ΔV_S는 입력 리플, R_Z는 제너 저항, R_S는 직렬저항이다. 식 (1–10)은 입력과 출력 리플의 관계를 표시하는 식으로 아주 유용하게 사용된다.

따라서 입력 리플에 대한 출력 리플의 비는 직렬저항에 대한 제너 저항의 비와 같음을 알 수 있다. 예를 들어서 제너 저항이 8Ω이고 직렬저항이 800Ω이라면 출력의 리플은 입력 리플의 1/100이 된다.

제너 이탈점

출력전압을 일정하게 유지시키기 위해서 사용되는 제너 전압조정기의 제너 다이오드는 모든 동작 조건을 만족하면서 항복영역에서 동작하여야 한다. 이것은 모든 전원전압과 부하전류에 대한 제너 전류가 존재해야만 한다는 뜻이다.

최소 전원전압과 최대 부하전류를 갖는 최악의 경우에는 제너 전류는 크기가 최소로 줄어들게 된다. 예를 들면

$$I_{S(\min)} = \frac{V_{S(\min)} - V_Z}{R_{S(\max)}}$$

이다. 이 식을 다시 정리하면 식 (1-11)이 된다.

$$R_{S(\max)} = \frac{V_{S(\min)} - V_Z}{I_{S(\min)}} \tag{1-11}$$

이미 앞에서 제너 전류 I_Z는

$$I_Z = I_S - I_L$$

로 표시한 바 있다. 최악의 경우를 다시 쓰면

$$I_{Z(\min)} = I_{S(\min)} - I_{L(\max)}$$

가 된다. 따라서 최대 부하전류가 최소 직렬전류와 크기가 같다면 임계점이 발생한다.

$$I_{L(\max)} = I_{S(\min)}$$

이 점에서 제너 전류는 0으로 떨어지고 전압조정 기능을 상실한다. 식 (1-11)에서 $I_{S(\min)}$ 대신에 $I_{L(\max)}$를 대입하면 식 (1-12)와 같이 유용한 관계식을 얻을 수 있다.

$$R_{S(\max)} = \frac{V_{S(\min)} - V_Z}{I_{L(\max)}} \tag{1-12}$$

여기서 $R_{S(\max)}$는 직렬저항의 임계값, $V_{S(\min)}$은 최소의 전원전압, V_Z는 제너 전압, $I_{L(\max)}$는 최대 부하전류이다. 임계저항 $R_{S(\max)}$는 허용되는 최대 직렬저항이다. 직렬저항 R_S는 임계값보다 크기가 항상 작아야 한다.

그렇지 않을 경우는 항복동작을 상실하고 전압조정 기능도 수행할 수 없게 된다. 이런 경우 일정한 부하전압도 얻을 수 없게 되고, 리플은 입력 리플 크기로 커지게 된다.

예제 1-6 입력전압이 15~25[V]이고, 부하전류가 10~20[mA]인 제너 전압조정기가 있다. 만약 제너 다이오드 전압이 6.8[V]이면 직렬저항의 크기는 얼마인가?

풀이 최악의 경우인 최소 전원전압과 최대 부하전류를 고려하면 식 (1-12)를 사용해서 임계 직렬저항을 구해야 한다.

$$R_{S(\max)} = \frac{V_{S(\min)} - V_Z}{I_{S(\min)}} = \frac{15\text{V} - 6.8\text{V}}{20\text{mA}} = 410[\Omega]$$

따라서 제너 다이오드가 최악의 조건을 만족하면서 항복영역에서 동작하기 위해서는 직렬저항의 410[Ω]보다는 작아야 한다.

예제 1-7 [그림 1-35]는 출력 전압조정기를 구동시키는 입력 전압조정기를 표시하고 있다. 전원은 30[V]에서 55[V]까지 변하는 큰 리플을 갖는데, 최종 출력전압과 리플은 얼마인지 구해 보시오.

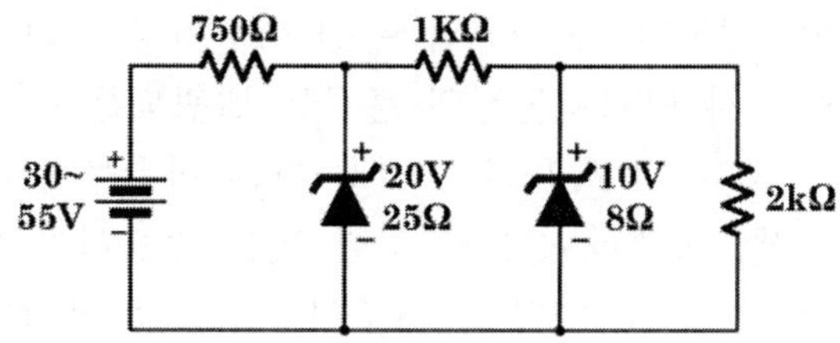

[그림 1-35]

풀이 첫째 입력 전압조정기는 20[V]의 출력전압을 갖는데, 이것은 10[V]의 출력전압을 갖는 두 번째 제너 전압조정기의 입력이 된다. 기본적인 개념은 두 번째 전압조정기의 잘 조정된 입력을 제공해 주기 위한 것으로 최종 출력은 잘 조정된다. 첫 번째 제너 다이오드는 25[Ω]의 제너 저항을 갖는데 입력 측 전압조정기에 대한 제너 저항에 직렬저항의 비는 0.0333이다.

$$\frac{\Delta V_Z}{\Delta V_S} = \frac{R_Z}{R_S} = \frac{25\Omega}{750\Omega} = 0.0333$$

이것은 입력 전압조정기의 리플이

$$\Delta V = 0.0333 \times 25\text{V} = 0.833[\text{V}]$$

가 된다는 의미이고, 두 번째 제너 다이오드가 7S2의 제너 저항을 갖고 있으므로 저항비는 0.007로 나타난다.

$$\frac{\Delta V_Z}{\Delta V_S} = \frac{R_Z}{R_S} = \frac{8\Omega}{1000\Omega} = 0.008$$

따라서 최종 출력 리플은

$$\Delta V_{\text{OUT}} = 0.008 \times 0.833\text{V} = 0.00666[\text{V}]$$

가 된다. 이런 입력 전압조정기의 사용은 전원전압의 변화에 대한 매우 안정한 전압조정을 원할 때 이루어진다. 직렬로 연결된 제너 전압조정기는 전체 리플을 감소가저항비의 곱으로 나타난다. 기호로 쓰면 다음과 같다.

$$\frac{\Delta V_{\text{OUT}}}{\Delta V_{\text{IN}}} = \frac{R_{Z1}}{R_{S1}} \times \frac{R_{Z2}}{R_{S2}}$$

1-11 | 발광 다이오드

발광 다이오드는 자신의 단자에 전류나 전압이 인가될 때 빛을 발생시키는 반도체 소자로, 광전자 소자로 구분되기도 하는데 이것은 발광 다이오드가 광학과 전자공학의 결합체이기 때문이다. 따라서, 백열전구에 비해서 긴 수명과 낮은 소비전력을 갖기 때문에 전자장비, 표시장치, 광고판 등 가정용 광원으로 가장 널리 사용된다.

LED를 구성하기 위해서 사용되는 물질의 종류는 발광되는 주파수와 색깔을 결정한다. 예를 들면, LED를 제조할 때 사용되는 서로 다른 화합물이 LED가 적절하게 바이어스 될 때 빨강색, 노랑색, 녹색과 같은 다양한 빛을 발광시키며, 적외선 다이오드의 경우, 발광하는 빛을 눈으로 볼 수 없다. 즉, 주어진 LED의 색깔(color)은 소자를 제조하기 위해서 사용되는 원소의 조합에 의해서 결정된다.

LED에 주로 사용되는 원소로는 갈륨(gallium : Ga)과 비소(arsenic : As), 알루미늄(aluminum : Al), 인듐(indium : In), 인(phosphorus : P), 질소(nitrogen : N) 중 하나 이상의 원소와 함께 사용된다.

[그림 1-36(a)]는 가장 널리 사용되는 LED의 회로기호를 표시하고 있다. 두 개의 화살표는 LED가 발광하고 있음을 표시한다.

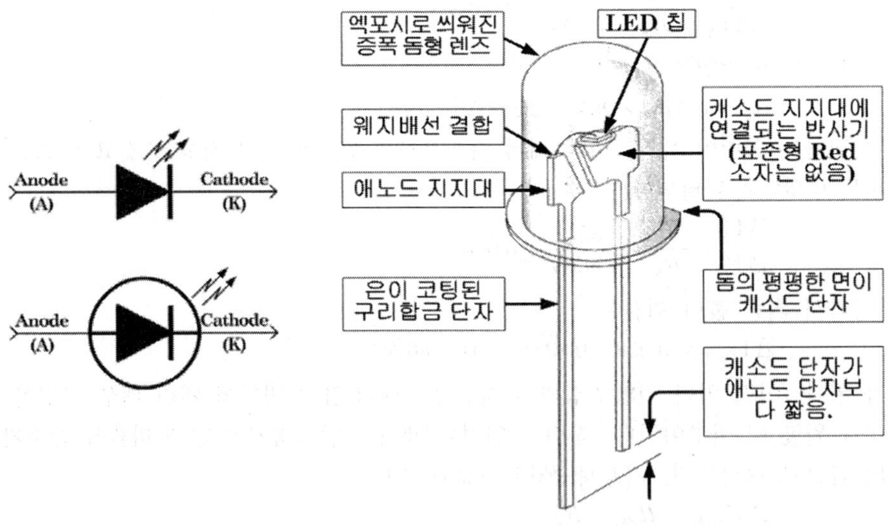

(a) 회로기호 (b) 패키지 구조

[그림 1-36] 발광 다이오드

[그림 1-36(b)]는 일반적인 LED 패키지이며, 패키지에는 애노드와 캐소드에 연결되는 두 단자가 포함된다. LED가 포함된 반투명 케이스와 렌즈로 되어 있다. 그림을 잘 참조하면 LED칩이 애노드 단자에 직접 연결되는 데 비해서 LED칩이 가는 도선에 의해서 캐소드 단자에 연결된다.

돔 형태의 플라스틱(에폭시) 케이스는 렌즈로 사용되고, LED칩으로부터 도통되는 빛을 증폭시키는 역할을 한다. 렌즈 물질, 렌즈의 형태, 렌즈로부터 LED칩 사이의 거리를 조절하면 다양한 방사 형태를 구할 수 있다.

[그림 1-37]은 LED의 애노드와 캐소드 단자를 구분하기 위한 두 가지 방식을 나타낸 것이다. 즉, 캐소드 단자는 애노드 단자에 비해서 짧은 단자를 가지거나, 단자가 편평하고 케이스의 편평한 면에 가까이 있게 되어서 애노드 단자와 구분된다.

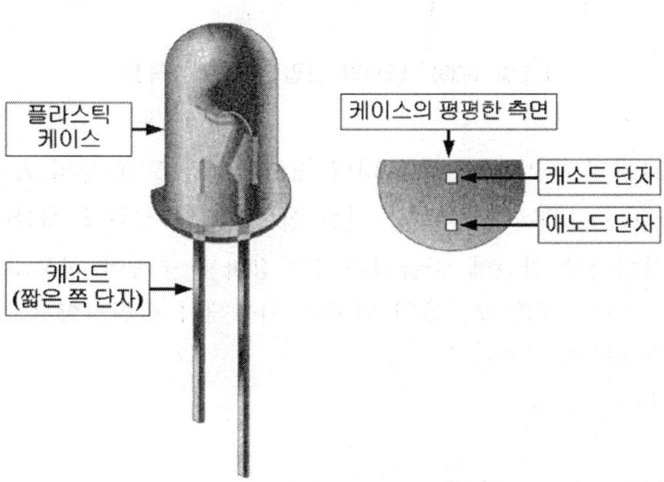

[그림 1-37] 발광 다이오드 단자 구분법

LED의 특성

발광 다이오드의 특성곡선은 [그림 1-38]에 표시한 것처럼 기본적인 pn 접합 다이오드의 특성곡선과 거의 동일하다. 순방향 특성을 학습하면 여러분들은 높은 순방향 전압정격(V_F는 보통 +1[V]에서 +3[V] 사이이다)과 낮은 순방향 전류정격(I_F는 보통 20[mA]에서 50[mA] 사이이다)을 확인할 수 있다. 대부분의 응용회로에서 LED는 2[V]의 순방향 전압강하와 20[mA]의 순방향 전류를 가진다.

LED는 [그림 1-38]에 표시된 것처럼 순방향 전류가 LED의 최대 순방향 전류 I_{FM}이나 I_{FMAX}를 초과하지 않도록 제한하는 직렬로 연결된 전류제한용 저항에 의해서 과도한 전류부터 다이오드가 손상되지 않도록 보호된다.

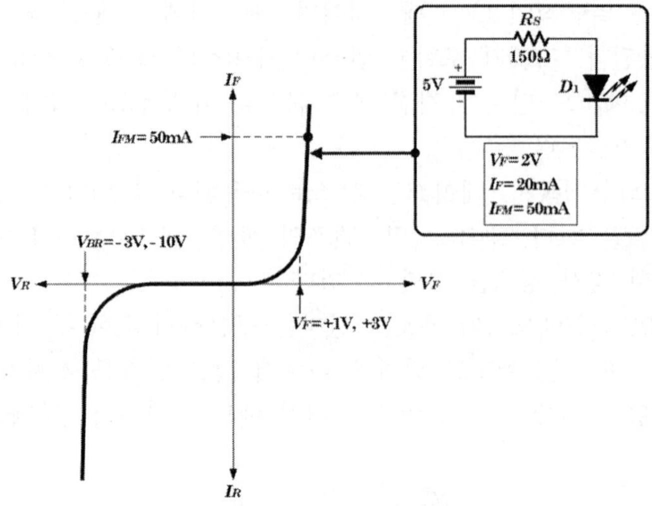

[그림 1-38] LED의 전압전류 특성곡선

이런 예에서 +5[V]의 전압원이 150[Ω]의 직렬저항과 50[mA]의 I_{FM} 정격과 2.8[V]의 V_F 정격을 가지는 LED에 인가된다. 이런 회로에서의 전류를 계산하기 위해서는 전원전압으로부터 직렬저항 양단에 공급되는 전압강하를 구해야 하므로 LED 양단에 걸리는 2[V]의 전압강하를 빼준 후, 옴의 법칙을 이용해서 직렬저항으로 저항 양단에 나타나는 전압강하를 나누면 된다.

$$I_S = \frac{V_S - V_{LED}}{R_S}$$

$$I_S = \frac{5\text{V} - 2\text{V}}{150\Omega} = \frac{3\text{V}}{150\Omega} = 20[\text{mA}]$$

역방향 특성으로부터 알 수 있듯이, LED의 역방향 항복전압이 접합형 다이오드의 항복전압에 비해서 대단히 적다는 사실을 확인할 수 있다(V_{BR}이 보통 −3[V]에서 −10[V]). 이것은 LED가 아주 적은 역방향 전압에서도 항복되거나 손상당하게 된다는 사실을 의미하게 된다.

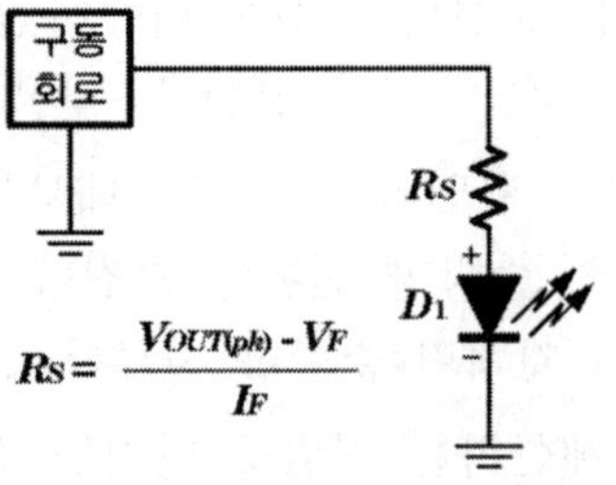

[그림 1-39] 전류제한용 저항

대부분의 LED들은 100[mA] 이하의 순방향 전류를 가진다. 이런 이유 때문에 LED를 실제 응용회로에서 사용하는 경우에는 [그림 1-39]와 같이 반드시 전류제한용 저항이 직렬로 연결된다.

저항은 회로전류가 LED 최대 전류정격을 초과하지 못하도록 동작한다. 회로에 표시된 것처럼 전류제한용 저항의 크기는 식 (1-13)처럼 구해진다.

$$R_S = \frac{V_{OUT(pk)} - V_F}{I_F} \tag{1-13}$$

위 식에서 $V_{OUT(pk)}$는 구동회로의 피크 출력전압을 의미하며, V_F 및 I_F는 LED의 최소 V_F 및 I_F를 의미한다.

안전한 여유를 제공하기 위해 식 (1-13)에서 사용되는 I_F는 LED의 최대 순방향 전류정격의 80[%]보다 크지 않아야 한다.

■ 다중 컬러 LED

다이오드 중 일부는 인가전압의 한 가지 극성에서 첫 번째 색깔의 빛을 발광하며, 극성이 반대로 바이어스 되는 경우에 두 번째 색깔의 빛을 발광하게 되고, 바이어스 전압의 극성이 빠르게 스위칭 되면 다중 컬러 LED는 세 번째 색깔의 빛을 발광하게 된다.

[그림 1-40]은 다중 컬러 LED의 회로기호를 나타내었다.

다중 컬러 LED는 두 개의 pn 접합형 다이오드로 구성되는데, 한 번에 하나의 다이오드만이 발광된다. LED 접합은 반드시 순방향으로 바이어스 되는 경우에만 발광하기 때문에 두 개의 다이오드는 서로 반대방향으로 병렬연결 된다. 이것은 각 다이오드의 애노드가 다른 다이오드의 캐소드와 연결된다는 의미이다. 즉, [그림 1-40(a)]에 표시된 것처럼 LED에 정(+) 전위가 인가된다면 구동전류가 왼쪽의 다이오드를 통해서 흐르게 되므로 왼쪽의 다이오드가 빛을 발광하게 된다.

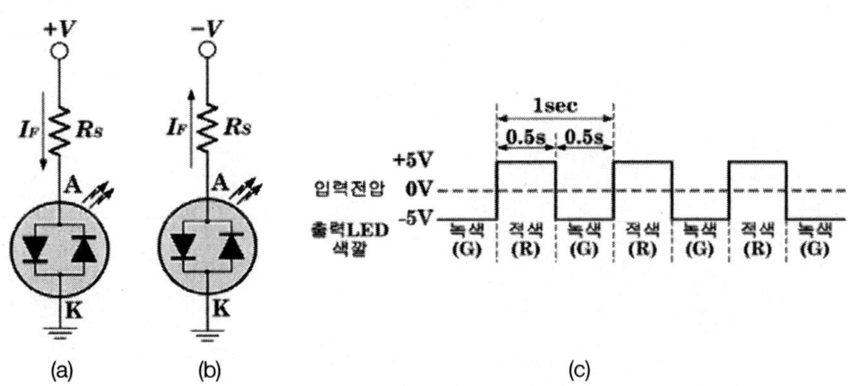

[그림 1-40] 다중 컬러 LED

만약 [그림 1-40(b)]에 표시된 것처럼 부(−) 전위가 인가된다면 오직 오른쪽 다이오드를 통해서 전류가 흐르기 때문에 오른쪽의 다이오드가 빛을 발광하게 된다.

따라서 다중 컬러 LED인 경우에는 적색과 녹색 다이오드가 연결되기 때문에 한쪽 극성에서는 적색의 빛이 발광되고 반대의 극성에서는 녹색의 빛이 발광된다. 만약 다중 컬러 LED가 두 극성 사이를 아주 빠르게 스위칭한다면 세 번째 빛을 발광하게 된다. 예를 들면 적색과 녹색 LED가 순방향 바이어스와 역방향 바이어스 사이에서 앞뒤로 빠르게 스위칭하게 되면 노랑색 빛이 발광된다.

[그림 1-40(c)]는 1[Hz]의 주파수를 가지는 +5[V]의 피크 값을 갖는 구형파가 LED와 전류제한용 저항을 통해서 인가될 때 이런 소자들이 어떻게 동작하는지를 보여준다. 즉, 입력전압이 정(+)으로 되면 오른쪽의 적색 LED가 순방향으로 바이어스 되고 ON 된다. 입력전압이 반대로 부(−)로 되면 왼쪽의 녹색 LED가 순방향으로 바이어스 되고 ON 상태로 된다. 만약 1[Hz]의 입력전압이 0.5초 동안만 정(+)으로 변하고 0.5초 동안 부(−)로 된다면 LED 패키지는 0.5초 동안은 적색으로, 나머지 0.5초 동안은 녹색으로 번쩍이게 되고, 이런 주기를 반복하게 된다.

확인문제 1-8

1. 발광 다이오드는 pn 접합형 다이오드의 (   ) 바이어스와 (   ) 바이어스의 조합 결과로 빛을 발산하게 된다.

2. 무엇이 LED가 발광하는 빛의 색을 결정하는가?

3. 순방향으로 바이어스 되는 LED의 전압강하는 얼마인가?

(a) 0.7[V] (b) 2[V] (c) 0.3[V] (d) 5.6[V]

4. (   )은 순방향 전류 I_F를 최대값 이하로 제한한다.

5. LED가 발광하는 빛의 양은 (   )에 직접 비례한다.

해답 **1.** 순방향, 역방향 **2.** 첨가되는 화합물의 종류 **3.** (b)
4. 전류제한용 직렬저항 **5.** 순방향 전류의 크기

기초문제

1. 실리콘의 원자번호는 몇 번인가?
(a) 14 (b) 16 (c) 10 (d) 32

2. 반도체 물질의 가전자대에는 몇 개의 가전자가 존재하는가?
(a) 2 (b) 4 (c) 6 (d) 8

3. 진성 반도체 물질에 3가의 불순물을 첨가하면 (　　　)이 구성된다.
(a) 외인성 물질 (b) n형 물질
(c) p형 물질 (d) 외인성 물질, n형 물질

4. n형 물질에서 다수 캐리어는 (　　　)이다.
(a) 정공 (b) 전자 (c) 중성자 (d) 양성자

5. 진성 반도체 물질에 5가의 불순물을 첨가하면 (　　　)이 구성된다.
(a) 외인성 물질 (b) n형 물질
(c) p형 물질 (d) 외인성 물질, n형 물질

6. p형 물질에서 다수 캐리어는 (　　　)이다.
(a) 정공 (b) 전자 (c) 중성자 (d) 양성자

7. 반도체 물질은 온도가 증가하면 저항이 (　　　)하게 되는 (　　　)의 저항 온도계수를 가진다.
(a) 증가, + (b) 감소, + (c) 증가, − (d) 감소, −

8. 정공은 (　　　)로 간주된다.
(a) − (b) + (c) 중성 (d) +와 중성

9. 진성 반도체는 자신의 (　　　)를 증가시키기 위해서 도핑된다.
(a) 저항 (b) 전도도 (c) 인덕턴스 (d) 리액턴스

10. 온도가 증가하면 반도체는 (　　　)처럼 동작한다.
(a) 도체 (b) 절연체

11. − 이온은 (　　　　　　　　　　)이다.
(a) 양성자가 전자보다 더 많다. (b) 전자가 양성자보다 더 많다.
(c) 양성자보다 중성자가 더 많다. (d) 전자보다 중성자가 더 많다.

12. +이온은 (　　　　　　　　　　)이다.
(a) 전자를 많이 잃어버리면 된다. (b) 중성자를 잃어버린다.
(c) 여분의 양성자를 얻는다. (d) 더 많은 전자를 얻게 된다.

13. 반도체 물질의 저항은 (　　　)의 저항보다는 크다.
(a) 유리 (b) 구리
(c) 세라믹 (d) 유리와 세라믹

14. 전기전자회로에서 사용되는 반도체 물질의 기본적인 기능은 ( )이다.
(a) 전류제어
(b) 장비의 값을 증가시킨다.
(c) 전압제어
(d) 전류제어와 장비값 증가

15. 실리콘 pn 접합의 V_F는 얼마인가?
(a) 인가된 전압 (b) 300[mV] (c) 0.7[V] (d) 10[V]

16. 실리콘 다이오드의 장벽전압은 얼마인가?
(a) 0.3[V] (b) 0.4[V] (c) 0.7[V] (d) 2.0[V]

17. 다음 중 순방향으로 바이어스 된 다이오드는 어느 것인가?
(a) 애노드＝＋7[V], 캐소드 ＋10[V]
(b) 애노드＝＋5[V], 캐소드 ＋3[V]
(c) 애노드＝＋0.3[V], 캐소드 ＋5[V]
(d) 애노드＝－9.6[V], 캐소드 ＋10[V]

18. 다이오드가 순방향으로 바이어스 되면 전류는 ( )되고 역방향으로 바이어스 되면 전류는 ( )된다.
(a) 차단, 도통 (b) 도통, 통과 (c) 차단, 저지 (d) 도통, 차단

19. 접합형 다이오드의 n형 영역은 ( ) 단자에 연결되고 p형 영역은 ( ) 단자에 연결된다.
(a) 캐소드, 애노드
(b) 애노드, 캐소드

20. 역방향으로 바이어스 될 때 접합형 다이오드의 누설전류는 일반적으로 ( ) 크기를 가진다.
(a) [A] (b) [mA] (c) [μA] (d) [kA]

21. 다이오드 패키지의 검은 밴드 표시는 항상 ( ) 쪽에 가깝다.
(a) 애노드
(b) 캐소드
(c) p형 물질
(d) 애노드와 캐소드

22. 다이오드의 순방향 영역에서 전류가 극적으로 증가하는 점을 ( ) 전압이라고 부른다.
(a) 항복전압
(b) 무릎점 전압
(c) 장벽전압
(d) (b)와 (c) 모두 옳다.

23. 다이오드의 역방향 영역에서 전류가 극적으로 증가하는 점을 ( ) 전압이라고 부른다.
(a) 항복전압
(b) 무릎점 전압
(c) 장벽전압
(d) (b)와 (c) 모두 옳다.

24. 역방향으로 바이어스 될 때 양호한 다이오드가 갖는 저항의 크기는 얼마인가?
(a) 10[Ω] 미만
(b) 100[MΩ] 이상
(c) 120[Ω]과 1, 2[kΩ] 사이
(d) (b)와 (c)가 모두 옳다.

25. 순방향으로 바이어스 될 때 양호한 다이오드가 갖는 저항의 크기는 얼마인가?
(a) 10[Ω] 미만
(b) 100MΩ] 이상
(c) 120[Ω]과 1, 2[kΩ] 사이
(d) (b)와 (c)가 모두 옳다.

26. ( ) 다이오드는 역방향 항복영역에서 동작하도록 설계되기 때문에 대단히 큰 역방향 전류에 잘 견딜 수 있다.

(a) 기본적인 pn 접합 다이오드　　(b) 발광 다이오드
(c) 제너 다이오드　　(d) (a)와 (c) 모두 옳다.

27. 항복영역에서 동작할 때 제너 (　　) 크기는 다양한 범위 내에서 변화하게 되는 데 비해서 제너 (　　)의 크기는 거의 변화되지 않는다.
(a) 전압강하, 순방향 전류　　(b) 순방향 전류, 전압강하
(c) 역방향 전류, 순방향 전류　　(d) 역방향 전류, 순방향 전압강하

28. 제너 다이오드의 기호는 다른 다이오드와 (　　)이 다르다.
(a) Z자 캐소드 바　　(b) 두 개의 화살표
(c) 수직 바 캐소드　　(d) 아무 것도 없다.

29. 12[V]±5[%]의 제너 다이오드는 (　　)에서 (　　)까지의 범위에 해당하는 전압강하를 발생시킨다.
(a) 10.8[V]에서 13.2[V]　　(b) 11.4[V]에서 12.6[V]
(c) 5.04[V]에서 18.96[V]　　(d) 11.88[V]에서 12.12[V]

30. (　　)는 저항과 입력전압의 변화에도 불구하고 일정한 출력전압을 제공한다.
(a) 엔코더　　(b) 논리 게이트　　(c) 비교기　　(d) 전압조정기

31. 제너 다이오드는 입력전압의 변화에 대한 응답에 대해서 자신의 (　　)를 지속적으로 변화시키면서 자신의 단자 양단에는 항상 일정한 전압을 유지시키는 능력을 가진다.
(a) 임피던스　　(b) 전압
(c) 전력 정격　　(d) 임피던스와 전력정격

32. 발광 다이오드는 (　　) 에너지를 (　　)로 변환시키는 반도체 소자이다.
(a) 화학 에너지, 전기 에너지　　(b) 전기 에너지, 빛 에너지
(c) 빛 에너지, 전기 에너지　　(d) 열에너지, 전기 에너지

33. LED의 (　　) 단자는 자신의 보다 긴 단자나 평편한 단자 혹은 케이스의 편평한 면과 가까운 정도에 의해서 다른 단자와 구분된다.

34. 일반적인 LED의 순방향 전압강하는 (　　)[V]이다.
(a) 0.7[V]　　(b) 0.3[V]　　(c) 5[V]　　(d) 2.0[V]

해답

1. (a) **2.** (b) **3.** (a), (c) **4.** (b) **5.** (d) **6.** (a) **7.** (d) **8.** (b) **9.** (b) **10.** (a) **11.** (b) **12.** (c) **13.** (b) **14.** (a) **15.** (c) **16.** (c) **17.** (b) **18.** (d) **19.** (a) **20.** (c) **21.** (b) **22.** (d) **23.** (a) **24.** (b) **25.** (a) **26.** (c) **27.** (d) **28.** (a) **29.** (b) **30.** (d) **31.** (a) **32.** (b) **33.** 캐소드 **34.** (d)

응용문제

1. 도체, 반도체, 부도체에 대해서 설명하시오.

2. 공유결합에 대해서 설명하시오.

3. pn 접합의 특성에 대해서 설명하시오.

4. pn 접합형 다이오드의 순방향 바이어스와 역방향 바이어스 특성을 설명하시오.

5. pn 접합형 다이오드의 전압전류 특성곡선을 그리시오.

6. 다이오드의 온도효과를 설명하시오.

7. 제너 다이오드의 특성을 설명하시오.

8. 제너 다이오드의 검사방법을 설명하시오.

9. 발광 다이오드의 특성을 설명하시오.

10. LED 표시기 회로를 설명하시오.

연습문제

1. [그림 1-41(a)]에 표시된 회로에서 다이오드 전류를 구하시오(단, 실리콘 다이오드를 사용한다).

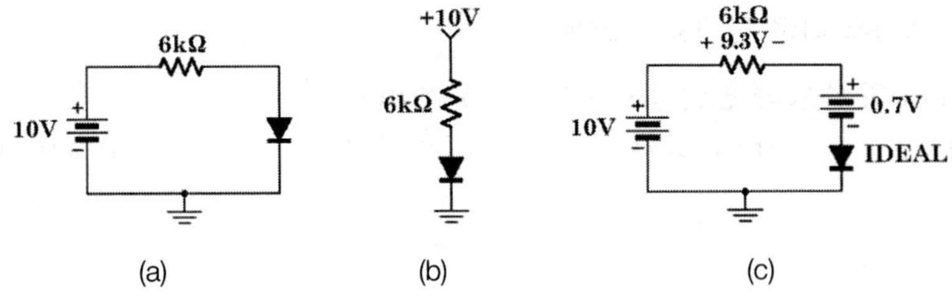

[그림 1-41]

2. [그림 1-42(a)]의 회로에서 1[kΩ]의 저항을 흐르는 전류의 세기 I를 구하시오.

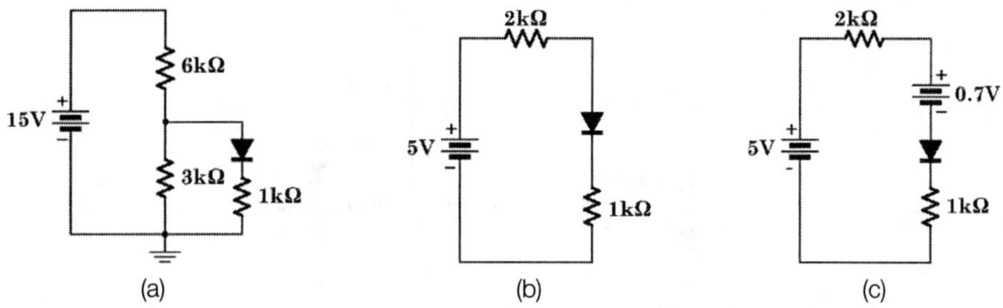

[그림 1-42]

3. 실리콘 다이오드가 상온에서(25[℃]) 2[nA]의 포화전류가 흐른다면 75[℃]와 125[℃]에서는 얼마의 크기를 갖는 포화전류가 흐르는가 계산하시오(보통 온도가 10[℃] 상승할 때마다 2배의 전류가 흐른다).

4. 다이오드를 포함하고 있는 회로에 순방향 바이어스를 가했더니 50[mA]의 순방향 전류가 흐르고 역방향 바이어스를 가하면 20[nA]의 역방향 전류가 흐른다. 역방향 전류와 순방향 전류의 비는 얼마인가?

5. [그림 1-43(a)]에서 전원저항이 2[kΩ]이고 전원이 9[V]일 때 다이오드에 흐르는 전류를 계산하시오.

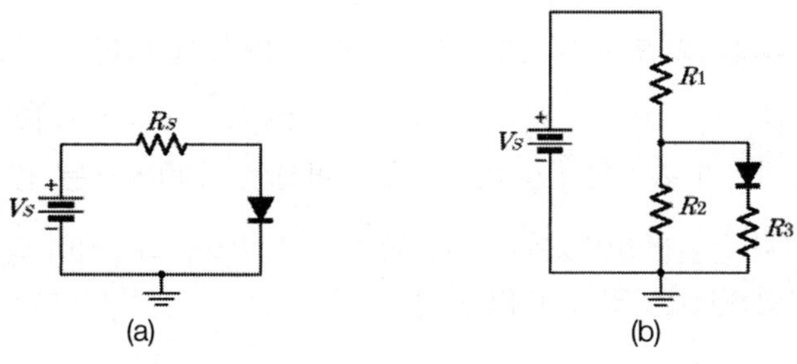

[그림 1-43]

6. [그림 1-43(b)]에서 $V_s = 20$[V], $R_1 = 68$[kΩ], $R_2 = 15$[kΩ], $R_3 = 33$[kΩ]일 때 다이오드 전류를 계산하시오. 전압분배기는 안정적인가(테브닌의 정리를 이용하시오)?

7. [그림 1-44(a)]에서 다이오드 양단의 전압을 5[V]라고 가정하면, 다이오드는 개방 스위치인가, 단락 스위치인가?

8. [그림 1-44(a)]에서 다이오드 양단의 전압이 0[V]로 측정되었고, 전원전압은 접지에 대해서 +5[V]라고 가정한다면 회로는 무엇이 고장인가?

9. [그림 1-44(b)]에서 R_1과 R_2의 접합면에서 0[V]가 측정되었다. 이 회로에서 잘못된 부분은 어느 곳인가?

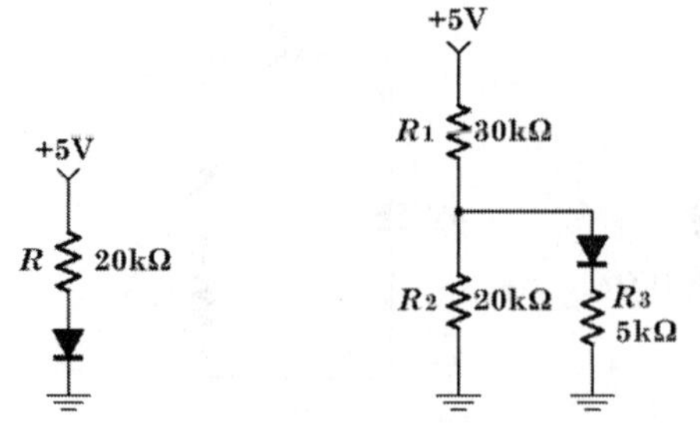

(a) (b)

[그림 1-44]

10. 도난경보기나 컴퓨터와 같은 시스템은 정전되었을 경우에 건전지를 사용해서 정보를 보존 (back up)시킨다. [그림 1-45]에 표시된 회로가 어떻게 동작하는지 설명하시오.

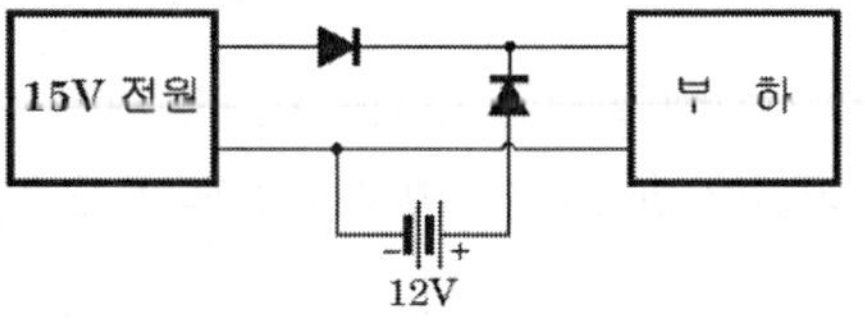

[그림 1-45]

11. [그림 1-46(a)]에 표시된 회로에서 제너 전류의 세기를 구하시오.

12. 제너 다이오드가 15[V]의 전압과 20[mA]의 전류정격을 가진다면 전력소비는 얼마인가?

13. [그림 1-46(b)]에서 $V_Z = 18$[V], $Z_{ZT} = 2[\Omega]$, $R_S = 68[\Omega]$, $V_S = 27$[V]라면 제너 전류는 얼마인가? V_S가 40[V]까지 증가한다면 부하전압의 변화는 얼마나 되는가?

14. [그림 1-46(c)]에서 전원전압이 40[V]에서 60[V]까지 변화한다. 제너 다이오드의 저항이 100 이라면 부하전압의 변화는 얼마인가?

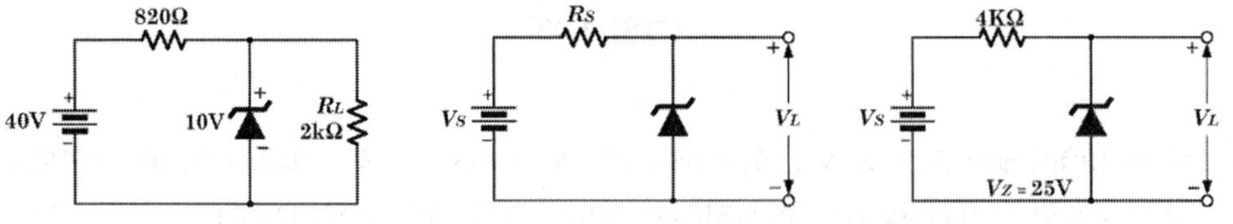

(a) (b) (c)

[그림 1-46]

15. [그림 1-46(b)]와 같이 제너 다이오드가 15[V]의 제너 전압과 0.5[W]의 전력정격을 가진다. $V_S = 40$[V]라면 제너 다이오드를 보호해 주는 R_S의 최소값은 얼마인가?

16. LED는 최소 1.5[V]의 전압강하를 갖고 최대 2.3[V]의 전압강하를 가진다. 부하전압이 10[V]이고 R_1이 470[Ω]일 때 LED 전류의 최대값과 최소값을 구하시오.

17. [그림 1-47]에 표시된 회로에서 1N1594는 12[V]의 제너 전압과 1.4Ω의 제너 저항을 가진다. 약 20[V]의 부하전압이 측정된다면 어떤 소자가 고장인가?

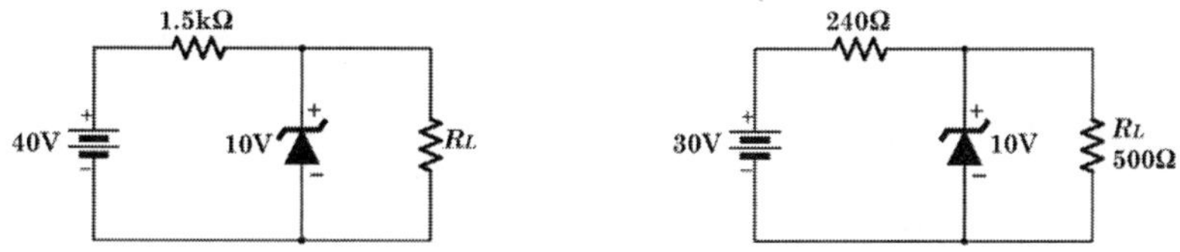

(a) (b)

[그림 1-47]

해답

1. 다이오드는 순방향으로 바이어스 되어 있으므로 0.7[V]의 전압강하가 생긴다. 저항의 양단에는 전원전압과 다이오드 전압의 차이만큼 전압이 걸리게 된다. 따라서 10V − 0.7, V=9.3[V][의 전압이 사용되므로 다이오드 전류 I = 9.3V/6kΩ = 1.55[mA]이다.

2. 전압분배기의 테브닌 전압은 5[V]이고 테브닌 저항은 2[kΩ](6k ∥ 3k)이다. [그림 1-17(b)]와 같이 테브닌의 등가회로를 그리면, 다이오드는 순방향 바이어스 되어 있고, 0.7[V]의 전압강하가 발생한다(다이오드의 2차 근사해석 적용). 나머지의 테브닌 전압이 3[kΩ]의 총 저항에 나타난다. 따라서 직렬회로의 전류
I = (5V − 0.7)/3kΩ = 1.43[mA]이다.
여러분들이 위의 식을 이해하지 못한다면 [그림 1-17(b)]에서 키르히호프의 전압방정식을 구해 보면 $-5V + 2000I + 0.7V + 1000I = 0$으로 표시된 것이다. 여기서 I = 0.00143[A]이므로, 전류의 세기는 1.43[mA]가 틀림이 없음을 확인할 수 있다.

3. 25[℃]에서 포화전류가 2[nA]이므로 75[℃]에서는 64[nA], 125[℃]에서는 2.05[μA]가 흐른다.

4. 순방향 전류가 50[mA]이고 역방향 전류가 20[nA]이므로 전류비는 2.5×10^6이 된다.

5. I = 8.3V/2kΩ = 4.15[mA]이다.

6. 회로를 테브닌화시키면 테브닌 전압은 3.62[V]이고 테브닌 저항은 12.29[kΩ]이 구해진다. 따라서 부하전류
I_L = (3.6V − 0.7V)/(12.3kΩ + 33kΩ) = 64[μA].

7. 다이오드 양단에 5[V]가 걸리면 전체 공급전압이 모두 다이오드 양단에 나타난 경우이므로 다이오드는 개방상태이다.

8. 다이오드 양단에 0[V]가 나타나면 다이오드는 단락된 상태이다. 또한 접지에 대해서 저항에 5[V]가 걸리면 20[kΩ] 저항이 개방상태이다.

9. R_1과 R_2 사이의 접속부분의 전위가 0[V]인 경우에는 공급전원이 연결되지 않았거나, 저항 R_1이 개방된 경우이거나 R_2가 단락된 경우이다.

10. 15[V] 전원이 개방되면 12[V] 건전지에 의해서 동작된다.

11. $I_S = (V_S - V_Z)/R_S$
= (40V − 10V)/2.82kΩ = 36.6[mA],
$I_L = V_L/R_L$ = 10V/2kΩ = 5[mA],
$I_Z = I_S - I_L$ = 36.6mA − 5mA = 31.6[mA]

12. 소비전력 $P_S = V_Z \times I_Z$
= 15V × 20mA = 300[mA]

13. $I_Z = (V_S - V_Z)/R_S$
= (40V − 18V)/68Ω = 324[mA],
$I_Z = (V_S - V_Z)/R_S$
= (27V − 18V)/68Ω = 132[mA],
$\Delta V_Z = \Delta I_Z \times \Delta R_Z$ = 192mA × 2Ω = 0.384[V]의 변화가 발생된다.

14. $I_Z = (V_S - V_Z)/R_S$
= (40V − 25V)/4kΩ = 3.75[mA],
$I_Z = (V_S - V_Z)/R_S$
= (60V − 25V)/4kΩ = 8.75[mA],
$\Delta V_Z = \Delta I_Z \times \Delta R_Z$ = 5mA × 10Ω
= 0.05[V]의 변화가 발생된다.

15. $P_Z = I_Z V_Z$이므로
$I_Z = P_Z / V_Z$ = 0.5W/15V = 33[mA]이다. 따라서,
$I_S = (V_S - V_Z)/R_S < I_Z$이므로
$R_S > (V_S - V_Z)/I_Z$ = (40V − 15V)/33mA
= 751[Ω]이다.

16. $I_{max} = (V_L - V_{LED})/R_S$,
= (10V − 1.5V)/470Ω = 18.1[mA]
$I_{min} = (V_L - V_{LED})/R_S$
= (10V − 2.3V)/470Ω = 16.4[mA]

17. 제너 다이오드 파괴(정격초과)

제 2 장

다이오드 응용회로

- 2-1 직류전원 공급장치의 블록 다이어그램 / 66
- 2-2 변 압 기 / 67
- 2-3 정 류 기 / 69
- 2-4 필터(여파기) / 79
- 2-5 전압조정기 / 84
- 2-6 전압체배기 회로 / 89
- 2-7 다이오드 클리퍼 회로와 클램핑 회로 / 98

전자 시스템은 정보의 흐름을 제어할 수 있도록 설계되므로, 시스템이 정상적으로 동작되기 위해서 모든 전자회로 내에 일정한 크기의 직류전원 공급장치가 필요하다. 만약, 전자계산기, 시계, 카세트, 라디오, 멀티메터 등과 같은 이동용 측정장비처럼 아주 작은 크기의 전력이 필요하다면 직류전원 공급장치로 건전지가 사용되지만, 컴퓨터, 텔레비전 세트, 오디오 시스템, 비디오 시스템 등과 같이 규모가 큰 전자회로에서는 직류전원을 공급받기 위해서 메인 시스템 내의 부시스템으로 직류전원장치가 사용된다.

직류전원 공급장치는 110[V_{AC}] 60[Hz]의 입력전원을 원하는 크기의 직류전압으로 변환시켜야 되므로, 전기 시스템도 전력의 흐름을 제어하도록 설계되는 시스템이다. 또한, 전자 시스템의 오동작은 90[%] 이상이 모두 전력에 관계되기 때문에 고장 진단의 해석이 반드시 필요하다.

2-1 | 직류전원 공급장치의 블록 다이어그램

[그림 2-1]은 직류전원 공급장치의 블록 다이어그램이다.

[그림 2-1]에 표시된 것처럼 대부분의 직류전원 공급장치는 교류 220[V]를 입력으로 사용하며, 4개의 블록 다이어그램은 각각의 기능을 수행하게 된다. 따라서 최종 전압의 크기는 110[V]를 필요로 하는 것이 아니므로 원하는 크기의 전압을 공급하기 위해서 전압을 증가시킬 수도 있고, 전압을 감소시킬 수도 있는 변압기가 시스템 내부에 설치된다.

전자 시스템은 보통 직류 12[V]와 5[V] 정도의 아주 적은 전압이 필요하므로, 감압용 변압기가 사용하여 감압시켜 사용한다. 예를 들어서, 10 : 1의 권선비를 갖는 감압용 변압기가 사용된다면 교류 110[V]의 입력전압이 출력에서는 교류 11[V]로 감소된다.

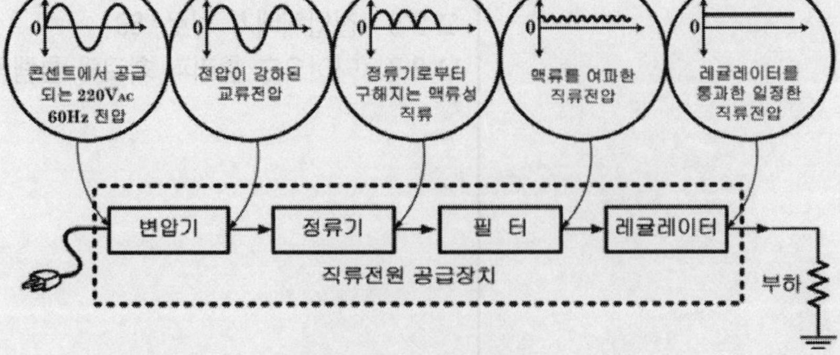

[그림 2-1] 직류전원 공급장치 블록 다이어그램

대부분의 이상적인 전자회로에서는 고전류, 저전압의 능력을 필요로 하기 때문에 변압기의 출력전류의 비는 1 : 10으로 나타나며, 변압기가 감압시킨 교류입력을 정류기가 맥류성 직류출력으로 변환시킨다. 이런 맥류성 직류출력은 맥류가 '0'[V]에서 피크 전압까지 지속적인 변화가 이루어지기 때문에 전자회로에서 직접 사용되지는 못한다.

필터는 맥류성 직류 리플을 그림에 표시된 필터 뒷단의 파형처럼 부드럽게 해주며, 마지막 블록인 전압조정기(레귤레이터)에서는 출력 부하저항과 입력전압이 크게 변화한다고 하더라도 직류전원 공급장치의 출력전압을 일정하게 유지시킨다. 또한, 전압조정기의 입력과 출력파형에서의 차이가 거의 발생되지 않기 때문에 대단히 중요하다.

따라서, 많은 직류전원 공급장치는 전자 시스템에서 어떤 크기의 직류출력을 필요로 하는가에 따라서 정류기, 필터, 전압조정기를 가지게 된다.

확인문제 2-1

1. 직류전원 공급장치를 구성하는 데 사용되는 4개의 기본적인 블록을 설명해 보시오.
2. 교류를 직류로 변환시키는 블록은 어느 것인가?
3. 높은 교류입력을 낮은 교류출력으로 변환시키는 블록은 어느 것인가?
4. (　　　)는 교류입력전압과 직류출력 부하저항이 대단히 크게 변화한다고 하더라도 일정한 직류 출력전압을 유지시킨다.

해답 **1.** 변압기, 정류기, 필터, 전압조정기 **2.** 정류기 **3.** 변압기 **4.** 전압조정기

2-2 | 변 압 기

직류전원 공급장치의 변압기가 가지는 코일의 권선비는 교류입력 220[V]의 크기를 증가시킬 수도 있고 감소시킬 수도 있지만, 대부분의 전자장비에서는 220[V]보다 적은 전압을 필요로 하기 때문에 전압강하용 변압기가 사용된다.

2차 측의 출력전압 V_S는 다음과 같이 표시되는 공식을 이용하면 구할 수 있다.

$$V_S = \frac{N_S}{N_P} V_P$$

[그림 2-2]는 공식을 적용한 예를 나타낸 것으로, 입력이 110[V]이거나 220[V]일지라도 2차 측에 전압을 발생시킬 수 있도록 구성되어 있다. 예를 들면, [그림 2-2(a)]에 표시된 변압기 회로의 입력은 두 개의 기본 권선들이 병렬로 연결되어 있다. 변압기의 권선비는 6 : 1이므로 2차 측의 전압이 16.7[V_{AC}]로 강하된다.

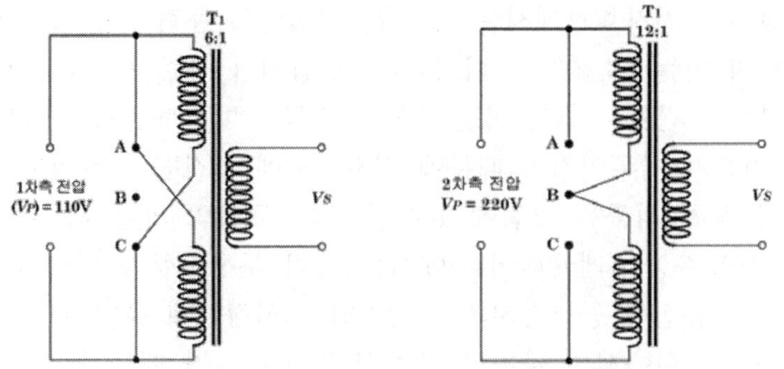

(a) 110[V] 연결 (b) 220[V] 연결

[그림 2-2] 110[V]/220[V] 전력공급용 변압기

$$V_S = \frac{N_S}{N_P} V_P = \frac{1}{6} \times 110\mathrm{V_{rms}} = 18.3[\mathrm{V_{rms}}]$$

[그림 2-2(b)]에서는 1차 측의 두 개의 기본 권선이 직렬로 연결되어 있기 때문에 권선비는 12 : 1이므로, 2차 측의 전압이 20[V_{AC}]로 강하된다.

$$V_S = \frac{N_S}{N_P} V_P = \frac{1}{12} \times 220\mathrm{V_{rms}} = 18.3[\mathrm{V_{rms}}]$$

1차 측의 기본 권선비를 2배로 증가시켰지만, 입력이 220[V]로 2배 증가했기 때문에 출력은 변함이 없게 된다.

예제 2-1 [그림 2-3]에 표시된 변압기 회로의 2차 측 피크 전압을 구해 보시오.

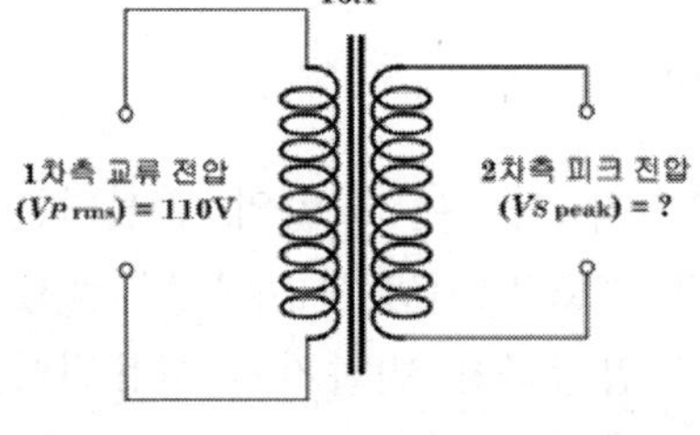

[그림 2-3] 변압기 커플링

풀이 입력전압이 교류 110[V]이므로, 입력의 피크 값은 155.5[V]가 된다.

$$V_P = \mathrm{V_{rms}} \times 1.414 = 110\mathrm{V_{rms}} \times 1.414 = 155.5[\mathrm{V}]$$

여기서 V_P를 이용해서 V_S를 구하면 9.7[V]가 구해진다.

$$V_S = \frac{N_S}{N_P} V_P = \frac{1}{16} \times 155.5\mathrm{V} = 9.7[\mathrm{V}]$$

확인문제 2-2

1. 대부분의 직류전원 공급장치는 (   ) 변압기를 사용한다.
2. 만약 110[V]의 교류입력이 5 : 1 감압용 변압기에 인가된다면 2차 측의 전압은 얼마인가?

해답 **1.** 전압강하용 **2.** 교류 22[V]

2-3 | 정 류 기

pn 접합형 다이오드는 전류를 한쪽으로만 흘릴 수 있도록 스위칭 되기 때문에 쌍방향으로 흐르는 교류전류를 한쪽 방향으로 흐르는 직류로 변환하기에 적합한 소자이다. 이 절에서는 반파정류기, 전파정류기, 브리지 정류기와 같은 기본적인 정류용 다이오드 정류기 회로에 대해서 고찰하도록 하자.

반파정류기

반파정류기 회로는 [그림 2-4(a)]에 표시된 것처럼 전력공급용 변압기와 부하 사이에 다이오드를 연결함으로써 간단히 구성된다. 2차 측의 교류전압이 [그림 2-4(b)]에 표시한 것처럼 정(positive) 스윙일 경우 다이오드의 애노드가 정(positive)으로 바이어스 되므로, 다이오드는 ON 상태로 되고, 부하저항 양단에 2차 측 교류의 정(positive) 반파가 걸리게 된다.

[그림 2-4(c)]에 표시된 것과 같이 2차 측 교류에 부(negative) 스윙이 인가되면 다이오드의 애노드에 부(negative)가 걸리게 되어서 역방향으로 바이어스 되므로 다이오드는 OFF 상태로 되고, 부하저항 양단에는 전류가 흐르지 않기 때문에 아무 전압도 걸리지 않게 된다. [그림 2-4(d)]는 반파정류기의 입력파형과 출력 파형을 설명하고 있다. 즉, 110[$V_{AC(rms)}$] 혹은 155.5[V_{acpeak}] 입력이 16 : 1의 감압비를 갖는 변압기에 인가된다면 출력은 다음과 같이 구해진다.

$$V_S = \frac{N_S}{N_P} V_P = \frac{1}{16} \times 155.5\mathrm{V_{peak}} = 9.7[\mathrm{V_{peak}}]$$

다이오드는 이런 정(positive)의 반파입력만이 부하저항 R_L의 양단에 걸리게 된다. 따라서, 출력전압 V_{RL}은 9.7[V_{peak}]를 갖는 정(positive) 맥류의 형태를 가진다. 또한, [그림 2-4(d)]에 나타낸 바와 같이 입력신호 파형의 반파만이 출력에 나타나기 때문에 반파정류기라고 부르게 되며, 전파의 평균값은 0.637[V_{peak}]이므로 반파의 평균값은

$0.318[V_{peak}]$로 된다$(0.637 \div 2 = 0.318)$.

$$V_{av} = 0.318 \times V_{S(\mathrm{peak})}$$

[그림 2-4]에 표시된 예제에서 반파출력의 평균 전압은 3.08[V]이다.

$$V_{av} = 0.318 \times V_{S(\mathrm{peak})} = 0.318 \times 9.7\mathrm{V} = 3.08[\mathrm{V}]$$

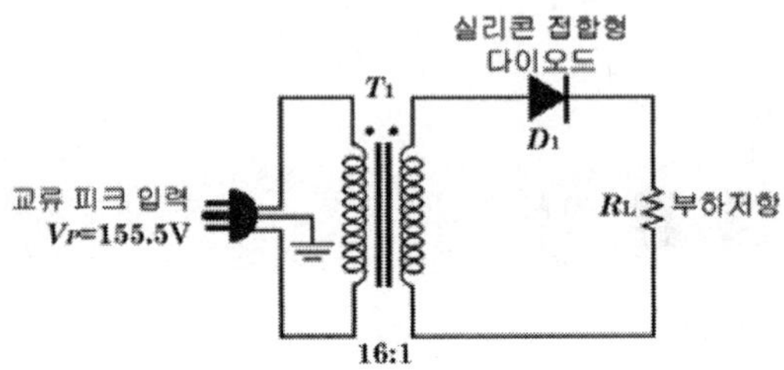

(a) 기본 회로

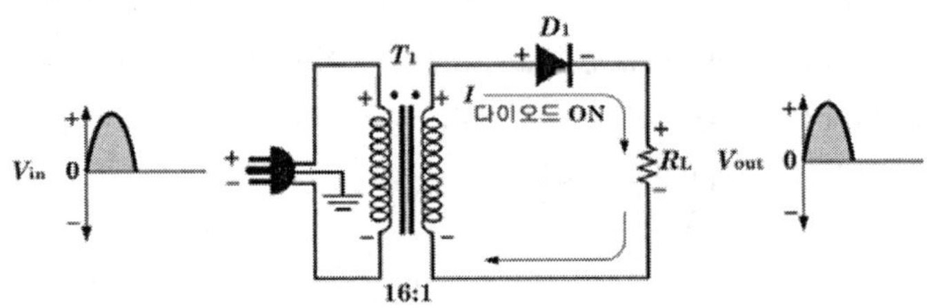

(b) 입력의 positive 반파 사이클 동작

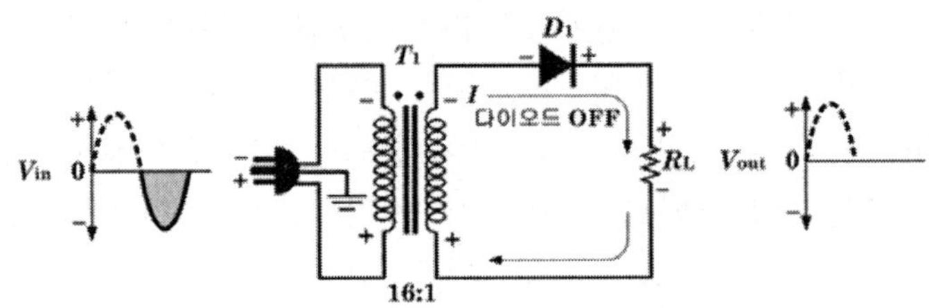

(c) 입력의 negative 반파 사이클 동작

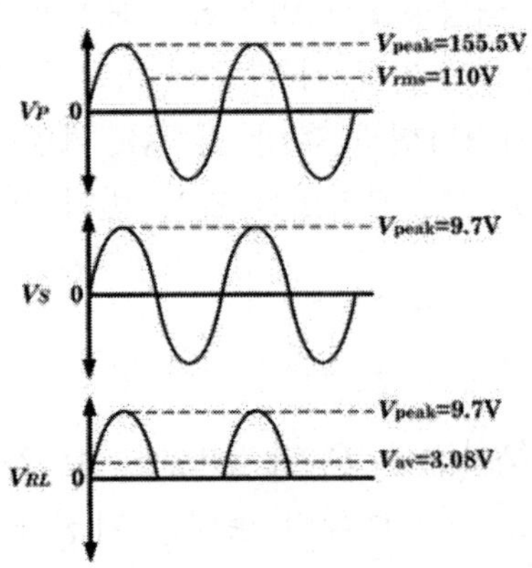

(d) 입출력 파형

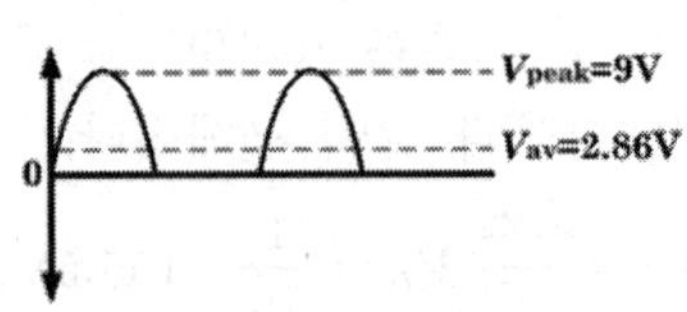

(e) 반파출력을 제외시킨 다이오드의 장벽전압

[그림 2-4] 반파정류기

보다 정확하게 계산하기 위해서는 실리콘 다이오드인 경우는 다이오드의 전압강하인 0.7[V]를, 게르마늄 다이오드인 경우에는 0.3[V]를 빼 주어야 한다. [그림 2-4]에 표시된 회로의 출력은 사실은 9.0[V](9.7－0.7[V])의 피크 값을 가진다. 따라서 [그림 2-4(e)]의 경우는 2.86[V](0.318×9.0[V])의 평균값을 갖게 된다.

$$V_{\mathrm{OUT}} = V_S - V_{\mathrm{diode}}$$

또, 다른 관점에서 고찰해야 할 것은 정류 다이오드나 접합의 역방향 항복전압이다. 입력이 [그림 2-4(c)]에 표시된 것처럼 부(negative) 스윙을 가지게 되면 부(negative) 전압 전체가 개방(OFF)된 다이오드 양단에 걸리게 된다.

정류용 다이오드의 최대 역방향 항복전압(maximum reverse breakdown voltage) 혹은 최대 역전압(peak inverse voltage)의 정격은 다이오드에 입력되는 전압의 피크 값보다는 항상 커야 한다.

출력전압

반파정류기 회로는 [그림 2-5(a)]에 표시된 것처럼 정(positive)의 맥류출력을 발생시키거나, [그림 2-5(b)]에 표시된 것처럼 부(negative)의 맥류출력을 발생시키도록 배열된다. 이런 회로의 차이점은 [그림 2-5(a)]에 표시된 전류용 다이오드는 입력이 정(positive)인 경우에만 도통되고, [그림 2-5(b)]의 정류용 다이오드는 부(negative)인 경우에만 도통되기 때문에 반대의 극성이 입력되면, 두 정류 다이오드 중의 하나는 ON 되고, 나머지 다이오드는 OFF된다는 점이다. 따라서 다이오드의 연결방향을 반대로 배치하면 출력을 정(positive)이거나, 부(negative)로 만들 수 있다.

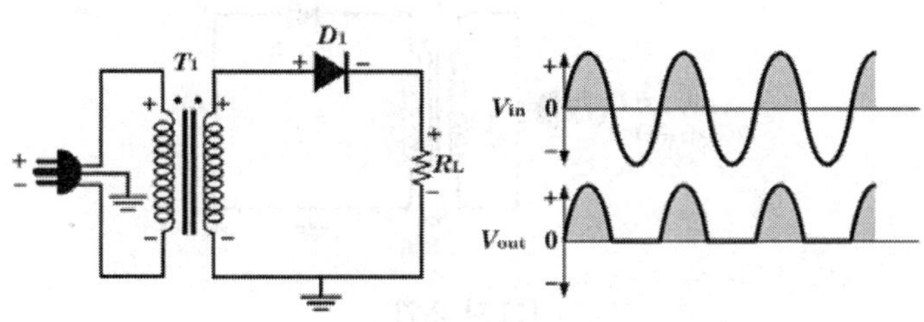

(a) 정(positive)의 맥류성 직류

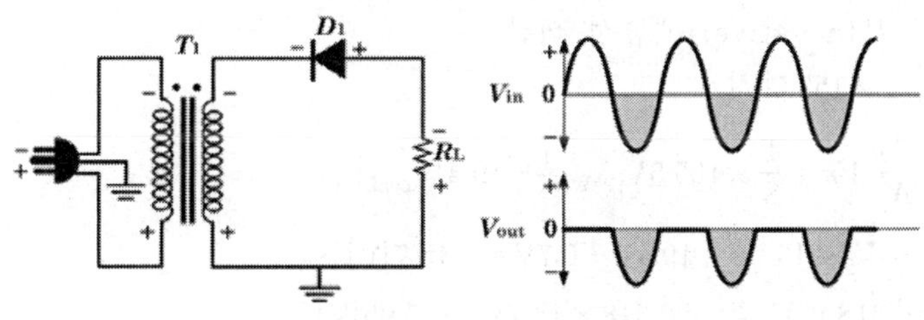

(b) 부(negative)의 맥류성 직류

[그림 2-5] 반파정류기의 출력극성의 변화

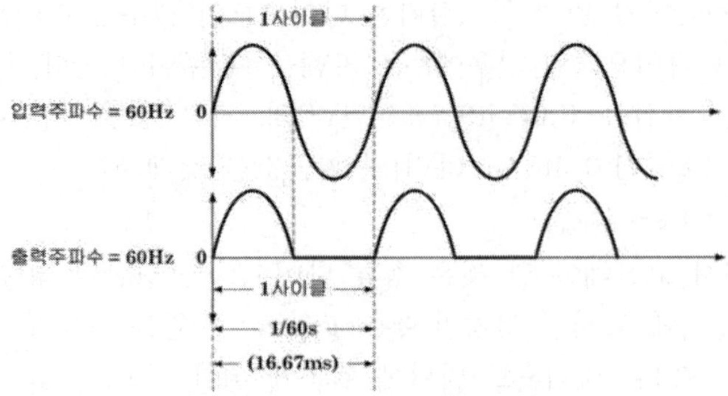

[그림 2-6] 반파정류기의 리플 주파수

[그림 2-6]에 표시된 반파정류기의 출력파형을 참조하면 교류입력의 모든 완전한 사이클에서 리플이 발생되는 것을 볼 수 있다. 만약 110[V] 60[Hz]의 교류입력에 의해서 반파정류기가 구동된다면 교류입력의 완전한 사이클과 1/60초(16.67초)의 마지막 출력의 완전한 사이클은 반파정류기 회로의 리플 주파수라고 부르는 맥류성 직류출력의 주파수를 가지게 된다.

출력 펄스성 직류 리플 주파수 = 입력교류 주파수

예제 2-2 [그림 2-7]에 표시된 정류기 회로를 참조해서 다음을 구하시오.
(a) 출력극성 (b) 피크 출력전압과 평균 출력전압(다이오드의 장벽전압을 고려하시오) (C) 출력 리플 주파수

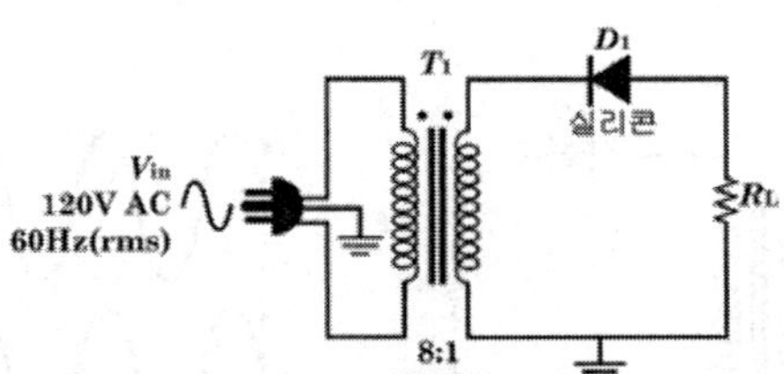

[그림 2-7]

풀이 (a) 부(negative) 맥류성 직류

(b) $V_{\text{in peak}} = 155.5[\text{V}]$

$$V_S = \frac{N_S}{N_P} V_P = \frac{1}{8} \times 155.5\text{V}_{\text{peak}} = -19.4[\text{V}_{\text{peak}}]$$

$$V_{\text{OUT}} = V_S - V_{\text{diode}} = 19.4\text{V} - 0.7\text{V} = -18.7[\text{V}]$$

$$V_{av} = 0.318 \times V_{\text{OUT}}) = 0.318 \times 18.7\text{V} = -5.95[\text{V}]$$

(c) 출력 리플 주파수=입력 리플 주파수=60[Hz]

▮ 전파정류기

반파정류기의 출력은 부하에 인가되는 출력전압이나 전류는 입력 사이클의 절반만 나타나기 때문에 필터를 통해서 부드러운 직류 레벨을 만드는 것이 어려우므로, 입력의 1/2 사이클 두 개가(입력신호 전체) 스위치 되는 전파정류기를 사용하여 모든 입력주기 동안 단방향성 전류를 허용함으로써 정현파 입력으로부터 직류전압 레벨을 100[%] 얻는다.

▮ 중간 탭 정류기

[그림 2-8(a)]는 중간 탭을 갖는 변압기와 두 개의 다이오드로 구성되는 기본적인 중간 탭 정류기 회로를 나타낸 것이다. 즉, 변압기 2차 측 권선의 상부(top)와 하부(bottom)의 위상차가 180° 를 유지하도록 하기 위해서 변압기의 2차 측 중간 탭이 접지된다.

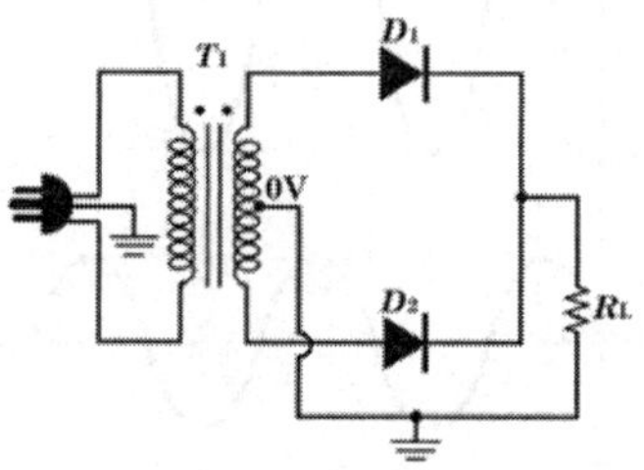

(a) 기본 회로

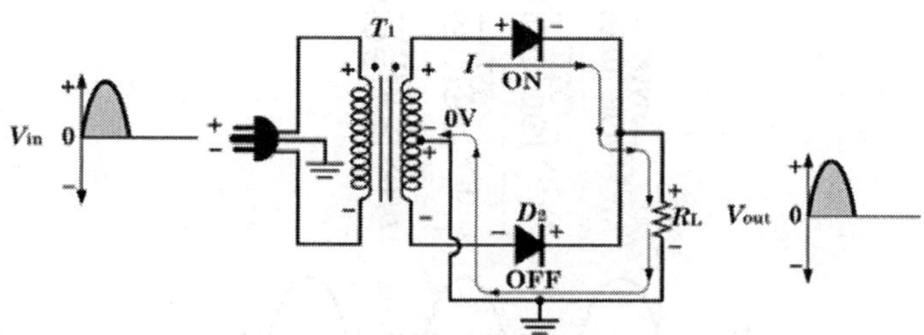

(b) 정(positive)의 반파입력

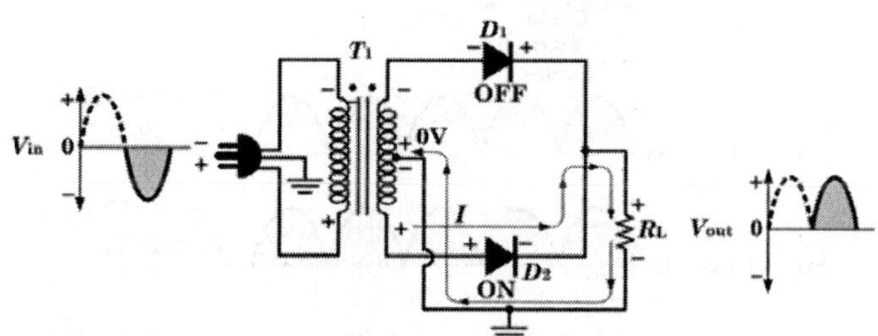

(c) 부(negative)의 반파입력

[그림 2-8] 중간 탭을 갖는 전파정류기

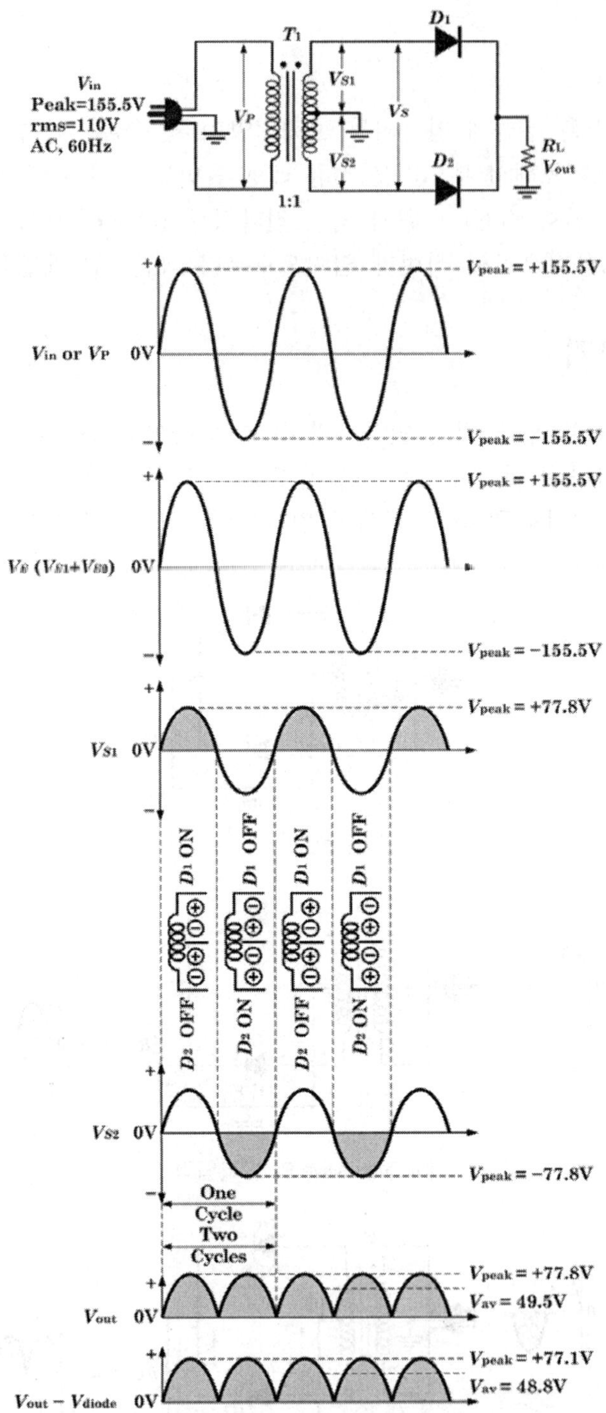

[그림 2-9] 중간 탭 전파정류기의 입력파형과 출력파형

또한, [그림 2-8(b)]에 표시된 것처럼 교류입력이 정(positive)으로 스윙하게 되면 2차 측 T_1의 상부에서 정(positive) 전압이 발생되고, 다이오드 D_1은 ON 상태로 된다. 반면 2차 측 T_1의 하부에서는 부(negative) 전압이 발생되므로, 다이오드 D_2는 OFF 상태로 되기 때문에 결국 부하저항 양단에는 반주기의 정(positive)의 출력전압 V_{OUT}을 발생시키게 된다.

그리고, 교류입력이 부(negative)로 스윙하게 되면 회로는 [그림 2-8(c)]에 표시된 것처럼 2차 측 T_1의 상부에서 부(negative) 전압이 발생되고, 다이오드 D_1은 OFF 상태로 된다. 반면 2차 측 T_1의 하부에서는 정(positive) 전압이 발생되므로 다이오드 D_2는 ON 상태로 되기 때문에 결국 부하저항 양단에는 반주기 정(positive)의 출력전압 V_{OUT}을 발생시키게 된다. 즉, 이런 회로에서 두 개의 다이오드와 중간 탭 변압기는 2차 측 양단에서 발생되는 양방향의 교류전류를 부하저항을 통해서 오직 한쪽 방향으로만 흐르도록 발생시키기 때문에 부하저항 양단에는 동일한 극성을 갖는 출력전압이 발생된다.

[그림 2-9]는 변압기의 2차 측에서 중간 탭이 어떻게 동작해서 2차 측의 전압 V_S가 동일한 크기의 V_{S1}과 V_{S2}로 분배되는지를 설명하기 위해서 1 : 1의 권선비를 가지는 변압기를 사용하여 중간 탭을 갖는 전파정류기의 입력과 출력전압에 대하여 상세히 설명한 것이다. 그림으로부터 알 수 있는 바와 같이 파형을 참조하면 110 V_{RMS}의 교류 선전압(155.5[V_{peak}])이 변압기의 1차 측인 T_1에 인가된 사실을 확인할 수 있다. 1 : 1의 권선비를 가지는 변압기이기 때문에 1차 측과 동일한 전압이 2차 측에 나타나게 된다($V_S = V_P = 155.5[V_{peak}]$).

이와 같은 1차 측 전압은 V_{S1}과 V_{S2}로 표시되는 2개의 전압으로 분할되는데, 이들의 크기는 각각 $1/2\,V_S$의 피크 전압을 가지게 된다($V_{S1PEAK} = V_{S2PEAK} = 1/2\,V_{SPEAK} = 1/2 \times 155.5\,V_{PEAK} = 77.8\,V_{PEAK}$). 즉, V_{S1}이 반주기 동안 출력에 연결되고, V_{S2}가 나머지 반주기 동안 출력에 연결되기 때문에 출력전압(V_{OUT})은 항상 $1/2\,V_S$에 해당하는 84.9[V]의 피크 값을 가지게 된다.

따라서 중간 탭을 가지는 전파정류기는 반주기 동안만 출력을 발생시키는 반파정류기와 비교할 때 반주기의 두 배에 해당하는 한주기 동안 출력을 발생시키게 된다. 따라서 전파정류기에서의 평균 출력전압은 다음과 같은 공식에 의해서 계산된다.

$$V_{av} = 0.636 \times 1/2\,V_{S\,peak}$$

예제 2-3 $V_{peak} = 155.5$V인 경우의 반파정류기와 중간 탭 전파정류기의 평균 출력전압을 계산하시오.

● **풀이** 반파정류기인 경우

$$V_{av} = 0.318 \times V_{S\text{peak}} = 0.318 \times 155.5\text{V} = 49.5[\text{V}]$$

중간 탭을 가지는 전파정류기인 경우 $V_{S\text{peak}} = 155.5\text{V}$이므로 $V_{S1\text{peak}}$와 $V_{S2\text{peak}}$는 77.8[V]이다. 따라서 $V_{av} = 0.636 \times 1/2\, V_{S\text{peak}} = 0.636 \times 77.8\text{V} = 49.5[\text{V}]$이다.

중간 탭을 가지는 전파정류기의 피크 출력이 반파정류기의 피크 출력의 1/2 크기를 가진다고 하더라도, 전파정류기 출력에서의 주기가 반파정류기 출력 주기의 2배이기 때문에 결국 출력의 평균값은 같아진다는 사실을 확인할 수 있다.

[그림 2-9]에 표시한 것처럼 입력의 한주기에 대해서 출력에서 두 개의 반주기가 발생되기 때문에 리플 주파수는 입력주파수의 2배가 된다. 결국 이런 고주파는 파형을 필터링하는 데 도움을 주게 된다.

출력의 맥류성 직류 리플 주파수 = 2 × 입력교류 주파수

실리콘 다이오드를 사용했다고 가정할 때 [그림 2-9]에 나타낸 마지막 파형은 각 반주기에서 하나의 다이오드만이 ON 상태로 되기 때문에 출력의 피크 값은 0.7[V]만큼 감소된다. 따라서, 좀 더 정확한 해석을 하기 위해 다이오드 양단에서 발생되는 전위장벽을 고려해 주어야 한다.

$$V_{\text{OUT}} = 1/2\, V_{S\,\text{peak}} - 0.7\text{V}$$

최대 역전압은 [그림 2-8(b)]로부터 알 수 있는 바와 같이 입력의 반주기 동안에 2차측의 전체 피크 전압 $V_{S\text{peak}}$가 OFF된 다이오드 D_2의 양단에 걸리고, [그림 2-8(c)]에 표시된 것처럼 입력의 반주기 동안에 2차 측의 전체 피크 전압 $V_{S\text{peak}}$가 OFF된 다이오드 D_1의 양단에 걸리는 것을 확인할 수 있다. 따라서, 양쪽 다이오드는 당연히 2차 측의 피크 전압보다 더 큰 최대 역전압 정격을 가지게 되고, [그림 2-9]에 표시된 회로에서 다이오드가 가지는 최대 역전압 정격은 155.5[V]보다 크다.

브리지 정류기

[그림 2-10(a)]는 브리지 정류기를 나타낸 것으로서, 반파정류기의 피크 출력전압과 중간 탭 전파정류기의 리플 주파수를 구할 수 있다. 즉, 두 개의 다이오드와 중간 탭을 가지는 2차 측 변압기를 사용하지 않고서도 2배의 리플 주파수를 가지고 훨씬 필터링이 쉬운 회로를 구성할 수 있는데, 이것은 반파정류기와 중간 탭 전파정류기의 장점을 이용한 것이다.

[그림 2-10(b)]와 [그림 2-10(c)]는 교류입력이 인가될 때 브리지 정류기의 동작상태를 보여준다. 즉, [그림 2-10(b)]는 교류입력이 정(positive)으로 스윙하면 브리지의 위쪽에 인가되면 다이오드 D_2가 ON되고, 부(negative)로 스윙하면 브리지의 아래쪽에 인가되면 다이오드 D_3가 ON되어 부하저항 양단에 반주기 동안 정(positive)의 부하전

압 V_{OUT}이 발생되며, 다이오드 D_2와 D_3가 ON되는 동안 다이오드 D_1과 D_4는 OFF로 동작한다.

또한, [그림 2-10(c)]는 교류입력이 부(negative)로 스윙하면 회로는 부(negative)의 전위가 브리지의 위쪽에 인가되면 다이오드 D_1이 ON되고, 정(positive)의 전위가 브리지의 아래쪽에 인가되면 다이오드 D_4가 ON되어 부하저항 양단에 반주기 동안 정(positive)의 부하전압 V_{OUT}이 발생되며, 다이오드 D_1과 D_4가 ON되는 동안 다이오드 D_2와 D_3는 OFF로 동작한다.

브리지 정류기는 중간 탭 정류기와 마찬가지로 부하를 통해서 동일한 극성을 가지는 2개의 반주기를 스위칭하게 되지만, 중간 탭 전파정류기와 다른 점은 브리지 정류기의 부하저항에 나타나는 출력은 2차 측 전압의 피크 값이 동일한 크기로 나타난다는 점이다.

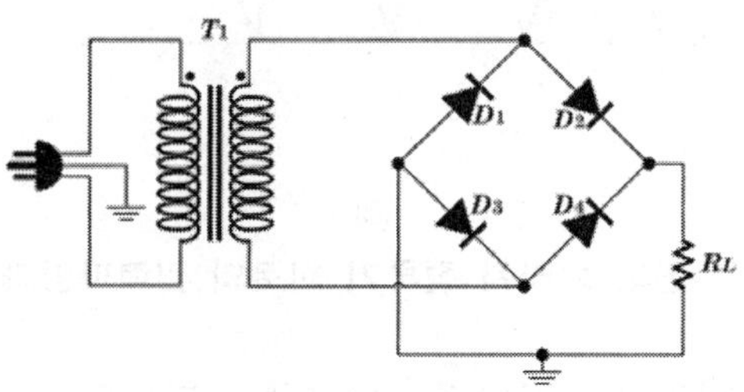

(a) 기본 회로

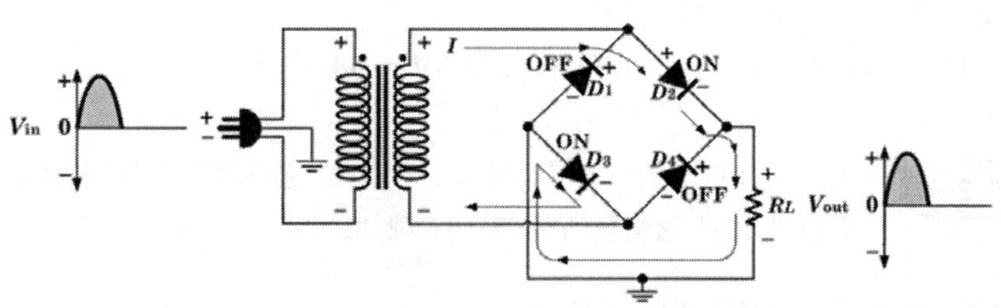

(b) 정(+) 반주기 동작

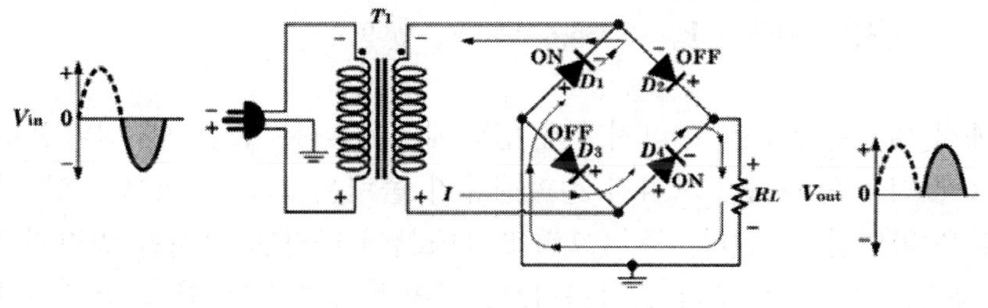

(c) 부(−) 반주기 동작

[그림 2-10] 전파 브리지 정류기

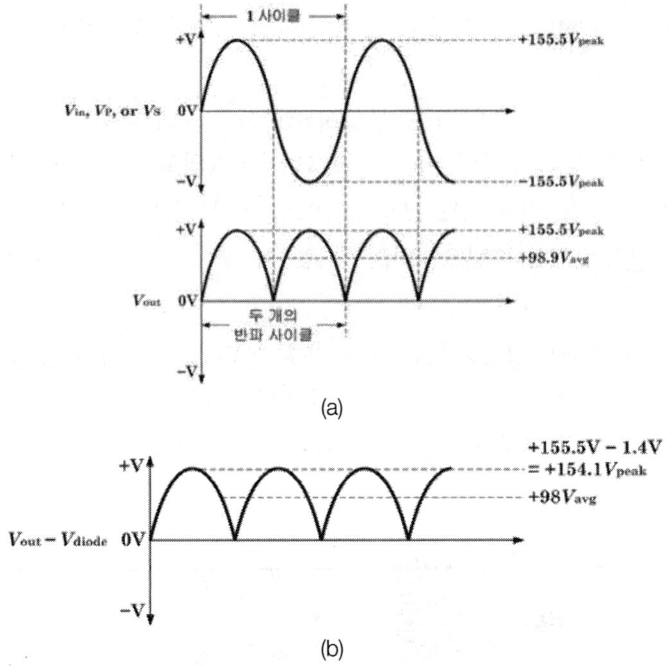

[그림 2-11] 전파 브리지 정류기 회로의 입력파형과 출력파형

즉, [그림 2-11(a)]에 표시된 것처럼 155.5[V] 교류의 피크 값은 동일한 크기의 155.5[V]의 맥류성 직류 피크 전압을 발생한다. 이런 경우의 평균 전압은 중간 탭 전파 정류기의 평균값보다 훨씬 크게 된다.

$$V_{av} = 0.636 \times V_{S\,\mathrm{peak}} = 0.636 \times 155.5\mathrm{V} = 98.9[\mathrm{V}]$$

예제 2-4 V_{peak}가 155.5[V]라고 가정하고, 중간 탭 정류기의 평균 출력과 브리지 정류기의 평균 출력을 구하고 비교해 보시오.

● 풀이 중간 탭 전파정류기인 경우,

$$V_{av} = 0.636 \times 1/2\, V_S = 0.636 \times 77.8\mathrm{V} = 49.5[\mathrm{V}]$$

이고, 브리지 전파정류기인 경우는 다음과 같다.

$$V_{av} = 0.636 \times V_S = 0.636 \times 155.5\mathrm{V} = 98.9[\mathrm{V}]$$

이 예제에서 알 수 있듯이 부하저항에 양단에 나타나는 중간 탭 전파정류기 출력은 2차 측 피크 값의 1/2이지만, 브리지 전파정류기 출력은 2차 측 피크 전압 전체가 나타난다는 사실을 확인할 수 있다. 즉, [그림 2-11(a)]에 나타낸 것처럼 입력의 모든 한 주기에 대한 출력은 2개의 반주기가 나타나므로, 리플 주파수는 입력 주파수의 2배가 되고, 주파수가 높아지면 맥류를 훨씬 부드럽게 필터링할 수 있게 된다.

맥류성 출력의 직류 리플 주파수 = 2 × 입력교류 주파수

[그림 2-10(c)]는 각 반주기에서 두 개의 다이오드가 ON되고, 두 개의 다이오드는 직렬로 연결되어 있기 때문에 다이오드 양단에서의 전압강하 현상을 고려하여 1.4[V] (=0.7[V]×2)의 전압강하를 뺀 결과를 나타냄으로써 좀 더 정확하게 피크 값을 얻을 수 있다. 따라서, 피크 출력전압은 다음과 같이 구해진다.

$$V_{\rm OUT} = V_{S\rm peak} - 1.4\rm V$$

[그림 2-12]는 최대 역전압 정격을 설명하기 위한 것으로서, 각 다이오드가 가지는 최대 역전압 정격은 $V_{S\rm peak}$ 전체가 두 개의 OFF된 다이오드 양단에 걸리게 되므로, 2차 측의 피크 전압 V_S보다 커야 한다. 즉, [그림 2-10], [그림 2-11]에 주어진 값처럼 다이오드의 최대 역전압 정격은 155.5[V]보다 커야 한다.

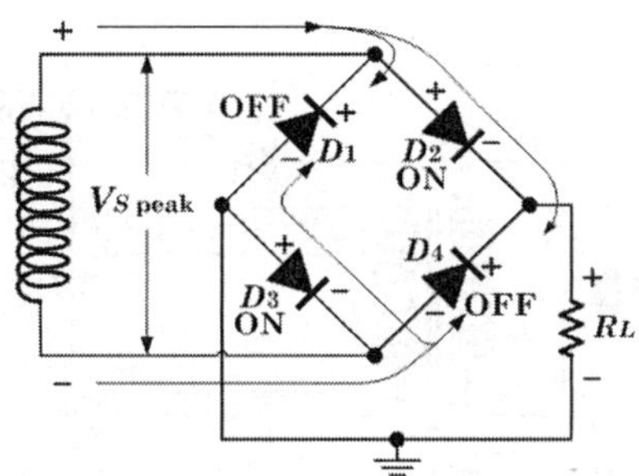

[그림 2-12] 최대 역전압

확인문제 2-3

1. 정류기는 ( )입력을 ( )출력으로 변환시킨다.
2. ( )정류기는 한 개의 다이오드만을 사용한다.
3. 220[V] 50[Hz]의 교류입력이 반파정류기에 인가된다고 가정하면 반파정류기 출력의 리플 주파수는 얼마인가?
4. 전파정류기 회로는 변압기가 필요 없는가?

해답 **1.** 교류, 직류 **2.** 반파 **3.** 50[Hz] **4.** 필요하다.

2-4 | 필터(여파기)

필터는 [그림 2-1]의 블록도에 나타낸 것처럼 반파정류기와 전파정류기의 출력인 맥류성 직류전압을 직류전원 공급장치의 필터를 거쳐서 일정한 직류전압으로 변환하는 장치로서, 용량성 필터(capacitive filter), RC 필터, LC 필터 등이 있다.

▮ 용량성 필터

[그림 2-13(a)]는 정(positive) 출력 반파정류기와 용량성 필터 회로를 표시하고 있다. [그림 2-13(b)]와 [그림 2-13(c)]에 표시된 파형은 정류기로부터 공급되는 반파 맥류 직류출력에 해당되는 용량성 필터의 응답을 표시한 것이다.

[그림 2-13(a)]에 표시된 회로에서 점선으로 표시된 필터의 동작을 확인해 보도록 하자.

[그림 2-13(b)]는 각각 정류기의 출력과 적은 커패시턴스 값을 갖는 용량성 필터의 출력파형을 나타낸 것이다. 즉, 교류입력이 정(positive)으로 스윙하면 다이오드가 ON 되고, 콘덴서는 [그림 2-13(a)]에서 점선으로 표시된 충전 전류선에 의해서 충전되며, 충전 시상수가 적기 때문에 충전 경로 상에는 연결한 도선의 저항 이외에는 어떤 저

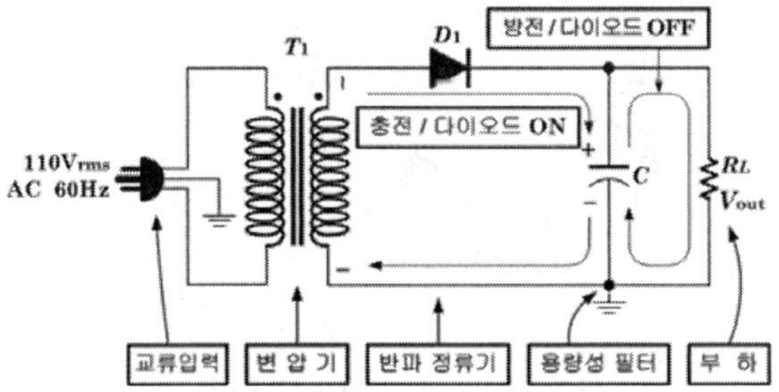

(a) 정(+) 출력 반파정류기와 용량성 필터 회로

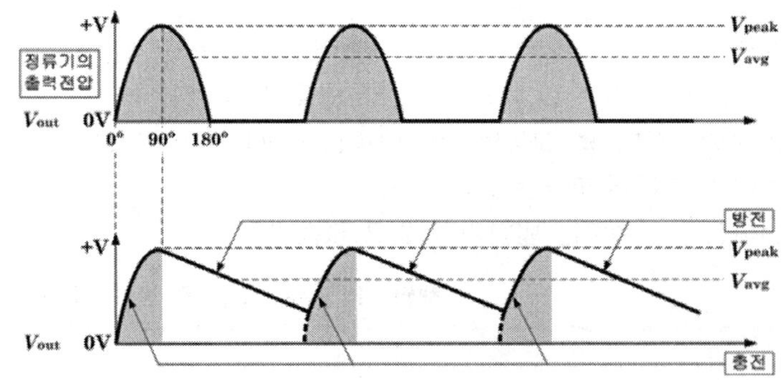

(b) 용량성이 적은 필터

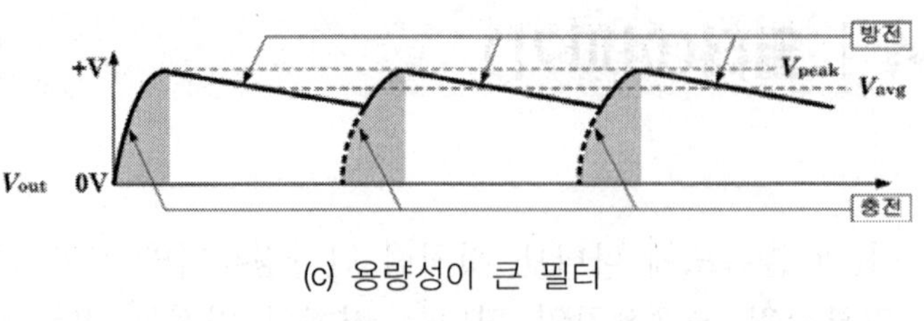

(c) 용량성이 큰 필터

[그림 2-13] 반파정류기 출력의 용량성 필터링

항성분도 존재하지 않으므로, 충전시간은 [그림 2-13(b)]에서 0°에서 90° 사이의 영역에 회색으로 칠해진 부분에 의해서 표시된다.

또한, 교류입력이 자신의 정(positive) 피크(90°)에서 감소하기 시작하면 입력에 의해서 다이오드의 애노드에 공급되는 정(positive)의 전위는 감소되고, 충전된 콘덴서에 의해서 다이오드의 캐소드에 큰 정(positive)의 전위가 공급되기 때문에 다이오드가 OFF되며, 다이오드가 OFF되면 콘덴서는 [그림 2-13(a)]에서 점선으로 표시된 것처럼 방전하기 시작한다. 이런 방전 시상수는 부하저항 때문에 충전 시상수보다 훨씬 크게 된다.

[그림 2-13(b)]에 나타낸 감소하는 경사는 콘덴서의 양단에 걸리는 전압의 감소를 의미하는데, 콘덴서가 방전하기 때문에 저항 양단에 걸리는 전압도 감소하게 되고, 교류입력과 정류기의 맥동성 직류 사이클이 반복되면 평균값의 약간 위와 아래로 가변되는 리플을 갖는 직류출력을 나타낸다.

[그림 2-13(c)]는 큰 값의 커패시턴스를 갖는 콘덴서가 사용될 경우의 충전과 방전 시상수를 표시한다. 따라서, 리플의 크기는 감소하고, 평균 출력전압은 증가하게 된다.

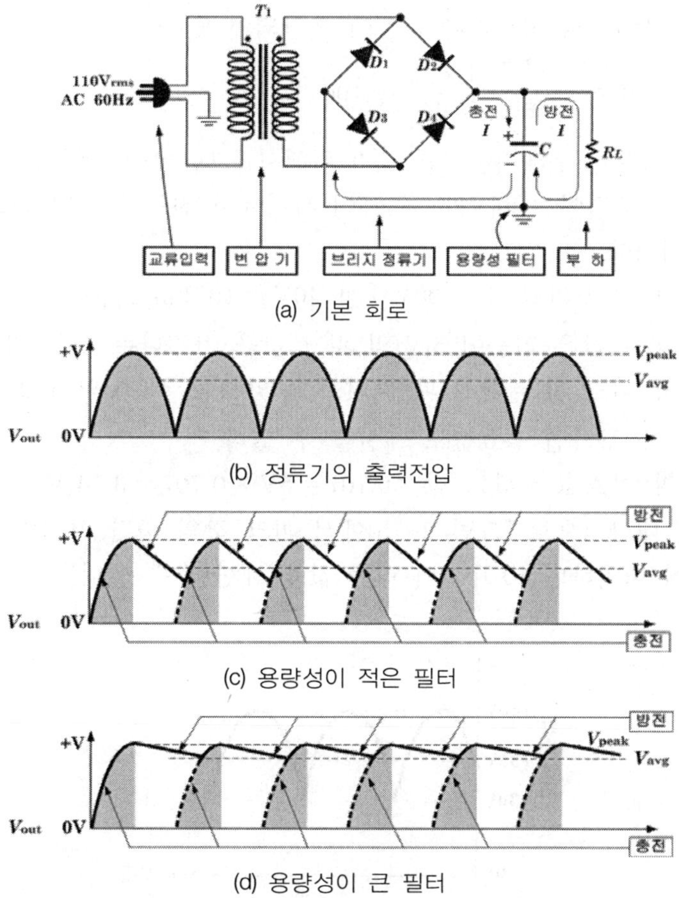

(a) 기본 회로

(b) 정류기의 출력전압

(c) 용량성이 적은 필터

(d) 용량성이 큰 필터

[그림 2-14] 전파정류기 출력의 용량성 필터링

[그림 2-14(a)]는 브리지 전파정류기와 콘덴서 필터 회로의 정(positive) 출력을 표시하고 있다. [그림 2-14(b)]와 (c), (d)는 정류기의 출력파형과 작은 크기의 커패시턴스를 가지는 콘덴서 필터 회로와 큰 크기의 커패시턴스를 가지는 콘덴서 필터 회로의 출력파형을 표시하고 있다.

브리지 전파정류 회로의 리플 주파수는 반파정류 회로의 2배이므로, 콘덴서는 또 다른 정(positive)의 반주기가 발생되기 전에 아주 큰 방전시간을 가질 수 없게 된다. 이 결과 반파정류 회로보다 더 높은 평균 전압을 가지게 된다.

만약 큰 커패시턴스를 가지는 콘덴서가 사용된다면 시상수가 커지기 때문에 리플의 크기가 감소하게 된다. 따라서 [그림 2-14(d)]에 표시된 것처럼 평균 전압은 증가한다.

백분율 리플

백분율 리플은 진동의 변화량을 말하며, 필터의 동작비율을 표시하는 데 사용된다. 즉, 앞에서 살펴본 두 개의 용량성 필터로부터의 출력이 직류 레벨을 가진다고 하더라도, 그 안에는 약간의 맥류성분이나 리플이 포함되어 있다.

$$\text{백분율 리플} = \frac{\text{리플의 } V_{\text{rms}}}{\text{리플의 } V_{av}} \times 100$$

백분율 리플이 어떻게 구해지는지를 보기 위해서 [그림 2-15]를 참조하도록 하자. 이 예제에서는 필터의 출력이 +30[V]와 +40[V] 사이에서 진동하고 있으므로 리플의 피크-피크 값은 10[V]이다.

$$\text{리플의 피크-피크 값} = 30\text{V에서 } 40\text{V} = 10[V_{\text{PK-PK}}]$$

10[V]의 피크-피크 값은 리플이 5[V]의 피크 값을 가진다는 것을 의미한다.

$$\text{리플의 피크 값} = \text{피크-피크 리플 값의 } 1/2 = 10\text{V의 } 1/2 = 5[V_{\text{PK}}]$$

리플의 피크 값을 구하면 실효값도 계산할 수 있다.

$$\text{리플의 실효값} = \text{피크 값} \times 0.707 = 5\text{V} \times 0.707 = 3.54[\text{V}]$$

리플의 평균은 대략적으로 [그림 2-15]에서 피크 값의 중간 크기인 +35[V]이다. 이런 크기를 공식에 대입하면 10.1[%]의 리플 값을 계산할 수 있다.

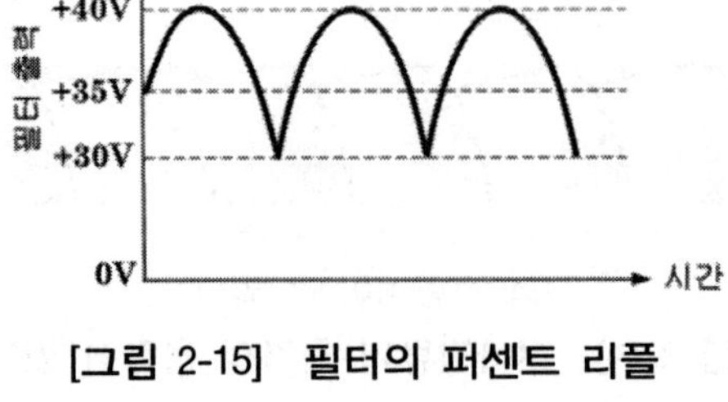

[그림 2-15] 필터의 퍼센트 리플

$$
\begin{aligned}
\text{백분율 리플} &= \frac{\text{리플의 } V_{\mathrm{rms}}}{\text{리플의 } V_{av}} \times 100 = \frac{5\mathrm{V} \times 0.707}{35\mathrm{V}} \times 100 \\
&= \frac{3.54\mathrm{V}}{35\mathrm{V}} \times 100 = 10.1[\%]
\end{aligned}
$$

이것은 정류기의 평균 전압(+35[V])이 10.1[%]의 리플을 가진다는 것을 의미한다.

RC 필터

[그림 2-16]은 저역통과 파이(π) 필터를 나타낸 것으로서, 진동성분은 차단시키고, 직류성분만을 통과시키는 기능 때문에 리플을 감쇠시키는 데 사용된다. 즉, 첫 번째 콘덴서 C_1은 용량성 필터에서의 콘덴서와 동일한 동작을 수행하고, 저항 R_1과 C_2는 전압분배기이다. 주파수가 감소하면 용량성 리액턴스는 증가하게 된다(X_C는 주파수 f에 반비례한다).

대부분의 직류전압은 C_2 양단에 나타나게 되고 부하에 인가된다. C_2 양단에는 리플이 거의 나타나지 않게 되고, 이런 전압이 부하에 걸리게 된다. 요약하자면 콘덴서는 직류성분을 차단시키고 부하로부터 교류성분을 분류시키며, 직류성분을 부하에 직접 연결시킨다.

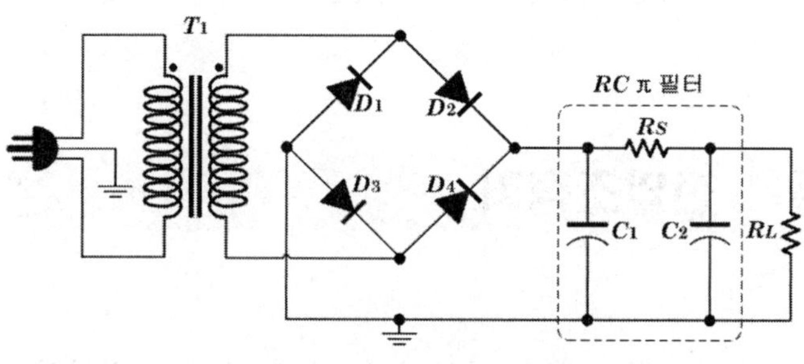

[그림 2-16] *RC* π 필터

LC 필터

인덕터 L은 직류에서는 아주 적은 리액턴스 성분을 가지게 되고, 교류 리플에서는 아주 큰 리액턴스 성분을 가지므로, 전력을 적게 사용하기 때문에 인덕터를 사용하는 것이 저항을 사용하는 것보다는 아주 효율적이다.

따라서, [그림 2-17]에 나타낸 것처럼 RC π 필터에서 R_S 대신에 L을 대체시키면 인덕터는 열을 발생시키지 않으면서도 전류의 흐름을 방해하기 때문에 필터의 효율을 증가시킬 수 있다.

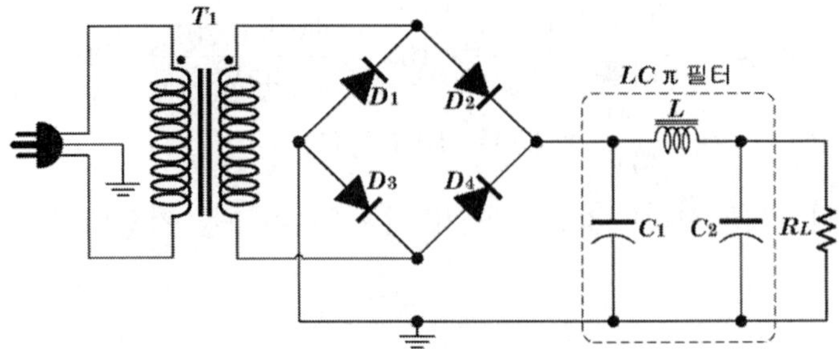

[그림 2-17] LC π 필터

확인문제 2-4

1. 직류전력을 공급하기 위해서는 어떤 종류의 필터가 사용되어야 하는가?
   (a) 고역통과 (b) 저역통과 (c) 대역통과 (d) 대역저지
2. 필터의 퍼센트 리플은 콘덴서 크기에 비례하는가, 반비례하는가?
3. 저역통과 RC 필터를 구성하기 위해서 직렬로 연결되어야 할 성분과 병렬로 연결되어야 할 성분은 어느 것인가?
4. 전원공급장치에서 가장 기본으로 사용되는 필터에서 콘덴서는 부하에 어떤 형태로 연결되는가?

해답 **1.** (b) **2.** 반비례 **3.** 직렬연결(R), 병렬연결(C) **4.** 병렬연결

2-5 | 전압조정기

직류전원 공급장치는 교류입력이 변하거나, 부하저항이 변화하더라도 전압조정기(regulator)로 정해진 레벨의 직류전압을 항상 일정하게 공급한다.

따라서, 이런 변화가 어떻게 발생되는지를 이해하기 위해서 전원과 부하의 관계를 알아보도록 하자.

전원과 부하

이상적(ideal)인 직류전원 공급장치는 자신의 모든 교류 전기 에너지 입력을 직류 에너지 출력으로 변환시키게 된다.

그러나 모든 회로 및 시스템에 사용되는 직류전원 공급장치는 미소의 내부저항(R_{int})을 갖고 있기 때문에 전기적인 에너지 출력에 따라 비효율적인 열에너지의 손실을 발

생시켜 100[%] 효과적이지는 못하다. 여기서, 부하저항 R_L은 전자 시스템에서의 전자회로가 가지는 저항이다.

[그림 2-18]은 전원과 부하의 관계를 설명하기 위하여 나타낸 것으로서, 보다 정확한 해석을 위해 직류전원 공급장치가 갖고 있는 고유한 내부저항 R_{int}(이 예제에서는 1Ω 이다)를 포함하여 해석하여야 한다. 즉, [그림 2-18(a)]에 나타낸 것처럼 R_{int}와 R_L이 직렬로 연결되어 있기 때문에 공급되는 12[V]의 전압은 저항의 크기에 비례하므로 다음과 같은 비율로 저항 양단에 나타나게 된다.

$$V_{R\text{int}} = 0.1[\text{V}]$$

$$V_{RL} = 11.9[\text{V}]$$

만약, 부하저항 R_L이 [그림 2-18(b)]에 표시된 것처럼 직류전원 공급장치의 내부저항 값인 1Ω까지 극적으로 감소하게 된다면 감소된 부하저항의 영향에 의해서 부하전류의 크기를 증가시켜 열(heat)적 손실도 증가시키게 된다. 즉, 이런 손실은 직류전원장치의 출력에서 나타나게 되는데, 12[V]의 공급전압이 R_{int}와 R_L에 동일하게 6[V]씩 분배되기 때문에 부하저항 양단에는 6[V]만 공급된다.

$$V_{R\text{int}} = 6[\text{V}]$$

$$V_{RL} = 6[\text{V}]$$

또한, 부하저항이 감소한다면 부하전류는 증가하게 되고, 전원으로부터 너무 큰 전류가 흐르게 된다면 전원전압이 차단되게 된다. 즉, 전체적인 부하저항이 낮아지기 때문에 전압조정기를 가지지 않는다면 직류전원 공급장치로서, 그 기능을 잃게 된다.

그리고 전기회사로부터 공급되는 교류전압의 변화는 직류출력의 변화를 발생시키지만, 사용자들은 교류입력의 변화와는 무관하게 전자회로에서 필요로 하는 일정한 크기의 직류전원을 공급하는 기능을 가지는 직류전원 공급장치를 필요로 하기 때문에 [그림 2-19]에 나타낸 것처럼 직류전원 공급장치 속에 교류입력의 변화와 부하저항의 변화에 무관하게 일정한 크기의 직류 출력전압을 제공하도록 전압조정기가 설치된다.

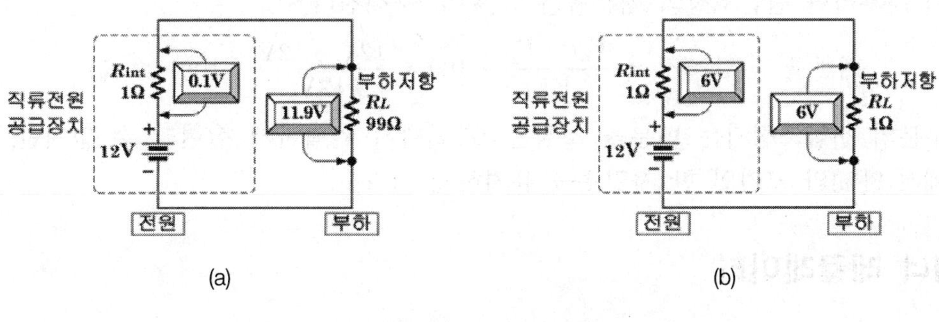

(a) (b)

[그림 2-18] 전원과 부하

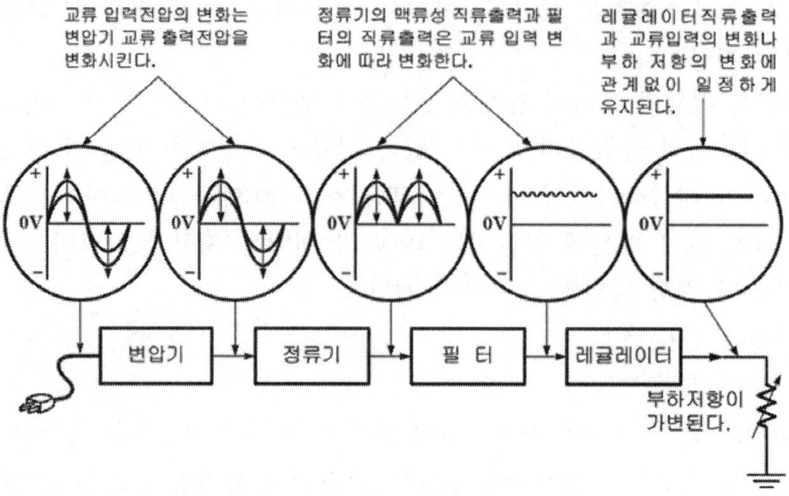

[그림 2-19] 전압조정기의 기능

백분율 전압조정

백분율 전압조정은 전압조정기가 일정한 직류 출력전압을 제공할 수 있는 능력을 표시하는 것으로, 다음의 공식에 의해서 구해진다.

$$\text{백분율 전압조정} = \frac{V_{nl} - V_{fl}}{V_{nl}} \times 100$$

여기서, V_{nl} =무부하 전압, V_{fl} =전부하 전압이다.

만약, 이 공식을 [그림 2-18]에 나타낸 회로에 적용한다면 백분율 전압조정은 50[%]로 구해진다.

$$\text{백분율 전압조정} = \frac{V_{nl} - V_{fl}}{V_{nl}} \times 100 = \frac{12\text{V} - 6\text{V}}{12\text{V}} \times 100 = 50[\%]$$

전압조정기가 삽입되고 출력전압이 무부하와 전부하 사이에서 일정하게 유지되는 이상적인 경우라면 전압조정의 백분율은 '0'[%]로 구해진다.

$$\text{백분율 전압조정} = \frac{V_{nl} - V_{fl}}{V_{nl}} \times 100 = \frac{12\text{V} - 12\text{V}}{12\text{V}} \times 100 = 0[\%]$$

대부분의 전압조정기는 백분율 조정을 '0'[%]까지 완벽하게 실현할 수 없지만, 대략 2[%]에서 8[%]의 크기인 한 자릿수를 유지하게 된다.

제너 레귤레이터

[그림 2-20]은 전압조정 기능을 제공하기 위해서 제너 다이오드 D_5와 직렬저항 R_S가 직류전원 공급장치 내의 연결상태를 나타낸 것이다. 즉, 교류입력의 증가는 필터로

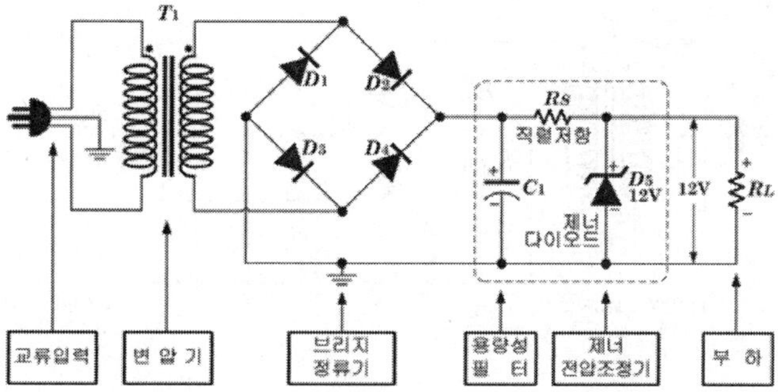

[그림 2-20] 제너 다이오드 전압조정기

부터의 직류출력을 증가시키고, 이로 인하여 직렬저항 R_S에 흐르는 전류 I_S, 제너 다이오드 D_5에 흐르는 전류 I_Z 및 부하저항 R_L에 흐르는 전류 I_L을 증가시키는 원인이 된다.

역방향으로 바이어스 된 제너 다이오드는 입력전압과 전류의 변화, 직렬저항 양단에서의 전압과 전류의 변화에 무관하게 일정한(12[V]) 크기의 전압을 유지시키게 된다. 따라서, 필터의 출력이 +15[V]와 +20[V]의 사이에 있다면 제너 다이오드에는 항상 12[V]의 전압이 걸리지만, 직렬저항 양단에서는 3[V](입력이 15[V]일 때)와 8[V](입력이 20[V]일 때)의 전압변동이 발생되지만, 입력의 전압변동에도 무관하게 제너 다이오드는 항상 12[V]의 일정한 출력전압을 제공하게 된다.

다른 관점으로 본다면, 제너 다이오드 전압조정기는 부하저항의 변화에 대응해서 I_Z를 증가시키거나 감소시키고, 제너 전류와 부하전류의 변화와는 무관하게 제너 전압과 출력전압은 항상 일정하게 유지된다는 제너 다이오드의 특성 때문에 부하저항이 변화해도 일정한 출력전압을 제공한다.

또한, 직렬저항은 부하전류의 크기를 제한하게 되는데, 이것이 원하지 않는 열(heat)을 발생시키는 원인인 동시에 전압조정기가 가지는 단점이 된다.

IC 전압조정기

[그림 2-21(a)]는 현재 사용되는 대부분의 직류전원 공급장치인 IC 전압조정기를 나타낸 것으로, 실리콘 반도체 칩 상에 약 50개의 개별소자와 이산소자의 집적에 의해서 구성되는데, 플라스틱으로 패키징 되어 있고, 3개의 핀으로 이루어졌다.

[그림 2-21(b)]는 IC 전압조정기의 블록도를 나타낸 것으로, 내부회로 구조가 어떻게 구성되는지를 설명하고 있다. 즉, IC 전압조정기의 정격을 넘는 과도한 부하전류가 흐르거나 IC 전압조정기의 방열판이 너무 작아서 발생한 열을 빠르게 식힐 수 없는 경우에 단락 방지회로와 열차단 회로에서 스스로 OFF시킴으로써 보호하도록 되어 있다.

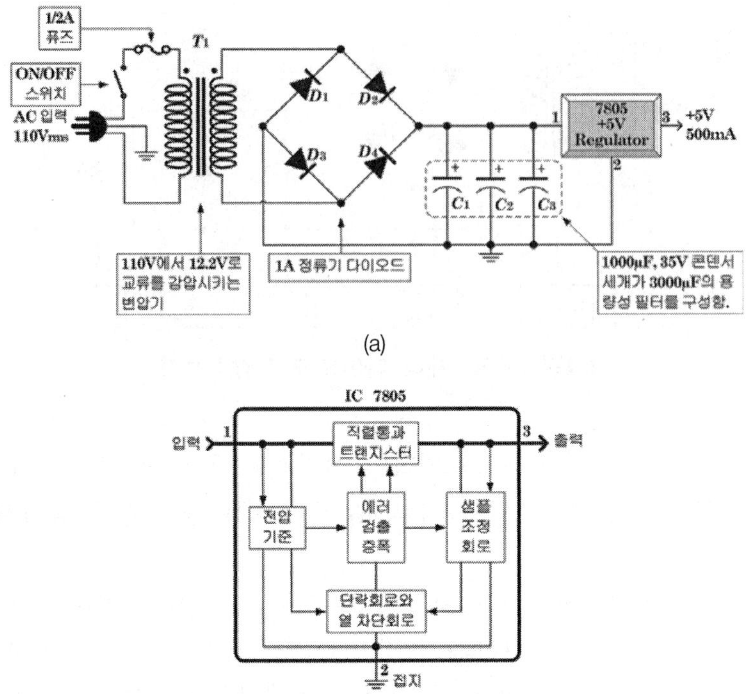

(a) (b)

[그림 2-21] 직류전원 공급장치에 사용되는 IC 전압조정기

IC 전압조정기의 부품은 정(positive)의 출력전압을 제공하기 위해서 사용되는 78XX 시리즈와 부(negative) 전압을 제공하기 위해서 사용되는 79XX 시리즈가 있으며, 마지막의 두 자리는 출력전압을 의미한다. 즉, 7805와 7812는 각각 +5[V], +12[V]를, 7905와 7912는 각각 −5[V], −12[V]를 의미한다. 또한, 입력전압이 전압조정기의 출력 정격보다 아주 큰 경우에도 장시간 동안 조정된 출력을 제공하는데 방열판이 제대로 동작한다면 최대 전류정격은 1.5[A]까지 견딜 수 있다.

확인문제 2-5

1. 직류전원 공급장치에서 전압조정기가 필요한 이유는 무엇인가?
2. 일반적으로 부하저항의 크기가 어떤 경우에 전원전압을 다운(down)시키게 되는가?
3. 제너 전압조정기에 사용되는 제너 다이오드는 회로에 직렬로 연결하는가, 아니면 병렬로 연결하는가?
4. 다음에 표시된 IC 전압조정기의 출력을 표시하시오.
   (a) 7812 (b) 7905 (c) 7815 (d) 7912

해답 **1.** 교류입력과 부하저항의 변화에 무관하게 일정한 출력전압을 구하기 위해서이다. **2.** 아주 적을 경우 **3.** 병렬연결 **4.** (a) +12[V] (b) −5[V] (c) +15[V] (d) −12[V]

2-6 | 전압체배기 회로

대부분의 전자회로에는 [그림 2-22(a)]에 나타낸 것처럼 가정용 교류 110[V]보다 낮은 크기의 교류전압으로 변환시키기 위해 감압용(step down) 변압기를 사용하여 낮추고, 정류기, 필터 및 전압조정기를 거쳐 출력에서 작은 크기의 직류전압을 공급하게 된다.

그러나, [그림 4-22(b)]에 나타낸 것처럼 회로나 소자가 110[V]보다 큰 직류전압이 필요한 경우가 있으므로, 가정용 교류 110[V]를 220[V]까지 승압시키기 위해 승압용(step up) 변압기를 사용하여 높이고, 정류기, 필터 및 전압조정기를 거쳐 출력에서 155[V]와 180[V]의 직류전압을 공급하게 된다.

승압용 변압기는 다양한 범위의 직류전압을 공급하기 때문에 필요하지만, 가격이 비싸기 때문에 보다 저렴한 전압체배기 회로가 사용된다.

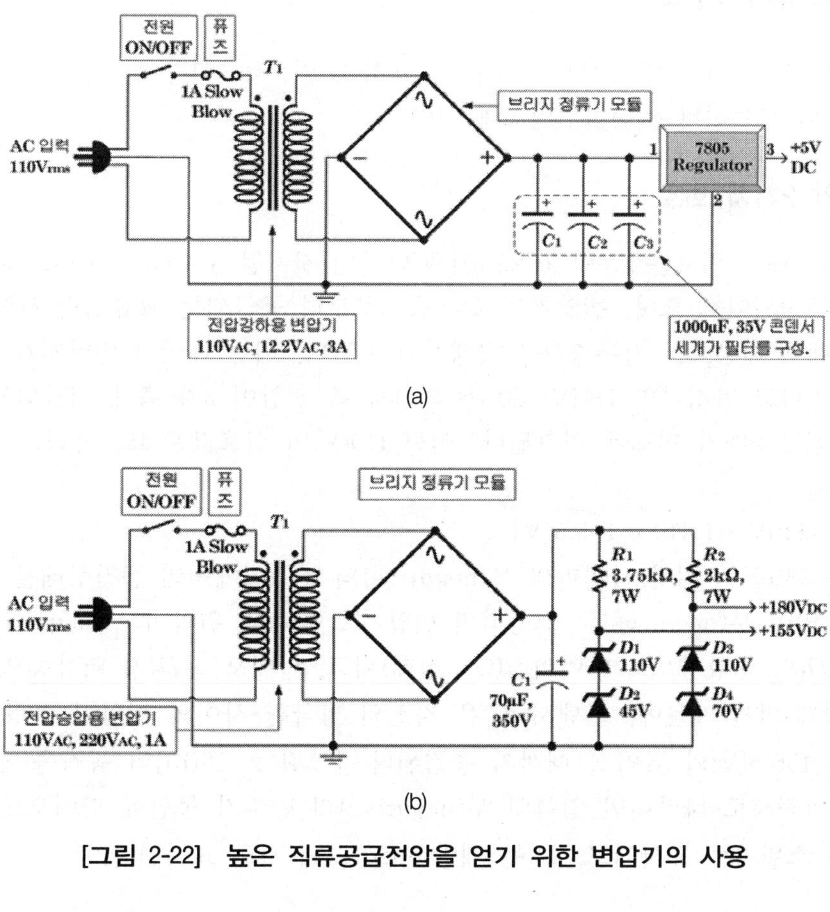

[그림 2-22] 높은 직류공급전압을 얻기 위한 변압기의 사용

전압체배기 회로는 교류입력을 직류출력으로 변환시키기 위해서 동일한 방법이 이용되지만, 교류입력전압의 피크 값의 몇 배에 해당하는 직류출력을 얻기 위하여 다이오드와 콘덴서가 사용되기 때문에 정류기와 필터 회로를 제거시킬 수 있다.

전압 2배기 회로(voltage doubler circuit)는 교류입력전압 피크 값의 2배에 해당하는 직류출력을 발생시키고, 전압 3배기 회로(voltage tripler circuit)는 교류입력전압 피크 값의 3배에 해당하는 직류출력을 발생시킨다.

더 큰 출력전압을 사용하기 원한다면 그 크기만큼의 전압체배기 회로를 사용하면 구할 수 있지만, 출력전력은 전압체배기가 내부에서 전력을 발생시키는 것이 아니므로, 전압체배기의 출력전압이 몇 배만큼 증가한다면 회로의 출력전류는 동일한 배율로 감소하기 때문에 입력의 전력보다는 결코 커질 수가 없다. 즉, 전압 2배기가 2배의 출력전압을 얻는다면 전압체배기 회로의 출력전류는 1/2로 감소하기 때문에 입력전력보다 결코 커질 수가 없다. 사실 전압체배기 회로에서 다이오드가 일정한 크기의 전력을 소비하기 때문에 출력의 전력은 입력의 전력보다는 항상 약간 적게 된다.

전압 2배기 회로

정류기와 유사하게 전압 2배기 회로는 두 종류가 있는데, 그중 한 가지는 반파전압 2배기이고, 나머지 하나는 전파전압 2배기이다.

반파전압 2배기 회로

반파전압 2배기 회로는 [그림 2-23(a)]에 나타낸 것처럼 두 개의 다이오드와 두 개의 콘덴서로 구성되어 있으며, 변압기의 2차 측으로부터 공급되는 교류입력 사인 파형 피크 값의 2배에 해당하는 직류출력을 발생시키게 된다. 이런 예에서 변압기가 1 : 1의 권선비를 가진다고 가정하면 110[V] 60[Hz]의 1차 측 전압이 2차 측에 전달되고, 이것이 다시 반파전압 2배기 회로에 인가된다. 이런 110[V]의 실효값은 155.5[V]의 피크 값을 가지게 된다.

$$110\text{V} \times 1.414 = 155.5[\text{V}]$$

[그림 2-23(b)]는 입력 사인파의 부(negative)의 반주기에서의 동작상태를 보여준다. 즉, 입력전압이 부(negative)로 스윙하면 변압기 2차 측의 위쪽이 부(negative)로 되어 다이오드 D_1이 순방향으로 바이어스(ON 상태)되고, 다이오드 D_2가 역방향으로 바이어스(OFF 상태)되기 때문에, 콘덴서 C_1은 자신의 양극판 사이의 전압이 입력 사인파의 피크 값인 155.5[V]와 같아질 때까지 충전된다. [그림 2-23(b)]의 동작을 간략화하기 위해서 등가적으로 나타내면 입력의 부(negative)의 반주기 동안에 다이오드 D_1은 닫힌(closed) 스위치로 표시되고, D_2는 개방(open) 스위치로 표시된다.

등가회로에서는 변압기의 2차 측에 연결된 C_1의 충전 경로에 저항성분이 없기 때문에 다이오드 D_1에 의해서 입력 사인파의 피크 값까지 아주 빠르게 V_{SPK}까지 충전된다.

[그림 2-23(c)]는 입력 사인파의 정(positive)의 반주기에서의 동작상태를 보여준다. 즉, 입력전압이 정(positive)으로 스윙하면 변압기 2차 측의 위쪽이 정(positive)으로 되어 다이오드 D_2를 순방향으로 바이어스시키고, 다이오드 D_1은 역방향으로 바이어스된다. 따라서, [그림 2-23(c)]에 나타낸 등가회로에서 다이오드 D_2는 닫힌 스위치로 표시되고, 다이오드 D_1은 개방 스위치로 표시되기 때문에 다이오드 D_2가 변압기의 2차 측 피크 전압(V_{SPK})과 입력전압이 부(negative)로 스윙할 때 C_1에 충전된 피크 충전전압(V_{SPK})이 더해지는 전압원(series aiding voltage source)이 되기 때문에 콘덴서 C_2는 두 직렬 피크 전압의 합으로 충전된다($C_2 = 2 \times V_{SPK}$).

직류 출력전압은 C_2가 부하저항 R_L 양단에 연결되기 때문에 [그림 2-23(d)]에 나타난 것처럼 2차 측 교류전압의 피크 값의 2배와 같아진다.

$$V_{OUT} = 2 \times V_{SPK} = 2 \times 155.5\text{V} = 311[\text{V}]$$

또한, V_S가 다시 새로운 극성으로 스위칭 되면 [그림 2-23(b)]에 표시된 조건으로 되돌아가게 된다. 콘덴서 C_1은 다시 변압기의 2차 측 전압의 피크 값으로 충전된다. 이런 반주기 동안 출력 콘덴서 C_2가 [그림 2-23(b)]에 표시된 것처럼 부하저항을 통해서 방전하게 된다.

시정수(time constant)는 출력 콘덴서와 부하저항에 의해서 결정되기 때문에 일반적으로 아주 크게 된다. 따라서, 입력의 부(negative)의 반주기 동안에 C_2는 약간만 방전하며, 입력전압의 부(negative) 전환 동안 C_2의 이와 같은 작은 방전은 [그림 2-23(e)]에 나타낸 것과 같은 출력전압 파형을 발생시킨다. 이런 출력전압의 파형을 자세하게 관찰하면 이 회로의 출력 콘덴서 C_2가 교류입력의 반주기 동안만 충전되기 때문에 여파(filtered)된 반파정류기 회로와 아주 근사하게 비슷하므로, 반파전압 2배기 회로라고 부른다.

반파전압 2배기의 리플 주파수는 교류입력 주파수와 동일하다. 즉, [그림 2-23(e)]에 나타낸 입력전압 파형과 출력전압 파형을 비교하면 입력의 모든 한주기[정(positive) 피크에서 정(positive) 피크까지] 출력은 한주기[정(positive) 피크에서 정(positive) 피크까지]가 존재하는 것을 확인할 수 있다.

$$f_{\text{out ripple}} = f_{\text{in ac}}$$

출력직류 리플 주파수 = 입력교류 주파수

[그림 2-23]에서 출력 리플 주파수는 60[Hz]이다.

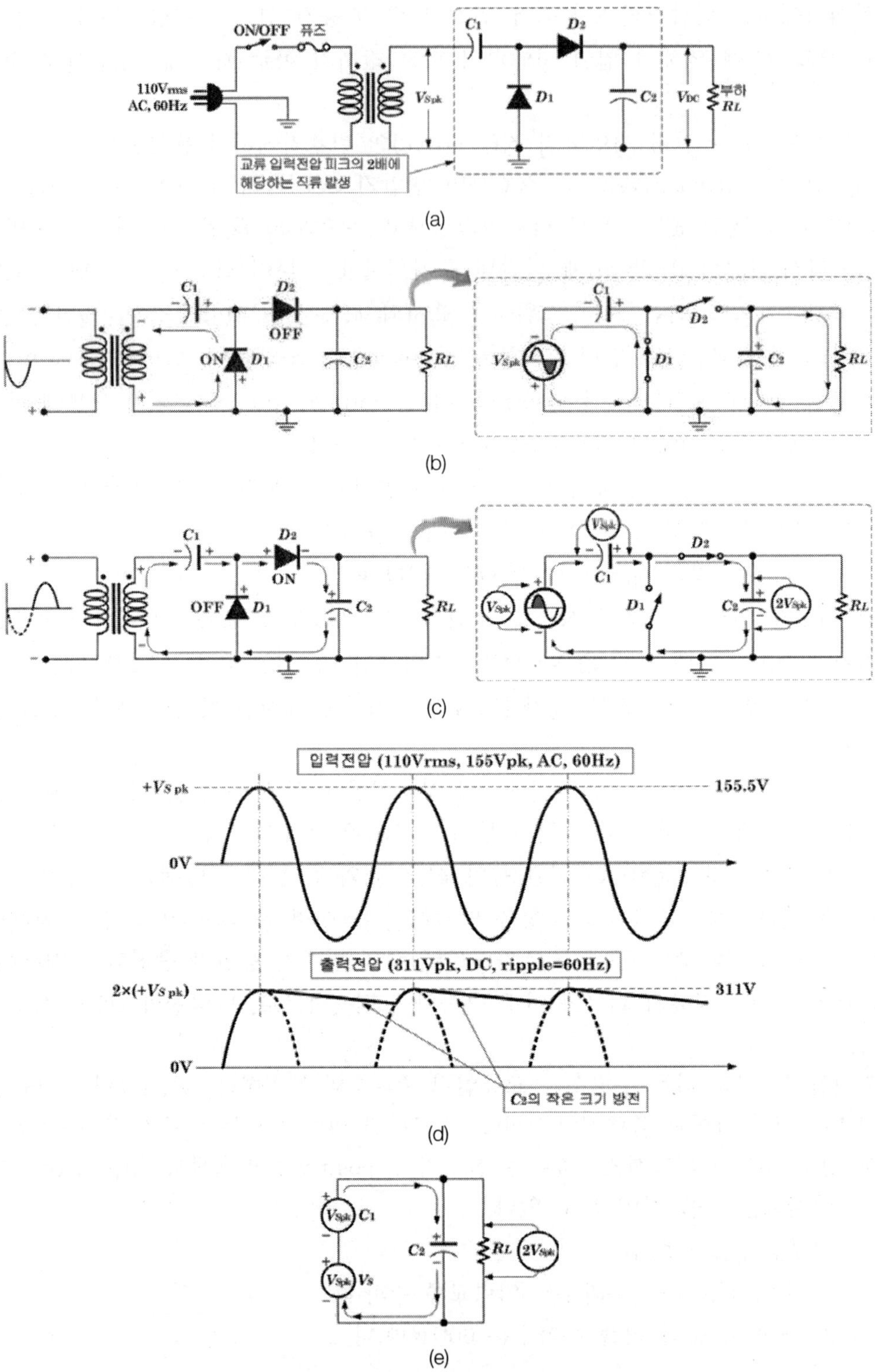

[그림 2-23] 반파전압 2배기 회로

예제 2-5 [그림 2-24]에서 다이오드와 콘덴서의 방향을 반대로 하면 정(positive)의 반파전압 2배기 회로로부터 부(negative)의 반파전압 2배기 회로를 구성할 수 있다. 부(negative)의 반파전압 1배기 회로를 구성하고, 입력에 대한 C_1과 C_2의 충전 경로를 설명하시오. 이 회로의 직류출력 전압의 피크 값은 얼마인지? 리플 주파수는 얼마인지 설명하시오.

풀이 [그림 2-24]는 부(negative)의 반파전압 2배기 회로를 구성한 것이다. 교류입력이 정(positive)인 경우 다이오드 D_1이 ON 상태로 되고, 콘덴서 C_1은 그림에 표시된 극성으로 교류입력의 피크 값까지 충전된다.

교류입력이 부(negative)로 변환되면 다이오드 D_2가 ON 상태로 되고, V_S의 피크 전압과 콘덴서 C_1 양단에 충전된 전압이 직렬로 더해져서 출력 콘덴서 C_2 양단에 걸리게 된다. 그 결과 C_2는 교류입력 피크 값의 2배에 해당되는 전압으로 충전된다. 그리고 이런 직류 부(negative)의 전압이 부하저항 양단에 인가된다.

$$110\,V_{ac\ rms} \times 1.414 = 155.5\,V_{ac\ \mathrm{peak}}$$

$$V_{\mathrm{out}} = 2 \times V_{S\,\mathrm{pk}} = 2 \times 155.5\mathrm{V} = -311\,[\mathrm{V}]$$

출력의 리플 주파수는 교류입력 주파수와 동일한 60[Hz]이다.

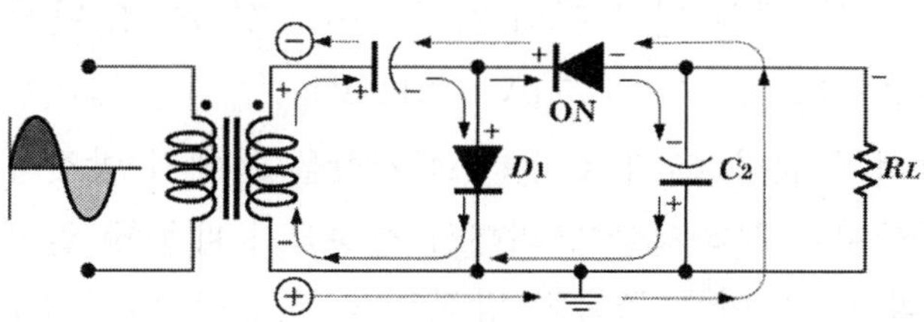

[그림 2-24] 부(negative) 반파전압 2배기

전파전압 2배기 회로

반파전압 2배기 회로는 두 가지의 단점을 가지는데, 그 첫 번째는 리플 주파수가 60[Hz]로 필터링하기에 어렵다는 점이고, 두 번째는 교류입력 피크 값의 두 배에 해당하는 전압정격을 갖는 콘덴서의 가격이 대단히 비싸다는 점이다.

[그림 2-25(a)]는 반파전압 2배기와 동일한 개수의 소자(두 개의 다이오드와 두 개의 콘덴서)를 사용한 전파전압 2배기 회로를 나타낸 것이다. 그렇지만, 필터링의 어려움과 높은 출력 콘덴서의 전압정격을 필요로 하는 단점을 극복하지는 못한다.

[그림 2-25(b)]는 입력 사인파의 정(positive)의 반주기 동안에 회로의 응답상태를 보여준다. 즉, 입력전압이 정(positive)으로 스윙하게 되면 2차 측 변압기의 위쪽은 정(positive)으로 되어 다이오드 D_1이 순방향으로 바이어스(ON 상태)되고, 다이오드 D_2는 역방향으로 바이어스(OFF 상태)되기 때문에 콘덴서 C_1은 그림에 나타낸 극성대로

자신의 양극판 사이의 전압이 입력 사인파의 피크 전압 값인 155.5[V]가 될 때까지 충전한다. [그림 2-25(b)]의 동작을 간략화하기 위해서 등가적으로 나타내면 입력의 정(positive)의 반주기 동안 다이오드 D_1은 닫힌(closed) 스위치로 표시되고, D_2는 개방(open) 스위치로 표시된다.

등가회로에서는 변압기의 2차 측 양단에 연결된 콘덴서 C_1의 충전 경로에는 저항성분이 존재하지 않기 때문에 다이오드 D_1에 의해서 입력 사인파의 피크 값까지 아주 빠르게 V_{SPK}까지 충전된다.

[그림 2-25(c)]는 입력 사인파의 부(negative)의 반주기 동안 회로의 응답상태를 보여준다. 즉, 입력전압이 부(negative)로 스윙하게 되면 2차 측 변압기의 위쪽이 부(negative)로 되어 다이오드 D_2를 순방향으로 바이어스시키고, 다이오드 D_1은 역방향으로 바이어스 된다. 따라서, [그림 2-25(c)]에 나타낸 등가회로에서 다이오드 D_1과 D_2가 닫힌 스위치와 개방 스위치로 동작하기 때문에 다이오드 D_2가 변압기의 2차 측 피크 전압(V_{SPK})과 입력전압이 부(negative)로 스윙할 때 C_1에 충전된 피크 충전전압(V_{SPK})이 더해지는 전압원(series aiding voltage source)이 되기 때문에 콘덴서 C_2는 두 직렬 피크 전압의 합으로 충전된다. 즉, 콘덴서 C_1과 C_2가 크기가 더해지는 연결형태이기 때문에 이런 두 개의 피크 값의 합이 부하저항 R_L 양단에 공급된다.

$$V_{OUT} = 2 \times V_{SPK} = 2 \times 155.5\text{V} = 311[\text{V}]$$

이런 피크 사이에서 콘덴서 C_1과 C_2는 부하저항을 통해서 방전하게 된다.

시정수는 출력 콘덴서와 부하저항에 의해서 결정되기 때문에 일반적으로 아주 크다. 따라서, 콘덴서 C_1과 C_2는 아주 조금만 방전하며, 콘덴서 C_1과 C_2의 이와 같은 적은 방전은 [그림 2-25(d)]에 나타낸 것과 같은 출력파형을 발생시킨다. 출력파형을 자세히 주시하면 출력 콘덴서 C_1과 C_2가 교류입력의 양쪽 반주기에서 충전되기 때문에 출력이 필터링된 전파정류기 회로와 유사하므로, 전파전압 2배기 회로라고 부른다.

전파전압 2배기의 직류 리플 주파수는 교류입력 주파수의 2배이다. 즉, [그림 2-25(d)]에 나타낸 입력파형과 출력파형을 비교하면 입력의 모든 주기에서 [정(positive) 피크에서 정(positive) 피크 사이] 출력은 두 개의 주기[정(positive) 피크-정(positive) 피크]를 가진다는 사실을 확인할 수 있다.

$$f_{\text{out ripple}} = 2 \times f_{\text{in ac}}$$

출력직류 리플 주파수 = 2×입력교류 주파수

[그림 2-25]에 나타낸 회로에서 출력 리플 주파수는 120[Hz]이다. 즉, 전파전압 2배기는 높은 리플 주파수를 가지기 때문에 필터링이 용이해서 반파전압 2배기 회로가 가지는 두 가지의 단점을 극복할 수 있다. 출력전압이 콘덴서 C_1과 C_2에 의해서 분할되기 때문에 콘덴서의 전압정격은 교류입력전압의 피크 값보다 조금 크기만 하면 된다.

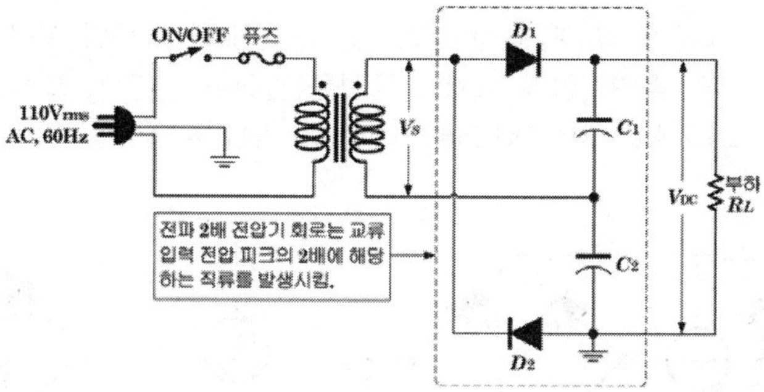

(a)

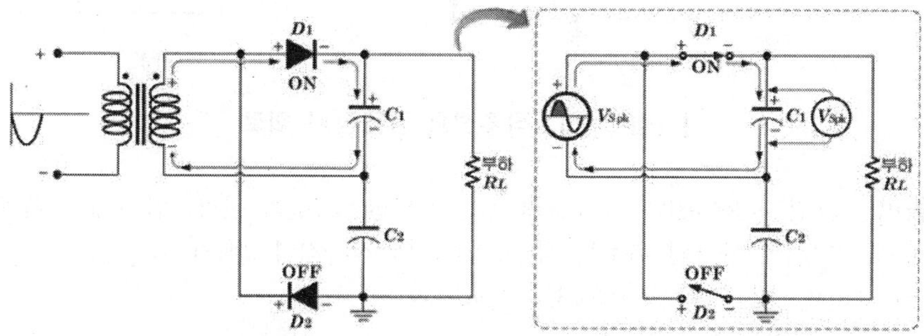

(b)

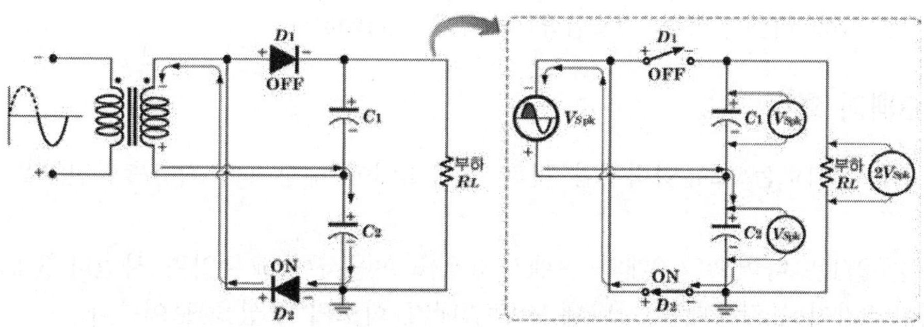

(c)

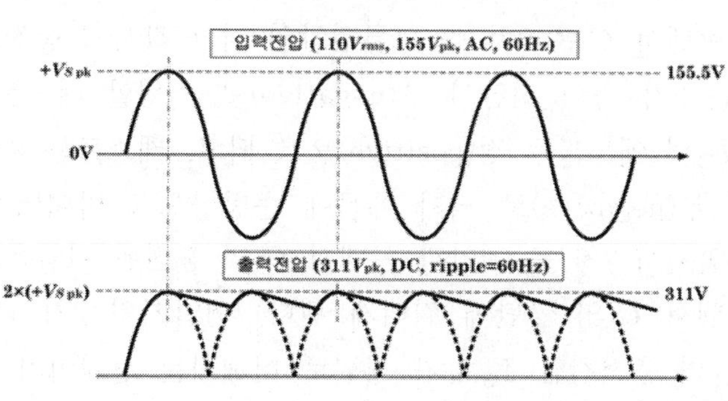

(d)

[그림 2-25] 전파전압 2배기

예제 2-6 [그림 2-26]에 표시된 회로를 판정하고, 다음의 질문에 답하시오. X점에서의 출력전압의 크기와 극성을 말하고, 원안에 표시된 회로의 Y점과 비교하시오. 양쪽 회로에서의 출력 리플 주파수를 구하시오.

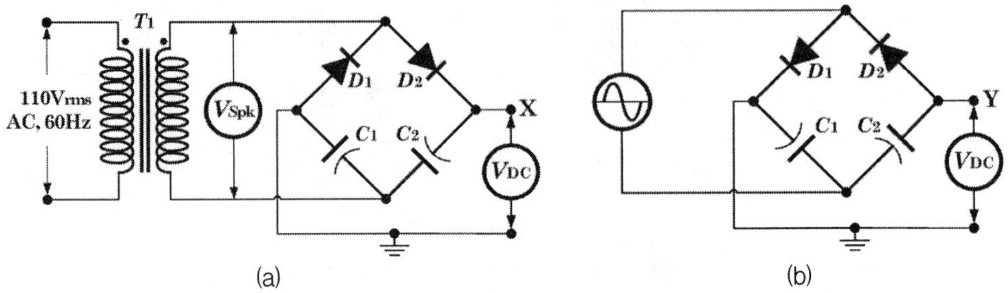

[그림 2-26] 직류전원 공급장치 회로

풀이 [그림 2-26(a)]에 나타낸 회로는 부(negative)의 전파전압 2배기 회로이며, [그림 2-26(b)]에 나타낸 회로는 정(positive)의 전파전압 2배기 회로이다.

1. $110\,V_{ac,\,\mathrm{rms}} \times 1.414 = 155.5\,V_{ac,\,\mathrm{peak}}$

   X점 : $V_{\mathrm{out}} = 2\times V_{Spk} = 2\times(-155.5\mathrm{V}) = -311[\mathrm{V}]$

   Y점 : $V_{\mathrm{out}} = 2\times V_{Spk} = 2\times(+155.5\mathrm{V}) = +311[\mathrm{V}]$

2. 출력 리플 주파수 = 2×입력교류 주파수 = 120[Hz]

전압 3배기 회로

전압 3배기 회로는 교류입력전압 피크 값의 3배에 해당하는 직류출력전압을 발생시킨다.

[그림 2-27]은 다이오드 3개와 콘덴서 3개를 이용하여 교류입력 사인파 3개의 반주기에 대한 3가지 동작상태를 나타낸 전압 3배기 회로의 구성을 보여준다.

[그림 2-27(a)]에서 볼 수 있듯이, 첫 번째 정(positive)의 반주기에서 다이오드 D_1이 ON 상태이고, 콘덴서 C_1은 2차 측 교류전압의 피크 값까지 충전된다.

[그림 2-27(b)]는 2차 측의 전압이 부(negative)로 스윙할 때 콘덴서 C_1의 충전에 의해서 다이오드 D_2의 애노드는 정(positive)으로 되고, 캐소드는 2차 측 변압기의 위쪽 전위에 의해서 부(negative)로 되기 때문에 순방향으로 바이어스 된다. 다이오드 D_2가 연결하는 변압기의 2차 측 전압과 콘덴서 C_1의 충전된 전압은 [그림 2-27(b)]에 나타낸 것처럼 콘덴서 C_2의 양단에 걸리게 된다. 변압기의 2차 측 전압 피크 전압 V_{SPK}와 콘덴서 C_1의 충전전압 V_{SPK}가 직렬로 더해지는 형태이기 때문에 콘덴서 C_2는 두 피크 전압의 합인 $2\,V_{SPK}$의 크기로 충전된다.

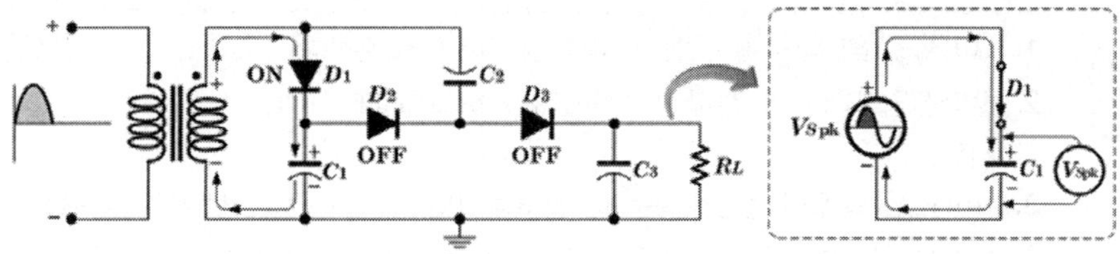

(a)

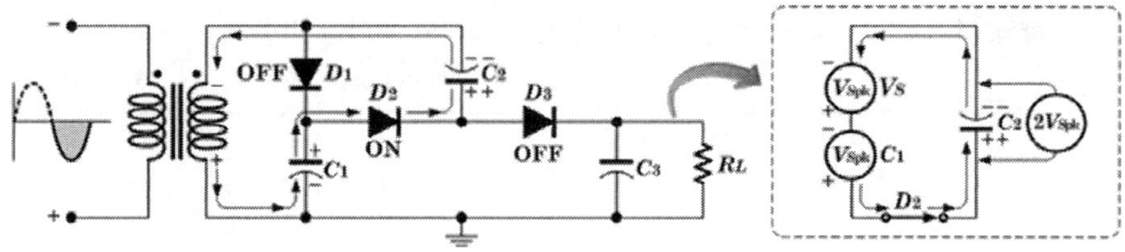

(b)

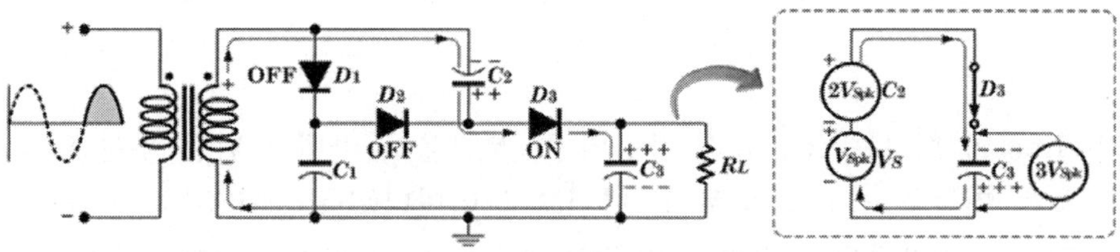

(C)

[그림 2-27] 전압 3배기 회로

[그림 2-27]은 입력의 다음번 정(positive)의 반주기에서 발생되는 현상을 설명하고 있다. 다이오드 D_3는 콘덴서 C_2의 충전으로 인해서 자신의 애노드가 정(positive)으로 되고 캐소드는 변압기의 2차 측 아래쪽에 연결되기 때문에 전위가 부(negative)로 되어서 순방향으로 바이어스 된다. 다이오드 D_3는 변압기의 2차 측 전압과 콘덴서 C_2의 전압을 연결하기 때문에 [그림 2-27(c)]에 나타낸 것처럼 콘덴서 C_3에는 변압기의 2차 측 피크 전압 V_{SPK}와 콘덴서 C_2의 충전전압 $2V_{SPK}$의 직렬 합인 $3V_{SPK}$가 충전된다. 이런 전압의 크기는 2차 측 피크 전압의 3배에 해당된다.

$$C_3 = V_{S\,\mathrm{pk}} + (2 \times V_{S\,\mathrm{pk}}) = 3 \times V_{S\,\mathrm{pk}}$$

예제 2-7 [그림 2-27]에 표시된 전압 3배기 회로에서 교류입력이 $110\,V_{\mathrm{rms}}$의 크기를 가질 때 부하저항 양단에 나타나는 피크 출력의 크기는 얼마인지 구하시오.

풀이 $110\mathrm{V}_{\mathrm{ac\,rms}} \times 1.414 = 155.5[\mathrm{V}_{\mathrm{ac\,peak}}]$

$V_{\mathrm{out}} = 3 \times \mathrm{V}_{\mathrm{S\,pk}} = 3 \times 155.5\mathrm{V} = 466.5[\mathrm{V}]$

확인문제 2-6

1. 110[V_{rms}]의 입력을 갖는 반파전압 2배기의 출력은 약 ( )[V_{peak}]이다.

2. 반파전압 1배기가 전파전압 2배기와 비교할 때 가지는 두 가지 단점을 말해 보시오.

3. 110[V_{rms}]의 입력을 갖는 반파전압 3배기의 출력과 전압 4배기의 출력을 구하시오.

4. 110[V_{rms}] 60[Hz]의 입력을 갖는 반파전압 2배기와 전파전압 2배기의 출력 리플 주파수를 구하시오.

해답 **1.** 325.2 **2.** 리플 주파수가 낮다. 콘덴서의 전압정격이 크기 때문에 가격이 비싸다. **3.** 466.5[V_{peak}], 622[V_{peak}] **4.** 60[Hz], 120[Hz]

2-7 | 다이오드 클리퍼 회로와 클램핑 회로

클리퍼(clipper) 회로는 교류입력 파형의 한 부분을 잘라내고 남은 부분은 왜곡 없이 나타내게 하는 기능을 가진 회로로서, 다이오드 리미터(limiter)라고도 한다.

리미터 회로는 일반적으로 직렬과 병렬의 형태로 두 가지가 있으며, 직렬회로는 다이오드가 부하와 직렬로 연결되고, 병렬회로는 다이오드가 부하와 병렬로 연결된다. 이것은 신호파 형성뿐만 아니라 신호를 수신하는 회로를 보호하는 데 유용하게 쓰인다.

[그림 2-28]은 양('+')의 리미터를 표시하는데, 신호의 '+' 부분만을 제거하는 역할을 하기 때문에 출력전압은 '+'의 반주기가 모두 제거된다. 즉, 입력전압의 '+' 반주기 동안에는 다이오드가 도통되고, 이상적으로 출력전압은 '0'[V]이며, 2차 근사법을 사용하면 +0.7[V]가 된다.

또한, '−' 반주기 동안에는 다이오드는 역방향 바이어스가 되어서 개방된 것과 같다. 대부분의 리미터에서 부하저항 R_L은 전원에 연결된 직렬저항 R보다 적어도 100배 이상 크기 때문에 전원은 안정되고 '−'의 반주기가 출력에 나타나며, 다이오드의 방향을 바꾸어서 연결하면 '−'의 반주기를 제거하는 음의 리미터를 얻는다. 이런 경우에 클리핑 레벨은 약 −0.7[V]가 된다.

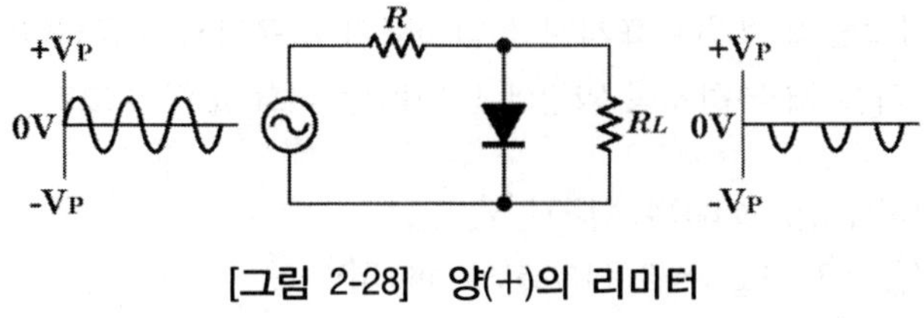

[그림 2-28] 양(+)의 리미터

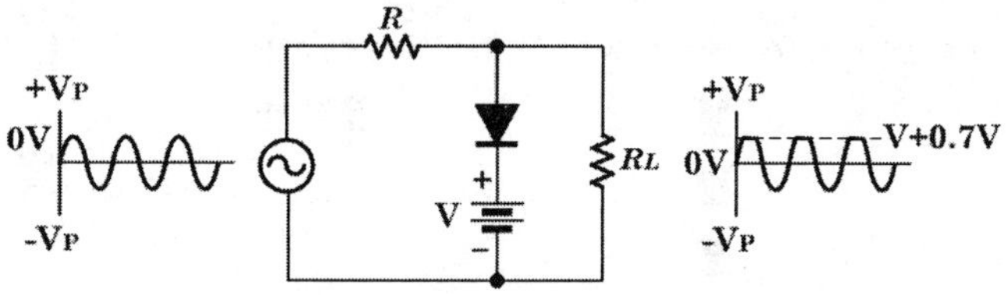

[그림 2-29] 바이어스 된 양(+)의 리미터

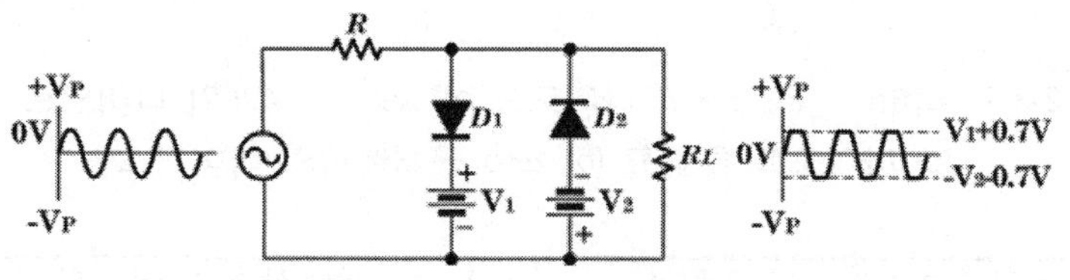

[그림 2-30] 조합 리미터 회로

[그림 2-29]는 클리핑 레벨을 V+0.7[V]까지 이동시킬 수 있는 리미터 회로로서, 입력전압이 V+0.7[V]보다 크다면 다이오드는 도통하게 되어 출력이 V+0.7[V]로 유지되지만, 입력전압이 V+0.7[V]보다 작으면 다이오드는 개방되어 회로는 전압분배기가 된다.

부하저항은 전원 쪽에 연결된 저항 R보다 훨씬 커야 안정된 전원을 얻을 수 있으며, 모든 입력전압이 출력에 나타난다.

[그림 2-30]은 '+'와 '−'로 바이어스 된 리미터 조합회로로서, 다이오드 D_1은 클리핑 레벨인 $V_1+0.7[V]$보다 큰 입력전압에 의해서 도통되고, 다이오드 D_2는 입력전압이 $-V_2-0.7[V]$보다 작은 경우에 도통되며, 입력신호 V_p가 클리핑 레벨보다 훨씬 큰 경우 출력신호는 구형파를 닮게 된다.

변형 리미터

[그림 2-31(a)]는 다이오드를 이용하여 클리핑 레벨을 유지시키기 위하여 사용되는 회로를 나타낸 것이다. 즉, 다이오드 특성상 0.7[V]의 off set 전압을 갖고 있기 때문에 두 개의 다이오드를 양(+)의 리미터로 사용하여 +1.4[V]의 클리핑 레벨을 발생시킬 수 있으며, [그림 2-31(b)]와 같이 여러 개의 다이오드를 연결해도 그 수에는 제한을 받지 않는다.

또한, 리미터는 경우에 따라서 과도한 전압으로부터 부하저항을 보호하는 데 사용된다. 즉, [그림 2-31(c)]는 다이오드 1N914가 과도하게 큰 입력전압에 대해서 부하저항을 보호하는 회로이다. 다이오드 1N914는 입력전압이 +5.7[V]를 넘을 경우에 도통된다. 즉, +5.7[V]에서 다이오드가 클리핑시키기 때문에 +100[V]와 같은 과도한 입력전압은 부하에 절대로 도달되지 않으며, 부하저항에 도달하는 최대 전압은 +5.7[V]이다.

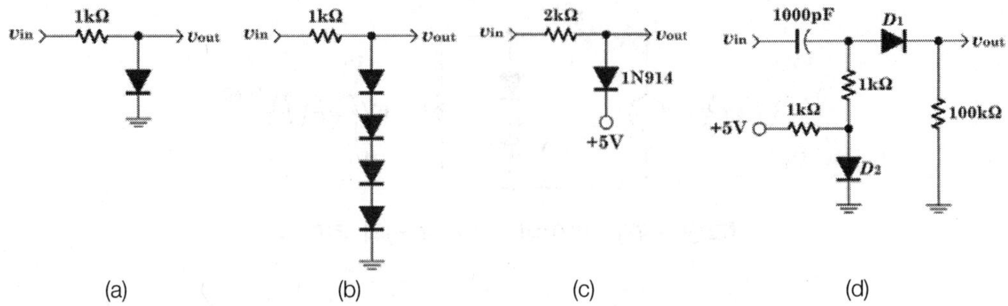

[그림 2-31] **리미터** (a) 2개의 **다이오드** off set (b) 4개의 **다이오드** off set (c) **다이오드 클램프** (d) zero **근처에서의 바이어스**

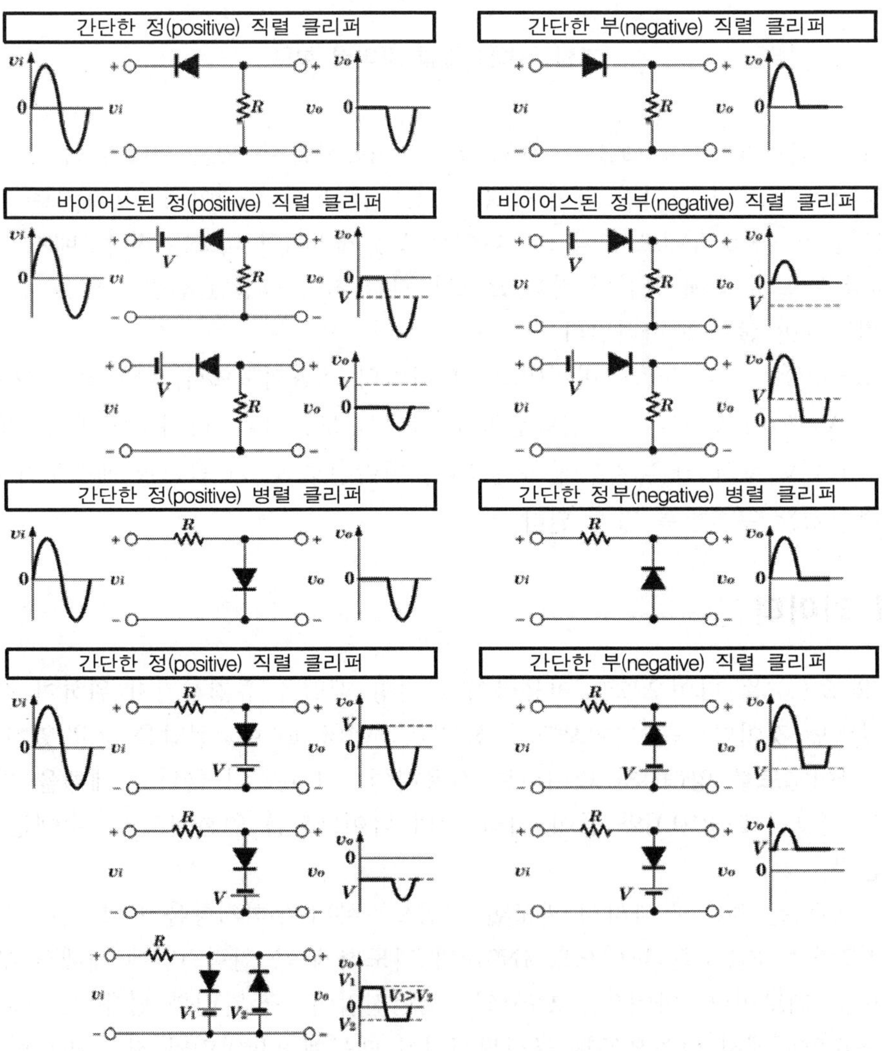

[그림 2-32] **클리핑 회로의 파형**

[그림 2-31(c)]는 신호를 고정 레벨로 유지시키기 때문에 종종 다이오드 클램프라 불리며, 입력전압이 이 범위를 넘으면 출력신호를 +5.7[V]로 클램프시키기 때문에 부하저항을 보호할 수 있다.

[그림 2-31(d)]는 리미팅 다이오드 D_1의 전압강하 0.7[V]를 감쇠시키기 위한 변형회로로서, 다이오드 D_1의 off set를 제거하기 위해서 사용된다. 여기서 다이오드 D_2는 순방향으로 도통되어 0.7[V]의 전압강하가 생긴다. 즉, 다이오드 D_2는 순방향으로 약하게 바이어스 되어 약 0.7[V]의 전압강하가 생기며, 이 0.7[V]는 100[kΩ]의 저항과 다이오드 D_1에 직렬연결된 1[kΩ]의 저항에 가해지고, 다이오드 D_1은 도통되기 바로 전 상태가 된다. 따라서 신호가 들어오면 다이오드 D_1은 '0'[V] 근처에서 도통된다.

클리퍼 회로의 기본 예

클리핑 직렬 클리핑 회로, 병렬 클리핑 회로 및 바이어스 된 클리핑 회로로 구분할 수 있는데, 입력파형과 출력파형의 형태를 살펴보면 [그림 2-32]와 같이 표시된다.

예제 2-8 [그림 2-33]에 표시된 클리핑 회로에서 입력신호에 따른 출력신호 파형을 구하시오.

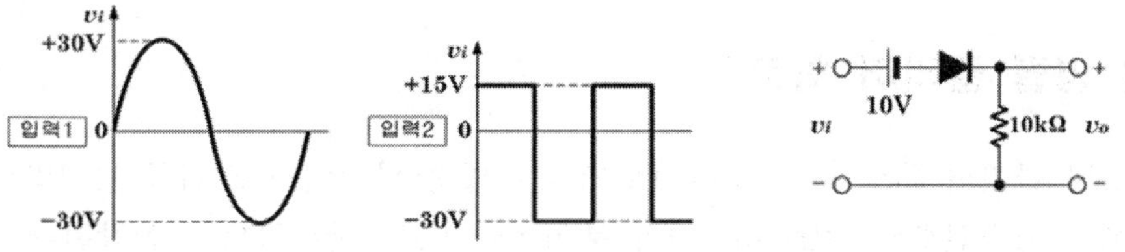

[그림 2-33]

풀이

입력 1 입력 v_i가 10[V]보다 큰 모든 값에서는 다이오드가 순방향으로 바이어스 되고, 출력 v_o는 $v_o = v_i - 10V$의 크기를 갖게 된다. 그러나 이와 반대로 입력 v_i가 10[V]보다 작은 모든 구간에서는 다이오드가 역방향으로 바이어스 되고, 출력 v_o는 $v_o = 0$의 크기를 갖게 된다. 따라서 출력신호는 [그림 2-34]에 표시된 파형을 발생시킨다.

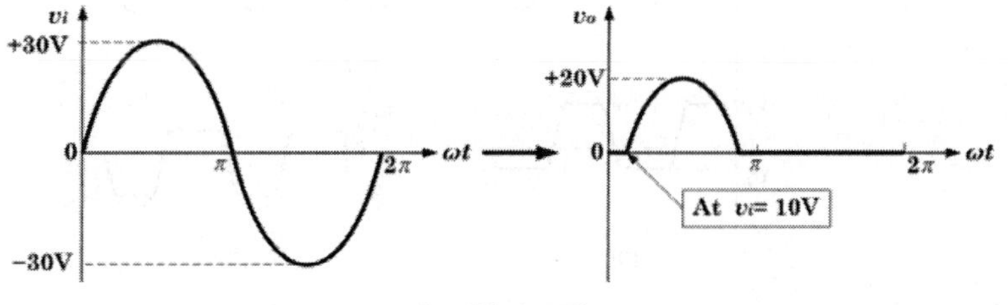

[그림 2-34]

입력 2 입력신호가 펄스인 경우에는 [그림 2-35]와 같은 출력파형이 발생된다.

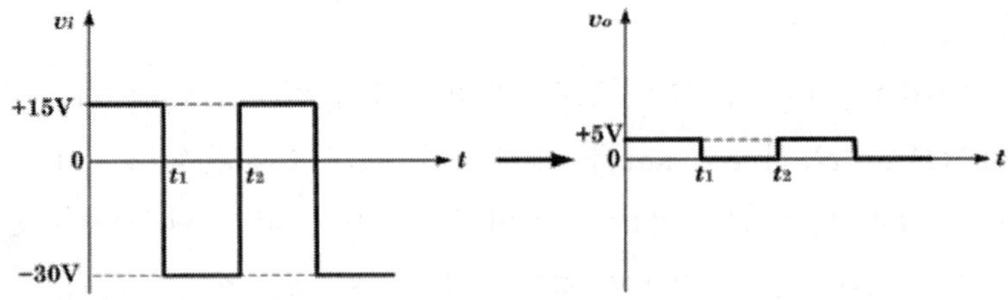

[그림 2-35]

이때 입력의 순시치를 직류로 취급하지 않는 방법으로는 [그림 2-36]에 표시된 것처럼 인가전압을 다시 그리면 된다. 10[V]의 직류 레벨은 다만 정현파 입력을 10[V] 아래쪽으로 이동시키게 된다. 이때의 출력파형은 [그림 2-34]의 파형과 일치된다.

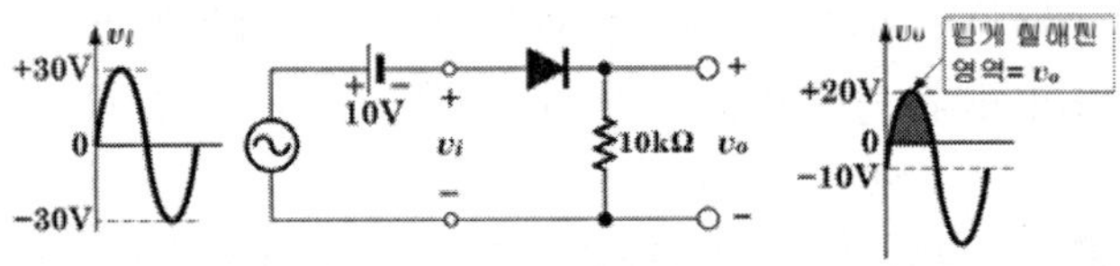

[그림 2-36]

제너 병렬 클리퍼 회로

제너 병렬 클리퍼 회로는 제너 다이오드의 순방향 바이어스 스위칭과 역방향 바이어스에 의해서 입력신호의 정(positive)과 부(negative)의 클리핑으로 동작된다.

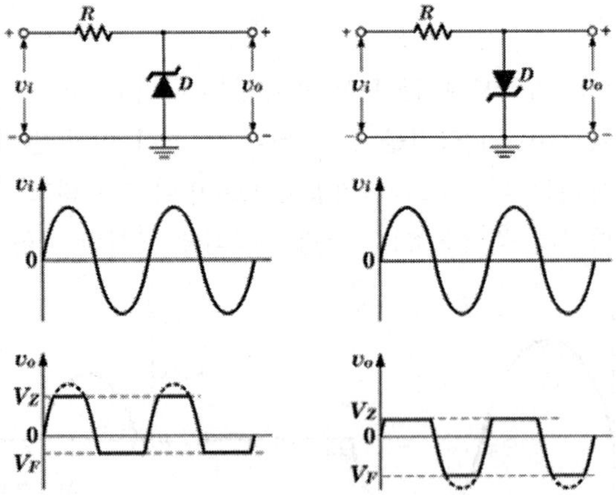

(a) (b)

[그림 2-37] **제너 병렬 클리퍼 회로**

[그림 2-37(a)]는 pn 접합형 다이오드 대신에 제너 다이오드가 사용되면 클리핑 회로의 동작이 어떻게 달라지는가를 보여준다. 입력신호가 정(positive)으로 되면 제너 다이오드는 입력신호가 제너 전압에 도달될 때까지 OFF 상태를 유지한다. 이때 제너 다이오드가 도통되면 출력까지 이런 레벨을 유지시킨다.

제너 다이오드 D는 입력신호가 부(negative)로 되면 순방향으로 바이어스 되고, −0.7[V]에서 입력신호의 부(negative) 영역을 제거시킨다. 만약 제너 다이오드의 방향을 역으로 연결하면 출력신호의 클리핑은 [그림 2-37(b)]에 표시한 것처럼 반전된다. 이때 입력신호의 정(positive)의 구간은 +0.7[V]에서 제한되고 입력신호의 부(negative)의 구간은 제너 전압 V_Z에서 제거된다.

대칭적 제너 병렬 클리퍼 회로

[그림 2-38(a)]는 양쪽의 입력신호 피크 값이 대칭적으로 클리핑 되는 출력을 발생시키기 위해 사용되는 회로로서, [그림 2-38(b)]에 나타낸 것처럼 입력파형과 출력파형의 정(positive)과 부(negative)의 구간에서의 등가회로를 살펴보면, 입력신호가 5.7[V]를 초과하면서 정(positive)으로 스윙하면 양쪽 제너 다이오드가 모두 도통된다. 즉, 다이오드 D_1은 순방향으로 바이어스 되기 때문에 도통되고, 다이오드 D_2는 역방향 항복영역에 있게 되는데 자신의 제너 전압 정격이 5[V]이기 때문에 도통된다.

또한, 출력은 다음과 같이 제한되거나 클리핑 된다.

$$V_{\mathrm{OUT}} = V_Z + V_F = 5\mathrm{V} + 0.7\mathrm{V} = +5.7[\mathrm{V}]$$

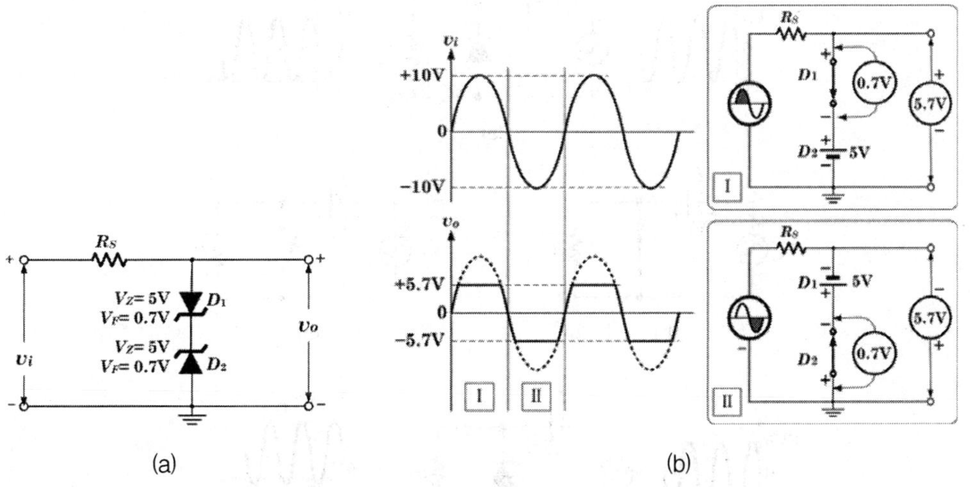

[그림 2-38] 대칭적 제너 병렬 클리퍼 회로

입력신호가 −5.7[V]를 초과하는 부(negative)의 반주기이면 다이오드 D_1은 자신의 항복영역에서 동작하기 때문에 5[V]의 제너 전압강하를 발생시키게 되고, 다이오드 D_2는 순방향으로 바이어스 되기 때문에 0.7[V]의 전압강하를 발생시킨다. 출력은 다음과 같이 클리핑 된다.

$$V_{\mathrm{OUT}} = -V_Z + (-V_F) = -5\mathrm{V} + (-0.7\mathrm{V}) = -5.7[\mathrm{V}]$$

▮ 클램퍼

클램퍼는 신호에 직류전압을 더해 주는 것으로, 입력신호가 −10[V]에서 +10[V] 사이로 변화하면 양의 직류 클램퍼는 0~20[V]까지 변하는 출력을 만든다(음의 클램퍼는 0~20[V] 사이의 변하는 출력을 만든다).

[그림 2-39(a)]는 '+'의 직류 클램퍼를 나타낸 것으로서, 입력전압의 처음 음의 반주기에서 다이오드는 [그림 2-30(b)]와 같이 도통되어 음의 피크에서 콘덴서는 회로에 표시된 극성처럼 V_p까지 충전되며, 음의 피크를 조금 넘어서면 다이오드는 [그림 2-39(c)]와 같이 차단상태가 된다.

R_LC의 시상수는 입력신호의 주기 T보다 훨씬 크도록 만들어졌으므로 콘덴서는 다이오드가 차단상태가 되어도 거의 완전한 충전상태로 남아 있게 된다. 1차 근사해석법을 사용하면 콘덴서는 V_p 볼트를 갖는 전지처럼 동작하게 되고, [그림 2-39(a)]의 출력전압은 '+'로 클램프된 신호로 나타난다.

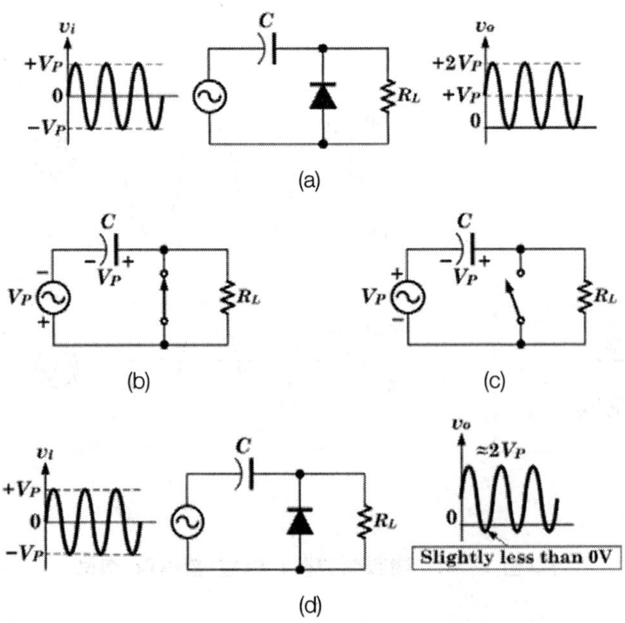

[그림 2-39] 양의 직류 클램프

[그림 2-39(d)]는 일반적인 회로로서, 다이오드 도통 시 0.7[V]의 전압강하가 생기므로 콘덴서의 전압은 V_p와 똑같이 나타나지 않는다. 이런 이유 때문에 직류 클램핑은 완전하지 못하고 음의 피크는 −0.7[V]이다.

또한, [그림 2-39(d)]에서 다이오드가 극성이 바뀌면, 콘덴서 전압의 극성도 반대가 되고, 회로도 음의 클램퍼가 된다. 양의 클램퍼와 음의 클램퍼 모두 널리 사용된다.

예를 들면 TV 수상기는 비디오 신호에 직류전압을 더하기 위해서 직류 클램퍼를 사용하는데 텔레비전에서 동작하는 직류 클램퍼는 보통 직류 복원기라고 부른다.

확인문제 2-7

1. 클리퍼 회로의 기본적인 형태를 두 가지 말해 보시오.

2. 부하에 다이오드를 병렬로 연결하는 클리퍼 회로는 몇 종류가 있는가?

3. 다음 중 어느 클리퍼 회로가 미분기 회로 출력의 positive 스파이크를 제거하는 데 사용되는가?

(a) 부(negative)의 직렬 클리퍼

(b) 정(positive)의 직렬 클리퍼

(c) 정(positive)의 병렬 클리퍼

(d) 정(positive)의 직렬 클리퍼와 정(positive)의 병렬 클리퍼

4. 클리퍼 회로의 또 다른 이름은 무엇인가?

해답 **1.** 병렬 클리퍼 회로, 직렬 클리퍼 회로 **2.** 두 종류[정(positive)의 병렬 클리퍼 회로, 부(negative)의 병렬 클리퍼 회로] **3.** (b) **4.** 리미터 회로

기초문제

1. 직류전원 공급장치를 구성하는 4개의 블록이 순서대로 연결된 것을 고르시오.
(a) 변압기 – 전류기 – 필터 – 전압조정기
(b) 필터 – 전압조정기 – 정류기 – 변압기
(C) 변압기 – 정류기 – 전압조정기 – 필터
(d) 정류기 – 필터 – 전압조정기 – 변압기

2. 직류전원 공급장치에서 교류입력을 맥류성 직류출력으로 변환시키는 것은 무엇인가?
(a) 변압기 (b) 필터 (c) 전압조정기 (d) 정류기

3. 직류전원 공급장치에서 높은 교류입력을 낮은 교류전압으로 변환시키는 것은 무엇인가?
(a) 변압기 (b) 필터 (c) 전압조정기 (d) 정류기

4. 직류전원 공급장치에서 교류입력과 부하저항의 변화에 무관하게 일정한 출력을 제공하기 위해서 필요한 것은 무엇인가?
(a) 변압기 (b) 필터 (c) 전압조정기 (d) 정류기

5. 직류전원 공급장치에서 맥류성 직류를 일정한 직류출력으로 변환시켜 주는 것은 무엇인가?
(a) 변압기 (b) 필터 (c) 전압조정기 (d) 정류기

6. 부(negative) 맥류성 직류출력을 발생시키기 위해서 사용하는 정류기 회로는 무엇인가?
(a) 반파정류기 (b) 중간 탭 전파정류기
(c) 브리지 정류기 (d) 전체

7. 4개의 다이오드를 사용하는 정류기는 무엇인가?
(a) 반파정류기 (b) 중간 탭 전파정류기
(c) 브리지 정류기 (d) 전체

8. 필터의 동작을 측정하기 위해서 사용되는 것은 어느 것인가?
(a) 백분율 정류 (b) 백분율 전압조정
(c) 백분율 리플 (d) 백분율 필터링

9. 적은 부하저항은 ( ) 부하전류를 발생시키고, 전원전압을 ( )시키게 된다.
(a) 작은, down (b) 큰, up
(c) 작은, up (d) 큰, down

10. 7915 IC 전압조정기의 출력전압은 얼마인가?
(a) +5[V] (b) +15[V] (c) −5[V] (d) −15[V]

11. 전파전압 2배기 회로가 반파전압 2배기 회로보다 우수한 점은 무엇인가?
(a) 자신의 출력 리플 주파수가 낮다. (b) 자신의 출력 리플 주파수가 높다.
(c) 적은 개수의 소자를 사용한다. (d) (a)와 (b)가 모두 옳다.

12. 만약 115[V], 60[Hz]의 교류입력이 반파전압 2배기 회로에 연결된다면 출력의 피크 전압과 리플 주파수는 얼마인지 구하시오.
(a) 230[V], 60[Hz] (b) 230[V], 120[Hz] (c) 325.2[V], 60[Hz] (d) 325.2[V], 120[Hz]

13. 만약 115[V], 60[Hz]의 교류입력이 전파전압 2배기 회로에 연결된다면 출력의 피크 전압과 리플 주파수는 얼마인지 구하시오.
(a) 230[V], 60[Hz] (b) 230[V], 60[Hz] (c) 325.2[V], 120[Hz] (d) 325.2[V], 120[Hz]

14. 만약 115[V], 60[Hz]의 교류입력이 전압 3배기 회로에 연결된다면 출력의 피크 전압은 얼마인지 구하시오.
(a) 487.8[V] (b) 406[V] (c) 345[V] (d) 325.2[V]

15. ( ) 클리퍼 회로에서 다이오드는 부하저항과 직렬로 연결되고, ( ) 클리퍼 회로에서는 다이오드가 부하저항과 병렬로 연결된다.
(a) 직렬, 바이어스 (b) 병렬, 직렬 (c) 직렬, 병렬 (d) 병렬, 바이어스

16. 정(positive) 직렬 클리퍼 회로는 교류입력의 ( ) 구간만을 통과시킨다.
(a) positive (b) negative

17. 부(negative) 직렬 클리퍼 회로는 교류입력 신호의 ( ) 성분을 제거시킨다.
(a) positive (b) negative

18. 다음의 회로 중 어느 것이 변조 통신회로에 사용될 수 있는가?
(a) 병렬 클리퍼 (b) 직렬 클리퍼
(c) 정(positive) 클램프 (d) 대칭적 병렬 클리퍼

19. 115[V] 교류입력에서 발생되는 과도현상을 방지하기 위해서 직류전원 장치의 앞단에 설치하는 회로는 다음 중 어느 것인가?
(a) 정(positive) 병렬 클리퍼 (b) 부(negative) 병렬 클리퍼
(c) 가변 병렬 클리퍼 (d) 대칭적 제너 병렬 클리퍼

20. 병렬 클리퍼 다이오드는 ( )로부터 구동회로를 보호하기 위해서 코일 양단에 항상 연결된다.
(a) 전자파 간섭 (b) 활성화 전압 (c) 변조 (d) 코일의 역기자력

해답

1. (a) **2.** (b) **3.** (a) **4.** (c) **5.** (b) **6.** (a) **7.** (c) **8.** (c) **9.** (d) **10.** (d) **11.** (b) **12.** (c) **13.** (d) **14.** (a) **15.** (c) **16.** (b) **17.** (b) **18.** (b) **19.** (d) **20.** (d)

응용문제

1. 직류전원 공급장치를 블록도로 표시하고, 각각의 블록의 기능에 대해서 설명하시오.
2. 변압기의 종류 및 기능에 대해서 설명하시오.
3. 정류기의 종류에 대해서 기술하고, 각 정류기의 특성을 비교하시오.
4. 필터의 종류 및 기능에 대해서 설명하시오.
5. 백분율 리플을 설명하시오.
6. 전압조정기의 기능을 설명하시오.
7. 제너 레귤레이터의 기능과 동작원리를 설명하시오.
8. 전압체배기 회로의 구성원리에 대해서 설명하시오.
9. 클리핑 회로와 클램핑 회로의 용도에 대해서 설명하시오.

연습문제

1. [그림 2-40]에 나타낸 회로를 설명하고, 각 회로의 출력전압을 구해 보시오.

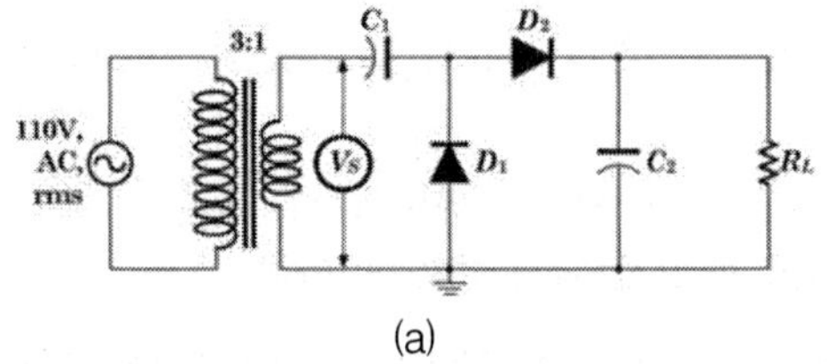

(a)

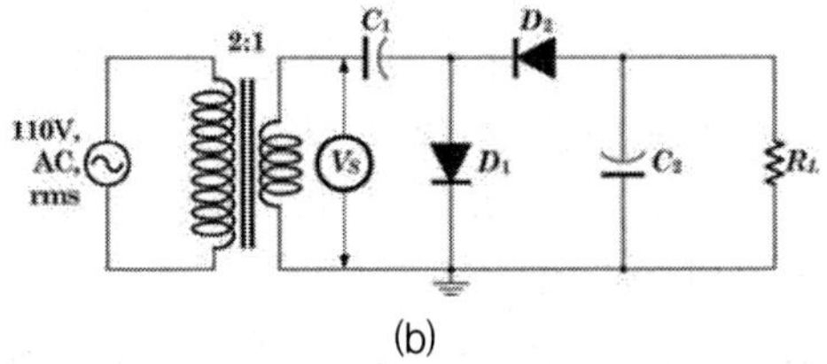

(b)

[그림 2-40]

2. [그림 2-41]에 나타낸 회로를 설명하고, 전압계를 이용해서 A, B, C점의 전압을 측정해 보시오.

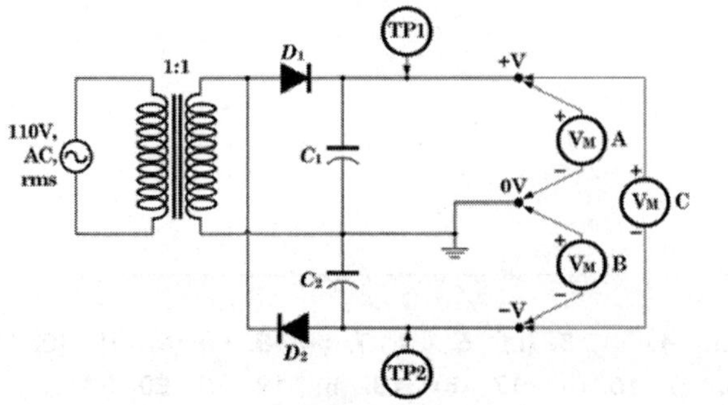

[그림 2-41]

3. [그림 2-41]에 나타낸 회로를 이중 출력전원 공급회로라고 부르는 이유는 무엇인가?

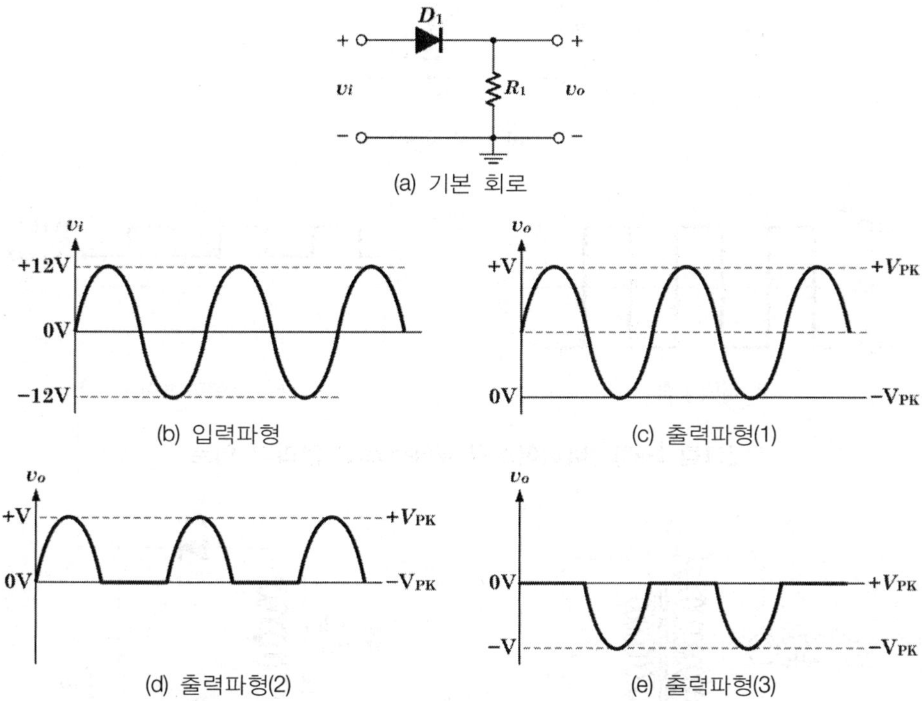

[그림 2-42] 입력신호와 출력신호

4. [그림 2-42]에 나타낸 회로를 설명하고 [그림 2-42(b)]에 나타낸 함수발생기 회로의 입력신호가 오실로스코프 상에 [그림 2-42]의 (c), (d), (e)에 표시된 파형으로 표시되는 경우를 설명하시오.

5. [그림 2-42]에 나타낸 회로의 정(positive)과 부(negative)의 피크 값을 계산하시오.

6. [그림 2-42(b)]에 나타낸 입력에 대해서 회로는 [그림 2-42]의 (c), (d), (e)에 나타낸 파형 중 어느 파형을 출력하게 되는가?

7. [그림 2-43]에 표시된 회로를 설명하고, 출력신호의 정(positive) 피크 값과 부(negative) 피크 값을 구하시오.

8. 만약 [그림 2-44]에 표시된 회로에 19 : 1의 감압 변압기에 240[V] 60[Hz]의 교류가 입력된다면 2차 측의 피크 전압은 얼마인가?

9. 만약 문제 8의 2차 측 출력이 인가된다고 가정할 때, 정(positive) 반파 정류기의 평균 전압은 얼마인가 구하시오.

10. 문제 8, 9의 출력회로에서의 리플 주파수는 얼마인가?

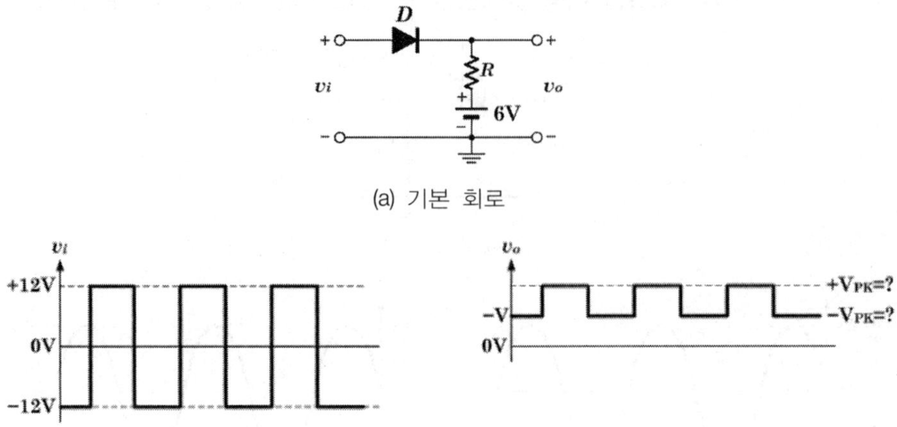

(a) 기본 회로

(b)입력파형

(c) 출력파형(1)

[그림 2-43] 바이어스된 부(negative) 클리퍼 회로

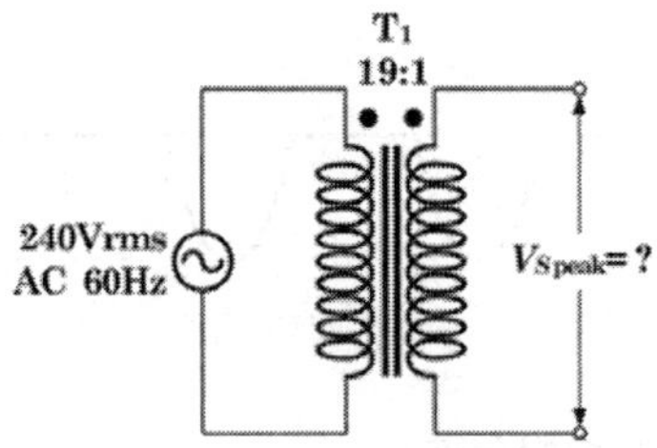

[그림 2-44]

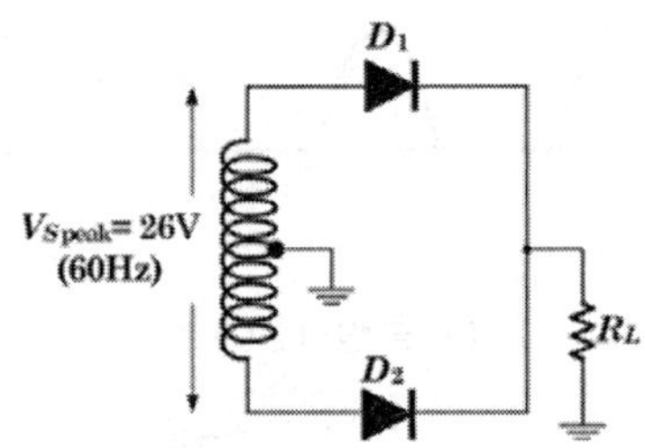

[그림 2-45]

11. [그림 2−45]에 표시된 회로에서의 피크 출력을 구하시오(다이오드의 전압강하를 고려하시오).

12. [그림 2−45]에서 출력 리플의 주파수를 구하시오.

13. 선전압이 일반적으로 110 V_{ac}에서 +10[%] 오차를 가진다. low line(99 V_{ac})과 high line (121 V_{ac})에서 피크 값을 계산하시오.

14. 다음은 다이오드의 정격 I_O를 표시한 것이다. [그림 2−46(a)]에서 2차 전압이 115 V_{ac}인 경우 어느 다이오드를 사용해야 하는가?

(a) 1N914 : $I_O = 50[\text{mA}]$ (b) 1N3070 : $I_O = 100[\text{mA}]$

(c) 1N4002 : $I_O = 1[\text{A}]$ (d) 1N1183 : $I_O = 35[\text{A}]$

15. [그림 2−46(b)]의 2차 전압이 40 V_{ac}이다. 부하전압의 피크 값은 얼마인가? 또한 직류 부하전압과 직류 부하전류의 크기는 얼마인가?

16. [그림 2−46(b)]에서 2차 전압이 40 V_{ac}라고 주어지면, 각 다이오드의 양단에 걸리는 PIV와 직류 부하전류의 크기는 얼마인지 구하시오. 또한 각 다이오드를 통해서 흐르는 정류된 평균 전류는 얼마인지 구하시오.

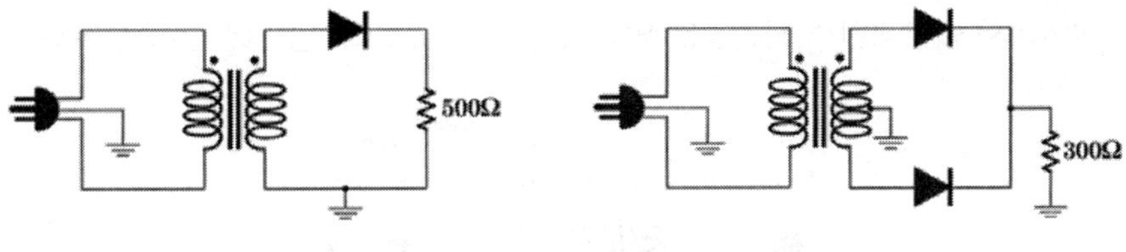

[그림 2-46]

17. [그림 2-47]에서 2차 측 전압이 $60\,V_{ac}$라면 직류전류의 세기는 얼마나 되는가? 각 다이오드를 통해서 흐르는 직류전류는 얼마나 되는가? 각 다이오드 양단에 걸리는 PIV는 얼마인가?

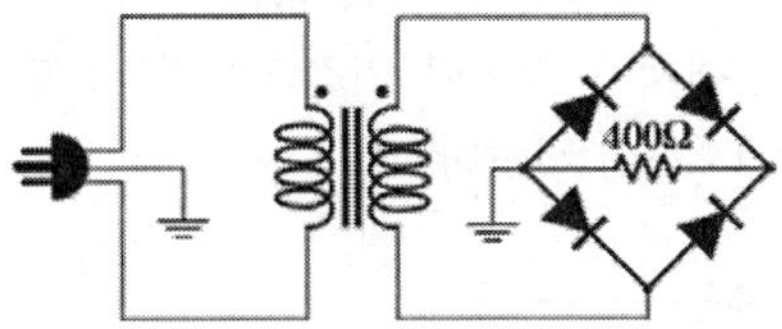

[그림 2-47]

18. [그림 2-47]의 다이오드가 150[mA]의 I_O 점격파 70[V]의 PIV 정격을 가진다면 2차 측 전압이 $40\,V_{ac}$일 때 다이오드는 안정하게 동작하는가?

19. 콘덴서 입력형 필터를 갖는 브리지 정류기가 25[V]의 출력 피크 전압을 가진다면 부하저항이 220[Ω]이고 커패시턴스가 500[μF]이면 리플의 피크-피크 값은 얼마인가?

20. [그림 2-48]은 중간 탭을 갖는 분리 공급전원이다. 중간 탭이 접지되어 있기 때문에 출력전압은 크기가 같고, 극성이 반대이다. 2차 측 전압이 $17.7\,V_{ac}$이고, $C = 500[\mu\text{F}]$이라면 직류 출력전압은 크기가 얼마인가?

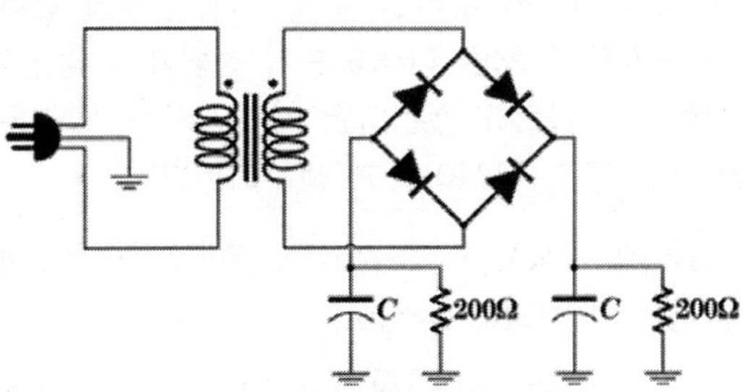

[그림 2-48]

21. [그림 2-48]의 브리지와 2차 권선 사이에 3.3Ω의 서지저항이 주어졌다면 2차 측 전압이 $25\,V_{ac}$일 때 서지전류의 최대 가능값은 얼마인가?

22. [그림 2-48]의 분리 공급전원의 2차 측 전압이 $25\,V_{ac}$라면 리플의 10[%] 법칙을 사용해서 필터 콘덴서의 커패시턴스를 구하시오.

23. [그림 2-49]에서 이상적인 부하전압은 얼마이며, 각 다이오드 양단에 걸리는 PIV는 얼마인가?

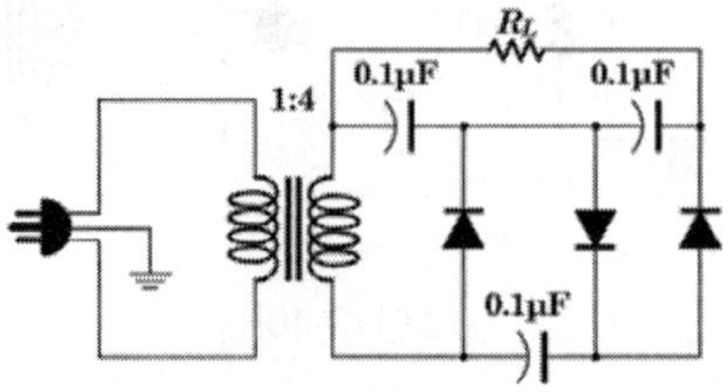

[그림 2-49]

24. [그림 2-50(a)]에서 2차 측 전압이 900 V_{ac}이다. 이상적인 직류 부하전압은 얼마이며, 직류 부하전류는 얼마인가? 2개의 콘덴서가 직렬로 연결되어 있기 때문에 실지 필터의 커패시턴스는 1[μF]이다. 리플의 피크-피크 값을 계산하시오.

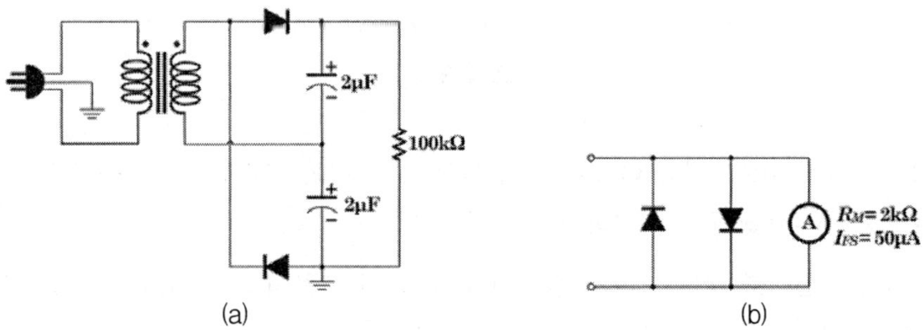

[그림 4-50]

25. [그림 4-50(b)]의 전류계는 2[kΩ]의 계기저항과 50[μA]의 최대 스케일(scale) 전류를 가진다. 이 전류계 눈금이 최대 스케일을 가리킬 때 전류계 양단에 걸리는 전압의 크기는 얼마인가? [그림 2-50(b)]에서 표시된 것처럼 다이오드가 전류계의 양단에 shunt 되어 있다. 전류계에 1[kΩ]의 테브닌 저항이 직렬로 연결된다면 계기 양단에 연결된 다이오드는 매우 유용한 목적으로 사용될 수 있는데, 무슨 목적이라고 생각되는가?

26. [그림 2-51]의 2차 측 양단에서 24 V_{ac}가 측정되고, 부하저항 양단에서 21.6 V_{dc}를 측정했다면 어떤 고장이 발생할 수 있는지 설명해 보시오.

27. [그림 2-51]의 회로에서 출력의 전압이 나타나지 않는다. 무슨 고장 때문인가?

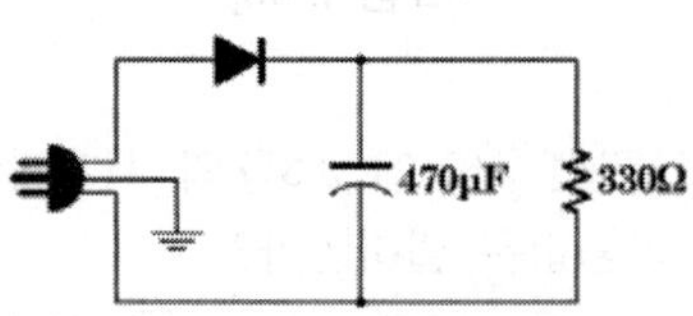

[그림 2-51]

28. 콘덴서 입력형 필터를 갖는 브리지 정류기를 설계하는데 명세내역은 부하저항이 680[Ω] 리플이 1[V], 직류 부하전압이 15[V]이다. 선전압이 115 V_{ac}라면 2차 측 권선의 rms값은 얼마이며, 필터 콘덴서의 용량은 얼마로 해야 하는가? 사용하는 다이오드의 최소 I_O와 PIV 정격은 얼마인가?

해답

1. (a) 정(positive) 반파전압 2배기, +103.7[V]
(b) 부(negative) 반파전압 2배기, −155.5[V]

2. 전파전압 2배기 A점=+155.5[V], B점=+155.5[V], C점=+311[V]

3. +155.5[V]와 +311[V]의 이중전압을 제공하기 때문이다.

4. (a) 부(negative) 직렬 클리퍼 회로(반파정류 회로) (c) 다이오드가 단락된 경우 (d) 부(negative) 직렬 클리퍼의 출력 (e) 다이오드가 반대로 연결된 정(positive) 직렬 클리퍼의 출력

5. $+16.97\,V_{peak}$, $-16.97\,V_{peak}$

6. (d)

7. $+V_{peak}=+11.3$[V], $-V_{peak}=+5$[V]

8. $17.86\,V_{peak}$

9. $5.68\,V_{DC}$

10. 60[Hz]

11. $17.68\,V_{peak}$

12. 120[Hz]

13. 140[V], 171[V]

14. 선간전압이 115 V_{rms} 라고 할 때
$V_{rms}=0.707\,V_p$이므로
$V_p=115\text{V}/0.707=163[\text{V}]$
가 되고, 평균값은
$V_{dc}=0.318\,V_p=0.318\times163\text{V}=51.8[\text{V}]$,
부하전류는
$I_{dc}=V_{dc}/R=51.8\text{V}/500\Omega=103[\text{mA}]$
가 된다. 따라서 1N4002와 1N1183을 사용해야 한다.

15. $V_{rms}=40\,V_{ac}$이므로,
$V_{2peak}=40\text{V}/0.707=56.6[\text{V}]$,
피크 부하전압은
$V_{OUT(peak)}=0.5\,V_{2PEAK}=0.5\times56.6\text{V}=28.3[\text{V}]$
이다. 직류 부하전압은
$1\,V_{dc(peak)}=0.636\,V_{OUT(PEAK)}=0.636\times28.3\text{V}=18[\text{V}]$
이다. 직류 부하전류는
$I_{dc}=V_{dc}/R=18\text{V}/300\Omega=60[\text{mA}]$
이다.

16. 앞에서 구한 직류 부하전류는 60[mA]이다. 따라서 최대 역전압 PIV는 $V_{2(PEAK)}$이므로 56.6[V]가 된다. 각 다이오드의 정격전류는 I_{dc}의 1/2이므로 약 30[mA]이다.

17. $V_{2rms}=60\,V_{ac}$이므로
$V_{2peak}=60\text{V}/0.707=84.9[\text{V}]$,
피크 부하전압은
$V_{OUT(peak)}=V_{2PEAK}$
이므로 직류 부하전압은
$V_{dc(peak)}=0.636\,V_{OUT(PEAK)}$
$=0.636\times84.9\text{V}=54[\text{V}]$
이다. 각 다이오드의 직류 다이오드 전류는 $0.5\times I_{dc}$이므로 67.5[mA]가 되고,
$\text{PIV}=V_{2(PEAK)}$
이므로 84.9[V]가 된다.

18. $V_{2rms}=40\,V_{ac}$이므로
$V_{2peak}=40\text{V}/0.707=56.6[\text{V}]$이다.
$V_{dc(peak)}=0.636\,V_{OUT(PEAK)}$
$=0.636\times56.6\text{V}=36.4[\text{V}]$
이다. 직류 부하전류는
$I_{dc}=V_{dc}/R=36.4\text{V}/150\Omega=242[\text{mA}]$
이므로 각 다이오드에 걸리는 직류 다이오드 전류는 $(1/2)\times I_{dc}$이므로 121[mA]로 정격 150[mA]보다 작다. 또한 각 다이오드에 걸리는 PIV는 36.4[V]이므로 역시 정격 75[V]에 미치지 못한다. 따라서 사용 가능하다.

19. $V_{OUT(PEAK)}=25[\text{V}]$,
$I_{dc}=V_{dc}/R=25\text{V}/220\Omega=114[\text{mA}]$
이므로
$V_{rip}=I_{dc}/(fC)$
$=(114\times10^{-3}\text{A})/(120\text{Hz}\times5000\times10^{-6}\text{F})$
$=1.9[\text{V}]$

20. $V_2=17.7\,V_s$이고, 중간 탭을 갖기 때문에 $8.85\,V_s$가 된다. 따라서
$V_{2peak}=8.85\text{V}/0.707=12.5[\text{V}]$,
$V_{dc}=V_{OUT(PEAK)}=12.5[\text{V}]$,
$I_{dc}=V_{dc}/R=12.5\text{V}/200\Omega=62.5[\text{mA}]$이다.
$V_{rip}=I_{dc}/(fC)$
$=(62.5\times10^{-3}\text{A})/(120\text{Hz}\times5000\times10^{-6}\text{F})$,
$=1.04\text{V}$
$I_o=(1/2)I_{dc}=62.5\text{mA}/2=31.3[\text{mA}]$,
$\text{PIV}=17.7\text{V}/0.707=25[\text{V}]$이다.

21. 2차 전압이 25 V_{rms} 이므로
$V_{2peak}=25\,V/0.707=35.36[\text{V}]$이다. 따라서
$I_{surge}=35.36\text{V}/3.3\Omega=10.7[\text{A}]$이다.

해답

22. $V_2 = 25V_{ac}$이므로

$V_{2peak} = 25V/0.707 = 35.36[V]$

$I_{dc} = V_{dc}/R = 35.36V/200\Omega = 17.6[mA]$,

10[%] 규칙에 의해서 $V_{rip} = 3.53[V]$가 된다.

$V_{rip} = I_{dc}/(fC)$이므로

$C = (17.6\times10^{-3}A)/120Hz\times3.53V) = 415.5[\mu F]$

이 구해진다.

그러나 표준 콘덴서 값은 470[μF]이다.

23. 3배 전압배율기이고, 권선비가 1 : 4이므로 부하전압은 $3V_p\times4$가 된다.

$V_p = 115V_{ac}$라면

$V_{2peak} = 115V/0.707 = 162.7[V]$,

$V_{OUT} = 3\times162.7V\times4 = 1952[V]$가 된다.

$PIV = 2V_p\times4 = 1301.6[V]$이다.

24. $V_2 = 900V_{ac}$이므로

$V_{2peak} = 900V/0.707 = 1272.9[V]$이다.

$V_{dc} = 2\times V_{2peak} = 2\times1273V = 2546[V]$,

$I_{dc} = V_{dc}/R = 2546V/10^5\Omega = 25.5[mA]$,

$V_{rip} = I_{dc}/(fC)$

$= (25.5\times10^{-3}A)/(120Hz\times10^{-6}F)$

$= 212[V]$

25. $V = R_M I_{FS} = 2\times10^3\Omega\times50\times10^{-6}A = 0.1[V]$

26. 콘덴서 입력형 필터의 $V_2 = 24V_{ac}$이므로 V_{dc}를 구하면 $V_{2peak} = 24V/0.707 = 33.9[V]$이다. 따라서 필터 콘덴서가 개방되거나 필터 콘덴서가 아주 적거나 부하저항이 작은 경우의 고장이다.

27. 출력전압이 나타나지 않는 경우는 변압기 고장으로 전압의 유도가 되지 않거나 다이오드가 개방된 경우, 필터 콘덴서가 단락된 경우, 왼쪽 다이오드의 접지가 안 된 경우이다.

28. 부하전압이 15[V]이므로 V_{2ac}를 구하면

$V_s = 0.707\times V_{dc} = 0.707\times15V = 10.06[V]$이다.

$I_{dc} = V_{dc}/R = 15V/680\Omega = 22[mA]$,

$V_{rip} = I_{dc}/(fC) = (22\times10^{-3}A)/(120Hz\times C)$

$= 1[V]$

따라서

$C = (22\times10^{-3}A)/(120Hz\times1V) = 184[\mu F]$이다.

$I_o = (1/2)I_{dc} = 22mA/2 = 11[mA]$,

$PIV = V_{2(PEAK)} = 2\times10.6V = 21.2[V]$이다.

제 3 장

쌍극성 트랜지스터(BJT)

❑ 3-1 쌍극성 트랜지스터의 구조 및 동작 특성 / 116
❑ 3-2 직류 부하선 / 127
❑ 3-3 쌍극성 트랜지스터 회로의 구조와 특성 / 130
❑ 3-4 트랜지스터의 on/off 스위칭 동작 / 136
❑ 3-5 트랜지스터 전류원 / 137
❑ 3-6 트랜지스터의 응용 / 141

안테나로 수신되는 라디오나 TV 신호는 스피커나 TV의 브라운관을 적절하게 구동하기에는 매우 미약하다. 그러므로 구동할 수 있을 정도의 큰 전력이 될 때까지 약한 신호를 증폭시켜야 한다. 따라서, 약한 신호를 증폭시키기 위하여 1951년 이전에는 주로 진공관을 사용하였다.

진공관은 증폭작용이 용이한 대신 전력소모가 크고, 열로 인하여 시스템의 내부온도 상승으로 수명이 짧으며, 공간을 많이 차지하는 단점을 가지고 있다.

1951년 쇼클리(Shockley)가 진공관의 단점을 해결하기 위하여 반도체 소자인 접합 트랜지스터를 처음으로 발명함으로써 진공관의 단점이 자동적으로 해결되었다.

트랜지스터(transistor)는 일반적으로 'transfer+resistor'의 합성어로서, 반도체 물질을 사용해서 구성되는 3단자 반도체 소자이며, 3단자의 양단에 인가되는 전압의 변화에 의해서 전자의 흐름을 제어하기 위한 소자이다. 즉, 트랜지스터를 통해서 흐르는 전류의 양을 제어하기 위해서 스위칭과 증폭이라는 두 가지 중요한 응용 분야를 모두 만족해야 한다

쌍극성 트랜지스터(bipolar junction transistor)는 이미 우리가 앞에서 알아본 다이오드와 유사하게 p형 영역과 n형 영역으로 구성되는데, 두 개의 pn 접합을 가진다. 이 장에서는 쌍극성 트랜지스터로 잘 알려진 BJT에 대해서 알아보도록 하자.

3-1 | 쌍극성 트랜지스터의 구조 및 동작 특성

트랜지스터는 두 개의 n 또는 p층과 1개의 p 또는 n층으로 구성된 세 개의 층으로 구성된 반도체 소자이다. 즉, 두 개의 반대로 도핑된 영역과 한 개의 pn 접합을 갖는 다이오드와 달리 교대로 도핑되는 세 개의 영역과 두 개의 pn 접합을 가진다.

트랜지스터의 구조

[그림 3-1(a)]는 확산이 일어나기 전의 npn 트랜지스터의 구조를 나타낸 것으로, 도핑된 세 영역으로 이루어졌으며, 아래 영역을 이미터(emiter), 중간 영역을 베이스(base), 위의 영역을 컬렉터(collector)라 한다. 즉, 베이스라고 하는 중간 영역은 얇고, 약하게 도핑된 p형 영역이 컬렉터와 이미터로 알려진 두 개의 n형 영역 사이에 샌드위치의 형태로 되어 있다. 또한 이와 반대로 도핑된 pnp 트랜지스터도 있다.

다이오드와 유사하게 pnp형과 npn형 트랜지스터는 번갈아 도핑된 세 개의 영역이 결합되어 세 개의 층을 구성하지는 않는다. 이런 세 개의 층은 먼저 컬렉터 영역 속으

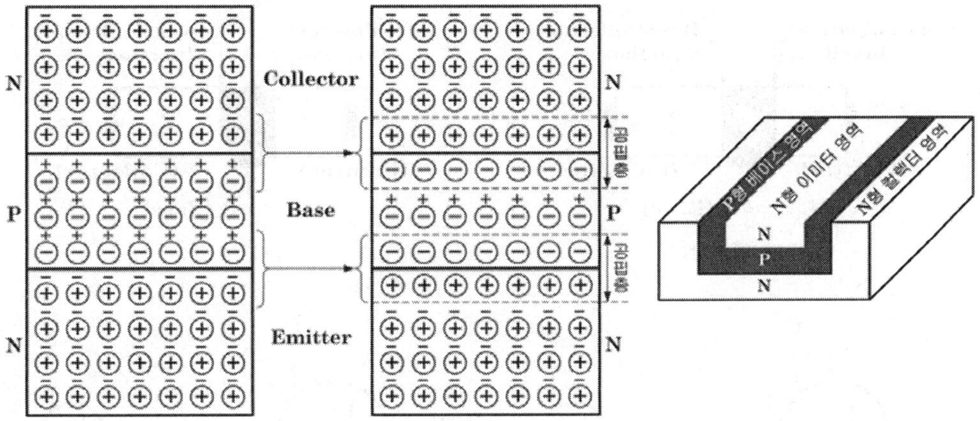

(a) 확산 전 (b) 확산 후 (c) 성장층

[그림 3-1] npn 트랜지스터

로 베이스 영역을 녹이고 다시 이미터 영역을 베이스 영역 속으로 녹이는 확산기술에 의해서 구성된다. 즉, npn형 트랜지스터는 [그림 3-1(c)]에 나타낸 것과 같이 확산공정에 의해서 p형 베이스 영역이 n형 컬렉터 영역 속으로 녹아들어간다. 이런 p형 영역이 구성되면 npn형 트랜지스터를 구성하기 위해서 n형 이미터 영역이 p형의 베이스 영역 속으로 확산되거나 녹아들어간다.

또한, n형 영역에 있는 자유전자는 접합너머로 확산하여 p형 영역에 있는 정공과 재결합하여 [그림 3-1(b)]와 같이 두 개의 공핍층이 형성되며, 각 공핍층은 25[℃]에서 실리콘의 경우 0.7[V], 게르마늄의 경우 0.3[V]의 전위장벽을 가진다.

공핍층도 두께는 세 개의 영역의 도핑 정도가 다르기 때문에 달라진다. 즉, 좀 더 강하게 도핑된 영역은 이온의 밀도가 접합면 근처에서 크기 때문에 이미터 영역에서 공핍층의 두께가 얇지만(강하게 도핑), 베이스 쪽 공핍층의 두께가 두껍다는 것을 의미하고(약하게 도핑), CB 공핍층의 경우, 베이스 쪽은 잘 확산되고, 적은 양이 컬렉터 쪽으로 침투하기 때문에 이미터 공핍층은 작고, 컬렉터 공핍층은 크다.

▮ 이미터 다이오드와 컬렉터 다이오드

트랜지스터는 [그림 3-2(a)]와 [그림 3-2(b)]에 나타낸 것과 같이 이미터-베이스, 베이스-컬렉터 사이에 형성된 두 개의 접합으로 이루어져 있으므로, 한 개의 트랜지스터에 두 개의 다이오드로 이루어진 것과 유사하다.

즉, 이미터와 베이스가 한 개의 다이오드를 형성하고, 컬렉터와 베이스가 또 다른 한 개의 다이오드를 형성한다.

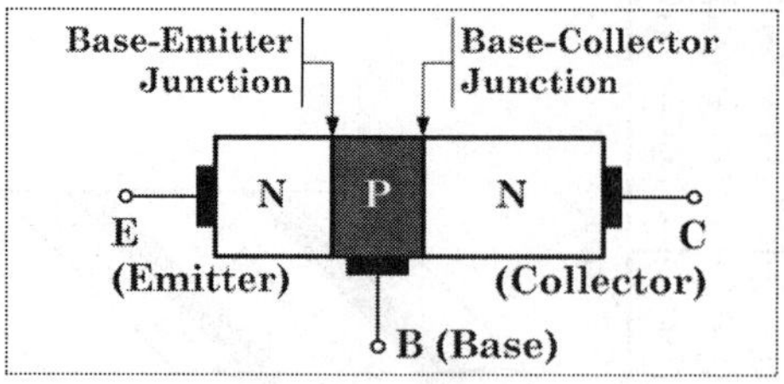

(a) npn형 접합

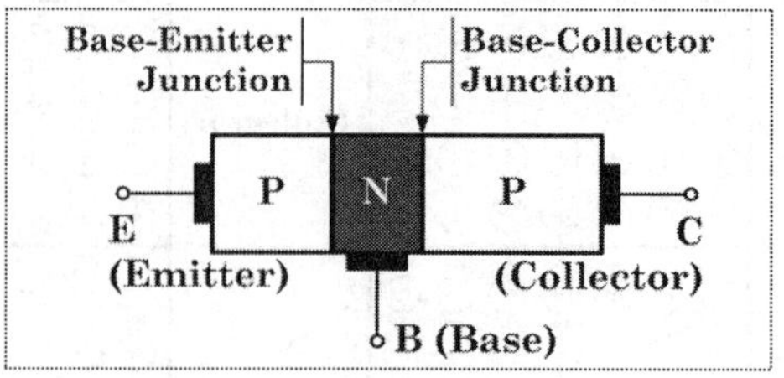

(b) pnp형 접합

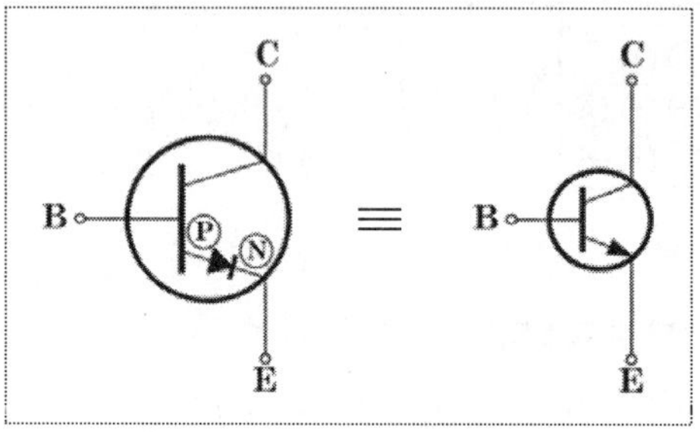

(c) npn형 트랜지스터 기호

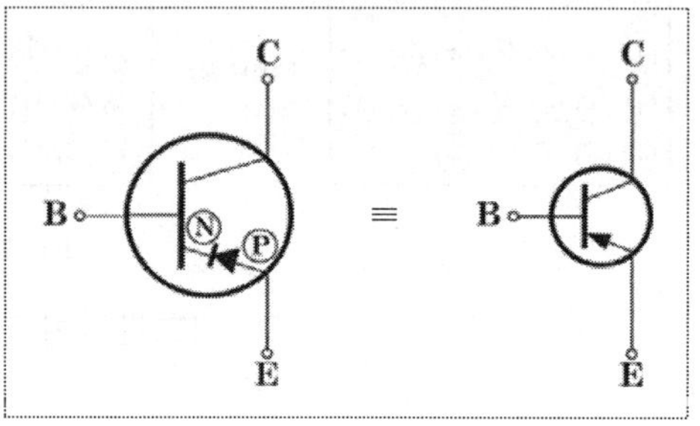

(d) pnp형 트랜지스터 기호

[그림 3-2] 쌍극성 트랜지스터의 종류

npn형 및 pnp형 트랜지스터의 회로 기호는 [그림 3-2(c)]와 (d)에 나타내었다. 또한, pnp형 트랜지스터는 npn형 트랜지스터와 정반대로 이미터에서의 다수 캐리어는 정공(hole)이 자유전자(free electron)를 대신한다. 이것은 pnp형 트랜지스터의 동작에서 가해진 전압은 npn형 트랜지스터에서와 전류의 방향이 반대라는 의미이다. 혼란을 피하기 위해서 앞으로는 npn형 트랜지스터만을 설명하기로 한다.

트랜지스터 동작원리

[그림 3-3]은 바이어스 되지 않은 트랜지스터로서, 두 개의 다이오드를 서로 반대방향으로 연결한 것과 같고, 각 다이오드는 대략 0.7[V]의 전위장벽을 가진다.

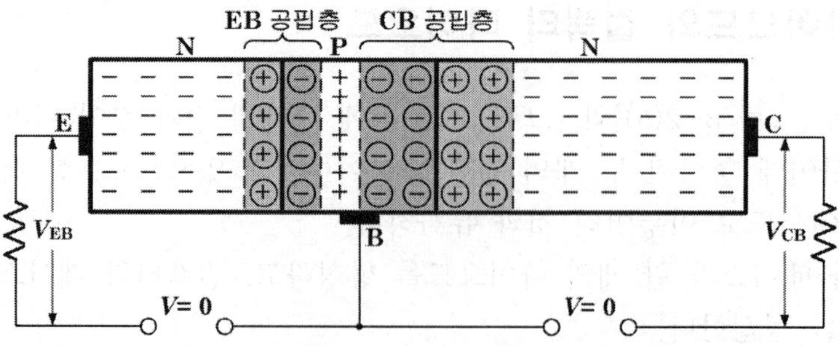

[그림 3-3] 바이어스 전압을 가하지 않은 상태의 npn 트랜지스터

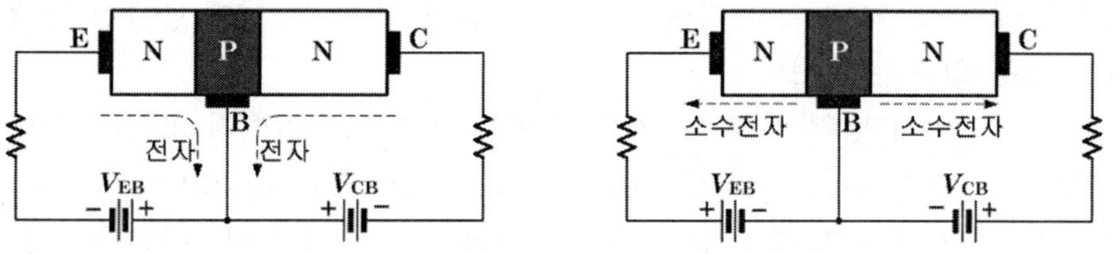

(a) 양쪽 모두 순방향으로 바이어스된 경우 (b) 양쪽 모두 역방향으로 바이어스된 경우

[그림 3-4]

[그림 3-4(a)]에서 왼쪽의 전지는 이미터 다이오드를 순방향으로 바이어스시키고 있고, 오른쪽의 전지는 컬렉터 다이오드를 순방향으로 바이어스시키고 있다. 컬렉터와 이미터에서 흘러나온 자유전자들이 베이스에서 합쳐져서 접지선을 통해서 흐르게 된다. 따라서, 두 개의 컬렉터 다이오드와 이미터 다이오드는 모두 순방향으로 바이어스되어 있기 때문에 이미터 전류와 컬렉터 전류도 순방향 전류로 크기가 크다.

[그림 3-4(b)]는 트랜지스터의 또 다른 바이어스 방법을 나타낸 것으로 (a)와는 정반대로 두 개의 다이오드가 모두 역방향으로 바이어스 되어 있다. 이런 조건에서는 전류의 세기는 매우 작으며, 두 종류의 소수 캐리어에 의한 전류가 존재하는데, 그 하나는 열적 생성전류이고, 나머지 하나는 표면 누설전류이다.

열적 생성전류는 열에 의해서 생성된 요소이기 때문에 온도의 영향을 받는데 주위의 온도가 10[℃] 상승할 때마다 보통 두 배에 가까운 전류가 생성된다. 표면누설 성분전류는 전압에 의해서 크기가 증가하지만, 역방향 전류는 무시된다.

또한, [그림 3-4(a)]와 (b) 같은 회로에서는 아무런 일도 발생하지 않는다. 오직 큰 전류를 얻을 수도 있고(양쪽 다 순방향일 경우), 전류를 얻지 못하는 경우도 있다(양쪽 다 역방향인 경우). 그렇지만 이와 같은 바이어스 방법은 트랜지스터 선형회로에서 거의 사용하지 않는다.

[그림 3-5(a)]는 이미터 다이오드가 순방향으로 바이어스되어 있기 때문에 이미터 전류가 클 것이라는 예측을 할 수 있고, 컬렉터 다이오드는 역방향으로 바이어스되어 있기 때문에 적은 컬렉터 전류가 예상되지만, 컬렉터 전류가 이미터 전류와 거의 같은 크기를 가진다. 즉, 순방향 바이어스가 이미터 다이오드에 인가되는 순간에 이미터 영역 속에 있던 전자가 [그림 3-5(b)]에 나타낸 것처럼 베이스 속으로 들어가지 않는다.

그러나 V_{EB}가 실리콘 트랜지스터의 전위장벽인 0.7[V]보다 크다면, 많은 이미터 전자가 [그림 3-5(c)]에 나타낸 것처럼 베이스 영역으로 흘러들어가게 되며, 베이스로 들어간 이런 전자들은 [그림 3-5(d)]에 나타낸 것처럼 두 가지 방향으로 흘러갈 수 있는데, 그 하나는 얇은 베이스를 따라 외부 베이스 선으로 흐르고, 또 하나는 컬렉터 접합면을 지나서 컬렉터 영역으로 흘러가는 것이다. 여기서 베이스 전류성분을 재결합 전류(recombination current)라고 부르며, 베이스는 불과 몇 개의 정공으로 가볍게 도핑되어 있기 때문에 그 크기는 매우 작다. 즉, 트랜지스터에서 두 번째 중요한 개념은 베이스 영역이 매우 얇다는 것이다.

V_{EB}는 이런 이미터 영역의 자유전자를 베이스 영역으로 들어가게 하는 순방향 바이어스 전압으로, [그림 3-5(b)]에 나타낸 것처럼 '−' 전원단자를 떠난 전자들이 안정된 흐름으로 이미터 영역으로 들어가는 것을 형상화시킬 수 있으며, 이런 전자들은 다시 컬렉터 영역을 지나서 컬렉터의 외부단자를 통해서 전압원의 '+' 단자 속으로 흘러들어간다. 대부분의 트랜지스터 가운데 95[%] 이상의 이미터 주입전자가 컬렉터로 흘러들어가게 되고, 5[%] 이내의 전자가 베이스의 정공과 결합해서 베이스의 외부단자를 통해서 흘러나간다.

그러나 트랜지스터를 만들기 위해서 [그림 3-5(e)]에 표시된 것처럼 두 개의 분리된 back-to-back 다이오드는 세 개가 아닌 네 개의 도핑 영역을 갖기 때문에 이미터와 컬렉터 사이에 존재하는 얇은 베이스 영역이 존재하지 않으므로, 트랜지스터로서 작용을 하지는 못한다.

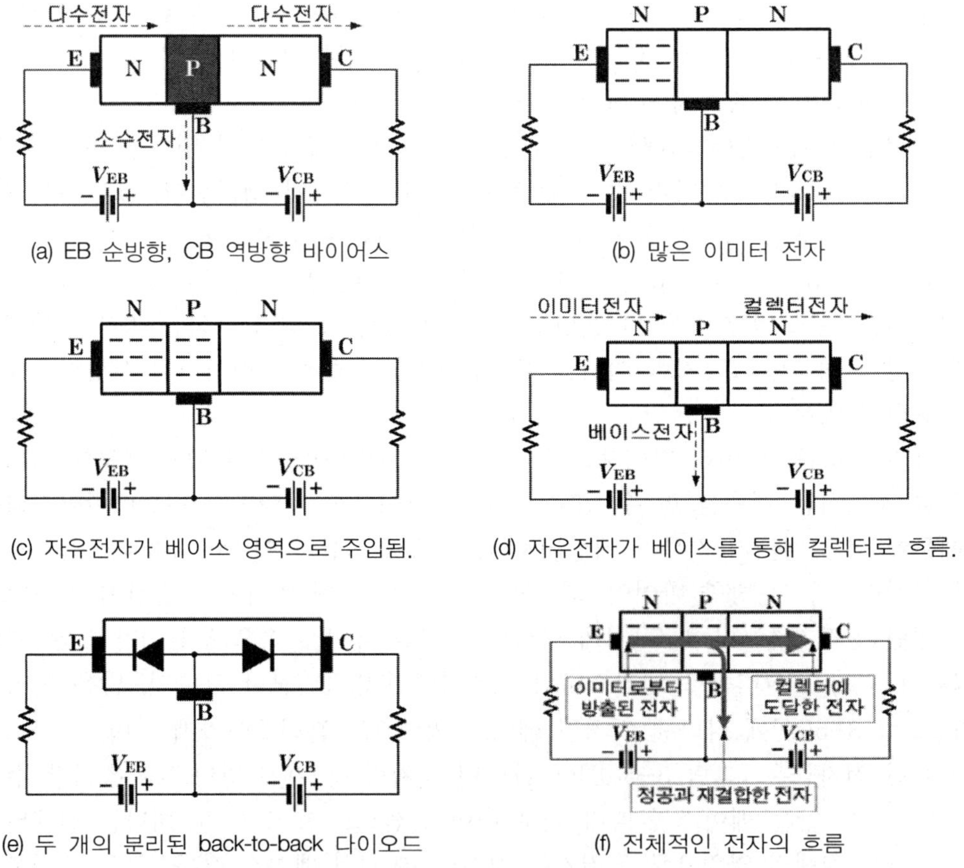

(a) EB 순방향, CB 역방향 바이어스

(b) 많은 이미터 전자

(c) 자유전자가 베이스 영역으로 주입됨.

(d) 자유전자가 베이스를 통해 컬렉터로 흐름.

(e) 두 개의 분리된 back-to-back 다이오드

(f) 전체적인 전자의 흐름

[그림 3-5] 이미터에서 방출된 전자가 컬렉터에 수집되는 과정

트랜지스터로 동작하기 위해서는 베이스는 약하게 도핑되고, 이미터 영역은 강하게 도핑되어야 하며 컬렉터 영역은 이미터와 베이스 영역의 중간 정도의 도핑을 해야 한다. 따라서 자유전자는 베이스를 통해서 컬렉터로 흘러갈 때 짧은 수명을 갖게 되고, 베이스 폭이 얇아야만 컬렉터까지 도달할 수 있게 된다.

▮ 직류 전류증폭률

주입된 자유전자의 95[%] 이상이 컬렉터 영역에 도달한다는 것은 컬렉터 전류와 이미터 전류 크기가 거의 같다는 것을 의미한다. 즉, 전류의 방향은 [그림 3-5(f)]에 나타낸 전자의 흐름과 반대이므로, 이미터를 떠난 전자의 $\alpha(<1)$배만큼이 최종적으로 컬렉터에 도달했다면 컬렉터 전류 I_C는 이미터 전류 I_E의 α배이며, 베이스 전류 I_B는 이미터 전류의 $(1-\alpha)$배이다. 즉,

$$\begin{cases} I_C = \alpha_{dc} I_E \\ I_B = (1-\alpha_{dc}) I_E \end{cases} \tag{3-1}$$

로 표현된다. 따라서, 직류 전류증폭률 β_{dc}는 컬렉터 전류와 베이스 전류와의 비로 나타내므로

$$\beta_{dc} = \frac{I_C}{I_B} = \frac{\alpha_{dc} I_E}{(1-\alpha_{dc}) I_E} = \frac{\alpha_{dc}}{1-\alpha_{dc}} \tag{3-2}$$

로 표현할 수 있다. 따라서, α는 이러한 전류의 값들이 얼마나 근사한 값인가를 나타내는 것으로 식 (3-1)로부터

$$\alpha_{dc} = \frac{I_C}{I_E}$$

예를 들면 I_C가 4.9[mA]의 크기로 측정되었고, I_E가 5[mA]라면

$$\alpha_{dc} = \frac{I_C}{I_E} = \frac{4.9\text{mA}}{5\text{mA}} = 0.98$$

이다. 즉, 얇고 약하게 도핑된 베이스일수록 α_{dc}는 커지게 된다. 이상적인 트랜지스터의 경우, $\alpha_{dc}=1$이 된다.

대부분의 트랜지스터는 α_{dc}가 0.99보다 크며, 적어도 0.95보다 큰 값을 갖게 되므로 α_{dc}를 1로 근사화시켜서 사용할 수도 있다.

▮ α_{dc}와 β_{dc}의 관계

키르히호프의 전류법칙에 의하면

$$I_E = I_C + I_B \tag{3-3}$$

과 같다. 이 식은 이미터 전류의 크기는 컬렉터 전류와 베이스 전류의 합과 같다는 것을 나타내고 있다. 즉, 이미터 전류는 세 전류 가운데 가장 큰 전류값을 가지며, 컬렉터 전류가 두 번째 크기이고, 베이스 전류의 크기가 가장 작다.

또한, 식 (3-3)을 I_C로 나누어보면

$$\frac{I_E}{I_C} = 1 + \frac{I_B}{I_C}$$

이고, 다시 정리하면

$$\frac{1}{\alpha_{dc}} = 1 + \frac{1}{\beta_{dc}}$$

로 나타난다. 이 식을 정리하면 식 (3-4)가 구해진다.

$$\beta_{dc} = \frac{\alpha_{dc}}{1 - \alpha_{dc}} \tag{3-4}$$

예를 들어서 $\alpha_{dc} = 0.98$이라면 $\beta_{dc} = 49$이다

$$\beta_{dc} = \frac{\alpha_{dc}}{1 - \alpha_{dc}} = \frac{0.98}{1 - 0.98} = \frac{0.98}{0.02} = 49$$

간혹 α_{dc}를 β_{dc}와 비교해서 쓰기 위해서 식 (3-4)를 α_{dc}에 대하여 정리하면 식 (3-5)가 된다.

$$\alpha_{dc} = \frac{\beta_{dc}}{1 + \beta_{dc}} \tag{3-5}$$

예를 들어서 β_{dc}가 100이라면 다음 식과 같다.

$$\alpha_{dc} = \frac{\beta_{dc}}{1 + \beta_{dc}} = \frac{100}{1 + 100} = \frac{100}{101} = 0.99$$

베이스 확산저항

두 개의 공핍층이 베이스 영역으로 확산되기 때문에 베이스 정공들은 p형 반도체의 얇은(thin) 채널에 국한되어 존재하는데, 이런 얇은 채널이 가지는 저항을 베이스 확산저항(base spreading resistance) r_b'라고 부른다.

컬렉터 다이오드에 걸리는 역방향 바이어스 전압 V_{CB}를 증가시키면 p채널의 폭이 감소되고, 등가인 r_b' 증가한다.

베이스 영역에서의 재결합 전류는 반드시 베이스 확산저항 r_b'를 통과해서 흐르게 되고, 전류가 흐르면 전압을 발생시킨다($V = I \times R$). 즉, r_b'은 베이스의 도핑뿐만 아니라 채널의 폭에 대해서 의존하는 값이라는 점을 알고 있어야 한다.

극히 드문 경우이지만, r_b'는 1000[Ω] 정도로 높은 저항값을 가질 수도 있지만, 대

부분 50[Ω]에서 150[Ω] 이내의 범위에 있다. r_b'의 효과는 고주파 회로에서 중요하게 대두되지만, 저주파 회로에서의 r_b'는 거의 영향을 주지 못하기 때문에 직류해석일 경우 r_b'는 무시한다.

▮ 항복전압

트랜지스터는 2개의 다이오드를 가지고 있는 것과 같아서 너무나 큰 역방향 전압은 어느 다이오드든지 하나를 항복시키는 원인이 된다. 이런 항복전압은 공핍층의 두께(width)와 도핑 정도에 따라서 결정된다.

강하게 도핑된 이미터 다이오드는 5[V]에서 30[V] 정도인 낮은 항복전압 BV_{BE}를 갖는 반면, 상대적으로 약하게 도핑된 컬렉터 다이오드는 20～300[V] 정도인 높은 항복전압 BV_{CE}를 가진다. 정상적인 트랜지스터의 동작에서 컬렉터 다이오드는 역방향으로 바이어스 된다. V_{CB}가 너무 클 때 컬렉터 다이오드는 항복하게 되고, 지나친 전력소비로 손상을 입는 경우도 있다.

대부분 설계 시 그런 이유 때문에 컬렉터 전압 V_{CB}는 공장의 데이터 시트에 기록된 BV_{CE}의 최대 정격보다 적은 값을 유지시킨다. 유사하게 몇몇 트랜지스터 회로에서 이미터 다이오드는 잠깐 동안 역방향으로 바이어스 될 수도 있는데 역전압이 이런 경우에도 최대 정격 BV_{BE}를 초과해서는 안 된다.

▮ 트랜지스터의 실제적인 바이어스 회로

[그림 3-5(a)]의 바이어스 회로는 트랜지스터의 동작을 물성적으로 쉽게 설명하기 위하여 사용한 것이며, 트랜지스터를 활성화시키는 데 실제로 사용되지 않는다.

트랜지스터의 실제적인 바이어스 회로는 [그림 3-6(a)]에 나타낸 것과 같으며, [그림 3-6(b)]는 트랜지스터의 등가회로를 그리는 일반적인 방법을 표시하고 있다. 이것은 전류의 흐름을 이용하는 것으로 전자의 흐름을 이용하면 [그림 3-6(c)]와 같은 등가회로를 사용해야 한다.

이러한 등가회로는 이미터 다이오드가 컬렉터 전류원과 직렬로 연결되어 있는데, 이것을 Ebers-Moll 모델이라고 부른다.

Ebers-Moll 모델을 이용하여 다음과 같이 근사화시킬 수 있다.

- 실리콘 다이오드에서 V_{BE}는 0.7[V]로 한다(게르마늄 다이오드는 0.3[V]).
- $I_B r_b'$ 전압은 무시한다(등가회로에서 $I_B \times r_b'$의 크기는 무시할 만큼 적다).
- α_{dc}가 1에 접근하기 때문에 I_C는 I_E와 같이 취급한다.
- I_C와 I_E는 거의 같으므로 $I_B = I_E/\beta_{dc}$로 근사화시킨다.

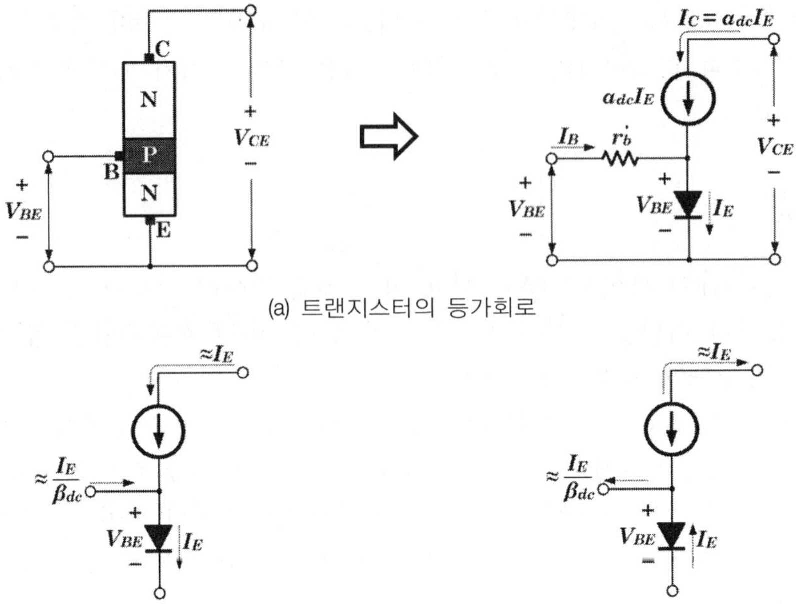

(a) 트랜지스터의 등가회로

(b) Ebers-Moll 모델

(c) 전자흐름 모델

[그림 3-6]

[그림 3-6(a)]에 나타낸 것처럼 등가회로에서 전원 V_{BE}는 이미터 공핍층 양단에 걸리는 전압으로 약 0.7[V] 이상이면 이미터는 전자를 베이스로 주입시킨다. 이미터 전류의 조절이 바로 컬렉터 전류를 조절하기 때문에 컬렉터 회로에서 흐르는 컬렉터 전류원은 $\alpha_{dc} I_E$가 된다. 또한, V_{CE}는 항복전압보다 낮다고 가정한다.

다시 말하자면, 등가회로는 트랜지스터가 활성영역에서 동작한다고 하면, 내부전압 V_{BE}'는 가해진 전압 V_{BE}에서 베이스 확산저항 r_b'에 의한 전압강하를 뺀 값으로

$$V_{BE} = V_{BE}' + I_B r_b'$$

로 쓸 수 있고 $I_B r_b'$가 작은 크기일 때 V_{BE}는 V_{BE}'로 근사화시킬 수 있다.

▌트랜지스터의 동작영역

트랜지스터의 동작영역은 외부전압을 연결하는 형태에 따라 세 개의 영역으로 동작한다. 즉, 다음과 같이 주어지는 세 가지 형태의 바이어스 조합 중 하나로 동작한다.

동작영역	이미터-베이스 접합	컬렉터-베이스 접합	비 고
포화	순방향 바이어스	순방향 바이어스	[그림 3-4(a)] 참조
차단	역방향 바이어스	역방향 바이어스	[그림 3-4(b)] 참조
활성	순방향 바이어스	역방향 바이어스	[그림 3-5(a)] 참조

차단 동작

[그림 3-7]은 두 가지 바이어스 전위가 인가된 트랜지스터를 나타내고 있다. 그 결과 이런 전압들은 트랜지스터의 두 접합을 역방향으로 바이어스시킨다. 그림에 나타낸 것과 같은 극성으로 인해서 두 개의 공핍층 영역은 이미터, 베이스, 컬렉터 영역 속으로 확장된다. 따라서, 공핍층 영역이 커지면 극히 작은 역방향 전류가 이미터에서 컬렉터로 흐르고, 트랜지스터는 차단상태에 있다고 말한다.

예를 들면 2N3904 트랜지스터는 40[V]의 컬렉터-이미터 전압 V_{CE}와 3[V]의 역방향 베이스-이미터 전압 V_{BE}로 인해서 50[nA]의 컬렉터 전류 I_C를 가지게 된다. 이것은 베이스-이미터 접합이 순방향으로 바이어스 되어 있을 때의 I_C값인 200[mA]에 비하면 극히 작은 것이다.

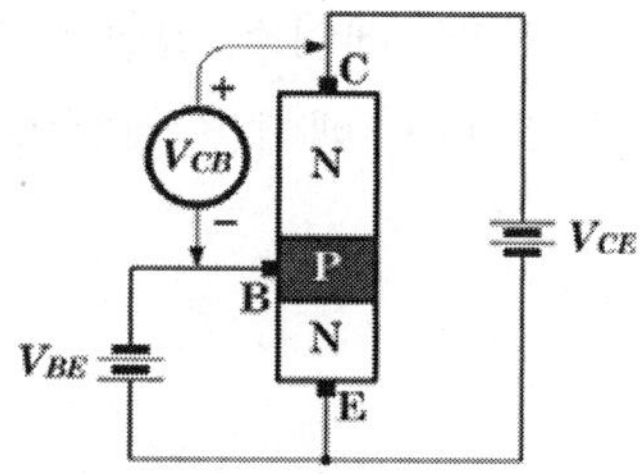

[그림 3-7] 차단 동작

포화 동작

차단의 반대는 포화이다. 포화는 I_B가 더욱 더 증가해도 I_C가 더 이상 증가하지 않는 상태를 의미한다.

[그림 3-8]에 나타낸 것처럼 I_C가 컬렉터 공급전원 V_{CC}와 컬렉터-이미터 회로의 전체 저항에 의해서 결정되는 자신의 최대값에 도달되었을 때 트랜지스터가 포화되었다고 말한다.

트랜지스터의 이상적인 상태인 V_{CE} 전압이 0[V]가 되었다면, I_C는 전적으로 V_{CC}, R_C(컬렉터 저항), 그리고 R_E(이미터 저항) 값에 의존한다. 옴의 법칙에 따르자면 I_C의 최대값은 다음과 같이 구해진다.

$$I_C = \frac{V_{CC}}{R_C + R_E}$$

이젠 I_B가 더 이상은 증가할 수 없는 점인 최대값에 I_C가 도달했을 때 I_B가 계속 증가한다면 $I_C = \beta I_B$의 관계는 더 이상 성립하지 않다.

[그림 3-8]에 나타낸 것과 같이 만약 I_C가 증가할 수 있는 최대값 이상으로 I_B가 증가한다면, 두 개의 트랜지스터 접합은 순방향으로 바이어스 되었다고 본다.

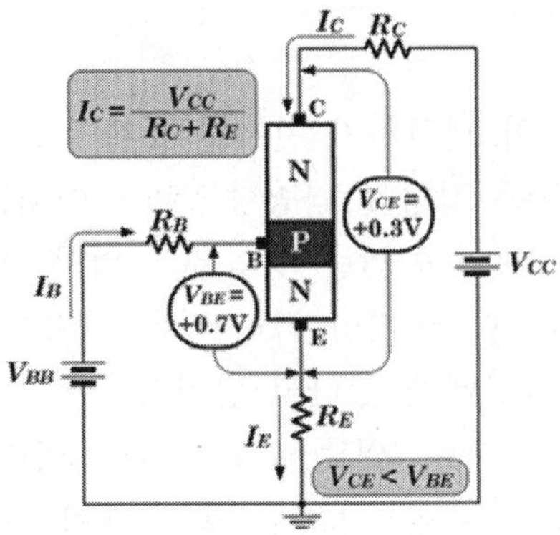

[그림 3-8] 포화 동작

트랜지스터의 V_{CE}값은 대략 0.3[V]이고, 이것은 일반적으로 포화된 트랜지스터의 V_{CE}값이다. 0.7[V]의 V_{BE}값과 컬렉터-베이스 접합은 두 값의 차인 0.4[V]로 바이어스 된다. 이 전압은 트랜지스터의 컬렉터-베이스 접합이 순방향 바이어스라는 점을 표시한다는 점을 주목해야 한다.

활성 동작

베이스-이미터 접합이 순방향 바이어스이고, 컬렉터-베이스 접합이 역방향 바이어스일 때 트랜지스터는 활성영역에서 동작한다고 말한다. 일반적으로 차단과 포화영역 사이에 있을 때 트랜지스터는 활성영역이라고 한다.

[그림 3-9]는 활성영역을 위한 바이어스 방법을 나타낸 것이다. 즉, 베이스-이미터 전압 V_{BE}가 접합면의 전위장벽을 극복하기 위해서 충분히 크다면 V_{BB}와 V_{CC}는 트랜지스터의 이미터, 베이스, 컬렉터에서 전류를 발생시키고, 이미터 전류의 대부분은 컬렉터-베이스 접합의 역방향으로 바이어스 된 컬렉터 저항보다 도핑이 매우 약하게 되

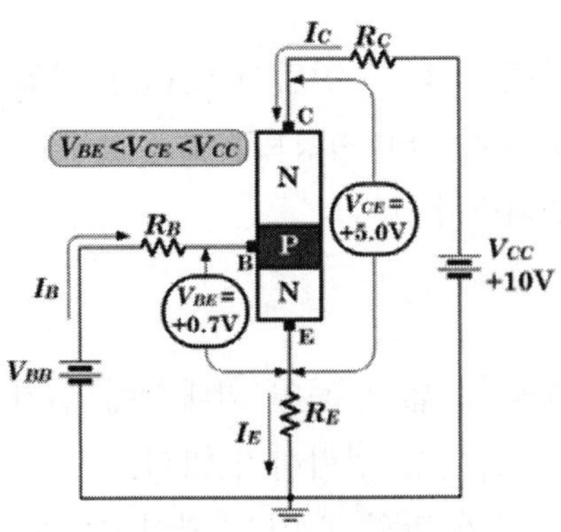

[그림 3-9] 활성 동작

어 있는 베이스 영역의 저항이 크므로 역방향으로 바이어스 된 컬렉터-베이스 접합을 통해서 컬렉터로 흘러나오게 된다.

선형회로에서 트랜지스터의 동작에 필요한 조건을 요약하면 다음과 같다.

- 이미터 다이오드는 순방향으로 바이어스 되어야 한다.
- 컬렉터 다이오드는 역방향으로 바이어스 되어야 한다.
- 컬렉터 양단에 걸리는 전압은 항복전압 정격보다 적어야 한다.

이런 조건들이 만족되면 입력신호가 출력에서 증폭된 신호로 나타나기 때문에 트랜지스터를 능동소자라고 부른다.

확인문제 3-1

1. 쌍극성 트랜지스터의 기본적인 형태 두 가지는 무엇인가?
2. 쌍극성 트랜지스터의 3단자 이름은 무엇인가?
3. 쌍극성 트랜지스터의 패키지 형태는 무엇이 있는가?
4. 트랜지스터의 표준 인식번호는 어떤 기호로 시작되는가?

해답 **1.** pnp형, npn형 **2.** 이미터, 컬렉터, 베이스 **3.** 저전력 트랜지스터, 고전력 트랜지스터 **4.** TO

3-2 | 직류 부하선

부하선(load line)은 트랜지스터가 어떻게 동작하고 어느 영역에 있는지를 알 수 있도록 트랜지스터의 가능한 모든 동작점(operating point)을 포함하고 있으며, 콜렉터 곡선 상에 그려지는 직선을 말한다.

즉, [그림 3-10]에 나타낸 것과 같이 베이스 저항이 '0'에서 무한대까지 변화할 때 컬렉터 전류 I_C와 컬렉터-이미터 전압 V_{CE}가 변화하고, V_{CE}에 대한 I_C의 모든 점을 연결해 주면 일련의 동작점을 나타내는 부하선이 얻어진다. 따라서 부하선은 모든 동작점을 시각적으로 망라해 놓은 것이다.

[그림 3-10(a)]에 나타낸 회로는 V_{CC}가 저항 R_C를 통해서 컬렉터 다이오드에 역방향으로 바이어스 되어 있다. 따라서, 저항 R_C의 양단에 걸리는 전압 $V_{RC}=I_C R_C=V_{CC}-V_{CE}$가 되고, 전류 I_C는 다음과 같이 구해지며, 이 식을 바로 직류 부하선의 식이라 한다.

$$I_C=\frac{V_{RC}}{R_C}=\frac{V_{CC}-V_{CE}}{R_C} \tag{3-6}$$

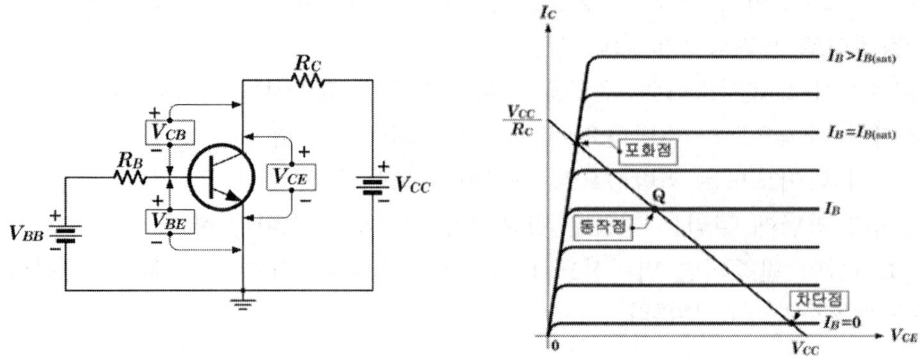

(a) 베이스 바이어스 (b) 직류 부하선

[그림 3-10]

예를 들어, [그림 3-10(a)]는 컬렉터 전압이 10[V]이고, 컬렉터 저항이 5kΩ이라고 가정하고, 식 (3-6)을 이용해서 부하선을 구해 보면 다음과 같다.

$$I_C = \frac{V_{CC} - V_{CE}}{5000\Omega}$$

V_{CE}='0'[V]라고 놓고, 부하선의 위쪽 끝점(상한 값)을 구하면

$$I_C = \frac{V_{CC} - V_{CE}}{5000\Omega} = \frac{10\text{V} - 0\text{V}}{5000\Omega} = 2[\text{mA}]$$

가 되고, 부하선의 아래쪽 끝점(하한 값)을 구하면 $V_{CE} = 10\text{V}$로 V_{CE}값을 구할 수 있다.

▌차단과 포화

차단점(cut-off point)은 부하선이 컬렉터 곡선의 차단영역과 교차하는 점이 된다. 즉, 부하선이 $I_B = 0$인 특성곡선과 교차하는 점을 말하며, 이 점은 베이스 전류가 0이 되는 점이며, 차단영역에서 컬렉터 전류는 매우 작기 때문에 컬렉터 전류는 무시하여도 무관하다(누설전류 I_{CEO}만 존재한다).

따라서, 차단점은 거의 부하선의 아래쪽 끝에 놓이며, 회로에 대한 가능한 최대 컬렉터-이미터 전압을 말한다. 즉, 차단점에서 이미터 다이오드는 순방향으로 바이어스 되지만, 정상적인 트랜지스터로 동작할 수 없다.

좀 더 근사화시키면 컬렉터-이미터 전압은 부하선의 하한 값과 같다.

$$V_{CE_{(\text{cut-off})}} \cong V_{CC}$$

포화점(saturation point)은 부하선이 컬렉터 곡선의 포화영역(saturation region)과 교차하는 곳이 된다. 즉, 부하선과 $I_B = I_{B(\text{포화})}$인 특성곡선의 교점을 포화점이라고 부르며, 이 점에서 베이스 전류는 $I_{B(\text{sat})}$이고, 포화영역에서 컬렉터-이미터 전압이 매우

작기 때문에 컬렉터 전류는 최대가 된다.

따라서, 포화점은 거의 부하선의 위쪽 끝에 놓이며, 회로에 흐를 수 있는 가능한 최대 컬렉터 전류를 말한다. 즉, 포화점에서 컬렉터 다이오드는 역방향으로 바이어스 되지만 정상적인 트랜지스터로 작용할 수 없다.

좀 더 근사화시키면 포화 시 컬렉터 전류는 부하선의 상한 값과 같다.

$$I_{C_{(\mathrm{sat})}} \cong \frac{V_{CC}}{R_C}$$

[그림 3-10(b)]에서 $I_{B(\mathrm{sat})}$는 포화를 시작하는 베이스 전류 크기를 표시한다. 만약 베이스 전류가 $I_{B(\mathrm{sat})}$보다 적다면 트랜지스터는 포화와 차단 사이에 있는 활성영역으로 동작한다. 다시 말하면 동작점이 직류 부하선 어디에든 위치할 수 있다. 달리 말하면 베이스 전류가 $I_{B(\mathrm{sat})}$보다 크다면 컬렉터 전류는 V_{CC}/R_C가 되어 가능한 최대값을 갖게 되며, 이런 경우는 [그림 3-10(b)]에서 $I_{B(\mathrm{sat})}$보다 큰 베이스 전류는 모두 포화점이 된다는 것을 의미한다.

포화점을 구하는 또 다른 방법은 [그림 3-10(a)]에서 컬렉터-이미터 단자를 단락시켜서 V_{CC}/R_C인 컬렉터 전류를 구할 수 있으며, 차단점의 경우는 단자를 개방시켜서 V_{CC}와 같은 컬렉터-이미터 사이의 전압을 계산하는 것이다. 따라서, 식 (3-6)을 풀면 다음과 같이 두 개의 공식을 구할 수 있다.

이 방법은 어떤 베이스 바이어스 회로에도 적용이 가능하지만, 식 (3-7)은 [그림 3-10(a)]와 같은 베이스 바이어스 회로에만 적용한다는 점에 유의하라.

$$\begin{cases} I_C = \dfrac{V_{CC}}{R_C} \quad (\text{상한점}) \\ V_{CE} = V_{CC} \quad (\text{하한점}) \end{cases} \tag{3-7}$$

동작점

트랜지스터는 교류입력을 갖지 않을 때 컬렉터 전류 I_C와 컬렉터-이미터 전압 V_{CE}의 일정한 직류값을 가진다. 이런 값들은 직류 부하선 상의 일정한 점에 해당된다. 따라서, 어떤 회로가 주어지면 포화전류와 차단전압을 구하여 이 값들을 수직축과 수평축에 표시한 후, 두 점을 잇는 직선을 그려 주면 부하선이 된다.

[그림 3-10(b)]는 컬렉터 특성곡선에 부하선을 중첩시켜 놓은 것으로 수직축과의 교점은 V_{CC}/R_C점이고, 수평축과의 교점은 V_{CC}이다. 계산된 베이스 전류 I_B와 직류 부하선이 만나는 점을 트랜지스터의 Q점이라고 부른다(동작점 혹은 정지점이라 한다). 즉, 증폭기의 직류 부하선이 트랜지스터의 컬렉터 곡선 위에 중첩되기 때문에 Q점은 쉽게 결정된다.

교류신호가 트랜지스터의 베이스에 인가될 때 I_C와 V_{CE}는 Q점을 중심으로 가변되기 때문에 Q점이 중앙에 위치할 때 초기 직류값 성분을 기준으로 위, 아래로 최대값을 가지도록 변화되기 때문에 Q점이 중앙의 위쪽에 위치할 때, 입력이 트랜지스터의 포화현상이 발생되고, 만약 Q점이 부하선 중앙의 아래쪽에 위치한다면, 트랜지스터의 입력이 차단되는 현상이 발생될 것이다. 이러한 현상에 의하여 출력의 사인파형은 일부분이 잘리는 현상이 발생한다.

따라서, 증폭기의 선형 동작을 위해서 Q점은 부하선의 중앙에 위치하는 것이 바람직하다. 즉, Q점이 I_C와 V_{CE}의 최대값의 1/2에 해당되는 중앙에 위치되면 V_{CE}는 V_{CC}의 절반 정도 값이고, I_C는 $I_{C(sat)}$의 절반 정도의 값이 되므로 최적의 교류 동작이 가능한 중간점 바이어스(midpoint bias)가 된다.

3-3 | 쌍극성 트랜지스터 회로의 구조와 특성

쌍극성 트랜지스터 회로는 트랜지스터의 세 단자 중 한 단자를 공통으로 사용하고 나머지 두 단자는 입력과 출력단자로 사용하기 때문에 [그림 3-11]에 나타낸 것처럼 공통 이미터(common emitter), 공통 베이스(common base), 공통 컬렉터(common collector/emitter follower) 회로로 구분된다.

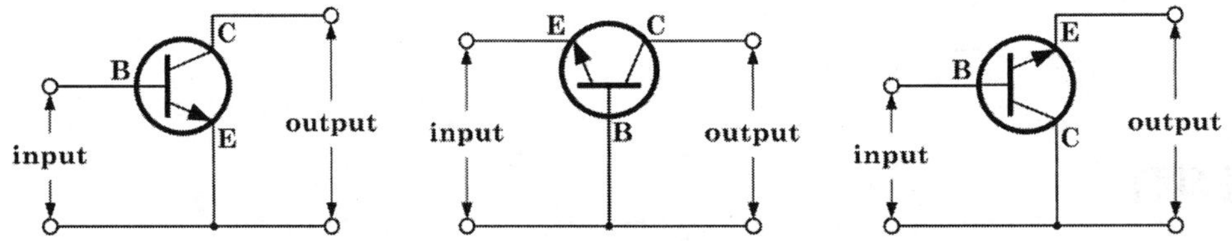

(a) 공통 이미터 (b) 공통 베이스 (c) 공통 컬렉터

[그림 3-11]

공통 이미터 회로

공통 이미터 회로에서는 트랜지스터의 이미터 단자가 입력과 출력에서 공통 단자로 사용된다. 이런 회로구조에서는 베이스가 입력단자 역할을 하고, 컬렉터가 출력단자 역할을 수행한다.

[그림 3-12]는 기본적인 공통 이미터 회로와 입출력 전압과 전류파형, 특성곡선, 일

반적인 특성표를 나타낸 것으로서, 직류 베이스 바이어스 전압은 트랜지스터의 베이스를 통해서 흐르는 베이스 전류 I_B를 결정하며, I_B는 다시 트랜지스터의 컬렉터와 컬렉터 저항 R_C를 통해서 흐르는 컬렉터 전류 I_C를 결정하게 된다.

트랜지스터의 컬렉터 전류 I_C는 아주 적은 베이스 전류 I_B에 비해서 대단히 크기 때문에 회로가 전류를 증가시켰다고 말하는데, 이것을 회로가 갖는 전류이득 베타(β)라고 부른다.

트랜지스터의 직류 전류이득 β_{dc}는 공통 이미터 트랜지스터의 직류 전류이득을 나타내는데, 자신의 출력전류 I_C와 자신의 입력전류 I_B의 비(ratio)로 나타낸다.

$$\beta_{dc} = \frac{I_C}{I_B} \tag{3-8}$$

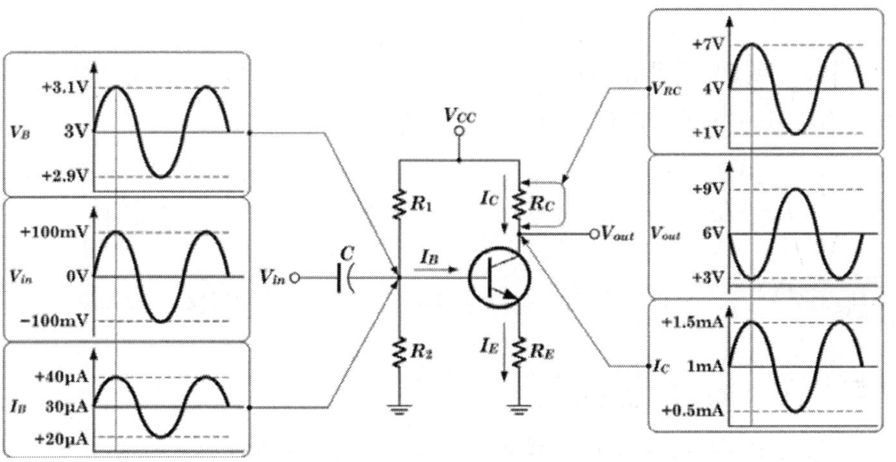

(a) 무입력 신호 레벨 시 동작

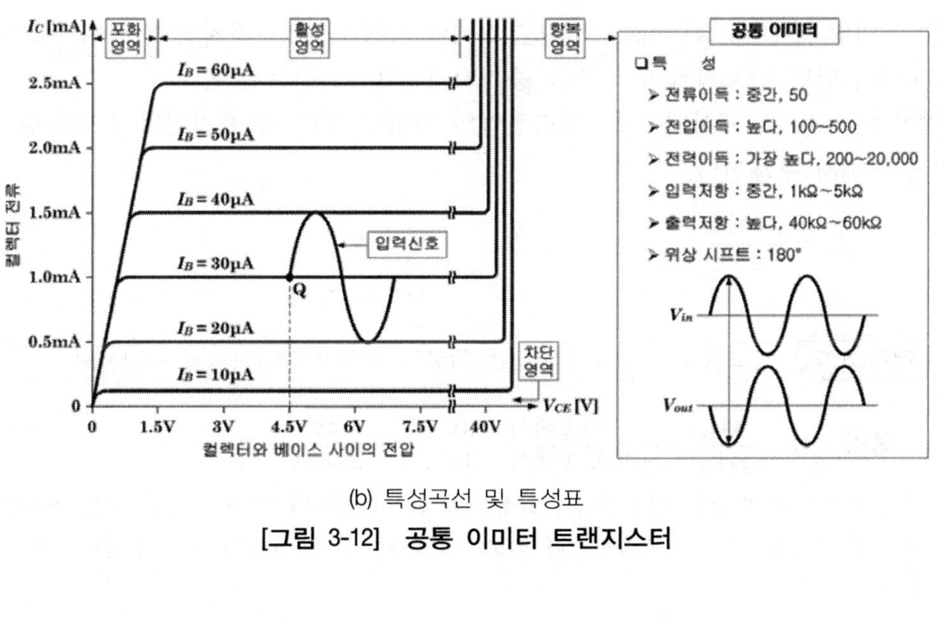

(b) 특성곡선 및 특성표

[그림 3-12] 공통 이미터 트랜지스터

예제 3-1 [그림 3-12(a)]에 나타낸 것처럼 입력신호가 없을 때 $I_C = 1[\text{mA}]$, $I_B = 30[\mu\text{A}]$라면 트랜지스터의 β_{dc}는 얼마인가?

풀이 $\beta_{dc} = \dfrac{I_C}{I_B} = \dfrac{1\text{mA}}{33\mu\text{A}} = 33.3$

이 값은 I_C가 I_B보다 33.3배만큼 크다는 것을 의미한다. 따라서 입력과 출력 사이의 직류 전류이득은 33.3이다. 시스템 해석에 사용되는 또 다른 형태인 h 파라미터(하이브리드 파라미터)에서는 트랜지스터의 직류 전류이득으로 β_{dc} 대신에 h_{fe}를 사용한다.

트랜지스터는 교류파형이 증폭될 때 베이스 전압과 전류를 가변시키고, 증폭되는 교류입력 신호와 트랜지스터 동작을 위한 직류전압이 함께 인가된다. [그림 3-12(a)]에 나타낸 4개의 파형을 참조하면 교류파형 입력신호가 인가될 때 어떻게 동작되는지를 알 수 있다.

출력 컬렉터 전류의 변화량 ΔI_C와 입력 베이스 전류의 변화량 ΔI_B의 비를 트랜지스터의 교류 전류이득 혹은 교류 베타(β_{ac})라고 부른다.

$$\beta_{ac} = \frac{\Delta I_C}{\Delta I_B} \tag{3-9}$$

예제 3-2 [그림 3-12(a)]에 나타낸 예제의 교류 전류이득을 구하시오.

풀이 $\beta_{ac} = \dfrac{\Delta I_C}{\Delta I_B} = \dfrac{1.5\text{에서 } 0.5\text{mA}}{40\text{에서 } 20\mu\text{A}} = \dfrac{1\text{mA}}{20\mu\text{A}} = 50$

이것은 출력에서의 교류 컬렉터 전류는 입력에서의 교류 베이스 전류보다 50배 크다는 것을 의미한다. 공통 이미터 트랜지스터 회로의 일반적인 전류이득은 50이다.

공통 이미터 트랜지스터 회로는 [그림 3-12(a)]에 나타낸 것처럼 전압이득을 발생시키기 때문에 입력 신호전압의 진폭을 증가시키는 데도 사용된다.

전압이득은 A_V로 표시되는데, 입력전압의 변화량 ΔV_{in}과 출력전압의 변화량 ΔV_{out}의 비에 의해서 구해진다.

$$A_V = \frac{\Delta V_{\text{out}}}{\Delta V_{\text{in}}} \tag{3-10}$$

예제 3-3 [그림 3-12(a)]에 나타낸 회로와 파형의 전압이득을 구하시오.

풀이 $A_V = \dfrac{\Delta V_{\text{out}}}{\Delta V_{\text{in}}} = \dfrac{+9\text{V에서 } +3\text{V}}{+100\text{mV에서 } -100\text{mV}} = \dfrac{6\text{V}}{200\text{mV}} = 30$

이것은 출력 교류 신호전압이 교류입력 신호전압보다 30배 크다는 것을 의미한다. 대부분의 공통 이미터 트랜지스터 회로는 100에서 500 사이의 높은 전압이득을 가진다.

공통 이미터 트랜지스터 회로는 전류이득과 전압이득을 모두 갖는데 다음 공식과 같이 구해진다.

$$A_P = \frac{P_{\text{out}}}{P_{\text{in}}} = \frac{\Delta V_{\text{out}} \times \Delta I_{\text{out}}}{\Delta V_{\text{in}} \times \Delta I_{\text{in}}} \tag{3-11}$$

예제 3-4 [그림 3-12]에 표시된 회로의 전력이득을 구하시오.

풀이 $A_P = \frac{P_{\text{out}}}{P_{\text{in}}} = \frac{\Delta V_{\text{out}} \times \Delta I_{\text{out}}}{\Delta V_{\text{in}} \times \Delta I_{\text{in}}} = \frac{(9\text{V에서 } 3\text{V}) \times (1.5\text{mA에서 } 0.5\text{mA})}{(+100\text{mV에서} -100\text{mV}) \times (40\mu\text{A에서 } 20\mu\text{A})}$

$= \frac{6\text{V} \times 1\text{mA}}{200\text{mV} \times 20\mu\text{A}} = \frac{6\text{mW}}{4\mu\text{W}} = 1500$

이 예제에서는 공통 이미터 회로의 전력이득이 1500이기 때문에 4[μW]의 입력 신호 전력은 출력에서 6[mW]로 증가한다.

[그림 3-12]에 표시된 회로의 전력이득은 식 (3-10)의 공통 이미터 회로의 전압이득 A_V에 공통 이미터 회로의 전류이득 β_{ac}를 곱해도 구할 수 있다.

$$A_V = \frac{\Delta V_{\text{out}}}{\Delta V_{\text{in}}} \text{이고, } \beta_{ac} = \frac{\Delta I_{\text{out}}(\Delta I_C)}{\Delta I_{\text{in}}(\Delta I_B)}$$

$$A_P = V \times I = \frac{\Delta V_{\text{out}}}{\Delta V_{\text{in}}} \times \frac{\Delta I_{\text{out}}(\Delta I_C)}{\Delta I_{\text{in}}(\Delta I_B)}$$

$$A_P = A_V \times \beta_{ac} \tag{3-12}$$

[그림 3-12(b)]는 공통 이미터 회로의 특성 그래프인 컬렉터 정적 특성곡선을 나타낸 것으로서, [그림 3-12(a)]에 나타낸 회로에서 npn 트랜지스터의 베이스 바이어스 전압(V_{BB})을 조정하여 베이스 전류 I_B를 먼저 고정한 후, 컬렉터 바이어스 전압(V_{CC})를 가변시키면서 I_C와 V_{CE}를 측정한 결과로부터 구해진다. 즉, 다양한 베이스 전류(I_B는 μA 단위)에서 구해진 값을 직각좌표계를 이용해서 수평축에는 트랜지스터의 컬렉터-이미터 전압강하 V_{CE}를, 수직축에는 컬렉터 전류 I_C(mA 단위)를 나타낸다.

이런 특성 그래프에는 트랜지스터의 입력 베이스 전류, 컬렉터 출력전류, 컬렉터-이미터 사이의 전압강하의 관계가 표시된다.

공통 베이스 회로의 직류 전류이득

공통 베이스 회로에서는 트랜지스터의 베이스 단자가 입력과 출력신호에 공통으로 사용된다. 이런 회로의 구조상 이미터는 입력단자로 사용되고 컬렉터는 출력단자로 사용된다.

[그림 3-13]은 공통 베이스 회로와 입출력 파형, 일반적인 특성을 나타낸 것이다.

공통 베이스 트랜지스터 회로의 직류 전류이득 α_{dc}(직류 알파)는 공통 베이스 회로의 입력전류 I_E와 출력전류 I_C의 비에 의해서 결정된다.

$$\alpha_{dc} = \frac{I_C}{I_E} \tag{3-13}$$

출력전류 I_C는 항상 입력전류 I_E보다 약간 작기 때문에(작은 크기의 I_B가 베이스로 흘러들어가기 때문) 입력과 출력 사이에서 전류의 증가는 없다. 사실 공통 베이스 회로의 구조에서는 전류이득이 1보다 적기 때문에 입력과 출력 사이에서 약간의 전류손실이 발생한다.

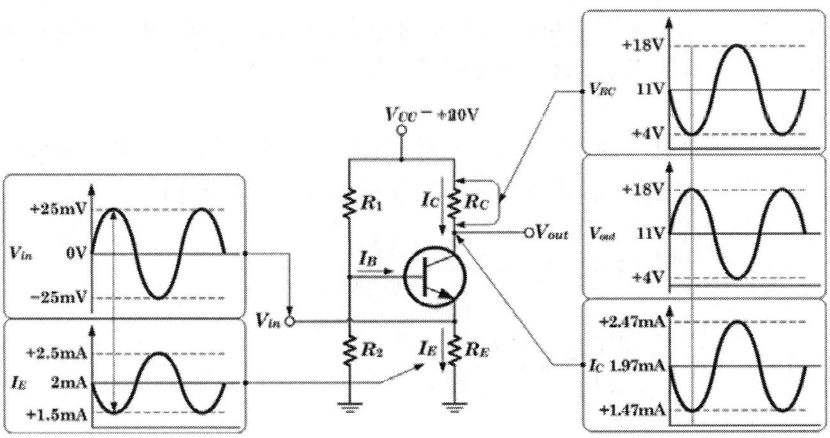

(a) 무입력 신호 레벨 시 동작

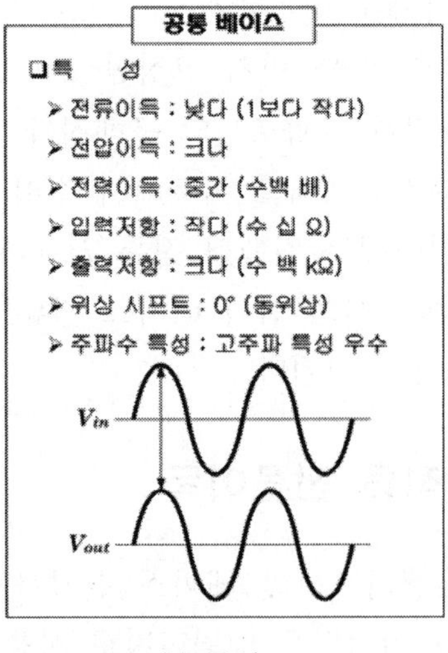

(b) 특성표

[그림 3-13] 공통 베이스 회로의 구조 및 특성

예제 3-5 [그림 3-13(a)]에 나타낸 회로에서 $I_C = 1.97[\text{mA}]$, $I_E = 2[\text{mA}]$라면 전류이득은 얼마인지 구해 보시오.

풀이 $\alpha_{dc} = \dfrac{I_C}{I_E} = \dfrac{1.97\text{mA}}{2\text{mA}} = 0.985$

0.985는 I_C가 I_E의 98.5[%]라는 것을 의미한다. 여러분들도 이 예제를 통해서 확인했겠지만, I_E와 I_C 사이의 차가 거의 없기 때문에 $\alpha_{dc} = 1$이라고 가정하게 되는데 이것은 $I_E = I_C$라는 것을 의미한다.

공통 컬렉터 회로

공통 컬렉터 회로는 트랜지스터의 컬렉터 단자가 입력과 출력에 공통 단자로 사용된다. 이런 회로의 구조 때문에 베이스는 입력단자가 되고 이미터가 출력단자가 된다.

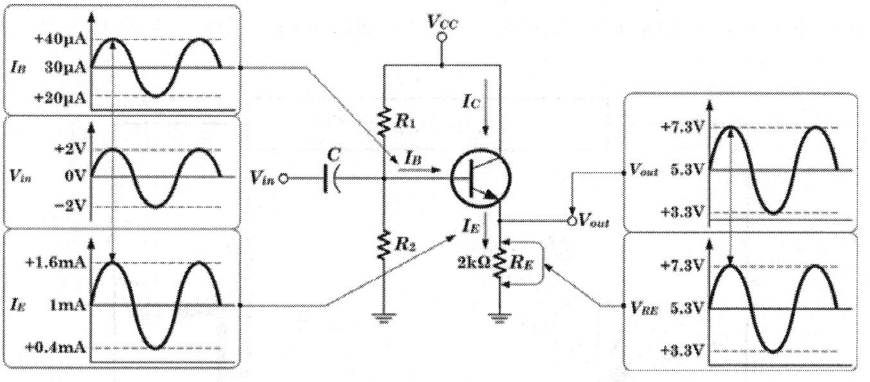

(a) 무입력 신호 레벨 시 동작

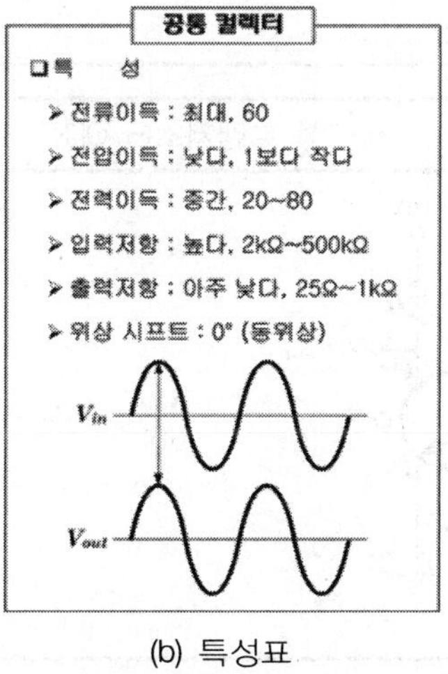

(b) 특성표

[그림 3-14] 공통 컬렉터 회로의 구조와 특성

[그림 3-14]는 기본적인 공통 컬렉터 회로의 구조와 입출력 전압과 전류파형, 일반적인 특성표를 나타낸 것이다.

3-4 | 트랜지스터의 on/off 스위칭 동작

트랜지스터는 스위치로 사용하는 것이 가장 간단한 방법이며, 이는 트랜지스터를 부하선상이 아닌 포화영역이나 차단영역에서 동작시키는 것을 의미한다. 즉, 트랜지스터가 포화되었을 때 컬렉터-이미터는 단락된 스위치와 같으며, 트랜지스터가 차단되었을 때 컬렉터-이미터는 개방된 스위치와 같다.

[그림 3-15]는 트랜지스터의 on/off 스위칭(switching) 동작을 나타낸 것으로서, 트랜지스터의 베이스-이미터 다이오드에 의해서 제어된다. 만약, 트랜지스터의 베이스-

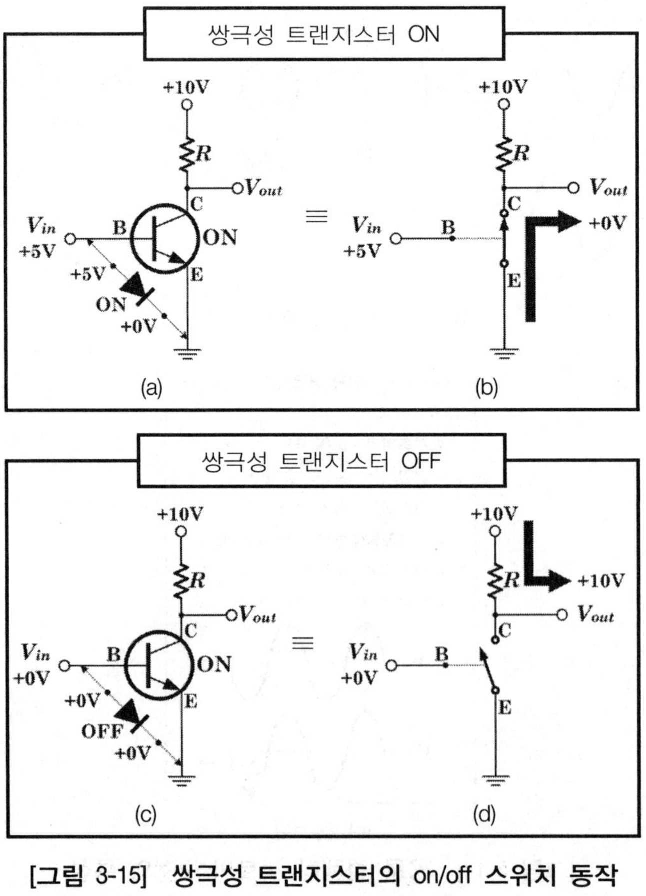

[그림 3-15] 쌍극성 트랜지스터의 on/off 스위치 동작

이미터 다이오드가 순방향으로 바이어스 되면 트랜지스터는 턴온(turn on)되고, 베이스-이미터 다이오드가 역방향으로 바이어스 되면 트랜지스터는 턴오프(turn off)된다.

[그림 3-15(a)]에 나타낸 것처럼 트랜지스터의 베이스 입력에 +5[V]가 인가되면, 트랜지스터의 베이스-이미터 다이오드의 애노드에 +5[V]가 인가되고, 이미터의 캐소드에 '0'[V]에 인가된 등가회로와 같이 동작되므로, 트랜지스터는 순방향 바이어스로 동작된다. 따라서, 트랜지스터는 on되고, 자신의 컬렉터와 이미터 출력단자는 [그림 3-15(b)]에 표시한 것처럼 닫힌(closed) 스위치와 등가이므로, 인가된 +10[V] 전압이 모두 저항양단에서 전압강하를 발생시키기 때문에 출력전압은 '0'[V]이다.

[그림 3-15(c)]에 나타낸 것처럼 트랜지스터의 베이스 입력에 '0'[V]가 인가되면, 트랜지스터의 베이스-이미터 다이오드의 애노드에 '0'[V], 이미터의 캐소드에 '0'[V]가 인가된 등가회로와 같이 동작되므로 트랜지스터는 역방향 바이어스로 동작된다. 따라서, 트랜지스터는 off되고, 자신의 컬렉터와 이미터 출력단자 [그림 3-15(d)]에 표시된 것처럼 개방 스위치와 등가이므로, [그림 3-15(d)]에 표시한 것처럼 전체전압 +10[V]가 모두 출력단자에 나타난다.

3-5 | 트랜지스터 전류원

[그림 3-16(a)]는 이미터와 접지점 사이의 저항 R_E를 갖는데, 이 저항을 통해서 흐르는 이미터 전류는 $I_E R_E$의 전압강하를 발생시킨다. 출력 루프에서 키르히호프의 전압법칙을 사용하면

$$V_{CE} + I_E R_E - V_{CC} + I_C R_C = 0$$

이고, 컬렉터 전류는 이미터 전류와 거의 같은 크기이므로 식을 다시 쓰면 식 (3-14)가 구해진다.

$$I_C \cong \frac{V_{CC} - V_{CE}}{R_C + R_E} \tag{3-14}$$

이 식이 바로 직류 부하선으로 분모에 이미터 저항 R_E가 있는 것을 제외하면 앞에서 설명했던 부하선과 같은 것이다. [그림 3-16(b)]는 직류 부하선을 나타낸 것이다.

부하선의 상한을 구하려면 [그림 3-16(a)]에서 컬렉터-이미터 단자를 단락시키면 R_C와 R_E가 직렬연결로 되어서 컬렉터 전류 $I_C = V_{CC}/(R_C + R_E)$가 된다. 유사하게 컬렉터-이미터 단자를 개방시키면 모든 공급전원은 컬렉터-이미터 단자의 양단에 걸리게 되서 $V_{CE} = V_{CC}$가 된다.

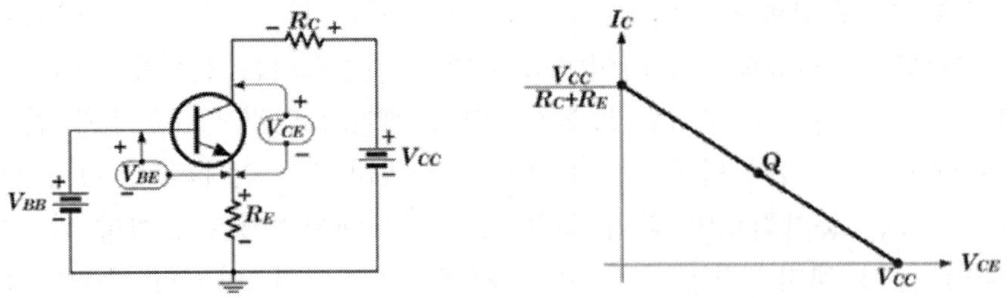

(a) 회로 (b) 직류 부하선

[그림 3-16] 전류원으로 사용되는 트랜지스터

트랜지스터 스위치와는 달리 [그림 3-16(b)]의 부하선을 따라서 어떤 동작점 Q인 활성영역에서 동작한다. 이러한 새로운 회로는 β_{dc}의 변화에 무관한 고정된 컬렉터 전류를 유지시킬 수 있다.

▌이미터 전류의 설정

고정된 컬렉터 전류값을 설정하기 위해서, [그림 3-16(a)]의 입력 루프에 키르히호프의 전압법칙을 사용하면

$$V_{BE} + I_E R_E - V_{BB} = 0$$

이므로, I_E는 다음과 같이 구해진다.

$$I_E = \frac{V_{BB} - V_{BE}}{R_E} \tag{3-15}$$

여기서, $V_{BB} - V_{BE}$는 이미터 저항 양단에 걸리는 전압을 의미한다. 컬렉터 전류가 이미터 전류와 거의 같은 크기이므로, 식 (3-15)를 이용해서 컬렉터 전류의 근삿값을 구할 수 있다.

예를 들어서 $V_{BB} = 2[\mathrm{V}]$이고, $R_E = 100[\Omega]$이라면

$$I_E = \frac{V_{BB} - V_{BE}}{R_E} = \frac{2\mathrm{V} - 0.7\mathrm{V}}{100\Omega} = 13[\mathrm{mA}]$$

가 된다. 여기서 컬렉터 전류는 이미터 전류와 같다고 근사화시키면 컬렉터 전류 $I_C \cong 13[\mathrm{mA}]$가 된다. 특별히 주목할 것은 컬렉터 전류의 값은 β_{dc}가 식 (3-12)에 표시되지 않은 것처럼 온도에 따라서 급격하게 변화하는 β_{dc}값에 무관하게 된다.

▌부트스트랩 개념

[그림 3-16(a)]의 이미터 저항 R_E 양단에 V_E로 표시되는 전압이 걸리는데, 이 전압은 베이스 전압에서 베이스-이미터 단자의 전압강하를 뺀 크기와 같다.

$$V_E = V_{BB} - V_{BE}$$

V_{BE}는 거의 0.7[V]로 고정되어 있기 때문에 V_E는 V_{BB}의 변화에 따라서 변한다. 예를 들면 V_{BB}가 2[V]에서 10[V]로 변한다고 가정하면 V_E는 1.3[V]에서 9.3[V]로 증가하게 된다. 이와 같이 V_E가 V_{BB}에 의존하는 동작을 부트스트래핑(bootstrapping)이라 한다. 즉, 트랜지스터 전류원에서 이미터는 입력전압에 대해 부트스트랩 되며, 이는 이미터 전압이 입력전압보다 항상 0.7[V]만큼 작다는 것을 의미한다.

또한, [그림 3-15]와 같이 트랜지스터 스위치에서 이미터는 접지되어 있으므로 입력전압에 부트스트랩 되지 않고, 입력전압에 관계없이 '0' 전위가 된다.

유용한 전압

[그림 3-16(a)]와 같은 회로를 고장진단 할 때 전자전압계는 공통단자가 접지되어 있기 때문에 접지점에 대한 트랜지스터 전압을 측정해야 한다. 이미터는 0.7[V] 이내의 베이스 전압에 의해서 부트스트랩 되어 있기 때문에 이미터 전압은 식 (3-16)과 같다.

$$V_E = V_{BB} - 0.7\text{V} \tag{3-16}$$

컬렉터 저항을 통해서 흐르는 컬렉터 전류는 $I_C R_C$의 전압강하를 만들고 컬렉터 접지점 사이의 전압을 측정하면 식 (3-17)과 같다.

$$V_C = V_{CC} - I_C R_C \tag{3-17}$$

여기서, V_C, V_E, V_B는 접지점과 트랜지스터의 각 단자 사이의 전압을 의미하고, V_{BE}, V_{CE}, V_{CB}는 두 단자 사이의 전압을 의미한다. 예를 들어서 두 단자 사이의 전압을 구하기 위해서는 각각의 전압에서 뺄셈으로 계산한다. 예를 들면,

$$\begin{cases} V_{CE} = V_C - V_E \\ V_{CB} = V_C - V_B \\ V_{BE} = V_B - V_E \end{cases} \tag{3-18}$$

예제 3-6 [그림 3-17(a)]의 LED 전류를 계산하시오.

풀이 이미터는 입력의 0.7[V] 이내에서 부트스트랩 되어 있다. 이미터 저항의 양단에 걸리는 전압은 1.3[V]이다. 그리고 이미터 전류는 13[mA]이다.

$$I_E = \frac{V_{BB} - V_{BE}}{R_E} = \frac{2\text{V} - 0.7\text{V}}{100\Omega} = 13[\text{mA}]$$

LED 전류는 거의 13[mA]이며 중요한 것은 트랜지스터가 스위치라기보다는 전류원으로 동작하기 때문에 이 계산에는 LED의 전압강하를 무시한다.

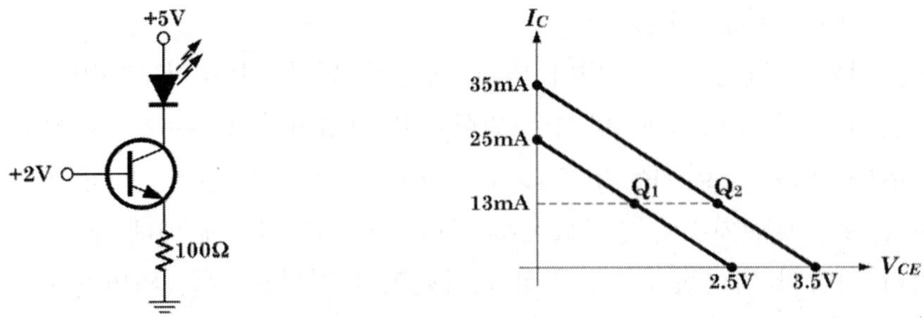

(a) LED를 구동하는 트랜지스터 전류

(b) 두 개의 서로 다른 LED 전압에 대한 일정한 LED 전류

[그림 3-17]

예제 3-7 [그림 3-17(a)]의 회로는 대량으로 생산되고 있으며, LED는 1.5~2.5[V]까지 전압강하가 생기는데 부하선과 높고 낮은 LED 전압을 갖는 Q점을 그리시오.

풀이 컬렉터의 루프에 키르히호프의 전압법칙을 사용하면

$$V_{CE}+I_E R_E-V_{CC}+V_{LED}=0$$

여기서 I_C는 거의 I_E와 같다. 위식을 다시 계산하면

$$I_C \fallingdotseq \frac{V_{CC}-V_{LED}-V_{CE}}{R_E} \quad \text{또는} \quad I_C \fallingdotseq \frac{5\text{V}-V_{LED}-V_{CE}}{100\Omega}$$

이다. $V_{LED}=1.5\text{V}$인 낮은 LED 전압에서 부하선 방정식을 간략화시키면

$$I_C \fallingdotseq \frac{3.5\text{V}-V_{CE}}{100\Omega}$$

가 된다. 다른 경우로 $V_{LED}=2.5\text{V}$이면 부하선의 방정식은

$$I_C \fallingdotseq \frac{2.5\text{V}-V_{CE}}{100\Omega}$$

이 된다. [그림 3-17(b)]는 낮고 높은 두 개의 LED 전압과 부하선을 표시하고 있다. 실제 전압강하에도 불구하고 회로는 낮거나 혹은 높은 LED 전압에도 불구하고 활성영역에서 동작하게 되므로 전류원처럼 동작한다. 이것은 전압강하를 고려하지 않게 되서 전류가 일정하기 때문에 모든 LED가 같은 밝기를 갖게 된다.

3-6 | 트랜지스터의 응용

트랜지스터가 전자공학에 끼친 영향은 대단한 것이다. 초기에는 수십억 달러의 반도체 공장으로 시작했지만 뒤에는 집적회로(IC), 광전자소자, 디지털 컴퓨터, 전자공학 등과 같은 수많은 발명이 이루어졌다.

이런 모든 응용분야에서 트랜지스터는 기본적으로 스위치와 가변저항과 같은 두 가지 방식 중 하나로 동작하도록 만들어진다. 각각의 예에 대해서 간단히 알아보도록 하자.

디지털 논리 게이트 회로

디지털 논리 게이트 회로는 트랜지스터의 on/off 스위칭 동작에 의해서 제어하도록 구성되어 있으므로, 보통은 2상태 회로 혹은 스위칭 회로라고 부른다.

예를 들면, 트랜지스터는 논리 게이트 회로를 구성하는 데 사용되고, 논리 게이트 회로는 플립플롭 회로를 구성하고, 플립플롭 회로는 레지스터와 카운터 회로를 구성한다. 또한, 이런 회로들은 마이크로프로세스와 메모리, 입출력회로와 같은 디지털 컴퓨터의 핵심 분야에 사용되기 때문이다.

이 절에서는 A와 B 입력 중 어느 하나가 High(논리 '1')가 되면 출력이 High로 되는 OR 게이트에 대해서도 설명한다.

[그림 3-18(a)]는 트랜지스터를 사용하여 디지털 논리회로인 NOT 게이트를 구성한 회로를 나타낸 것이며, 인버터(inverter) 회로라고도 불린다.

기본적인 NOT 게이트는 한 개의 npn 트랜지스터와 두 개의 저항으로 구성된다. 이런 논리 게이트는 한 개의 입력(A)과 한 개의 출력(Y)을 갖는데, 회로기호는 [그림 3-18(b)]에 표시되어 있다.

[그림 3-18(c)]는 이런 논리 게이트가 두 개의 서로 다른 입력에 의해서 어떻게 작용하는지를 보여준다. 입력이 '0'[V](논리 '0')이면 트랜지스터의 베이스-이미터 pn접합 다이오드는 역방향으로 바이어스 되기 때문에 트랜지스터는 off된다.

[그림 3-18(c)]는 NOT 게이트의 동작상태를 스위칭 회로로 표현한 것으로서, off 스위치는 이미터와 컬렉터 사이가 개방된 스위치와 등가이기 때문에 +5[V]의 공급전압이 출력단자에 연결된다. 즉, 입력이 +5[V](논리 1)이면 트랜지스터의 pn 접합 다이오드가 순방향으로 바이어스 되므로 트랜지스터가 on되어, 닫힌 스위치와 등가이기 때문에 출력에 '0'[V]가 걸리게 된다(논리 '1'이 인가되면 출력은 논리 '0'으로 변환된다).

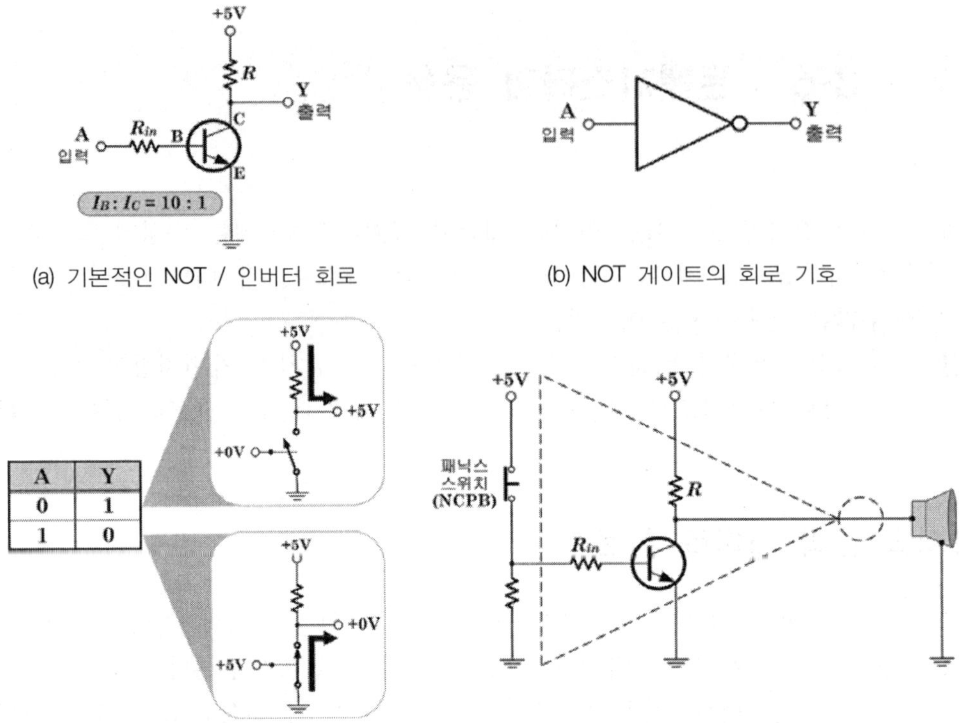

(a) 기본적인 NOT / 인버터 회로

(b) NOT 게이트의 회로 기호

(c) NOT 게이트의 함수표

(d) NOT 게이트의 보안 시스템 응용

[그림 3-18] 디지털 전자회로에 사용되는 트랜지스터

[그림 3-18(d)]는 NOT(INV) 회로가 입력 제어신호를 반전시키기 위한 응용회로를 나타낸 것이다. 즉, 이 회로에서는 NCPB(Normal Closed Push Button) 스위치가 보안 시스템에서 사이렌을 동작시키기 위한 비상(panic) 스위치로 사용된다. 누름 버튼은 항상 닫혀 있기 때문에 A에서 +5[V]를 제공하고 경보(alarm)를 울리지 않는다.

만약 이런 전압이 직접 사이렌에 연결된다면 사이렌은 부정확하게 동작하게 된다. 스위치 회로와 사이렌 사이에 NOT 게이트 회로가 포함되기 때문에 NCPB의 High 출력은 Low로 반전되고, 사이렌이 동작하지 않기 때문에 경보는 울리지 않는다. 비상 스위치가 눌려지면 NCPB 접점은 개방되고, NOT 게이트에 Low 입력을 발생시킨다. 이런 Low 입력은 High 출력으로 반전되고 사이렌을 동작시킨다.

▮ 아날로그 증폭기 회로

트랜지스터가 가변저항으로 사용될 때, 트랜지스터는 증폭기, 발진기, 변조기, 검파기, 전압조정기와 같은 아날로그 혹은 선형회로에서의 제어소자가 된다. 이런 응용분야 중 가장 중요한 것은 증폭분야로 전자신호의 진폭을 증가시키거나 길이를 늘이는 데 사용된다.

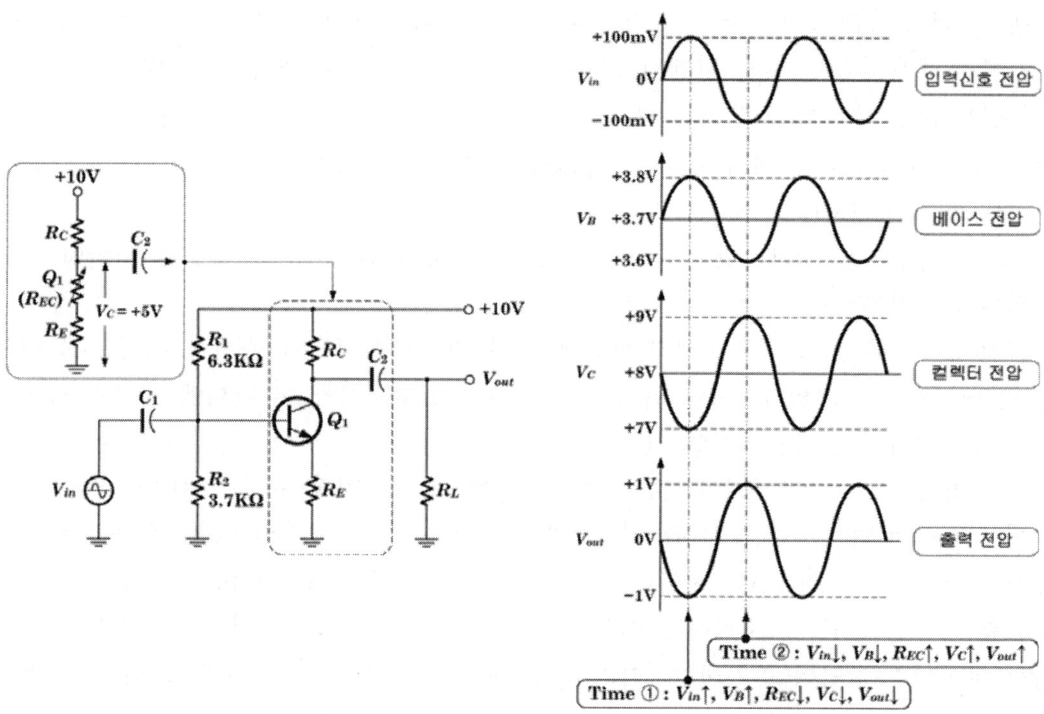

(a) 기본적인 증폭기 회로 (b) 입출력 전압 파형

[그림 3-19] 아날로그 전자회로에 사용되는 트랜지스터

[그림 3-19(a)]는 간단한 트랜지스터 증폭기 회로를 나타낸 것이며, [그림 3-19(b)]는 회로의 각 점에서 존재하는 전압의 파형을 표시하고 있다.

교류 사인파 입력신호를 인가하기 전에 트랜지스터의 베이스와 컬렉터의 직류 전압 레벨을 결정한다. 전압분배기 저항 R_1(6.3[kΩ])과 R_2(3.7[kΩ])의 저항비에 따라서 +10[V]의 인가전압이 분배되므로 3.7[kΩ] 저항 R_2 양단에는 +3.7[V]가 인가된다. 이런 +3.7[V]의 전압이 트랜지스터의 베이스에 공급된다. Q_1의 베이스-이미터 접합은 순방향으로 바이어스 되고, 트랜지스터 Q_1이 on 상태가 된다.

트랜지스터 Q_1이 on상태이므로 트랜지스터의 이미터와 컬렉터 사이의 저항 R_{CE}는 어떤 값을 갖게 된다. 이런 저항은 [그림 3-19(a)]에 삽입된 그림에 표시된 것처럼 R_E, R_C와 함께 전압분배기를 구성하게 된다. 접지에 대한 트랜지스터 Q_1의 컬렉터 직류전압 V_C는 Q_1의 컬렉터-이미터 저항 R_{CE}와 R_E의 양단에 걸리는 전압과 등가이다.

이런 예제에서는 교류 입력신호가 인가되지 않았기 때문에 직류 +3.7[V]의 V_B는 R_{CE}와 R_E가 Q_1의 컬렉터에 +8[V]의 전압을 발생시키도록 축적시키는 원인이 된다.

트랜지스터의 베이스 바이어스 전압 V_B는 접지에 대해서 +3.7[V]이고 컬렉터 전압은 접지에 대해서 +8[V]이다. 콘덴서 C_1과 C_2가 직류방지를 위해서 삽입된다.

콘덴서 C_1은 +3.7[V]의 직류 베이스 바이어스 전압 V_B가 입력 V_{in}에 역으로 공급되는 것을 방지하고 콘덴서 C_2는 +8[V]의 직류 컬렉터 전압 V_C가 출력(R_L) 양단에 걸리는 것을 방지한다.

이제 교류입력을 인가하고 [그림 3-19(a)]에 표시된 회로에서 증폭회로가 어떻게 동작하는지를 알아보자.

콘덴서는 교류를 잘 통과시키기 때문에 교류 입력신호 V_{in}이 콘덴서 C_1을 경유해서 Q_1의 베이스에 인가된다. 이런 입력신호는 [그림 3-18(b)]의 첫 번째에 표시된 파형처럼 200[mV]의 피크-피크 전압 값을 가진다.

교류 입력신호는 +3.7[V]의 직류 베이스 전압에 중첩되기 때문에 [그림 3-19(b)]의 두 번째에 표시된 파형처럼 트랜지스터 Q_1의 베이스에서 +3.7[V]의 직류전압은 100[mV] 증가하거나($3.7V + 100mV = 3.8[V]$), 100[mV] 감소한다($3.7V - 100mV = 3.6[V]$).

교류 입력신호 V_{in}이 증가하면 베이스 전압 V_B도 증가하므로 이미터 다이오드의 순방향 바이어스 전압이 증가한다. 따라서, 트랜지스터 Q_1이 더욱 on으로 되고, 트랜지스터 Q_1의 이미터-컬렉터 사이의 저항 R_{CE}는 감소하게 된다.

전압강하는 저항의 크기에 비례하므로 R_{CE}의 감소는 R_{CE}와 R_E 양단에 걸리는 전압강하를 감소시킨다(V_C 감소). 이것이 콘덴서 C_2를 통해서 출력으로 결합되는 V_C의 크기를 감소시키고, 부하저항 양단에서의 출력전압을 감소시키게 된다.

이번에는 교류입력이 감소되는 경우를 설명해 보도록 하자. 교류입력이 감소하면 베이스 전압도 감소하므로 이미터 다이오드의 순방향 바이어스 전압도 감소한다. 이것이 트랜지스터를 적게 on 상태로 되고 트랜지스터 Q_1의 이미터-컬렉터 저항 R_{CE}는 증가하게 된다.

전압강하는 저항의 크기에 비례하므로 R_{CE}가 증가하면 R_{CE}와 R_E 양단에서의 전압강하도 증가하게 된다(V_C 증가). 이것이 콘덴서 C_2를 통해서 출력에 전달되는 V_C를 증가시키고 부하저항 양단에서 발생되는 출력전압을 증가시킨다.

[그림 3-19(b)]에서 교류 입력신호와 출력신호 전압의 파형을 비교하면 입력신호의 변화가 출력신호 전압에서 큰 변화를 발생시킨다는 것을 알 수 있다. 출력신호 전압의 변화량과 입력신호 전압의 변화량을 비교하면 이 회로가 갖는 전압이득 A_V를 구할 수 있다.

이 예에서 출력신호 전압의 변화량(ΔV)은 +1[V]와 −1[V] 사이이고 입력신호 전압의 변화량(ΔV)은 +100[mV]와 −100[mV] 사이이므로 입력과 출력신호 사이의 전압이득은 10이 된다.

$$\text{전압이득}(A_V) = \frac{\text{출력전압 변화량}(\Delta V_{out})}{\text{입력전압 변화량}(\Delta V_{in})}$$

$$= \frac{+1\text{V에서} -1\text{V}}{+100\text{mV에서} \ -100\text{mV}} = \frac{2\text{V}}{200\text{mV}} = 10$$

전압이득이 10이라는 것은 출력전압이 입력전압보다 10배 크다는 것을 의미한다. 트랜지스터는 자신의 npn 반도체 구조에서는 이런 이득을 발생시킬 수 없다.

이득 혹은 증폭은 컬렉터 공급전압으로부터 얻는 에너지와 이런 에너지가 부하저항 양단에서 발생시키는 에너지로부터 트랜지스터의 도통을 제어하는 입력신호에 의해서 이루어진다.

증폭은 트랜지스터를 제어하는 적은 입력전압과 큰 컬렉터 공급전압에 의해서 이루어지기 때문에 적은 입력신호의 변화량이 큰 출력신호의 변화량으로 나타난다.

[그림 3-19(b)]에서 입력신호와 출력신호를 시간 1과 2에서 비교해 보면, NOT 게이트가 자신의 입력신호를 반전시키는 것과 동일한 방법으로 입력신호를 변화시키는 것을 확인할 수 있다('+'의 입력신호 스윙은 '−'로 출력전압 스윙으로 변환되고 '+'의 입력신호 스윙은 '+'의 출력전압 스윙으로 변환된다).

이런 반전은 이런 특별한 트랜지스터의 배열에서 발생된다. 하지만 입력신호의 형태가 출력에서 보존되기 때문에 문제는 발생되지 않는다(입력과 출력이 모두 정현파이다).

기초문제

1. 쌍극성 트랜지스터는 (   )제어 소자이다.

2. 쌍극성 트랜지스터가 활성 영역에서 동작하면 이미터 다이오드는 (   )로 바이어스되고 컬렉터 다이오드는 (   )으로 바이어스된다.

3. 다음중 올바른 것은 어느 것인가?
(a) $I_E = I_C - I_B$ (b) $I_C = I_E - I_B$ (c) $I_B = I_C - I_E$

4. 트랜지스터가 차단되면 컬렉터와 이미터 사이는 (   )와 등가이다.

5. 트랜지스터가 포화되면 컬렉터와 이미터 사이는 (   )와 등가이다.

6. 쌍극성 트랜지스터의 회로 구조 중 어느 것이 가장 우수한가?
(a) 전압이득 (b) 전류이득 (c) 전력이득

7. 쌍극성 트랜지스터는 다음과 같이 부르는 3단자를 가진다.
(a) 드레인, 소스, 게이트 (b) 애노드, 캐소드, 게이트
(c) 메인단자1, 메인단자2, 게이트 (d) 이미터, 베이스, 컬렉터

8. 쌍극성 접합 트랜지스터는 자신이 (   )을 갖기 때문에 주어진 이름이다.
(a) 두 개의 pn 접합 (b) 두 개의 자극
(c) 한 개의 p형 영역과 한 개의 n형 영역 (d) 두 개의 자기 접합

9. npn형 트랜지스터는 항상 바이어스 되기 때문에 베이스는 (   )이다.
(a) + (b) −

10. 가장 널리 사용되는 쌍극성 트랜지스터의 구조는 어느 것인가?
(a) 공통 베이스 (b) 공통 컬렉터
(c) 공통 이미터 (d) 모두 아니다.

11. 공통 컬렉터 회로는 간혹 (   )라고도 부른다.
(a) 베이스 폴로어 (b) 이미터 폴로어
(c) 컬렉터 폴로어 (d) 모두 아니다.

12. npn형 트랜지스터의 회로 기호에서 이미터의 화살표는 베이스를 (   ) 표시하고 pnp형 트랜지스터에서 이미터의 화살표는 베이스를 (   ) 표시한다.
(a) 향해서, 멀어지는 쪽으로 (b) 멀어지는 쪽으로, 향해서

13. 트랜지스터의 on/off 스위칭 동작은 (   ) 회로에서 사용된다.
(a) 아날로그 (b) 디지털 (c) 선형 (d) 아날로그와 선형

14. 트랜지스터의 가변저항 동작은 (   ) 회로에서 사용된다.
(a) 아날로그 (b) 디지털 (c) 선형 (d) 아날로그와 선형

15. 쌍극성 트랜지스터의 (   ) 들어간 전자의 약 98[%]가 (   )에 도달되고 나머지는 (   )을 통해서 흘러나간다.

(a) 이미터, 컬렉터, 베이스 (b) 베이스, 컬렉터, 이미터
(c) 컬렉터, 이미터, 베이스 (d) 이미터, 베이스, 컬렉터

16. 공통 베이스 회로 구조는 가장 높은 (   ) 이득을 갖고 공통 이미터 회로는 가장 높은 (   )을 갖고 공통 컬렉터 회로는 가장 높은 (   ) 이득을 가진다.

(a) 전압, 전류, 전력 (b) 전류, 전력, 전압
(c) 전압, 전력, 전류 (d) 전력, 전압, 전류

17. 트랜지스터의 베이스와 이미터 사이의 전압강하를 표시하는 데 사용되는 기호는 다음 중 어느 것인가?

(a) I_{BE} (b) V_{CC} (c) V_{CE} (d) V_{BE}

18. 다음 중 트랜지스터의 컬렉터와 이미터 사이의 전압강하를 표시하는 데 사용되는 기호는 어느 것인가?

(a) V_C (b) V_{CE} (c) V_E (d) V_{CC}

19. 트랜지스터의 (   )는 공통 이미터 회로의 입력과 출력 사이의 직류 전류이득을 표시하는 데 사용된다.

(a) α ac (b) α dc (c) β ac (d) β dc

20. $I_C = V_{CC}/R_C$이고 $V_{CE} = 0$[V]라면 직류 부하선의 어느 점인가?

(a) 포화점 (b) 차단점 (c) 동작점 (d) 어느 것도 아니다.

21. $V_{CE} = V_{CC}$이고 $I_C = 0$이라면 직류 부하선의 어느 점인가?

(a) 포화점 (b) 차단점 (c) 동작점 (d) 어느 것도 아니다.

22. 무입력 신호에서 트랜지스터를 바이어스시키는 직류전압이 직류 부하선의 중간에 있을 때 (   )이라고 부른다.

(a) 포화점 (b) 차단점 (c) 동작점 (d) 어느 것도 아니다.

23. 순방향으로 바이어스 된 이미터 다이오드와 컬렉터 다이오드는 (   ) 저항을 갖고 역방향으로 바이어스 된 이미터 다이오드와 컬렉터 다이오드는 (   ) 저항을 가진다.

(a) 낮은, 낮은 (b) 높은, 낮은 (c) 높은, 높은 (d) 낮은, 높은

24. 트랜지스터 계측기는 트랜지스터의 (   )을 체크한다.

(a) 단자 사이의 개방과 단락 (b) 이득
(c) 역방향 누설전류 (d) 전체

해답

1. 전류 **2.** 순방향, 역방향 **3.** (b) **4.** 개방 스위치 **5.** 닫힌 스위치 **6.** (a) 공통 베이스 (b) 공통 컬렉터 (c) 공통 이미터 **7.** (d) **8.** (a) **9.** (a) **10.** (c) **11.** (b) **12.** (b) **13.** (b) **14.** (d) **15.** (a) **16.** (c) **17.** (d) **18.** (b) **19.** (d) **20.** (a) **21.** (b) **22.** (c) **23.** (d) **24.** (d)

응용문제

1. 쌍극성 트랜지스터의 구조, 종류, 기호를 설명하시오.

2. 트랜지스터의 on, off 스위칭 동작을 설명하시오.

3. NOT 게이트를 이용한 보안 시스템 작동을 설명하시오.

4. 공통 이미터, 공통 베이스, 공통 컬렉터의 특성을 비교 설명하시오.

연습문제

1. [그림 3-20]에 표시된 트랜지스터의 단자 이름과 형태를 말해 보시오.

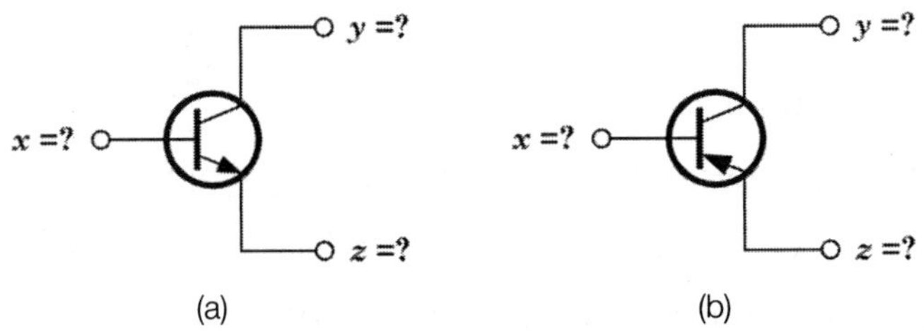

[그림 3-20] 트랜지스터의 종류와 단자 명칭 구분

2. 이미터 다이오드가 순방향으로 바이어스 되고 컬렉터 다이오드가 역방향으로 바이어스 될 때 쌍극성 트랜지스터가 활성영역으로 동작하도록 정확하게 바이어스 된 것이다. [그림 3-21]을 참조하고 어떤 쌍극성 트랜지스터가 정확하게 바이어스 되었는지 찾으시오.

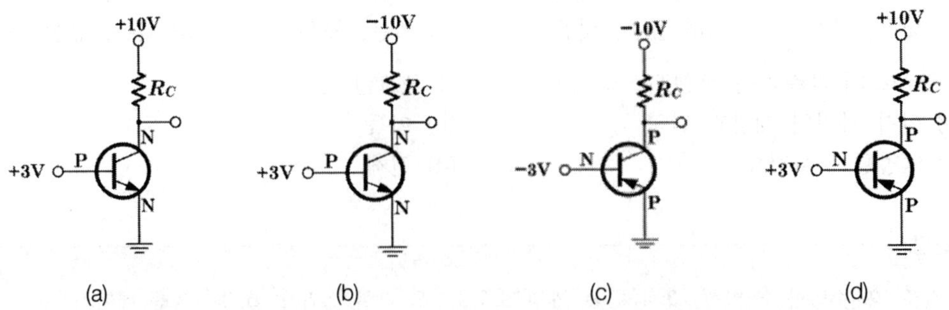

[그림 3-21] 정확하게 바이어스 된 쌍극성 트랜지스터 회로 구분

3. 다음에서 빠진 전류값을 구하시오.

(a) $I_E=25[\mathrm{mA}]$, $I_C=24.6[\mathrm{mA}]$, $I_B=?$

(b) $I_B=600[\mu\mathrm{A}]$, $I_C=14[\mathrm{mA}]$, $I_E=?$

(c) $I_E=4.1[\mathrm{mA}]$, $I_B=56.7[\mu\mathrm{A}]$, $I_C=?$

4. [그림 3-22]에 표시된 회로에서 입출력 파형을 참조하고 트랜지스터 증폭기의 전압이득 A_V를 구하시오.

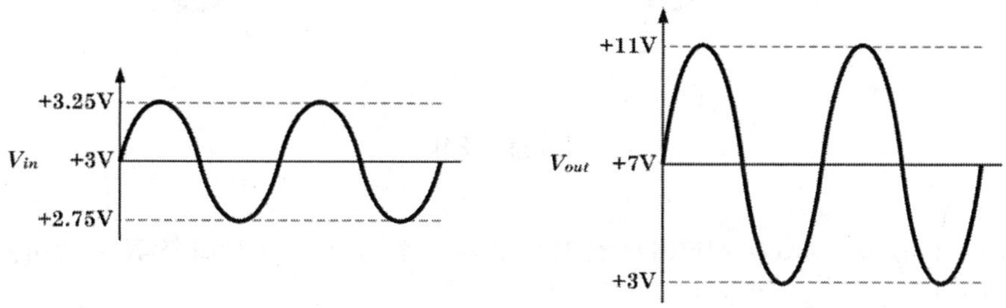

(a) 입력파형 (b) 출력파형

[그림 3-22] 트랜지스터 증폭기의 입출력 파형

5. I_C의 크기가 100[mA]이고 I_B가 0.5[mA]인 트랜지스터가 있다면 α_{dc}와 β_{dc}의 크기는 얼마인가?

6. 2N5067은 $r_b'=10[\Omega]$ 전력 트랜지스터이다. $I_B=1[\mathrm{mA}]$일 때 $I_B r_b'$의 전압강하는 얼마인가? $I_B=10[\mathrm{mA}]$와 50[mA]일 때의 $I_B r_b'$의 전압강하도 구하시오.

7. β_{dc}가 400인 트랜지스터가 있다. 컬렉터 전류가 50[mA]일 때 베이스 전류는 얼마나 되는가?

8. [그림 3-23(a)]는 베이스 단자가 개방된 트랜지스터 회로를 표시한 것이다. V_{CE}값이 9[V]라면 I_{CEO}는 얼마인가? 만약 [그림 3-23(b)]와 같이 컬렉터 저항이 10[MΩ]에서 10[kΩ]까지 변화한다면 V_{CE}의 새로운 값은 얼마인가?(I_{CEO}의 크기는 불변이다)

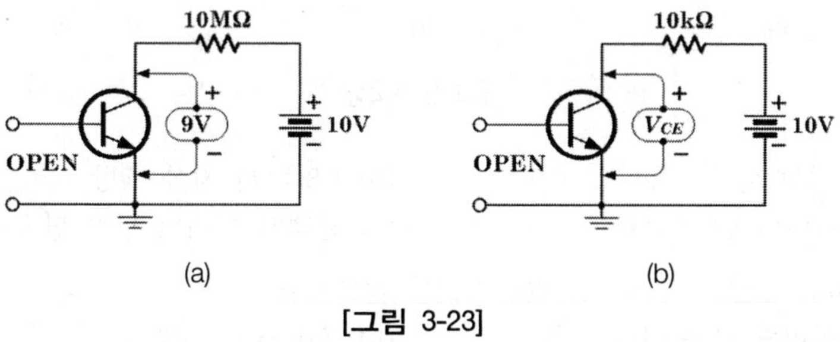

(a) (b)

[그림 3-23]

9. 10[mA]의 컬렉터 전류와 12[V]의 컬렉터-이미터 전압을 갖는 트랜지스터는 전력소비가 얼마나 되는가?

10. [그림 3-24(a)]와 같은 회로의 부하선을 그리시오. 포화전류는 얼마이며, 차단전압은 얼마인가?

11. [그림 3-24(a)]에서 베이스 전류는 얼마이며, 컬렉터-이미터 전압은 얼마인가? 트랜지스터는 하드 세튜레이션인가?

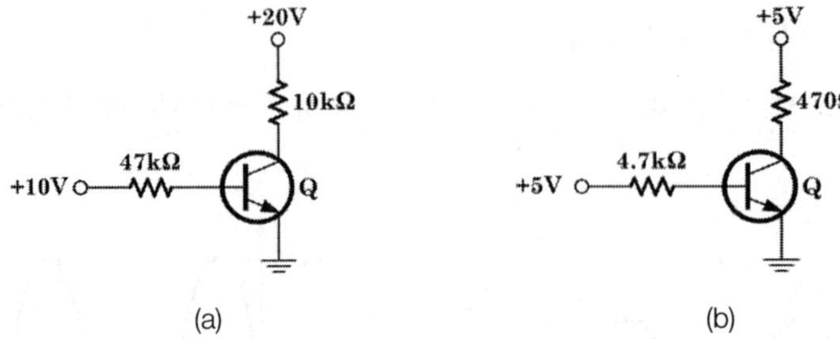

[그림 3-24]

12. [그림 3-24(b)]에 표시된 회로에서 베이스 전류는 얼마이며, 컬렉터 전류는 얼마인가? 컬렉터-이미터 전압은 얼마인가?

13. [그림 3-25(a)]에서 컬렉터 전류와 컬렉터-접지 사이의 전압, 컬렉터-이미터 전압을 구하시오.

14. [그림 3-25(b)]에서 $V_{BB}=10$[V]라면 컬렉터-이미터 전압은 얼마인가?

15. [그림 3-25(a)]에서 컬렉터-접지 사이의 전압이 대략 3[V]라면 어떤 고장의 원인이 되는가?

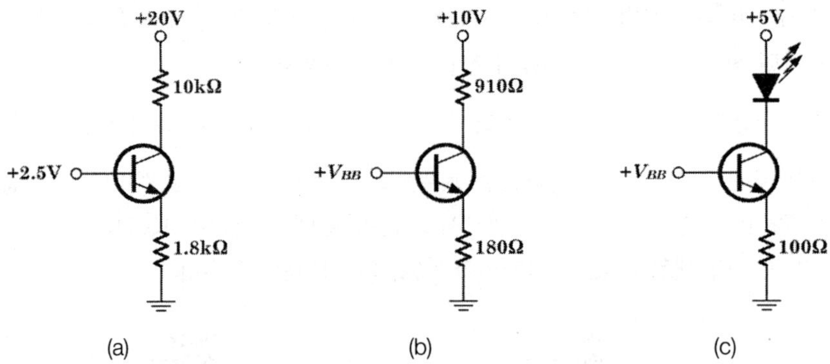

[그림 3-25]

(a) 10[kΩ] 저항 단락 (b) 1.8[kΩ] 저항 개방
(c) 베이스-이미터 단자 단락 (d) 컬렉터 이미터 단자 단락

16. [그림 3-25(c)]의 LED가 on-off되는 조건을 찾으시오.

(a) 컬렉터-이미터 단자 단락 (b) 100 저항 개방
(c) 컬렉터-이미터 단자 개방
(d) 접지점과 100 저항 사이의 cold-solder joint 고장

17. [그림 3-25(c)]의 전류원을 V_{BB}가 5[V]일 때 LED 전류를 대략 35[mA]에 고정시키도록 다시 설계하시오.

18. [그림 3-26]에서 제너 다이오드를 $V_Z = 4.7[\text{V}]$인 제너 다이오드로 대체시키고 LED 전류를 구하시오.

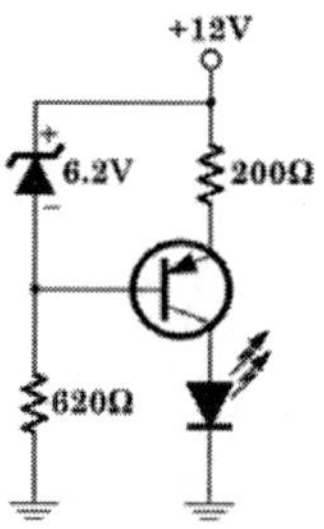

[그림 3-26]

19. [그림 3-26]과 유사한 pnp 전류원을 $V_{CC} = 15\text{V}$, $V_Z = 7.5\text{V}$, $I_C = 40[\text{mA}]$인 스펙을 만족하는 회로를 다시 설계하시오.

해답

1. (a) npn형 x=베이스, y=컬렉터, z=이미터
(b) pnp형 x=베이스, y=컬렉터, z=이미터

2. (a)와 (c)

3. $I_B = 0.4[\text{mA}]$, $I_E = 14.6[\text{mA}]$, $I_C = 4.0433[\text{mA}]$

4. $A_V = 16$

5. $\alpha_{dc} = \dfrac{100\text{mA}}{100\text{mA} + 0.5\text{mA}} = 0.995$,

$\beta_{dc} = \dfrac{I_C}{I_B} = \dfrac{100\text{mA}}{0.5\text{mA}} = 200$

6. $I_B r_b' = 1\text{mA} \times 10\Omega = 10\text{m}[\text{V}]$,
$I_B r_b' = 10\text{mA} \times 10\Omega = 100\text{mV} = 0.1[\text{V}]$
$I_B r_b' = 50\text{mA} \times 10\Omega = 500\text{mV} = 0.5[\text{V}]$

7. $\beta_{dc} = 400$, $I_C = 500[\text{mA}]$이므로 $I_B = 0.125[\text{mA}]$가 구해진다.

$$I_B = \frac{I_C}{\beta_{dc}} = \frac{50\text{mA}}{400} = 0.125[\text{mA}]$$

8. 키르히호프의 전압법칙을 적용시키면 $I_{CEO} \times 10\text{M}\Omega + 9\text{V} = 0$이다. 따라서

$$I_{CEO} = \frac{10\text{V} - 9\text{V}}{10\text{M}\Omega} = 0.1[\mu\text{A}],$$

R_C가 10[MΩ]에서 10[kΩ]으로 변하면

$$V_{CEO} = 10\text{V} - (0.1 \times 10^{-6}\text{A}) \times (10 \times 10^3\Omega) = 9.999[\text{V}]$$

9. 소비전력 $P = V \times I = 12\text{V} \times 10\text{mA} = 120[\text{mW}]$

10. $I_{C(\text{SAT})} \cong \dfrac{V_{CC}}{R_C} = \dfrac{20\text{V}}{10 \times 10^3\Omega} = 2[\text{mA}]$, $I_B = 0$ 일 때 $V_{CE} = 20[\text{V}]$이다.

11. $I_B = \dfrac{10\text{V} - 0.7\text{V}}{47 \times 10^3\Omega} = 0.198[\text{mA}]$, $V_{CE} = 0[\text{V}]$밖다.

12. $I_B = \dfrac{5\text{V} - 0.7\text{V}}{4.7 \times 10^3\Omega} = 0.915[\text{mA}]$,

$I_C = \dfrac{5\text{V}}{470\Omega} = 10.6[\text{mA}]$

13. $I_E = I_C = \dfrac{2.5\text{V} - 0.7\text{V}}{1.8 \times 10^3\Omega} = [1\text{mA}]$,

$V_C = 20\text{V} - (10 \times 10^3\Omega) \times I_C = 20\text{V} - 10\text{V} = 10[\text{V}]$
$V_{CE} = V_C - (1.8 \times 10^3\Omega) \times I_E = 10\text{V} - 1.8\text{V} = 8.2[\text{V}]$

14. $V_{BB} = 10[\text{V}]$일 때 $V_{CE} = 0[\text{V}]$이므로 이상적으로 0이 된다. 트랜지스터가 포화상태임.

15. $V_C = 3[\text{V}]$이면 원래의 V_C값인 8.2[V]보다 아주 작은 값이다. (d)가 고장이다.

16. (a) on (b) off (c) off (d) off

17. $V_{BB} = 5[\text{V}]$,

$$I_{LED} = I_C \cong I_E = \frac{5\text{V} - 0.7\text{V}}{R_E} = 35[\text{mA}],$$

따라서 $R_E = \dfrac{4.3\text{V}}{35\text{mA}} = 122[\Omega]$이다. 따라서 100[Ω] 저항을 120[Ω] 저항으로 교체한다.

18. 200Ω 저항양단에는 4.7V−0.7V=4[V]가 걸린다. 따라서 $I_E = \dfrac{4\text{V}}{200\Omega} = 20[\text{mA}]$가 구해진다. 따라서 LED 전류는 20[mA]이다.

19. $I_C = 40[\text{mA}]$, $V_Z = 7.5[\text{V}]$, $I_C I_E = 40[\text{mA}]$, R_E 양단에 걸리는 전압은 $V_Z - 0.7\text{V} = 6.8[\text{V}]$이다. 따라서

$$R_E = \frac{6.8\text{V}}{I_E} = \frac{6.8\text{V}}{40\text{mA}} = 170[\Omega]$$

이다. 따라서 근사치는 180[Ω]이다.

제 4 장

쌍극성 트랜지스터 바이어스

❑ 4-1 베이스 바이어스 회로 / 155
❑ 4-2 이미터 바이어스 회로 / 157
❑ 4-3 전압분배기 바이어스 회로 / 159
❑ 4-4 기타 바이어스 회로 / 164

트랜지스터는 작은 신호의 에너지를 형태는 변하지 않도록 하면서 진폭만 원하는 수준으로 키우는 증폭 작용을 한다. 그러나 트랜지스터에 의한 소신호의 증폭이 적절하기 위해서는 트랜지스터의 직류전압과 전류 도움이 필요하며, 이를 위해 트랜지스터의 각 부분에 적절한 수준의 직류성분을 공급해 주는 회로를 바이어스 회로라 한다.

트랜지스터 바이어스 회로의 기본형은 크게 두 가지 형태로 분류할 수 있다. 즉, 디지털 회로 또는 스위칭 회로에 이용되는 기본형인 베이스 바이어스 회로와 증폭회로의 설계에 이용되는 기본형인 이미터 바이어스 회로가 있다.

또한, 트랜지스터의 왜곡 없는 증폭을 위해서는 트랜지스터 각 부분에 적합한 직류를 공급하는 바이어스 회로가 매우 중요하며, 트랜지스터의 증폭 작용에 직류가 필요한 이유는 다음과 같다.

직류의 에너지 공급 역할이다.

트랜지스터는 스스로가 소신호의 에너지를 키울 수 있는 에너지 창출 능력이 있는 것이 아니며, 직류전원으로부터 공급받은 에너지를 입력 소신호의 지시에 따라 입력과 닮은꼴의 증폭된 신호로 바꾸어 주는 것이다.

교류의 전도를 원활하게 하는 작용이다.

다이오드는 단방성이라는 특성을 가진 소자이며, 이를 기본 구조로 하는 트랜지스터 역시 자체 내에 단방성이 내재해 있기 때문이다. 이 단방성은 스위칭 동작에서는 더 할 수 없는 기능을 발휘하지만, 양방성의 교류를 증폭하여야 하는 증폭 기능에서는 한계성을 띠게 된다. 즉 트랜지스터의 교류입력에서 0.7[V] 이상의 양의 부분은 트랜지스터의 베이스-이미터 간 다이오드를 통해 흐를 수 있지만, 음의 부분은 베이스-이미터 다이오드의 스위칭 기능에 의해 차단되므로 증폭이 불가능하다. 이를 해결하는 방법이 교류입력에 적절한 직류를 더하여 항상 '0'보다 크게 함으로써, 베이스-이미터 다이오드의 단방성에 의해 교류의 일부가 차단되는 것을 막아주는 것이다.

트랜지스터의 중요 특성인 증폭기의 분석과 설계를 위해서는 트랜지스터의 직류해석과 동작점의 특성 및 교류응답 등에 대한 지식들이 필요하다. 그러나 회로의 설계 또는 합성단계에서 직류 레벨을 결정하는 파라미터의 선택이 교류응답에 영향을 미친다는 점이다. 즉, 정상상태(직류 동작) 레벨은 회로에 인가되는 직류공급전압 V_{CC}와 회로의 바이어스 저항 크기에 의해서 설정된다. 이런 단일 공급전압과 한 개 이상의 바이어스 저항은 트랜지스터 전류 I_E, I_B, I_C의 초기값과 트랜지스터 전압 V_{BE}, V_{CE}, V_{BC}를 설정한다.

따라서 이 장에서는 쌍극성 트랜지스터 회로의 초기 직류 동작점을 설정하기 위해서 사용되는 방법에 대해서 알아보도록 하자.

4-1 | 베이스 바이어스 회로

가장 간단한 트랜지스터 바이어스 회로는 베이스 바이어스 회로 또는 고정 바이어스 회로이다.

[그림 4-1(a)]는 베이스 바이어스 또는 고정 바이어스 회로를 나타낸 것이며, 직류해석을 위해 회로에 구성된 콘덴서를 개방회로로 등가시킴으로써, 일반적으로 베이스 전원은 [그림 4-1(b)]에 나타낸 것처럼 컬렉터 전원과 같이 $V_{BB}=V_{CC}$로 나타내고, 베이스와 컬렉터 저항은 컬렉터 전원의 '+' 측에 연결된다.

V_{CC}로부터 공급되는 전류는 대부분 컬렉터 저항 R_C를 통해서 컬렉터로 흐르고, 나머지는 베이스 저항 R_B를 통해서 베이스로 흐르며, 이런 두 전류들이 합해져서 이미터를 통해서 흐르게 된다. 교류 따라서, 전력이 회로에 공급되는 동안 단자전류들은 [그림 4-1(a)]에 나타낸 것처럼 흐르게 된다.

바이어스 회로 해석의 기본적인 목표는 I_C와 V_{CE}에 의한 Q점을 결정하는 것이며, 베이스 전류를 구하는 것으로부터 시작한다. 옴의 법칙에 따르자면 I_B는

$$I_B=\frac{V_{RB}}{R_B}$$

로 구해진다.

[그림 4-1]에 나타낸 것처럼 트랜지스터의 베이스에서 접지 사이의 전압은 V_{BE}와 등가이다. 이것은 R_B 양단에 걸리는 전압은 V_{CC}와 V_{BE} 사이의 차에 해당된다는 것을 의미한다.

$$V_{RB}=V_{CC}-V_{BE}$$

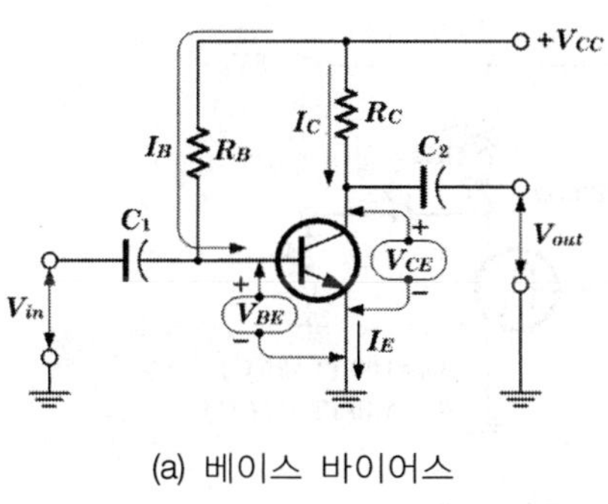

(a) 베이스 바이어스

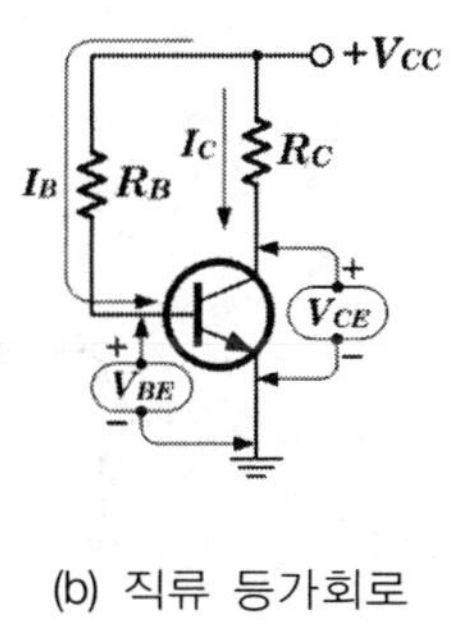

(b) 직류 등가회로

[그림 4-1]

V_{RB}를 I_B 공식에 대입하고, 식을 정리하면 다음과 같이 구할 수 있다.

$$I_B = \frac{V_{RB}}{R_B} = \frac{V_{CC} - V_{BE}}{R_B}$$

I_B를 이미 알고 있다면 I_C를 구할 수 있다.

$$I_C = \beta_{dc} I_B$$

끝으로 V_{CE}는 다음과 같이 구해진다. 즉, I_C와 V_{CE}에 의한 Q점의 좌표값을 제공해 준다.

$$V_{CE} = V_{CC} - I_C R_C$$

베이스 바이어스 회로들은 동작온도의 변화에 의해 I_C와 V_{CE}로 주어지는 Q점의 민감한 변화 때문에 중간점 바이어스 증폭기로는 거의 사용되지 않는다. 즉, V_{CE}의 식을 살펴본다면 I_C가 변할 때 V_{CE}가 변하는 것을 볼 수 있다.

또한, I_C값은 I_B나 β_{dc}의 변화에 따라서 변화된다는 사실을 알 수 있으며, 직류전류 증폭률 β_{dc}는 온도에 따라 변한다. 만약 온도가 증가한다면 β_{dc} 또한 증가하고, β_{dc}가 증가할 때 I_C도 증가하므로 V_{CE}는 감소할 것이다. 따라서 온도의 변화는 I_C의 증가와 V_{CE}의 감소를 야기한다. 이런 일이 발생할 때 회로는 더 이상 중간점 바이어스가 되지 않을 것이다.

베이스 바이어스는 동작점 Q가 불안정하기 때문에 트랜지스터가 선형 동작을 하도록 하는 중간점 바이어스가 필요한 응용회로에는 거의 사용되지 않고, 기본적인 스위칭 회로에 사용된다. 트랜지스터가 스위치로 사용되는 경우에는 단순히 포화점과 차단점 사이에서만 사용되기 때문에 중간점 바이어스는 필요하지 않게 된다.

예제 4-1 [그림 4-2]에 나타낸 회로는 베이스 바이어스 회로로서, 트랜지스터가 $T = 25[℃]$일 때 $\beta_{dc} = 100$, $T = 100[℃]$일 때 $\beta_{dc} = 150$인 경우, 이런 온도에서 동작점 Q의 I_C와 V_{CE}로의 값을 결정하시오.

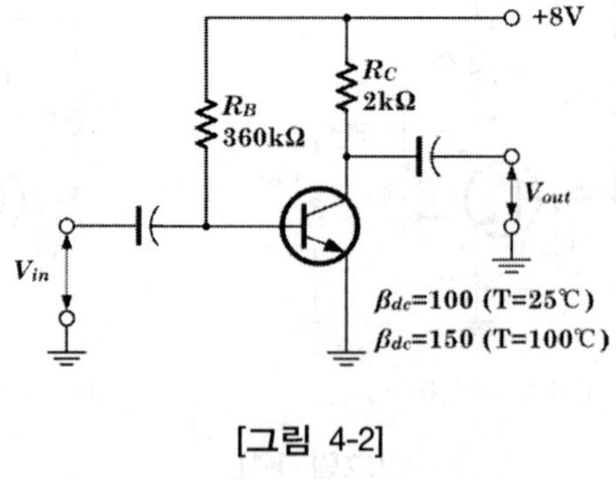

[그림 4-2]

● **풀이** 우선 I_B를 구하면

$$I_B = \frac{V_{CC} - V_{BE}}{R_B} = \frac{8\text{V} - 0.7\text{V}}{360\text{k}\Omega} = \frac{7.3\text{V}}{360\text{k}\Omega} = 20.3[\mu\text{A}]$$

이다. $T = 25[℃]$일 때 $\beta_{dc} = 100$이므로 동작점 Q의 I_C와 V_{CE}를 구하면

$$I_C = \beta_{dc} I_B = 100 \times 20.3\mu\text{A} = 2.03[\text{mA}]$$

$$V_{CE} = V_{CC} - I_C R_C = 8\text{V} - (2.03\text{mA} \times 2\text{k}\Omega) = 3.94[\text{V}]$$

이다. $T = 100[℃]$일 때 $\beta_{dc} = 150$으로 변한다. I_B의 값은 초기값으로 같다고 가정하면 동작점 Q의 I_C와 V_{CE}는 다음과 같다.

$$I_C = \beta_{dc} I_B = 150 \times 20.3\mu\text{A} = 3.05[\text{mA}]$$

$$V_{CE} = V_{CC} - I_C R_C = 8\text{V} - (3.05\text{mA} \times 2\text{k}\Omega) = 1.9[\text{V}]$$

따라서, 온도가 100[℃]로 증가할 때 증폭기가 중간점 바이어스 가까이에 있지 않다는 것을 알 수 있으며, 이것은 최적의 교류 동작을 제공할 수 없기 때문에 선형증폭기에 적합하지 않다.

4-2 | 이미터 바이어스 회로

[그림 4–3]은 이미터 바이어스(emitter bias) 회로를 나타낸 것으로서, 베이스 바이어스와의 다른 점은 그림에서처럼 베이스 단자에 연결되어 있던 베이스 저항이 이미터 단자로 이동하여 연결한 것이다.

이미터 바이어스 회로는 전류이득이 50에서 150까지 변화할 때 Q점의 부하선을 따른 이동은 거의 없기 때문에 증폭기에 많이 사용된다.

베이스 전원전압 V_{BB}는 베이스와 접지 사이의 전위차로서, 베이스에 직접 인가시키고, 이미터는 이미터 저항 R_E에 의해 더 이상 접지되지 않는다. 이때 이미터 전압 V_E는

$$V_E = V_{BB} - V_{BE}$$

가 된다.

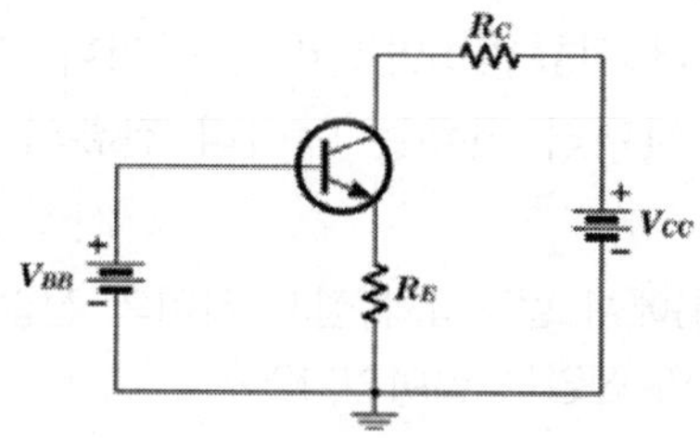

[그림 4-3] 이미터 바이어스

이 회로를 해석함에 있어서 세 가지 트랜지스터 근사해석 방법 중 어느 것을 사용해도 좋다. 만일 V_{BB}가 V_{BE}의 20배 이상이라면 이상적인 근사해석 방법으로도 정확하지만, 20배 미만이라면 제2 근사해석 방법을 사용하는 것이 좋다.

이미터 바이어스가 우수한 이유는 이미터 바이어스 회로의 Q점이 전류이득의 변화와 무관하기 때문이다. 그 이유는 회로를 해석하기 위한 과정에 나타나 있다. 즉

① 이미터 전압 V_E를 구한다.

② 이미터 전류 I_E를 구한다.

③ 컬렉터 전압 V_C를 구한다.

④ V_{CE}는 $V_{CE} = V_C - V_E$ 로 구한다.

이 과정에서 전류이득을 한 번도 사용할 필요가 없다. 이미터 전류, 컬렉터 전류 등을 구하기 위해 전류이득을 이용하지 않으므로 전류이득의 정확한 값이 문제되지 않는다. 저항을 베이스에서 이미터로 옮김으로써, 베이스-접지 전압은 베이스 전원전압과 같다. 앞에서는 거의 모든 이 전원전압이 베이스 저항 양단에 나타남으로써 일정한 베이스 전류가 흐르도록 했었다. 여기서는 베이스 전원전압에서 0.7[V]를 빼준 값이 이미터 저항 양단에 나타나서 이미터 전류를 일정하게 한다.

전류이득은 컬렉터 전류에 대해 미소한 영향을 미친다, 모든 동작조건에서 트랜지스터의 세 전류의 관계는

$$I_E = I_C + I_B$$

이며, 이를 다시 정리하면

$$I_E = I_C + \frac{I_C}{\beta_{dc}}$$

이를 컬렉터 전류에 대해 다시 정리하면

$$I_C = \frac{\beta_{dc}}{\beta_{dc}+1} I_E$$

가 된다. 이 식에서 우변의 I_E에 곱해진 양을 보정계수(correction factor)라 하며, 이 값으로 I_C와 I_E의 차를 알 수 있다. 전류이득이 100일 때, 보정계수는

$$\frac{\beta_{dc}}{\beta_{dc}+1} = \frac{100}{100+1} = 0.99$$

로, 이는 컬렉터 전류가 이미터 전류의 99[%]라는 뜻이다. 그러므로 보정계수를 무시할 때 1[%]의 오차만이 생기며, 컬렉터 전류는 이미터 전류와 같다고 말한다.

예제 4-2 [그림 4-4]에서 컬렉터와 접지 사이의 전압은 얼마인가? 또 컬렉터와 이미터 사이의 전압은 얼마인가?

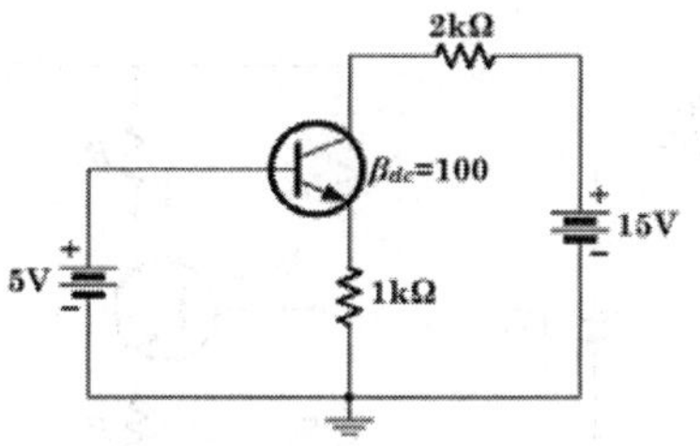

[그림 4-4]

● **풀이** 베이스 전압은 5[V]이다. 이미터 전압 V_E는

$$V_E = V_{BB} - V_{BE} = 5\text{V} - 0.7\text{V} = 4.3[\text{V}]$$

이며, 이 전압은 1[kΩ]의 저항양단에 나타난다. 그러므로 이미터 전류 I_E는

$$I_E = \frac{4.3\text{V}}{1\text{k}\Omega} = 4.3[\text{mA}]$$

가 되어, 컬렉터 전류도 약 4.3[mA]가 된다. 이 전류가 컬렉터 저항에 흐를 때, 컬렉터 저항 양단 전압은

$$I_C R_C = 4.3\text{mA} \times 2\text{k}\Omega = 8.6[\text{V}]$$

가 된다. 컬렉터 전원전압에서 이 전압을 빼주면 컬렉터 전압 V_C가 된다. 즉

$$V_C = 15\text{V} - 8.6\text{V} = 6.4[\text{V}]$$

이것이 컬렉터와 접지 사이의 전압이다. 이 전압이 고장 수리할 때 측정하는 컬렉터 전압이다. 이미 검토한 바와 같이 전압계는 컬렉터와 이미터 사이에 직접 접속하지 말아야 하는데, 그 이유는 이미터가 접지로 단락될지도 모르기 때문이다. 만일 V_{CE}값을 알고 싶으면, 컬렉터와 접지 간의 전압을 측정한 다음 이미터와 접지 간의 전압을 측정하여 빼주면 된다. 이 경우 V_{CE}는 다음과 같다.

$$V_{CE} = V_C - V_E = 6.4\text{V} - 4.3\text{V} = 2.1[\text{V}]$$

4-3 | 전압분배기 바이어스 회로

전압분배 바이어스(voltage divider bias ; VDB)는 [그림 4-3]과 같은 이미터 바이어스 형태 중에서 가장 많이 알려진 회로로서, 선형회로에서 가장 폭넓게 사용되기 때문에 범용 바이어스라고도 불린다.

흔히 전원전압은 너무 커서 [그림 4-3]과 같이 직접 베이스에 인가할 수 없기 때문에 가장 간단한 방법으로 [그림 4-5]와 같은 전압분배기(voltage divider)를 이용하여 인가한다. 즉, R_1과 R_2를 적당한 값으로 선택함으로써, 설계 시 적합한 레벨까지 전압을 낮출 수 있다.

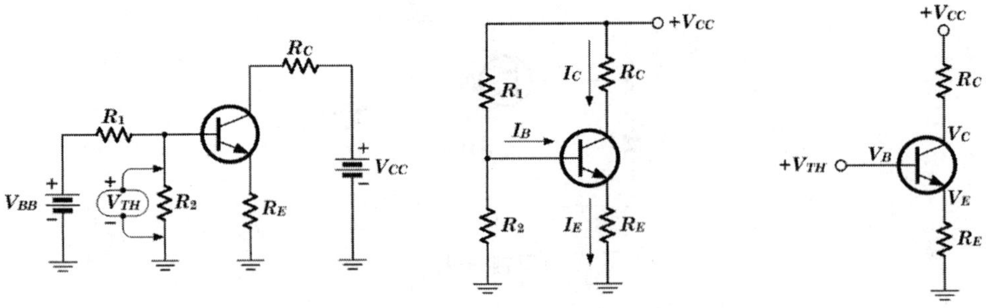

[그림 4-5] 전압분배 바이어스

V_2는 R_2 양단 전압으로, 베이스에 직접 인가되며, 이는 $V_{BB}= V_{TH}$ 임을 뜻한다. 해석과정은 먼저 R_2 양단 전압을 구하는 것을 제외하고는 앞에서와 동일하다. 즉, 이미터 전압은 R_2 양단 전압에서 0.7[V]를 빼주고, 그 다음 계속해서 앞의 이미터 바이어스의 경우와 동일하게 풀어나간다.

전압분배기는 저항 R_1과 R_2의 저항비에 따라 전압을 분배하여 R_2 저항 양단에 걸리는 전압 V_{TH}가 이미터 다이오드에 순방향 바이어스를 걸어준다.

$$V_{TH} = \frac{R_2}{R_1 + R_2} V_{CC}$$

컬렉터 전류 I_C는 거의 I_E와 같은 값이고

$$I_C \cong I_E = \frac{V_{TH} - V_{BE}}{R_E}$$

로 구해지는데, 식에 β_{dc}가 포함되지 않는다는 것은, 회로의 Q점이 고정되어 있고, β_{dc}의 변화에 무관하다는 것을 의미한다. 이런 이유 때문에 전압분배 바이어스는 선형 트랜지스터 회로에서 많이 사용된다.

[그림 4-6]은 [그림 4-5(b)]의 회로를 테브난(Thevenin)화한 등가회로이다. 여기서

$$R_{TH} = \frac{R_1 R_2}{R_1 + R_2}$$

이고, 베이스 루프 전압방정식은

$$V_E + I_E R_E - V_{TH} + I_B R_{TH} = 0$$

가 된다. $I_B = I_E / \beta_{dc}$이므로, 위의 식은 다음과 같이 정리된다.

$$I_E = \frac{V_{TH} - V_{BE}}{R_E + R_{TH} / \beta_{dc}}$$

여기서, R_E가 R_{TH}/β_{dc}보다 100배 이상 크면 분모의 두 번째 항은 무시되어

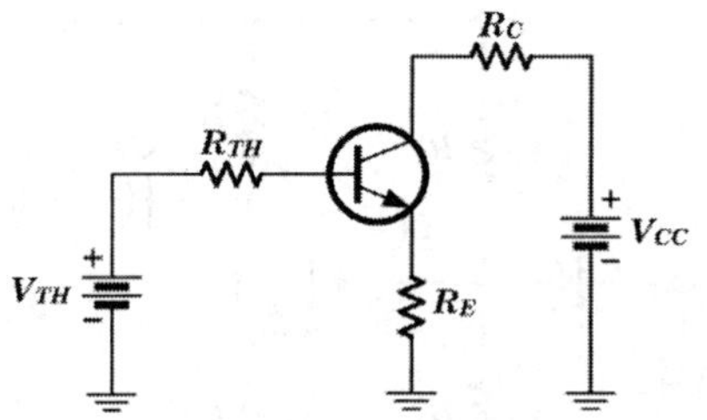

[그림 4-6] 전압분배 바이어스 등가회로

$$I_E = \frac{V_{TH} - V_{BE}}{R_E}$$

로 간단히 표현된다. 안정한 전압분배 바이어스 회로는 다음 조건을 만족하여야 한다. 즉,

$$R_{TH} < 0.01\beta_{dc}R_E$$

이 100 : 1 규칙은 β_{dc}의 최소값에 대해 만족되어야 한다. 즉, 트랜지스터의 β_{dc}가 80에서 400까지 변한다고 하면 최저값 80을 사용한다.

일반적으로 R_2는 R_1보다 작으므로,

$$R_2 < 0.01\beta_{dc}R_E$$

로 간단화된다. 위의 식을 만족하면 자연히 $R_{TH} < 0.01\beta_{dc}R_E$를 만족하게 되므로, 편의상 안정된 전압분배기를 설계하고자 할 때는 위의 식을 사용한다.

가끔 안정한 설계는 또 다른 문제를 일으킬 정도로 R_1과 R_2의 값이 작게 되는 때가 있다. 이 경우 설계는 다음 규칙에 따른다.

$$R_{TH} < 0.1\beta_{dc}R_E$$

이 설계법을 보편화하면

$$R_2 < 0.1\beta_{dc}R_E$$

가 된다. 최악의 경우, 이 식을 만족한다는 것은 컬렉터 전류가 이상적인 값보다 약 10[%] 작다는 것을 의미한다.

앞으로 전압분배기가 위의 식을 만족할 때 전압분배기는 비교적 안정(firm)하다고 한다. 전압분배기는 가급적 지침대로 항상 안정하게 설계한다. 입력 임피던스 때문에 가끔 어느 정도 안정한 전압분배기의 사용으로 절충하는데, 이는 폭넓게 이용하기에 더 좋은 회로설계가 될지도 모르기 때문이다.

[그림 4-7]은 증폭기를 나타낸 것이다. 입력 측 커패시터 C_1은 교류입력신호를 베이스로 결합시켜 주며, 출력 측 커패시터 C_2는 증폭된 교류신호를 부하로 전송시켜 주는 결합 커패시터이다. 직류에 관한 한 커패시터는 개방회로와 같다. 따라서 다음의 직류 해석에서 커패시터는 무시한다. 별다른 지시가 없는 한 이미터 전압이 전원전압의 약 1/10이 되게 하는 1/10 규칙을 사용한다.

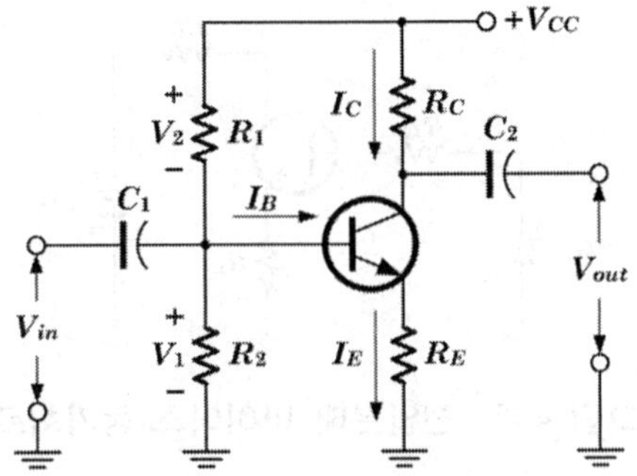

[그림 4-7] 증폭기

$$V_E = 0.1\,V_{CC}$$

이 규칙은 대부분의 회로에 적합하나, 단지 지침에 불과하다는 것을 기억하라. 이 규칙을 사용하지 않을 수도 있으므로 이미터 전압이 전원전압의 1/10과 다르더라도 상관없다. 우선 특정한 컬렉터 전류를 설정하기 위한 R_E를 계산한다.

$$R_E = \frac{V_E}{I_E}$$

물론 Q점은 대략 직류 부하선의 중앙에 위치하도록 한다. 이는 컬렉터-이미터 간 전압(V_{CE})이 $0.5\,V_{CC}$가 됨을 의미하며, 나머지 전압 $0.4\,V_{CC}$는 컬렉터 저항 양단에 나타난다. 그러므로

$$R_C = 4R_E$$

다음 100 : 1 규칙을 이용하여 안정한 전압분배기를 설계한다.

$$R_2 < 0.01\beta_{dc}R_E$$

만일 비교적 안정한(firm) 전압분배기를 원하면 10 : 1 규칙을 적용한다.

$$R_2 < 0.1\beta_{dc}R_E$$

마지막으로, 다음과 같은 비례식을 이용하여 R_1을 계산한다.

$$R_1 = \frac{V_1}{V_2}R_2$$

여기서, $V_2 = V_E + 0.7\text{V}$, $V_1 = V_{CC} - V_2$이다.

예제 4-3 [그림 4-8(a)]에 표시된 회로는 안정된 전압분배기이다. 직류 부하선과 Q점을 그려보시오.

풀이 가상으로 트랜지스터를 컬렉터로부터 이미터까지 개방하면 모든 공급전원이 컬렉터-이미터 단자 양단에 나타난다. 이것은 부하선의 하한이 차단전압 30[V]를 가진다는 것을 의미한다.

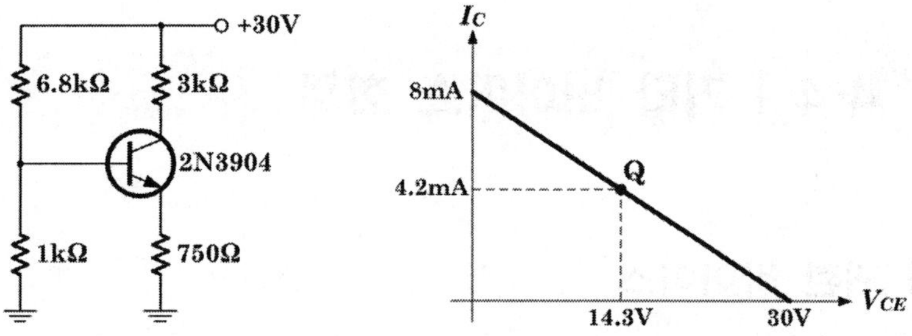

(a) 전압분배 바이어스 회로　　(b) Q점을 갖는 부하선

[그림 4-8]

다음은 트랜지스터의 컬렉터에서 이미터까지를 단락되었다고 가정하면 저항 R_C는 포화전류 I_C가 흐르는 R_E와 직렬연결된다.

$$I_{C(SAT)} = \frac{30V}{3000\Omega + 750\Omega} = 8[mA]$$

따라서, 8[mA]는 부하선의 상한을 표시한다. 안정 전압분배기는 테브닌 전압 V_{TH}를 계산할 수 있게 한다.

$$V_{TH} = \frac{1000\Omega}{6800\Omega + 1000\Omega} 30V = 3.85[V]$$

이미터 전류 : $I_E \cong \dfrac{3.85V - 0.7V}{750\Omega} = 4.2mA \cong I_C$

컬렉터 전압 : $V_C = 30V - (4.2mA \times 3k\Omega) = 17.4[V]$

이미터 전압 : $V_E = 3.85V - 0.7V = 3.15[V]$

컬렉터-이미터 전압 : $V_{CE} = V_C - V_E = 17.4V - 3.15V = 14.3[V]$

이다. [그림 4-8(b)]는 Q를 갖는 부하선을 보여주고 있다. 그림에서 볼 수 있듯이 Q점은 부하선의 약 1/2 지점에 위치하고 있다.

또한, V_{CC}와 R_E, R_C는 포화전류와 차단전압을 조절하며, 이 양들의 임의 변화는 $I_{C(sat)}$와 $V_{CE(cut)}$을 변화시킬 것이다.

설계자는 이 변수들의 값을 미리 결정해 놓고, 부하선의 임의의 지점에 Q점을 설정하도록 이미터 저항을 사용한다. 즉, R_E가 너무 크면 Q점은 차단점으로 이동하고, R_E가 너무 작으면 포화점으로 이동한다.

대부분의 설계자들은 부하선의 중앙에 Q점을 설정한다.

4-4 | 기타 바이어스 회로

이미터 귀환 바이어스

[그림 4-9(a)]는 β_{dc}의 변화를 보상하는 회로로 베이스와 컬렉터 전원은 같으며, 이 회로의 등가회로를 [그림 4-9(b)]에 나타내었다. 두 회로 모두 β_{dc}에서의 변화를 줄이기 위해서 이미터 저항 양단에 걸리는 전압을 사용한다. 즉, 베이스 바이어스의 단점인 동작점 Q의 이동을 줄이기 위해 이미터 저항을 추가하여 개선한 회로이다.

이미터 귀환 바이어스는 증가된 컬렉터 전류가 이미터 저항 양단에 걸리는 전압을 증가시키고, 이것이 결국 베이스 전류를 감소시키면 결과적으로 컬렉터 전류가 감소하는 것을 이용하는데, 실제로 저항값 때문에 회로가 잘 동작하지 않으며, 이런 효과를 얻기 위해서는 가능한 한 큰 이미터 저항을 사용해야 하지만, 컬렉터의 포화현상을 방지하기 위해서는 상대적으로 이미터 저항을 작게 해야 한다.

베이스 전류는 트랜지스터에 대한 입력이고, 반면에 컬렉터 전류와 이미터 전류는 출력이다. 전류이득이 증가할 때, 이미터 전류(출력량)를 증가시킨다. 또한, 이미터 전류는 이미터 저항을 통해 흐르며, 이는 베이스 전류(입력량)를 감소시킨다. 즉, 출력의 양이 입력의 양을 변화시키기 때문에 이를 귀환(feedback)이라 부르며, 이는 입력을 제어하는 출력이라고 말한다. 이미터 전류(출력량)의 증가는 베이스 전류(입력량)를 감소시키기 때문에, 이런 형태의 귀환을 부귀환이라 부른다.

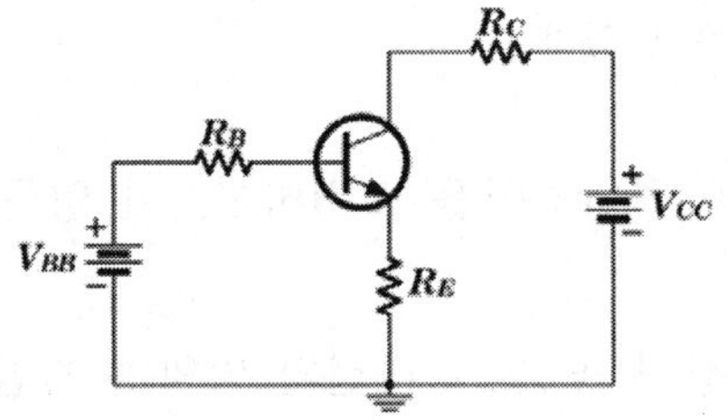

(a) 완전한 회로

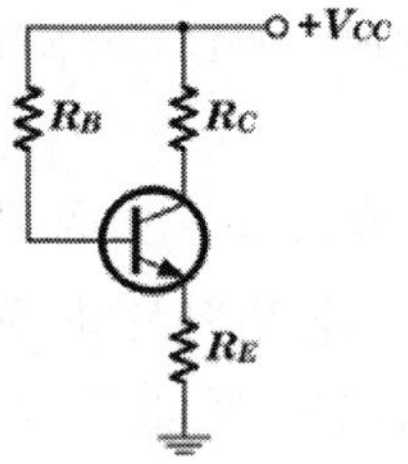

(b) 간략화된 회로

[그림 4-9] 이미터 귀환 바이어스법

[그림 4-9(b)]에서 컬렉터 루프의 전압방정식은

$$V_{CE}+I_E R_E-V_{CC}+I_C R_C=0$$

이다. $I_E \approx I_C$이므로 위의 식을 정리하면

$$I_C = \frac{V_{CC} - V_{CE}}{R_C + R_E}$$

가 된다. $V_{CE} = 0$으로 놓음으로써, 포화전류는 $V_{CC}/(R_C + R_E)$가 되며, $I_C = 0$으로 놓음으로써, 차단전압은 V_{CC}가 된다.

다음, 베이스 루프의 전압방정식은

$$V_{BE} + I_E R_E - V_{CC} + I_B R_B = 0$$

이다. $I_E \approx I_C$이고, $I_B = I_C/\beta_{dc}$이므로 위의 식을 정리하면

$$I_C = \frac{V_{CC} - V_{CE}}{R_E + R_B/\beta_{dc}}$$

이다. 컬렉터 전압과 이미터 전압 및 컬렉터-이미터 전압은 다음과 같다.

$$V_C = V_{CC} - I_C R_C$$

$$V_E = I_E R_E$$

$$V_{CE} = V_C - V_E$$

이미터 귀환 바이어스의 사용 목적은 β_{dc}의 변화를 감소시키는 것이다. 이는 R_E를 R_B/β_{dc}보다 훨씬 크게 하면 된다. 그러나 실제 회로에서는 트랜지스터를 포화시키지 않고, β_{dc}의 영향을 감소시키기 위해 R_E를 충분히 크게 할 수가 없다.

예제 4-4 [그림 4-10(a)]에 표시된 회로의 컬렉터 포화전류를 계산하시오. $\beta_{dc} = 100$과 300일 경우에 컬렉터 전류를 계산하시오.

풀이 출력 루프에서 키르히호프의 루프 방정식을 구하면 $V_{CE} + I_E R_E - V_{CC} + I_C R_C = 0$이고 I_E와 I_C를 같다고 가정하면

$$I_C \cong \frac{V_{CC} - V_{CE}}{R_C + R_E}$$

로 구해진다. 따라서 부하선의 포화점은

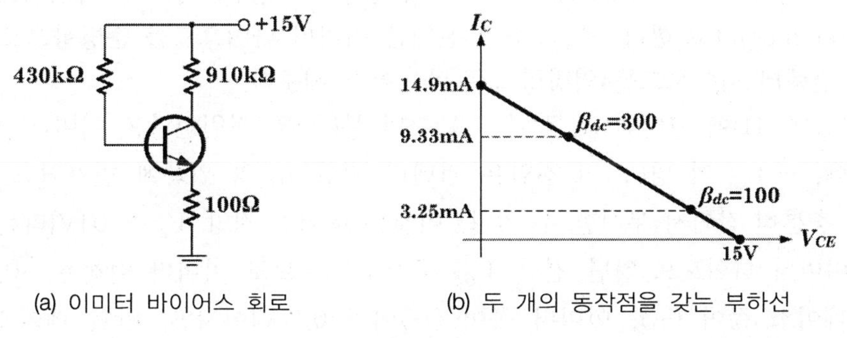

(a) 이미터 바이어스 회로 (b) 두 개의 동작점을 갖는 부하선

[그림 4-10]

$$I_{C(\text{sat})} = \frac{V_{CC}}{R_C + R_E}$$

이고, 차단점은 V_{CC}가 된다. 따라서 포화된 컬렉터 전류는 14.9[mA]이다.

$$I_{C(\text{sat})} \cong \frac{15\text{V}}{910\Omega + 100\Omega} = 14.9[\text{mA}]$$

β_{dc}의 영향을 고려하기 위해서는 입력 루프에서 키르히호프의 전압 방정식을 세우면

$$V_{BE} + I_E R_E - V_{CC} + I_B R_B = 0$$

가 구해지고 $I_E = I_C$이므로 $I_B = I_C / \beta_{dc}$를 대입하면

$$I_C \cong \frac{V_{CC} - V_{BE}}{R_E + R_B / \beta_{dc}}$$

가 구해진다. 따라서 $\beta_{dc} = 100$일 때

$$I_C \cong \frac{15\text{V} - 0.7\text{V}}{100\Omega + 430\text{k}\Omega / 100} = 3.25[\text{mA}]$$

이며, $\beta_{dc} = 300$일 때는 다음과 같다.

$$I_C \cong \frac{15\text{V} - 0.7\text{V}}{100\Omega + 430\text{k}\Omega / 300} = 9.33[\text{mA}]$$

[그림 4-10(b)]는 직류 부하선과 2개의 동작점을 표시함으로써, 계산을 간단히 할 수 있다. 〈예제 4-4〉는 보는 바처럼 β_{dc}가 3 : 1의 변화를 갖기 때문에 컬렉터 전류도 거의 3 : 1에 가까운 변화를 준다. 이런 변화는 바람직하지 않은 것으로 회로의 다른 값을 선택하도록 노력한다면 너무도 민감해서 제안된 바이어스 회로로 되도록 β_{dc}의 변화를 유지하는 이미터 귀환 바이어스를 찾게 될 것이다.

▮ 양 전원 이미터 바이어스

어떤 전자장치는 양(+), 음(−)의 두 가지 전압을 동시에 발생시키는 전력공급장치가 필요하다.

[그림 4-11]은 2개($+V_{CC}$와 $-V_{EE}$)의 전원공급이 필요한 트랜지스터 회로로서, 이미터 바이어스로부터 유도된 것이기 때문에 양 전원 이미터 바이어스(two-supply emitter bias)라고 한다. 즉, 음(−) 전원은 이미터 다이오드를 순방향으로, 양(+)의 전원은 컬렉터 다이오드를 역방향으로 바이어스 해준다.

[그림 4-11]에 나타낸 것 같이 $-V_{EE}$의 부(−)의 전원전압은 이미터 저항 R_E의 아래쪽에, $+V_{CC}$의 양(+)의 전압은 컬렉터 저항 R_C의 위쪽에 인가되고, 베이스 전류 I_B는 충분히 작아서 무시할 수 있다. 이것은 베이스 전압 V_B가 '0'[V]라는 것과 등가이며, 이미터 다이오드 양단 전압 V_{BE}가 0.7[V]이므로 이미터 절점은 −0.7[V]가 된다. 즉, 베이스 쪽이 (+), 이미터 쪽이 (−)이면 0.7[V]이지만, 만일 베이스 전압 V_B가 '0'[V]이면, 베이스-이미터 전압 V_{BE}는 +0.7[V]가 아니라 −0.7[V]가 되어야 한다.

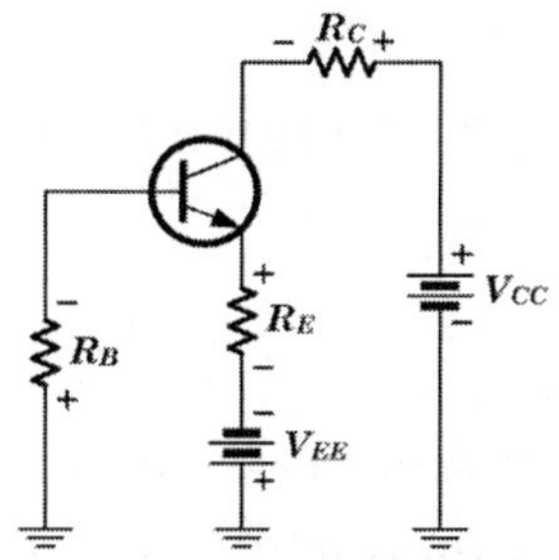

[그림 4-11] 양 전원 이미터 바이어스

이미터 저항 R_E는 이미터 전류 I_E를 설정하는 경우 중요한 역할을 한다. 따라서, 이미터 전류를 구하기 위해 다음과 같이 이미터 저항 R_E가 충분히 작은 경우, 베이스 전압은 약 0[V]이고, 이미터 저항 상단 전압은 $-V_{BE}$(0.7[V])이고, 하단 전압은 $-V_{EE}$이므로, 이미터 저항 양단 전압 V_{RE}는 이 두 전압의 차와 같다.

$$V_{RE} = V_{EE} - V_{BE} \text{ 또는 } V_{RE} = -V_{BE} - (-V_{EE})$$

가 된다. 이미터 저항 양단 전압을 구했으면 옴(Ohm)의 법칙으로 이미터 전류를 계산한다.

$$I_E = \frac{V_{RE}}{R_E}$$

이 전류는 컬렉터 저항 R_C에 흐르는 전류와 같으므로, 컬렉터 전압 V_C는 다음과 같다.

$$V_C = V_{CC} - V_{RC}$$

컬렉터-이미터 전압은 컬렉터 전압과 이미터 전압의 차이다.

$$V_{CE} = V_C - V_E$$

베이스 전압은 베이스 저항에 흐르는 전류의 방향 때문에 약간 음(−)으로 된다.

이 식에는 β_{dc}가 포함되어 있지 않으므로 Q점은 고정된다. 분할전원이 이용 가능할 때는 언제나 양 전원 이미터 바이어스가 사용될 수 있으며, 그 이유는 이 바이어스가 전압분배 바이어스처럼 Q점을 고정시키기 때문이다.

회로가 잘 설계되었는지 여부는 R_B값의 크기에 달려 있다. 얼마나 작게 해야 하는지가 문제이다. 전압분배 바이어스에서와 유사한 유도과정에 의해 이미터 전류에 대한 식은

$$I_E = \frac{V_{EE} - V_{BE}}{R_E + R_B/\beta_{dc}}$$

가 된다. 안정한 설계에서 R_E는 최소한 R_B/β_{dc}보다 100배 이상 커야 한다. 즉

$$R_B < 0.01\beta_{dc}R_E$$

라 하고, 컬렉터 전압은

$$V_C = V_{CC} - I_C R_C$$

이다. 안정한 설계 시 베이스 전압은 약 0[V]이며, 이미터 전압은 약 −0.7이다.

컬렉터 귀환 바이어스

[그림 4-12(a)]는 컬렉터 귀환 바이어스(자기 바이어스)를 나타내고 있다. 베이스 저항이 전원 쪽보다 컬렉터 쪽으로 귀환되고 있는데, 이것이 컬렉터 귀환 바이어스와 베이스 바이어스를 구분할 수 있는 차이점이다.

온도가 증가하면 [그림 4-12(a)]에서 β_{dc}가 증가하고, 더 많은 컬렉터 전류가 흐르게 된다. 컬렉터 전류 I_C가 증가하자마자 컬렉터-이미터 간 전압 V_{CE}가 감소한다(R_C 양단에서 크게 전압강하가 생긴다).

이것은 베이스 저항 양단에 걸리는 전압이 적어지고 베이스 전류가 감소하는 원인이 된다. 적어진 베이스 전류는 원래 증가하는 컬렉터 전류를 상쇄시킨다. 이런 점이 컬렉터 귀환 바이어스가 이미터 귀환 바이어스보다 좋은 점이다.

컬렉터 전압의 감소는 베이스 저항 양단 전압을 감소시켜 베이스 전류가 감소하게 된다. 베이스 전류의 감소는 컬렉터 전류의 감소를 의미하므로, 컬렉터와 베이스 사이의 저항 R_B에 의해 부귀환이 이루어진다.

컬렉터 루프의 전압방정식은

$$V_{CE} - V_{CC} + (I_C + I_B)R_C = 0$$

이다. 활성영역에서 I_B는 I_C보다 훨씬 작으므로, I_B를 무시하면

$$I_C \cong \frac{V_{CC} - V_{CE}}{R_C}$$

이고, $V_{CE} = 0$일 때 포화점은 V_{CC}/R_C이고, $I_C = 0$일 때 차단점은 V_{CC}이다. 컬렉터 귀환 바이어스가 이미터 귀환 바이어스보다 효과적이다.

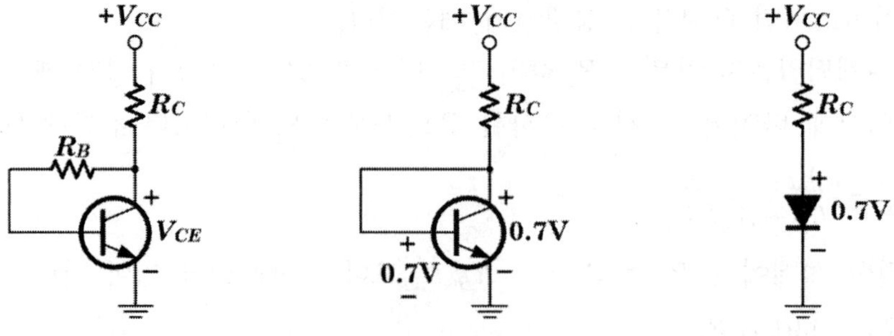

(a) 회로 (b) 컬렉터에 단락된 베이스 (c) $R_B = 0$일 때의 등가회로

[그림 4-12] 컬렉터 귀환 바이어스

베이스 루프의 전압방정식은

$$V_{BE} - V_{CC} + I_C R_C + I_B R_B = 0$$

이다. $I_B \approx I_C / \beta_{dc}$이므로, I_C의 식으로 정리하면

$$I_C \approx \frac{V_{CC} - V_{BE}}{R_C + R_B / \beta_{dc}}$$

컬렉터 귀환 바이어스는 이미터 귀환 바이어스에 비해 트랜지스터가 포화되지 않는다. 즉, 베이스 저항이 감소하면 동작점 Q는 직류 부하선상의 포화점을 향해 이동한다. 그러나 컬렉터 귀환 바이어스는 베이스 저항의 감소에 상관없이 결코 포화에 이르지 못한다.

Q점은 항상 직류 부하선의 중앙 부근에 설정한다. 컬렉터 귀환 바이어스에서 이렇게 해주려면

$$R_B = \beta_{dc} R_C$$

가 요구된다. 이 값을 위의 식에 대입하면, 컬렉터 전류는 포화치의 약 1/2이 된다.

회로가 β_{dc}에 있어서 변화에 민감하더라도 실제에 많이 사용된다. 컬렉터 귀환 바이어스는 두 개의 저항만을 사용하기 때문에 간단하다는 이점과 주파수 응답개선의 이점이 있다. 컬렉터 귀환 바이어스는 트랜지스터를 포화상태로 만들 수 없다는 이미터 바이어스에 없는 또 다른 장점을 가지고 있다.

베이스 저항이 감소함에 따라 동작점이 부하선의 포화점을 향해서 움직인다 해도 절대로 포화상태에 도달할 수가 없다(베이스 저항이 아무리 작아진다 해도 소용없다). [그림 4-12(b)]는 베이스 저항이 단락된 컬렉터 귀환 바이어스 회로를 표시하고 있다.

[그림 4-12(c)]는 베이스 저항이 단락된 등가회로를 표시하고 있다. 베이스가 컬렉터와 단락되었기 때문에 트랜지스터는 다이오드처럼 동작한다. 이 책에서는 보통 Q점을 직류 부하선의 중간 근처에 설정한다. 컬렉터 귀환 바이어스는 $R_B = \beta_{dc} R_C$를 만족하게 된다.

예제 4-5 $V_{CC} = 15[\text{V}]$, $R_C = 1[\text{k}\Omega]$, $\beta_{dc} = 200$인 spec을 만족하는 midpoint 컬렉터 귀한 바이어스 회로를 설계하시오(*midpoint = Q점이 직류 부하선의 중앙에 위치할 때).

풀이 $R_B = 200 \times 1\text{k}\Omega = 200[\text{k}\Omega]$이다. [그림 4-13(a)]는 위의 spec을 만족하는 컬렉터 귀환 바이어스 회로이다.

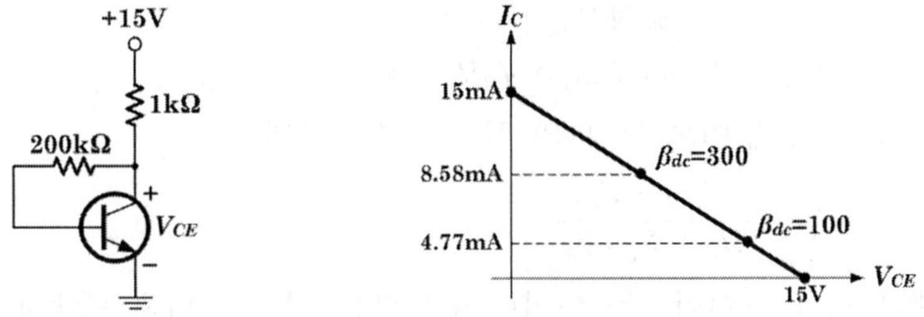

(a) 컬렉터 귀환 바이어스 회로 (b) 두 개의 동작점을 찾는 부하선

[그림 4-13]

예제 4-6 [그림 4-13(a)]에서 β_{dc}가 100인 경우와 β_{dc}가 300인 경우 컬렉터 전류를 계산하시오.

풀이 β_{dc}가 100인 경우 I_C를 구하면 4.787[mA]이고, β_{dc}가 300인 경우 I_C를 구하면 8.58[mA]이다. [그림 4-13(b)]는 동작점과 직류 부하선을 표시하고 있다. β_{dc}의 변화가 3 : 1인 데 비해서 컬렉터 전류의 변화는 2 : 1보다 작다.

동작점이 고정되어 있지는 않지만 적어도 이미터 귀환 바이어스보다는 개선되어 있다. 게다가 β_{dc}가 커진다고 하더라도 트랜지스터는 포화되지 않으며, 이런 이유 때문에 소신호 증폭기에 컬렉터 귀환 바이어스 회로가 사용된다.

예제 4-7 [그림 4-14(a)]의 회로에서 $I_B = 40[\mu A]$일 때 R_B, R_C, V_{CC}의 값을 설계하여 회로를 완성하시오.

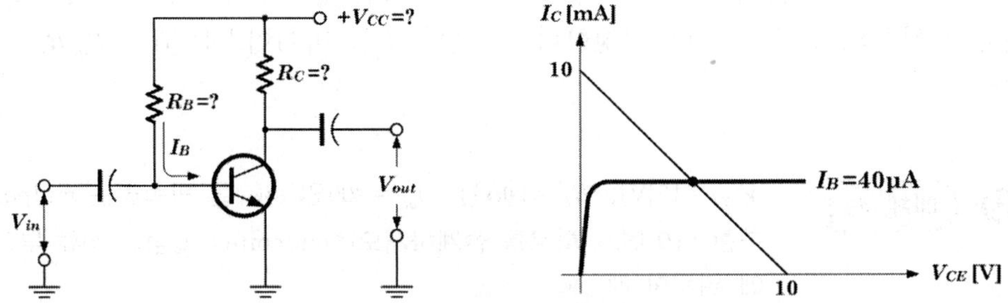

(a) (b)

[그림 4-14]

풀이 우선 주어진 문제의 조건과 그림을 잘 파악하여 얻을 수 있는 계수값을 최대한 찾아낸다. [그림 4-14(a)]는 고정 바이어스 회로이므로 주어진 조건에서

$$I_B = 40[\mu A],\ V_{CC} = 10[V],\ I_C = 10[mA]$$

그러므로 R_C를 구하기 위해

$$V_{CC} = V_C + V_E$$

이며, $V_E = 0[\text{V}]$이므로 $V_C = V_{CC} = 10[\text{V}]$이다.

$$\therefore R_C = \frac{V_{CC}}{I_C} = \frac{10\text{V}}{10\text{mA}} = 1[\text{k}\Omega]$$

이다. 그리고 R_B를 구하기 위해 [그림 4-14(a)]에서 베이스-이미터 루프에 대해 KVL을 시계방향으로 적용하면

$$I_B R_B + V_{BE} - V_{CC} = 0$$

이므로

$$\therefore R_B = \frac{V_{CC} - V_{BE}}{I_B} = \frac{10\text{V} - 0.7\text{V}}{40\mu\text{A}} = 232.5[\text{k}\Omega]$$

이다.

예제 4-8 [그림 4-15]의 회로에서 $I_C = 4[\text{mA}]$일 때 R_1, R_C의 값을 설계하여 회로를 완성하시오.

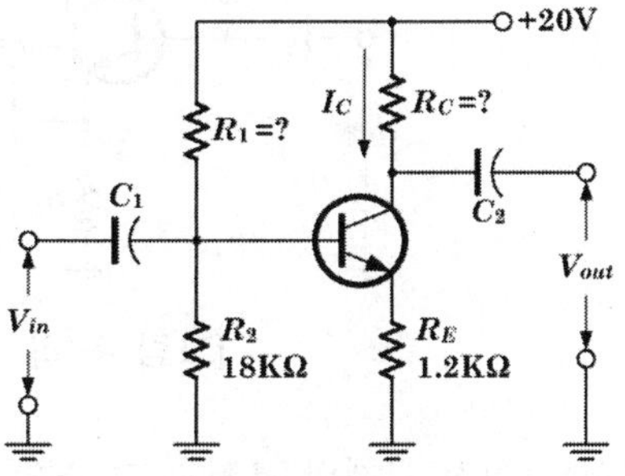

[그림 4-15]

풀이 설계에 앞서 구하고자 하는 매개변수가 포함되는 방정식을 회로에서 구한다. 먼저 R_1을 구하기 위해 입력 측에 테브닌의 정리를 이용하거나 베이스 측 전압 V_B를 구하는 방정식을 세우면 R_1이 포함된다. 그러므로 베이스 측 전압 V_B를 구하기 위한 방정식을 세우면

$$V_B = \frac{R_2}{R_1 + R_2} V_{CC}$$

이므로, 여기서 V_B의 값만 구해지면 R_1이 설계된다. V_B를 구하기 위해 베이스-이미터 측에 KVL을 적용하면

$$\therefore V_B = V_{BE} + V_E = V_{BE} + I_E R_E \cong V_{BE} + I_C R_E \cong 0.7\text{V} + (4\text{mV} \times 1.2\text{k}\Omega) = 5.5[\text{V}]$$

이므로,

$$\therefore R_1 = \frac{R_2 V_{CC} - R_2 V_B}{V_B} = \frac{18\text{k}\Omega \times (20\text{V} - 5.5\text{V})}{5.5\text{V}} = 47.5[\text{k}\Omega]$$

그리고 R_C를 구하기 위해 [그림 4-15]에서 컬렉터-이미터 루프에 대해 KVL을 반시계방향으로 적용하면

$$V_C + V_{CE} + V_E - V_{CC} = 0$$

이며, $I_E \cong I_C$이므로, 이를 적용하면

$$I_C R_C + V_{CE} + I_C R_E - V_{CC} = 0$$

가 된다. 따라서

$$R_C = \frac{V_{CC} - V_{CE} - I_C R_E}{I_C} = \frac{20\text{V} - 10\text{V} - (4\text{mA} \times 1.2\text{k}\Omega)}{4\text{mA}} = 1.3[\text{k}\Omega]$$

이다.

예제 4-9 [그림 4-16]의 회로에서 $\beta_{dc} = 100$, $I_C = 4[\text{mA}]$, $V_{CE} = 10[\text{V}]$일 때 R_B, R_C, R_E의 값을 설계하여 회로를 완성하시오.

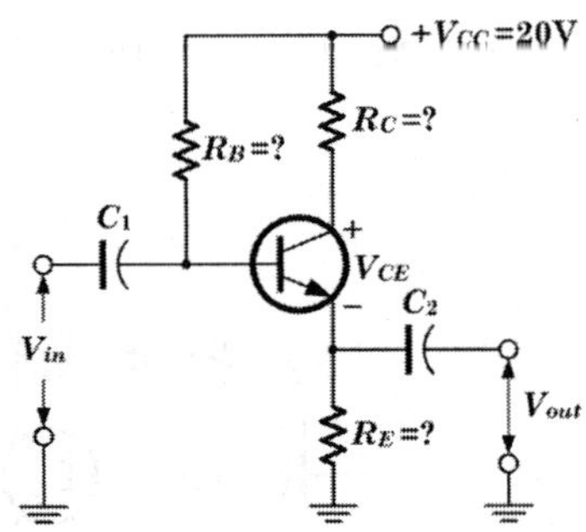

[그림 4-16]

풀이 설계에 앞서 주어진 문제의 조건과 그림을 잘 파악하여 얻을 수 있는 계수값을 최대한 찾아낸다. [그림 4-16]은 이미터 폴로어 회로이므로 주어진 조건에서

$$\beta_{dc} = 100,\ I_C = 4[\text{mA}],\ V_{CE} = 10[\text{V}],\ V_{CC} = 20[\text{V}],\ I_E \cong I_C$$

이다. 그러므로 주어진 조건만으로는 모든 저항을 구하기가 어려우며, 컬렉터-이미터 루프에 대해 KVL을 적용하면 두 개의 미지저항 R_C, R_E를 가진다. 그래서 이미터 전압을 구하기 위해서 인가된 바이어스 전압으로부터 몇 가지 공학적인 판단을 거쳐야만 한다. 여기서 이미터와 접지 사이에 저항을 포함시킨 이유는 트랜지스터의 누설전류에 의한 컬렉터 전류 I_C와 β_{dc}값의 변동이 동작점에 영향을 미치지 않도록 하여 안정도를 높이기 위한 것으로 이미터 저항에 걸리는 전압이 V_{CE}를 제한하기 때문에 마음대로 크게 할 수는 없다.

대략 이미터와 접지 사이의 전압은 바이어스 공급 전압의 1/4에서 1/10의 정도이나, 여유를 두고 계산할 수 있도록 1/10 정도의 값을 선택하는 것이 안정하다. R_E를 구하기 위해 옴의 법칙을 적용하면

$$R_E = \frac{V_E}{I_E}$$

이므로

$$V_E = \frac{V_{CC}}{10} = \frac{20\text{V}}{10} = 2[\text{V}]$$

이다.

$$\therefore R_E = \frac{V_E}{I_E} = \frac{2\text{V}}{4\text{mA}} = 500[\Omega]$$

R_C를 구하기 위해 [그림 4-16]에서 컬렉터-이미터 루프에 대해 KVL을 반시계방향으로 적용하면

$$I_C R_C + V_{CE} + I_E R_E - V_{CC} = 0$$

이므로 $I_E \cong I_C$를 적용하면

$$I_C R_C + V_{CE} + I_C R_E - V_{CC} = 0$$

$$\therefore R_C = \frac{V_{CC} - I_C R_E - V_{CE}}{I_C} = \frac{20\text{V} - (4\text{mA} \times 500\Omega) - 10\text{V}}{4\text{mA}} = 2[\text{k}\Omega]$$

이며, R_B를 구하기 위해 [그림 4-16]에서 베이스-이미터 루프에 대해 입력 측에 KVL을 적용하면

$$I_B R_B + V_{BE} + I_E R_E - V_{CC} = 0$$

이고, 여기서

$$I_B = \frac{I_C}{\beta_{dc}} = \frac{4\text{mA}}{100} = 40[\mu\text{A}]$$

이므로, 위 식을 R_B에 대해 정리하면

$$\therefore R_B = \frac{V_{CC} - V_E - V_{BE}}{I_B} = \frac{20\text{V} - 2\text{V} - 0.7\text{V}}{4\mu\text{A}} = 432.5[\text{k}\Omega]$$

이다.

본 장에서는 다양한 형태의 직류바이어스 회로 동작에 대해서 해석하였으며, 각각의 트랜지스터의 바이어스 회로에 대한 장점과 제한적인 요소를 정리하면 다음과 같다.

베이스 바이어스는 회로의 단순성이 장점이다. 그러나 동작점 Q가 매우 불안하기 때문에 스위칭 회로의 사용으로 제한된다.

전압분배기 바이어스는 베이스 바이어스보다 동작점 Q가 우수한 안정성을 갖지만, 더 많은 소자를 필요로 한다. 선형 증폭기에 기본적으로 사용된다.

이미터 바이어스는 베이스 바이어스보다 동작점 Q가 우수한 안정성을 갖지만, 전압분배기 바이어스보다 더 적은 소자를 필요로 한다. 이 중 극성을 갖는 전원이 공급된다.

컬렉터 귀환 바이어스와 이미터 귀환 바이어스는 이미터 바이어스나 전압분배기 바이어스보다는 못하지만, 동작점 Q가 비교적 안정하다. 낮은 동작점 Q의 안정도가 필요한 곳에는 귀환 바이어스가 사용된다.

기초문제

1. 이미터 바이어스의 경우, 이미터 저항 양단 전압은 다음 중 이미터와 어느 단자 사이의 전압과 같은가?
(a) 베이스 (b) 컬렉터 (c) 이미터 (d) 접지

2. 이미터 바이어스의 경우, 이미터 전압은 다음 중 어느 전압보다 0.7[V] 적은가?
(a) 베이스 전압 (b) 이미터 전압 (c) 컬렉터 전압 (d) 접지 전압

3. 전압분배 바이어스에서 베이스 전압은?
(a) 베이스 전원전압보다 작다. (b) 베이스 전원전압과 같다.
(c) 베이스 전원전압보다 크다. (d) 컬렉터 전원전압보다 크다.

4. 전압분배 바이어스에서 ( )
(a) 컬렉터 전압은 불안정하다. (b) 이미터 전류는 유동적이다.
(c) 베이스 전류는 크다. (d) Q점이 안정하다.

5. 전압분배 바이어스에서 이미터 저항의 증가는?
(a) 이미터 전압을 감소시킨다. (b) 컬렉터 전압을 감소시킨다.
(c) 이미터 전압을 증가시킨다. (d) 이미터 전류를 감소시킨다.

6. 전압분배 바이어스와 비슷한 정도의 안정한 Q점을 갖는 바이어스는?
(a) 베이스 바이어스 (b) 이미터 바이어스
(c) 컬렉터 귀환 바이어스 (d) 이미터 귀환 바이어스

7. 전압분배 바이어스는 ( )
(a) 세 개의 저항만이 필요하다. (b) 하나의 전원만이 필요하다.
(c) 정밀한 저항들이 필요하다. (d) 더 좋은 동작을 위해 더 큰 저항이 필요하다.

8. 전압분배 바이어스가 정상적으로 동작하는 영역은?
(a) 활성영역 (b) 차단영역 (c) 포화영역 (d) 항복영역

9. 전압분배 바이어스 회로의 컬렉터 전압은 다음 중 어느 변화에 민감하지 않은가?
(a) 전원전압 (b) 이미터 저항 (c) 전류이득 (d) 컬렉터 저항

10. 전압분배 바이어스 회로에서 이미터 저항이 증가하면, 컬렉터 전압은?
(a) 감소한다. (b) 변함없다. (c) 증가한다. (d) 2배가 된다.

11. 다음 중 베이스 바이어스와 관계있는 것은?
(a) 증폭기 (b) 디지털 회로 (c) 안정한 Q점 (d) 고정된 이미터 전류

12. 전압분배 바이어스 회로에서 이미터 저항이 2배로 되면, 컬렉터 전류는?
(a) 2배로 된다. (b) 1/2로 떨어진다. (c) 변함없다. (d) 증가한다.

13. 전압분배 바이어스 회로에서 컬렉터 저항이 증가하면, 컬렉터 전압은?
(a) 감소한다. (b) 변함없다. (c) 증가한다. (d) 2배로 된다.

14. 전압분배 바이어스 회로의 Q점은?
(a) 전류이득의 변화에 극도로 민감하다.
(b) 전류이득의 변화에 조금 민감하다.
(c) 전류이득의 변화에 전혀 민감하지 않다.
(d) 온도변화에 의해 상당한 영향을 받는다.

15. 양 전원 이미터 바이어스(TSEB)의 베이스 전압은?
(a) 0.7[V] (b) 매우 크다. (c) 거의 0[V] (d) 1.3[V]

16. TSEB에서 이미터 저항이 2배로 되면, 컬렉터 전류는?
(a) 1/2로 떨어진다 (b) 변함없다 (c) 2배로 된다 (d) 증가한다.

17. TSEB에서 이미터 저항이 증가하면, 컬렉터 전압은?
(a) 감소한다. (b) 변함없다.
(c) 약간 증가한다. (d) 컬렉터 전원전압과 같다.

18. TSEB에서 이미터 저항이 개방되면, 컬렉터 전압은?
(a) 감소한다. (b) 변함없다.
(c) 약간 증가한다. (d) 컬렉터 전원전압과 같다.

19. TSEB에서 베이스 전류는?
(a) 매우 작아야 한다. (b) 매우 커야 한다.
(c) 매우 불안정해야 한다. (d) 매우 안정해야 한다.

20. 다음 중 TSEB의 Q점을 결정짓는 요소가 아닌 것은?
(a) 이미터 저항 (b) 컬렉터 저항 (c) 전류이득 (d) 이미터 전압

21. pnp트랜지스터의 이미터에서 다수캐리어는?
(a) 정공 (b) 자유전자 (c) 3가 원자 (d) 5가 원자

22. pnp 트랜지스터의 전류이득은?
(a) npn 트랜지스터 전류이득의 음(−)
(b) 컬렉터 전류를 이미터 전류로 나눈 값이다.
(c) 거의 0
(d) 베이스 전류에 대한 컬렉터 전류의 비

23. 다음 중 pnp 트랜지스터에 가장 큰 전류는?
(a) 베이스 전류 (b) 이미터 전류
(c) 컬렉터 전류 (d) 이들 모두 해당 없다.

24. pnp 트랜지스터의 전류는?
(a) 항상 npn 전류보다 작다. (b) npn 전류와 반대이다.
(c) 항상 npn 전류보다 크다. (d) (−)이다.

25. pnp 전압분배 바이어스에서 사용해야만 하는 것은?
(a) (−) 전원장치 (b) (+) 전원장치 (c) 저항들 (d) 접지들

26. 베이스 회로에서 한 개의 전류제한용 저항을 사용하는 트랜지스터의 바이어스 방법은 무엇인가?
(a) 베이스 바이어스 (b) 전압분배기 바이어스
(c) 이미터 폴로어 바이어스 (d) 전류분배기 바이어스

27. V_{CC} 공급전압 양단에 두 개의 직렬저항을 연결해서 만드는 바이어스 방법은 무엇인가?

28. 트랜지스터의 베이스에 단일 저항을 직렬로 연결하는 바이어스 기법은 무엇인가?

29. 다음과 같은 베이스 바이어스 쌍극성 트랜지스터 회로를 고찰하고 V_{BE}를 구하시오.

$$R_B = 33[\mathrm{k\Omega}],\ R_C = 560[\Omega],\ Q_1(\beta_{dc}) = 25,\ V_{CC} = +10[\mathrm{V}]$$

(a) 1.43[mV] (b) 0.7[V]
(c) $25 \times 33[\mathrm{k\Omega}]$ (d) 계산하기에 정보가 충분치 않다.

해답

1. (b) **2.** (a) **3.** (b) **4.** (d) **5.** (d) **6.** (d) **7.** (b) **8.** (a) **9.** (c) **10.** (a) **11.** (c) **12.** (b)
13. (a) **14.** (c) **15.** (c) **16.** (a) **17.** (c) **18.** (d) **19.** (a) **20.** (b) **21.** (a) **22.** (d) **23.** (b)
24. (b) **25.** (c) **26.** (a) **27.** 전압분배기 바이어스 **28.** 베이스 바이어스 **29.** (b)

응용문제

1. 베이스 바이어스 회로의 특성을 설명하시오.

2. 이미터 귀환 바이어스 회로의 특성을 설명하시오.

3. 전압분배기 바이어스 회로의 특성을 설명하시오.

4. 컬렉터 귀환 바이어스를 설명하시오.

연습문제

1. [그림 4-17]에 표시된 회로에서 실제적인 쌍극성 트랜지스터 전자회로의 종류를 구분하시오.

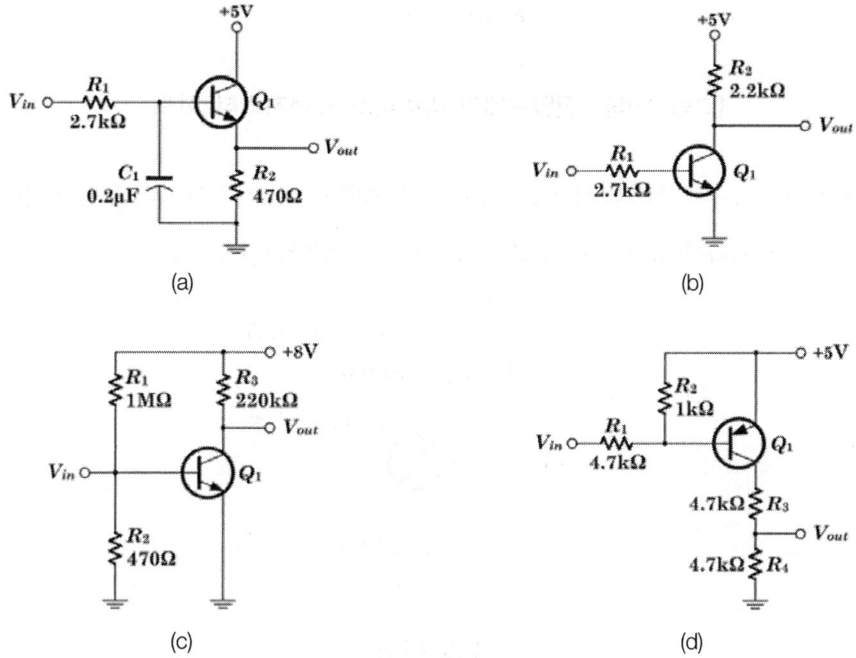

[그림 4-17] 실제적인 쌍극성 트랜지스터의 구조 구분

2. [그림 4-17]에 표시된 회로에 사용된 바이어스 기법과 쌍극성 트랜지스터의 종류를 구분하시오.

3. [그림 4-18]에 표시된 베이스 바이어스 트랜지스터 회로에서 다음을 계산하시오.

(a) I_B (b) I_C (c) V_{CE}

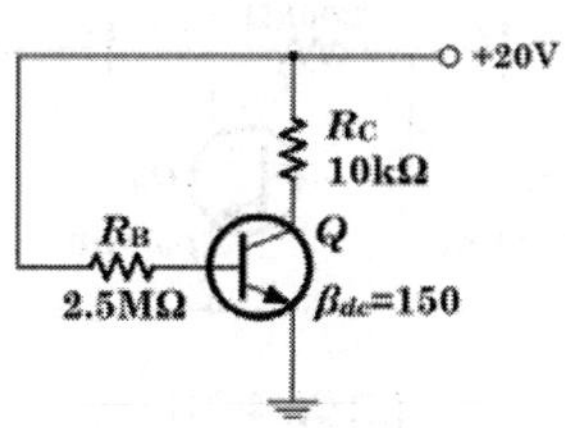

[그림 4-18] 베이스 바이어스 트랜지스터 회로

4. [그림 4-19]에 표시된 전압분배기 바이어스 트랜지스터 회로에서 다음을 계산하시오.

(a) V_B와 V_E (b) I_C (c) V_C (d) V_{CE}

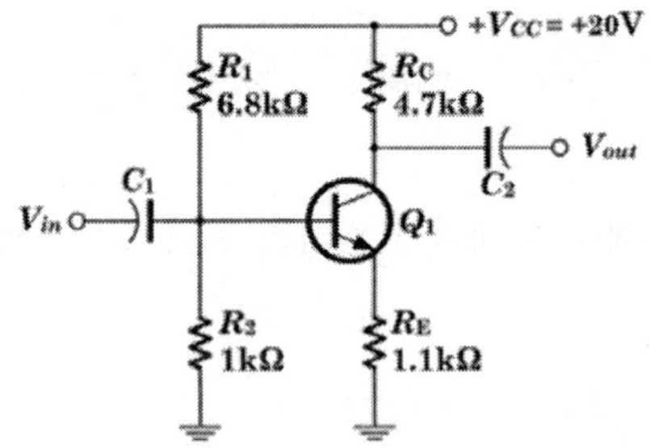

[그림 4-19] 전압분배기 바이어스 트랜지스터 회로

5. [그림 4-20]에 표시된 회로에서 h_{fe}가 80이라면 컬렉터와 접지 사이의 전압은 얼마인가?

6. [그림 4-20]가 포화상태라면 β_{dc}의 대략적인 크기는 얼마인가?

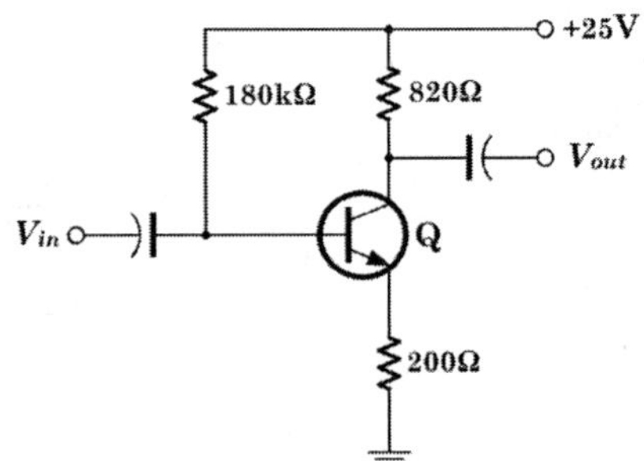

[그림 4-20]

7. [그림 4-21]에서 $V_{CC}=10[V]$라면 각 단에서 컬렉터 전압은 얼마인가?

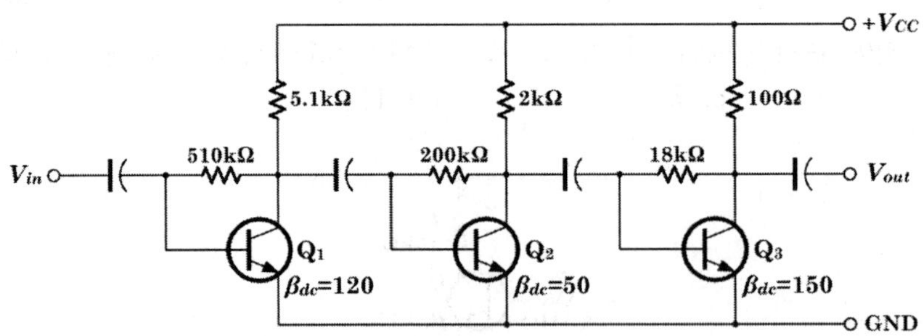

[그림 4-21]

8. [그림 4-22]의 각 증폭단에서 이미터와 접지 사이의 전압은 얼마인가(단 공급전원은 10[V]이다)?

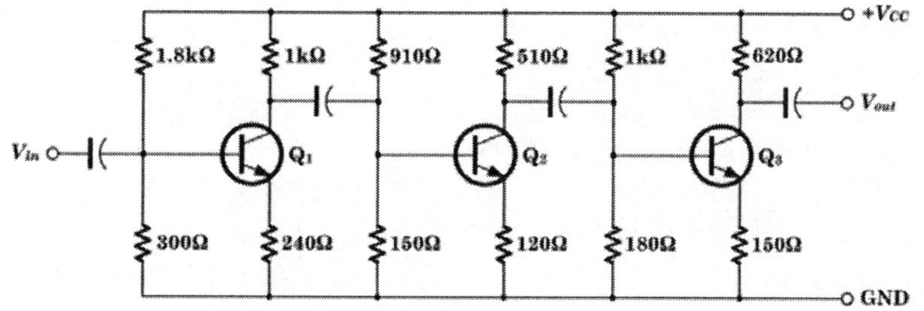

[그림 4-22]

9. [그림 4-22]에서 $V_{CC}=20$[V]일 때 각 증폭단의 V_B, V_E, V_C, I_C, P_D(소비전력)를 계산하시오.

10. [그림 4-22]에서 V_{CC}가 20[V]라면 Q_3단을 설명하라. 다음 조건들을 만족하는 접지에 대한 컬렉터 전압은 증가하는가, 감소하는가, 변하지 않는가?

(a) 1[kΩ] 저항 개방 (b) 1[kΩ] 저항 단락
(c) 180[Ω] 저항 개방 (d) 180[Ω] 저항 단락
(e) 620[Ω] 저항 개방 (f) 620[Ω] 저항 단락
(g) Q_3 컬렉터-이미터 단락 (h) Q_3 컬렉터-이미터 개방
(i) 150[Ω] 저항 개방 (j) 150[Ω] 저항 단락

11. [그림 4-23]에서 첫째 단의 컬렉터 전압이 0[V]라면 발생할 수 있는 고장은 무엇인가?

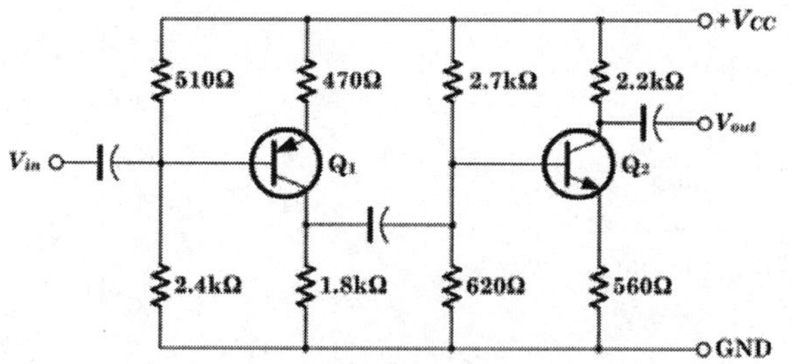

[그림 4-23]

해답

1. 공통 이미터 회로

2. (a) npn형, 이미터 귀환 바이어스, (b) npn형, 베이스 바이어스 (c) npn형, 전압분배기 바이어스 (d) pnp형, 이미터 귀환 바이어스

3. $I_B=8[\mu A]$, $I_C=1.2[mA]$, $V_{CE}=8[V]$

4. $V_B=2.564[V]$, $V_E=1.864[V]$, $I_C=1.695[mA]$, $V_C=12.35[V]$, $V_{CE}=10.486[V]$

5. 키르히호프의 루프 방정식을 적용하면 $V_{BE}+I_ER_E-V_{CC}+I_BR_B=0$, $I_E\cong I_C$,

$I_B=\dfrac{I_C}{\beta_{dc}}$ 이므로

$$I_C=\frac{V_{CC}-V_{BE}}{R_E+R_l/\beta_{dc}}=\frac{25V-0.7V}{200\Omega+(180\times10^3\Omega/80)}$$

$$=\frac{24.3V}{2450\Omega}=9.91[mA]$$

820[Ω] 양단에 걸리는 전압은 $I_C\times820\Omega=8.12[V]$이다. 따라서 컬렉터와 접지 사이의 전압은

$$V_C=V_{CC}-I_CR_C=25V-8.12V=16.87[V]$$

해답

6. $R_B = \beta_{dc} \times R_C$이다. 따라서 $\beta_{dc} = \dfrac{180\text{k}\Omega}{820\Omega} = 220$

7. 첫 번째 증폭단의 컬렉터 전압은 4.93[V]이다.

$$I_C = \frac{V_{CC} - V_{BE}}{R_E + R_i/\beta_{dc}} = \frac{10\text{V} - 0.7\text{V}}{5.1\text{k}\Omega + (510\text{k}\Omega/120)}$$
$$= \frac{9.3\text{V}}{9350\Omega} = 0.99[\text{mA}]$$
$$V_C = V_{CC} - I_C R_C = 10\text{V} - (0.99\text{mA} \times 5.1\text{k}\Omega)$$
$$= 10\text{V} - 5.049\text{V} = 4.93[\text{V}]$$

두 번째 증폭단에서 컬렉터 전압은 6.9[V]이다.

$$I_C = \frac{V_{CC} - V_{BE}}{R_E + R_i/\beta_{dc}} = \frac{10\text{V} - 0.7\text{V}}{2\text{k}\Omega + (200\text{k}\Omega/50)}$$
$$= 1.55[\text{mA}]$$
$$V_C = V_{CC} - I_C R_C = 10\text{V} - (1.55\text{mA} \times 2\text{k}\Omega)$$
$$= 10\text{V} - 3.1\text{V} = 6.9[\text{V}]$$

세 번째 증폭단에서 컬렉터 전압은 5.77[V]이다.

$$I_C = \frac{V_{CC} - V_{BE}}{R_E + R_i/\beta_{dc}} = \frac{10\text{V} - 0.7\text{V}}{100\Omega + (18\text{k}\Omega/150)}$$
$$= 42.3[\text{mA}]$$
$$V_C = V_{CC} - I_C R_C = 10\text{V} - (42.3\text{mA} \times 100\Omega)$$
$$= 10\text{V} - 4.23\text{V} = 5.77[\text{V}]$$

8. 첫 번째 증폭단의 V_{TH}를 구하면

$$V_{TH} = \frac{300\Omega}{8\text{k}\Omega + 300\Omega} \times 10\text{V} = 1.428[\text{V}]$$
$$I_{E1} = \frac{V_{TH} - V_{BE}}{R_{E1}} = \frac{14.2\text{V} - 0.7\text{V}}{240\Omega} = 3.03[\text{mA}]$$

이다. 따라서

$$V_{E1} = I_{E1} \times R_{E1} = 3.03\text{mA} \times 240\Omega = 0.728[\text{V}]$$

두 번째 증폭단의 V_{TH}를 구하면

$$V_{TH} = \frac{150\Omega}{910\Omega + 150\Omega} \times 10\text{V} = 1.415[\text{V}],$$
$$I_{E1} = \frac{V_{TH} - V_{BE}}{R_{E1}} = \frac{1.415\text{V} - 0.7\text{V}}{120\Omega} = 5.95[\text{mA}]$$

이다. 따라서

$$V_{E2} = I_{E2} \times R_{E2} = 5.95\text{mA} \times 120\Omega = 0.72[\text{V}]$$

이다. 마지막 증폭단의 V_{TH}를 구하면

$$V_{TH} = \frac{180\Omega}{1000\Omega + 180\Omega} \times 10\text{V} = 1.525[\text{V}]$$
$$I_{E3} = \frac{V_{TH} - V_{BE}}{R_{E3}} = \frac{1.525\text{V} - 0.7\text{V}}{180\Omega} = 4.58[\text{mA}]$$

이다. 따라서

$$V_{E3} = I_{E3} \times R_{E3} = 4.58\text{mA} \times 180\Omega = 0.83[\text{V}]$$

9. 첫 번째 증폭단의 V_B를 구하면

$$V_B = \frac{300\Omega}{1.8\text{k}\Omega + 300\Omega} \times 20\text{V} = 2.86[\text{V}]$$
$$I_{E1} = \frac{V_B - V_{BE}}{R_{E1}} = \frac{2.86\text{V} - 0.7\text{V}}{240\Omega} = 9[\text{mA}]$$

이다. 따라서

$$V_{E1} = I_{E1} \times R_{E1} = 9\text{mA} \times 240\Omega = 2.16[\text{V}]$$

이다. $I_C \cong I_C$이므로

$$V_C = V_{CC} - I_C R_C = 20\text{V} - (9\text{mA} \times 1000\Omega)$$
$$= 20\text{V} - 9\text{V} = 11[\text{V}]$$

$P_D = I_C \times V_C = 9\text{mA} \times 11\text{V} = 99[\text{mW}]$이다.

두 번째 증폭단의 V_B를 구하면

$$V_B = \frac{150\Omega}{910\Omega + 150\Omega} \times 20\text{V} = 2.83[\text{V}]$$
$$I_{E2} = \frac{V_B - V_{BE}}{R_{E2}} = \frac{2.83\text{V} - 0.7\text{V}}{120\Omega} = 17.8[\text{mA}]$$

이다. 따라서

$$V_{E2} = I_{E2} \times R_{E2} = 17.8\text{mA} \times 120\Omega = 2.13[\text{V}]$$

이다. $I_C \cong I_C$이므로

$$V_C = V_{CC} - I_C R_C = 20\text{V} - (17.8\text{mA} \times 510\Omega)$$
$$= 20\text{V} - 9.1\text{V} = 10.9[\text{V}]$$
$$P_D = I_C \times V_C = 17.8\text{mA} \times 10.9\text{V} = 194[\text{mW}]$$

이다. 마지막 증폭단의 V_B를 구하면

$$V_{TH} = \frac{180\Omega}{1000\Omega + 180\Omega} \times 20\text{V} = 3.05[\text{V}]$$
$$I_{E3} = \frac{V_B - V_{BE}}{R_{E3}} = \frac{3.05\text{V} - 0.7\text{V}}{150\Omega} = 15.7[\text{mA}]$$

이다. 따라서

$$V_{E3} = I_{E3} \times R_{E3} = 15.7\text{mA} \times 150\Omega = 2.35[\text{V}]$$

이다. $I_C \cong I_C$이므로

$$V_C = V_{CC} - I_C R_C = 20\text{V} - (15.7\text{mA} \times 620\Omega)$$
$$= 20\text{V} - 10.27\text{V} = 9.73[\text{V}]$$
$$P_D = I_C \times V_C = 15.7\text{mA} \times 9.73\text{V} = 152.8[\text{mW}]$$

10. (a) 트랜지스터 차단으로 V_C는 20[V]까지 증가 (b) 베이스-이미터의 순방향 다이오드와 150[Ω]의 루프에 의해서 이미터 양단의 전압이 높아지므로 V_C는 증가한다. (c) 620[Ω] 양단의 전압강하가 커지므로 V_C는 감소 (d) 트랜지스터 차단으로 V_C는 20[V]까지 증가 (e) V_C는 0[V]로 감소 (f) V_C 전압이 20[V]까지 증가 (g) V_C는 감소 (h) 전압 20[V]로 증가 (i) 증가 (j) 감소

11. 1.8[kΩ]과 510[Ω]은 단락되고 470[Ω]과 2.4[kΩ]은 개방된다. 트랜지스터는 개방된다. 따라서 전원공급이 되지 않기 때문에 $V_C = 0$이다.

제 5 장

쌍극성 트랜지스터 증폭기

- ❑ 5-1 결합용 및 측로용 커패시터 / 182
- ❑ 5-2 증폭기에서의 중첩의 원리 / 187
- ❑ 5-3 이미터 다이오드의 교류저항 / 188
- ❑ 5-4 이미터 접지 증폭기 / 191
- ❑ 5-5 공통 이미터 증폭단의 교류 모델 / 195
- ❑ 5-6 스왐핑된 증폭기 / 199
- ❑ 5-7 공통 컬렉터 증폭기 / 204
- ❑ 5-8 이미터 폴로어의 교류 모델 / 208
- ❑ 5-9 공통 베이스 증폭기 / 213

에너지가 약한 신호를 원형의 손상 없이 확대하는 작업을 증폭이라 하고, 증폭기는 전자회로에서 가장 기본이 되는 중요한 시스템이다.

증폭기는 신호의 진폭이 작은 경우, 트랜지스터가 부하선의 작은 부분만 사용하게 되며, 선형으로 동작하게 되지만 트랜지스터를 부하선의 포화나 차단상태가 될 수 있도록 입력신호가 아주 크다면 피크 부분을 잘라내어서 더 이상 선형 동작을 하지 못하기 때문에 트랜지스터의 Q점을 직류 부하선의 1/2되는 점에 가까이 있도록 바이어스 시킨 후에 베이스에 작은 교류신호를 연결해 주면 똑같은 형태와 주파수를 갖는 컬렉터 전류의 변화를 만들어 준다. 즉, 입력에 1[kHz]의 주파수를 갖는 정현파를 인가하면 출력의 주파수는 1[kHz]이고, 진폭만 변화된 정현파를 얻을 수 있다.

따라서, 이 장에서는 소신호 증폭기를 해석하는 데 필요한 몇 가지 개념들을 설명한다. 즉, 직류 바이어스 전압의 변화 없이 트랜지스터 증폭단의 출력 사이에 교류신호를 연결시켜 줄 수 있는 결합용 커패시터(coupling capacitor)를 이해한 후, 소신호 증폭기에 응용되는 중첩의 원리를 고찰하고, 기본 증폭기에 관한 고장 수리와 설계에 도움을 주는 트랜지스터의 교류 모델 등에 대하여 설명한다.

5-1 | 결합용 및 측로용 커패시터

주파수가 증가할 때 저항의 전류 억제력은 변하지 않지만, 커패시터의 경우 저항과는 달리 주파수가 증가할 때 전류에 대한 억제력은 감소한다.

증폭기에서 커패시터는 다음의 두 가지 중요한 역할을 한다.

① 교류신호를 한 증폭기에서 다른 증폭기로 결합시키거나 전송하는 데 사용된다.

② 교류신호를 접지점으로 바이패스(bypass)시키거나 단락(short)시키는 데 사용된다.

결합용 커패시터는 하나의 증폭단과 다른 증폭단 사이를 연결해 주는 용도로 사용되는 커패시터를 말한다. 즉, 다단증폭기에서 각 트랜지스터의 컬렉터와 다른 트랜지스터의 베이스 사이에 놓이며, 다음의 두 가지 기능이 있다.

① 교류신호를 한쪽 단으로부터 다른 단으로 직류 바이어스의 방해 없이 왜곡이 없는 또는 왜곡이 적은 신호로 통과시키는 것이다.

② 두 단 사이에서 직류를 분리시킨다.

이들 두 가지 기능은 커패시터에 대한 리액턴스 용량성 X_C의 관계로부터 알 수 있다. 즉,

$$X_C = \frac{1}{2\pi f C}$$

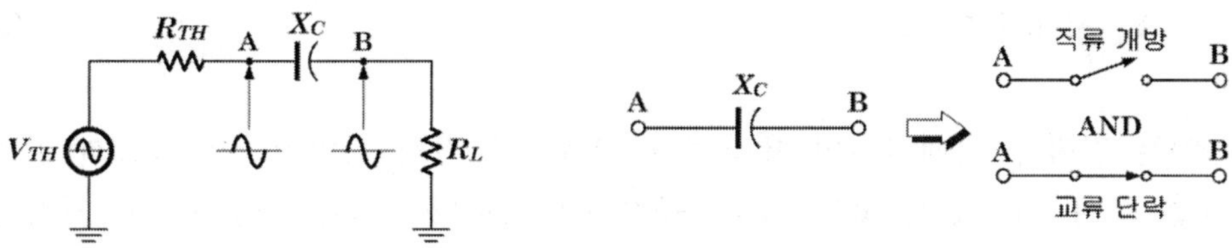

(a) 전원과 부하 사이의 결합용 커패시터 (b) 결합용 커패시터의 등가회로

[그림 5-1]

로, 주파수와 커패시터의 용량에 반비례함을 나타낸다. 따라서, 이 식으로부터 알 수 있는 바와 같이 주파수가 증가하면 커패시터는 점점 더 단락회로처럼 동작하며, 주파수가 감소하면 점점 더 개방회로처럼 동작하기 때문에 [그림 5-1(a)]에서 보는 바와 같이 교류전압은 용량성 리액턴스 X_C가 직렬저항과 비교할 때 크기가 아주 작기 때문에 커패시터를 통과해서 A점에서 B점으로 전달되지만, 직류전압과 전류에 대해서는 주파수가 '0'[Hz]이므로, 리액턴스가 무한대로 되어 완전히 차단된다. 즉, 단 사이에서 차단과 분리의 의미는 한 단의 컬렉터 전압은 다음 단의 베이스 전압에 영향을 주지 않는다는 의미이다.

[그림 5-1(a)]에서 점 A의 왼쪽 회로는 신호원과 저항이거나, 혹은 좀 더 복잡한 테브닌의 등가회로일 수도 있고, 저항 R_L은 단일 부하저항이거나, 좀 더 복잡한 회로망의 등가저항일 수도 있다. 그러나 실제 회로에서는 커패시터의 왼쪽, 오른쪽이 무엇이든지 상관하지 않고 [그림 5-1(b)]와 같은 간단한 기호로 간주해서 간략화된 단일 루프 회로로 만들 수 있다.

교류전류 I는 합성저항 $R_{TH}+R_L$을 통해서 흐르며, 식 (5-1)과 같은 크기를 가진다.

$$I=\frac{V}{\sqrt{R^2+X_C^2}} \qquad (5-1)$$

여기서, R은 루프에서의 전체 저항을 의미하는데, [그림 5-1(a)]에서 $R=R_{TH}+R_L$이다. 주파수가 증가하면 X_C는 R과 비교해서 아주 적은 값이 될 때까지 감소하게 되고, 이런 경우 전류는 V/R값인 최대값을 가진다. 다시 말해서 커패시터는 $X_C \ll R$인 경우에 A점으로부터 B점까지 신호를 적절하게 연결시켜 준다.

안정결합

결합용 커패시터의 크기는 연결하고자 하는 신호의 가장 낮은 주파수에 의존한다. 즉, 리액턴스는 커패시터와 직렬로 연결된 전체 저항보다 10배 이상 작게 한다. 이 규정에 의하면 증폭기에서 입력주파수의 가장 낮은 값에 의한 용량성 리액턴스는

$$X_C \ll 0.1R \tag{5-2}$$

이다.

식 (5-2)는 결합용 커패시터의 용량성 리액턴스가 전체 직렬저항의 1/10과 같거나, 작다는 것을 표시하고 있다. 보통 10 : 1 규칙을 만족한다는 것은 교류신호가 가장 낮은 주파수에서 1[%] 미만으로 줄어든다는 것을 의미하며, 최악의 경우인 $X_C = 0.1R$를 식 (5-1)에 대입해 보면

$$I = \frac{V}{\sqrt{R^2 + (0.1R)^2}} = \frac{V}{1.005R} = 0.995\frac{V}{R}$$

로 교류신호가 최저 주파수에서 0.5[%]만 감소된다는 것을 보여준다. 따라서 어떤 결합용 커패시터라고 할지라도 10 : 1 규칙을 만족하기만 하면 안전결합용 커패시터라고 볼 수 있다.

예를 들어서 20[Hz]에서 20[kHz]까지의 가청주파수를 갖는 트랜지스터 증폭단을 설계한다고 가정하고, 입력결합용 커패시터가 10[kΩ]의 총 저항을 갖는 직렬저항과 연결된다고 가정하면 X_C는 10 : 1 규칙을 만족하기 위해서 최저 주파수인 20[Hz]에서 1[kΩ] 보다 작아야 한다. 따라서 용량성 임피던스는

$$X_C = \frac{1}{2\pi f C} = \frac{1}{2\pi(20\text{Hz})\text{C}} = 1[\text{k}\Omega]$$

이고, 커패시턴스(capacitance) C를 구하면

$$C = \frac{1}{2\pi f X_C} = \frac{1}{2\pi(20\text{Hz})1\text{k}\Omega} = 7.96[\mu\text{F}]$$

이 구해진다. 이것은 안정결합용으로 사용되는 최소 커패시턴스이다. 실제로는 10[μF]을 사용한다.

교류접지

측로용 바이패스 커패시터(bypass capacitor)는 [그림 5-2(a)]에서 나타낸 것처럼 저항과 직렬로 접속된 결합용 커패시터와 달리 저항에 병렬로 비접지점과 접지점을 연결하고 있으므로, 주파수가 충분히 높아졌을 때 커패시터는 단락되어 저항으로부터 교류전류를 저항 R_L보다는 바이패스 커패시터를 통해 흐르기 때문에 A점은 교류접지가 될 것이다.

[그림 5-2(b)]에서 커패시터는 교류신호에 대해서 단락된 스위치로 동작하기 때문에 A점은 교류신호가 연결되면 접지점과 단락된다. 이것이 A점을 교류접지라고 부르는 이유이며, 직류신호가 연결되면 커패시터는 개방회로로 되기 때문에 바이패스 커패시터는 A점에서는 아무런 영향도 주지 못한다.

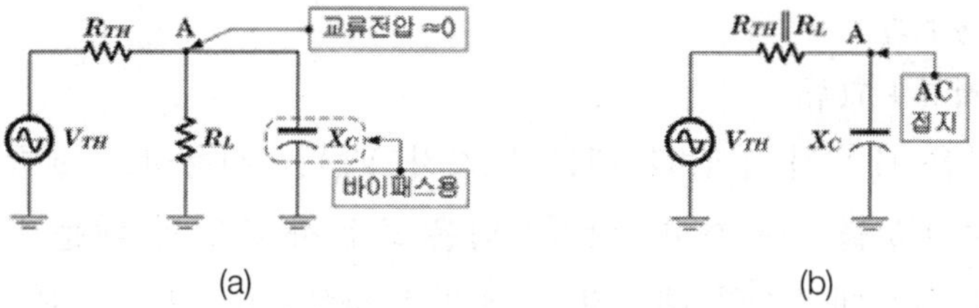

[그림 5-2] 바이패스 커패시터

여하튼 바이패스 커패시터는 A점을 접지점으로 만들 수 있게 된다. 별다른 지시가 없는 한 모든 결합 커패시터와 바이패스 커패시터는 안정한 것으로 간주되며, 이것은 교류에서는 단락 스위치로, 직류에서는 개방 스위치로 동작한다는 의미이며, 앞으로 자주 직류개방과 교류단락이라는 개념을 사용하게 되므로 기억해 두기 바란다.

직류와 교류가 더해지는 신호

일반적인 전기신호는 직류성분과 교류성분의 결합으로 이루어진다고 생각하면 편리하다. 예를 들어서 [그림 5-3(a)]에 표시된 파형을 고찰해 보면 이런 파형은 [그림 5-3(b)]에 표시된 직류성분에 [그림 5-3(c)]에 표시된 교류성분이 더해진 것이다. 직류전압은 일정한 데 비해서 교류성분은 −50[mV]에서 +50[mV]까지 변화된다.

전자공학에서는 직류성분, 교류성분, 전체 신호를 표시하기 위해서 특별한 기호를 사용한다. 예를 들면 [그림 5-3(a)]에 표시된 신호는 다음과 같이 표시된다.

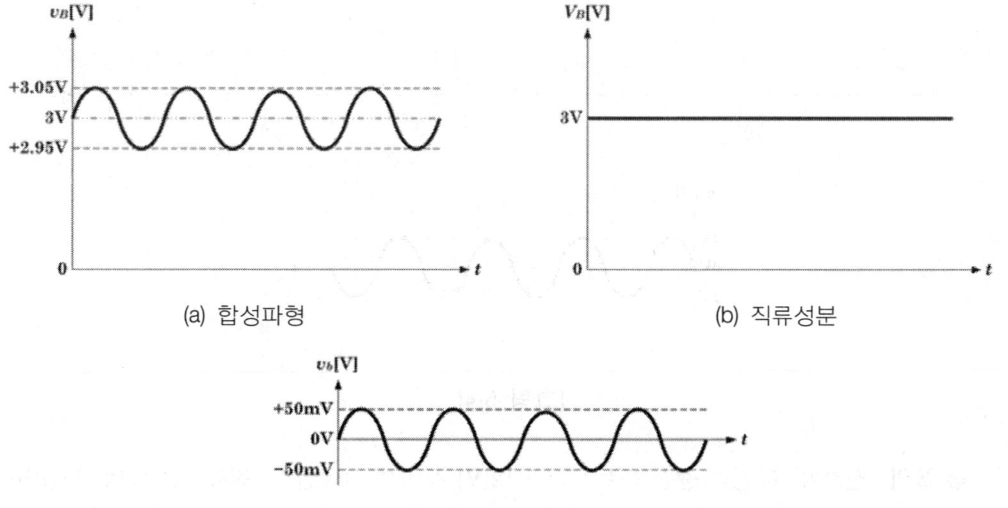

[그림 5-3] 교류성분과 직류성분으로 구성된 신호

$v_B = V_B + v_b$

합계=직류+교류

여기서, 직류전압은 대문자 전압과 대문자 첨자(V_B)를 사용하고 교류전압은 소문자 전압과 소문자 첨자(V_B)를 사용하고, 합계전압은 소문자 전압과 대문자 첨자(v_B)를 사용한다. 직류변수에서는 대문자와 대문자가 첨자를 사용한다. V_{CC}, V_{BB}, V_B, V_{BE}를 기억해야 한다.

BB, CC와 같이 이중 첨자로 표시되는 직류전압은 전지와 같은 공급전원을 표시하고 단일 첨자를 갖는 직류전압은 각 단자에서 측정되는 전압을 의미한다. 정현파 교류전압은 다양하게 사용된다.

예를 들면, [그림 5-3(c)]에 표시된 교류전압은 다음과 같이 주어진다.

- 50[mV]의 피크 값은 $v_b = 50[\mathrm{mV_p}]$
- 피크-피크 값이 100[mV]일 때 $v_b = 50[\mathrm{mV_{pp}}]$
- 실효값은 $v_b = \dfrac{50}{\sqrt{2}}\mathrm{mV_{rms}} = 35.36[\mathrm{mV_{rms}}]$

예제 5-1 [그림 5-4](a)에 표시된 신호를 직류성분과 교류성분을 구하시오.

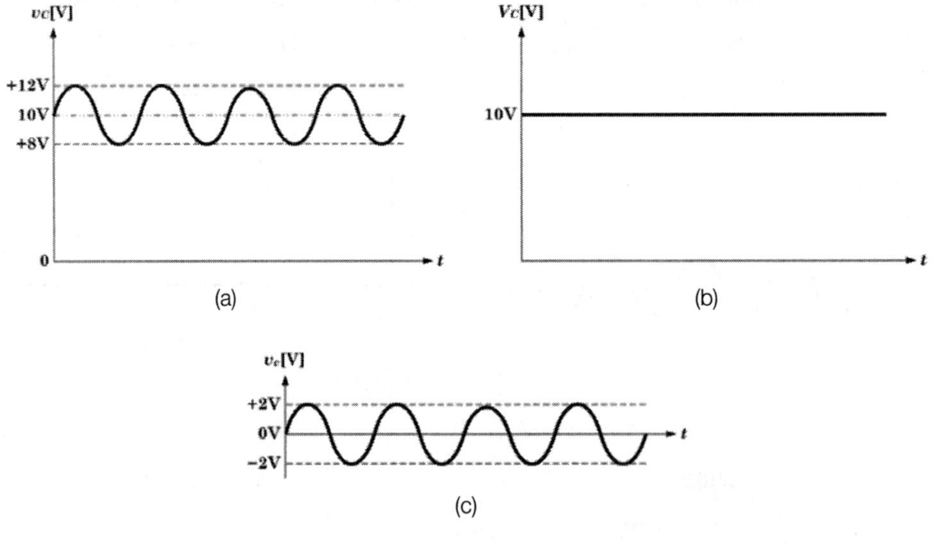

[그림 5-4]

풀이 신호가 10[V]를 중심으로 8[V]와 12[V] 사이를 진동한다. 직류값은 [그림 5-4(b)]에 표시된 것처럼 10[V]이고, 교류성분은 −2[V]에서 2[V] 사이를 진동하는 정현파 신호이다.

$v = 2\mathrm{V_P}$

확인문제 5-1

1. 직류성분과 교류성분으로 전체 컬렉터 전압을 표시하시오.
2. V_{CC}와 V_C 표시법의 차이점은 무엇인가?
3. v_c가 2∼6[V]로 변화하고, 중심이 4[V]일 때 교류성분과 직류성분은 어떻게 표시되는가?

해답 1. $V_C = V_C + V_c$ 2. 공급전원과 단자 측정전압
3. 직류=4[V], 교류=−2[V]에서 2[V] 사이를 진동하는 정현파 신호

5-2 | 증폭기에서의 중첩의 원리

트랜지스터 증폭기에서 직류전원은 동작전류와 동작전압을 고정시켜 준다. 그러나 교류전원은 동작전압과 동작전류가 변화하게 된다. 따라서 회로를 해석하는 데 가장 간단한 방법은 중첩의 원리를 적용해서 교류신호 해석 부분과 직류신호 해석 부분의 해를 구하는 일이다.

교류 등가회로와 직류 등가회로

트랜지스터 회로에 중첩의 원리를 적용하는 단계는 다음과 같다.

① 교류원을 '0'으로 감소시킨다.
이것은 교류전원을 단락시킨다는 의미로서, 이는 모든 커패시터를 개방시킨다는 것과 같다. 따라서, 모든 커패시터를 개방시킨 후, 남아 있는 회로를 직류 등가회로라 부르며, 이 회로에 대한 직류전압과 직류전류를 계산한다.

② 직류원을 '0'으로 감소시킨다.
이것은 직류전원을 단락시킨다는 의미로서, 모든 커패시터를 단락시킨다는 것과 같다. 따라서, 모든 커패시터를 단락시킨 후, 남아 있는 회로를 교류 등가회로라고 부르며, 이 회로에 대한 교류전압과 교류전류를 계산한다.

③ 회로에서 임의의 지로 양단에 걸리는 전압은 임의의 지로 양단에 걸리는 직류전압과 교류전압의 합이며, 또한, 임의의 지로에 흐르는 전류는 직류전류와 교류전류의 합이다.

[그림 5-5(a)]의 트랜지스터 증폭기에 중첩의 정리를 적용하는 과정을 살펴보자. 첫째로 교류전압원을 단락시키고, 모든 커패시터를 개방시키면 [그림 5-5(b)]와 같은 직류 등가회로를 얻을 수 있다. 이 회로에서는 직류전압과 직류전류만 관여되며 동작전류와 동작전압을 계산한다.

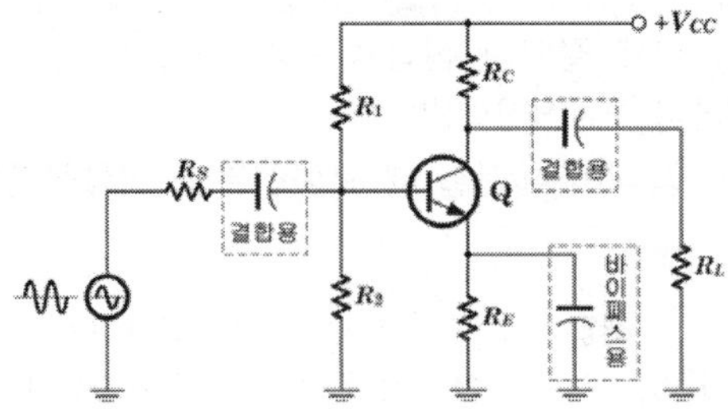

(a) 실제 회로

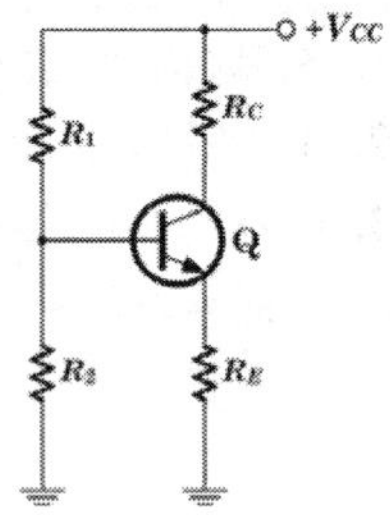

(b) 직류 등가회로

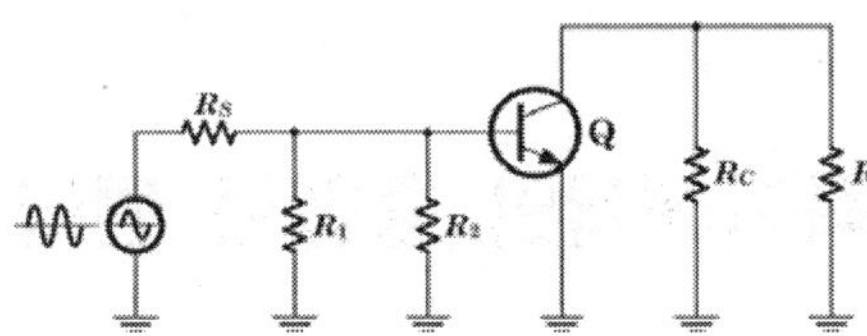

(c) 교류 등가회로

[그림 5-5] 중첩의 원리

두 번째로 직류전압원을 단락시키고, 모든 결합용 커패시터와 바이패스 커패시터를 개방시킨다. [그림 5-5(c)]와 같은 회로를 교류 등가회로라고 부른다. 중요한 것은 R_E 양단의 바이패스 커패시터 때문에 이미터가 접지된다는 점을 주의해야 한다.

직류전원이 단락될 때 R_1과 R_C도 접지된다. 다시 설명하자면 내부 임피던스가 거의 '0'에 가깝기 때문에 직류전원의 위치는 교류접지가 된다. [그림 5-5(c)]의 교류 등가회로를 이용해서 교류전류와 교류전압을 계산할 수 있다.

5-3 | 이미터 다이오드의 교류저항

Q점을 설정하면 [그림 5-6(a)]의 트랜지스터를 형상화해서 [그림 5-6(b)]의 Ebers-moll 등가회로로 대치시킬 수 있다. V_{BE}는 약 0.7[V]이다. 이 절에서는 Ebers-moll 모델이 교류신호에 어떻게 응용되는지를 살펴보자.

교류 이미터 저항

[그림 5-6(d)]는 I_E와 V_{BE}에 대한 다이오드 특성곡선을 표시하고 있다. 교류신호가 없을 때 트랜지스터는 일반적으로 직류 부하선의 1/2 근처에 위치하는 Q점에서 동작한다.

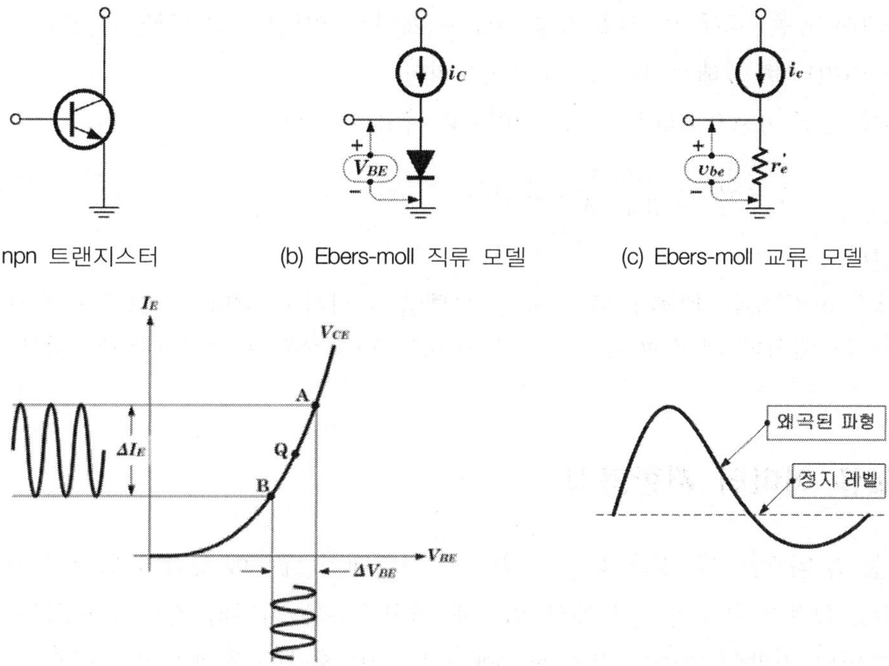

(a) npn 트랜지스터 (b) Ebers-moll 직류 모델 (c) Ebers-moll 교류 모델

(d) 이미터 전류의 변화와 베이스-이미터 단자전압의 변화 (e) 큰 신호의 왜곡

[그림 5-6]

교류신호가 트랜지스터를 구동시킬 때 이미터 전류와 이미터 전압은 변화하는데, 교류신호가 작다면 동작점은 '+'의 최대 전류점인 A까지 올라갔다가 '−'의 최대 전류점인 B까지 내려가고 다시 Q점으로 복귀하는 사이클이 반복된다. 이것은 그림에서 보는 것처럼 I_E와 V_{BE}에 정현파적인 변화를 준다.

만약, 신호가 작다면(소신호라면) 최대점 A와 B는 Q점에 근접해 있고 동작은 선형적으로 된다. 다시 말해서 A점으로부터 B점까지의 호는 거의 직선이 되기 때문에 전압과 전류의 변화는 거의 비례적으로 된다.

다른 방법에 의해서 교류신호가 관여된다면 다이오드는 식 (5−3)과 같은 저항으로 동작된다.

$$r_e' = \frac{\Delta V_{BE}}{\Delta I_E} \tag{5-3}$$

여기서, r_e'는 교류 이미터 저항, ΔV_{BE}는 베이스 이미터 전압의 미소 변화량, ΔI_E는 이미터 전류의 변화에 관계되는 양이다. V_{BE}와 I_E의 변화는 교류전압과 교류전류의 등가이므로 식 (5−3)은 식 (5−4)처럼 쓸 수 있다.

$$r_e' = \frac{v_{be}}{i_e} \tag{5-4}$$

여기서 r_e'는 교류 이미터 저항, v_{be}는 베이스 이미터 단자양단에 걸리는 교류전압, I_E는 이미터를 통해서 흐르는 교류전류이다.

예를 들면 $I_E = 0.4[\text{mA}]$, $v_{be} = 10[\text{mV}]$라고 가정하면

$$r_e' = \frac{v_{be}}{i_e} = \frac{10\text{mV}}{0.4\text{mA}} = 25[\Omega]$$

이 된다.

[그림 5-6(c)]는 Ebers-Moll 교류 모델을 표시하고 있다. 이것은 증폭기의 교류 등가회로를 해석할 때 사용되고 베이스 이미터 다이오드는 교류 이미터 저항으로 대치된다.

▮ 교류 이미터 저항공식

r_e'는 I_E의 변화에 대한 V_{BE}의 변화로 나타내기 때문에 Q점의 위치에 따라 값이 달라진다. Q점이 특성곡선 상에서 위쪽에 위치할수록 이미터 전류의 변화는 큰데, 베이스-이미터 전압의 변화는 작기 때문에 r_e'는 작아진다. Q점에서의 다이오드 특성곡선의 기울기는 식 (5-5)와 같이 r_e'값을 결정하게 된다.

$$r_e' = \frac{25\text{mV}}{I_E} \tag{5-5}$$

예를 들어서, Q점이 1[mA]인 I_E에 있다면

$$r_e' = \frac{25\text{mV}}{I_E} = \frac{25\text{mV}}{1\text{mA}} = 25[\Omega]$$

이 되고, $I_E = 5[\text{mA}]$처럼 Q점이 높은 곳에 있다면

$$r_e' = \frac{25\text{mV}}{I_E} = \frac{25\text{mV}}{5\text{mA}} = 5[\Omega]$$

으로 감소하게 된다. 교류값인 r_e'가 직류값인 I_E에 의존한다는 것을 기억해야 한다. 이것은 Q점을 r_e'가 결정한다는 의미이기도 하다.

식 (5-5)는 25[℃] 근처의 상온에서 유효하며 저항 r_e'는 온도가 3[℃] 증가할 때마다 약 1[%]씩 증가한다. 다이오드의 특성곡선은 선형이 아니기 때문에 r_e' 값은 식 (5-5)의 값과 약간의 오차를 갖게 된다. 이런 이유 때문에 식 (5-5)는 pn 접합의 특성곡선을 이상적인 곡선이라고 가정하고 구한 식이다.

예제 5-2 다음의 직류 바이어스 컬렉터 전류에서 r_e'를 구하시오.

$I_C = 10[\text{mA}]$, $1[\text{mA}]$, $0.01[\text{mA}]$, $1[\mu\text{A}]$, $1[\text{pA}]$

● **풀이** $I_E \cong I_C$이므로 $r_e' = \dfrac{25\text{mV}}{I_C}[\Omega]$ 공식을 사용하면 다음 표와 같다.

$I_E \cong I_C$	$r_e' = \dfrac{25\text{mV}}{I_C}[\Omega]$
10[mA]	2.5[Ω]
1[mA]	25[Ω]
0.01[mA]	2.5[kΩ]
1[μA]	25[kΩ]
1[pA]	25[MΩ]

확인문제 5-2

1. 교류 조건에서 이미터 다이오드 모델은 어떤 것인가?
2. 교류 이미터 저항의 공식은 무엇인가?
3. 교류 조건에서 컬렉터 전류와 베이스 전류 사이의 관계는 무엇인가?

해답 **1.** [그림 5-6] 참조 **2.** $r_e' = \dfrac{v_{be}}{i_e}$ **3.** $i_c = \beta i_b$

5-4 | 이미터 접지 증폭기

[그림 5-7(a)]는 공통 이미터 증폭기를 나타낸 것으로서, 이미터가 접지에 바이패스되기 때문에 이런 증폭기를 이미터 접지 증폭기라고 부르는데, 이것은 이미터가 직류접지가 아닌 교류접지라는 것을 의미한다. 즉, 소신호 정현파가 베이스에 입력되면 베이스 전류의 변화를 가져오게 되고, 이런 정현파 컬렉터 전류가 컬렉터 저항을 통해서 흐르게 되어 증폭기의 출력전압으로 나타나게 된다.

위상반전

[그림 5-7(a)]의 출력전압은 컬렉터 전류의 교류적 변화 때문에 동작전압의 위아래를 정현파적으로 스윙하게 된다.

그림으로부터 알 수 있는 바와 같이, 베이스 전류는 입력전압의 '+' 반주기 동안 증가하게 되어 컬렉터 전류를 증가시켜 컬렉터 저항 양단에 큰 전압강하를 발생시킨다. 그 결과 컬렉터 전압이 감소하게 되서 출력전압에 처음 '−'의 반주기를 얻을 수 있다.

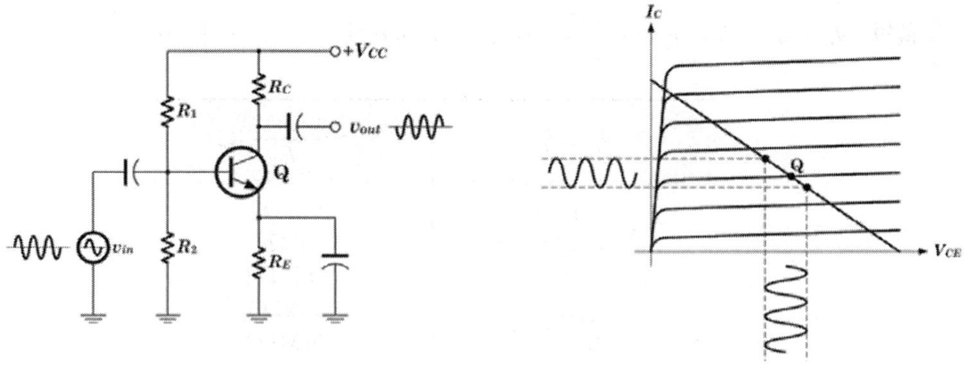

(a) 이미터 접지 증폭기

(b) 교류부하선

[그림 5-7]

또한, 입력전압의 '－' 반주기 동안 컬렉터 전류는 적게 흐르게 되어 컬렉터 저항에서의 전압강하도 크기가 작게 되므로 컬렉터 전압은 증가하고, 출력전압에 '＋'의 반주기가 나타나게 된다. 이것은 교류 출력전압이 교류 입력전압에 대해서 위상이 180° 바뀐 출력이 나왔다는 것을 의미한다.

부하선의 관점

[그림 5-7(b)]는 Q점과 교류 부하선을 나타낸 것이다. 교류 입력전압은 베이스 전류를 교류적 변화를 갖게 하고, 그 결과 Q점에서 정현파적 변화가 발생한다. 그림에서 본 것처럼 소신호 동작인 경우, 컬렉터 전류에서 피크-피크 스윙은 동작점에서의 컬렉터 전류 크기의 10[%] 미만이다(10 : 1 규칙을 만족시키면 왜곡을 모든 회로에서 원하는 수준으로 억제시킬 수 있다).

큰 신호에 대한 동작점에서의 스윙 폭은 부하선에서 더 넓어진다. 만약 신호가 아주 크다면 트랜지스터는 차단상태나 포화상태로 될 것이다. 이것은 신호의 '＋'와 '－' 피크 부분이 잘려 나간다는 의미이다. 그러나 트랜지스터가 선형으로 동작한다면 항상 활성 영역에서 동작하게 된다.

이것은 결코 모든 주기 동안 포화되거나, 차단상태가 되지 않는다는 의미이며, [그림 5-7(a)]와 같은 간단한 증폭기는 컬렉터 전류의 피크-피크 값이 비선형 왜곡을 피하기 위해서는 동작점 전류의 10[%] 미만이어야 한다.

전압이득

증폭기의 전압이득은 식 (5-6)처럼 입력 교류전압에 대한 출력 교류전압의 비로 나타낸다.

$$A = \frac{v_{\text{out}}}{v_{\text{in}}} \tag{5-6}$$

만약, 입력전압이 2.5[mV]이고, 출력전압이 250[mV]라면 전압이득은 100이다.

$$A = \frac{v_{\text{out}}}{v_{\text{in}}} = \frac{250\text{mV}}{2.5\text{mV}} = 100$$

전압이득을 구하기 위해 [그림 5-7(a)]에 나타낸 회로를 [그림 5-8(a)]와 같이 등가회로로 대체하면, 직류전원은 접지에 단락되고, 잘 설계된 증폭기에서 커패시터는 교류 신호 때 단락 스위치로 동작하게 되므로 모든 커패시터를 단락시키면 교류 등가회로를 얻을 수 있다.

전원공급점이 교류접지로 되기 때문에 컬렉터 저항 R_C는 접지된다. 이와 유사하게 저항 R_1도 접지되어 있고, 저항 R_2와 이미터 다이오드는 병렬연결처럼 표시된다. 입력측의 병렬연결 때문에 v_{in}은 이미터 다이오드 양단에 직접 나타나므로 [그림 5-8(a)]는 [그림 5-8(b)]와 같은 교류 등가회로로 형상화시킬 수 있다.

[그림 5-7(a)]의 원래 회로와 간략화된 등가회로를 비교해 보면 어떤 회로에서든지 r_e' 양단의 전압은 v_{in}과 동일하다. [그림 5-8(b)]의 입력전압은 입력전압의 '+' 반주기를 나타내기 위해서 '+', '−'의 극성으로 표시하고, 옴의 법칙에 의해서 이미터 전류 세기를 구하면

$$i_e = \frac{v_{\text{in}}}{r_e'}$$

이다. 여기서 컬렉터 전류는 이미터 전류와 거의 같기 때문에 $i_c \cong i_e$라고 쓸 수 있고, 컬렉터 저항을 통해서 흐르는 교류 컬렉터 전류는 출력전압 v_{out}을 만든다.

$$v_{\text{out}} \cong -i_e R_C$$

'−' 부호는 위상이 반전되었음을 표시한다. 다시 말하자면 입력전압의 '+' 반주기는 컬렉터 전류를 증가시키고 출력전압에 '−' 반주기로 나타난다. 따라서

$$i_e = \frac{v_{\text{in}}}{r_e'}$$

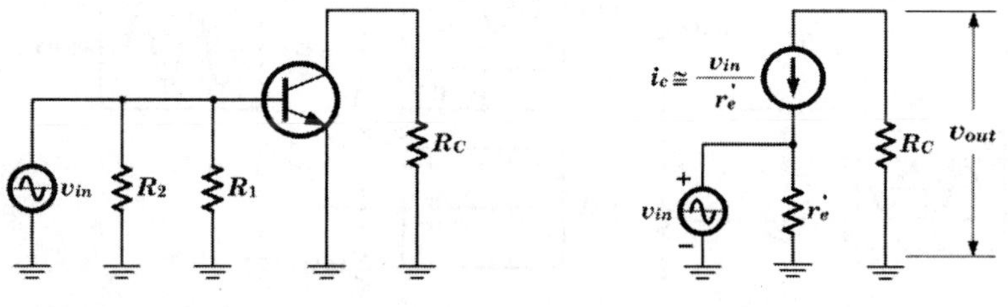

(a) 이미터 접지 증폭기의 교류 등가　　(b) Ebers-moll 교류 모델

[그림 5-8]

이므로 위식을 정리하면

$$v_{out} \cong -i_e R_C = -\frac{v_{in}}{r_e'} R_C$$

가 된다. 여기서 전압이득을 구하면 식 (5−7)과 같이 표시된다.

$$A = \frac{v_{out}}{v_{in}} = -\frac{R_C}{r_e'} \tag{5-7}$$

식 (5−7)에서 보다시피 전압이득이란 교류 이미터 저항과 컬렉터 저항의 비임을 알 수 있다. 이것은 이미터 접지증폭기의 전압이득을 근사적으로 빨리 계산할 수 있음을 보여주는 것이다.

측정된 전압이득이 이론적인 전압이득과 같은 값인지는 설계된 증폭기의 입력전압과 출력전압을 측정하면 증명할 수 있다. 예를 들면, $R_C = 4.7\text{k}\Omega$, $r_e' = 25\Omega$일 때 전압이득 A는 -188이다.

$$A = \frac{v_{out}}{v_{in}} = -\frac{R_C}{r_e'} = -\frac{4700}{25} = -188$$

이런 증폭기는 베이스 전압이 1[mV]가 인가되면 출력은 188[mV]를 만들게 된다.

예제 5-3 직류로 결합된 오실로스코프는 직류성분과 갖는 전체 신호를 디스플레이 한다. [그림 5-9]는 이미터 접지 증폭기의 베이스 전압, 이미터 전압, 컬렉터 전압을 표시하고 있다. 이런 전압들이 무엇을 나타내고 있는지 설명하시오.

풀이 시작하기 전에 교류 입력신호는 소신호 정현파 전압이라고 가정한다. 이것은 입력 결합형 커패시터를 지나서 베이스에 나타난다. 베이스 전압의 동작점 전압은 1.8[V]이다(이것은 전압분배기에 의해서 나타나는 직류전압이다).

$$V_B = \frac{2.2\text{k}\Omega}{10\text{k}\Omega + 2.2\text{k}\Omega} \times 10\text{V} = 1.8[\text{V}]$$

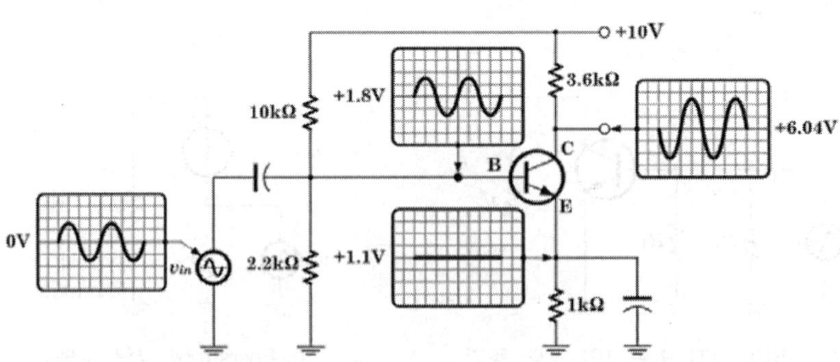

[그림 5-9] 직류로 결합된 오실로스코프에 나타나는 직류와 교류성분

따라서, 베이스에 대한 전체 입력전압은 1.8[V_{dc}]에 소신호 입력 정현파 전압을 더하면 된다. 안정된 결합 커패시터라고 가정할 때 모든 교류 전원전압이 베이스에 나타난다. 중요한 것은 이미터 전압이 1.1[V]인데, 이것은 이미터가 0.7[V]로 입력전압에 부트스트랩 되어 있기 때문이다(1.8V－0.7V＝1.1[V]).

이미터는 이미터 바이패스 커패시터를 통해서 접지에 바이패스되어 있기 때문에 교류신호는 나타나지 않는다.

다시 말하자면 안정한 바이패스 커패시터는 교류신호에 대해서 접지와 단락이다. 따라서 모든 교류신호는 바이패스 커패시터를 통해서 분류되기 때문에 R_E를 통해서 흐르는 교류신호는 없다는 의미이다. 직류 이미터 전류는 1.1[mA]이다.

$$I_E = \frac{1.1\text{V}}{1\text{k}\Omega} = 1.1[\text{mA}]$$

컬렉터에 증폭되고 반전된 교류전압이 나타나는데 6.04[V]의 동작점 레벨을 가진다.

$$V_C = 10\text{V} - (1.1\text{mA} \times 3.6\text{k}\Omega) = 6.04[\text{V}]$$

예제 5-4 [그림 5-9]에서 교류 입력신호는 1[mV]의 피크 값을 가진다고 가정하면 교류출력에서의 피크 값은 얼마인가?

풀이 〈예제 5-3〉에서 직류 이미터 전류는 1.1[mA]로 계산되었다. 따라서, 교류 이미터 저항을 구하면 22.7[Ω]이다.

$$r_e' = \frac{25\text{mV}}{I_E} = \frac{25\text{mV}}{1.1\text{mA}} = 22.7[\Omega]$$

따라서, 전압이득

$$A = -\frac{R_C}{r_e'} = -\frac{3.6\text{k}\Omega}{22.7\Omega} = -159$$

이다. 이것은 교류 출력전압이 159배가 된다는 뜻이며 위상은 반전된다.

$$v_{\text{out}} = Av_{\text{in}} = -159(1\text{mV}) = -159[\text{mV}]$$

5-5 | 공통 이미터 증폭단의 교류 모델

증폭기의 여러 단을 직렬로 연결하면 천배 가까운 이득을 얻을 수도 있다. 그러나, 다단증폭기를 해석하기 전에 1단 증폭기의 교류 등가회로의 해석을 이해하는 것이 필요하다.

이런 모델을 얻기 위해서는 입력 임피던스와 출력 임피던스에 대하여 반드시 알아야 한다.

입력 임피던스

증폭기를 구동시키는 교류전원은 증폭기에 교류전류를 공급하는데, 보통 적은 전류가 전원으로부터 공급된다.

증폭기의 입력 임피던스는 증폭기가 전원으로부터 얼마나 많은 양의 전류를 받아들이는가에 달려 있다.

증폭기의 정상적인 주파수 범위에서 결합용 커패시터와 바이패스용 커패시터는 교류단락으로 동작하고, 모든 다른 리액턴스 성분이 무시될 때 입력 임피던스는 식 (5-8)로 표시된다.

$$z_{\text{in}} = \frac{v_{\text{in}}}{i_{\text{in}}} \tag{5-8}$$

여기서 v_{in}과 i_{in}은 피크, 피크-피크 값, 또는 실효값이다.

이미터 접지 증폭기에서 교류전원 쪽에서 바라다본 저항은 [그림 5-10(a)]에서 보는 것처럼 이미터 다이오드와 병렬로 연결된 바이어스 저항들이다. 따라서, 전류 i_1은 R_1을 흐르고, 전류 i_2는 R_2를 흐르고, i_b는 베이스로 흐르게 된다.

베이스 쪽으로 들여다본 저항을 $z_{\text{in(base)}}$로 기호화하면

$$z_{\text{in(base)}} = \frac{v_b}{i_b} = \frac{v_{\text{in}}}{i_b}$$

로 표시된다. 옴의 법칙을 적용하면 $v_{\text{in}} = i_e r_e'$이고, $i_e \cong i_c = \beta i_b$이므로, $v_{\text{in}} = \beta i_b r_e'$로 쓸 수 있고, $z_{\text{in(base)}}$를 다시 정리하면

$$z_{\text{in(base)}} = \frac{\beta i_b r_e'}{i_b} = \beta r_e'$$

로 표시할 수 있다.

기억해야 할 것은 z_{in}은 오직 트랜지스터의 베이스에서 바라다본 입력 임피던스란 점이며, 베이스에 연결된 외부의 바이어스 저항값은 포함되지 않는다. 다시 말하면, 이미터 접지 증폭기의 베이스에서 바라다본 입력 임피던스는 이미터 저항에 교류전류 이득을 곱한 값과 같다는 뜻이다.

그렇다면 왜 입력 임피던스가 이미터 교류저항 r_e'와 같지 않을까? 베이스에서 바라다본 교류전원은 오직 베이스 전류만 공급하기 때문이며, 트랜지스터 내부의 컬렉터 전류가 베이스 전류에 더해져서 r_e'를 통해서 흐르는 이미터 전류를 만들기 때문이다.

왜냐하면 베이스 전류에 β배를 곱해도 이미터 전류보다 작으며 베이스의 입력 임피던스를 β배하면 r_e'보다 커지기 때문이다. 이 점을 강조하기 위해서 [그림 5-10(b)]의 등가회로를 사용하는데, 이것은 [그림 5-10(a)]와 똑같은 효과를 가진다.

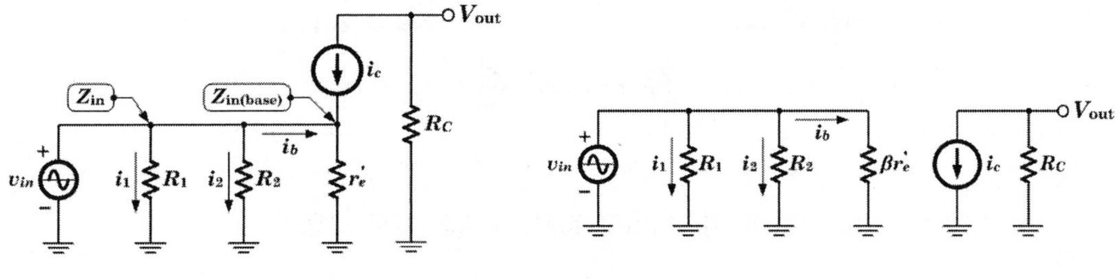

(a) (b)

[그림 5-10] 입력 임피던스와 출력 임피던스

교류신호 쪽에서 바라다볼 때 저항 R_1과 저항 R_2 그리고 $\beta r_e'$가 병렬로 연결된 회로로 보이게 된다. $\beta r_e'$를 통해서 흐르는 베이스 전류는 증폭기에서 $\beta i_b'$의 컬렉터 전류로 얻어진다.

요약하면 이미터 접지 증폭기는 식 (5-9)와 같은 입력 임피던스를 가진다.

$$z_{\text{in}} \cong R_1 \parallel R_2 \parallel \beta r_e' \tag{5-9}$$

이 임피던스는 전체 임피던스로서, 바이어스 저항들과 트랜지스터의 베이스에서 들여다본 임피던스가 포함되어 있다.

출력 임피던스

증폭기의 출력 쪽을 알아보기 위해서 [그림 5-10(b)]의 회로를 테브닌화 시키면 출력에서 테브닌 전압을 구할 수 있다.

$$v_{\text{out}} = Av_{\text{in}}$$

테브닌 임피던스는 컬렉터 전류원의 내부 임피던스와 R_C의 병렬조합에 의해서 구해진다. Ebers-Moll 모델에서 컬렉터 전류원은 이상적이므로 무한대의 입력 임피던스를 가진다. 따라서, 테브닌 임피던스는

$$z_{\text{out}} = R_C$$

로 표시된다.

간단한 교류 모델

[그림 5-11]은 이미터 접지 증폭기의 입력 임피던스와 출력 임피던스를 요약해서 표시한 것이다. 여기서, 입력 임피던스는

$$z_{\text{in}} \cong R_1 \parallel R_2 \parallel \beta r_e'$$

이고, 입력 측 전원에서 바라본 것이며, 반대쪽에는 교류전압원인 AV_{in}이 출력 임피던

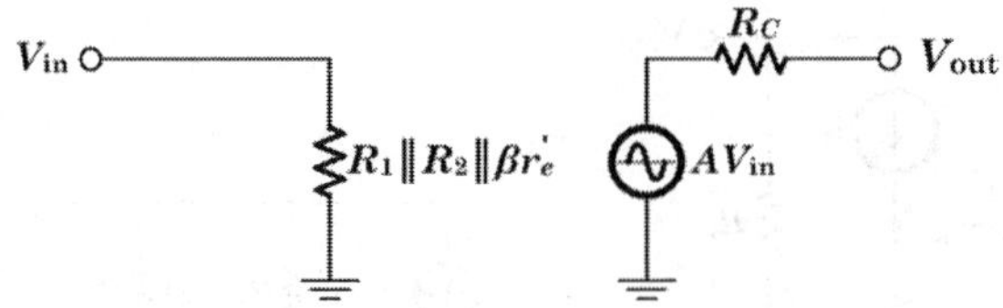

[그림 5-11] 이미터 접지증폭기의 교류 모델

스인 R_C와 직렬로 연결되어 있다. 이와 같이 간단한 모델을 사용하면 다단증폭기도 쉽게 해석할 수 있다.

예제 5-5 [그림 5-12(a)]는 〈예제 5-4〉에서 해석한 이미터 접지증폭기를 나타내고 있다. 만약 트랜지스터의 β가 150이라면 교류 출력전압은 얼마인가?

풀이 [그림 5-12(a)]에는 2가지 새로운 점이 있는데, 하나는 교류전원이 [1kΩ]의 임피던스를 갖기 때문에 신호가 베이스에 도착하기도 전에 저항양단에서 전압강하 현상이 발생하는 것이고, 나머지 하나는 출력단에서 커패시터가 1.5[kΩ]의 부하저항과 교류신호를 결합시키고 있기 때문에 갖는 부하효과이다.

결과적으로 출력신호가 입력신호보다 작게 되며 전원과 부하저항의 영향을 알아보기 위해서는 이미터 접지증폭기를 교류 모델로 바꾸어야 한다.

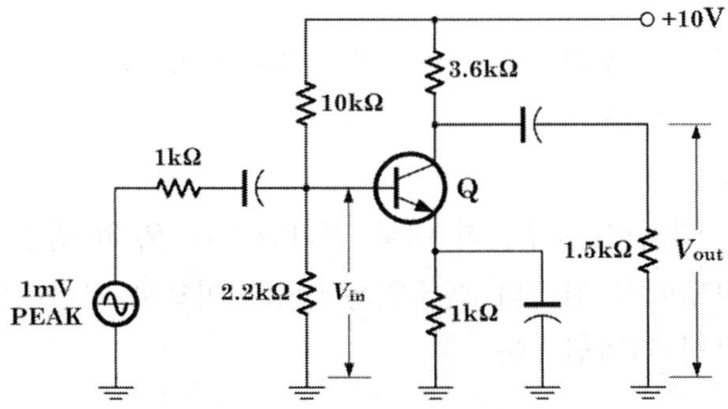

(a) 이미터 접지증폭기에 연결된 전원과 부하저항

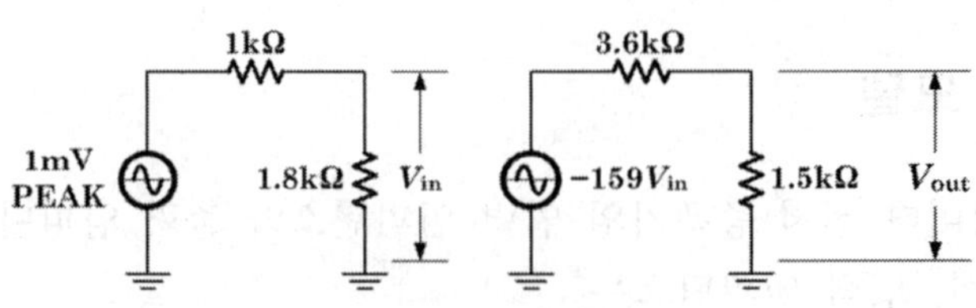

(b) 교류 등가회로

[그림 5-12]

우선 베이스의 입력 임피던스를 계산하면

$$z_{\text{in(BASE)}} = \beta r_e' = 150 \times 22.7\Omega = 3.4[\text{k}\Omega]$$

이다. 다음으로 증폭기의 입력 임피던스를 계산하자.

$$z_{\text{in}} \cong R_1 \parallel R_2 \parallel \beta r_e' = 10\text{k}\Omega \parallel 2.2\text{k}\Omega \parallel 3.4\text{k}\Omega = 1.18[\text{k}\Omega]$$

무부하에서의 전압이득은 앞에서 −159로 구한 바 있다. 출력의 임피던스는 R_C와 같기 때문에 [그림 5-12]에서 나타낸 것처럼 등가회로를 구할 수 있다.

2개의 전압분배기를 보면 입력 전압분배기는 베이스에서 신호를 감소시키는데

$$v_{\text{in}} = \frac{1.18\text{k}\Omega}{2.18\text{k}\Omega} \times 1\text{mV} = 0.541[\text{mV}]$$

테브닌 출력전압은

$$AV_{\text{in}} = -159 \times 0.541\text{mV} = -86[\text{mV}]$$

이다. 이 출력은 무부하상태의 출력을 표시하며 실제로 1.5[kΩ] 저항 양단에 걸리는 출력은

$$v_{\text{out}} = \frac{1.5\text{k}\Omega}{5.1\text{k}\Omega} \times (-86\text{mV}) \cong -25[\text{mV}]$$

이다. 이것은 출력전압의 피크 값이 25[mV]라는 의미이다.

5-6 | 스왐핑된 증폭기

공통 이미터 증폭기는 몇 가지의 결점이 있다. 즉, 공통 이미터 증폭기의 출력전압은 정지전류, 온도변화 및 트랜지스터의 교체 등에 따라 변화한다.

교류 이미터 저항 r_e'은 이상적으로 $25\text{mV}/I_E$이므로, 직류 이미터 전류가 증할 때 감소한다. 이는 전압이득이 R_C를 r_e'로 나눈 것과 같기 때문에 전압이득을 변화시킨다. 앞에서 지적했듯이 실제적인 r_e'는 접합면의 형태나 온도에 따라 달라진다. 그 이유는 트랜지스터의 r_e'값이 다른 트랜지스터와 온도에서는 2 : 1의 범위에서 변할 수 있기 때문이다.

따라서, 이미터 접지 증폭기에서 r_e'의 값이 갖는 변화는 전압이득의 변화를 갖게 하는데 어떤 응용회로에서는 전압이득의 변화가 고려되는 수도 있다. 예를 들면 트랜지스터라디오는 볼륨 조정을 통해서 전압이득의 변화를 차단시킬 수 있지만, 가능한 한 안정한 전압이득을 필요로 하는 응용회로가 대부분이다.

▮ 스왐핑이란 무엇을 의미하는가?

[그림 5-13(a)]에 표시된 것처럼 이미터에 직렬저항 r_E를 삽입하면 이미터는 더 이상 교류접지가 아니다(그 이유는 r_E를 통해서 흐르는 이미터 교류전류가 이미터에서 교류전압을 나타나게 하기 때문이다).

만약, r_E가 r_e'보다 아주 크다면 교류 입력신호의 대부분이 이미터에 나타난다. 다시 말하면 r_E가 r_e'보다 아주 크다면 이미터는 교류뿐만 아니라 직류적으로 베이스에 부트스트랩 된다.

[그림 5-13(b)]는 교류 등가회로를 나타낸 것으로서, r_E가 r_e'와 직렬로 연결되어 있기 때문에 전체 저항은 r_E+r_e'가 되며, 전체 저항 양단에 교류입력이 나타나며, 교류 이미터 전류 i_e가 흐르게 된다.

$$i_e = \frac{v_{\text{in}}}{r_E + r_e'}$$

이미터 다이오드를 스왐핑(swamping)시킨다는 것은 r_E를 r_e'보다 크게 만드는 것을 의미한다.

▮ 전압이득에서의 스왐핑 효과

[그림 5-13(b)]에서 교류 출력전압은

$$v_{\text{out}} = -i_c R_C$$

이다. r_E+r_e' 양단에 나타나는 교류전압은

$$v_{\text{in}} = i_e(r_E + r_e')$$

이므로 v_{in}과 v_{out}의 비는

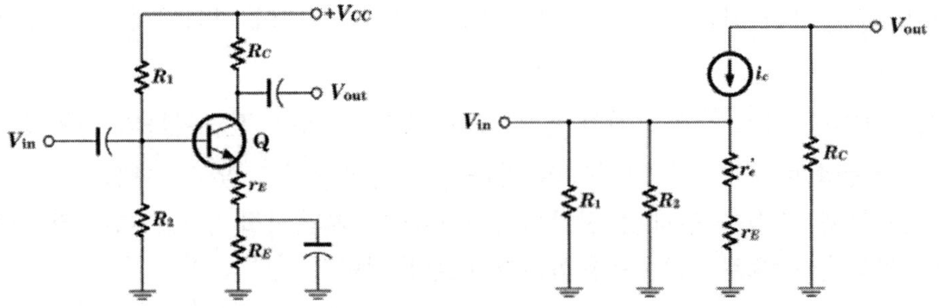

(a) 스왐핑된 증폭기 (b) 교류 등가회로

[그림 5-13]

$$\frac{v_{out}}{v_{in}} = -\frac{i_c R_C}{i_e(r_E + r_e')}$$

이다. 여기서 $i_c = i_e$이므로 위식을 다시 쓰면 식 (5-10)처럼 표시된다.

$$A = -\frac{R_C}{r_E + r_e'} \tag{5-10}$$

식 (5-10)은 다음의 두 가지를 의미하고 있다. 첫째 스왐핑 저항은 전압이득을 감소시키며, 둘째 교류 이미터 저항 r_e'의 변화가 더 이상 전압이득에 영향을 주지 못한다는 점이다.

왜곡에서의 스왐핑 효과

이미터 다이오드의 스왐핑이 갖는 또 다른 이점은 왜곡(distortion)을 감소시킨다는 것이다. 이미터 다이오드의 비선형성이 대신호 증폭기에서 왜곡을 만들게 된다.

$$r_e' = \frac{25\text{mW}}{I_E}$$

이므로 I_E에서 나타나는 변화는 r_e'에서 주목할 만한 변화를 가져오게 된다.

스왐핑되지 않은 대신호 증폭기에서는 r_e'가 변하기 때문에 사이클 전체를 통해서 전압이득이 변화한다는 의미이다. 결국 전압이득의 변화는 출력신호에 왜곡현상을 일으킨다. 이와 같은 왜곡은 신호의 과도한 왜곡을 피하기 위해서 스왐핑되지 않은 증폭기가 부하선의 일부분만을 사용하기 때문에 발생된다.

부하선을 좀더 넓게 사용하고, 증폭기가 이미터 다이오드를 스왐핑한다면 원하는 레벨까지 왜곡을 감소시킬 수 있다. 강하게 스왐핑된 증폭기가 있다면 대부분의 정현파 입력신호가 스왐핑 저항 양단에 나타나게 되며, 이것은 컬렉터 전류가 정현파로 된다는 의미이고, 부하선의 대부분을 사용하더라도 정현파를 유지할 수 있다는 뜻이다.

스왐핑된 증폭기의 교류 모델

[그림 5-13(b)]의 교류 입력저항은 r_e'와 직렬로 연결된 r_E의 양단에 나타난다. 옴의 법칙을 적용하면

$$v_{in} = i_e(r_E + r_e')$$

이고,

$$i_e \cong i_c \cong \beta i_b$$

이므로 공식을 다시 쓰면

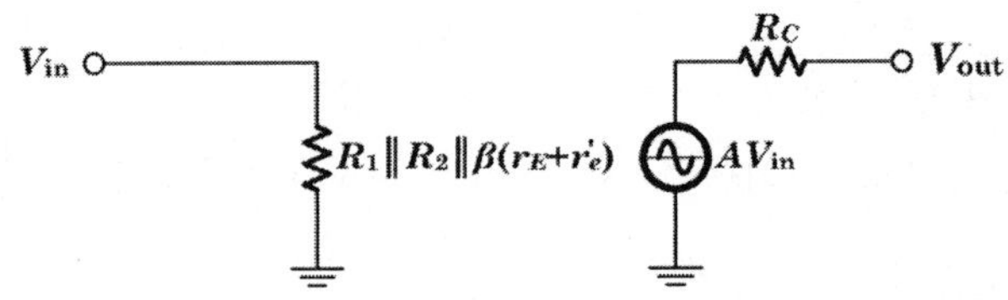

[그림 5-14] 스왐핑된 증폭기의 교류 모델

$$\frac{v_{in}}{i_b} \cong \beta(r_E + r_e^{'})$$

이거나 식 (5-11)처럼 표시된다.

$$z_{in(base)} = \beta(r_e^{'} + r_E) \quad (5-11)$$

[그림 5-14]는 스왐핑된 증폭기의 교류 모델을 표시하고 있다.

예제 5-6 [그림 5-15]에 나타낸 스왐핑 증폭기의 전압을 해석하시오.

풀이 회직류전류에 관한 회로는 〈예제 5-3〉에서 설명했던 이미터 접지 증폭기와 동일하다. 직류 베이스 전압은 1.8[V]를 유지하고, 직류 이미터 전압은 1.1[V], 직류 컬렉터 전압은 6.04[V]이다. 이미터 저항은 1[kΩ]이고, $r_e^{'}$는 22.7[Ω]이다. 차이점이라면 교류 전압원이 1[mV]에서 100[mV]로 증가한 것뿐이다. 이런 신호가 베이스에 결합되면 부트스트랩 효과에 의해서 100[mV]의 대부분은 스왐핑 저항 양단에 나타나게 된다.

스왐핑 저항의 하단 부분은 교류접지이기 때문에 오실로스코프에는 +0.902[V]에서 수평선이 표시된다. 교류 컬렉터 전압은 입력전압과는 반전되고, 증폭된 크기를 가진다.

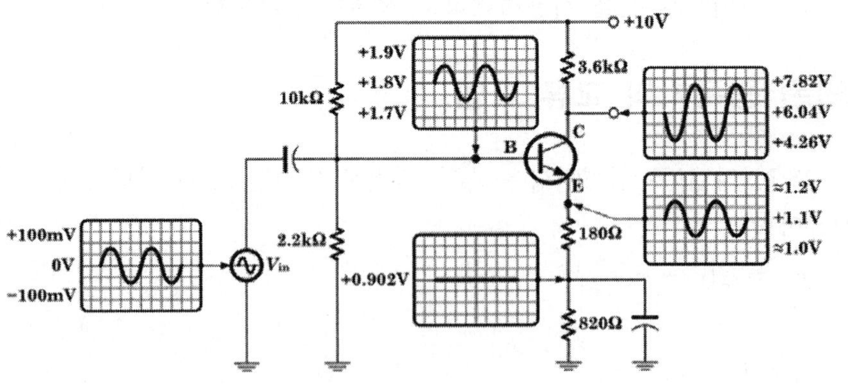

[그림 5-15]

예제 5-7 [그림 5-15]의 교류전압을 구하시오.

● **풀이** 전압이득은

$$A = -\frac{3600\Omega}{180\Omega + 22.7\Omega} = -17.8$$

이다. 교류 출력전압은 -1.78[V]이다.

$$v_{\text{out}} = -17.8 \times 100\text{mV} = -1.78[\text{V}]$$

예제 5-8 [그림 5-15]에 나타낸 스왐핑 증폭기에서 바이패스 커패시터가 개방상태라고 가정하면 전압이득은 얼마로 구해지는가?

● **풀이** 바이패스 커패시터가 개방된다는 의미는 180[Ω] 아래쪽이 교류접지가 아니라는 의미이다. 따라서

$$r_E = 180\Omega + 820\Omega = 1000[\Omega]$$

이다. 이런 경우에는 스왐핑은 더욱 강하게 되고 전압이득은 감소된다.

$$A = -\frac{3600\Omega}{1000\Omega + 22.7\Omega} = -3.52$$

따라서 교류 출력전압은 -352[mV]가 된다.

$$v_{\text{out}} = -3.52 \times 100\text{mV} = -352[\text{mV}]$$

예제 5-9 [그림 5-16]에서 $\beta = 150$이라고 가정하고 교류 출력전압을 구하시오.

● **풀이** 베이스의 입력 임피던스는 30.4[kΩ]이다.

$$z_{\text{IN(BASE)}} = \beta(r_e' + r_E) = 150(180\Omega + 22.7\Omega) = 30.4[\text{k}\Omega]$$

증폭기의 입력 임피던스는 1.7[kΩ]이다.

$$z_{\text{in}} \cong R_1 \parallel R_2 \parallel \beta r_e' = 10\text{k}\Omega \parallel 2.2\text{k}\Omega \parallel 30.4\text{k}\Omega = 1.7[\text{k}\Omega]$$

무부하 상태의 베이스에서 컬렉터로 전달되는 전압이득은 -17.8이 된다. 따라서, 증폭기의 교류 모델은 [그림 5-16(b)]에 나타낸 것과 같아진다. 증폭기의 입력전압은 63[mV]까지 도달된다.

$$v_{\text{in}} = \frac{1700\Omega}{2700\Omega} \times 100\text{mV} = 63[\text{mV}]$$

테브닌 출력전압은 -1.12[V]이다.

$$Av_{\text{in}} = -17.8 \times 63\text{mV} = -1.12[\text{V}]$$

이것은 무부하 상태의 출력전압이다. 실제 교류 출력전압은 컬렉터와 부하저항 양단에 나타난다.

$$v_{\text{out}} = \frac{51{,}000\Omega}{54{,}600\Omega} \times (-1.12\text{V}) = -1.05[\text{V}]$$

이것은 출력전압의 피크 값이 1.05[V]라는 의미이다.

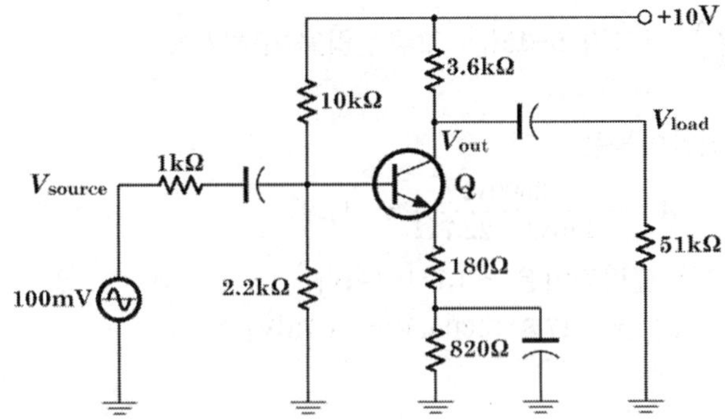

(a) 스왐핑 증폭기에 연결된 전원과 부하저항

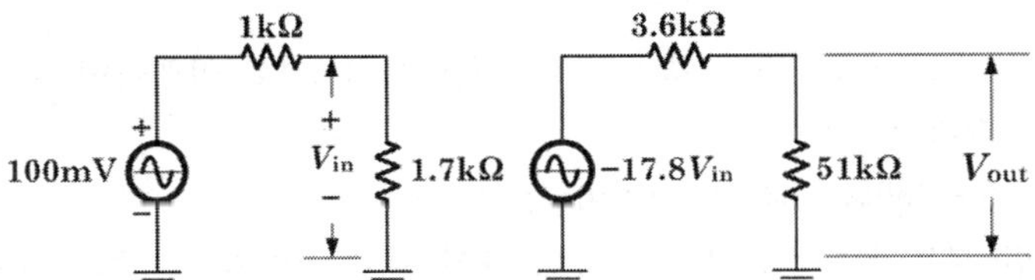

(b) 교류 등가회로

[그림 5-16]

5-7 | 공통 컬렉터 증폭기

공통 컬렉터 증폭기는 전류이득을 제공하기 위해서 사용되며, 공통 컬렉터 증폭기의 입력은 베이스에 인가되지만, 출력은 이미터에서 구한다. 또한, 공통 컬렉터 회로의 전압이득은 항상 '1'보다 작고, 출력전압은 입력전압과 동위상이다. 따라서, 출력신호는 입력신호를 닮기 때문에 일반적으로 공통 컬렉터 증폭기 회로를 이미터 폴로어(Emitter follower)라고 부른다.

▌기본 개념

[그림 5-17(a)]는 공통 컬렉터 증폭기 회로를 나타낸 것으로서, R_C가 $0[\Omega]$이기 때문에 컬렉터가 교류접지가 되므로, 컬렉터 접지 증폭기라고 부르며, 베이스를 직류전압 v_{in}이 구동할 때 이미터 저항양단에 v_{out}이 나타난다.

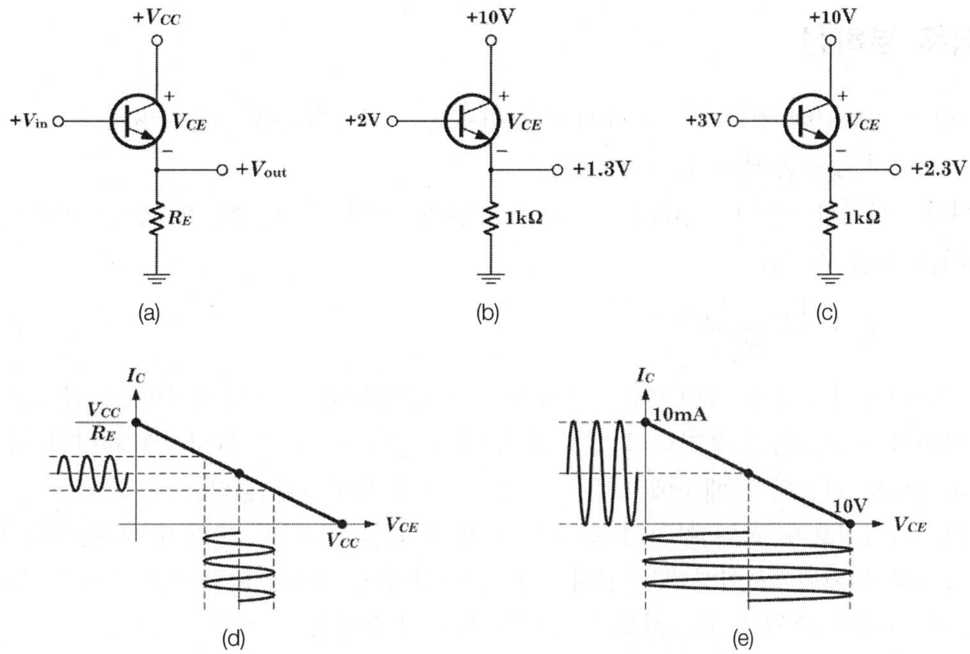

[그림 5-17] 공통 컬렉터 증폭기

공통 컬렉터 증폭기는 출력이 컬렉터보다 이미터에서 나타나고, 단락된 컬렉터 저항을 갖는 강하게 스왐핑된 공통 이미터 증폭기와 같다. 따라서, 이미터는 베이스에 부트스트랩 되어 있고, 직류 출력전압은 식 (5-12)처럼 표시된다.

$$V_{out} = V_{in} - V_{BE} \qquad (5-12)$$

이런 회로는 직류 이미터 전압이 직류 베이스 전압에 따르기 때문에 이미터 폴로어라고 부르기도 한다.

즉, [그림 5-17(b)]에서 표시된 것처럼 $V_{\in} = 2$[V]라면 $V_{out} = 1.3$[V]가 되고, 만약 [그림 5-17(c)]처럼 V_{in}이 3[V]까지 증가하면 V_{out}도 2.3[V]까지 증가하며, 이는 V_{out}의 변화가 V_{in}의 변화와 같은 위상을 가진다는 의미이다.

위상관계

[그림 5-17(a)]에서 V_{CE}가 다음과 같이 계산된다.

$$V_{CE} = V_{CC} - V_{out}$$

따라서, V_{out}이 증가한다면 V_{CE}는 감소하게 되며, V_{CE}는 V_{in}과 V_{out}과는 다른 위상을 갖게 된다. [그림 5-17(d)]와 [그림 5-17(e)]에 표시된 것처럼 위상관계를 알 수 있다. V_{in}이 1[V] 증가하면 V_{out}은 1[V] 증가하나, V_{CE}는 1[V] 감소한다.

직류 부하선

[그림 5-17(a)]에 컬렉터 루프에서 키르히호프의 전압법칙을 적용하면

$$V_{CE} = I_E R_E + V_{CC} = 0$$

가 된다. 여기서 컬렉터 전류는 이미터 전류와 거의 같기 때문에 I_C를 구하면 식 (5-13)을 구할 수 있다.

$$I_C = \frac{V_{CC} - V_{CE}}{R_E} \tag{5-13}$$

식 (5-13)은 [그림 5-17(d)]에 표시되어 있는 부하선의 직선 방정식이다. 입력전압이 직류성분과 교류성분을 포함하고 있으면 I_C와 V_{CE}가 [그림 5-17(d)]에 표시된 것처럼 정현파적으로 진동하기 때문에 교류 부하선은 직류 부하선과 같다.

만약, 입력신호가 교류 부하선 전체를 사용할 만큼 크다면, 트랜지스터는 피크에서 차단상태로 되거나, 포화상태로 된다. 이것은 [그림 5-17(e)]에 표시한 것처럼 출력전압의 피크-피크 스윙은 V_{CC}값으로 제한된다는 의미이다.

전압이득

[그림 5-18(a)]는 작은 교류전압에 의해서 구동되는 이미터 폴로어를 표시하고 있으며, [그림 5-18(b)]는 교류 등가회로를 표시하고 있다.

[그림 5-18(b)]에 나타낸 것처럼 교류 출력전압 v_{out}은

$$v_{\text{out}} = i_e R_E$$

로 표시되고, 교류 입력전압 v_{in}은

$$v_{\text{in}} = i_e (R_E + r_e')$$

이다. v_{in}과 v_{out}의 비는 전압이득으로 식 (5-14)와 같이 표시된다.

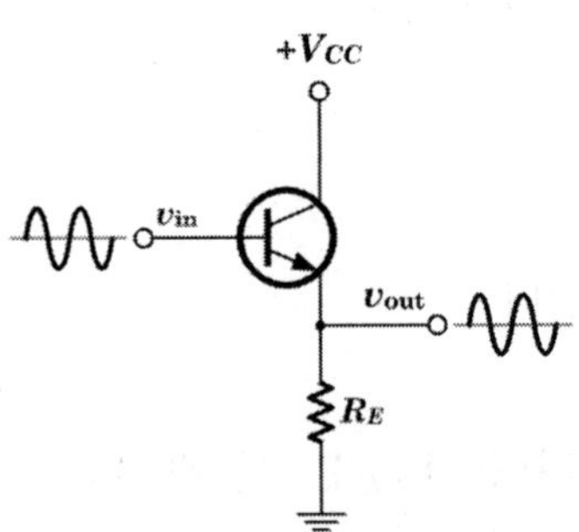

(a) 이미터 폴로어

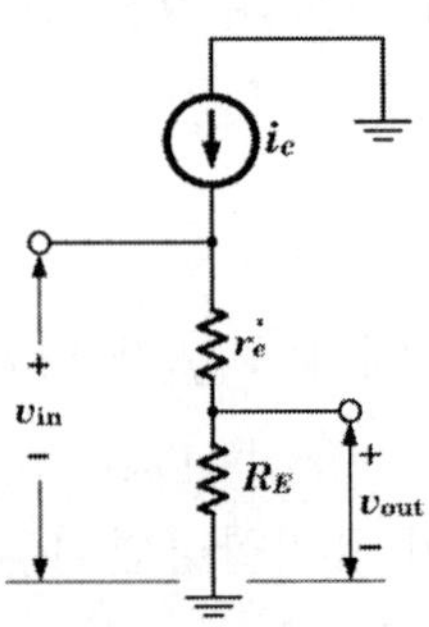

(b) 교류 등가회로

[그림 5-18]

$$A=\frac{v_{\text{out}}}{v_{\text{in}}}=\frac{R_E}{R_E+r_e'} \tag{5-14}$$

대부분의 이미터 폴로어에서 R_E는 r_e'를 스왐핑시키므로 식 (5-14)의 전압이득은 '1'이다.

$$A \cong 1 \ (R_E \gg r_e' \text{인 경우})$$

예를 들면 $R_E=5.1[\text{k}\Omega]$이고 $r_e'=25[\Omega]$이라 가정하고 식 (5-14)를 이용해서 전압이득을 구하면

$$A=\frac{5100\Omega}{5125\Omega}=0.995$$

가 된다.

작은 왜곡

이미터 폴로어는 원래 왜곡이 적은 증폭으로서, 이미터 저항이 바이패스되지 않기 때문에 아주 강하게 스왐핑되고, 이미터의 비선형성은 거의 제거된다.

따라서, 전압이득이 거의 '1'이 되서 출력전압은 입력전압과 거의 같으므로, 주어진 완전한 정현파는 출력에서 거의 입력과 같은 정현파로 나타난다.

예제 5-10 [그림 5-19]는 전압분배기 바이어스를 사용하는 이미터 폴로어 증폭기를 나타낸 것이다. 직류전압을 계산하고 파형을 설명하시오.

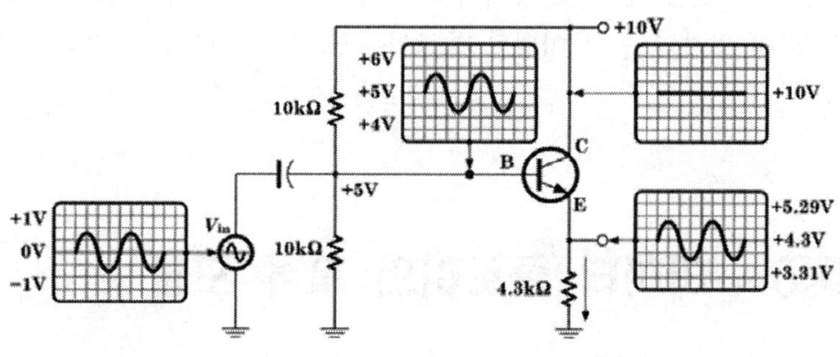

[그림 5-19] 직류성분을 함께 갖는 이미터 폴로어 증폭기

풀이 전압분배기의 테브닌 직류전압은 5[V]이다.

$$V_{TH}=\frac{10\text{k}\Omega}{20\text{k}\Omega}\times 10\text{V}=5[\text{V}]$$

이것은 동작점의 이미터 전압을 설정해 준다.

$$V_E=5\text{V}-0.7\text{V}=4.3[\text{V}]$$

컬렉터는 직접 공급전원에 연결되므로 $V_C=10[\text{V}]$이다. 신호원은 직류 레벨이 0[V]인

정현파이며, 이미터 폴로어의 베이스로 결합된다. 베이스에서의 직류 레벨 혹은 동작전압은 +5[V]이다. 베이스의 입력전압은 전원으로부터의 교류신호에 직류전압 +5[V]를 더해주어야 한다. 그 이유는 이미터가 베이스에 부트스트랩 되어 있기 때문에 교류 입력신호를 갖는 +4.3[V]의 전압값을 갖기 때문이다.

중요한 것은 공급전압이 교류접지점이 되기 때문에 컬렉터 전압에는 교류신호가 나타나지 않는다는 점이다. 이것은 '+'의 전원이 직류전원과 적은 전원 임피던스로 구성되기 때문이며, 이상적으로 전원 임피던스는 '0'이다. 이것은 공급점에서의 전압은 일정하고, 교류성분을 갖지 않는다는 의미이다.

예제 5-11 [그림 5-19]에서 전압이득을 계산하시오. 만약 교류 입력전압이 1[V]의 피크 값을 가진다면 출력전압은 얼마인가?

풀이 직류 이미터 전류는 1[mA]이다.

$$I_E = \frac{4.3\text{V}}{4.3\text{k}\Omega} = 1[\text{mA}]$$

이미터 다이오드의 교류저항 $r_e' = 25[\Omega]$이다.

$$r_e' = \frac{25\text{mV}}{1\text{mV}} = 25[\Omega]$$

전압이득은

$$A = \frac{4300\Omega}{4300\Omega + 25\Omega} = 0.994$$

이다. 출력전압의 피크 값은 0.994[V]이다.

$$V_{\text{out}} = 0.994 \times 1\text{V} = 0.994\text{V} \cong 1[\text{V}]$$

이런 값들은 오실로스코프 상에서는 입력전압과 거의 같은 값이기 때문에 구분하기 어렵다. 다시 말하면 어떤 이미터 폴로어든지 간에 교류 출력전압은 교류 입력전압과 같은 값을 가진다.

5-8 | 이미터 폴로어의 교류 모델

전원의 영향과 부하저항의 영향을 계산하는 데 이미터 폴로어의 실제 교류 등가회로가 사용된다. 이 절에서는 이미터 폴로어의 간단한 교류 모델을 설명한다.

입력 임피던스

저항 R_S를 갖는 교류전원이 [그림 5-20(a)]의 이미터 폴로어를 구동시킨다. 바이어스 저항과 입력 임피던스의 영향으로 전원저항 양단에서 교류신호의 일부가 손실되나, 그 양이 얼마나 되는가 하는 것이 의문점이다.

첫 번째 해야 할 일은 베이스의 입력 임피던스를 구하는 일이다. 이미터 폴로어는 강하게 스왐핑된 증폭기이기 때문에

$$Z_{in(base)} = \beta(R_E + r_e')$$

의 입력 임피던스를 가진다. 많은 이미터 폴로어에서 R_E가 r_e'를 스왐핑시키기 때문에 위의 식은 간략화되어서 식 (5-15)로 나타낼 수 있다.

$$Z_{in(base)} = \beta R_E \tag{5-15}$$

여기서, 중요한 것은 이미터 폴로어의 입력 임피던스가 β에 의해서 설정된다는 점이다. 만약 $\beta = 200$이고, $R_E = 4.3[\text{k}\Omega]$이라면

$$Z_{in(base)} = 200 \times 4.3\text{k}\Omega = 860[\text{k}\Omega]$$

이 된다. 보다시피 베이스의 입력 임피던스는 매우 높다.

이미터 폴로어의 전체 임피던스는 베이스의 입력 임피던스와 병렬로 연결된 바이어스 저항의 합성저항으로 구할 수 있다.

$$z_{in} = R_1 \parallel R_2 \parallel \beta R_E \tag{5-16a}$$

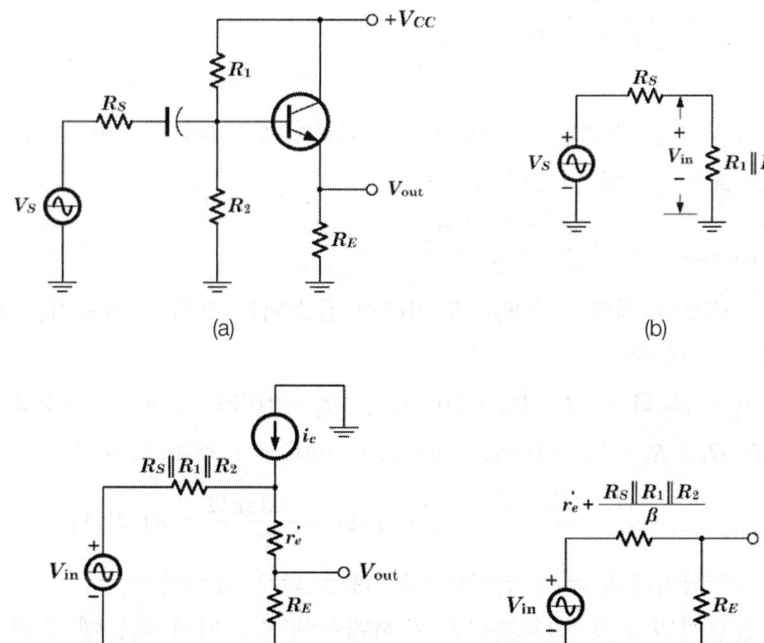

[그림 5-20] 이미터 폴로어를 구동하는 교류 모델

전압분배기 바이어스가 안정이라면 βR_E는 $R_1 \parallel R_2$보다 적어도 100배는 크게 되므로 식 (5-16a)를 간략화하면 식 (5-16b)를 얻을 수 있다.

$$z_{\text{in}} = R_1 \parallel R_2 \tag{5-16b}$$

다시 말하자면 일반적인 이미터 폴로어의 입력 임피던스는 [그림 5-20(b)]에 나타낸 것처럼 오직 바이어스 저항의 병렬저항으로 구성된다.

출력 임피던스

이미터 폴로어의 교류 모델을 구하기 위해서 [그림 5-20(b)]에 테브닌의 정리를 적용하면, 테브닌 전압은 V_{in}이고, 테브닌 저항은 $R_S \parallel R_1 \parallel R_2$이다.

[그림 5-20(c)]는 교류 등가회로를 나타낸 것으로, 루프 주변에서 교류전압을 더하면

$$i_e r_e' + i_e R_E - v_{\text{in}} + i_b(R_S \parallel R_1 \parallel R_2) = 0$$

이고, 여기서

$$i_b = \frac{i_c}{\beta}$$

이므로 i_e에 대해서 식을 정리하면

$$i_e \cong \frac{v_{\text{in}}}{R_E + r_e' + (R_S \parallel R_1 \parallel R_2)/\beta}$$

로 표현된다.

[그림 5-20(d)]는 이런 출력전류에 대한 등가회로이며, 이미터 저항 R_E는 교류 출력 임피던스를 갖는 교류전원에 의해서 구동된다.

$$z_{\text{out(emitter)}} = r_e' + \frac{R_S \parallel R_1 \parallel R_2}{\beta} \tag{5-17}$$

베이스의 교류 테브닌 저항이 β계수에 의해서 감소되는 것을 살펴보자. 이것은 낮은 출력 임피던스를 의미한다.

예를 들어서 $r_e' = 25[\Omega]$이고, $R_S = 10[\text{k}\Omega]$, $R_1 = 10[\text{k}\Omega]$, $R_2 = 10[\text{k}\Omega]$, $\beta = 200$이라고 가정하면 $R_S \parallel R_1 \parallel R_2 = 10\text{k}\Omega \parallel 10\text{k}\Omega \parallel 10\text{k}\Omega = 3.33[\text{k}\Omega]$이고,

$$z_{\text{out(emitter)}} = r_e' + \frac{R_S \parallel R_1 \parallel R_2}{\beta} = 25\Omega + \frac{3.33\text{k}\Omega}{200} = 41.7[\Omega]$$

이 된다. 보다시피 이미터의 출력 임피던스는 매우 낮은 값이다.

보통 이미터 폴로어의 교류 신호출력은 부하저항에 결합되기 때문에 출력 측의 테브닌 등가회로가 편리하게 사용되며, [그림 5-20(d)]에서 무부하 상태의 출력전압은 $V_{\text{out}} = A V_{\text{in}}$이다. 따라서,

$$A = \frac{V_{\text{out}}}{V_{\text{in}}} = \frac{R_E}{R_E + r_e' + \dfrac{(R_S \parallel R_1 \parallel R_2)}{\beta}} \cong 1$$

이다. 저항 R_E는 분모에서 다른 항의 계수들을 스왐핑시키기 때문에 A≅1이 된다. 따라서, 테브닌 전압은 거의 v_{in}과 같아지므로, 테브닌 저항은

$$z_{\text{out}} = R_E \parallel \left(r_e' + \frac{R_S \parallel R_1 \parallel R_2}{\beta} \right)$$

이 된다. 따라서, R_E는 무시될 만큼 충분히 크기 때문에 이미터 폴로어의 출력 임피던스는 대략

$$z_{\text{out}} = r_e' + \frac{R_S \parallel R_1 \parallel R_2}{\beta}$$

로 된다.

교류 모델

[그림 5-21(a)]는 이미터 폴로어의 교류 모델을 나타내고 있다. 입력 임피던스는 Z_{in}이고, 출력전원은 AV_{in}이며, 출력 임피던스는 Z_{out}이다. 앞에서 설명했던 근사법을 사용하면 등가회로를 [그림 5-21(b)]와 같이 간략화시킬 수 있다.

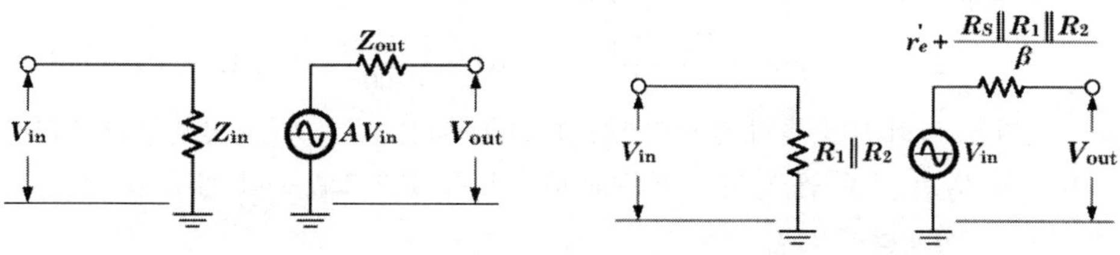

(a) 교류 모델 (b) 간략화된 모델

[그림 5-21] 이미터 폴로어

이렇게 간략화된 교류 모델은 고장진단과 설계에서 아주 정확한 값을 제공한다. 이 모델에서 입력 임피던스는 $R_1 \| R_2$로 근사화시키고, 테브닌 전압이득이나, 무부하 상태의 전압이득은 '1'이다. 이것은 테브닌 출력전압이 입력전압과 크기가 같다는 의미이다.

예제 5-12 [그림 5-22(a)]는 이미터 폴로어를 구동시키는 3.6[kΩ]의 출력 임피던스와 100[mV_s]를 교류전원으로 갖는 회로를 표시하고 있다. 만약 $\beta = 100$이라면 출력전압은 얼마인가?

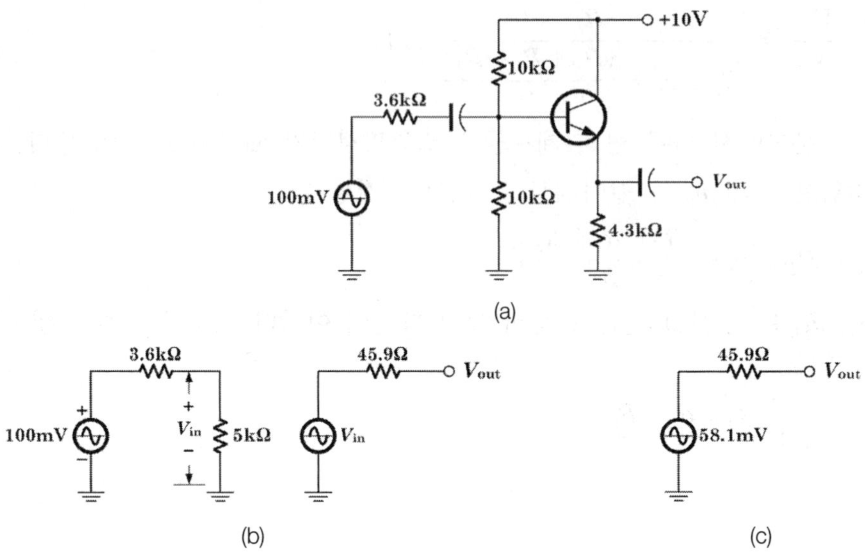

[그림 5-22]

● **풀이** 증폭단의 입력 임피던스는 대략 5[kΩ]이다.

$$z_{in} = R_1 \parallel R_2 = 10k\Omega \parallel 10k\Omega = 5[k\Omega]$$

다음으로 출력 임피던스를 구하면 2.09[kΩ]이 된다.

$$R_S \parallel R_1 \parallel R_2 = 3.6k\Omega \parallel 10k\Omega \parallel 10k\Omega = 2.09[k\Omega]$$

앞에서 이미 $r_e' = 25[\Omega]$으로 계산했으므로

$$z_{out(emitter)} = r_e' + \frac{R_S \parallel R_1 \parallel R_2}{\beta} = 25\Omega + \frac{2.09k\Omega}{100} = 45.9[\Omega]$$

정확한 45.9[Ω]인 출력 임피던스는 45.9[Ω] 값을 갖는 R_E와 병렬로 연결되어 있다. 따라서 R_E는 아주 큰 값이기 때문에 무시할 수 있으므로 출력 임피던스는

$$z_{out} \cong 45.9[\Omega]$$

이 된다. [그림 5-22(b)]는 교류 모델로 대치된 이미터 폴로어를 표시하고 있다. 이미터 폴로어 입력전압은 58.1[mV]가 된다.

$$v_{in} = \frac{5k\Omega}{8.6k\Omega} \times 100mV = 58.1[mV]$$

따라서, 전압이득은 '1'이므로 최종 출력전압도 58.1[mV]가 된다. [그림 5-22(c)]는 이미터 폴로어의 출력 측 테브닌 등가회로를 표시하고 있다. 테브닌 저항은 45.9[Ω]이고, 테브닌 전압원은 58.1[mV]이다.

예제 5-13 [그림 5-23(a)]의 2단 증폭기에서 교류 출력전압을 구하시오.

● **풀이** 첫째 단은 공통 이미터 증폭기이고 이미 앞에서 A, z_{in}, z_{out}의 값을 계산했다.

$$A = -159, \quad z_{in} = 1.18[k\Omega], \quad z_{out} = 3.6[k\Omega]$$

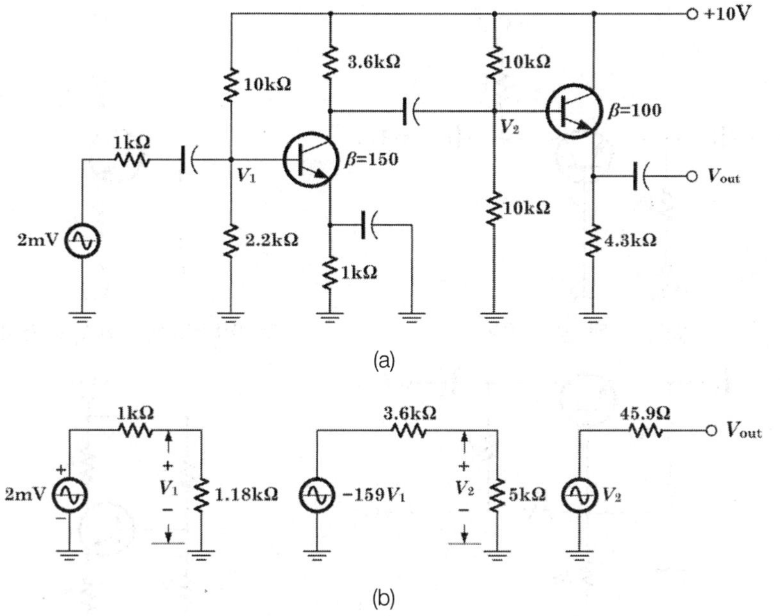

[그림 5-23] CE와 CC단을 갖는 2단 증폭기

둘째 단은 〈예제 5-12〉에서 해석한 이미터 폴로어이다. [그림 5-23(b)]는 2단 증폭기의 교류 등가회로를 표시하고 있다. 첫째 단의 교류 입력전압은 1.08[mV]이다.

$$v_1 = \frac{1.18\text{k}\Omega}{2.18\text{k}\Omega} \times 2\text{mV} = 1.08[\text{mV}]$$

첫째 단의 테브닌 교류 출력전압은 −172[mV]이다.

$$Av_1 = -159 \times 1.08\text{mV} = -172[\text{mV}]$$

이미터 폴로어의 입력전압은 −100[mV]이다.

$$v_2 = \frac{5\text{k}\Omega}{8.6\text{k}\Omega} \times (-172\text{mV}) = -100[\text{mV}]$$

이미터 폴로어의 전압이득은 대략 '1'이므로 최종 출력전압은 −100[mV]이다.

$$V_{\text{out}} = -100[\text{mV}]$$

5-9 | 공통 베이스 증폭기

공통 베이스 증폭기는 고주파 버퍼 응용에서 사용되고, 전류이득이 아닌 전압이득을 필요로 할 경우에 사용된다. 또한, 공통 베이스 회로는 항상 '1'보다 작은 전류이득을 갖고 있으며, 입력전압과 동위상의 출력전압을 가진다.

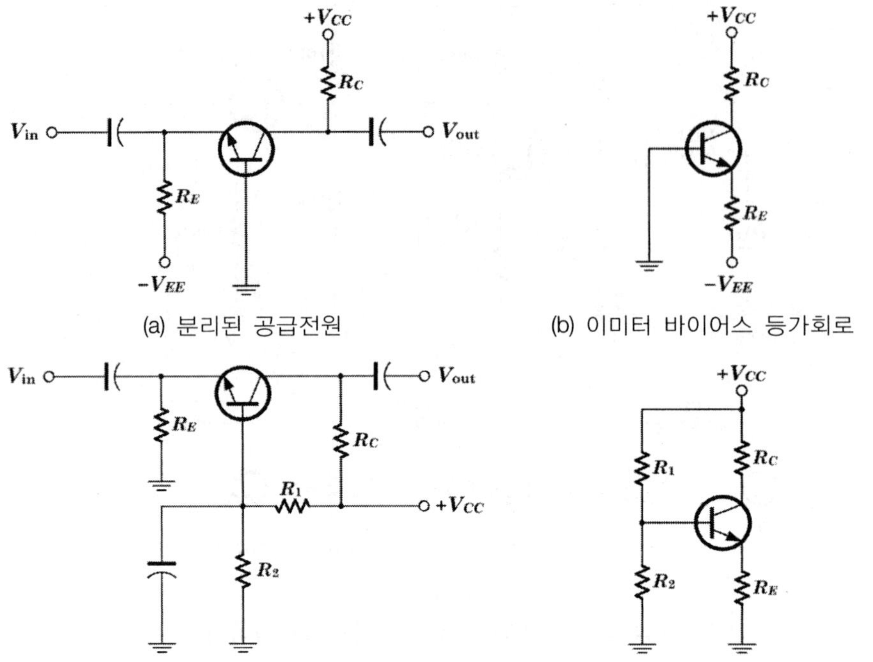

(a) 분리된 공급전원 (b) 이미터 바이어스 등가회로

(c) 단일 공급전원 (d) 전압분배기 바이어스 등가회로

[그림 5-24] 공통 베이스 증폭기

[그림 5-24(a)]는 공통 베이스 증폭기를 나타낸 것으로서, 입력은 이미터에 인가되고 출력은 컬렉터로부터 구해지며, 베이스가 접지되어 있기 때문에 베이스 접지 증폭기라고도 불린다. 직류 등가저항이 [그림 5-24(b)]와 같이 그려지면 이미터 바이어스에 의해서 Q점이 설정되는 것을 직접 인식할 수 있게 된다. 따라서 직류 이미터 전류는 식 (5-18)로 표시할 수 있다.

$$I_E = \frac{V_{EE} - V_{BE}}{R_E} \tag{5-18}$$

[그림 5-24(c)]는 전압분배기 바이어스 공통 베이스 증폭기를 나타낸 것으로서, [그림 5-24(d)]에 그려진 직류 등가회로에 의해서 전압분배기 바이어스라는 것을 알 수 있다. 어떤 증폭기이든 베이스가 접지되어 있으며, 입력신호는 이미터를 구동하고 출력 신호는 컬렉터에서 얻어진다.

[그림 5-25(a)]는 입력전압의 '+' 반주기 동안의 공통 베이스 증폭기의 교류 등가회로를 표시하고 있다. 바이어스 저항들은 입력 임피던스에 영향을 끼치지 못하기 때문에 생략된다.

공통 베이스 증폭기의 입력 임피던스는 식 (5-19)처럼 구할 수 있다.

$$z_{in} \cong r_e' \tag{5-19}$$

출력전압은

$$v_{\text{out}} = i_c R_C$$

로 나타낸다. 이것은 입력전압과 위상이 같다는 것을 의미하고, 입력전압 v_{in}은

$$v_{\text{in}} = i_e r_e'$$

이므로 전압이득 A는

$$A = \frac{v_{\text{out}}}{v_{\text{in}}} = \frac{i_c R_C}{i_e r_e'}$$

로 나타낼 수 있고, $i_c \cong i_e$이므로 식을 다시 쓰면 식 (5–20)을 얻을 수 있다.

$$A \cong \frac{R_C}{r_e'} \tag{5-20}$$

식 (5–20)은 전압이득이 스왐핑되지 않은 공통 이미터 증폭기의 크기와 같으며, 단지 위상만 달라진다는 것을 표시하고 있다.

예를 들면 $R_C = 2500[\Omega]$이고 $r_e' = 25[\Omega]$일 때 공통 베이스 증폭기의 전압이득은 100인 데 비해서 공통 이미터 증폭기의 전압이득은 –100이 된다.

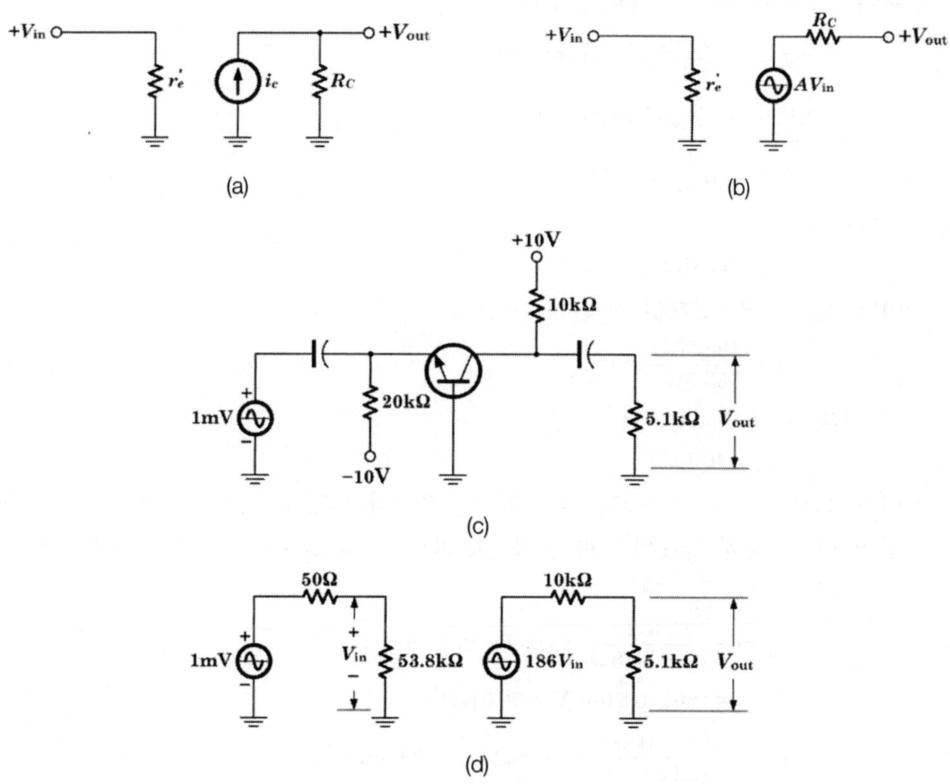

[그림 5-25]

[그림 5-25(a)]의 컬렉터 전류원은 무한대의 내부 임피던스를 갖게 된다. 따라서 공통 베이스 증폭기의 출력 임피던스는 식 (5-21)처럼 표시된다.

$$z_{\text{out}} \cong R_C \tag{5-21}$$

[그림 5-25(b)]는 공통 베이스 증폭기의 교류 모델을 표시하고 있다. 공통 베이스 증폭기가 많이 사용되지 않는 이유는 낮은 입력 임피던스 때문이다. 공통 베이스 증폭기를 구동하는 교류전원에서 바라다본 입력 임피던스는 $z_{\text{in}} \cong r_e'$로 아주 낮은 값이다. 예를 들면, I_E가 1[mA]이면 공통 베이스 증폭기의 입력 임피던스는 단지 25[Ω]에 불과하므로, 교류전원이 안정하지 않다면 대부분의 신호가 전원저항 양단에서 손실되고 만다.

공통 베이스 증폭기의 입력 임피던스는 낮기 때문에 대부분의 신호전원에서 과부하가 되므로 공통 베이스 증폭기는 단독으로 저주파에서 사용할 수 없으며, 고주파 응용에서 가끔 사용된다(10[MHz] 이상). 그러나 집적회로에서 공통 베이스 증폭기는 차동 증폭기의 일부분으로 널리 사용된다.

예제 5-14 [그림 5-25(c)]에서 교류 출력전압은 얼마인가?

풀이 직류 이미터 전류는 0.465[mA]이다.

$$I_E = \frac{10\text{V} - 0.7\text{V}}{20\text{k}\Omega} = 0.465[\text{mA}]$$

교류 이미터 저항은 53.8[Ω]이다.

$$r_e' = \frac{25\text{mV}}{0.465\text{mA}} = 53.8[\Omega]$$

따라서,

$$z_{\text{in}} = 53.8[\Omega]$$

이 되며, 무부하 상태의 전압이득은

$$A = \frac{10{,}000\Omega}{53.8\Omega} = 186$$

이 된다. 출력 임피던스는

$$z_{\text{out}} = 10[\text{k}\Omega]$$

이다. [그림 5-25(d)]는 교류 등가회로를 표시하고 있다. 입력전압 V_{in}은 0.518[mV]가 얻어지고, 무부하 상태의 출력전압은 96.3[mV]이고 실제 출력전압은 32.5[mV]가 된다. 계산과정은 다음과 같다.

$$v_{\text{in}} = \frac{53.8\Omega}{50\Omega + 53.8\Omega} \times 1\text{mV} = 0.518[\text{mV}]$$

$$A_{v\text{in}} = 186 \times 0.518\text{mV} = 96.3[\text{mV}]$$

$$v_{\text{out}} = \frac{5.1\text{k}\Omega}{10\text{k}\Omega + 5.1\text{k}\Omega} \times 96.3\text{mV} = 32.5[\text{mV}]$$

기초문제

1. [그림 5-26]은 신호발생기에서 만들어지는 v_s를 표시하고 있다.

(a) 직류 레벨은 몇 [V]인가?
(b) 교류파형의 피크-피크 전압은 얼마인가?
(c) 교류파형의 피크 전압은 얼마인가?
(d) 교류파형의 RMS값은 얼마인가?
(e) v_s에 의해서 도달되는 최대값은 얼마인가?
(f) v_s에 의해서 도달되는 최소값은 얼마인가?
(g) v_s의 평균값은 무엇인가?

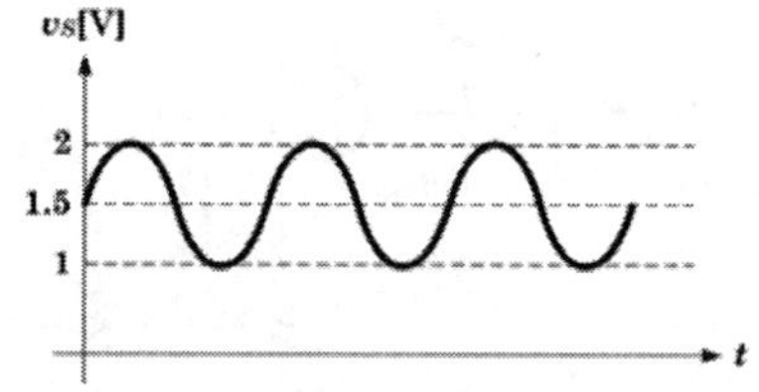

[그림 5-26]

2. [그림 5-27]에 표시된 트랜지스터 회로에서 $v_i = 4[\mathrm{V_P}]$이다.

(a) v_B의 최대값은 얼마인가?
(b) (a)에서 구한 v_B값에 대해서 다음의 전압전류값을 구하시오. v_E, i_E, i_C, v_C
(c) v_B가 최대값일 때 트랜지스터는 어떤 상태인가?

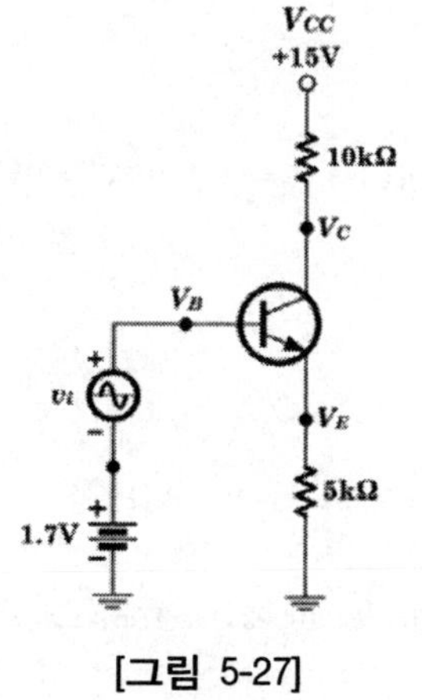

[그림 5-27]

3. [그림 5-28]에 표시된 이미터 폴로어 버퍼 증폭기를 고찰하시오.

$R_1 = 100[\mathrm{k\Omega}]$, $R_2 = 100[\mathrm{k\Omega}]$, $R_E = 10[\mathrm{k\Omega}]$, $R_S = 1[\mathrm{k\Omega}]$, $R_L = 10[\mathrm{k\Omega}]$

(a) I_E는 얼마인가?

(b) r_e'는 얼마인가?

(c) $z_{\text{in(base)}}$는 얼마인가?

(d) R_1과 R_2의 병렬연결 저항값은 얼마인가?

(e) R_i는 얼마인가?

(f) 트랜지스터의 베이스에서 전체 저항은 얼마인가?

(g) 이미터에서 바라다본 저항은 얼마인가?

(h) R_E를 포함하는 R_o는 얼마인가?

(i) 버퍼 증폭기의 무부하 이득은 얼마인가?

(j) 전체 이득은 얼마인가?

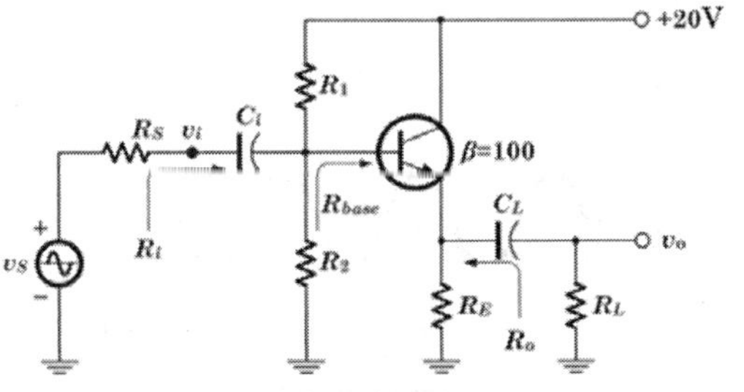

[그림 5-28]

해답

1. (a) 1.5[V] (b) 1[V_{PP}] (c) 0.5[V_P] (d) $\frac{0.5}{\sqrt{2}}[V_{rms}]$ (e) 2[V] (f) 1[V] (g) 1.5[V]

2. (a) $V_B = 1.7V + 4V_P = 5.7[V]$ (b) $V_E = V_B - 0.7V = 5.7V - 0.7V = 5[V]$, $I_E = 5V/5k\Omega = 1[mA]$, $I_E = I_C = 1[mA]$, $V_C = V_{CC} - I_C$, $R_C = 15V - (1mA \times 10k\Omega) = 15V - 10V = 5[V]$

(c) 트랜지스터는 포화된다.

3. (a) $V_B = \frac{100k\Omega}{100k\Omega + 100k\Omega} \times 20V = 10[V]$, $V_E = V_B - 0.7V = 10V - 0.7V = 9.3[V]$,

$$I_E = \frac{V_E}{R_E} = \frac{9.3V}{10k\Omega} = 0.93[mA]$$

(b) $I_E = I_C = 0.93[mA]$, $r_e' = \frac{25mV}{I_E} = 26.9[\Omega]$

(c) $z_{\in(\Delta)} = \beta(R_E + r_e') = 100(10k\Omega + 26.9\Omega) = 1000[k\Omega]$

(d) $R_1 \parallel R_2 = 100k\Omega \parallel 100k\Omega = 50[k\Omega]$

(e) $z_{\in} = R_1 \parallel R_2 \parallel \beta R_E = 100k\Omega \parallel 100k\Omega \parallel 1000k\Omega = 47.6[k\Omega]$

(f) $R_B = R_S \parallel z_{\in} = 1k\Omega \parallel 47.6k\Omega = 0.98[k\Omega]$ (g) $R_{EB} = \frac{R_B}{\beta} = \frac{0.98k\Omega}{100} = 9.8[\Omega]$

(h) $z_{\text{out}} = R_E \parallel \left(r_e' + \frac{R_B}{\beta}\right) = 10k\Omega \parallel (26.9\Omega + 9.8\Omega) = 36[\Omega]$ (i) $A \cong 1$ (j) $A \cong 1$

응용문제

1. 결합용 커패시터와 측로용 커패시터의 동작을 상세히 설명하시오.
2. 에버스-몰 모델을 설명하시오.
3. 교류 이미터 저항 r_e'를 설명하시오.
4. 교류 β를 설명하시오.
5. 이미터 접지 증폭기 회로의 특성과 동작을 설명하시오.
6. 스왑핑 증폭기의 동작과 역할에 대해서 설명하시오.
7. 이미터 폴로어를 설명하시오.

연습문제

1. [그림 5-29(a)]의 교류전원은 100~200[kHz] 사이의 주파수를 가진다. 이런 주파수 범위 내에서 안정하게 결합하기 위한 결합 커패시터의 용량은 얼마인가?
2. [그림 5-29(b)]에서 20[Hz] 이상의 모든 주파수에 대해서 A점을 접지에 바이패스시키는 바이패스 커패시터의 용량은 얼마인가?

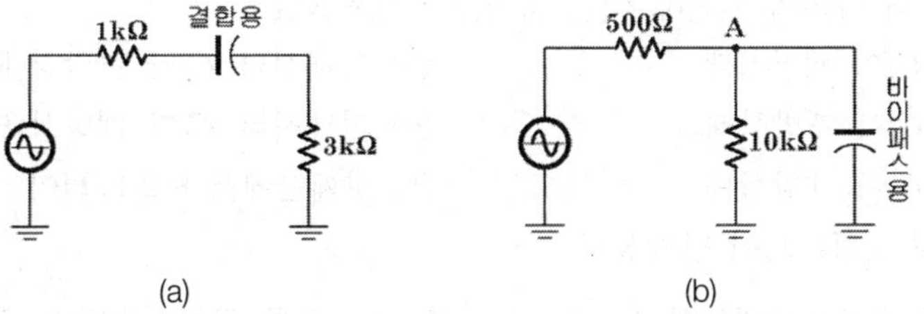

(a) (b)

[그림 5-29]

3. [그림 5-30]에서 $V_{\in} = 1$[mV]라면 V_{out}은 얼마인가?
4. [그림 5-30]의 트랜지스터가 +5[%]의 공차를 가진다면 최대 전압이득과 최소 전압이득은 얼마인가?
5. [그림 5-31]에서 각 트랜지스터는 β가 100이다. 만약 교류전압원이 10[mV] 피크 값을 가진다면 교류 출력전압은 얼마인가?

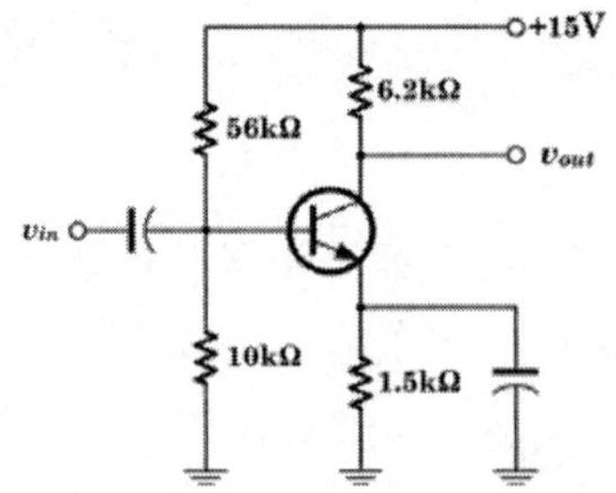

[그림 5-30]

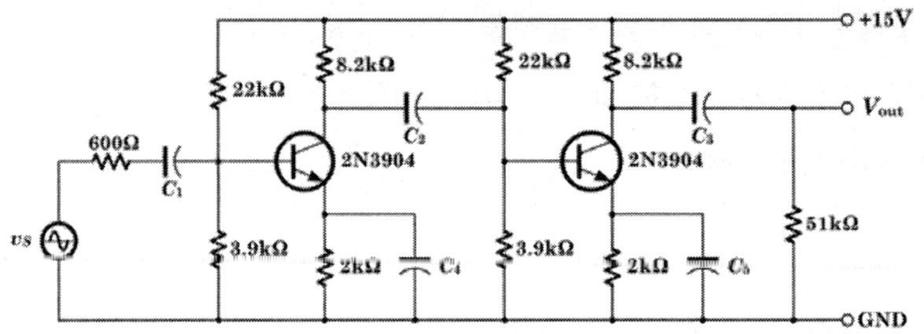

[그림 5-31]

6. [그림 5-31]에 200[Ω]의 스왐핑 저항이 삽입되었다. 각 트랜지스터의 β가 170이고, 교류전압원이 1[mV] 피크 값을 가진다면 교류 출력전압은 얼마인가?

7. [그림 5-31]에서 커패시터 C_5가 개방상태이다. 각 트랜지스터의 β가 80이고, 교류 입력전압이 1[mV] 피크값을 가질 때 교류 출력전압은 얼마인가?

8. [그림 5-31]에서 다음의 고장에 대한 증상을 설명하시오.

(a) 커패시터 C_1이 개방상태

(b) 커패시터 C_2가 단락상태

(c) 커패시터 C_3가 개방상태

(d) 커패시터 C_4가 개방상태

(e) 커패시터 C_5가 개방상태

(f) 첫째단에서 8.2[kΩ]이 개방상태

(g) 둘째단에서 8.2[kΩ]이 단락상태

9. [그림 5-32]에서 $\beta = 160$일 때 V_B, V_E, V_C, I_E, I_C, I_B를 구하시오(모두 직류값을 가진다).

10. [그림 5-32]에서 $\beta = 125$라면 출력전압은 얼마인가?

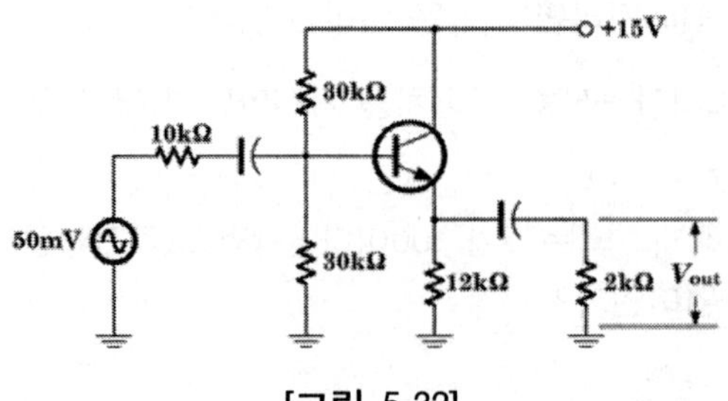

[그림 5-32]

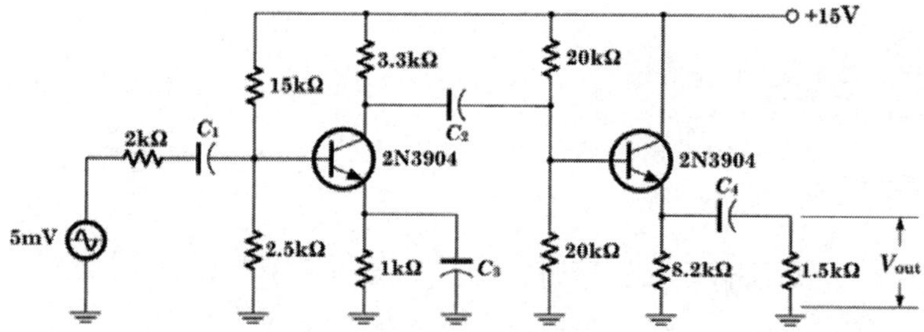

[그림 5-33]

11. [그림 5-33]에서 각 트랜지스터의 β_{dc}는 80으로 동일하다. 각 증폭단에서 V_B, V_E, V_C, I_E, I_C, I_B를 구하시오(단, 모두 직류값을 가진다).

12. [그림 5-33]에서 각 트랜지스터의 β_{dc}가 175라면 출력전압은 얼마인가?

13. [그림 5-34]에서 각각의 트랜지스터는 β_{dc}가 120으로 동일하다. 둘째 단에서의 직류 컬렉터 전류는 얼마인가? 첫째 단 트랜지스터의 베이스 전류는 얼마인가?

14. [그림 5-34]에서 첫째 단 트랜지스터의 h_{fe}는 150이고, 둘째 단 트랜지스터의 h_{fe}는 90이다. 교류 출력전압은 얼마인가?

15. [그림 5-33]에 표시된 회로에서 커패시터 C_3가 개방상태이고 각 트랜지스터의 β_{dc}가 100일 때 교류 출력전압은 얼마인가?

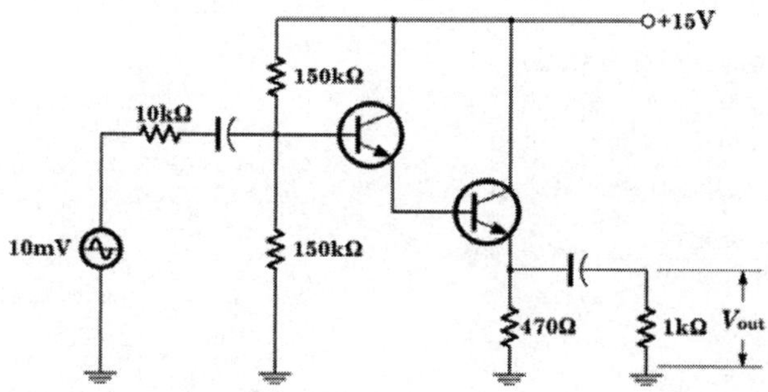

[그림 5-34]

해답

1. $X_C \le 0.1R$이고 $R=4[\text{k}\Omega]$이므로

$X_C = 0.1R = 0.4[\text{k}\Omega]$

$X_C = \dfrac{1}{2\pi f C}$이므로

$C = \dfrac{1}{2\pi f X_C} = \dfrac{1}{2\pi \times 100 \times 10^3\text{Hz} \times 0.4 \times 10^{-3}\Omega}$

$= 3.98 \times 10^{-6}[\text{F}]$

표준 커패시터는 $4.7[\mu\text{F}]$이다.

2. $X_C \le 0.1R$이고 $R=500[\Omega]$이므로

$X_C = 0.1R = 50[\Omega]$

$X_C = \dfrac{1}{2\pi f C}$이므로

$C = \dfrac{1}{2\pi f X_C} = \dfrac{1}{2\pi \times 20\text{Hz} \times 50\Omega}$

$= 159 \times 10^{-6}\text{F} = 159[\mu\text{F}]$

표준 커패시터는 $220[\mu\text{F}]$이다.

3. $V_B = \dfrac{10\text{k}\Omega}{56\text{k}\Omega + 10\text{k}\Omega} \times 15\text{V} = 2.273[\text{V}]$,

$V_E = V_B - 0.7\text{V} = 2.273\text{V} - 0.7\text{V} = 1.573[\text{V}]$,

$I_E = \dfrac{V_E}{R_E} = \dfrac{1.573\text{V}}{1.5\text{k}\Omega} = 1.048[\text{mA}]$,

$r_e' = \dfrac{25\text{mV}}{I_E} = \dfrac{25\text{mV}}{1.048\text{mA}} = 23.85[\Omega]$,

$A = -\dfrac{R_C}{r_e'} = \dfrac{6.2\text{k}\Omega}{23.85\Omega} = -259.9$,

$v_{out} = Av_{\in} = -260 \times 1\text{mV} = -260[\text{mV}]$

4. $R_C = 6.2\text{k}\Omega \pm 5\% = 5.89[\text{k}\Omega]$에서 $6.51[\text{k}\Omega]$,

$R_E = 1.5\text{k}\Omega \pm 5\% = 1.525[\text{k}\Omega]$에서 $1.575[\text{k}\Omega]$,

$R_1 = 56\text{k}\Omega \pm 5\% = 53.2[\text{k}\Omega]$에서 $58.3[\text{k}\Omega]$,

$R_2 = 10\text{k}\Omega \pm 5\% = 9.5[\text{k}\Omega]$에서 $10.5[\text{k}\Omega]$이다.

(1) 최소이득은 $V_B = \dfrac{9.5\text{k}\Omega}{58.3\text{k}\Omega + 9.5} \times 15\text{V} = 2.1[\text{V}]$,

$V_E = V_B - 0.7\text{V} = 2.1\text{V} - 0.7\text{V} = 1.4[\text{V}]$,

$I_E = \dfrac{V_E}{R_E} = \dfrac{1.4\text{V}}{1.575\text{k}\Omega} = 0.88[\text{mA}]$,

$r_e' = \dfrac{25\text{mV}}{I_E} = \dfrac{25\text{mV}}{0.88\text{mA}} = 28.4[\Omega]$,

$A_{\min} = -\dfrac{R_C}{r_e'} = -\dfrac{5.89\text{k}\Omega}{28.4\Omega} = -208$

(2) 최대이득은

$V_B = \dfrac{10.5\text{k}\Omega}{58.3\text{k}\Omega + 10.5\text{k}\Omega} \times 15\text{V} = 2.47[\text{V}]$,

$V_E = V_B - 0.7\text{V} = 2.47\text{V} - 0.7\text{V} = 1.77[\text{V}]$,

$I_E = \dfrac{V_E}{R_E} = \dfrac{1.77\text{V}}{1.425\text{k}\Omega} = 1.24[\text{mA}]$,

$r_e' = \dfrac{25\text{mV}}{I_E} = \dfrac{25\text{mV}}{1.24\text{mA}} = 20.2[\Omega]$,

$A_{\max} = -\dfrac{R_C}{r_e'} = -\dfrac{6.51\text{k}\Omega}{20.2\Omega} = -322$

5. $V_B = \dfrac{3.9\text{k}\Omega}{22\text{k}\Omega + 3.9\text{k}\Omega} \times 15\text{V} = 2.26[\text{V}]$,

$V_E = V_B - 0.7\text{V} = 2.26\text{V} - 0.7\text{V} = 1.56[\text{V}]$,

$I_E = \dfrac{V_E}{R_E} = \dfrac{1.56\text{V}}{2\text{k}\Omega} = 0.78[\text{mA}]$,

$r_e' = \dfrac{25\text{mV}}{I_E} = \dfrac{25\text{mV}}{0.78\text{mA}} = 32.1[\Omega]$,

$A = -\dfrac{R_C}{r_e'} = -\dfrac{8.2\text{k}\Omega}{32.1\Omega} = -255$,

$z_{in(base)} = \beta r_e' = 100(32.1\Omega) = 3.21[\text{k}\Omega]$,

$z_{in} = R_1 \parallel R_2 \parallel \beta r_e' = 22\text{k}\Omega \parallel 3.9\text{k}\Omega \parallel 3.21\text{k}\Omega$

$= 1.634[\text{k}\Omega]$

첫 번째 증폭단에서

$v_{in} = \dfrac{1.634\text{k}\Omega}{2.234\text{k}\Omega} \times 10\mu\text{V} = 7.31[\mu\text{V}]$,

$v_{out(th)} = Av_{in} = 255 \times 7.31\mu\text{V} = 1.86[\text{mV}]$

두 번째 증폭단에서

$v_{in} = \dfrac{1.634\text{k}\Omega}{9.83\text{k}\Omega} \times 1.86\text{mV} = 0.305[\text{mV}]$,

$v_{out(th)} = Av_{in} = -255 \times 0.305\text{mV} = -77.8[\text{mV}]$,

$v_{out} = \dfrac{51\text{k}\Omega}{51\text{k}\Omega + 8.2\text{k}\Omega} \times (-77.8\text{mV}) = -67[\text{mV}]$

6. 문제 5에서

$V_B = \dfrac{3.9\text{k}\Omega}{22\text{k}\Omega + 3.9\text{k}\Omega} \times 15\text{V} = 2.26[\text{V}]$,

$V_E = V_B - 0.7\text{V} = 2.26\text{V} - 0.7\text{V} = 1.56[\text{V}]$,

200Ω 저항이 추가되므로

$I_E = \dfrac{V_E}{R_E + r_E} = \dfrac{1.56\text{V}}{2\text{k}\Omega + 0.2\text{k}\Omega} = 0.71[\text{mA}]$,

$r_e' = \dfrac{25\text{mV}}{I_E} = \dfrac{25\text{mV}}{0.71\text{mA}} = 35.2[\Omega]$,

$A = -\dfrac{R_C}{r_E + r_e'} = -\dfrac{8.2\text{k}\Omega}{200\Omega + 35.2\Omega} = -34.86$,

$z_{in(base)} = \beta(r_E + r_e') = 170(200\Omega + 32.1\Omega)$,

$= 39.984[\text{k}\Omega]$

$z_{in} = R_1 \parallel R_2 \parallel \beta(r_E + r_e')$

$= 22\text{k}\Omega \parallel 3.9\text{k}\Omega \parallel 40\text{k}\Omega = 3[\text{k}\Omega]$

첫 번째 증폭단에서

$v_{in} = \dfrac{3\text{k}\Omega}{3\text{k}\Omega + 600\Omega} \times 1\text{mV} = 0.83[\text{mV}]$,

$v_{out(th)} = Av_{in} = -34.86 \times 0.83\text{mV} = -28.9[\text{mV}]$

해답

두 번째 증폭단에서

$v_{in\,2} = \frac{3k\Omega}{11.2k\Omega} \times (-28.9mV) = -7.74[mV]$,

$v_{out(th)} = Av_{in} = -34.86 \times (-77.8mV)$
$= 269.8[mV]$,

$v_{out} = \frac{51k\Omega}{51k\Omega + 8.2k\Omega} \times (269.8mV) = 232.4[mV]$

7. $V_B = \frac{3.9k\Omega}{22k\Omega + 3.9k\Omega} \times 15V = 2.26[V]$,

$V_E = V_B - 0.7V = 2.26V - 0.7V = 1.56[V]$,

200Ω 저항이 추가되므로

$I_E = \frac{V_E}{R_E + r_E} = \frac{1.56V}{2k\Omega + 0.2k\Omega} = 0.71[mA]$,

$r_e' = \frac{25mV}{I_E} = \frac{25mV}{0.71mA} = 35.2[\Omega]$,

$A = -\frac{R_C}{r_e'} = -\frac{8.2k\Omega}{35.2\Omega} = -232$,

$z_{in(base)} = \beta(r_e') = 170(35.2\Omega) = 2.824[k\Omega]$,

$z_{in} = R_1 \parallel R_2 \parallel \beta(r_E + r_e')$
$= 22k\Omega \parallel 3.9k\Omega \parallel 2.824k\Omega = 1.524[k\Omega]$

첫 번째 증폭단에서

$v_{in} = \frac{1.524k\Omega}{1.524k\Omega + 0.6k\Omega} \times 1mV = 0.7175[mV]$,

$v_{out(th)} = Av_{in} = -232 \times 0.7175mV$
$= -166.46[mV]$

두 번째 증폭단에서

$v_{in\,2} = \frac{1.726k\Omega}{8.2k\Omega + 1.726k\Omega} \times (-166.46mV)$
$= -28.945[mV]$,

$v_{out(th)} = Av_{in} = -232 \times (-28.945mV)$
$= 6.715[mV]$,

$v_{out} = \frac{2k\Omega}{8.2k\Omega + 2k\Omega} \times (6.715V) = 131.6[mV]$

8. (a) 모든 직류전압 정상, 첫 번째 증폭단의 베이스에 교류 입력전압은 없다.
(b) 첫 번째 증폭단의 컬렉터 전압은 낮다.
(c) 직류전압은 정상이나 최종 출력에서 교류신호는 없다.
(d) 직류전압은 정상이나 첫 번째 증폭단의 전압이득은 낮다.
(e) 트랜지스터가 포화되기 때문에 두 번째 증폭단의 직류전압이 낮다.
(f) 첫 번째 증폭단의 직류 컬렉터 전압은 낮고 교류 출력전압은 없다.
(g) 두 번째 증폭단의 직류 컬렉터 전압은 높고 교류 출력전압은 없다.

9. $V_B = \frac{30k\Omega}{30k\Omega + 30k\Omega} \times 15V = 7.5[V]$,

$V_E = V_B - 0.7V = 7.5V - 0.7V = 6.8[V]$,

$V_C = V_{CC} = 15[V]$,

$I_E = \frac{V_E}{R_E} = \frac{6.8V}{12k\Omega} = 0.567[mA]$,

$I_E \cong I_C = 0.567[mA]$,

$I_B = \frac{I_C}{\beta_{dc}} = \frac{0.567mA}{160} = 3.54[\mu A]$

10. $V_B = \frac{30k\Omega}{30k\Omega + 30k\Omega} \times 15V = 7.5[V]$,

$V_E = V_B - 0.7V = 7.5V - 0.7V = 6.8[V]$,

$V_C = V_{CC} = 15[V]$,

$I_E = \frac{V_E}{R_E} = \frac{6.8V}{12k\Omega} = 0.567[mA]$,

$I_E \cong I_C = 0.567[mA]$

$r_e' = \frac{25mV}{I_E} = \frac{25mV}{0.567mA} = 44.1[\Omega]$,

$z_{out(emitter)} = r_e' + \frac{R_S \parallel R_1 \parallel R_2}{\beta}$
$= 44.1\Omega + \frac{10k\Omega \parallel 30k\Omega \parallel 30k\Omega}{125}$
$= 44.1\Omega + \frac{6k\Omega}{125} = 92.1[\Omega]$,

$v_{out} = \frac{2k\Omega}{2k\Omega + 92.1\Omega} \times \left(50mV \times \frac{15k\Omega}{10k\Omega + 15k\Omega}\right)$
$= 28.68[mV]$

11. 첫 번째 증폭단에서

$V_{B1} = \frac{2.5k\Omega}{15k\Omega + 2.5k\Omega} \times 15V = 2.14[V]$,

$V_{E1} = V_{B1} - 0.7V = 2.14V - 0.7V = 1.44[V]$,

$V_C = V_{CC} = 15[V]$,

$I_{E1} = \frac{V_{E1}}{R_{E1}} = \frac{1.44V}{1k\Omega} = 1.44[mA]$,

$I_{E1} \cong I_{C1} = 1.44[mA]$,

$I_{B1} = \frac{I_{C1}}{\beta_{dc}} = \frac{1.44mA}{80} = 18[\mu A]$,

$V_{C1} = V_{CC} - I_C R_S = 15V - (1.44mA \times 3.3k\Omega)$
$= 10.2[V]$

두 번째 증폭단에서

$V_{B2} = \frac{20k\Omega}{20k\Omega + 20k\Omega} \times 15V = 7.5[V]$,

$V_{E2} = V_{B2} - 0.7V = 7.5V - 0.7V = 6.8[V]$,

$V_C = V_{CC} = 15[V]$,

$I_{E2} = \frac{V_{E2}}{R_{E2}} = \frac{6.8V}{8.2k\Omega} = 0.829[mA]$,

해답

$I_{E2} \cong I_{C2} = 0.829[\text{mA}]$,

$I_{B2} = \dfrac{I_{C2}}{\beta_{dc}} = \dfrac{0.829\text{mA}}{80} = 10.36[\mu\text{A}]$,

$V_{C2} = V_{CC} = 15[\text{V}]$

12. 문제 11에서 $I_E = 1.44[\text{mA}]$,

$r_e' = \dfrac{25\text{mV}}{I_E} = \dfrac{25\text{mV}}{1.44\text{mA}} = 17.4[\Omega]$,

$z_{\text{in(base)}} = \beta(r_e') = 175 \times 17.4\Omega = 3.3[\text{k}\Omega]$,

$z_{\text{in}} = R_1 \parallel R_2 \parallel \beta r_e' = 15\text{k}\Omega \parallel 2.5\text{k}\Omega \parallel 3.3\text{k}\Omega$
$= 1.25[\text{k}\Omega]$,

$A = -\dfrac{R_C}{r_e'} = -\dfrac{3.3\text{k}\Omega}{17.4\Omega} = -190$

입력전압 $V_1 = \dfrac{1.275\text{k}\Omega}{2\text{k}\Omega + 1.275\text{k}\Omega} \times v_{\text{in}}$
$= \dfrac{1.275\text{k}\Omega}{2\text{k}\Omega + 1.275\text{k}\Omega} \times 5\text{mV} = 1.92[\text{mV}]$

첫 번째 증폭단의 출력은

$v_{\text{out1}} = Av_1 = -190 \times 1.92\text{mV} = -365.4[\text{mV}]$

두 번째 증폭단의 입력은

$V_2 = \dfrac{10\text{k}\Omega}{10\text{k}\Omega + 3.3\text{k}\Omega} \times (-365.4\text{mV}) = -274.7[\text{mV}]$

출력 임피던스

$z_{\text{out}} = R_S \parallel R_1 \parallel R_2 = 3.3\text{k}\Omega \parallel 20\text{k}\Omega \parallel 20\text{k}\Omega$
$= 2.48[\text{k}\Omega]$,

$z_{\text{out(emitter)}} = r_e' + \dfrac{R_S \parallel R_1 \parallel R_2}{\beta}$
$= 17.4\Omega + \dfrac{2.48\text{k}\Omega}{175} = 31.6[\Omega]$,

$v_{2\text{out}} = \dfrac{1.27\text{k}\Omega}{1.27\text{k}\Omega + 31.6\Omega} \times (-274.7\text{mV})$
$= -268[\text{mV}]$

13. 첫 번째 증폭단에서

$V_{B1} = \dfrac{150\text{k}\Omega}{150\text{k}\Omega + 150\text{k}\Omega} \times 15\text{V} = 7.5[\text{V}]$,

$V_{E1} = V_{B1} - 0.7\text{V} = 7.5\text{V} - 0.7\text{V} = 6.8[\text{V}]$,

$V_{E2} = V_{B2} - 0.7\text{V} = 6.8\text{V} - 0.7\text{V} = 6.1[\text{V}]$,

$I_{E2} = \dfrac{V_{E2}}{R_E} = \dfrac{6.1\text{V}}{470\Omega} = 12.98[\text{mA}]$,

$I_{E1} = \dfrac{I_{E2}}{\beta_{dc}} = \dfrac{12.98\text{mA}}{120} = 108[\mu\text{A}]$,

$I_{E1} \cong I_{C1} = 108[\mu\text{A}]$, $I_{E2} \cong I_{C2} = 12.98[\text{mA}]$,

$I_{B1} = \dfrac{I_{C1}}{\beta_{dc}} = \dfrac{108\mu\text{A}}{120} = 0.9[\mu\text{A}]$

14. $V_{B1} = \dfrac{150\text{k}\Omega}{150\text{k}\Omega + 150\text{k}\Omega} \times 15\text{V} = 7.5[\text{V}]$,

$V_{E1} = V_{B1} - 0.7\text{V} = 7.5\text{V} - 0.7\text{V} = 6.8[\text{V}]$,

$V_{E2} = V_{B2} - 0.7\text{V} = 6.8\text{V} - 0.7\text{V} = 6.1[\text{V}]$,

$I_{E2} = \dfrac{V_{E2}}{R_E} = \dfrac{6.1\text{V}}{470\Omega} = 12.98[\text{mA}]$,

$r_{e2}' = \dfrac{25\text{mV}}{I_E} = \dfrac{25\text{mV}}{12.98\text{mA}} = 1.923[\Omega]$,

$I_{E1} = \dfrac{I_{E2}}{\beta_{dc}} = \dfrac{12.98\text{mA}}{90} = 0.144[\text{mA}]$,

$z_{\text{in1}} = \beta_1\beta_2 R_E = 150 \times 90 \times 319\Omega = 43.2[\text{M}\Omega]$,

$R_E = 470\Omega \parallel 1\text{k}\Omega = 319[\Omega]$,

$z_{\text{in}} = 150\text{k}\Omega \parallel 150\text{k}\Omega = 75[\text{k}\Omega]$

입력에서의 $R_{TH} = 5.1\text{k}\Omega \parallel 150\text{k}\Omega \parallel 150\text{k}\Omega$
$= 4.775[\text{k}\Omega]$,

$z_{\text{out(emitter)}} = r_{e2}' + \dfrac{r_{e1}' + \dfrac{R_{TH}}{150}}{90}$
$= 1.923\Omega + \dfrac{173.6\Omega + \dfrac{4.75\text{k}\Omega}{150}}{90}$
$= 4.2[\Omega]$,

$v_{\text{out}} = \dfrac{75\text{k}\Omega}{75\text{k}\Omega + 5.1\text{k}\Omega} \times 10\text{mV} = 9.36[\text{mV}]$

제 6 장

전력증폭기

- ❑ 6-1 서 론 / 226
- ❑ 6-2 공통 이미터 증폭기의 최대 전압 스윙 / 229
- ❑ 6-3 이미터 폴로워 최대 전압 스윙 / 237
- ❑ 6-4 A급 증폭기의 전력 고찰 / 239
- ❑ 6-5 변압기 결합 / 244
- ❑ 6-6 B급 증폭기 / 250
- ❑ 6-7 바이어스 된 푸시풀 증폭기 / 258
- ❑ 6-8 C급 증폭기 / 264
- ❑ 6-9 C급 증폭기의 관계식 / 270

전압 증폭단의 전압이득을 거친 신호는 부하선 전체에 걸쳐 스윙(swing)한다. 이들 전압증폭 다음 단에서는 전압이득보다 전류이득을 얻어야 한다. 즉, 앞단의 증폭회로나 전류증폭회로에서 증폭된 출력이 최종적으로 부하에 전력으로 공급되어 이용되므로, 다단 증폭기의 최종 증폭단에서는 전압이득보다 전력이득이 더 중요하기 때문에 마지막 증폭단의 부하 임피던스를 상당히 작게 함으로써, 컬렉터 전류가 훨씬 커지도록 한다.

따라서, 최종 증폭단은 일반적으로 최종 부하저항이 3.2Ω 인 AM 라디오의 라우드 스피커와 같은 낮은 임피던스를 구동하기 위해서 충분히 큰 전류를 공급받아야 하므로, 저저항 부하에 고전력을 전달시키기 위한 전력증폭기를 사용하여야 한다.

또한, 소신호용 트랜지스터의 전력정격은 1/2W보다 작고, 전력 트랜지스터는 1/2W 보다 큰 전력정격을 가지므로, 일반적으로 신호전력이 낮은 소신호용 트랜지스터는 시스템의 앞단 근처에서 사용되며, 신호전력이 높은 전력 트랜지스터는 시스템의 마지막 증폭단에 사용된다.

이 장에서는 교류 부하선, 교류출력 컴플라이언스, 동작방식, 기타 전력증폭기에 관련된 사항을 설명한다.

6-1 | 서 론

라디오 헤드폰을 구동시키는 데 몇 와트의 전력만이 필요한 반면 거대한 스피커는 100W 혹은 그 이상의 전력이 필요한데 이런 경우에는 [그림 6-1]에 표시된 것처럼 머리가 삐죽삐죽 서고 고막이 떨어져나갈지도 모른다.

전형적인 증폭기는 [그림 6-2]에 표시된 것처럼 몇 단계로 구성된다. 프리앰프(전치증폭기)는 턴테이블, 마이크로폰 또는 다른 장치에 의해서 발생되는 매우 작은 신호를 증폭시키는 데 사용된다.

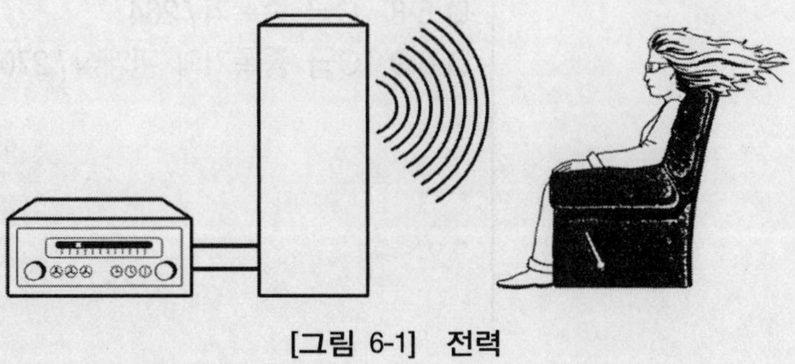

[그림 6-1] 전력

[그림 6-2] 전형적인 증폭기

증폭기의 중간 단계에서는 신호의 세기와 주파수 응답 형태가 더욱 증가된다. 이런 증폭기들이 갖는 가장 중요한 특징은 발생될 이득량과 주파수 반응이다. 마지막으로 출력단은 부하를 구동시키기에 충분한 전력이 공급된다.

전력증폭기는 변환기나 다른 입력회로로부터 입력을 받아 증폭을 하고, 이를 다른 증폭단이나 출력장치로 내보낸다. 즉, 대부분의 유·무선으로 수신된 입력신호의 크기는 매우 작기 때문에 출력장치를 구동하기 위해서는 신호를 충분하게 증폭을 시켜야 한다.

소신호 증폭기에서 중요한 요소는 증폭의 선형성과 이득의 크기이며, 신호전압과 전류가 작기 때문에 증폭되는 전력용량과 전력효율은 그다지 중요하지 않다. 그러나, 전력증폭기인 대신호 증폭은 스피커나 다른 전력장비를 구동하기 위해 출력부하에 충분한 전력을 공급해야 하므로, 저 전류에서 대 전류까지의 대 전압 신호를 구동할 수 있는 증폭기로서 동작을 해야 하며, 이러한 대신호 증폭기에 있어서 중요한 요소는 회로의 전력효율 및 회로가 취급할 수 있는 최대 전력용량, 그리고 출력장치와의 임피던스 매칭(impedance matching) 등이다.

전력증폭단이 갖는 가장 중요한 특성은 다음과 같다.

❑ 증폭기의 선형성

입력에 정현파를 인가하면 출력에서도 정현파를 얻을 수 있는가? 이것은 클래식과 오페라와 같은 고성능 응용에 매우 중요하지만 꽝꽝거리는 거친 춤에서는 덜 중요하다.

❑ 부하에 전달될 수 있는 최대 전력

작은 개인 라디오는 앞서 말한 100W용 스피커를 구동시킬 수 없다. 부하에 전달되는 전력은 부하에 인가될 수 있는 최대 전압에 비례한다. 따라서 맨 처음 최대 전력을 구해야 한다.

❑ 전력전달의 효율

우리는 전력 낭비를 원하지 않는다. 증폭기의 사용으로 부하에 전달된 대부분의 전력을 사용하기를 원한다. 아주 선형적인 증폭기는 효율이 매우 좋지 않음을 알 수 있다.

❑ 증폭기를 구성하는 트랜지스터의 소비전력

어린이는 어른의 일을 감당할 수 없다. 신호증폭 응용에 사용되는 트랜지스터는 전력 응용에 사용될 때 잘 녹아버린다. [그림 6-3]은 저전력, 중전력, 고전력 트랜지스터를

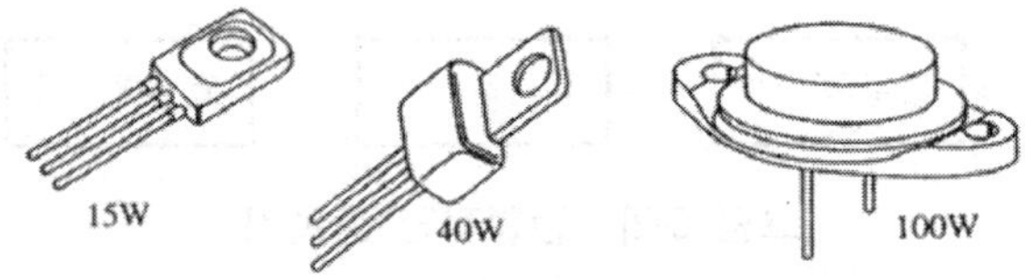

[그림 6-3] 전력용 트랜지스터

표시하고 있다. 일반적으로 트랜지스터의 크기 변화는 전력조절 능력을 의미하게 된다. 전력용 트랜지스터는 신호증폭을 발생시키는 것보다 더 적은 전류이득을 가지는 경향이 있다.

❑ 공급전원에서의 전력유출

전기적 장치가 벽에 있는 플러그에 끼워져 있다면 전력유출은 중요하지 않을 것이다. 하지만, 전지에 의해서 전원이 공급된다면 전류유출 최소화에 대단히 흥미를 가지게 될 것이다. 여러분들이 가지고 있는 게임보이의 건전지가 소모되었을 때 문제가 없지만, 심장 박동기를 가지고 있는 사람에게 전지가 소모되었다면 대단히 큰 문제가 아닐 수 없다.

또한, 전력증폭기는 한 주기 동안의 입력신호에 대한 출력신호의 변화량과 바이어스 레벨(Q점)의 위치에 따라 다음과 같이 분류한다.

❑ A급 증폭기

공통 이미터, 이미터 폴로워 그리고 공통 베이스는 모두 A급 증폭기에 속하며, 출력 신호의 주기는 360° 전체에 걸쳐 변화되고, 최대 대칭 스윙이 허락되는 활성영역인 동특성곡선의 직선부 중앙에 동작점을 설정해야 하며, 왜곡이 매우 큰 단점이 있다. 그리고 매우 선형적이지만, 전력효율(직렬부하 : ~25[%], 병렬부하 : ~50[%])이 나쁘며, 선형증폭 및 전력증폭 등 비교적 적은 신호의 증폭에 사용된다.

❑ B급 증폭기

보통 회로의 한 부분이 입력신호의 반주기 동안 신호를 High로 Push하고, 다른 한 부분은 Low로 Pull하므로 푸시－풀(push－pull) 증폭기라고 하고, 출력신호가 입력신호의 반주기 또는 180° 범위에서 변화하므로 신호의 전주기에 대한 출력을 얻기 위해서는 2개의 트랜지스터를 필요로 한다. 그리고 동작점을 차단점에 둔 경우에는 효율은 60～70[%](약 78.5[%])로 매우 높지만, 선형적이지 못하며, 선형증폭 및 전력증폭에 이용되므로 보다 큰 출력을 얻을 수 있고, 입력신호가 없을 때 전력손실이 매우 적은 특징을 가진다.

❏ AB급 증폭기

활성영역에서 약하게 바이어스 된다. 트랜지스터는 입력 사이클의 일부 구간에서만 턴 온(turn on)된다. 그러나 B급 증폭기보다 좀 더 긴 사이클에서 동작한다. AB급 증폭기는 완전한 출력 스윙을 제공하기 위해서 2개의 트랜지스터를 필요로 한다. 이런 증폭기는 B급 증폭기보다 더 선형적이고 A급 증폭기보다 더 효율적이다.

❏ C급 증폭기

보통 B급 증폭기의 경우보다 유동각이 협소하고, 출력은 180° 보다 더 작은 주기에서 동작하도록 차단점에 깊숙이 바이어스 되며, 효율이 매우 높아 고주파 전력증폭에 널리 사용된다. 그리고 하나의 고정된 주파수에서 동작하도록 제한되므로, 발진기, 반송파 증폭 및 체배용으로 많이 사용되며, 동조 또는 공진주파수에서 전주기로 동작하는 동조 회로에 이용된다.

확인문제 6-1

1. 증폭기의 출력단이 기본적으로 해야 하는 기능은 무엇인가?
2. 출력단에서 알 수 있는 몇 가지 중요한 특징은 무엇인가?
3. A급 증폭기는 어떻게 바이어스 되는가?
4. B급 증폭기는 어떻게 바이어스 되는가?

해답 **1.** 부하를 구동시키기에 충분한 크기의 전력전달 **2.** 증폭기의 선형성, 최대 전력전달, 소비전력의 효율, 트랜지스터의 소비전력, 전원의 전류유출 **3.** 활성상태 **4.** 차단점에 바이어스 된다.

6-2 | 공통 이미터 증폭기의 최대 전압 스윙

부하에 인가될 최대 전력은 부하에 인가될 수 있는 최대 전압에 의존하므로, 부하에 공급할 A급 증폭기의 공통 이미터 최대 전압 스윙을 결정함으로써, 전력증폭기에 대하여 이해하기 쉽다.

[그림 6-4]는 공통 이미터 전력증폭기를 가상으로 간단하게 보인 것으로서, 부하에 공급될 최대·최소 전압을 나타내었다. 여기서, 부하는 컬렉터 저항이고, 부하전압은 컬렉터 전압이다.

대칭적 스윙

모든 트랜지스터 회로에서 트랜지스터가 차단되거나, 포화될 때 최소 출력전압과 최대 출력전압이 발생된다. 즉, [그림 6-4(b)]에 나타낸 것처럼 트랜지스터가 차단상태가 될 때 모든 전류는 '0'[A]이고, 최대 컬렉터 전압을 얻을 수 있다.

차단점 $V_{C(\max)} = V_{CC} = 15[\text{V}]$

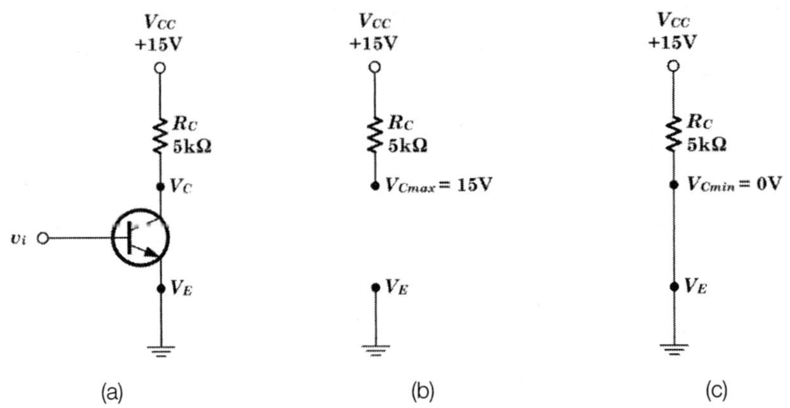

[그림 6-4] 최대 컬렉터 전압 스윙

최소 컬렉터 전압은 [그림 6-4(c)]에 나타낸 것처럼 이미터 전압이 컬렉터 전압 아래에 오는 포화상태가 될 때 발생한다.

포화점 $V_{C(\min)} = V_E = 0[\text{V}]$

따라서, 출력 컬렉터 전압은 [그림 6-5(a)]에 나타낸 것처럼 '0'[V]에서 V_{CC}까지 스윙할 수 있다.

여기서, 소문자 첨자는 교류성분(v_c)과 직류성분(V_C)의 전체 컬렉터 전압을 표시하기 위해서 사용되며, 신호의 교류성분(v_c)으로부터 신호의 직류성분(V_C)을 분리할 수 없을 것이다.

이런 제한된 범위에서 출력전압이 항상 스윙할 수 있는가? 대칭 스윙은 선형성을 위해 필요하다. 다시 말하자면 순수한 정현파의 입력신호를 가진다면 출력도 정현파일 것이다. 만약, 대칭 출력 제한 범위를 초과한다면 출력신호는 왜곡이 발생되고, 위쪽 또는 아래쪽에서 클리핑이 발생된다. A급 증폭기는 출력 대칭 스윙의 제한 범위 내에서 머무는 동안 매우 선형적이지만, 출력 스윙이 너무 크면 왜곡이 발생된다. 즉, 트랜지스터 전압-전류 특성곡선과 컬렉터 전류진폭이 가지는 β의 변화가 원인이며, 컬렉터 전압은 직류 바이어스 레벨에 의해서 결정된다.

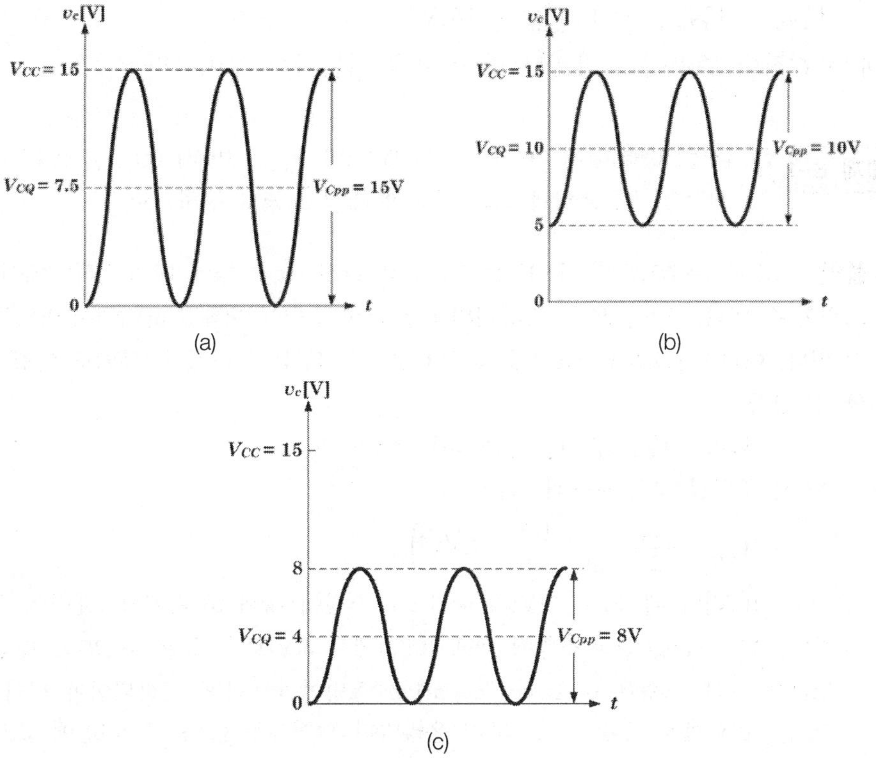

[그림 6-5]

입력신호가 없다면 컬렉터 전압은

$$\text{정지(무입력)}\ V_C = V_{CQ}$$

로 된다. 여기서, 직류 바이어스 레벨 혹은 정지 레벨을 고찰하는 것을 강조하기 위해서 첨자로 "Q"를 사용한다.

직류 바이어스나 Q점의 최대 스윙은 최소 또는 최대 컬렉터 전압 사이의 중간이 되어야 하며, 그런 후, 컬렉터 전압 스윙은 V_{CC}로 올라가고, '0'[V]로 떨어진다.

$$\text{최대 스윙}\ V_{CQ} = \frac{V_{CC}}{2}$$

따라서, 이런 회로에서는

$$V_{CQ} = \frac{V_{CC}}{2} = 7.5[\mathrm{V}]$$

로 된다.

우리는 전압에서 피크-피크 값의 변화에 따른 대칭적 스윙을 정의할 수 있다.

$$V_{CPP} = V_{C(\max)} - V_{C(\min)}$$

이런 회로의 최대 가능 대칭 스윙은 15[V]이다.

$$V_{CPP} = V_{C(\max)} - V_{C(\min)} = 15[\mathrm{V}]$$

다음 예는 Q점이 중앙에 있지 않으면 어떻게 되는가를 보여준다.

예제 6-1 [그림 6-5]에서 (a) $V_{CQ}=7.5[\mathrm{V}]$ (b) $V_{CQ}=10[\mathrm{V}]$ (c) $V_{CQ}=4[\mathrm{V}]$라고 가정하고, V_C에서의 최대 가능한 대칭 스윙을 구하시오.

풀이 (a) $V_{CQ}=7.5[\mathrm{V}]$일 때 V_C는 7.5[V]의 positive 스윙에 대해 7.5[V]에서 15[V]로 스윙할 수 있다. 또한, V_C는 7.5[V]의 negative 스윙에 대해 7.5[V]에서 0[V]로 스윙할 수 있다. 따라서 [그림 6-5(a)]에 표시된 것처럼 V_C는 0[V]에서 15[V]로 대칭적 스윙을 할 수 있다.

$$V_{CPP} = V_{C(\max)} - V_{C(\min)} = 15\mathrm{V} - 0\mathrm{V} = 15[\mathrm{V}]$$

여기서 주의할 것은 다음과 같다.

$$V_{CQ} = \frac{V_{CC}}{2} \quad \left(= \frac{15\mathrm{V}}{2} = 7.5[\mathrm{V}]\right)$$

(b) $V_C=10[\mathrm{V}]$일 때 V_C는 5[V]의 positive 스윙에 대해 10[V]에서 15[V]로 스윙할 수 있다. V_C는 negative 스윙에 대해 10[V]에서 5[V]로 스윙할 수 있다. 대칭이 되기 위하여 전체 스윙은 positive, negative 스윙이 더 작게 제한되어야 한다. 따라서 V_C는 10[V]에서 대칭적으로 5[V] 올라갔다 떨어지는 [그림 6-5(b)]에 표시된 것처럼 5[V]에서 15[V] 사이의 전체 스윙을 가지게 된다.

$$V_{CPP} = 15\mathrm{V} - 5\mathrm{V} = 10[\mathrm{V}]$$

(c) $V_{CQ}=4[\mathrm{V}]$일 때 V_C는 8[V]의 positive 스윙에 대해서 4[V]에서 15[V]까지 스윙할 수 있다. V_C는 4[V]의 negative 스윙에 대해서 4[V]에서 '0'[V]로 스윙할 수 있다. 대칭적으로 되기 위해 우리는 positive, negative 스윙이 더 작아지도록 전체 스윙을 제한해야 한다. 따라서 V_C는 0[V]에서 8[V]의 전체 스윙에 비해 4[V] 올라가고 4[V] 떨어지는 대칭적 스윙을 할 수 있다. 그 스윙은 다음과 같다.

$$V_{CPP} = 8\mathrm{V} - 0\mathrm{V} = 8[\mathrm{V}]$$

이제 [그림 6-6(a)]에서 좀 더 사실적인 회로를 살펴보자. 얼핏 보기에는 직류 바이어스 레벨과는 관계가 없다. 다양한 정현파적 입력신호와 동일한 출력을 발생시키기를 원한다고 가정한다.

입력신호가 부(negative)일 때 트랜지스터는 차단점 근처에서 동작된다면, 이때 트랜지스터 전류는 '0'[A]이고, 출력전압은

$$\text{차단점} \quad V_{C(\max)} = V_{CC}$$

로 된다. 이런 회로에서

$$V_{C(\max)} = 12[\mathrm{V}]$$

이다.

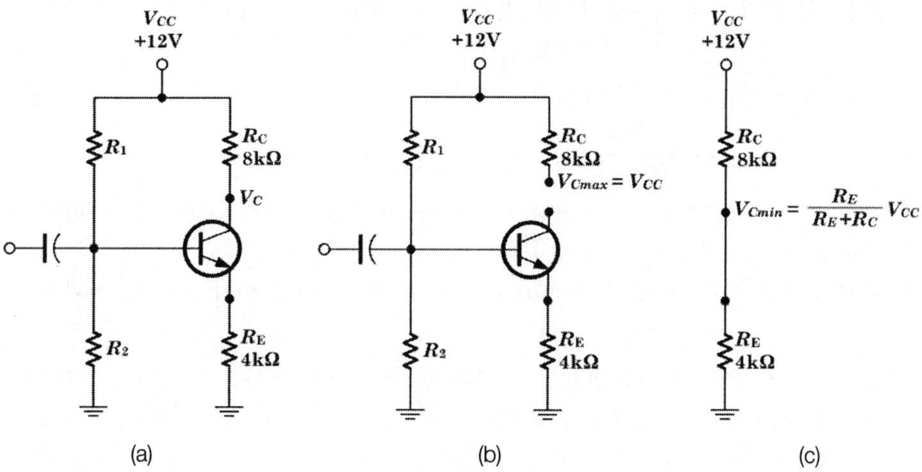

[그림 6-6]

입력신호가 정(positive)일 때 트랜지스터는 포화점에서 동작된다. 포화점 경계에서 컬렉터 전압은 이미터 전압으로 감소된다. 컬렉터 회로는 전압분배기처럼 보인다.

$$\text{포화점}\ \ V_{C\min} = \frac{R_E}{R_E + R_C} V_{CC}$$

이 회로에서는 4[V]로 구해진다.

$$V_{C\min} = \frac{R_E}{R_E + R_C} V_{CC} = \frac{4\text{k}\Omega}{4\text{k}\Omega + 8\text{k}\Omega} 12\text{V} = 4[\text{V}]$$

이 회로에서의 최대 가능한 대칭 스윙은 Q점이 최소값과 최대값 중간에 있을 때 발생된다. 두 값 사이의 중간을 구하기 위해 최소값과 최대값을 더하고 난 다음 2로 나눈다.

$$\text{최대 대칭 스윙}\ \ V_{CQ} = \frac{V_{C\max} + V_{C\min}}{2}$$

로 표시된다. 따라서, 이런 회로에서 최대 스윙은 Q점이 8[V]일 때이다.

$$V_{CQ} = \frac{V_{C\max} + V_{C\min}}{2} = \frac{12\text{V} + 4\text{V}}{2} = 8[\text{V}]$$

이런 Q점에서 우리는 다음과 같은 최대 대칭 스윙을 얻을 수 있다.

$$V_{CPP} = V_{C(\max)} - V_{C(\min)} = 12\text{V} - 4\text{V} = 8[\text{V}]$$

예제 6-2 [그림 6-6]에서 베이스 바이어스 저항이 다음과 같이 선택된다고 가정하고, 최대 가능한 컬렉터 전압 스윙을 구하고, 스케치하시오.

(a) $V_{CQ} = 8[\text{V}]$ (b) $V_{CQ} = 10[\text{V}]$ (c) $V_{CQ} = 6[\text{V}]$

풀이 최대 가능 출력전압이 차단점에서 발생하는 이런 회로에서

$$V_{C(\max)} = V_{CC} = 12[\mathrm{V}]$$

이다. 최소 전압이 포화점에서 발생하고

$$V_{C(\min)} = \frac{R_E}{R_E + R_C} V_{CC} = \frac{4\mathrm{k}\Omega}{4\mathrm{k}\Omega + 8\mathrm{k}\Omega} 12\mathrm{V} = 4[\mathrm{V}]$$

(a) 8[V] Q점의 컬렉터 전압에서 최대 정(positive) 스윙은 4[V]이다. 컬렉터 전압에서 최대 부(negative) 스윙은 4[V]이다. 이런 경우 정(positive) 스윙과 부(negative) 스윙은 서로 같다. 따라서 최대 대칭 스윙은 $V_{CPP} = 8[\mathrm{V}]$이다. Q점은 여기서 최대값과 최소값의 중간에 위치해 있다.

(b) 10[V] Q점의 컬렉터 전압에서 최대 정(positive) 스윙은 2[V]이다. 컬렉터 전압의 최대 부(negative) 스윙은 6[V]이다. 이런 경우 정(positive) 스윙이 부(negative) 스윙보다 작다. 따라서 최대 대칭 스윙은 $V_{CPP} = 4[\mathrm{V}]$이다. Q점은 여기서 중간 위쪽에 위치해 있다.

(c) 6[V] Q점의 컬렉터 전압에서 최대 정(positive) 스윙은 6[V]이다. 컬렉터 전압의 최대 부(negative) 스윙은 2[V]이다. 이런 경우 정(positive) 스윙이 부(negative) 스윙보다 크다. 따라서 최대 대칭 스윙은 $V_{CPP} = 4[\mathrm{V}]$이다. Q점은 여기서 중간 아래쪽에 위치해 있다.

결합용 콘덴서와 바이패스용 콘덴서

[그림 6-7(a)]는 부하에서의 결합 콘덴서와 이미터 바이패스 콘덴서를 포함한 공통 이미터 증폭기의 전체 회로도를 나타낸 것으로서, 직류와 교류 성분뿐 아니라 전체 전압을 구하기 위하여 콘덴서를 개방이나, 단락처럼 스위칭 동작으로만 취급하여 해석하면 안 된다. 즉, 이런 회로에서 콘덴서를 통한 동작의 해결 실마리는 콘덴서가 전압을 저장하고, 한번 충전되면 전지와 같은 동작을 한다.

따라서 바이패스 콘덴서는 입력이 인가되기 전에 바이어스 회로에 의해서 $V_{CE} = V_{EQ}$로 충전되며, 결합용 콘덴서는 $V_{CL} = V_{CQ} - V_{LQ}$로 충전되지만, 직류에서 $V_{LQ} = 0[\mathrm{V}]$이기 때문에 $V_{CL} = V_{CQ}$로 충전된다.

트랜지스터가 포화상태로 구동될 때 컬렉터 전압은 [그림 6-7(b)]에 표시된 것처럼 이미터 전압으로 감소되어 이미터 바이패스 콘덴서는 전지처럼 동작하므로 포화점에서

$$V_{C(\min)} = V_{EQ}$$

로 된다.

출력전압의 전압 스윙에서 첫 번째 흥미를 가지게 되는데, 일반적으로 [그림 6-7(a)]로부터 확인할 수 있다.

$$V_L = V_C - V_{CL} = V_C - V_{CQ}$$

이다.

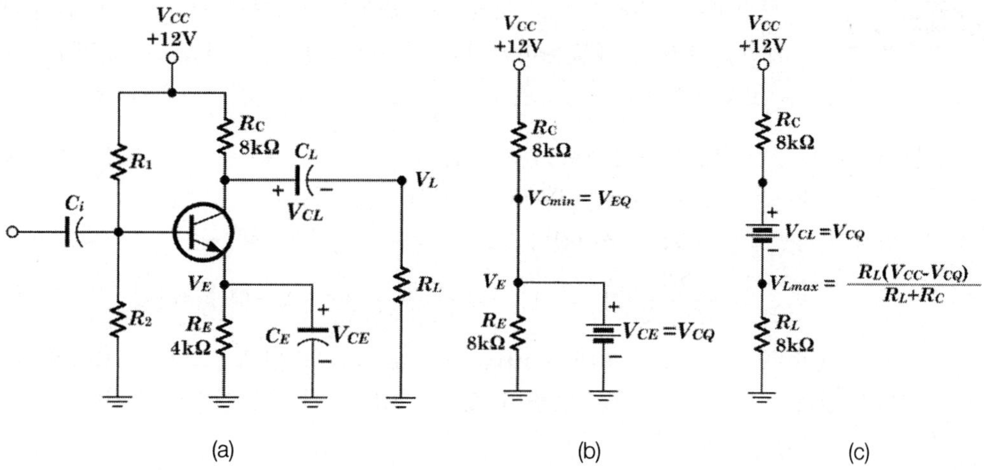

[그림 6-7]

따라서, 최소 부하전압은

$$\text{포화점}\ V_{L(\min)} = V_{C(\min)} - V_{CQ} = V_{EQ} - V_{CQ}$$

트랜지스터가 차단점에서 구동될 때 모든 트랜지스터 전류는 '0'[A]로 되고, [그림 6-7(c)]에 나타낸 컬렉터 회로를 얻을 수 있으며, 2개의 전원을 가진 전체 직렬회로이다. 부하전압을 구하기 위해 공급전압으로부터 콘덴서 전압을 뺀 다음 전압분배기를 사용하면,

$$\text{차단점}\ V_{L\max} = \frac{R_L}{R_L + R_C}(V_{CC} - V_{CQ})$$

가 되고, 최대 가능한 대칭 스윙은 [그림 6-8(a)]에 표시된 것처럼

$$V_{LPP(\max)} = V_{L(\max)} - V_{L(\min)}$$

으로 주어진다.

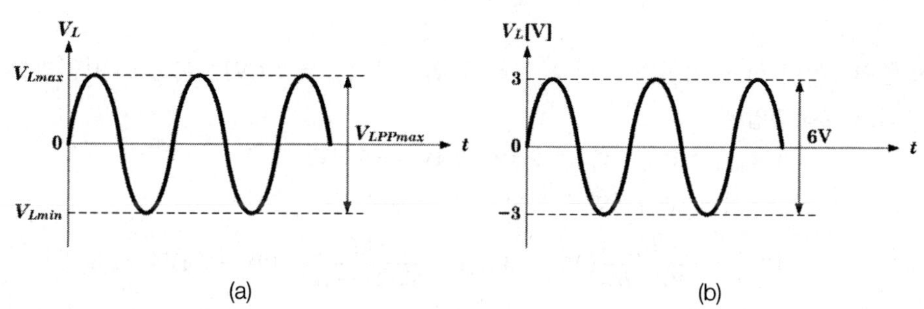

[그림 6-8]

예제 6-3 [그림 6-7(a)]에 표시된 회로에서 베이스 바이어스 저항이 선택되기 때문에 $V_{EQ}=3[\mathrm{V}]$, $V_{CQ}=6[\mathrm{V}]$라고 가정하고 $V_{L(\max)}$, $V_{L(\min)}$ 대칭적 스윙을 구하시오.

풀이 최소 부하전압은 $-3[\mathrm{V}]$로 구해진다.

$$V_{L(\min)}=V_{EQ}-V_{CQ}=3\mathrm{V}-6\mathrm{V}=-3[\mathrm{V}]$$

최대 부하전압은 3[V]로 구해진다.

$$V_{L\max}=\frac{R_L}{R_L+R_C}(V_{CC}-V_{CQ})=\frac{8\mathrm{k}\Omega}{8\mathrm{k}\Omega+8\mathrm{k}\Omega}(12\mathrm{V}-6\mathrm{V})=3[\mathrm{V}]$$

이런 바이어스 전압에서 최대 positive와 negative 스윙은 [그림 6-8(b)]에 표시된 것처럼 같다. 이것은 회로에서 얻을 수 있는 가장 큰 가능한 대칭적 스윙이

$$V_{LPP_{\max}}=6[\mathrm{V}]$$

로 주어진다.

예제 6-4 [그림 6-9]에 표시된 회로에서 V_{EQ}, V_{CQ}, $V_{L(\max)}$, $V_{L(\min)}$ 대칭적 스윙을 구하시오.

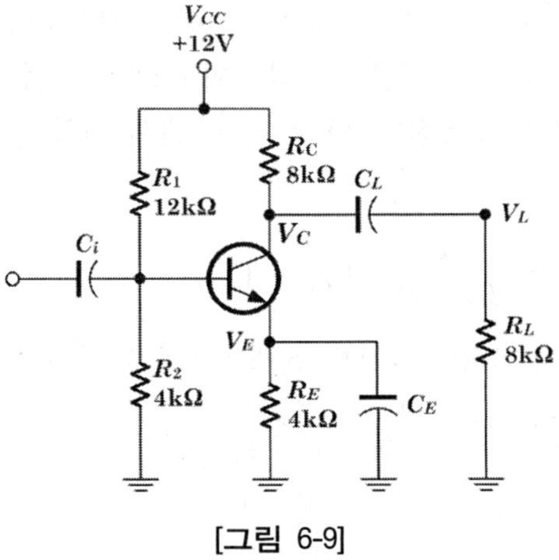

[그림 6-9]

풀이 이런 한 바이어스 저항을 구하기 위해서 $V_{EQ}=2.3[\mathrm{V}]$, $V_{CQ}=7.4[\mathrm{V}]$라고 놓으면 최소 부하전압은

$$V_{L(\min)}=V_{EQ}-V_{CQ}=2.3\mathrm{V}-7.4\mathrm{V}=-5.1[\mathrm{V}]$$

로 구해진다. 최대 부하전압은 2.3[V]로 구해진다.

$$V_{L\max}=\frac{R_L}{R_L+R_C}(V_{CC}-V_{CQ})=\frac{8\mathrm{k}\Omega}{8\mathrm{k}\Omega+8\mathrm{k}\Omega}(12\mathrm{V}-7.4\mathrm{V})=2.3[\mathrm{V}]$$

positive 스윙은 negative 스윙보다 더 작기 때문에 positive 스윙이 대칭적 스윙을 설정하게 된다.

$$V_{LPP}=4.6[\mathrm{V}]$$

확인문제 6-2

1. 증폭기를 말할 때 선형의 의미는 무엇인가?
2. [그림 6-4]에 표시된 공통 이미터 회로에서 최대 출력전압, 최소 출력전압, 최대 대칭 스윙은 무엇인가?
3. [그림 6-6]에 표시된 공통 이미터 회로에서 최대 출력전압, 최소 출력전압, 최대 대칭 스윙은 무엇인가?
4. [그림 6-7]에서 콘덴서는 어떻게 다루는가?
5. 이미터 바이패스 콘덴서 충전은 어떻게 하는가? 부하결합용 콘덴서는?
6. [그림 6-7]에 표시된 공통 이미터 회로에서 최대 출력전압, 최소 출력전압, 최대 대칭 스윙은 무엇인가?
7. 공통 이미터 증폭기로부터 이용할 수 있는 가장 큰 대칭 스윙은 무엇인가?

해답 **1.** 교류를 정확하게 증폭할 수 있는가? **2.** 12[V], 0[V], 6[V] **3.** 12[V], 4[V], 8[V] **4.** 정상상태 **5.** 전지처럼 충전된다. **6.** $V_{L(\min)} = V_{C(\min)} - V_{CQ} = V_{EQ} - V_{CQ}$, $V_{L\max} = \frac{R_L}{R_L + R_C}(V_{CC} - V_{CQ})$, $V_{LPP\max} = V_{L\max} - V_{L\min}$ **7.** $V_{LPP\max} = V_C$

6-3 | 이미터 폴로워 최대 전압 스윙

증폭은 종종 증폭기의 출력단이 필요하지 않기 때문에 부하에 전력을 공급하기 위해서 이미터 폴로워 회로를 자주 사용한다.

[그림 6-10]에 나타낸 것처럼 회로의 부하는 이미터 저항이고, 출력전압은 이미터 전압과 같으며, 최대 출력전압은 트랜지스터가 포화상태로 될 때 발생한다.

$$\text{포화상태} \quad V_{L\max} = V_{CC}$$

가 되고, 최소 출력전압은 트랜지스터가 차단상태로 될 때 발생한다.

$$\text{차단상태} \quad V_{L\min} = 0[\text{V}]$$

가 되며, 공통 이미터 회로에서 최대 가능한 대칭적 스윙은 트랜지스터가 스윙의 중간에서 바이어스 될 때 발생한다. 따라서,

$$\text{최대 스윙} \quad V_{EQ} = \frac{V_{CC}}{2}$$

이다. 최대 가능한 대칭적 스윙은

$$\text{최대 스윙} \quad V_{LPP\max} = V_{CC}$$

이다.

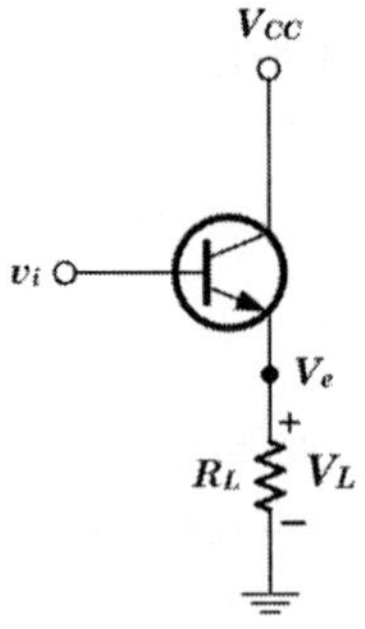

[그림 6-10]

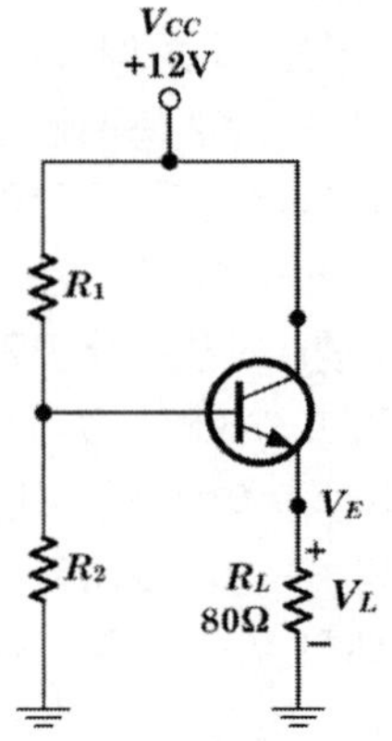

[그림 6-11]

예제 6-5 [그림 6-11]에 표시된 이미터 폴로워에서 다음의 바이어스 저항에 대한 V_{EQ}, $V_{L(\max)}$, $V_{L(\min)}$ 그리고 대칭적 스윙을 구하시오.

(a) $R_1 = 0.8\text{k}\Omega]$, $R_2 = 1[\text{k}\Omega]$

(b) $R_1 = 1[\text{k}\Omega]$, $R_2 = 1[\text{k}\Omega]$

(c) $R_1 = 0.5[\text{k}\Omega]$, $R_2 = 1[\text{k}\Omega]$

풀이 모든 경우의 최소 그리고 최대 부하전압은 $V_{L\min} = 10[\text{V}]$, $V_{L\max} = V_{CC} = 12[\text{V}]$이다.

(a) $R_1 = 0.8[\text{k}\Omega]$, $R_2 = 1[\text{k}\Omega]$일 때

$$V_B = \frac{R_2}{R_1 + R_2} V_{CC} = \frac{1\text{k}\Omega}{0.8\text{k}\Omega + 1\text{k}\Omega} 12\text{V} = 6.7[\text{V}]$$

따라서,

$$V_{EQ} = V_B - 0.7\text{V} = 6[\text{V}]$$

이다. 이런 경우에는 정(positive) 스윙과 부(negative) 스윙 모두가 6[V]이다. 따라서, 대칭적 스윙은

$$V_{LPP} = 12[\text{V}]$$

이다. 여기서, 바이어스 저항은 가장 큰 스윙의 중앙에서 트랜지스터가 바이어스 되기 위해 선택된다.

(b) $R_1 = 1[\text{k}\Omega]$, $R_2 = 1[\text{k}\Omega]$일 때

$$V_B = \frac{R_2}{R_1 + R_2} V_{CC} = \frac{1\text{k}\Omega}{1\text{k}\Omega + 1\text{k}\Omega} 12\text{V} = 6[\text{V}]$$

따라서,

$$V_{EQ} = V_B - 0.7\text{V} = 5.3[\text{V}]$$

이다. 이런 경우에 정(positive) 스윙은 6.7[V]이고, 부(negative) 스윙은 5.3[V]이다. 따라서, 대칭적 스윙은 부(negative) 스윙에 의해서 10.6[V]로 결정된다.

$$V_{LPP} = 10.6[\text{V}]$$

(c) $R_1 = 0.5[\mathrm{k\Omega}]$, $R_2 = 1[\mathrm{k\Omega}]$일 때

$$V_B = \frac{R_2}{R_1 + R_2} V_{CC} = \frac{1\mathrm{k\Omega}}{0.5\mathrm{k\Omega} + 1\mathrm{k\Omega}} 12\mathrm{V} = 8[\mathrm{V}]$$

이다. 따라서,

$$V_{EQ} = V_B - 0.7\mathrm{V} = 7.3[\mathrm{V}]$$

이다. 이런 경우에 정(positive) 스윙은 4.7[V]이고, 부(negative) 스윙은 7.3[V]이다. 따라서, 대칭적 스윙은 정(positive) 스윙에 의해서 9.4[V]로 결정된다.

$$V_{LPP} = 9.4[\mathrm{V}]$$

확인문제 6-3

1. 이미터 폴로워가 A급 증폭기인 이유는 무엇인가?
2. 이미터 폴로워에서 부하저항은 어디에 배치되는가?
3. 가능한 최대 부하전압은 무엇인가?
4. 가능한 최소 부하전압은 무엇인가?
5. 최대로 얻을 수 있는 전압 스윙은 얼마인가?
6. 최대의 전압 스윙을 구하기 위해서 Q점은 어디에 놓아야 하는가?

해답 **1.** 선형성을 가진다. **2.** 이미터 저항 **3.** V_{CC} **4.** 0[V] **5.** V_{CC} **6.** $\frac{V_{CC}}{2}$

6-4 | A급 증폭기의 전력 고찰

[그림 6-12]는 A급 증폭기의 전력분배에 대하여 고찰하기 위하여 나타낸 간단한 공통 이미터 증폭기이며, 이 회로가 제공할 수 있는 최대 가능한 출력 스윙은

$$V_{LPP} = V_{CPP} = V_{CC}$$

이다. 따라서, 회로가 출력 스윙의 중앙에서 바이어스 된다고 가정하면, 최대 스윙은

$$V_{CQ} = \frac{V_{CC}}{2}$$

가 된다.

다음의 전력계산은 직류 바이어스 컬렉터 전류 I_C를 구하기 위해 필요하다.

$$I_C = \frac{V_{CC} - V_C}{R_L}$$

따라서, 최대 스윙 V_{CQ}를 적용하면,

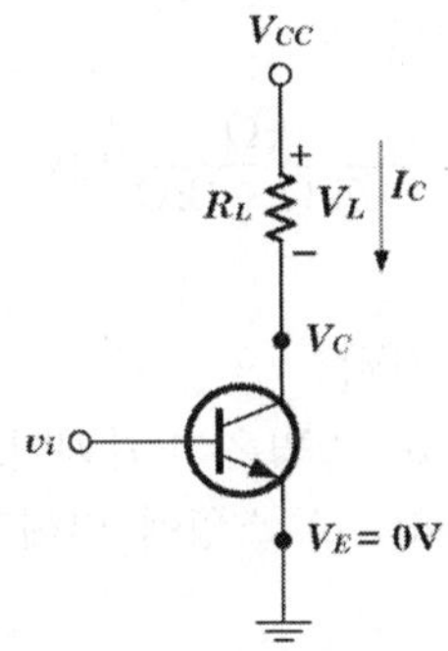

[그림 6-12]

$$I_C = \frac{V_{CC} - V_{CQ}}{R_L} = \frac{V_{CC}}{2R_L}$$

이므로, 전원에 의해서 인가되는 평균전력(P_{CC}), 트랜지스터에 의해서 소비되는 평균전력(P_D), 부하에 전달된 평균 교류전력(P_L), 전력효율(P_L/P_{CC})을 구할 수 있다. 즉, 전력 $P(t)$는

$$P(t) = v(t)i(t)$$

로 정의되며, 평균전력이 부하를 구동하면 전지는 유출되고, 소자에서 열이 발생된다.

따라서, 전압과 전류가 지속적으로 흐르면 평균전력 P는

$$P = V_{DC}\ I_{DC}$$

로 주어진다. 만약, 전압과 전류가 모두 정현파라면 평균 전력은 실효값으로부터 구할 수 있다.

$$P = V_{\mathrm{rms}}\, I_{\mathrm{rms}} = \frac{V_P I_P}{2}$$

V_P와 I_P는 전압과 전류의 피크 값이다.

$$V_{\mathrm{rms}} = \frac{V_P}{\sqrt{2}},\ I_{\mathrm{rms}} = \frac{I_P}{\sqrt{2}}$$

이다. 정현파의 피크 값은 피크-피크 값의 1/2이다.

[그림 6-12]는 공통 이미터 증폭기로서, 이런 회로의 전력을 공급하는 전류는 트랜지스터의 컬렉터 전류이다. 따라서

$$P_{CC} = V_{CC} I_{CQ},\quad P_{CC_{\max}} = \frac{V_{CC}^2}{2R_L}$$

$$P_D = V_{CEQ} I_{CQ},\quad P_{D_{\max}} = \frac{V_{CC}^2}{4R_L}$$

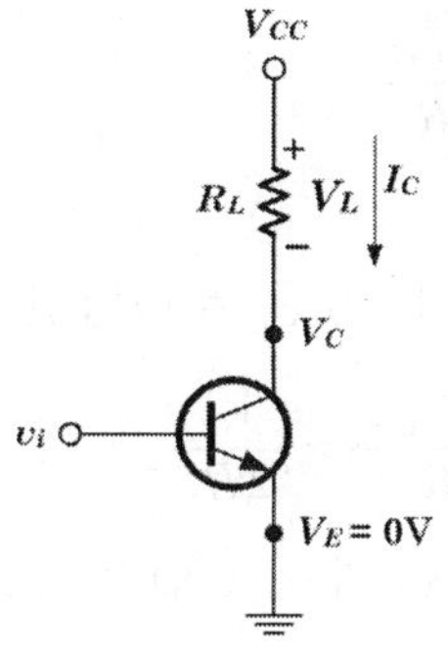

[그림 6-12]

$$P_L = \frac{V_L^2}{2R_L},\ P_{L\max} = \frac{V_{CC}^2}{8R_L}$$

$$\%\text{효율} = 100\frac{P_L}{P_{CC}} = 25\%$$

$$P_{CC} = V_{DC}\, I_{CDC}$$

로 표시된다. 컬렉터 전류의 직류값은 바이어스된 Q점의 전류이므로

$$P_{CC} = V_{DC}\, I_{CQ}$$

로 표시된다. 만약 회로가 최대 스윙으로 바이어스 된다면

$$P_{CC_{\max}} = \frac{V_{CC}^2}{2R_L}$$

이다. 이것은 전지가 당연히 제공해야 하는 전력량으로, 바이어스 저항을 통해 흐르는 전류를 제공해야 하지만, 이런 전류들은 아주 작다.

A급 증폭기는 무신호 상태일 때 전지의 충분한 유출이 있기 때문에 전원공급에 사용되지 않으며, 평균전력이 트랜지스터에서 소비되므로 트랜지스터의 파괴를 피하기 위해 열을 식히는 팬이나 방열판을 충분히 사용하는 것이 필요하다.

또한, A급 증폭기의 최대 전력소비는 무신호일 때 발생되므로, 최대 전력소비는 Q점에서 발생한다. 따라서,

$$P_D = V_{CEQ}\, I_{CQ}$$

[그림 6-12]에서 이미터는 회로에 접지되어 있기 때문에

$$V_{CEQ} = V_{CQ}$$

이므로, 전력소비 P_D는

$$P_D = V_{CQ}\, I_{CQ}$$

이다. 최대 전력소비는 회로가 최대 스윙으로 바이어스 될 때 발생하므로

$$P_{D_{max}} = \frac{V_{CC}}{2}\frac{V_{CC}}{2R_L} = \frac{V_{CC}^2}{4R_L}$$

로 표현할 수 있다.

부하에서 소비되는 평균 교류전력 P_L은 부하양단에 걸리는 전압에 의존하기 때문에

$$P_L = V_{Lrms} I_{Lrms} = \frac{V_{Lrms}^2}{R_L} = \frac{V_L^2}{2R_L}$$

으로 표현되며, 회로에서 최대 피크-피크 전압은 V_{CC}이다. 따라서

$$V_{Lpmax} = \frac{V_{CC}}{2}$$

이고, 부하에 전달되는 최대 평균 교류전력 P_{Lmax}는

$$P_{Lmax} = \frac{V_{Lmax}^2}{2R_L} = \frac{(V_{CC}/2)^2}{2R_L} = \frac{V_{CC}^2}{8R_L}$$

이 된다.

따라서, 부하에 공급되는 실제 전력과 전원이 공급하는 전력을 비교하기 위해서 퍼센트로 표시되는 전력효율 %효율은

$$\%\,효율 = 100\frac{P_L}{P_{CC}}$$

로 나타낸다.

효율의 계산은 바이어스 된 트랜지스터에 공급되는 전력은 배제된다. 따라서, 최적의 환경에서 A급 증폭기의 %효율은 25[%]이므로, 부하에서 전력원의 1/4만이 전달된다.

$$\%\,효율 = 100\frac{P_{L_{max}}}{P_{CC_{max}}} = \frac{\frac{V_{CC}^2}{8R_L}}{\frac{V_{CC}^2}{2R_L}} = 100 \times \frac{2}{8} = 25[\%]$$

이미터 저항과 콘덴서 결합형 부하를 부가시키면 최대 부하전압 스윙이 감소되고, 효율이 감소된다는 점을 기억해야 한다.

예제 6-6 [그림 6-13]을 참조하고, 최대 출력 스윙을 구하기 위해서 바이어스 저항을 선택한다. V_{EQ}, I_{CQ}, V_{CQ}, V_{CEQ}, P_D, P_{CC}, V_{CP}, P_L, %효율, P_{CC}를 구하시오.

풀이 베이스 전압은 2.7[V]이다.

$$V_B = \frac{R_2}{R_1 + R_2} \quad V_{CC} = \frac{1\text{k}\Omega}{3.4\text{k}\Omega + 1\text{k}\Omega}12\text{V} = 2.7[\text{V}]$$

바이어스 이미터 전압은 2[V]이다.

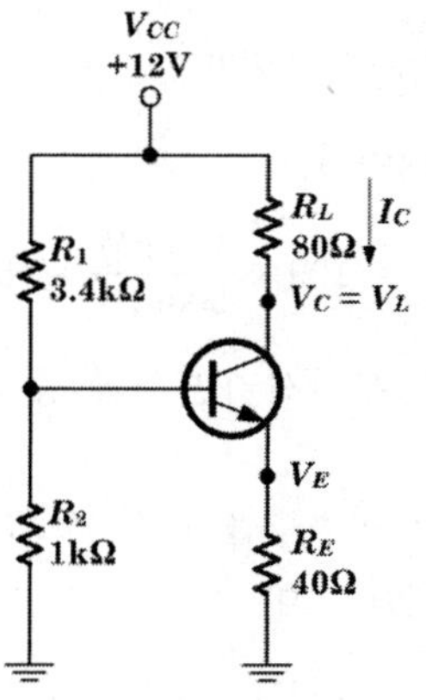

[그림 6-13]

$$V_{EQ} = V_B - 0.7\text{V} = 2[\text{V}]$$

바이어스 컬렉터 전류는 50[mA]이다.

$$I_{CQ} = I_{EQ} = \frac{V_{EQ}}{R_E} = \frac{2\text{V}}{40\Omega} = 50[\text{mA}]$$

컬렉터 전압은 8[V]이다.

$$V_{CQ} = V_{CC} - I_{CQ}R_L = 12\text{V} - 50\text{mA} \times 80\Omega = 8[\text{V}]$$

컬렉터 이미터 전압은 6[V]이다.

$$V_{CEQ} = V_{CC} - V_{EQ} = 8\text{V} - 2\text{V} = 6[\text{V}]$$

트랜지스터에서 소비되는 전력은 300[mW]이다.

$$P_D = V_{CEQ} \times I_{CQ} = 6\text{V} \times 50\text{mA} = 300[\text{mW}]$$

전원에 의해 공급된 전력은 600[mW]이다.

$$P_{CC} = V_{CC} \times I_{CQ} = 12\text{V} \times 50\text{mA} = 600[\text{mW}]$$

트랜지스터에서 소비된 전력의 1/2을 주목하라. 최대 부하전압은 차단점에서 발생하고,

$$V_{L\max} = V_{CC} = 12[\text{V}]$$

로 주어진다. 최소 부하전압은 포화점에서 발생하고 4[V]로 주어진다.

$$V_{L\min} = \frac{R_E}{R_E + R_L} V_{CC} = \frac{40\Omega}{40\Omega + 80\Omega} \times 12\text{V} = 4[\text{V}]$$

부하전압은 4[V]의 positive 스윙에서 8[V]에서 12[V]로 스윙할 수 있으며, 부하전압은 4[V]의 negative 스윙에서 8[V]에서 4[V]로 스윙할 수 있다.

우리가 더 쉽게 설명하면 바이어스 되는 저항은 Q점이 중앙으로 설정되어도 선택되어야 한다는 것이다. 즉, 최대 피크-피크 스윙이 8[V]이므로, 부하전압의 피크 값은 4[V]이다.

$$V_{LP} = \frac{V_{LPP}}{2} = 4[\text{V}]$$

부하에서 소비된 최대평균 교류전력은 100[mW]이다.

$$P_L = \frac{V_{LP}^2}{2R_L} = \frac{16^2\text{V}}{2 \times 80\Omega} = 100[\text{mW}]$$

회로의 전력효율은 16.7[%]이다.

$$\%\,효율 = 100\frac{P_{L_{\max}}}{P_{CC_{\max}}} = 100 \times \frac{100\text{mW}}{600\text{mW}} = 16.7[\%]$$

여러분들은 이미터 저항을 부가시키면 A급 증폭기의 효율을 감소시킬 수 있다는 사실을 확인할 수 있다.

끝으로 바이어스 저항의 소비전력을 구할 수 있다. 바이어스 전류를 무시한다면 R_1과 R_2는 직렬로 더해질 수 있다. 이 저항의 소비전력은 330[mW]로 구해진다.

$$P_{(R_1+R_2)} = \frac{V_{CC}^2}{R_1+R_2} = \frac{144^2\text{V}}{4.4\text{k}\Omega} = 33[\text{mA}]$$

전원에 의해서 공급될 수 있는 전체 전력은 633[mW]이다.

$$P_{CC} + P_{(R_1+R_2)} = 600\text{mW} + 33\text{mW} = 633[\text{mW}]$$

확인문제 6-4

1. 전력증폭기를 구성하기 위해서는 어떤 전력을 계산해야 하는가?
2. 직류전압과 전류로 인한 전력은 무엇인가?
3. 교류전압과 전류로 인한 평균 소비전력은 무엇인가?
4. P_{CC}란 무엇인가?
5. P_D란 무엇인가?
6. P_L이란 무엇인가?
7. A급 증폭기에서 얻을 수 있는 최대 전력효율은 무엇인가?
8. 낮은 효율측면에서 A급 증폭기의 또 다른 단점은 무엇인가?

해답 **1.** 평균전력 **4.** 전원에 의해서 인가되는 평균전력 **5.** 트랜지스터에서 소비되는 평균전력 **6.** 부하에 전달되는 평균 교류전력 **7.** 25[%] **8.** 이미터 저항과 출력결합용 콘덴서 사용으로 효율이 더 감소될 수 있다.

6-5 | 변압기 결합

[그림 6-14]에 표시된 공통 이미터 증폭기는 변압기를 통해서 부하에 결합된다. 간단히 살펴보면 변압기 결합은 A급 증폭기의 전력효율을 50[%]로 증가시킬 수 있다.

이런 회로의 단점은 높은 충실도를 갖는 변압기는 매우 크고 무겁다. 소형화된 오늘날에도 전력증폭기의 형태는 거의 볼 수 없다. 그렇지만 생체 의학적인 응용변압기는 종종 신경 자극물을 이식하는 전달전력에 사용된다.

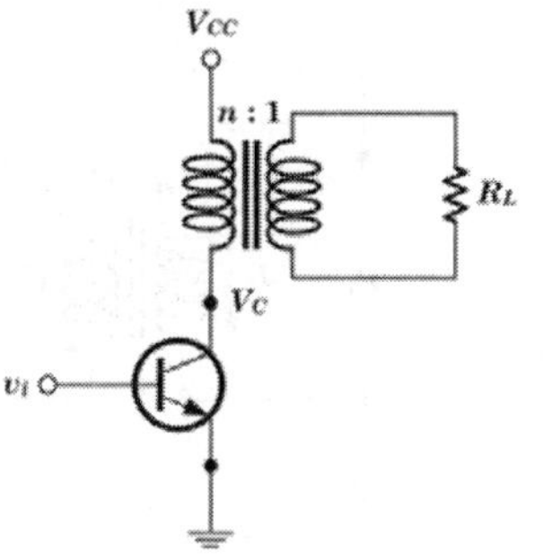

$$P_{CC} = \frac{V_{CC}^2}{n^2 R_L}$$

$$P_D = \frac{V_{CC}^2}{n^2 R_L}$$

$$P_L = \frac{V_{CC}^2}{2n^2 R_L}$$

%효율 = 50%

[그림 6-14]

변압기 결합형 증폭기의 해석

변압기 결합형 증폭기의 해석은 쉽지 않다. 이것은 간단한 회로에서 직류변압기가 단락회로로 동작하기 때문이다. 따라서 컬렉터 회로에서 직류저항값이 없다. 따라서 이런 회로는 어느 정도 포괄적인 방법으로 회로를 해석해야 한다.

V_C에서 최대 스윙의 결정에 의해서 시작한다. 트랜지스터가 포화상태로 구동될 때 컬렉터는 접지에 단락된다.

$$\text{포화상태} \quad V_{C\max} = 0[\text{V}]$$

트랜지스터가 차단될 때 미묘한 부분에서 무슨 일이 발생한다. 변압기의 1차 측은 인덕터이고 인덕터는 에너지를 저장하기 때문이다.

트랜지스터가 개방될 때 컬렉터 전압은

$$\text{차단상태} \quad V_{C\max} = 2V_{CC}$$

로 된다.

컬렉터 전압은 사실 전원전압의 2배로 동작한다. 이러한 현상을 이해하기 위해서 변압기의 분리된 1차 측 회로는 [그림 6-15]를 통해서 확인해 보자.

트랜지스터가 포화상태로 향하면 [그림 6-15(a)]에 표시된 것처럼 컬렉터 전류는 컬렉터가 접지에 단락될 때까지 증가한다. 증가하는 컬렉터 전류는 증가하는 자기장를 발생시키고 이것이 코일 양단에 증가하는 전압 V_1을 유도시킨다. 유도된 전압은 전류의 변화율에 관계된다.

$$V_1 = L_1 \frac{\Delta I_C}{\Delta t}$$

우리는 이러한 방정식을 사용할 필요가 없다. 시간에 따라 증가하는 컬렉터 전류의 변화율만을 강조할 뿐이다. 코일의 자기장 또한 증가하고 1차 코일 양단의 전압도 증가한다.

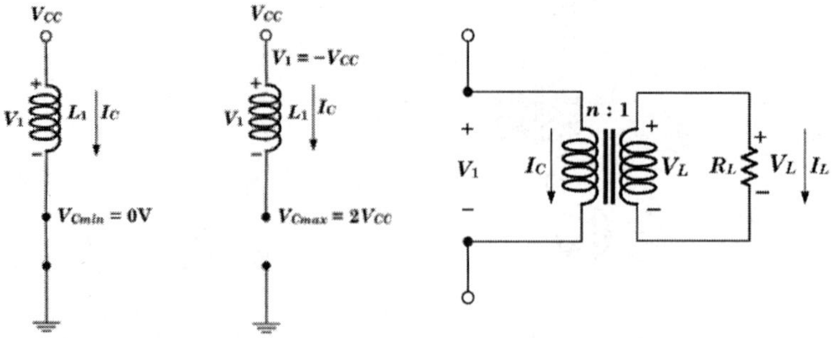

(a) (b) (c)

[그림 6-15]

그림으로부터 코일 전압은 결국 $V_1 = V_{CC}$에 도달되는 것을 확인할 수 있다. 입력이 반전되고 트랜지스터가 차단상태로 구동되기 시작한다. 이때 컬렉터 전류는 0A로 감소된다.

컬렉터 전류의 변화율은 이제 negative로 되고 코일에서의 자기장이 감소하는 원인이 된다. 자기장이 감소하기 때문에 코일에 유도되는 전압의 극성은 반전된다. 전류의 감소율이 전류의 증가율과 같다면 유도된 전압의 크기는 충전 주기에서의 유도된 전압의 크기와 같아야 한다.

다시 말하자면 코일 양단의 전압은

$$V_1 = -V_{CC}$$

로 된다. [그림 6-15(b)]로부터 차단상태의 컬렉터 전압은 $2V_{CC}$가 된다.

$$\text{차단점 } V_{C\max} = V_{CC} - V_1 = V_{CC} - (V_{CC}) = 2V_{CC}$$

이다. 따라서 컬렉터 전압에서 최대 가능한 스윙은

$$V_{CPP} = 2V_{CC}$$

이다. 이런 최대 스윙을 구하기 위해서 트랜지스터는

$$V_{CQ} = \frac{1}{2}V_{CPP} = V_{CC}$$

로 바이어스 되어야 한다.

이제 [그림 6-15(c)]에 표시된 2차 측으로 돌아가자. 우선 1차 측 전압이 V_{CC}에서 $-V_{CC}$로 변화한다는 점에 주목해야 한다. V_1 역시 $V_{1PP} = 2V_{CC}$의 스윙을 가지게 된다.

여러분들도 아다시피 변압기에서 2차 측 전압은 1차 측 전압과 $V_L = (1/n)V_1$의 관계를 가진다. 여기서 n은 변압기의 권선비를 의미한다. 따라서

$$V_{L_{pp}} = \frac{1}{n}V_{1_{pp}} = \frac{2V_{CC}}{n}$$

로 표시되고, 부하전류는

$$I_L = \frac{V_L}{R_L}$$

혹은

$$I_{L_{pp}} = \frac{V_{L_{pp}}}{R_L} = \frac{2V_{CC}}{nR_L}$$

로 표시된다. 다시 1차 측으로 되돌아가면

$$I_C = \frac{1}{n} I_L$$

이다. 만약 1차 측 전압이 2차 측 전압보다 더 크다면 1차 측 전류가 2차 측 전류보다 더 작아진다. 이것은 변압기 양측의 전력이 같다는 의미다. 따라서 컬렉터 전류의 스윙은

$$I_{Cpp} = \frac{1}{n} I_{L_{pp}} = \frac{2V_{CC}}{n^2 R_L}$$

로 된다. 유효저항이나 반향저항으로 나타내면 컬렉터에서

$$R_{C\text{reflected}} = \frac{V_{Cpp}}{I_{Cpp}} = n^2 R_L$$

이다. 변압기는 부하의 피상 저항값을 변화시킬 수 있다. 이것은 임피던스 정합이라고 알려져 있다. 전체 주기를 갖게 되고 원하는 컬렉터에서 바이어 전류를 결정하게 된다.

$$I_{CQ} = \frac{I_{CPP}}{2} = \frac{V_{CC}}{n^2 R_L}$$

전력 계산

우리는 최대 피크-피크 부하전압과 Q점에서 전압과 전류를 알고 있다. 따라서 이런 회로의 전력관계를 결정할 수 있다.

$$P_D = V_{CEQ} \times I_{CQ} = V_{CQ} \times I_{CQ} = V_{CC} \frac{V_{CC}}{n^2 R_L} = \frac{V_{CC}^2}{n^2 R_L}$$

전력공급은

$$P_{CC} = V_{CC} \times I_{CQ} = \frac{V_{CC}^2}{n^2 R_L}$$

로 표시된다.

흥미롭게도 회로에서 입력신호가 없을 때 공급된 전체 전력이 트랜지스터로 간다. 이것은 변압기가 직류에서 단락회로이기 때문이다. 입력신호가 인가될 때 전력은 부하에서 전환된다.

최대 부하전력은

$$P_L = \frac{V_{LP}^2}{2R_L} = \frac{V_{CC}^2}{2n^2 R_L}$$

이 된다. 여기서

$$V_{LP} = \frac{V_{LPP}}{2R_L} = \frac{V_{CC}}{n}$$

이다. 변압기 결합형 A급 증폭기의 효율은 50[%]이다.

$$\%\text{효율} = 100\frac{P_L}{P_{CC}} = 100\frac{V_{CC}^2/2n^2R_L}{V_{CC}^2/n^2R_L} = 100 \times \frac{1}{2} = 50[\%]$$

변압기 결합형 A급 증폭기는 50[%]의 최대 전력효율을 가진다. 다시 말하자면 이런 회로의 결점은 변압기의 크기가 크다는 것이다.

예제 6-7 [그림 6-14]에 표시된 회로에서 $V_{CC} = +12[\text{V}]$, $R_L = 8[\Omega]$, $n = 6$이다. 트랜지스터가 최대 스윙으로 바이어스 되었다고 가정하고 V_{CC}, P_D, V_{LPP}, P_L, %효율을 구하시오.

풀이 변압기는 에너지 저장 능력을 갖기 때문에

$$V_{CPP} = 2V_{CC} = 24[\text{V}]$$

이다. Q점의 컬렉터 전압은

$$V_{CQ} = \frac{V_{CPP}}{2} = 12[\text{V}]$$

이다. 변압기의 1차 측 전압은 컬렉터 전압과 같은 스윙을 가진다. 따라서 부하전압의 스윙은

$$V_{LPP} = \frac{2V_{CC}}{n} = \frac{24\text{V}}{6} = 4[\text{V}]$$

이다. 컬렉터 전류의 스윙은 부하전류 스윙에 따라 변한다.

$$I_{LPP} = \frac{V_{LPP}}{R_L} = \frac{4\text{V}}{8\Omega} = 0.5[\text{A}]$$

따라서

$$I_{CPP} = \frac{1}{n}I_{LPP} = \frac{0.5\text{A}}{6} = 0.0833[\text{A}]$$

이다. 변압기와 트랜지스터 전류는 부하전류보다 작다는 점을 기억해야 한다. Q점의 컬렉터 전류는 0.0417[A]이다.

$$I_{CQ} = \frac{I_{CPP}}{2} = 0.0417[\text{A}]$$

트랜지스터의 전력은

$$P_D = V_{CEQ} \times I_{CQ} = V_{CQ} \times I_{CQ} = 12\text{V} \times 0.417\text{A} = 0.5[\text{W}]$$

이다. 공급전력은

$$P_{CC} = V_{CC} \times I_{CQ} = 12\text{V} \times 0.0417\text{A} = 0.5[\text{W}]$$

이고, 부하전력은

$$P_L = \frac{V_{PP}^2}{2R_L} = \frac{2^2\text{V}}{2 \times 8\Omega} = 0.25[\text{W}]$$

이다. %효율은 50[%]이다.

$$\%\text{효율} = 100\,\frac{P_L}{P_{CC}} = 100\,\frac{0.25}{0.5} = 100\,\frac{1}{2} = 50[\%]$$

확인문제 6-5

1. 인덕터에 유도되는 전압은 무엇에 의존하는가?

2. 변압기 결합형 A급 증폭기의 컬렉터 전압에서 피크-피크 스윙이 공급전압의 2배인 이유를 설명하시오.

3. 변압기의 1차 측 전압과 2차 측 전압의 관계는 무엇인가?

4. 최대 출력전압 스윙은 무엇인가?

5. 변압기의 2차 측 전류와 1차 측 전류는 어떤 관계가 있나? 최대 컬렉터 전류 스윙은 무엇인가?

6. 변압기의 1차 측에서 바라다본 저항과 부하가 연결된 2차 측과의 사이는 어떤 관계가 있나?

7. V_{CQ}, I_{CQ}의 최대 스윙은 얼마인가?

8. P_D, P_{CC}, P_L이란 무엇인가?

9. 변압기 결합형 A급 증폭기의 효율은 무엇인가?

10. 이러한 증폭기의 결점은 무엇인가?

해답 **1.** 자기장 **2.** 인덕터가 에너지를 저장하기 때문 **3.** 권선비 **4.** $V_{LPP} = \frac{2V_{CC}}{n}$ 5. 1/N
6. $V_{CQ} = \frac{1}{2} V_{CPP} = V_{CC}$ **7.** $I_{CQ} = \frac{I_{CPP}}{2} = \frac{V_{CC}}{n^2 R_L}$ **8.** $P_D = V_{CEQ} I_{CQ} = V_{CQ} I_{CQ} = V_{CC} \frac{V_{CC}}{n^2 R_L} = \frac{V_{CC}^2}{n^2 R_L}$,
$P_{CC} = V_{CC} I_{CQ} = \frac{V_{CC}^2}{n^2 R_L}$, $P_L = \frac{V_{LP}^2}{2R_L} = \frac{V_{CC}^2}{2n^2 R_L}$
9. $\%\text{효율} = 100\,\frac{P_L}{P_{CC}} = 100\,\frac{V_{CC}^2/2n^2 R_L}{V_{CC}^2/2n^2 R_L} = 100 \times \frac{1}{2} = 50[\%]$
10. 변압기의 크기가 크다.

6-6 | B급 증폭기

동 작

기본적인 B급 증폭기가 [그림 6-16(a)]에 표시되어 있다. NPN형 트랜지스터와 매칭되는 PNP형 트랜지스터로 아주 간단한 회로를 만들 수 있다. 이런 회로에는 2개의 전력이 공급된다는 점에 주의해야 한다.

또한 부하저항이 트랜지스터의 이미터에 연결된다는 것에 주의해야 한다. B급 증폭기의 이득을 관찰하기보다는 오히려 전력 사용의 효율이 증가하는 데 관심을 가진다.

[그림 6-16(b)]에 표시된 것처럼 입력신호를 인가하지 않았을 때 두 트랜지스터의 베이스는 모두 접지된다.

$$V_{BQ} = 0[\mathrm{V}]$$

컬렉터 회로에서 대칭이기 때문에 이미터 전압은 positive와 negative 공급전압 사이의 중간이다.

$$V_{EQ} = \frac{V_{CC} + (-V_{CC})}{Z} = 0[\mathrm{V}]$$

로 표시된다.

따라서 각 트랜지스터의 이미터 다이오드 양단에 걸리는 전압은 0[V]이다. 입력신호가 positive로 되면 NPN형 트랜지스터 Q_1이 도통된다. 베이스 전압이 positive이기 때문에 PNP형 트랜지스터 Q_2는 차단상태가 된다.

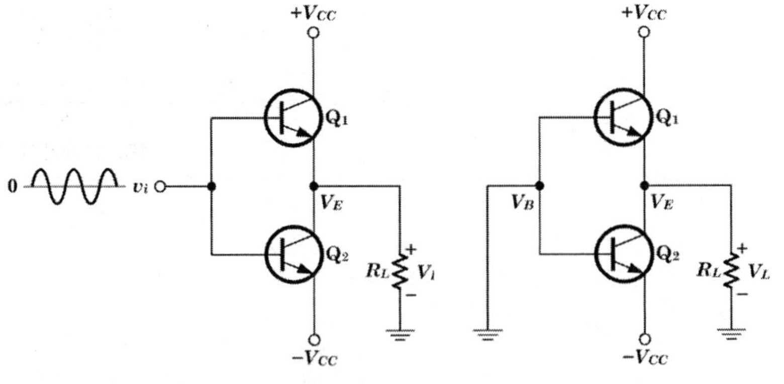

(a) (b)

[그림 6-16] B급 증폭기(푸시풀 증폭기)

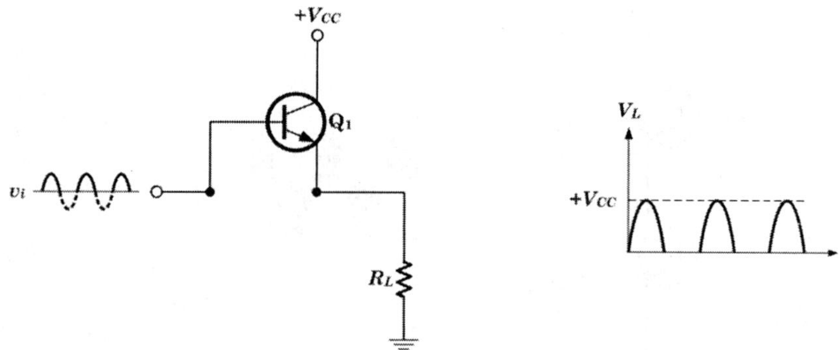

(a) (b)

[그림 6-17]

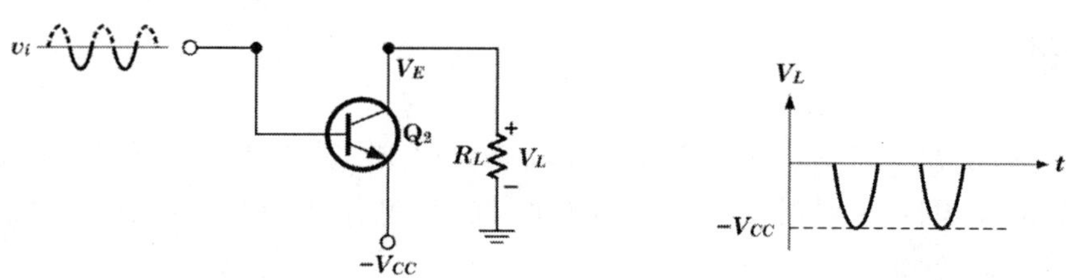

(a) (b)

[그림 6-18]

이것은 [그림 6-17(a)]에 표시된 회로가 설명해 준다. 출력신호는 이미터로부터 구해지기 때문에 출력전압은 입력전압을 따르게 된다(트랜지스터 Q_1의 이미터 다이오드 전압강하 0.7[V]를 무시한다). [그림 6-17(b)]에 표시된 출력전압은 다이오드의 정류기의 출력과 비슷하다.

입력신호가 negative로 되면 PNP형 트랜지스터 Q_2가 도통된다. 베이스 전압이 이제 negative이기 때문에 NPN형 트랜지스터 Q_1은 차단상태가 된다. [그림 6-18(b)]에 표시된 출력전압은 입력 사이클의 −반주기만 표시하게 된다.

이미터 다이오드의 전압강하가 무시된다면 전체 출력은 [그림 6-19]에 표시된 것과 같다. B급 증폭기에서는 한 번에 한 개의 트랜지스터만이 동작한다. 한 개의 트랜지스터는 positive 출력을 제공하고 나머지 한 개의 트랜지스터는 negative 출력만을 제공한다.

이런 이유 때문에 B급 증폭기는 푸시풀 증폭기라고 부르기도 한다. B급 증폭기는 두 개의 유사한 진공관으로도 구성되고 두 개의 NPN형 트랜지스터로도 구성할 수 있다.

이런 특별한 회로는 한 개의 PNP형 트랜지스터와 한 개의 NPN형 트랜지스터를 사용하게 되는데 이런 것들은 보수 대칭형 푸시풀 증폭기(complementary symmetry push pull amplier)로 간주된다.

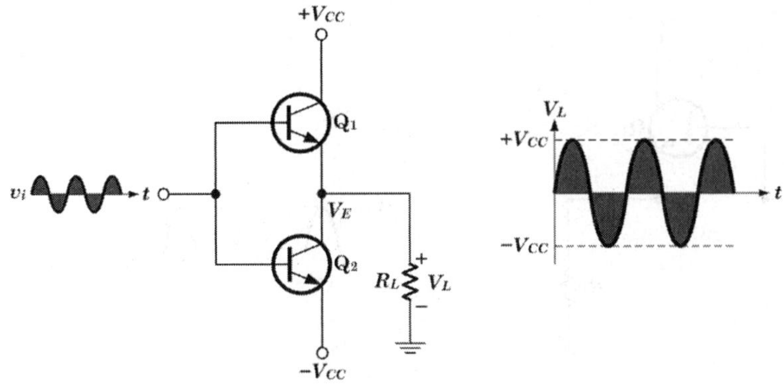

$$P_{CC} = 2\frac{V_{CC}^2}{\pi R_L}$$

$$P_D = 0.1\frac{V_{CC}^2}{R_L}$$

$$P_{L\max} = \frac{V_{CC}^2}{2R_L}$$

%효율 = 78.5[%]

[그림 6-19]

전력계산

B급 증폭기에서 모든 전력 계산은 출력전압과 컬렉터 전류의 크기에 달려 있다. 아래의 토론에서 우리는 일반적인 전력관계식과 또한 공급되거나 소비될 수 있는 최대 전력을 계산할 수 있다.

부하전력

부하전압이 여전하기 때문에 정현파 신호에서 부하전력은

$$P_L = \frac{V_{LP}^2}{2R_L}$$

로 주어진다. 최대 부하전력을 구하기 위해서 최대 스윙을

$$V_{LPP\max} = 2V_{CC}$$

로 제공하기 위해서 $-V_{CC}$에서 $+V_{CC}$까지 스윙할 수 있는 출력전압을 보여주는 [그림 6-19]를 검토하자. 최대 부하전력은 다음과 같다.

$$P_{L_{\max}} = \frac{V_{LP_{\max}}^2}{2R_L} = \frac{V_{CC}^2}{2R_L}$$

공급전력

B급 증폭기 차단점에서 바이어스 된다. 이것은 무입력 신호일 때 두 트랜지스터는 off되고 전류는 흐르지 않는다는 것을 의미한다. 따라서 각 트랜지스터의 $I_{CQ} = 0[\text{A}]$이다.

무신호일 때 우리는 증폭기를 standby mode라 부른다. 예비로 전류의 흐름이 없기 때문에 각 전원으로부터 전력유출은

Standby Power $P_{CC} = 0[W]$

이다. 이것은 B급 증폭기에서 가장 중요한 장점이다. 무신호일 때 전지의 소모는 없다. 전지의 수명은 대단히 연장된다. 이것이 바로 전지가 B급 증폭기의 출력단을 구동시키는 이유이다.

어떤 전지도 평균 전력유출이 있다. 그렇지 않으면 전지의 수명은 영원하게 되고 전지회사는 사업에 망했을 것이다. 전지로부터 평균 전력유출은

$$P_{CC} = V_{CC} \times I_{DC}$$

로 주어진다.

A급 증폭기에서 트랜지스터 전류의 직류값은 Q점에서의 전류와 같다. B급 증폭기는 사실과 다르다.

[그림 6-20]에 표시된 정류된 반파신호처럼 보이는 Q_1에서의 컬렉터 전류를 알아보자. 정류된 반파신호의 평균(직류값)은 이미 앞에서 알아본 바 있다.

$$I_{C_{DC}} = \frac{I_{CP}}{\pi}$$

이고,

$$I_{CP} = \frac{V_{LP}}{R_L}$$

이기 때문에

$$I_{C_{DC}} = \frac{V_{LP}}{\pi R_L}$$

로 표시할 수 있다. 따라서 각 전지에 의해서 공급되는 전력은

$$P_{CC} = V_{CC}\frac{V_{LP}}{\pi R_L}$$

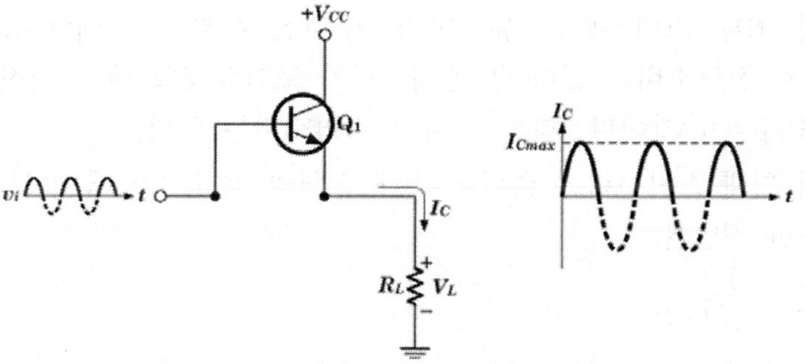

[그림 6-20]

이다. 최대 전력은 출력전압이 가장 클 때 전지로부터 요구된다.

$$V_{LP_{\max}} = V_{CC}$$

우리는 최대 평균 전력유출을 각 전지로부터 얻는다.

$$P_{CC_{\max}} = V_{CC}\frac{V_{LP}}{\pi R_L} = \frac{V_{CC}^2}{\pi R_L}$$

각 전지는 동일한 전력을 제공하기 때문에 전지에 의해서 공급되는 전체 전력은

$$P_{CCtotal_{\max}} = 2\frac{V_{CC}^2}{\pi R_L}$$

이다. B급 증폭기의 최대 전력효율은 다음과 같다.

$$\%효율 = 100\frac{P_{L_{\max}}}{P_{CCtotal_{\max}}} = 100\frac{V_{CC}^2/2R_L}{2V_{CC}^{2/}/\pi R_L}$$

따라서

$$\%효율 = 100\frac{\pi}{4} = 78.5[\%]$$

이다. 예비 전력유출은 없기 때문에 B급 증폭기의 부하에 전달되는 전력이 아주 큰 효율을 가진다.

트랜지스터 전력

전원에 공급된 전력이 2개의 트랜지스터와 부하에 의해 소비된 전력과 같다면 트랜지스터에 의해 소비된 전력을 계산하기가 더 쉽다.

$$P_{CC\text{total}} = P_{Q1} + P_{Q2} + P_L$$

회로의 대칭성 때문에 트랜지스터에 의한 소비전력은 $(P_{Q1} = P_{Q2})$과 같고

$$P_D = \frac{P_{CC\text{total}} - P_L}{2}$$

로 주어진다.

트랜지스터의 최대 소비전력은 유도하기 어렵다. 무활동 상태에서 컬렉터 전류는 0[A]이다. 따라서 전력소비는 없다. 트랜지스터가 포화상태일 때 출력전압은 최고에 도달된다. 이때 $V_{CE} = 0[\mathrm{V}]$이다. 따라서 다시 전력소비는 없다.

트랜지스터의 최대 소비전력은 출력이 최대 스윙의 약 2/3일 때 발생한다. 최대 소비전력 발생에 대한 전압은

$$V_{LP} = \frac{2}{\pi}V_{CC}$$

이고, 각 트랜지스터의 중지되는 최대 소비전력은 다음과 같다.

$$P_D = 0.2P_{L_{max}} = 0.1\frac{V_{CC}^2}{R_L}$$

예제 6-8 [그림 6-19]에 표시된 회로에서 $V_{CC}=+12[V]$, $R_L=80[\Omega]$이다. 각 트랜지스터에서 최대 부하전압 스윙, 전체 최대 평균 공급전력, 최대 평균 부하전력, 최대 평균 소비전력을 구하시오.

풀이 최대 가능 출력 스윙은 $V_{LPP}=2V_{CC}=24[V]$이다. 최대 전력 계산은 최대 피크 부하전압으로 구한다.

$$V_{LP\max}=12[V]$$

평균 부하전력은 0.9[W]이다.

$$P_{L_{max}}=\frac{V_{LP_{max}}^2}{2R_L}=\frac{(12V)^2}{2\times 80\Omega}=0.9[W]$$

전체 공급전력은 1.15[W]이다.

$$P_{CC\,total_{max}}=2\frac{V_{CC}^2}{\pi R_L}=2\frac{(12V)^2}{\pi\times 80\Omega}=1.15[W]$$

최대 효율은 78.3[%]이다.

$$\%효율=100\frac{P_{L_{max}}}{P_{CC\,total_{max}}}=100\frac{0.9W}{1.15W}=78.3[\%]$$

각 트랜지스터의 소비전력은 0.125[W]이다.

$$P_D=\frac{P_{CC\,total}-P_L}{2}=\frac{1.15W-0.9W}{2}=0.125[W]$$

예제 6-9 [그림 6-19]에 표시된 회로에서 $V_{CC}=+12[V]$, $R_L=80[\Omega]$이라고 가정하고, 부하전력, 공급전력, 효율, 다음의 출력전압 스윙에 대한 각 트랜지스터에서 소비전력을 구하시오. 트랜지스터에서의 소비전력을 논하고 〈예제 6-8〉과 비교하시오. (a) $V_{LP}=2[V]$ (b) $V_{LP}=8[V]$

풀이 (a) $V_{LP}=2[V]$에서 실제 부하전력은 25[mW]이다.

$$P_L=\frac{V_{LP}^2}{2R_L}=\frac{2V^2}{2\times 80\Omega}=25[mW]$$

실제적인 공급전력을 구하기 위해서 직류 컬렉터 전류를 구하면 7.96[mA]이다.

$$I_{C_{DC}}=\frac{I_{CP}}{\pi}=\frac{V_{LP}}{\pi R_L}=\frac{2V}{\pi\times 80\Omega}=7.96[mA]$$

전체 공급전력은 191[mW]이다.

$$P_{CC\,total}=2V_{CC}\times I_{CDC}=2\times 12V\times 7.96mA=191[mW]$$

전력효율은 13.1[%]이다.

$$\%효율 = 100\frac{P_L}{P_{CC\text{total}}} = 100\frac{25\text{mW}}{191\text{mW}} = 13.1[\%]$$

공급전력, 부하전력, 효율은 출력전압이 최대값으로 유도되지 않을 때 모두 좀 더 적어진다. 각 트랜지스터에서 소비전력은 83[mW]이다.

$$P_D = \frac{P_{CC\text{total}} - P_L}{2} = \frac{191\text{mW} - 25\text{mW}}{2} = 83[\text{mW}]$$

(b) $V_{LP} = 8[\text{V}]$에서 실제 부하전력은 400[mW]이다.

$$P_L = \frac{V_{LP}^2}{2R_L} = \frac{8^2\text{V}}{2\times 80\Omega} = 400[\text{mW}]$$

실제적인 공급전력을 구하기 위해서 직류 컬렉터 전류를 구하면 32[mA]이다.

$$I_{C_{DC}} = \frac{I_{CP}}{\pi} = \frac{V_{LP}}{\pi R_L} = \frac{8\text{V}}{\pi \times 80\Omega} = 32[\text{mA}]$$

전체 공급전력은 768[mW]이다.

$$P_{CC\text{total}} = 2V_{CC}\times I_{CDC} = 2\times 12\text{V}\times 32\text{mA} = 768[\text{mW}]$$

전력효율은 52[%]이다.

$$\%효율 = 100\frac{P_L}{P_{CC\text{total}}} = 100\frac{400\text{mW}}{768\text{mW}} = 52[\%]$$

출력의 피크 값은 공급전력, 부하전력, 효율을 모두 증가시킨다.

여하튼 출력전압이 자신의 최대값으로 구동될 때보다 아직도 작다. 각 트랜지스터에서 소비전력은 184[mW]이다.

$$P_D = \frac{P_{CC\text{total}} - P_L}{2} = \frac{768\text{mW} - 400\text{mW}}{2} = 184[\text{mW}]$$

이 예제의 결과를 이전의 예제와 비교하면 다음과 같다.

	V_{LP}	P_D
최대 스윙	12[V]	125[mW]
	2[V]	83[mW]
최대 스윙의 2/3	8[V]	184[mW]

이것은 출력 스윙이 최대 스윙의 2/3일 때 트랜지스터가 최대 소비전력을 가진다는 것을 의미한다.

B급 증폭기의 왜곡

트랜지스터 Q_1과 Q_2에서의 이미터 다이오드 전압강하를 무시했었다. [그림 6-21]에서 2개의 차동입력에 대한 부하전압을 더 자세히 알아보자.

여기서 중요한 점은 트랜지스터 Q_1이 입력전압이 0.7[V]에 도달할 때까지 동작하지 않는다는 점이다. 이때 부하전압은

$$v_L = v_i - 0.7[\mathrm{V}]$$

로 주어진다. 이와 유사하게 트랜지스터 Q_2도 입력전압이 -0.7[V]에 도달할 때까지 도통되지 않게 된다. 이때 부하전압은

$$v_L = v_i + 0.7[\mathrm{V}]$$

로 주어진다.

[그림 6-21(a)]에 표시된 것처럼 1[V]의 입력에 대해 입력신호의 작은 부분만이 출력으로 보여진다. [그림 6-21(b)]에 표시된 것처럼 10[V]의 입력신호는 덜 왜곡되고 입력을 닮은 신호가 출력된다. 이런 왜곡을 크로스오버 왜곡이라고 부른다. B급 증폭기의 왜곡은 입력신호의 크기에 의존한다.

다시 말하자면, 즉 작은 크기의 입력은 큰 크기의 입력보다 더 왜곡이 심하게 나타난다. 이것이 바로 제조업체가 스테레오 증폭기를 설계할 때, 저음을 제공할 때는 A급 증폭기를 출력단에 사용하고 고음을 제공할 때는 출력단에 B급 증폭기를 사용하는 이유가 된다.

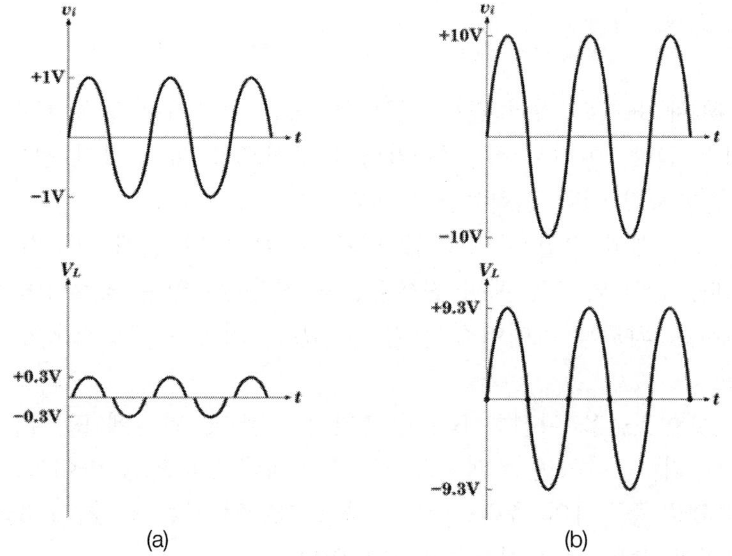

[그림 6-21]

확인문제 6-6

1. 기본적인 NPN형-PNP형 B급 출력증폭단을 그리시오.

2. 이런 형태의 출력증폭단에 붙여지는 이름은 무엇인가?

3. B급 증폭기의 출력증폭단의 트랜지스터의 정지활동 상태는 무엇인가?

4. 입력이 +일 때 어느 트랜지스터가 활성화되는가?

5. 입력이 -일 때 어느 트랜지스터가 활성화되는가?

6. 최대 부하전력이란 무엇인가?
7. 입력이 무신호일 때 공급전지에서의 전력유출은 무엇인가?
8. 공급전원에서의 최대 전력유출은 무엇인가? 언제 발생하는가?
9. B급 증폭기의 최대 효율은 무엇인가?
10. 각 트랜지스터의 최대 소비전력은 무엇인가?
11. B급 증폭기의 출력에서 크로스오버 왜곡이 발생되는 이유는 무엇인가?

해답 **1.** [그림 6-16]참조 **2.** 보수 대칭형 푸시풀 증폭기 **3.** 차단상태 **4.** NPN형 트랜지스터 **5.** PNP형 트랜지스터 **6.** $P_{L_{max}} = \frac{V_{LP_{max}}^2}{2R_L} = \frac{V_{CC}^2}{2R_L}$ **7.** 0W **8.** $P_{CC_{max}} = V_{CC}\frac{V_{LP}}{\pi R_L} = \frac{V_{CC}^2}{\pi R_L}$ **9.** 78.5[%] **10.** $P_D = \frac{P_{CC\,total} - P_L}{2}$ **11.** 0.7[V]의 전압강하

6-7 | 바이어스 된 푸시풀 증폭기

[그림 6-16(b)]에 표시된 것과 같이 기본적인 B급 증폭기는 양쪽 트랜지스터가 차단 상태로 바이어스 된다. 여기서 장점은 입력이 무신호일 때 전지의 전류유출이 없다는 점이다. 다시 말하자면 예비 전력유출은 0[W]이다.

이런 바이어스 설계의 결점은 트랜지스터가 턴 온 되기 전에 크로스오버 왜곡이 발생된다는 점이다. 만약 약간의 예비 전류유출을 참을 수 있는 의지력이 있다면 트랜지스터가 바로 턴 온 되도록 바이어스 시킬 수 있다. 이것은 크로스오버 왜곡이 대부분 제거될 것이다.

어떤 저자들은 이것들을 여전히 B급 증폭기라 부른다. 반면에 또 다른 저자들은 AB급 증폭기라 부른다. 왜냐하면 트랜지스터는 활동영역에서 조금 바이어스 된다. 우리는 다음의 모두를 B급 증폭기의 출력증폭단이라고 간단히 부른다. 거의 B급 증폭기를 바이어스하는 방법과 같은 수의 전자설계자가 있다.

첫 번째 회로는 [그림 6-22(a)]에 표시되어 있다. NPN형 바이어스 회로와 PNP형 회로에서 바이어스 된 대칭을 강조한 그림에서 그려진 선이다.

[그림 6-22(b)]에서 V_{B1Q}를 구할 수 있다.

$$V_{B1Q} = \frac{R_1}{R_1 + R_2} V_{CC} = \frac{0.7\text{k}\Omega}{11.3\text{k}\Omega + 0.7\text{k}\Omega} 12\text{V} = 0.7[\text{V}]$$

그리고 이미터 바이어스 전압은 0[V]이다.

$$V_{EQ} = V_{B1Q} - 0.7\text{V} = 0[\text{V}]$$

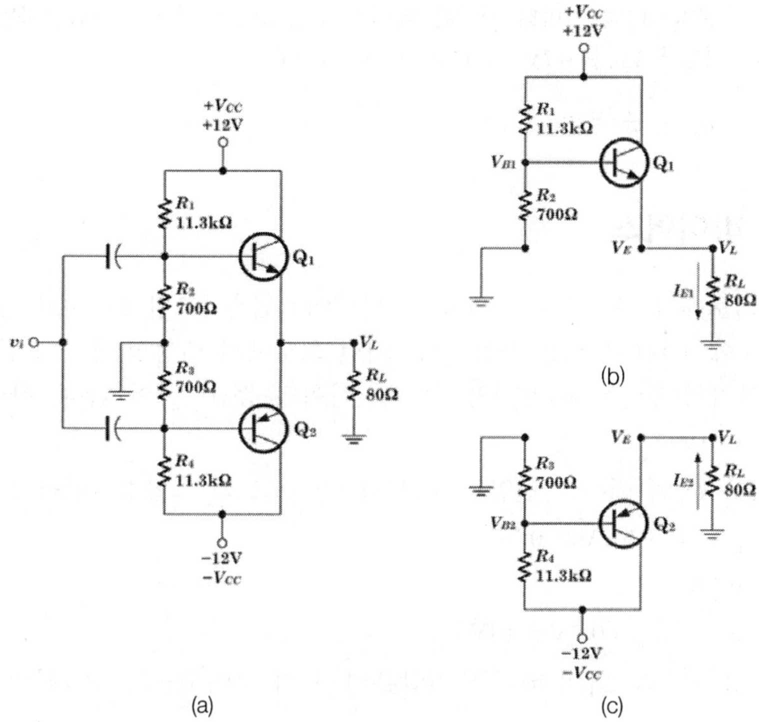

[그림 6-22] 차단점 근처에서의 바이어스

따라서

$$I_{EQ} = \frac{V_{EQ}}{R_L} = 0[\mathrm{A}]$$

이다. Q_1은 차단점 근처에서 바이어스 된다. [그림 6-22(c)]에는 PNP형 트랜지스터인 Q_2의 등가 바이어스 회로가 표시되어 있다.

다음의 예제를 통해서 바이어스 값을 유도해 보자. 이런 회로는 NPN형 트랜지스터에 negative 전압을 제외하고는 모두 동일하다. 트랜지스터 Q_1의 바이어스 값은

$$V_{B2Q} = -0.7[\mathrm{V}], \quad V_{EQ} = 0[\mathrm{V}], \quad I_{EQ} = 0[\mathrm{A}]$$

로 구해진다.

예제 6-10 [그림 6-22(c)]에 표시된 부분적인 B급 증폭기 회로에 주어진 바이어스 값을 유도하시오.

풀이 여기서 베이스 전압은 R_2 양단에 걸리는 전압이다.

$$V_{B2Q} = \frac{R_4}{R_3 + R_4}(-V_{CC}) = \frac{0.7\mathrm{k}\Omega}{11.3\mathrm{k}\Omega + 0.7\mathrm{k}\Omega}(-12\mathrm{V}) = -0.7[\mathrm{V}]$$

PNP형 트랜지스터의 이미터 전압은 베이스 전압보다 다이오드 전압강하만큼 높다.

$$V_{EQ} = V_{B2Q} + 0.7\text{V} = -0.7\text{V} + 0.7\text{V} = 0[\text{V}]$$

$$I_{EQ} = \frac{V_{EQ}}{R_L} = 0[\text{A}]$$

다이오드 바이어스

특별한 집적회로에서 아주 자주 사용되는 바이어스법은 [그림 6-23(a)]에 표시된 것처럼 바이어스도에서 다이오드를 사용한다. 이런 회로에서 대칭성 때문에(점선 부분 참조) 다이오드 사이의 전압은 +12[V]와 −12[V] 사이의 중간이어야 한다. 따라서

$$V_1 = 0[\text{V}]$$

이다. 트랜지스터 Q_1의 베이스 전압은 V_1보다 다이오드의 전압강하만큼 크다. 따라서

$$V_{B1Q} = V_1 + 0.7\text{V} = 0.7[\text{V}]$$

이고, 이미터 전압은

$$V_{E1Q} = V_{B1Q} - 0.7\text{V} = 0[\text{V}]$$

로 예상된다. 트랜지스터 Q_1의 베이스 전압은 V_1보다 다이오드 전압강하만큼 작다. 따라서

$$V_{B2Q} = V_1 - 0.7\text{V} = -0.7[\text{V}]$$

이다. 이미터 전압은

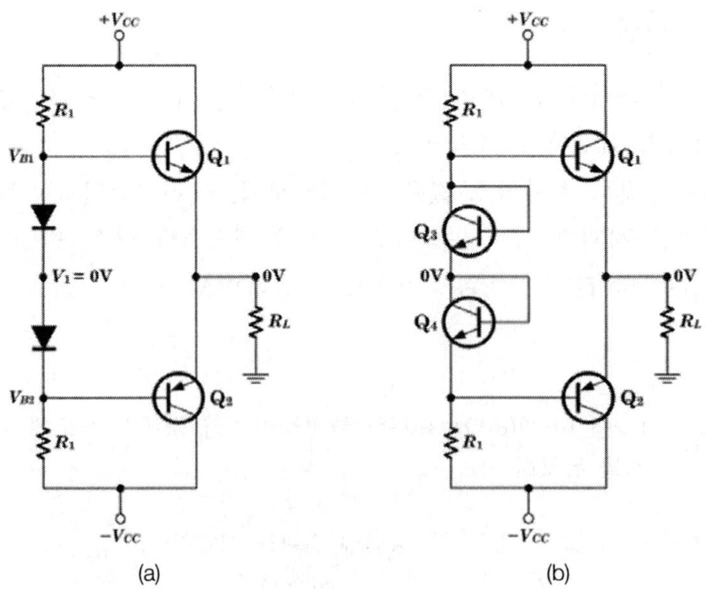

[그림 6-23]

$$V_{E1Q} = V_{B2Q} + 0.7\text{V} = 0[\text{V}]$$

이다. 다이오드가 트랜지스터와 매칭되는 특성을 갖는 동안 이런 회로는 자동적으로 차단점 가장자리에서 자동으로 바이어스 된다.

앞에서 고찰했던 바이어스 회로에서의 다이오드는 온도의 변화를 보상하기 위해서 사용되었다. 앞장에서 고찰했던 다이오드와 트랜지스터의 매칭을 확인할 수 있는 가장 좋은 방법은 다이오드를 연결한 트랜지스터를 사용하는 것이다. [그림 6-23(b)]는 이 방법을 사용하는 간단한 예제를 표시하고 있다.

▮ 단일 전원 바이어스

[그림 6-24(a)]는 단일 positive 전원만을 사용할 때 B급 증폭기를 어떻게 구성할 수 있는지를 보여준다. 컬렉터 회로에서 대칭적이기 때문에 이미터 전압을 대략적으로 V_{CC}와 0[V]의 중간이라는 것을 예측할 수 있다.

$$V_{EQ} = \frac{V_{CC}}{2} = 6[\text{V}]$$

이미터 전압이 0[V]가 아니기 때문에 콘덴서 결합형 부하가 출력증폭단이다. 베이스 전류가 무시된다고 가정하자.

[그림 6-24(b)]에 표시된 바이어스 회로로부터 베이스 바이어스 전압을 구할 수 있다.

$$V_{B1Q} = \frac{R_2 + R_3}{R_1 + R_2 + R_3} V_{CC} = \frac{8\text{k}\Omega + 2\text{k}\Omega}{8\text{k}\Omega + 2\text{k}\Omega + 8\text{k}\Omega} 12\text{V} = 6.7[\text{V}]$$

트랜지스터 Q_2의 베이스 전압은 5.3[V]이다.

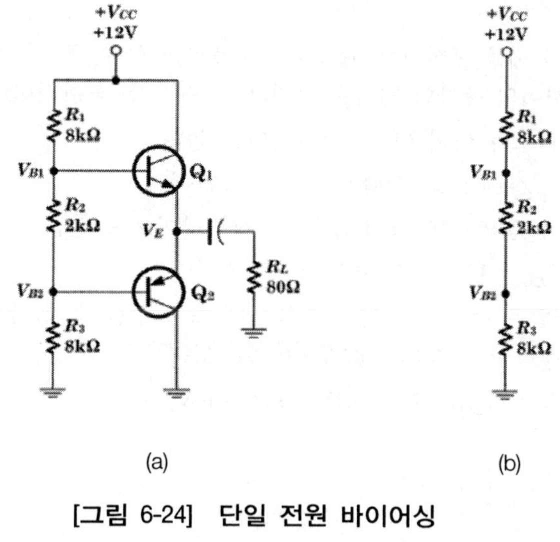

[그림 6-24] 단일 전원 바이어싱

$$V_{B2Q} = \frac{R_3}{R_1 + R_2 + R_3} V_{CC} = \frac{8\text{k}\Omega}{8\text{k}\Omega + 2\text{k}\Omega + 8\text{k}\Omega} 12\text{V} = 5.3[\text{V}]$$

우리는 두 식에서 이미터 전압을 구할 수 있다.

$$V_{EQ} = V_{B1Q} - 0.7\text{V} = 6.7\text{V} - 0.7\text{V} = 6[\text{V}]$$

또는 다음과 같다.

$$V_{EQ} = V_{B2Q} + 0.7\text{V} = 5.3\text{V} + 0.7\text{V} = 6[\text{V}]$$

예제 6-11 [그림 6-25]에 표시된 회로에서 바이어스 레벨을 구하시오.

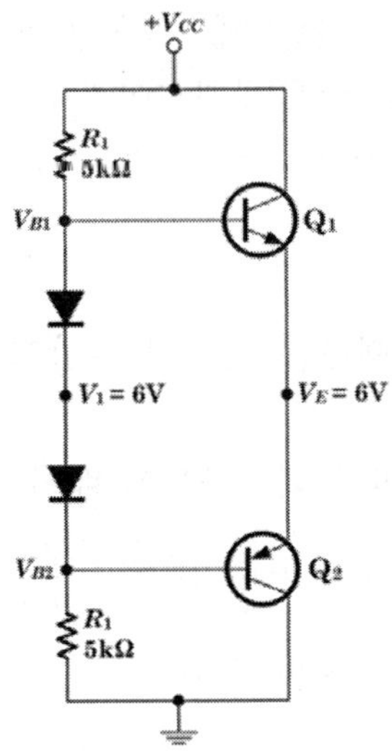

[그림 6-25]

풀이 여기서 해를 구하기 위해서 대칭성을 이용한다. 두 다이오드 사이의 점은 공급전원과 접지 사이의 중간의 전압을 가진다. 따라서 $V_1 = 6[\text{V}]$이다. 트랜지스터 Q_1의 베이스 전압은 V_1보다 다이오드 전압강하만큼 높다.

$$V_{B1Q} = V_1 + 0.7\text{V} = 6\text{V} + 0.7\text{V} = 6.7[\text{V}]$$

트랜지스터 Q_2의 베이스 전압은 V_1보다 다이오드 전압강하만큼 작다.

$$V_{B2Q} = V_1 - 0.7\text{V} = 6\text{V} - 0.7\text{V} = 5.3[\text{V}]$$

이미터 전압은 두 식 중 어느 식을 이용해도 구할 수 있다.

$$V_E = V_{B1Q} - 0.7\text{V} = 6.7\text{V} - 0.7\text{V} = 6[\text{V}]$$

$$V_E = V_{B2Q} + 0.7\text{V} = 5.3\text{V} + 0.7\text{V} = 6[\text{V}]$$

▌브리지 증폭기와 위상분할기

이 장의 모든 증폭기는 접지에 연결되는 부하를 구동한다. [그림 6-26]에 표시된 것처럼 적절하게 위상이 매칭되는 두 개의 증폭기가 부하를 사이에 두고 연결되면 부하에 전달되는 전력을 증가시키는 것이 가능하다. 이런 배열을 브리지 증폭기라고 부른다.

브리지 증폭기에서 v_i는 왼쪽 증폭기의 입력이고 $-v_i$는 오른쪽 증폭기의 입력이다. 따라서 왼쪽의 출력이 증가할 때 오른쪽의 출력은 감소된다. 부하양단에 걸리는 전압은

$$v_L = v_{o1} - v_{o2}$$

로 주어진다. 각 증폭기를 15[V]의 최대 출력전압을 발생시킬 수 있다고 가정한다. v_{o1}이 +15[V]로 될 때 v_{o2}는 −15[V]로 인가되고 최대 부하전압은 30[V]로 된다.

$$v_{L\max} = 15\text{V} - (-15\text{V}) = 30[\text{V}]$$

브리지 증폭기는 다른 증폭기에 비해 최대 부하전압을 2배로 발생시킬 수 있다. [그림 6-27(a)]는 서로 반대의 출력신호를 발생시키기 위해 단일 트랜지스터 증폭기를 사용하는 방법을 보여준다.

$$v_1 \fallingdotseq v_i$$

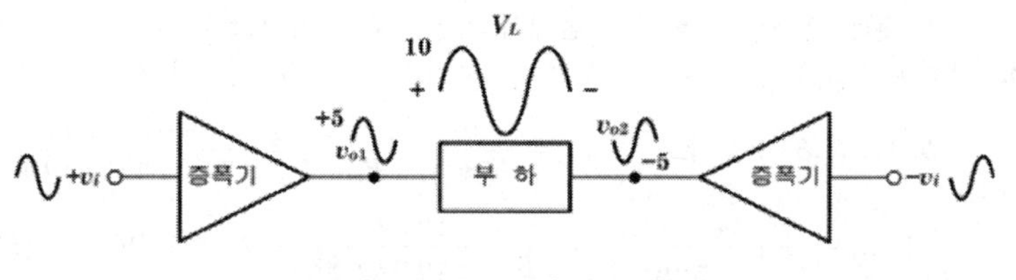

[그림 6-26] 브리지 증폭기

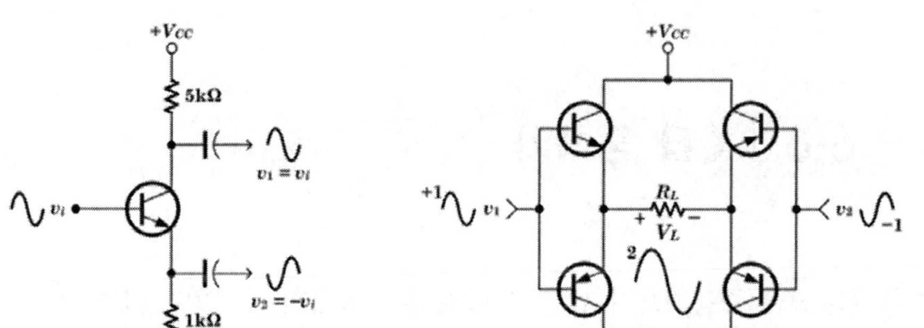

(a) (b)

[그림 6-27]

컬렉터와 이미터 저항이 같기 때문에 컬렉터 출력은 대략적으로

$$v_2 \approx -\frac{R_C}{R_E} v_i = -\frac{1\text{k}\Omega}{1\text{k}\Omega} v_i = -v_i$$

회로는 $+v_i$와 $-v_i$를 발생시키기 때문에 위상분할기라고 부른다. [그림 6-27(b)]는 두 개의 매칭되는 보수형 푸시풀 증폭기로 구성되는 브리지 증폭기를 표시하고 있다. 푸시풀 증폭기는 위상반전기로 구동될 수 있다.

확인문제 6-7

1. 이중 전원 바이어스를 가질 때 정지 이미터 전압은 무엇인가?
2. 바이어스 회로설계에서 다이오드를 사용하는 2가지 이점은 무엇인가?
3. 다이오드처럼 동작하도록 연결되는 트랜지스터를 그리시오.
4. 단일 전원을 가지는 정지 이미터 전압은 무엇인가?
5. 여기서 부하가 콘덴서에 의해서 연결되는 이유는 무엇인가?
6. 단일 전원저항으로 바이어스 된 B급 증폭기를 그리시오. V_{B1Q}와 V_{B2Q}의 공식은 무엇인가?
7. 단일 전원 다이오드로 바이어스 된 B급 증폭기를 그리시오. 다이오드 사이의 전압은 무엇인가? 이유는 무엇인가?
8. 브리지 증폭기는 무엇인가?
9. 위상반전기는 무엇인가?

해답 **1.** 0[V] **2.** 차단점에서 자동으로 바이어스 된다. 온도 보상효과를 가진다. **3.** [그림 6-23(b)]참조 **4.** V_{CC}와 0[V] 사이의 중간 **5.** 이미터 전압이 0[V]가 아니기 때문 **6.** [그림 6-24] 참조 $V_{B1Q} = \frac{R_2 + R_3}{R_1 + R_2 + R_3} V_{CC} = \frac{800\Omega + 200\Omega}{800\Omega + 200\Omega + 800\Omega} 12\text{V} = 6.7[\text{V}]$, $V_{B2Q} = \frac{R_3}{R_1 + R_2 + R_3} V_{CC} = \frac{800\Omega}{800\Omega + 200\Omega + 800\Omega} 12\text{V} = 5.3[\text{V}]$ **7.** [그림 6-25] 참조 **8.** 최대 부하전압을 2배로 제공할 수 있다. **9.** $+v_i$와 $-v_i$를 제공할 수 있다.

6-8 | C급 증폭기

C급 증폭기는 B급 증폭기보다 많은 부하전력을 공급할 수 있다. 정현파를 증폭하기 위해서는 여하튼 정현파적인 주파수로 동조되어야 한다. 동조된 C급 증폭기는 협대역 회로로서 오직 공진주파수와 공진주파수 근처의 주파수만을 증폭하게 된다.

큰 용량의 인덕터와 콘덴서를 필요로 하는 동조회로를 피하기 위해서 C급 증폭기는 라디오 주파수대(RF)에서 사용된다. RF는 20[kHz] 이상의 주파수이다. C급 증폭은 비

록 모든 증폭방식 중에서 효율이 가장 좋지만 C급 증폭기는 협대역의 RF만을 증폭하는 데 사용된다.

C급 동작

C급 동작은 컬렉터 전류가 교류 주기의 180° 미만에서 흐른다는 의미이며, C급 증폭기의 컬렉터 전류는 아주 큰 비정현파이다(전류가 펄스 형태로 흐른다). 순수한 저항성 부하에서 발생되는 왜곡을 피하기 위해서 C급 증폭기는 항상 동조 탱크 회로를 구동시켜서 정현파 출력전압을 얻는다.

동조된 증폭기

[그림 6-28(a)]는 C급 증폭기를 구성하는 방법을 표시하고 있다. 공진 탱크 회로는 입력신호의 주파수를 동조시킨다. 회로가 높은 Q값을 가질 때 병렬공진은 대략 공진주파수

$$f_r \cong \frac{1}{2\pi\sqrt{LC}}$$

에서 발생된다. 여기서 f_r은 공진주파수, L은 인덕턴스, C는 커패시턴스를 표시한다.

공진주파수에서 병렬 공진회로의 임피던스는 매우 크고 순수한 저항으로 된다(이런 근사법은 RF 동조회로에서 항상 만족되어야 하는 조건인 회로의 Q가 10보다 크다고 가정한다). 회로가 공진주파수에서 동조되면 저항 R_L 양단의 전압강하는 최대로 되며 정현파이다.

[그림 6-28(b)]는 주파수에 따라서 변하는 전압이득의 변화를 표시하고 있다. 그림에 표시된 것처럼 전압이득은 f_r 주파수에서 최대값 A_{max}에 도달된다. 공진주파수인 f_r의 좌우측에서는 전압이득이 감소한다. 회로의 Q가 클수록 공진주파수 양쪽에서 전압이득의 강하가 빨라진다.

무바이어스

[그림 6-28(c)]는 직류 등가회로를 표시하고 있다. 직류 등가회로에서 주의할 것은 트랜지스터에 바이어스가 되지 않았다는 점이다. 따라서 트랜지스터의 Q점은 직류부하선의 차단점에 놓이게 되어 무바이어스 상태이기 때문에 V_{BE}도 0이 된다.

이것은 입력신호가 0.7[V]보다 높은 전압을 가질 때까지 컬렉터 전류가 흐르지 않는다는 것을 의미한다. 역시 직류 컬렉터 저항이 R_S인 점에 주의해야 한다. 이것은 RF 인덕터의 직류저항으로 보통 수[Ω] 정도이다.

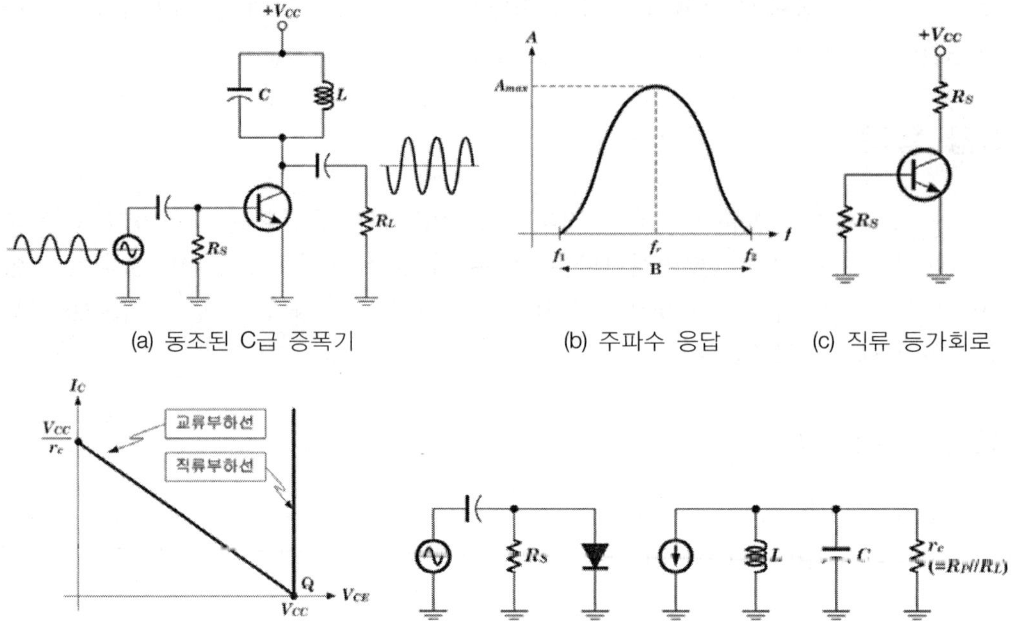

(a) 동조된 C급 증폭기 (b) 주파수 응답 (c) 직류 등가회로

(d) 부하선 (e) 10보다 큰 Q를 갖는 교류 등가회로

[그림 6-28]

부 하 선

R_S가 아주 적기 때문에 직류부하선은 거의 수직선으로 표시된다. 여기서 트랜지스터는 누설로 인한 전류를 제외하고는 다른 전류가 없기 때문에 열에 의한 폭주 현상의 위험은 없다. Q점도 열폭주의 위험이 없는 차단점에 위치해 있다.

[그림 6-28(d)]는 교류부하선을 표시하고 있다. 트랜지스터가 도통되는 동안 트랜지스터의 동작점은 교류부하선을 타고 위쪽으로 스윙한다. r_c는 앞에서처럼 컬렉터에서 바라다본 교류저항이다.

따라서 C급 증폭기에서의 교류 포화전류는 $\dfrac{V_{CC}}{r_c}$이며 최대 전압 스윙도 V_{CC}가 된다.

교류 등가회로

공진회로의 Q가 10보다 크면 [그림 6-28(e)]와 같이 대략적인 교류 등가회로를 사용할 수 있다. 이런 등가회로에서 인덕터의 직렬저항이 컬렉터 저항으로 합쳐진다. C급 증폭기에서 입력 콘덴서는 직류 클램퍼의 negative part가 되어 C급 증폭기의 입력 측의 신호는 −로 클램프된다.

출력 측에서는 컬렉터 전류원이 병렬 공진회로를 구동시킨다. 공진되었을 때 피크-피크 부하전압은 최대가 된다. 공진회로의 대역폭은

$$B = f_2 - f_1$$

으로 표시된다. 여기서 f_1은 하측 반전력점 주파수이고 f_2는 상측 반전력점 주파수이다.

대역폭은 공진주파수와 회로의 Q와 관계가 있기 때문에

$$B = \frac{f_r}{Q}$$

와 같이 표시된다. 여기서 B는 대역폭, Q는 전체 회로에 대한 충실도를 의미한다. 이것은 Q가 커지면 대역폭이 적어져서 등가적으로 날카롭게 동조된다는 의미이다.

C급 증폭기는 거의 대부분의 회로에서 10보다 큰 Q를 가진다. 이것은 대역폭이 공진주파수의 10[%]보다 적어진다는 의미이다. 이런 이유 때문에 C급 증폭기에서는 큰 정현파 신호가 되고, 공진주파수 부근에서는 갑자기 강하되는 신호가 된다.

공진에서의 전류 감소

보통 동조회로의 Q는 10보다 크기 때문에 [그림 6-28(e)]와 같은 대략적인 교류 등가회로를 사용할 수 있다. 이런 등가회로에서 인덕터의 직렬저항은 컬렉터 저항 r_c에 결합된다. 이것은 이상적인 인덕터가 이상적인 콘덴서와 병렬로 연결되었음을 의미한다.

이런 회로가 공진되면 컬렉터 전류원에서 바라다본 교류 부하 임피던스는 순수한 저항으로 되어 컬렉터 전류가 최소가 된다. 공진주파수 근처에서는 교류 부하 임피던스가 감소하고 컬렉터 전류는 증가한다.

예를 들어서 공진주파수가 5[MHz]라고 가정하면, 입력주파수가 5[MHz]일 때 회로는 공진되고 컬렉터 전류는 최소가 된다. 만약 입력주파수가 5[MHz]보다 작다면 탱크는 인덕티브(유도성)로 되어 컬렉터 전류가 증가한다.

만약 입력주파수가 5[MHz]보다 크다면 탱크는 커패시티브(용량성)로 되고, 컬렉터 전류는 증가한다. 공진 탱크가 입력신호에 동조시킬 수 있는 방법은 회로에 공급되는 직류전류의 감소를 검사하는 일이다.

[그림 6-28(a)]에서 직류전류계를 V_{CC} 전원에 직렬로 연결하면 탱크가 공진으로 조정되면 전류계의 눈금은 감소된 최소값을 갖게 될 것이고, 이것은 회로가 입력 주파수에 공진되었음을 표시하는 것이다.

교류 컬렉터 저항

코일이나 인덕터는 직렬 저항성분 R_S를 가진다. 비록 회로도에는 별도 성분인 것처

럼 이런 직렬저항은 표시되지 않지만, [그림 6-29(a)]에 표시한 것처럼 직렬저항이 존재한다는 점을 기억해 두는 것이 중요하다. 인덕터의 Q는

$$Q_L = \frac{X_L}{R_S}$$

식으로 표시된다. 여기서 Q_L은 코일의 충실도, X_L은 유도성 리액턴스, R_S는 코일 저항을 의미한다. 기억해야 할 것은 Q_L은 코일만이 갖는 Q라는 점이다.

전체 회로는 코일 저항뿐만 아니라 부하저항 효과도 포함하고 있기 때문에 Q값은 낮아진다. 이미 기본적인 교류과정에서 설명되었지만 인덕터의 직렬저항은 [그림 6-29(b)]에 표시된 병렬저항 R_P에 의해서 대치될 수 있다.

이런 등가저항은

$$R_P = Q_L X_L$$

로 표시된다. Q_L이 10보다 클 때 이런 공식은 1[%] 미만의 오차를 가진다. [그림 6-29(b)]에서 코일에서의 전체 손실은 등가회로에서 직렬저항 R_S가 너 이상 존재하지 않기 때문에 병렬저항 R_P에 의해서 나타난다는 점이 중요하다.

이것은 공진상태에서 X_L은 X_C를 제거시키기 때문으로 부하저항 R_L과 병렬저항인 R_P만 남기 때문이다. 이것은 공진된 상태에서 컬렉터에서 바라다본 교류저항이

$$r_c = R_P \parallel R_L$$

로 구해진다는 것을 의미한다. 따라서 전체 회로에서의 Q는

$$Q = \frac{r_c}{X_L}$$

로 표시될 수 있다. 이런 회로의 Q는 코일의 Q인 Q_L보다 낮게 된다.

실제적인 C급 증폭기에서 코일의 Q는 일반적으로 50 이상이고, 회로의 Q는 10 이상이 된다. 따라서 전체적인 Q는 10 이상이기 때문에 협대역에서 동작한다.

역시 코일의 Q는 50 이상이기 때문에 대부분의 교류 부하전력은 부하저항에서 유도되며 오직 전력의 일부분만이 코일 저항에서 소비된다.

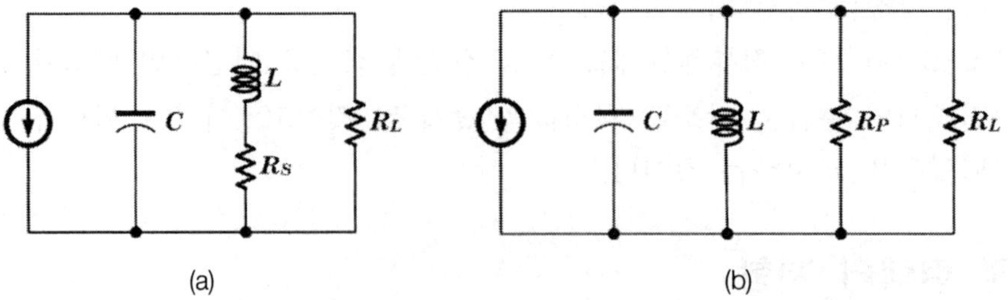

[그림 6-29] (a) R_S가 코일의 손실을 표시 (b) R_P가 코일의 손실을 표시

예제 6-12 [그림 6-30]에 표시된 파형을 설명하시오.

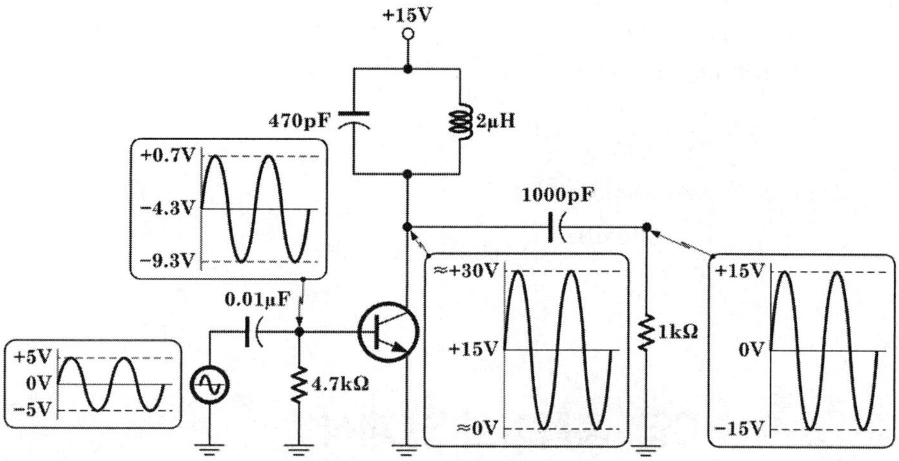

[그림 6-30] 동조된 C급 증폭기

풀이 교류 전원신호는 10[V]의 피크-피크 값을 갖고 있으나, 접지로 기준되어 있기 때문에 평균 전압은 0[V]이다. 신호는 트랜지스터의 베이스에서 -로 클램프되어 직류 베이스 전압은 이미터 다이오드 양단에서 0.7[V]의 전압강하가 생기므로 -4.3[V]가 된다. 주의할 것은 클램프된 신호의 피크-피크가 입력신호와 같은 10[V]라는 것을 알아야 한다. 공통 이미터 증폭기이기 때문에 컬렉터에서 신호가 반전되어서 컬렉터의 직류전압 또는 평균 전압은 +15[V]가 된다(앞에서 이야기한 것처럼 Q점은 정지전압이 $+V_{CC}$인 차단점에 놓여 있다).

부하저항 양단에서 똑같은 반전된 신호를 얻을 수 있으며, 단지 다른 것은 접지를 기준점으로 한 것이다. 그 이유는 콘덴서가 교류성분만 통과시키고 직류성분은 통과시키지 않기 때문인데, 이것 때문에 부하저항에서는 교류성분만 나타나게 된다.

예제 6-13 [그림 6-30]에서 코일의 Q가 50이다. 공진주파수, 교류 포화전류, 교류 차단전압, 대역폭, 교류출력 컴플라이언스를 계산하시오.

풀이 공진주파수는 5.19[MHz]이다.

$$f_r = \frac{1}{2\pi\sqrt{2\mu\text{H} \times 470\text{pF}}} = 5.19[\text{MHz}]$$

따라서 인덕터의 리액턴스는 65.2[Ω]이 된다.

$$X_L = 2\pi \times 5.19\text{MHz} \times 2\mu\text{H} = 65.2,\ \ R_P = Q \times X_L = 50 \times 65.2\Omega = 3.26[\text{k}\Omega]$$

이 된다. 교류 부하저항은 R_P와 R_L이 병렬 합성저항이므로 765[Ω]이 된다.

$$r_c = R_P \parallel R_L = 3.26\text{k}\Omega \parallel 1\text{k}\Omega = 765[\Omega]$$

교류 포화전류는 19.6[mA]이다.

$$I_{C(포화)} = \frac{15\text{V}}{765\Omega} = 19.6[\text{mA}]$$

교류 차단전압은 다음과 같다.

$$V_{CE(포화)} = 15[\text{V}]$$

전체 회로의 Q는 11.7이다.

$$Q = \frac{r_c}{X_L} = \frac{765\Omega}{65.2\Omega} = 11.7$$

그리고 대역폭은 444[kHz]가 된다.

$$B = \frac{f_r}{Q} = \frac{5.19\text{MHz}}{11.7} = 0.444\text{MHz} = 444[\text{kHz}]$$

6-9 | C급 증폭기의 관계식

C급 증폭기의 부하전력, 트랜지스터 손실, 전류유출, 증폭단 효율은 A급 증폭기와 B급 증폭기의 경우와는 아주 다르다. 그 이유는 도통각이 180° 미만이기 때문에 C급 증폭기의 전력관계의 수학적 해석은 매우 복잡하게 되어 이 책에서는 다루기 어렵다. 따라서 이 책에서는 증명 없이 C급 증폭기의 전력관계를 설명하겠다.

부하전력

C급 증폭기의 교류 부하전력은

$$P_L = \frac{V_{PP}^2}{8R_L}$$

로 표시된다. 여기서 P_L은 교류 부하전력, V_{PP}는 피크-피크 부하전압, R_L은 부하저항을 표시한다.

최대 부하전력은 교류부하선이 전체 사용되었을 때 발생된다. 따라서 PP는 클리핑되지 않은 V_{PP}의 최대값으로 교류출력 컴플라이언스의 항목으로 최대 부하전력을 표시할 수 있다.

$$P_{L(\max)} = \frac{PP^2}{8R_L}$$

C급 증폭기는 전체 부하선을 사용하기에 충분히 크게 구동되기 때문에 최대 부하전력과 최대 증폭단 효율을 가진다.

트랜지스터 소비전력

공진 탱크 회로는 모든 고조파를 여과시키기 때문에 기본 주파수 f_r를 갖는 정현파 신호를 갖게 되므로 최대 전압은 $2V_{CC}$가 되고 트랜지스터는 $2V_{CC}$보다 큰 V_{CEQ}의 정격을 가져야만 한다. 도통각은 180° 미만이다. 컬렉터 전류가 최대값인 $I_{C(\text{포화})}$에 도달하는 것을 주의한다.

사이클 중 점선으로 표시된 부분은 트랜지스터가 차단된 시간을 표시하며 트랜지스터의 피크 전류정격은 $I_{C(\text{포화})}$보다 커야 한다.

증폭기 효율

C급 증폭기에서는 전원으로부터 공급되는 직류전력 대부분이 교류 부하전력으로 전환되며, 트랜지스터와 손실은 무시할 만큼 충분히 작아진다. 이런 이유 때문에 C급 증폭기는 큰 증폭단 효율을 가진다.

도통각에 따라서 변하는 최적 증폭단 효율은 각도가 180° 일 때 증폭단의 효율은 이론적으로 B급 증폭기의 최대 효율인 78.5[%]가 된다. 도통각이 감소하면 증폭단 효율도 감소하고, 앞에서 표시한 대로 C급 증폭기를 아주 작은 각도(0°)까지 접근시키면 최대 효율 100[%]를 얻을 수 있다.

기초문제

1. 저주파 증폭기는 사람의 음성으로 발생시킬 수 있고, 사람의 귀로 들을 수 있는 모든 주파수를 증폭시킬 수 있도록 설계된다. 이런 저주파는 약 ($A=$)[Hz]에서 ($B=$)[Hz] 사이의 주파수 범위를 가진다.

2. 저주파 증폭기의 2가지 기본 형태는 무엇인가?

3. ($A=$) 증폭기는 약한 입력신호의 전압 레벨을 증폭시킨다. 따라서 ($B=$) 증폭기를 제어하기에 충분히 크다.

4. 이미터 콘덴서가 일반적으로 교류증폭기의 이미터 저항에 병렬로 연결되는 이유는 무엇인가?

5. 증폭기 증폭단 사이에 ($A=$)과 ($A=$)를 제공하기 위해서 증폭기 증폭단 사이에 결합용 콘덴서가 삽입된다.

6. 푸시풀 증폭기에는 ( )급 증폭기로 바이어스 되는 두 개의 트랜지스터가 포함된다.

7. 보수형 전력증폭기가 기본의 푸시풀 전력증폭기를 능가하는 이점은 무엇인가?

8. ( )급 증폭기는 직류동작점을 차단점에 설정한다.

(a) A (b) B (c) C (d) AB

9. ( )급 증폭기는 직류동작점을 차단점 아래에 설정한다.

(a) A (b) B (c) C (d) AB

10. ( )급 증폭기는 직류동작점을 차단점 약간 위에 설정한다.

(a) A (b) B (c) C (d) AB

11. ( )급 증폭기는 직류동작점을 부하선의 중간에 설정한다.

(a) A (b) B (c) C (d) AB

12. 달링턴 쌍은

(a) 3개의 트랜지스터를 가진다.
(b) 단일 베이스-이미터 전압강하를 가진다.
(c) 아주 낮은 입력 임피던스를 가진다.
(d) 아주 높은 전류이득을 가진다.

13. ( ) 직류증폭기의 온도 안정성, 잡음제거와 같은 다재다능성(versatility) 때문에 다양한 응용분야에 사용되는 이상적인 소자이다.

(a) 달링턴 쌍 (b) 제너 결합형 (c) 보수형 (d) 차동형

14. 콘덴서는 ( )로 동작한다.

(a) 직류에서 개방 스위치 (b) 교류를 차단시킨다.
(c) 직류에서 닫힌 스위치 (d) 교류에서 개방 스위치

15. 증폭기의 효율은 (　　　　　　)비와 같다.
(a) R_C와 R_E　(b) V_{OUT}과 V_{IN}　(c) P_L과 P_S　(d) 모두

16. 다음 중 어느 직류증폭기가 고전류 릴레이 코일의 ON/OFF 스위칭에 적합한가?
(a) C-B　(b) 보수형　(c) 제너 결합형　(d) 달링턴 쌍

17. 저주파 전력증폭기는 (　)급 증폭기로 바이어스 된다.
(a) A　(b) B, AB　(c) C　(d) D

18. 저주파 전압증폭기는 (　)급 증폭기로 바이어스 된다.
(a) A　(b) B, AB　(c) C　(d) D

19. 측로 콘덴서(bypass condenser)의 역할은 무엇인가?
(a) degenerative 귀환을 방지하기 위해서
(b) R_E의 교류접지로 동작하기 위해서
(c) 결합용 콘덴서의 반대로 동작하기 위해서
(d) (a), (b), (c) 모두

20. 전력용 트랜지스터는 (　　　)를 증폭하도록 설계되기 때문에 큰 (　　　)량이 발생된다. 그들의 동작특성을 안정하게 하고 효율이 좋도록 만족시키기 위해서 (　)급 증폭기로 바이어스 된다.
(a) 전압, 열, A　(b) 전압, 전류, C
(c) 임피던스, 전력, A　(d) 전류, 열, B

21. 저주파 전력증폭기는 보통은 (　　　　　)을 방지하기 위해서 AB급으로 증폭기로 동작된다.
(a) 온도 안정도　(b) degenerative 귀환
(c) 크로스오버 왜곡　(d) 전체

22. 만약 $R_C = 2.7[\text{k}\Omega]$이고 $R_L = 10[\text{k}\Omega]$이라면 등가 컬렉터 저항의 크기는 (　　　　　)이다.
(a) 12.7[kΩ]　(b) 2.1[kΩ]　(c) 2.7[kΩ]　(d) 10[kΩ]

23. C급 증폭기는 최대 (　)[%]의 효율을 얻을 수 있다.
(a) 25　(b) 50　(c) 78.5　(d) 100

해답

1. $A = 20[\text{Hz}]$, $B = 20{,}000[\text{Hz}]$ **2.** A=1단 저주파 증폭기, B=다단 저주파 증폭기
3. A=전압증폭기, B=전력증폭기 **4.** 교류접지 **5.** A=교류신호 결합, B=직류신호 격리
6. B급 **7.** 교차 왜곡이 제거, 열폭주 현상 제거 **8.** (b) **9.** (c) **10.** (d) **11.** (a) **12.** (d)
13. (d) **14.** (a) **15.** (c) **16.** (d) **17.** (b) **18.** (a) **19.** (b) **20.** (d) **21.** (c) **22.** (b) **23.** (d)

응용문제

1. A급 증폭기 특성을 설명하시오.
2. B급 증폭기 특성을 설명하시오.
3. C급 증폭기 특성을 설명하시오.
4. 각 증폭기의 증폭단 효율을 비교하시오.
5. 푸시풀 증폭기란 명칭에 대한 설명을 하시오.
6. 공진주파수와 공진회로에 대해서 설명하시오.
7. C급 증폭기의 대역폭과 Q값, 차단주파수에 대해서 설명하시오.
8. 반전력점에 대해서 설명하시오.
9. 각 증폭기의 전도각도를 비교하시오.
10. 크로스오버 왜곡에 대해서 설명하시오.

연습문제

1. [그림 6-31]에 표시된 A급 공통 이미터 증폭기에서 다음을 구하시오.
   (a) 차단점 $V_{C\max}$
   (b) 포화점 $V_{C\min}$
   (c) 최대 대칭적 출력전압 스윙 V_{CQ}
   (d) 최대 가능 출력전압 대칭 스윙

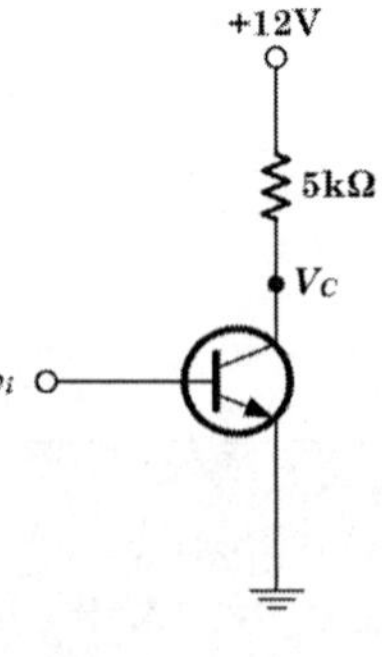

[그림 6-31]

2. [그림 6-32]에 표시된 A급 공통 이미터 증폭기에서 다음을 구하시오.

(a) 차단점 $V_{C\max}$ (b) 포화점 $V_{C\min}$

(c) 최대 대칭적 출력전압 스윙 V_{CQ} (d) 최대 가능 출력전압 대칭 스윙

3. [그림 6-32]에 표시된 회로에서 $R_1 = 53.5[\text{k}\Omega]$, $R_1 = 605[\text{k}\Omega]$이라고 가정하고 다음을 구하시오.

(a) I_{CQ}와 V_{CQ}

(b) 출력전압에서의 최대 positive 스윙

(c) 출력전압에서의 최대 negative 스윙

(d) 대칭 출력전압 스윙

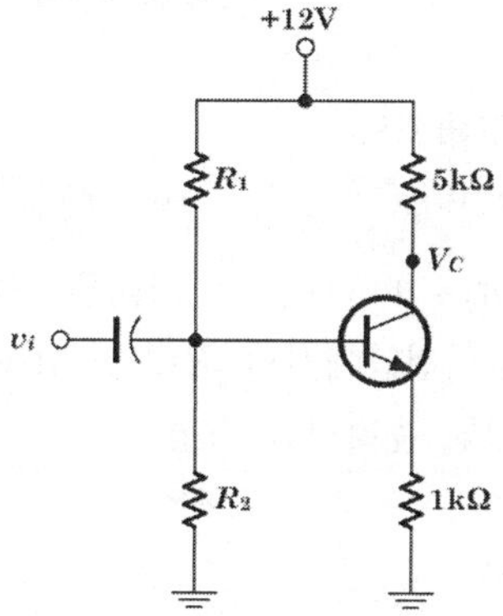

[그림 6-32]

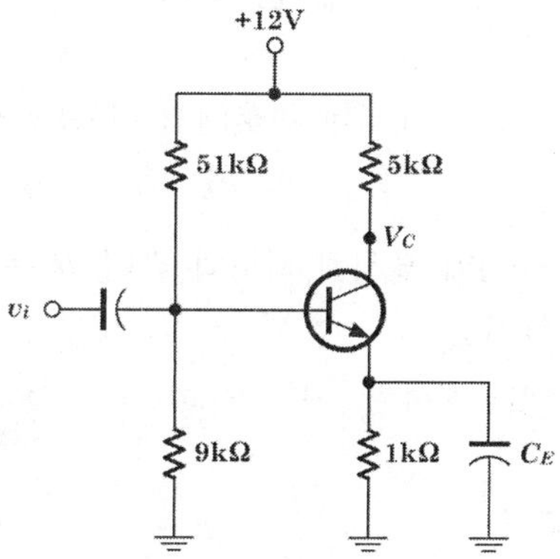

[그림 6-33]

4. [그림 6-33]에 표시된 A급 공통 이미터 증폭기에서 다음을 구하시오.

(a) 차단점 $V_{C\max}$ (b) 포화점 $V_{C\min}$

(c) 최대 대칭적 출력전압 스윙 V_{CQ} (d) 최대 가능 출력전압 대칭 스윙

5. [그림 6-34]에 표시된 회로에서 다음을 구하시오.

(a) I_{CQ}와 V_{CQ}

(b) 콘덴서에서의 정지전압

(c) 출력전압에서의 최대 positive 스윙

(d) 출력전압에서의 최대 negative 스윙

(e) 대칭 출력전압 스윙

6. [그림 6-35]에 표시된 이미터 폴로워에서 다음을 구하시오.

(a) I_{CQ}와 V_{CQ}

(b) 출력전압에서의 최대 positive 스윙

(c) 출력전압에서의 최대 negative 스윙

(d) 대칭 출력전압 스윙

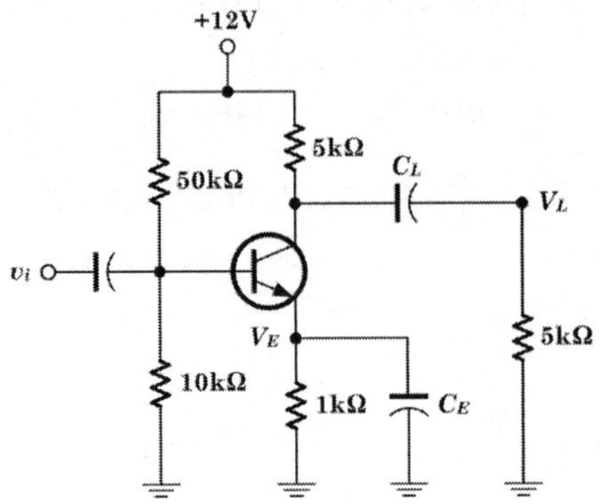

[그림 6-34]

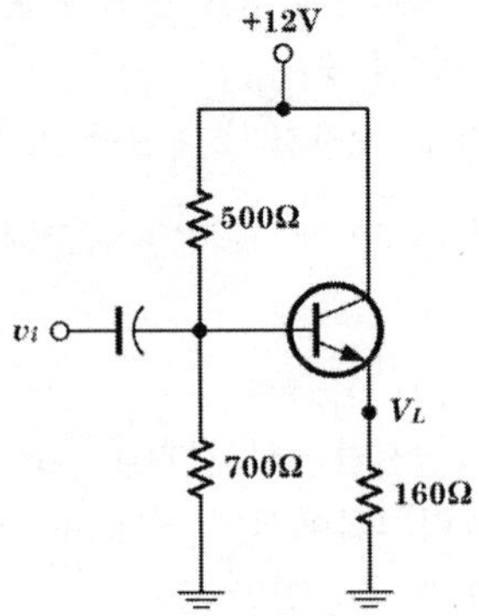

[그림 6-35]

7. [그림 6-31]에 표시된 회로에서 다음의 최대값을 구하시오.

(a) P_{CC} (b) P_L (c) % 효율 (d) P_D

8. [그림 6-33]에 표시된 회로와 같이 $R_1 = 51[\mathrm{k}\Omega]$, $R_2 = 9[\mathrm{k}\Omega]$일 때 다음을 구하시오.

(a) I_{CQ}와 V_{CQ}
(b) 출력전압에서의 최대 positive 스윙
(c) 출력전압에서의 최대 negative 스윙
(d) 대칭 출력전압 스윙
(e) P_{CC}
(f) P_L
(g) % 효율
(h) P_D

9. [그림 6-32]에 표시된 회로에서 $R_1 = 51[\mathrm{k}\Omega]$, $R_2 = 12[\mathrm{k}\Omega]$이 다음과 같다면 Q점, 대칭 출력 전압 스윙, P_{CC}, P_L, 효율, P_D을 구하시오.

(a) P_{CC} (b) P_L (c) % 효율 (d) P_D

10. [그림 6-36]에 표시된 변압기 결합형 회로에서 다음을 구하시오.

(a) I_{CQ}, V_{CQ}, V_{EQ}
(b) 포화점 V_C와 V_1
(c) 최대 스윙 v_L와 V_1
(d) P_{CC}, P_L, % 효율, P_D

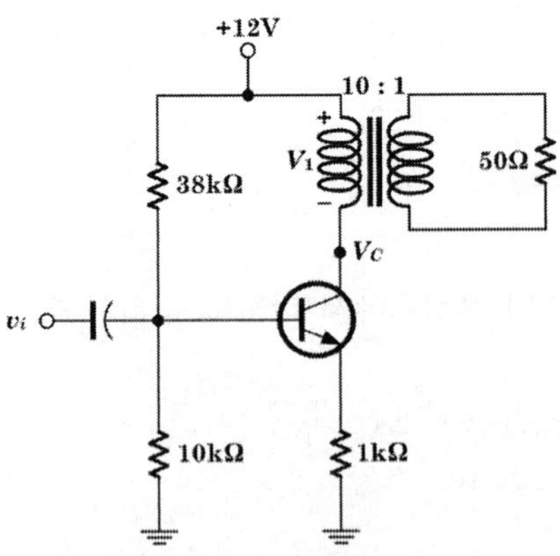

[그림 6-36]

11. [그림 6-37]에 표시된 증폭기에서 다음을 구하시오.

(a) V_{B1Q}, V_{B2Q}, V_{EQ}, I_{C1Q}, I_{C2Q} (b) P_{CC}, P_L, % 효율, P_D

(c) Q_1은 언제 동작하는가? Q_2는 언제 동작하는가?

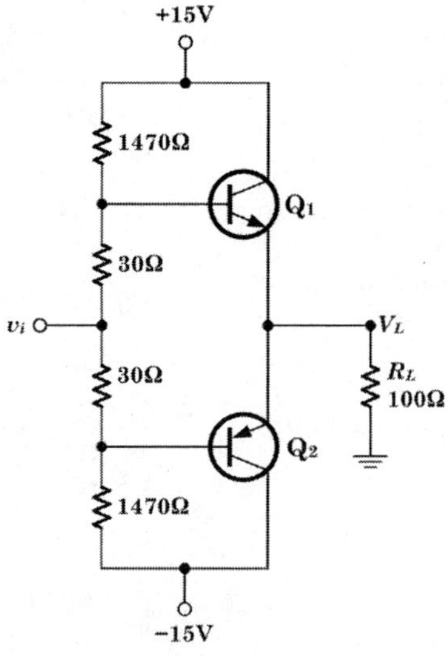

[그림 6-37]

12. [그림 6-38]의 RF 초크는 공진 탱크의 공진주파수에서 교류개방처럼 동작한다. 만약 코일의 Q가 60이라면 공진주파수, 교류 포화전류, 교류 차단전압, 대역폭이 얼마인지 구하시오.

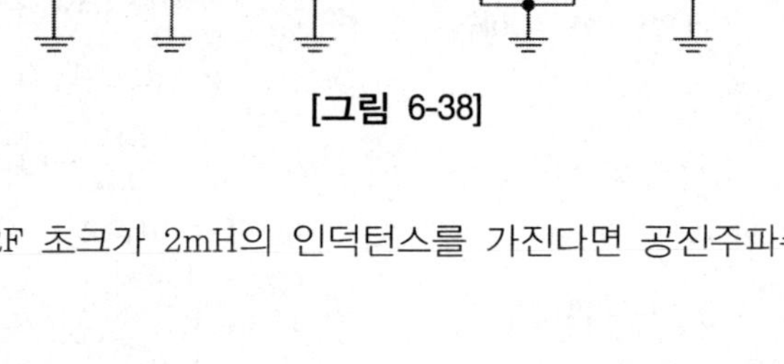

[그림 6-38]

13. [그림 6-38]에서 RF 초크가 2mH의 인덕턴스를 가진다면 공진주파수에서 유도성 리액턴스는 얼마인가?

해답

1. (a) 차단점에서 $V_{C\max}=12[V]$

(b) 포화점에서 $V_{C\min}=0[V]$

(c) $V_{CQ}=\dfrac{V_{CC}}{2}=6[V]$

(d) $V_{CPP}=V_{C\max}-V_{C\min}=12V-0V=12[V]$

2. (a) 차단점에서 $V_{C\max}=12[V]$

(b) 포화점에서

$$V_{C\min}=\frac{R_E}{R_E+R_C}\times V_{CC}=\frac{1k\Omega}{1k\Omega+5k\Omega}\times 12V=2[V]$$

(c) $V_{CQ}=\dfrac{V_{C\max}+V_{C\min}}{2}=\dfrac{12C+2V}{2}=7[V]$

(d) $V_{CPP}=V_{C\max}-V_{C\min}=12V-2V=10[V]$

3. (a) $V_B=\dfrac{6.5k\Omega}{60k\Omega}\times 12V=1.3[V]$,

$V_E=V_B-0.7V=1.3V-0.7V=0.6[V]$,

$I_E=\dfrac{V_E}{R_E}=\dfrac{0.6V}{1k\Omega}=0.6[mA]$,

$I_E=I_C=0.6[mA]$, $I_{CQ}=0.6[mA]$,

$V_{CQ}=V_{CC}-I_{CQ}\times R_C$
$=12V-(0.6mA\times 5k\Omega)=9[V]$

(b) $V_{C\max}=12[V]$, $V_{C\min}=2[V]$, $V_{CQ}=9[V]$ 이므로 최대 스윙은 3[V]이다.

(c) 최대 negative 스윙은 7[V]

(d) 최대 대칭 출력 스윙은 6[V]이다.

4. (a) 차단점에서 $V_{C\max}=12[V]$

(b) 포화점에서

$$V_{C\min}=\frac{R_E}{R_E+R_C}\times V_{CC}=\frac{1k\Omega}{1k\Omega+5k\Omega}\times 12V=2[V]$$

(c) $V_{CQ}=\dfrac{V_{C\max}+V_{C\min}}{2}=\dfrac{12C+2V}{2}=7[V]$

(d) $V_{CPP}=V_{C\max}-V_{C\min}=12V-2V=10[V]$

5. (a) $V_B=\dfrac{10k\Omega}{60k\Omega}\times 12V=2[V]$,

$V_E=V_B-0.7V=2V-0.7V=1.3[V]$,

$I_E=\dfrac{V_E}{R_E}=\dfrac{1.3V}{1k\Omega}=1.3[mA]$,

$I_E=I_C=1.3[mA]$, $I_{CQ}=1.3[mA]$,

$V_{CQ}=V_{CC}-I_{CQ}\times R_C$
$=12V-(1.3mA\times 5k\Omega)=5.5[V]$

(b) $V_{CE}=V_{EQ}=1.3[V]$, $V_{CL}=5.5[V]$

(c) 최대 positive 스윙은

$V_C=V_{CC}-V_{CQ}=6.5[V]$

(d) 최대 negative 스윙은

$V_C=V_{CQ}-V_{EQ}=5.5V-1.3V=4.2[V]$

$=\dfrac{1k\Omega}{1k\Omega+5k\Omega}\times 12V=2[V]$

(e) 최대 컬렉터 전압 스윙은 2×4.2V=8.4[V] 이다.

(f) $V_{L\min}=V_{EQ}-V_{CQ}=1.3V-5.5V=-4.2[V]$

$V_{L\max}=\dfrac{R_L}{R_L+R_C}\times(V_{CC}-V_{CQ})$
$=\dfrac{6.5V}{2}=3.25[V]$,

$V_{Lpp\max}=2\times 3.25V=6.5[V]$

6. (a) $V_B=\dfrac{700\Omega}{1200\Omega}\times 12V=7[V]$,

$V_E=V_B-0.7V=7V-0.7V=6.3[V]$,

$I_E=\dfrac{V_E}{R_E}=\dfrac{6.3V}{160\Omega}=39.37[mA]$,

$I_E=I_C=39.37[mA]$, $I_{CQ}=39.37[mA]$,

$V_{CQ}=12[V]$

(b) 최대 positive 스윙은 12V−6.3V=5.7[V]

(c) 최대 negative 스윙은 6.3V−0=6.3[V]

(d) 최대 컬렉터 전압 스윙은
2×5.7V=11.4[V]이다.

7. (a) $P_{CC\max}=\dfrac{V_{CC}^2}{2R_L}=\dfrac{(12)^2}{2\times 5k\Omega}=\dfrac{144V^2}{10k\Omega}$
$=14.4[mW]$

(b) $P_{L\max}=\dfrac{V_{CC}^2}{8R_L}=3.6[mW]$

(c) % 효율 $=100\times\dfrac{P_{L\max}}{P_{CC\max}}=25[\%]$

(d) $P_{D\max}=\dfrac{V_{CC}^2}{4R_L}=7.2[mW]$

8. $V_B=\dfrac{9k\Omega}{60k\Omega}\times 12V=1.8[V]$,

$V_E=V_B-0.7V=1.8V-0.7V=1.1[V]$,

$I_E=\dfrac{V_E}{R_E}=\dfrac{1.1V}{1k\Omega}=1.1[mA]$,

$I_E=I_C=1.1[mA]$,

$I_{CQ}=1.1[mA]$,

$V_{CQ}=V_{CC}-I_{CQ}\times R_C=12V-(1.1mA\times 5k\Omega)$
$=6.5[V]$,

$V_{CEQ}=6.5V-1.1V=5.4[V]$,

$V_{LPP}=11[V]$, $V_{LP}=5.5[V]$,

$P_{CC}=V_{CC}\times I_{CQ}=12V\times 1.1mA=13.2mW$,

해답

$P_L = \frac{V_{LP}^2}{2R_L} = \frac{(5.5\text{V})^2}{2\times 5\text{k}\Omega} = 3.025[\text{mW}]$,

$\%효율 = 100\times\frac{P_L}{P_{CC}} = 100\times\frac{3.025\text{mW}}{13.2\text{mW}} = 22.9[\%]$,

$P_D = V_{CEQ}\times I_{CQ} = 5.4\text{V}\times 1.1\text{mA} = 5.94[\text{mW}]$

9. (a) $V_B = \frac{12\text{k}\Omega}{63\text{k}\Omega}\times 12\text{V} = 2.29[\text{V}]$,

$V_{EQ} = V_B - 0.7\text{V} = 2.29\text{V} - 0.7\text{V} = 1.59[\text{V}]$,

$I_{EQ} = \frac{V_{EQ}}{R_E} = \frac{1.59\text{V}}{1\text{k}\Omega} = 1.59[\text{mA}]$,

$I_{EQ} = I_{CQ} = 1.59[\text{mA}]$,

$V_{CQ} = V_{CC} - I_{CQ}\times R_C$
$= 12\text{V} - (1.59\text{mA}\times 5\text{k}\Omega) = 4.07[\text{V}]$,

$V_{CEQ} = 4.07\text{V} - 1.59\text{V} = 2.48[\text{V}]$,

Q점은 $V_{CEQ} = 2.48[\text{V}]$, $I_{CQ} = 1.59[\text{mA}]$이다.
대칭적 출력 스윙은 $2\times 4.07\text{V} = 8.14[\text{V}_{\text{PP}}]$이다.

$P_{CC} = V_{CC}\times I_{CQ} = 12\text{V}\times 1.59\text{mA} = 19.1[\text{mW}]$

$P_L = \frac{V_{LP}^2}{2R_L} = \frac{(4.07\,V)^2}{2\times 5\text{k}\Omega} = 1.66[\text{mW}]$,

$\%효율 = 100\times\frac{P_L}{P_{CC}} = 100\times\frac{1.66\text{mW}}{19.1\text{mW}} = 8.6[\%]$,

$P_D = V_{CEQ}\times I_{CQ} = 2.48\text{V}\times 1.59\text{mA}$
$= 3.94[\text{mW}]$

(b) $V_B = \frac{6\text{k}\Omega}{57\text{k}\Omega}\times 12\text{V} = 1.26[\text{V}]$,

$V_{Eq} = V_B - 0.7\text{V} = 1.26\text{V} - 0.7\text{V} = 0.563[\text{V}]$,

$I_{EQ} = \frac{V_{EQ}}{R_E} = \frac{0.563\text{V}}{1\text{k}\Omega} = 0.563[\text{mA}]$,

$I_{EQ} = I_{CQ} = 0.563[\text{mA}]$,

$V_{CQ} = V_{CC} - I_{CQ}\times R_C$
$= 12\text{V} - (0.563\text{mA}\times 5\text{k}\Omega) = 9.18[\text{V}]$

$V_{CEQ} = 9.18\text{V} - 0.563\text{V} = 8.62[\text{V}]$,

Q점은 $V_{CEQ} = 8.62\text{V}$, $I_{CQ} = 0.563[\text{mA}]$이다.
대칭적 출력 스윙은 $2\times 2.82\text{V} = 5.63[\text{V}_{\text{PP}}]$이다.

$P_{CC} = V_{CC}\times I_{CQ} = 12\text{V}\times 0.563\text{mA}$
$= 6.76[\text{mW}]$,

$P_L = \frac{V_{LP}^2}{2R_L} = \frac{(2.82\,V)^2}{2\times 5\text{k}\Omega} = 0.795[\text{mW}]$,

$\%효율 = 100\times\frac{P_L}{P_{CC}} = 100\times\frac{0.795\text{mW}}{6.76\text{mW}}$,
$= 11.8[\%]$

$P_D = V_{CEQ}\times I_{CQ} = 2.48\text{V}\times 0.563\text{mA}$
$= 5.17[\text{mW}]$

10. (a) $V_B = \frac{10\text{k}\Omega}{48\text{k}\Omega}\times 12\text{V} = 2.5[\text{V}]$,

$V_{EQ} = V_B - 0.7\text{V} = 2.5\text{V} - 0.7\text{V} = 1.8[\text{V}]$,

$I_{EQ} = \frac{V_{EQ}}{R_E} = \frac{1.8\text{V}}{1\text{k}\Omega} = 1.8[\text{mA}]$,

$I_{EQ} = I_{CQ} = 1.8[\text{mA}]$,

$R_{C\text{reflected}} = n^2 R_L = 10^2\times 50\Omega = 5[\text{k}\Omega]$

(b) 포화 시 $V_C = V_E = 1.8[\text{V}]$,

$V_1 = V_{CC} - V_C = 12\text{V} - 1.8\text{V} = 11.2[\text{V}]$,

$V_{CEQ} = 9.18\text{V} - 0.563\text{V} = 8.62[\text{V}]$,

Q점은 $V_{CEQ} = 8.62[\text{V}]$, $I_{CQ} = 0.563[\text{mA}]$

(c) V_1의 최대 스윙 $V_1 = 6\text{V}_{\text{PP}}$

V_2의 최대 스윙 $V_2 = 2\times\frac{6\text{V}_{\text{PP}}}{10} = 1.2[\text{V}_{\text{PP}}]$

(d) $P_{CC} = V_{CC}\times I_{CQ} = 12\text{V}\times 1.8\text{mA}$
$= 21.6[\text{mW}]$

$P_L = \frac{V_{LP}^2}{2R_L} = \frac{0.6^2\text{V}}{2\times 50\Omega} = 3.6[\text{mW}]$,

$P_D = V_{CEQ}\times I_{CQ} = 1.2\text{V}\times 1.8\text{mA} = 2.16[\text{mW}]$

$\%효율 = 100\times\frac{P_L}{P_{CC}} = 100\times\frac{3.6\text{mW}}{21.6\text{mW}} = 16.7[\%]$

11. (a) $V_{B1Q} = \frac{30\Omega}{1500\text{k}\Omega}\times 15\text{V} = 0.3[\text{V}]$,

$V_{B2Q} = \frac{30\Omega}{1500\text{k}\Omega}\times -15\text{V} = -0.3[\text{V}]$,

$V_{EQ} = V_B - 0.7\text{V} = 0.3\text{V} - 0.7\text{V} = -0.4[\text{V}]$,

$I_{C1Q} = I_{C2Q} = \frac{-0.4\text{V}}{R_L} = \frac{-0.4\text{V}}{100\Omega} = -4[\text{mA}]$,

(b) $P_{CC} = V_{CC}\frac{V_{LP}}{\pi R_L} = 15\text{V}\times\frac{14.7\text{V}}{\pi R_L} = 0.702[\text{W}]$,

$P_{CC\text{Total}} = 2V_{CC}\times I_{CDC}$
$= 2\times 15\text{V}\times 46.8\text{mA} = 1.4[\text{W}]$,

$P_L = \frac{V_{LP}^2}{2R_L} = \frac{(14.7\,V)^2}{2\times 100\Omega} = 1.08[\text{W}]$,

$I_{CDC} = \frac{V_{LP}}{\pi R_L} = \frac{14.7\text{V}}{\pi\times 100\Omega} = 46.7[\text{mA}]$,

$P_D = \frac{P_{C\text{Total}} - P_L}{2} = \frac{1.4\text{W} - 1.08\text{W}}{2} = 0.16[\text{W}]$,

$\%효율 = 100\times\frac{P_L}{P_{CC}} = 100\times\frac{1.08\text{W}}{1.4\text{W}} = 77[\%]$

(c) Q_1은 입력의 positive 반주기에서 활성상태이고 Q_2는 입력의 negative 반주기에서 활성상태이다.

12. 공진주파수 $f_r = 4.98[\text{MHz}]$이다.

$f_r = \frac{1}{2\pi\sqrt{1.5\mu\text{H}\times 680\text{pF}}} = 4.98[\text{MHz}]$,

교류 포화전류 $I_{C(포화)} = 12.8[\text{mA}]$이다.

해답

$X_L = 2\pi fL = 2\pi \times 4.98 \times 10^6\,\text{Hz} \times 1.5 \times 10^{-6}\text{H}$
$= 46.9[\Omega]$,
$R_P = Q_L X_L = 60 \times 46.9\Omega = 2.82[\text{k}\Omega]$,
$r_C = R_P \parallel R_L = 2.82\text{k}\Omega \parallel 2\text{k}\Omega = 1.17[\text{k}\Omega]$,

$I_{C(\text{포화})} = \dfrac{15\text{V}}{1.17\text{k}\Omega} = 12.8[\text{mA}]$,
교류 차단전압 $V_{CE(\text{포화})} = V_{CC} = 15[\text{V}]$이다.
대역폭 $B = 200[\text{kHz}]$이다.

전체 회로의 $Q = \dfrac{r_c}{X_L} = \dfrac{1.17\text{k}\Omega}{46.9\Omega} = 24.9$,

$B = \dfrac{f_r}{Q} = \dfrac{4.98\text{MHz}}{24.9} = 200[\text{kHz}]$

교류출력 허용치는 $PP = 30[\text{V}]$이다.
$PP = 2V_{CC} = 2 \times 15\text{V} = 30[\text{V}]$

13. $X_L = 2\pi fL = 2\pi \times 4.98 \times 10^6\text{Hz} \times 2 \times 10^{-3}\text{H}$
$= 62.6[\text{k}\Omega]$

제 7 장

특수한 트랜지스터 회로

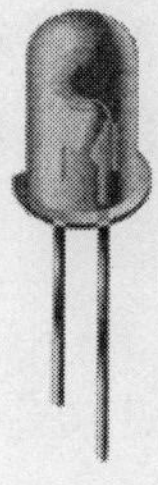

- ❑ 7-1 달링턴 쌍 / 282
- ❑ 7-2 달링턴 쌍 공통 이미터 증폭기 / 284
- ❑ 7-3 캐스코드 증폭기 / 289
- ❑ 7-4 캐스코드 증폭기의 교류해석 / 293
- ❑ 7-5 전류 버퍼로 사용되는 이미터 폴로워 / 296
- ❑ 7-6 제너 전압조정기와 전류 버퍼 / 299
- ❑ 7-7 완충증폭기 / 302

이번 장에서는 증폭기 회로에서 간혹 볼 수 있는 세 가지 유형의 트랜지스터에 대해서 알아보도록 하자. 첫 번째 회로는 아주 높은 전류이득을 발생시키는 '슈퍼 트랜지스터'를 만들기 위해서 사용되는 달링턴 접속이다.

두 번째 회로는 공통 이미터 회로의 장점과 공통 베이스 회로의 장점을 결합시킨 캐스코드 증폭기 회로이다. 세 번째 회로는 전류 버퍼로 사용되는 이미터 폴로워 회로이다.

7-1 | 달링턴 쌍

달링턴 쌍(Darington Pair)은 두 개의 트랜지스터 연결루 구성되는데 이런 증폭기의 직류 베타와 교류 베타는 트랜지스터 각각의 베타 값을 곱한 것과 동일하다. 달링턴 쌍은 어떤 구조의 증폭기에도 연결하여 사용할 수 있다. 달링턴 쌍은 공통 이미터 증폭기와 이미터 폴로워 회로에서 가장 흔히 사용되고 있다.

[그림 7-1(a)]는 두 트랜지스터의 컬렉터가 함께 연결되는 구조를 표시하고 있다. 첫 번째 트랜지스터 Q_1의 이미터는 두 번째 트랜지스터 Q_2의 베이스에 입력을 공급한다.

두 트랜지스터 조합을 달링턴 접속(쌍)이라고 부르는 단일 '슈퍼 트랜지스터'로 어떻게 해석할 수 있는지를 설명할 수 있다. 이런 이유 때문에 세 개의 외부단자 전압을 V_C, V_B, V_E로, 세 개의 외부 단자전류를 I_C, I_B, I_E라고 표시한다.

[그림 7-1(b)]에는 첨자를 갖는 트랜지스터의 내부전압과 전류가 표시되어 있다. 이런 회로로부터 트랜지스터 Q_1의 이미터 전류와 트랜지스터 Q_2의 베이스 전류를 확인할 수 있다.

$$I_{C1} \approx I_{E1} = I_{B2}$$

따라서 양쪽 트랜지스터 모두 활성상태이고 동일한 β를 가진다면

$$I_{C2} = \beta I_{C1}$$

이고,

$$I_{C1} = \beta I_B$$

이기 때문에

$$I_{C2} = \beta I_{C1} = \beta^2 I_B$$

로 표시될 수 있다.

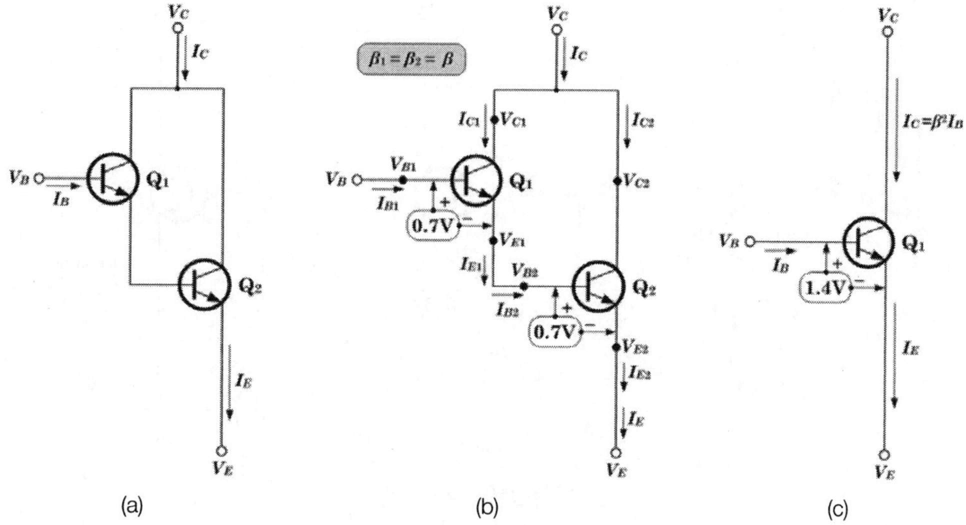

[그림 7-1] 달링턴 쌍

외부 컬렉터의 전류 I_C는 두 개의 내부 컬렉터 전류의 합으로 표시된다. I_{C1}은 트랜지스터 Q_2의 베이스 전류이기 때문에 I_{C2}보다 훨씬 작다. 따라서 외부 컬렉터 전류는 트랜지스터 Q_2의 컬렉터 전류와 거의 같게 된다.

$$I_C = I_{C1} + I_{C2} \approx I_{C2}$$

따라서,

$$I_C = \beta^2 I_B$$

가 된다. β^2의 전류이득을 갖는 소자를 구성할 수 있다.

지금부터 두 개의 트랜지스터를 턴 온 시키는 데 필요한 전압을 살펴보도록 하자. [그림 7-1(b)]에 표시된 것처럼 트랜지스터 Q_1의 베이스-이미터 턴 온 전압이 트랜지스터 Q_2 베이스-이미터 턴 온 전압으로 직렬연결된 것을 확인할 수 있다. 따라서 두 트랜지스터를 턴 온 시키는 데 필요한 전체 전압은 1.4[V]이다.

$$V_{BE} = 0.7\text{V} + 0.7\text{V} = 1.4[\text{V}]$$

달링턴 구조는 [그림 7-1(c)]에 표시된 것처럼 1.4[V]의 턴 온 전압과 β^2의 전류이득을 갖는 등가 트랜지스터를 만들 수 있다.

등가교류 이미터 저항

달링턴 쌍의 교류 이미터 등가저항을 구하는 것은 약간 미묘하다. 임의의 트랜지스터 교류 이미터 저항은 베이스가 접지될 때 이미터에서 나타나는 소신호라는 점을 기억해야 한다.

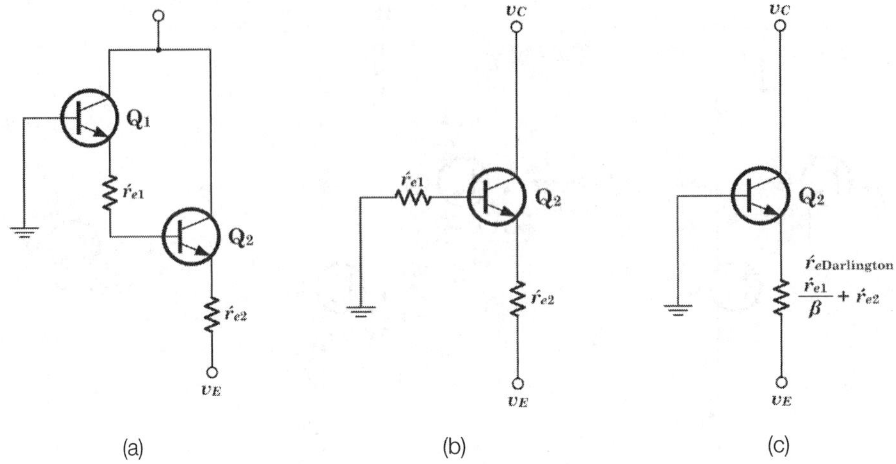

[그림 7-2]

예를 들면 [그림 7-2(a)]에 표시된 것처럼 트랜지스터 Q_1의 베이스가 접지될 때 트랜지스터 Q_1의 이미터를 관찰하면 $r_{e1}{}'$를 찾을 수 있다.

따라서 Q_2의 이미터를 살펴보면 [그림 7-2(b)]를 구할 수 있다. 등가교류 이미터 저항은 Q_2의 이미터에서 출력저항을 가진다. 이미터 폴로워로부터 베이스 저항을 β로 나누고 $r_{e2}{}'$를 직렬로 더한다.

달링턴 쌍의 전체 교류 이미터 저항은

$$r_{e\text{Darlington}}{}' = \frac{r_{e1}{}'}{\beta} + r_{e2}{}'$$

로 구해진다.

여러분들은 $r_{e1}{}'/\beta$가 $r_{e2}{}'$보다 훨씬 작기 때문에 $r_{e1}{}'$값을 무시할 수 있다고 말할 수 있다. 이런 점은 타당성은 있지만 옳지는 않다. 그 이유는 다음 절에서 설명된다. [그림 7-2(c)]는 달링턴 접속의 등가 단일교류 트랜지스터를 표시하고 있다.

7-2 | 달링턴 쌍 공통 이미터 증폭기

[그림 7-3(a)]는 공통 이미터 증폭기로 사용되는 달링턴 쌍을 표시하고 있다. 증폭기의 직류 바이어스 레벨을 찾고 박스 모델 파라미터를 구해 보자.

DC 바이어스 레벨

먼저 [그림 7-3(b)]에 표시된 것처럼 바이패스 콘덴서를 개방하고 V_B 제어과정을 적용한다. 트랜지스터 Q_1의 베이스 전압은 외부 베이스 전압과 동일하다.

$$V_B = V_{B1} = \frac{R_2}{R_1 + R_2} V_{CC} = \frac{15\text{k}\Omega}{15\text{k}\Omega + 45\text{k}\Omega} 12\text{V} = 3[\text{V}]$$

트랜지스터 Q_1의 베이스 전압은 트랜지스터 Q_1의 이미터 전압을 제어한다.

$$V_{E1} = V_{B1} - 0.7\text{V} = 3\text{V} - 0.7\text{V} = 2.3[\text{V}]$$

$V_{B2} = V_{E1}$이기 때문에

$$V_{B2} = V_{E1} = 2.3[\text{V}]$$

이다. 따라서 V_{E2}는 외부 이미터 전압과 같다.

$$V_E = V_{E2} = V_{B2} - 0.7\text{V} = V_{E1} - 0.7\text{V} = 2.3\text{V} - 0.7\text{V} = 1.6[\text{V}]$$

주의할 점은 외부 이미터 전압이 외부 베이스 전압보다 1.4[V] 낮다는 점이다. 달링턴 쌍의 효과적인 이미터 다이오드 전압은 1.4[V]이다. 따라서 V_B는 두 개의 트랜지스터를 턴 온 시키기 위해서는 반드시 이런 전압보다는 커야 한다.

외부 이미터 전압은 외부 이미터 전류를 제어하기 때문에 트랜지스터 Q_2의 이미터 전류는 1.6[mA]가 된다.

$$I_E = I_{E2} = \frac{V_E}{R_E} = \frac{1.6\text{V}}{1\text{k}\Omega} = 1.6[\text{mA}]$$

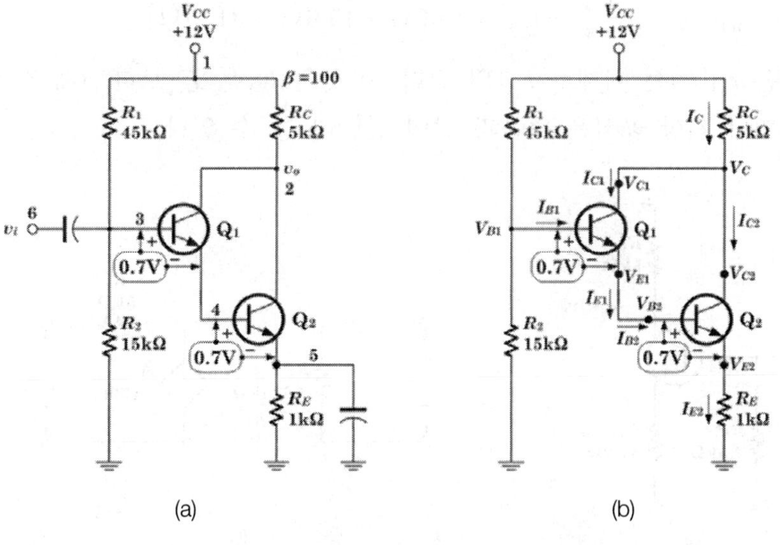

[그림 7-3] 달링턴 쌍 공통 이미터 증폭기

만약 두 개의 트랜지스터가 모두 활성상태라면

$$I_C \approx I_{C2} = I_{E2} = 1.6[\text{mA}]$$

이고, 트랜지스터 Q_2의 베이스 전류가 I_{E1}이기 때문에

$$I_{E1} = \frac{I_{E2}}{\beta} = 0.016[\text{mA}]$$

이다.

트랜지스터의 상태를 점검하기 위해서는 각 트랜지스터의 컬렉터 전압과 이미터 전압을 비교해야 한다. 트랜지스터의 컬렉터 전압은 같다. 따라서,

$$V_{C1} = V_{C2} = V_C = V_{CC} - I_C R_C = 12\text{V} - 1.6\text{mA} \times 5\text{k}\Omega = 4[\text{V}]$$

$V_{C2} > V_{E2}$이고, $V_{C1} > V_{E1}$이기 때문에 트랜지스터 Q_1과 Q_2는 활성상태이다.

AC 해석 박스 모델

달링턴 쌍 공통 이미터의 박스 모델을 찾기 위해서 교류회로를 그리고 [그림 7-4(a)]에 표시된 것처럼 두 트랜지스터를 등가의 단일 트랜지스터로 교체하면 등가교류 이미터 저항을 구하기 위해서 표준 공통 이미터 공식을 사용할 수 있다.

$$r_{e2}{}' = \frac{25\text{mV}}{I_{E2}} = \frac{25\text{mV}}{I_E} = \frac{25\text{mV}}{1.6\text{mA}} = 15.6[\Omega]$$

$$r_{e1}{}' = \frac{25\,\text{mV}}{I_{E1}} = \frac{25\,\text{mV}}{0.016\,\text{mA}} = 1563[\Omega]$$

따라서,

$$r_{e\text{Darlington}}{}' = \frac{r_{e1}{}'}{\beta} + r_{e2}{}' = 15.6\Omega + 15.6\Omega = 31.2[\Omega]$$

주의할 점은 $r_{e1}{}'/\beta$는 실제로 $r_{e2}{}'$와 같다. 이것은 I_{E1}은 I_{E2}보다 β배 작기 때문이다. 등가교류 이미터 저항 공식은 다음과 같이 간단히 할 수 있다.

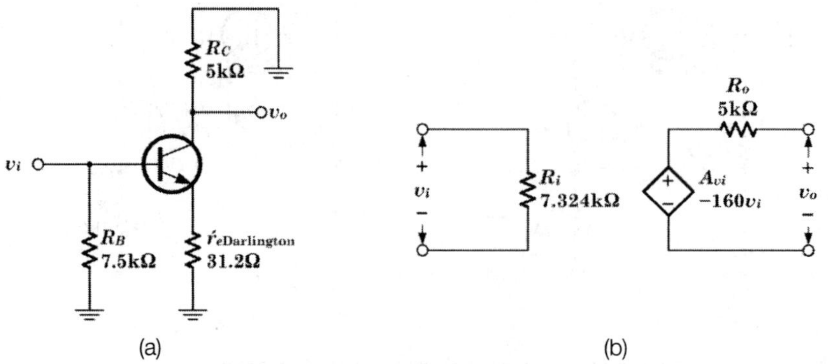

[그림 7-4]

$$r_{e\mathrm{Darlington}}{}' = 2r_{e2}{}'$$

이런 회로는 여전히 공통 이미터 증폭기이기 때문에 박스 모델 이득

$$A = -\frac{R_C}{r_{e\mathrm{Darlington}}{}'}$$

로 표시된다. 따라서

$$A = -\frac{R_C}{r_{e\mathrm{Darlington}}} = -\frac{5\mathrm{k}\Omega}{0.0312\mathrm{k}\Omega} = -160$$

이다. 달링턴 증폭기의 출력저항은 여전히 $R_O = R_C$이다.

$$R_O = R_C = 10[\mathrm{k}\Omega]$$

입력저항은

$$R_i = R_B \parallel (\beta^2 R_{E\mathrm{total}})$$

로 주어진다. 이런 회로의 입력저항은 7.324[kΩ]이다.

$$R_i = R_B \parallel (\beta^2 R_{E\mathrm{total}}) = R_B \parallel (\beta^2 r_{e\mathrm{Darlington}}{}')$$
$$= 7.5\mathrm{k}\Omega \parallel 312\mathrm{k}\Omega = 7.324[\mathrm{k}\Omega]$$

달링턴 쌍 증폭기는 β^2의 전류이득을 갖기 때문에 아주 높은 전압이득과 아주 높은 입력저항을 가진다. [그림 7-4(b)]는 박스 모델을 표시하고 있다.

예제 7-1 [그림 7-5]에 표시된 달링턴 쌍 증폭기에서 두 트랜지스터의 직류 바이어스 레벨, 트랜지스터의 상태, 교류 이미터 저항을 구하시오. 회로 전체에 대한 박스 모델을 그리시오.

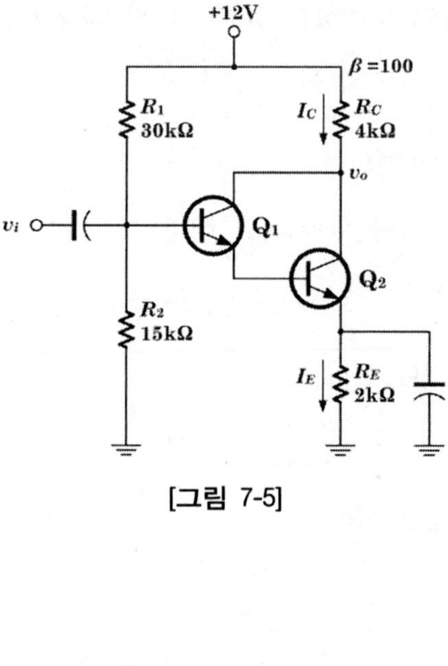

[그림 7-5]

풀이 DC 바이어스 레벨 트랜지스터 Q_1의 베이스 전압은

$$V_{B1} = \frac{R_2}{R_1 + R_2} V_{CC} = \frac{15\text{k}\Omega}{15\text{k}\Omega + 30\text{k}\Omega} 12\text{V} = 4[\text{V}]$$

트랜지스터 Q_1의 베이스 전압은 트랜지스터 Q_1의 이미터 전압을 제어한다.

$$V_{E1} = V_{B1} - 0.7\text{V} = 4\text{V} - 0.7\text{V} = 3.3[\text{V}]$$

트랜지스터 Q_2의 이미터 전압은 트랜지스터 Q_2의 베이스 전압과 같다.

$$V_{B2} = V_{E1} = 3.3[\text{V}]$$

트랜지스터 Q_2의 베이스 전압은 트랜지스터 Q_2의 이미터 전압을 제어한다.

$$V_{E2} = V_{B2} - 0.7\text{V} = 3.3\text{V} - 0.7\text{V} = 2.6[\text{V}]$$

트랜지스터 Q_2의 이미터 전압은 트랜지스터 Q_2의 이미터 전류를 제어한다.

$$I_{E2} = \frac{V_{E2}}{R_E} = \frac{2.6\text{V}}{2\text{k}\Omega} = 1.3[\text{mA}]$$

두 트랜지스터가 모두 활성상태라면

$$I_C = I_{C2} = I_{E2} - 1.3[\text{mA}]$$

I_{E1}과 I_{E2}는 같기 때문에

$$I_{E1} = I_{B2} = \frac{I_{E2}}{\beta} = 0.013[\text{mA}]$$

이다. 트랜지스터의 상태를 점검해 보면 두 개의 컬렉터 전압은 같고

$$V_{C1} = V_{C2} = V_C = V_{CC} - I_C R_C = 12\text{V} - 1.3\text{mA} \times 4\text{k}\Omega = 6.8[\text{V}]$$

로 주어진다. $V_{C1} > V_{E1}$ 그리고 $V_{C2} > V_{E2}$이기 때문에 두 개의 트랜지스터는 활성상태이다.

AC 해석

두 트랜지스터의 교류 이미터 저항은 1923[Ω]과 19.2[Ω]이다.

$$r'_{e1} = \frac{25\text{mV}}{0.013\text{mA}} = 1923[\Omega]$$

$$r'_{e2} = \frac{25\text{mV}}{1.3\text{mA}} = 19.2[\Omega]$$

달링턴 쌍의 교류 이미터 저항은 38.4[Ω]이다.

$$r'_{e\text{Darlington}} = \frac{r'_{e1}}{\beta} + r'_{e2} \cong 2r'_{e2} = 38.4[\Omega]$$

박스 모델 이득은 −104이다.

$$A = -\frac{R_C}{r'_{e\text{Darlington}}} = -\frac{4\text{k}\Omega}{38.4\Omega} = -104$$

박스 모델 출력저항은 4[kΩ]이다.

$$R_O = R_C = 4[\text{k}\Omega]$$

박스 모델의 입력저항은 6.55[kΩ]이다.

$$R_i = R_B \parallel \beta^2 r'_{e\text{Darlington}} = (15\text{k}\Omega \parallel 30\text{k}\Omega) \parallel 384\text{k}\Omega = 9.75[\text{k}\Omega]$$

7-3 | 캐스코드 증폭기

이미 앞장에서 공통 베이스 증폭기와 공통 이미터 증폭기를 비교한 바 있다. 두 증폭기 모두 높은 이득을 가진다. 공통 이미터 증폭기는 높은 입력저항을 갖지만, 고주파 동작 특성이 좋지 않다.

공통 베이스는 이와 반대로 고주파 특성이 우수한 반면 작은 입력저항을 가진다. 만약 공통 베이스 증폭기와 공통 이미터 증폭기를 결합시킬 수 있다면 정말 좋을 것이다.

다시 말하자면 입력신호는 공통 이미터에 인가하고 공통 이미터를 공통 베이스의 입력을 제공하도록 사용하는 것이다. 그러면 높은 입력저항을 가지면서도 우수한 주파수 동작을 기대할 수 있다. 이런 결합 형태를 캐스코드(cascode) 증폭기라고 부른다.

[그림 7-6]은 일반적인 캐스코드 증폭기의 형태를 표시하고 있다. 입력신호는 트랜지스터 Q_1의 베이스로 들어가고 트랜지스터 Q_1의 컬렉터 전압은 트랜지스터 Q_2의 이미터에 입력신호를 제공하게 된다. 트랜지스터 Q_2의 컬렉터 전압이 증폭기의 출력전압이다.

직류해석

캐스코드 증폭기의 두 트랜지스터는 V_B 제어로 바이어스 된다. 각 트랜지스터를 바이어스하기 위해서 분리된 전압분배기가 사용되는데 [그림 7-6]은 필요한 베이스 저항의 개수를 감소시키는 배열 형태를 표시하고 있다.

이런 회로에서 바이어스 레벨을 구하기 위해서 각 트랜지스터를 관찰하도록 하자. 직류해석의 주안점은 두 베이스 전류는 무시할 수 있다고 가정하는 것이다.

예를 들면 트랜지스터 Q_1의 직류 바이어스 레벨을 구하기 위해서 [그림 7-7(a)]에 표시된 것처럼 부분적인 회로를 해석하는 것이다.

주의할 점은 트랜지스터 Q_2의 베이스에서 콘덴서가 개방되어 있다는 점이다. 트랜지스터 Q_2로 들어가는 베이스 전류는 무시한다. R_1과 R_2는 직렬로 연결되어 있으므로 크기가 더해진다고 생각한다.

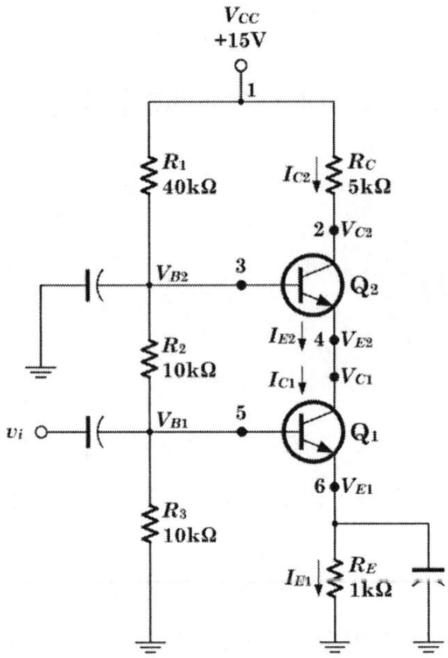

$$V_{B1} = \frac{R_3}{R_1 + R_2 + R_3} V_{CC}$$

$$V_{E1} = V_{B1} - 0.7\text{V}$$

$$I_{E1} = \frac{V_{E1}}{R_E}$$

$$I_{C2} = I_{E2} = I_{C1} = I_{E1}$$

$$V_{B2} = \frac{R_3 + R_2}{R_1 + R_2 + R_3} V_{CC}$$

$$V_{C2} = V_{CC} - I_{C2} R_C$$

$$V_{C1} = V_{E2} = V_{B2} - 0.7\text{V}$$

[그림 7-6] 캐스코드 증폭기

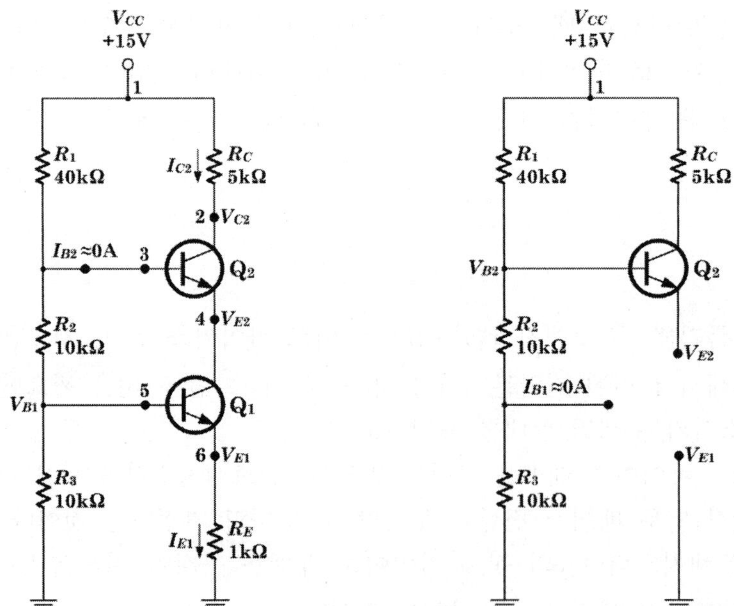

(a) (b)

[그림 7-7]

트랜지스터 Q_1의 베이스 전압은 R_3 양단에 걸리는 전압이다.

$$V_{B1} = \frac{R_2}{R_1 + R_2 + R_3} V_{CC}$$

주어진 값은 2[V]이다.

$$V_{B1} = \frac{R_3}{R_1 + R_2 + R_3} V_{CC} = \frac{10\text{k}\Omega}{40\text{k}\Omega + 10\text{k}\Omega + 10\text{k}\Omega} 15\text{V} = 2.5[\text{V}]$$

V_{E1}은 V_{B1}에 의해서 제어되므로

$$V_{E1} = V_{B1} - 0.7\text{V}$$

이고, 이미터 전류는

$$I_{E1} = \frac{V_{E1}}{R_E}$$

이다. 만약 두 트랜지스터가 모두 활성상태라면

$$I_{C1} \approx I_{E1}, \quad I_{E2} = I_{C1}$$

이다. 따라서

$$I_{C2} \approx I_{E2} = I_{C1} \approx I_{E1}$$

로 표시되고, 주어진 값은 1.8[mA]이다.

$$I_{C2} \approx I_{E2} = I_{C1} \approx I_{E1} = \frac{V_{B1} - 0.7\text{V}}{R_E} = \frac{2.5\text{V} - 0.7\text{V}}{1\text{k}\Omega} = 1.8[\text{mA}]$$

트랜지스터 Q_2의 컬렉터 전압은

$$V_{C2} = V_{CC} - I_{C2} R_C$$

로 구할 수 있다. 따라서

$$V_{C2} = V_{CC} - I_{C2} R_C = 15\text{V} - 1.8\text{mA} \times 5\text{k}\Omega = 6[\text{V}]$$

직류해석을 마치기 위해서는 트랜지스터 Q_2의 베이스 전압을 구하는 것이 필요하다. V_{B2}를 구하기 위해서 [그림 7-7(b)]에 표시된 부분 회로를 해석한다. 여기서 R_2와 R_3가 직렬연결인 것을 확인할 수 있다.

트랜지스터 Q_2의 베이스 전압은 직렬연결 저항 $(R_2 + R_3)$ 양단에 걸리는 전압이다. 따라서 전압분배기는

$$V_{B2} = \frac{R_2 + R_3}{R_1 + R_2 + R_3} V_{CC}$$

로 표시되고

$$V_{B2} = \frac{R_2 + R_3}{R_1 + R_2 + R_3} V_{CC} = \frac{10\text{k}\Omega + 10\text{k}\Omega}{40\text{k}\Omega + 10\text{k}\Omega + 10\text{k}\Omega} 15\text{V} = 5[\text{V}]$$

로 주어진다. V_{B1}는 V_{E1}를 제어하므로

$$V_{E2} = V_{B2} - 0.7\text{V}$$

로 표시된다. 따라서

$$V_{E2} = 5\text{V} - 0.7\text{V} = 4.3[\text{V}]$$

가 된다. 결국

$$V_{C1} = V_{E2}$$

임을 확인할 수 있다. 따라서

$$V_{C1} = V_{E2} = 4.3[\text{V}]$$

이다. 트랜지스터의 상태를 점검하기 위해서 컬렉터 전압과 이미터 전압을 비교한다.

$$V_{C2} > V_{E2}, \quad V_{C1} > V_{E1}$$

이기 때문에 두 트랜지스터 모두 활성상태이다.

예제 7-2 [그림 7-8]에 표시된 캐스코드 증폭기를 구성하고 있는 두 트랜지스터의 직류 바이어스 레벨을 구하고 각 트랜지스터의 상태를 결정하시오.

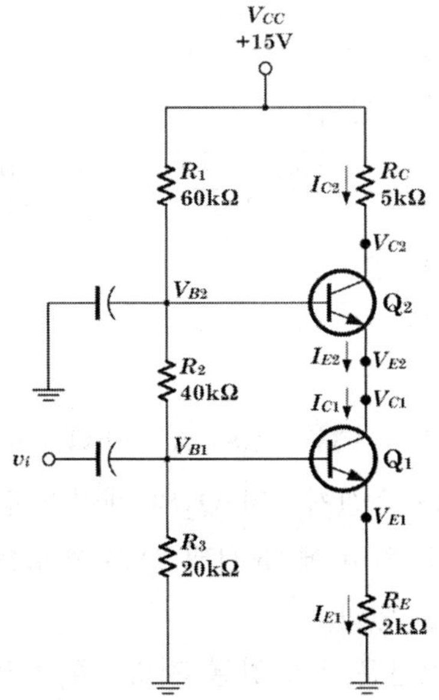

[그림 7-8]

풀이 트랜지스터 Q_1의 베이스 전압을 먼저 구한다.

$$V_{B1} = \frac{R_3}{R_1 + R_2 + R_3} V_{CC} = \frac{20\text{k}\Omega}{20\text{k}\Omega + 40\text{k}\Omega + 60\text{k}\Omega} 15\text{V} = 2.5[\text{V}]$$

$$V_{E1} = V_{B1} - 0.7\text{V} = 2.5\text{V} - 0.7\text{V} = 1.8[\text{V}]$$

$$I_{C2} = I_{E1} = \frac{V_{E1}}{R_E} = \frac{1.8\text{V}}{2\text{k}\Omega} = 0.9[\text{mA}]$$

$$V_{C2} = V_{CC} - I_{C2}R_C = 15\text{V} - 0.9\text{mA} \times 8\text{k}\Omega = 7.8[\text{V}]$$

트랜지스터 Q_2의 베이스 전압을 구한다.

$$V_{B2} = \frac{R_2 + R_3}{R_1 + R_2 + R_3} V_{CC} = \frac{20\text{k}\Omega + 40\text{k}\Omega}{20\text{k}\Omega + 40\text{k}\Omega + 60\text{k}\Omega} 15\text{V} = 7.5[\text{V}]$$

$$V_{C1} = V_{E2} = V_{B2} - 0.7\text{V} = 7.5\text{V} - 0.7\text{V} = 6.8[\text{V}]$$

$$V_{C2} > V_{E2},\quad V_{C1} > V_{E1}$$

이기 때문에 각 트랜지스터는 활성상태이다.

7-4 | 캐스코드 증폭기의 교류해석

[그림 7-9]는 [그림 7-6]에 표시된 캐스코드 증폭기의 교류 등가회로를 표시하고 있다. 입력신호가 공통 이미터의 베이스에 공급되는 것을 볼 수 있다. 공통 이미터의 출력 v_{C1}은 공통 베이스의 입력신호가 된다.

[그림 7-6]에서 자신의 베이스에서 콘덴서 때문에 트랜지스터 Q_2의 베이스에서 교류는 접지에 연결된다는 점에 주의해야 한다. 이것은 R_1이 교류회로의 일부가 아니라는 것을 의미한다.

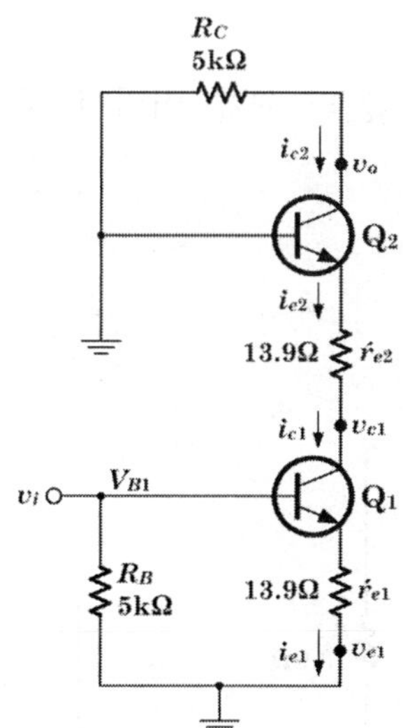

[그림 7-9]

$$R_B = R_2 \parallel R_3$$

이기 때문에 [그림 7-6]에서

$$R_B = R_2 \parallel R_3 = 10\text{k}\Omega \parallel 10\text{k}\Omega = 5[\text{k}\Omega]$$

이다.

[그림 7-9]에서 각 트랜지스터에는 동일한 이미터 전류가 흐른다는 사실을 확인할 수 있다. 이것은 두 트랜지스터의 교류 이미터 저항이 같다는 의미이다.

$$r'_{e2} = r'_{e1}$$

[그림 7-6]에서 구한 바이어스 전류를 사용하면

$$r'_{e2} = r'_{e1} = \frac{25\text{mV}}{I_{E1}} = \frac{25\text{mV}}{1.8\text{mA}} = 13.9[\Omega]$$

이 구해진다. 캐스코드 증폭기를 해석하는 가장 간단한 방법은 공통 베이스 증폭기를 공통 이미터 증폭기의 부하로 간주하는 것이다.

다시 말하자면 공통 베이스의 입력저항(이런 경우 r'_{e2})이 [그림 7-10(a)]에서 공통 이미터의 부하저항이다.

공통 이미터에서

$$v_{c1} = -\frac{r'_{e2}}{R_{E\,\text{total}}} v_i$$

이고, R_E는 바이패스되기 때문에 다음과 같다.

$$v_{c1} = -\frac{r'_{e2}}{r'_{e1}} v_i = -v_i$$

트랜지스터 Q_1과 트랜지스터 Q_2의 교류 이미터 저항은 같기 때문에, 공통 이미터 증폭기의 이득은

$$\frac{v_{c1}}{v_i} = -\frac{r'_{e2}}{r'_{e1}} v_i = -1$$

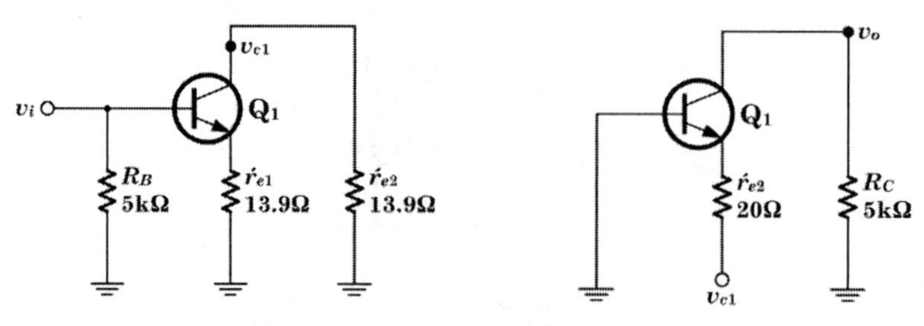

[그림 7-10]

이고, 캐스코드 증폭기의 입력저항은 공통 이미터 증폭기의 입력저항이기 때문에

$$R_i = R_B \parallel \beta R_{E\text{total}}$$

이다. 이런 회로에서 R_E는 바이패스되기 때문에

$$R_i = R_B \parallel \beta r_{e1}'$$

이므로 1.09kΩ 으로 주어진다.

$$R_i = 5\text{k}\Omega \parallel 1.39\text{k}\Omega = 1.09[\text{k}\Omega]$$

캐스코드 증폭기의 입력저항은 높은데 R_E를 바이패스시키지 않는다면 더 크게 만들 수 있다. 공통 베이스 증폭기가 가지고 있는 낮은 입력저항의 문제를 해결할 수 있다.

공통 이미터 증폭기의 컬렉터 전압은 [그림 7-10(b)]에 표시된 것처럼 공통 베이스 증폭기의 입력신호로 된다. 공통 베이스 증폭기의 출력전압과 출력저항들은 캐스코드 증폭기의 출력전압과 출력저항이다.

$$R_O = R_C$$

이런 회로에서

$$R_O = R_C = 5[\text{k}\Omega]$$

$$v_o = \frac{R_C}{r_{e2}'} v_{c1} = \frac{R_C}{r_{e2}'}\left(-\frac{r_{e2}'}{R_{E\text{total}}} v_i\right) = -\frac{R_C}{R_{E\text{total}}} v_i$$

로 표시된다. 따라서 캐스코드 증폭기의 박스 모델 이득은

$$A = -\frac{R_C}{R_{E\text{total}}}$$

로 표시되는데 이미터 저항이 바이패스되기 때문에

$$A = -\frac{R_C}{r_{e1}'}$$

로 구해진다. 이런 회로에서

$$A = -\frac{R_C}{r_{e1}'} = -\frac{5\text{k}\Omega}{13.9\Omega} = -360$$

이다. 이런 캐스코드 증폭기는 높은 입력저항, 높은 출력저항, 높은 이득, 입력신호의 반전을 가진다는 것을 확인할 수 있다. 공통 베이스 증폭기를 사용하기 때문에 고주파 응답도 구할 수 있다.

예제 7-3 [그림 7-8]에 표시된 캐스코드 증폭기에서 각 트랜지스터의 교류 이미터 저항과 박스 모델의 파라미터를 구하시오. 〈예제 7-2〉에서 구한 이미터 전류 $I_{E2} = I_{E1} = 0.9[\text{mA}]$를 사용한다.

풀이 각 트랜지스터에 동일한 크기의 이미터 전류가 흐르기 때문에 교류 이미터 저항

은 같다.

$$r_{e1}' = r_{e2}' = \frac{25\text{mV}}{I_E} = \frac{25\text{mV}}{0.9\text{mA}} = 27.8[\Omega]$$

R_1이 바이패스되기 때문에

$$R_B = R_2 \parallel R_3 = 40\text{k}\Omega \parallel 20\text{k}\Omega = 13.3[\text{k}\Omega]$$

R_E는 바이패스되지 않는 점을 주의해야 한다.

$$R_{E\text{total}} = R_e + r_{e1}' = 2\text{k}\Omega + 27.8\Omega \approx 2[\text{k}\Omega]$$

따라서 입력저항은 12.5[kΩ]이다.

$$R_i = R_B \parallel \beta R_{E\text{total}} = 13.3\text{k}\Omega \parallel 200\text{k}\Omega = 12.5[\text{k}\Omega]$$

이미터 저항은 바이패스되지 않기 때문에 높은 입력저항을 구할 수 있다. 출력저항은

$$R_O = R_C = 8[\text{k}\Omega]$$

이다. 이득은

$$A = -\frac{R_C}{R_{E\text{total}}} = -\frac{8\text{k}\Omega}{2\text{k}\Omega} = -4$$

이다. 이미터 저항이 바이패스되지 않기 때문에 입력저항이 증가하는 동안 낮은 이득을 얻게 된다.

7-5 | 전류 버퍼로 사용되는 이미터 폴로워

계산기나 디지털 전압계를 사용해 본 사람이라면 발광 다이오드(LED)를 잘 알고 있을 것이다. 이런 마이크로컴퓨터 장치에 의해서 입력정보가 분석되고 어떤 LED가 작동해야 하는지를 결정하게 된다.

[그림 7-11(a)]에 표시된 회로는 간략한 LED의 발광현상을 표시하고 있다. 컴퓨터가 LED를 턴 온 시키기로 결정하면 컴퓨터의 출력라인은 0[V]에서 5[V]로 바뀐다. 5[V]의 컴퓨터 출력선은 LED를 발광시킨다. 실제로 이런 회로는 동작하지 않을 수도 있다. LED를 발광시키기 위해서는 양단에 대략 2[V]의 전압이 걸려야 한다.

컴퓨터의 출력은 LED가 필요로 하는 2[V]보다 훨씬 큰 전압을 공급한다. 문제는 LED에서 필요한 전류이다. 그림을 보면 LED 전류는 저항에 흐르는 전류와 같다. 따라서 20[mA]의 전류가 흐르게 된다.

$$I_{\text{LED}} = \frac{5\text{V} - 2\text{V}}{150\Omega} = 20[\text{mA}]$$

일반적으로 마이크로컴퓨터에는 아주 작은 전류만이 흐를 수 있다. 예를 들자면 이런 컴퓨터의 출력은 오직 1[mA]이다. LED에는 대략 20[mA]의 전류를 필요로 하기 때문

에 발광되지 않게 될 것이다. 컴퓨터와 LED 사이에 전류 버퍼(Buffer)를 삽입하는 것이 필요하다.

전류 버퍼는 작은 입력전류를 필요로 하지만 큰 출력전류를 제공할 수 있는 소자이다. 이미터 폴로워는 간혹 전류 버퍼로 사용된다. [그림 7-11(b)]에 표시된 것처럼 컴퓨터와 LED 사이에 이미터 폴로워가 삽입된다.

컴퓨터의 출력이 0[V]이면 이미터 폴로워는 차단상태이고 LED에는 흐르는 전류가 없다. 컴퓨터 출력이 5[V]로 증가하면 이미터 폴로워는 활성상태로 되고 LED를 구동시키는 이미터 전압은 컴퓨터 출력에 따라서 4.3[V]까지 증가한다(여기서 이미터 다이오드의 전압강하가 0.7[V]임을 기억해야 한다). LED에 흐르는 전류는 15.3[mA]이다.

$$I_{\mathrm{LED}} = \frac{4.3\mathrm{V} - 2\mathrm{V}}{150\,\Omega} = 15.3\,[\mathrm{mA}]$$

우리는 아직도 LED를 구동시키기 위한 큰 전류를 필요로 한다. 하여튼 LED 구동전류는 트랜지스터의 이미터 전류이고 트랜지스터는 15[mA]를 공급할 수 있다.

진짜 문제는 전체 동작에서 컴퓨터가 공급해야 할 전류의 세기는 얼마인가? 하는 점이다. [그림 7-11(b)]를 보면 컴퓨터는 트랜지스터의 베이스에 전류를 공급한다. 이미터에 15[mA]가 필요하기 때문에 베이스는 0.15[mA]의 전류를 필요로 한다($I_B = IE/\beta$).

컴퓨터는 트랜지스터의 베이스에서 필요로 하는 0.15[mA]의 전류를 쉽게 공급할 수 있다. 따라서 이미터 폴로워는 전류 버퍼로 성공적으로 사용된다. 그렇다면 LED의 나머지 전류는 어디로 가는가?

활성상태의 트랜지스터에서 컬렉터 전류는 이미터 전류의 99[%]이다. 따라서 LED 전류의 99[%]는 컬렉터 공급전압으로 전환된다. 컴퓨터는 베이스로 유입되는 LED 전류의 1[%]만을 조정하게 된다.

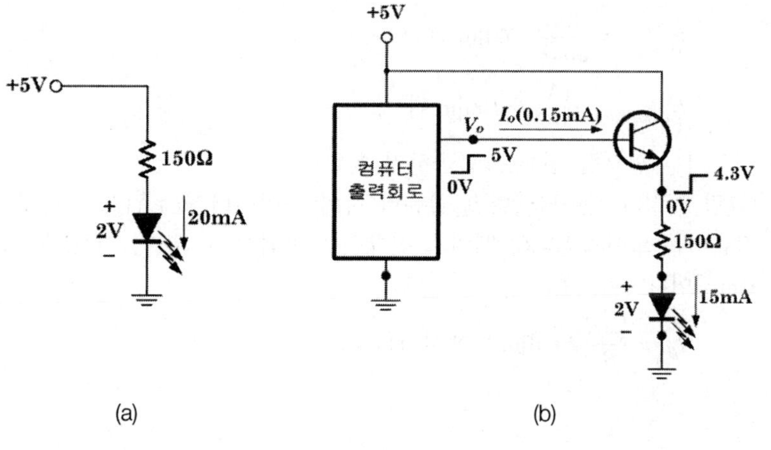

[그림 7-11]

예제 7-4 [그림 7-12]에는 또 다른 형태의 전류 버퍼가 표시되어 있다. 이런 릴레이는 전압이 3[V]에서 5[V]로 도달할 때 닫히게 된다. 릴레이의 저항은 50[Ω]이다.

(a) 릴레이를 단락시킬 때 필요한 전류를 구하시오.

(b) 5[mA]에서 5[V]의 출력을 공급하는 컴퓨터에 의해서 릴레이는 구동이 가능한가?

(c) 만약 b부분에 대한 해가 없을 때 전류 버퍼를 컴퓨터와 릴레이 사이에 삽입시키고 필요한 컴퓨터 전류를 구하시오.

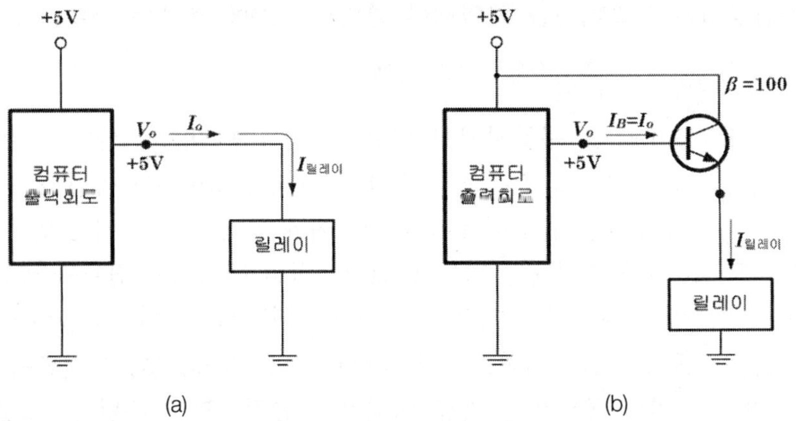

[그림 7-12]

풀이 (a) 릴레이가 필요한 전류는 다음과 같다.

$$I_{\text{relay}} = \frac{V_{\text{relay}}}{50\Omega}$$

따라서 전류범위는 60[mA]에서 100[mA]이다.

$$I_{\text{relay}_{\min}} = \frac{3\text{V}}{50\Omega} = 60[\text{mA}]$$

$$I_{\text{relay}_{\max}} = \frac{5\text{V}}{50\Omega} = 100[\text{mA}]$$

(b) 컴퓨터는 필요한 전류를 공급하지 못한다.

(c) [그림 7-12(b)]는 릴레이와 컴퓨터 사이에 이미터 폴로워가 연결된 것을 보여준다. 컴퓨터는 트랜지스터의 베이스 전류만을 공급할 수 있다. 이런 범위는 0.6[mA]에서 1[mA]이다.

$$I_B = \frac{I_{\text{relay}}}{\beta} = 0.6[\text{mA}] \text{에서 } 1[\text{mA}]$$

7-6 | 제너 전압조정기와 전류 버퍼

이미 앞에서 부하에 일정한 전압을 공급하기 위해서 사용되는 제너 다이오드에 대해서 고찰한 바 있다. 제너 조정기의 1차 제한은 부하를 구동할 수 있는 큰 전류이다. [그림 7-13(a)]에 이런 상황이 설명되어 있다. 부하에 전류가 흐르지 않을 때 12[V]의 공급전압은 제너 다이오드를 항복시킨다.

따라서 제너 다이오드는 8[V] 건전지처럼 사용된다. 이런 경우 제너 다이오드를 통해 소비되는 전류는 저항전류와 같고 크기는 7[mA]이다.

$$I_Z = I_R = \frac{15\text{V} - 8\text{V}}{1\text{k}\Omega} = 7[\text{mA}]$$

다이오드가 항복되는 동안 저항에 흐르는 전류는 7[mA]가 될 것이다. 이제 전류가 부하에 흐를 때 어떤 일이 발생되는지를 살펴보자.

키르히호프의 전류법칙으로부터 저항전류는 제너 다이오드와 부하에 공급되어야만 한다. 부하에 전류가 많이 흐를수록 제너 다이오드를 통해서 흐르는 전류는 작아진다.

$$I_Z = I_R - I_{\text{LOAD}} = 7\text{mA} - I_{\text{LOAD}}$$

제너 다이오드가 항복되기 이전의 상태보다 얼마나 많은 전류가 부하에 흐르게 되는가? 부하에 7[mA]의 전류가 흐를 때 저항에 흐르는 모든 전류는 부하를 통해서 흐르고 제너 다이오드를 흐르는 전류는 0[A]이다.

$$I_Z = 7\text{mA} - I_{\text{LOAD}} = 7\text{mA} - 7\text{mA} = 0[\text{A}]$$

다이오드에 흐르는 전류가 0[A]로 강하되면 [그림 7-13(b)]에 표시된 것처럼 다이오드는 개방회로로 되고 조정기능을 잃게 된다. 따라서 이런 제너 다이오드 회로는 7[mA] 이상을 필요로 하는 부하에 사용할 수 없다. 다시 말하자면 제너 다이오드의 최고 전류는 다이오드를 통해서 흐르는 무부하 전류이다.

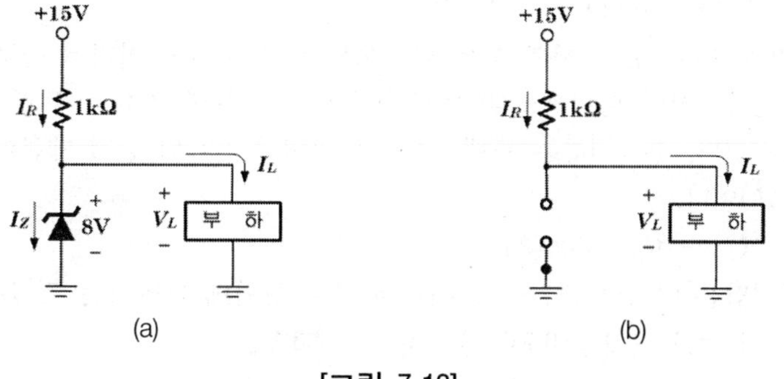

[그림 7-13]

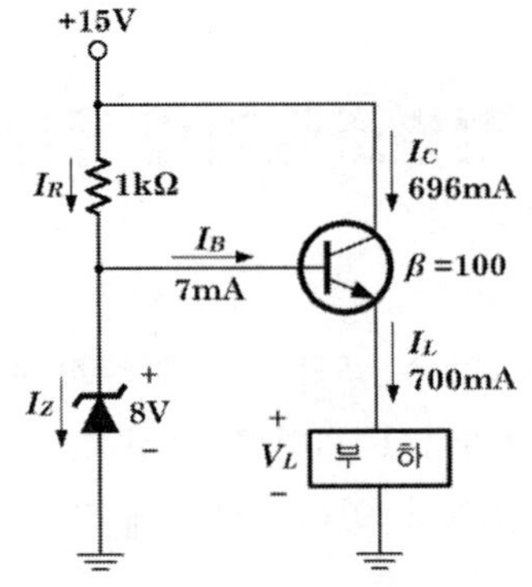

[그림 7-14]

[그림 7-14]에서는 제너 다이오드 회로의 전류범위를 유용하게 증가시키기 위해서 이미터 폴로워가 어떻게 전류 버퍼로 사용되는지를 보여준다. 제너 다이오드의 동작점으로부터 부하는 트랜지스터의 베이스로 본다. 제너 회로의 부하전류는 트랜지스터의 베이스 전류이다.

제너 회로는 부하에 7[mA]를 공급할 수 있고 아직 적절하게 동작하고 있다. 이런 7[mA]의 최대 전류가 최대 베이스 전류이다. 이것은 실제로 부하를 구동하는 트랜지스터의 이미터 전류가 약 700[mA]라는 것을 의미한다($I_E = \beta I_B$). 이미터 폴로워 역시 제너 다이오드의 동작범위를 700[mA]의 부하전류로 확장시키는 데 사용된다.

예제 7-5 [그림 7-15]에 표시된 제너 조정기 회로를 고찰하시오.

(a) 최대로 조정되는 부하전류는 얼마인가?

(b) 이미터 폴로워를 제너 다이오드와 부하 사이에 삽입한다. 최대 부하전류는 얼마인가?

(c) 부하 양단에 걸리는 전압은 얼마인가?

풀이 (a) 부하에 흐르는 최대 전류는 제너 다이오드를 통과하는 무부하 전류와 같다.

$$I_{max} = \frac{9V - 5V}{10k\Omega} = 0.4[mA]$$

(b) [그림 7-15(b)]는 부하와 제너 다이오드 회로 사이에 이미터 폴로워가 삽입된 것을 보여준다. 제너 다이오드를 통해서 흐르는 무부하 전류는 트랜지스터의 베이스를 구동시킨다. 부하전류는 트랜지스터의 이미터 전류와 같기 때문에 최대 부하전류는 40[mA]이다.

$$I_{max} = \beta I_B = 40[mA]$$

(c) 부하전압은 이미터 전압이기 때문에 부하 양단에 나타나는 전압은 4.3[V]이다.

$$V_L = V_E = V_B - 0.7V = V_Z - 0.7V = 4.3[V]$$

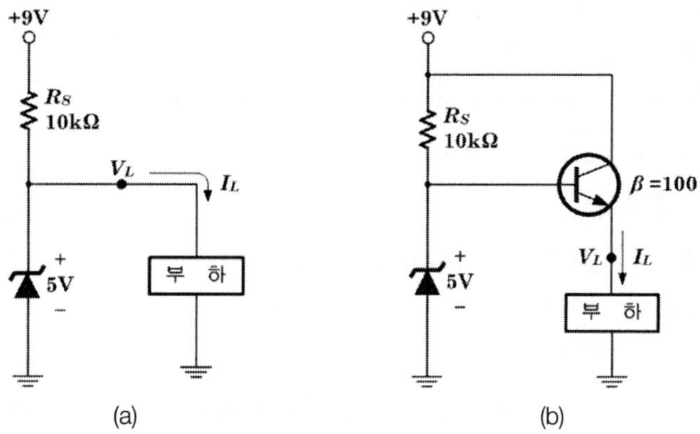

[그림 7-15]

[그림 7-14]에 표시된 전류 버퍼를 갖는 전압조정기가 문제를 가질 수도 있다. 회로의 문제를 알아보자. 부하에 특정한 전압을 공급하는 특별한 제너 다이오드를 선택했다.

이미터 폴로워를 사용할 때 부하에 공급되는 전압은 이미터 다이오드 양단에 걸리는 0.7[V]의 전압강하를 발생시킨다.

$$V_{\mathrm{LOAD}} = V_Z - 0.7\mathrm{V}$$

예를 들자면 5[V] 제너 다이오드는 이미터 폴로워를 통해서 결합되는 부하에 4.3[V]를 공급한다. 만약 부하양단에 5[V]를 공급하기를 원한다면 5.7[V] 제너 다이오드를 사용해야 한다.

이런 문제를 해결하기 위해서 [그림 7-16]에서는 제너 다이오드에 레귤러 다이오드를 직렬연결 시켰다. 조정 다이오드가 ON 상태로 동작하는 동안 자신의 양단에서 다이오드의 전압강하를 발생시킨다.

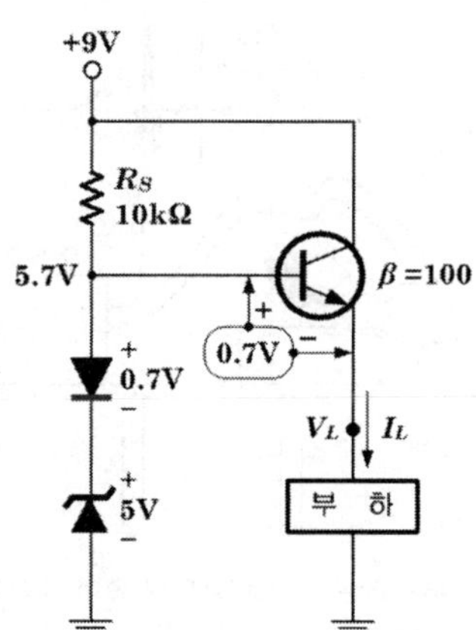

[그림 7-16]

따라서 베이스 전압은

$$V_B = V_Z + 0.7\text{V}$$

로 되고, 트랜지스터에서의 이미터 전압인 부하전압은

$$V_L = V_E = V_B - 0.7\text{V}$$

이다. V_B를 대입하면

$$V_L = V_Z + 0.7\text{V} - 0.7\text{V}$$

이고, 결국 다음과 같다.

$$V_L = V_Z$$

제너 다이오드 회로에 직렬로 레귤러 다이오드를 삽입함으로써 부하전압은 제너 다이오드 전압과 같게 만들 수 있다. 레귤러 다이오드는 베이스-이미터 턴 온 전압에서 발생하는 변화량도 제거시킨다는 것을 알 수 있다.

7-7 | 완충증폭기

여러분들은 대학 종합병원에서 특수한 의료연구를 위한 증폭기 중의 한 가지를 시험하거나 구성하는 데 도움을 주는 작업에 방금 채용되었다고 가정하자. 여러분들의 책임자는 전압이득이 100인 증폭기를 가지고 있다. 여러분과 여러분의 책임자는 [그림 7-17]에 표시된 것처럼 실험실에서 어쩌면 학비 마련을 위해 지원했을지도 모르는 지원자를 기록기와 증폭기 사이에 두고 센서를 지원자 몸에 부착시키게 된다.

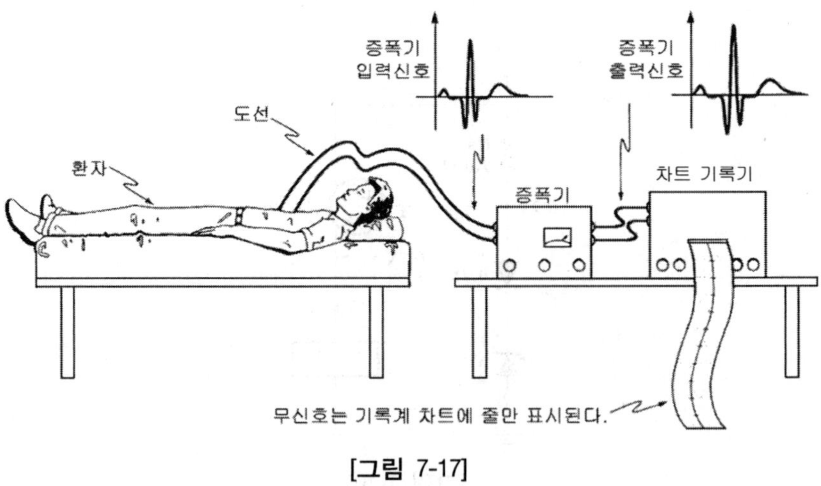

[그림 7-17]

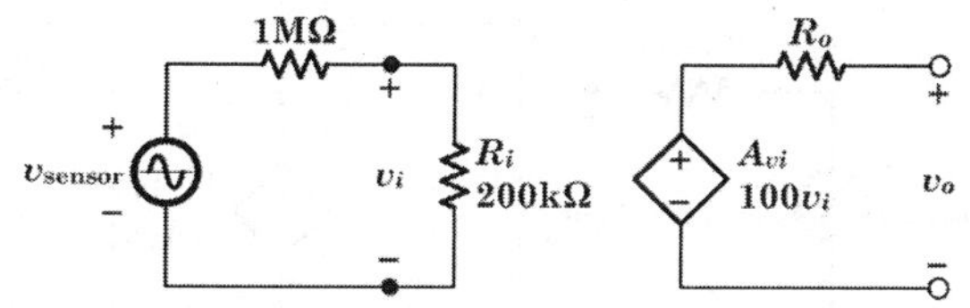

[그림 7-18]

여러분들은 이제 시험을 할 준비가 되었다. 기록기와 증폭기를 작동시킨다. 지원자에게도 전원을 연결한다. 어떤 일도 발생되지 않았다! 기록기는 작동을 하지 않는다.

여러분의 책임자는 즉시 체크를 하고 지원자는 무사하고 전원은 정상이라고 말한다. 그녀는 딱딱한 어조로 말한다. "승희, 그것 고정시켰니?". 여러분은 "책임자가 문제점을 찾지 못하면 어떡하지?" 하며 고민하기 시작한다. 그리고 고장진단에 관계되는 내용을 상기하고, 무엇을 체크해야 할지를 알게 된다.

그런 문제는 아마도 증폭기의 입력저항과 센서의 내부저항 불일치 때문에 발생했을 것이다. [그림 7-18]에 표시된 예제에서 가능성을 찾아보자.

입력 측에서 저항의 불일치는 다음 결과를 가져온다.

$$v_i = \frac{R_i}{R_i + R_{\text{sensor}}} v_{\text{sensor}} = \frac{200\text{k}\Omega}{200\text{k}\Omega + 1\text{M}\Omega} v_{\text{sensor}} = 0.167 v_{\text{sensor}}$$

그리고 센서 신호의 대부분은 상실된다.

[그림 7-19]에서는 증폭기의 출력저항과 부하저항(이 경우 기록기)이 불일치될 때의 결과를 보여준다.

$$v_{\text{recorder}} = \frac{R_{\text{recorder}}}{R_{\text{recorder}} + R_o} A v_i$$

$$= \frac{1\text{k}\Omega}{1\text{k}\Omega + 10\text{k}\Omega} 100 \times 0.167 v_{\text{sensor}} = 1.518 v_{\text{sensor}}$$

출력 측에서 저항의 불일치는 신호의 손실을 증가시킨다. 기록기가 동작하지 않는다고 놀라지 마라. 입력과 출력저항의 불일치는 증폭기의 효과를 제거시킨다.

여러분들의 책임자의 증폭기가 쓸모없다고 말하지 말고 증폭기의 입력과 출력 사이에 완충(버퍼)회로를 삽입하라. 이런 완충회로는 신호와 부하저항의 불일치로 인해서 발생되는 신호의 크기 감쇠를 방지하는 데 사용된다.

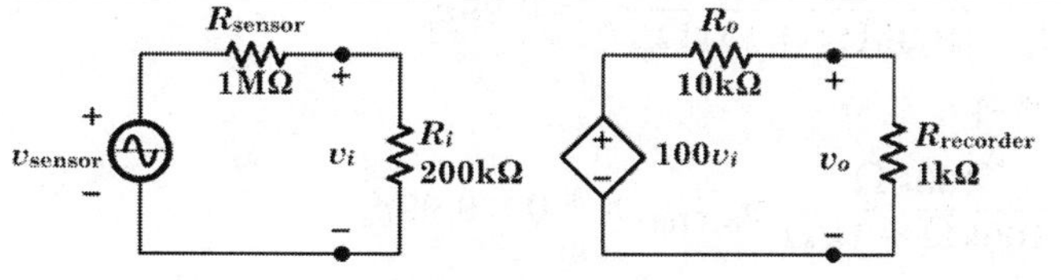

[그림 7-19]

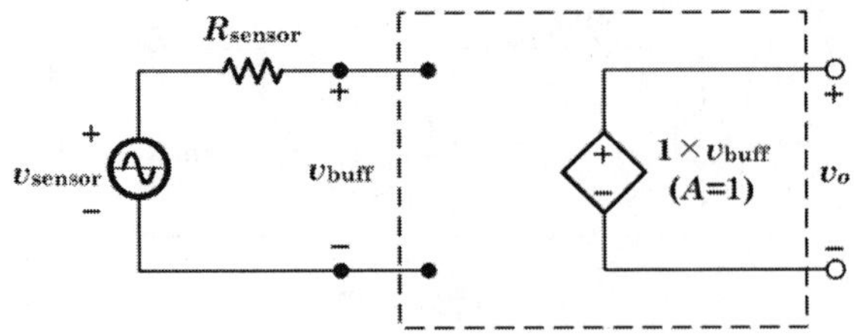

(a)

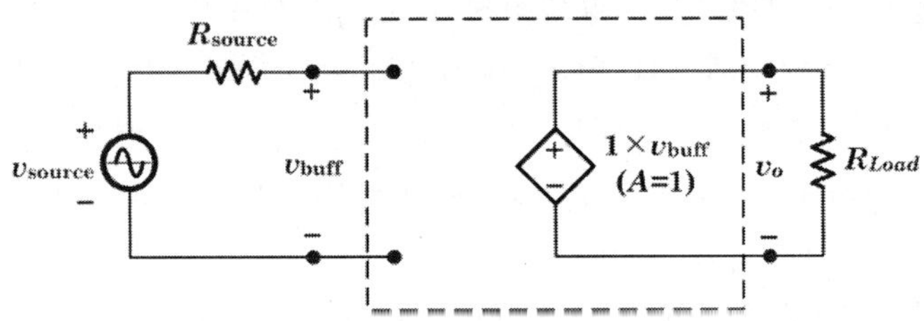

(b)

[그림 7-20]

[그림 7-20(a)]는 이상적인 버퍼를 표시하고 있다. 이상적인 버퍼의 입력저항은 ∞[Ω](개방회로)이고 출력저항 0[Ω], 이득은 1이다. 어떤 이득을 얻기 위해서 버퍼가 필요한 것은 아니다.

[그림 7-20(b)]는 버퍼가 부하로부터 신호원을 어떻게 분리시키는지 보여준다. 이상적인 증폭기의 입력저항은 ∞이기 때문에 소스 저항이 아무리 커도 문제는 없다.

$$v_{buff} = v_s$$

이상적인 증폭기의 출력저항은 0[Ω]이기 때문에 부하저항이 아무리 작아도 문제는 없다.

$$v_o = v_{buff} = v_s$$

물론 전자장비가 이상적인 것은 아니다. 실제의 버퍼는 아주 큰 입력저항과 아주 작은 출력저항을 가지며 이득은 거의 1에 가깝다.

[그림 7-21]은 센서와 증폭기 입력 사이에 버퍼를 연결한 결과를 표시하고 있다. 이런 회로는 두 개의 전압분배기를 가지고 있다. 이 중 하나를 분석해 보자.

첫 번째 버퍼의 입력에서

$$v_{buffer} = \frac{100\text{M}\Omega}{100\text{M}\Omega + 1\text{M}\Omega} v_s = 0.99 v_s$$

증폭기의 입력에서

$$v_i = \frac{100\text{k}\Omega}{100\text{k}\Omega + 1\text{k}\Omega} v_{buffer} = 1.0 \times 0.99 v_s$$

이다. 버퍼 때문에 입력 센서 신호의 대부분은 감쇠되지 않는다.

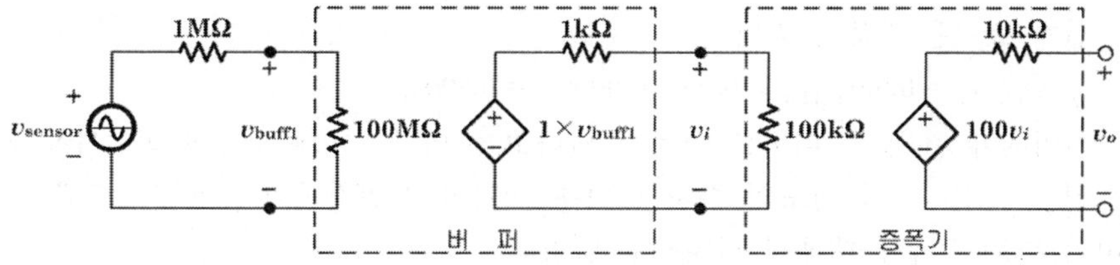

[그림 7-21]

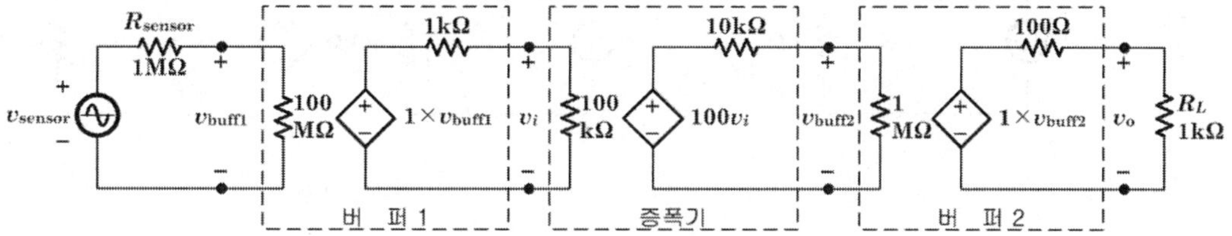

[그림 7-22]

[그림 7-22]에 표시된 것처럼 증폭기의 출력과 부하 사이에 두 번째 버퍼를 연결한다.

$$v_{\text{buffer2}} = \frac{1\text{M}\Omega}{1\text{M}\Omega + 10\text{k}\Omega} A v_i = 0.99 \times 100 \times 0.99 v_s = 98 v_s$$

결국 기록기에 나타난 전압은 다음과 같다.

$$v_o = \frac{1\text{k}\Omega}{1\text{k}\Omega + 100\Omega} v_{\text{buffer2}} = 0.99 \times 98 v_s = 97 v_s$$

버퍼의 출력은 실제 펜 기록기의 낮은 저항을 보상한다. 버퍼를 사용했지만 증폭기는 고입력 저항과 저출력 저항을 제공한다.

예제 7-6 [그림 7-23(a)]에 표시된 회로에서 전압분배기의 전압이득을 구하시오. 그리고 [그림 7-23(b)]에 버퍼가 삽입되어 있다. 전압이득을 다시 구하시오.

풀이 [그림 7-23(a)]에 표시된 전압분배기에서 다음을 구한다.

$$v_o = \frac{1\text{k}\Omega}{1\text{k}\Omega + 10\text{k}\Omega} v_{\text{in}} = 0.0909 v_{\text{in}}$$

[그림 7-23(b)]에 표시된 버퍼는 두 개의 전압분배기를 구성한다. 첫 번째는 버퍼로부터

$$v_{\text{buffer}} = \frac{100\text{k}\Omega}{100\text{k}\Omega + 10\text{k}\Omega} v_{\text{in}} = 0.909 v_{\text{in}}$$

버퍼의 출력에서

$$v_o = \frac{10\text{k}\Omega}{10\text{k}\Omega + 0.1\text{k}\Omega} v_{\text{buffer}} = 0.99 v_{\text{buffer}}$$

전체 출력은 다음과 같다.

$$v_o = 0.99v_{\text{buffer}} = 0.99 \times 0.909v_{\text{in}} = 0.899v_{\text{in}}$$

기억해야 할 것은 버퍼를 가지고 있다고 하더라도 입력신호의 약 17[%]에 해당하는 손실을 가진다. 이 정도의 수치는 아주 적당한 실험결과이다. 다음 예제는 몇 가지의 버퍼 회로 설계에 대해서 설명하고 있다.

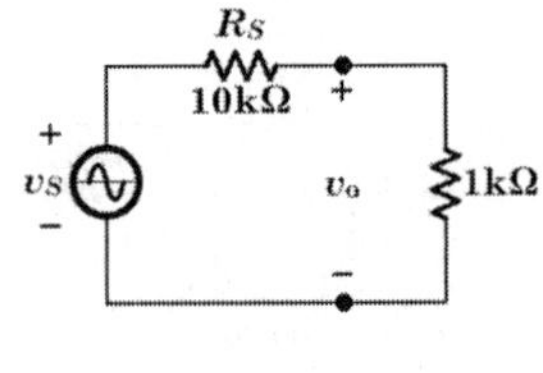

(a)

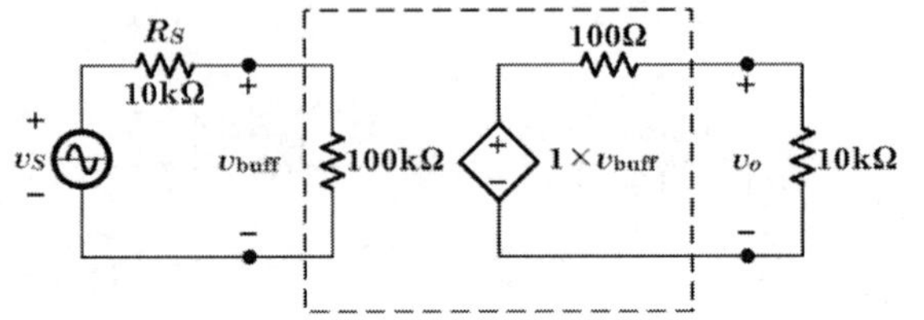

(b)

[그림 7-23]

예제 7-7 [그림 7-24]에 표시된 것처럼 신호원과 부하 사이에 버퍼가 삽입되었다. 다음 조건에서 신호원과 버퍼 입력 사이의 전압 손실, 버퍼 출력과 부하 사이의 전압 손실, 신호원과 부하 사이의 전체 손실을 구하시오.

(a) $R_i = 10R_{\text{source}}$, $R_o = 0.10R_{\text{load}}$ (b) $R_i = 100R_{\text{source}}$, $R_o = 0.01R_{\text{load}}$

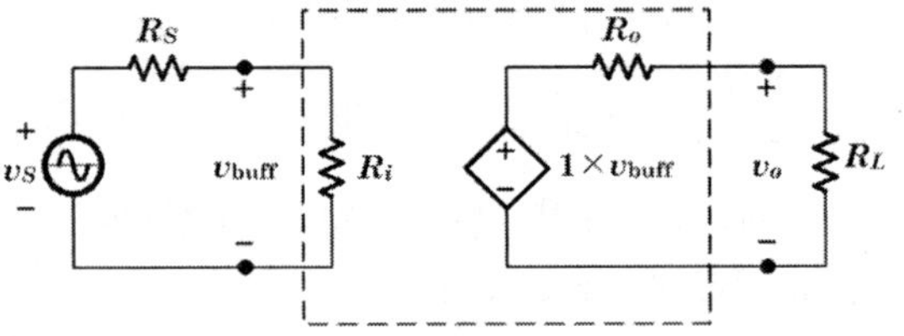

[그림 7-24]

풀이 버퍼의 입력에서

$$v_{\text{buffer}} = \frac{R_i}{R_i + R_{\text{source}}} v_{\text{in}}$$

버퍼의 출력에서

$$v_o = \frac{R_{\text{load}}}{R_{\text{load}} + R_o} v_{\text{buffer}}$$

로 구해진다. 입력에서 부하로 전송되는 전체 전압은 위의 곱으로 나타난다.

$$v_o = \frac{R_{\text{load}}}{R_{\text{load}} + R_o} \frac{R_i}{R_i + R_{\text{source}}} v_{\text{in}}$$

(a) $R_i = 10R_{\text{source}}$에서

$$v_{\text{buffer}} = \frac{10R_{\text{source}}}{10R_{\text{source}} + R_{\text{source}}} v_{\text{in}} = \frac{10}{11} v_{\text{in}} = 0.909 v_{\text{in}}$$

우리는 입력신호의 약 9[%]를 잃어버렸다. $R_o = 0.01R_{\text{load}}$일 때 버퍼 출력은

$$v_o = \frac{R_{\text{load}}}{R_{\text{load}} + 0.10R_{\text{load}}} v_{\text{buffer}} = 0.090 v_{\text{buffer}}$$

이고, 버퍼 출력에서 또 다른 9[%]의 손실을 가진다. 시스템의 전체 전송전압은

$$v_o = 0.909 v_{\text{buffer}} = 0.909 \times 0.909 v_{\text{in}} = 0.826 v_{\text{in}}$$

이며, 따라서 입력신호의 전체 손실은 17[%]이다.

(b) $R_i = 100R_{\text{source}}$에서

$$v_{\text{buffer}} = \frac{100R_{\text{source}}}{100R_{\text{source}} + R_{\text{source}}} v_{\text{in}} = \frac{100}{101} v_{\text{in}} = 0.99 v_{\text{in}}$$

우리는 입력신호의 약 1[%]만을 잃어버렸다. $R_o = 0.01R_{\text{load}}$일 때 버퍼 출력은

$$v_o = \frac{R_{\text{load}}}{R_{\text{load}} + 0.01R_{\text{load}}} v_{\text{buffer}} = 0.99 v_{\text{buffer}}$$

이고, 버퍼 출력에서도 오직 1[%]의 손실만을 가진다. 시스템의 전체 전송전압은

$$v_o = 0.99 v_{\text{buffer}} = 0.99 \times 0.99 v_{\text{in}} = 0.98 v_{\text{in}}$$

이며, 따라서 입력신호의 전체 손실은 2[%]이다.

· **주의** · 신호의 손실을 최소화하기 위해서 잘 설계된 버퍼의 입력저항은 소스 저항보다 100배 이상 커야 하고 출력저항은 부하저항보다 100배 이상 작아야 한다.

기초문제

1. 달링턴 쌍의 전체 전류이득은 무엇인가?
2. 달링턴 쌍의 베이스 이미터 턴 온 전압은 무엇인가?
3. 달링턴 쌍의 등가교류 이미터 저항은 무엇인가?
4. 두 트랜지스터의 상태는 어떻게 점검하는가?
5. 달링턴 쌍의 교류 이미터 저항을 구하는 두 개의 공식은?
6. 달링턴 쌍 공통 이미터 증폭기의 박스 모델 이득은 무엇인가?
7. 달링턴 쌍 공통 이미터 증폭기의 박스 모델 출력저항은 얼마인가?
8. 달링턴 쌍 공통 이미터 증폭기의 박스 모델 입력저항은 얼마인가?
9. 공통 이미터 증폭기의 장점과 단점은 무엇인가?
10. 공통 베이스 증폭기의 장점과 단점은 무엇인가?
11. [그림 7-7]에 표시된 캐스코드 증폭기에서 V_{B1}을 어떻게 구하는가?
12. [그림 7-7]에 표시된 캐스코드 증폭기에서 V_{E1}은 어떻게 구하는가?
13. [그림 7-7]에 표시된 캐스코드 증폭기에서 V_{B2}는 어떻게 구하는가?
14. [그림 7-7]에 표시된 캐스코드 증폭기에서 V_{E2}는 어떻게 구하는가?
15. 캐스코드 증폭기의 두 트랜지스터에서 컬렉터와 이미터 전류는 무슨 관계가 있는가?
16. V_{C1}과 V_{E2}의 관계는 무엇인가?

해답

1. β^2 **2.** 1.4[V] **3.** $r'_{eDarlington} = \dfrac{r'_{e1}}{\beta} + r'_{e2}$ **4.** $V_{C1} > V_{E1}$, $V_{C2} > V_{E2}$ 인지를 확인한다.

5. $r'_{eDarlington} = \dfrac{r'_{e1}}{\beta} + r'_{e2}$, $r'_{eDarlington} = 2r'_{e2}$ **6.** $A = -\dfrac{R_C}{r'_{eDarlington}}$ **7.** $R_O = R_C$

8. $R_i = R_B \parallel \beta^2 r'_{eDarlington}$ **9.** 장점 : 높은 입력저항, 단점 : 고주파 특성 저조

10. 장점 : 고주파 특성 우수, 단점 : 낮은 입력저항

11. $V_{B1} = \dfrac{R_2}{R_1 + R_2 + R_3} V_{CC}$ **12.** $V_{E1} = V_{B1} - 0.7\text{V}$ **13.** $V_{B2} = \dfrac{R_2 + R_3}{R_1 + R_2 + R_3} V_{CC}$

14. $V_{C1} = V_{E2} = V_{B2} - 0.7\text{V}$ **15.** $I_{C2} = I_{E1} = \dfrac{V_{E1}}{R_E}$ **16.** $V_{C1} = V_{E2} = V_{B2} - 0.7\text{V}$

응용문제

1. 달링턴 쌍을 그리고 내부와 외부전압, 전류를 표시하시오.
2. 달링턴 쌍과 등가의 트랜지스터를 그리고 중요한 변수를 표시하시오.
3. 달링턴 쌍 공통 이미터 증폭기 회로를 그리시오.
4. 달링턴 쌍에서 두 트랜지스터의 바이어스 레벨을 결정하는 단계를 기술하시오.
5. 캐스코드 증폭기를 설명하시오.
6. 전류 버퍼를 설명하시오.
7. 이미터 폴로워의 용도를 설명하시오.
8. 캐스코드 구조에서 두 컬렉터 전류를 비교하면 무엇을 알 수 있는가? 두 교류 이 미 터 저항은?
9. 만약 이미터 저항이 바이패스되면 캐스코드 증폭기의 박스 모델 파라미터는 어떻게 되는가? 반전되는 것은 무엇인가?
10. 만약 이미터 저항이 바이패스되지 않는다면 캐스코드 증폭기에서 박스 모델 변수는 무엇인가? 반전되는 것은 무엇인가?
11. 이미터 저항이 바이패스되지 않았을 때 박스 모델 파라미터에 어떤 일이 일어나는지 설명하시오.
12. 전류 버퍼는 언제 필요한가?
13. 이미터 폴로워는 어떻게 전류 버퍼로 동작하는가?
14. 이미터 폴로워가 전류 버퍼로 사용될 때 대부분의 부하전류는 어디로 가는가?
15. 제너 다이오드를 사용하는 이유는 무엇 때문인가?
16. 기본 제너 다이오드 회로에서 부하에 걸리는 최대 부하전류는 얼마인가?
17. 문제 16에서 구한 것보다 더 큰 부하전류가 흐를 때 기본 제너 다이오드 회로에는 어떤 일이 발생하는가?
18. 이미터 폴로워를 부하와 제너 회로에 삽입함으로 해서 생기는 이득은 무엇인가?
19. 부하전압의 손실을 어떻게 정정할 수 있는가?
20. 전자기기를 연결하고자 할 때 입력과 출력저항에 대해 고려해야 할 문제는 무엇인가?
21. 두 장비를 연결할 때 한쪽 장비의 입력과 다른 쪽 장비의 출력에서 고려할 사항은 무엇인가?
22. 문제 21이 불가능할 때 두 장비 사이에 무엇을 삽입하면 되겠는가?
23. 이상적인 버퍼가 갖추어야 할 조건은 무엇인가?

연습문제

1. [그림 7-25]를 다시 그리고 트랜지스터 Q_1과 트랜지스터 Q_2의 개별전류를 표시하시오.

(a) I_{C1}과 I_B 사이의 관계는 무엇인가?

(b) 어떠한 근사치도 사용하지 않을 때 I_{E1}과 I_B의 관계는 무엇인가?

(c) I_{B2}와 I_B 사이의 관계는 무엇인가?

(d) I_{C2}와 I_B 사이의 관계는 무엇인가?

(e) I_C와 I_B 사이의 관계는 무엇인가?

(f) I_E와 I_{E2} 사이의 관계는 무엇인가?

(g) 어떠한 근사치도 사용하지 않을 때 I_E와 I_B의 관계는 무엇인가?

(h) 달링턴 쌍의 전체 전류이득을 (e)의 결과를 사용해서 결정하시오.

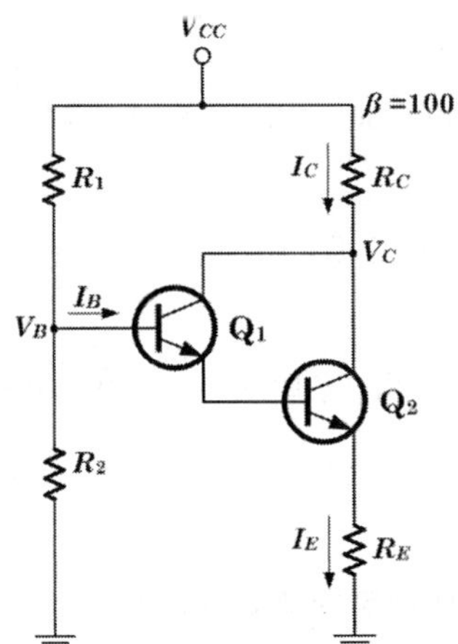

[그림 7-25]

2. [그림 7-26]에 표시된 버퍼 증폭기를 고찰하시오.

(a) 버퍼 증폭기의 무부하 이득은 얼마인가?

(b) 버퍼의 입력저항은 얼마인가?

(c) 버퍼의 출력저항은 얼마인가?

(d) 얼마나 많은 소스 신호전압(V_s)이 V_i에서 나타나는가? 해답을 분수나 퍼센트로 표시하시오.

(e) 버퍼에서 제어되는 전압원 양단에 걸리는 전압은 얼마인가?

(f) 버퍼의 무부하 출력전압은 얼마인가?

(g) 부하가 연결될 때 버퍼에서 발생된 전압 중 얼마가 출력에 나타나는가?

(h) v_o/v_s의 전반적인 비는 얼마인가? 이것이 시스템의 이득 A_{SYS}인가?

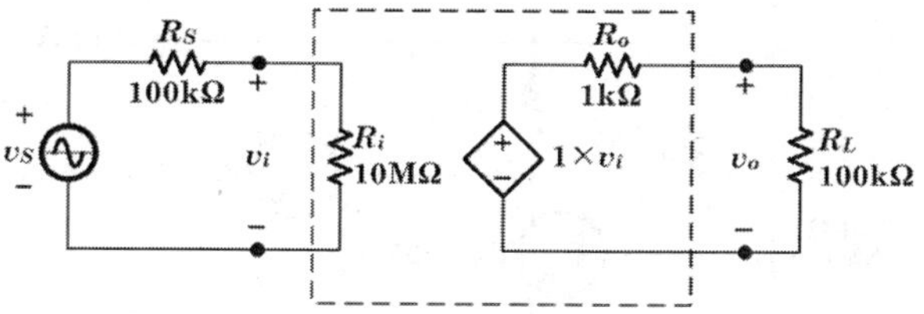

[그림 7-26]

3. [그림 7-27]에 표시된 회로에서 각 트랜지스터의 $\beta_{dc}=100$이라고 가정하고 I_{E2}, I_{E1}, r_{e1}', r_{e2}', $r_{e\ \mathrm{darlington}}'$, $Ri\ v_{\mathrm{in}}$을 구하시오.

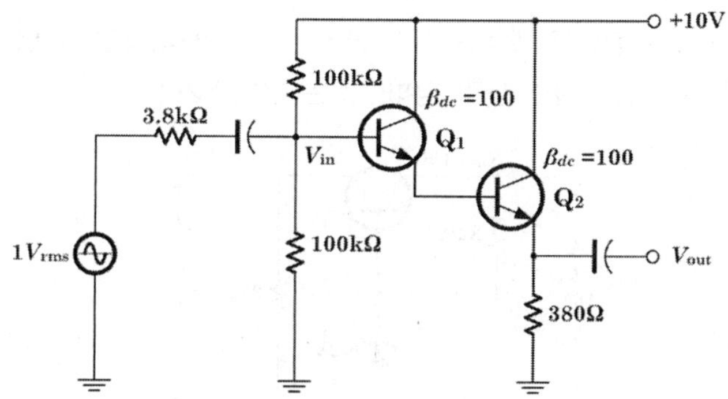

[그림 7-27]

4. [그림 7-28]에서 패스 트랜지스터 β_{dc}가 80이라면 제너 다이오드를 통해서 흐르는 전류는 얼마인가?

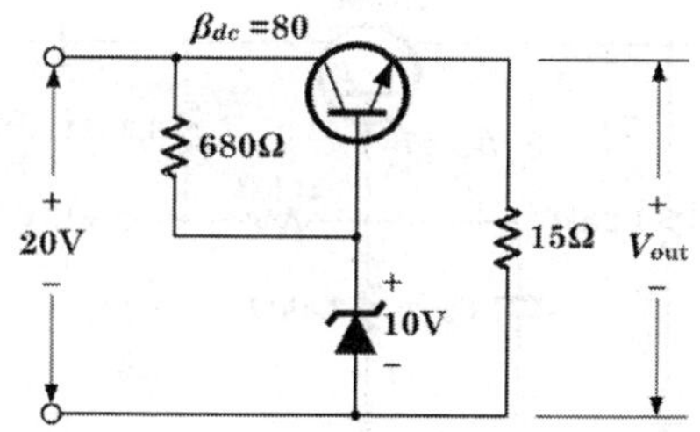

[그림 7-28]

5. [그림 7-29]에서 각 트랜지스터 $\beta_{dc}=135$라고 가정하고 각 증폭단에서 V_B, V_E, V_C, I_E, I_B를 구하시오(단 모두 직류값이다).

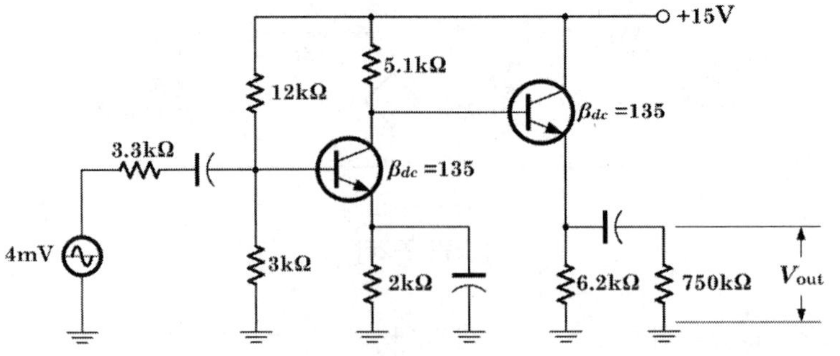

[그림 7-29]

6. [그림 7-30]에서 출력전압은 얼마인가? 만약 $\beta_{dc} = 120$이라면 제너 전류는 동일한가? $R_Z = 6[\Omega]$이라면 제너 폴로워의 출력 임피던스는 얼마인가?

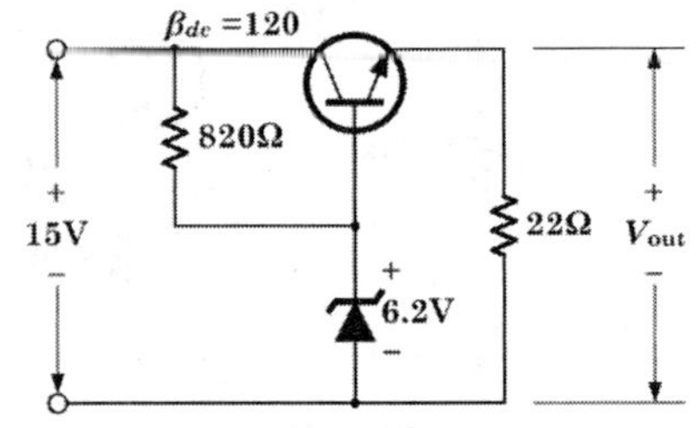

[그림 7-30]

7. [그림 7-31]에서 $\beta_{dc} = 75$라면 V_B, V_E, V_C, I_E, I_B는 얼마인가?

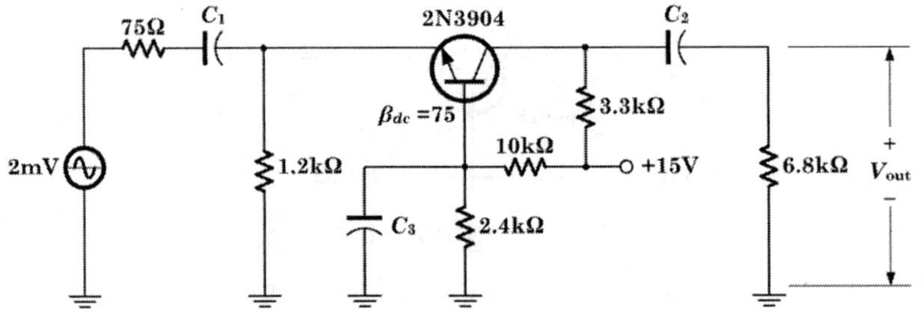

[그림 7-31]

8. [그림 7-30]에서 출력전압이 매우 낮다면 다음 중 어떤 고장에 해당하는가?

(a) 컬렉터-이미터 단자 단락상태

(b) 제너 다이오드 개방상태

(c) 컬렉터-이미터 단자 단락상태

(d) 820[Ω] 저항 개방상태

해답

1.

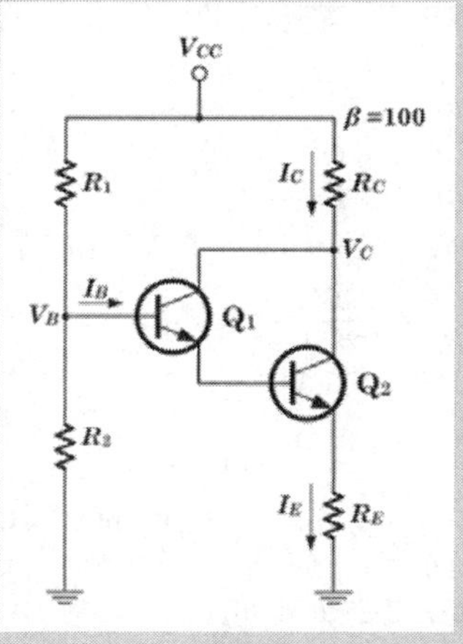

(a) $I_{C1} = \beta I_B$
(b) $I_{E1} = \beta I_B$
(c) $I_{B2} = \beta I_B$
(d) $I_{C2} = \beta I_{B2} = \beta^2 I_B$
(e) $I_C = I_{C1} + I_{C2} \approx I_{C2} = \beta^2 I_B$
(f) $I_E = I_{E2}$
(g) $I_E = I_C = \beta^2 I_B$
(h) 이득은 β^2

2. (a) $A=1$ (b) $R_i = 10[\text{M}\Omega]$ (c) $R_O = 1[\text{k}\Omega]$

(d) $v_i = \dfrac{10,000\text{k}\Omega}{10,100\text{k}\Omega} \times v_s = 0.99 v_s$

(e) $1 \times v_s = 0.99 v_s$ (f) $v_o = 0.99 v_s$

(g) $v_o = \dfrac{100\text{k}\Omega}{101\text{k}\Omega} \times v_s = 0.99 v_s$

(h) $A_{\text{SYS}} = \dfrac{v_o}{v_s} = \dfrac{0.99 v_i}{v_s} = \dfrac{0.99 \times 0.99 v_s}{v_s} = 0.98$

3. [그림 7-27(a)]의 달링턴 증폭기는 3.6[kΩ]의 임피던스를 갖고 크기가 1[V_{rms}]인 교류전원에 의해서 구동된다. 간단한 해석방법을 사용하기 위해서 각 트랜지스터의 β_{dc}=100이라고 가정하면 둘째 단에서의 직류 이미터 전류는 10[mA]이다.

$$I_{E2} = \frac{5\text{V} - 1.4\text{V}}{360\Omega} = 10[\text{mA}]$$

따라서 둘째 단의 이미터 다이오드의 교류저항은 2.5[Ω]이 된다.

$$r_{e2}' = \frac{25\text{mV}}{10\text{mA}} = 2.5[\Omega]$$

첫째 증폭단에서 직류 이미터 전류는 0.1[mA]이다.

$$I_{E1} = \frac{10\text{mA}}{100} = 0.1[\text{mA}]$$

따라서 첫째 단의 이미터 다이오드의 교류저항을 구하면 250[Ω]이 된다.

$$r_{e1}' = \frac{25\text{mV}}{0.1\text{mA}} = 250[\Omega]$$

$$r_{e\,\text{darlington}}' = \frac{r'_{el}}{\beta} + r'e_2 \cong 2r'e = 2 \times 2.5\Omega = 5[\Omega]$$

$$R_i = R_B \parallel \beta^2 r'_{\text{edarlington}} = 50\text{k}\Omega \parallel 50\text{k}\Omega = 25[\text{k}\Omega]$$

$$v_{\text{in}} = \frac{50\text{k}\Omega}{53.6\text{k}\Omega} \times 1\text{V} = 0.933[\text{V}]$$

4. 직렬 제한저항을 통해서 흐르는 전류는 14.7[mA]이다.

$$I_S = \frac{20\text{V} - 10\text{V}}{680\Omega} = 14.7[\text{mA}]$$

다음으로 베이스 전류를 구하면 부하전압은 9.3[V]이고 부하전류는 0.62[A], 베이스 전류는 7.75[mA]가 되며 제너 전류는 6.95[mA]이다.

$$V_{out} = V_Z - V_{BE} = 10\text{V} - 0.7\text{V} = 9.3[\text{V}],$$

$$I_E = \frac{V_{out}}{R_L} = \frac{9.3\text{V}}{15\Omega} = 0.62[\text{A}],$$

$$I_B = \frac{I_E}{\beta_{dc}} = \frac{0.62\text{A}}{80} = 7.75[\text{mA}],$$

$$I_Z = 14.7\text{mA} - 7.75\text{mA} = 6.95[\text{mA}]$$

중요한 점은 제너 전류가 부하전류보다 아주 적다는 사실이다(6.95[mA] 대 0.62[A]). 이것은 회로를 이해하는 중요한 관계이며, 간단한 제너 조정기는 [mA] 단위의 전류를 감당하지만 수백 [mA]의 부하전류를 얻을 수 있는 이미터 폴로워와 직렬로 연결된다. 제너 다이오드를 통해서 흐르는 직류전류 혹은 전체 전류 때문에 β_{dc}를 사용한다.

5. $V_B = \dfrac{3\text{k}\Omega}{12\text{k}\Omega + 3\text{k}\Omega} \times 15\text{V} = 3[\text{V}],$

$$V_{E1} = V_B - V_{BE} = 3\text{V} - 0.7\text{V} = 2.3[\text{V}],$$

$$I_{E1} = \frac{V_{E1}}{R_E} = \frac{2.3\text{V}}{2\text{k}\Omega} = 1.15[\text{mA}]$$

$$r_e' = \frac{25\text{mV}}{I_E} = \frac{25\text{mV}}{1.15\text{mA}} = 21.7[\Omega],$$

$$A = -\frac{R_C}{r_e'} = -\frac{5.1\text{k}\Omega}{21.7\Omega} = -235,$$

$$z_{\text{in}} = 12\text{k}\Omega \parallel 3\text{k}\Omega \parallel (235 \times 21.7\Omega) = 1320[\Omega],$$

$$V_1 = \frac{1320\Omega}{3300\Omega + 1320\Omega} \times 4\text{mV} = 1.143[\text{mV}],$$

해답

$Av_1 = -2356 \times 1.143\text{mV} = -268.6[\text{mV}]$,
$V_2 = Av_1$,

$z_{\text{out(이미터)}} = 21.7\Omega + \dfrac{5100\Omega}{135} = 59.5[\Omega]$,

$z_{\text{out1}} = 6.2\text{k}\Omega \parallel 0.75\text{k}\Omega = 669[\Omega]$,

$v_{\text{out}} = \dfrac{669\Omega}{669\Omega + 59.5\Omega} \times 268.6\text{mV} = -251[\text{mV}]$

6. $V_{\text{out}} = V_z - V_{BE} = 6.2\text{V} - 0.7\text{V} = 5.5[\text{V}]$,
820[Ω]에 흐르는 전류를 I_S라고 가정하면

$I_S = \dfrac{15\text{V} - 6.2\text{V}}{820\Omega} = 10.7[\text{mA}]$,

$I_E = \dfrac{V_{OUT}}{R_L} = \dfrac{5.5\text{V}}{22\Omega} = 0.25[\text{A}]$,

$I_B = \dfrac{I_E}{\beta} = \dfrac{0.25\text{A}}{120} = 2.08[\text{mA}]$,

$I_Z = I_S - I_B = 10.7\text{mA} - 2.08\text{mA} = 8.62[\text{mA}]$,

$r_e{}' = \dfrac{25\text{mV}}{I_E} = \dfrac{25\text{mV}}{0.25\text{A}} = 0.1[\Omega]$,

$z_{\text{out}} = r_e{}' + \dfrac{R_Z}{\beta} = 0.1\Omega + \dfrac{6\Omega}{120} = 0.15[\Omega]$

7. $V_B = \dfrac{2.4\text{k}\Omega}{10\text{k}\Omega + 2.4\text{k}\Omega} \times 15\text{V} = 2.9[\text{V}]$,

$V_E = V_B - V_{BE} = 2.9\text{V} - 0.7\text{V} = 2.2[\text{V}]$

$I_E = \dfrac{V_E}{R_E} = \dfrac{2.2\text{V}}{1.2\text{k}\Omega} = 1.83[\text{mA}]$,

$I_E \cong I_C = 1.83[\text{mA}]$,

$I_B = \dfrac{I_E}{\beta} = \dfrac{1.83\text{mA}}{75} = 24.4[\mu\text{A}]$,

$V_C = V_{CC} - I_C R_C = 15\text{V} - 1.83\text{mA} \times 3\text{k}\Omega$
$= 8.96[\text{V}]$

8. 이미터 고장은 (c)와 (d)

제 8 장

접합형 전계효과 트랜지스터

❑ 8-1 접합형 전계효과 트랜지스터의 구조 및 동작 / 316
❑ 8-2 JFET의 바이어스 / 322
❑ 8-3 전달 컨덕턴스 / 331
❑ 8-4 공통 소스, 공통 드레인, 공통 게이트 증폭기 / 333
❑ 8-5 JFET의 응용분야 / 336
❑ 8-6 MOSFET / 339
❑ 8-7 증가형 MOSFET / 343
❑ 8-8 MOSFET의 취급과 검사 / 349

쌍극성 트랜지스터는 정공과 전자에 의해 전류가 발생되는 데 비해서 단극성 트랜지스터는 정공이나 전자 한 가지에 의해서 전류가 영향을 받는다.

이 장에서는 단극성 트랜지스터인 전계효과 트랜지스터 FET에 대해서 알아보도록 하자.

BJT와 유사하게 FET도 3단자를 갖는 소자이고, 스위치로 동작하기 때문에 디지털 회로 응용에 사용되며, 가변저항으로도 동작하기 때문에 아날로그나 선형회로에서도 사용된다.

FET는 크게 두 가지 종류로 구분되는데, 하나는 JFET(Junction Field Effect Transistor)라고 부르는 접합형 전계 효과 트랜지스터이고, 나머지 하나는 MOSFET(Metal Oxide Semiconductor Field Effect Transistor)라고 부르는 금속 산화물 반도체 전계 효과 트랜지스터이다.

8-1 | 접합형 전계효과 트랜지스터의 구조 및 동작

[그림 8-1(a)]는 n형 반도체의 실리콘 막대에 p형 물질을 양쪽에 주입시켜서 만든 n 채널 JFET를 표시하고 있다.

그림에서 아래쪽의 단자는 자유전자가 이 점으로부터 디바이스 내부로 흘러 들어가기 때문에 소스 단자라고 부르고, 위쪽의 단자는 자유전자가 이 점에서부터 빠져 나가기 때문에 드레인이라 부르며, 2개의 p형 영역은 내부적으로 연결되어 있으며 게이트라고 부른다.

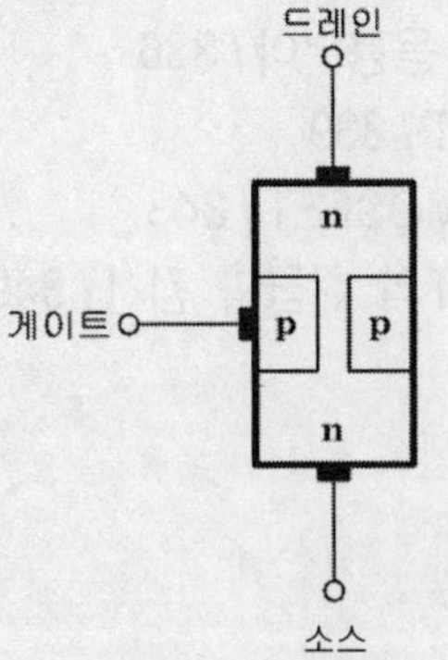

(a) n 채널 JFET

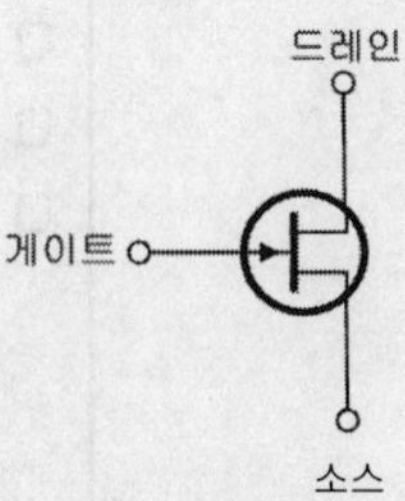

(b) 도면기호

[그림 8-1] JFET

주의해야 할 것은 p형 영역 사이의 공간이 좁다는 점인데 자유전자가 소스로부터 드레인으로 이동하기 위해서는 이런 좁은 채널을 통과하지 않으면 안 된다는 점이다. 채널의 폭은 JFET의 전류흐름의 세기를 결정하기 때문에 아주 중요하다.

[그림 8-1(b)]는 n채널 JFET의 도면 기호를 표시하고 있다. 기억하기 쉽도록 얇고 수직인 선이 n채널을 표시한다고 형상화시키면 소스와 드레인이 이 선에 연결되며 게이트와 채널은 pn 접합형 다이오드를 구성하게 되므로 화살표가 p형에서 채널 쪽으로 그려져 있다.

p채널 JFET도 역시 n채널 JFET와 유사한 구조를 가진다. p채널 JFET는 p형 반도체 막대의 양쪽에서 n형 물질을 주입시켜 만드는데, 도면기호는 p채널 JFET 역시 n채널 JFET와 동일하게 표시한다. 단지 게이트의 화살표가 채널에서 게이트 쪽으로 바꾸어 그리는 것이 틀릴 뿐이다.

이 장의 나머지 부분에서는 n채널 JFET를 중점적으로 설명한다. p채널 JFET의 동작은 n채널 JFET와는 정반대이므로, 전압과 전류의 방향이 반대로 된다는 것을 의미한다.

JFET의 바이어스

[그림 8-2(a)]는 n채널 JFET의 정상적인 바이어스 극성을 표시하고 있다. $+V_{DD}$가 드레인과 소스 사이에 연결되어 있는데, 이것은 자유전자를 소스로부터 드레인으로 흐르도록 전압을 설정한 것이다. 따라서, 전자는 채널을 통해서 흐르지 않으면 안 되고 드레인 전류의 크기는 채널의 폭에 따라서 달라지게 된다.

주의해야 할 것은 게이트와 소스 사이에는 $-V_{GG}$가 공급된다는 점이다.

이것은 모든 JFET 응용에서 기본으로 바이어스 되는 방법으로 JFET의 게이트는 항상 게이트 전류를 흐르지 못하도록 하기 위해서 역방향으로 바이어스 된다.

이런 역방향 바이어스는 [그림 8-2(b)]에서 표시한 것처럼 p영역 주변의 공핍층을 설정하게 되며, 이런 공핍층에 의해서 전도성 채널의 폭이 좁아진다. 더 큰 역방향 전압이 가해지면 채널의 폭은 좁아지고, 공핍층은 서로 더욱 가깝게 접근된다.

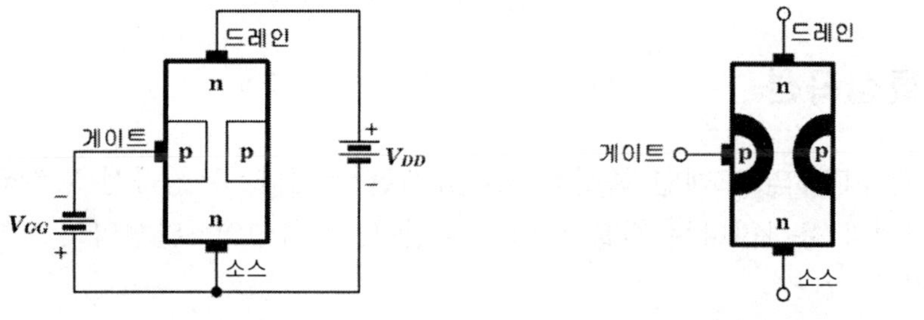

(a) JFET의 바이어스법 (b) 채널의 폭을 조절하는 공핍층

[그림 8-2]

게이트-소스 차단전압

게이트 전압이 충분히 크게 역방향으로 바이어스 되면 공핍층은 맞닿게 되고, 전도성 채널을 핀치-오프 시킨다(이때 채널이 없어진다). 이런 경우에 드레인 전류는 차단되는데, 드레인 전류를 차단시키는 게이트 전압을 $V_{GS(\mathrm{off})}$로 표시한다.

예를 들면, 2N5951은 일반적으로 −3.5[V]의 $V_{GS(\mathrm{off})}$를 가진다. JFET의 데이터 시트에는 $V_{GS(\mathrm{off})}$가 종종 핀치오프 전압으로 표시된다.

게이트 누설전류

게이트-소스 접합은 역방향으로 바이어스 된 실리콘 다이오드와 같기 때문에 오직 작은 역방향 전류만 흐르게 되는데, 이상적인 경우 게이트 전류는 거의 '0'이다. 결과적으로 보는 자유전자가 소스로부터 드레인으로 흐르게 된다. 이것은 드레인 전류와 소스 전류가 같다는 것을 의미한다.

이런 이유 때문에 JFET에서 가장 중요한 전류는 소스-드레인 전류가 되며, I_D로 표시한다. 보통 이런 전류를 드레인 전류라고 부른다.

고입력 저항

JFET와 쌍극성 레지스터 사이의 커다란 차이점은 저주파에서의 입력 임피던스에 있다. 게이트에는 거의 역전류가 흐르지 않기 때문에 JFET의 입력저항은 수십 [MΩ]에서 수백 [MΩ]이 된다.

그래서 아주 높은 입력저항을 필요로 하는 응용회로에서는 쌍극성 트랜지스터보다 JFET가 많이 사용된다. 높은 입력전압이 사용되면 출력전류를 제어하기가 어려워진다.

다시 말하자면, JFET는 출력전류의 변화를 만들기 위해서 입력전압을 크게 변화시켜야 한다는 말이다. 이런 이유 때문에 JFET 증폭기는 쌍극성 트랜지스터보다 전압이득이 적게 된다.

드레인 특성곡선

[그림 8-3]은 JFET의 드레인 특성곡선을 표시한 것이다. 특성곡선은 쌍극성 트랜지스터의 특성곡선과 유사하다는 점을 주의해야 한다. 포화영역, 활성영역, 항복영역, 차단영역을 가지고 있다.

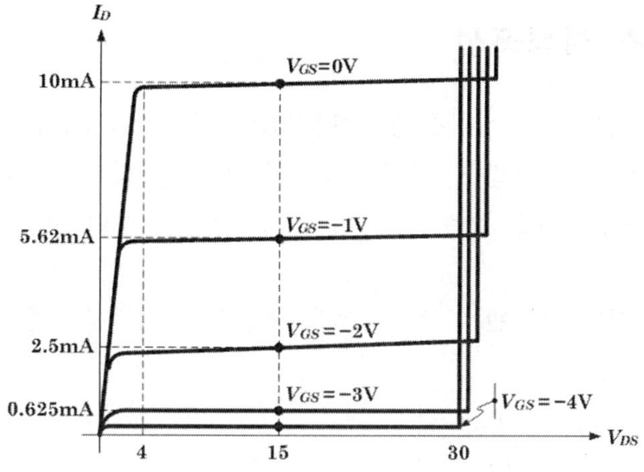

[그림 8-3] 드레인 특성곡선

이제 게이트-소스를 단락시킨 것과 같은 게이트 단락상태로 알려진 $V_{GS}=0$에서부터 시작해 보자.

$V_{GS}=0$일 때 드레인 전류는 V_{DS}가 4[V]일 때까지 급격하게 증가한다. 4[V]를 넘어서면 드레인 전류는 수평을 이루게 된다. 4[V]와 30[V] 사이는 드레인 전류가 거의 일정한 값을 갖게 되어서 JFET는 약 10[mA]의 전류원처럼 동작하게 된다. V_{DS}가 30[V]를 넘어서면 JFET는 항복하게 된다.

따라서, JFET의 활성영역은 4[V]에서 30[V]까지이다. I_{DSS}의 첨자는 게이트 단락상태의 드레인-소스를 의미한다. I_{DSS}는 JFET가 공급할 수 있는 최대 드레인 전류로 [그림 8-3]에서 V_{DS}가 15[V]일 때 I_{DSS}는 10[mA]가 된다. 게이트 전압을 더욱 negative로 하면 드레인 전류를 감소시킬 수 있다.

[그림 8-3]에서 $V_{GS}=-1[V]$일 때 드레인 전류는 5.62[mA]로 감소하게 되고, $V_{GS}=-2[V]$일 때 드레인 전류는 2.5[mA]가 된다. $V_{GS}=-3[V]$이면 드레인 전류는 0.625[mA]가 되고, $V_{GS}=-4$이면 드레인 전류는 거의 '0'이 된다.

JFET의 특성곡선 중 가장 아래에 있는 특성곡선($V_{GS}=-4[V]$인 경우)은 차단영역을 표시한다. [그림 8-3]의 포화영역을 주의하면 JFET가 포화될 때 부하선에 의존하는 V_{DS}는 0[V]와 4[V] 사이에 있다.

최대 포화전압 4[V]는 게이트-소스 차단전압 -4[V]와 크기가 같다는 점을 주의해야 한다. 이것은 모든 JFET의 특성으로 $V_{GS(off)}$를 최대 포화전압으로 간주해서 사용할 수 있다는 의미이다.

예를 들면, 2N5457은 -2[V]의 $V_{GS(off)}$를 갖는데 포화영역에서의 최대 V_{DS}도 거의 2[V]가 된다.

▮ 전달 컨덕턴스 특성곡선

JFET의 전달 컨덕턴스 특성곡선은 입력전압에 대한 출력전류의 그래프로 I_{DS}가 V_{GS}의 함수로 표시된다. [그림 8-3]에서 V_{GS}와 I_D값을 읽으면 [그림 8-4(a)]에 표시된 전달 컨덕턴스 특성곡선을 그릴 수 있다. 일반적인 JFET의 전달 컨덕턴스 특성곡선은 [그림 8-4(b)]와 같다.

[그림 8-4(b)]의 전달 컨덕턴스 특성곡선은 포물선의 일부분으로 식 (8-1)과 같이 표시된다.

$$I_D = I_{DSS}\left[1 - \frac{V_{GS}}{V_{GS(\mathrm{off})}}\right]^2 \tag{8-1}$$

식 (8-1)은 공핍층의 작용으로부터 유도한 공식이기 때문에 어떤 JFET에도 적용할 수 있다. 많은 데이터 시트에는 드레인 특성곡선이나 전달 컨덕턴스 특성곡선이 표시되지 않고 대신 I_{DSS}와 $V_{GS(\mathrm{off})}$가 기록된다. 이런 값들을 식 (8-1)에 대입하면 임의의 게이트 전압에서의 드레인 전류를 계산할 수 있다.

예를 들면, JFET가 4[mA]의 I_{DSS}와 -2[V]의 $V_{GS(\mathrm{off})}$를 갖고 있다면 식 (8-1)에 의해서

$$I_D = 0.004\left[1 - \frac{V_{GS}}{-2}\right]^2$$

또는

$$I_D = 0.004\left[1 + \frac{V_{GS}}{2}\right]^2$$

으로 구할 수 있다. 따라서, 임의의 게이트-소스 전압을 알면 드레인 전류를 계산할 수 있다.

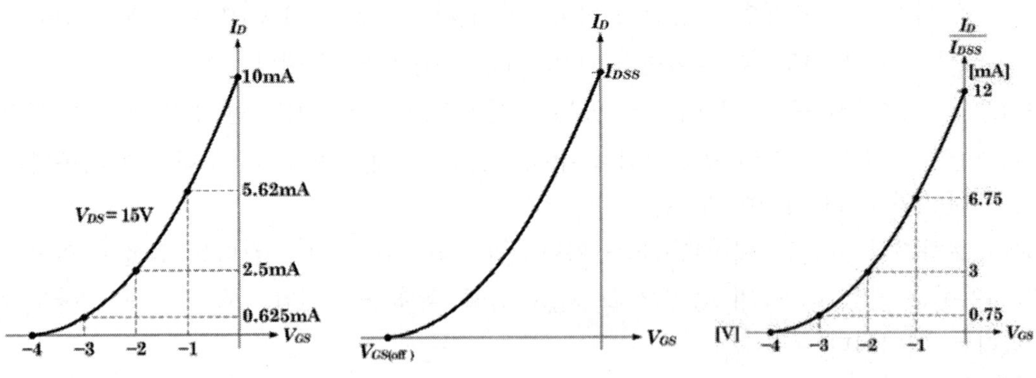

(a) (b) (c)

[그림 8-4] 전달 컨덕턴스 특성곡선

[그림 8-4(c)]는 임의의 JFET의 규격화된 전달 컨덕턴스 특성곡선을 표시하고 있다. 여러분도 [그림 8-4(c)]에 표시된 내부의 점선을 사용해서 전달특성곡선을 그려 보라.

예를 들어서, $V_{GS(off)} = -4$[V]이고, I_{DSS}가 12[mA]라고 가정하면 V_{GS}가 −1[V]일 때 I_D는 6.75[mA]가 된다.

$$I_D = \frac{9}{16}(12\text{mA}) = 6.75[\text{mA}]$$

V_{GS}가 −2[V]이면 I_D는 3[mA]가 되고,

$$I_D = \frac{1}{4}(12\text{mA}) = 3[\text{mA}]$$

V_{GS}가 −3[V]이면, I_D는 0.75[mA]가 된다.

$$I_D = \frac{1}{16}(12\text{mA}) = 0.75[\text{mA}]$$

이제 점으로 그려진 다섯 군데를 부드러운 곡선이 되도록 연결해 보라(데이터 시트에는 차단점과 포화점 2군데만 표시되므로 나머지 3개는 위에서처럼 계산으로 구해야 한다). 데이터 시트에 전달 컨덕턴스 특성곡선이 표시되지 않아도 여러분은 전달 컨덕턴스 특성곡선을 그릴 수 있다(그림 8-4c).

또한, 하나 마지막으로 알아둘 것은 포물선을 제곱법칙이란 다른 이름으로도 부른다는 사실이다. 이것은 JFET가 제곱법칙 소자라고 부르기 때문인데, JFET가 쌍극성 트랜지스터가 없는 제곱특성을 갖는 이점을 갖고 있다.

확인문제 8-1

1. 다음의 약자에 대한 원명을 표시해 보시오.
(a) BJT (b) JFET (c) MOSFET

2. JFET 종류 두 가지를 설명하시오.

3. BJT가 ( ) 동작되는 소자인 반면 FET는 ( )로 동작되는 소자이다.

4. JFET의 게이트-소스 접합은 항상 ( )으로 바이어스 된다.

5. $V_{GS} = 0$[V]일 때 $I_D = I_{DSS}$이다.(True/False)

6. $V_{GS} = V_{GS(off)}$일 때 $I_D = \text{MAX}$이다.(True/False)

7. ( )는 FET의 출력전류 변화량과 입력전압 변화량의 비이다.

8. JFET는 자신의 게이트-소스 접합이 ( )으로 바이어스 되기 때문에 ( )의 입력 임피던스를 가진다.

해답 **1.** BJT=bipolar junction transistor, JFET=junction field effect transistor, MOSFET=metal oxide semiconductor field effect transistor **2.** n채널 JFET, p채널 JFET **3.** 전류제어, 전압제어 **4.** 역방향 **5.** True **6.** False 7. 전달 컨덕턴스 **8.** 역방향, 무한대

예제 8-1 게이트 누설전류를 I_{GSS}라고 표시하자. 만약 2N5951의 데이터 시트에 20[V]에서 I_{GSS}가 5[pA]라고 할 때, 직류 입력저항은 얼마인가?

풀이 입력저항은 $4\times10^{12}[\Omega]$이 된다.

$$R_{GS}=\frac{20\text{V}}{5\text{pA}}=4\times10^{12}[\Omega]$$

이것은 쌍극성 트랜지스터에는 없고 JFET만 갖는 중요한 이점이다. 바로 이런 특성 때문에 회로의 부하를 피하기 위해서 아주 높은 입력저항을 필요로 하는 계기나 오실로스코프, 전자전압계의 앞단에 사용된다.

예제 8-2 2N5951의 데이터 시트에는 $I_{DSS}=10[\text{mA}]$, $V_{GS(\text{off})}=-3.5[\text{V}]$로 표시되어 있다. V_{GS}가 $-1[\text{V}]$일 때와 V_{GS}가 $-2[\text{V}]$일 때, $-3[\text{V}]$일 때의 드레인 전류를 계산하시오.

풀이 V_{GS}가 $-1[\text{V}]$일 때 식 (8-1)을 이용하면, I_D는 5.1[mA]가 된다. V_{GS}가 $-2[\text{V}]$일 때 I_D는 1.84[mA]이고, V_{GS}가 $-3[\text{V}]$일 때 I_D는 0.204[mA]이다.

8-2 | JFET의 바이어스

FET에서 사용되는 바이어스법은 BJT 회로에서 사용된 것과 아주 유사하다. 이 절에서는 FET 바이어스에서 가장 널리 사용되는 3가지의 바이어스법(게이트 바이어스, 자기 바이어스, 전압분배기 바이어스)에 대해서 설명하기로 한다.

게이트 바이어스

[그림 8-5(a)]는 게이트 바이어스 JFET 회로를 표시하고 있다. JFET의 게이트-소스 접합에 역방향 바이어스를 제공하기 위해서 게이트 공급전압 $-V_{GG}$가 사용된다. 게이트 전류가 없기 때문에 R_G 양단에서 전압강하는 없다. 따라서 JFET의 게이트 전압은 직류 게이트 공급전압과 등가이다.

$$V_{GS}=V_{GG} \tag{8-2}$$

[그림 8-5]에 표시된 예제에서 $V_{GS}=V_{GG}=-1.5[\text{V}]$이다.

V_{GS}를 알고 있기 때문에 JFET의 I_{DSS} 전류와 $V_{GS(\text{off})}$ 전압을 안다면 식 (8-1)을 이용해서 I_D를 계산하면 7.8[mA]가 구해진다. 이제 I_D를 알고 있기 때문에 옴의 법칙

을 사용하면 R_D 양단에서의 전압강하를 구할 수 있다.

$$V_{RD} = I_D \times R_D \qquad (8-3)$$

[그림 8-5]에서

$$V_{RD} = I_D \times R_D = 7.8\text{mA} \times 1\text{k}\Omega = 7.8[\text{V}]$$

V_{RD}와 V_{DS}를 더한 크기가 V_{DD}와 같기 때문에 V_{RD}를 알기만 한다면 다음의 공식을 이용해서 V_{DS}를 구할 수 있다.

$$V_{DS} = V_{DD} - V_{RD} \qquad (8-4)$$

[그림 8-5(b)]에 표시된 예에서 V_{DS}는 12.2[V]이다.

$$V_{DS} = V_{DD} - V_{RD} = 20\text{V} - 7.8\text{V} = 12.2[\text{V}]$$

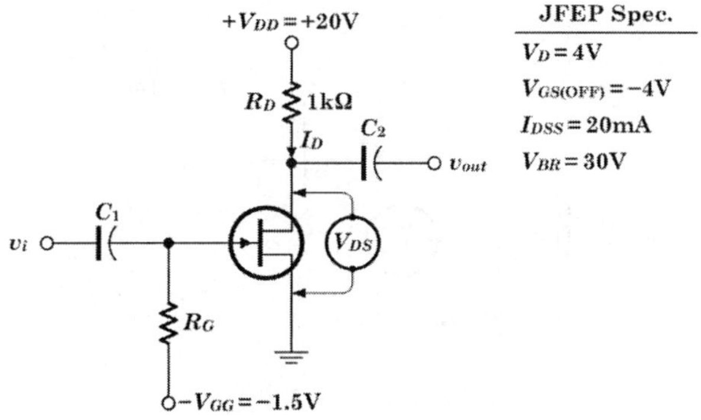

(a) 기본적인 회로

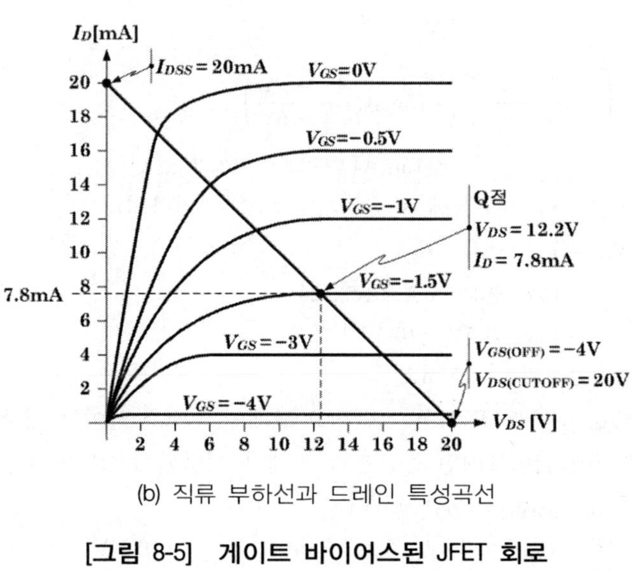

(b) 직류 부하선과 드레인 특성곡선

[그림 8-5] 게이트 바이어스된 JFET 회로

[그림 8-5(b)]는 [그림 8-5(a)]에 표시된 JFET 회로의 직류 부하선과 드레인 특성곡선을 표시하고 있다.

쌍극성 트랜지스터와 유사하게 JFET의 직류 부하선은 최대 출력전류점(포화점)인 $I_{DSS}=20[\text{mA}]$점과 최대 출력전압점(차단점)인 $V_{DS}=20[\text{V}]$점 사이에서 확장된다. 직류 동작점(Q점)은 [그림 8-5(b)]에 표시된 직류 부하선에 표시된 것처럼 앞에서의 계산에 의해서 결정된다.

예제 8-3 [그림 8-6]에 표시된 회로에서 다음을 구하시오.

(a) V_{GS} (b) I_D (c) V_{DS} (d) I_D의 최대값

(e) $V_{GS}=V_{GS(\text{off})}$일 때의 V_{DS} (f) Q점

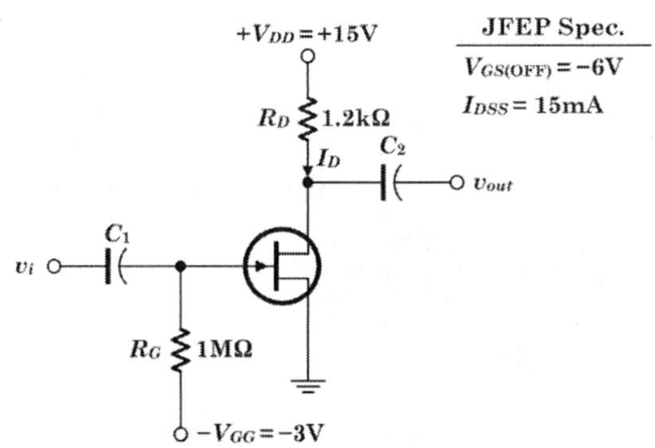

[그림 8-6] 게이트 바이어스 된 JFET 회로의 예

풀이 (a) $V_{GS}=V_{GG}=-3[\text{V}]$

(b) $$I_D=I_{DSS}\left(1-\frac{V_{GS}}{V_{GS(\text{off})}}\right)^2=15\text{mA}\left(1-\frac{-3\text{V}}{-6\text{V}}\right)^2$$
$$=15\text{mA}(1-0.5)^2=3.75[\text{mA}]$$

(c) $V_{DS}=V_{DD}-V_{RD}$ (준식에 $V_{RD}=I_D\times R_D$를 대입하면)
$$V_{DS}=V_{DD}-(I_D\times R_D)$$
$$=15\text{V}-(3.75\text{mA}\times 1.2\text{k}\Omega)$$
$$=15\text{V}-4.5\text{V}=10.5[\text{V}]$$

(d) I_D의 최대값$=I_{DSS}=15[\text{mA}]$

(e) $V_{GS}=V_{GS(\text{off})}$일 때 JFET는 차단되고 드레인과 소스 사이는 개방 스위치와 등가이다. 이런 조건에서는 드레인 공급전압 전체가 개방된 JFET 양단에서 나타나게 된다.
$$V_{DS(\text{CUTOFF})}=V_{DD}=15[\text{V}]$$

(f) 동작점 Q는 $V_{GS}=-3[\text{V}]$, $I_D=3.75[\text{mA}]$, $V_{DS}=10.5[\text{V}]$

자기 바이어스

[그림 8-7(a)]는 JFET 회로가 어떻게 자기 바이어스(self bias) 되는지를 보여준다. 이런 바이어스법이 게이트 바이어스법을 능가한다는 것은 V_{DD}와 negative 게이트 공급전압 $-V_{GG}$ 대신 단일 드레인 공급전압 V_{DD}가 사용된다는 점이다. 비록 이런 배열은 게이트 바이어스 회로와는 완전히 다른 것처럼 보인다.

소스 저항 R_S가 삽입되고 R_G가 접지에 연결되는 다른 차이점도 여러분들은 발견할 수 있다. 비록 이런 배열은 게이트 바이어스 회로와 완전히 다른 것처럼 보이지만, R_S의 삽입과 R_G의 접지연결은 JFET의 게이트-소스 접합의 역방향 바이어스와 동일한 결과를 얻게 한다.

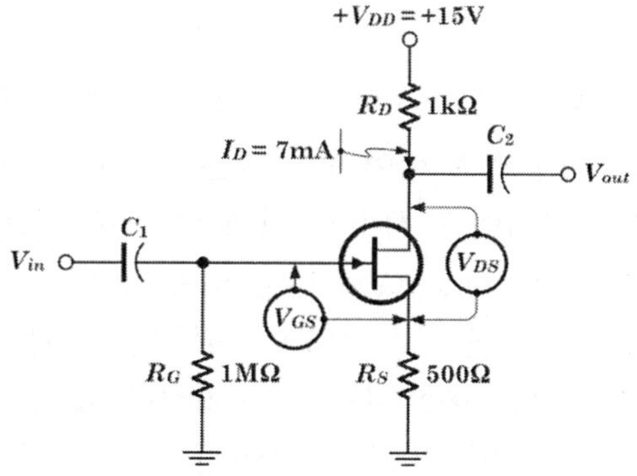

(a) 기본회로

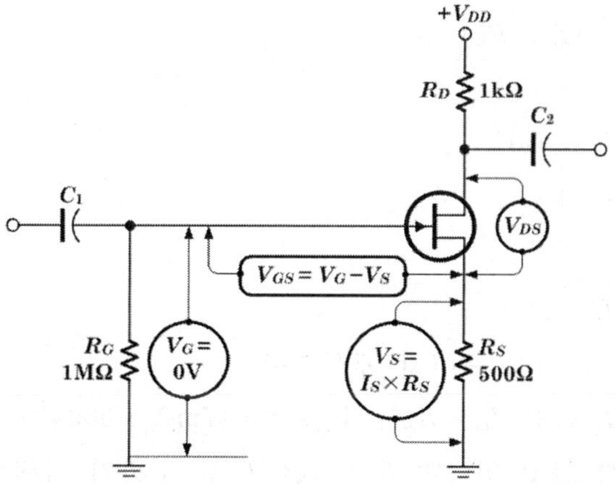

(b) R_S가 어떻게 $-V_{GS}$를 발생시키는가?

[그림 8-7] 자기 바이어스된 JFET 회로

[그림 8-7(b)]는 이런 동작이 어떻게 이루어지는지를 보여준다. 따라서, JFET 회로의 게이트 전류가 없다($I_G = 0$). 소스로 흐르는 모든 전류는 채널을 통해서 드레인으로 흐르게 된다. 따라서 $I_S = I_D$이다.

[그림 8-7]에 표시된 예제에서 $I_D = I_S = 7[\text{mA}]$이다. 이제 I_S를 알고 있기 때문에 소스 저항 양단에 걸리는 전압강하 V_{RS}를 계산할 수 있다. 따라서, JFET의 소스 전압은 V_S와 같다.

$$V_{RS} = V_S = I_S \times R_S \tag{8-5}$$

[그림 8-7]에 표시된 예제에서 V_{RS}는 $+3.5[\text{V}]$이다.

$$V_{RS} = V_S = I_S \times R_S = 7\text{mA} \times 500\Omega = +3.5[\text{V}]$$

$I_G = 0[\text{V}]$이기 때문에 R_G 양단에서는 전압강하가 발생되지 않는다. 따라서 JFET의 게이트 전압은 0[V]이다.

$$V_G = 0[\text{V}]$$

이제 우리는 $V_S = +3.5[\text{V}]$, $V_G = 0[\text{V}]$라는 사실을 알고 있기 때문에 JFET의 게이트-소스 접합이 어떻게 역방향으로 바이어스 되는지 이해할 수 있게 된다. 게이트 바이어스 JFET를 역방향으로 바이어스 시키기 위해서는, 우리들이 간단하게 0[V]인 게이트 전압을 소스 전압에 대해서 negative로 만들어 주어야 한다.

자기 바이어스 JFET를 사용하면 소스 전압이 0[V]인 게이트 전압에 대해서 positive으로 되기 때문에 동일한 결과를 구할 수 있다. 이것이 JFET의 게이트를 소스에 대해서 negative로 만들게 된다. 게이트와 소스 사이의 이런 전위차 V_{GS}는 다음과 같다.

$$V_S = I_S \times R_S$$

그리고 $V_G = 0$이므로 위식에 대입하면 다음 식을 구할 수 있다.

$$V_{GS} = 0\text{V} - (I_S \times R_S)$$

혹은

$$V_{GS} = -(I_S \times R_S) \tag{8-7}$$

$$V_{GS} = V_G - V_S \tag{8-6}$$

$I_S = I_D$ 이므로

$$V_{GS} = -(I_D \times R_S) \tag{8-8}$$

로 쓸 수 있다. [그림 8-7]에 표시된 예제에서

$$V_{GS} = -(I_S \text{ 혹은 } I_D \times R_S),\ \ V_{GS} = -(7\text{mA} \times 500\Omega) = -3.5[\text{V}]$$

만약 $-V_{GS}$와 R_S를 알고 있다면 우리들은 I_D를 구하기 위해서 다음과 같은 공식을 유도할 수 있다.

$$I_D = \frac{V_{GS}}{R_S} \tag{8-9}$$

[그림 8-7]에 표시된 예제에서 I_D는 7[mA]이다.

$$I_D = \frac{V_{GS}}{R_S} = \frac{3.5\text{V}}{500\Omega} = 7[\text{mA}]$$

JFET의 드레인과 소스 양단에서의 전압강하와 JFET의 접지에 대한 드레인 전압을 결정하기 위해서는 다음과 같은 계산과정을 더 거쳐야 한다.

$$V_D = V_{DD} - V_{RD} \tag{8-10}$$

$V_{RD} = I_D \times R_D$이기 때문에

$$V_D = V_{DD} - (I_D \times R_D)$$

라고 표시할 수 있다. [그림 8-7]에 표시된 예제에서 V_D는 8[V]이다.

$$V_D = V_{DD} - (I_D \times R_D) = 15\text{V} - (7\text{mA} \times 1\text{k}\Omega) = 15\text{V} - 7\text{V} = 8[\text{V}]$$

이제 R_D 양단에서의 전압강하 V_{RD}와 R_S 양단에서의 전압강하 V_{RS}를 알고 있기 때문에 JFET의 드레인과 소스 양단에 걸리는 전압강하 V_{DS}를 구할 수 있다.

$$V_{DS} = V_{DD} - (V_{RD} + V_{RS})$$

[그림 8-7]에 표시된 예제에서 V_{DS}는 4.5[V]이다.

$$V_{DS} = V_{DD} - (V_{RD} + V_{RS}) = 15\text{V} - (7 + 3.5\text{V}) = 15\text{V} - 10.5\text{V} = 4.5[\text{V}]$$

예제 8-4 [그림 8-8]에 표시된 회로를 해석하고 다음을 구하시오.

(a) V_S (b) V_{GS} (c) V_{DS} (d) I_D의 최대값

(e) JEFT off 시의 V_{DS} (f) V_D

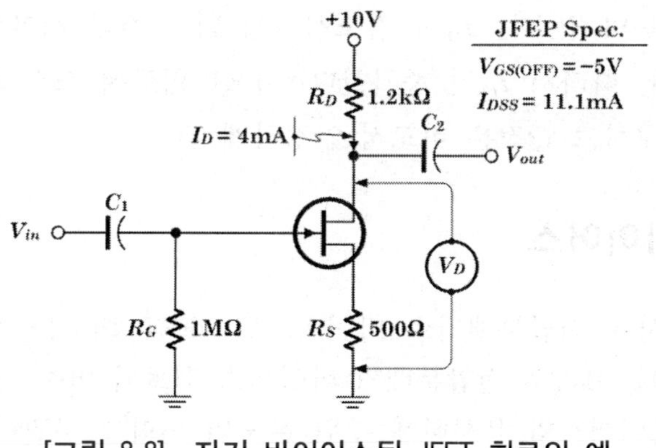

[그림 8-8] 자기 바이어스된 JFET 회로의 예

풀이 (a) $I_S = I_D$이므로 $V_S = I_S \times R_S = 4\text{mA} \times 500\Omega = 2[\text{V}]$

(b) $V_{GS} = V_G - V_S = 0\text{V} - 2\text{V} = -2[\text{V}]$

(c) $V_{DS} = V_{DD} - (V_{RD} + V_{RS}) = 10\text{V} - [(I_D R_D) + 2\text{V}]$

$$= 10V - [(4mA \times 1.2k\Omega) + 2V] = 10V - (4.8V + 2V) = 10V - 6.8V = 3.2[V]$$

(d) I_D의 최대값$= I_{DSS} = 11.1[mA]$

(e) $V_{DS(off)} = V_{DD} = 10[V]$

(f) $V_D = V_{DS} + V_{RS} = 3.2V + 2V = 5.2[V]$

앞에서 설명했었던 것처럼 이런 자기 바이어스된 JFET가 갖는 이점 중의 하나는 오직 드레인 공급전압 V_{DD} 하나만을 필요로 한다는 점이다. 0[V]인 게이트에 대해서 positive로 되는 전압을 소스에 인가함으로써 JFET의 게이트-소스 접합을 역방향으로 바이어스 시키는 소스 저항을 포함하기 때문에 게이트 공급전압 V_{GG}는 필요치 않다.

효과적인 이런 방법은 소스로부터 게이트로 negative feedback이라고 알려진 negative 전압을 역전달시킨다. 이것은 한 개의 공급전압에 의해서 JFET를 바이어스 시키는 것이 가능할 뿐만 아니라 온도 안정성도 제공하게 된다.

주위 온도의 변화는 반도체 JFET의 접합에서 변화를 발생시키기 때문에 JFET의 Q점을 자신이 원하는 점으로부터 멀어지도록 이동시킬 수 있다. R_S의 포함은 BJT의 이미터 저항과 동일한 방법에 의해서 Q점이 이동되는 것을 방지하게 된다.

만약, 온도가 증가한다면 모든 반도체는 저항의 음의 온도계수를 가지기 때문에 온도가 증가되는 순간 반도체의 저항은 감소하게 된다. 그리고 이런 변화가 채널 전류를 증가시키게 된다.

또한, 드레인 전류가 증가한다면 R_S 양단에서의 전압강하가 증가한다. 이런 V_S의 증가는 게이트 소스의 negative 전압을 증가시키게 된다. JFET의 채널은 더욱 좁아지고 드레인 전류가 감소한다. 따라서 원래의 증가를 중화시키게 된다.

이와 유사하게 온도의 감소는 I_D를 감소시키게 되고 결국 게이트 소스의 역방향 바이어스를 감소시킨다. 따라서 I_D가 증가한다. JFET 회로에 소스 저항이 포함될 때 온도가 변화됨에도 불구하고 Q점은 비교적 안정하게 된다.

전압분배기 바이어스

[그림 8-9]에 표시된 전압분배기로 바이어스된 JFET 회로를 참조하면 여러분들도 이전에 고찰한 바 있는 BJT의 전압분배기 바이어스 회로와 아주 유사하다는 것을 인식할 수 있다. 자기 바이어스와 유사하게 주위 온도의 변화에 무관하게 Q점을 안정시키기 위해서 소스 저항이 포함된다.

V_{GS}를 충족하는 게이트-바이어스 전압을 결정하기 위해서 전압분배기를 사용한다. 따라서 회로는 안정도가 증가한다. 게이트 전압 V_G는 다음과 같은 전압분배기 공식에 의해서 계산된다.

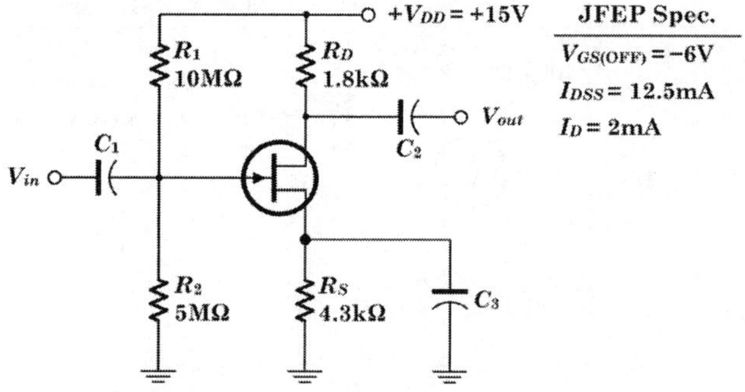

[그림 8-9] JFET의 전압분배기 바이어스

$$V_{R2} \text{ 혹은 } V_G = \frac{R_2}{R_1 + R_2} \times V_{DD} \tag{8-11}$$

[그림 8-9]에 표시된 예제에서 V_G는 5[V]이다.

$$V_{R2} \text{ 혹은 } V_G = \frac{R_2}{R_1 + R_2} \times V_{DD} = \frac{5\text{M}\Omega}{10\text{M}\Omega + 5\text{M}\Omega} \times 15\text{V} = 5[\text{V}]$$

$I_D = I_S(I_G = 0)$이고 드레인 전류와 저항을 알고 있기 때문에 소스 저항 양단에서의 전압강하 V_{RS}와 드레인 저항 양단에서의 전압강하 V_{RD}, JFET의 소스와 드레인 접합 사이의 전압강하 V_{DS}를 계산할 수 있다.

$$I_S = I_D = 2[\text{mA}]$$

$$V_{RS} = I_S \times R_S = 2\text{mA} \times 4.3\text{k}\Omega = 8.6[\text{V}]$$

$$V_{RD} = I_D \times R_D = 2\text{mA} \times 1.8\text{k}\Omega = 3.6[\text{V}]$$

$$V_{DS} = V_{DD} - (V_{RS} + V_{RD}) = 15\text{V} - (8.6\text{V} + 3.6\text{V}) = 2.8[\text{V}]$$

이제 JFET의 게이트 전압 V_G와 소스 전압 V_S를 알고 있기 때문에 게이트-소스 역방향 바이어스인 $-V_{GS}$를 계산할 수 있다.

$$V_{GS} = V_G - V_S(V_G = V_{R2},\ V_S = V_{RS})$$

[그림 8-9]에 표시된 예에서 $V_{GS} = 5\text{V} - 8.6\text{V} = -3.6[\text{V}]$이다.

예제 8-5 [그림 8-10]에 표시된 전압분배기로 바이어스된 JFET 회로에서 다음을 계산하시오.

(a) V_G (b) I_S (c) V_S (d) V_{DS} (e) V_{GS}

(f) $V_{GS} = V_{GS(\text{off})}$ 시의 V_D (g) $V_{GS} = 0[\text{V}]$일 때의 I_D

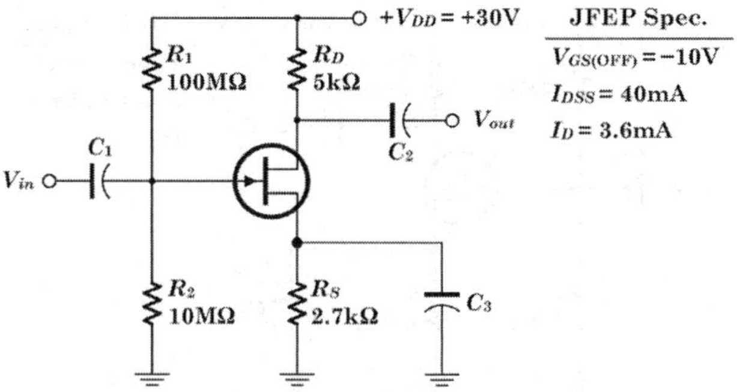

[그림 8-10] 전압분배기로 바이어스된 회로

풀이 (a) $V_G = \dfrac{R_2}{R_1 + R_2} \times V_{DD} = \dfrac{10\text{M}\Omega}{100\text{M}\Omega + 10\text{M}\Omega} \times 30\text{V} = 2.7[\text{V}]$

(b) $I_S = I_D = 3.6[\text{mA}]$

(c) $V_S = V_{RS} = I_S \times R_S = 3.6\text{mA} \times 2.7\text{k}\Omega = 9.7[\text{V}]$

(d) $V_{DS} = V_{DD} - (V_{RD} + V_{RS})$

$= 30\text{V} - [9.7\text{V} + (I_S \times R_D)]$

$= 30\text{V} - [9.7\text{V} + (3.6\text{mA} \times 5\text{k}\Omega)]$

$= 30\text{V} - (9.7\text{V} + 18\text{V}) = 2.3[\text{V}]$

(e) $V_{GS} = V_G - V_S = 2.7\text{V} - 9.7\text{V} = -7[\text{V}]$

(f) $V_{GS} = V_{GS(\text{off})}$일 때 JFET는 off되고 $V_D = V_{DD} = 30[\text{V}]$이다.

(g) $V_{GS} = 0\text{V}$일 때 $I_D = I_{DSS} = 40[\text{mA}]$이다.

확인문제 8-2

1. 자기 바이어스가 게이트 바이어스를 능가하는 이점 두 가지를 설명하시오.
2. 온도 안정성을 제공하는 JFET의 소자는 무엇인가?
3. 자기 바이어스된 JFET 회로의 소스 전압은 (   )[V]인 게이트 전압에 비해서 (   )이고, 이것이 JFET의 게이트를 소스에 대해서 (   )로 바이어스시킨다.
4. 자기 바이어스와 유사하게 (   ) 바이어스는 negative 귀환을 제공하기 때문에 Q점을 안정하게 유지시킨다.

해답 **1.** V_{DD} 하나만 필요로 한다. R_S를 가진다. **2.** 소스 저항 R_S **3.** 0[V], positive, 역방향으로 **4.** 전압분배기

8-3 | 전달 컨덕턴스

앞에서 JFET 증폭기를 해석할 때 g_m이라고 표시하고 전달 컨덕턴스라고 부르는 교류량에 대해서 설명한 바 있는데 전달 컨덕턴스는 식 (8-12)처럼 표시된다.

$$g_m = \frac{\Delta I_D}{\Delta V_{GS}} \tag{8-12}$$

V_{GS}와 I_D의 변화는 전압에서도 같기 때문에 식 (8-12)를 다시 쓰면 식 (8-13)처럼 표시할 수 있다.

$$g_m = \frac{i_d}{v_{gs}} \tag{8-13}$$

[그림 8-11(a)]는 전달 컨덕턴스 특성곡선에서 g_m의 의미를 표시하고 있다.

A점과 B점 사이에서 V_{GS}의 변화가 I_D의 변화를 가져오며, A점과 B점 사이에서 V_{GS}의 변화에 대한 I_D의 변화가 g으로 표시된다.

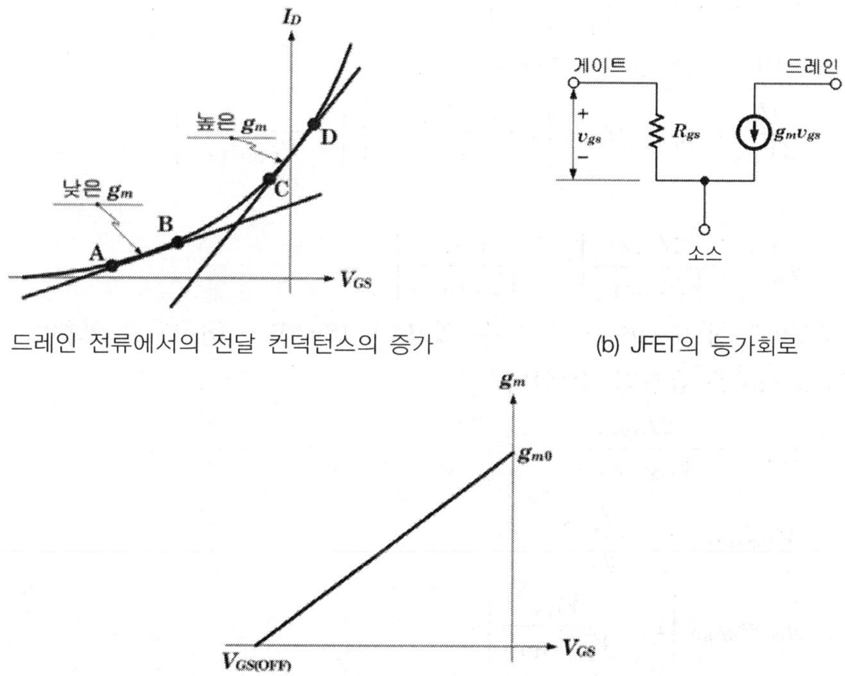

(a) 큰 드레인 전류에서의 전달 컨덕턴스의 증가

(b) JFET의 등가회로

(c) 게이트 소스 전압을 갖는 전달 컨덕턴스의 변화

[그림 8-11]

만약, C점과 D점 사이의 새로운 두 점을 선택한다면 V_{GS}의 변화에 대한 I_D의 변화가 더 증가했음을 알 수 있고, 그 결과 g_m도 특성곡선의 위쪽에 있게 됨을 알 수 있다. g_m은 게이트 전압이 드레인 전류를 얼마나 제어할 수 있는가를 표시하며, g_m이 커지면 게이트 전압이 드레인 전류를 효과적으로 제어할 수 있다.

JFET의 데이터 시트는 보통 정지 드레인 전류에 따라서 g_m이 어떻게 변화하는가를 보여주는 그래프를 포함하고 있다. 따라서 정지 드레인 전류에 대한 g_m값을 찾아내면 JFET 증폭기가 얼마의 직류 드레인 전류를 흘릴 수 있는지 알 수 있다.

[그림 8-11(b)]는 JFET의 간단한 교류 등가회로를 보여주고 있다. 매우 높은 저항인 R_{GS}가 게이트와 소스 사이에 존재하는데 그 크기는 수십 메가 옴에서 수백 메가 옴이다. JFET의 드레인은 g_m값을 갖는 전류원처럼 동작한다. 만약 g_m과 v_{gs}를 알고 있다면 교류 드레인 전류를 계산할 수 있다.

전달 컨덕턴스 값

$V_{GS}=0$일 때 g_m은 최대값을 가진다. 이런 최대값을 g_{mo}로 표시한다. g_m과 g_{mo}의 관계식은 다음과 같은 과정을 통해서 유도된다.

$$I_D = I_{DSS}\left[1-\frac{V_{GS}}{V_{GS(\mathrm{OFF})}}\right]^2$$

식을 미분하면 식 (8-14)를 구할 수 있다.

$$\frac{dI_D}{dV_{GS}} = g_m = 2I_{DSS}\left[1-\frac{V_{GS}}{V_{GS(\mathrm{OFF})}}\right]\left[-\frac{1}{V_{GS(\mathrm{OFF})}}\right] \tag{8-14}$$

혹은

$$g_m = -\frac{2I_{DSS}}{V_{GS(\mathrm{OFF})}}\left[1-\frac{V_{GS}}{V_{GS(\mathrm{OFF})}}\right] \tag{8-15}$$

$V_{GS}=0$일 때 식 (8-16)을 구할 수 있고 식 (8-16)을 (8-17)로 표현할 수도 있다. 따라서 식 (8-18)을 유도할 수 있다.

$$g_{m0} = -\frac{2I_{DSS}}{V_{GS(\mathrm{OFF})}} \tag{8-16}$$

$$V_{GS(\mathrm{OFF})} = -\frac{2I_{DSS}}{g_{m0}} \tag{8-17}$$

$$g_m = g_{m0}\left[1-\frac{V_{GS}}{V_{GS(\mathrm{OFF})}}\right] \tag{8-18}$$

8-4 | 공통 소스, 공통 드레인, 공통 게이트 증폭기

JFET 증폭기 회로는 공통 소스, 공통 드레인, 공통 게이트 증폭기로 구분된다.

공통 소스 증폭기 회로

[그림 8-12(a)]는 공통 소스 증폭기를 표시하고 있다. 적은 교류신호가 게이트에 결합되면 게이트-소스 전압이 변하게 되고, 이것이 정현파 드레인 전류를 발생시키며 드레인 전류를 통해서 흐르는 교류전류가 출력에 나타나는 증폭된 교류신호이다. 게이트-소스 전압의 증가는 드레인 전류를 증가시킨다.

이것은 드레인 전압이 감소하고 있음을 의미한다. 입력전압의 +반주기에서 출력의 -반주기를 발생시키기 때문에 공통 소스 증폭기에서 위상반전을 얻을 수 있다.

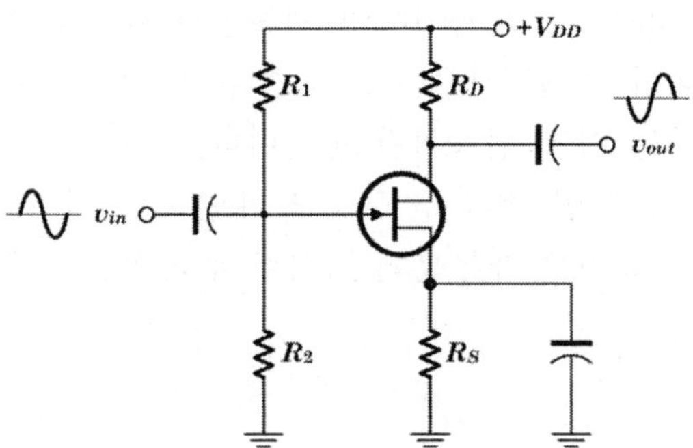

(a) 공통 소스 증폭기

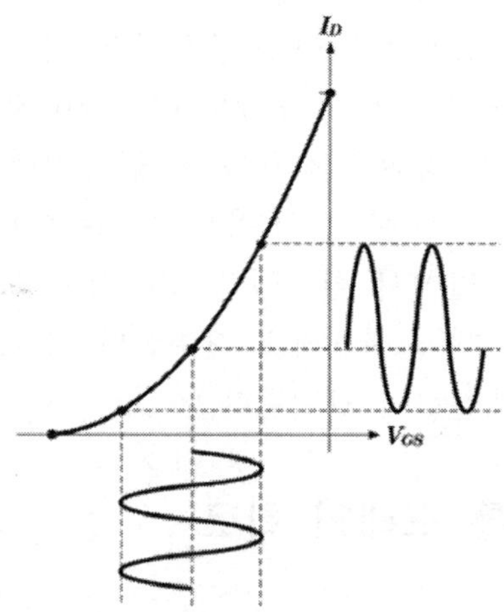

(b) 왜곡

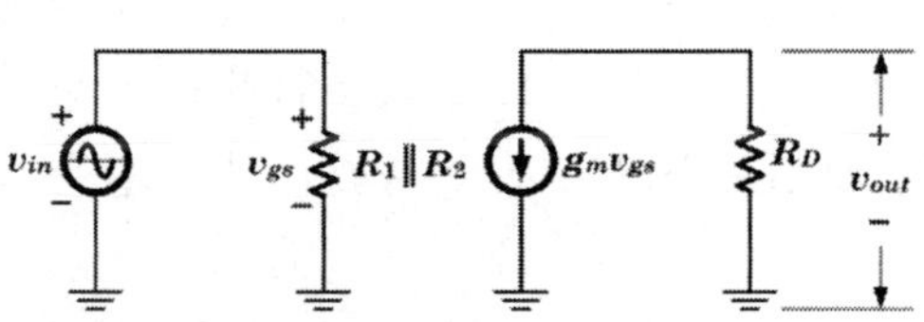

(c) 교류 등가회로

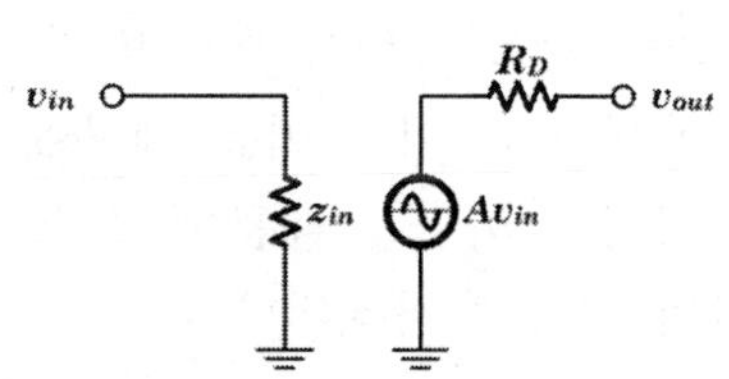

(d) 또 다른 등가회로

[그림 8-12]

[그림 8-12(c)]는 공통 소스 증폭기의 교류 등가회로를 표시하고 있다. 입력 측에는 R_1과 R_2가 병렬로 연결되어 있고 내부저항 R_{GS}는 무시될 만큼 크다. 교류 출력전압에서 −표시는 위상이 반전되었다는 것을 의미한다.

$$v_{\text{out}} = -g_m v_{gs} R_D \tag{8-19}$$

교류전원이 직접 게이트-소스 단자 사이에 연결되기 때문에 교류 입력전원은 $v_{\text{in}} = v_{gs}$로 된다. 입력전압과 출력전압의 비를 구하면 식 (8-20)을 구할 수 있다.

$$A_v = \frac{v_{\text{out}}}{v_{\text{in}}} = \frac{v_{\text{out}}}{v_{\text{gs}}} \tag{8-20}$$

위식을 다시 쓰면 식 (8-21)로 표시할 수 있다.

$$A_v = -g_m R_D \tag{8-21}$$

식 (8-11)은 출력결합 콘덴서가 부하저항에 연결되지 않기 때문에 무부하 전압이득이 된다. 비선형인 전달 컨덕턴스 특성곡선 때문에 JFET는 [그림 8-12(b)]에 표시한 것처럼 큰 신호를 왜곡시킨다.

정현파 입력전압이 주어지면 +반주기는 늘어나고 −반주기는 억압된 비정현파의 출력전류를 얻는다. 이런 종류의 왜곡은 전달 컨덕턴스 특성곡선이 포물선 모양이기 때문에 제곱법칙 왜곡(square-law distortion)이라 부른다. 이런 형태의 왜곡은 주파수 혼합기의 응용에서 아주 중요하게 취급된다.

선형증폭기에서 왜곡은 바람직하지 않다. JFET 증폭기에서의 제곱법칙 왜곡을 최소화시키는 방법은 신호를 작게 유지하는 것이다. 이런 경우는 오직 전달 컨덕턴스 특성곡선의 일부분만이 사용되기 때문이다. 이것은 거의 선형처럼 동작한다.

이미 앞에서 설명했던 것처럼 피크-피크 드레인 전류가 정지 드레인 전류의 10[%] 미만일 때 소신호라고 간주한다. 이런 10 : 1 규칙은 대부분의 응용에서 왜곡을 충분히 낮은 레벨까지 낮춰준다.

▮ 공통 드레인 회로

[그림 8-13(a)]는 이미터 폴로워와 유사한 공통 드레인 증폭기를 표시하고 있다. 교류 신호가 게이트를 구동시키면 교류 드레인 전류가 발생된다. 이런 전류는 바이패스 되지 않은 소스 저항을 통해서 흐르며 입력전압과 동위상을 갖고 크기가 거의 같은 교류 출력전압이 발생된다. 이런 이유 때문에 공통 드레인 증폭기는 소스 폴로워라고 불린다.

높은 입력 임피던스 때문에 소스 폴로워는 오실로스코프나 전자전압계와 같은 측정용 계기의 앞단에 사용된다.

[그림 8-13(b)]는 소스 폴로워의 교류 등가회로를 표시하고 있다. 전압이득의 공식을 유도하면 식 (8-22)가 구해진다.

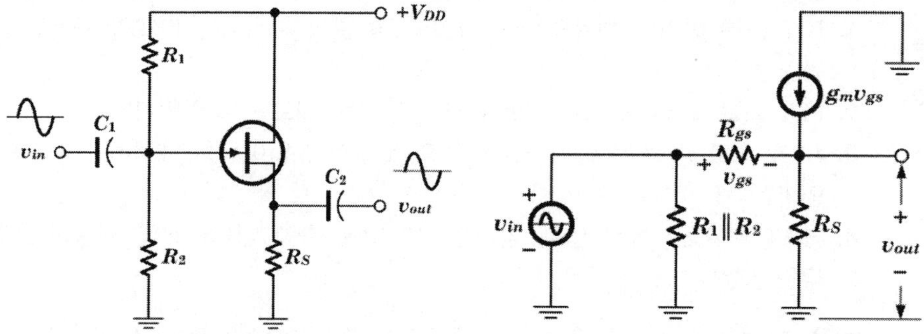

(a) 소스 폴로워 (b) 교류 등가회로

[그림 8-13]

$$A_v = \frac{R_S}{R_S + 1/g_m} \qquad (8-22)$$

R_S가 $1/g_m$보다 아주 크다면 무부하 상태의 전압이득은 '1'이 된다. 소스 폴로워는 전압이득이 1이기 때문에 본래 왜곡이 적은 증폭기이다. 만약 전압이득이 정확하게 1이라면 출력이 입력과 같기 때문에 왜곡이 존재하지 않는다.

공통 게이트 증폭기

[그림 8-14(a)]는 공통 게이트 증폭기를 표시하고, 전압이득은 식 (8-23)처럼 표시된다.

$$A = g_m R_D \qquad (8-23)$$

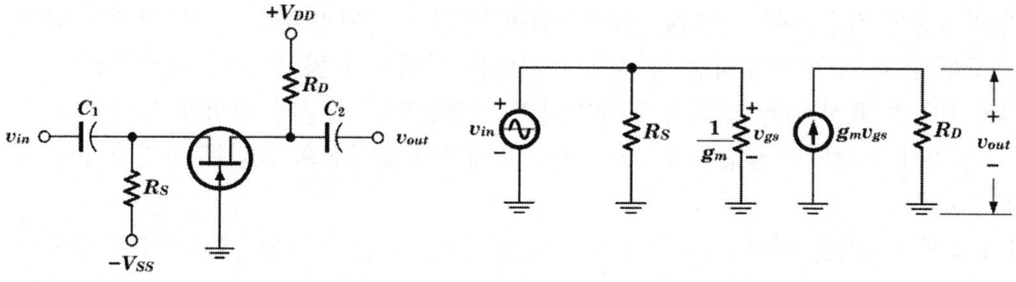

(a) 공통 게이트 증폭기 (b) 교류 등가회로

[그림 8-14]

확인문제 8-3

1. BJT 공통 이미터 회로와 유사하게 가장 널리 사용되는 FET의 구조는 무엇인가?
2. FET 회로 구조 중 소스 폴로워라고 부르는 회로는 무엇인가?
3. JFET 회로 중 높은 입력 임피던스와 우수한 전압이득을 제공하는 회로는 무엇인가?
4. JFET 회로 중 높은 입력 임피던스와 낮은 출력 임피던스를 제공하는 회로는 무엇인가?

해답 **1.** 공통 소스 회로 **2.** 공통 드레인 회로 **3.** 공통 소스 회로 **4.** 공통 드레인 회로

8-5 | JFET의 응용분야

JFET의 중요한 응용분야는 스위치 회로, 멀티플렉싱, 완충증폭기, 저잡음 증폭기, 전압 가변저항, 자동이득 조절장치가 있다.

아날로그 직렬 스위치와 병렬 스위치

[그림 8-15(a)]는 병렬 스위치를 표시하고 있다. 병렬 스위치의 개념은 적은 교류 입력신호를 전달시키거나 또는 차단시키는 데 있으며 v_{in}이 적다는 의미는 일반적으로 100[mV] 미만일 때를 말한다. 제어전압 V_{con}이 '0'이면 JFET는 포화상태로 되기 때문에 JFET는 단락 스위치와 등가로 되며, v_{out}은 '0'이 된다.

입력전압이 작은 경우 JFET는 입력전압이 '−'의 반주기일지라도 차단상태로 남게 된다. 포화된 JFET의 교류저항 때문에 스위칭은 완전하지 않고 교류 등가회로는 [그림 8-15(b)]처럼 표시된다. 스위치가 개방되면 입력신호의 전부가 출력에 도달된다. 그러나 스위치가 단락되면 $r_{ds(\text{on})}$이 '0'이 아니기 때문에 입력신호 중 일부분만이 출력에 도달된다.

[그림 8-15(c)]는 직렬 스위치를 표시하고 있다. V_{con}이 '0'일 때 JFET는 단락 스위치와 등가인데, 이런 경우 출력은 입력과 거의 같아진다. V_{con}이 $V_{GS(\text{off})}$와 같거나 더욱 '−'로 되면 JFET는 개방 스위치로 되고 v_{out}은 거의 '0'이 된다.

[그림 8-15(d)]는 교류 등가회로를 표시하고 있다. 스위치가 개방되면 출력에 신호가 전달되지 않는다. 스위치가 단락되면 $r_{ds(\text{on})}$이 R_D보다 아주 작기 때문에 입력신호의 대부분이 출력에 나타난다.

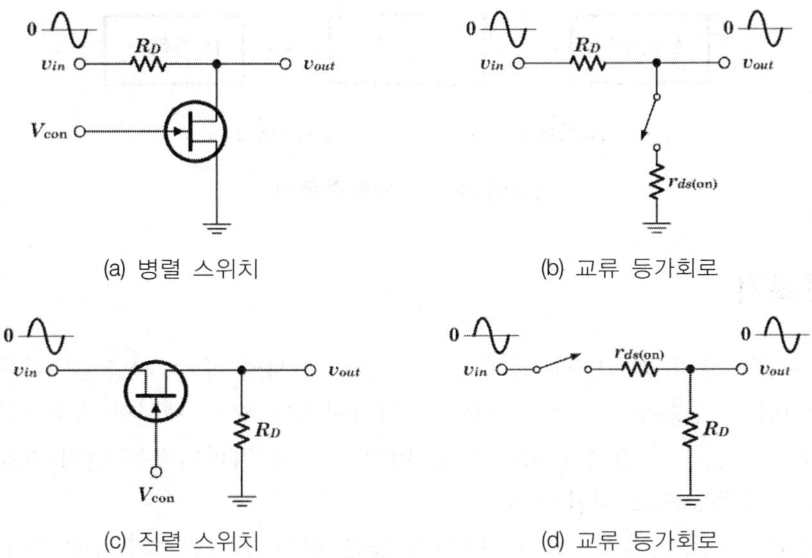

(a) 병렬 스위치 (b) 교류 등가회로

(c) 직렬 스위치 (d) 교류 등가회로

[그림 8-15]

▮ 멀티플렉싱

멀티플렉스의 의미는 '많은 것을 하나로'란 뜻으로 [그림 8-16]은 입력신호 중의 한 가지를 출력으로 지나가게 하는 아날로그 멀티플렉싱을 표시하고 있다. 조절신호(V_1, V_2, V_3)가 $V_{GS(\mathrm{off})}$보다 더욱 '−'로 되면 모든 신호가 차단된다. 임의의 제어전압을 '0'으로 해줌으로 해서 입력신호 중의 하나를 출력으로 전송시킬 수 있다.

예를 들어서 $V_1 = 0$이라면 출력에서 정현파를 얻을 수 있다. 만약 $V_2 = 0$이라면 출력에서 삼각파를 구할 수 있고, V_3가 '0'이라면 출력에서 구형파를 얻을 수 있다. 일반적으로 제어신호 중에서 하나는 '0'이다.

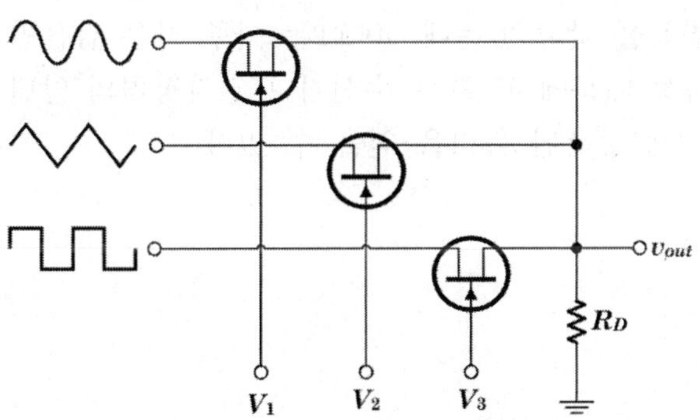

[그림 8-16] 아날로그 멀티플렉싱

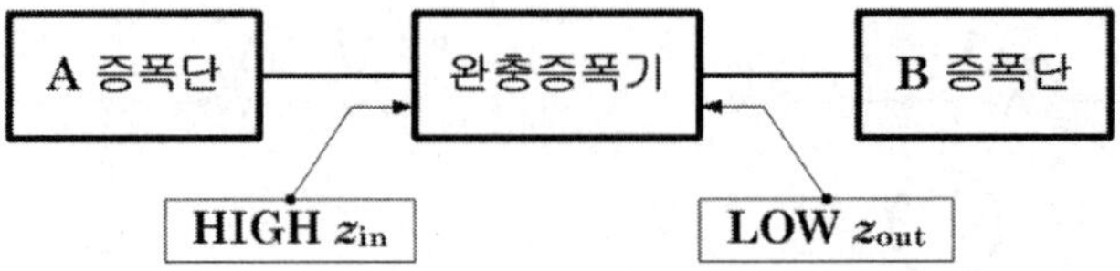

[그림 8-17] 완충증폭기

완충증폭기

[그림 8-17]은 앞의 증폭단과 뒤의 증폭단을 분리시켜 주는 완충증폭기를 표시하고 있다. 이상적인 완충증폭기는 높은 입력의 임피던스를 갖기 때문에 A증폭단의 테브닌 전압의 대부분이 버퍼의 입력에 나타나며, 버퍼의 출력 임피던스는 낮기 때문에 버퍼의 모든 출력은 B증폭단으로 전달된다.

소스 폴로워는 저주파에서 [MΩ] 단위의 높은 입력 임피던스와 수백[Ω] 단위의 낮은 출력 임피던스를 갖기 때문에 가장 성능이 우수한 완충증폭기이다. 높은 입력 임피던스는 앞단의 부하를 약하게 하며, 낮은 출력 임피던스는 버퍼를 큰 부하로(작은 부하저항이) 구동시킬 수 있음을 의미한다.

저잡음 증폭기

잡음이란 유용한 신호에 중첩된 원하지 않는 외란을 말하며, 잡음은 신호에 포함되어 있는 정보를 간섭시켜서 잡음이 커지면 정보가 작아진다. 예를 들면 텔레비전 수상기에서 잡음은 화면에 백색점과 흑색점을 만들게 된다. 어떤 잡음은 화면을 사라지게 하는 경우도 있다.

라디오 수신기에서의 잡음도 TV 수상기에서의 잡음과 유사하며 히싱(hissing)이나 크래클링(crackling)을 만드는 수도 있고 엉뚱한 음악이나 소리가 만들어지기도 한다.

잡음은 신호가 제거되었을 때도 발생하기 때문에 신호와는 무관한 것으로 보면 된다. 어떤 전자소자라도 잡음을 갖고 있는데, JFET는 아주 작은 잡음만을 갖는 우수한 저잡음 소자이다. 이런 특성 때문에 JFET는 수신기나 전자장치의 앞단으로 사용되며, 최종 출력단에서 잡음이 적게 증폭된 출력을 얻을 수 있다.

8-6 | MOSFET

MOSFET(Metal Oxide Semiconductor FET : 금속산화물 반도체 전계효과 트랜지스터)는 게이트, 소스, 드레인으로 구성된다. JFET와 다른 점은 게이트가 채널로부터 절연되어 있다는 점이다. 이것 때문에 게이트 전압이 '+'이든 '–'이든 간에 게이트 전류는 지극히 작다.

MOSFET는 간혹 IGFET라고도 불리는데, 그 이유는 게이트가 절연되었기 때문이며, IGFET는 insulated gate FET의 약자이다. 이 절에서는 MOSFET의 기본원리, 바이어스법, 증폭기 및 스위칭 회로에서의 응용에 대해서 설명한다.

공핍형 FET

[그림 8–18]은 n형 물질로 된 전도성 막대의 오른쪽에는 p형 영역을 갖고 왼쪽에는 절연된 게이트를 갖는 n채널 MOSFET를 표시하고 있다. 자유전자는 n형 물질을 통해서 소스로부터 드레인까지 흘러간다.

p형 영역을 기판이라고 부르는데, 이것은 물리적으로 채널의 폭을 좁게 해서 전도통로를 감소시킨다. 소스로부터 드레인까지 흘러가는 전자들은 반드시 이런 좁은 채널을 통과하지 않으면 안 된다. 채널의 왼편에는 이산화규소(SiO_2)가 얇은 층을 이루고 있다. 이산화규소는 유리와 같은 절연체이다.

MOSFET의 게이트는 금속인데 채널과 절연상태이므로 게이트 전압이 '+' 전압이라 하더라도 게이트 전류는 무시된다. JFET에서 존재했던 pn 접합형 다이오드는 MOSFET에서는 제거된 것과 같다.

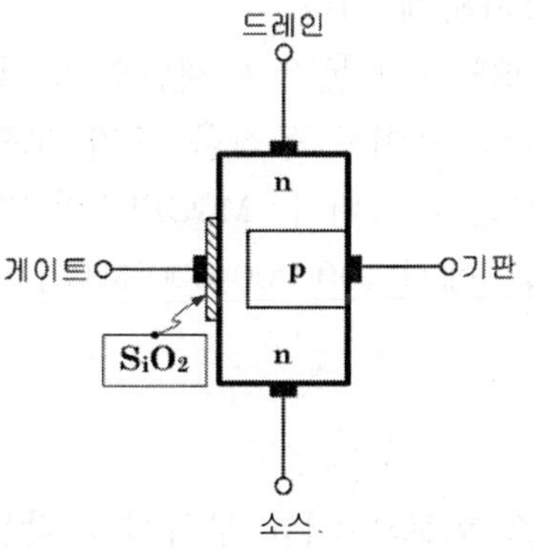

[그림 8-18] 공핍형(Depletion) MOSFET

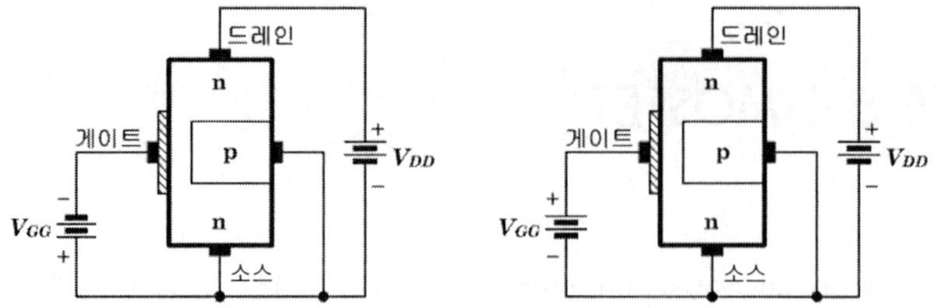

(a) 공핍 모드 (b) 증가 모드

[그림 8-19]

공핍형 MOSFET의 공핍 모드

[그림 8-19(a)]는 '−'의 게이트 전압을 갖는 MOSFET를 표시하고 있다. V_{DD} 전원은 자유전자를 소스로부터 드레인으로 흐르게 한다. 이런 자유전자들은 p형 기판의 왼쪽에 존재하는 폭이 좁은 채널을 통해서 흐르게 된다. 게이트 전압이 채널의 폭을 조절하기 때문에 더욱 '−(negative)'로 되는 게이트 전압은 드레인 전류를 작게 만든다.

게이트 전압이 충분히 크게 '−'로 되면 드레인 전류는 차단된다. 따라서 '−'의 게이트 전압을 갖는 MOSFET의 동작은 JFET의 동작과 유사하다. '−' 게이트 전압의 동작은 채널의 자유전자를 공핍시키기 때문에 '−'의 전압을 갖는 게이트 동작은 공핍 모드라 부른다.

공핍형 MOSFET의 증가 모드

MOSFET의 게이트가 채널로부터 절연되어 있기 때문에 게이트에 [그림 8-19(b)]에 표시한 것처럼 '+(positive)' 전압을 공급할 수 있다. +게이트 전압은 채널을 통해서 흐르는 자유전자의 개수를 증가시킨다. 게이트 전압이 더욱 '+'로 될수록 소스에서 드레인으로 자유전자의 전도는 증가하게 된다.

'+' 게이트 전압을 갖는 MOSFET의 동작은 채널의 도전율의 증가에 의존하기 때문에 [그림 8-19(b)]와 같은 positive 게이트 동작을 증가 모드라고 부른다. 절연층 때문에 어떤 모드든 간에 게이트 전류는 무시된다. MOSFET의 입력저항은 믿기 어려울 정도로 크며 일반적으로 100,000[MΩ]에서 100,000,000[MΩ] 정도이다.

드레인 특성곡선

[그림 8-20(a)]는 공통 소스 회로의 직류 부하선을 갖는 n채널 MOSFET의 일반적인 드레인 특성곡선을 표시하고 있다. 위쪽의 곡선은 $+V_{GS}$를 갖고 아래쪽 곡선은 $-V_{GS}$

를 가진다. 가장 아래쪽 드레인 특성곡선은 V_{GS}가 $V_{GS(\text{off})}$인 경우, 드레인 전류는 거의 '0'이다. V_{GS}가 $V_{GS(\text{off})}$와 '0' 사이에 있으면 공핍 모드 동작이 된다. 다시 말하면 V_{GS}가 '0'보다 크면 증가형 모드 동작이 된다.

▮ 전달 컨덕턴스 특성곡선

[그림 8-20(b)]는 MOSFET의 전달 컨덕턴스 특성곡선을 나타내고 있다. I_{DSS}는 게이트 단락상태의 드레인 전류를 표시한다. 그림에서 보다시피 드레인 전류와 게이트-소스 전압의 관계는 포물선으로 표시되기 때문에 앞에서 기술했던 제곱법칙 공식 (8-1)을 그대로 사용할 수 있다.

$$I_D = I_{DSS}\left[1 - \frac{V_{GS}}{V_{GS(OFF)}}\right]^2 \tag{8-24}$$

식 (8-24)는 JFET의 제곱법칙 공식과 일치한다. 그러나 MOSFET에서의 V_{GS}값은 '+' 전압이나 '−' 전압 모두를 사용할 수 있다.

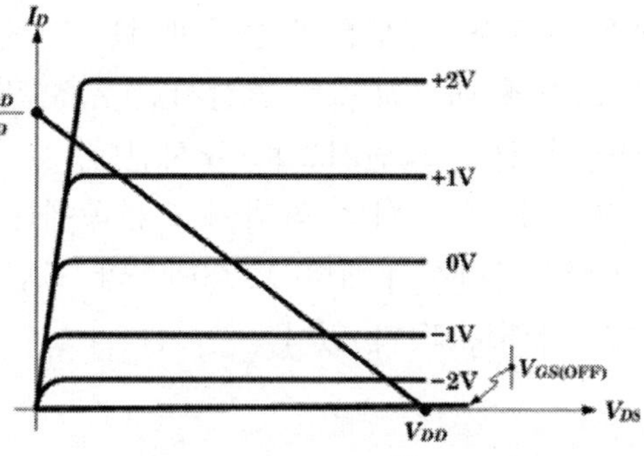

(a) 드레인 특성곡선

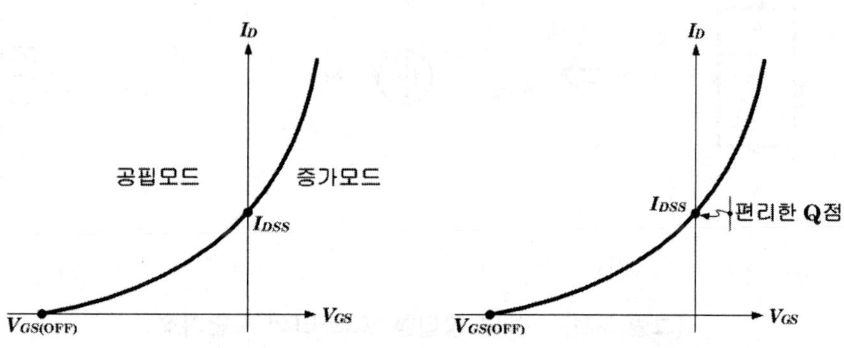

(b) 전달 컨덕턴스 특성곡선 (c) 편리한 Q점

[그림 8-20]

[그림 8-20(b)]와 같은 전달 컨덕턴스 특성곡선을 갖는 MOSFET는 [그림 8-20(c)]에 표시된 Q점을 사용할 수 있기 때문에 JFET보다 바이어스가 쉽다. 이런 Q점에서는 $V_{GS}=0$, $I_D=I_{DSS}$이다.

노멀리 on 스위치

지금까지 기술한 MOSFET를 공핍형 MOSFET라 부른다. 이것은 드레인 전류가 공핍 모드에 있거나 증가 모드에 있게 된다. 그래서 이런 종류의 MOSFET는 $V_{GS}=0$일 때 도통하게 되므로 normally-on MOSFET라 부른다.

도면기호

[그림 8-21(a)]는 공핍형 MOSFET의 도면기호를 나타내고 있다. 게이트 오른쪽의 얇은 수직선은 채널을 표시한다. 드레인 단자는 채널의 위쪽에서 나오고 소스 단자는 채널의 아래쪽에 연결되어 있다. p형 기판의 화살표는 n형 물질을 향해서 그려져 있다.

어떤 응용회로에서는 드레인 전류의 제어를 위해서 기판에 전압을 인가하기도 하며, 이런 경우에는 단자가 4개가 된다. 대부분의 응용에서는 기판은 소스에 연결되어 있다. 보통 제조업자는 기판을 소스에 내부적으로 연결시킨다. 이런 결과로 만든 MOSFET는 3단자이며, [그림 8-21(b)]와 같이 도면기호로 표시된다.

p채널 공핍형 MOSFET의 경우도 p형의 막대에 오른쪽에는 n형 영역을, 왼쪽에는 절연된 상태의 게이트가 있다. 따라서 p채널 MOSFET의 도면기호도 n채널 MOSFET와 유사하나 화살표의 방향만 반대로 되어 있다.

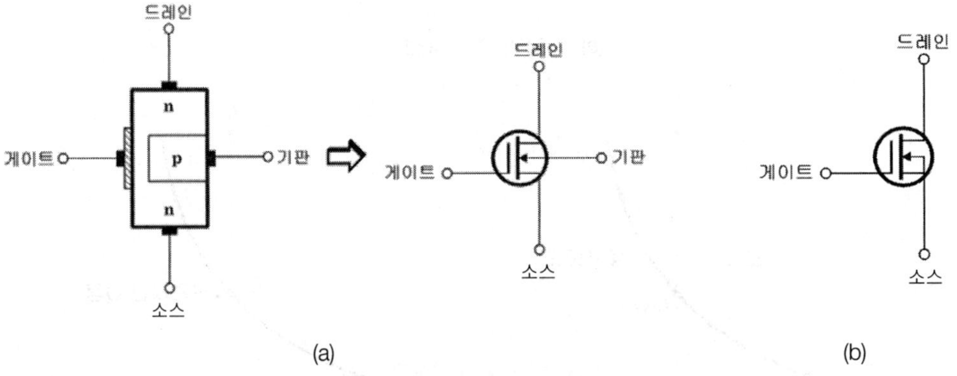

[그림 8-21] n채널 공핍형 MOSFET의 도면기호

확인문제 8-4

1. MOSFET를 두 가지로 구분하면 (   )와 (   ) 두 가지로 구분할 수 있다.
2. 공핍형 MOSFET는 공핍형 모드와 증가형 모드에서 모두 동작한다.(True/False)
3. 공핍형 MOSFET는 노멀리(on/off) 소자이다.
4. JFET와 MOSFET 중 어느 것이 높은 입력 임피던스를 갖는가?

해답 **1.** 공핍형 MOSFET, 증가형 MOSFET **2.** True **3.** 노멀리 on **4.** MOSFET

8-7 | 증가형 MOSFET

n채널 MOSFET의 내부구조를 변화시키면 증가 모드에서만 동작하는 새로운 종류의 MOSFET를 만들 수 있다. 이런 형태의 MOSFET는 normally-off 스위치로 동작하기 때문에 컴퓨터의 메모리와 마이크로프로세서에 널리 사용된다. 드레인 전류를 얻기 위해서는 positive 게이트 전압이 필요하다.

반전층의 생성

[그림 8-22(a)]는 n채널 증가형 MOSFET를 표시하고 있다. 기판이 SiO_2까지 확장되어 물리적으로 소스와 드레인 사이에는 n채널이 존재하지 않는다.

[그림 8-22(b)]는 정상적인 바이어스 극성을 표시하고 있다. $V_{GS}=0$일 때 V_{DD}는 자유전자를 소스에서부터 드레인으로 이동시키려 하나, p형 기판은 열적으로 생성된 전도대 전자만을 가지고 있다. 이런 소수 캐리어와 표면 누설전류를 제외하면 소스와 드레인 사이의 전류는 '0'이다.

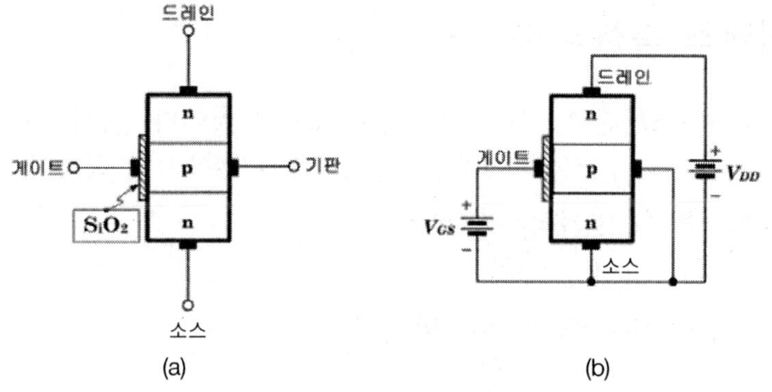

[그림 8-22] 증가형(Enhancement) MOSFET

이런 이유 때문에 증가형 MOSFET는 노멀리 off MOSFET라고 부른다. 게이트와 p형 기판은 유전체(SiO_2)에 의해서 분리되는 콘덴서의 양극판처럼 동작한다. 게이트가 '+'로 되면 P형 기판에 '−' 전하가 유도된다.

다시 말하자면 게이트의 +전압은 소스로부터 자유전자를 p형 영역의 왼쪽 아래로 끌어들인다. '+' 게이트 전압이 충분히 크게 되면 소스와 드레인 사이에 전자들이 층이 생기도록 자유전자를 충분히 끌어들인다.

다시 말하면 '+' 게이트 전압이 p형 기판 속으로 자유전자를 끌어들이면 이런 자유전자들은 이산화규소에 인접한 정공과 재결합하게 된다. 게이트 전압이 충분히 큰 '+'이면 SiO_2에 인접한 모든 정공은 채워지고 자유전자는 소스에서 드레인으로 흐르기 시작한다. 이런 자유전자의 층을 n형 반전층이라 부른다.

임계전압

n형 반전층을 생성하는 최소의 V_{GS}를 임계전압 $V_{GS(\text{th})}$로 표시한다. V_{GS}가 $V_{GS(\text{th})}$보다 적으면 소스에서 드레인으로 흐르는 전류는 '0'이다. 그러나 V_{GS}가 $V_{GS(\text{th})}$보다 큰 경우는 n형 반전층이 생겨서 소스와 드레인 사이에서 전류를 얻을 수 있다. $V_{GS(\text{th})}$는 1[V] 미만에서부터 5[V] 이상까지 여러 가지가 있다. 3N169는 증가형 MOSFET인데 최대 임계전압은 1.5[V]이다.

드레인 특성곡선

[그림 8-23(a)]는 공통 소스 회로에서 직류 부하선을 갖는 n채널 증가형 MOSFET의 드레인 특성곡선을 표시하고 있다. 가장 낮은 곡선이 $V_{GS(\text{th})}$ 특성곡선이다. V_{GS}가 $V_{GS(\text{th})}$보다 적으면 드레인 전류는 지극히 적으며 V_{GS}가 $V_{GS(\text{th})}$보다 크면 V_{GS}의 값에 따라 변하는 큰 드레인 전류가 흐른다.

전달 컨덕턴스 특성곡선

[그림 8-23(b)]는 전달 컨덕턴스 특성곡선을 표시한 것이다. 특성곡선이 포물선 모양이라 제곱법칙 곡선이라 부르기도 한다. $V_{GS(\text{th})}$에서 포물선의 꼭짓점이 맞닿는데, 이런 포물선의 방정식은 식 (8-25)처럼 구할 수 있다.

$$I_D = K\,[V_{GS} - V_{GS(\text{th})}]^2 \tag{8-25}$$

여기서 K는 특별한 MOSFET에 의존하는 상수다.

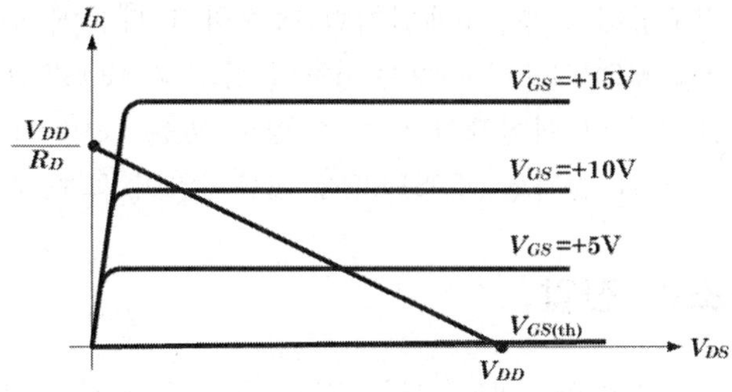

(a) 드레인 특성곡선

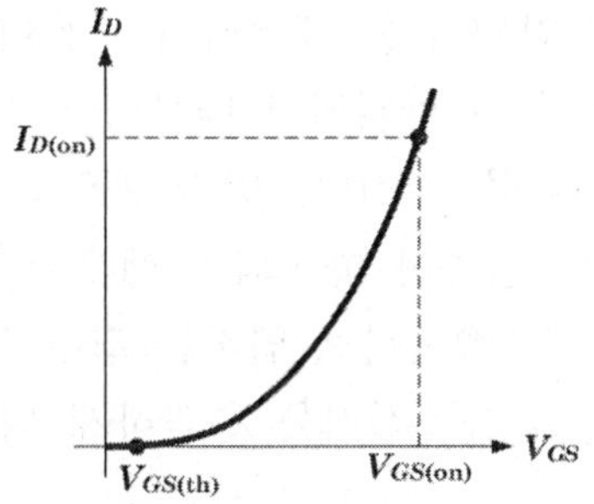

(b) 전달 컨덕턴스 특성곡선

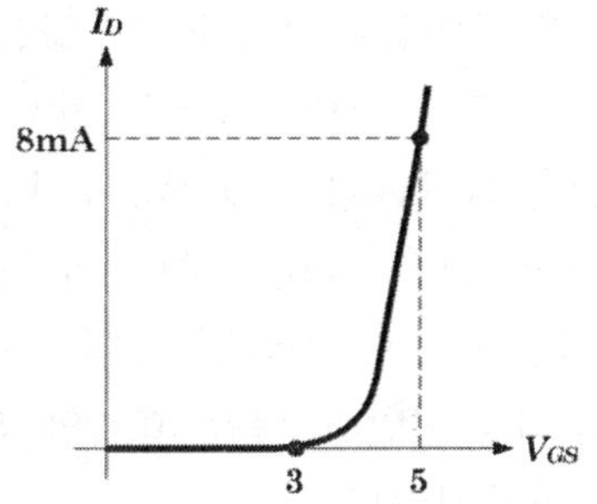

(c) 예제

[그림 8-23]

▮ 도면기호

$V_{GS}=0$일 때 증가형 MOSFET는 소스와 드레인 사이에 채널이 존재하지 않기 때문에 off 상태가 된다. [그림 8-24(a)]의 도면기호는 끊어진 채널 line은 노멀리 off 상태를 표시한다. 게이트 전압이 임계전압보다 크면 n형 반전층이 생겨서 소스와 드레인을 연결시킨다.

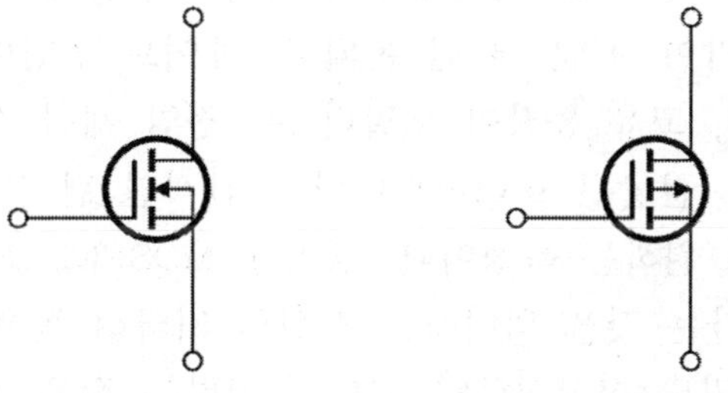

(a) n채널　　　(b) p채널

[그림 8-24] 증가형 MOSFET의 기호

화살표는 소자가 전도상태일 때, n채널처럼 동작하기 때문에 반전층으로 향하도록 표시된다. p채널 증가형 MOSFET의 기호는 n채널 증가형 MOSFET와 유사하지만, [그림 8-24(b)]에 표시된 것처럼 화살표가 밖으로 향해 있는 것이 차이점이다. p채널 증가형 MOSFET에서는 n채널 증가형 MOSFET와 전류전압이 모두 반대이다.

최대 게이트-소스 전압

공핍형 MOSFET나 증가형 MOSFET 모두 얇은 SiO_2층을 갖고 있으며, 이 절연층이 게이트의 '–' 전압뿐 아니라, '+' 게이트 전압에서도 게이트 전류가 흐르는 것을 방지하고 있다. 이런 절연층은 가능한 한 얇을수록 드레인 전류를 제어하기가 용이하다. 절연층이 얇으면 과도한 게이트-소스 전압에 의해서 쉽게 파괴되기 때문이다.

예를 들면, 2N3796은 ±30[V]의 $V_{GS(\max)}$ 정격을 가진다. 만약 게이트 전압이 +30[V]보다 커지거나 −30[V]보다 더 '–'로 되면 절연층이 파괴되기 때문에 MOSFET가 타버린다. 만일 전원이 공급된 상태에서 MOSFET를 빼거나 삽입하는 경우 유도성 킥백 현상에 의한 순간전압과 다른 효과에 의해서 $V_{GS(\max)}$ 정격을 초과하게 되고, 이것이 MOSFET를 파괴시킨다.

MOSFET를 들어낼 때도 MOSFET에 유기되는 정전하의 축적으로 게이트 전압이 $V_{GS(\max)}$의 정격을 초과하게 된다. 이런 이유 때문에 MOSFET는 단자 주변을 와이어링으로 싸주어야 한다. MOSFET가 회로에 연결된 후에는 ring을 제거시켜야 한다.

어떤 MOSFET는 게이트와 소스에 병렬로 제너 다이오드를 삽입시켜서 보호하기도 하는데, 제너 전압은 $V_{GS(\max)}$의 정격보다 작아야 한다. 그래서 제너 다이오드는 얇은 절연층이 파괴되기 전에 항복현상을 일으킨다. 이런 내부 제너 다이오드로 보호하지 않는다면 값이 비싼 MOSFET가 쉽게 파괴되므로 많은 응용에서 절충이 필요하다.

증가형 MOSFET의 응용

증가형 MOSFET는 디지털 회로 혹은 2진 상태회로 응용에서 가장 널리 사용된다. 한 가지 이유는 게이트 전압이 '+'일 때 턴 온되고, 게이트 전압이 문턱전압 아래로 떨어지면 턴오프되기 때문에, 고유 동작이 노멀리 off 전압 제어 스위치이기 때문이다.

이런 문턱전압 레벨은 잘못된 트리거링이나 순간적인 턴 온으로부터 소자의 잡음을 방지시키기 때문에 크게 원하는 특성이다. 증가형 MOSFET 또 다른 이점은 소자의 회로전류, 전력소비가 낮다는 것을 의미하는 자신의 지극히 높은 입력 임피던스이다. 이것이 우리로 하여금 고밀도 집적회로인 IC를 구성하는 작은 실리콘 조각에 수천 개의 증가형 MOSFET를 집적시키는 것이 가능하게 한다.

이런 저전력 고밀도 이점은 증가형 MOSFET를 계산기, 손목시계, 노트북 컴퓨터, 소형 비디오 게임기, 디지털 셀룰러폰과 같은 이동형(건전지 전력용 소형) 소자 응용에 이상적으로 된다.

■ 수직 채널 증가형 MOSFET(VMOSFET)

큰 전류전송 능력이 필요하다면 수직채널 E-MOSFET가 사용될 수 있다. [그림 8-25(a)]는 VMOSFET의 구조를 표시하고 있다. 소자의 위쪽(TOP)에서 게이트가 소스로부터 절연된다.

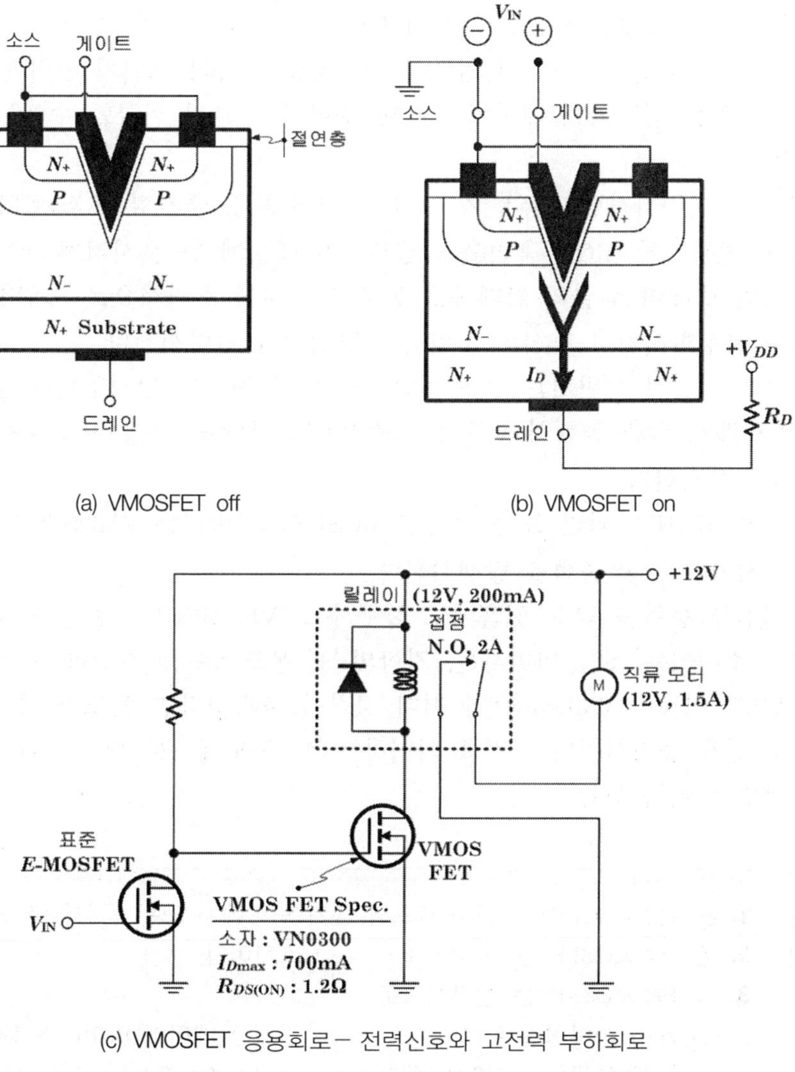

(a) VMOSFET off (b) VMOSFET on

(c) VMOSFET 응용회로 - 전력신호와 고전력 부하회로

[그림 8-25] 수직 채널 증가형 MOSFET(VMOSFET)

모든 증가형 MOSFET는 소스 단자와 드레인 단자 사이에 바이어스 전압이 인가되지 않기 때문에 채널이 존재하지 않는다. VMOSFET는 도핑의 레벨을 표시하기 위해서 반도체 물질에 P, N^+, N^-로 표시된다.

이런 n채널 VMOSFET가 [그림 8-25(b)]에 표시된 것처럼 on으로 바이어스 되면 수직 n형 채널은 소스와 드레인 사이에 구성된다. 이런 채널이 표준 증가형 MOSFET의 수평 채널보다 훨씬 넓다. 따라서 VMOSFET는 더 많은 드레인 전류를 다룰 수 있다.

[그림 8-25(c)]는 VMOSFET의 고전류 능력이 인터페이싱 회로응용에 어떻게 사용되는지를 보여준다. 이런 회로에서 VMOSFET는 저전력 소스 입력신호와 고전력 부하의 인터페이스에 사용된다. VMOSFET와 릴레이, 모터의 전류 스펙을 참조하면 여러분들도 각 소자가 전류를 설정하기 위해서 사용된다는 것을 확인할 수 있다.

표준 증가형 MOSFET는 저전력 입력신호를 직류 모터의 스위치 전력에 충분한 전류를 취급할 수 있는 접점의 릴레이에 정확한 전류를 충분히 취급할 수 있는 VMOSFET에 공급한다.

좀 더 자세히 설명하자면, 만약 V_{IN}이 LOW라면 표준 증가형 MOSFET는 턴 off되고 VMOSFET의 게이트에 HIGH 출력을 발생시키기 때문에 턴 온시키게 된다. VMOSFET가 턴 온 되면 릴레이 코일의 아래쪽을 통해서 접지에 효과적으로 스위칭시키기 때문에 릴레이를 활성화시키고 자신의 노멀리 개방접점을 단락시킨다.

단락된 릴레이 접점 스위치는 전체 전압 +12[V]가 자신의 단자양단에 공급되기 때문에, 모터의 아래쪽 끝을 통해서 접지에 스위칭된다. 모터는 V_{IN}이 Low로 유지되는 동안 on 상태를 유지한다.

만약 V_{IN}이 HIGH로 되면 표준 증가형 MOSFET 인버터는 VMOSFET와 릴레이, 모터를 턴오프시키는 Low 출력을 발생시킨다.

자신이 고전류 능력을 갖고 있음에도 불구하고, VMOSFET는 온도가 증가하면 드레인 전류를 감소시키는 것을 의미하는, 저항의 '+' 온도계수를 가진다. 이것이 열폭주를 방지하게 된다. 이것이 VMOSFET가 최대 정격이 초과된다면 온도가 증가하면 전류를 증가시키고, 열을 증가시킨다는 것을 의미하는 '−' 온도계수를 갖는 BJT 전력증폭기를 능가하는 분명한 이득이다.

확인문제 8-5

1. 증가형 MOSFET는 공핍 모드와 증가 모드에서 모두 동작한다.(False/True)

2. 증가형 MOSFET는 노멀리 (　　　) 소자이다.

3. 증가형 MOSFET는 일반적으로

(a) zero 바이어스 된다.　(b) 베이스 바이어스 된다.

(c) 드레인 귀환 바이어스 된다.　(d) (a) (b) (c) 모두 해당 없음

4. 증가형 MOSFET는 전압제어 스위치로 고유 동작한다.(True/False)

5. 증가형 MOSFET 노멀리 (　　　)이기 때문에 (　　　) 회로응용에 적합하고 D-MOSFET는 노멀리 (　　　)이기 때문에 (　　　) 회로에 적합하다.
(a) off, 디지털, on, 아날로그　　(b) on, 디지털, off, 아날로그
(c) off, 아날로그, on, 디지털　　(d) on, 아날로그, 디지털, off

6. MOS 논리 게이트가 BJT 논리 게이트보다 우수한 점을 세 가지 열거하시오.

해답 **1.** False **2.** off **3.** (c) **4.** True **5.** (a) **6.** +온도계수, 저전력 소비, 고집적도

8-8 | MOSFET의 취급과 검사

이 절에서는 일반적인 MOSFET 제조업체의 데이터 시트와 특수한 MOSFET의 취급 요령과 검사에 대해서 알아보도록 하자.

MOSFET 취급요령

MOSFET 소자를 취급할 때는 몇 가지 지켜야 할 유의사항이 있다. 과도한 전압이 인가된다면 MOSFET의 게이트와 기판 사이의 아주 얇은 절연층은 쉽게 파괴된다. 여러분들의 몸도 마찰에 기인하는 아주 큰 정전기를 발생시킨다.

만약 이런 정전기가 MOSFET 소자의 핀에 접촉된다면 정전하 방전(ESD)이 발생되고 그 결과 얇은 절연층 양단에서 발생되는 아크는 영구적으로 파괴시키게 된다.

대부분의 MOSFET는 회로 내의 전위 혹은 높은 정전압을 바이패스 시키고 MOSFET의 파괴를 방지하기 위해서 게이트와 소스 사이에 내부적으로 제너 다이오드가 연결된다. 여하튼 다음 사항들을 기억하면 좋다.

① 대부분의 MOS 소자는 '도전성 거품(conductive foam)' 혹은 차단용 호일(protective foil)에 저장되고 탑재되기 때문에 모든 IC핀은 등전위에서 유지된다. 따라서 단자 사이에 정전압이 구성되지 않는다.

② MOS 소자가 도전성 폼으로부터 제거될 때 신체가 정전하를 발생시키기 때문에 핀들은 손으로 직접 접촉해서는 안 된다.

③ MOS 소자가 도전성 폼으로부터 제거될 때 항상 금속 트레이와 같은 접지된 표면에 위치시켜야 된다.

④ MOS 소자를 가지고 지속적으로 작업할 때 1[MΩ] 저항이 직렬로 연결되는 케이블의 길이를 갖는 손목 접지보호대(wrist grounding strap)를 사용한다. 이것이 여러분들이 전압원을 접촉하게 되어도 전기 쇼크를 방지시킨다.

⑤ 모든 시험 장비, 납땜인두, 작업대는 적절하게 접지시킨다.

⑥ 장비에서 모든 전원은 MOS 소자가 PCB에서 제거되거나 삽입되기 전에 반드시 꺼야 된다.

⑦ 사용되지 않는 입력이 개방상태로 놓이게 되면 정전하를 증강시키고 고전압 레벨을 floating시키기 때문에 사용되지 않는 MOSFET 단자는 당연히 연결되어야 한다.

⑧ MOS 소자를 포함하고 있는 보드는 도전성 폼 안에 보드의 측면을 연결하도록 저장하거나 탑재시켜야 한다.

MOSFET 검사

BJT와 JFET, MOSFET는 트랜지스터 테스터에 의해서 검사될 수 있다.

① 단자 사이의 개방이나 단락이 존재하는지

② 트랜지스터의 전달 컨덕턴스와 이득

③ I_{DSS}와 누설전류

만약 트랜지스터 테스터를 사용할 수 없다면 대부분의 고장 원인인 개방과 단락을 검사하기 위해서 저항계가 사용될 수 있다.

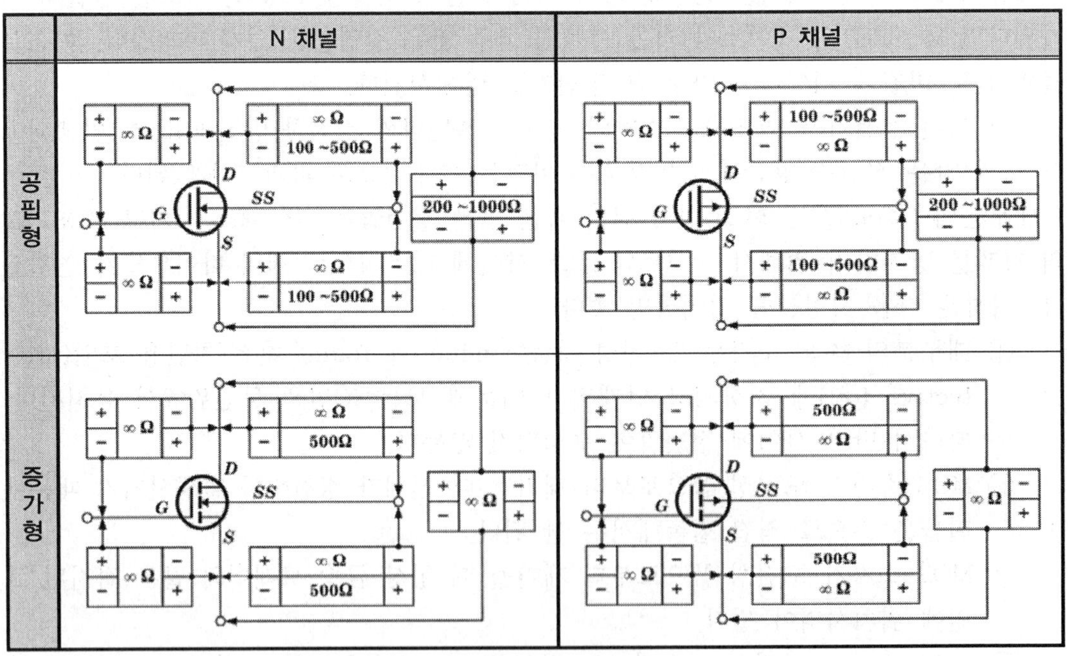

※ ⊞ : 저항계의 +단자, ⊟ : 저항계의 −단자, ∞ : 무한대 저항

[그림 8-26] 저항계를 사용한 MOSFET의 검사

[그림 8-26]은 저항계를 사용하는 경우, 양호한 p채널 D-MOSFET와 n채널 D-MOSFET 혹은 E-MOSFET의 단자 사이의 저항값이 어떻게 구해지는가를 보여준다. MOSFET의 게이트와 채널 저항은 절연 게이트 때문에 항상 개방된다는 점을 기억해야 한다.

확인문제 8-6

1. MOSFET의 내부 단락이나 개방을 검사하는 데 저항계를 사용할 수 있는가?
2. MOSFET의 게이트와 채널 저항이 항상 개방인 이유는 무엇인가?
3. MOSFET를 취급할 때 관측될 수 있는 일반적인 주의사항은 무엇인가?
4. 양호한 E-MOSFET의 게이트-드레인 저항과 게이트-소스 저항은 항상 (　　) [Ω]으로 측정된다.

해답 **1.** 가능하다. **2.** 절연 게이트 **3.** 본문 참조 **4.** ∞

기초문제

1. (   )는 게이트, 소스, 드레인이라고 부르는 3단자를 가진다.

(a) BJT (b) 제너
(c) 쌍극성 트랜지스터 (d) JFET

2. (   )채널 JFET의 회로도는 화살표가 바깥쪽으로 표시되는 반면 (   )채널 JFET의 회로도는 화살표가 안쪽으로 표시된다.

(a) D-S, p (b) p, G-S (c) n, p (d) p, n

3. BJT는 (   )제어 소자이고 JFET는 (   )제어 소자이다.

(a) 전압, 전류 (b) 전류, 전압

4. JFET의 게이트-소스 접합은 항상 (   )로 바이어스되기 때문에 입력전압은 항상 (   ) 전압이거나 간혹 (   ) 전압이다.

(a) 역방향, negative, 0[V] (b) 순방향, negative, 0[V]
(c) 역방향, -4[V], positive (d) 순방향, -4[V], negative

5. $V_{GS}=V_{GS(\mathrm{off})}$일 때 I_D는 얼마인가?

(a) I_{DSS} (b) zero (c) maximun (d) V_P

6. JFET 회로 중 소스 폴로워는 무엇인가?

(a) 공통 드레인 (b) 공통 소스
(c) 공통 게이트 (d) 공통 드레인과 공통 소스

7. JFET 회로 구조 중 높은 입력 임피던스와 높은 전압이득을 제공하는 것은 무엇인가?

(a) 공통 드레인 (b) 공통 소스
(c) 공통 게이트 (d) 공통 드레인과 공통 소스

8. $-V_{GG}$ 공급전압을 사용하는 바이어스법은 무엇인가?

(a) 자기 바이어스 (b) 게이트 바이어스
(c) 베이스 바이어스 (d) 전압분배기 바이어스

9. 소스 저항을 사용하는 바이어스법은 무엇인가?

(a) 자기 바이어스 (b) 게이트 바이어스
(c) 베이스 바이어스 (d) 전압분배기 바이어스

10. 전달 컨덕턴스는 (   )와 (   )의 비이다.

(a) ΔI_D와 ΔV_{DS} (b) ΔV_{GD}와 ΔI_D
(c) ΔI_D와 ΔV_{GS} (d) ΔV_{GS}와 ΔV_{DS}

11. FET의 입력저항은 BJT의 입력저항보다 아주 크다.

(a) True (b) False

12. FET의 접합에서 V_{GS}가 더욱 negative로 될수록 공핍층의 폭은 (　　)하고 채널의 사이즈는 (　　). 따라서 I_D는 (　　)한다.

(a) 감소, 커진다. 증가
(b) 증가, 작아진다. 감소
(c) 감소, 작아진다. 증가
(d) 증가, 커진다. 감소

13. 입력과 출력이 위상이 반전되는 JFET의 구조는 무엇인가?

(a) 공통 드레인
(b) 공통 게이트
(c) 공통 소스
(d) 공통 게이트와 공통 소스

14. P채널 JFET는 게이트가 소스에 비해서 (　　)이고 드레인은 소스에 대해서 (　　)이다.

(a) negative, negative
(b) negative, positive
(c) positive, positive
(d) positive, negative

15. JFET의 (　　) 단자 사이의 전류는 (　　) 단자에 인가되는 역방향 바이어스 전압에 의해서 제어된다.

(a) 게이트와 소스, 소스와 드레인
(b) 소스와 드레인, 드레인과 게이트
(c) 소스와 드레인, 게이트와 소스
(d) 드레인과 게이트, 게이트와 소스

16. (　　)는 positive 게이트 입력전압이나 negative 게이트 입력전압 중 하나를 사용하도록 허용되기 위해서 절연 게이트를 가진다.

(a) JFET
(b) MOSFET
(c) BJT
(d) VJT

17. 공핍 모드에서 동작하는 FET는 어느 것인가?

(a) JFET
(b) 공핍형 MOSFET
(c) 증가형 MOSFET
(d) (a)와 (b)

18. 채널의 사이즈를 변화시키기 위해서 전계를 사용하도록 만들어지는 FET는 무엇인가?

(a) JFET
(b) 증가형 MOSFET
(c) 공핍형 MOSFET
(d) 전부

19. (　　)는 게이트 전압이 zero일 때 드레인 전류를 가지기 때문에 노멀리 (　　) 소자라고 부른다.

(a) 공핍형 MOSFET, off
(b) 공핍형 MOSFET, on
(c) 증가형 MOSFET, off
(d) 증가형 MOSFET, on

20. (　　)는 게이트 전압이 zero일 때 드레인 전류를 가지지 않기 때문에 노멀리 (　　) 소자라고 부른다.

(a) 공핍형 MOSFET, off
(b) 공핍형 MOSFET, on
(c) 증가형 MOSFET, off
(d) 증가형 MOSFET, on

21. 공핍 모드와 증가 모드에서 모두 동작할 수 있는 FET는 다음 중 어느 것인가?

(a) JFET
(b) 공핍형 MOSFET
(c) 증가형 MOSFET
(d) (b)와 (c)

22. 이중 게이트 MOSFET는 저전압 소자와 고전력 부하의 인터페이싱에 이상적이다(True/False).

23. 수직 채널 MOSFET는 저전압 소자와 고전력 부하의 인터페이싱에 이상적이다.(True/False)

24. 다음의 트랜지스터 중 입력 임피던스가 가장 큰 것은 어느 것인가?

(a) BJT (b) JFET (c) MOSFET (d) (a)와 (c)

25. 공핍형 MOSFET는 (   ) 회로 응용에서 가장 널리 사용되고 증가형 MOSFET는 (   ) 회로 응용에서 가장 널리 사용된다.

(a) 아날로그, 디지털 (b) 선형, 아날로그

(c) 디지털, 선형 (d) 2진상태, 디지털

해답

1. (d) **2.** (d) **3.** (b) **4.** (a) **5.** (b) **6.** (a) **7.** (b) **8.** (b) **9.** (a) **10.** (c) **11.** (a) **12.** (b) **13.** (c) **14.** (d) **15.** (c) **16.** (b) **17.** (d) **18.** (d) **19.** (b) **20.** (c) **21.** (b) **22.** False **23.** True **24.** (c) **25.** (a)

응용문제

1. JFET와 BJT의 특성을 비교 설명하시오.

2. JFET의 바이어스법을 설명하시오.

3. 게이트-소스 차단전압, 게이트 누설전류, 고입력 저항을 설명하시오.

4. 드레인 특성곡선과 전달 컨덕턴스 특성곡선 사이의 관계를 설명하시오.

5. I_D와 I_{DSS}를 설명하시오.

6. g_m과 g_{mo}를 설명하시오.

7. MOSFET의 구조를 설명하시오.

8. 노멀리 on 스위치와 노멀리 off 스위치를 설명하시오.

9. JFET의 응용분야를 3가지 이상 설명하시오.

10. 멀티플렉싱의 의미를 설명하시오.

11. VMOSFET를 설명하시오.

12. MOSFET 취급 시 주의사항을 설명하시오.

연습문제

1. 2N5484 JFET의 게이트가 역방향으로 바이어스될 때, $V_{GS}=-20\text{V}(V_{DS}=0\text{V})$일 때 게이트 역방향 전류 I_{GSS}는 1.0[nA]이다. JFET의 게이트 소스 임피던스 혹은 입력 임피던스를 계산하시오.

2. [그림 8-27]에 표시된 증폭기회로에서 전달 컨덕턴스와 전압이득을 구하시오.

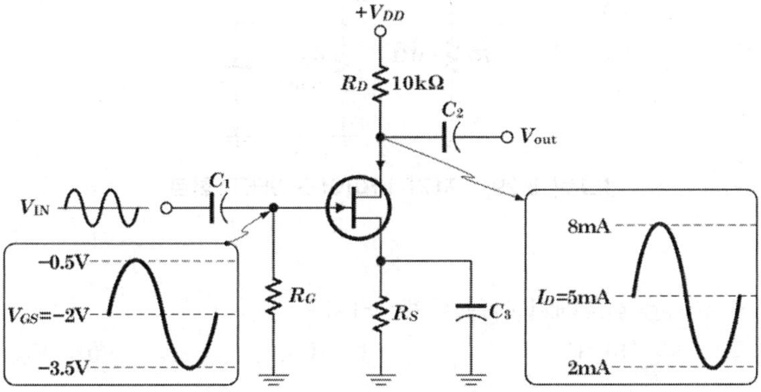

[그림 8-27] 공통 소스 증폭기

3. [그림 8-28]에 표시된 회로에서 다음을 계산하시오.

(a) V_{GS} (b) I_D (c) V_{DS}

(d) $I_{D(\text{MAX})}$ (e) Q점

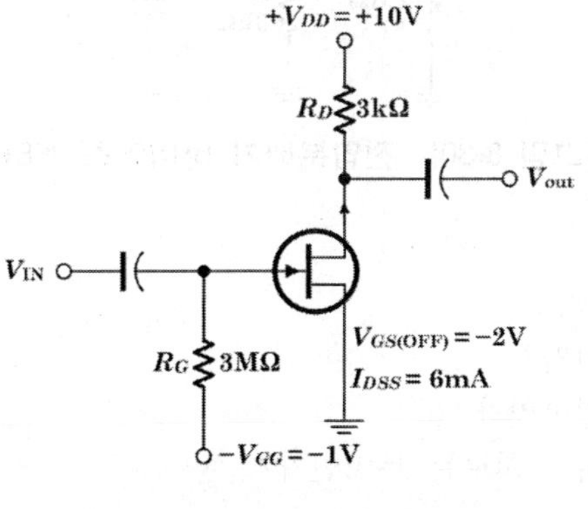

[그림 8-28] 게이트 바이어스 JFET 회로

4. [그림 8-29]에 표시된 회로에서 다음을 계산하시오.

(a) V_S (b) V_{GS} (c) V_{DS}

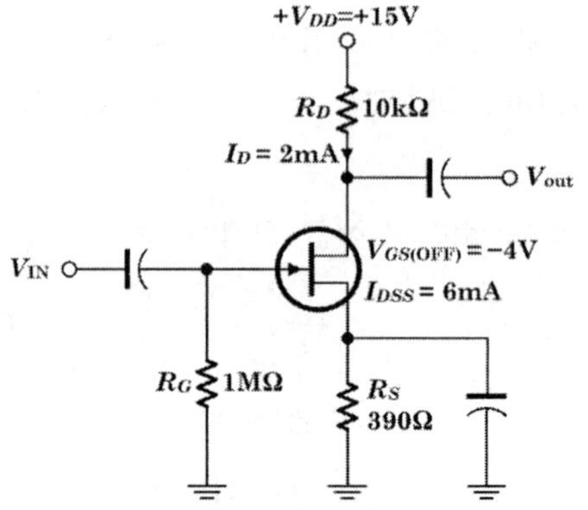

[그림 8-29] 자기 바이어스 JFET 회로

5. [그림 8-30]에 표시된 회로에서 다음을 계산하시오.

(a) V_G (b) V_S (c) V_{GS} (d) V_{DS}

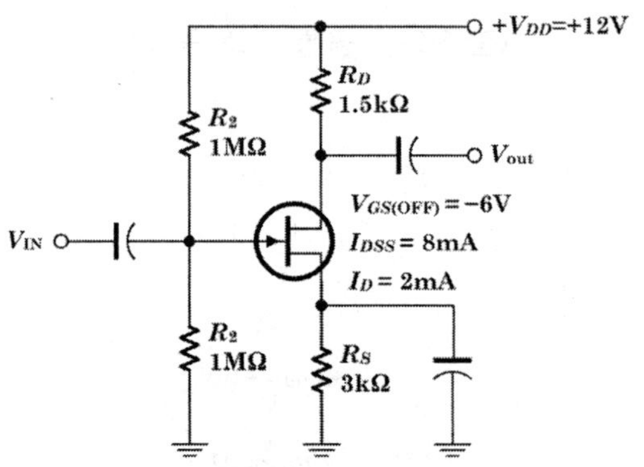

[그림 8-30] 전압분배기 바이어스 JFET

6. [그림 8-31]을 참조하시오.

(a) 회로의 구조는 무엇인가?

(b) 회로의 전압이득은 얼마인가?

(c) 이런 회로처럼 사용되는 회로는 무엇인가?

7. 만약 증가형 MOSFET의 전달 컨덕턴스 특성곡선이 [그림 8-32]에 표시된 것과 같다면 V_{GS}가 +5[V]일 때 얼마나 많은 양의 드레인 전류가 흐르는가?

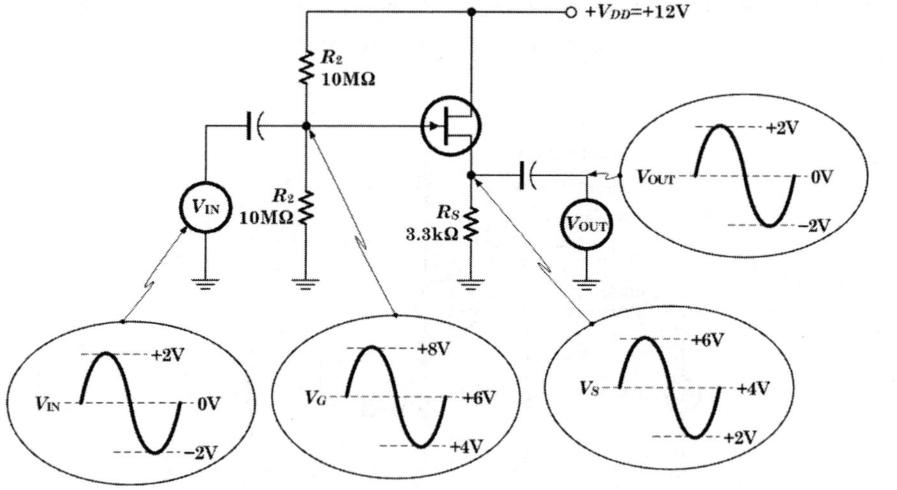

[그림 8-31] 아날로그 JFET 회로

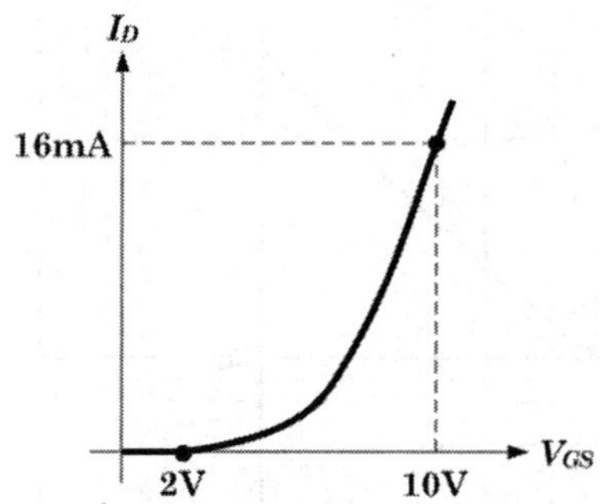

[그림 8-32]

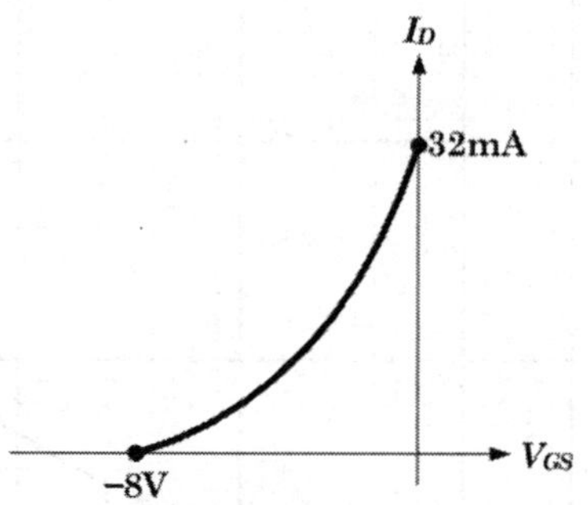

[그림 8-33]

8. 실온에서 n채널 JFET인 2N4220이 15[V]의 역방향 게이트 전압과 0.1[nA]의 역방향 게이트 전류를 가진다면 게이트 소스 저항은 얼마인가?

9. [그림 8-33]과 같이 표시된 특성곡선을 갖는 JFET의 전달 컨덕턴스 방정식을 구하시오. $V_{GS}=-4$[V]일 때 얼마나 큰 드레인 전류가 흐르는가? $V_{GS}=-2$[V]일 때 얼마의 드레인 전류가 흐르는가?

10. [그림 8-34(a)]는 자기 바이어스 회로를 표시하고 있고 [그림 8-34(b)]는 JFET의 전달 컨덕턴스 특성곡선을 표시하고 있다. I_D는 5.12[mA]이다. V_{GS}의 정지값은 얼마인가? 접지점에 대한 드레인 직류전압은 얼마인가?

11. [그림 8-35(a)]에서 $V_{GS}=-1$[V]이다. 드레인 전류의 정지값은 얼마인가? V_G, V_S, V_D의 직류전압값은 얼마인가?

12. [그림 8-35(b)]에서 정지 드레인 전류는 얼마인가? V_D값은 얼마인가?

13. JFET의 전달 컨덕턴스 특성곡선이 [그림 8-34(b)]처럼 표시된다. $V_{GS}=0$일 때의 대략적인 g_m값은 얼마인가? $V_{GS}=-2[V]$일 때의 g_m값은 얼마인가?

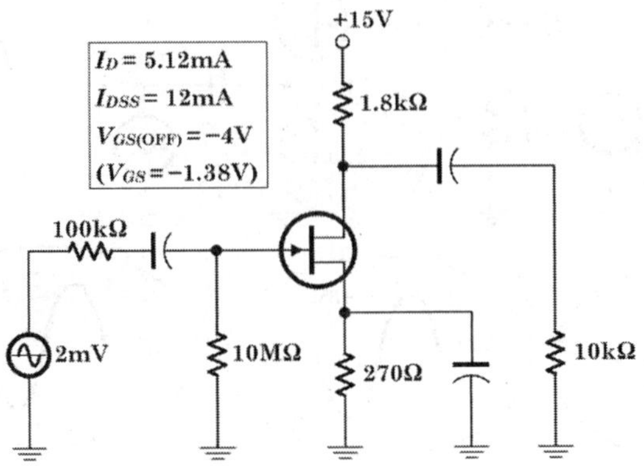

(a)

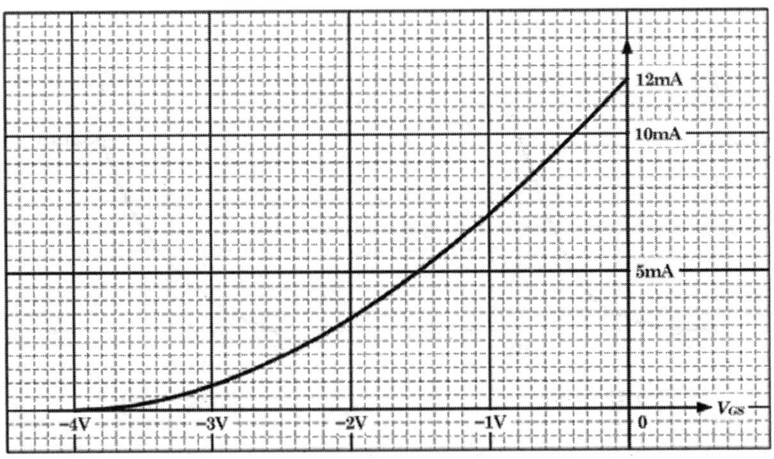

(b)

[그림 8-34]

14. JFET가 10[mA]의 I_{DSS}와 100,000[μS]의 g_{m0}를 가진다면 $V_{GS(\text{off})}$는 얼마인가?

15. [그림 8-35(a)]에서 $g_m=2100[\mu S]$라면 부하저항 양단에 걸리는 교류전압은 얼마인가?

16. [그림 8-36]에서 첫째 단의 JFET는 2850[μS]의 g_m을 갖고 둘째 단의 JFET 4275[μS]의 g_m을 가진다. 만약 $v_{\text{in}}=1[\text{mV}]$라면 v_{out}은 얼마인가?

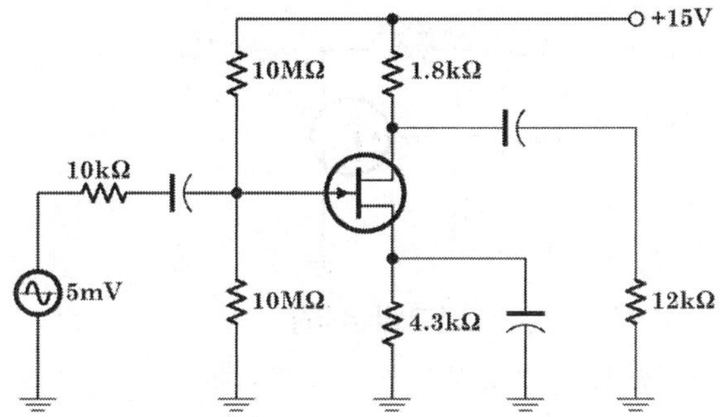

(a)

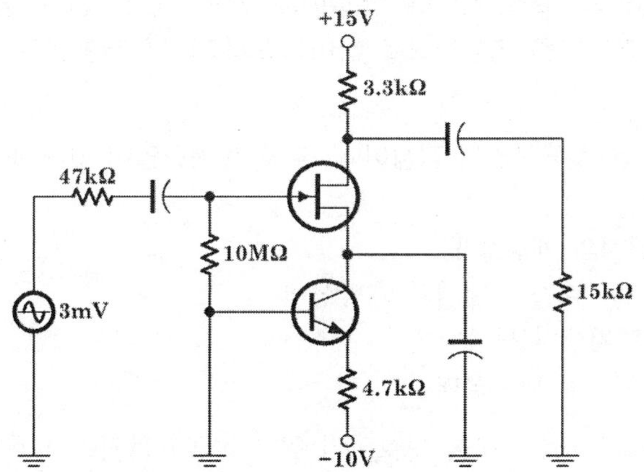

(b)

[그림 8-35]

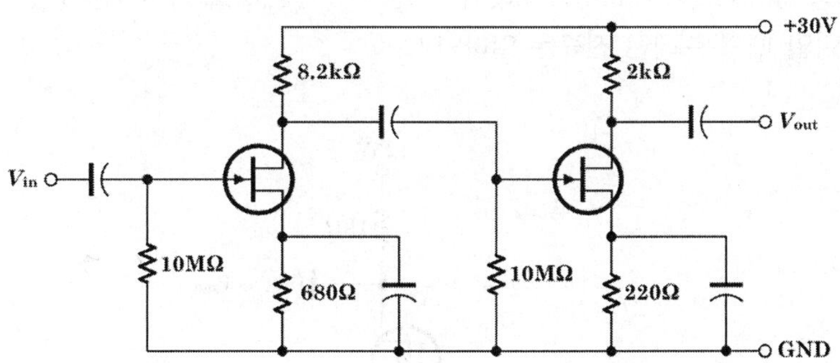

[그림 8-36]

17. [그림 8-37]에 표시된 JFET는 120[Ω]의 $r_{ds(on)}$을 가진다. 만약 $v_{in}=20$[mV]라면 V_{con}이 0일 때 V_{out}은 얼마인가? V_{con}이 $V_{GS(off)}$보다 더욱 negative로 된다면 V_{out}은 얼마인가?

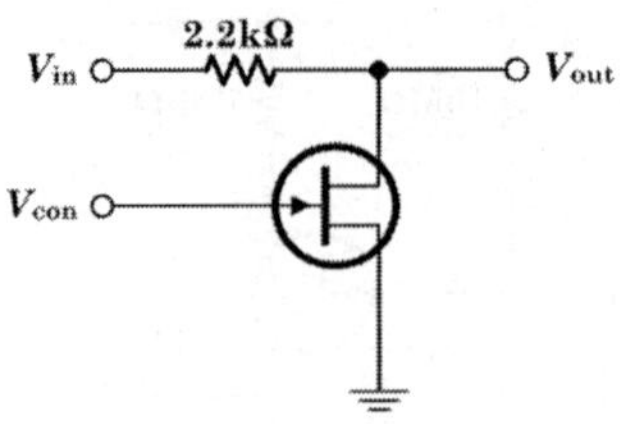

[그림 8-37]

18. 데이터 시트에 $r_{ds(on)}=200[\Omega]$ 기록된 JFET를 검사한다면 게이트와 소스를 단락시켜야 한다. 저항계를 드레인과 소스 사이에 연결했을 때의 대략적인 측정값은 얼마인가? 만약 1.5[V]의 건전지가 게이트를 역방향으로 바이어스시켰다면 저항계의 눈금은 증가하는가? 아니면 감소하는가?

19. [그림 8-36]에서 모든 직류전압이 정상이다. 교류 출력전압이 낮아진다면 다음 중 어느 고장이 발생된 것인가?

(a) 입력결합용 콘덴서의 개방상태
(b) 첫째단의 소스 바이패스 콘덴서의 개방상태
(c) 둘째단의 게이트 저항의 단락상태
(d) 둘째단의 드레인 저항 단락상태

20. JFET가 과도한 전류로부터 부하를 보호하기 위한 전류제한기로 사용된다. [그림 8-38]에서 JFET는 16[mA]의 I_{DSS}와 200[Ω]의 $r_{ds(on)}$을 가진다. 만약 부하가 갑자기 단락된다면 JFET 양단에 걸리는 전압과 부하전류는 얼마인가? 만약 부하가 10[Ω]의 저항을 가진다면 JFET 양단에 걸리는 전압과 부하전류는 얼마인가?

21. n채널 공핍형 MOSFET가 8[mA]의 I_{DSS}와 -4[V]의 $V_{GS(off)}$를 가진다면 $V_{GS}=-1$[V]일 때와 $V_{GS}=+1$[V]일 때의 드레인 전류는 얼마인가?

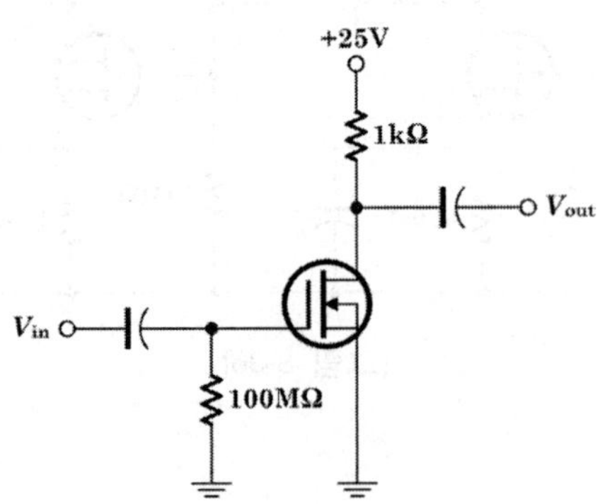

[그림 8-38]

22. [그림 8-39]에 표시된 MOSFET가 800[μS]의 g_m을 가진다면 증폭기의 입력 임피던스는 얼마인가? 무부하 상태의 전압이득은 얼마인가? 출력 임피던스는 얼마인가?

23. [그림 8-39]에서 직류 드레인 전압이 0이다. 다음 중 고장원인은 무엇인가?

(a) 드레인 저항 개방상태 (b) 드레인 저항 단락상태

(c) MOSFET 개방상태 (d) 게이트 저항 단락상태

해답

1. 2,000[MΩ]

2. 전달 컨덕턴스=2[mS], 전압이득=20

3. (a) $V_{GS}=-1$[V] (b) $I_D=1.5$[mA]

(c) $V_{DS}=5.5$[V] (d) $I_{D(\mathrm{MAX})}=6$[mA]

(e) Q점 = $V_{GS}=-1$[V], $I_D=1.5$[mA], $V_{DS}=5.5$[V]

4. (a) $V_S=780$[mV] (b) $V_{GS}=-780$[mV]

(c) $V_{DS}=10.22$[V]

5. (a) $V_G=3$[V] (b) $V_S=6$[V] (c) $V_{GS}=-3$[V]

(d) $V_{DS}=3$[V]

6. (a) 공통 드레인 회로 (b) 0.98

(c) 소스 폴로워, 이미터 폴로워(BJT)

7. 증가형 MOSFET이므로

$I_D=K[V_{GS}-V_{GS(\mathrm{off})}]^2$

식을 사용하면 된다.

$I_D=16$[mA], $V_{GS}=10$[V], $V_{GS(\mathrm{off})}=2$[V]를 대입하면 K는 2.5×7−4이 구해진다. 따라서 원식에 대입하고 계산하면 I_D는 2.25[mA]이다.

8. $R_{GS}=\dfrac{15\mathrm{V}}{0.1\times10^{-9}\mathrm{A}}=1.5\times10^{11}[\Omega]$

9. $I_{DSS}=32$[mA]이고 $V_{GS(\mathrm{off})}=-8$[V]이므로

$I_D=I_{DSS}\times\left[1-\dfrac{V_{GS}}{V_{GS(\mathrm{off})}}\right]^2$ 공식을 사용하면

$V_{GS}=-4$[V]일 때는 $I_D=8$[mA], $V_{GS}=-2$[V]일 때는 $I_D=18$[mA]이다.

10. $I_D=I_{DSS}\times\left[1-\dfrac{V_{GS}}{V_{GS(\mathrm{off})}}\right]^2$에서

$V_{GS}=-1.38$[V]가 구해진다.

($I_D=5.12$[mA], $I_{DSS}=12$[mA], $V_{GS(\mathrm{off})}=-4$[V])

또는 $V_{GS}=V_G-V_S=-I_D R_S$

$=-5.12\mathrm{mA}\times270\Omega=-1.38$[V]

가 구해진다.

$V_D=15\mathrm{V}-I_D R_D$

$=15\mathrm{V}-(5.12\mathrm{mA}\times1.8\times10^3\Omega)=5.78$[V]

11. $V_{TH}=\dfrac{10\mathrm{m}\Omega}{10\mathrm{m}\Omega+10\mathrm{m}\Omega}\times15\mathrm{V}=7.5$[V],

$I_D=\dfrac{V_{TH}-V_{GS}}{R_S}=\dfrac{7.5\mathrm{V}+1\mathrm{V}}{4.3\mathrm{K}\Omega}=1.98$[mA],

$V_S=V_{TH}-V_{GS}=7.5\mathrm{V}+1\mathrm{V}=8.5$[V],

$V_{TH}=V_G=7.5$[V],

$V_D=15\mathrm{V}-1.98\mathrm{mA}\times1.8\mathrm{k}\Omega=11.4$[V]

12. $V_E=10\mathrm{V}-0.7\mathrm{V}=9.3$[V],

$I_E=\dfrac{V_E}{R_E}=\dfrac{9.3\mathrm{V}}{4.7\mathrm{k}\Omega}=1.98$[mA],

$I_D\cong I_E=1.98$[mA],

$V_D=15\mathrm{V}-I_D R_D$

$=15\mathrm{V}-(1.98\mathrm{mA}\times3.3\mathrm{k}\Omega)=8.47$[V]

13. $g_m=\dfrac{\Delta I_D}{\Delta V_{GS}}$,

$g_{mo}=-\dfrac{2\mathrm{I_{DSS}}}{\mathrm{V_{GS(off)}}}=-\dfrac{2\times12\mathrm{mA}}{-4\mathrm{V}}=6000[\mu\mathrm{S}]$,

$g_m=g_{mo}\left[1-\dfrac{V_{GS}}{V_{GS(off)}}\right]$

$=6000\times10^{-6}\mathrm{S}\left[1-\dfrac{-2}{-4}\right]=3000[\mu\mathrm{S}]$

14. $V_{GS(off)}=\dfrac{-2I_{DSS}}{g_{m0}}$

$=\dfrac{-2\times10\times10^{-3}\mathrm{A}}{100{,}000\times10^{-6}\mathrm{S}}=-0.2$[V]

15. 무부하 상태의 전압이득은 −3.78이다.

$A=-g_m R_D=-2100\mu\mathrm{S}\times1.8\mathrm{k}\Omega=-3.78$,

$Z_{\mathrm{in}}=R_1\parallel R_2=10\mathrm{M}\Omega\parallel10\mathrm{M}\Omega=[\mathrm{M}\Omega]$,

$V_{\mathrm{in}}=\dfrac{5\mathrm{M}\Omega}{10\mathrm{M}\Omega+5\mathrm{M}\Omega}\times5\mathrm{mV}=4.902$[mV],

$Av_{\mathrm{in}}=-3.78\times4.902\mathrm{mV}=-18.5$[mV].

따라서 다음과 같다.

$V_{\mathrm{OUT}}=\dfrac{12\mathrm{k}\Omega}{12\mathrm{k}\Omega+1.8\mathrm{k}\Omega}\times(-18.5\mathrm{mV})$

$=-16.1$[mV]

해답

16. 첫 번째 JFET의 $g_m = 2850[\mu S]$, 두 번째 JFET의 $g_m = 4275[\mu S]$이고 $V_{in} = 1[mV]$이므로 V_{OUT}은 200[mV]가 된다. 첫 번째 JFET의 무부하 상태의 전압이득은 −23.37이다.

$A_1 = -g_m R_D = -2850\mu S \times 8.2k\Omega = -23.37$,

$Z_{in1} = 10[M\Omega]$이고

$A_1 V_1 = -23.37 \times 1mV = -23.37[mV]$이다.

두 번째 JFET의 무부하 상태의 전압이득은 −8.55이다.

$A_1 = -g_m R_D = -4275\mu S \times 2k\Omega = -8.55$,

$Z_{in2} = 8.2k\Omega \parallel 10M\Omega = 8.19[k\Omega]$이고

$V_2 = A_1 V_1 = -23.37 \times 1mV = -23.37[mV]$이다. 따라서 다음과 같다.

$$V_{out} = \frac{120\Omega}{2.21k\Omega + 120\Omega} \times 20mV = 1.03[mV],$$

$$V_{out} = A_2 V_2 = -8.55 \times (-23.37mV) = 200[mV]$$

17. $V_{con} = 20[mV]$일 때이다.

18. 게이트와 소스를 점퍼선으로 연결시키면 $V_{GS} = 0$으로 되므로 r_{ds}는 변화하지 않고 200[Ω]을 유지한다. 게이트를 1.5[V]로 역바이어스를 가하면 $r_{ds(on)}$은 증가한다.

19. (b)

20. (a) 부하가 단락되면 JFET는 활성영역에 있게 되고 $I_{DSS} = 16[mA]$이므로 부하전류는 16[mA]가 된다. 또한 전압 30[V]가 모두 JFET에 걸린다. (b) 부하가 10[kΩ]이면 부하전류는 2.94[mA]가 되고 JFET에 걸리는 전압은 $2.94mA \times 200\Omega = 0.29[V]$가 된다.

21. $$I_D = I_{DSS} \times \left[1 + \frac{V_{GS}}{V_{GS(off)}}\right]^2 = 8 \times 10^{-3} A \left[1 + \frac{V_{GS}}{4}\right]^2$$

이다. 따라서 $V_{GS} = -1[V]$일 때는 4.5[mA], $V_{GS} = +1[V]$일 때는 12.5[mA]가 된다.

22. $A_v = -g_m R_D = -8000\mu S \times 1k\Omega = -8$,

회로에서 입력 임피던스는 100[MΩ], 출력 임피던스는 1[kΩ]이다.

23. (a)

제 9 장

H 파라미터

- ❑ 9-1 4가지 파라미터 시스템 / 364
- ❑ 9-2 H 파라미터의 의미 / 366
- ❑ 9-3 해석공식 / 369
- ❑ 9-4 공통 이미터 회로 해석 / 373
- ❑ 9-5 공통 컬렉터 증폭기 해석 / 377
- ❑ 9-6 공통 베이스 증폭기 해석 / 379

하이브리드 파라미터(hybrid parameter) H는 트랜지스터 회로해석을 선형화하기 위한 진보된 수학적 접근방식으로 트랜지스터 증폭기의 정확한 전압이득, 전류이득, 입력 임피던스, 출력 임피던스를 구할 수 있다.

H 파라미터를 사용하면 계산에 많은 시간이 소비되지만 다음의 두 가지 조건을 만족한다면, 이런 접근방식은 아주 유용한 것이 될 것이다. 첫째는 가장 정확한 답을 필요로 하는 설계를 하는 경우이고, 둘째는 컴퓨터를 사용하는 경우이다.

컴퓨터는 절대적으로 필요한 것은 아니지만 H 파라미터를 설계하고 해석하는 데 있어서 사람이 갖는 실수나 권태를 줄일 수 있다.

9-1 | 4가지 파라미터 시스템

테브닌의 정리와 노턴의 정리는 [그림 9-1]에 표시된 것과 같은 2포트(port) 회로망에 적용시킬 수 있다. v_1은 입력 포트 양단에 걸리는 전압으로 입력 포트로 들어가는 전류 i_1을 설정한다. 교류 출력전압 v_2는 출력단에 나타나는 전압으로 교류 출력전류 i_2를 가진다. 정의에 의해서 포트 쪽으로 유입되는 방향의 전류는 +, 포트에서 나오는 방향의 전류는 −로 표시한다.

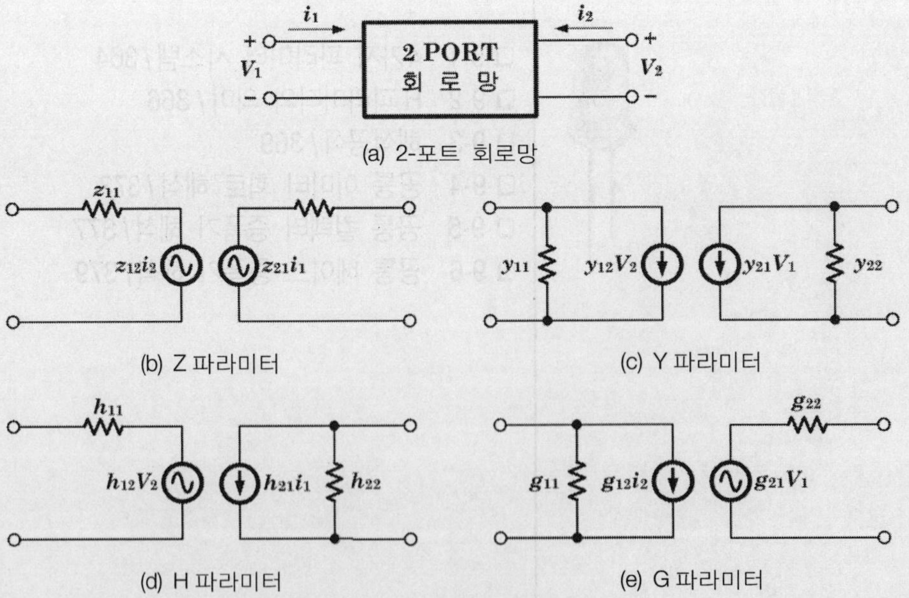

[그림 9-1]

Z 파라미터

회로가 오직 선형소자만 포함하고 있다면 [그림 9-1(b)]와 같은 교류 모델을 구하기 위해서 입·출력 포트에 테브닌의 정리를 적용시킬 수 있다. 어떤 포트에서 바라다보든지 간에 임피던스는 전압원과 직렬로 연결되어 있다. 교류 모델에서 키르히호프의 전압 법칙을 적용하면

$$v_1 = z_{11}i_1 + z_{12}i_2$$

$$v_2 = z_{21}i_1 + z_{22}i_2$$

로 표시되며 계수 z_{11}, z_{12}, z_{21}, z_{22}는 Z 파라미터라고 부른다.

Y 파라미터

만일 선형 회로망의 양측에 노턴의 정리를 적용시킨다면 [그림 9-1(c)]와 같은 등가 회로를 구할 수 있다. 이때 각 포트는 전류원에 의해서 분기된 어드미턴스로 구성된다. 이러한 교류 모델에서 키르히호프의 전압법칙을 적용하면

$$i_1 = y_{11}v_1 + y_{12}v_2$$

$$i_2 = y_{21}v_1 + y_{22}v_2$$

로 표시되며, 계수 y_{11}, y_{12}, y_{21}, y_{22}를 Y 파라미터라고 부른다. 어드미턴스 파라미터는 고주파에서 동작하는 트랜지스터 회로해석에 적용된다.

H 파라미터

만약 입력 포트에 테브닌의 정리를 적용하고 출력 포트에 노턴의 정리를 적용시킨다면 [그림 9-1(d)]와 같은 하이브리드 모델을 구할 수 있다. 입력 측은 임피던스 h_{11}이 전원전압 $h_{12}v_2$와 직렬로 연결되고, 출력 측은 어드미턴스 h_{22}에 의해서 전류원 $h_{21}i_1$이 분기되어 있다. 키르히호프의 전압법칙을 h 파라미터 모델에 적용하면

$$v_1 = h_{11}i_1 + h_{12}v_2$$

$$i_2 = h_{21}i_1 + h_{22}v_2$$

로 표시된다. 계수 h_{11}, h_{12}, h_{21}, h_{22}를 하이브리드 파라미터라고 부르며, 간단하게 H 파라미터라고 한다. 이것은 저주파에서 공통 이미터, 공통 컬렉터, 공통 베이스 증폭기의 해석에 사용된다.

G 파라미터

만약 노턴의 정리가 입력 포트에 적용되고 출력 포트에 테브닌의 정리가 적용된다면 [그림 9-1(e)]와 같은 교류 모델을 구할 수 있는데 입력 측은 전류원에 의해서 어드미턴스가 션트되어 있고, 출력 측은 전압원이 임피던스와 직렬로 연결된다. 키르히호프의 전압법칙을 적용하면

$$i_1 = g_{11}v_1 + g_{12}i_2$$

$$v_2 = g_{21}v_1 + g_{22}i_2$$

로 표시된다. 계수 g_{11}, g_{12}, g_{21}, g_{22}를 G 파라미터라 부른다.

9-2 | H 파라미터의 의미

트랜지스터 회로를 해석하는 4가지 시스템을 설명했는데 저주파에서 동작하는 트랜지스터의 해석에는 h 파라미터가 가장 적합하다. 따라서 이 장의 나머지 부분에서는 h 파라미터만을 사용하기로 한다.

[그림 9-2(a)]는 포트 전압과 포트 전류를 갖는 하이브리드 모델을 나타내고 있다. 포트의 전압은 그림에 표시된 것처럼 +, - 극성을 표시하고 전류도 포트로 유입되는 것을 +로 간주한다.

앞에서 표시한 대로 하이브리드 모델에 키르히호프의 전압법칙을 적용하면 식 (9-1)과 식 (9-2)로 표시된다.

$$v_1 = h_{11}i_1 + h_{12}v_2 \tag{9-1}$$

$$i_2 = h_{21}i_1 + h_{22}v_2 \tag{9-2}$$

입력 임피던스 $h_{11}(h_i)$

h_{11}과 h_{21}의 물리적인 의미를 이해하기 위해서 다음 과정에 따라서 해석한다. 출력단자는 교류단락으로 가정하면 $v_1 = 0$이 되며, 하이브리드 식은 식 (9-3)과 (9-4)로 표시된다.

$$v_1 = h_{11}i_1 \tag{9-3}$$

$$i_2 = h_{21}i_1 \tag{9-4}$$

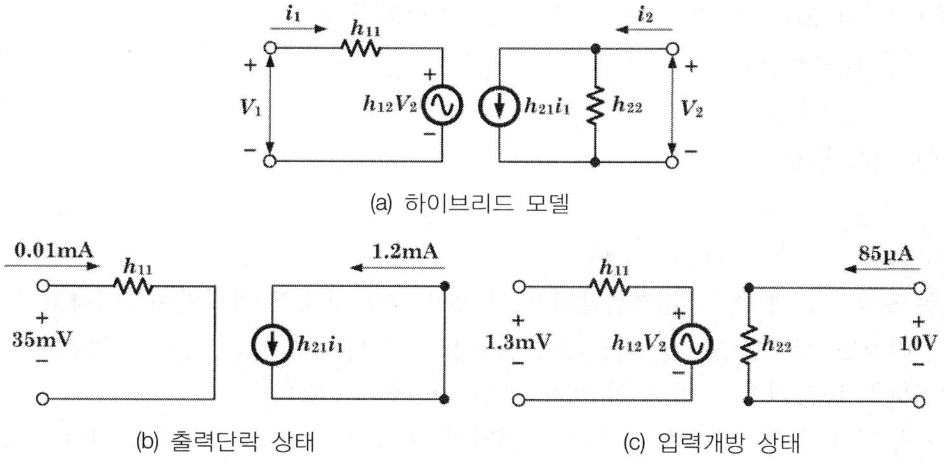

[그림 9-2]

식 (9–3)을 풀어 보면

$$h_{11} = \frac{v_1}{i_1}\bigg|_{v_2=0,\text{출력단락 상태}} \tag{9-5}$$

이것은 전류로 전압을 나눈 차원이므로 h_{11}은 출력이 단락된 상태의 회로망의 입력 임피던스로 [그림 9–2(b)]에 표시된 것과 같다.

▮ 전류이득 $h_{21}(h_f)$

식 (9–4)를 풀면

$$h_{21} = \frac{i_2}{i_1}\bigg|_{v_2=0,\ \text{출력단락 상태}} \tag{9-6}$$

이것은 입력전류에 대한 출력전류의 비이므로 h_{21}을 출력단락 상태의 전류이득이라고 부른다. $i_2 = 1.2[\text{mA}]$이고, $i_1 = 0.01[\text{mA}]$라고 가정하면

$$h_{21} = \frac{i_2}{i_1} = \frac{1.2\text{mA}}{0.01\text{mA}} = 120$$

이다. 여기서 h_{21}은 출력이 단락된 상태의 회로망의 전류이득으로 [그림 9–2(b)]에 표시된 것과 같다.

▮ 역전압이득 $h_{12}(h_r)$

h_{12}와 h_{22}의 의미는 무엇인가? 입력단자가 개방된다고 가정하면 $i_1 = 0$이고, 식

(9–1)과 식 (9–2)는 식 (9–7)과 식 (9–8)로 간략화된다.

$$v_1 = h_{12}v_2 \tag{9-7}$$

$$i_2 = h_{22}v_2 \tag{9-8}$$

식 (9–7)을 풀면

$$h_{12} = \left.\frac{v_1}{v_2}\right|_{i_1 = 0,\ \text{입력개방 상태}} \tag{9-9}$$

h_{12}는 출력전압에 대한 입력전압의 비로 입력개방 상태의 역전압이득이라고 부른다. 다시 말하자면 신호발생기를 이용해서 출력을 구동시키고 입력 측으로 귀환되는 신호를 측정하면 입력개방 상태의 역전압이득을 계산할 수 있다.

예를 들어서 출력 포트를 구동하는 전압이 10[V]이고, 입력 포트에 나타난 전압이 1.3[mV]라면

$$h_{12} = \frac{v_1}{v_2} = \frac{1.3\text{mV}}{10\text{V}} = 1.3 \times 10^{-4}$$

이다. 보다시피 역전압이득 h_{12}는 매우 적은 값이다. 따라서 h_{12}는 역방향으로는 회로가 잘 동작하지 않는다는 것을 의미한다. h_{12}는 입력개방 상태의 역방향이득으로 [그림 9–2(c)]와 같이 표시된다.

출력 어드미턴스 $h_{22}(h_o)$

식 (9–8)을 풀면 식 (9–10)을 얻을 수 있다.

$$h_{22} = \left.\frac{i_2}{v_2}\right|_{i_1 = 0,\ \text{입력개방 상태}} \tag{9-10}$$

h_{22}는 출력전압에 대한 입력전류의 비로 입력개방 상태의 출력 어드미턴스라고 부른다. 예를 들면 $i_2 = 85[\mu\text{A}]$, $v_2 = 10[\text{V}]$라고 가정하면

$$h_{22} = \frac{i_2}{v_2} = \frac{85\mu\text{A}}{10\text{V}} = 8.5[\mu\text{s}]$$

가 된다[S는 지멘스(simens) 혹은 모스(mhos)를 표시하며, 옴(ohms)의 역수이다]. [그림 9–2(c)]에서 h_{22}는 어드미턴스이다.

H 파라미터의 측정

트랜지스터의 출력 측의 양단을 교류적으로 단락시키거나 입력을 교류적으로 개방시키는 것은 실험실에서 쉽게 만들 수 있기 때문에 제작자들이 트랜지스터의 소신호 특성을 H 파라미터로 측정해서 스펙을 제공하고 있다.

예를 들자면 1[mA]의 컬렉터 전류를 갖는 2N3904 공통 이미터 회로의 h 파라미터는 다음과 같다.

$$h_{11} = 3.5[\text{k}\Omega],\ h_{12} = 1.3\times 10^{-4},\ h_{21} = 120,\ h_{22} = 8.5[\mu\text{s}]$$

h_{22}는 곡선추적기(curve tracer)에서 볼 수 있는 컬렉터 특성곡선의 기울기와 같다. 컬렉터 특성곡선의 수평부분에서 임의의 두 점을 선택했을 때 전류변화의 비와 전압변화의 비는 h_{22}가 된다. 컬렉터 특성곡선이 좀 더 수평적으로 된다면 $2h_{22}$의 크기는 감소하게 되고 컬렉터 전류원은 아주 높은 임피던스를 갖게 된다.

예제 9-1 $h_{11} = 10[\text{k}\Omega]$, $h_{12} = 0.5$, $h_{21} = 100$, $h_{22} = 2[\text{mS}]$, $i_1 = 1[\text{mA}]$, $v_2 = 2[\text{V}]$라고 가정할 때 v_1과 i_2는 어떻게 구해지는가?

풀이 $v_1 = h_{11}i_1 + h_{12}v_2 = 10\text{k}\Omega \times 1\text{mA} + 0.5\times 2\text{V} = 11[\text{V}]$

$i_2 = h_{21}i_1 + h_{22}v_2 = 100\times 1\text{mA} + 2\text{mS}\times 2\text{V} = 104[\text{mA}]$

9-3 | 해석공식

[그림 9-3(a)]는 2-포트 회로망을 구동하는 임피던스 r_S를 가지고 있으며 출력이 부하저항 r_L에 연결된 전압원 v_s를 표시하고 있다. 테브닌 교류저항이 입력단자를 구동시키고 부하저항 r_L은 출력단자에 연결된 교류 부하저항과 등가이다.

만약 트랜지스터의 h 파라미터를 알고 있다면 정확한 전류이득, 전압이득, 입력 임피던스, 출력 임피던스를 구할 수 있다. 이 절의 예제로 1[mA]의 동작전류를 갖는 공통 이미터 회로에서 2N3904의 h 파라미터를 사용한다.

전류이득

[그림 9-3(a)]에서

$$A_i = \frac{i_2}{i_1} \tag{9-11}$$

이다. 여기서 A_i는 전류이득, i_2는 교류출력전류, i_1은 교류입력전류를 의미한다. i_1과 i_2는 부하상태에서의 전류임을 명심하라. 이런 전류값들은 앞에서 구했던 출력단락 상태의 전류값과는 차이가 있다.

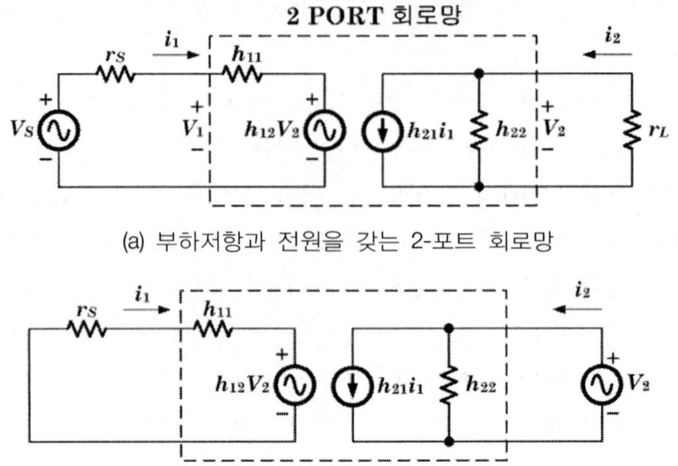

(a) 부하저항과 전원을 갖는 2-포트 회로망

(b) 출력 임피던스를 구동하기 위한 출력 측 구동

[그림 9-3]

식 (9−2)를 식 (9−11)로 다시 쓰면

$$A_i = \frac{h_{21}i_1 + h_{22}v_2}{i_1} = h_{21} + h_{22}\frac{v_2}{i_1}$$

로 구해진다. 여기서 [그림 9−3(a)]를 살펴보면

$$v_2 = -i_2 r_L$$

임을 알 수 있다. 이 값을 식에 대입시키면

$$A_i = h_{21} - h_{22}\frac{i_2 r_L}{i_1} = h_{21} - A_i h_{22} r_L$$

이 된다. 여기서 전류이득 A_i를 구하면 식 (9−12)가 구해진다.

$$A_i = \frac{h_{21}}{1 + h_{22}r_L} \tag{9-12}$$

예를 들어서

$$h_{21} = 120,\ h_{22} = 8.5[\mu s],\ r_L = 3.6[k\Omega]$$

이라고 가정하면 전류이득은 116이다.

$$A_i = \frac{h_{21}}{1 + h_{22}r_L} = \frac{120}{1\ +\ (8.5 \times 10^{-6} \times 3.6 \times 10^3)} = 116$$

이 예제에서 사용된 h값은 1[mA]의 직류 컬렉터 전류를 갖는 2N3904의 h 파라미터이다. 부하상태의 2N3904의 전류이득은 출력단락 상태에서 갖는 전류이득보다 작다는 것을 확인할 수 있다(116대 120).

전류원의 출력 임피던스를 고려해 보자. 앞 장에서는 컬렉터 전류원을 이상적으로 취급했다. 이제 출력 어드미턴스 h_{22}를 사용함으로써 전원 임피던스를 포함시킬 수 있다. h_{22}의 역을 구하면 118[kΩ]의 임피던스가 된다.

$$\frac{1}{h_{22}} = \frac{1}{8.5\mu s} = 118[\mathrm{k\Omega}]$$

이것은 8.5[μs]의 출력 어드미턴스는 118[kΩ]의 출력 임피던스와 같다는 의미이다. 이런 임피던스가 전류원의 전류를 shunt시켜서 전류이득을 약간 적게 한다.

전압이득

[그림 9-3(a)]에서

$$A_v = \frac{v_2}{v_1}$$

이다. 여기서 A_v는 전압이득, v_2는 교류 출력전압, v_1은 교류 입력전압을 의미한다. 식 (9-1)에서

$$A_v = \frac{v_2}{h_{21}i_1 + h_{22}v_2} = \frac{-i_2 r_L}{h_{11} - h_{12}i_2 r_L}$$

로 구해진다. 분모와 분자를 i_2로 나누면

$$A_v = \frac{-r_L}{(h_{11}/A_i) - h_{12}r_L}$$

이 된다. 식 (9-12)를 사용해서 위 식을 다시 정리하면 식 (9-13)을 구할 수 있다.

$$A_v = \frac{-h_{21}r_L}{h_{11} + (h_{11}h_{22} - h_{12}h_{21})r_L} \tag{9-13}$$

예를 들어서 앞에서 주어진 2N3904의 h 파라미터를 사용하고 부하저항을 3.6[kΩ]이라고 가정하면,

$$h_{11}h_{22} - h_{12}h_{21} = 3.5\times10^3\times8.5\times10^{-6} - 1.3\times10^{-4}\times120 = 0.0142$$

이므로

$$A_v = \frac{-h_{21}r_L}{h_{11} + (h_{11}h_{22} - h_{12}h_{21})r_L} = \frac{-(120\times3600)}{3500 + (0.0412\times3600)} = -121.7$$

이 구해진다. 여기서 '–' 부호는 위상이 반전된다는 사실을 나타낸다.

입력 임피던스

부하가 걸린 2-포트 회로망의 입력 임피던스는

$$z_{\mathrm{in}} = \frac{v_1}{i_1} = \frac{h_{11}i_1 + h_{12}v_2}{i_1} = h_{11} + \frac{h_{12}v_2}{i_1}$$

이다. $v_2=-i_2r_L$이므로

$$z_{in}=h_{11}-\frac{h_{12}i_2r_L}{i_1}=h_{11}-A_ih_{12}r_L$$

이 되고, 식 (9-12)를 사용해서 위 식을 정리하면 식 (9-14)가 구해진다.

$$z_{in}=h_{11}-\frac{h_{12}h_{21}r_L}{1+h_{22}r_L} \tag{9-14}$$

예를 들어서 앞에서 주어진 2N3904의 h 파라미터를 사용하고 부하저항이 3.6[kΩ]이라고 가정하면 다음과 같다.

$$z_{in}=h_{11}-\frac{h_{12}i_2r_L}{1+h_{22}r_L}$$

$$=3.5\text{k}\Omega-\frac{(1.3\times10^{-4}\times120\times3.6\times10^3)}{1+8.5\times10^{-6}\times3.6\times10^3}=3.45[\text{k}\Omega]$$

▌출력 임피던스

출력 임피던스를 구하기 위해서 [그림 9-3(b)]에 표시된 것처럼 전원전압을 0[V]까지 감소시킨다. 이런 경우 출력단자는 v_2의 신호에 의해서 구동된다. v_2에 대한 i_2의 비가 2-포트 회로망의 출력 임피던스이다. 출력 임피던스는 식 (9-15)와 같다.

$$z_{out}=\frac{v_2}{i_2}=\frac{v_2}{h_{21}i_1+h_{22}v_2} \tag{9-15}$$

입력 측에 옴의 법칙을 적용하면

$$i_1=\frac{-h_{12}v_2}{r_s+h_{11}}$$

이다. 식 (9-15)에 대입해서 위 식을 다시 정리하면 식 (9-16)을 얻을 수 있다.

$$z_{out}=\frac{r_s+h_{11}}{(r_s+h_{11})h_{22}-h_{12}h_{21}} \tag{9-16}$$

앞에서 주어진 h 파라미터를 사용하고 전원저항이 1[kΩ]이라고 가정하면,

$$z_{out}=\frac{1\text{k}\Omega+3.5\text{k}\Omega}{(4.5\text{k}\Omega\times8.5\times10^{-6})-(1.3\times10^{-4}\times120)}=199[\text{k}\Omega]$$

이다.

9-4 | 공통 이미터 회로 해석

트랜지스터의 h 파라미터는

출력단락 상태의 입력 임피던스 $h_i = h_{11}$

입력개방 상태의 역전압 이득 $h_r = h_{12}$

출력단락 상태의 순방향 전류이득 $h_f = h_{21}$

입력개방 상태의 출력 어드미턴스 $h_o = h_{22}$

로 표시된다. 이것을 잘 기억하기 위해서 첨자가 의미하는 단어를 잘 이해해야 한다.

i = input, r = reverse, f = forward, o = output

트랜지스터의 h 파라미터는 공통 컬렉터, 공통 이미터, 공통 베이스와 같이 어떤 접속을 하느냐에 따라서 달라진다. 문자 e는 공통 이미터 연결을, 문자 c는 공통 컬렉터 연결을, 문자 b는 공통 베이스 연결을 의미한다.

〈표 9-1〉 관 계 식

일반적인 표시	공통 이미터	공통 컬렉터	공통 베이스
h_{11}	h_{ie}	h_{ic}	h_{ib}
h_{12}	h_{re}	h_{rc}	h_{rb}
h_{21}	$h_{fe}(\beta)$	h_{fc}	$h_{fb}(\alpha)$
h_{22}	h_{oe}	h_{oc}	h_{ob}

〈표 9-1〉은 일반적으로 사용되는 트랜지스터의 h 파라미터를 요약한 것이다. 공통 이미터 연결에서는 h_{ie}, h_{re}, h_{fe}, h_{oe}로 표시된다.

예를 들면 1[mA] 컬렉터 동작전류를 갖는 2N3904의 h 파라미터를 기록한 데이터 시트에는

$$h_{ie} = 3.5[\mathrm{k\Omega}],\ h_{re} = 1.3 \times 10^{-4},\ h_{fe} = 120,\ h_{oe} = 8.5[\mu\mathrm{s}]$$

로 표시되어 있다.

공 식

공통 이미터 증폭기의 h 파라미터 공식은 다음과 같이 표시된다.

$$A_i = \frac{h_{fe}}{1 + h_{oe} r_L} \tag{9-17}$$

$$A_v = \frac{-h_{fe} r_L}{h_{ie} + (h_{ie} h_{oe} - h_{re} h_{fe}) r_L} \tag{9-18}$$

$$z_{\text{in}} = h_{ie} - \frac{h_{re} h_{fe} r_L}{1 + h_{oe} r_L} \tag{9-19}$$

$$z_{\text{out}} = \frac{r_s + h_{ie}}{(r_s + h_{ie}) h_{oe} - h_{re} h_{fe}} \tag{9-20}$$

H 파라미터의 변화

h 파라미터는 Q점에 따라서 달라진다. [그림 9-4(a)]는 2N3904의 일반적인 h_{ie}값을 표시하고 있다.

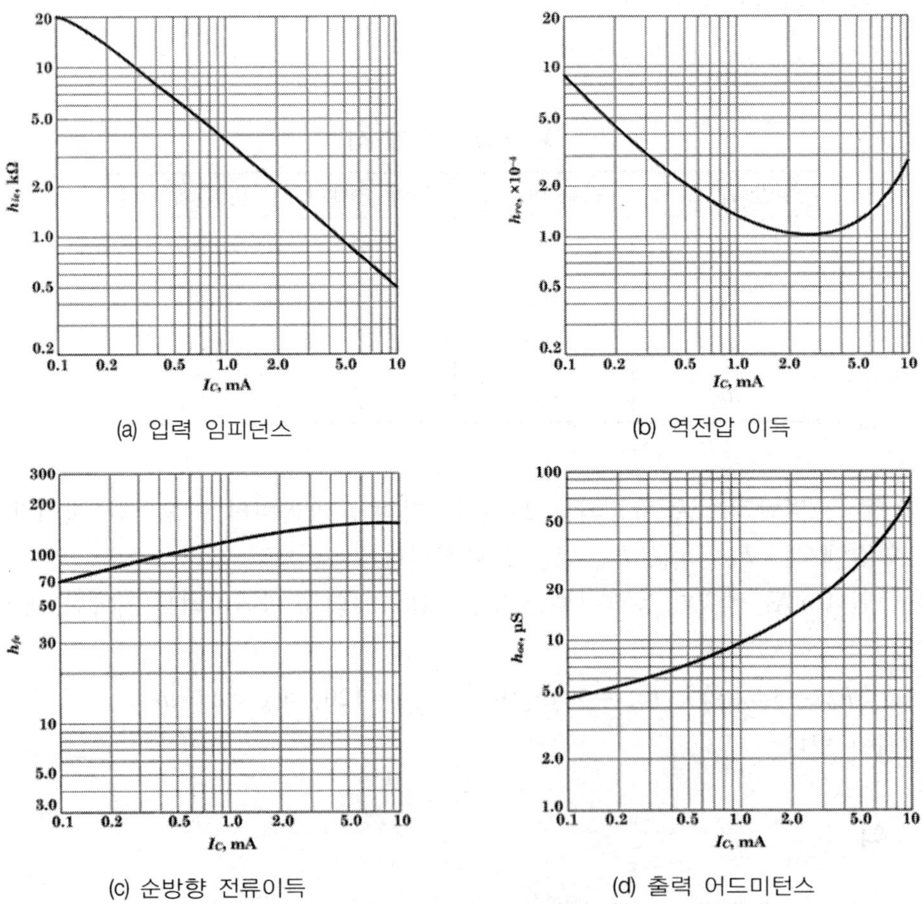

[그림 9-4] 파라미터 그래프

그림에 표시된 것처럼 동작점의 컬렉터 전류가 증가하면 h_{ie}는 감소한다. 컬렉터 전류가 1[mA]일 때 h_{ie}는 대략 3.5[kΩ]이 된다.

이미 앞에서 설명했던 얼리 효과를 다시 회상하면 컬렉터 전압이 증가할 때 베이스 전류는 감소하게 된다. 이것은 출력회로가 입력회로에 영향을 미친다는 것을 의미한다. 따라서 역전압 이득 h_{re} 얼리 효과를 측정한 것과 같다는 것을 알 수 있다.

[그림 9-4(b)]는 2N3904의 h_{re}가 변화하는 것을 표시한 것으로 역전압이득이 대략 2[mA]의 전류에서 최소가 된다는 것을 유의해야 한다. 이런 컬렉터 전류의 위아래에서 h_{re}가 증가하는데 이것은 얼리 효과가 커진다는 의미이다. 이미 앞에서 언급했던 것처럼 h_{fe}는 β와 같은 값이다.

[그림 9-4(c)]는 h_{fe}의 변화를 표시하고 있다. I_C가 0.1[mA]에서 10[mA]까지 변화하는 동안 h_{fe}가 어떻게 변화하는가를 유의해야 한다. 비록 그림에는 표시되지 않았지만 h_{fe}는 어떤 높은 전류에서 최대가 되었다가 다시 감소하게 된다.

끝으로 [그림 9-4(d)]는 동작점의 컬렉터 전류가 갖는 h_{oe}의 변화를 표시하고 있다. 출력 어드미턴스 h_{oe}는 높은 컬렉터 전류에서 증가한다. 이것은 컬렉터 전류가 증가할 때 전류원의 출력 임피던스가 감소한다는 뜻이다.

이미터 다이오드의 교류저항

이미 $\beta = h_{fe}$라는 것은 알고 있는 사실이며, h_{ie}는 출력이 단락된 상태의 공통 이미터 트랜지스터의 입력 임피던스라는 것도 알고 있다. 또한 공통 이미터 트랜지스터의 $z_{in(base)}$가 $\beta r_e'$와 같다는 사실도 알고 있다. 이와 같은 사실을 연결 지으면

$$h_{ie} = \beta r_e' = h_{fe} r_e'$$

로 쓸 수 있고

$$r_e' \cong \frac{h_{ie}}{h_{fe}} \qquad (9\text{-}21)$$

로 표시된다. 식 (9-21)은 h 파라미터와 r_e'가 관계를 가지고 있기 때문에 매우 유용하게 사용되는 공식으로 데이터 시트에 꼭 기록되어 있는 물리량이다.

예를 들면 2N3904는 $I_C = 1[\text{mA}]$에서 $h_{ie} = 3.5[\text{k}\Omega]$, $h_{fe} = 120$이므로

$$r_e' = \frac{3.5\text{k}\Omega}{120} = 29.2[\Omega]$$

이다. 이것은 이상적인 저항 25[Ω]보다 조금 큰 크기이지만(25대 29.2), 이런 오차가 발생되는 것은 2N3904의 접합이 비선형 특성을 갖기 때문이다.

지금까지는 r_e'를 $25\text{mV}/I_E$로 계산했으나 식 (9-21)은 소신호 트랜지스터용 데이터

시트에 기록된 h 파라미터를 사용해서 계산하게 되므로 좀 더 정확한 r_e'를 구할 수 있다. 이런 값들은 앞 장에서 간단한 근사법을 사용해서 구한 값들보다 더 정확한 값을 제공해 준다.

예를 들면 $I_C = 1[\mathrm{mA}]$이고, $R_C = 5[\mathrm{k\Omega}]$이라고 가정하면 이상적인 전압이득은

$$A_v = -\frac{5000\Omega}{25\Omega} = -200$$

이다. 여기서 식 (9-21)을 사용하면 r_e'는 29.2[Ω]이 된다. 따라서 정확한 전압이득은

$$A_v = -\frac{5000\Omega}{29.2\Omega} = -171$$

이 된다. 여기서 식 (9-18)을 사용해서 아주 정확한 전압이득을 계산하면

$$A_v = \frac{-120 \times 5000\Omega}{3500\Omega + (0.0142 \times 5000\Omega)} = -168$$

이 된다.

예제 9-2 [그림 9-5(a)]의 회로에서 파라미터를 사용해서 전압이득, 입력 임피던스, 출력 임피던스를 구하시오.

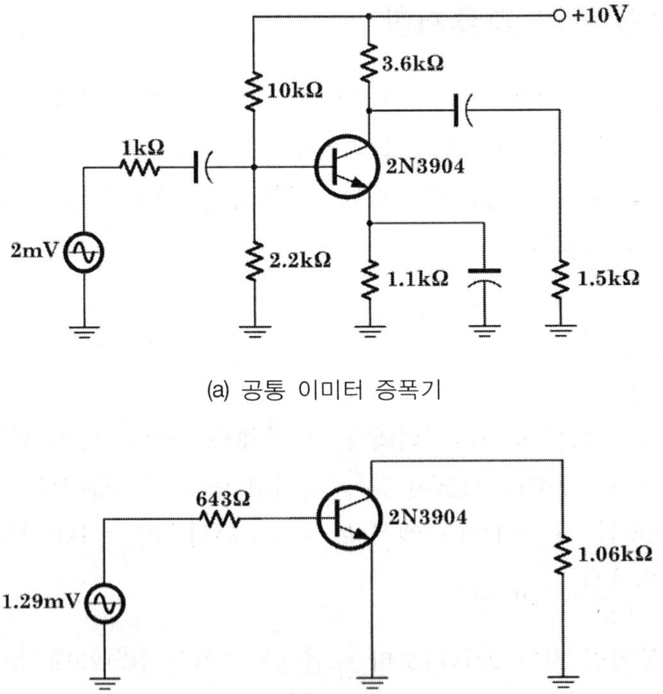

(a) 공통 이미터 증폭기

(b) 교류 등가회로

[그림 9-5]

풀이 직류 이미터 전류는 대략 1[mA]이다. 따라서 2N3904의 일반적인 h 파라미터 값을 데이터 시트에서 읽으면 $h_{ie}=3.5[\mathrm{k}\Omega]$, $h_{re}=1.3\times10^{-4}$, $h_{fe}=120$, $h_{oe}=8.5[\mu\mathrm{s}]$이다. 이것은 트랜지스터 자체에만 적용할 수 있는 값들이다.

h 파라미터를 사용하고자 할 때 기본적인 접근방법은 [그림 9-5(b)]에 표시한 것처럼 베이스를 구동시키는 회로를 테브닌화하는 일이다. 여기서 r_S는 643[Ω]이다. 이와 유사하게 교류 부하저항 r_L이 3.6[kΩ]과 1.5[kΩ]의 합성저항이 1.06[kΩ]이 된다.

이제 [그림 9-5(b)]의 트랜지스터는 h 파라미터를 사용할 수 있는 2-포트 회로망처럼 동작한다. 따라서 식 (9-18)을 이용해서 전압이득을 구할 수 있다.

$$A_v=\frac{-120\times1060\Omega}{3500\Omega+(0.0142\times1060\Omega)}=-36.2$$

식 (9-19)로부터 z_{in}을 구하면

$$z_{\mathrm{in}}=3.5\mathrm{k}\Omega-\frac{1.3\times10^{-4}\times120\times1060\Omega}{1+(8.5\times10^{-6}\times1060\Omega)}=3.48[\mathrm{k}\Omega]$$

식 (9-20)으로부터 z_{out}을 구하면 다음 식과 같다.

$$z_{\mathrm{out}}=\frac{643\Omega+3500\Omega}{(4143\times8.5\times10^{-6})-(1.3\times10^{4}\times120)}=211[\mathrm{k}\Omega]$$

9-5 | 공통 컬렉터 증폭기 해석

이미터 폴로워를 해석하기 위해서는 공통 컬렉터 증폭기의 h 파라미터인 h_{ic}, h_{rc}, h_{fc}, h_{oc}를 사용해야 한다. 앞에서 이미 유도한 공식에 h 파라미터를 대입하면 식 (9-22), (9-23), (9-24), (9-25)를 얻을 수 있다.

$$A_i=\frac{h_{fc}}{1+h_{oc}r_L} \tag{9-22}$$

$$A_v=\frac{-h_{fc}r_L}{h_{ic}+(h_{ic}h_{oc}-h_{rc}h_{fc})r_L} \tag{9-23}$$

$$z_{\mathrm{in}}=h_{ic}-\frac{h_{rc}h_{fc}r_L}{1+h_{oc}r_L} \tag{9-24}$$

$$z_{\mathrm{out}}=\frac{r_s+h_{ic}}{(r_s+h_{ic})h_{oc}-h_{rc}h_{fc}} \tag{9-25}$$

이런 식을 사용하면 이미터 폴로워의 입력 임피던스, 전압이득, 출력 임피던스를 정확하게 계산할 수 있다. 그러나 한 가지 가벼운 문제점에 있는데, 그것은 데이터 시트에는 공통 이미터의 h 파라미터만 기록되어 있기 때문에 이미터 폴로워에서 사용하기

위해서는 다음의 변환과정을 거쳐야 한다.

$$h_{ic} = h_{ie},\ h_{rc} = 1 - h_{re},\ h_{fc} = -(1 + h_{fe}),\ h_{oc} = h_{oe}$$

예제 9-3 [그림 9-6(a)]에 표시된 공통 컬렉터 증폭기(이미터 폴로워)의 정확한 전류이득, 전압이득, 입력 임피던스, 출력 임피던스를 계산하시오.

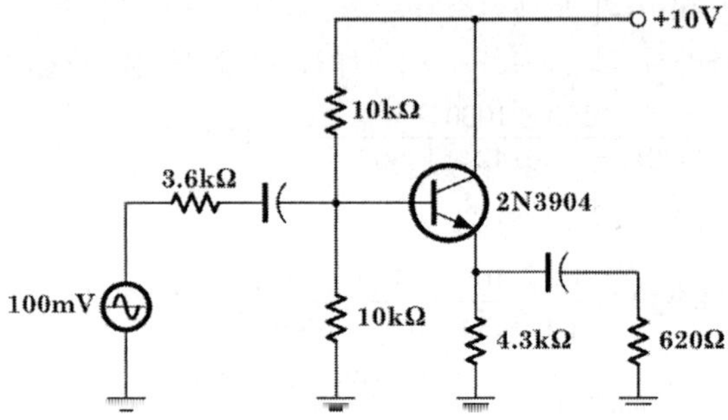

(a) 공통 컬렉터 증폭기

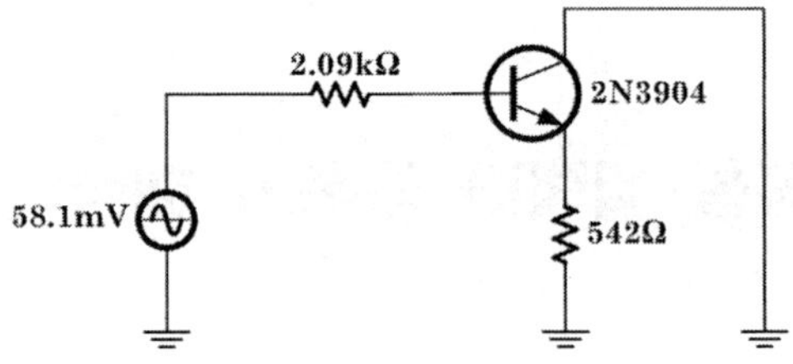

(b) 교류 등가회로

[그림 9-6]

풀이 2N3094는 동작점에서 대략 1[mA]의 컬렉터 전류를 갖는 일반적인 공통 이미터의 h 파라미터는 $h_{ie} = 3.5[\text{k}\Omega]$, $h_{re} = 1.3 \times 10^{-4}$, $h_{fe} = 120$, $h_{oe} = 8.5[\mu\text{s}]$이다. 이 식을 변환과정을 통해서 변환하면

$$h_{ic} = h_{ie} = 3.5[\text{k}\Omega],\ h_{rc} = 1 - h_{re} = 1 - 1.3 \times 10^{-4} \cong 1,$$

$$h_{fc} = -(1 + h_{fe}) = -(1 + 120) = -121,\ h_{oc} = h_{oe} = 8.5[\mu\text{s}]$$

이다. 베이스 회로를 테브닌화하고 출력저항을 연결하면 [그림 9-6(b)]와 같은 등가회로를 구할 수 있다. 식 (9-22), (9-23), (9-24), (9-25)를 사용하면 다음을 계산할 수 있다.

$$A_i = \frac{-121}{1 + (8.5 \times 10^{-6} \times 542)} = -120$$

$$h_{ic} h_{oc} - h_{rc} h_{fc} = (3.5 \times 10^3 \times 8.5 \times 10^{-6}) - 1 \times (-121) = 121$$

$$A_v = \frac{121 \times 542}{3500 + (121 \times 542)} = 0.949$$

$$z_{\rm in} = 3.5\text{k}\Omega - \frac{(-121)\times 542}{1+(8.5\times 10^{-6}\times 542)} = 68.8[\text{k}\Omega]$$

$$z_{\rm out} = \frac{2.09\text{k}\Omega + 3.5\text{k}\Omega}{(5590\times 8.5\times 10^{-6})+120} = 46.2[\Omega]$$

9-6 | 공통 베이스 증폭기 해석

공통 베이스 증폭기를 해석하기 위해서는 공통 베이스 증폭기 파라미터인 h_{ib}, h_{rb}, h_{fb}, h_{ob}가 필요하게 되어 전류이득, 전압이득, 입력 임피던스, 출력 임피던스 공식은 식 (9-26), (9-27), (9-28), (9-29)와 같다.

$$A_i = \frac{h_{fb}}{1+h_{ob}r_L} \tag{9-26}$$

$$A_v = \frac{-h_{fb}r_L}{h_{ib}+(h_{ib}h_{ob}-h_{rb}h_{fb})r_L} \tag{9-27}$$

$$z_{\rm in} = h_{ib} - \frac{h_{rb}h_{fb}r_L}{1+h_{ob}r_L} \tag{9-28}$$

$$z_{\rm out} = \frac{r_s+h_{ib}}{(r_s+h_{ib})h_{ob}-h_{rb}h_{fb}} \tag{9-29}$$

공통 이미터 파라미터 h_e를 공통 베이스 파라미터 h_b로 변환시키기 위해서 다음의 변환공식을 사용하면 식 (9-30), (9-31), (9-32), (9-33)을 얻을 수 있다.

$$h_{ib} = \frac{h_{ie}}{(1+h_{fe})(1-h_{re})+h_{ie}h_{oe}} \tag{9-30}$$

$$h_{rb} = \frac{h_{ie}h_{oe}-h_{re}(1+h_{fe})}{(1+h_{fe})(1-h_{re})+h_{ie}h_{oe}} \tag{9-31}$$

$$h_{fb} = \frac{-h_{fe}(1-h_{re})-h_{ie}h_{oe}}{(1+h_{fe})(1-h_{re})+h_{ie}h_{oe}} \tag{9-32}$$

$$h_{ob} = \frac{h_{oe}}{(1+h_{fe})(1-h_{re})+h_{ie}h_{oe}} \tag{9-33}$$

예제 9-4 [그림 9-7(a)]에 표시된 공통 베이스 증폭기의 전류이득, 전압이득, 입력 임피던스, 출력 임피던스를 계산하시오.

풀이 동작점의 컬렉터 전류는 대략 1[mA]이다. 따라서 앞에서 사용한 공통 이미터 파라미터를 이용한다.

$$(1+h_{fe})(1-h_{re})+h_{ie}h_{oe}=(1+120)(1-0.00013)+(3500\times 8.5\times 10^{-6})=121$$

이므로

$$h_{ib}=\frac{3500[\Omega]}{121}28.9[\Omega]$$

$$h_{rb}=\frac{(3500\times 8.5\times 10^{-6})-1.3\times 10^{-4}\times(1+120)}{121}=1.16\times 10^{-4}$$

$$h_{fb}=\frac{-120(1-0.00013)-(3500\times 8.5\times 10^{-6})}{121}=-0.992$$

$$h_{ob}=\frac{8.5\mu s}{121}=0.0702[\mu s]$$

이다. 입력 측을 테브닌화시키고 부하저항을 연결하면 [그림 9-7(b)]와 같은 교류 등가회로를 구할 수 있다.

$$A_i=\frac{-0.992}{1+(7.02\times 10^{-8}\times 2450)}=-0.992$$

$$h_{ib}h_{ob}-h_{rb}h_{fb}=(28.9\times 7.02\times 10^{-8})-(1.16\times 10^{-4})\times(-0.992))=1.17\times 10^{-4}$$

$$A_v=\frac{0.992\times 2450}{28.9+(1.17\times 10^{-4}\times 2450)}=83.3$$

$$z_{\text{in}}=28.9\Omega-\frac{1.16\times 106-4\times(-0.992)\times 2450}{1+(7.02\times 10^{-8}\times 2450)}=29.2[\Omega]$$

$$z_{\text{out}}=\frac{50\Omega+28.9\Omega}{(78.9\times 7.02\times 106-8)-(1.16\times 10^{-4}\times(-0.992))}=654[\text{k}\Omega]$$

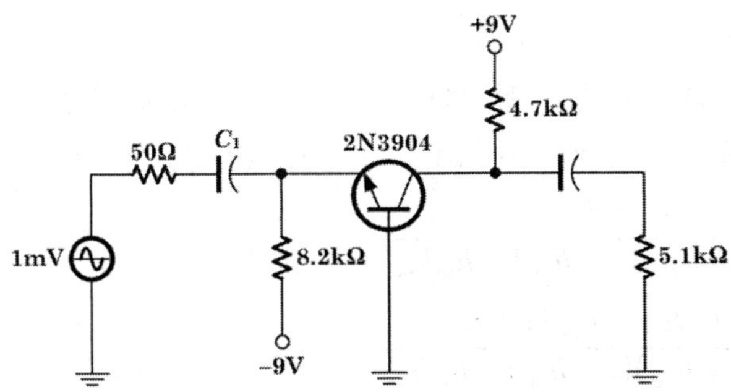

(a) 공통 베이스 증폭기

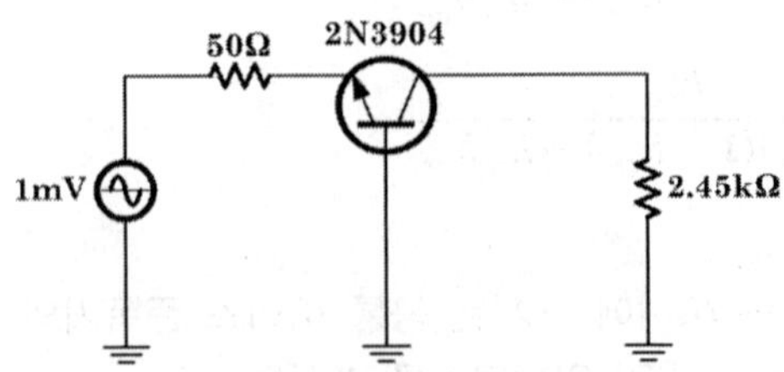

(b) 교류 등가회로

[그림 9-7]

기초문제

1. 일반적인 2-포트 회로를 그리고 전압전류의 관계를 나타내는 h 파라미터 공식을 쓰시오.

2. 트랜지스터를 2-포트 회로로 구성할 수 있는 이유는 무엇인가? h 파라미터 공식을 쓰시오.

3. 트랜지스터의 h 파라미터는 직류 바이어스 레벨에 영향을 받는가? 그렇다면 왜 그런가?

4. 일반적으로 무시할 수 있는 h 파라미터는 어떤 것인가? 왜 그런가?

5. 트랜지스터의 2N3904의 파라미터 모델을 그리고 일반적인 크기를 표시하시오.

6. 트랜지스터의 h 파라미터 설명 중 적당치 않은 것은 어느 것인가?

(a) $h_{rc} \cong 1$이다.
(b) h_{ie} 정수는 측정 시 출력단을 개방시킨다.
(c) h 파라미터는 보통 270[Hz], 1[kHz] 같은 저주파수 값을 가리킨다.
(d) $h_{oc} = h_{oe}$이다.
(e) h_{fe}는 같은 품종이라도 성능에 따라 R, O, Y, GR, BL 등으로 마킹되어 나온다.

7. 트랜지스터의 h 파라미터를 나타낸 식으로 잘못된 것은 어느 것인가?

(a) $h_{fe} = \left.\dfrac{\Delta I_C}{\Delta I_B}\right|_{\text{출력단락 상태}}$　　(b) $h_{re} = \left.\dfrac{\Delta V_{BE}}{\Delta V_{CE}}\right|_{\text{입력개방 상태}}$

(c) $h_{ie} = \left.\dfrac{\Delta V_{BE}}{\Delta I_B}\right|_{\text{출력단락 상태}}$　　(d) $h_{oe} = \left.\dfrac{\Delta I_C}{\Delta V_{BE}}\right|_{\text{입력개방 상태}}$

8. 트랜지스터의 공통 이미터 회로와 공통 베이스 회로의 관계식 중 옳은 것을 고르시오.

(a) $h_{fe} = \dfrac{h_{fb}}{1-h_{fb}}$　　(b) $h_{fb} = \dfrac{h_{fe}}{1-h_{fe}}$

(c) $h_{fe} = \dfrac{h_{fb}}{1+h_{fb}}$　　(d) $h_{fb} = \dfrac{-h_{fe}}{1+h_{fe}}$

9. 공통 이미터 회로의 출력 어드미턴스 h_{oe}와 공통 컬렉터 회로의 출력 어드미턴스 h_{oc}의 관계식은 어떻게 표시되는가?

(a) $h_{oe} = h_{oc}$　　(b) $h_{oe} = \dfrac{h_{oc}}{1+h_{fc}}$

(c) $h_{oe} = -\dfrac{h_{oc}}{h_{fc}}$　　(d) $h_{oe} = -\dfrac{h_{fc}}{h_{oc}}$

10. 트랜지스터의 정적 특성에서 $V_{CE} = 6$[V]일 때 I_B를 50[μA]에서 200[μA]까지 변화시킬 경우 V_{BE}가 0.1[V]에서 0.25[V]로 변화된다면 경우의 h_{ie}는 얼마의 크기를 갖는가?

(a) 1200[Ω]　　(b) 1000[Ω]　　(c) 800[Ω]　　(d) 600[Ω]

11. 트랜지스터의 I_B가 100[mA]에서 V_{CE}를 5.5[V]에서 5.7[V]로 변화시켰을 때 I_C가 200[mA]

에서 250[mA]로 변환된다면 트랜지스터의 h_{oe}는 얼마의 크기를 갖는가?

(a) 0.25[S] (b) 0.75[S] (c) 2.25[Ω] (d) 4[Ω]

12. 트랜지스터의 h 파라미터 중에서 그 절대치가 1보다 작은 것은 어느 것인가?

(a) h_{ie} (b) h_{re} (c) $\frac{1}{h_{oe}}$ (d) h_{fe}

13. 공통 이미터형 증폭기에서 $R_L = 1[\text{k}\Omega]$, $h_{fe} = 98$, $h_{oe} = 8.5[\mu\text{s}]$일 때 전류이득은 약 얼마인가?

(a) 50 (b) 75 (c) 98 (d) 100

해답

1. $V_1 = h_{11}I_1 + h_{12}V_2$, $I_2 = h_{21}I_1 + h_{22}V_2$ **2.** 입력 포트와 출력 포트를 갖기 때문이다.
3. 교류전압과 전류는 직류 바이어스 레벨에 영향을 받기 때문이다. **4.** h_{re}, 너무 작기 때문이다.
5. $h_{ie} = 3.5[\text{k}\Omega]$, $h_{re} = 1.3 \times 10^{-4}$, $h_{fe} = 120$, $h_{oe} = 8.5[\mu\text{s}]$ **6.** (b) **7.** (d) $h_{oe} = \frac{\Delta I_C}{\Delta V_{BE}}$ **8.** (a)
9. (a) **10.** (b) **11.** (a) **12.** (b) **13.** (c)

응용문제

1. H 파라미터에 대해서 설명하시오.

2. Y 파라미터에 대해서 설명하시오.

3. Z 파라미터에 대해서 설명하시오.

4. β_{dc}와 h_{fe}의 연관성에 대해서 설명하시오.

5. α_{dc}와 β_{dc}를 h 파라미터를 이용해서 표시하시오.

6. h 파라미터 특성곡선 그래프를 읽는 방법을 설명해 보시오.

연습문제

1. 2N4401이 2[mA]의 컬렉터 전류를 갖는 동작점에서 갖는 H 파라미터 값은 $h_{ie}=3[\text{k}\Omega]$, $h_{re}=0.45\times10^{-4}$, $h_{fe}=225$, $h_{oe}=23[\mu\text{s}]$이다. 만약 $r_S=600[\Omega]$, $r_L=2[\text{k}\Omega]$이라고 가정하고 공통 이미터 증폭기에서의 A_i, A_v, z_{in}, z_{out}을 구하시오.

2. [그림 9-8]에서 첫째 단의 A_i와 A_v를 구하시오.

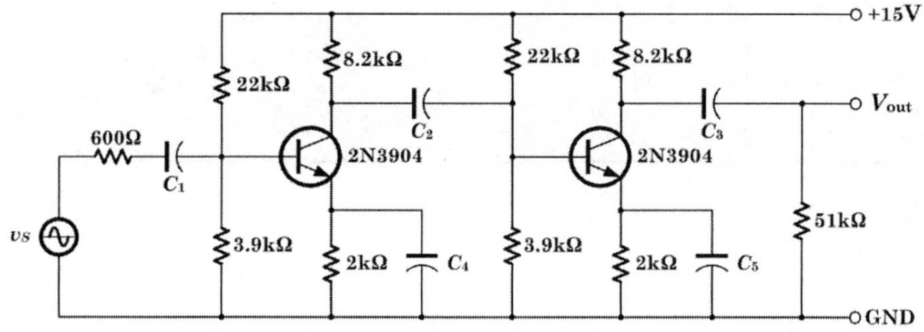

[그림 9-8]

3. [그림 9-9]에서 둘째 단의 A_i와 A_v를 구하시오.

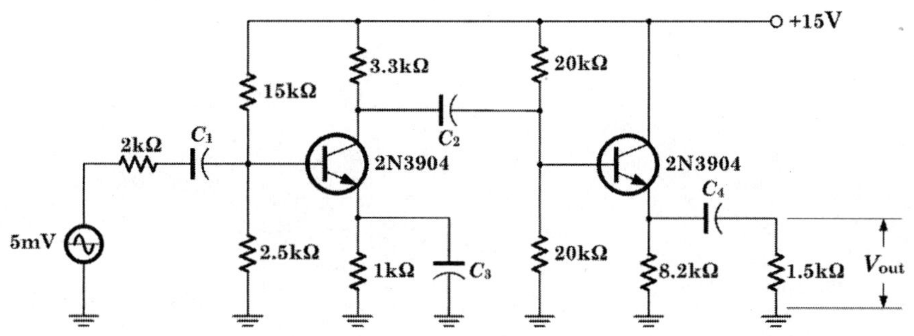

[그림 9-9]

4. [그림 9-8]의 최종 부하저항 양단에서 교류신호를 볼 수가 없다면 다음 중 어떤 고장이 발생할 수 있는가?

(a) 콘덴서 C_1이 단락

(b) 콘덴서 C_4가 개방상태

(c) 콘덴서 C_2가 개방상태

(d) 콘덴서 C_5가 개방상태

(e) 콘덴서 C_3가 단락상태

해답

1. $h_{ie}=3[\text{k}\Omega]$, $h_{re}=0.45\times10^{-4}$, $h_{fe}=225$, $h_{oe}=23[\mu\text{S}]$, $r_S=600[\Omega]$, $r_L=2[\text{k}\Omega]$ 이므로

$$A_i=\frac{h_{fe}}{1+h_{oe}r_L}=\frac{225}{1+(23\mu\text{S}\times2\text{k}\Omega)}=215,$$

$$A_v=\frac{-h_{fe}r_L}{h_{ie}+(h_{ie}h_{oe}-h_{re}h_{fe})r_L}=-144,$$

$$z_{\text{in}}=h_{ie}-\frac{h_{re}h_{fe}r_L}{1+h_{oe}r_L}=2.98[\text{k}\Omega],$$

$$z_{\text{out}}=\frac{r_s+h_{ie}}{(r_s+h_{ie})h_{oe}-h_{re}h_{fe}}=4.95[\text{k}\Omega]$$ 이다.

2. $h_{ie}=3.5[\text{k}\Omega]$, $h_{re}=1.3\times10^{-4}$, $h_{fe}=120$, $h_{oe}=8.5[\mu\text{S}]$ 이다. 따라서

$$A_i=\frac{h_{fe}}{1+h_{oe}r_L}=-122,$$

$$A_v=\frac{-h_{fe}r_L}{h_{ie}+(h_{ie}h_{oe}-h_{re}h_{fe})r_L}=-41$$ 이다.

3. 데이터 시트에서 2N3904의 H 파라미터값을 읽으면 $h_{iC}=415[\text{k}\Omega]$, $h_{rC}=1-1.5\times10^{-4}\cong1$, $h_{fe}=-124$, $h_{oe}=8.0[\mu\text{S}]$ 이다.

$$A_i=\frac{h_{fc}}{1+h_{oc}r_L}=-122,$$

$$A_v=\frac{-h_{fc}r_L}{h_{ic}+(h_{ic}h_{oc}-h_{rc}h_{fc})r_L}\cong0.93$$

4. C_2가 개방이면 최종 부하에 신호가 나오지 않는다.

제10장

선형 연산증폭기 회로

❑ 10-1 비반전증폭기와 반전증폭기 / 386
❑ 10-2 가산증폭기 / 388
❑ 10-3 차동증폭기 / 397
❑ 10-4 미분과 적분 / 401
❑ 10-5 개선된 전압조정기 / 407

이상적인 Op-Amp와 기본적인 Op-Amp 회로에 대한 이해를 하고 난 뒤, 이 장에서는 입력신호의 형태를 보존하는 선형 연산증폭기 회로에 대해서 설명하도록 하겠다. 이런 회로에서는 입력신호가 정현파이면 출력신호도 정현파가 된다.

선형 Op-Amp 사용회로의 숫자에 아마 놀라게 될 것이다. 또한 데이터 시트에서 아주 놀라운 회로들을 발견할 수도 있을 것이다. 우선 반전증폭기와 비반전증폭기와 같은 2개의 기본회로를 고찰하기로 한다.

10-1 | 비반전증폭기와 반전증폭기

[그림 10-1]에는 기본적인 비반전증폭기가 표시되어 있다. 표준적인 과정을 따르면 대부분의 Op-Amp 회로에서는 +단자를 아래쪽에 갖는 Op-Amp로 그려진다. 비반전 Op-Amp의 출력은

$$v_0 = \left(1 + \frac{R_F}{R_1}\right)v_i$$

로 주어진다. 저항은 이런 회로의 신호동작에 영향을 주지 않지만 입력 바이어스 전류에 기인하는 offset 전압을 제거하기 위해서 포함된다. 이 값은 $R = R_1 \parallel R_F$에 의해 주어진다. 비반전증폭기의 중요한 이점은 거의 무한대에 가까운 자신의 입력저항이다. 이런 이점은 몇몇 비반전 회로에서는 상실된다.

단위이득 버퍼 증폭기

[그림 10-2]는 단위이득을 갖는 Op-Amp 버퍼증폭기를 표시하고 있다.

$$v_0 = v_i$$

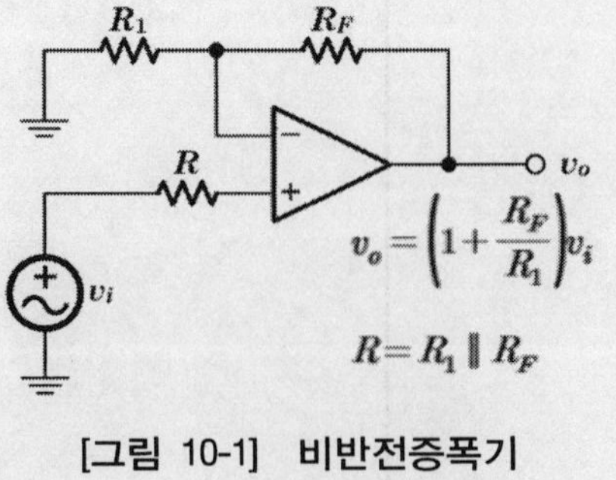

[그림 10-1] 비반전증폭기

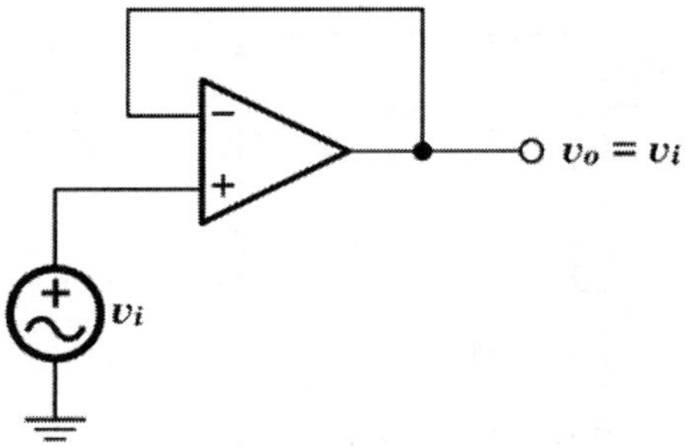

[그림 10-2] 버퍼 증폭기

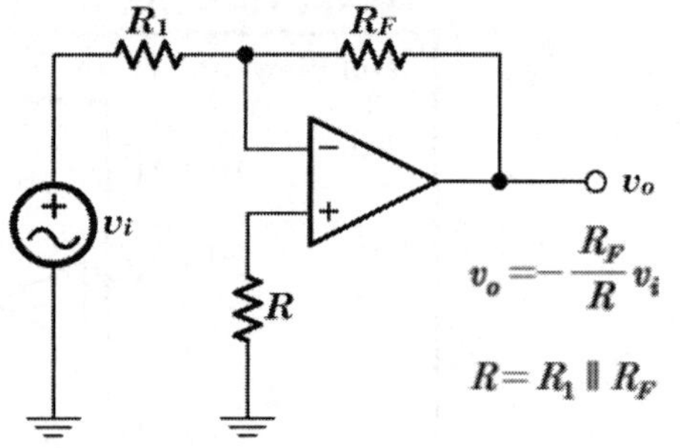

[그림 10-3] 반전증폭기

Op-Amp 버퍼는 거의 무한대에 가까운 입력저항과 0[Ω]에 가까운 출력저항을 갖기 때문에 이미터 폴로워와 FET 폴로워 같은 트랜지스터 버퍼보다 훨씬 우수한 소스와 부하의 분리를 제공한다.

반전증폭기

[그림 10-3]은 기본적인 반전증폭기를 표시하고 있다. 출력은

$$v_o = -\frac{R_F}{R_1}v_i$$

로 주어진다.

다시 저항은 $(R = R_1 \parallel R_F)$ 입력 바이어스 전류의 영향을 제거한다. 반전증폭기의 이득 공식을 얻기는 간단하기 때문에 비반전증폭기보다 설계하기가 더 쉽다.

Op-Amp는 증폭기를 구성하기 위해서 몇 개씩 사용할 수 있을 만큼 가격이 저렴하기 때문에 '–'부호는 문제가 되지 않는다. 비반전 출력을 얻기 위해서 반전증폭기의 출력이 또 다른 반전증폭기의 입력으로 제공된다.

사실 많은 실제적인 Op-Amp 설계에서는 몇 단의 Op-Amp가 사용된다. 과정을 쉽게 하기 위해서 제조업체는 [그림 10-4]에 표시된 것처럼 한 개의 패키지에 4개의 Op-Amp를 갖는 집적회로를 제조한다.

반전 Op-Amp의 중요한 단점은 '–'단자에서 가상접지를 갖기 때문에 신호원에서 바라다보는 저항이 바로 R_1이라는 사실이다.

만약, 우리가 높은 입력저항을 원한다면 [그림 10-5]에 표시된 것처럼 단위이득 버퍼를 갖는 전치증폭기에 의해서 반전증폭기의 설계를 간략화하도록 유지시킬 수 있다.

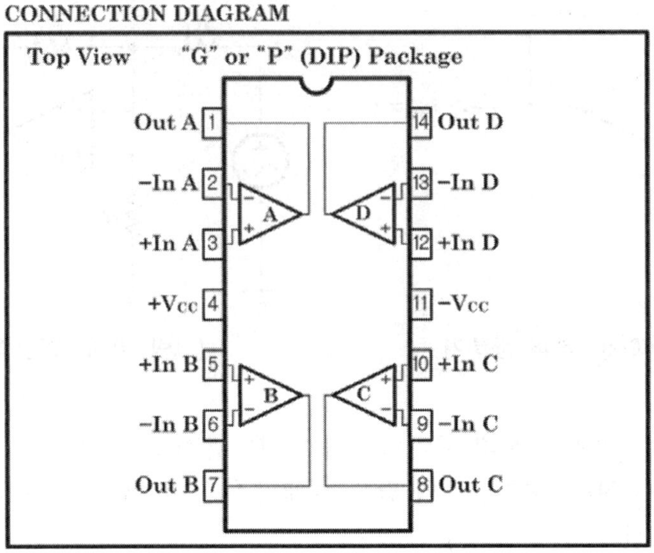

[그림 10-4] 쿼드 Op-Amp 칩

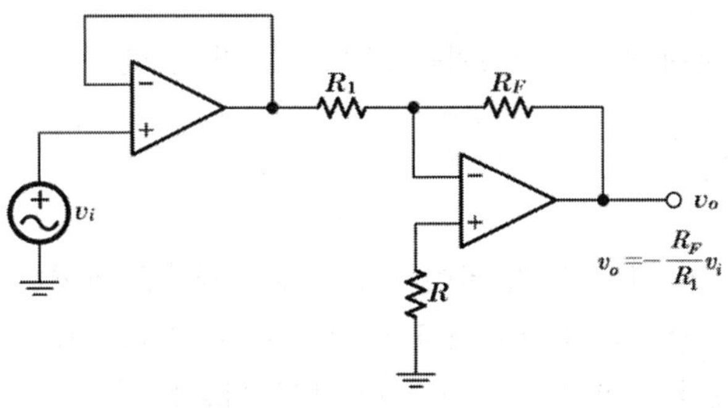

[그림 10-5]

10-2 | 가산증폭기

▌반전가산기

Op-Amp가 갖는 장점 중 하나는 다양한 방법으로 몇몇의 신호를 결합시키는 데 사용할 수 있다는 것이다. 언젠가 여러분들은 이런 것들이 공통적인 회로라는 사실을 인식하게 되고 기억으로부터 출력공식을 기록할 수 있는 능력도 갖게 될 것이다.

몇 개의 입력이 있을 때 우리는 시스템 이득을 찾을 수 없다. 오히려 출력이 각 입력에 대해서 어떻게 의존하는지를 발견해야 한다.

[그림 10-6]에 표시된 다중 입력회로를 살펴보자. 우선 [그림 10-6(a)]에 표시된 2개의 입력회로를 해석해보자. '+'단자는 R을 통해서 접지되기 때문에 $i_+ = 0[\mathrm{A}]$이다. 따라서 '−'단자는 아직도 가상접지이다.

$$v_+ = 0\mathrm{V} \rightarrow v_- = 0[\mathrm{V}]$$

'−'단자에서 절점방정식을 구할 수 있다($i_- = 0[\mathrm{A}]$).

$$\frac{v_1}{R_1} + \frac{v_2}{R_2} = -\frac{v_o}{R_F}$$

따라서 식을 정리하면

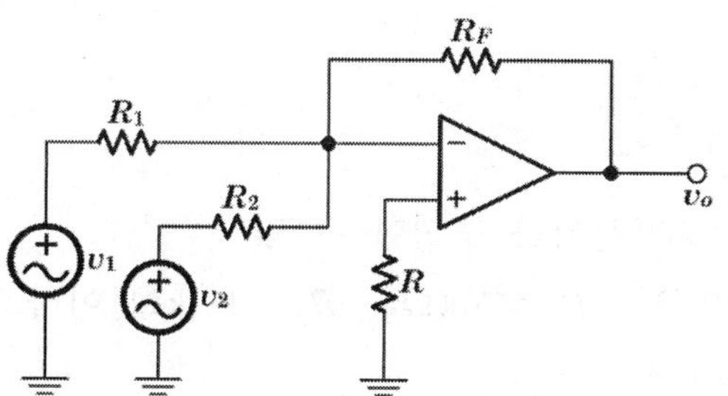

$$v_o = -\left(\frac{R_F}{R_1}v_1 + \frac{R_F}{R_2}v_2\right)$$

$$R = R_1 \parallel R_2 \parallel R_F$$

(a)

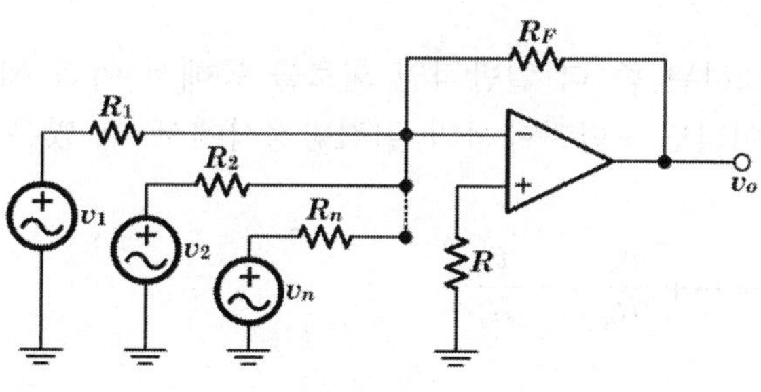

$$v_o = -\left(\frac{R_F}{R_1}v_1 + \frac{R_F}{R_2}v_2 + \cdots + \frac{R_F}{R_n}v_n\right)$$

$$R = R_1 \parallel R_2 \parallel \cdots \parallel R_n \parallel R_F$$

(b)

[그림 10-6] 반전 가산증폭기

$$\frac{v_o}{R_F} = -\frac{v_1}{R_1} - \frac{v_2}{R_2}$$

를 구할 수 있다. 끝으로

$$v_o = -\left(\frac{R_F}{R_1}v_1 + \frac{R_F}{R_2}v_2\right)$$

를 구할 수 있다.

우리는 가중된 가산기를 구할 수 있다(이 회로 역시 입력을 반전시킨다). 바이어스 전류효과를 제거하기 위해서 ($R = R_1 \parallel R_2 \parallel R_F$)로 설정한다.

만약 $R_F = R_1 = R_2$라면

$$v_o = -(v_1 + v_2)$$

이고, 회로는 간단한 가산기가 된다.

만약 $R_2 = R_1$이라면

$$v_o = -\frac{R_F}{R_1}(v_1 + v_2)$$

로 R_F/R_1의 이득을 갖는 가산기를 구성할 수 있다.

예를 들어서 $R_F = 10[\mathrm{k\Omega}]$, $R_1 = 5[\mathrm{k\Omega}]$, $R_2 = 10[\mathrm{k\Omega}]$이라고 가정하면 출력전압은

$$v_o = -(2v_1 + v_2)$$

이다. 이것은 가중치를 갖는 가산기라는 것을 의미한다. 이런 경우에는 출력은 v_1으로 표시되는 신호의 2배와 v_2로 표시되는 신호의 합으로 구해진다.

주의할 점은 입력 바이어스 전류의 효과를 제거하기 위해서

$$R = R_1 \parallel R_2 \parallel R_F = 2.5[\mathrm{k\Omega}]$$

을 설정한다는 것이다.

[그림 10-6(b)]에 표시된 좀 더 일반적인 회로를 통해서 이런 해석을 더 확장시킬 수 있다. 여기서 차이점이라면 −단자에서의 절점방정식에서 더 많은 전류를 고려하게 된다는 점이다.

$$\frac{v_1}{R_1} + \frac{v_2}{R_2} + \cdots + \frac{v_n}{R_n} = -\frac{v_0}{R_F}$$

v_o를 구하면

$$v_o = -\left(\frac{R_F}{R_1}v_1 + \frac{R_F}{R_2}v_2 + \cdots + \frac{R_F}{R_n}v_n\right)$$

이다. 일반적으로 바이어스 전류에 기인하는 offset 전압을 제거하기 위해서 −단자에 연결된 R_F를 포함한 전체 저항과 등가의 저항을 +단자에 연결시켜야 한다.

$$R = R_1 \parallel R_2 \cdots R_n \parallel R_F$$

예제 10-1 [그림 10-7]은 3개의 입력전압을 갖는 반전가산기를 표시하고 있다.

(a) 출력전압을 구하시오.

(b) 바이어스 전류에 기인하는 직류 offset을 제거하기 위한 R을 구하시오.

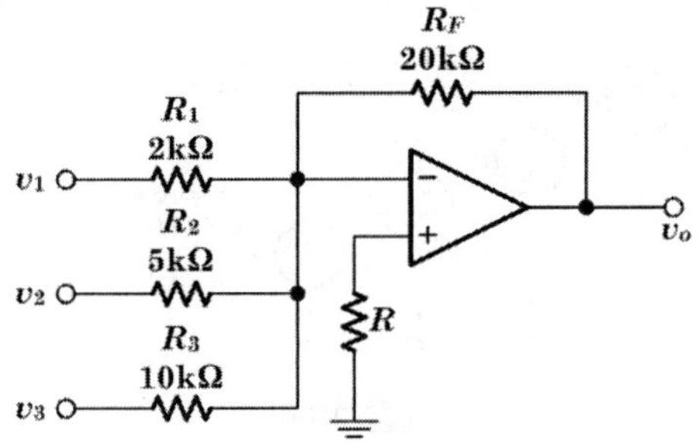

[그림 10-7]

풀이 (a) 가산기의 출력은

$$v_o = -\left(\frac{R_F}{R_1}v_1 + \frac{R_F}{R_2}v_2 + \frac{R_F}{R_3}v_3\right) = -\left(\frac{20\text{k}\Omega}{2\text{k}\Omega}v_1 + \frac{20\text{k}\Omega}{5\text{k}\Omega}v_2 + \frac{20\text{k}\Omega}{10\text{k}\Omega}v_3\right)$$

로부터 구해진다. 따라서 출력은

$$v_o = -(10v_1 + 4v_2 + 2v_3)$$

이다. 출력은 세 입력의 가중치 합으로 구해진다.

(b) 저항은 $1.178[\text{k}\Omega]$이다.

$$R = R_1 \parallel R_2 \parallel R_3 \parallel R_F = 2\text{k}\Omega \parallel 5\text{k}\Omega \parallel 10\text{k}\Omega \parallel 20\text{k}\Omega = 1.178[\text{k}\Omega]$$

예제 10-2 [그림 10-8]은 4bit 디지털-아날로그 콘버터를 구성하기 위해서 반전증폭기가 어떻게 사용되는지를 보여준다. 4bit 컴퓨터의 출력 버스선에 의해서 High(1) 혹은 Low(0)으로 나타나는 전압 v_1에서 v_4가 공급된다. 연속된 전압은 4bit의 2진수를 표시한다. v_1이 가장 가중치가 높은 MSB(most significant bit)이고 v_4가 가장 가중치가 작은 LSB(least significant bit)이다.

(a) v_0를 v_1에서 v_4의 함수로 구하시오.

(b) Low 논리는 0[V]를 표시하고, High 논리는 1[V]를 표시한다고 가정하고, $(v_1v_2v_3v_4) = (1011)$일 때의 출력전압을 구하시오.

풀이 (a) 가중치를 갖는 가산기 공식으로부터

$$v_0 = -\left(\frac{R_F}{R_1}v_1 + \frac{R_F}{R_2}v_2 + \frac{R_F}{R_3}v_3 + \frac{R_F}{R_4}v_4\right) = -(9v_1 + 4.5v_2 + 3v_3 + v_4)$$

를 구할 수 있다.

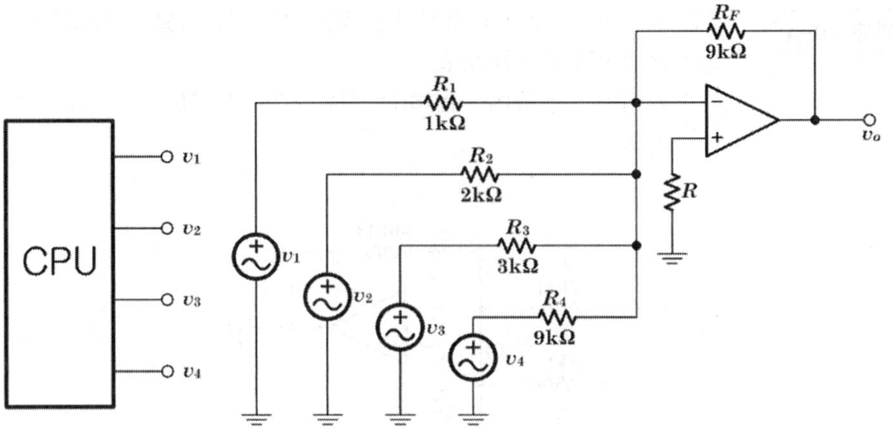

[그림 10-8]

(b) $(v_1v_2v_3v_4)=(1011)$, 출력전압은 다음과 같다.

$$v_0=-(9v_1+4.5v_2+3v_3+v_4)=-(9\times1+4.5\times0+3\times1+1\times1)=-13[\text{V}]$$

▮ 버퍼를 갖는 반전증폭기

[그림 10-9]에 표시된 DAC에서 각 신호발생기는 다른 저항을 가진다는 사실을 확인할 수 있다. 이것은 우리가 다중입력을 가질 때 간단한 증폭기의 입력저항에 대해서 말할 수 없다는 것을 의미한다.

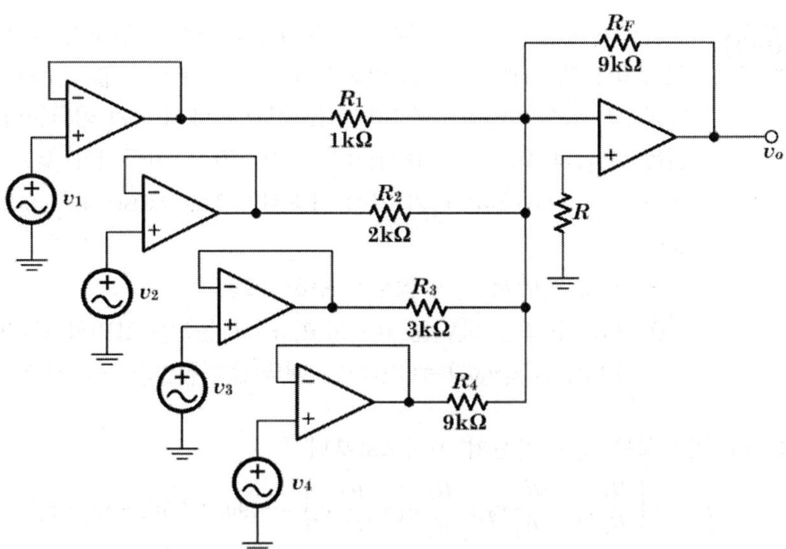

[그림 10-9]

반전증폭기 가산기인 경우 '−'단자가 가상접지이기 때문에

- v_1은 $R_1 = 1[\mathrm{k}\Omega]$의 입력저항을 볼 수 있다.
- v_2는 $R_2 = 2[\mathrm{k}\Omega]$의 입력저항을 볼 수 있다.
- v_3는 $R_3 = 3[\mathrm{k}\Omega]$의 입력저항을 볼 수 있다.
- v_4는 $R_4 = 9[\mathrm{k}\Omega]$의 입력저항을 볼 수 있다.

만약 이런 저항들이 이 회로에 비해서 너무 작다면 [그림 10-9]에 표시된 것처럼 증폭기와 각 신호원 사이에 단위이득 Op-Amp 버퍼를 삽입할 수 있다.

비반전가산기

비반전가산기를 고려하기 전에 [그림 10-10]에 표시된 회로를 실험해 보자. Op-Amp 회로는 +단자에 연결된 몇 개의 저항을 가진다. v_+를 알고 있다고 가정하고 출력을 구하는 것이 더 쉽다. 그런 다음 다시 v_+의 실제적인 값을 구한다.

만약 v_+를 안다고 가정하면

$$v_- = v_+$$

이고, −단자에서 절점방정식은

$$-\frac{v_+}{R_A} = \frac{v_+ - v_o}{R_F}$$

로 주어진다. 출력전압을 구하면

$$v_o = \left(1 + \frac{R_F}{R_A}\right) v_+$$

로 구해진다. 여러분들은 이것이 v_+를 입력으로 하는 비반전 이득의 표준공식이라는 것을 인식하게 될 것이다.

v_+를 구하기 위해서 [그림 10-10(b)]에 표시된 R_1, R_2로 구성되는 전압분배기의 Op-Amp 안에 전류가 없다는 사실을 기억해야 한다.

$$v_+ = \frac{R_2}{R_1 + R_2} v_i$$

우리는 새로운 완벽한 회로도를 가지게 된다.

$$v_o = \left(1 + \frac{R_F}{R_A}\right) \frac{R_2}{R_1 + R_2} v_i$$

이것은 아주 장황한 공식에서 비반전증폭기의 결과이다. 바이어스 전류효과를 제거하기 위해서 $R_1 \parallel R_2 = R_A \parallel R_F$를 설정한다.

잠시 여기서 쉬어가자. 만약 위의 관계가 진실이라면 복잡한 공식으로부터 다음과 같이 간략화된 공식을 구할 수 있다.

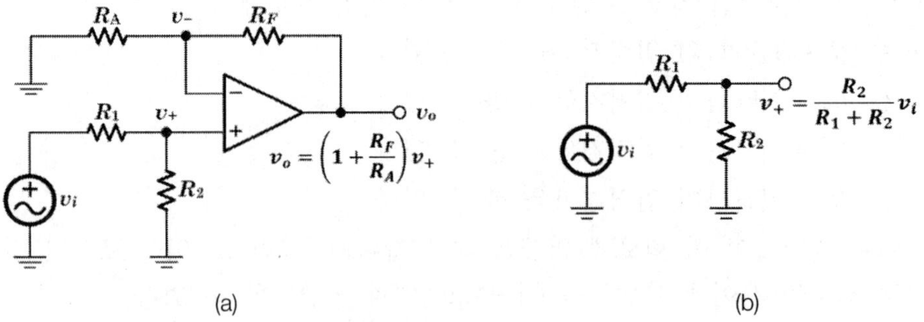

[그림 10-10] 전압분배기 입력을 갖는 비반전증폭기

$$R_1 \parallel R_2 = R_A \parallel R_F \rightarrow v_0 = \frac{R_F}{R_1} v_i$$

훨씬 간략하다. 이 공식은 반전증폭기 공식처럼 간단한 공식이다.

중요한 것은 전원으로부터 바라다보는 저항은 더 이상 무한대가 아니라는 사실이다. 전원전류는 R_2를 통해서 접지로 가는 경로를 가지게 되고 입력저항은 여기서

$$R_{\text{in}} = R_1 + R_2$$

로 된다.

예제 10-3 [그림 10-11]에 표시된 회로에서 (a) $R_2 = 1[\text{k}\Omega]$ (b) $R_2 = 4[\text{k}\Omega]$일 때 출력전압을 구하시오.

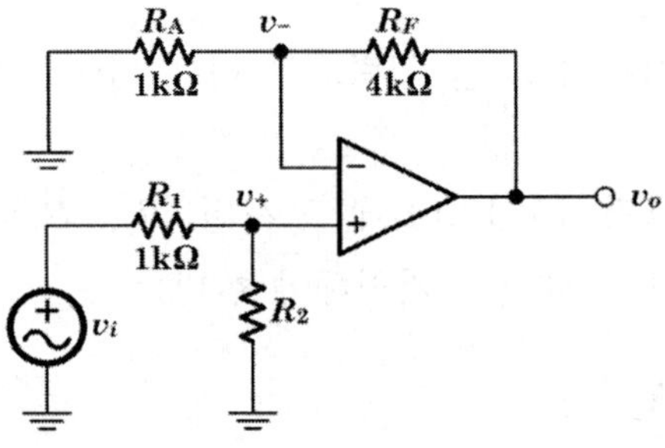

[그림 10-11]

풀이 (a) $R_2 = 1[\text{k}\Omega]$인 경우

$$v_0 = \left(1 + \frac{R_F}{R_A}\right)\frac{R_2}{R_1 + R_2} v_i = \left(1 + \frac{4\text{k}\Omega}{1\text{k}\Omega}\right)\frac{1\text{k}\Omega}{1\text{k}\Omega + 1\text{k}\Omega} v_i = 5 \times \frac{1}{2} v_i = 2.5 v_i$$

이다. 주의할 점은

$$R_1 \parallel R_2 \neq R_A \parallel R_F$$

이다. 따라서 긴 공식으로 인해 어려움을 갖게 된다.

(b) $R_2 = 4[\text{k}\Omega]$인 경우

$$v_0 = \left(1 + \frac{R_F}{R_A}\right)\frac{R_2}{R_1 + R_2}v_i = \left(1 + \frac{4\text{k}\Omega}{1\text{k}\Omega}\right)\frac{4\text{k}\Omega}{1\text{k}\Omega + 4\text{k}\Omega}v_i = 5 \times \frac{4}{5}v_i = 4v_i$$

이 회로는

$$R_1 \parallel R_2 = R_A \parallel R_F$$

이다. 따라서

$$v_0 = \frac{R_F}{R_1}v_1 = \frac{4\text{k}\Omega}{1\text{k}\Omega}v_i = 4v_i$$

인 간단한 공식을 사용할 수 있다.

[그림 10-12]는 비반전 가산증폭기를 표시하고 있다. 이 회로에서 출력전압의 일반적인 공식은 누구나 알고 있을 정도이다. 따라서 여러분에게 이 공식을 알려줄 필요는 없다. 그러나 만약 R_A가 바이어스 전류 효과를 제거하기 위해서

$$R_A \parallel R_F = R_1 \parallel R_2 .... \parallel R_n$$

로 선택된다면 비반전 출력은

$$v_0 = \left(\frac{R_F}{R_1}v_1 + \frac{R_F}{R_2}v_2 + ... + \frac{R_F}{R_n}v_n\right)$$

와 같은 간단한 공식으로 주어진다.

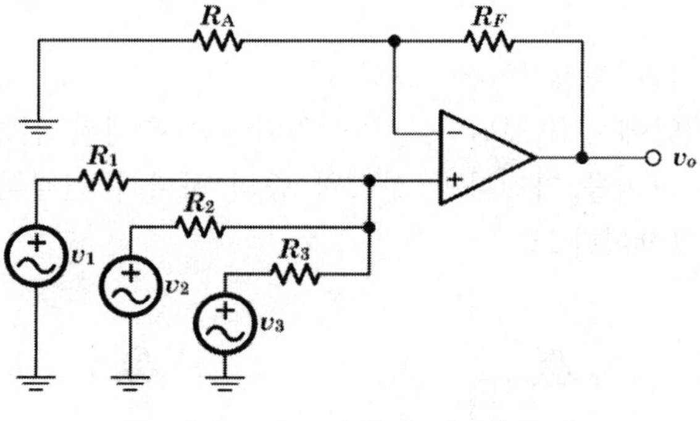

[그림 10-12] 비반전 가산증폭기

예제 10-4 [그림 10-13]에 표시된 회로에서 출력전압을 구하시오.

풀이 $R_A \parallel R_F = 5\text{k}\Omega \parallel 100\text{k}\Omega = 4.8[\text{k}\Omega]$

$R_1 \parallel R_2 \parallel R_3 = 10\text{k}\Omega \parallel 10\text{k}\Omega \parallel 100\text{k}\Omega = 4.8[\text{k}\Omega]$

이다.

$$R_A \parallel R_F = R_1 \parallel R_2 \parallel R_3$$

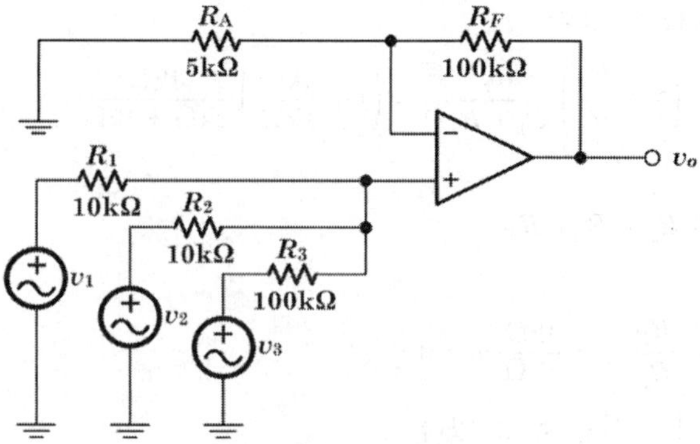

[그림 10-13]

이기 때문에 우리는 v_o을 찾기 위해 간단한 공식을 사용할 수 있다.

$$v_0 = \left(\frac{R_F}{R_1} v_1 + \frac{R_F}{R_2} v_2 + \frac{R_F}{R_2} v_3 \right) = 10v_1 + 10v_2 + v_3$$

▮ 고장진단

만약 귀환저항 연결이 불량이거나 귀환저항이 개방고장이라면 귀환경로는 효과적으로 제거된다. 이것은 Op-Amp가 대략 1×10^5의 내부이득을 가지고 동작한다는 의미이다.

그런 이득을 갖게 되면 출력전압은 [그림 10-14(a)]에 표시된 것처럼 공급전압에 거의 일치하도록 포화전압에서 고정된다. 만약 출력에서 측정된 전압이 [그림 10-14(b)]에 표시된 것처럼 큰 차이를 가진다면 신호원 중의 하나가 연결불량이거나 신호원 저장 중의 하나가 개방고장이다.

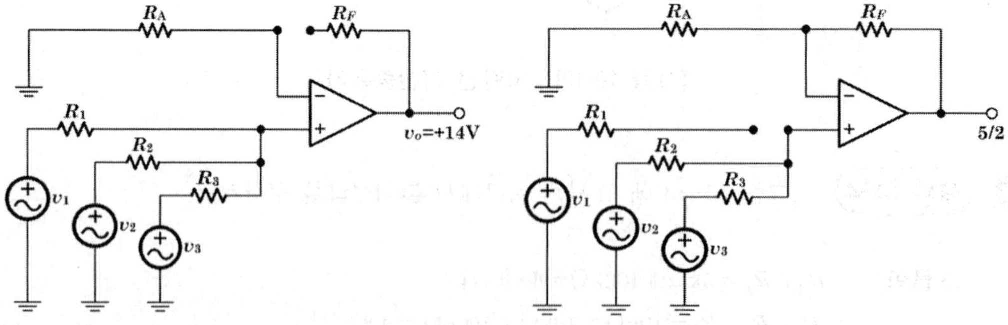

(a) (b)

[그림 10-14]

여러분들은 예상된 이득과 주어진 입력으로부터 전원이 적절하게 연결되지 않았다는 사실을 말할 수 있을 것이다. 다시 말하자면 신호원을 off시켰다가 다시 한 번 턴on시키면 된다. 여러분이 출력을 얻지 못하면 연결불량임을 확인할 수 있다.

10-3 | 차동증폭기

만약 우리가 Op-Amp의 '+'와 '-'단자 양쪽에 입력을 연결한다면 무슨 일이 발생할까? 우선 [그림 10-15(a)]에 표시된 회로에서 실험해 보자.

우리는 $v_+ = v_2$를 인식해야 한다. 따라서

$$v_- = v_+ = v_2$$

이다. '-'단자에서 절점방정식을 구하면

$$\frac{v_1 - v_2}{R_1} = \frac{v_2 - v_o}{R_F}$$

이다. 따라서

$$\frac{v_o}{R_F} = \left(\frac{1}{R_F} + \frac{1}{R_1}\right)v_2 - \frac{v_1}{R_1}$$

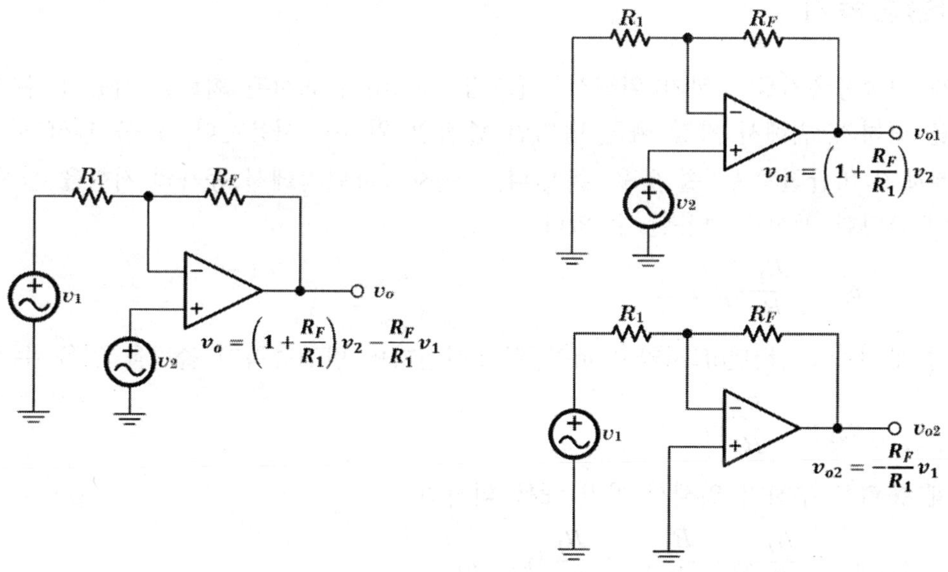

(a) (b)

[그림 10-15]

이다. v_o를 구하면

$$v_o = \left(1 + \frac{R_F}{R_1}\right)v_2 - \frac{R_F}{R_1}v_1$$

이다. 이 회로는 두 입력전압의 차를 갖게 된다.

그러나 두 입력전압은 약간의 차이득에 의해서 곱해진다. 비록 우리가 출력을 표준해석 과정에서 구했지만 간혹 Op-Amp의 출력을 구하기 위해서 중첩의 원리를 사용하는 것이 쉬울 수도 있다. 이 과정은 [그림 10-15(b)]에 표시된다.

만약 v_2가 턴off된다면 우리는 기본적인 비반전증폭기를 구할 수 있고 출력을 구할 수도 있다.

$$v_{o2} = -\frac{R_F}{R_1}v_1$$

이제 기본적인 반전증폭기를 구하기 위해서 v_1을 턴off시키고 v_2를 턴on시키자. 출력은

$$v_{o1} = \left(1 + \frac{R_F}{R_1}\right)v_2$$

이다. 전체 출력은 v_{o1}과 v_{o2}의 합으로 구해진다.

$$v_o = v_{o1} + v_{o2} = \left(1 + \frac{R_F}{R_1}\right)v_2 - \frac{R_F}{R_1}v_1$$

차동증폭기

진짜 차동증폭기를 구하기 위해서는 [그림 10-16]에 표시된 회로를 사용할 수 있다. 출력을 구하기 위해서 가장 빠른 방법인 중첩의 원리를 사용한다. v_1을 턴off시킬 때 전압분배기 비반전증폭기를 얻을 수 있다. –단자와 +단자에서 등가의 저항을 설정했기 때문에 간단한 공식을 사용할 수 있다.

$$v_{o1} = \frac{R_F}{R_1}v_2$$

만약 우리가 v_2를 턴off시키고 v_1을 턴on시킨다면 반전증폭기 출력을 얻을 수 있다.

$$v_{o2} = -\frac{R_F}{R_1}v_1$$

전체 출력을 구하기 위해서 이런 해를 더하면

$$v_o = \frac{R_F}{R_1}v_2 - \frac{R_F}{R_1}v_1 = \frac{R_F}{R_1}(v_2 - v_1)$$

로 구해진다.

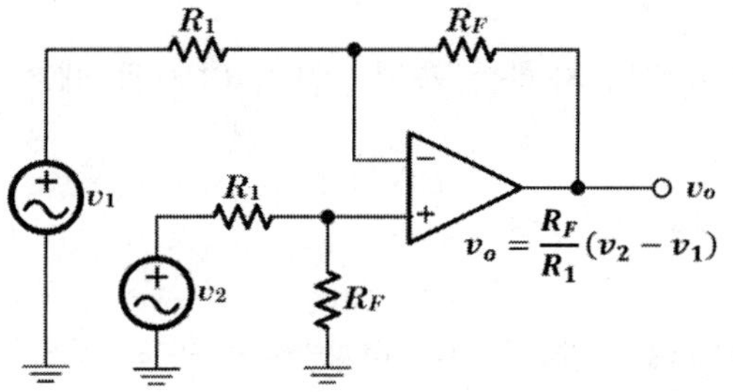

[그림 10-16]

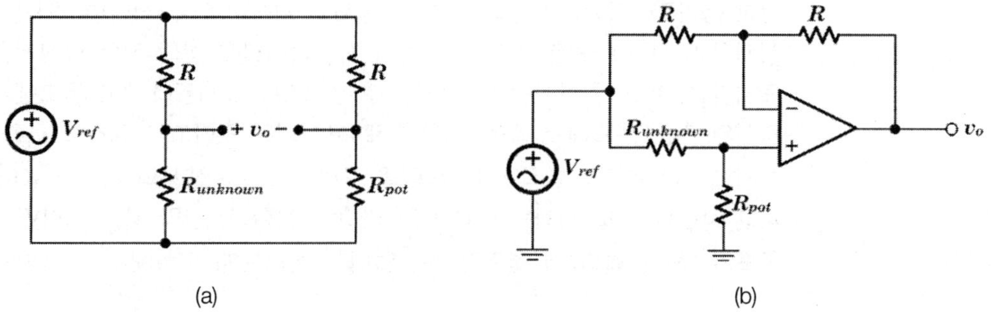

[그림 10-17] 브리지 증폭기

브리지 증폭기

여러분들이 회로이론 고장에서 본 적이 있을 수도 있는 미지저항을 측정하기 위해서 사용되는 브리지 회로가 [그림 10-17(a)]에 표시되어 있다. 회로는 $v_o = 0[\text{V}]$일 때 균형을($R_{\text{unknown}} = R_{\text{pot}}$) 이룬다.

[그림 10-17(b)]는 Op-Amp를 이용해서 이런 회로를 어떻게 구성하는지를 보여준다. 여기서 R_{pot}은 정밀조정이 가능한 전위차계이다. 이런 회로에 인가된 전압은 직류 기준 전압이다.

사실 이 회로는 [그림 10-15]에 표시된 차동증폭기와 동일한 회로이다.

$$v_1 = v_2 = V_{ref}$$

따라서 출력을 구하기 위해서 이전의 결과를 사용할 수 있다.

$$v_o = \left(1 + \frac{R}{R}\right)\frac{R_{\text{pot}}}{R_{\text{unknown}} + R_{\text{pot}}} V_{ref} - \frac{R}{R} V_{ref} = 2\frac{R_{\text{pot}}}{R_{\text{unknown}} + R_{\text{pot}}} V_{ref} - V_{ref}$$

식을 정리하면

$$v_o = \left(\frac{2R_{\text{pot}}}{R_{\text{unknown}} + R_{\text{pot}}} - 1\right) V_{ref}$$

를 얻을 수 있다.

미지저항을 찾기 위해서 전위차계를 출력전압이 0[V]될 때까지 조정한다. 위의 공식을 이용하면 다음과 같다.

$$v_o = 0\text{V} \rightarrow R_{\text{unknown}} = R_{\text{pot}}$$

예제 10-5 브리지 증폭기는 자신의 저항변화로 온도, 조도, 뒤틀림, 게이지 응답, 센서응답을 결정하기 위해서 사용된다. 예를 들어서 욕조의 온도 변화를 측정한다고 가정하자. 한 가지 가능한 회로는 [그림 10-18]에 표시된 것처럼 센서가 귀환경로에 배치된다. 저항은 센서가 회로를 리셋시키는 아주 적은 저항과 등가의 저항을 가진다. 실제로 센서의 저항이 아주 작다면 센서는 고정저항과 직렬로 연결되고 R은 센서 저항과 고정저항의 직렬 합성저항을 표시한다. 온도가 변화할 때 센서 저항은 ΔR로 표시된다. (a) 온도센서가 자신의 기준 온도에서 $\Delta R = 0[\Omega]$으로 고정되어 있다고 가정하고 v_o를 구하시오. (b) 온도가 변화할 때 출력을 구하시오. (c) 센서의 저항이 100[Ω]이고 자신의 온도 변화는 $-1[\Omega/℃]$라고 가정한다. 만약 $V_{rep} = 10[\text{V}]$라면 온도가 1도 변화할 때 출력전압은 얼마나 변하는지 구하시오.

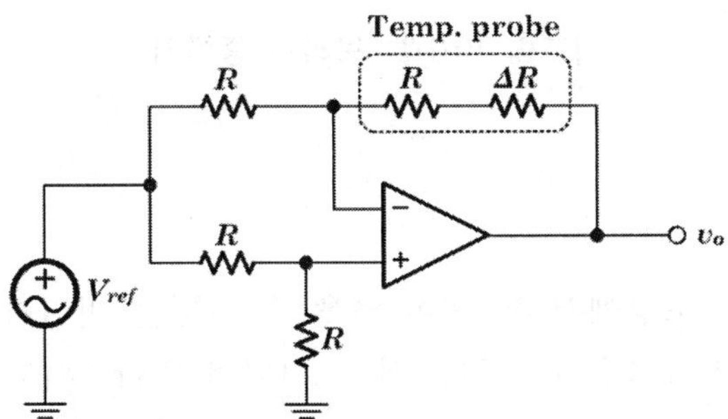

[그림 10-18]

풀이 $v_1 = v_2 = V_{rep}$인 경우에는 [그림 10-15]에 표시된 차동증폭기로부터 결과를 사용할 수 있다.

(a) $\Delta R = 0[\Omega]$일 때 브리지 증폭기는 평형을 이룬다.

$$v_o = \left(1 + \frac{R}{R}\right)\frac{R}{R+R}V_{ref} - \frac{R}{R}V_{ref} = V_{ref} - V_{ref} = 0[\text{V}]$$

이다. 아주 낮은 온도에서 출력전압이 없다. 따라서 출력전압의 어떤 변화도 온도변화에 당연히 반영되어야만 한다.

(b) 방정식에서 ΔR을 포함할 때

$$v_o = \left(1 + \frac{R+\Delta R}{R}\right)\frac{R}{R+R}V_{ref} - \frac{R+\Delta R}{R}V_{ref}$$

를 얻는다. 따라서

$$v_o = \left(1+1+\frac{\Delta R}{R}\right)\frac{V_{ref}}{2} - \left(1+\frac{\Delta R}{R}\right)V_{ref}$$

이다. 식을 통분하고 정리하면

$$v_o = \left(\frac{1}{2}+\frac{1}{2}+\frac{\Delta R}{2R}-1-\frac{\Delta R}{R}\right)V_{ref}$$

이다. 따라서

$$v_o = -\frac{\Delta R}{2R}V_{ref}$$

로 구해진다. 센서 저항의 변화는 출력전압 변화에 반영된다. 알려진 온도변화에 따른 전압 변화의 조정에 따라서 효과적인 전자온도 프루브를 만들 수 있다.

(c) 우리는 $R=100[\Omega]$, $V_{ref}=10[\text{V}]$, $\Delta R=-1[\Omega/℃]$를 알고 있다. 이들 모두를 결합시키면

$$v_o = -\frac{\Delta R}{2R}V_{ref} = -\frac{-1}{200}10 = 50[\text{mV}/℃]$$

이다. 즉, 온도가 각 1[℃] 올라가고, 출력은 50[mV]씩 증가한다.

고장진단

차동증폭기의 고장진단도 가산증폭기의 고장진단과 동일한 방법으로 진단된다. 만약 귀환저항의 연결이 불량이거나 귀환저항이 개방고장이라면 출력은 포화전압에서 고정된다.

만약 신호원 중의 연결불량 혹은 저항이나 신호원이 개방고장이라고 의심된다면 신호원을 한 번 껐다가 다시 켜면 된다. 출력을 얻지 못한다면 연결불량을 발견한 것이다.

10-4 미분과 적분

여러분들은 수학시간에 미분과 적분에 대해서 공부한 적이 있을 것이다. 물론 그런 과정을 거치지 않은 사람도 있을 수 있지만 대부분은 아직도 이런 수학함수들의 해석을 위해서 사용되는 용어를 기억하고 있을 것이다.

미 분

미분에 대해서는 두 가지 방법으로 생각한다. [그림 10-19(a)]에 표시된 그래프를 관찰하자. 직선의 기울기는 $r_e = \frac{\Delta y}{\Delta x}$로 주어진다. 직선의 기울기는 전체 데이터의 범위

에서 상수이다. Δx가 아무리 크거나 작다고 해도 기울기는 같기 때문에 걱정할 필요가 없다.

이번에는 [그림 10-19(b)]에 표시된 그래프를 살펴보자. 그래프는 직선이 아니기 때문에 위에서 구한 직선기울기 공식으로는 기울기를 구할 수가 없다.

여하튼 Δx를 아주 작다고 취하면 x_1과 x_2 사이의 곡선을 직선으로 근사화시킬 수 있다. 수학적으로 Δx와 Δy는 아주 작기 때문에 기울기= $\frac{\Delta y}{\Delta x}$는 기울기= $\frac{dy}{dx}$로 쓸 수 있다.

y의 기울기는 x에 대한 y의 미분으로 주어지고 $\frac{dy}{dx}$를 y의 도함수라고 부른다. 우리가 FE의 전달 컨덕턴스 g_m의 공식을 적용할 때도 I_D의 도함수를 사용했다. g_m을 유도하기 위해서는 도함수를 사용해야 한다. 수학책이 아니기 때문에 수학적인 유도는 생략하기로 한다.

FET의 전압-전류 특성곡선에서

$$I_D = I_{DSS}\left(1 - \frac{V_{GS}}{V_{GS(OFF)}}\right)^2$$

으로 표시된다. 이런 특성곡선의 기울기는

$$\text{기울기} = g_m = \frac{dI_D}{dV_{GS}} = -2\frac{I_{DSS}}{V_{GS(OFF)}}\left(1 - \frac{V_{GS}}{V_{GS(OFF)}}\right)$$

로 구해진다. 식을 약간만 손질하면

$$g_m = \frac{-2}{V_{GS(OFF)}}\sqrt{I_D \times I_{DSS}}$$

로 간략화된다. 미분의 실제적인 해석을 하나 더 알아보자.

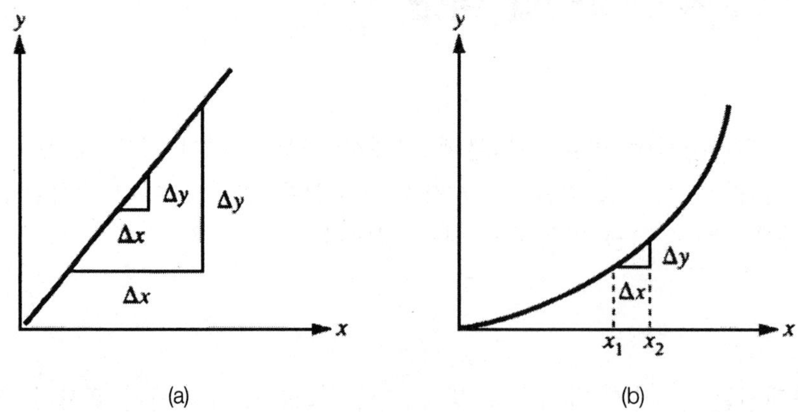

[그림 10-19]

여러분들이 경찰에게 정지당했을 때 얼마나 빨리 달렸는지를 알고 있다면 묻게 될 것이다. 경찰에게 단지 5초 동안에 150[m]를 달렸을 뿐이라고 이해시킨다고 가정할 때 여러분의 속도는

$$\text{속도} = \frac{150\text{m}}{5\text{초}} = 30[\text{m}/\text{초}]$$

가 된다. 경관에게 나는 단지 초당 30[m]밖에는 안 달렸다고 말하게 될 것이다.

불행하게도 경관에 의해서 정지당했을 때는 경찰의 수학적인 계산에 의해서 여러분들은 과속 범칙금 스티커를 발부받게 되고 초당 30[m]의 속도는 시간당 110[km]와 같다는 사실을 알게 될 것이다. 이런 작은 차이는 여러분들의 속도 계산과정에서 나타난다.

$$\text{속도} = \frac{\Delta\,\text{거리}}{\Delta\,\text{시간}}$$

만약 여러분들이 이런 계산과정을 시간의 아주 작은 구간에서 반복한다면 이런 공식은

$$v = \frac{dx}{dt}$$

로 간단히 표시할 수 있다. 여기서 v는 속도, x는 거리이고 t는 시간이다. 시간에 대해서 거리를 미분하면 속도가 얼마나 빠르게 변하는지 알 수 있다. 콘덴서의 전압전류 특성곡선은

$$i_c = C\frac{\Delta v_c}{\Delta t}$$

로 주어진다. 이런 관계식은

$$i_c = C\frac{dv_c}{dt}$$

로 표시하기 위해서는 미분을 사용해야 한다.

[그림 10-20]에 표시된 Op-Amp 회로를 고찰해 보자. 출력전압을 구하기 위해서는 우선

$$v_- = v_+ = 0[\text{V}]$$

라고 놓는다. -단자에서 절점방정식을 구하면

$$i_c = \frac{0 - v_o}{R_F} = -\frac{v_o}{R_F}$$

이다. 중요한 것은

$$v_c = v_i - 0 = v_i$$

이고, 콘덴서의 전류전압 관계를 이용하면

$$C\frac{dv_i}{dt} = -\frac{v_o}{R_F}$$

로 쓸 수 있다. 식을 다시 정리하면

$$v_o = -R_F C \frac{dv_i}{dt}$$

로 쓸 수 있다. 우리는 전자적인 미분기를 구성할 수 있다. Op-Amp의 출력은 입력의 변화율을 제공한다.

주의할 점은 $R_F C$의 단위는 초이기 때문에 출력은 전압이다. 만약 입력전압이 이동거리를 의미한다면 출력은 이동속도를 의미한다. 만약 입력전압이 속도를 의미한다면 Op-Amp 출력은 가속도를 나타낸다.

주의할 사항

[그림 10-20]은 도움을 주는 예제이지만 실제로는 구성할 수 없다. 문제는 고주파 신호는 미분할 수 없기 때문이다. 그리고 잡음은 대부분 고주파 신호이다. 전압에 대한 기본적인 공식에 대해서 알아보도록 하자.

$$v = 10\sin 10t + 0.1\sin 1000t$$

여기서 저주파 전압이 신호이고 고주파 전압이 잡음이다. 신호 대 잡음비에 의해서 신호를 깨끗하게 할 수 있다.

$$\frac{S}{N} = \frac{10}{0.1} = 100$$

이것은 신호가 잡음에 비해서 100배 강하다는 것을 의미한다. 이제 미분전압은

$$\frac{dv}{dt} = 100\cos 10t + 100\cos 1000t$$

이고, 신호 대 잡음비는 다음과 같다.

$$\frac{S}{N} = \frac{100}{100} = 1$$

미분 후 잡음이 이제 신호만큼 커졌다. 만약 고주파 잡음을 감소시키기 위해서 입력신호를 필터링할 수 있다면 미분기를 구성할 수 있다.

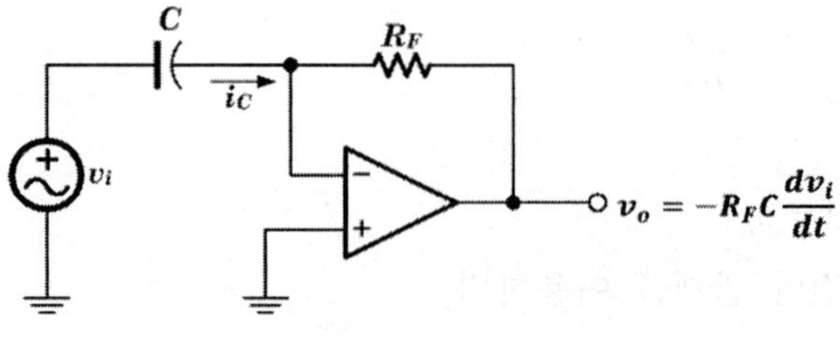

[그림 10-20] 미 분 기

예제 10-6 [그림 10-21]에 표시된 Op-Amp 회로에서 (a) 출력전압을 구하는 공식을 구하시오. (b) 주어진 입력에 대한 출력전압을 구하시오. (c) 이런 회로에 연결될 수 있는 실제적인 Op-Amp 제한은 무엇인가?

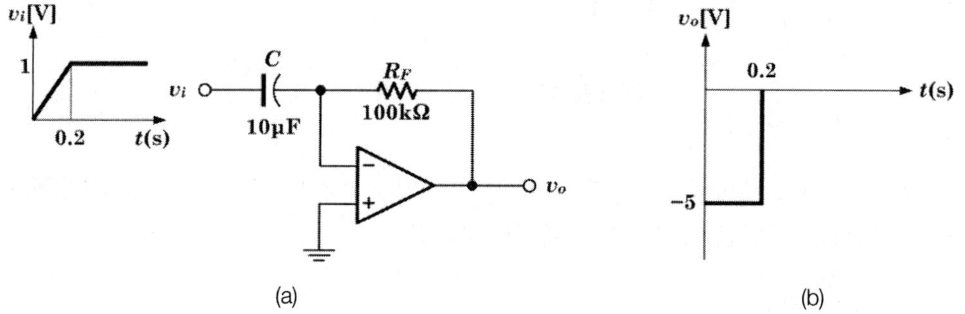

[그림 10-21]

풀이 (a) 미분기 출력전압은 다음과 같다.

$$v_o = -R_F C\frac{dv_i}{dt} = -100\times10^3\times10\times10^{-6}\frac{dv_i}{dt} = -\frac{dv_i}{dt}$$

(b) 입력전압이 0.0과 0.02초 사이의 직선이기 때문에 $0.0<t<0.2$초 구간에서

$$v_o = -\frac{dv_i}{dt} = -\frac{1.0-0.0}{0.2-0.0} = -\frac{1.0}{0.2} = -5.0\text{V}$$

이다. $t>0.2$초 구간에서는 입력이 일정하기 때문에 입력은 0 기울기를 가진다. 따라서

$$v_o = -\frac{dv_i}{dt} = 0$$

이다. 출력은 [그림 10-21(b)]와 같다.

(c) Op-Amp의 슬류율은 출력이 -5[V]에 주어진 시간에 도달할 만큼 충분히 빠르다.

적 분

적분에는 두 가지 접근법이 있다. 두 점 사이의 곡선을 적분하면 곡선 아래의 면적을 구할 수 있다. 적분에 의해서 물체의 체적을 구할 수 있다. 물론 적분은 미분의 반대로 생각하면 된다. 거리를 미분하면 속도를 구할 수 있다.

$$v = \frac{dx}{dt}$$

이동거리를 구하려면 속도에 시간을 적분하면 된다.

$$x = \int_0^t V(t)dt$$

이런 공식을 이용하면 비행기, 위성, 선박 등의 위치를 원격조정할 수 있다. 속도 센서의 출력은 위치정보를 제공하기 위해서 적분된다.

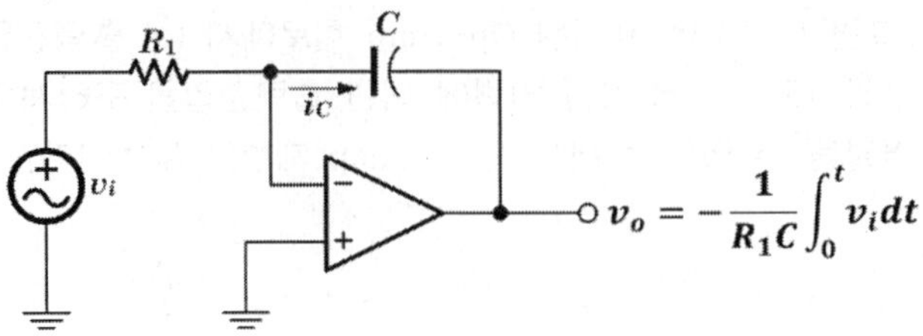

[그림 10-22] 적 분 기

[그림 10-22]는 Op-Amp를 사용해서 어떻게 전자적분기를 구성할 수 있는지를 보여준다. -단자에서의 전압은 0[V]이다. 절점방정식은

$$\frac{v_i - 0}{R_1} = i_c$$

이다. 콘덴서 전압은

$$v_c = 0 - v_o = -v_o$$

이다. 콘덴서 전류는

$$i_c = C\frac{dv_c}{dt} = -C\frac{dv_o}{dt}$$

이다. 절점방정식은

$$\frac{v_i}{R_1} = -C\frac{dv_o}{dt}$$

혹은

$$\frac{dv_o}{dt} = -\frac{1}{R_1 C}v_i$$

로 된다. 출력전압을 구하기 위해서 식의 양변을 적분하면

$$v_o = -\frac{1}{R_1 C}\int_0^t v_i dt$$

로 구해진다. 적분은 미분이 가지고 있는 잡음문제를 갖지 않는다. 따라서 이런 회로는 구성이 가능하다. 사실 Op-Amp 적분기는 아날로그 컴퓨터에서 가장 기본적인 소자이다.

예제 10-7 [그림 10-23]에는 Op-Amp 적분기와 구형파 입력이 표시되어 있다. 출력을 구하시오.

풀이 출력전압은

$$v_o = -\frac{1}{R_1 C}\int_0^t v_i\, dt = -\int_0^t v_i\, dt$$

로 주어진다.

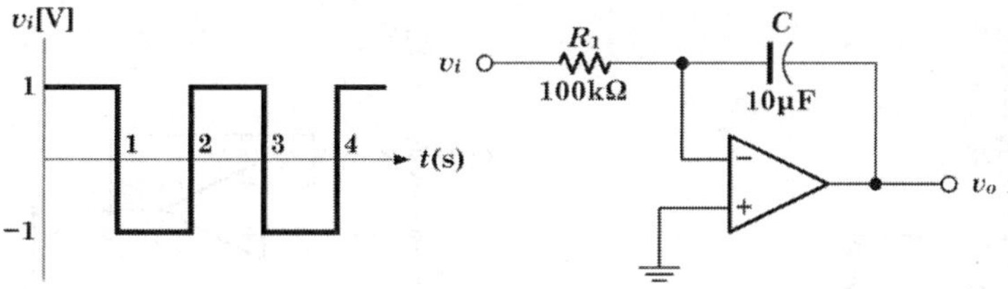

(a)

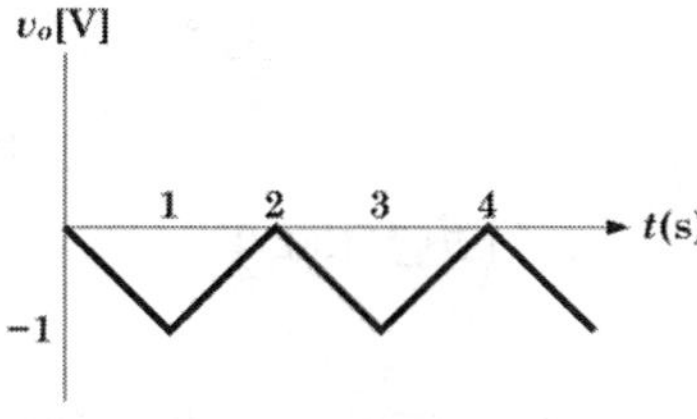

(b)

[그림 10-23]

상수를 적분하면 직선을 구할 수 있다. 따라서 구형파의 적분은 [그림 10-23(b)]에 표시된 것처럼 삼각파를 구할 수 있다. 실제로 Op-Amp의 슬류율은 램프 출력을 지지할 만큼 충분히 빠르다.

고장진단

미분기에서 만약 귀환저항이 개방고장이거나 연결불량이라면 출력은 공급전압에 거의 가깝게 된다. 만약 콘덴서가 개방고장이라면 출력은 없다. 만약 콘덴서가 단락고장이라면 신호원이 -단자에 직접 연결된다. 따라서 출력은 포화된다.

적분기에서 만약 저항이 개방고장이라면 적절한 출력은 없다. 만약 콘덴서가 개방고장이라면 귀환경로가 제거된다. 따라서 출력은 공급전압에서 포화된다. 만약 콘덴서가 단락된다면 출력은 직접 -단자에 연결된다. 따라서 0[V]에서 고정된다.

10-5 | 개선된 전압조정기

앞에서 직류 전압조정을 제공하기 위해서 제너 다이오드가 어떻게 사용되는지를 알아본 바 있다. [그림 10-24]를 살펴보면 부하가 없고 $R_L \to \infty$이면 다음과 같다.

$$I_{Z_{\text{no-load}}} = \frac{15\text{V} - V_Z}{R} = \frac{15-5}{10\text{k}\Omega} = 1[\text{mA}]$$

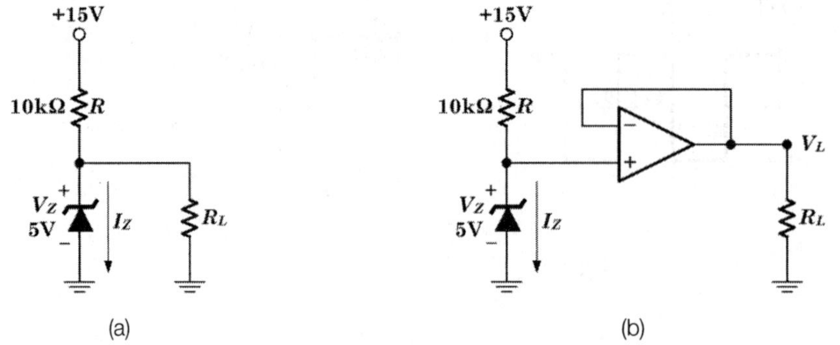

[그림 10-24]

무부하 제너 전류는 다이오드가 제너 동작을 하기 전에 부하에 공급될 수 있는 전류이다. 전압조정은 없다. 부하저항이 감소되면 제너로부터 흘러나오는 전류가 증가한다. 5[V]를 유지시키는 최소 저항은 5[kΩ]이다.

$$R_{L\min} = \frac{V_Z}{I_{Z_{\text{no-load}}}} = \frac{5}{1\text{mA}} = 5[\text{k}\Omega]$$

제너 회로의 조정을 개선하기 위해서는 제너 다이오드와 부하 사이에 비반전 Op-Amp를 삽입하는 것이 필요하다. 예를 들자면 [그림 10-24(b)]에서는 단위 이득 버퍼가 사용된다.

Op-Amp 속으로 흐르는 전류가 없기 때문에 제너로부터 유출되는 전류는 없다. 부하전압은 부하와 무관하기 때문에 다음과 같다.

$$V_L = V_Z = 5[\text{V}]$$

예제 10-8 [그림 10-25]는 단위이득을 갖는 버퍼와 연결되는 전압분배기를 갖는 제너 회로 연결을 표시하고 있다. (a) 무부하 제너 전류는 얼마인가? (b) 전압분배기에 의해서 제너로부터 얼마나 많은 전류가 유출되는가? (c) 부하전압은 얼마인가?

풀이 (a) 무부하 제너 전류는

$$I_{Z_{\text{no-load}}} = \frac{15\text{V} - V_Z}{R} = \frac{15-10}{5\text{k}\Omega} = 1[\text{mA}]$$

로 주어진다. 이것은 전압분배기와 제너 부하에 공급할 수 있는 최대 전류이다.

(b) 제너로부터 유출되는 전류는 R_1과 R_2의 직렬저항에서 0.01[mA]이다.

$$I_{R_1+R_2} = \frac{V_Z}{R_1+R_2} = \frac{10\text{V}}{200\text{k}\Omega + 800\text{k}\Omega} = 0.01[\text{mA}]$$

제너로부터 유출되는 전류는 무부하 전류의 1/100이기 때문에 잘 조정된 전압을 공급할 수 있다.

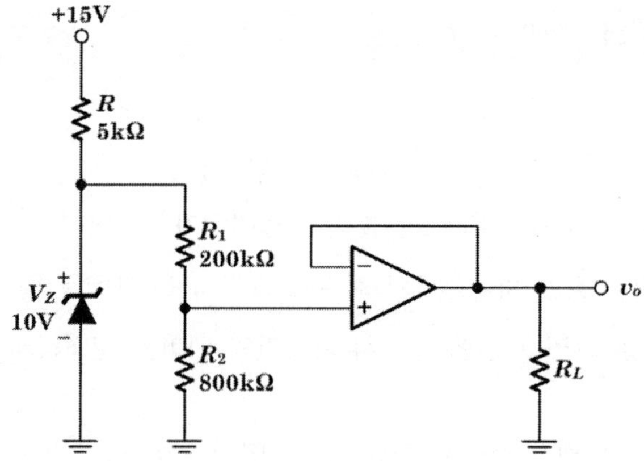

[그림 10-25]

(c) 부하전압은 +단자에서의 전압과 일치된다.

$$V_L = v_+ = \frac{R_2}{R_1 + R_2} V_Z = \frac{800\text{k}\Omega}{200\text{k}\Omega + 800\text{k}\Omega} 10 = 8[\text{V}]$$

Op-Amp 버퍼를 이용하면 어떤 조정 부하전압도 원하는 대로 구할 수 있다(그러나 항상 V_Z보다는 작다).

▌고장진단

만약 여러분들이 예상하는 출력이 발생되지 않는다면 제너 다이오드와 전압분배기의 전압을 검사하면 된다. 만약 제너 다이오드가 개방고장이라면 V_Z와 아주 다른 전압을 보게 될 것이다.

만약 R이 개방이라면 제너 전류도 없고 제너 전압도 없다. 만약 R이 단락이라면 제너 다이오드에서 공급전압을 측정하게 될 것이다. 만약 제너 다이오드의 전압이 정확하지만 전압분배기의 전압이 옳지 않다면 전압분배기 저항 중의 하나가 문제를 발생시킨다.

기초문제

1. 차동증폭기의 출력을 구하는 두 가지 방법은 무엇인가?

2. 기본적인 차동증폭기 회로를 그리시오. 출력은 얼마인가?

3. +단자에 전압분배기를 갖는 차동증폭기 회로를 그리시오. 출력은 얼마인가?

4. 브리지 증폭기 회로를 그리고 평형 브리지 증폭기의 의미를 설명하시오. 출력전압은 얼마인가?

5. 미지저항을 결정하기 위해서 브리지 정류기는 어떻게 사용되는가?

6. 온도를 결정하기 위해서 브리지 증폭기는 어떻게 사용되는가?

7. 귀환저항이나 자신의 연결이 개방고장이라고 가정하면 출력에서 어떤 결과를 예상할 수 있는가?

8. 미분의 접근법을 두 가지 설명하시오.

9. Op-Amp 미분기 회로를 그리고 출력전압 공식을 구하시오.

10. 미분은 왜 피하는가?

11. 적분의 두 가지 접근법을 설명하시오.

12. Op-Amp 적분기 회로를 그리고 출력전압 공식을 구하시오.

13. 적분이나 미분을 할 때 실제적인 Op-Amp 파라미터가 고려되어야 하는 이유는 무엇인가?

14. 미분기에서 콘덴서가 개방고장일 경우의 출력전압은 무엇인가? 단락고장인 경우는?

15. 적분기에서 귀환 콘덴서가 개방고장일 경우의 출력전압은 무엇인가? 단락고장인 경우는?

16. 제너 다이오드로부터 유출되는 최대 전류는 무엇인가?

17. 제너 다이오드에 의해서 공급되는 부하저항의 제한은 무엇인가?

18. 제너 조정을 개선하기 위해서 제공되는 Op-Amp는 어떻게 사용되는가?

19. 제너 다이오드 전압보다 항상 작은 조정전압을 어떻게 제공할 수 있는가?

20. 제너 다이오드가 개방고장이라면 무엇을 발견할 수 있는가?

21. 만약 제너 다이오드 공급저항이 개방고장 또는 단락고장이라면 어떻게 될까?

22. 이상적인 Op-Amp의 특성을 설명하시오.

해답

1. 차동증폭기 이득공식, 중첩의 원리 적용 **2.** [그림 10-15]참조 $v_o = \left(1+\frac{R_F}{R_1}\right)v_2 - \frac{R_F}{R_1}v_1$

3. [그림 10-16] 참조 $v_o = \frac{R_F}{R_1}v_2 - \frac{R_F}{R_F}v_1 = \frac{R_F}{R_1}(v_2 - v_1)$

4. $v_o = 0\text{V} \rightarrow R_{\text{unknown}} = R_{\text{pot}}$, $v_o = \left(\frac{2R_{\text{pot}}}{R_{\text{unknown}} + R_{\text{pot}}} - 1\right)V_{ref}$

5. 미지저항을 찾기 위해서 전위차계를 출력전압이 0[V] 될 때까지 조정한다.
6. 자신의 저항변화 **7.** 출력은 포화전압에서 고정된다. **8.** Δ함수 기울기, 도함수 기울기
9. [그림 10-20] 참조 **10.** 고주파 신호는 미분할 수 없다. **11.** 곡선의 적분, 면적의 적분
12. [그림 10-23] 참조 **13.** 슬류율 **14.** 개방고장 시 공급전압에 가깝다. 단락고장 시 출력은 포화된다.
15. 개방고장 시 출력은 없다. 단락고장 시 0[V]에 고정된다. **16.** 무부하 제너 전류
17. 최소한의 부하저항 **18.** 버퍼 **19.** 전압분배기 저항을 사용해서 조절한다.
20. V_Z와 아주 다른 전압을 측정하게 된다. **21.** R이 개방이라면 제너 전류도 없고 제너 전압도 없다. 만약 R이 단락이라면 제너 다이오드에서 공급전압을 측정하게 될 것이다. 만약 제너 다이오드의 전압이 정확하지만 전압분배기의 전압이 옳지 않다면 전압분배기 저항 중의 하나가 문제를 발생시킨다.
22. $A_u = \infty$, $R_{\text{in}} = \infty$, $R_{\text{out}} = 0$, $B = \infty$, offset $I(V) = 0$

응용문제

1. 비반전증폭기 회로를 그리고 출력전압 공식을 구하시오.

2. 단위이득 버퍼증폭기를 그리시오. 이런 버퍼의 장점은 무엇인가?

3. 반전증폭기 회로를 그리고 출력전압 공식을 구하시오. 반전증폭기의 이점은 무엇인가?

4. Op-Amp 회로 해석을 위한 절차는 무엇인가?

5. 반전증폭기 회로를 그리고 출력전압 공식을 구해 보시오.

6. 반전증폭기에서 전원에 의해서 바라보는 저항에 대해서 고찰하시오.

7. 입력 바이어스 전류의 효과를 제거하기 위해 기본 +단자로부터 접지에 연결한 저항은 무엇인가?

8. 4bit 디지털 아날로그 컨버터에서 R_F와 다른 저항 사이에 필요한 비율은 무엇인가?

9. 전압분배기 입력을 갖는 비반전증폭기를 그리시오. 출력전압은 무엇인가?

10. 일반적인 비반전증폭기 회로를 그리고 출력전압 공식을 구하시오. 이런 공식을 사용하기 위해서는 어떤 가정이 필요한가?

11. 만약 R_F 혹은 자신의 연결이 불량이라면 어떤 출력을 기대할 수 있나?

12. 가산기에 연결되는 입력전원 중 하나가 연결불량이라면 어떻게 말할 수 있나?

연습문제

1. [그림 10-26]에 표시된 반전증폭기에서 $R=0[\Omega]$으로 놓고 다음 순서대로 구하시오.

$$v_+,\ v_-,\ v_o,\ i_i,\ i_f,\ R_i=\frac{v_i}{i_i}$$

2. [그림 10-26]에서 입력전원은 $5[\mathrm{k}\Omega]$의 내부저항을 가진다. (a) 이런 저항을 포함하는 회로를 다시 그리고 v_o를 구하시오. (b) 출력전압에 영향을 미치는 전원의 내부저항을 어떻게 방지할 수 있는가?

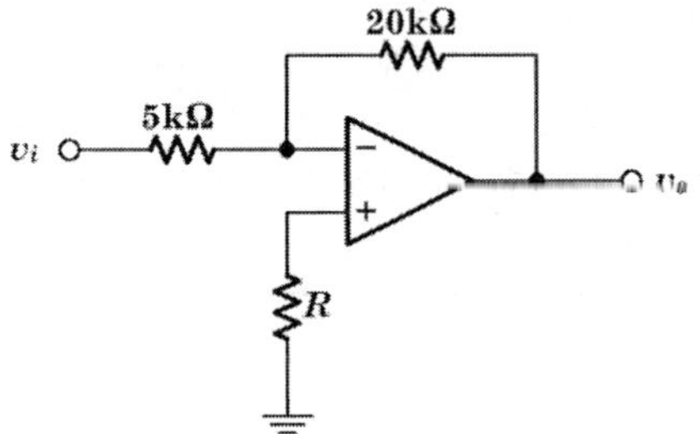

[그림 10-26]

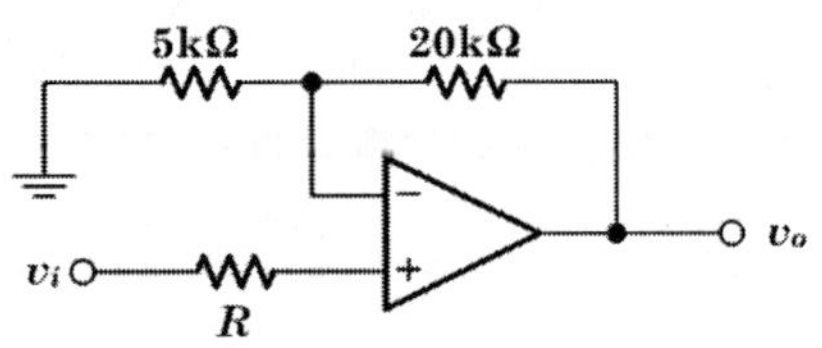

[그림 10-27]

3. [그림 10-27]에 표시된 비반전증폭기에서 $R=4[\mathrm{k}\Omega]$으로 놓고 다음 순서대로 구하시오.

$$v_+,\ v_-,\ v_o,\ i_i,\ i_f,\ R_i=\frac{v_i}{i_i}$$

4. [그림 10-28]에 표시된 3단 Op-Amp 회로에서 각 Op-Amp 출력을 구하시오.

(a) v_{o1} (b) v_{o2} (c) v_o

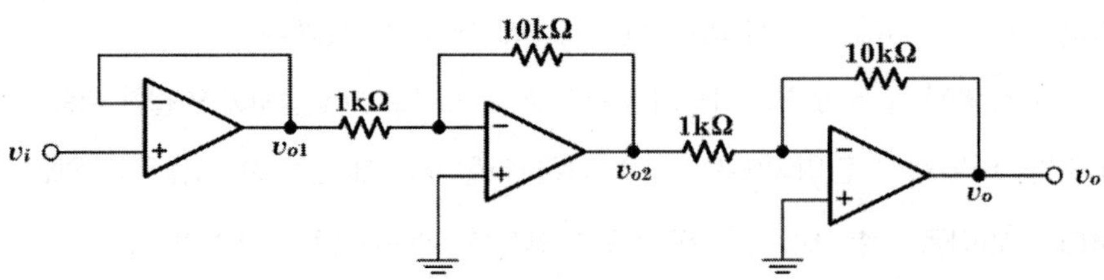

[그림 10-28]

5. (a) [그림 10-29]에서 $v_o=-(10v_1+v_2)$로 되는 R_1과 R_2를 구하시오. (b) 바이어스 전류의 효과를 제거하기 위해서 R을 구하시오.

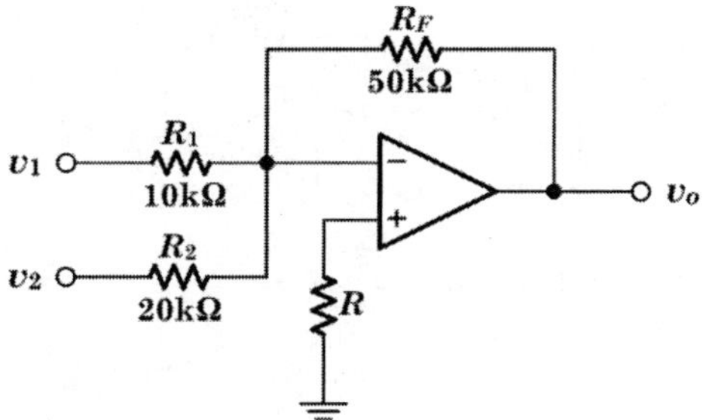

[그림 10-29]

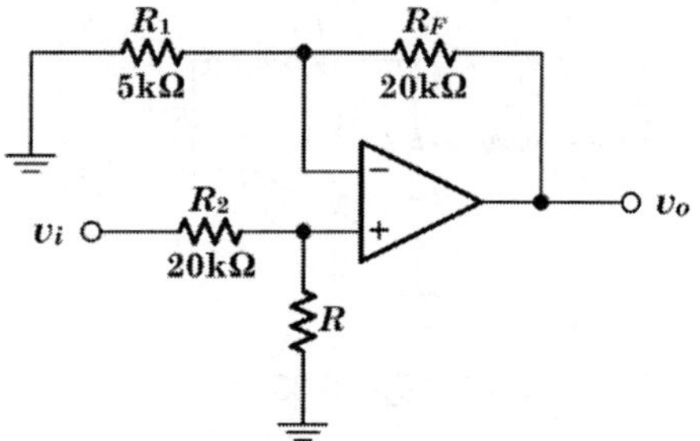

[그림 10-30]

6. [그림 10-30]에서 $R=10[\text{k}\Omega]$으로 놓고 다음 순서대로 구하시오. v_+, v_-, v_o

7. [그림 10-31]에서 $R=10[\text{k}\Omega]$으로 놓고 (a) $R \parallel R_F = R_1 \parallel R_2$인가? (b) v_o를 구하시오.

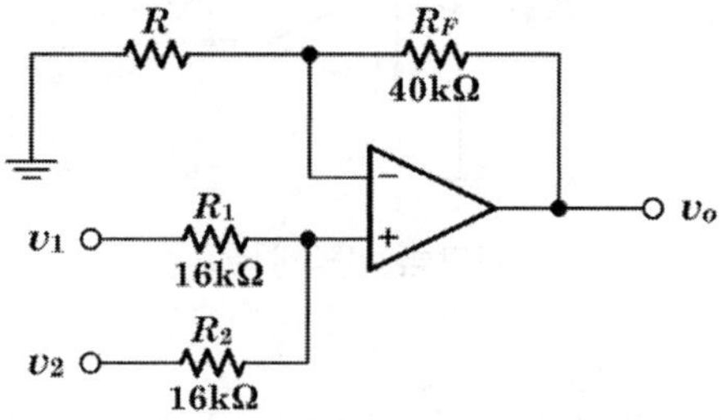

[그림 10-31]

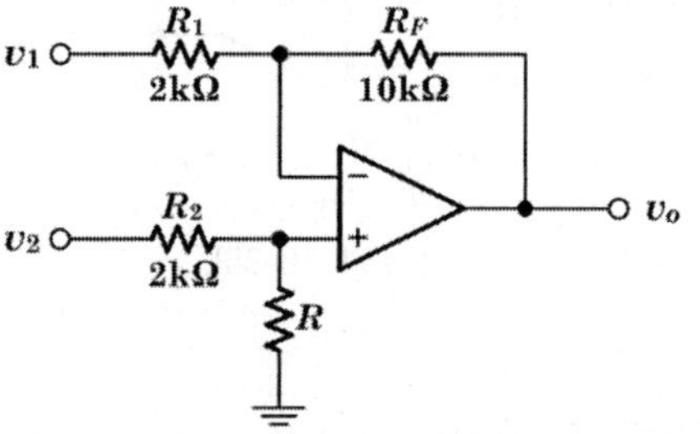

[그림 10-32]

8. [그림 10-32]에 표시된 회로에서 $R=2[\text{k}\Omega]$으로 놓고 v_o를 구하시오.
(a) $v_2=0[\text{V}]$ (b) $v_1=0[\text{V}]$ (c) 양쪽 입력원이 모두 턴on

9. Op-Amp는 귀환경로에 부하저항을 삽입하면 전류원을 구성하기 위해서 사용된다. [그림 10-33]에 표시된 반전 Op-Amp를 고찰하시오. (a) $v_i=1[\text{V}]$, $R_1=1[\text{k}\Omega]$으로 놓고 R_1에 흐르는 전류를 구하시오. (b) 이런 전류는 어디로 가는가? (c) R_L에 흐르는 전류는 얼마인가? (d) 이런 전류는 R_L에 의존되는가? (e) 전류가 부하저항에 의존하지 않고 부하에 전달되기 위해서는 회로를 어떻게 구성해야 하는가? (f) 이런 회로에서 부하전류는 어떻게 결정되는가?

10. [그림 10-34]에서 Op-Amp의 v_o와 v_i를 구하시오. 입력전압은 $v_i=v_1-v_2$로 표시된다. (a) v_2를 접지시키고 v_o를 v_1의 항으로 구하시오. (b) v_1을 접지시키고 v_o를 v_2의 항으로 표시하시오. (c) v_1과 v_2의 항으로 전체 출력을 표시하시오. (d) v_o를 v_i항으로 표시하시오.

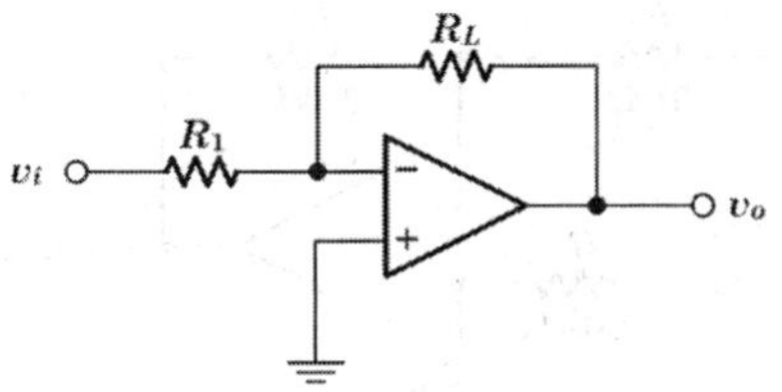

[그림 10-33]

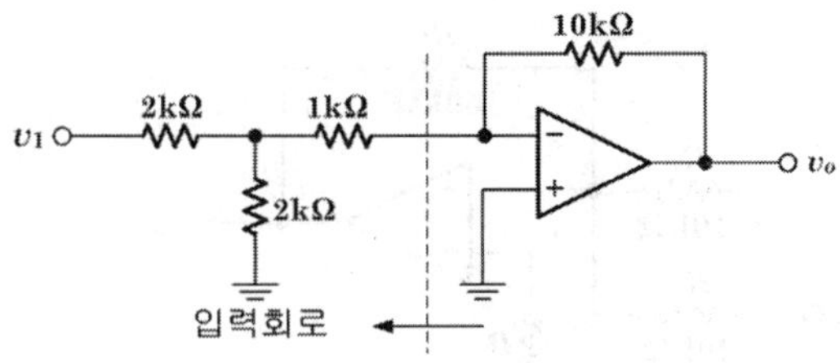

[그림 10-34]

11. [그림 10−35]에 표시된 미분기에서 (a) v_o의 일반식을 구하시오. (b) $v_i = \cos 10t$일 때 v_o를 구하시오. (c) $v_i = \sin 10t$일 때 v_o를 구하시오. (d) $v_i = e^{-2t}$일 때 v_o를 구하시오.

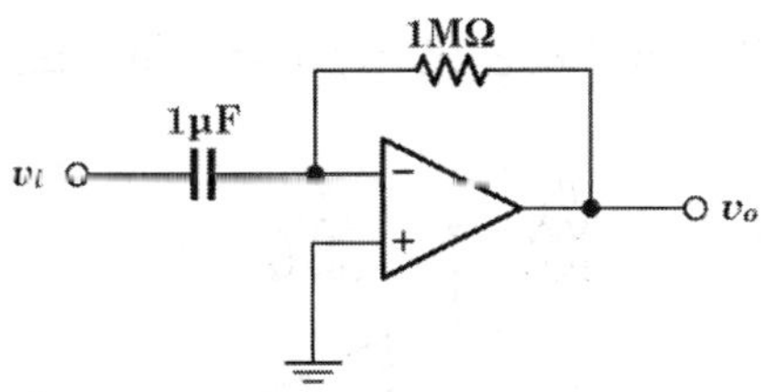

[그림 10-35]

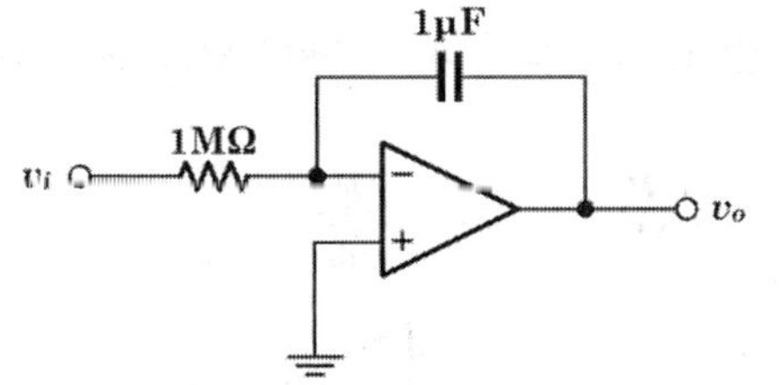

[그림 10-36]

12. [그림 10−36]에 표시된 Op−Amp의 포화전압이 ±10[V]이다. (a) $v_i = 1$[V]일 때 v_o를 구하시오. (b) $v_i = 5$[V]일 때 v_o를 구하시오.

13. [그림 10−37]에 표시된 회로에서 (a) 제너 무부하 전류를 구하시오. (b) R_1과 R_2가 직렬로 연결된 회로의 전류를 구하시오. 이 전류를 제너 무부하 전류와 비교하시오. (c) v_+를 구하시오. (d) v_o를 구하시오.

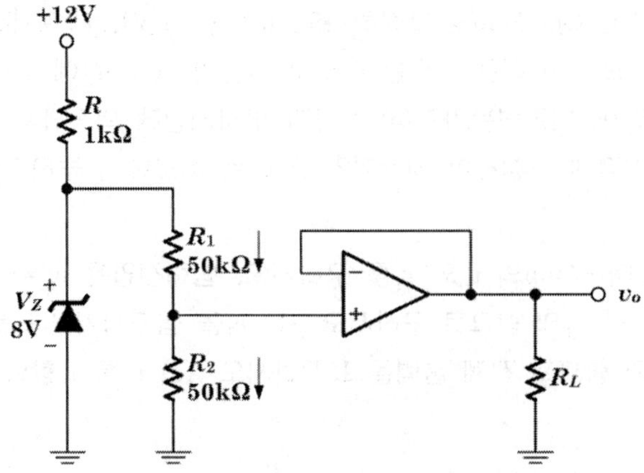

[그림 10-37]

14. [그림 10-38(a)]에 표시된 반전증폭기의 출력전압을 계산하시오.

15. [그림 10-38(b)]에 표시된 비반전증폭기로부터 출력을 구하시오.

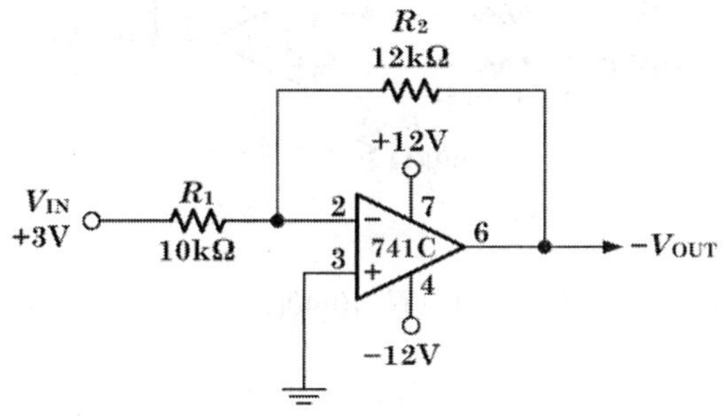

(a)

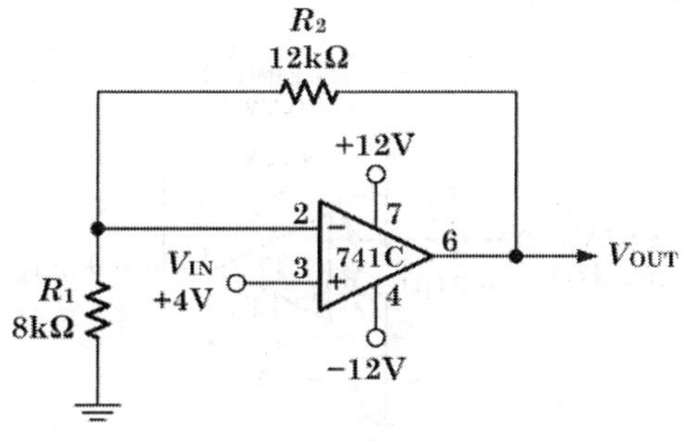

(b)

[그림 10-38]

16. [그림 10-39]에 표시된 가산기 증폭기 회로의 출력전압을 계산하시오.

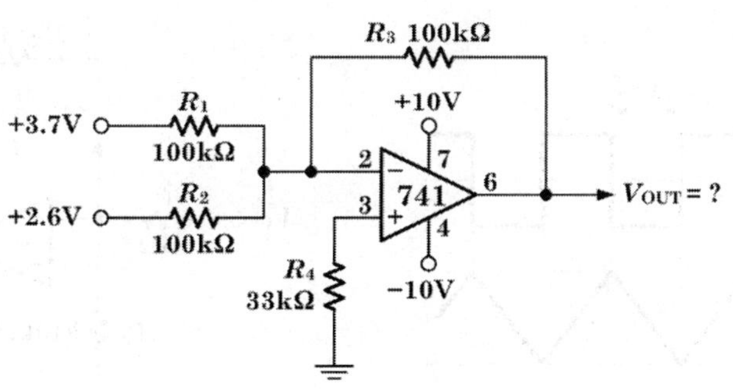

[그림 10-39]

17. [그림 10-40]에 표시된 차동증폭기 회로의 출력전압을 계산하시오.

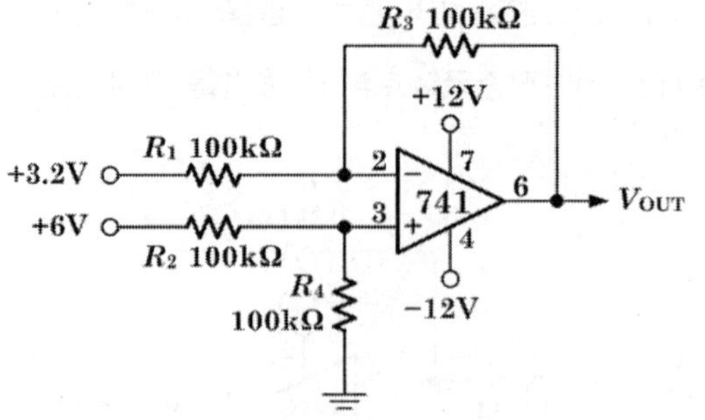

[그림 10-40]

18. [그림 10-41]에 표시된 미분기 회로의 피크 출력을 계산하시오.

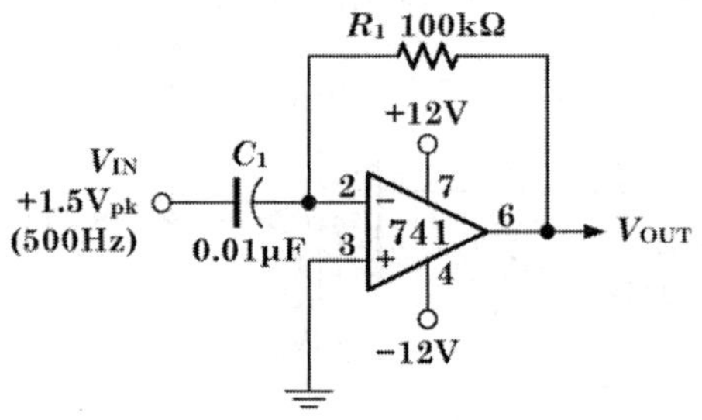

[그림 10-41]

19. [그림 10-42(a)]에 표시된 입출력 파형을 참조하고 [그림 10-42(b)]에 표시된 적분기 회로의 피크 출력전압을 구하시오.

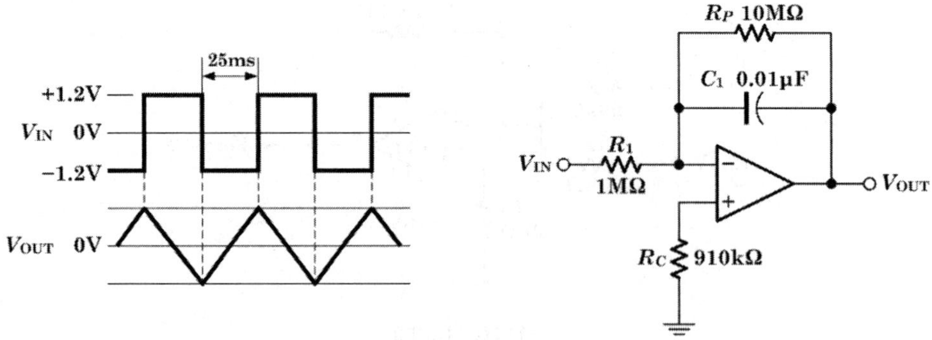

(a) (b)

[그림 10-42]

해답

1. $V_+ = 0[V]$(접지), $V_- = V_+ = 0[V]$,

$\frac{V_- - V_i}{5k\Omega} + \frac{V_- - V_o}{20k\Omega} = 0$, $V_- = 0[V]$를 대입하고

식을 간략화하면 $V_o = \frac{-20k\Omega}{5k\Omega} \times V_i = -4V_i$,

$i_i = \frac{V_i}{5k\Omega}$, $i_f = i_i = \frac{V_i}{5k\Omega}$,

$R_i = \frac{V_i}{i_i} = \frac{V_i}{V_i/5k\Omega} = 5[k\Omega]$

2. (a) $V_o = \frac{-20k\Omega}{10k\Omega} \times V_i = -2V_i$

(b) 5[kΩ] 저항과 전원 사이에 단위이득을 갖는 버퍼를 삽입시킨다.

3. $V_+ = V_i$, $V_- = V_i$, $V_o = 5V_i$, $i_i = 0[A]$,

$i_f = \frac{V_o - V_i}{20k\Omega}$, $R_i = \frac{V_i}{i_i} = \infty$

4. (a) $V_{o1} = V_i$ (b) $V_{o2} = -\frac{10k\Omega}{1k\Omega} \times V_{o1} = -10V_i$

(c) $V_{o3} = -\frac{10k\Omega}{1k\Omega} \times V_{o2} = 100V_i$

5. (a) $V_o = -(10V_i + 2V_2)$,

$10 = \frac{R_F}{R_1} = \frac{50k\Omega}{R_1} \Rightarrow R_1 = 5[k\Omega]$,

$1 = \frac{R_F}{R_2} \Rightarrow R_2 = R_F = 50[k\Omega]$

(b) $R = R_1 \parallel R_2 \parallel R_F = 5k\Omega \parallel 50k\Omega \parallel 150k\Omega$
$= 5k\Omega \parallel 125k\Omega = 4.17[k\Omega]$

6. $R = 10[k\Omega]$, $V_+ = \frac{10k\Omega}{30k\Omega} \times V_i = \frac{V_i}{3} = V_i$

$\frac{V_- - V_o}{20k\Omega} + \frac{V_-}{5k\Omega} = 0 \Rightarrow V_-\left(\frac{1}{20k\Omega} + \frac{1}{5k\Omega}\right) = \frac{V_o}{20k\Omega}$

$\Rightarrow \frac{5}{20k\Omega} \times V_- = \frac{V_o}{20k\Omega} \Rightarrow V_o = 5V_- = 5\left(\frac{V_i}{3}\right) = \frac{5}{3}V_i$

7. (a) $10k\Omega \parallel 40k\Omega = 8[k\Omega]$, $16k\Omega \parallel 16k\Omega = 8[k\Omega]$

$R \parallel R_F = R_1 \parallel R_2$

(b) $V_+ = V_1 + V_2 = V_-$,

$\frac{V_-}{10k\Omega} + \frac{V_- - V_o}{40k\Omega} \Rightarrow \left(\frac{1}{10k\Omega} + \frac{1}{40k\Omega}\right) \times V_-$

$= \frac{V_o}{40k\Omega} \Rightarrow 5V_- = V_o \Rightarrow V_o = 5(V_1 + V_2)$

8. (a) $V_+ = V_- = 0[V]$, $V_o = -\frac{10k\Omega}{2k\Omega} \times V_1 = -5V_1$

(b) $V_+ = \frac{2k\Omega}{4k\Omega} \times V_2 = 0.5V_2$, $V_+ = V_- = 0.5V_2$

$\frac{V_-}{2k\Omega} + \frac{V_- - V_o}{10k\Omega} \Rightarrow V_- \times \frac{6}{10k\Omega} = \frac{V_o}{10k\Omega}$

$\Rightarrow V_o = 6V_- = 6(0.5V_2) = 3V_2$

(c) $V_o = -5V_1 + 3V_2$

9. (a) $I_{R1} = V_i/R_1 = 1V/1k\Omega = 1[mA]$

(b) 전류는 R_L을 통해서 V_o로 흘러간다.

(c) $I_{RL} = V_O/R_L = I_{R1} = 1[mA]$

(d) R_L에 의존하지 않는다. (e) 전류원

(f) R_1에 의해서 입력전압이 분배된다.

10. (a) $V_{O1} = (1 + 1/9) \times V_1 = 1.11V_1$, $V_O = -9/1$,

$V_{O1} = -9 \times 1.11V_1 = -10V_1$

(b) $V_O = (1 + 9/1) \times V_2 = 10V_2$

(c) $V_O = 10V_2 - 10V_1 = -10(V_1 - V_2)$

(d) $V_i = V_1 - V_2$이므로 $V_O = -10V_i$이다.

11. (a) $V_o = -R_F C \frac{dV_i}{dt} = -\frac{dV_i}{dt}$

(b) $V_i = \cos 10t$, $V_o = \frac{-d}{dt}\cos 10t = 10\sin 10t$

(c) $V_i = \sin 10t$, $V_o = \frac{-d}{dt}\sin 10t = -10\cos 10t$

(d) $V_i = e^{-2t}$, $V_o = \frac{-d}{dt}e^{-2t} = 2e^{-2t}$

12. (a) $V_o = -\int_0^T d\tau = -t$, $|t| \leq 10$

(b) $V_o = -\int_0^T 5d\tau = -5t$, $|t| \leq 2$

13. (a) $I_{Z무부하} = \frac{12V - 8V}{1k\Omega} = 4[mA]$, $|t| \leq 2$

(b) $I_{R_1 + R_2} = \frac{8V}{100k\Omega} = 0.08[mA]$ 무부하 제너 전류에 비해서 대단히 작다.

(c) $V_+ = \frac{R_1}{R_1 + R_2} \times V_Z = \frac{8V}{2} = 4[V]$

(d) $V_o = V_- = V_+ = 4[V]$

14. $V_{out} = -V_{in} \times \left(\frac{R_F}{R_{IN}}\right) = -3V \times \frac{12k\Omega}{10k\Omega}$

$= -3V \times 1.2 = -3.6[V]$

15. $V_{out} = V_{in}\left(1 + \frac{R_F}{R_1}\right) = 4V\left(1 + \frac{12k\Omega}{8k\Omega}\right)$

$= 4V \times (1 + 1.5) = 4V \times 2.5 = +10[V]$

16. $V_{out} = -(V_{in\,1} + V_{in\,2})$

$= -(3.7V + 2.6V) = -6.3[V]$

17. $V_{out} = V_{in\,2} - V_{in\,1} = 6V - 3.2V = 2.8[V]$

18. $V_{out(pk)} = 2\pi f \times R_1 \times C_1 \times V_{in(pk)}$

$= (2 \times \pi \times 500Hz) \times 100k\Omega \times 0.01\mu F \times (1.5V_{PK})$

$= 4.7[V]$

19. $V_{out(pk)} = \frac{1}{R_1 C_1} \times (\Delta V_{in(pk)} \times \Delta t)$

$= \frac{1}{1M\Omega \times 0.01\mu F} \times$ (0V에서 $1.2V_{(PK)} \times 25ms$)

$= 100 \times (1.2V_{(PK)} \times 25ms) = 100 \times 0.03 = 3[V_{PK}]$

제11장

비선형 연산증폭기 회로

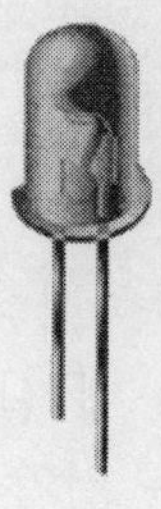

- ❑ 11-1 정 류 기 / 420
- ❑ 11-2 리 미 터 / 428
- ❑ 11-3 0점 교차검출기 / 431
- ❑ 11-4 비교기(레벨 검출기) / 434
- ❑ 11-5 슈미트 트리거 / 438

앞장에서 가산기, 감산기, 적분기, 미분기를 구성하기 위해서 Op-Amp를 어떻게 사용하는지를 알아보았다. 이런 회로의 공통점은 Op-Amp를 선형적으로 응용한다는 것이다.

선형회로에서 정현파 입력은 [그림 11-1(a)]에 표시된 것처럼 정현파 출력을 발생시킨다. [그림 11-2]는 11장에서 논의하게 되는 특별한 비선형회로의 입출력 응답을 표시하고 있다.

이 장에서 Op-Amp가 어떻게 다이오드 정류기와 리미터 회로의 개선된 회로 구성을 위해서 사용될 수 있는지를 설명하도록 하겠다.

또 zero 교차검출기, 비교기(단계검출기), 슈미트 트리거를 구성하기 위해서 Op-Amp의 높은 개방이득의 이점을 어떻게 이용하는지도 설명하도록 하겠다.

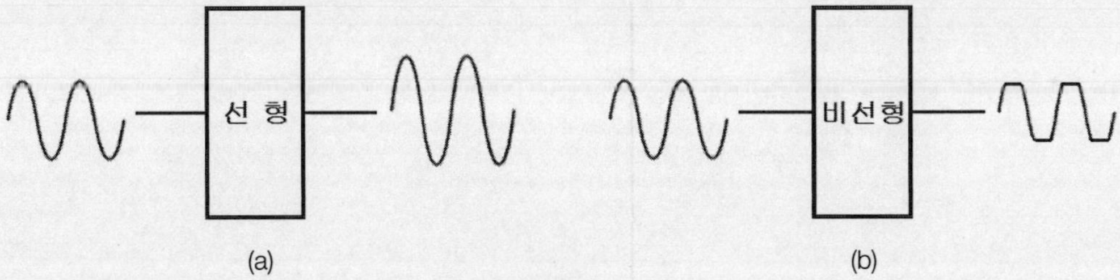

[그림 11-1]

11-1 | 정 류 기

실제적인 다이오드 정류기의 동작은 신호원과 부하저항에 달려 있다. Op-Amp는 신호와 부하가 분리에 의해서 이런 회로를 개선하는 데 사용할 수 있다. 또한 Op-Amp 정류기는 다이오드의 턴on 전압에 의해서 기인되는 전압의 손실을 제거하기 위해서 사용된다.

▮ 단순한 반전정류기

[그림 11-3]은 정류기를 구성하기 위해서 기본적인 반전증폭기의 귀환 루프에서 다이오드가 어떻게 사용되는가를 보여준다.

입력이 positive로 되면 [그림 11-3(b)]에 표시된 것처럼 전류는 전원을 출발해서 다이오드를 턴on시킨다.

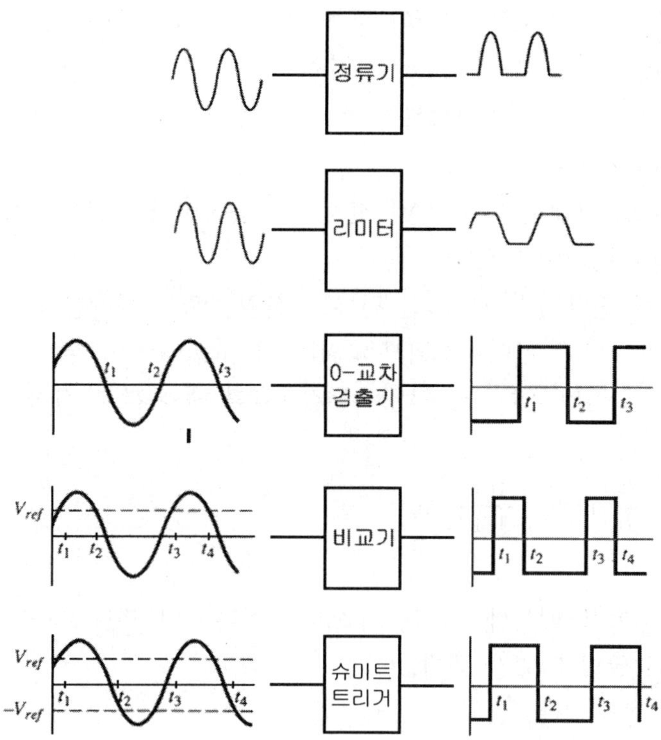

[그림 11-2]

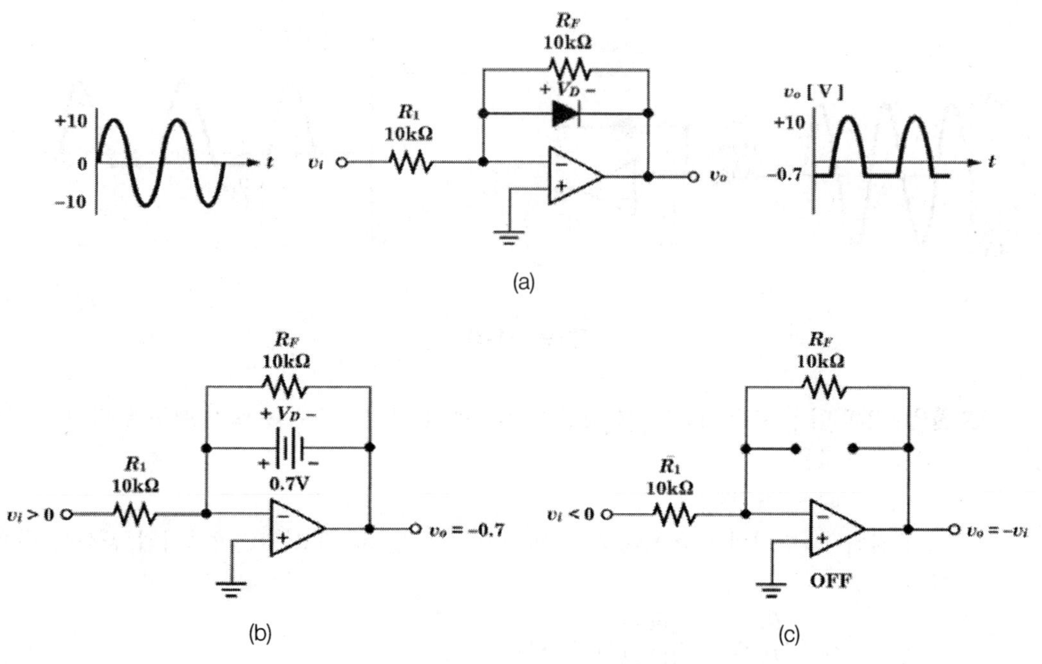

[그림 11-3] 반전정류기

앞에서처럼 귀환 루프가 닫힐 때 R_F 또는 다이오드를 통해서

$$v_- = v_+$$

로 된다. 그리고 '+'단자는 접지이므로

$$v_- = v_+ = 0[\mathrm{V}]$$

이다. 다이오드가 on 상태일 때 0.7[V] 전지처럼 동작한다. 출력전압은

$$v_0 = 0 - V_D = -0.7[\mathrm{V}]$$

에서 고정된다. 입력전압이 '−'로 되면 전류는 전원으로 되돌아간다.

다이오드가 역방향으로 바이어스되므로 입력이 negative로 되면 다이오드는 [그림 11−3(c)]에 표시된 것처럼 off된다. 다이오드가 off될 때 회로는 기본적인 반전증폭기처럼 동작하고 출력은

$$v_o = -\frac{R_F}{R_1}v_i = -\frac{10\mathrm{k\Omega}}{10\mathrm{k\Omega}}v_i = -v_i$$

로 주어진다.

입력이 negative이기 때문에 출력은 positive이다. 이러한 결과를 조합하면 [그림 11−3(a)]에 표시된 출력을 얻게 된다.

예제 11−1 [그림 11−4]에 표시된 반전정류기의 출력전압을 구하시오. 0.7[V]의 다이오드 턴on 전압까지 고려하시오.

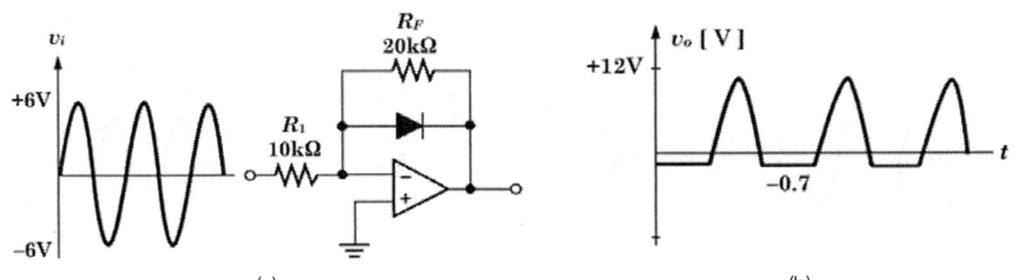

[그림 11-4]

풀이 입력이 positive로 될 때 전류가 전원에서 다이오드로 흐르기 때문에 다이오드는 on되고 출력은

$$v_o = -0.7[\mathrm{V}]$$

로 유지된다. 입력이 negative로 될 때 다이오드는 off되고 반전증폭기의 공식을 이용하면

$$v_o = \frac{R_F}{R_1}v_i = -\frac{20\mathrm{k\Omega}}{10\mathrm{k\Omega}}v_i = -2v_i$$

가 구해진다. Op-Amp는 신호를 증폭하기 위해서 사용된다는 점에 유의해야 한다. 응답은 [그림 11-4(b)]에 표시되어 있다.

정밀정류기

[그림 11-4]에 표시된 단순 반전정류기는 전원으로부터 부하를 격리시킨다. 만약 원하기만 한다면 동일한 이득을 제공한다.

그렇지만 간단한 다이오드 정류기와 마찬가지로 다이오드 턴on 전압에 의해서 출력이 영향을 받는 단점도 가진다. 다이오드의 턴on 전압을 제거하면 정밀정류기라고 부르는 회로를 구성할 수 있다.

비반전 정밀정류기

비반전 정밀정류기는 [그림 11-5(a)]에 표시된 것과 같다.

이런 회로에서는 Op-Amp 출력에서 바로 부하전압을 구할 수 없다는 점을 주의해야 한다. 부하전압은 실제로 negative 단자전압이다.

[그림 11-5(b)]에 표시된 것처럼 입력전압이 positive일 때 Op-Amp 출력전압은 positive로 되고 다이오드는 턴on된다. 이것이 루프를 닫고 루프가 닫혔을 때

$$v_- = v_+$$

이다. 따라서 입력이 positive로 될 때

$$v_o = v_- = v_+ = v_i$$

이고, 출력전압은 입력전압이 된다.

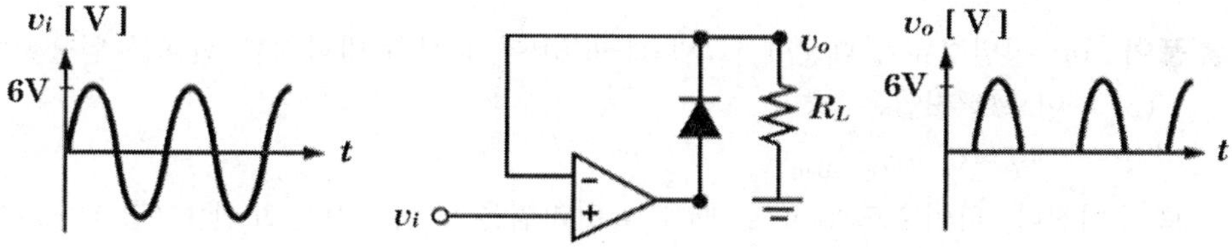

(a)

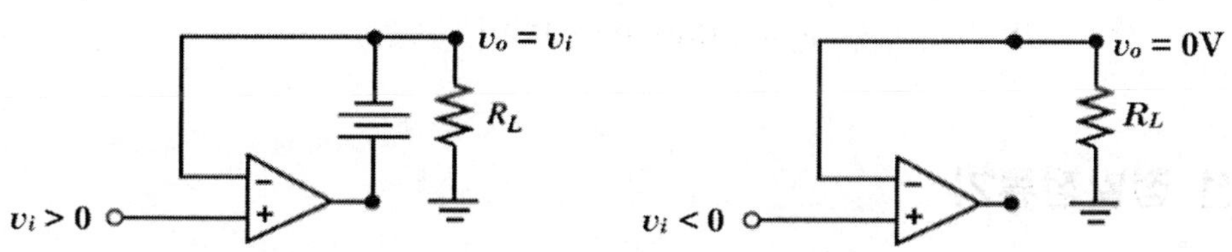

(b)

[그림 11-5] 비반전정류기

[그림 11-5(c)]에 표시된 것처럼 입력전압이 negative일 때 Op-Amp 출력전압은 negative로 되고 다이오드는 턴off된다. 다이오드가 off되면 귀환경로는 효과적으로 제거된다. Op-Amp에 흘러가는 전류가 거의 0[A]에 가까워지기 때문에 부하전류는 없고 출력전압도 0[V]로 된다.

전체 출력전압은 [그림 11-5(a)]에 표시되어 있다. 중요한 것은 다이오드 턴on 전압이 출력에 표시되지 않는다는 점이다. 이 회로에서는 두 가지 단점을 가진다.

① 귀환경로가 제거되면 미분입력전압은 더 이상 0[V]가 아니다. 사실상 v_x는 내부 보호회로를 갖지 않는 Op-Amp를 손상시키기에 충분한 크기를 가진다.

② 귀환경로가 제거되면 출력전압은 포화전압을 만족한다. 실제 Op-Amp에서 포화상태를 극복하는 데는 한정된 시간이 걸린다. 이 회로는 고주파 입력신호를 따르지 않을 수 있다.

예제 11-2 (a) [그림 11-6(a)]에 표시되어 있는 비반전정류기의 출력을 구하시오.
(b) Op-Amp의 포화전압이 ±15[V]이면 다이오드에 의해서 알 수 있는 최대 역전압은 얼마인가?

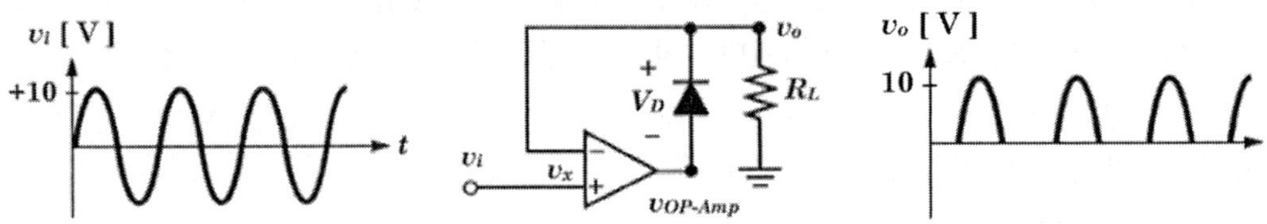

(a) (b)

[그림 11-6]

풀이 (a) 정밀정류기 때문에 [그림 11-6(b)]에 표시된 반파정류 신호를 얻을 수 있다.
(b) 다이오드 전압은

$$v_D = v_o - v_{\text{Op-Amp}}$$

로 주어진다. 다이오드가 off일 때 $v_o = 0$[V]임을 알 수 있다. 또한 [그림 11-6(c)]에 표시된 것처럼 negative 전압이 입력에 인가될 때 루프가 개방되고 Op-Amp 출력은 negative 포화전압으로 안정시킬 수 있다. 따라서 최대 역전압은 다음과 같다.

$$IIV = v_{\text{Op-Amp}} - v_o = -15\text{V} - 0 = -15[\text{V}]$$

반전 정밀정류기

[그림 11-7(a)]는 반전 Op-Amp 정밀정류기를 표시하고 있다. 이런 회로에서는 두 개의 귀환경로를 가진다. 두 다이오드 중 하나는 항상 on 상태이기 때문에 항상 완전

귀환경로를 가진다. 이것이 Op-Amp가 포화되는 것을 방지하고 비반전정류기의 단점을 보완해 준다.

입력전압이 positive로 스윙할 때 Op-Amp 출력전압은 negative에서 스윙한다. 이것이 D_1의 캐소드와 D_2의 애노드에 negative 전압을 공급한다. 이것은 [그림 11-7(b)]에 표시된 것처럼 D_1이 on, D_2가 off 상태임을 의미한다. D_2 off 상태의 출력은 R_2를 통해서 가상접지인 -단자에 연결된다.

따라서 출력전압은 0[V]에서 고정된다. 입력전압이 negative에서 스윙할 때 Op-Amp 출력전압은 positive에서 스윙하게 된다. 이것이 D_1의 캐소드와 D_2의 애노드에 positive 전압을 공급한다. 이것은 [그림 11-7(c)]에 표시된 것처럼 D_1이 off, D_2가 on 상태임을 의미한다.

출력전압은 반전이득 공식에 의해서

$$v_o = -\frac{R_2}{R}v_i = -\frac{10\text{k}\Omega}{10\text{k}\Omega}v_i = -v_i$$

로 된다.

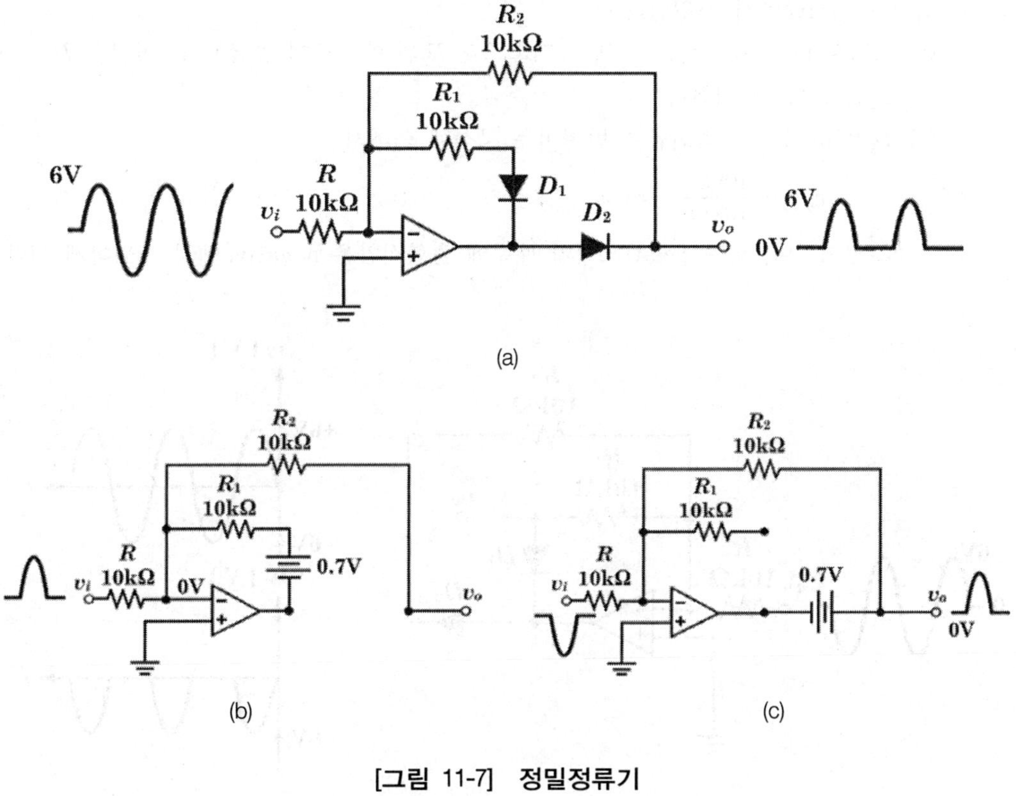

[그림 11-7] 정밀정류기

입력이 자신의 negative 반주기이기 때문에 출력은 [그림 11-7(a)]에 표시된 것처럼 positive 반파정류기 신호가 나타난다. 사실 이득이 1로 설정된다고 하더라도 이런 회로를 사용하면 입력전압을 증폭하는 회로로 사용 가능하다.

예제 11-3 [그림 11-8]에 표시된 반전 정밀정류기 회로에서 R_1과 D_1 사이의 출력을 구할 수 있다.

(a) 입력전압이 positive에서 스윙할 때 Op-Amp 출력전압은 어떻게 되는가?
(b) 입력의 positive 반주기 동안 다이오드 on인가? 다이오드 off인가?
(c) 입력의 positive 반주기 동안 v_o는 얼마인가?
(d) 입력전압이 negative에서 스윙할 때 출력전압은 어떻게 되는가?
(e) 입력 negative 반주기 동안 다이오드는 on 상태인가, off 상태인가?
(f) 입력의 negative 반주기 동안 v_o는 어떻게 구해지는가?
(g) 입출력 전압파형을 같은 그래프에 그려 보시오.

풀이 (a) 반전증폭기이기 때문에 입력전압이 positive에서 스윙하면 Op-Amp 출력전압은 negative에서 스윙한다.

(b) 따라서 negative 전압이 D_1의 캐소드와 D_2의 애노드에 공급된다. 이것은 D_1은 on, D_2는 off를 의미한다.

(c) D_1은 on에서 출력전압은 반전이득 공식에 의해서

$$v_o = -\frac{10\text{k}\Omega}{10\text{k}\Omega}v_1 = -v_1$$

로 얻어진다. v_1은 positive이기 때문에 출력전압은 negative에서 스윙하게 된다.

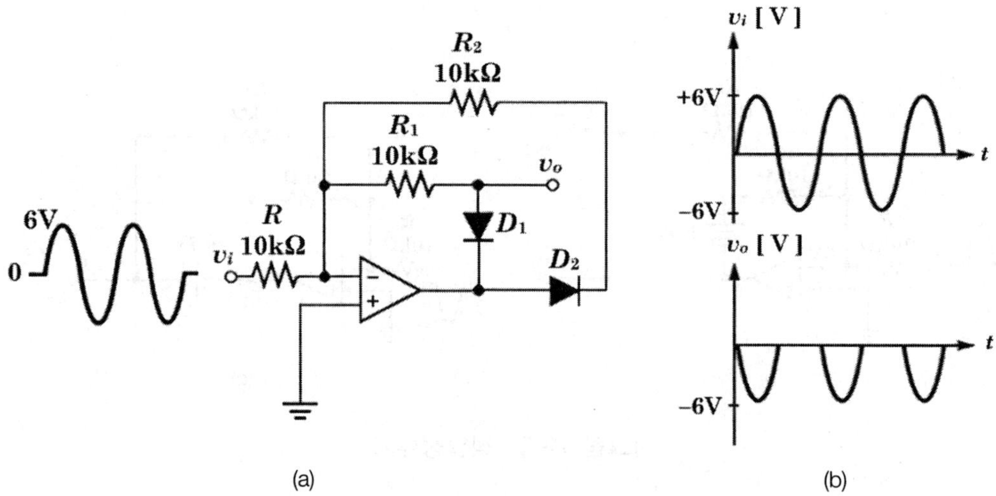

(a) (b)

[그림 11-8]

(d) 입력전압이 negative에서 진동할 때 Op-Amp 출력전압은 positive에서 스윙한다.

(e) positive 전압은 D_1의 캐소드, D_2의 애노드에 공급된다.

(f) 출력은 사실상 R_1을 통해 접지로 연결된다. 따라서 $V_0 = 0$[V]이다. 귀환경로는 아직 완전하다는 것을 유의하시오(R_2와 D_2).

(g) 입출력전압은 [그림 11-8(b)]에 표시된 것과 같다.

고장진단

가능한 한 소자의 결함과 Op-Amp의 출력의 결과는 아래와 같다. 저항의 결함은 거의 나타나지 않기 때문에 이런 가능성들은 배제한다.

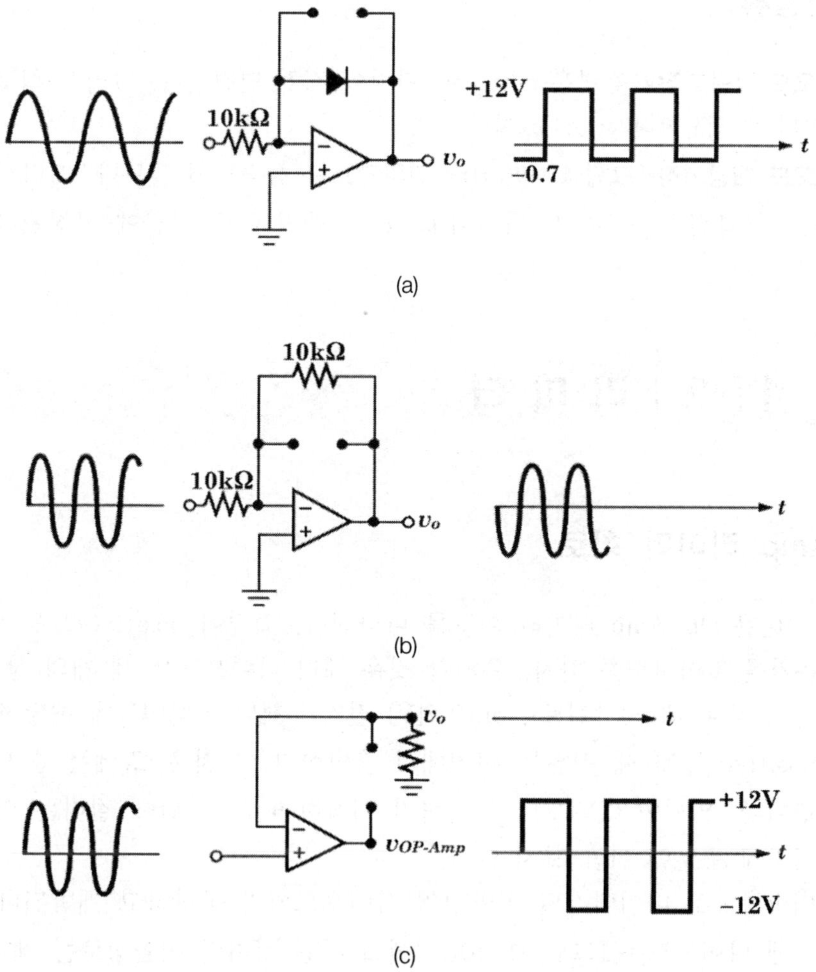

[그림 11-9]

반전정류기

- **R_1 개방고장** : Op-Amp에 입력이 없으므로 출력은 0[V]이다.
- **R_F 개방고장**([그림 11-9(a)]) : 다이오드가 off될 때, 귀환경로가 제거되기 때문에 Op-Amp 출력은 포화된다.
- **다이오드 단락고장** : Op-Amp의 출력은 직접 negative 단자에 연결된다. 따라서 출력은 입력에 무관하게 0[V]이다.
- **다이오드 개방고장**([그림 11-9(b)]) : 회로는 간단한 반전증폭기로 동작한다. 따라서 $v_o = -v_i$이다.

비반전정류기

- **다이오드 단락고장** : 출력은 negative 단자에 직접 연결된다. 따라서 회로는 단위이득 버퍼로 동작한다. $v_o = v_i$이다.
- **다이오드 개방고장**([그림 11-9(c)]) : 귀환경로는 동작되지 않는다. 따라서 v_{Op-Amp}는 +, -공급전원 사이에서 나타나고, v_o는 대략 0[V] 부근에 고정된다.

11-2 | 리 미 터

Op-Amp 리미터 회로

[그림 11-10]은 Op-Amp 리미터 회로를 나타낸다. 입력이 positive로 될 때 어떤 일이 일어나는가를 알아보도록 하자. 유의할 것은 제너 다이오드는 세 개의 상태 중 하나에 작동하는 것이다{off(개방회로), on(0.7[V] 전지), 제너 동작(V_Z에 해당하는 전지)}.

입력이 positive로 될 때 전류는 전원에서 출발한다. 이것은 Z_1에는 순방향이고 Z_2에는 역방향이다. 입력이 0[V]부터 증가하기 시작하면 Z_2 양단에 걸리는 역방향 전압을 항복시키기에 충분할 만큼 크지 않다.

따라서 역방향으로 바이어스된 일반적인 다이오드처럼 동작하고 개방된다. Z_2가 개방되기 때문에 다이오드는 [그림 11-10(b)]에 표시된 것처럼 귀환경로는 제거된다.

$$v_o = -\frac{R_F}{R_1}v_i = -\frac{10\text{k}\Omega}{10\text{k}\Omega}v_i = -v_i$$

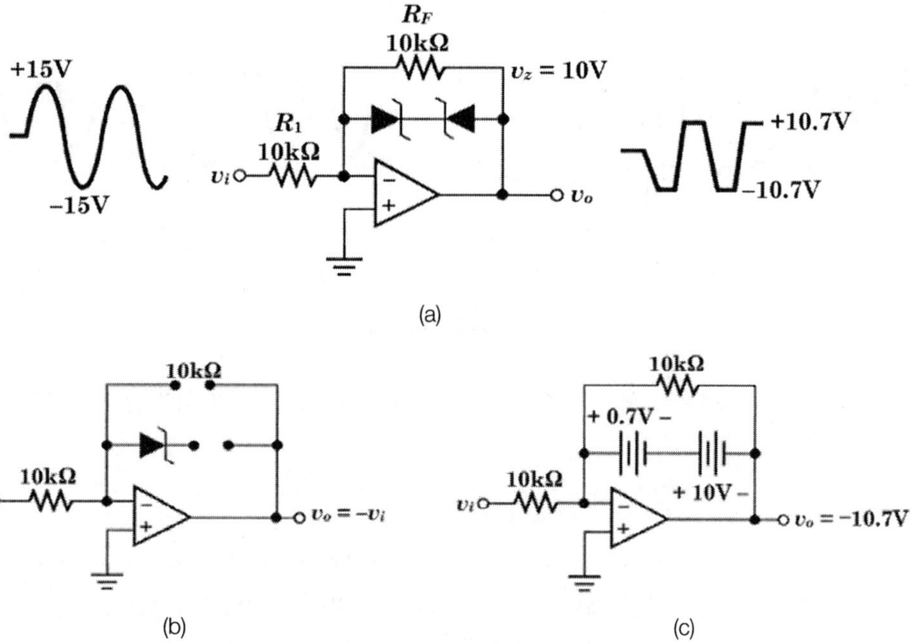

[그림 11-10] 제너 다이오드 리미터

입력이 계속해서 증가하면 Z_2의 역방향 바이어스 전압은 항복전압에 도달되고 다이오드는 전지처럼 동작한다. Z_2의 전류방향은 전원으로부터 시작되고 Z_1은 순방향으로 바이어스되고 턴on된다.

[그림 11-10(c)]에 표시된 것처럼 귀환경로는 사실상 직렬로 연결된 두 전지를 포함하게 된다. $v_- = 0[\mathrm{V}]$이므로 출력전압은

$$v_o = v_- - 0.7\mathrm{V} - V_z = 0.0 - 0.7\mathrm{V} - 10.0\mathrm{V} = -10.7[\mathrm{V}]$$

로 된다.

입력전압이 계속 증가하면 출력은 −10.7[V]에서 고정된다. 입력이 negative로 되어도 회로는 이와 유사하게 동작된다.

첫째 출력전압은 입력전압의 반전된 형태로 배치된다. 입력전압이 −10.7[V] 이하로 떨어지면 출력전압은 −10.7[V]에 고정된다. 대칭적인 리미터를 만들 수 있다. 그것은 출력전압이 ±10.7[V]로 리미트된다. 대체적으로 출력전압은

$$v_{o_{\lim}} = \pm(0.7 + V_z)$$

로 제한된다.

예제 11-4 [그림 11-11(a)]에서 보여지는 리미터에서 출력전압을 구하시오.

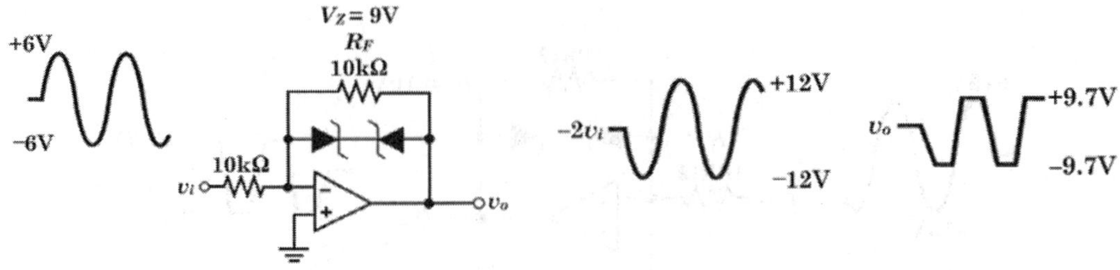

(a) (b) (c)

[그림 11-11]

풀이 이득이 1보다 높은 값이기 때문에 여기서는 포함되지 않지만 제너 다이오드를 통한 출력을 먼저 그린다.

$$v_o = -\frac{R_F}{R_1}v_i = -\frac{20\text{k}\Omega}{10\text{k}\Omega}v_i = -2v_i$$

[그림 11-11(b)]에 표시된 것처럼 12[V] 사인파를 얻는다. 출력이 $0.7+V_Z$ 리미트 전압 이상으로 증가하면 제너 다이오드는 항복 리미트 전압으로 된다.

$$v_{o_{\text{lim}}} = \pm(0.7+V_z) = \pm 9.7[\text{V}]$$

실제 출력은 [그림 11-11(c)]에 표시된다.

고장진단

- **R_1이 개방고장** : Op-Amp에 도달하는 신호가 없으므로 출력은 0[V]에 고정되어 있다.

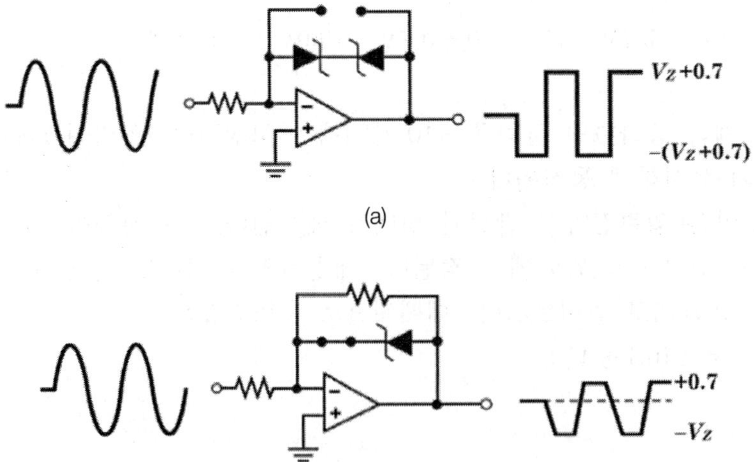

(a)

(b)

[그림 11-12]

- **R_F가 개방고장**([그림 11-12(a)]) : 이득이 무한대로 된다. Op-Amp 출력은 공급전압에 도달된다. 제너 다이오드는 아직도 출력을 제한한다. 출력은 $(\pm 0.7 + V_Z)$ 사이에서 사각파로 급히 튀는 걸로 보인다.
- **제너 다이오드가 개방고장** : 제너 다이오드는 귀환경로가 제거되고 제한되지 않는 간단한 반전증폭기로 동작하게 된다.
- **제너 다이오드가 단락고장** : 리미트가 한 방향으로만 동작하게 된다.

11-3 | 0점 교차검출기

Op-Amp 회로의 모든 점에서 우리는 적절한 동작을 위해서 negative 귀환을 사용하는 것을 볼 수 있다. 그러나 매우 높은 개방 루프 이득을 얻을 수 있는 Op-Amp 회로를 만들 수 있다.

이런 회로들은 negative 귀환 없이 동작되고 Op-Amp 출력전압의 포화에 의존해서 동작한다. 이런 회로들 중 가장 간단한 회로가 [그림 11-13]에 표시되어 있다. [그림 11-13]에 표시된 회로에서 −단자는 접지되고 +단자에 신호원이 직접 연결된다. 이것이 우리가 만들 수 있는 간단한 Op-Amp 회로이다.

주의할 점은 여기에 귀환경로가 없다는 것이다. 귀환은 없고 +와 −단자 사이의 차동 전압은 0[V]에서 구동되지 않는다. 귀환이 없기 때문에

$$v_+ \neq v_-$$

이다. 또한 귀환을 갖지 않는 출력전압은

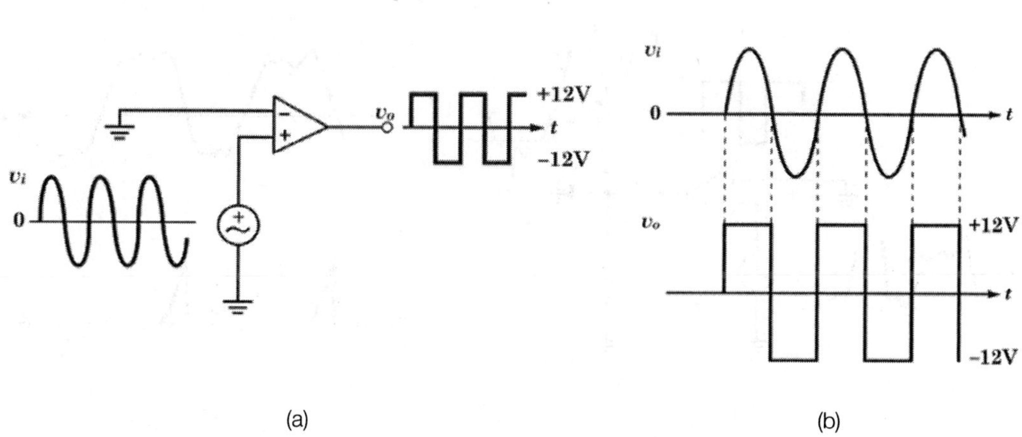

(a) (b)

[그림 11-13] 0[V] 교차검출기

$$v_o = A(v_+ - v_-)$$

로 주어진다. 이득 A가 너무 크기 때문에 v_+가 v_-보다 수 [μV] 크기 때문에 출력은 거의 positive 공급전압에 접근하게 된다. v_+가 v_-보다 수 [μV] 작게 되면 출력은 negative 공급전압에 접근하게 된다.

$$v_+ > v_- \rightarrow v_o \approx + V_{\text{supply}}, \quad v_+ < v_- \rightarrow v_o \approx - V_{\text{supply}}$$

[그림 11-13]에 표시된 회로에서

$$v_- = 0[\text{V}]$$

이다. 따라서 입력신호가 positive로 되면 출력은 +12[V]까지 접근하게 된다. 입력이 negative로 되면 출력은 -12[V]에 접근하게 된다.

Op-Amp의 슬류율은 출력전압이 실제로 얼마나 빨리 점프할 수 있는지를 제한한다. 이런 단순회로에서는 두 가지 방법을 사용할 수 있다.

첫째, [그림 11-13]에서 표시된 것처럼 회로는 정현파 입력에서 구형파를 출력시킨다. 이것은 회로가 구형파 발생기로 사용되는 경우이다. [그림 11-13(b)]는 두 번째 사용법을 설명해 준다.

우리는 동일한 그래프 위에 입력과 출력전압을 표시할 수 있다. 매시간 입력이 0[V]와 교차할 때 출력이 +12[V]로 점프하는 것을 볼 수 있다. 따라서 우리는 매시간 출력에서 +12[V] 점프를 볼 수 있고, 이때 입력신호가 0[V]와 교차한다는 걸 알 수 있다. 이 회로가 0[V] 교차검출기이다.

0[V] 교차검출기의 사용의 예는 [그림 11-14(a)]에 표시되어 있다.

RC 조합은 매시간 Op-Amp 출력전압 변화를 +에서 - 또는 -에서 +로 변화시키는 직렬로 연결된 전압 스파이크를 발생시킨다. 다이오드는 도통을 위해서 오직 positive로 되는 스파이크만을 허용한다.

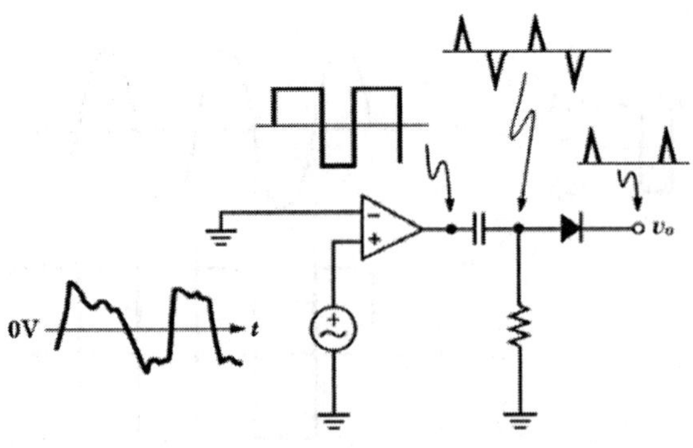

(a)

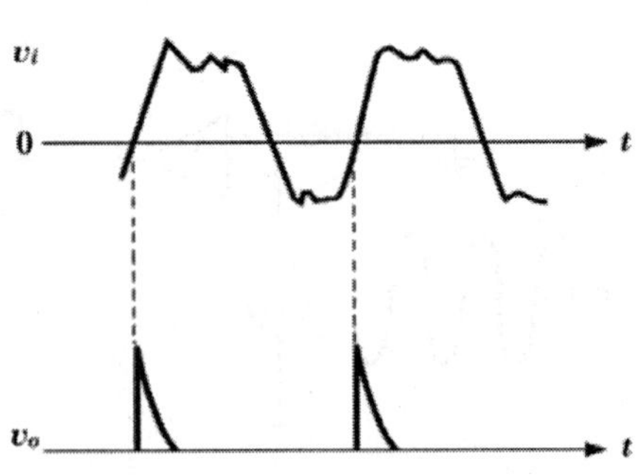

(b)

[그림 11-14]

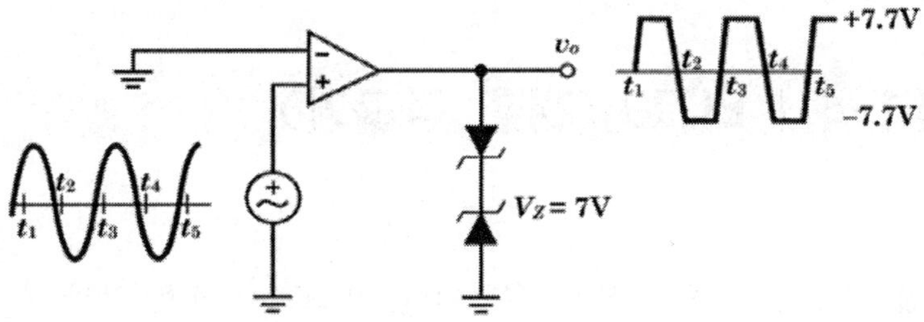

[그림 11-15]

입력신호와 결과적인 고정열은 [그림 11-14(b)]에 표시된다. 매시간 우리는 스파이크 전압을 확인할 때마다 입력이 positive 방향으로 0[V]를 교차하고 있다는 사실을 알 수 있다.

이런 전압 스파이크는 오실로스코프의 트리거링, 기록장치, 컴퓨터 입력을 인에이블 시키는 데 사용된다. 0[V] 교차검출기의 공통적 변화는 출력전압의 제한에 있다.

[그림 11-15]에서는 back to back 제너 다이오드가 이런 동작을 어떻게 수행하는지를 보여준다. 출력은 $\pm(0.7+V_Z)$ 사이에서 점프가 이루어진다.

예제 11-5 [그림 11-16]에 표시된 0[V] 교차검출기의 입력신호와 출력전압을 동일한 그래프에 그리시오.

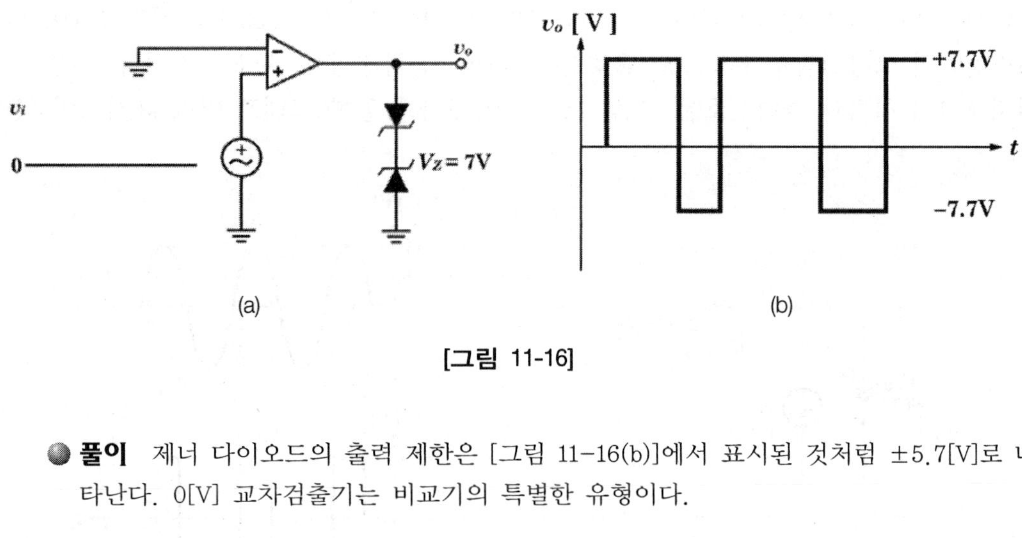

[그림 11-16]

풀이 제너 다이오드의 출력 제한은 [그림 11-16(b)]에서 표시된 것처럼 ±5.7[V]로 나타난다. 0[V] 교차검출기는 비교기의 특별한 유형이다.

11-4 | 비교기(레벨 검출기)

0[V] 교차검출기는 비교기의 특별한 유형이다. 비교기는 또한 레벨 검출기로도 알려져 있다. 0[V] 교차검출기에서 Op-Amp 출력전압은 매시간 입력전압이 0[V]를 통과할 때 변화된다.

비교기에서 Op-Amp 출력전압은 매시간 입력전압이 미리 설정된 기준전압을 통해서 변화된다. 비교기는 반전 또는 비반전 모드로 구성된다.

비반전비교기

[그림 11-17]에 표시된 기준 전지는 −단자에서 전압을 설정한다.

$$v_- = V_{ref} = 6[\mathrm{V}]$$

이때 우리는

$$v_+ > v_- \rightarrow v_o \approx +15[\mathrm{V}]$$

$$v_+ < v_- \rightarrow v_o \approx -15[\mathrm{V}]$$

라는 사실을 알고 있다.

다시 설명하자면 입력전압이 고정전압보다 높으면 출력은 negative 전압공급이 되고 입력전압이 고정전압보다 낮으면 출력은 positive 공급전압이 된다는 것이다. 이런 비반전비교기의 입력과 출력신호는 [그림 11-17(b)]에서 동일한 그래프 안에 표시되어 있다.

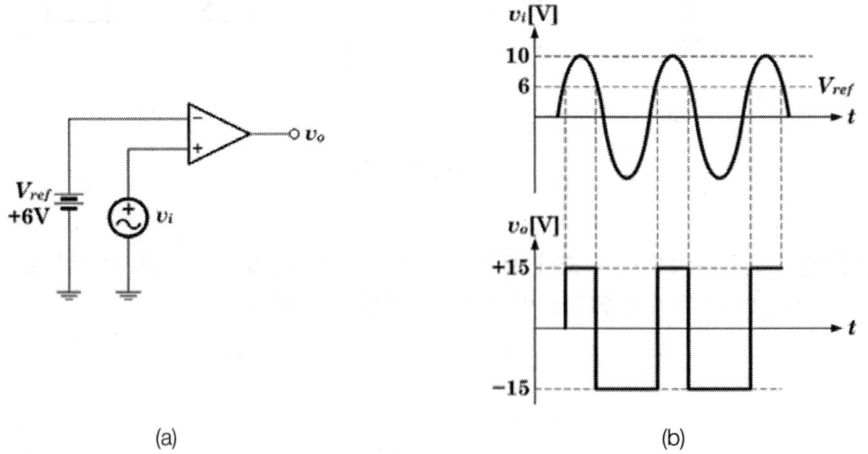

[그림 11-17] 비반전비교기

예제 11-6 [그림 11-18(a)]는 우리가 기록하려는 신호가 잡음에 의해 훼손된 것을 나타낸다. 우리는 잡음 이상에서 나타나는 신호 스파이크만을 기록하는 데 관심이 있다. 이런 작업을 수행하기 위한 회로를 구성하시오.

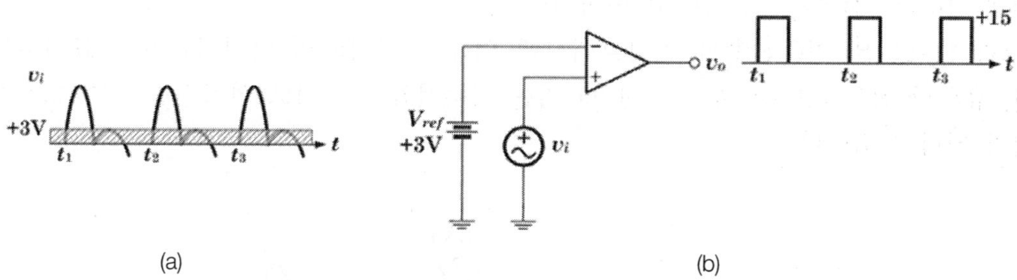

[그림 11-18]

풀이 신호의 입력이 positive로 갈 때 자신이 인에이블될 때만 기록되는 컴퓨터로 신호를 기록한다. [그림 11-18(a)]에서 잡음은 최대 3[V]의 크기를 갖기 때문에 [그림 11-18(b)]에서 비교기를 사용할 수 있다. 비교기는 입력신호가 3[V] 이상으로 증가할 때만 positive 출력전압을 발생시킨다.

비교기의 전압분배기 기준전압

[그림 11-19]에서 표시된 것처럼 기준전압을 발생시키기 위해서는 전지가 필요하다. 우리는 positive 공급전원이나 negative 공급전원과 연결되는 전압분배기를 사용할 수 있다. 기준전압은

$$V_{ref} = \frac{R_2}{R_1 + R_2} V_{ply} = \frac{40\text{k}\Omega}{40\text{k}\Omega + 110\text{k}\Omega} 15\text{V} = 4[\text{V}]$$

로 주어진다.

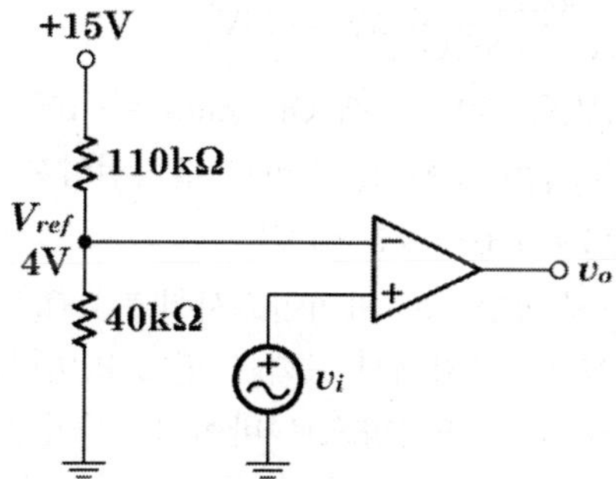

[그림 11-19]

반전비교기

기준전압을 초과할 때 비교기 출력전압이 negative로 되기를 원하면 기준전압을 +단자에 연결한다. 신호는 −단자에서 얻어진다.

[그림 11−20]은 기준전압이 전압분배기에 의해서 결정되는 반전비교기를 표시하고 있다. 유의할 점은 비반전 혹은 반전비교기는 기준전압이 0[V]로 설정되면 0[V] 교차검출기가 된다는 점이다.

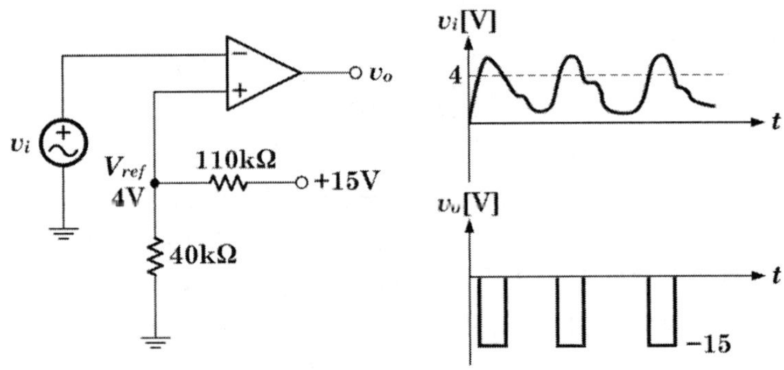

[그림 11-20] 반전비교기

예제 11−7 앞에서 전압 레벨 검출기를 구성하기 위해서 레벨 검출기와 LED를 어떻게 사용하는지를 알아본 바 있다. [그림 11−21(a)]에서 이 회로를 다시 생각해 보자. 우선 레벨 검출기를 구성하자(레벨 검출기는 입력전압이 2[V]를 통과할 때 +5[V] 출력을 발생시킨다).

풀이 [그림 11−21(b)]는 레벨 검출기 회로를 표시하고 있다. 제너 다이오드 리미트 회로를 비반전비교기와 연결하고 LED를 구동시킨다. 공급전원을 ±15[V]를 사용한다고 가정하면 기준전압은

$$V_{ref} = \frac{30\text{k}\Omega}{30\text{k}\Omega + 120\text{k}\Omega} 15\text{V} = +3[\text{V}]$$

이다. 입력전압이 +3[V]를 지나갈 때 Op−Amp는 +15[V] 근처에서 포화된다. 제너 다이오드 Z_1이 항복되고 Z_2는 on된다. 리미트 출력전압은

$$v_o = V_z + 0.7 = 4.3\text{V} + 0.7 = 5[\text{V}]$$

이다. +5[V]는 LED를 순방향으로 바이어스시키고 LED는 발광된다. 입력이 +3[V]보다 낮으면 Op−Amp는 −15[V] 근처에서 포화가 되고 리미터는 −5[V]의 출력을 내게 된다. negative 출력전압은 LED를 역방향으로 바이어스시키고 LED는 불이 켜지지 않는다.

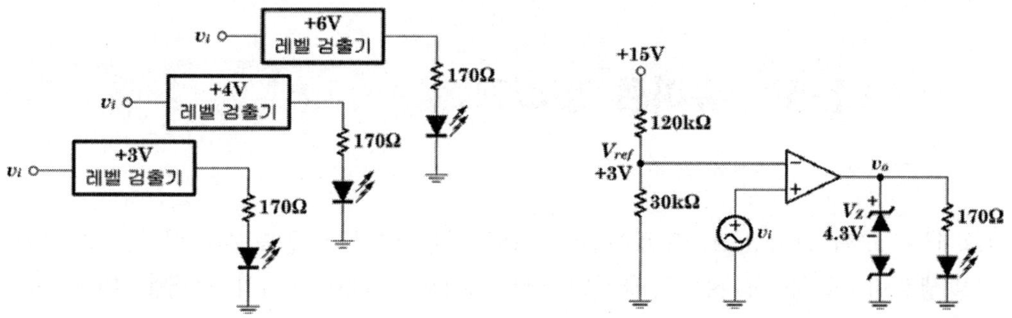

(a) (b)

[그림 11-21]

▮ 고장진단

Op-Amp가 정상이고 모든 소자가 정확히 연결되어 있다면 오직 문제는 전압분배기의 저항에서 발생된다.

- **R_1 개방(R_2 단락)고장**([그림 11-22(a)]) : $v_- = 0$[V]이고 회로는 0[V] 교차검출기로 동작한다.
- **R_1 단락(R_2 개방)고장**([그림 11-22(b)]) : $v_- = +12$[V]이고 출력은 -12[V]에서 포화된다.

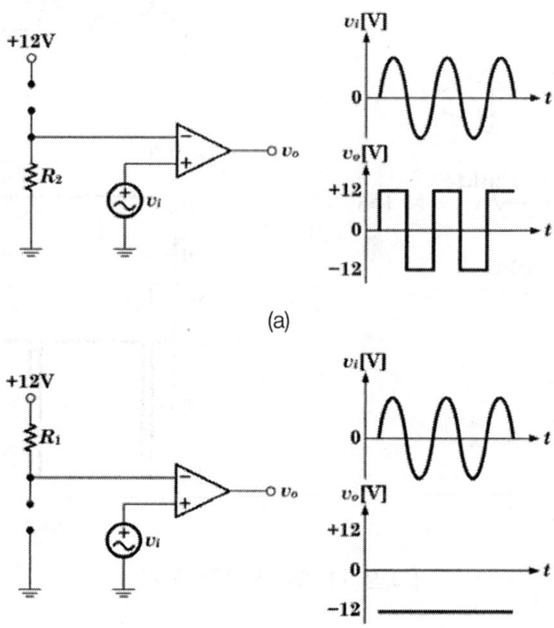

(b)

[그림 11-22]

11-5 | 슈미트 트리거

비교기는 [그림 11-23(a)]에 표시된 것처럼 매우 빠른 신호를 사용할 때 몇 가지 문제가 발생된다. 그중 하나는 공급전압에서 포화되는 Op-Amp의 출력을 위해 한정된 시간을 가진다는 것이다.

만약 [그림 11-23(b)]에 표시된 것처럼 신호가 아주 짧은 시간 동안에만 기준전압을 넘는다면 Op-Amp는 응답할 수 있는 시간이 없게 된다.

또 다른 것은 Op-Amp가 응답할 수 있다고 해도 [그림 11-23(c)]에 표시된 것처럼 출력 펄스는 사용할 수 없을 만큼 협대역의 펄스를 발생시키게 된다. 비교기가 갖는 문제는 슈미트 트리거(Schmitt-trigger)라고 알려진 약간 더 복잡한 회로를 사용하면 극복할 수 있다.

이런 회로는 몇 가지 구조를 갖는데 여기서는 [그림 11-24]에 표시된 간단한 반전 슈미트 트리거에 대해서만 설명한다.

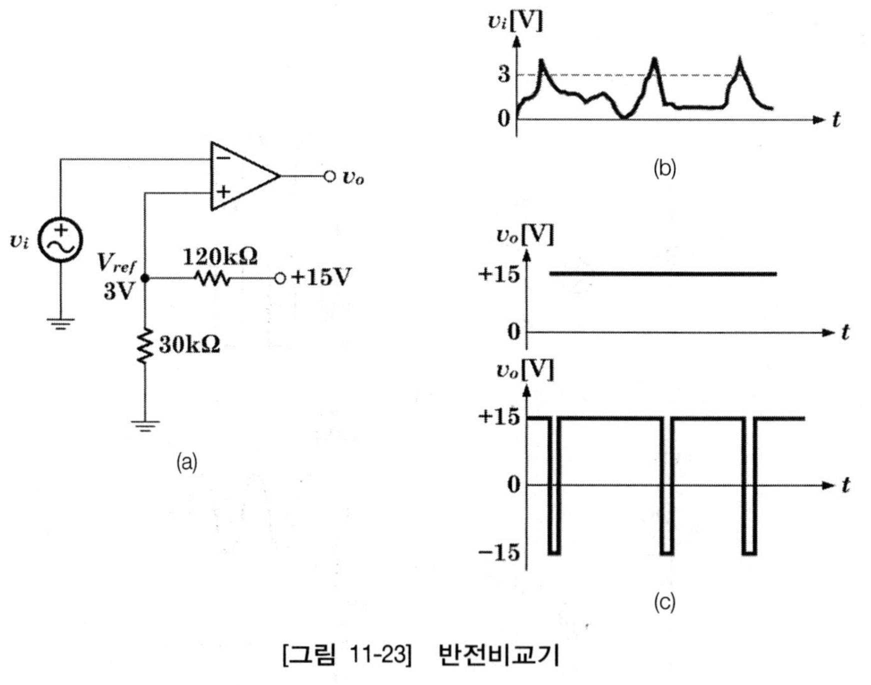

[그림 11-23] 반전비교기

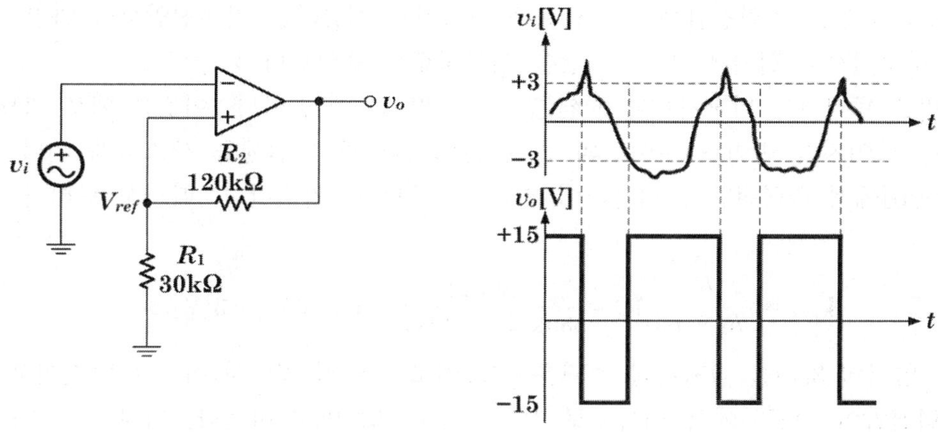

(a) (b)

[그림 11-24] 슈미트 트리거

positive 귀환

슈미트 트리거는 [그림 11-23]에 표시된 회로와 아주 유사하다. 그러나 매우 중요한 차이점을 가진다. 전압분배기의 구동은 공급전압이 아니라 Op-Amp 출력전압이다.

유의할 점은 이 회로가 +단자에 출력전압을 역으로 연결시킨다는 점이다. Op-Amp 회로가 사용하는 negative 귀환회로의 동작을 기술하기 위해서 다음과 같이 루프 주위를 다시 한 번 기억하는 것이 필요하다.

- positive 전압이 −단자에 인가되고 negative 출력전압을 발생시킨다.
- negative 출력전압을 −단자로 귀환시킨다.
- −단자에서의 이런 negative 귀환전압은 positive 출력전압을 발생시킨다.

negative 귀환 시스템의 특성은 평형상태가 될 때까지 출력전압을 감소시킨다. Op-Amp negative 귀환 시스템은 $v_+ = v_-$ 일 때 평형에 도달한다.

다시 설명하자면 슈미트 트리거 단자에서의 루프에 대한 설명은 다음과 같다.

- positive 전압이 −단자에 인가된다고 가정하자. 이것은 negative 출력전압을 발생시킨다.
- negative 출력전압은 R_1과 R_2를 통해서 +단자로 공급된다.
- 이런 negative 귀환전압이 +단자에 인가되면 negative 출력전압이 발생된다.

negative 귀환 시스템과는 달리 한번 출력이 negative 귀환으로 가면 출력이 공급전원에 가깝게 포화될 때까지 더욱더 negative로 된다. 이것이 positive 귀환 시스템이다.

positive 귀환회로의 문제점은 [그림 11-23(b)]에 표시되어 있다. 슈미트 트리거의

positive 귀환은 출력전압을 입력신호가 비교기가 제공하는 기준전압보다 약간 크기만 하면 비교기보다 훨씬 더 빠른 응답을 제공하도록 포화된다.

슈미트 트리거는 비교기보다 훨씬 긴 출력 펄스를 제공한다. 이것은 매우 미묘한 부분으로 보이지만 바이트 사이즈의 큰 부분에서의 과정 실행을 깨뜨리게 된다. [그림 11-25(a)]에서 출력전압이 +15[V]에 포화되는 것으로 가정한다. 따라서 트리거 기준전압은

$$V_{ref} = \frac{R_2}{R_1 + R_2} V_o = \frac{30\text{k}\Omega}{30\text{k}\Omega + 120\text{k}\Omega}(+15\text{V}) = +3[\text{V}]$$

이다. 입력이 3[V]를 넘자마자 출력은 −15[V]로 떨어질 것이다(이것은 반전회로이다).

입력전압이 +15[V]에서 −15[V]로 갈 때 기준전압 역시 바뀐다. 이것은 슈미트 트리거의 동작을 해결하는 열쇠이다. 기준전압은 이제

$$V_{ref} = \frac{R_2}{R_1 + R_2} V_o = \frac{30\text{k}\Omega}{30\text{k}\Omega + 120\text{k}\Omega}(-15\text{V}) = -3[\text{V}]$$

이다. 이제 여기서 무슨 일이 일어나는지 주목하자. 기준전압은 −3[V]로 감소했다. 입력이 −3[V] 위에 머무는 만큼 길고, −단자전압이 +단자전압과 출력보다 크다. 따라서 −15[V]에 고정된다. 출력 펄스는 길어진다.

[그림 11-25(b)]에 표시된 것처럼 입력전압이 감소한다. 입력이 −3[V]로 떨어질 때 +단자는 −단자보다 큰 전압을 가진다. 이때 Op-Amp 출력은 +15[V]로 되돌아가고, 기준전압은 +3[V]로 간다.

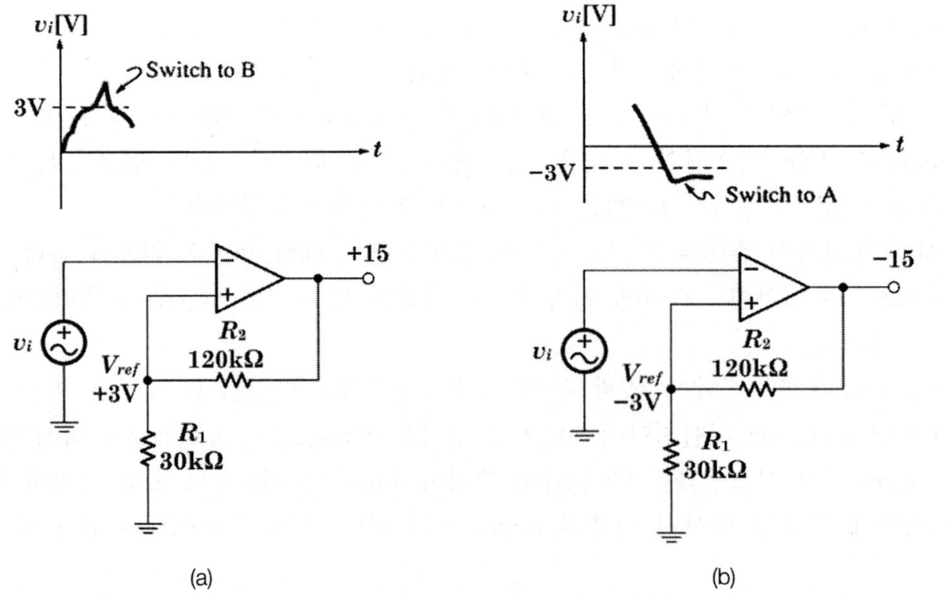

[그림 11-25]

입력이 +3[V] 밑으로 유지될 때 출력은 +15[V]에 머물게 된다. 입력신호가 다시 +3[V]를 넘을 때 출력전압은 negative에서 스윙한다. 슈미트 트리거의 입력과 출력 신호는 [그림 11-24(b)]에 표시된다.

예제 11-8 [그림 11-26(a)]에 표시된 슈미트 트리거에서, 입력과 출력전압을 동일한 그래프에 표시하시오.

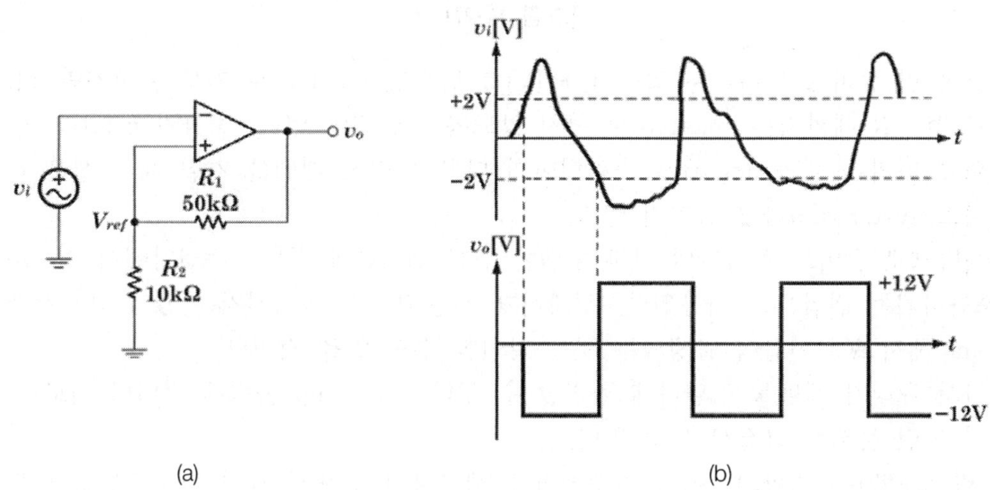

[그림 11-26]

풀이 출력전압이 12[V]라고 가정하면 기준전압은

$$V_{ref} = \frac{R_2}{R_1 + R_2} V_o = \frac{10k\Omega}{10k\Omega + 50k\Omega}(+12V) = +2[V]$$

이다. 따라서 입력이 +2[V] 이상이거나 −2[V] 이하로 떨어지면 트리거가 된다. [그림 11-26(b)]는 입출력 신호이다.

비교기와 슈미트 트리거는 자유입력이 기준전압을 통과할 때 출력을 positive 전압에서 negative 전압으로 변화시키거나 그 역으로 변화시킨다. 두 회로 사이에는 유사하기는 하지만 아주 큰 차이점이 존재한다.

기준 레벨은 비교기의 출력을 negative에서 positive로 가도록 트리거하고 동일한 레벨이 비교기의 출력을 positive에서 negative로 가도록 트리거시킨다. 예를 들면 비반전비교기의 기준 레벨이 +2[V]라고 가정하자. 입력이 +2[V]를 초과할 때 출력은 positive로 된다. 입력이 +2[V] 아래로 떨어지면 출력은 negative가 된다.

슈미트 트리거는 다시 설명하자면 negative에서 positive로 출력을 변화시키는 한 기준 레벨을 가진다. 분리된 기준 레벨은 positive에서 negative로 출력을 변화시킨다.

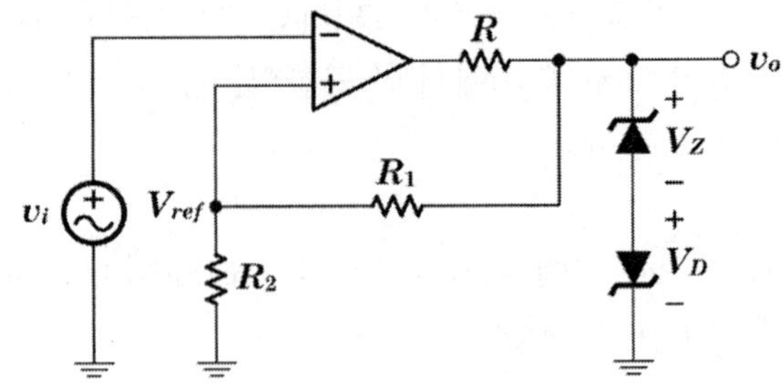

[그림 11-27]

예를 들면 슈미트 트리거는 입력이 +2[V]를 넘으면 positive로 가도록 하지만 +1[V] 이하로 떨어질 때까지는 negative로 가지 않도록 고안되어 있다. 소자가 positive 출력 변화의 트리거 레벨과 negative 출력변화의 다른 트리거 레벨을 가질 때 특성은 히스테리시스(hysteresis)라고 알려져 있다.

마지막으로 슈미트 트리거의 기본 모델은 귀환 전압분배기의 기준전압에서 Op-Amp를 포화시키는 전압으로 사용된다. 정확하게 사용되는지 알려지지는 않았지만 특별한 Op-Amp에서 포화전압이 발생되는 것을 확인할 수도 있을 것이다.

따라서 트리거 레벨을 정밀하게 설정할 수 없다. Op-Amp 출력에 리미터 회로를 연결하면 이런 문제를 고정시킬 수 있다.

[그림 11-27]은 귀환회로에서 기준전압을 제공하기 위해서 제너 다이오드를 어떻게 사용하는지를 보여준다. Op-Amp 출력이 positive 포화전압에서 스윙하면 Z_1은 역방향으로 바이어스되고 Z_2는 순방향으로 바이어스된다. 다이오드가 0.7[V]의 턴on 전압을 가진다고 가정하면 기준전압은

$$V_{ref} = V_Z + 0.7\text{V} = +5.7[\text{V}]$$

이다. Op-Amp 출력이 negative 포화전압에서 스윙할 때 기준전압은 $V_{ref} = -5.7[\text{V}]$가 된다.

저항(R)은 Op-Amp에 흐르는 전류를 제한하기 위해서 Op-Amp 출력과 제너 다이오드 사이에 연결된다. 이것이 제너 다이오드가 항복영역에서 적정하게 유지되도록 하는 데 충분한 유효전류가 있다는 것을 확신시켜 준다.

▮ 고장진단

- **신호원이 연결되지 않았다**([그림 11-28(a)]) : 출력전압은 positive 공급전압 또는 negative 공급전압에 고정된다.
- **R_1 개방고장**([그림 11-28(b)]) : 회로는 0[V] 교차검출기처럼 동작한다.
- **R_2 개방고장**([그림 11-28(c)]) : 출력전압은 positive 공급전압 또는 negative 공급전압으로 고정된다.

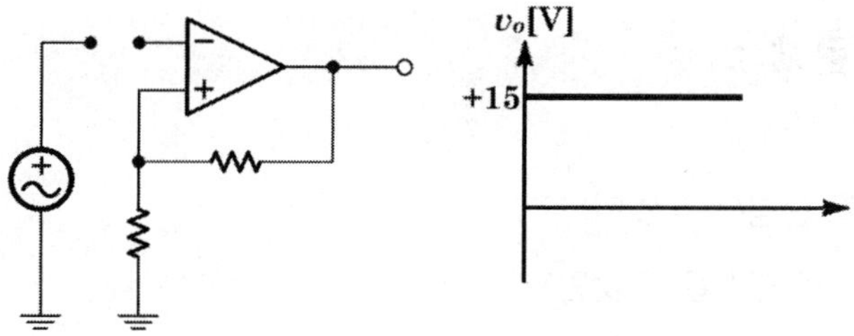

(a)

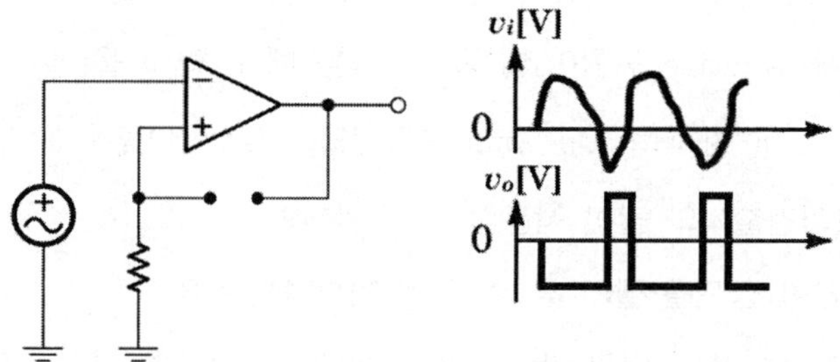

(b)

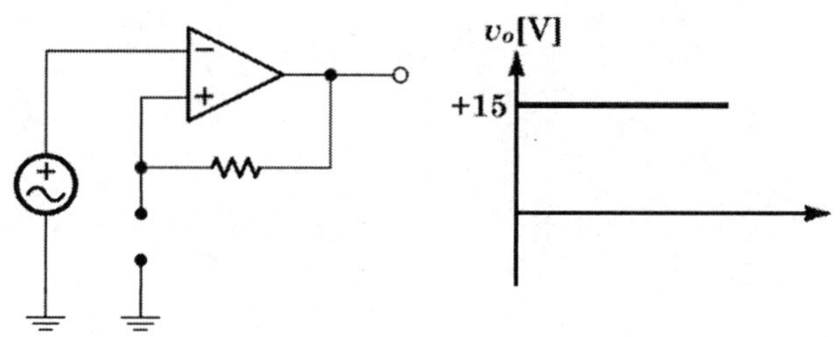

(c)

[그림 11-28]

기초문제

1. 반전정류기 회로의 단점은 무엇인가?

2. 비반전정류기 회로의 단점은 무엇인가?

3. 만약 저항이 개방되었을 때 반전정류기의 출력전압은 어떻게 되는지 설명하시오.

4. 만약 다이오드가 개방되었을 때 비반전정류기의 출력전압은 어떻게 되는지 설명하시오.

5. Op-Amp 회로에서 negative 귀환이 발생되지 않을 때 v_+와 v_-을 말하시오.

6. $v_+ > v_-$일 때와 $v_+ < v_-$일 때의 Op-Amp 출력전압은 무엇인가?

7. 비교기가 0[V] 교차검출기와 같이 작동할 때는 언제인가?

8. Op-Amp 출력전압이 점프를 빨리 할 수 있는 제한 요인은?

9. R_1이 개방되는 경우와 R_2가 단락되는 경우의 반전비교기의 출력을 구하시오.

해답

1. 다이오드의 턴on 전압에 영향을 받는다.
2. (1) 귀환경로가 제거되면 미분 입력전압은 더 이상 0[V]가 아니다. 사실상 v_x는 내부 보호회로를 갖지 않는 Op-Amp를 손상시키기에 충분한 크기를 가진다. (2) 귀환경로가 제거되면 출력전압은 포화전압을 만족한다. 실제 Op-Amp에서 포화상태를 극복하는 데는 한정된 시간이 걸린다. 이 회로는 고주파 입력신호를 따르지 않을 수 있다.
3. R_1 개방고장 시 Op-Amp에 입력이 없으므로 출력은 0[V]이다. R_F 개방고장 시 다이오드가 off될 때, 귀환경로가 제거되기 때문에 Op-Amp 출력은 포화된다.
4. 귀환경로는 동작되지 않는다. 따라서 v_{Op-Amp}는 +, −공급전원 사이에서 나타나고, v_o는 대략 0[V] 부근에 고정된다.
5. $v_+ \neq v_-$ **6.** $v_+ > v_- \rightarrow v_o \approx +V_{\text{포화}}$, $v_+ < v_- \rightarrow v_o \approx -V_{\text{포화}}$
7. 기준전압을 0[V]로 설정할 때 **8.** 슬류율
9. R_1 개방고장 시 $v_- = 0$[V]이고 회로는 0[V] 교차검출기로 동작한다. R_2 단락고장 시 $v_- = +15$[V]이고 출력은 −15[V]에서 포화된다.

응용문제

1. 비교기의 두 단점은 무엇인가?
2. 기본 반전 슈미트 트리거 회로를 그리시오.
3. 이 회로에서 사용되는 귀환 형태는 무엇인가? 이런 귀환 효과를 설명하시오.
4. 슈미트 트리거의 기준전압을 설명하시오.
5. 비교기의 기준전압과 슈미트 트리거에서의 기준전압은 어떻게 다르게 동작하는가?
6. 슈미트 트리거의 입출력 신호의 형태를 그리시오.
7. 기준전압을 제공하기 위해서 사용되는 Op-Amp 포화전압이 갖는 문제점은 무엇인가? 어떻게 이 문제를 해결하는가?
8. 원래 신호원이 연결되지 않았다면, R_1이 개방되었다면, R_2가 개방되었다면 슈미트 트리거의 출력전압은 어떻게 되는지 설명하시오.
9. 제너 다이오드 Op-Amp 리미터를 그리시오.
10. 최대 출력전압에 도달하는 것은 무엇인가?
11. R_1이 개방될 때 출력전압을 말하시오.
12. R_F가 개방될 때 출력전압을 말하시오.
13. 제너 다이오드가 개방될 때와 단락될 때 출력전압을 말하시오.

연습문제

1. [그림 11-29]에 표시된 Op-Amp의 반전입력에 +5[V]의 기준전위가 연결되어 있다. $+V$, $-V$, A_{OL} 값을 이용해서 비반전입력에 +4.9[V] 및 +5.1[V]가 인가될 경우의 출력전압을 구하시오.

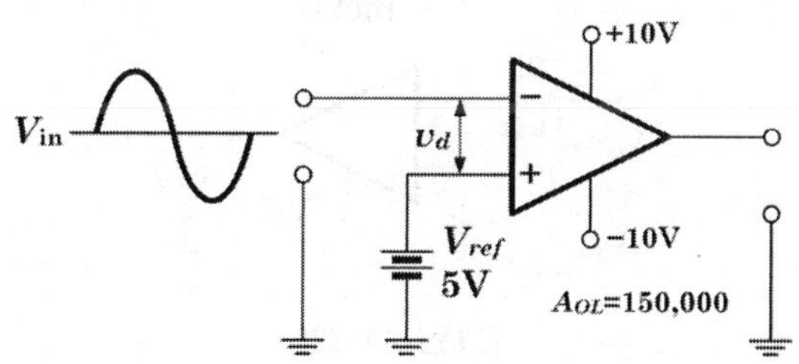

[그림 11-29]

2. [그림 11-30]에 표시된 회로에서 디지털 시스템은 변화하는 신호원 전압이 어떤 출력 레벨에 도달한 경우 미리 설정된 기능을 수행하는 데 사용된다. 이런 경우 출력 레벨 값은 얼마인가?

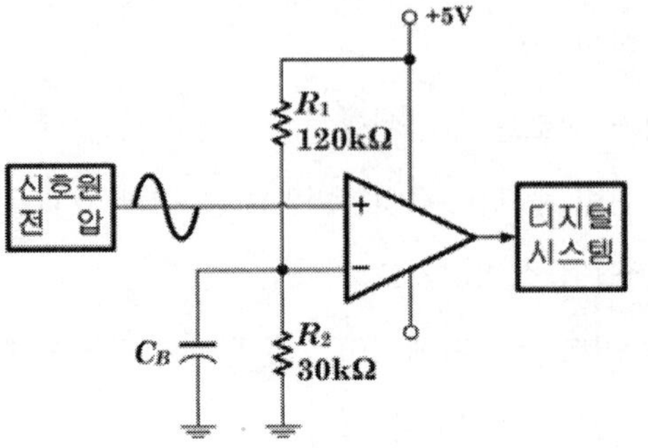

[그림 11-30]

3. [그림 11-31]에 표시된 회로에서 고장의 원인은 무엇인지 설명하시오.

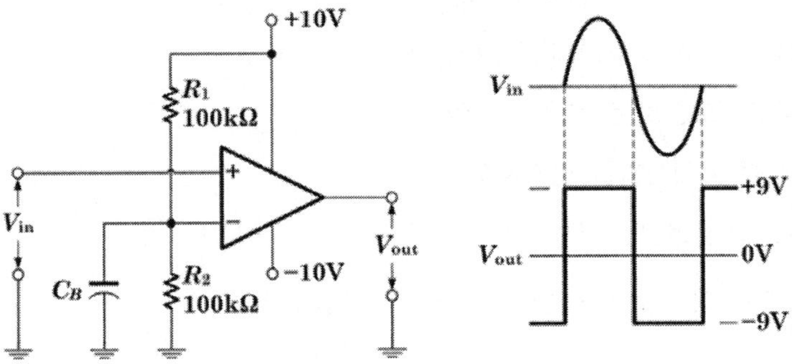

[그림 11-31]

4. [그림 11-32]에 표시된 회로에서 차단주파수를 결정하시오. 또한 출력이 선형적인 특성을 잃어버리기 시작하는 주파수를 구하시오.

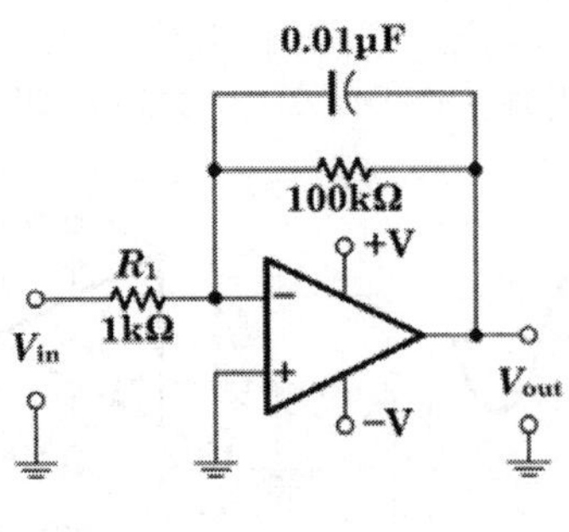

[그림 11-32]

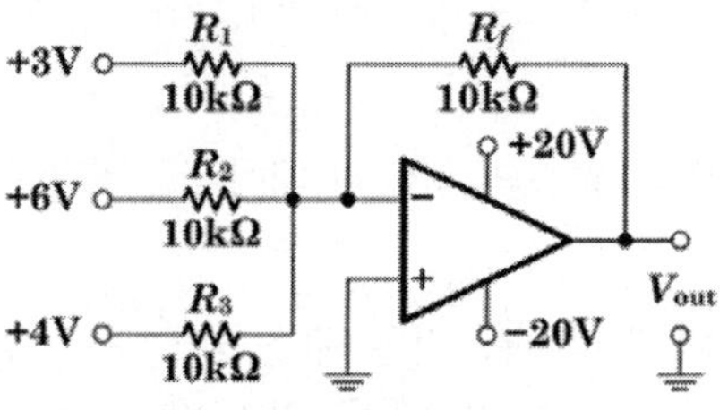

[그림 11-33]

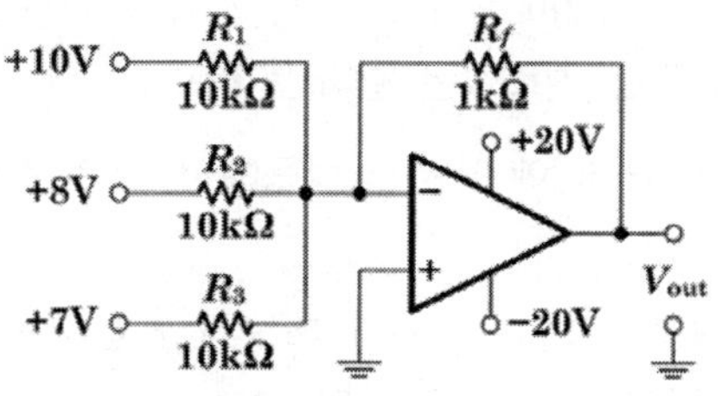

[그림 11-34]

5. [그림 11−33]에 표시된 가산기의 출력을 구하시오.

6. [그림 11−34]에 표시된 가산기의 출력을 구하시오.

7. [그림 11−35]에 표시된 회로를 피크값이 2[V]인 정현파로 구동시킨다. 만약 연산증폭기의 이득이 100,000이라면 다이오드를 도통시키기 직전의 입력전압은 얼마인가? 부하저항을 통해서 흐르는 피크 전류는 얼마인가? 사이클의 평균 전류는 얼마인가?

8. [그림 11−36]에 표시된 회로에서 입력신호가 300[mV]의 피크값을 갖는 정현파라고 가정하면 출력전압의 최대값과 최소값은 얼마인가? 만약 R_LC 시정수가 적어도 입력 주기의 100배 이상 크다면 허용되는 최저 주파수는 얼마인가?

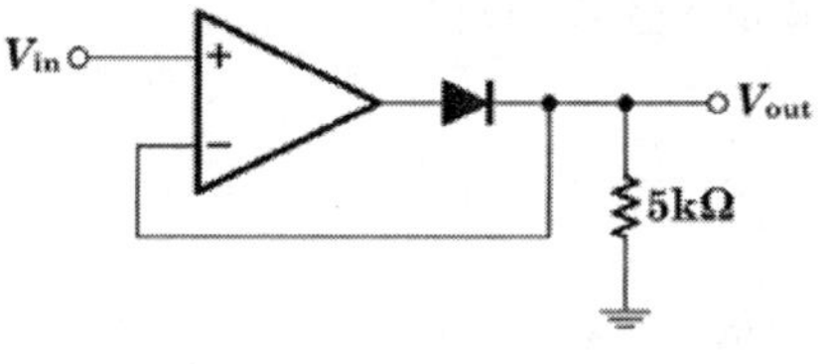

[그림 11-35]

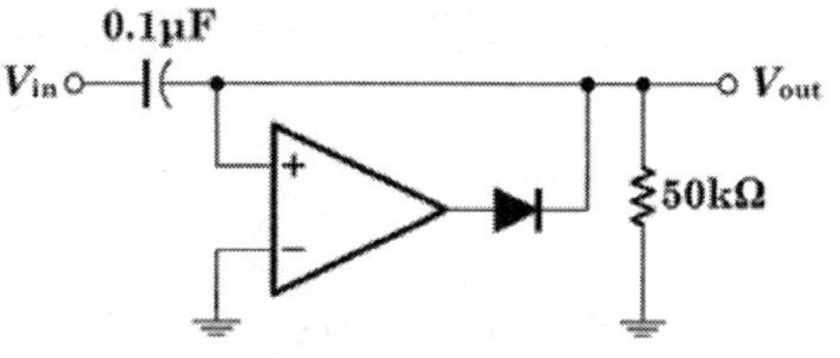

[그림 11-36]

9. [그림 11−37]에서 기준전압은 얼마인가? $v_{in} = 1$[V]일 때 대략적인 출력은 얼마인가? $v_{in} = 10$[V]일 때 대략적인 출력은 얼마인가?

10. [그림 11−38]에 표시된 슈미트 트리거의 트립점은 얼마인가?

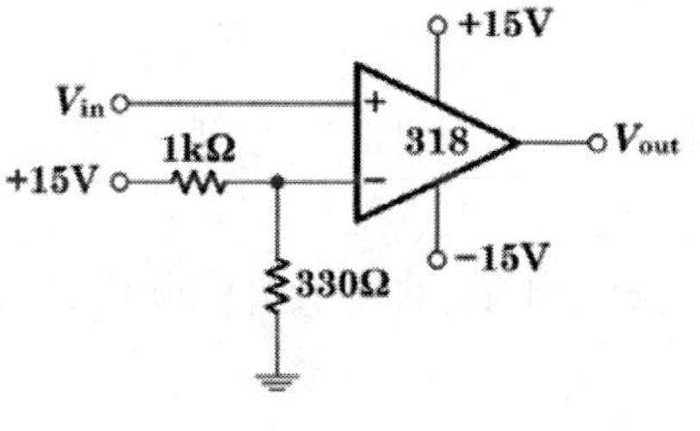

[그림 11-37]

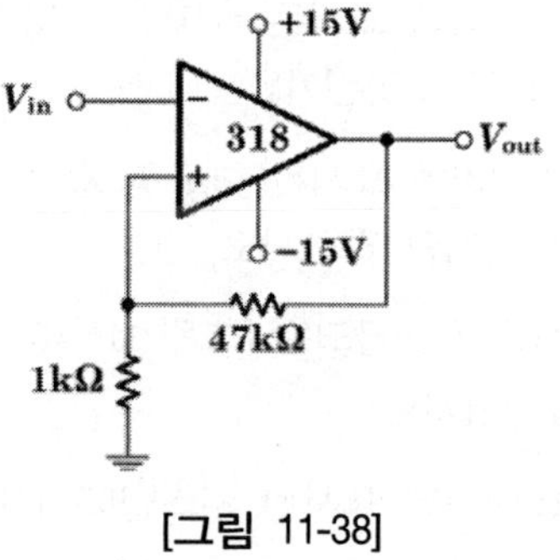

[그림 11-38]

11. [그림 11-38]에서 1[kΩ] 저항 양단에 걸리는 표유 커패시턴스는 30[pF]이다. 가속 커패시턴스가 갖는 최소값은 얼마인가?

12. [그림 11-39]에 표시된 회로에서 출력전압이 0이다. 입력 펄스의 끝에서 대략적인 출력은 얼마인가?

13. [그림 11-40]에 표시된 적분기 회로에서 2.75[kHz]의 주파수를 갖는 구형파가 구동한다고 가정하면 입력이 10[V]의 피크 피크값을 가질 때 출력의 피크 피크값은 얼마인지 구하시오.

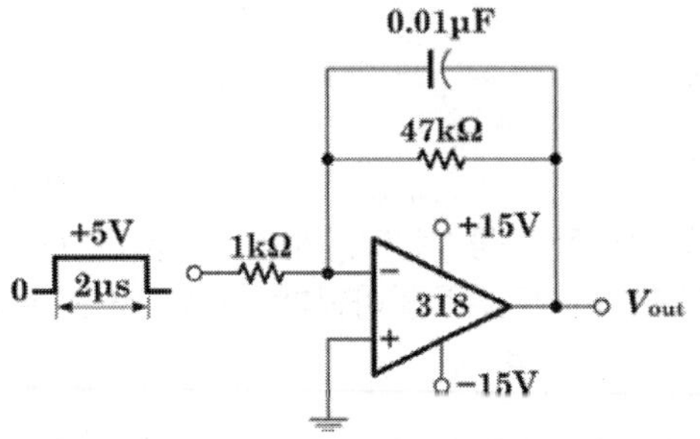

[그림 11-39]

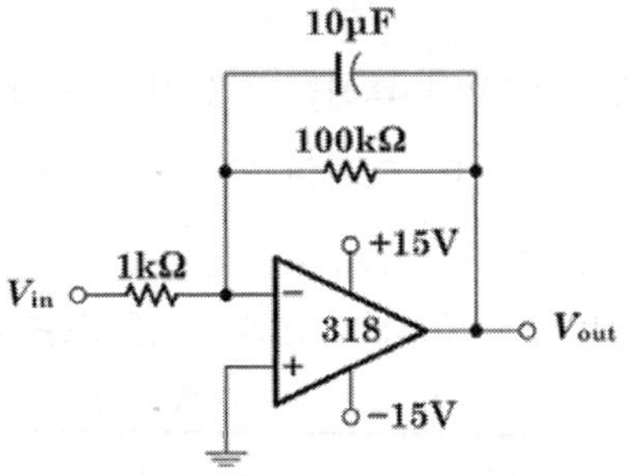

[그림 11-40]

14. [그림 11-41]에서 공급전압이 +15[V]와 −15[V]이다. $R_1 = 1[\text{k}\Omega]$, $R_2 = 10[\text{k}\Omega]$, $R = 4.7[\text{k}\Omega]$, $C = 0.022[\mu\text{F}]$을 가진다고 가정하고 출력 구형파의 주파수를 구하시오.

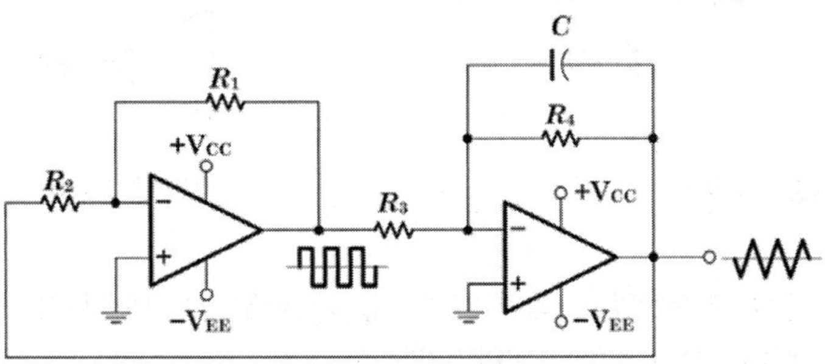

[그림 11-41]

15. [그림 11-38]에 표시된 슈미트 트리거는 히스테리가 없다. 트립점이 0에 있다면 두 가지 가능한 고장은 무엇인가?

16. [그림 11-42]에 표시된 회로의 출력은 삼각파 대신에 구형파가 나타난다. 발생될 수 있는 고장을 세 가지만 말하시오.

17. 15[V] 전원이 공급되는 [그림 11-43] 윈도우 비교기 출력파형 V_1, V_2의 입력전압(V_{in})을 가로축에 표시하시오.

18. [그림 11-44]에 표시된 시스템에서 1[μA]의 전류가 구동시킨다면 출력전압은 얼마인가?

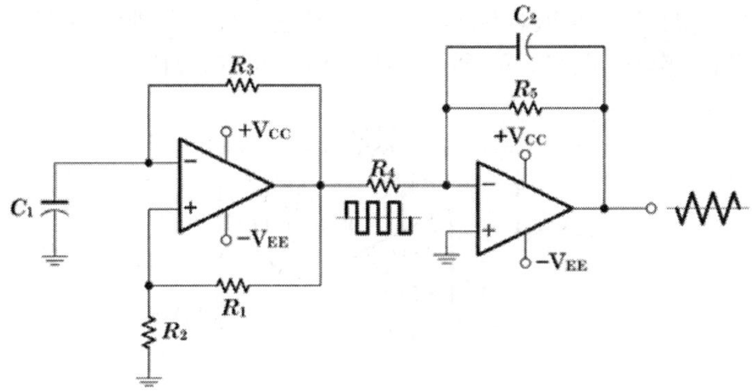

[그림 11-42]

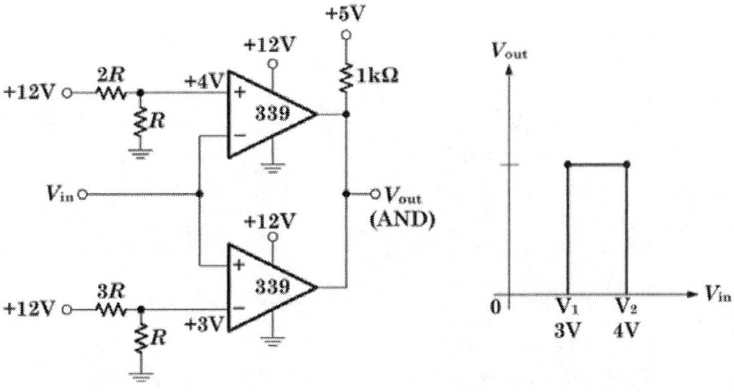

[그림 11-43] 2개의 339로 구성되는 윈도우 비교기

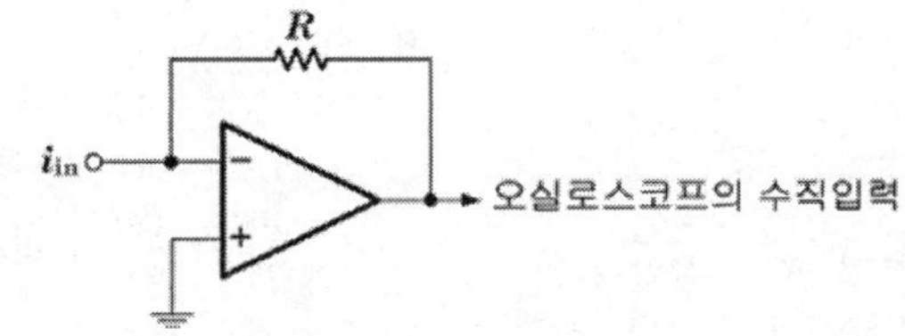

(a)

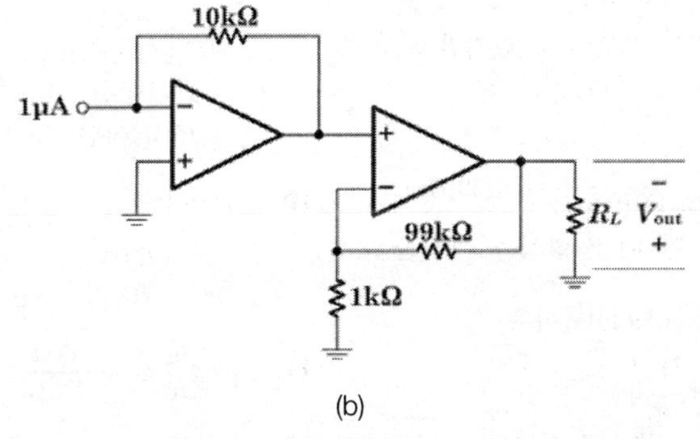

(b)

[그림 11-44] 전압증폭기를 구동하는 전류-전압변환기 회로

19. [그림 11-45]는 반전전류 귀환을 사용하는 감도 좋은 직류전류계를 표시하고 있다. 출력 미터의 전체 스케일 편향을 얻으려면 입력전류는 얼마이어야 하는가?

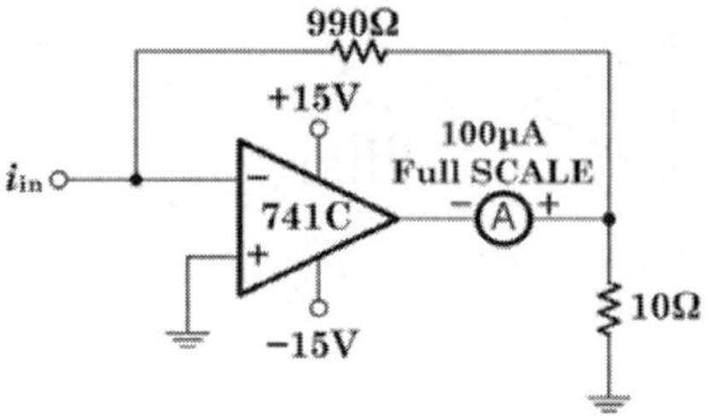

[그림 11-45]

해답

1. 입력전압이 +5.1[V]인 경우 차동전압은
$v_d = V_{in} - V_{ref} = 5.1\text{V} - 5\text{V} = +0.1[\text{V}]$
$V_{(out)} = A_{OL} V_d = 150{,}000 \times 0.1\text{V} = 15{,}000[\text{V}]$
이 값은 회로의 출력 한계치를 넘어서기 때문에 출력전압은 $V_{out} \cong (V_+) - 1\text{V} = +9[\text{V}]$와 같다. 입력전압이 +4.9[V]인 경우 차동전압은
$v_d = V_{in} - V_{ref} = 4.9\text{V} - 5\text{V} = -0.1[\text{V}]$이다.
이 값을 사용하면
$V_{out} \cong A_{OL} V_d = 150{,}000 \times (-0.1\text{V}) = -15{,}000[\text{V}]$
이다. 이 출력값은 회로에서의 공급전압을 고려할 때 불가능하므로, 출력전압은 다음과 같다. $V_{out} \cong (V_-) + 1\text{V} = -9[\text{V}]$

2. 기준전위는 전압 분배회로에 의해서 결정된다. 디지털 시스템은 +1[V] 이하인지, +1[V] 이상인지를 감지한다.

$$V_{ref} = V\frac{R_2}{R_1 + R_2} = +5\text{V} \times 0.2 = +1[\text{V}]$$

3. 전압분배기 회로를 살펴보면 $R_1 = R_2$임을 알 수 있다. 따라서 기준전위값은 +10[V]의 절반인 +5[V]가 되어야 하지만 접지점에서 변하기 때문에 이곳에 고장원인이 있다. R_1이 개방, R_2가 단락, C_B가 단락된 경우일 수 있지만 R_1이 개방일 경우가 가장 흔하다.

4. 회로의 차단주파수는

$$f_1 = \frac{1}{2\pi R_f C_f} = \frac{1}{2\pi(1000\text{k}\Omega)(0.01\mu\text{F})} = 159[\text{Hz}]$$

차단주파수의 10배가 될 때 선형성을 가짐을 알 수 있다.
따라서 $f_{min} = 10 f_1 = 1.59[\text{kHz}]$이다.

5. $V_{out} = -R_F\left(\frac{V_1}{R_1} + \frac{V_2}{R_2} + \frac{V_3}{R_3}\right)$

$$= -10\text{k}\Omega\left(\frac{+3\text{V}}{10\text{k}\Omega} + \frac{+6\text{V}}{10\text{k}\Omega} + \frac{+4\text{V}}{10\text{k}\Omega}\right) = -13[\text{V}]$$

6. $V_{out} = -R_f\left(\frac{V_1}{R_1} + \frac{V_2}{R_2} + \frac{V_3}{R_3}\right)$

$$= -1\text{k}\Omega\left(\frac{+10\text{V}}{10\text{k}\Omega} + \frac{+8\text{V}}{10\text{k}\Omega} + \frac{+7\text{V}}{10\text{k}\Omega}\right) = -2.5[\text{V}]$$

7. $V_{in} = \frac{0.7\text{V}}{10{,}000} = 7[\mu\text{V}]$,

$I_{L(max)} = \frac{V_{max}}{R_L} = \frac{2\text{V}}{5\text{k}\Omega} = 0.4[\text{mA}]$

$I_{(av)} = \frac{I_{L\max}}{\pi} = \frac{0.4\text{mA}}{3.14} = 0.127[\text{mA}]$,

$A_{CL} = 10{,}000$

8. $V_{out} = 0[\text{V}]$,
$V_{out(max)} = V_P \times 2 = 300\text{mV} \times 2 = 600[\text{mV}]$
$\tau = R_L C = 50\text{k}\Omega \times 0.1\mu\text{F} = 5[\text{ms}]$,
$f = \frac{100}{T} = \frac{100}{5\text{ms}} = 20[\text{kHz}]$

9. $V_{ref} = \frac{R_2}{R_1 + R_2} \times V_{CC}$

$$= \frac{330\Omega}{1\text{k}\Omega + 330\Omega} \times 15\text{V} = 3.72[\text{V}]$$

$V_{in} = 1[\text{V}]$이면 $-13 \sim -14[\text{V}]$,
$V_{in} = 10[\text{V}]$이면 $13 \sim 14[\text{V}]$

10. $\text{UTP} = BV_{SAT} = \frac{1\text{k}\Omega}{47\text{k}\Omega + 1\text{k}\Omega} \times 13\text{V}$,
$= 0.271[\text{V}]$
$\text{LTP} = -BV_{SAT} = -0.271[\text{V}]$

11. $C_1 = \frac{R_2}{R_1} C_2 = \frac{1\text{k}\Omega}{47\text{k}\Omega} \times 30\text{pF} = 0.638[\text{pF}]$

해답

12. $I=\frac{V_{in}}{R}=\frac{5V}{1k\Omega}=5[mA]$,

$V=\frac{Q}{C}$에서 주기 T로 양변을 나누면

$\frac{V}{T}=\frac{Q/T}{C}=\frac{I}{C}$가 되고 $V=\frac{I_T}{C}$가 된다.

따라서 $V_{out}=\frac{5mA\times 2\mu S}{0.01\mu}F=1[V]$이다.

위상이 반전되므로 $-1[V]$이다.

13. $V_{out(p-p)}=\frac{V_{in(p-p)}}{4fRC}$

$=\frac{10V}{4\times 2.75\times 10^3Hz\times 10^3\Omega\times 10\times 10^{-6}F}$

$=90.9[mV]$

14. $V_{out(p-p)}=\frac{V_{in(p-p)}}{4fRC}$

$=\frac{30V}{4\times 15\times 10^3Hz\times 3.9\times 10^3\Omega\times 0.01\times 10^{-6}F}$

$=13[V]$

$f=\frac{V_{in(p-p)}}{4V_{out(p-p)}RC}$

$=\frac{30V}{4\times 13V\times 2.25\times 2\times 10^3\Omega\times 0.01\times 10^{-6}F}$

$=12.8[kHz]$

15. $1[k\Omega]$ 단락, $47[k\Omega]$ 개방

16. C_2 개방, R_5 단락, 반전과 비반전이 반대로 연결됨.

17. 가로축 $V_1=3[V]$, $V_2=4[V]$

18. 첫 번째 증폭단의 전류전압 변환기는 10[mV]의 출력전압을 가진다.

$V_{out(1)}=(10k\Omega)(1\mu A)=10[mV]$

두 번째 증폭단의 전압증폭기 이득은 100이다. 따라서 최종 출력전압은 1[V]이다.

$V_{out}=100(10mV)=1[V]$

19. 전류이득을 구하면 100이 된다.

$\frac{I_{out}}{I_{in}}=\frac{990\Omega}{10\Omega}+1=100.$

따라서 전류계가 $100[\mu A]$의 전체 스케일 편향을 갖기 때문에 입력전류는 $1[\mu A]$이면 충분하다.

제12장

능동 필터

- 12-1 저역통과 필터(LPF) / 455
- 12-2 저역통과 능동 필터 / 458
- 12-3 고역통과 능동 필터 / 463
- 12-4 대역통과 능동 필터 / 467
- 12-5 고차 필터 / 473
- 12-6 능동 필터의 고장진단 / 474

필터(fillter)는 널리 사용되는 소자이기 때문에 기본적인 동작을 이해하는 것이 중요하다. 과거에는 필터를 구성하기 위해서 저항, 콘덴서, 인덕터가 사용되었다. 이런 필터들은 수동소자를 사용하기 때문에, 수동 필터라고 알려져 있다.

수동 필터들은 오늘날 고전력, 고주파 응용분야에서 아직도 사용되고 있다. [그림 12-1(a)]는 전원의 잡음제거에 사용되는 상업적인 수동 필터의 예를 표시하고 있다.

수동 필터의 단점 중 하나는 필터의 이득이 항상 1보다 작다는 것이다. 이것은 출력전압이 입력전압보다 항상 작다는 의미이다. 그 원인은 필터의 수동소자에서 발생되는 전압손실 때문이다. 여기서는 필터링에 사용되는 디지털 기술의 다양한 응용분야에 대해서 언급한다.

이 장에서 언급하는 필터의 디지털 기술이 전자적인 기술과는 약간 차이를 갖는다고 하더라도 디지털 필터와 아날로그 필터의 기본적인 원리는 같다.

수동 필터의 손실의 보상을 위해서 항상 증폭기와 필터는 캐스케이드 형태로 사용된다. 그러나 Op Amp의 사용으로 필터와 증폭기를 결합시켜서 구성할 수 있다. 사실상 필터 회로를 구성하는 데 Op-Amp가 가장 널리 사용된다.

Op-Amp가 능동소자이기 때문에 [그림 12-1(b)]에 표시된 회로는 능동 필터로 알려져 있다.

능동 필터는 수동 필터들보다 여러 주요한 장점을 가지고 있다.

① 능동 필터들은 여과작용뿐 아니라 신호의 증폭까지 한다.

② 능동 필터는 부하에 의해 영향 받지 않는다.

③ 능동 필터는 단지 저항과 콘덴서들로 구성되어 있다. 능동 필터에서 인덕터는 사용되지 않는다.

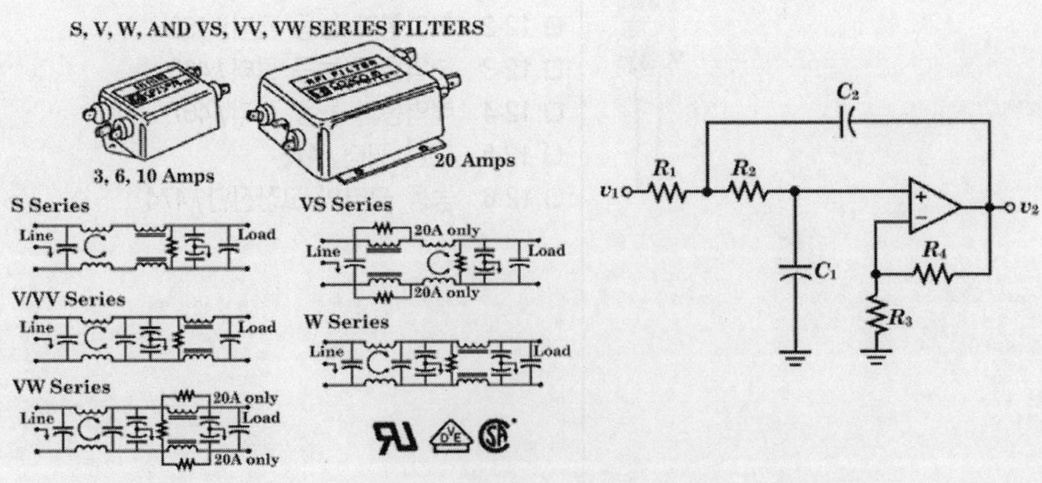

(a) (b)

[그림 12-1] (a) 수동 필터 (b) 능동 필터

12-1 | 저역통과 필터(LPF)

이상적인 저역 필터

이미 주파수 응답의 일반적 개념에 대해서 고찰한 바 있다. 이런 개념을 필터에 적용함으로써 이상적인 필터를 정의할 수 있다. [그림 12-2(a)]는 이상적인 저역통과 필터의 선형주파수 응답을 표시하고 있다.

필터는 1[kHz]의 차단주파수보다 작은 주파수는 모두 통과시킨다. 다시 말하자면 1[kHz]보다 큰 주파수 영역은 모두 제거시키고 이상적인 저역통과 필터의 출력에서는 1[kHz]보다 낮은 주파수만 나타난다.

필터에 대해서 논할 때, 밴드 대역을 정의하는 것이 필터 동작을 이해하는 데 도움을 준다.

- **통과대역** : 필터 출력에서 나타나는 주파수 범위. 이상적인 필터에서 통과대역은 0에서 1[kHz]이다. 통과대역은 필터의 대역폭(BW)과 같은 의미를 가지고 있다.
- **저지대역** : 필터에 의해서 제거되는 주파수 범위. 이런 주파수는 필터의 출력에 나타나지 않는다. 필터 저지대역은 1[kHz]보다 큰 모든 주파수이다.
- **차단주파수** : 통과대역(필터 내에서 1[kHz])을 결정하는 주파수. 실제 필터의 차단주파수는 그 필터의 3[dB] 주파수이다. 저역 필터의 차단주파수는 f_H로 표시된다.

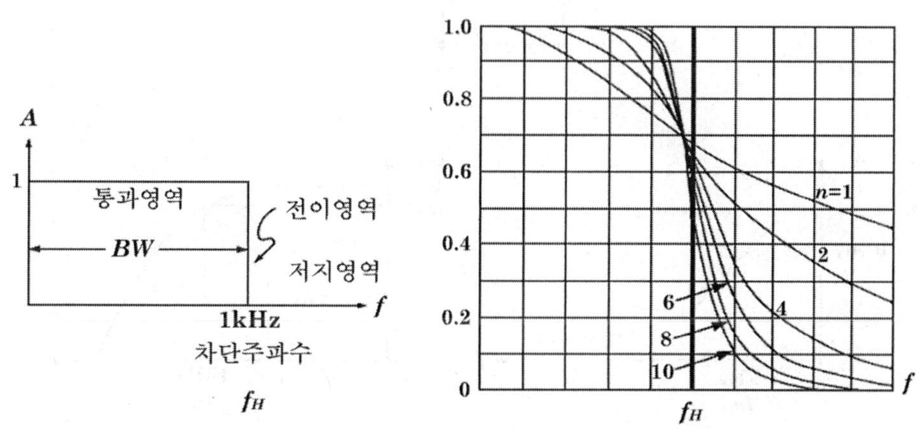

(a) (b)

[그림 12-2] 저역통과 필터 (a) 이상적 (b) 실제적

- **변환영역** : 통과대역과 저지대역 사이의 주파수 범위를 말한다. 이상적인 저역필터에서, 통과대역의 차단주파수는 즉시 정지대역으로 전이된다. 즉 차단주파수 내에서의 주파수 응답의 기울기는 무한대이다. 실제 필터에서 필터의 응답은 통과대역으로부터 정지대역으로 가는 동안 이루어진다. 또한 기울기로부터 roll-off라고 불리는 차단주파수에서의 주파수 응답을 볼 수 있다. 동작 필터의 roll-off를 가파르게 하면 더욱 이상적인 필터처럼 동작하게 할 수 있다.

이상적인 저역통과 필터에서 볼 수 있는 두 가지 중요한 변수는 통과대역 내의 필터 이득은 일정하고(평탄함) 통과대역에서 정지대역으로 즉시 변환된다. [그림 12-2(b)]는 몇 종류의 실제 저역통과 필터 응답의 선형주파수 선도를 표시하고 있다.

숫자 n은 필터의 차수와 회로 내의 콘덴서와 인덕터들의 수에 의해서 결정된다. 통과대역과 저지대역 사이의 변환 순간에 통과대역에서의 절대적 안정화 이득을 갖지 못하는 것을 실제 필터에서 볼 수 있다.

수동 1차 저역통과 필터

[그림 12-3(a)]는 간단한 수동 RC 회로를 표시하고 있다. 회로에는 한 개의 콘덴서가 포함되어 있기 때문에 1차 회로이다. 이런 회로는 [그림 12-3(b)]에 표시된 것과 같은 저역통과 필터 응답을 가진다. 비교를 위해서 이상적인 저역통과 필터 응답은 짙은 색으로 표시했다.

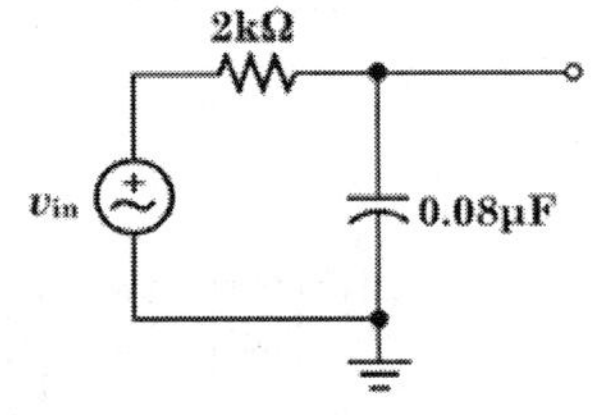

(a)

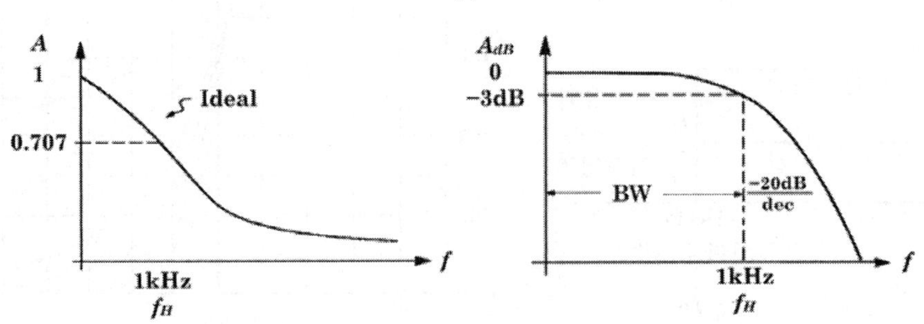

(b) (c)

[그림 12-3] 수동 저역통과 필터

여러분들도 보다시피 실제적인 필터는 통과대역에서 완전히 평탄한 응답을 갖지 않는다는 사실을 확인할 수 있다. 무엇보다 중요한 것은 통과대역과 저지대역 사이의 변환영역이 아주 크다는 것이다.

실제 필터의 응답에서는 갑작스런 변화가 없기에 분명한 차단주파수는 없다. 이런 습관에 의해 우리는 반전력(3[dB]) 주파수로 f_H, f_L과 같은 필터의 차단주파수를 정의할 수 있다.

이런 필터에서는 콘덴서가 개방되는 저주파에서 최대 이득을 얻게 된다. 콘덴서 개방시

$$v_o = v_{\text{signal}}$$

이기 때문에

$$A_{\max} = 1$$

이고, 필터의 차단주파수는 다음과 같다.

$$f_H = \frac{1}{2\pi RC} = \frac{1}{2\pi \times 2\text{k}\Omega \times 0.08\mu\text{F}} \approx 1[\text{kHz}]$$

저역통과 필터의 대역폭(통과대역)은 f_H와 같다. 따라서 BW$=f_H$이다. 이런 필터의 대역폭은 BW$=f_H \approx 1[\text{kHz}]$이다. [그림 12-3(c)]는 RC 필터의 보드 이득선도를 표시하고 있다. 통과대역에서 이런 필터의 보드 선도이득이 거의 평평함을 볼 수 있다. 1차 필터의 기울기 혹은 roll-off는 20[dB/dec]이다.

예제 12-1

(a) [그림 12-4(a)]에 표시된 RC 필터의 최대 이득과 대역폭을 구하시오.
(b) [그림 12-4(b)]에서 필터에 접속된 부하를 갖는 것을 볼 수 있다. 이득과 대역폭을 구하시오.
(c) 결과를 비교하시오.

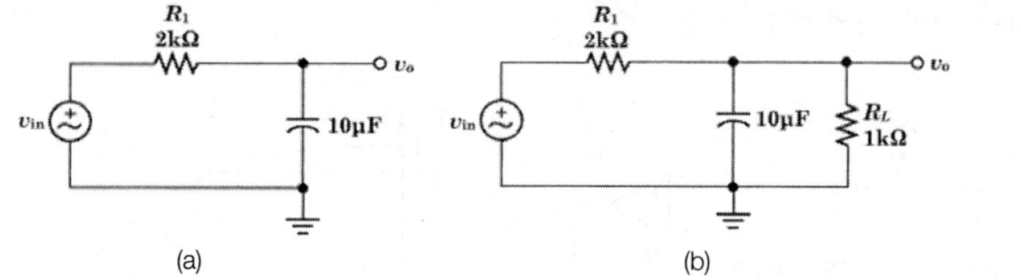

[그림 12-4]

풀이 (a) [그림 12-4(a)]에 표시된 간단한 RC 회로에서

$$A_{\max} = 1$$

$$\text{BW} = f_H = \frac{1}{2\pi R_1 C} = \frac{1}{2\pi \times 2\text{k}\Omega \times 10\mu\text{F}} \approx 8[\text{Hz}]$$

임을 알 수 있다.

(b) 저주파에서의 최대 이득을 찾기 위해서 콘덴서를 개방한다. 이 회로의 결과는 전압 분배기이므로

$$A_{\max} = \frac{R_L}{R_L + R_1} = \frac{1\text{k}\Omega}{1\text{k}\Omega + 2\text{k}\Omega} = 0.33$$

이다. f_H가

$$\text{BW} = f_H = \frac{1}{2\pi(R_1 \parallel R_L) \times C} = \frac{1}{2\pi \times 0.67\text{k}\Omega \times 10\mu\text{F}} \approx 24[\text{Hz}]$$

로 주어진다.

(c) 필터에 부하가 추가되면 필터 응답에는 격렬한 변화를 가져온다. 이것이 수동 필터의 문제 중 하나이다. 따라서 특별한 부하가 설계되어야 한다.

12-2 | 저역통과 능동 필터

1차 필터

[그림 12-5(a)]는 비반전 모드 Op-Amp로 구성되는 1차 능동 필터의 구조를 표시하고 있다. 물론 반전능동 필터 구성도 가능하지만, 여기서는 단지 비반전 필터만을 고찰하도록 한다.

Op-Amp에 전류가 흐르지 않기 때문에, 이 회로의 RC 부분은 우리가 방금 알아본 수동 저역통과 필터이다. Op-Amp는 RC 필터의 출력을 증폭한다. 저주파에서 콘덴서는 개방이고, 회로는 기본적인 비반전증폭기로 동작한다. R은 이득에 영향을 미치지 않는다는 것을 기억해야 한다.

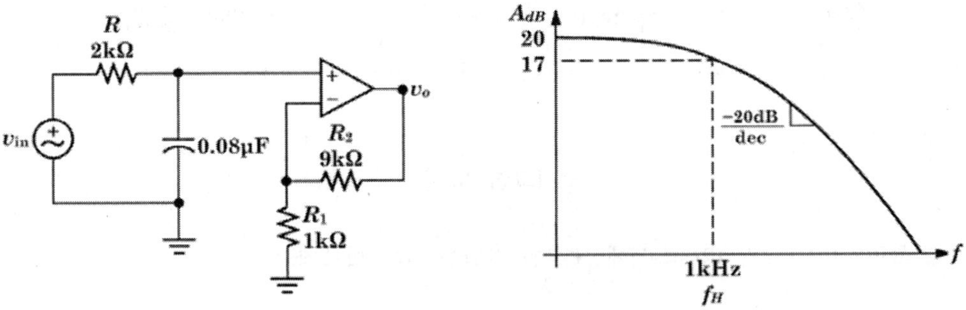

(a) (b)

[그림 12-5] 능동 저역통과 필터

$$A_{\max} = 1 + \frac{R_2}{R_1} = 1 + \frac{9\mathrm{k}\Omega}{1\mathrm{k}\Omega} = 10$$

이다. 따라서

$$A_{\mathrm{dBmax}} = 20[\mathrm{dB}]$$

이다. 이런 회로에서 대역폭과 차단주파수는 R과 C에 의해서

$$\mathrm{BW} = f_H = \frac{1}{2\pi RC}$$

로 결정된다. 이 회로에서

$$\mathrm{BW} = f_H = \frac{1}{2\pi RC} = \frac{1}{2\pi \times 2\mathrm{k}\Omega \times 0.08\mu\mathrm{F}} \approx 1[\mathrm{kHz}]$$

이다. 이런 필터의 보드 선도는 [그림 12-5(b)]에 표시되어 있다.

우리는 입력신호의 필터링뿐 아니라 증폭까지 할 수 있는 능동 필터의 장점을 알 수 있다. 1차 필터는 20[dB/dec]의 roll-off를 갖는 점에 유의하라.

예제 12-2 (a) [그림 12-6(a)]에 표시된 필터의 최대 이득과 대역폭을 구하고, 보드 선도를 그리시오. (b) [예제 12-1]과 비교하시오.

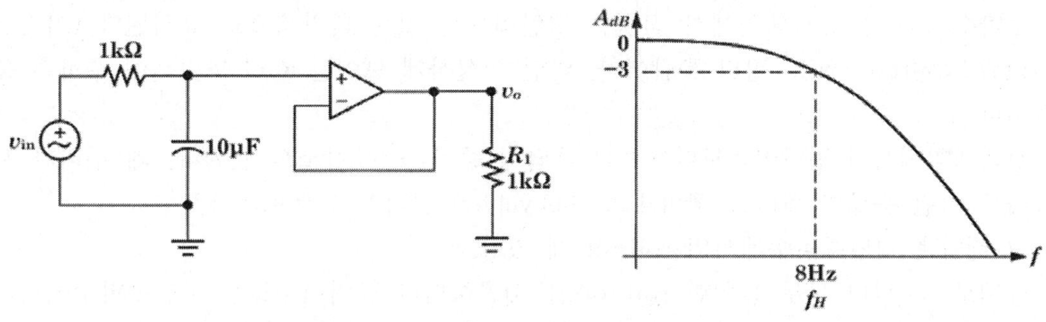

(a) (b)

[그림 12-6]

풀이 (a) 이 회로에서 Op-Amp는 단위이득 버퍼에 접속되어 있다. 따라서, Op-Amp의 출력은 콘덴서 양단에 걸리는 v_+와 동일하다. 따라서

$$A_{\max} = 1, \quad A_{\mathrm{dBmax}} = 0[\mathrm{dB}]$$

이고,

$$\mathrm{BW} = f_H = \frac{1}{2\pi RC} = \frac{1}{2\pi} \times 2\mathrm{k}\Omega \times 10\mu\mathrm{F} \approx 8[\mathrm{Hz}]$$

이다. 이런 필터의 보드 선도는 [그림 12-6(b)]에 표시된다.

(b) 이런 필터는 [예제 12-1]에 표시된 무부하 RC 필터와 정확하게 같은 값의 응답을 가진다. 여기서 차이점은 능동 필터의 동작에 부하저항이 영향을 주지 못한다는 점이다. 이득과 대역폭을 구할 때 부하저항은 깊게 고려되지 않는다. 이미 신호증폭을 할

수 있는 능동 필터의 장점을 고찰한 바 있다.

이 예제에서 확인했겠지만 이런 장점을 항상 사용할 수는 없다. 능동 필터의 또 다른 장점은 필터 동작이 필터 부하에 의존하지 않는다는 것이다.

2차 필터

1차 필터 내에서 20[dB/dec]의 roll-off의 기울기는 매우 급한 경사를 갖지 않는다. 필터가 이상적으로 될수록 roll-off가 커진다는 것을 기억해야 한다. 필터의 차수가 증가하면 roll-off도 증가시킬 수 있다.

능동 필터에서 필터의 차수는 필터를 구성하는 콘덴서의 수에 의해서 결정된다. 저역통과 능동 필터의 마지막 roll-off는

$$\text{final roll} - \text{off} = 20n\text{dB/dec}$$

로 주어진다. 따라서 모든 2차 필터는 40[dB/dec]의 최종 roll-off를 가진다.

우리가 2차 필터와 고차 필터를 사용할 때 몇 가지 흥미 있는 주파수 응답을 발생시킬 수 있다. [그림 12-7]은 2가지의 선형주파수 응답을 고려한 것이다. 능동 필터의 적당한 저항과 콘덴서를 선택함으로써 두 가지 응답을 발생시킬 수 있다.

주파수 응답은 통과대역에서 적절한 평탄이득은 짙은 파랑색으로 표시된다. 이것이 버터워스(butterworth) 필터 응답이다. 약간 이상하게 보이는 흐린 파랑색이 주파수 응답이다.

통과대역에서의 평탄이득보다는 이득응답이 증가 또는 감소하게 된다. 왜 우리가 사용하는 이런 종류의 필터를 체비셰프(Chebychev) 필터라고 부르는가?

그 해답은 차단주파수에서의 roll-off에 있다.

실제로 두 필터 모두 동일한 roll-off를 제공하더라도 여러분들은 차단주파수에서의 버터워스의 응답이 체비셰프 응답보다 약간 빠른 강하를 가진다는 것을 확인할 수 있다. 여기서 절충점은 평탄이득인가, 빠른 roll-off인가이다.

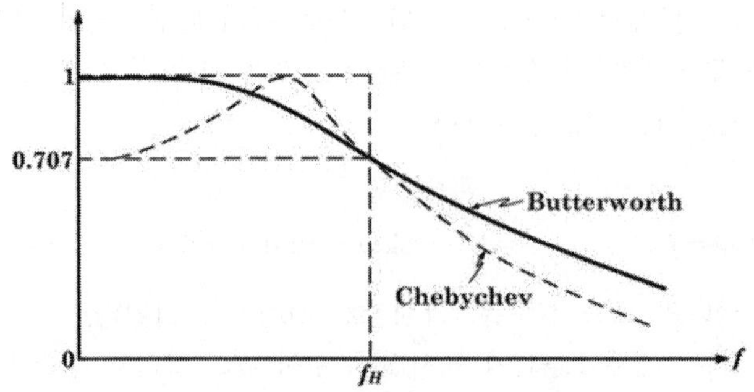

[그림 12-7]

이런 고찰에서 통과대역에서의 최대 안정이득을 제공하는 필터로 제한하기 때문에 우리는 오직 버터워스 필터에 대해서만 고찰하도록 하겠다. 가장 널리 사용되는 2차 저역통과 필터가 [그림 12-8(a)]에 표시되어 있다.

이 필터는 설계자의 이름을 따서 Sallen-Key 필터로 부른다. 필터의 이런 형태는 간혹 VCVS(전압제어-전압원) 필터라고 부르기도 한다. 회로를 간략하게 그리기 위해서 -단자가 제거되는 점에 주의하라.

이런 필터의 이득은 R_3와 R_4에 의해서 제공된다. 필터의 대역폭은 R_1, R_2, C_1, C_2에 의해서 결정된다. 따라서 회로방정식에 완전히 포함된다. 이 필터 혹은 다른 필터 동작의 일반적 이해를 위해서 여러분은 약간의 변화된 공식만을 사용하게 된다.

여러분이 회로를 고찰할 때 주파수는 아주 낮은 경우와 주파수가 아주 높은 경우이다. 주파수가 낮을 때에는 모든 콘덴서가 [그림 12-8(b)]처럼 개방된다. 콘덴서가 개방되면 회로는 기본적인 비반전증폭기(R_1과 R_2는 이득에 영향을 주지 못한다)로 된다. 따라서

$$A_{\max} = 1 + \frac{R_4}{R_3}$$

이다. 고주파에서 콘덴서는 [그림 12-8(c)]와 같이 단락된다. 콘덴서 C_1이 단락될 때 입력 +단자는 접지에 연결되고 출력은 없다. 이런 필터에서 우리는 저주파일 때 최대 이득을 얻고 고주파에서는 이득을 얻지 못한다. 이런 회로는 당연히 저역통과 필터가 되어야만 한다.

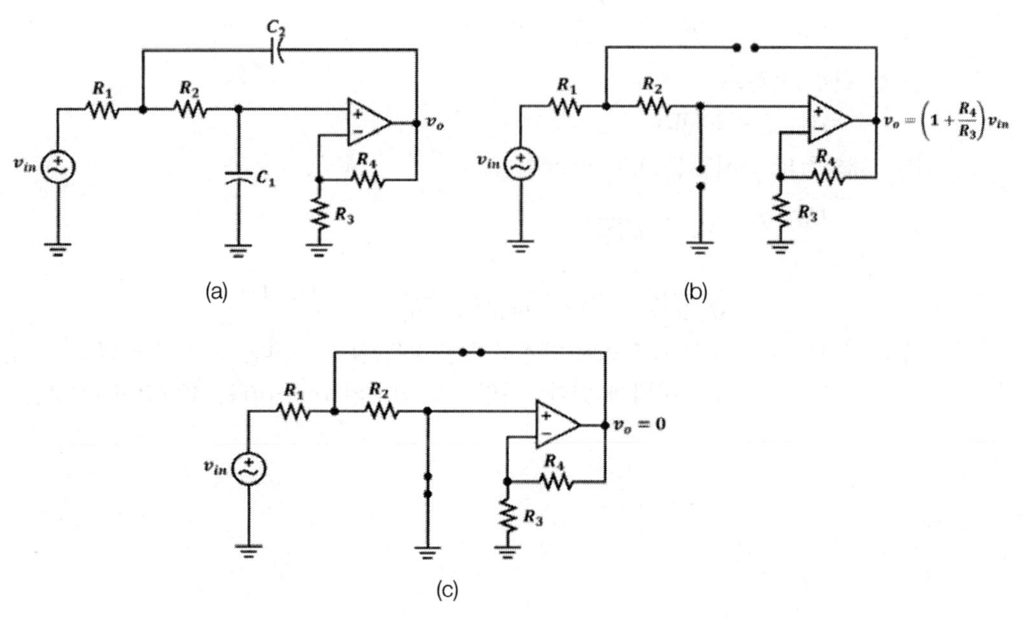

[그림 12-8] Sallen-Key 저역통과 필터

우리는 이미 Sallen-Key 필터의 최대 이득을 구했다. Sallen-Key 필터의 대역폭을 구하는 정확한 공식은 아주 복잡하지만 우리는 다행히도 대역폭을 근사값으로 간편하게 구할 수 있다.

$$\mathrm{BW} = f_H \approx \frac{1}{2\pi\sqrt{R_1 R_2 C_1 C_2}}$$

예제 12-3 [그림 12-9]에는 버터워스 능동 필터가 표시되어 있다. 필터의 보드 이득을 그리시오.

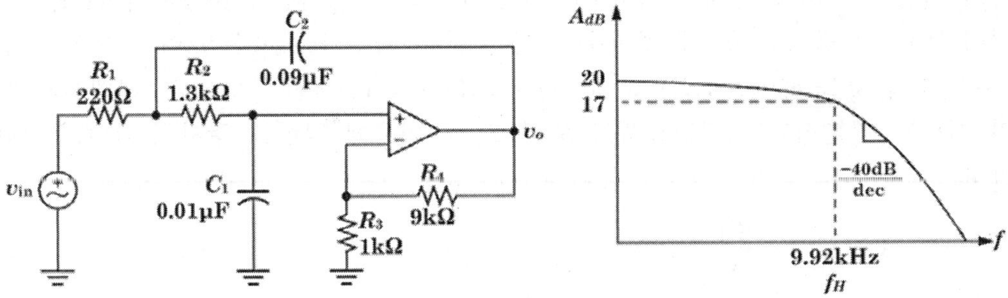

(a) (b)

[그림 12-9]

풀이 콘덴서 개방 시 저주파에서 동작하는 필터의 최대 이득은 10이다.

$$A_{\max} = 1 + \frac{R_4}{R_3} = 1 + \frac{9\mathrm{k}\Omega}{1\mathrm{k}\Omega} = 10$$

데시벨 단위 이득은

$$A_{\mathrm{dBmax}} = 20[\mathrm{dB}]$$

이다. 대역폭의 근사값은 9.92[kHz]이다.

$$\mathrm{BW} = f_H \approx \frac{1}{2\pi\sqrt{R_1 R_2 C_1 C_2}}$$

$$= \frac{1}{2\pi\sqrt{220 \times 1.3\mathrm{k}\Omega \times 0.09\mu\mathrm{F} \times 0.01\mu\mathrm{F}}} = 9.92[\mathrm{kHz}]$$

통과대역의 이득이 결과적으로 안정하다는 것을 알 수 있다. 이런 필터의 보드 선도는 [그림 12-9(c)]에 표시되어 있다. 이런 2차 필터의 roll-off는 40[dB/dec]이다.

12-3 | 고역통과 능동 필터

[그림 12-10(a)]에는 이상적인 고역통과 응답을 보여준다. 여기서 우리는 1[kHz]의 차단주파수를 볼 수 있다. 그러나 출력에서는 오직 1[kHz] 이상의 주파수만 표시된다. 여기서 차단주파수는 f_L이다. 고역통과 필터(HPF)의 통과대역(대역폭)은 저역차단주파수보다 큰 주파수 범위를 가진다. 고역통과 필터의 통과대역은 무한대이다.
고역통과 필터의 대역폭은 고역차단 필터 대역폭과 같지 않다. 이상적인 고역통과 필터의 저지대역과 통과대역 사이의 변환은 순간적이나 실제의 필터 응답은 전이하는 변환영역이 있다. [그림 12-10(b)]는 몇 개의 실제 고역통과 필터의 응답에 대한 보드 선도를 표시하고 있다.

다시 주의할 것은 실제 응답이 이상적인 응답과 정확히 같을 수 없다는 점이다. 통과대역이 완전하게 평탄하지 못하며 변환영역은 유한하다. 필터 차수가 높아지면 변환영역은 작아진다.

1차 필터

[그림 12-11(a)]는 능동 고역통과 필터를 구성하기 위해서 RC 회로를 Op-Amp에 어떻게 연결하는지를 보여준다. 사용되는 콘덴서가 1개이기 때문에 1차 필터이다. 저주파에서 콘덴서는 개방된다. 따라서 입력신호는 출력을 얻을 수 없다.

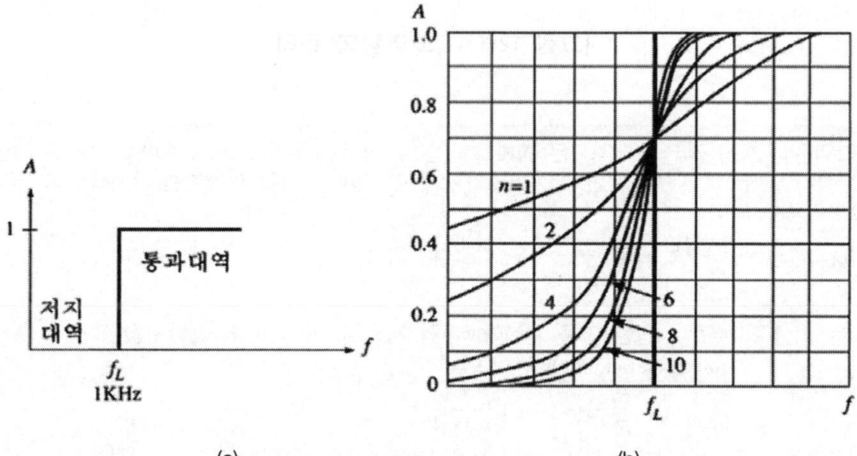

[그림 12-10] 고역통과 필터 (a) 이상적 (b) 실제적

다시 말하자면 출력은 0이다. 고주파에서 콘덴서는 단락되고 회로동작은 기본적인 비반전증폭기로 동작한다. R은 이득에 영향을 미치지 않는다. 따라서

$$A_{\max} = 1 - \frac{R_2}{R_1} = 1 + \frac{3\text{k}\Omega}{1\text{k}\Omega} = 4$$

$$A_{\text{dBmax}} = 12[\text{dB}]$$

이다. R과 C에 의해서 결정되는 차단주파수 f_L은

$$f_L = \frac{1}{2\pi RC}$$

이다. 이런 회로에서

$$f = \frac{1}{2\pi RC} = \frac{1}{2\pi(2\text{k}\Omega \times 10\mu\text{F})} \approx 8[\text{Hz}]$$

이다.

[그림 12-11(b)]에는 이런 회로의 보드 선도가 표시되어 있다. 1차 필터는 20[dB/dec]의 positive의 기울기를 가진다. 비록 기울기가 positive일지라도 기울기의 묘사에 roll-off의 간격을 사용할 수 있다.

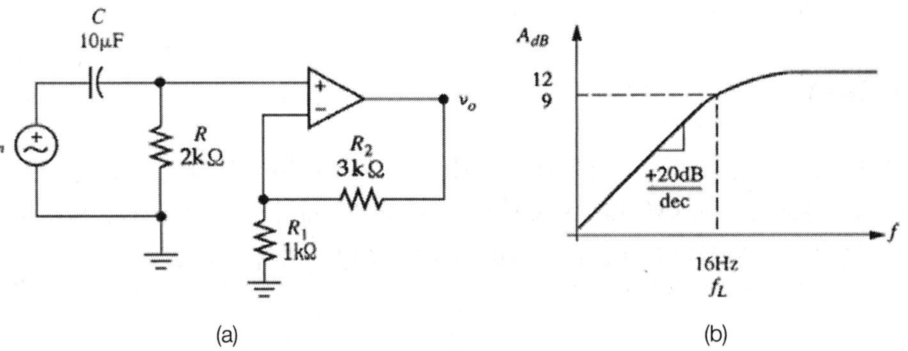

[그림 12-11] 고역통과 필터

· **주의** · 고역통과 능동 필터의 대역폭은 명확하지 않다. Op-Amp가 스스로 주파수 범위를 제한하는 것을 살펴본 적이 있다. 다시 말하자면 Op-Amp가 스스로 주파수 범위를 제한한다는 의미이다. Op-Amp는 필터로부터 분리되고

$$f_{\text{HOp-Amp}} = \frac{\text{unity gain bandwidth}}{1 + \frac{R_2}{R_1}}$$

로 주어지는 차단주파수보다 높은 값을 가진다. 만약 741 Op-Amp로 필터를 구성한다면

$$f_{\text{HOp-Amp}} = \frac{\text{unity gain bandwidth}}{1 + \frac{R_2}{R_1}} = \frac{1 \times 10^6}{1 + \frac{3\text{k}\Omega}{1\text{k}\Omega}} = 250[\text{kHz}]$$

가 구해진다. 이런 필터는 실제로 8[Hz]에서 250[kHz]의 신호를 통과시킨다. 사실상 실제 고역통과 능동 필터와 같은 것은 없다.

예제 12-4 (a) [그림 12-12(a)]에 표시된 필터의 최대 이득과 차단주파수를 구하시오.
(b) 보드 선도를 그리시오.

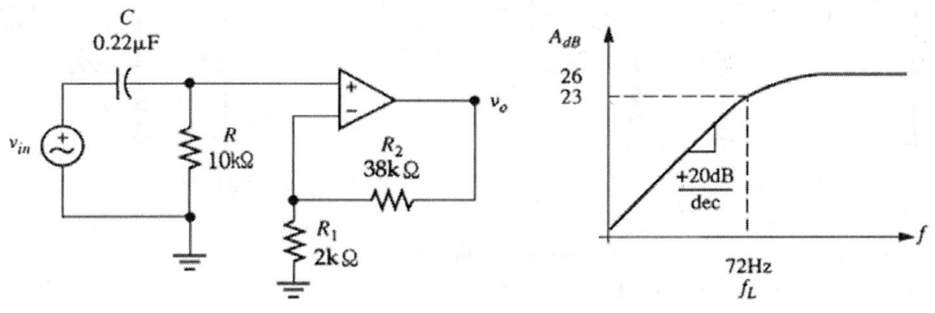

(a) (b)

[그림 12-12]

풀이 (a) 고주파에서 발생되는 최대 이득은

$$A_{\max} = 1 + \frac{R_2}{R_1} = 1 + \frac{38\text{k}\Omega}{2\text{k}\Omega} = 20$$

혹은

$$A_{\text{dBmax}} = 26[\text{dB}]$$

이다. 차단주파수는

$$f_L = \frac{1}{2\pi RC} = \frac{1}{2\pi \times 10\text{k}\Omega \times 0.22\mu\text{F}} \approx 72[\text{kHz}]$$

이다.

(b) 이런 필터의 보드 선도는 [그림 12-12(b)]에 표시되어 있다. 능동 필터의 주파수 응답은 필터 부하에 의존하지 않는다는 사실을 주의해야 한다.

2차 필터

저역 필터에서처럼 필터의 차수를 증가시키면 고역통과 필터의 roll-off를 증가시킬 수 있다. 예를 들면 2차 필터는 40[dB/dec]의 최종 roll-off를 가진다. [그림 12-13(a)]에는 Sallen-Key 고역통과 필터를 보여주고 있다.

만약 [그림 12-8(a)]에 표시된 저역통과 필터와 비교하면, 단지 저항과 콘덴서(f_L과 이득에 영향을 주지 않는 R_4, R_3 설정)들이 교체된 것들을 알 수 있다. 고역통과 회로의 기본적 이해를 위해 저주파와 고주파에서 회로를 실험한다.

저주파에서 모든 콘덴서는 [그림 12-13(b)]와 같이 개방된다. 콘덴서가 개방일 때 입력신호는 Op-Amp에 도달할 수 없다. 따라서 출력은 없다.

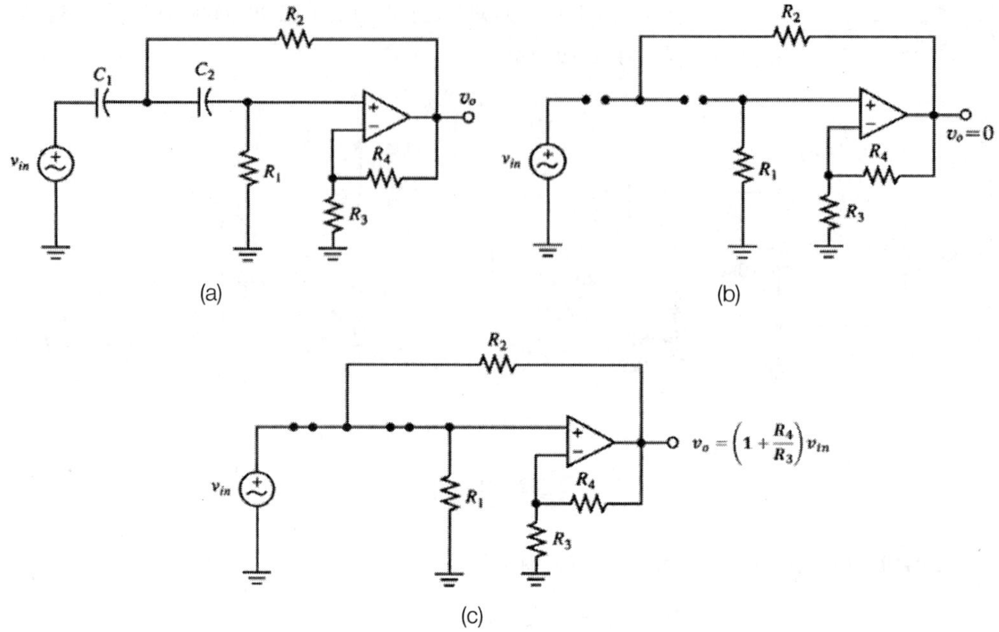

[그림 12-13] Sallen-Key **고역통과 필터**

고주파에서 콘덴서는 [그림 12-13]에 표시된 것처럼 단락된다. 회로는 지금 기본적인 비반전증폭기(이득은 R_1와 R_2에 영향을 주지 못한다)이다. 따라서

$$A_{max} = 1 + \frac{R_4}{R_3}$$

이다. 이 회로에서의 이득은 저주파에서는 낮고, 고주파에서는 높다. 따라서 이것은 고역통과 필터이다.

다시 Sallen-Key 필터의 차단주파수의 정확한 공식은 아주 복잡하다. 따라서

$$f_L \approx \frac{1}{2\pi\sqrt{R_1 R_2 C_1 C_2}}$$

로 표시되는 f_L의 근사화 공식을 사용할 수 있다.

예제 12-5 [그림 12-14(a)]에 표시된 버터워스 능동 필터의 이득과 차단주파수를 구하시오.

풀이 필터의 최대 이득은 콘덴서가 단락되는 고주파에서 발생된다.

$$A_{max} = 1 + \frac{R_4}{R_3} = 1 + \frac{40\text{k}\Omega}{10\text{k}\Omega} = 5$$

데시벨 단위의 이득은 $A_{dBmax} = 14[\text{dB}]$이다.

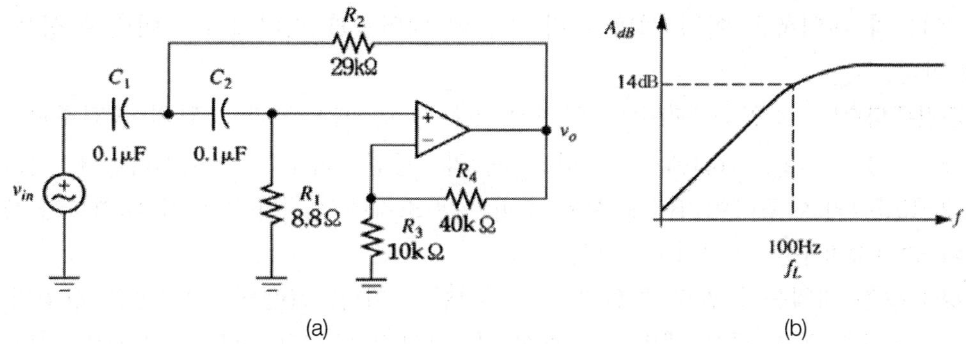

[그림 12-14]

차단주파수의 근사값은

$$f_L \approx \frac{1}{2\pi\sqrt{R_1 R_2 C_1 C_2}} = \frac{1}{2\pi\sqrt{8.8\text{k}\Omega \times 29\text{k}\Omega \times 0.1\mu\text{F} \times 0.1\mu\text{F}}} \approx 100[\text{Hz}]$$

이다. 필터의 버터워스 설계 때문에 통과대역 내에서의 이득은 결과적으로 안정됨을 알 수 있다. 이런 필터의 보드 선도는 [그림 12-14(b)]에 표시된다.

12-4 | 대역통과 능동 필터

[그림 12-15(a)]는 10[kHz]와 20[kHz] 사이의 대역통과 주파수를 갖는 이상적인 대역통과 필터(BPF)를 표시하고 있다. 대역통과 필터는 앞에서 고찰한 바 있는 f_L, f_H와 등가인 두 개의 차단주파수를 가진다.

[그림 12-15(b)]는 몇 가지 실제 대역통과 필터의 보드 선도를 표시하고 있다.

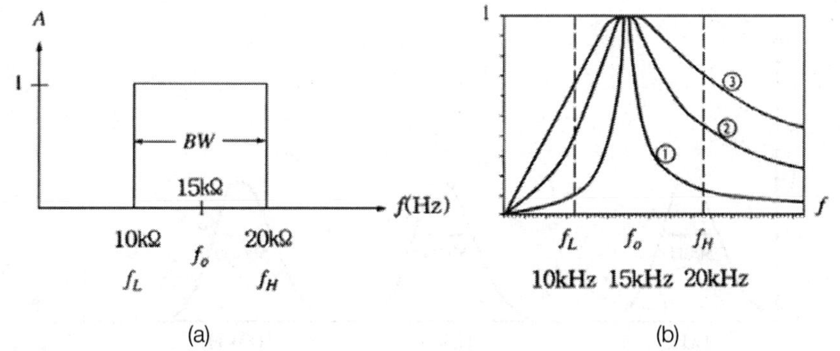

[그림 12-15] 대역통과 필터 (a) 이상적 (b) 실제적

필터 이득과 대역폭은 이미 설명한 바 있는데 대역통과 필터에서도 이런 특성을 이해해야 한다.

- **중간주파수**(f_o) : 공진주파수로 알려져 있는 f_o는 대역통과 응답의 중간주파수이다. [그림 12-15(b)]에서 필터 응답의 중간주파수는 15[kHz]이다. [그림 12-15(b)]의 이퀄라이저에 표시된 주파수는 소자에서 사용되는 각 대역통과 필터의 중간주파수를 표시하고 있다.
- ***Q*** : Q는 대역통과 필터의 선택도를 측정한 것이다. 고선택 필터(높은 Q필터)는 중간주파의 아주 작은 대역만 통과시킨다. [그림 12-15(b)]에는 3가지의 필터 응답이 표시된다. 여러분들은 숫자 1로 표시되는 좁은 대역폭을 갖는 필터를 볼 수 있다. 이런 필터는 다른 두 개의 필터보다 더 작은 주파수만 통과시킨다. 숫자 1로 표시된 필터는 높은 Q를 가진다. 숫자 3으로 표시된 필터는 낮은 Q값을 가진다.

[그림 12-16]은 3가지 다른 필터의 응답을 표시하고 있다. 각각의 필터는 0.5[kHz]의 대역폭을 갖지만 다른 중간주파수를 가진다. 주의할 것은 읽기는 쉽지만 이 그림은 축척으로 그리지 못한다는 점이다.

여기에서 대역폭은 필터들 사이의 장점 비교를 제공하지는 않는다. 1번 필터는 중간주파수의 절반이 0.5[kHz]의 대역폭을 가진다. 통과되는 주파수 영역은 중간주파수의 50[%]이다.

2번 필터는 중간주파수의 5[%]인 0.5[kHz]의 대역폭만 통과시킨다. 3번 필터는 중간주파수의 0.5[%]인 0.5[kHz]의 대역폭만 통과시킨다. 여기서 3번 필터가 가장 선택도가 높기 때문에 가장 높은 Q값을 갖게 된다.

대역통과 필터의 선택도는 대역폭의 감소와 중간주파 증가의 증가에 따라서 증가된다. Q의 공식은 다음과 같다.

$$Q = \frac{f_o}{\text{BW}}$$

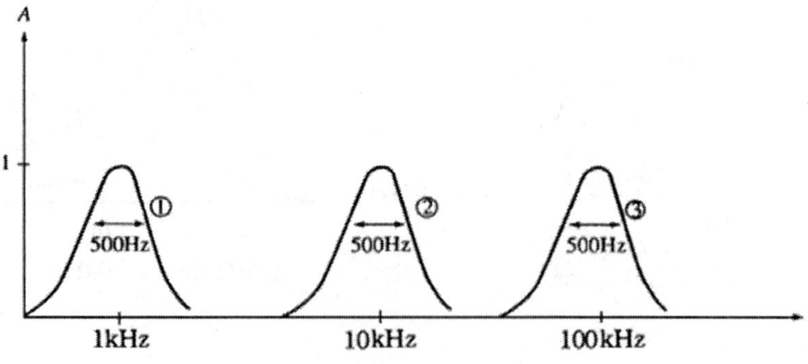

[그림 12-16]

f_L, f_H와 BW, f_o의 관계

만약 우리가 f_L과 f_H를 알고 있다면 대역폭을 어떻게 구하는지 알 수 있다.

$$\mathrm{BW} = f_H - f_L$$

또한 다음과 같은 공식으로부터 중간주파수를 구할 수 있다.

$$f_o = \sqrt{f_H f_L}$$

흥미로운 것은 중간주파수는 차단주파수 사이의 중간점이 아니라는 것이다. 그렇지만 대역통과 보드 선도는 f_o에 관해서 대칭이다. 그래서 보드 선도는 $\log f$ 대 이득으로 표시된다. 보드 선도에서

$$\log f_o = \frac{\log f_H + \log f_L}{2}$$

로 표시되는 점에 주의하라.

다시 말하자면 $\log f_o$는 $\log f_L$과 $\log f_H$의 중간점이다. 만약 우리가 대역폭과 중간주파수를 알고 있다면 차단주파수를 구할 수 있다. 정확한 공식은

$$f_H = \sqrt{\frac{\mathrm{BW}^2}{4} + \int_0^2} + \frac{\mathrm{BW}}{2} \quad \text{와} \quad f_L = \sqrt{\frac{\mathrm{BW}^2}{4} + \int_0^2} - \frac{\mathrm{BW}}{2}$$

로 표시된다. 다행히 필터가 높은 Q를 가진다면(작은 BW와 f_o의 비교) 우리는 차단주파수를

$$f_H \approx f_o + \frac{\mathrm{BW}}{2}, \qquad f_H \approx f_o - \frac{\mathrm{BW}}{2}$$

로 근사화시킬 수 있다.

고역통과-저역통과 결합

[그림 12-17]에 표시된 것처럼 고역통과 필터와 저역통과 필터의 결합에 의해서 대역통과 필터를 구성할 수 있다. 고역통과 필터는 f_L 이하의 주파수는 제거시킨다. 저역통과 필터는 f_H 이상의 주파수는 제거시킨다.

각 Op-Amp 필터는 자신의 이득과 차단주파수를 구하기 위해서 분리해서 해석할 수 있다. 필터의 전체 이득은 개별적 이득의 곱으로 나타난다. 그리고 완전한 필터의 차단주파수는 개별적인 f_L과 f_H에 의해서 주어진다.

두 개의 개별적 필터들을 조합할 때 우리는 완전한 대역통과 응답을 얻을 수 있다. 대역통과 필터($n=2$)가 두 개의 콘덴서를 가진다고 하더라도 저주파와 고주파의 roll-off는 오직 20[dB/dec]이다. 이런 현상은 한 개의 콘덴서는 저주파 roll-off에 관계된 나머지 콘덴서가 고주파 roll-off에 기여하기 때문이다.

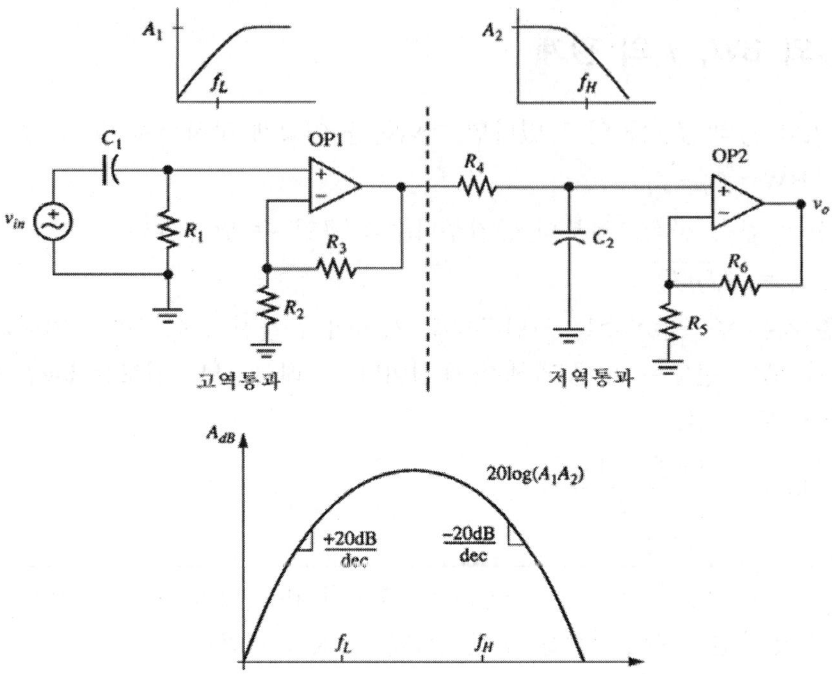

[그림 12-17]

따라서 이런 대역통과 필터는 1차 대역통과 필터로 간주된다. 대역통과 필터의 차수는 $\frac{n}{2}$이고 고주파와 저주파의 roll-off는 $10n$의 기울기를 가진다.

예제 12-6 [그림 12-18(a)]에서 (a) 고역통과 필터의 이득과 f_L을 구하시오. (b) 저역통과 필터의 이득과 f_H를 구하시오. (c) 이런 대역통과 필터의 전체 이득과 대역폭을 구하시오. (d) 필터의 Q와 중간주파수 f_o를 구하시오. (e) 완전한 필터의 보드 선도를 그리시오.

풀이 (a) Op-Amp1은 1차 고역통과 필터에 접속되어 있다. 이득은 10, f_L은 1[kHz]이다.

$$A_1 = 1 + \frac{R_3}{R_2} = 1 + \frac{13.5\text{k}\Omega}{1.5\text{k}\Omega} = 10$$

$$f_L = \frac{1}{2\pi R_1 C_1} = \frac{1}{2\pi} \times 160 \times 1\mu\text{F} \approx 1[\text{kHz}]$$

(b) Op-Amp는 1차 저역통과 필터에 접속되어 있다. 이득은 10, f_H는 5[kHz]이다.

$$A_1 = 1 + \frac{R_6}{R_5} = 1 + \frac{13.5\text{k}\Omega}{1.5\text{k}\Omega} = 10$$

$$f_H = \frac{1}{2\pi R_4 C_2} = \frac{1}{2\pi} \times 32 \times 1\mu\text{F} \approx 5[\text{kHz}]$$

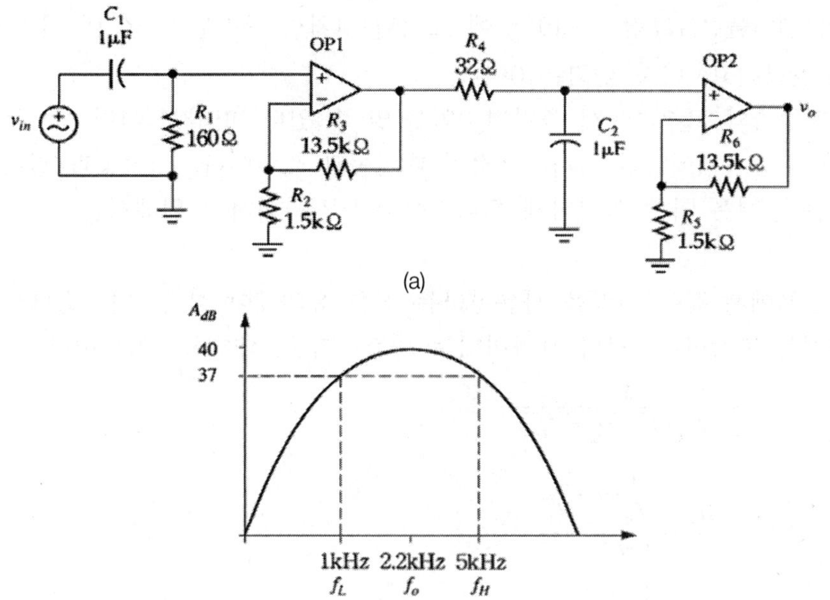

(a)

(b)

[그림 12-18]

(c) 전체 이득은

$$A_{\text{total}} = A_1 A_2 = 100, \quad A_{\text{dBtotal}} = 40[\text{dB}]$$

이고, 대역폭은 다음과 같다.

$$\text{BW} = f_H - f_L = 5\text{kHz} - 1\text{kHz} = 4[\text{kHz}]$$

(d) 중간주파수는

$$f_o = \sqrt{f_H f_L} = \sqrt{5\text{kHz} \times 1\text{kHz}} \approx 2.24[\text{kHz}]$$

이고, Q는

$$Q = \frac{f_o}{\text{BW}} = \frac{2.24\text{kHz}}{4\text{kHz}} = 0.56$$

이다. 대역폭이 중간주파수보다 크기 때문에 Q는 매우 작다는 점에 유의하라. 실용적 필터는 높게 선택되지 않는다.

(e) 완전한 필터를 위한 보드 선도는 [그림 12-18(b)]에 표시된다.

Sallen-Key 대역통과 필터

[그림 12-19(a)]는 Sallen-Key 대역통과 필터를 표시하고 있다. 이런 동작을 이해하기 위해서 고주파와 저주파에서 회로를 시험해 보자. 저주파에서 모든 콘덴서들은 [그림 12-19(b)]에 표시된 것처럼 개방된다.

C_2가 개방될 때 신호는 Op-Amp에 도달되지 못하기 때문에 0 출력을 얻게 된다. 고

주파에서 콘덴서들은 [그림 12-19(c)]에 표시된 것처럼 단락된다. C_1이 단락될 때 입력은 접지에 단락되고, 다시 출력은 0이다.

우리는 저주파와 고주파에서 출력이 0임을 알 수 있다. 따라서 이런 회로는 주파수의 중간범위에서 증폭되어야만 한다. 이것이 대역통과 필터이다. 대역통과 필터의 파라미터를 구하는 공식은 아주 복잡하게 된다. 실제로 간략화하기 위해서는 $C_1 = C_2 = C$로 가정한다.

부귀환 루프에서 같은 저항을 사용한다는 점을 유의해야 한다. 간략화에도 불구하고 공식은 여전히 복잡하다. 필터 파라미터는 중간주파수, 대역폭, 이득이다.

$$f_o = \frac{1}{2\pi C\sqrt{R_3(R_1 \parallel R_2)}}$$

$$\text{BW} = \frac{\frac{1}{R_1} - \frac{1}{R_2} + \frac{2}{R_3}}{2\pi C}$$

$$A_{\max} = \frac{1}{\pi C R_1 \text{BW}}$$

이런 필터의 형태는 일반적으로 높은 Q(지나치지 않는 연습값 $Q = 10$)를 갖기 때문에

$$f_H \approx f_o + \frac{\text{BW}}{2}, \quad f_L \approx f_o - \frac{\text{BW}}{2}$$

로부터 차단주파수를 구할 수 있다.

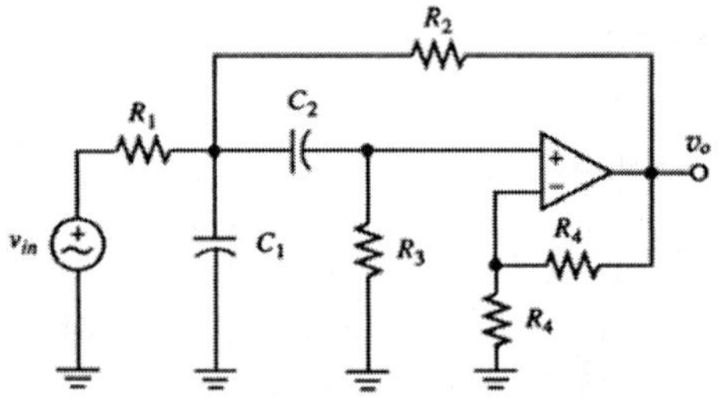

(a)

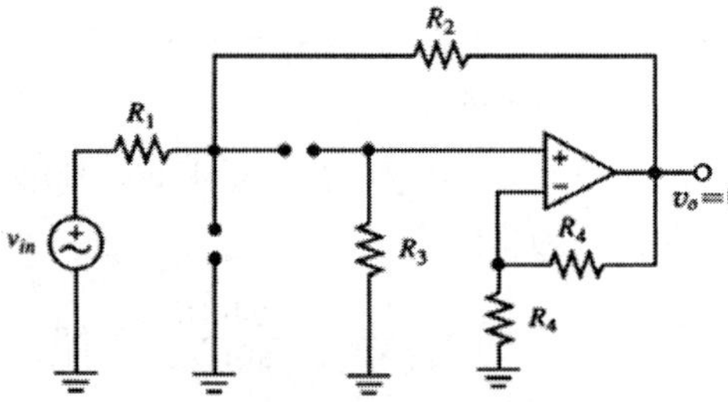

(b)

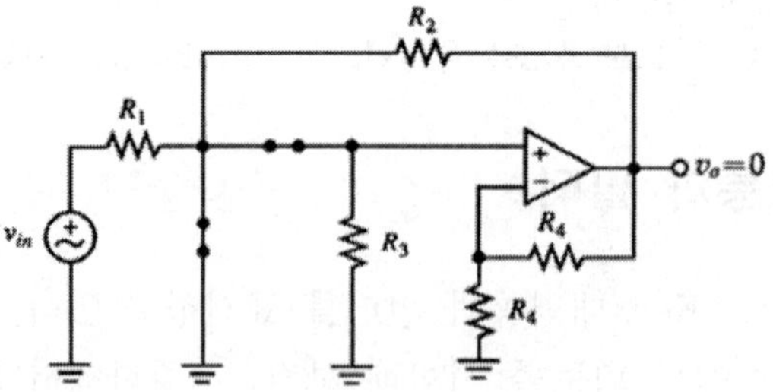

(c)

[그림 12-19]

예제 12-7 [그림 12-20(a)]에 표시된 대역통과 필터에서 f_H, f_o, BW, f_L, A를 구하시오. 필터의 보드 선도를 그리시오.

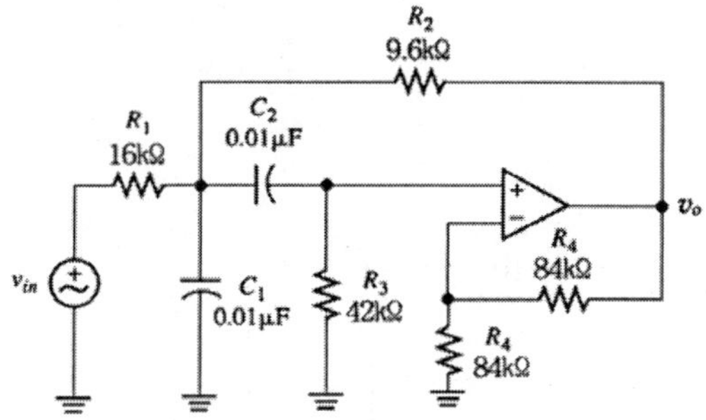

(a)

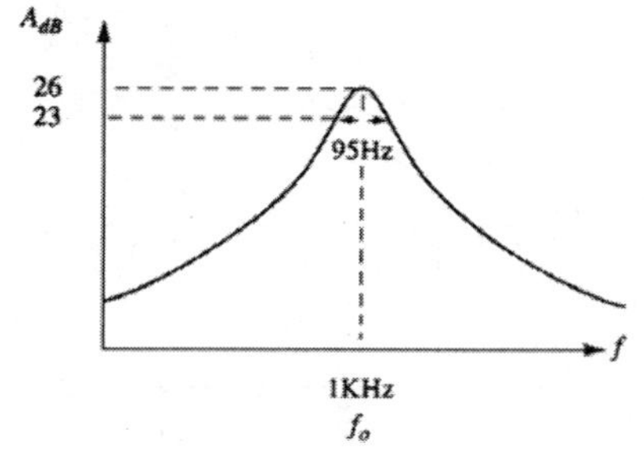

(b)

[그림 12-20]

풀이

$$f_o=\frac{1}{2\pi C\sqrt{R_3(R_1 \parallel R_2)}}=\frac{1}{2\pi\times 0.01\mu\text{F}\times\sqrt{42\text{k}\Omega\,(16\text{k}\Omega \parallel 9.6\text{k}\Omega)}}=1[\text{kHz}]$$

$$\text{BW}=\frac{\dfrac{1}{R_1}-\dfrac{1}{R_2}+\dfrac{2}{R_3}}{2\pi}C=\frac{\dfrac{1}{16\text{k}\Omega}-\dfrac{1}{9.6\text{k}\Omega}+\dfrac{2}{42\text{k}\Omega}}{2\pi}\times 0.01\mu\text{F}=95[\text{Hz}]$$

$$A_{\max}=\frac{1}{\pi C R_1 \text{BW}}=\frac{1}{\pi\times 0.01\mu\text{F}\times 16\text{k}\Omega\times 95\text{Hz}}=21$$

$$A_{\text{dBmax}}=26[\text{dB}]$$

차단주파수는

$$f_H\approx f_o+\frac{\text{BW}}{2}=1000\text{Hz}+\frac{95}{2}\text{Hz}=1048[\text{Hz}]$$

$$f_L\approx f_o-\frac{\text{BW}}{2}=1000\text{Hz}-\frac{95}{2}\text{Hz}=953[\text{Hz}]$$

[그림 12-20(b)]는 필터의 보드 선도를 보여주고 있다.

12-5 | 고차 필터

1차 필터의 roll-off는 20[dB/dec]이고 2차 필터는 roll-off는 40[dB/dec]로 표시된다. 우리는 간혹 더 가파른 roll-off를 갖는 필터를 필요로 한다. 고차 필터를 구성하는 데는 저차 필터를 몇 개 조합하거나, 고차 필터를 갖는 단일증폭기로 구성하는 2가지 기본적 방법이 있다.

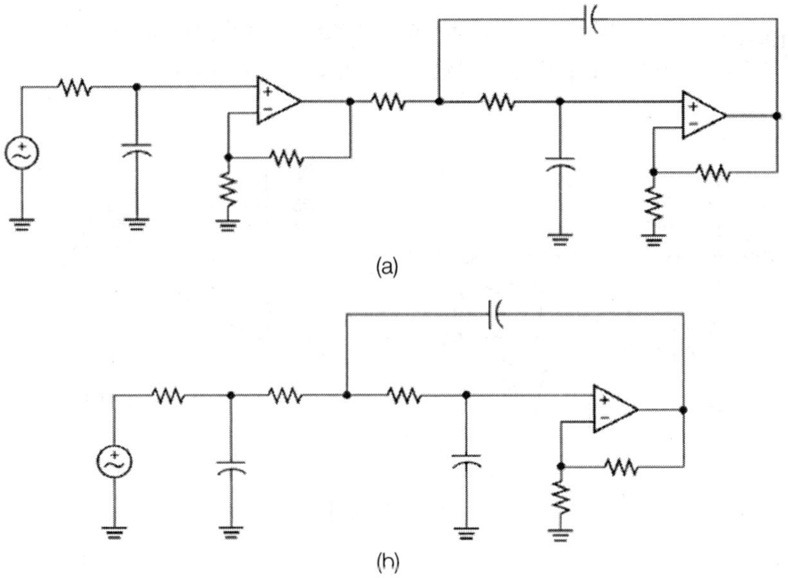

[그림 12-21] 3차 저역통과 필터

[그림 12-21(a)]는 1차 필터와 2차 필터의 연결에 의해서 구성되는 3차 저역통과 필터를 표시하고 있다. 만일 우리가 4차 필터를 원한다면 우리는 2차 필터 두 개를 연결하게 된다.

[그림 12-21(b)]는 3개의 콘덴서와 1개의 Op-Amp로 3차 필터를 구성할 수 있는지를 보여준다. 4차 필터는 4개의 콘덴서가 요구된다. Op-Amp 혹은 능동 필터 핸드북을 참고하면 고차 필터의 공식을 이해하는 데 도움이 된다.

12-6 | 능동 필터의 고장진단

능동 필터의 고장진단에는 약간의 잔기술이 필요하다. 여러분들은 회로에서 교류전압의 트레이싱에 의해서 능동 필터에서처럼 대부분의 고장원인인 저항 혹은 Op-Amp의 고장여부를 결정해야 한다. 콘덴서의 고장은 발견하기가 더욱 어렵다.

능동 필터에서 Op-Amp와 저항을 시험하기 위해서는 필터의 통과대역에 잘 맞는 주파수의 입력신호를 인가하는 것이다. 통과대역에서 콘덴서는 개방 혹은 단락으로 동작하고, 결과적으로 Op-Amp 회로 내에서는 오직 저항만이 효과적으로 포함한다.

▮ 저역통과 능동 필터

예를 들자면 [그림 12-22(a)]에 $f_H = 1[\text{kHz}]$인 저역통과 필터가 표시되어 있다. 만일 우리가 입력에 100[Hz]의 신호를 인가하면 필터의 통과대역 내에 있게 된다. 저역통과 필터에서 콘덴서는 통과대역 내에서 [그림 12-22(b)]처럼 개방된다.

[그림 12-22(b)]는 저항과 Op-Amp가 양호할 때 기대되는 교류신호를 표시하고 있다. 소자들의 고장원인은 다음과 같다.

- **R_1 개방** : 1점에서의 신호 없음
- **R_2 개방** : 2점에서의 신호와 잡음 없음
- **R_3 개방** : 출력신호와 입력신호가 같음
- **R_4 개방** : 출력이 공급전압에서 포화된다.
- **Op-Amp 고장** : 출력 없음

우리는 지금 저항과 Op-Amp가 양호하다고 가정하고 콘덴서를 확인한다.

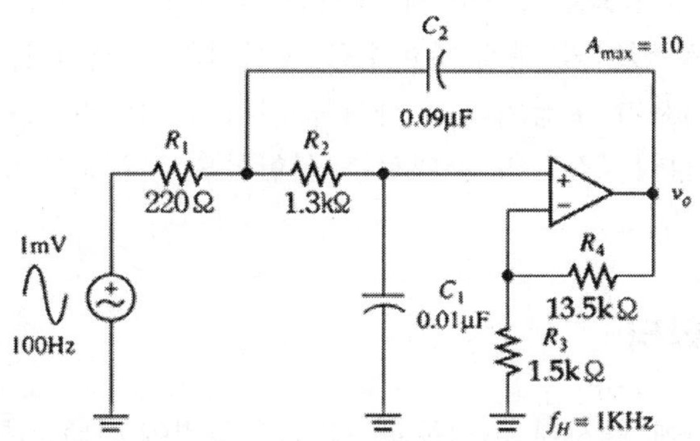

(a)

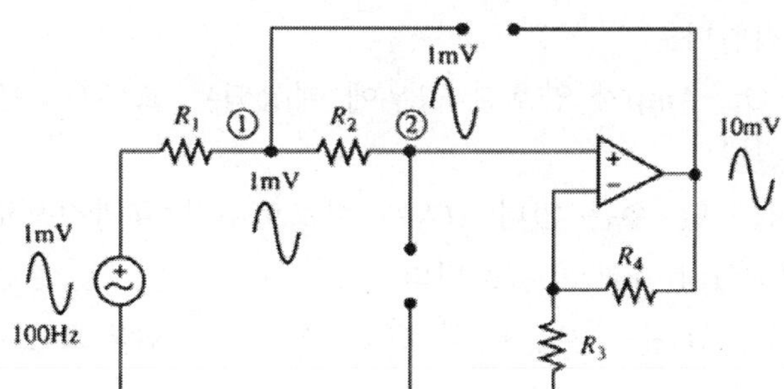

(b)

[그림 12-22]

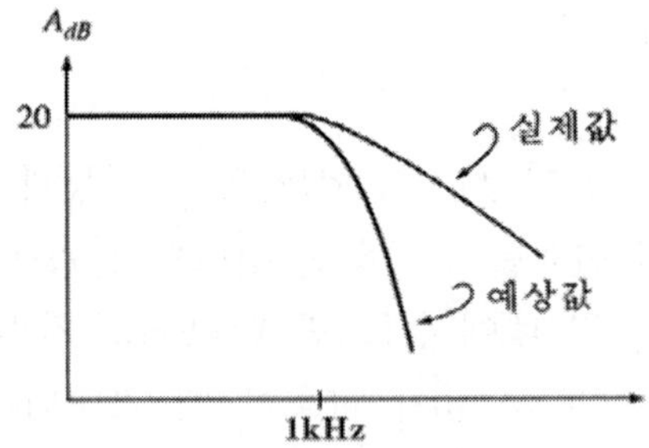

[그림 12-23]

- C_1 **혹은** C_2 **단락** : 고주파 입력에서(콘덴서들은 정상적으로 단락) 필터 동작을 보여준다. 이것은 저역통과 필터이기 때문에 여기서 출력을 평가할 수 없을 것이다.
- C_1 **혹은** C_2 **개방** : 이것은 까다로운 상황이다. 콘덴서의 하나를 제거하면 여러분은 능동 필터를 떠나게 된다.

여하튼 필터의 차수는 1로 감소되고 결과적으로 1차 능동 필터가 된다. 오직 콘덴서의 고장을 이해하는 길은 [그림 12-23]에 표시된 것처럼 예상되는 roll-off와 측정된 roll-off를 비교함으로써 필터의 전체 주파수로 동작시키는 것이다.

만약 여러분들이 콘덴서가 고장이라는 사실을 안다고 하더라도 특별한 문제점을 알 수는 없을 것이다. 여러분은 각각의 콘덴서를 실험함으로써 문제의 콘덴서를 찾을 수 있을 것이다.

고역통과 능동 필터

만약 [그림 12-24(a)]에 표시된 고역통과 필터의 입력에 1[kHz]를 인가한다면 필터의 통과대역 속에 포함될 수 있을 것이다. 고역통과 필터에서 콘덴서는 통과대역 주파수에서 단락으로 동작한다.

그림 역시 저항과 Op-Amp가 양호한 경우에 예상되는 교류신호를 보여준다. 소자의 불량원인은 다음과 같다.

- R_1 **개방** : 차이를 알 수는 없다. C_2는 회로로부터 효과적으로 제거되고 필터의 차수는 감소하고 roll-off도 감소된다.
- R_2 개방 : 차이를 알 수 없다. C_1과 C_2는 직렬로 결합되고 필터의 차수는 감소한다.
- R_3 개방 : 입력신호가 출력신호와 같다(단위이득).
- R_4 개방 : 출력은 공급전압원에서 포화된다.
- **Op-Amp 고장** : 출력 없음.

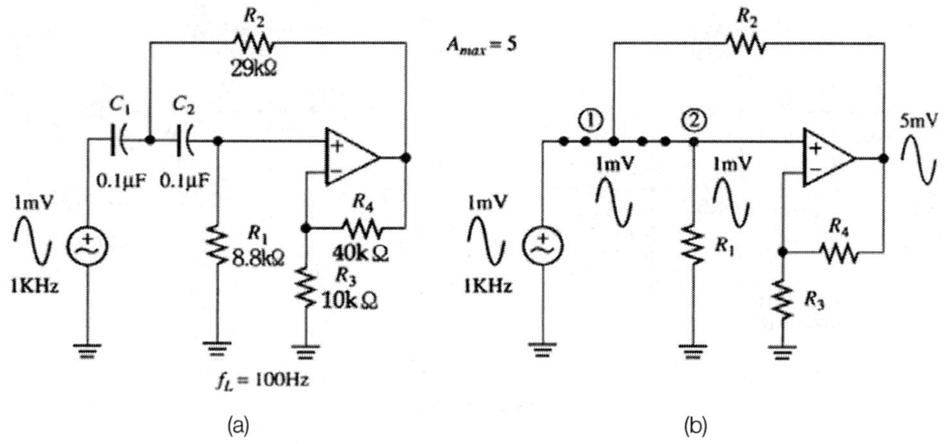

[그림 12-24]

저항과 Op-Amp가 양호하다고 가정하고 콘덴서를 확인한다.

- **C_1 혹은 C_2 단락** : 필터의 차수는 감소
- **C_1 혹은 C_2 개방** : Op-Amp로 전달되는 신호는 없다. 따라서 출력은 없다.

대역통과 능동 필터

[그림 12-25(a)]는 $f_o = 1$[kHz], BW = 95[Hz]를 갖는 대역통과 필터를 표시하고 있다. 입력에 1[kHz]의 중간주파수를 적용한다. 중간주파수에서 C_1은 개방된 것처럼 동작하고, C_2는 단락된 것처럼 동작하는 것이 [그림 12-25(b)]에 표시된다.

또한 Op-Amp와 저항이 양호하다면 예상되는 정확한 교류신호를 볼 수 있다. 소자의 불량원인은 다음과 같다.

- **R_1 개방 시** : 1점에서 신호 없음
- **R_2 개방 시** : 이득이 변화된다.
- **R_3 개방 시** : 이득이 급격히 떨어진다.
- **귀환경로에서 R_4 개방** : 출력은 공급전압으로 포화된다.
- **Op-Amp 고장** : 출력 없음

Op-Amp와 저항이 양호하다고 가정하고 콘덴서를 확인한다. 대역통과 필터에서 다른 효과를 갖는 콘덴서 때문에 콘덴서들을 개별적으로 살펴보아야 한다.

- **C_1 단락** : 입력신호는 접지에 단락된다. 따라서 출력은 없다.
- **C_2 단락** : 필터는 저역통과 필터가 된다.
- **C_1 개방** : 필터는 고역통과 필터가 된다.
- **C_2 개방** : Op-Amp의 입력에 입력신호가 없다. 따라서 출력은 없다.

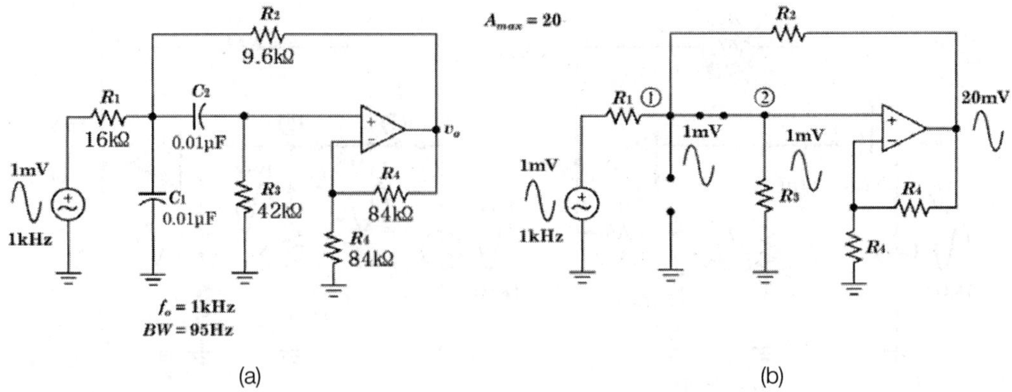

[그림 12-25]

예제 12-8 저역통과 2차 필터는 [그림 12-26(a)]에 표시된다. 아래 왼쪽은 고장진단 결과의 목록이다. 문제와 비슷한 원인을 오른쪽 목록에서 찾아 일치시키시오.

(a) 1점에서의 입력신호 없음	① R_4 개방
(b) 2점에서 신호, 출력에서 신호 없음	② R_1 개방
(c) $v_o = +15$[V]	③ C_2 개방
(d) [그림 12-26(b)]에서 이득선도를 볼 수 있다.	④ C_1 단락
(e) 2점에서 0[V]	⑤ Op-Amp 불량

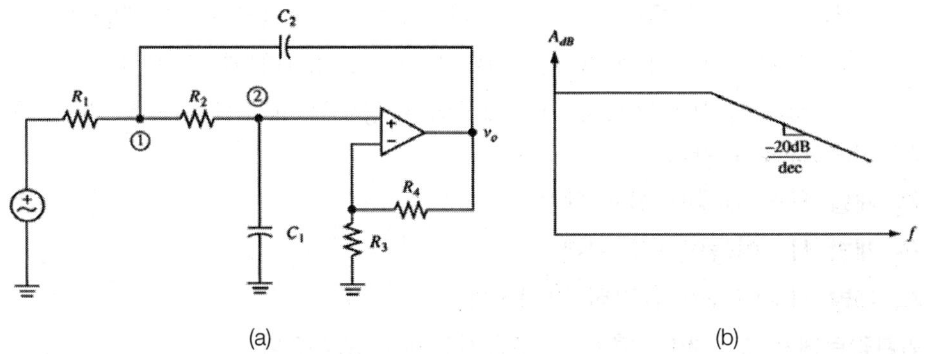

[그림 12-26]

● **풀이** (a)-② : 1점 지점에서 신호가 없을 때, R_1은 개방불량이다.

(b)-⑤ : Op-Amp는 신호를 얻지만 출력은 없다. Op-Amp가 고장이다.

(c)-① : 공급전압 지점에 Op-Amp 전압은 포화되고, 부귀환은 고장이다. R_4는 개방되어 있다.

(d)-③ : 실질적 roll-off는 1차 필터 응답을 표시한다. 콘덴서는 개방고장이다.

(e)-④ : 2점에서 0[V]는 C_1이 접지에 단락된 결과이다.

기초문제

1. 1차 필터에서 콘덴서는 몇 개가 사용되는가?

2. 최대 이득은 어디에서 발생하는가? 이득은 얼마인가?

3. 실제 필터의 차단주파수는 어떻게 정의되는가? 이것은 무엇인가?

4. 수동 필터에 부하를 연결할 때 어떤 일이 발생하는가?

5. 능동 필터의 이점은 무엇인가?

6. 저역통과 필터의 최대 이득은 어디에서 발생되는가? 1차 필터의 이득은 얼마인가?

7. 1차 필터의 대역폭은 무엇인가?

8. 1차 필터의 roll-off는 무엇인가?

9. 부하는 능동 저역통과 필터의 동작에 어떤 영향을 미치는가?

10. 2차 필터의 최종 roll-off는 무엇인가?

11. 버터워스 필터의 특징은 무엇인가?

12. 1차 고역통과 필터의 차단주파수는 얼마인가?

13. 1차 고역통과 필터의 roll off는 무엇인가?

14. 실제 고역통과 필터와 같지 않은 것은 무엇인가? Op-Amp의 상위 주파수 제한은 어떻게 구해지는가?

15. 2차 필터의 최종 roll-off를 구하시오.

16. 2차 Sallen-Key 고역통과 필터의 최대 이득은 무엇인가? 차단주파수는 무엇인가?

17. 필터의 중간주파수는 무엇인가? Q는 어떻게 측정되는가? Q값은 어떻게 구할 수 있는가?

18. 대역통과 필터의 차단주파수와 중간주파수의 관계를 설명하시오.

19. 중간주파수와 대역폭이 주어진다면 높은 Q를 갖는 필터의 차단주파수는 어떻게 근사화시킬 수 있는가?

20. f_o, BW, A의 공식을 구하시오.

21. Sallen-Key 필터에서 f_H와 f_L은 어떻게 구하는가?

해답

1. 1개 **2.** 콘덴서 개방 시 $A_{max}=1$ **3.** 반전력점 주파수 **4.** 응답이 갑작스럽게 변화된다. **5.** 필터링뿐만 아니라 증폭도 가능하다. **6.** 콘덴서 양단, $A_{max}=1$, $A_{dBmax}=0[dB]$ 7. f_H **8.** 20[dB/dec] **9.** 영향을 주지 않는다. **10.** 40[dB/dec] **11.** 안정한 평탄이득을 가진다.

12. f_L **13.** 20[dB/dec] **14.** $f_{HOP-AMP}$, $f_{Hop-Amp}=\dfrac{\text{unity gain bandwidth}}{1+\dfrac{R_2}{R_1}}$

15. 40[dB/dec] **16.** $A_{max}=1+\dfrac{R_4}{R_3}$, $f_L \approx \dfrac{1}{2\pi\sqrt{R_1R_2C_1C_2}}$ **17.** 공진주파수

18. $f_o=\sqrt{f_Hf_L}$ **19.** $f_H \approx f_o+\dfrac{BW}{2}$, $f_L \approx f_o-\dfrac{BW}{2}$

20. $A_1=1+\dfrac{R_3}{R_2}$, $f_L=\dfrac{1}{2\pi R_1C_1}$, $A_{total}=A_1A_2$, $A_{dBtotal}=40[dB]$, $BW=f_H-f_L$, $f_o=\sqrt{f_Hf_L}$, $Q=\dfrac{f_o}{BW}$

21. $f_o=\dfrac{1}{2\pi C\sqrt{R_3(R_1 \parallel R_2)}}$, $BW=\dfrac{\dfrac{1}{R_1}-\dfrac{1}{R_2}+\dfrac{2}{R_3}}{2\pi C}$, $A_{max}=\dfrac{1}{\pi CR_1BW}$

응용문제

1. 이상적인 저역 필터 응답을 그리시오. 통과대역과 저지대역의 차단주파수를 구하시오.

2. 저역통과 필터에서 통과대역, 대역폭, 차단주파수와 f_H 사이의 관계는 무엇인가?

3. 간단한 RC 저역통과 필터를 그리고 주파수 응답을 표시하시오.

4. 1차 능동 필터 회로를 그리시오.

5. 2차 저역통과 Sallen-Key 회로를 그리시오. 최대 이득과 대역폭을 구하시오.

6. 1차 고역통과 필터를 그리시오.

7. 이상적인 대역통과 주파수 응답을 그리시오.

8. 동일한 f_o를 갖는 몇 가지 실제의 대역통과 보드 선도를 그리시오. 이런 필터의 Q에 대해서 논하시오.

9. f_o는 다르지만 동일한 BW를 갖는 몇 가지 실제의 대역통과 보드 선도를 그리시오. 이런 필터의 Q에 대해서 논하시오.

10. 고역통과 필터와 저역통과 필터를 갖는 대역통과 필터를 그리시오. 필터의 전체 이득은 무엇인가?

11. 필터는 f_H와 f_L을 어떻게 설정하는가?

연습문제

1. [그림 12-27]에 표시된 단극 저역통과 필터의 대역폭과 A_{CL}값을 구하시오.

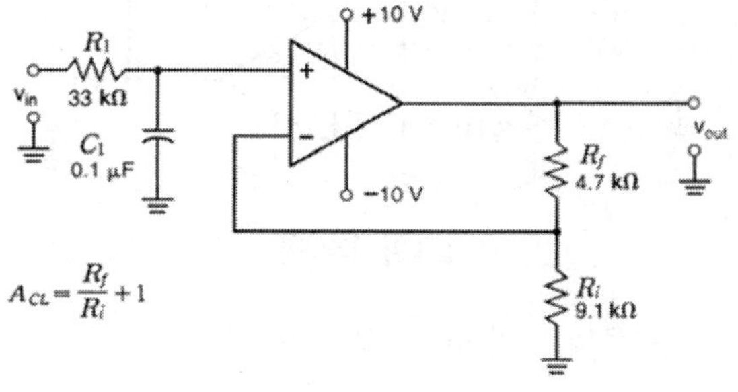

[그림 12-27]

2. [그림 12-28]에 표시한 2극 저역통과 회로의 차단주파수를 구하고 응답곡선을 그려 보시오.

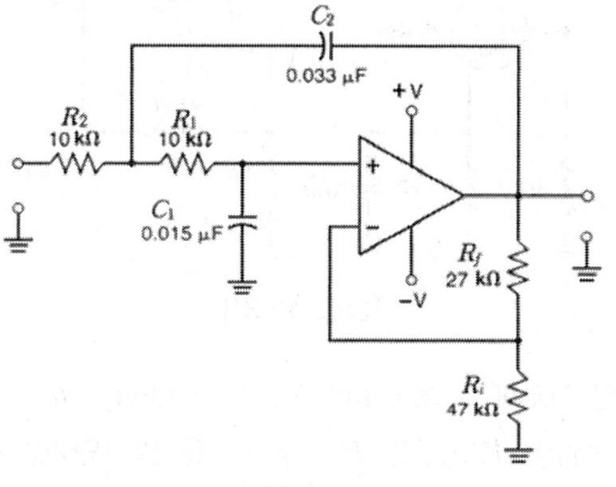

[그림 12-28]

3. [그림 12-29]에 표시된 회로의 통과대역 주파수를 해석하시오. BW와 중심주파수, Q값을 구하시오.

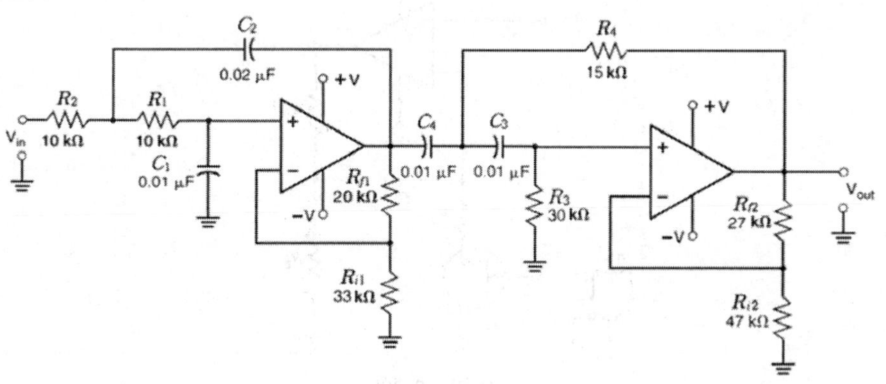

[그림 12-29]

4. [그림 12-30]에 표시된 회로의 f_o, Q, BW, 폐루프 전압이득을 구하시오.

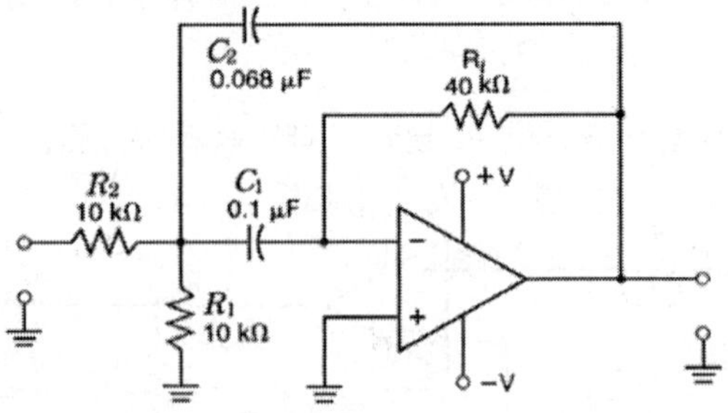

[그림 12-30]

5. [그림 12-31]에 표시된 회로의 전압이득은 얼마인가?

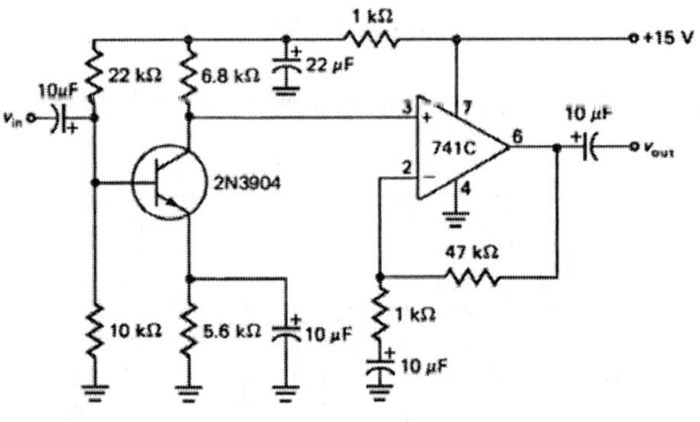

[그림 12-31]

6. [그림 12-32]에 표시된 회로에서 $R_1 = 18[\text{k}\Omega]$, $R_2 = 3[\text{k}\Omega]$, $R_3 = 6[\text{k}\Omega]$, $r_{ds(\text{on})} = 40[\Omega]$이라고 가정한다. 게이트 전압이 $V_{GS(\text{off})}$일 때 전압이득은 얼마인가? 게이트 전압이 0일 때 전압이득은 얼마인가?

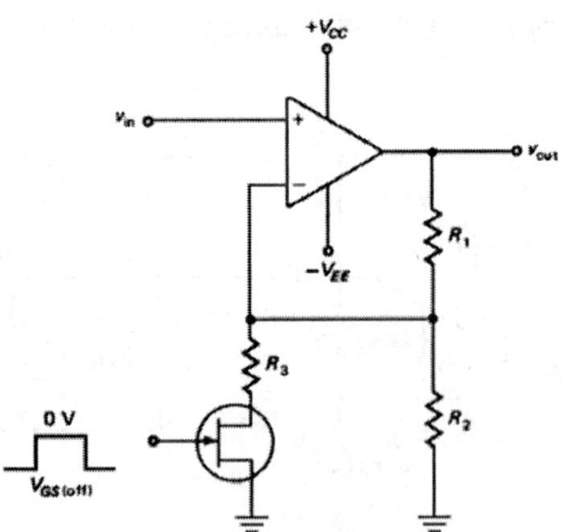

[그림 12-32]

7. [그림 12-33]에서 전압이득과 대역폭은 얼마인가?

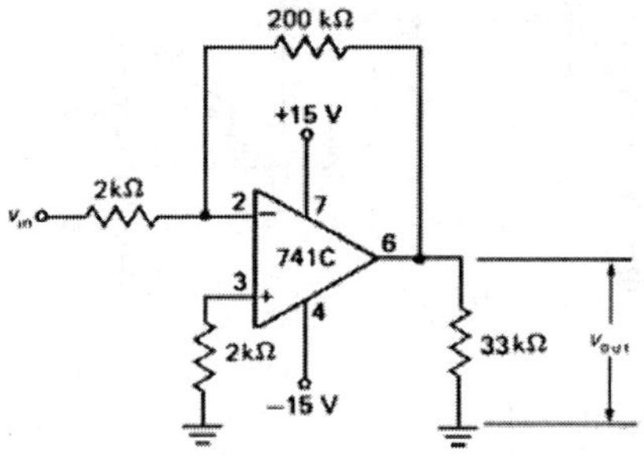

[그림 12-33]

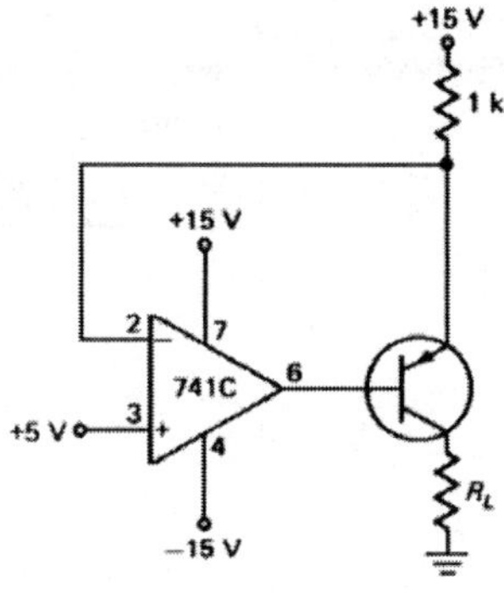

[그림 12-34]

8. [그림 12-34]에서 출력전류는 얼마인가? 정상적인 동작에서 사용되는 최대 부하저항은 얼마인가?

9. [그림 12-35]에서 $v_{\in} = 1$[V]일 때 출력전류는 얼마인가? R_L이 500[Ω]이라고 가정하면 부하전압은 얼마인가?

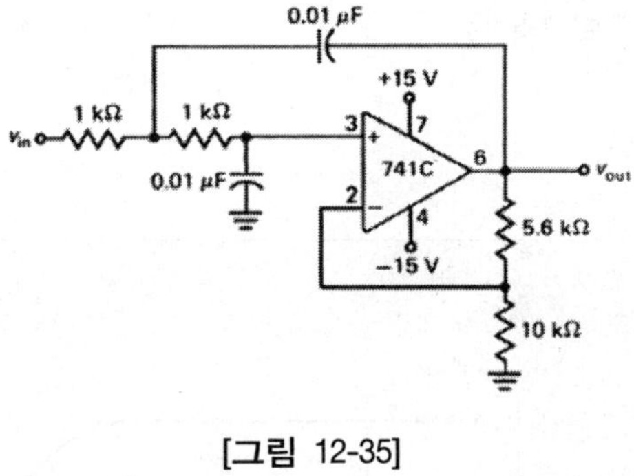

[그림 12-35]

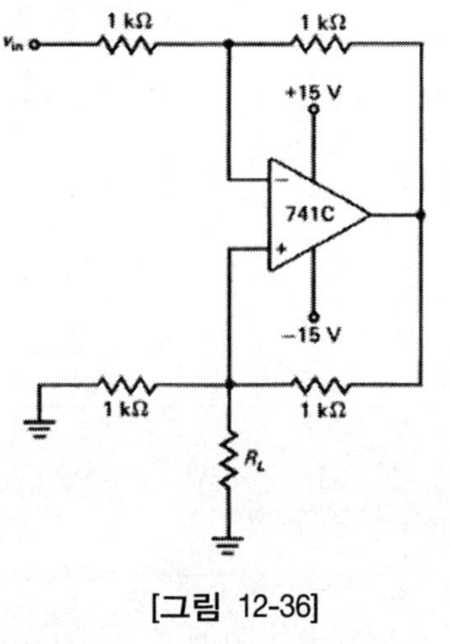

[그림 12-36]

10. [그림 12-36]에서 차단주파수는 얼마인가? 차단주파수를 벗어나면 전압이득은 얼마의 비율로 감쇠하는가?

11. [그림 12-37]에서 하한 차단주파수는 얼마인가? 상한 차단주파수는 얼마인가? 증폭기의 대역 밖에서는 전압이득이 얼마의 비로 감쇠하는가?

12. [그림 12-38]에서 10[kΩ] 저항이 개방된다면 출력전압에서는 어떤 일이 발생되는가?

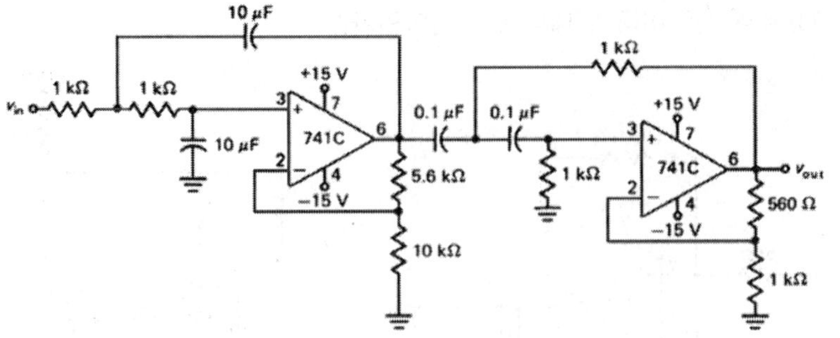

[그림 12-37]

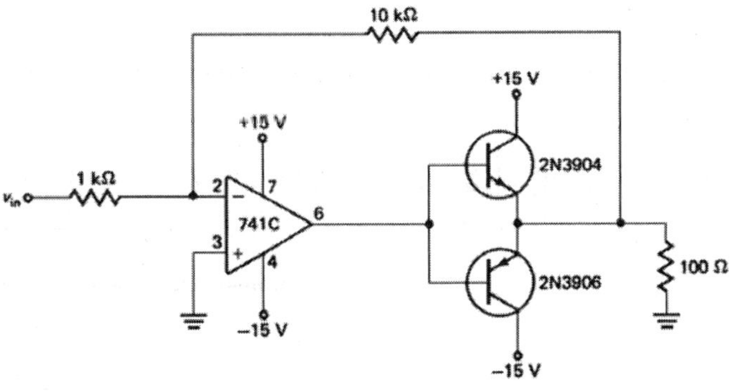

[그림 12-38]

해답

1. R_1과 C_1의 값을 사용하면 상한 차단주파수 48.23Hz를 구할 수 있다.

$$f_2 = \frac{1}{2\pi R_1 C_1} = \frac{1}{2\pi \times 33\text{k}\Omega \times 0.1\mu\text{F}} = 48.23[\text{Hz}]$$

증폭기는 직류증폭기(0[Hz])로 동작하기 때문에 f_1값은 없다. 따라서 대역폭은 f_2(48.23[Hz])이다. 비반전증폭기이므로

$$A_{CL} = \frac{R_F}{R_i} + 1 = \frac{4.7\text{k}\Omega}{9.1\text{k}\Omega} + 1 = 1.52$$로 구해진다.

2. $$f_2 = \frac{1}{2\pi\sqrt{R_1 R_2 C_1 C_2}}$$

$$= \frac{1}{2\pi\sqrt{10\text{k}\Omega \times 10\text{k}\Omega \times 0.015\mu\text{F} \times 0.033\mu\text{F}}}$$

$$= 715[\text{Hz}]$$

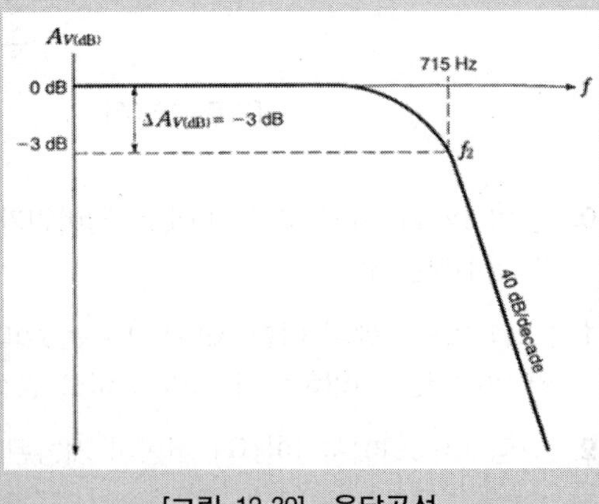

[그림 12-39] 응답곡선

해답

3. $f_H(f_2)$값은 첫째 단의 저역통과 필터에 의해서 1.13[kHz]로 결정된다.

$$f_2 = \frac{1}{2\pi\sqrt{R_1R_2C_1C_2}}$$

$$= \frac{1}{2\pi\sqrt{10\text{k}\Omega \times 10\text{k}\Omega \times 0.01\mu\text{F} \times 0.02\mu\text{F}}}$$

$$= 1.13[\text{kHz}]$$

$f_L(f_1)$값은 두 번째 단의 고역통과 필터에 의해서 750[Hz]로 결정된다.

$$f_1 = \frac{1}{2\pi\sqrt{R_3R_4C_3C_4}}$$

$$= \frac{1}{2\pi\sqrt{30\text{k}\Omega \times 15\text{k}\Omega \times 0.01\mu\text{F} \times 0.01\mu\text{F}}}$$

$$= 750[\text{Hz}]$$

따라서 750[Hz]와 1130[Hz] 사이의 주파수 대역만 통과되고 나머지 주파수 대역은 제거된다. 대역폭은

$$\text{BW} = f_2 - f_1 = 1130\text{Hz} - 750\text{Hz} = 380[\text{Hz}]$$

중앙주파수는

$$f_o = \sqrt{f_1 f_2} = \sqrt{750\text{Hz} \times 1130\text{Hz}} = 921[\text{Hz}],$$

$$Q = \frac{f_o}{\text{BW}} = \frac{921\text{Hz}}{380\text{Hz}} = 2.42$$

4. $$f_o = \frac{1}{2\pi\sqrt{(R_1 \parallel R_2)R_FC_1C_2}}$$

$$= \frac{1}{2\pi\sqrt{(10\text{k}\Omega \parallel 10\text{k}\Omega) \times 40\text{k}\Omega \times 0.1\mu\text{F} \times 0.068\mu\text{F}}}$$

$$= 136.5[\text{Hz}]$$

$$C_o = \sqrt{C_1C_2} = \sqrt{0.1\mu\text{F} \times 0.068\mu\text{F}} = 0.082[\mu\text{F}],$$

$$Q = \pi f_o R_F C = \pi \times 136.5\text{Hz} \times 40\text{k}\Omega \times 0.082\mu\text{F} = 1.41$$

$$\text{BW} = \frac{f_o}{Q} = \frac{136.5\text{Hz}}{1.41} = 97[\text{Hz}],$$

$$A_{CL} = \frac{R_F}{2R_i} = \frac{40\text{k}\Omega}{20\text{k}\Omega} = 2$$

5. $A_{CL} = \frac{R_1}{R_2} + 1 = \frac{47\text{k}\Omega}{1\text{k}\Omega} + 1 = 49$, $A_{TR} = 194$,

$$A = A_{CL} \times A_T = 48 \times 194 = 9312$$

6. $A_{CL} = \frac{R_1}{R_2} + 1 = \frac{18\text{k}\Omega}{3\text{k}\Omega} + 1 = 7$

게이트 전압이 0[V]일 때 JFET는 단락된다. 따라서

$$A_{CL} = \frac{R_1}{R_2 \parallel R_3} + 1 = \frac{18\text{k}\Omega}{2\text{k}\Omega} + 1 = 10$$

7. $A_{CL} = \frac{-R_F}{R_S} = -\frac{200\text{k}\Omega}{2\text{k}\Omega} = -100$,

$$B = \frac{r_{\text{in}}}{R_F + r_{\text{in}}} = \frac{2\text{k}\Omega}{200\text{k}\Omega + 2\text{k}\Omega} = 9.9 \times 10^{-3}$$

대역폭$= Bf_{\text{unity}} = 10 \times 10^{-3} \times 1\text{MHz} = 10[\text{kHz}]$

8. $i_{\text{out}} = \frac{V_{CC} - V_{\text{in}}}{R} = \frac{15\text{V} - 5\text{V}}{1\text{k}\Omega} = 10[\text{mA}]$,

$$R_L = \frac{V_{\text{in}}}{i_{\text{out}}} = \frac{5\text{V}}{10\text{mA}} = 500[\Omega]$$

9. $i_{\text{out}} = \frac{V_{\text{in}}}{R} = \frac{1\text{V}}{1\text{k}\Omega} = 1[\text{mA}]$,

$$V_L = -R_L \times i_{\text{out}} = -500\Omega \times 1\text{mA} = -0.5[\text{V}]$$

10. $f_c = \frac{1}{2\pi RC} = \frac{1}{2\pi \times 1\text{k}\Omega \times 0.01\mu\text{F}} = 15.9[\text{kHz}]$,

쌍극 저역통과 필터이므로 40[dB/decade]이다.

11. $f_{cLOW} = \frac{1}{2\pi RC} = \frac{1}{2\pi \times 1\text{k}\Omega \times 10\mu\text{F}} = 15.9[\text{Hz}]$,

$$f_{cUPPER} = \frac{1}{2\pi RC} = \frac{1}{2\pi \times 1\text{k}\Omega \times 0.1\mu\text{F}} = 1590[\text{Hz}]$$

12. 출력은 positive 혹은 negative로 된다.

제13장

발진기 회로

- ❑ 13-1 LC발진기 회로 / 488
- ❑ 13-2 수정발진기 회로 / 497
- ❑ 13-3 RC발진기 회로 / 503
- ❑ 13-4 555 타이머 / 507

발진기(oscillator/generator)는 직류전원으로부터 전력을 공급받아 교류 출력신호를 지속적으로 발생시키는 전자회로인 신호발생기이다. 발진기는 라디오, 텔레비전 수신기와 송신기와 같은 분야에서 다양하게 사용된다.

또 다른 응용분야에서는 발진기의 교류신호가 전자 시스템을 통해서 시간 또는 동기를 일치시키는 데 이용된다. 증폭기처럼 어떤 발진기는 고주파 발진기로 몇 백 [MHz]에서 발진을 하는 반면, 단지 몇 [Hz]에서 발진하도록 설계되기도 한다.

발진기는 일반적으로 회로 내에 사용되는 소자들이 결정하는 주파수를 기초로 해서 LC발진기, 수정발진기, RC발진기와 같은 3가지 기본적인 그룹으로 분류된다.

이 장에서 우리는 전형적인 쌍극성 트랜지스터 LC, RC, Crystal 발진기 회로의 특성과 동작원리에 대해서 알아보고 모든 종류의 응용분야에서 사용되는 IC 발진기인 NE555에 대해서도 설명한다.

13-1 | LC발진기 회로

발진기 회로는 입력되는 직류 또는 V_{cc} 전압을 지속적인 교류신호 출력으로 변환시키는 단순한 신호발생기이다. 이 장에서 몇 개의 쌍극성 트랜지스터 LC발진기 회로에 대하여 고찰한다.

발진주파수를 설정하기 위하여 LC 동조회로를 사용한다. 발진기 명칭은 회로를 설계한 사람의 이름을 따라 명명했다.

기본적인 LC발진기의 동작원리

LC발진기 회로의 기본적인 동작을 설명하기 위해서 [그림 13-1(a)]는 LC 탱크회로가 어떻게 해서 직류전원 스위치가 on되는 순간 서지 전류에 의한 '급작스런 전기적 충격'에 의해서 발진되는지를 보여준다.

이런 회로의 출력을 주시하면 탱크회로 내에서 순환하는 전류의 전·후 운동이 출력에서 사인파를 발생시키는 것을 알 수 있다. 그러나 이런 사인파 출력은 코일 저항에서의 에너지 손실로 인해서 진폭이 천천히 감소하게 된다.

이런 이유 때문에 탱크회로로부터 발진이 감소되는 것을 막기 위해서는 어떻게 해서든지 손실된 에너지를 대체할 필요가 있다.

[그림 13-1(b)]는 매주기마다 직류전원 스위치를 on시킴으로써 어떤 효과를 얻을 수 있는지 보여준다. 이 스위치가 on되는 시기는 직류전류의 파동이 탱크회로의 순환전류

를 강화시켜야 하기 때문에 중요하다.

따라서 [그림 13-1(b)]의 파형으로 표시된 것처럼 탱크회로의 출력 사인파와 같은 위상이 되어야 한다. 이러한 방식으로 사인파 발진에 더해지거나 발생시키는 보강 에너지를 정귀환(positive feedback)이라고 부른다.

대부분의 발진기 회로는 동상의 신호가 손실된 에너지를 대체하고 발진을 유지하기 위해서 일정하게 주입되어야 한다는 정귀환 원리에 따라서 동작된다. 비록 발진기 회로가 [그림 13-1(b)]에 표시된 회로처럼 동작한다고 하더라도 자동 전자 주입이 가능한 정귀환 시스템의 일부는 매우 불필요한 수동 기계적인 정귀환 시스템 대신 필요하다는 것이 명확하다.

동조된 LC 탱크회로를 사용하고 자동전자 정귀환 경로만 갖는 가장 단순한 발진기 회로 중 하나가 암스트롱 발진기이다.

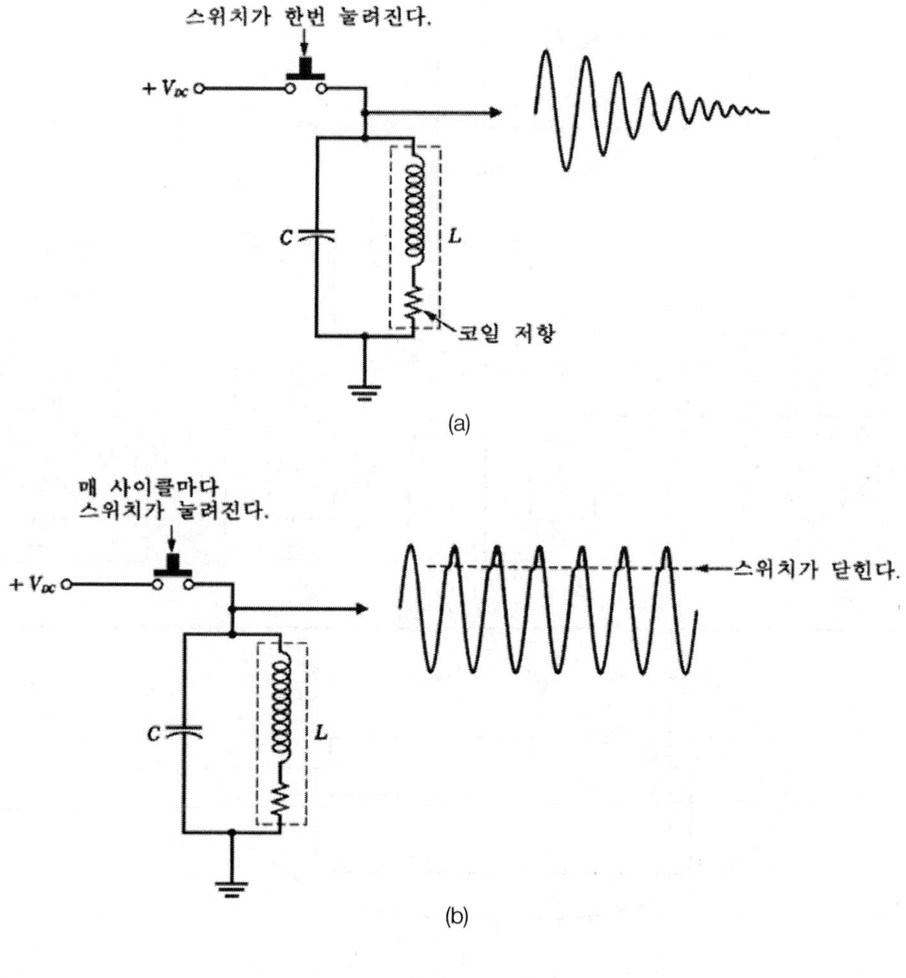

[그림 13-1] 기본적인 LC발진기 동작

▌암스트롱 발진기

[그림 13-2(a)]는 암스트롱(Armstrong) 발진기 회로를 표시하고 있다. 트랜지스터 Q_1은 보통의 전압분배기 베이스 바이어스 R_1, R_2, 이미터 저항 R_3, 콘덴서 C_3, 입력 결합 콘덴서 C_2를 포함하고 있다. 이 회로가 발진할 주파수는 트랜지스터 Q_1의 컬렉터에 연결되는 병렬 공진회로 C_1과 L_1에 의해서 결정된다.

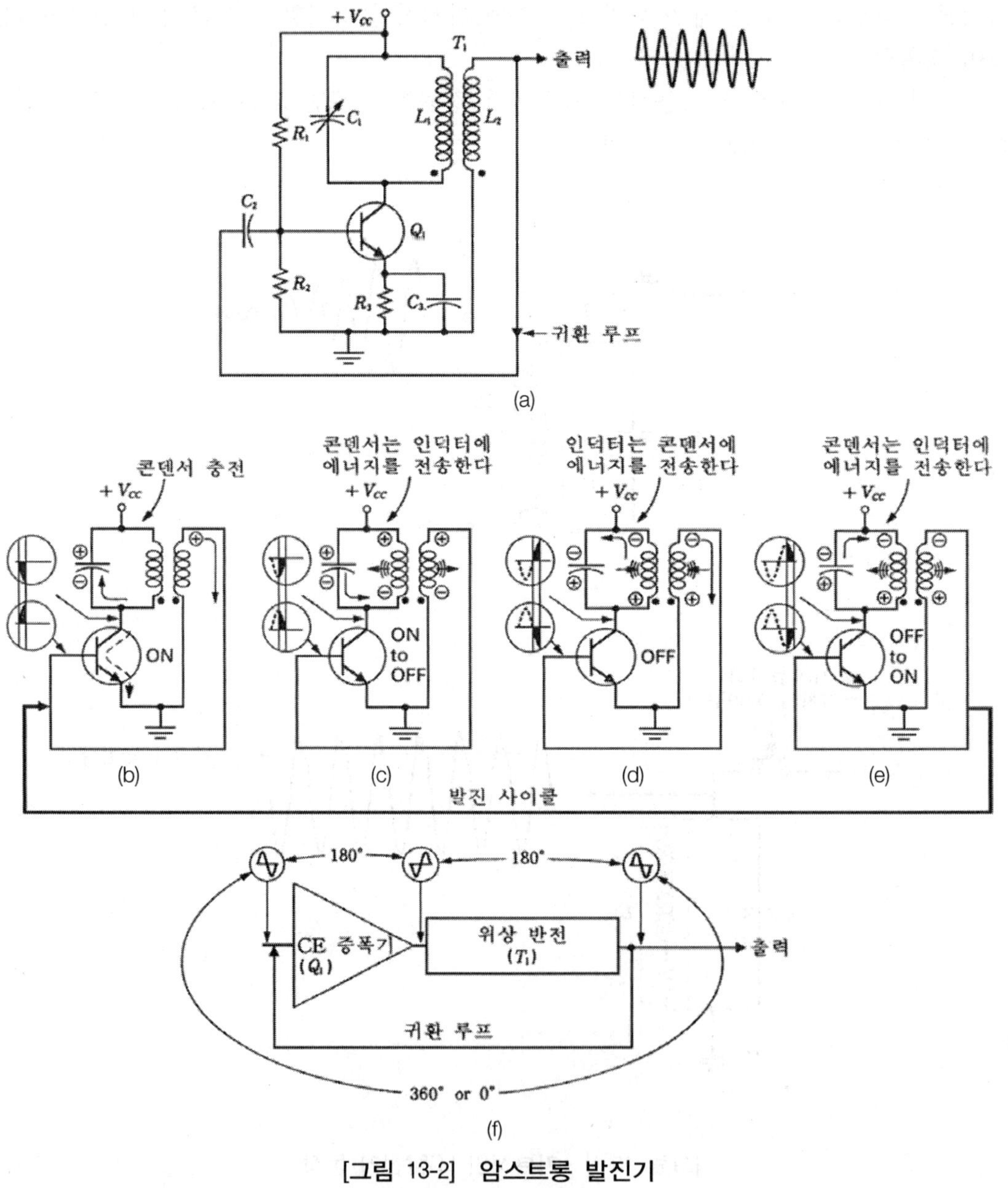

[그림 13-2] 암스트롱 발진기

변압기 T_1의 1차 코일 L_1과 2차 코일 L_2는 감겨 있기 때문에 L_2의 상단부에 유도되는 전위는 L_1(또는 Q_1의 컬렉터)의 아래에 있는 전위와 180° 위상차를 가진다. 또한 이런 회로는 회로의 출력과 트랜지스터의 입력 사이에 발진을 유지하는 정귀환 피드백 경로를 포함하고 있다.

[그림 13-2(b), (c), (d), (e)]에서 바이어스 요소와 결합용 콘덴서들은 제거된다. 따라서 우리는 이런 회로의 발진주기를 포함하는 단계들을 더욱 자세히 볼 수 있다.

- **1단계[그림 13-2(b)]** : 회로전원 $+V_{CC}$가 첫 번째로 인가될 때 전압분배기 바이어스 저항 R_1과 R_2는 트랜지스터 Q_1을 턴on시키므로 컬렉터 전류가 트랜지스터 Q_1을 통해서 흐르게 되고 탱크회로의 전압을 $+V_{CC}$로 되게 한다. 트랜지스터 Q_1이 on으로 되면 트랜지스터 Q_1의 컬렉터 전압은 Low가 되고 L_1의 하단에 Low가 인가된다. T_1의 위상반전 때문에 L_2의 상단은 High가 된다. L_2의 상단에서 이런 높은 +전압은 귀환 경로를 경유해서 트랜지스터 Q_1의 베이스로 귀환된다. 트랜지스터 Q_1의 전도는 포화상태까지 증가되고 컬렉터 전류가 증가하게 되므로 그림에 표시된 극성처럼 콘덴서 C_1이 충전된다.
- **2단계[그림 13-2(c)]** : 콘덴서 C_1이 완전히 충전되면 탱크회로를 통해 흐르는 전류는 0으로 떨어지고 감소되는 전류는 L_2의 상단에서 변압기에 유도된 +전압을 0으로 강하시킨다. 귀환 경로로부터 이런 추가적인 베이스-이미터 순방향 바이어스가 없다면 트랜지스터 Q_1은 턴off된다. 트랜지스터 Q_1이 off되면 콘덴서 C_1은 방전하기 시작한다. 그것이 인덕터 L_1으로부터 모든 에너지를 이동시키고 탱크회로의 발진이 시작된다. 콘덴서 C_1이 완전히 방전될 때, 인덕터 L_1을 흐르는 전류는 멈추게 되고 인덕터 L_1의 자기장은 소멸되기 시작한다.
- **3단계[그림 13-2(d)]** : 인덕터 L_1의 자기장이 소멸됨에 따라 역기전력이 코일로 유도된다. 에너지가 탱크회로의 코일로부터 콘덴서로 이동함에 따라 콘덴서 C_1이 충전되기 시작한다. 콘덴서 C_1의 하단에서 +극성이 인덕터 L_1에 작용되고 인덕터 L_2의 상단부에 -극성이 유도되어 트랜지스터 Q_1은 차단상태가 된다.
- **4단계[그림 13-2(e)]** : 발진활동이 계속되면서 현재 완전히 충전된 상태의 콘덴서 C_1은 인덕터 L_1을 통해서 반대방향으로 방전하기 시작한다. 일단 코일에 자기장이 다시 생성되기 시작한다. 콘덴서 C_1이 완전히 방전될 때 회로전류는 다시 0으로 떨어지고, 인덕터 L_1 주위의 자기장은 소진되기 시작하고 콘덴서 C_1은 충전하기 시작한다.
- **5단계[그림 13-2(b)]** : 인덕터 L_1의 소진된 자기장은 콘덴서 C_1을 그림에 표시된 것과 같은 극성으로 충전시킨다. 동시에 인덕터 L_1의 하단부에 -전위를 L_2의 상단부에 +전위를 유도시킨다. 이런 전압은 트랜지스터 Q_1을 on 상태가 되게 한

다. 트랜지스터 전류는 콘덴서 C_1의 충전을 도와주고 탱크회로 내에 손실된 에너지를 대체한다. 트랜지스터 Q_1은 자동 스위치처럼 동작하고 [그림 13-2(b)]에서는 수동 스위치와 유사하고 정귀환 경로를 가진 탱크회로에서 손실된 에너지를 대체할 수 있게 한다.

여러분들이 발진 사이클을 통해서 각 단계별로 살펴본 것처럼 콘덴서 C_1과 인덕터 L_1은 에너지가 탱크 내에서 전·후로 이동하는 속도를 통제하기 때문에 이 회로가 발진하는 주파수를 설정한다.

많은 경우에 동조된 회로에 사용되는 콘덴서는 다양하게 제작되어 있어서 발진주파수를 변화시킬 수 있다. 이런 회로가 발진시키는 주파수(사인파 출력의 주파수)는 식 (13-1)에 의해서 구해진다.

$$f_r = \frac{1}{2\pi\sqrt{L_1 \times C_1}} \tag{13-1}$$

예제 13-1 [그림 13-2(a)]에 표시된 회로에서 $L_1 = 47[\text{mH}]$, $C_1 = 0.03[\mu\text{F}]$라고 가정하고, 발진주파수를 계산하시오.

풀이 $f_r = \frac{1}{2\pi\sqrt{L_1 \times C_1}} = \frac{1}{2\pi\sqrt{47\text{mH} \times 0.033\mu\text{F}}} = 4[\text{kHz}]$

강조해야 할 또 다른 중요한 점은 트랜지스터 Q_1이 스위치처럼 동작하고 출력신호가 +일 때만 도통상태가 되고 트랜지스터의 컬렉터 전류가 탱크회로의 순환 전류에 의한 콘덴서의 충전을 도와줄 수 있다. 이러한 'topping off'는 적절한 시기에 playground swing을 하는 사람에게 주는 약간의 반발과 유사하다.

더 상세히 설명하자면 정귀환의 영향을 강조하기 위하여 [그림 13-2(f)]에 암스트롱 발진기의 블록 다이어그램을 표시했다.

일반적인 이미터 공통증폭기가 입력과 컬렉터 출력 사이에서 180° 위상차를 갖기 때문에 positive 귀환을 위해서 추가적인 180° 위상변환장치가 출력과 입력단 사이에 필요하다.

그 결과 귀환신호는 +로 되거나 증강될 것이고 회로는 발진하게 된다. 추가적인 위상변환은 변압기 T_1에 의해서 제공된다. 트랜지스터 Q_1의 베이스가 +로 스윙할 때 트랜지스터 Q_1의 컬렉터는 −로 스윙하고 인덕터 L_1의 하단은 −로 상단은 +로 스윙한다.

출력에서 +스윙은 처음의 +스윙을 보강하고 발진을 유지하기 위하여 입력으로 귀환된다. 결과적으로 신호는 입력에서 출력으로 귀환될 때 그리고 반대의 경우에도 360° 위상이 변화한다. 360°의 위상변화는 신호의 위상이 변하지 않는 것과 같으므로 귀환신호는 입력과 동위상이다.

변압기 T_1의 변환된 위상이 포함되지 않고 컬렉터 출력이 직접 입력으로 귀환된다면 귀환신호는 입력신호를 방해하게 할 것이다. 이렇게 위상이 반전된 귀환 종류는 부귀환으로 알려져 있고 입력을 약화시키는 결과를 초래하므로 발진출력도 없다.

하틀리 발진기

[그림 13-3(a)]는 암스트롱 발진기와는 달리 변압기가 필요 없는 하틀리(Hartley) 발진기의 회로도를 표시하고 있다. 정귀환에 필요한 180° 위상반전은 이 회로의 특징인 분기된 인덕터 L_1을 알아봄으로써 구할 수 있다.

트랜지스터 Q_1은 보통의 바이어스와 안정성 요소를 가진다. 그러나 RF 초크 코일(RFC)은 $+V_{cc}$ 라인과 역으로부터 전원공급 기로의 통과를 출력에서 고주파 발진이 방지되는 동안 직류전원을 트랜지스터에 연결하기 위해 컬렉터에 연결된다.

결합용 콘덴서 C_3을 연결하는 것은 출력으로부터 직류 컬렉터 전압을 차단시키는 기능 외에도 탱크회로와 교류 컬렉터의 출력을 연결한다. 결합용 콘덴서 C_2를 연결하는 것은 공진하는 탱크회로 변화를 트랜지스터 Q_1의 베이스에 연결하는 반면에 직류 베이스 전압을 탱크회로와 차단시킨다.

이런 회로의 동작을 설명하기 위해서 우리는 일단 발진 단계를 [그림 13-3(b), (c), (d), (e)]에 표시한 것처럼 4단계로 분류할 수 있다.

- **1단계[그림 13-3(b)]** : 회로전원($+V_{cc}$)이 첫 번째로 인가될 때, 전압분배기 바이어스 저항 R_1과 R_2는 트랜지스터 Q_1을 턴on시킨다. 그리고 컬렉터 전류는 트랜지스터 Q_1을 통해서 탱크회로에 인가된다. 이런 전류는 인덕터 L_1 주위에 자기장을 확장시키는 원인이 된다. 인덕터 L_1의 중간 탭이 접지되어 있기 때문에 인덕터 L_1의 양단은 서로 반대의 전압을 갖게 된다. 인덕터 L_1의 상단부를 Low로 만들게 되면 인덕터 L_1의 하단부는 High로 된다. 이런 High 상태는 트랜지스터 Q_1의 베이스에 인가되고 트랜지스터를 빠르게 포화시킨다.
- **2단계[그림 13-3(c)]** : 트랜지스터 Q_1이 포화될 때 전류는 더 이상 증가하지 않게 되고 인덕터 L_1에 의해서 생성된 자기장은 소멸된다. 인덕터에서 생성된 에너지는 콘덴서로 전송된다. 콘덴서 C_1의 아래쪽이 현재 negative 전위로 충전되기 때문에 -이런 점은 트랜지스터 Q_1의 베이스에 연결된다. 트랜지스터는 역방향 바이어스 전압을 느끼게 되고 차단되기 시작한다.
- **3단계[그림 13-3(d)]** : 트랜지스터 Q_1이 off되면 탱크의 플라이휠 동작은 인계되고 콘덴서 C_1은 방전되고 콘덴서로부터 인덕터로 에너지가 전송된다.
- **4단계[그림 13-3(e)]** : 콘덴서 C_1이 완전히 방전될 때 인덕터 L_1 주위의 자기장은

소멸되기 시작하고 콘덴서 C_1은 재충전되기 시작한다. 콘덴서 C_1의 아래쪽이 + 전위로 충전되기 때문에(그리고 이것은 트랜지스터 Q_1의 베이스에 연결된다) 트랜지스터는 순방향 바이어스를 받기 시작하므로 트랜지스터 Q_1은 턴on되기 시작한다. 트랜지스터 전류는 콘덴서 C_1의 충전을 지원하고 탱크회로의 손실된 에너지를 보완한다. 일단 콘덴서 C_1이 완전히 충전되면 플라이휠 동작은 인계되고 발진동작도 주기적으로 반복된다. 이런 회로가 발진하는 동안 탱크회로를 구성하는 소자 C_1, L_1에 의해서 발생되는 사인파 출력의 주파수는 식 (13-2)에 의해서 계산된다.

$$f_r = \frac{1}{2\pi\sqrt{L_T \times C_1}} \tag{13-2}$$

$$L_T = L_{1A} + L_{1B} \tag{13-3}$$

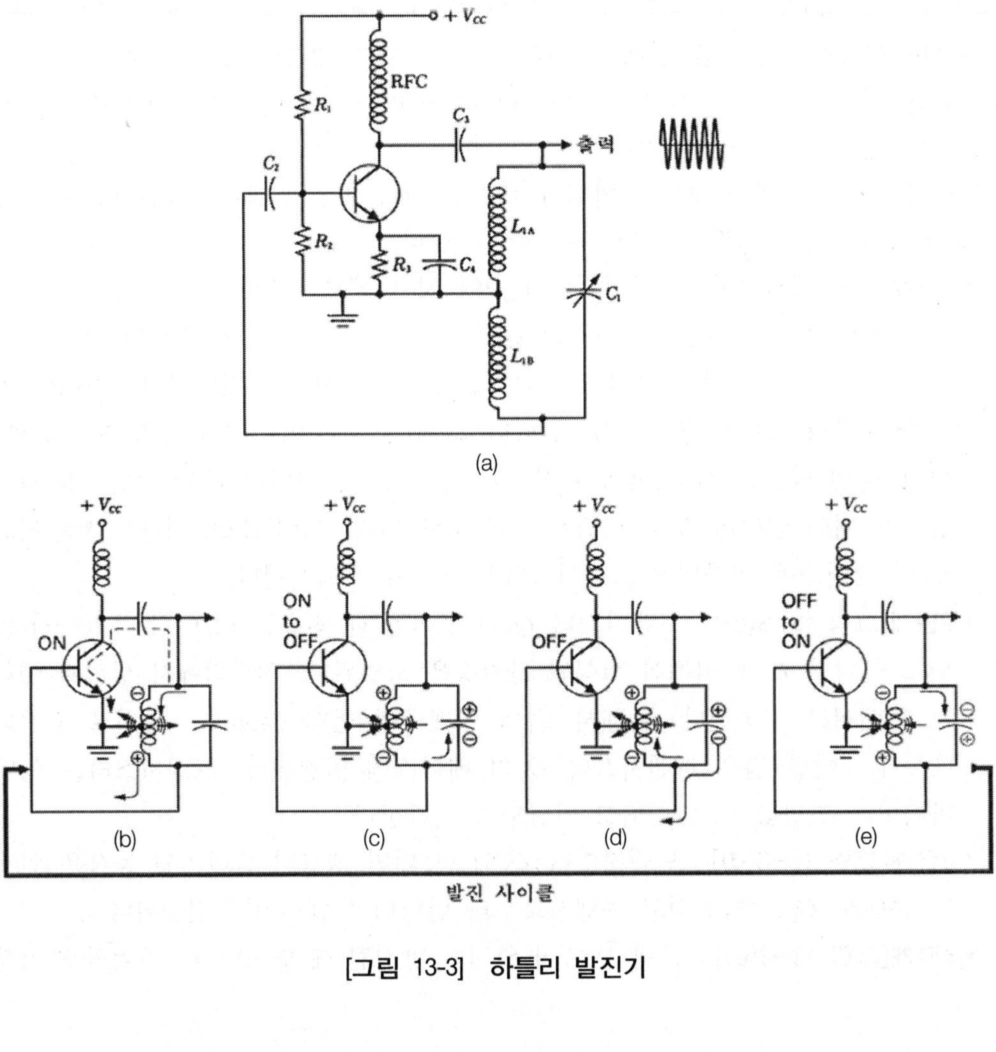

[그림 13-3] 하틀리 발진기

예제 13-2 [그림 13-3(a)]에 표시된 회로에서 $L_{1A} = 47[\mu H]$, $L_{1B} = 22[\mu H]$, $C_1 = 22[nF]$ 라고 하면 발진주파수는 몇 [Hz]인지 구하시오.

풀이

$$L_T = L_{1A} + L_{1B} = 47\mu H + 22\mu H = 69[\mu H]$$

$$f_r = \frac{1}{2\pi\sqrt{L_1 \times C_1}} = \frac{1}{2\pi\sqrt{69\mu H \times 22nF}} = 129.2[kHz]$$

콜피츠 발진기

[그림 13-4(a)]에 표시된 콜피츠(Colpitts) 발진기 회로는 하틀리 발진기와 구조가 유사하다. 그러나 이런 회로에서는 두 개의 콘덴서가 중간 탭을 갖는 인덕터 대신 사용된다. 이런 두 개의 콘덴서들은 중심에 접지되어 있는 점이 이 발진기를 구분해 주는 특징이다.

그리고 이런 두 개의 콘덴서들은 정귀환에서 180°의 위상변화를 제공하기 위해서 필요하다. 이런 회로의 동작을 설명하기 위해서 우리는 일단 발진주기를 [그림 13-4(b), (c), (d), (e)]에 표시된 것처럼 4단계로 분류하자.

- **1단계[그림 13-4(b)]** : 직류전원이 첫 번째로 이 회로에 인가될 때 트랜지스터 Q_1을 도통시키는 전압분배기 바이어스가 저항 R_1과 R_2에 의해서 제공된다. 트랜지스터 Q_1이 on되면 트랜지스터 Q_1의 이미터에서 컬렉터로, 무선주파수를 통해서 $+V_{CC}$까지 직류 컬렉터 전류가 통과하게 된다. 트랜지스터 Q_1의 컬렉터에서 전압강하는 콘덴서 C_1의 상단부에 인가되고 콘덴서 C_1을 충전시킨다. 콘덴서 C_1과 C_2의 중간 탭이 접지되기 때문에 콘덴서 C_2의 아래쪽 전극은 인덕터 L_1을 통해서 +전위로 충전된다. 이런 +전위는 귀환경로를 통해서 트랜지스터 Q_1으로 귀환되고 트랜지스터를 포화시키게 된다.
- **2단계[그림 13-4(c)]** : 트랜지스터 Q_1이 포화되면 트랜지스터 Q_1의 컬렉터에서 더 이상의 전압변화는 없다. 따라서 콘덴서 C_1과 C_2는 더 이상 충전을 하지 않게 되고, 탱크회로의 플라이 동작이 인계된다. 콘덴서 C_1과 C_2가 함께 동작하므로 인덕터 L_1을 통하여 방전되며 인덕터 L_1의 자기장을 형성시키게 된다.
- **3단계[그림 13-4(d)]** : 콘덴서 C_1과 C_2가 완전히 방전될 때 전류는 0으로 감소하고 인덕터 L_1 주위의 기장은 소멸되기 시작하고, 인덕터 L_1에 역전압을 유도시키고 콘덴서 C_1과 C_2가 충전된다. 콘덴서 C_2의 아래쪽 전극이 음전위로 충전되기 때문에 트랜지스터 Q_1의 베이스로 이런 전위가 인가되고 트랜지스터는 차단된다. 인덕터 L_1은 자신의 에너지를 콘덴서 C_1과 C_2로 전송하기 때문에 콘덴서는 충전된다.

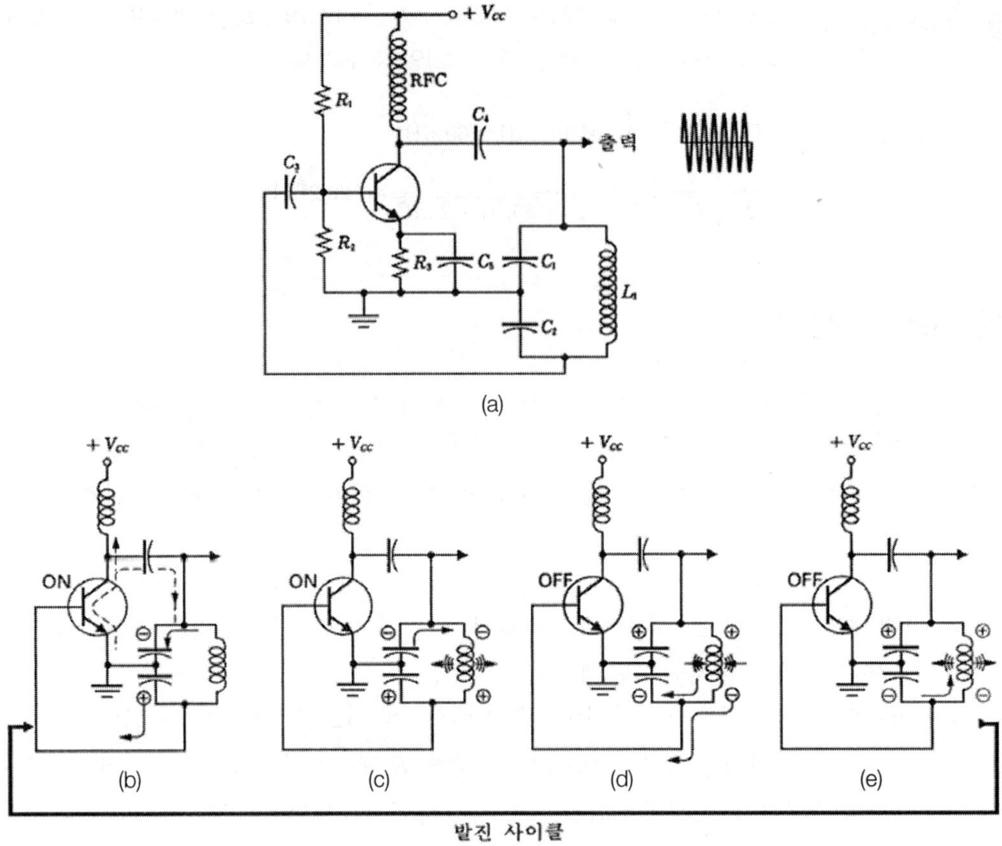

[그림 13-4] 콜피츠 발진기

- **4단계[그림 13-4(e)]** : 콘덴서 C_1과 C_2가 인덕터 L_1으로부터 에너지 전부를 받을 때 플라이휠 동작은 다시 콘덴서 C_1과 C_2가 인덕터 L_1을 통해서 방전하는 역 원인이 된다. 모든 에너지가 인덕터 L_1으로 전송될 때 전류는 다시 0으로 감소하고 인덕터의 자기장은 소멸된다. 이런 인덕터 L_1의 유도전압은 [그림 13-4(b)]에 표시된 극성처럼 콘덴서 C_1과 C_2를 충전시키게 되고 사이클이 반복된다.

이것은 앞에서 살펴본 LC발진기의 모든 경우처럼 발진주파수가 탱크의 인덕턴스와 커패시턴스에 의해서 결정된다. 이런 경우 그 값은 L_1과 C_1, C_2의 직렬 조합과 같다.

$$f_r = \frac{1}{2\pi\sqrt{L_1 \times C_T}} \tag{13-4}$$

$$C_T = \frac{C_1 \times C_2}{C_1 + C_2} \tag{13-5}$$

예제 13-3 [그림 13-4(a)]에 표시된 콜피츠 발진기 회로에서 $C_1 = 0.27[\mu F]$, $C_2 = 0.47[\mu F]$, $L_1 = 0.6[mH]$일 때 발진주파수를 계산하시오.

풀이

$$C_T = \frac{C_1 \times C_2}{C_1 + C_2} = \frac{0.27\mu F \times 0.47\mu F}{0.27\mu F + 0.47\mu F} = 0.17[\mu F]$$

$$f_r = \frac{1}{2\pi\sqrt{L_1 \times C_T}} = \frac{1}{2\pi\sqrt{0.6mH \times 0.17\mu F}} = 15.76[kHz]$$

확인문제 13-1

1. 세 가지의 기본적인 발진기는 어떻게 분류되는가?
2. 지속적인 발진을 위해서 필요한 귀환의 종류는 무엇인가?
3. 다음의 발진기에서 180° 위상변환을 제공하는 소자는 무엇인가?
(a) 암스트롱 (b) 하틀리 (c) 콜피츠

해답 **1.** 암스트롱 발진기, 하틀리 발진기, 콜피츠 발진기 **2.** 정귀환, 부귀환
3. 암스트롱 발진기=변압기, 하틀리 발진기=인덕터, 콜피츠 발진기=콘덴서

13-2 | 수정발진기 회로

앞 절에서 설명하였던 LC발진기 회로들은 보통 0.8[%] 정도의 주파수 편차를 가진다. 이런 주파수 편차는 회로의 온도변화, 구성소자들의 경년변화(aging), 발진기에 연결된 부하의 저항변화에 기인한다.

LC발진기가 손목시계용 타이밍 신호를 발생시키는 데 사용된다면 0.8[%]의 주파수 편차는 그 시계가 하루에 약 11분 30초 정도 빨라지거나 지연된다는 것을 의미한다.

60분 × 24시간 = 1440분/일

0.8% × 1440 = 11분5초/일

만일 발진기의 안정성이 고도로 요구된다면 타이밍 신호를 발생시키는 데 수정(crystal)발진기가 사용된다.

발진기를 제어하는 수정은 일반적으로 0.0001[%]($10^{-4} \sim 10^{-5}$)의 주파수 편차를 가진다(온도보상 $10^{-6} \sim 10^{-7}$, 항온도 $10^{-7} \sim 10^{-11}$).

수정발진기가 만약 손목시계에 사용된다면 1년에 최고 30초가 빨라지거나 늦게 된다.

60분 × 24시간 × 365일 = 525,600분/년

0.0001% × 525,600 = 0.5분/년

따라서 통신이나 컴퓨터 시스템 같은 고도의 주파수 안정성이 요구되는 경우에는 수정-제어 발진기가 사용된다. 수정-제어 발진기는 동작 시 회로의 주파수를 안정시키기 위해서 석영 수정(quartz/crystal)을 사용한다.

수정의 동작조건에 따른 주파수편차는 다음과 같다.

package $10^{-4} \sim 10^{-5}$, 온도보상 $10^{-6} \sim 10^{-7}$, 항온조 $10^{-7} \sim 10^{-11}$

수정의 특성

석영 수정(quartz)은 SiO_2로 생성되고 자연적인 상태에서는 [그림 13-5(a)]에 표시된 것과 같이 양끝이 피라미드 형태를 갖는 6면체로 되어 있다. 전기적인 화합물을 구성하기 위해서 수정의 얇은 조각(thin slice) 혹은 슬랩(slab)은 [그림 13-5(b)]에 표시된 것처럼 전기적인 접촉을 만드는 두 금속판 사이에 놓인 것처럼 절단하고 보호용 홀더를 덮는다.

소자기호에서 수정은 일반적으로 'X-tal' 또는 'Y'로 명명되고 [그림 13-5(c)]와 같은 기호로 표시된다. 수정은 기본적으로 [그림 13-5(d), (e), (f)]와 같이 기계적인 에너지를 전기적인 에너지로 변환시키거나 또는 [그림 13-5(g)]에 표시된 것처럼 전기적인 에너지를 기계적인 에너지로 변환시키는 변환기(transducer)나 에너지 컨버터로 동작하게 된다.

기계적인 에너지에서 전기적인 에너지로의 변환

[그림 13-5(d)]에서 여러분들은 수정이 항상 자신의 내부전하는 고르게 방출하고, 두 전극 사이의 전위차는 0이라는 것을 확인할 수 있다. 만약 수정에 [그림 13-5(e)]에 표시된 것처럼 양끝에 인가되는 압력에 의해서 압축된다면 다른 전하들이 수정의 다른 면에 축적되고 전위차가 발생하게 된다.

이와 유사하게 수정에 [그림 13-5(f)]에 표시된 것처럼 상하로 압력을 인가해서 신장된다면 반대극의 전위차가 발생된다. 수정에 신장하고 압축하는 압력을 지속적으로 인가하면 교류전압이 발생된다.

수정 마이크로폰은 이런 원리를 이용한다. 음파가 마이크로폰에 인가되면, 이런 역학적인 파동은 지속적으로 수정을 압축, 신장시키고 원래의 음과 동일한 전기신호를 발생시킨다.

전기적인 에너지에서 기계적인 에너지로의 변환

이와 같은 구성 때문에 수정은 '자연 진동주파수'를 가진다. [그림 13-5(g)]에 표시된 것과 같이 교류전압이 수정의 양 단자를 통해서 자연적인 진동주파수에 인가된다면 수정은 상대적으로 물리적인 큰 양에 의해서 압축되거나 신장된다.

만약 인가된 교류전압의 주파수가 수정의 자연 진동주파수보다 낮거나 높으면, 진동은 아주 작게 된다. 따라서 수정은 우리가 필터 회로와 발진기 회로에서 이용하는 특성인 주파수 선택성이 좋다.

이와 같은 동작이 바로 '피에조 효과'라고 불리며 수정에 인가된 교류전압에 의해서 생성된 변화하는 전기장에 속해 있을 때 일정하게 진동하는 이유가 된다.

수정의 자연적인 진동주파수는 [그림 13-5(b)]에 표시된 것과 같이 두 전극 사이의 수정 두께에 따라서 달라진다. 적합한 크기로 절단함으로써 우리는 정확한 주파수로 발진할 수 있는 수정을 제작할 수 있다. 이런 비율은 항상 수정의 패키지에 인쇄되어 있다.

교류전압의 주파수가 수정의 양 단자에 인가되어 수정의 자연 진동주파수를 발진시킬 때 [그림 13-5(h)]에 표시된 것처럼 수정의 임피던스(또는 전류의 흐름을 방해하는)를 최소로 감소시킨다.

이것은 결정 웨이퍼 또는 슬랩을 등가의 직렬 공진회로로 만들고 여러분들은 수정이 어떤 특정한 주파수에서만 선택된다는 것을 의미하는, 수정의 직렬 공진주파수(f_{RS})에서 아주 급격하게 변화되는 응답인 [그림 13-5(h)]에 표시된 것과 같은 주파수 응답곡선을 확인할 수 있다.

수정은 2개의 연결된 극판 사이에 탑재될 때 소자는 원래의 직렬 공진회로가 [그림 13-5(i)]에 표시된 것처럼 연결되는 극판에 의해서 기인되는 작은 정전용량 C_P와 병렬회로로 되는 등가회로를 구성하게 된다.

[그림 13-5(i)]에 표시된 주파수 응답곡선을 참조하면 여러분들은 인가된 교류전압의 주파수가 수정의 자연 진동주파수와 같을 때에도 정확히 동일한 반응을 하는 것을 확인할 수 있다.

주파수가 수정의 직렬 공진주파수를 넘어서서 증가한다면 여하튼 C의 리액턴스는 감소된다. 그리고 수정은 유도성을 갖게 된다. 고주파에서 수정의 유도성 리액턴스는 연결 극판의 정전용량의 용량성 리액턴스와 동일한 지점을 갖게 된다($X_L = X_0$).

수정의 인덕턴스가 연결 극판의 정전용량 사이에 병렬로 연결되기 때문에 결국은 병렬 공진회로를 구성하게 된다. 따라서 소자의 임피던스는 [그림 13-5(i)]에 표시된 것처럼 병렬 공진주파수 f_{Rp}에서 최대가 된다.

발진기 회로에의 적용은 수정의 직렬 공진선택도나 병렬 공진선택도 중에서 하나를 사용하게 된다. 대부분의 수정발진기 회로는 원하는 주파수를 입력으로 피드백하기 위해서, 또한 발진기의 주파수 안정성을 유지하기 위해서 직렬 공진주파수 응답을 이용하고 있다.

보통 수정의 직렬공진 동조회로는 40,000 정도의 높은 Q값을 가진다. 만약 여러분들이 이런 회로를 보통 200 정도의 Q값을 갖는 LC 동조회로와 비교한다면 수정이 발진기의 주파수를 제어하는 것이 왜 더 안정적인지 쉽게 알 수 있다.

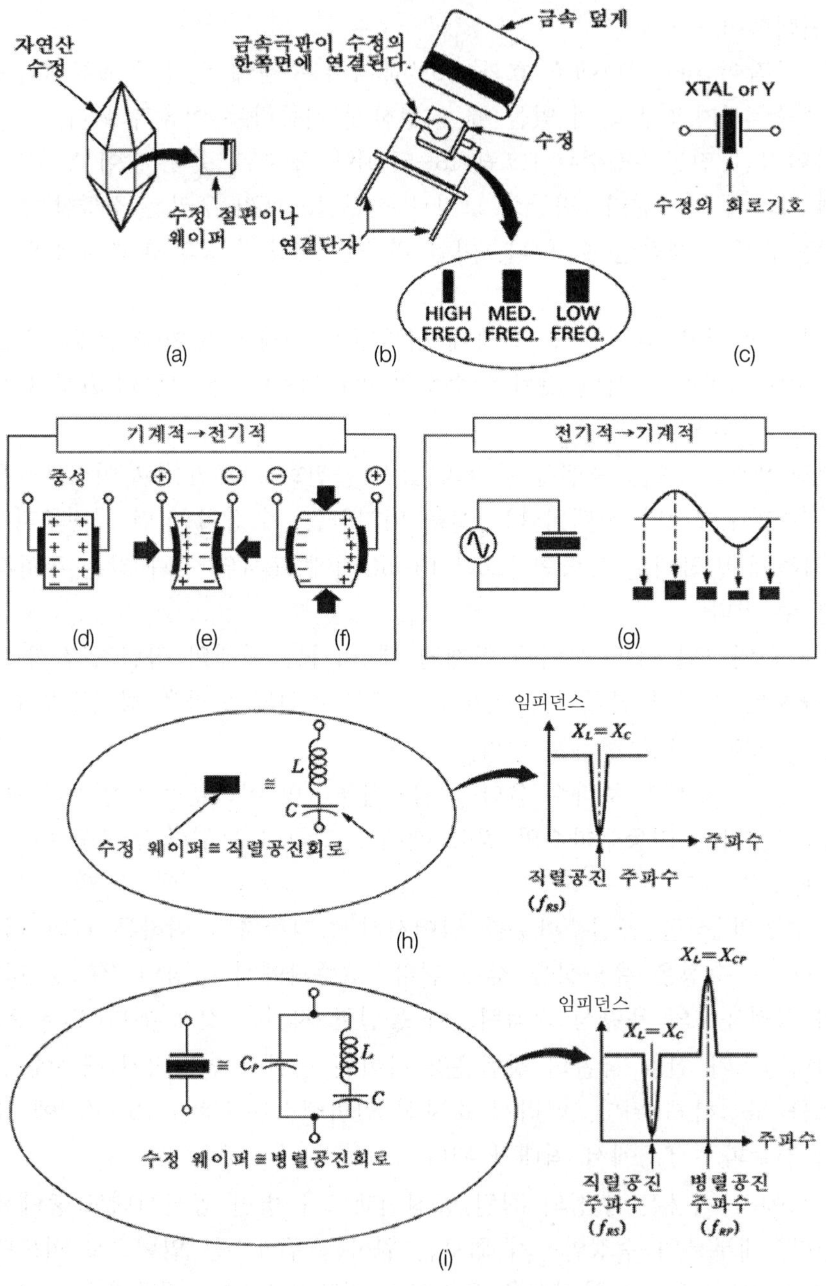

[그림 13-5] 수정의 특성

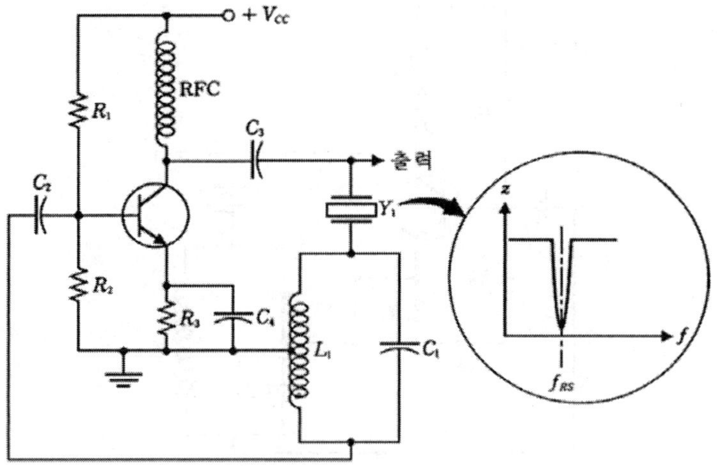

[그림 13-6] 하틀리 수정발진기

하틀리 수정발진기

[그림 13-6]에 표시된 것처럼 하틀리 수정발진기는 귀환경로에 직렬로 연결된 수정을 제외하면 앞에서 고찰한 바 있는 LC 하틀리 발진기와 동일하다.

발진기가 수정의 직렬 공진주파수와 동일한 주파수를 발진시킬 때 수정은 방해하지 않고 귀환신호는 최대가 된다. 만약 발진기의 주파수가 수정의 자연 직렬 공진주파수 상하로 편차가 발생되기 시작하면 수정의 임피던스는 증가하게 되고 귀환신호는 감소하게 된다.

귀환신호의 주파수가 회로의 발진주파수를 통제하기 때문에 발진기 회로는 수정의 자연주파수로 회귀하도록 동작한다. 귀환에서 높은 선택도를 갖는 수정을 포함하는 것은 이런 하틀리 발진기의 수정이 하틀리 발진기의 LC보다 거의 1,000배 큰 개선된 주파수 편차비율을 가진다는 것을 의미한다.

콜피츠 수정발진기

[그림 13-7]을 참조하면 여러분들은 콜피츠 수정발진기가 귀환경로상에 직렬로 삽입된 수정만 제거한다면 앞에서 고찰한 LC 콜피츠 발진기와 동일하다는 사실을 확인할 수 있다.

이런 회로는 앞에서 고찰한 바 있는 LC 콜피츠 발진기와 동일하게 동작한다. 그러나 이 회로에는 수정이 포함되었기 때문에 더 낮은 주파수 편차를 갖게 된다.

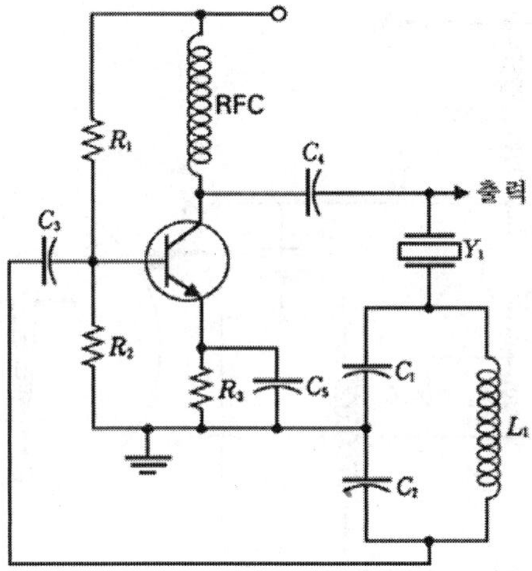

[그림 13-7] 콜피츠 수정발진기

피어스 수정발진기

[그림 13-8]에는 피어스(Pierce) 수정발진기 회로가 표시되어 있다. 여러분들도 그림에서 볼 수 있듯이 이런 회로는 탱크회로의 코일을 대체하는 수정 Y_1을 제외하면 콜피츠 발진기 회로와 동일하다.

수정 Y_1은 발진기에서 발생되는 주파수가 매우 높은 임피던스를 제공한다는 것을 의미하는 자신의 병렬 공진주파수에서 동작한다. 이런 동작은 공진에서 높은 임피던스를 갖는 이전의 LC 병렬공진 탱크와 차이가 없다.

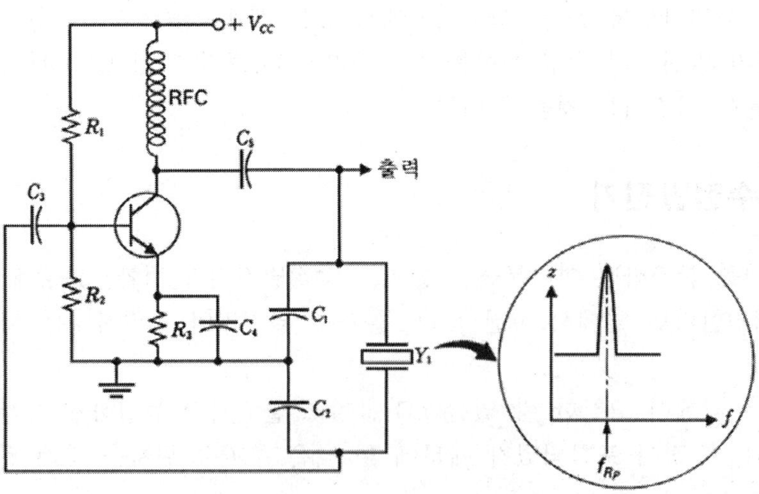

[그림 13-8] 피어스 수정발진기

그러나 수정이 탱크회로의 임피던스를 제어하는 경우에 이런 동조회로는 훨씬 선택도가 높아지고 발진기의 출력주파수는 더 안정적으로 된다. 공진에서 탱크회로는 매우 큰 임피던스를 갖게 된다.

따라서 큰 귀환전압은 콘덴서 C_2를 통해서 방전되고 트랜지스터 Q_1의 베이스에 인가된다. 만약 발진기의 주파수가 공진주파수 상하로 편차가 발생된다면 수정의 임피던스는 신속하게 감소하고, 귀환신호의 진폭과 탱크 양단에 걸리는 전압을 감소시킨다.

확인문제 13-2

1. 수정발진기 회로가 LC발진기 회로를 능가하는 이점은 무엇인가?
2. 수정의 물리적 크기는 진동 또는 공진주파수의 자연적 주파수를 결정한다. 얇게 절단한 수정은 (　　　) 주파수에서 공진하는 반면 두껍게 절단한 수정은 (　　　) 주파수에서 공진한다.
3. 수정의 직렬 공진주파수에서 임피던스는 (　　　)로 되고, 반면에 병렬 공진주파수에서 임피던스는 (　　　)로 된다.
4. 하틀리와 콜피츠 수정발진기 회로들은 수정의 (　　　) 공진주파수를 이용하고 피어스 수정발진기는 수정의 (　　　) 공진주파수를 이용한다.

해답 **1.** 안정도가 우수하다. **2.** thin=고주파, thick=저주파 **3.** 직렬공진=최소, 병렬공진=최대 **4.** 하틀리, 콜피츠=직렬 공진주파수, 피어스=병렬 공진주파수

13-3 | RC발진기 회로

이 절에서는 RC회로망들이 사인파 출력을 발생시키는 발진기 회로 내에서 어떻게 사용되는지 알아보기로 하자. 그러나 시작하기 전에 왜 RC발진기가 필요한지에 대해 설명하기로 한다.

전자 시스템 내에서 여러분들은 수정발진기와 LC발진기가 중간주파수와 고주파의 사인파를 발진시키는 데 사용되는 것을 확인하게 된다. 앞에서 설명했듯이 이런 두 종류 발진기 사이의 선택은 두 가지 인자인 주파수의 안정도와 가격에 의해서 결정된다.

만약 주파수의 안정도가 가장 중요하다면 수정발진기가 사용되고, 주파수의 안정도가 무시된다면 값싼 RC발진기가 사용될 것이다.

다음은 질문에 대한 답변이다.

낮은 음성주파수를 발진시키기 위해서 이런 발진기 회로들을 사용하는 것이 실용적인가? 대답은 '노(no)'이다. 저주파에서 음성동조 탱크회로용으로 필요한 인덕터는 대

단히 크다. 따라서 저주파용 LC발진기는 크기가 크고 가격은 비싸다.

수정발진기에서 수정의 물리적 크기는 단지 발진주파수를 50[kHz]나 그 이상을 요구하는 경우에 사용되는 것만이 실용적으로 제작된다. RC발진기가 LC 또는 수정발진기보다 더 안정적이지 못할지라도 가격이 싸고 우리가 10[kHz] 이하의 저주파 발진을 필요로 하는 경우에는 이상적이다.

이 절에서 우리는 두 가지의 기본적인 RC발진기 회로인 위상변환 발진기와 윈-브리지 발진기의 특성과 동작에 대해서 고찰하게 된다.

위상변환(이상형) 발진기

위상변환(phase shift/移相形) 발진기를 설명하기 전에 RC 위상변환 회로망의 기본적인 이론을 복습하자. 이전의 직류/교류 전자공학 과정에서 전압이 순수하게 정전용량의 회로에 인가될 때 전류는 전압보다 90° 위상이 앞선다.

충전되어 있지 않은 콘덴서 양단에 전압원이 인가될 때 회로전류는 처음에 콘덴서를 충전시키기 때문에 최대가 되지만 콘덴서에 다이오드에 걸리는 전압은 초기에는 0이다.

콘덴서 양단에 걸리는 전압이 서서히 증가함에 따라 회로전류는 콘덴서에 양단에 걸린 전압이 전압원의 반대 극성으로 같아질 때까지 서서히 감소한다. 따라서 회로전류는 0이 된다.

순수한 용량성 회로에서 회로전류는 콘덴서 전압을 90° 앞선다. 반면에 순수한 저항성 회로에서는 회로전류와 전압은 항상 동위상이다. 이것은 전압원이 저항양단에 인가될 때 저항양단에 걸리는 전압과 저항을 통과하는 전류가 즉시 옴의 법칙에 의한 값으로 증가한다는 것을 의미한다.

다음 질문이다. 콘덴서와 저항으로 구성된 회로나 회로망에서의 전압과 전류는 어떻게 되는가? 대답은 [그림 13-9(a)]에 표시되어 있다. 저항-용량성 회로인 RC회로에서 회로전류는 저항과 콘덴서의 크기에 따라서 전압을 0°와 90° 사이의 어떤 값으로 위상이 앞선다.

[그림 13-9(a)]에 표시된 회로에서 입력전압은 R-C를 연결한 직렬회로에 인가되고 출력전압은 저항양단에서 구해진다.

공식을 복습하면 출력전압(저항에 인가되어 증가된 전압 V_R 또는 V_{out})과 입력전압(V_{in}) 사이의 위상차는 RC회로의 용량성 리액턴스 X_C와 저항 R에 따라서 달라진다. [그림 13-9(a)]에 주어진 값에 대하여 콘덴서의 용량성 리액턴스 X_C를 구하면 2.65[kΩ]이 구해진다.

$$X_C = \frac{1}{2\pi fc} = \frac{1}{2\pi \times 100\text{Hz} \times 0.6\mu\text{F}} = 2.65[\text{k}\Omega]$$

그리고 위상각 변화는 다음과 같이 계산된다.

$$\vartheta = \tan^{-1}\frac{X_C}{R} = \tan^{-1}\frac{2.65\text{k}\Omega}{1.53\text{k}\Omega} = 60°$$

[그림 13-9(a)]에서 V_{in} 파형과 V_{out} 파형을 비교하고, 벡터 다이어그램을 살펴보면 출력전압이 입력전압보다 위상이 60° 앞선다.

여러분들도 앞의 공식에서 살펴본 것처럼 이런 위상변화는 R과 C의 값과 인가된 교류 입력전압의 주파수에 의해서 결정된다. 입력전압의 주파수가 변한다면 위상변화 또한 변화된다.

[그림 13-9(b)]를 살펴보면 3개의 60° 위상변환 회로가 직렬로 결합된 회로망에서의 위상변화는 180°가 될 것이라는 사실을 알 수 있다. 이런 180° 위상변화는 정확히 발진기에 정귀환으로 작용하게 된다.

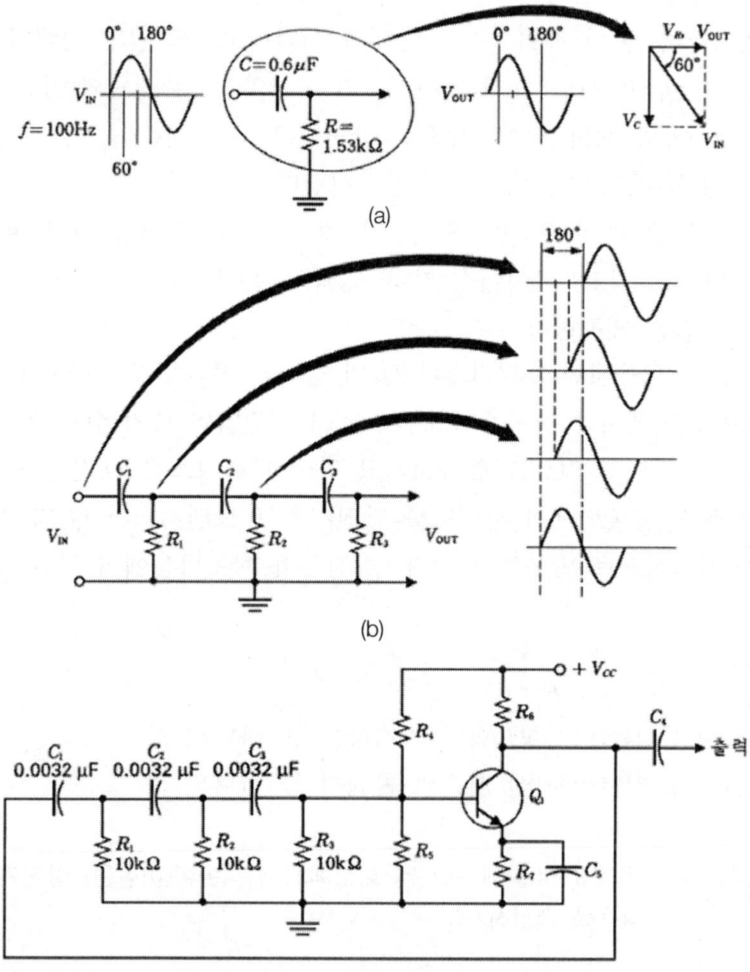

[그림 13-9] RC 위상변환(이상형) 발진기

따라서 이런 회로가 컬렉터 출력과 공통 이미터 증폭기의 베이스 입력 사이에 있다면, 그 결과는 [그림 13-9(c)]에 표시된 것과 같은 위상변환(이상형) 발진기가 구성된다.

트랜지스터 Q_1은 보통 40에서 50 사이의 전압이득을 갖기 때문에 RC 위상변환(이상형) 회로에서의 전력손실을 보상할 수 있다. 이런 회로는 이전에 고찰했던 모든 발진기 회로처럼 여러 면에서 동일한 방법으로 동작한다.

예를 들면 전압이 처음으로 회로에 인가될 때 바이어스 저항 R_4와 R_5는 트랜지스터 Q_1을 도통시키는데, 결과적으로 트랜지스터 Q_1의 컬렉터에서 전압강하가 발생된다.

트랜지스터 Q_1의 컬렉터에서 전압강하는 180° RC 위상변환 회로에 의해서 트랜지스터 Q_1의 이미터 전압의 증가로 변환되고 트랜지스터 Q_1을 포화상태로 만드는 트랜지스터 Q_1에 인가된 순방향 바이어스를 증가시킨다. 트랜지스터 Q_1이 포화될 때 트랜지스터 Q_1의 컬렉터에서의 전압은 어떠한 변화도 없다.

그리고 트랜지스터 Q_1의 베이스는 차단되기 시작하고, 그 결과 컬렉터 전압이 증가한다. 트랜지스터 Q_1의 컬렉터에서의 전압증가는 180° RC 위상변환(이상형) 회로에 의해서 트랜지스터 Q_1의 베이스 전압감소로 반전되고, 트랜지스터 Q_1을 차단되도록 하는 트랜지스터 Q_1의 순방향 바이어스를 감소시킨다.

트랜지스터 Q_1의 컬렉터 전압이 $+V_{CC}$가 될 때, 트랜지스터 Q_1의 베이스 전압은 반대가 되거나 0[V]로 되고, 바이어스 저항 R_4와 R_5는 트랜지스터 Q_1을 도통시키기에 충분한 베이스 전압을 제공한다.

트랜지스터 Q_1이 도통되면 트랜지스터 Q_1의 컬렉터 전압은 감소하고 180° RC 위상변환(이상형) 회로에 의해서 트랜지스터 Q_1의 베이스 전압이 증가된다. 이것은 트랜지스터 Q_1에 인가되는 순방향 전류를 증가시키고 결국 트랜지스터 Q_1을 포화시키게 된다.

그때 발진기 동작은 출력에서 사인파를 발진시키고 트랜지스터 Q_1의 컬렉터 전압의 상승과 하강을 지속적으로 반복하게 된다. 발진주파수는 다음에 표시된 공식을 이용해서 구할 수 있다.

$$f_R = \frac{1}{2\pi \times \sqrt{6} \times R \times C} \qquad (A_v \geq 29) \tag{13-6}$$

R : 위상변환(이상형) 회로의 저항들 중 하나의 값

C : 위상변환(이상형) 회로의 콘덴서 중 하나의 값

예제 13-4 [그림 13-9(c)]에 표시된 회로에서 위상변환(이상형) 발진기가 동작할 때 주파수를 계산하시오.

풀이 $f_R = \frac{1}{2\pi \times \sqrt{6} \times R \times C} = \frac{1}{2\pi \times 2.45 \times 10\text{k}\Omega \times 0.0032\mu\text{F}} = 2[\text{kHz}]$

저항 또는 콘덴서 용량의 변화는 귀환회로의 동작을 방해하기 때문에 RC 위상변환(이상형) 발진기는 보통 고정된 주파수 발진기로 사용된다. 발진주파수의 안정성을 증가시키기 위해서 많은 RC 위상변환(이상형) 발진기들은 4개의 45° RC 회로 또는 6개의 30° RC 회로를 채용하고 이들을 결합하여 180° 위상변화를 제공한다.

RC 위상변환(이상형) 회로의 수를 증가시키는 것은 각 회로들이 더 작은 위상변화의 동작을 하게 하는 것을 의미한다. 따라서 구성소자의 노화와 온도변화로 발생하는 주파수 편차를 감소시킬 수 있다.

확인문제 13-3

1. RC 발진기는 일반적으로 (   )보다 낮은 주파수의 사인파를 필요로 하는 곳에 사용된다.

2. positive 피드백에 대해 몇몇 RC 위상변환 회로들은 (   )° 만큼 피드백 신호를 변환하기 위하여 필요하다.

해답 **1.** 저주파 **2.** 180°

13-4 | 555 타이머

555 타이머(Timer)는 이상발진기, 2개의 비교기, RS 플립플롭, 방전 트랜지스터로 구성된다. 이런 다양한 IC는 많은 응용에 사용되며 산업용으로 표준화가 되어 있다. 동작상태만 이해한다면 이런 놀라운 IC를 사용해서 새로운 것을 설계하려는 사람들에게는 좋은 일이 될 것이다.

RS 플립플롭(F/F)

[그림 13-10(a)]는 교차 결합된 한 쌍의 트랜지스터를 표시한 것이다. 각 컬렉터는 저항 R_B를 통해서 반대편 베이스를 구동한다. 이런 회로에서 하나의 트랜지스터가 포화되면 나머지가 차단된다.

예를 들어서 오른쪽 트랜지스터가 포화되면 컬렉터 전압이 거의 0이 된다. 이것은 왼편의 트랜지스터의 베이스 구동을 할 수 없기 때문에 차단상태로 되어 컬렉터 전압이 $+V_{CC}$가 된다는 것은 의미한다. 이런 높은 전압은 오른쪽 트랜지스터를 포화상태로 유지시키는 데 충분한 베이스 전류를 제공한다.

반면 오른쪽 트랜지스터가 차단되면 컬렉터 전압이 왼쪽 트랜지스터를 구동시켜서 포화상태로 만든다. 왼쪽 트랜지스터의 낮은 컬렉터 전압은 오른쪽 트랜지스터를 계속

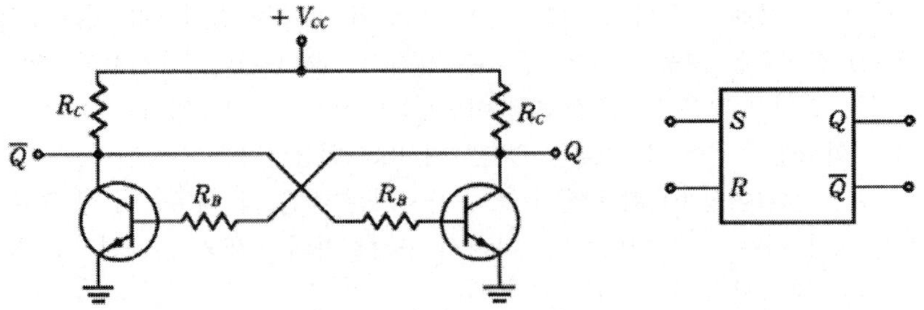

(a) (b)

[그림 13-10] (a) RS 플립플롭의 일부 (b) RS 플립플롭의 기호

차단상태로 유지시킨다. 어떤 트랜지스터가 포화상태인가에 따라서 Q출력은 낮을 수도 있고 높을 수도 있다.

회로에 다른 요소를 첨가함으로 해서 RS 플립플롭을 얻을 수 있고, 회로는 Q값이 높을 때 세트되고, Q값이 낮을 때는 리셋된다. 반대의 출력 Q는 다른 트랜지스터의 컬렉터에서 구해진다.

[그림 13-10(b)]는 RS 플립플롭의 도면기호를 표시하고 있다. 이런 기호를 보면서 다음 동작을 기억하라. 회로는 2가지 상태의 대치가 된다. 큰 S입력 Q를 high로 세트시키고, 큰 저항 R입력은 Q를 낮은 값으로 리셋시킨다. 출력 Q는 반대상태로 트리거될 때까지 주어진 상태로 유지한다.

기본 타이밍 개념

[그림 13-11(a)]는 555 타이머에 필요한 기본개념 중 일부를 표시한 것이다. 출력 Q는 high라고 가정한다. 이것이 트랜지스터를 포화시키고 접지에서의 콘덴서 전압을 클램프시킨다.

다시 말하면 콘덴서는 단락되고 충전되지 않는다. 비교기의 비반전 입력전압은 문턱전압(임계전압)이라고 불리고 반전 입력전압은 제어전압으로 사용된다. RS 플립플롭을 세트시켜서 포화된 트랜지스터가 0에서 문턱전압을 유지시킨다.

제어전압은 전압분배기에 의해서 +10[V]에 고정되어 있다. 높은 전압이 R입력에 가해진다고 가정하자. 이것이 RS 플립플롭을 리셋시켜서, 출력 Q를 low로 만들고 트랜지스터를 차단시킨다.

콘덴서 C는 이제 자유롭게 충전된다. 콘덴서가 충전되면 문턱전압이 증가한다. 결국 문턱전압은 제어전압(+10[V])보다 약간 크게 되고, 비교기의 출력은 high로 되어 RS 플립플롭을 세트시킨다.

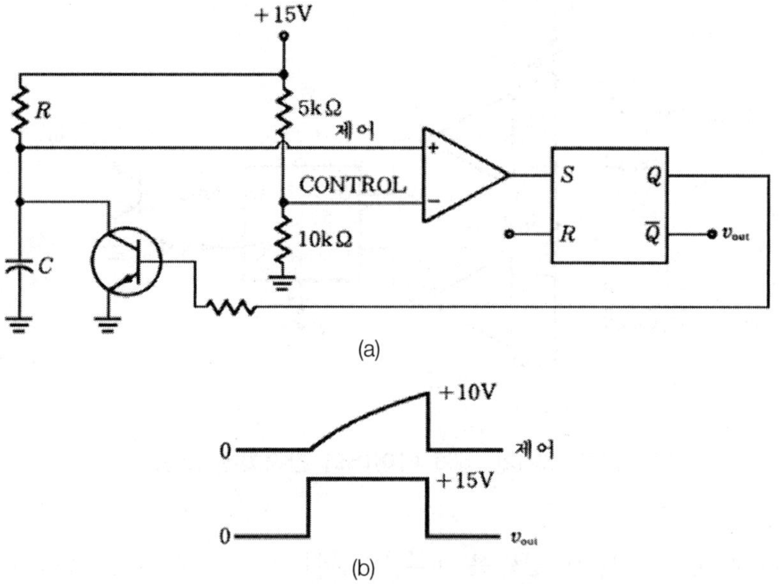

[그림 13-11] (a) 기본 타이밍 회로 (b) 콘덴서 전압은 지수함수이고 출력전압은 구형파이다.

높은 출력 Q는 트랜지스터를 포화시키고 재빨리 콘덴서를 방전시킨다. [그림 13-11 (b)]의 두 가지 파형을 중시하라. 콘덴서 양단에서 지수함수적으로 증가하고 $\overline{Q}$ 출력에서 +펄스로 나타난다.

555의 블록 다이어그램

[그림 13-12]는 시그네틱스사에 의해서 판매된 8핀용 IC 타이머인 NE555 타이머의 간략화된 블록 다이어그램을 표시하고 있다. 위쪽의 비교기는 문턱입력(6번 핀)과 제어입력(5번 핀)을 가진다. 대부분의 응용에서는 제어입력은 사용되지 않는다. 그래서 제어전압은 $+\frac{2}{3}V_{CC}$가 된다.

앞에서와 같이 문턱전압이 제어전압을 초과하면 비교기로부터의 높은 출력이 플립플롭을 세트시킨다. 방전 트랜지스터의 컬렉터가 7번 핀과 연결된다. 이런 핀이 외부의 타이밍 콘덴서와 연결될 때 플립플롭으로부터 높은 출력 Q가 낮으면 트랜지스터는 개방되고 콘덴서는 앞에서 기술한 것처럼 충전된다.

플립플롭으로부터의 complementary 신호가 3번 핀으로 가서 출력을 표시한다. 외부 리셋(4번 핀)이 접지되면 동작을 방해하는 장치를 표시하게 된다. 이런 on/off 상태가 경우에 따라서는 유용하게 된다.

대부분의 응용에서는 여하튼 외부의 리셋이 사용되지 않는다. 그래서 4번 핀은 전원에 직접 연결된다. 아래쪽 비교기를 주의하라. 이것의 반전입력은 트리거라 부른다(2번 핀).

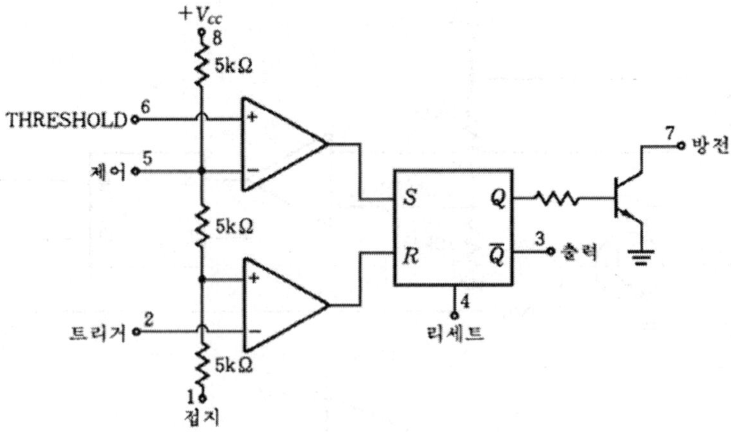

[그림 13-12] 555 타이머의 간략화된 그림

전압분배기 때문에 비반전 입력은 $+\frac{V_{CC}}{3}$ 전압으로 고정된다. 트리거 입력전압이 $+\frac{3}{3}V_{CC}$보다 약간 적을 때 연산증폭기는 high로 가고 플립플롭을 리셋시킨다. 결국 1번 핀은 칩 속의 접지이고, 8번 핀은 전원 핀이 된다. 555 타이머는 4.5[V]에서 16[V] 사이의 공급전원에서 동작하게 된다.

단안정 동작

[그림 13-13(a)]는 단안정(monostable) 동작으로 연결된 555 타이머를 표시한 것이다. 이 회로의 동작은 다음과 같다. 트리거 입력이 $+\frac{1}{3}V_{CC}$보다 약간 적으면 아래쪽 비교기는 high 출력을 갖고 플립플롭은 리셋된다. 이것이 트랜지스터를 차단시키고 콘덴서의 충전을 허용한다.

콘덴서 전압이 $+\frac{2}{3}V_{CC}$보다 약간 크면 위쪽의 비교기가 high 출력을 갖고 플립플롭을 세트시킨다. Q가 high를 유지하면 트랜지스터는 도통하고, 이것이 콘덴서를 재빠르게 방전시킨다.

[그림 13-13(b)]는 일반적인 파형을 표시하고 있다. 트리거 입력은 $+V_{CC}$의 정지값을 갖는 폭이 좁은 펄스이다. 이런 펄스는 플립플롭을 리셋시키기 위해서 $+\frac{1}{3}V_{CC}$까지 떨어진다.

문턱전압이 $+\frac{2}{3}V_{CC}$를 약간 초과하면 플립플롭은 세트된다. 이것이 트랜지스터를 포화시키고 콘덴서를 방전시킨다. 이 결과로 구형파의 출력 펄스를 얻을 수 있다. 콘덴서 C는 저항 R을 통해서 충전된다.

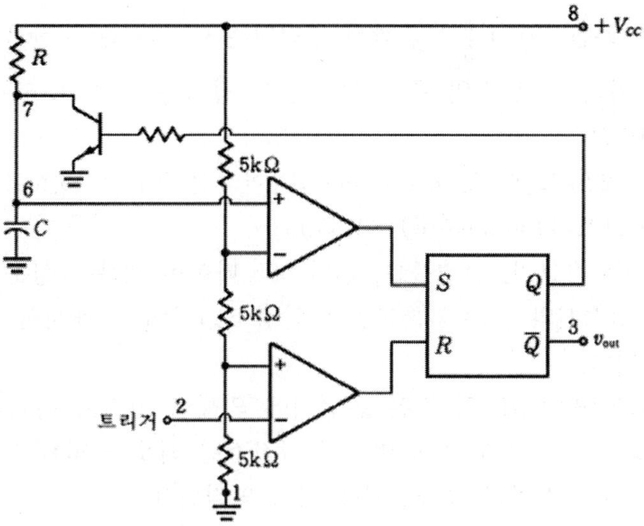

(a)

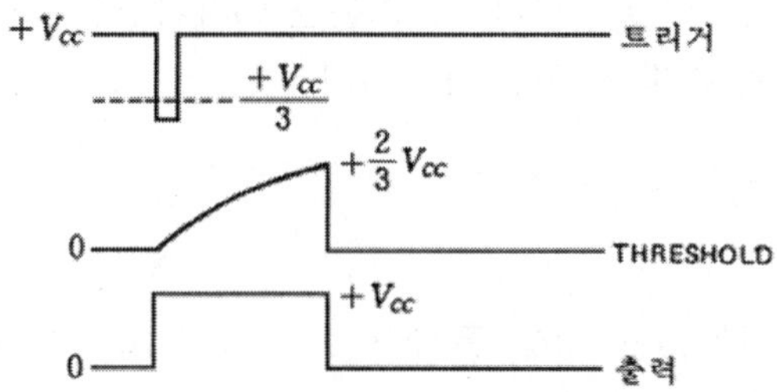

(b)

[그림 13-13] (a) 단안정 멀티바이브레이터로 연결된 555 타이머
(b) 트리거 출력, 문턱전압

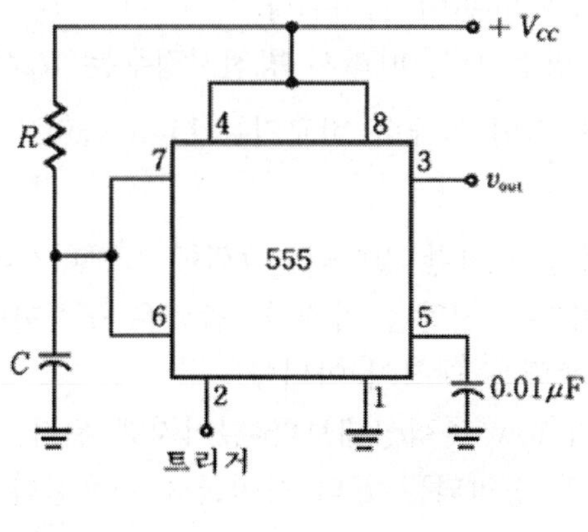

[그림 13-14] 555 단안정 타이머 회로

큰 RC 시정수는 콘덴서가 $+\frac{2}{3}V_{CC}$까지 충전되는 데 걸리는 시간을 길게 한다. 다시 말하면 RC 시정수가 출력 펄스의 폭을 제어한다. 펄스폭은 식 (13-7)처럼 구해진다.

$$W = 1.1RC \tag{13-7}$$

예를 들어서 $R = 22[\text{k}\Omega]$이고, $C = 0.068[\mu\text{F}]$이라면 폭은 1.65[ms]가 된다.

$$W = 1.1(22\text{k}\Omega)(0.068\mu\text{F}) = 1.65[\text{m}]$$

정상적으로 도면은 비교기, 플립플롭, 기타 555 타이머 내부의 성분은 표시하지 않는다. 그러나 [그림 13-14]와 같은 블록도는 단안정 555 회로를 표시한 것으로 핀과 외부 성분만 표시하고 있다.

5번 핀(제어 핀)은 $0.01[\mu\text{F}]$의 작은 콘덴서에 의해서 접지로 바이패스된다. 이것이 제어전압을 필터링해 준다. 555 타이머에서 갑작스런 리셋을 피하기 위해서 4번 핀은 [그림 13-14]에 표시한 것처럼 공급전원에 직접 연결된다.

요약하면 단안정 555 타이머는 [그림 13-14]에서 사용되는 외부의 R과 C에 의해서 폭이 결정되는 단일 펄스를 발생시킨다. 펄스는 -트리거 입력의 선단부에서 시작한다. one short 동작은 여러 가지의 응용에 사용된다.

비안정 동작

[그림 13-15(a)]는 비안정(astable) 동작으로 연결된 555 타이머를 표시하고 있다. Q가 low이면 트랜지스터가 차단되고 콘덴서는 $R_A + R_B$의 합성저항을 통해서 충전된다. 이런 이유 때문에 충전시정수($R_A + R_B$)는 C로 된다.

콘덴서가 충전하면 문턱전압이 증가한다. 결국 문턱전압은 $+\frac{2}{3}V_{CC}$까지 된다. 그러면 위쪽의 비교기가 high 출력을 갖고, 이것이 플립플롭을 세트시킨다. Q가 high로 되면 트랜지스터가 포화되고 7번 핀이 접지된다.

콘덴서는 R_B를 통해서 방전한다. 따라서 방전시정수는 R_BC가 된다. 콘덴서 전압이 $+\frac{1}{3}V_{CC}$ 약간 아래로 떨어지면 아래쪽 비교기는 high 출력을 갖고 이것이 플립플롭을 리셋시킨다.

[그림 13-15(b)]는 파형을 표시한 것이다. 그림에서 보다시피 타이밍 콘덴서는 지수함수적으로 증가하고 떨어지는 전압을 가진다. 출력은 구형파이다. 충전시정수가 방전시정수보다 길기 때문에 출력은 대칭이 아니다.

따라서 high 출력상태가 low 출력상태보다 길어지게 된다. 출력의 비대칭성을 확인하기 위해서 식 (13-8)처럼 정의되는 듀티 사이클을 이용한다.

$$D = \frac{W}{T} \times 100\% \tag{13-8}$$

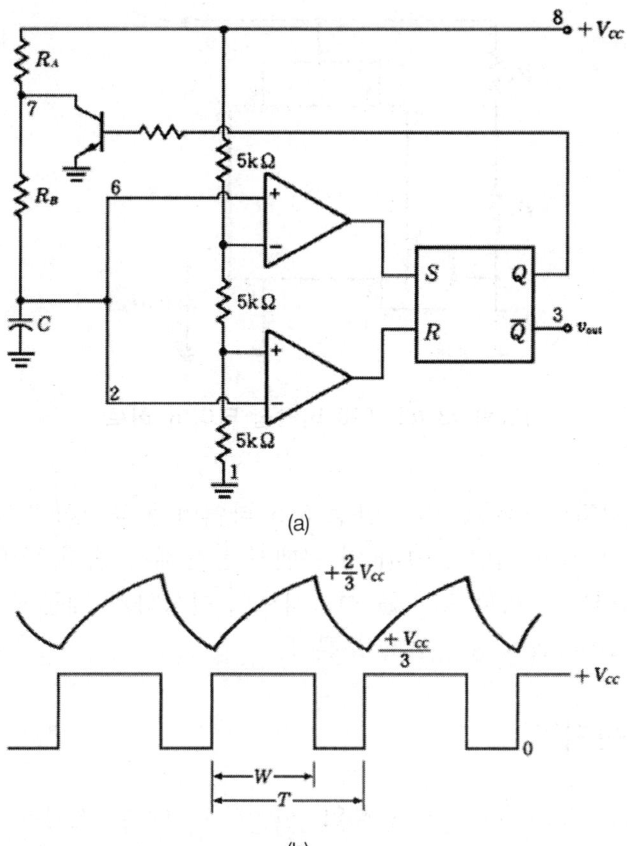

[그림 13-15] (a) 비안정 멀티바이브레이터로 연결된 555 타이머
(b) 콘덴서 파형과 출력파형

예를 들어, $W=2[\mathrm{ms}]$이고, $T=2.5[\mathrm{ms}]$라면 듀티 사이클은 80[%]가 된다.

$$D=\frac{2\,\mathrm{ms}}{2.5\,\mathrm{ms}}\times 100\% = 80[\%]$$

저항 R_A와 R_B에 의존하는 듀티 사이클은 50[%]와 100[%] 사이의 값을 가진다.

충전과 방전방정식에 대한 수학적인 해답은 식 (13-9)와 식 (13-10)으로 주어진다. 출력주파수는

$$f=\frac{1.44}{(R_A+2R_B)C} \tag{13-9}$$

듀티 사이클은

$$D=\frac{R_A+R_B}{R_A+2R_B}\times 100[\%] \tag{13-10}$$

이다. 만약 R_A가 R_B보다 약간 크다면 듀티 사이클은 50[%]로 나타낸다.

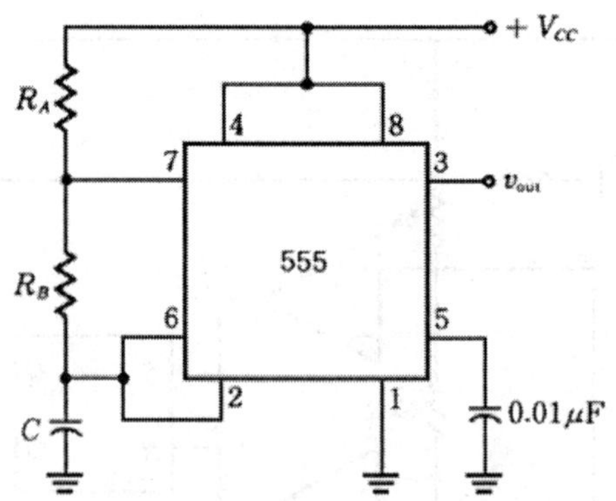

[그림 13-16] 555 비안정 타이머 회로

[그림 13-16]은 간략한 블록도로 비안정 555 타이머를 표시하고 있다. 4번 핀이 공급전원에 연결되었고, 5번 핀이 0.01μF의 콘덴서를 통해서 접지로 바이패스되어 있다.

비안정 555 타이머는 구형파 펄스를 연속적으로 발생하기 때문에 간혹 자주발진 멀티바이브레이터(multivibrators)라고도 부른다.

전압제어 발진기

[그림 13-17(a)]는 555 타이머 응용의 한 가지 예인 전압제어 발진기(voltage controlled oscillator)를 표시하고 있다. 이 회로는 입력전압을 출력주파수로 변화시키기 때문에 간혹 전압주파수 변환기라고도 부른다. 여기서는 이 회로의 동작을 알아본다.

5번 핀(제어 핀)은 위쪽 비교기의 반전입력에 연결되어 있다. 내부의 전압배분기 때문에 제어전압은 $+\frac{2}{3}V_{CC}$가 된다. [그림 13-17(a)]에서 외부 포텐쇼미터(전위차계)에 의한 전압이 내부전압을 무시하게 된다. 다시 말하면 포텐쇼미터를 조정함으로 해서 제어전압을 변화시킬 수 있다.

[그림 13-17(b)]는 타이밍 콘덴서 양단에 걸리는 전압을 설명하고 있다. 이것이 $+\frac{1}{2}V_{\text{control}}$과 $+V_{\text{control}}$ 사이에서 변한다는 점에 유의하라. 만약 V_{control}이 증가하면 콘덴서는 오랫동안 충전과 방전을 하게 된다. 따라서 주파수가 감소한다.

결과적으로 제어전압을 변화시킴으로 해서 회로의 주파수를 변화시킬 수 있다. 제어전압은 포텐쇼미터로부터 얻어지거나 트랜지스터 회로 연산증폭기 혹은 다른 소자의 출력에 의하는 수도 있다.

VCO의 가장 흥미 있는 응용분야는 PLL(위상고정 루프)이다.

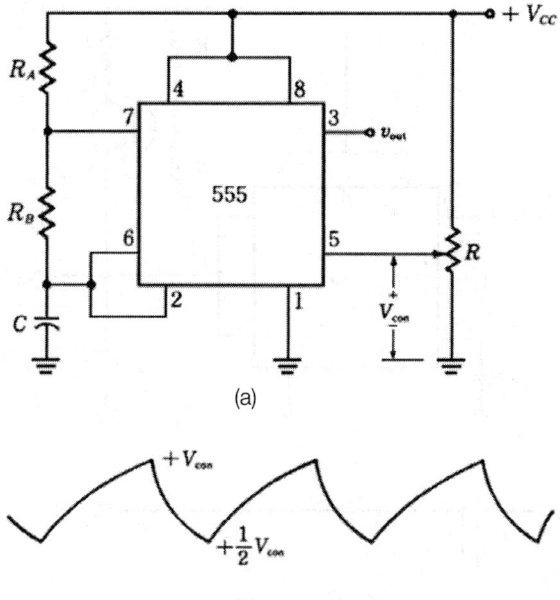

[그림 13-17] (a) 전압제어 발진기 (b) 콘덴서의 타이밍 파형

▌램프 발생기(Ramp Generator)

555 타이머의 또 다른 응용은 콘덴서의 충전이 저항을 통해서 지수함수적 파형을 발생시키는 데 있다. 만약 콘덴서를 충전시키는 데 일정한 전류원을 사용한다면 램프를 얻을 수 있다. 이것은 [그림 13-18(a)]의 회로에 표시된 기본 개념이다.

pnp 전류원을 갖는 앞의 회로에서 저항을 대치시키면 식 (13-11)과 같은 일정한 충전전류를 구할 수 있다.

$$I_C = \frac{V_{CC} - V_E}{R_E} \tag{13-11}$$

여기서

$$V_E = \frac{R_2}{R_1 + R_2} V_{CC} + V_{BE} \tag{13-12}$$

이다.

예를 들어서 $V_{CC} = 15[\mathrm{V}]$, $R_E = 20[\mathrm{k\Omega}]$, $R_1 = 5[\mathrm{k\Omega}]$, $R_2 = 10[\mathrm{k\Omega}]$, $V_{BE} = 0.7[\mathrm{V}]$라면 $V_E = 10.7[\mathrm{V}]$, $I_C = 0.215[\mathrm{mA}]$가 된다.

$$V_E = 10\mathrm{V} + 0.7\mathrm{V} = 10.7[\mathrm{V}]$$

$$I_C = \frac{15\mathrm{V} - 10.7\mathrm{V}}{20\mathrm{k\Omega}} = 0.215[\mathrm{mA}]$$

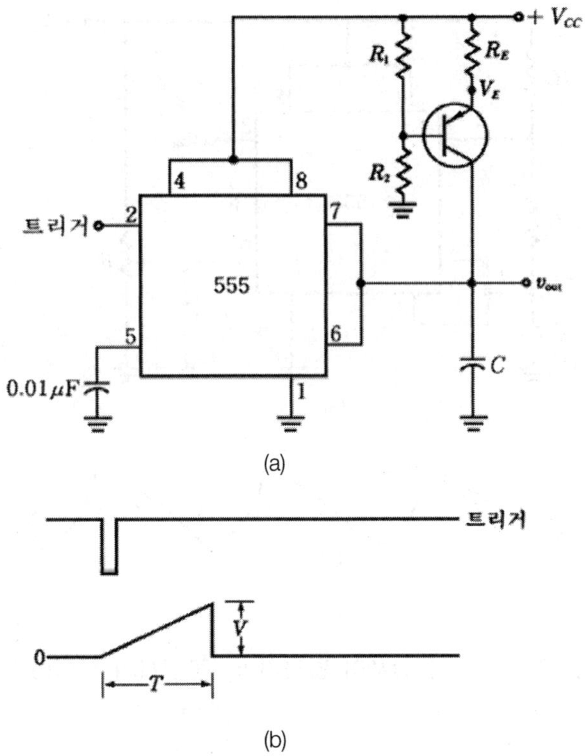

[그림 13-18] (a) 램프 출력을 발생시키기 위해서 사용되는 쌍극성 트랜지스터 전류원과 555 타이머 (b) 트리거와 램프 파형

트리거가 [그림 13-18(a)]의 단안정 타이머를 시동시키면 pnp 전류원은 콘덴서로 일정한 충전전류를 흐르게 한다. 따라서 콘덴서 양단에 걸리는 전압은 [그림 13-18(b)]에 표시한 것 같은 램프가 된다. 이미 앞장에서 유도한 것처럼 램프의 기울기 S는 식 (13-13)과 같다.

$$S = \frac{I}{C} \tag{13-13}$$

만약 충전전류가 0.215[mA]이고 커패시턴스가 0.022[μF]라면 램프는 9.77[V/ms]의 기울기를 가진다.

$$S = \frac{0.215\text{mA}}{0.022\text{uF}} = 9.77[\text{V/ms}]$$

기초문제

1. 발진기 회로는 기본적으로 (　　　)에서 (　　　)로 변환한다.

(a) AC에서 DC로　　(b) DC에서 AC로
(c) AC에서 AC로　　(d) DC에서 DC로

2. 발진시키기 위하여 동조회로는 (　　　)을 갖춘 증폭기가 필요하다.

(a) Regrnerative 피드백　　(b) Degrnerative 피드백
(c) Negative 피드백　　(d) Positive 피드백

3. LC발진기 중 어떤 것이 변압기를 사용하는가?

(a) 하틀리 발진기　　(b) 콜피츠 발진기
(c) 암스트롱 발진기　　(d) 클랩 발진기

4. LC발진기 중 어떤 것이 중간 탭이 있는 인덕터를 사용하는가?

(a) 하틀리 발진기　　(b) 콜피츠 발진기
(c) 암스트롱 발진기　　(d) 클랩 발진기

5. (　　　)는 두 개의 직렬연결된 콘덴서를 병렬로 연결하여 추가적인 공진회로를 가진다.

(a) 하틀리 발진기　　(b) 콜피츠 발진기
(c) 암스트롱 발진기　　(d) 클랩 발진기

6. 발진기 회로는 트랜지스터가 (　　　)하는 동안 저항 때문에 회로의 손실된 에너지를 대체할 것이다.

(a) off　　(b) on

7. 고주파 안정된 출력이 회로 적용에 필요하다면 이상적인 선택은 (　　) 발진기이다.

(a) LC　　(b) 수정　　(c) RC

8. 120Hz의 저주파 발진이 필요하다면 이상적인 선택은 (　　) 발진기이다.

(a) LC　　(b) 수정　　(c) RC

9. 고주파의 사인파 발진이 필요하고 또 주파수 안정성이 중요하지 않은 경우에는 (　　) 발진기가 사용된다.

(a) LC　　(b) 수정　　(c) RC

10. AC 신호주파수가 수정의 직렬 공진회로에 공진주파수가 가해지면 수정의 임피던스는 (　　)가 된다.

(a) 최대　　(b) 최소　　(c) 변하지 않음　　(d) 0

해답

1. (b) **2.** (d) **3.** (c) **4.** (a) **5.** (b) **6.** (b) **7.** (b) **8.** (c) **9.** (c) **10.** (b)

응용문제

1. RC발진기 회로를 설명하시오.
2. LC발진기 회로를 설명하시오.
3. 암스트롱 발진기의 동작특성을 설명하시오.
4. 하틀리 발진기의 동작특성을 설명하시오.
5. 콜피츠 발진기의 동작특성을 설명하시오.
6. 수정발진기 회로를 설명하시오.
7. 하틀리, 수정발진기, 콜피츠 수정발진기, 피어스 수정발진기의 동작특성을 비교 설명하시오.
8. 이상형 발진기의 특성을 설명하시오.
9. 555 타이머의 동작특성을 설명하시오.

연습문제

1. [그림 13-19]에 표시된 회로의 종류를 말하고 발진주파수를 계산하시오.

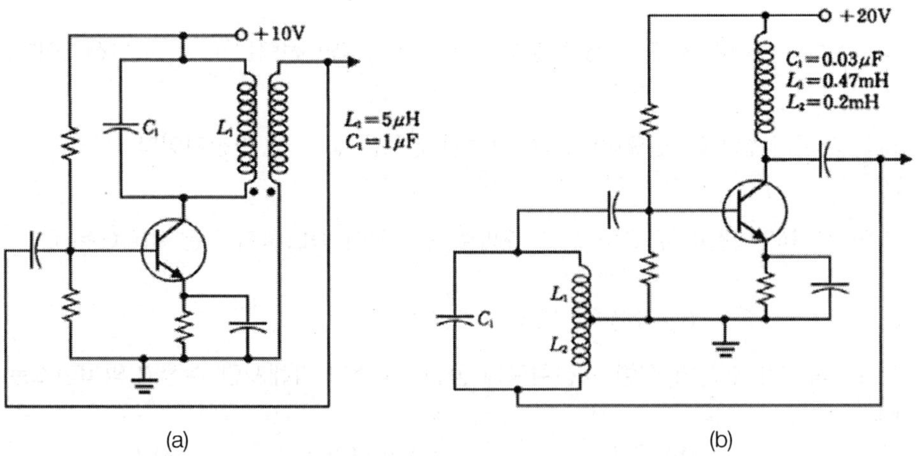

[그림 13-19] LC발진기

2. [그림 13-20]에 표시된 회로의 종류를 말하고 발진주파수를 계산하시오.

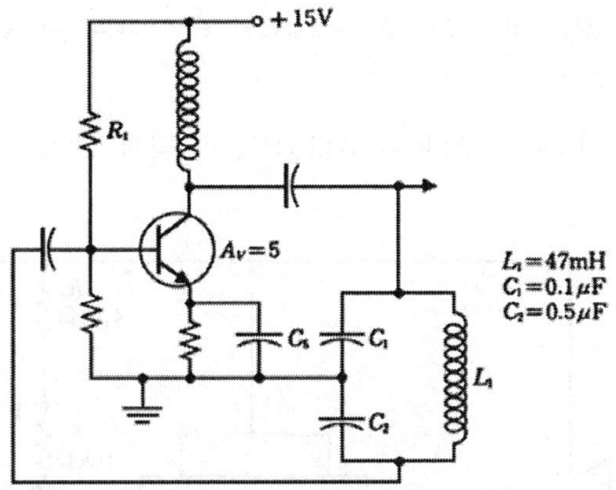

[그림 13-20] LC발진기

3. [그림 13-21]에 표시된 회로의 명칭은 무엇인가?

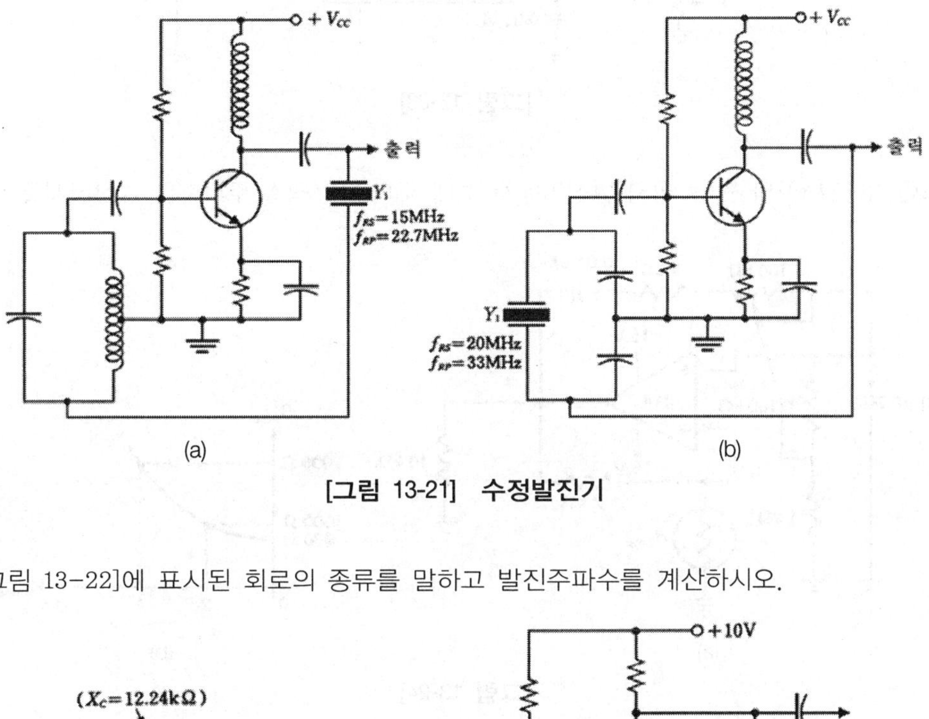

[그림 13-21] 수정발진기

4. [그림 13-22]에 표시된 회로의 종류를 말하고 발진주파수를 계산하시오.

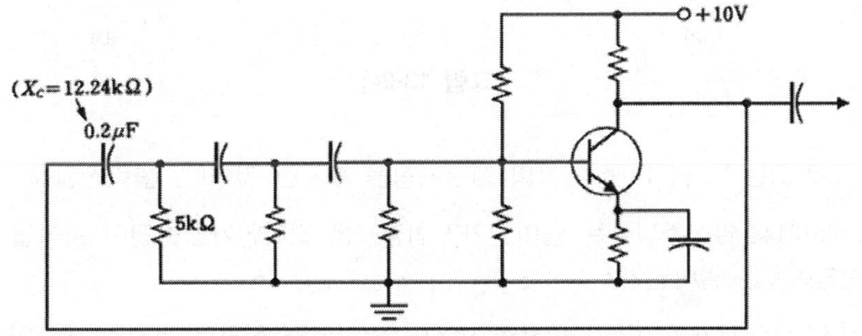

[그림 13-22] RC발진기 회로

5. 비안정 555 타이머가 $R_A = 10[\text{k}\Omega]$, $R_B = 2[\text{k}\Omega]$, $C = 0.0047[\mu\text{F}]$를 가진다면 출력주파수와 듀티 사이클은 얼마인가?

6. [그림 13-23]에서 $R_E = 10[\text{k}\Omega]$, $22[\text{k}\Omega]$, $33[\text{k}\Omega]$일 때 각각의 크기에 대해서 기울기를 계산하시오.

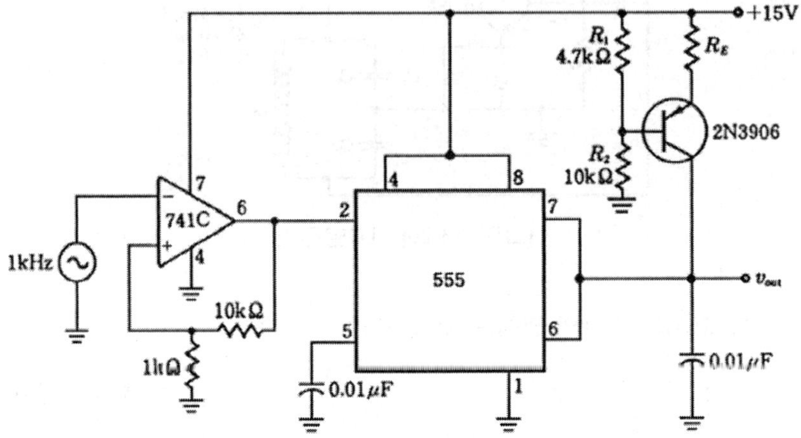

[그림 13-23]

7. [그림 13-24(a)]의 윈-브리지 발진기에서 최대 주파수와 최소 주파수를 계산하시오.

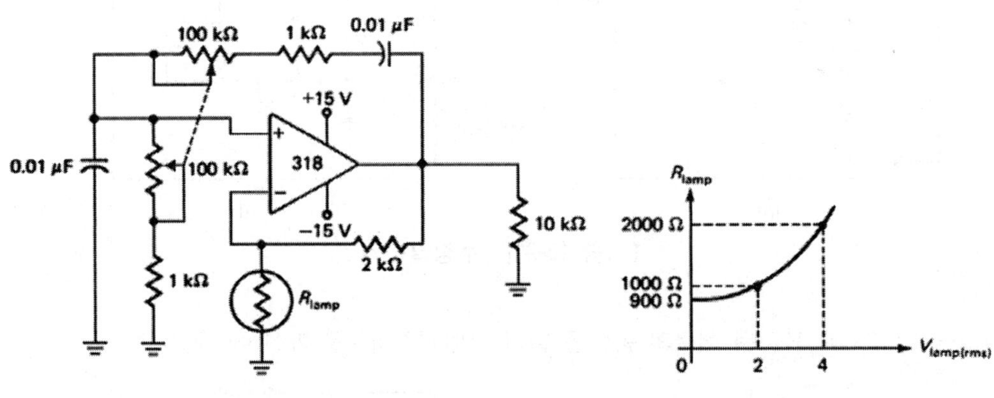

[그림 13-24]

8. [그림 13-24(b)]는 [그림 13-24(a)]의 전구저항을 표시한 것이다. 출력전압을 계산하시오.

9. [그림 13-25]에서 발진주파수는 얼마인가? 귀환율은 얼마인가? 발진이 시작될 때 회로에서 필요한 전압이득은 얼마인가?

10. 만약 50pF의 콘덴서가 [그림 13-25]의 15[μH] 인덕터와 직렬로 연결된다면 회로는 클랩 발진기가 된다. 발진주파수는 얼마인가?

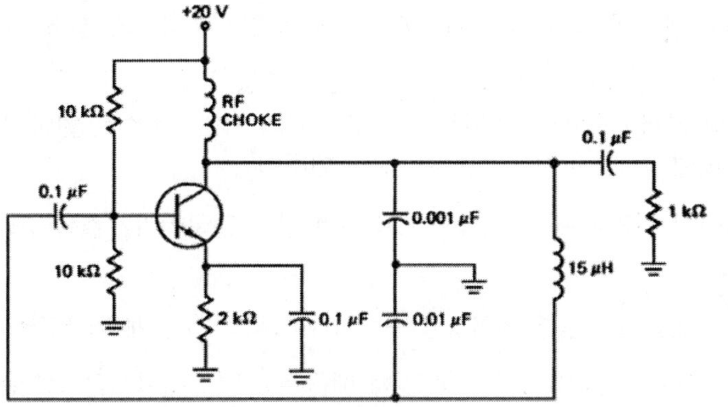

[그림 13-25]

11. [그림 13-26(a)]의 원-브리지 발진기는 [그림 13-26(b)]의 특성을 갖는 램프를 사용한다. 출력전압은 얼마인가?

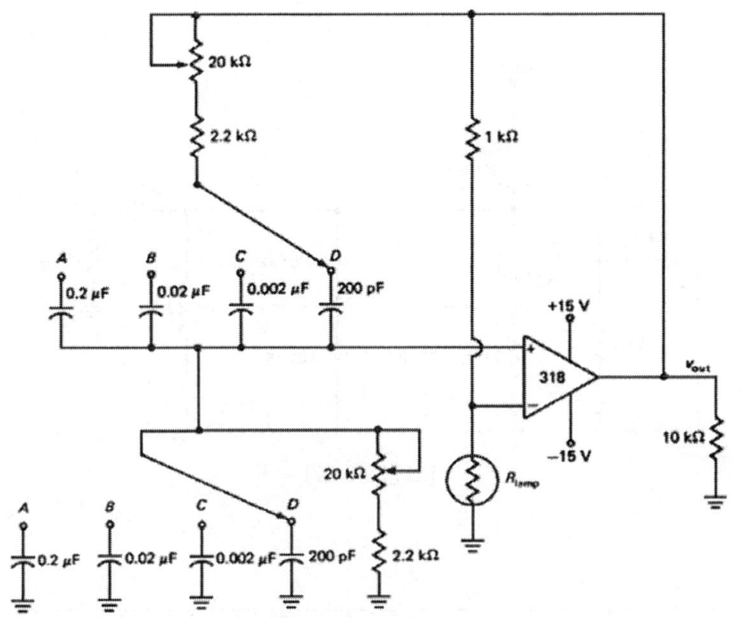

(a)

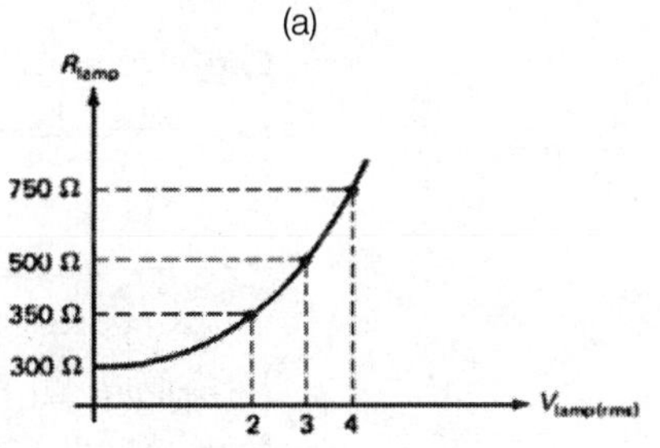

(b)

[그림 13-26]

12. [그림 13-26(a)]에서 각 스위치의 위치에서의 최대 발진주파수와 최소 발진주파수를 계산하시오.

13. [그림 13-26(a)]에서 negative 귀환을 갖는 증폭기의 차단주파수는 얼마인가? 최대 발진주파수의 적어도 10배 위에 있다면 차단주파수는 얼마인가?

14. [그림 13-27]에서 직류 이미터 전류의 대략적인 값은 얼마인가? 컬렉터와 이미터 사이의 직류전압은 얼마인가?

15. [그림 13-27]의 발진기가 공통 베이스를 구하기 위해서 다시 설계되었다면 귀환율은 얼마인가?

16. 수정의 기본주파수가 5[MHz]이다. 첫 번째 배음주파수의 대략적인 크기는 얼마인가? 두 번째 배음주파수와 세 번째 배음주파수는 얼마인가?

17. $L=[1\text{H}]$, $C_s=0.01[\text{pF}]$, $R=1000[\Omega]$, $C_m=20[\text{pF}]$를 갖는 수정의 교류 등가회로가 있다. (a) 직렬 공진주파수는 얼마인가? (b) 이런 주파수에서의 Q는 얼마인가?

18. [그림 13-27]의 콜피츠 발진기가 구동된다면 발생할 수 있는 고장을 적어도 3가지 이상 설명하시오.

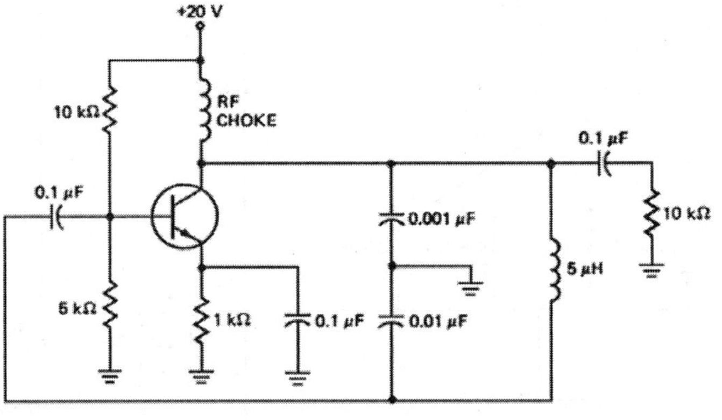

[그림 13-27]

해답

1. (a) 암스트롱 발진기

$$f_r=\frac{1}{2\pi\sqrt{L_1\times C_1}}=\frac{1}{6.28\sqrt{5\times10^{-6}\text{H}\times1\times10^{-6}\text{F}}}$$

$=71212\text{Hz}=71.2[\text{kHz}]$

(b) 하틀리 발진기

$$f_r=\frac{1}{2\pi\sqrt{(L_{1A}+L_{1B})\times C_1}}$$

$$=\frac{1}{6.28\sqrt{(0.47\times10^{-3}\text{H}+0.2\times10^{-3}\text{H})\times0.03\times10^{-6}\text{F}}}$$

$=35517\text{Hz}=35.517[\text{kHz}]$

2. 콜피츠 발진기

$$f_r=\frac{1}{2\pi\sqrt{L_1\times(\frac{C_1\times C_2}{C_1+C_2})}}$$

$$=\frac{1}{6.28\sqrt{47\times10^{-3}\text{H}\times\left(\frac{0.1\times10^{-6}\text{F}\times0.5\times10^{-6}\text{F}}{0.1\times10^{-6}\text{F}+0.5\times10^{-6}\text{F}}\right)}}$$

$=1285652\text{Hz}=1.2856[\text{MHz}]$

3. (a) 하틀리 수정발진기 (b) 피어스 수정발진기

4. 위상변환 발진기

해답

$$f_R = \frac{1}{2\pi \times \sqrt{6} \times R \times C}$$
$$= \frac{1}{6.28 \times \sqrt{6} \times 5 \times 10^3 \Omega \times 0.2 \times 10^{-6}\mathrm{F}} = 65[\mathrm{Hz}]$$

5. $f = \dfrac{1.44}{(R_A + 2R_B)C} = 21.9[\mathrm{kHz}]$,

$D = \dfrac{R_A + R_B}{R_A + 2R_B} \times 100\% = 85.7[\%]$

6. 10[kΩ]일 때 S=41[V/ms]

$R_1 = 4.7[\mathrm{k\Omega}]$, $R_2 = 10[\mathrm{k\Omega}]$, $V_{cc} = 15[\mathrm{V}]$, $V_{BE} = 0.7[\mathrm{V}]$, $R_E = 10[\mathrm{k\Omega}]$, $C = 0.01[\mu\mathrm{F}]$,

$V_E = \dfrac{R_2}{R_1 + R_2} \times V_{cc} + V_{BE} = 10.9[\mathrm{V}]$,

$I_C = \dfrac{V_{CC} - V_E}{R_E} = 0.41[\mathrm{mA}]$, $S = \dfrac{I_C}{C} = 41[\mathrm{V/ms}]$

(22[kΩ]일 때 S=18.6[V/ms], 33[kΩ]일 때 S=12.4[V/ms])

7. 가변저항기는 0[Ω]에서 100[kΩ]까지 범위를 가지므로 R값은 1[kΩ]에서 101[kΩ]이 된다. 따라서 발진기의 최소 주파수는 158[Hz], 최대 주파수는 15.9[kHz]가 된다.

$f_r = \dfrac{1}{2\pi(101\mathrm{k\Omega})(0.01\mu\mathrm{F})} = 158[\mathrm{Hz}]$,

$f_r = \dfrac{1}{2\pi(1\mathrm{k\Omega})(0.01\mu\mathrm{F})} = 15.9[\mathrm{kHz}]$

8. [그림 13-24(a)]에서 전구저항이 1[kΩ]일 때 출력진폭은 일정하게 된다. [그림 13-24(b)]에서 이것은 전구전압이 2[$\mathrm{V_{rms}}$]임을 의미한다. 전구를 통해서 흐르는 전류는 역시 2[kΩ]저항을 통과하게 되므로 이 저항양단에 4[$\mathrm{V_{rms}}$]의 신호가 존재하게 된다. 따라서 출력전압은 4[V]와 2[V]의 합인 6[V]가 된다($V_{out} = 6[\mathrm{V_s}]$).

9. 탱크회로의 등가 커패시턴스는 909[pF]이다.

$C = \dfrac{(0.001\mu\mathrm{F})(0.01\mu\mathrm{F})}{0.001\mu\mathrm{F} + 0.01\mu\mathrm{F}} = 909[\mathrm{pF}]$

인덕턴스는 15[μH], 발진주파수는 1.36[MHz]이다. $f_r = \dfrac{1}{2\pi\sqrt{(15\mu\mathrm{F})(909\mu\mathrm{F})}} = 1.36[\mathrm{MHz}]$

따라서 귀환율은 0.1이다. $B = \dfrac{0.001\mu\mathrm{F}}{0.01\mu\mathrm{F}} = 0.1$

발진이 시작되면 1.36[MHz]에서 전압이득은 10보다 커야 한다. 만약 가능하다면 차단주파수는 루프 주위에서 부가적인 위상 shift를 피하기 위해서 1.36[MHz]보다 높은 차단주파수가 필요하다. 다시 말하면 회로는 차단주파수 아래에서 0°인 루프 위상 shift를 가지며, 만약 증폭기의 전압이득의 감쇠를 시작하면 여분의 위상 shift는 차단주파수 위에서 발진을 방지시키게 된다.

10. 첨가된 콘덴서의 커패시턴스가 50[pF]이므로 등가 커패시턴스 C는 작은 크기를 갖는 C_3값인 50[pF]이 된다.

$C = \dfrac{1}{1/0.001\mu\mathrm{F} + 1/0.01\mu\mathrm{F} + 1/50\mathrm{pF}} \cong 50[\mathrm{pF}]$

따라서 근사적인 차단주파수는 5.81[MHz]가 된다. $f_r \cong \dfrac{1}{2\pi\sqrt{(15\mu\mathrm{H})(50\mathrm{pF})}} = 5.81[\mathrm{MHz}]$

11. $V_{out} = 2\mathrm{V_{rms}} + 3\mathrm{V_{rms}} + 4\mathrm{V_{rms}} = 9[\mathrm{V_{rms}}]$

12. A점에서 최소 주파수

$f_r = \dfrac{1}{2\pi R_C} = \dfrac{1}{2\pi \times 22\mathrm{k\Omega} \times 0.2\mu\mathrm{F}} = 36.2[\mathrm{Hz}]$

최대 주파수

$f_r = \dfrac{1}{2\pi R_C} = \dfrac{1}{2\pi \times 2.2\mathrm{k\Omega} \times 0.2\mu\mathrm{F}} = 362[\mathrm{Hz}]$

B점에서 최소 주파수

$f_r = \dfrac{1}{2\pi R_C} = \dfrac{1}{2\pi \times 22\mathrm{k\Omega} \times 0.02\mu\mathrm{F}} = 362[\mathrm{Hz}]$

최대 주파수

$f_r = \dfrac{1}{2\pi R_C} = \dfrac{1}{2\pi \times 2.2\mathrm{k\Omega} \times 0.02\mu\mathrm{F}} = 3.62[\mathrm{kHz}]$

C점에서 최소 주파수

$f_r = \dfrac{1}{2\pi R_C} = \dfrac{1}{2\pi \times 22\mathrm{k\Omega} \times 0.002\mu\mathrm{F}} = 3.62[\mathrm{kHz}]$

최대 주파수

$f_r = \dfrac{1}{2\pi R_C} = \dfrac{1}{2\pi \times 2.2\mathrm{k\Omega} \times 0.002\mu\mathrm{F}} = 36.2[\mathrm{kHz}]$

D점에서 최소 주파수

$f_r = \dfrac{1}{2\pi R_C} = \dfrac{1}{2\pi \times 22\mathrm{k\Omega} \times 0.0002\mu\mathrm{F}} = 36.2[\mathrm{kHz}]$

최대 주파수

$f_r = \dfrac{1}{2\pi R_C} = \dfrac{1}{2\pi \times 2.2\mathrm{k\Omega} \times 0.0002\mu\mathrm{F}} = 362[\mathrm{kHz}]$

13. 차단주파수 $f = 363\mathrm{kHz} \times 10 = 3.62[\mathrm{MHz}]$

14. $I_E = \dfrac{V_{EE} - V_{BE}}{R_E} = \dfrac{6.67\mathrm{V} - 0.7\mathrm{V}}{1\mathrm{k\Omega}} = 5.97[\mathrm{mA}]$,

$V_{EE} = 6.67[\mathrm{V}]$, $V_{BE} = 0.7[\mathrm{V}]$,

$V_{CE} = V_{CC} - 5.97\mathrm{mA} \times 1\mathrm{k\Omega} = 20\mathrm{V} - 5.97\mathrm{V} = 14[\mathrm{V}]$

15. $B = \dfrac{1\mathrm{k\Omega}}{5\mathrm{k\Omega}} = 0.2$

16. 1차 배음주파수=5MHz+5MHz=10[MHz]
2차 배음주파수=10MHz+5MHz=15[MHz]
3차 배음주파수=15MHz+5MHz=20[MHz]

17. $f_s = \dfrac{1}{2\pi\sqrt{LC_S}} = 1.59[\mathrm{MHz}]$, $Q = \dfrac{2\pi fL}{R} = 10{,}000$

18. 바이어스 저항 10[kΩ] 개방, 5[kΩ] 단락, 1[kΩ] 개방, 초크 개방, 5[μH] 개방, 0.01[μF] 개방

제14장

다이리스터

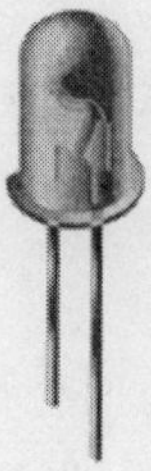

- ❑ 14-1 이상적인 래치 / 526
- ❑ 14-2 4층 다이오드 / 529
- ❑ 14-3 실리콘 제어 정류기(SCR) / 532
- ❑ 14-4 SCR의 변형 / 536
- ❑ 14-5 쌍방향 다이리스터 / 538
- ❑ 14-6 단접합 트랜지스터 / 540
- ❑ 14-7 다이리스터의 응용분야 / 543

다이리스터(thyristor)는 4층을 갖는 반도체 소자로 래치(latch) 동작을 발생시키는 내부귀환에 사용된다. 쌍극성 트랜지스터와 FET가 선형증폭기와 스위치로 사용되는 반면 다이리스터는 오직 스위치로만 사용된다.

다이리스터의 중요한 응용분야는 모터, 히터, 전등 시스템, 기타의 소자에 대한 큰 부하전류를 제어하는 것에 사용된다. 다이리스터의 단어가 갖는 의미는 그리스어로 문을 뜻한다.

14-1 | 이상적인 래치

모든 다이리스터는 [그림 14-1(a)]에 표시된 것 같은 이상적인 래치의 형태로 설명된다. 위쪽 트랜지스터 Q_1은 pnp 소자이고, 아래쪽 트랜지스터 Q_2는 npn 소자이다. 그림에서 보다시피 Q_1의 컬렉터가 Q_2의 베이스를 구동시키고 Q_2의 컬렉터가 Q_2의 베이스를 구동시킨다.

▮ 재 생

[그림 14-1(a)]는 보통 사용되지 않는 연결방법으로 재생이라고 불리는 정귀환을 가진다. 루프의 임의점에서 전류변화가 증폭되어 같은 위상을 갖고 시작된 점으로 귀환된다.

예를 들어서 Q_2의 베이스 전류가 증가하면 Q_2의 컬렉터 전류가 증가한다. 이것이 더 많은 베이스 전류가 Q_1을 통과하도록 하고, 이것은 다시 Q_1의 컬렉터 전류를 크게 발생시켜서 Q_2의 베이스를 더욱 크게 구동시킨다.

이런 동작은 2개의 트랜지스터 Q_1, Q_2가 포화될 때까지 계속된다. 이런 경우에는 래치가 [그림 14-1(b)]에 표시된 단락 스위치로 동작하게 된다. 그러나 무슨 이유 때문에 Q_2의 베이스 전류가 감소하면 Q_2의 컬렉터 전류도 감소된다.

이것이 Q_1의 베이스 전류를 감소시키고 Q_1의 컬렉터 전류가 적어지게 되면, Q_2의 베이스 전류를 감소시키고, 이런 재생은 Q_1, Q_2가 차단될 때까지 계속된다.

이때가 되면 래치는 [그림 14-1(c)]에 표시된 것처럼 개방 스위치로 동작하게 된다. 래치는 단락상태와 개방상태 2가지를 가진다. 또한 각 상태가 언제까지나 유지된다. 만약 단락되면 전류를 감소시키는 원인이 발생될 때까지 계속 단락상태가 되고, 개방된다면 전류가 증가하는 힘이 발생할 때까지 계속 개방상태를 유지한다.

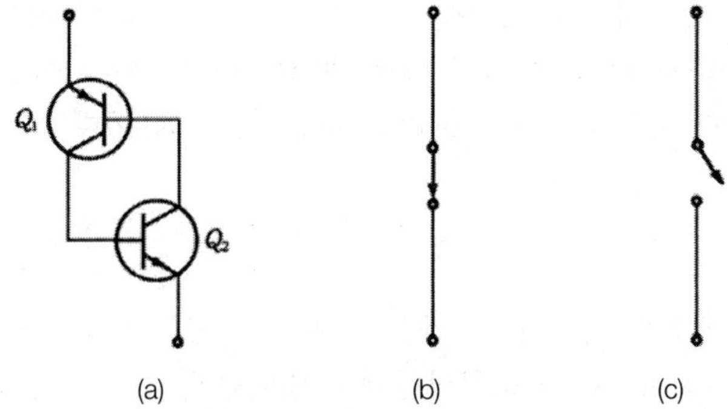

[그림 14-1] (a) **트랜지스터 래치** (b) **단락된 래치** (c) **개방된 래치**

트리거링

래치를 단락시키는 한 가지 방법은 어떤 베이스든지 간에 순방향 바이어스를 적용하는 트리거링이다. 예를 들면 [그림 14-2(a)]는 Q_2의 베이스에 폭이 좁고 날카로운 펄스가 가해지는 트리거(trigger)를 표시하고 있다.

래치가 A점 이전에 시간에 개방상태라고 가정하면 공급된 전압은 [그림 14-2(d)]에 표시된 부하선의 하한에 있게 된다. A점에 있는 순간 트리거는 순간적으로 Q_2의 베이스를 순방향 바이어스로 만든다. Q_2의 컬렉터 전류는 갑자기 흐르게 되어서 Q_1을 통해서 베이스 전류가 흐르도록 한다.

이번에는 Q_1의 컬렉터 전류가 흐르게 되어서 Q_1을 통해서 베이스 전류가 흐르도록 한다. 이번에는 Q_1의 컬렉터 전류가 흐르게 되서 Q_2의 베이스를 강하게 구동시킨다. Q_1의 컬렉터 전류가 Q_2의 베이스 전류를 공급하기 때문에 트리거 펄스는 더 이상 필요하지 않게 된다.

재생이 시작되면 자기 자신을 유지하고 양쪽 트랜지스터를 포화로 구동시킨다. 재생 스위칭 동작을 시작하는 데 필요한 최소의 입력전류를 트리거 전류라고 한다. 포화되면 양쪽의 트랜지스터는 이상적인 단락회로처럼 보인다.

따라서 래치는 [그림 14-2(c)]처럼 단락된다. 이상적으로 래치가 단락되면 양단에 걸리는 전압은 0이 되어 동작점은 [그림 14-2(d)]의 부하선에서 상한에 나타난다.

항 복

래치를 단락시키는 또 다른 방법은 항복에 의한 것이다. 이것은 컬렉터 다이오드를 항복시키기에 충분히 큰 V_{CC}를 사용하는 것을 의미한다. 한 번 항복이 시작되면 한 개의 컬렉터로부터 전류가 흘러서 다른 쪽 베이스를 구동한다. 이것은 마치 베이스가 트리거를 수신한 것과 같은 효과를 가진다.

비록 항복이 한쪽 컬렉터 다이오드의 항복으로부터 시작한다 해도 양쪽 트랜지스터가 포화상태일 때 끝나게 된다. 이것이 바로 래치를 단락시키는 이런 방법을 표시할 때 break down이라 쓰지 않고 break over라고 사용하는 이유이다.

저전류 중단

이상적인 래치를 어떻게 개방시키는가? 한 가지 방법은 부하전류를 0으로 감소시키는 것이다. 이것은 트랜지스터를 포화상태에서 벗어나게 해서 개방상태로 귀환시킨다.

예를 들어서 [그림 14-2(a)]에서 부하저항을 개방시킬 수 있다. 또 하나는 V_{CC}의 공급을 0까지 감소시키는 것이다. 어떤 방법이든지 간에 단락 래치는 개방된다. 래치 전류를 낮은 크기로 감소시키는 것에 의존하는 이런 형태의 개방을 저전류 중단이라 부른다.

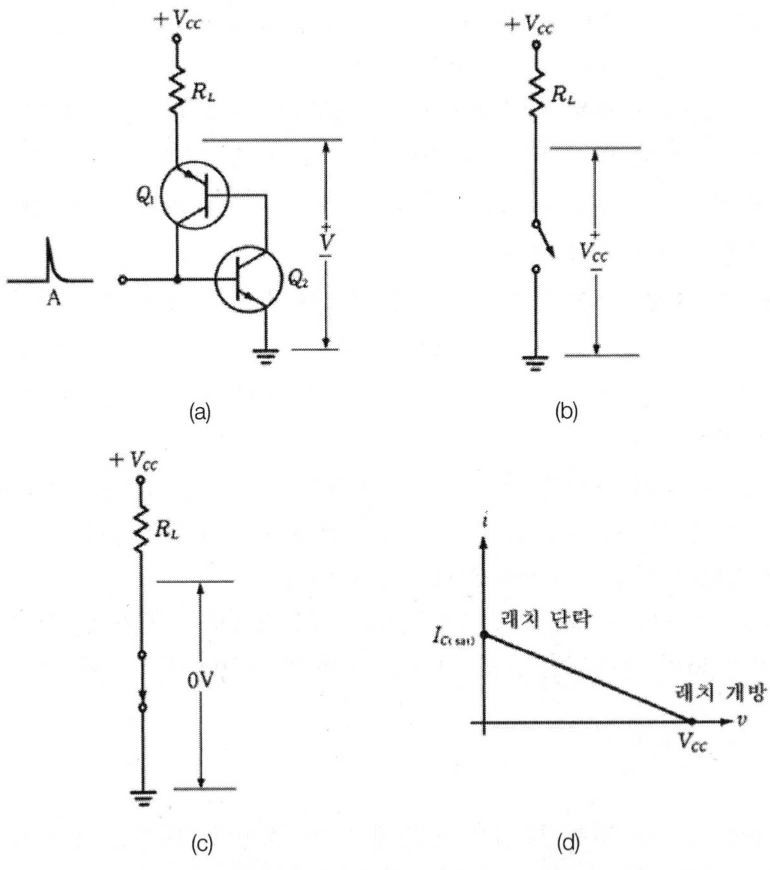

[그림 14-2] (a) 순방향으로 바이어스 되는 트리거와 단락 래치
(b) 개방 래치 양단에 나타나는 공급전압
(c) 단락 래치 양단에 나타나는 0전압 (d) 부하선

역바이어스 트리거링

래치를 개방시키는 또 다른 방법은 [그림 14-2(a)]에서의 역바이어스 트리거를 사용하는 것이다. +트리거 대신 −트리거가 사용될 때 Q_2의 베이스 전류가 감소한다. 이것은 Q_1의 베이스 전류를 감소시키고, 따라서 Q_1의 컬렉터 전류가 감소해서 재생은 급속도로 양쪽 트랜지스터를 차단상태로 만들고 래치가 개방된다.

14-2 | 4층 다이오드

[그림 14-3(a)]는 4층 다이오드(쇼클리 다이오드로 알려져 있다)라고 부른다. 오직 2개의 외부단자를 가지고 있기 때문에 다이오드로 분류된다. 또한 내부가 4층으로 도핑되어 있기 때문에 간혹 pnp 다이오드라고도 부른다.

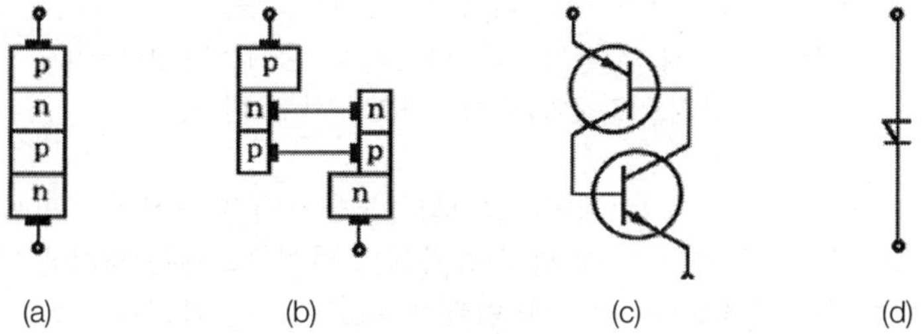

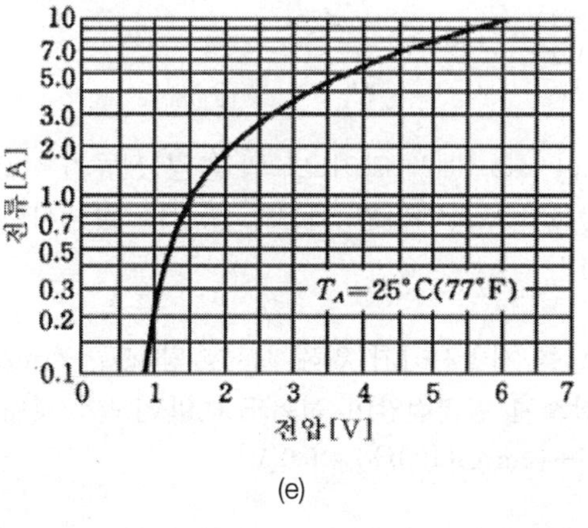

[그림 14-3] (a) 4층 다이오드의 구조 (b) 등가구조 (c) 등가회로 (d) 회로도 기호
(e) 4층 다이오드의 도통 시 전압전류 특성곡선

이런 다이오드가 어떻게 동작하는지 쉽게 이해하기 위한 방법은 [그림 14-3(b)]에 표시한 것처럼 두 부분으로 분리해서 형상화시키는 것이다. 왼쪽 반은 pnp 트랜지스터이고, 오른쪽 반은 npn 트랜지스터이다.

따라서 4층 다이오드는 [그림 14-3(c)]에 표시된 래치와 등가이다. 트리거 입력이 없기 때문에 4층 다이오드를 단락시키는 오직 한 가지의 방법은 항복에 의한 것이다. 또한 개방시키는 오직 한 가지의 방법은 저전류 중단이다.

4층 다이오드에서 래치를 개방시키기 위해서 모든 전류를 0으로 감소시킬 필요는 없다. 4층 다이오드의 내부 트랜지스터는 전류가 홀딩 전류라고 부르는 낮은 값으로 감소될 때 포화상태를 벗어난다.

[그림 14-3(d)]는 4층 다이오드의 기호도를 표시한 것이다. 4층 다이오드가 항복되면 다이오드 양단에 걸리는 전압이 존재하는 전류의 크기에 따라서 낮은 크기로 떨어진다. 예를 들면 [그림 14-3(e)]는 IN5158의 전류-전압 특성곡선을 표시한 것이다. 소자에서의 전류가 전압을 증가시키는 것을 볼 수 있다(0.2[A]에서 1[V], 0.95[A]에서 1.5[V], 1.8[A]에서 2[V]……).

예제 14-1 [그림 14-4(a)]에 표시된 IN5158은 10[V]의 항복전압을 가진다. 만약 다이오드가 도통하지 않고 입력전압이 +5[V]로 증가할 때 다이오드 전류는 얼마인가? 만약 입력전압이 +15[V]로 증가한다면 다이오드 전류는 얼마인가?(단, 다이오드 전압강하는 약 1[V]로 한다)

풀이 다이오드가 초기에 off되어 있으므로 도통시키기 위해서는 항복전압을 초과시키는 방법밖에 없다. 입력이 +5[V]까지 증가해도 다이오드에는 영향을 미치지 않는다. 따라서 개방상태를 유지한다. 그러나 입력이 +15[V]로 증가하면 4층 다이오드는 항복되고 단락된다. 따라서 전압강하를 1[V]로 가정하면 다이오드 전류는 140[mA]가 된다.

$$I = \frac{15\text{V} - 1\text{V}}{100\Omega} = 140[\text{mA}]$$

예제 14-2 [그림 14-4(a)]에서 다이오드의 홀딩 전류가 4[mA]이다. 만약 중단점에서 전압강하가 0.5[V]라면 저전류 중단을 발생시키기 직전의 입력전압은 얼마인가?

풀이 4층 다이오드를 개방시키기 위해서는 홀딩 전류 4[mA]를 낮은 크기로 감소시켜야 한다. 이것은 감소된 입력전압이 적어도 0.9[V]보다 낮아야 한다는 의미이다.

$$V = 0.5\text{V} + (4\text{mA})(100\Omega) = 0.9[\text{V}]$$

예제 14-3 [그림 14-4(b)]의 동작을 기술하시오.

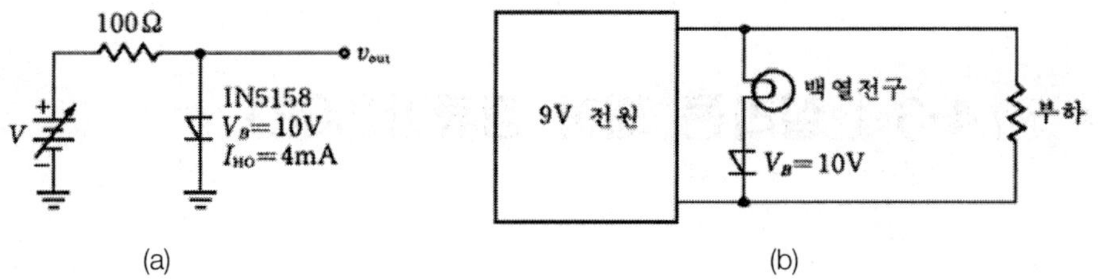

[그림 14-4] (a) 1N5158을 사용한 회로 (b) 초과 전압검출기로 사용되는 4층 다이오드

풀이 4층 다이오드는 10[V]의 항복전압을 가진다. 전력공급이 9[V]이기 때문에 4층 다이오드는 개방상태이고 전구는 꺼져 있다. 만약 무엇인가 잘못되어서 전압이 상승되어 10[V]가 되면 4층 다이오드가 도통하고 전구에 불이 들어온다.

비록 전압이 9[V]로 되돌아가도 다이오드는 발생된 과전압을 기억하는 것처럼 래치된 상태를 유지하게 된다. 램프가 꺼지는 한 가지 방법은 전원을 차단하는 것이다. 이런 회로를 초과 전압검출기라고 부르며, 전력공급이 제한영역에 있으면 잘못은 발생하지 않으나 만약 초과전압이 발생하면 비록 그것이 순간일지라도 램프가 점등되고 지속된다.

예제 14-4 [그림 14-5(a)]는 톱니파 발생기를 표시하고 있다. 회로동작을 기술하시오.

풀이 만약 4층 다이오드가 회로에 존재하지 않는다면 콘덴서는 지수함수적으로 충전되고, 전압은 [그림 14-5(b)]에 표시한 점선을 따라서 나타난다. 그러나 4층 다이오드가 회로 내에 있다면 콘덴서 전압이 10[V]에 도착하자마자 다이오드가 항복되고 래치가 단락된다.

콘덴서의 이런 방전은 플라이백(flyback ; 갑자기 감소됨) 콘덴서 전압을 발생시킨다. 플라이백에서의 전류강하는 holding 전류 아래로 되고 4층 다이오드는 개방되고 다음 주기에서 다시 시작한다.

[그림 14-5(a)]는 이상발진기의 또 다른 예로서 출력이 콘덴서(인덕터)의 충전과 방전에 의존하게 된다. 만약 RC 시정수가 증가하면 콘덴서는 10[V]를 충전하는 시간이 길어지고 톱니파의 주파수가 낮아진다. 예를 들어 [그림 14-5(c)]의 포텐쇼미터를 사용하면 주파수에서 50 : 1의 범위를 얻을 수 있다.

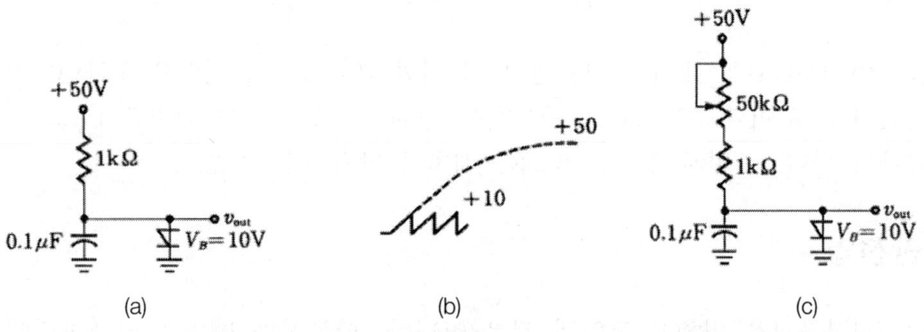

[그림 14-5] (a) 톱니파 발생기 (b) 출력파형 (c) 조정 가능한 톱니파 발생기

14-3 | 실리콘 제어 정류기(SCR)

SCR은 [그림 14-6(a)]에 표시한 것처럼 npn 부분의 베이스에 외부단자가 연결되기 때문에 4층 다이오드보다 더 유용하게 사용된다. 4층으로 도핑된 영역을 2개의 트랜지스터로 분리해서 [그림 14-6(b)]처럼 형상화시켜 보자.

따라서 SCR은 [그림 14-6(c)]에 표시된 것처럼 트리거 입력을 갖는 래치와 등가이다. [그림 14-6(d)]는 회로도에 사용되는 기호를 표시했다. 이 기호를 보면 트리거 입력을 갖는 래치와 등가인 것을 기억하도록 하라.

게이트 트리거링

SCR의 게이트는 [그림 14-6(c)]에 표시된 것처럼 다이오드와 등가이다. 이런 이유 때문에 SCR의 트리거에는 최소한 0.7[V]의 전압이 필요하다. 게다가 재생이 시작되기 위해서는 최소의 입력전류가 필요한데, 데이터 시트에는 SCR의 트리거 전류와 트리거 전압이 표시되어 있다.

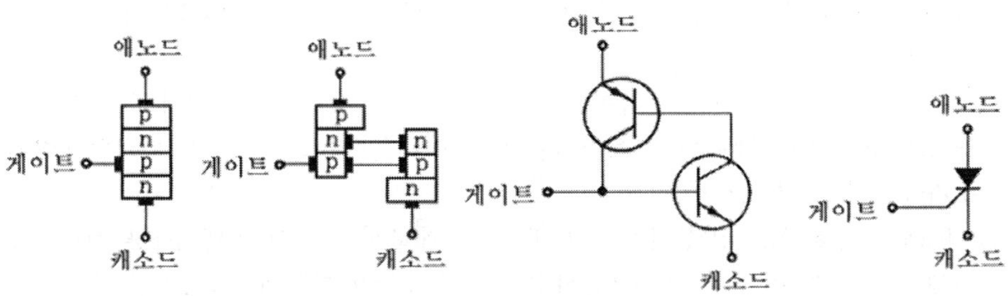

(a) 구조 (b) 등가구조 (c) 등가회로 (d) 도면기호

[그림 14-6] SCR

예를 들어 2N4441의 데이터 시트를 보면 일반적인 트리거 전압은 0.7[V]이고, 트리거 전류는 10[mA]이다. 2N4441을 구동하는 전원은 0.7[V]에서 적어도 10[mA]의 전류를 공급해야 한다. 그렇지 않으면 SCR은 래치를 단락시킬 수 없다.

차단전압

SCR은 항복동작을 위해서 고안된 것은 아니다. 항복전압 범위는 약 50[V]에서부터

2500[V] 이상인 것도 있으며, SCR의 형식번호에 따라서 달라진다. 대부분의 SCR은 트리거 단락과 저전류 개방형으로 설계되었다.

다시 말하면 SCR은 [그림 14-6(b)]에 표시된 것처럼 구성되어, 트리거가 게이트를 구동할 때까지 개방상태를 유지한다. 트리거가 되면 SCR 래치가 단락을 유지한다(비록 트리거가 사라진다 해도). SCR을 개방시키는 한 가지 방법은 전전류 중단이다.

대부분의 사람들은 SCR은 트리거나 SCR을 단락시킬 때까지 전압을 차단하는 소자로 생각한다. 이런 이유 때문에 항복전압이 데이터 시트에는 순방향 차단전압이라고 불린다.

예를 들면 2N4441은 약 50[V]의 순방향 차단전압을 가진다. 공급전원이 50[V] 미만이면 SCR은 항복하지 않고, 이것을 단락시키는 방법은 게이트 트리거를 공급하는 것이다.

대전류

대부분의 SCR은 산업용 소자로서 형식번호에 따라서 1[A] 미만에서부터 2500[A] 이상의 큰 전류범위를 취급할 수 있다. SCR은 대전류 소자이기 때문에 상대적으로 큰 트리거와 홀딩 전류를 가진다.

2N4441은 8[A]로서 도통되고 트리거 전류는 10[mA]이고 이것은 홀딩 전류이다. 이것은 게이트에 적어도 10[mA]가 공급되어야 하며 8[A]의 애노드 전류를 제어할 수 있다는 것을 의미한다(애노드와 캐소드는 [그림 14-6(d)]에 표시되어 있다).

예를 들면 C701은 SCR을 1250[A]까지 도통시키고 500[mA]의 트리거 전류와 500[mA]의 홀딩 전류를 가진다.

상승의 임계율

많은 응용에서 교류전원이 SCR에서도 사용된다. 주기의 어떤 점에서 게이트 트리거링을 시키면 모터, 히터 혹은 기타 부하와 같은 부하에 교류전력의 커다란 양을 제어할 수 있다.

SCR 내부의 접합 커패시턴스 때문에 SCR을 트리거하기 위한 공급전압을 갑자기 변화시키는 것이 가능하다. 만약 순방향 전압의 상승률이 충분히 크면 용량성 충전전류는 재생을 시작한다.

SCR의 잘못된 트리거링을 피하기 위해서 애노드 전압의 변화율은 데이터 시트에 기록되어 있는 전압의 임계 상승률을 초과할 수 없다. 예를 들어서 2N4441는 50[V/μs]의 임계전압 상승률을 가진다. 잘못된 트리거링을 피하기 위해서 애노드 전압은 50[V/μs] 이상으로 빨리 상승하면 안 된다.

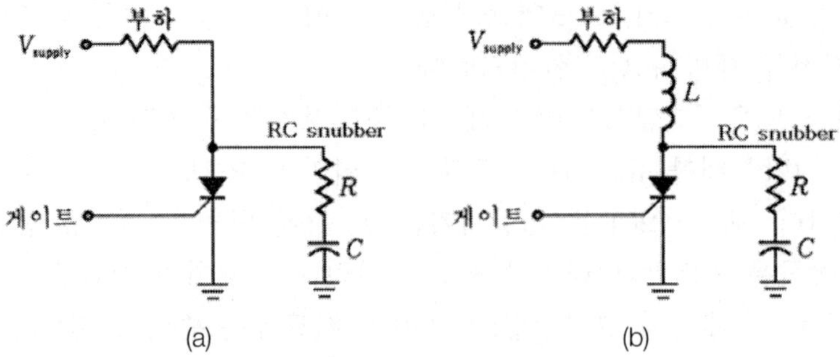

[그림 14-7] (a) 공급전원에서 공급천이 시 SCR을 보호하기 위한 RC 스너버
(b) 갑자기 변하는 전류에서 SCR을 보호하는 인덕터

또 다른 예를 보면 C701은 200[V/μs]의 임계전압 상승률을 가진다. 잘못된 동작을 피하기 위해서 애노드 전압은 200[V/μs] 이상으로 빨리 증가할 수는 없다. 스위칭 천이는 임계전압 상승률을 초과하는 가장 중요한 요인이다.

오동작의 스위칭 천이 효과를 감소시키는 한 가지 방법은 [그림 14-7(a)]에 표시한 RC 스너버(snubber)를 사용하면 된다. 만약 공급전원에서 고속 스위칭 천이가 발생한다면 RC회로 때문에 애노드에서 상승률이 감소된다.

애노드 전압의 상승률은 R과 C값과 마찬가지인 부하저항에 의존한다. 큰 SCR은 임계전류 상승률을 가진다. 예를 들면 C701은 150[A/μs]의 임계전류 상승률을 가진다. 만약 애노드 전류가 이것보다 빨리 증가하면 SCR은 파괴된다.

[그림 14-7(b)]에 표시된 것처럼 인덕턴스가 직류로 연결되면 마치 RC 스너버가 전압 상승률을 감소시키는 것처럼 전류 상승률을 감소시킨다.

부하 보호회로

SCR의 응용 중 한 가지는 전력공급의 초과전압으로부터 부하를 보호하는 것이다. 예를 들어 [그림 14-8(a)]는 저항과 직렬로 연결된 제너 다이오드에 공급되는 20[V] 전원을 표시하고 있다. 저항양단에 걸리는 전압이 부하와 병렬로 연결된 SCR의 게이트를 구동한다.

제너 전압은 21[V]이다. 20[V] 전력이 공급되면 제너 다이오드는 SCR 게이트 전압은 0이다. SCR이 개방되면 부하저항 양단에 20[V]가 나타난다. 만약 전원공급이 잘못되어서 전압이 21[V] 이상으로 증가하려면 제너 다이오드는 항복되고 SCR의 게이트에서 전압이 나타난다.

이런 전압이 약 0.7[V]를 초과하면 SCR 래치는 부하전압을 단락시킨다. 동작 부하단자 양단에 crowbar를 던지는 것과 유사하다. SCR의 turn on이 아주 빠르기 때문에 (2N4441은 us) 큰 과전압에 손상 영향에 대해서 부하가 보호된다.

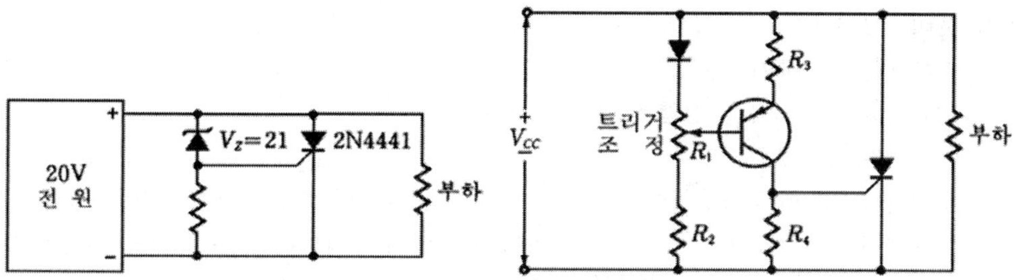

(a) soft 구동회로　　(b) 실제적인 회로

[그림 14-8] SCR 부하 보호회로

crow barring은 강력한 보호 수단이다. 디지털 IC가 사용되는 곳에는 아주 큰 초과 전압을 막지 못하면 값비싼 IC를 파괴시킨다. 따라서 초과전압의 기미가 보일 때 부하 단자를 단락시키기 위해서 SCR crowbar를 사용한다.

SCR crowbar를 사용하는 공급전원은 SCR이 단락될 때 초과전류를 방지하기 위해서 전류제한이 필요하다. [그림 14-8(a)]의 crowbar는 제너 다이오드 때문에 안전 동작을 한다.

[그림 14-8(b)]는 SCR crowbar의 좀 더 실제적인 예를 표시하고 있다. 트랜지스터가 트리거 신호를 증폭하여 강력하게 turn on시킨다. 저항 R_4 양단에 약 0.7[V]를 초과하는 전압이 걸리면 SCR이 도통된다.

원래의 다이오드는 트랜지스터의 베이스-이미터 다이오드 온도 보상을 포함하고 있다. 트리거 회로는 트립점을 정상전압의 10[%]에서 15[%] 이상으로 조정할 수 있다.

예제 14-5 [그림 14-9]는 SCR를 사용한 부하 보호회로를 표시하고 있다. 이 회로는 어떻게 동작하는가?

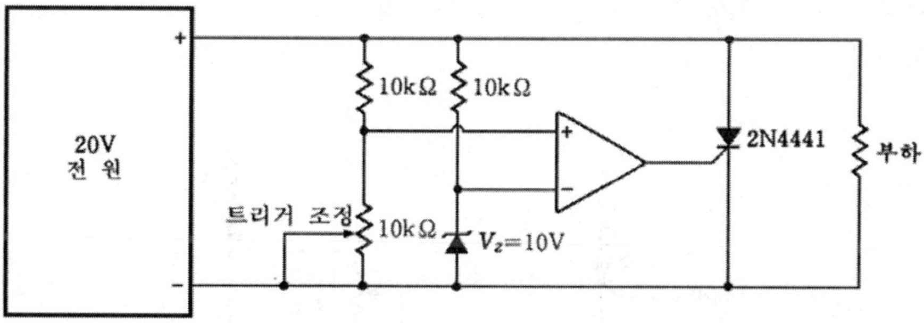

[그림 14-9] 빠른 스위칭에 대해서 비교기를 사용한 SCR 부하 보호회로

풀이 공급전압이 오직 20[V]이기 때문에 SCR은 정상적으로 개방상태이다. 제너 다이오드 때문에 10[V]가 비교기의 반전입력으로 들어간다. 트리거 조정은 비반전입력에 걸리는 10[V]보다 작은 전압을 발생시킨다.

결과적으로 오차전압은 '–'이므로 비교기는 '–'출력을 가진다. 이런 출력은 SCR과는 무관하다. 만약 공급전압이 20[V] 이상으로 증가하면 비반전입력은 10[V]보다 커지고 오차전압은 '+'가 되어 비교기의 출력이 SCR을 도통되도록 구동시킨다. 이것이 부하단자를 보호하기 위해서 전원을 갑자기 차단시킨다.

14-4 | SCR의 변형

SCR과 유사하게 사용된 pnp 소자가 있다. 이런 SCR의 변형에 대해서 간단히 설명한다. 여기서 설명되는 소자는 저전력 회로에 응용된다.

포토 SCR(LASCR)

[그림 14-10(a)]는 광-활성 SCR이라고 불리는 포토 SCR을 표시하고 있다. 화살표는 창을 통해서 공핍층을 때리는 입사광을 표시하고 있다. 빛이 충분히 강하면 가전자가 그들의 궤도에서 벗어나서 자유전자가 된다.

이런 자유전자들이 트랜지스터의 컬렉터를 흘러서 다른 트랜지스터의 베이스로 가고 재생이 시작되면 포토 SCR은 단락된다. 광트리거가 포토 SCR을 단락시키면 비록 빛이 없어져도 단락상태를 유지한다. 빛의 최대 감도는 게이트를 [그림 14-10(a)]에 표시한 것처럼 개방시킨다. 만약 트립점이 조정된다면 [그림 14-10(b)]에 표시된 트리거 조정이 포함된다. 게이트 저항은 전자를 발생시키는 빛을 제어하고 회로의 감도를 입사광으로 변화시킨다.

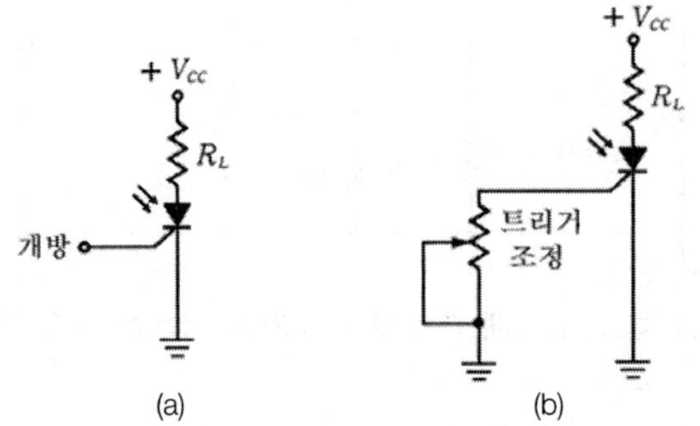

[그림 14-10] (a) 포토 SCR (b) 감도를 빛으로 조절한다.

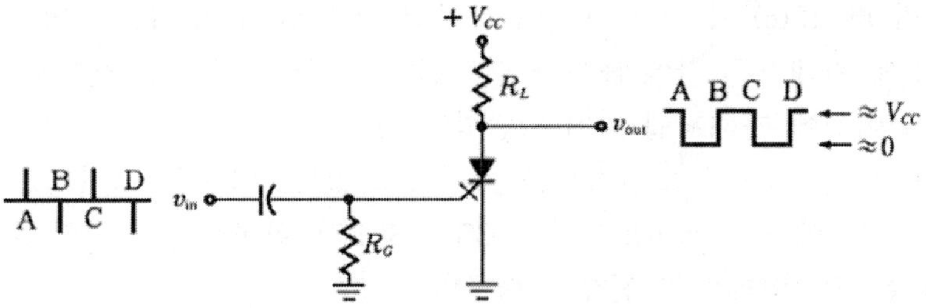

[그림 14-11] 게이트 제어 스위치

게이트 제어 스위치

앞에서 언급했지만 SCR을 개방시키는 정상적인 방법은 저전류 중단이다. 그러나 게이트 제어 스위치(gate controlled switch)인 GCS는 역바이어스된 트리거에 의해서 쉽게 개방되도록 설계되었다. GCS는 '+'트리거로 단락되고 '–'트리거로 개방된다(혹은 저전류 중단).

[그림 14–11]은 GCS 회로를 표시하고 있다. 각 '+'트리거는 GCS를 단락시키고 각 '–'트리거는 GCS를 개방시킨다. 이런 이유 때문에 출력에서 구형파를 얻을 수 있다. GCS는 카운터, 디지털 회로, '–'트리거가 off시키는 것이 가능한 기타 응용에서 유용하다.

실리콘 제어 스위치

[그림 14–12(a)]는 실리콘 제어 스위치(Silicon Controlled Switch:SCS)의 도핑된 영역을 표시하고 있다. 외부단자가 각 도핑영역에 연결되어 있다. [그림 14–12(b)]처럼 두 부분으로 분리시켜서 형상화시켜 보자.

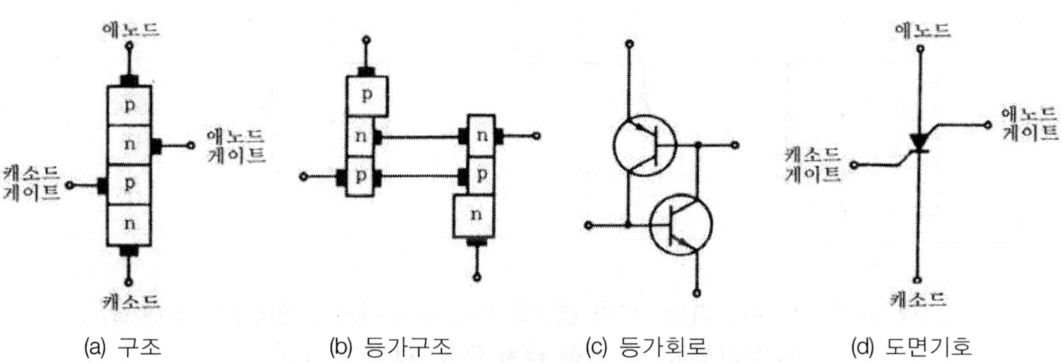

[그림 14-12] 실리콘 제어 스위치

따라서 [그림 14-12(c)]와 같은 래치와 등가인 것을 알 수 있다. 순방향 바이어스 트리거가 베이스에 가해지든 간에 SCS가 단락된다. 이와 유사하게 역방향으로 바이어스된 트리거가 베이스에 가해지면 SCS는 단락된다.

[그림 14-12(d)]는 SCS의 도면기호를 표시하고 있다. 아래쪽 게이트는 캐소드 게이트, 위쪽 게이트는 애노드 게이트이다. SCS는 SCR과 비교하면 저전력 소자이다. SCS는 암페어보다는 밀리암페어의 전류를 다룬다.

14-5 | 쌍방향 다이리스터

지금까지는 한 방향으로만 흐르는 단일방향 소자만을 설명했었다. 이 절에서는 전류가 쌍방향으로 흐를 수 있는 쌍방향 다이리스터를 설명한다.

다이악

다이악(DIAC)은 쌍방향의 래치 전류를 가진다. 다이악의 등가회로는 [그림 14-13]에 표시한 것처럼 4층 다이오드의 쌍이 병렬로 연결된 것이다. 이상적인 래치는 [그림 14-13(b)]와 같다. 다이악은 쌍방향에서 항복전압 이상으로 소자 양단의 전압이 증가할 때까지 도통되지 않는다.

예를 들어서 V가 [그림 14-13(a)]에 표시된 극성을 가진다면 V가 항복전압 이상으로 되면 왼쪽 다이악이 도통된다. 이런 경우에는 [그림 14-13(c)]에 표시한 것처럼 왼쪽 래치는 단락된다.

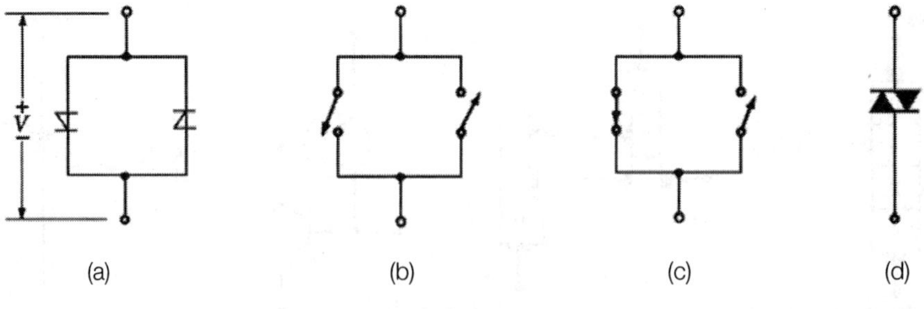

[그림 14-13] (a) 4층 다이오드가 병렬로 back to back으로 연결된 등가회로 (b) 등가회로 (c) 왼쪽 래치 단락 (d) 도면기호

그러나 V의 극성이 [그림 14-13(a)]에 표시된 것과 반대라면 V가 항복전압 이상이 될 때 오른쪽 래치가 단락된다. 다이악이 한번 도통하면 이것을 개방시키는 방법은 저전류 중단밖에 없다. 이것은 소자의 홀딩 전류 이하로 전류를 감소시켜야 한다는 것을 의미한다. [그림 14-13(d)]는 다이악의 도면기호를 표시한다.

트라이악

트라이악(TRIAC)은 [그림 14-14(a)]에 표시된 것처럼 2개의 SCR이 병렬로 연결된 것처럼 동작하며, [그림 14-14(b)]와 같은 2개의 래치와 등가이다. 이런 이유 때문에 트라이악은 어떤 방향에서도 전류를 제어할 수 있다.

항복전압은 항상 크기 때문에 트라이악을 정상적으로 도통시키는 방법은 순방향 바이어스 트리거를 발생시키는 것이다. 데이터 시트에는 트라이악을 도통시키는 데 필요한 트리거 전류와 트리거 전압이 표시되어 있다.

만약 V가 [그림 14-14(a)]와 같이 표시된 극성을 가진다면 +트리거가 가해질 때 왼쪽의 래치가 단락되고 V가 반대의 극성을 가질 때는 −트리거가 필요하다. 이때는 오른쪽 래치가 단락된다. [그림 14-14(c)]는 트라이악의 도면기호를 표시한다.

[그림 14-15]는 트라이악이 사용된 회로를 표시하고 있다. 저전력 스위치가 개방되면 트라이악은 도통되지 못하고 부하에는 교류전력이 도달되지 않는다.

그러나 스위치가 단락되면 전류가 R_2를 통해서 흐르고 트라이악을 각 반주기 동안 도통시킨다. 저항 R_1과 콘덴서 C는 트라이악의 손상으로부터 스위칭 천이를 방지하는 RC 스너버처럼 동작한다.

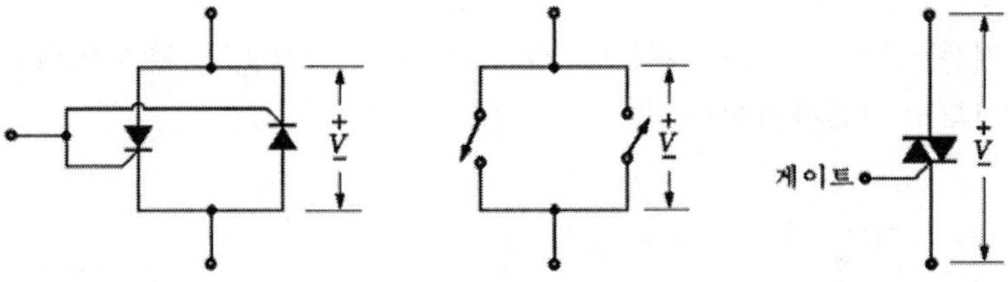

(a) SCR이 병렬로 연결된 등가회로 (b) 등가회로 (c) 도면기호

[그림 14-14] 트라이악

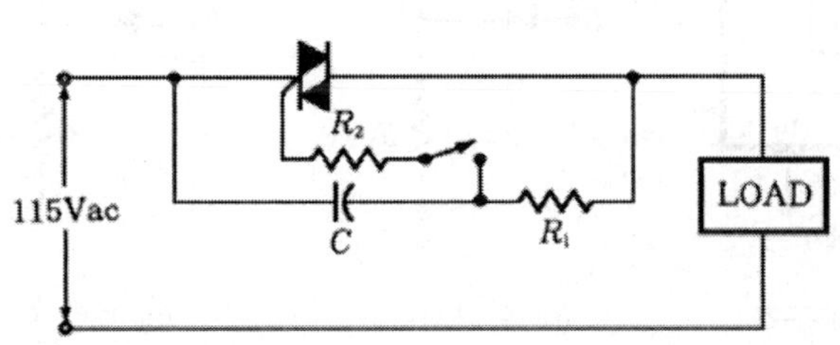

[그림 14-15] 고전력 스위치처럼 동작하는 저전력 스위치 제어 트라이악

14-6 | 단접합 트랜지스터

단접합 트랜지스터(UJT : Uni–Junction Transistor)는 2층 도핑 영역과 3개의 외부 단자를 갖는 소자로 [그림 14–16(a)]에 표시된 것과 같이 한 개의 이미터와 두 개의 베이스를 가진다. 이미터는 많은 정공을 갖는 강하게 도핑된 영역이고 n영역은 가볍게 도핑되어 있다.

이런 이유 때문에 베이스 사이의 저항은 상대적으로 높아서 이미터가 개방되었을 때 5kΩ ~10kΩ 정도이다. 이런 저항을 베이스 사이의 저항이라 하고 R_{EE}로 표시한다.

진성분리율

[그림 14–16(b)]는 UJT의 등가회로를 표시하고 있다. 이미터 다이오드는 두 개의 내부저항 R_1과 R_2의 접합을 구동한다. 이미터 다이오드가 off 상태일 때 R_{BB}는 R_1과 R_2의 합으로 구해지고 두 베이스 사이에 [그림 14–16(c)]처럼 전압이 가해지면 R_1 양단에 걸리는 전압은 식 (14–1)처럼 구해진다.

$$V_1 = \frac{R_1}{R_1 + R_2} V = \frac{R_1}{R_{BB}} V \tag{14–1}$$

혹은

$$V_1 = \eta V \tag{14–2}$$

이다. η의 크기는 진성 스탠드오프(standoff)율로서 전압분배 계수이다. 일반적인 η의 범위는 0.5에서부터 0.8까지이다.

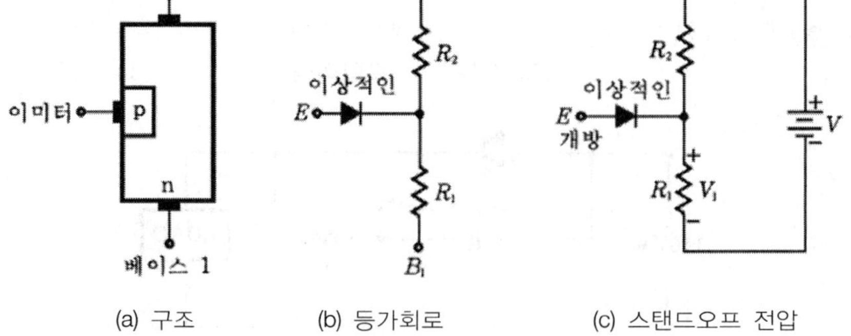

(a) 구조 (b) 등가회로 (c) 스탠드오프 전압

[그림 14-16] UJT

예를 들면 2N2646은 0.65의 η를 가진다. 만약 [그림 14-16(c)]에서 10[V]의 전압이 공급되고 UJT가 사용된다면, $V_1 = 6.5[\text{V}]$이다.

$$V_1 = \eta V = 0.65(10\text{V}) = 6.5[\text{V}]$$

[그림 14-16(c)]에서 모든 이미터 전압은 V_1보다 적어서 이미터 다이오드가 역바이어스를 유지하기 때문에 V_1은 진성 스탠드오프 전압이라 부른다. 만일 V_1이 6.5[V]라면 이상적으로 이미터 다이오드를 구동하기 위해서 이미터에 6.5[V] 이상을 가해 주어야 한다.

UJT의 동작

[그림 14-17(a)]는 이미터 공급전압이 0까지 강하된 것을 가상해서 그린 그림이다. 진성 스탠드오프 전압이 이미터 다이오드를 역바이어스시킨다. 이미터 공급전압 v_E가 V_1보다 약간 커질 때까지 증가하면 이미터 다이오드가 도통된다.

p영역이 n영역보다 강하게 도핑되어 있으므로 정공 UJT의 하단부로 주입된다. 얇게 도핑된 n영역에 긴 수명을 갖는 정공이 주어진다. 이런 정공은 이미터와 아래쪽 베이스 사이에 전도통로를 만든다.

정공을 갖는 UJT의 하단부의 흐름은 극적으로 낮은 저항 R_1을 가진다([그림 14-17(b)] 참조). R_1이 갑자기 낮아지므로 v_E는 낮은 값으로 갑자기 떨어지고 이미터 전류가 증가한다.

래치 등가회로

[그림 14-18(a)]의 UJT가 어떻게 동작하는가를 이해하기 위해서는 [그림 14-18(b)]의 래치 관계를 알아보면 된다. B_2에서 B_1까지는 +전압을 갖고 스탠드오프 전압 V_1 저항은 R_1 양단에 나타난다.

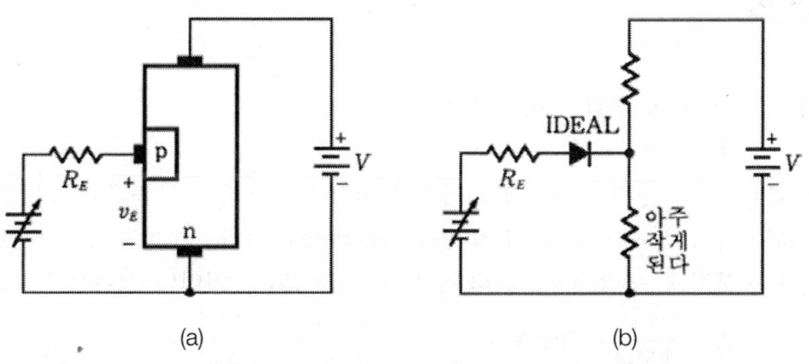

[그림 14-17] (a) UJT 회로 (b) 이미터 다이오드가 도통된 후 R_1은 '0'으로 접근

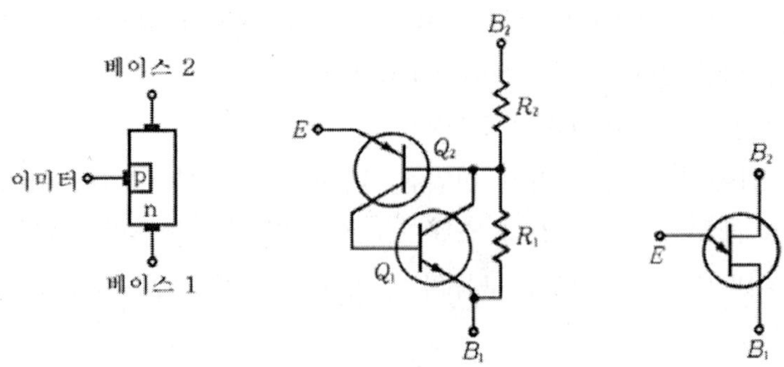

(a) 구조 (b) 래치 등가회로 (c) 도면기호

[그림 14-18] UJT의 구조

이미터 입력전압이 스탠드오프 전압보다 낮으면 역바이어스된 Q_2의 이미터 다이오드가 off 상태를 유지한다. 이미터 입력전압이 스탠드오프 전압보다 약간이라도 크면 Q_2는 도통되고 재생이 발생된다. 이것이 양쪽 트랜지스터를 포화상태로 만들고 이미터와 아래쪽 베이스를 단락시킨다.

[그림 14-18(c)]는 UJF의 도면기호를 표시한 것이다. 이미터의 화살표는 래치에서의 위쪽 이미터를 나타낸다. 이미터 전압이 스탠드오프 전압을 넘어서면 이미터와 아래쪽 베이스 사이의 래치는 단락된다.

이상적으로 E와 B_1 사이가 단락된 것을 형상화시킬 수 있다. 두 번째의 근사법은 이미터 포화전압으로 불리는 낮은 전압으로 E와 B_1 사이에 $V_{E(SAT)}$가 나타난다. 래치는 래치 전류(이미터 전류)가 홀딩 전류보다 크면 단락상태를 유지한다.

데이터 시트에는 홀딩 전류와 등가인 밸리(valley) 전류 I_V가 명기되어 있다. 예를 들어 2N2646은 6[mA]의 I_V를 가지면 래치가 단락상태를 유지한다. 따라서 이미터 전류는 당연히 6[mA] 이상이어야 한다.

예제 14-6 [그림 14-19]의 2N4871은 η가 0.85이다. 이상적인 이미터 전류는 얼마인가?

풀이 스탠드오프 전압은 8.5[V]이다.

$$V_1 = 0.85(10\text{V}) = 8.5[\text{V}]$$

이상적으로 v_E는 8.5[V]보다 커야만 이미터 다이오드가 도통되고 래치가 단락된다. 입력 스위치가 단락되면 20[V]가 400[Ω]저항을 구동한다. 이것은 스탠드오프 전압을 극복하기에 충분히 큰 전압이다. 따라서 래치는 단락되고 이미터 전류는 50[mA]가 흐른다.

$$I_E = \frac{20\text{V}}{400\Omega} = 50\text{mA}$$

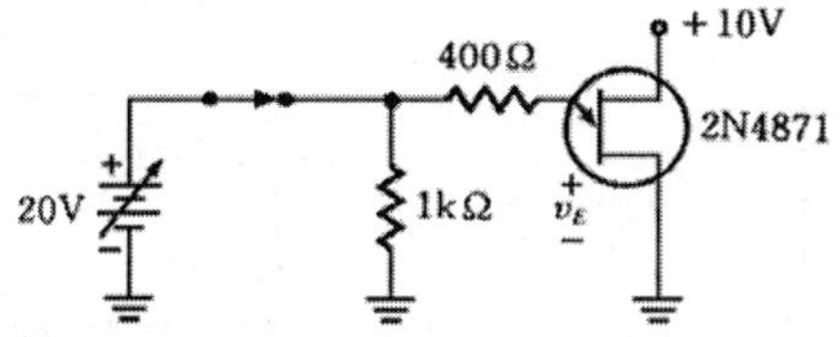

[그림 14-19]

예제 14-7 2N4871의 밸리(valley) 전류는 7[mA]이다. 이 점에서 이미터 전압이 1[V]일 때, [그림 14-19]에서 UJT를 개방시키는 이미터 공급전압은 얼마인가?

풀이 이미터 공급전압이 감소되면 이미터 전류가 감소한다. 7[mA]에서 v_E는 1[V]이므로 래치가 개방된다. 이때의 이미터 공급전압은 3.8[V]가 된다.

$$V = 1\text{V} + (7\text{mA})(400\Omega) = 3.8[\text{V}]$$

V가 3.8보다 적으면 UJT는 개방된다. UJT를 단락시키기 위해서 V는 8.5[V] 이상으로 증가시킬 필요가 있다(η가 0.85이기 때문에).

14-7 | 다이리스터의 응용분야

다이리스터는 모터, 솔레노이드(solenoide), 히터와 같은 유도성 부하와 저항성 부하에 대한 교류전력을 제어하는 데 많이 사용된다. 릴레이와 같은 비교소자와 특성을 비교해 보면 다이리스터는 낮은 가격과 높은 신뢰도를 가진다.

이 절에서는 다이리스터가 어떻게 이상적으로 사용되고 어떤 응용분야에서 동작되는지를 알아보도록 하자.

UJT 이상발진기

[그림 14-20(a)]는 UJT 이상발진기를 표시하고 있다. 동작은 [예제 14-4]의 이상발진기와 유사하다. 콘덴서는 V_{CC}까지 충전되나 충전된 전압이 스탠드오프 전압을 초과하면 UJT가 단락된다.

방전은 콘덴서가 저전류 중단이 발생될 때까지 계속되며, 이 순간에 UJT가 개방되고 다음 주기가 시작된다. 이런 결과 때문에 톱니파를 얻을 수 있다.

만약 각 베이스 회로에 적은 저항이 부가된다면 [그림 14-20(b)]에 표시된 톱니파, +트리거, -트리거와 같은 3가지 유용한 출력을 구할 수 있다.

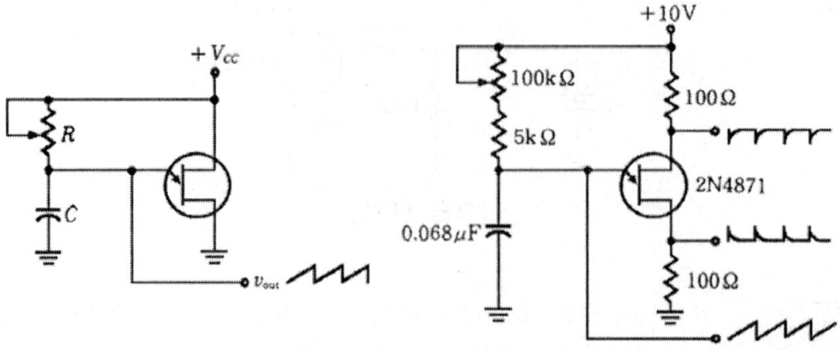

(a) 톱니파 발생기 (b) 톱니파와 트리거 출력

[그림 14-20] UJT 회로

톱니파의 플라이백(flyback) 동안에 UJT가 강하게 도통되기 때문에 트리거가 나타난다. [그림 14-20(b)]의 값을 갖는 주파수는 50[Hz]에서 1[kHz] 사이에서 조성된다.

자동차 점화장치

UJT 이상발진기 출력의 날카로운 트리거 펄스는 SCR의 트리거에 사용된다. 예를 들어서 [그림 14-21]은 자동차 점화장치 시스템을 표시한 것이다. 배전기 접점이 개방되어 있고, 콘덴서는 지수함수적으로 +12[V]까지 충전된다.

콘덴서 전압이 진성 스탠드오프 전압을 초과하게 되면 UJT는 1차 권선을 통해서 강하게 도통된다. 2차 측 전압이 SCR을 트리거한다. SCR 래치가 단락되면 출력 콘덴서의 positive end는 갑자기 접지된다.

출력 콘덴서가 점화 코일을 통해서 방전하면 높은 전압의 펄스가 스파크 플러그를 구동한다. 접점이 단락되면 회로는 자신이 다음 주기를 준비하도록 리셋시킨다.

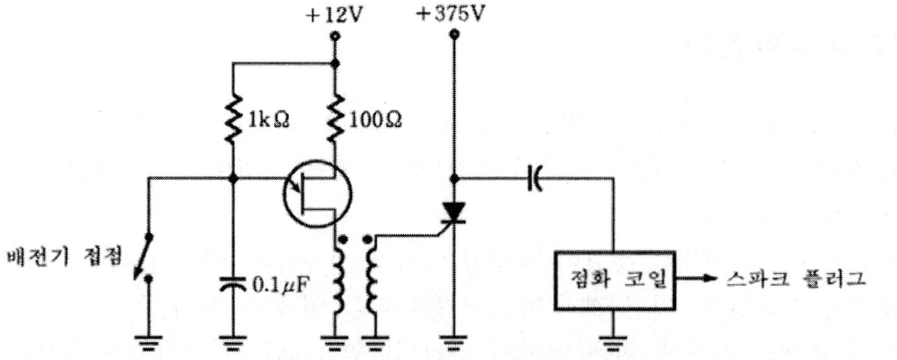

[그림 14-21] 자동차 점화장치에서 스파크를 발생시키기 위한 UJT의 SCR 트리거

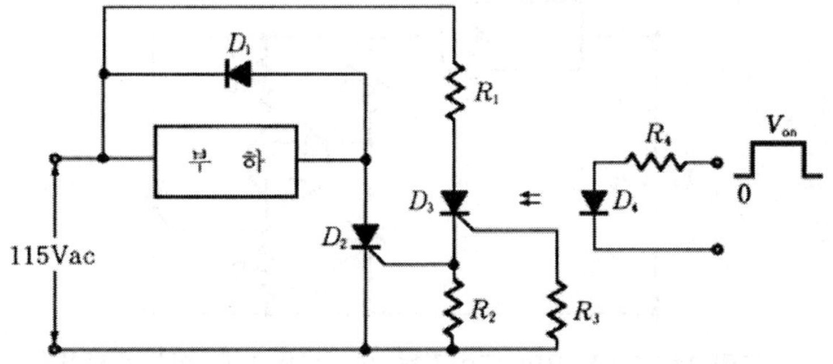

[그림 14-22] SCR을 제어하는 광결합기

▮ 광결합 제어

[그림 14-22]는 광결합 제어의 한 예를 표시한 것이다. 입력 펄스가 LED(D_4)를 도통시키면 자신의 빛이 포토(photo) SCR(D_3)을 활성화시킨다. 이번에는 이것이 메인 SCR(D_2)의 트리거 전압을 발생시킨다.

이런 방법으로 선전압의 +반주기의 분리된 제어를 얻을 수 있다. 일반적인 다이오드 D_1은 유도성 kickback과 역의 반주기 동안 발생할 수도 있는 천이로부터 SCR을 보호하기 위해서 필요하다.

▮ 다이악 트리거 SCR

[그림 14-23]에서 브리지 정류기에서 나온 전파출력이 다이악과 RC 충전회로에 의해서 제어되는 SCR을 구동한다. R_1을 조정함으로 해서 시정수를 변화시킬 수 있고 다이악이 점화되는 점을 제어할 수 있다.

이것은 램프와 히터, 기타 부하에 대해서 수백 W의 전력을 쉽게 제어할 수 있고 다이악 대신에 4층 다이오드를 사용할 수도 있다.

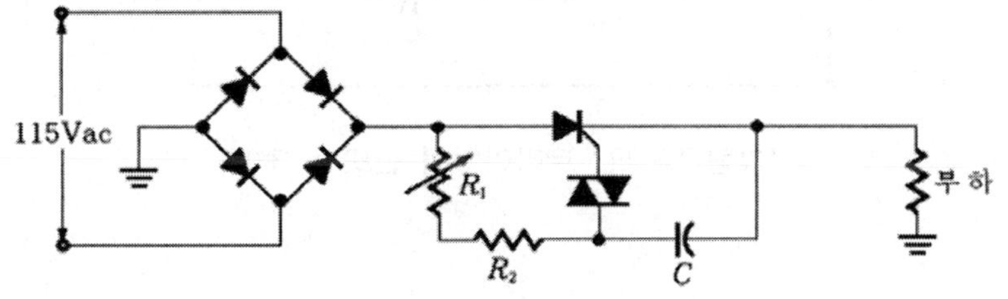

[그림 14-23] SCR의 전도각 제어

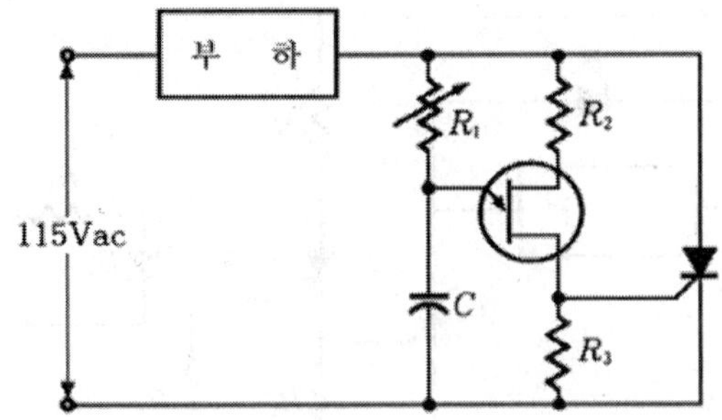

[그림 14-24] SCR의 도통각을 제어하는 UJT 이상발진기

UJT 트리거 SCR

[그림 14-24]는 SCR을 제어하는 또 다른 방법을 표시한 것으로 UJT 이상발진기가 사용된다. 부하는 모터, 램프, 히터 등 기타 소자일 수 있다. R_1을 변화시킴으로 해서 RC 시정수와 UJT에서의 점화 순간을 변화시킬 수 있다.

SCR의 도통각을 제어할 수 있는데, 이것은 부하전류의 제어를 의미한다. 회로는 SCR이 negative 반주기 동안만 도통하기 때문에 반파제어를 표시한다.

전파제어

[그림 14-25]의 다이악은 선전압의 어느 반파주기이든 간에 다이악을 트리거시킬 수 있다. 가변저항 R_1은 다이악 제어회로는 RC 시정수를 제어할 수 있다.

다이악이 점화될 때 주기 내의 점을 변화시키므로 다이악의 상태각을 조절할 수 있다. 이런 방법으로 큰 부하전류를 변화시킬 수 있다.

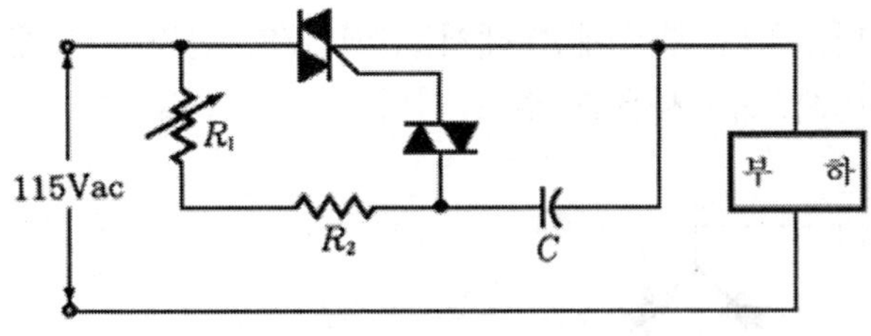

[그림 14-25] 트라이악의 전도각 제어

기초문제

1. 다음의 다이리스터 중 어느 것이 항상 직류전력을 제어하기 위해서 사용되는가?
(a) TRIAC (b) SCR (c) UJT
(d) DIAC (e) SCR과 UJT

2. 다음의 다이리스터 중 쌍방향성 소자는 어느 것인가?
(a) TRIAC (b) SCR (c) UJT (d) ENIAC

3. SCR의 게이트 전류가 ( )하면 순방향 브레이크 오버 전압은 ( )한다.
(a) 증가, 감소 (b) 증가, 증가 (c) 감소, 증가 (d) 감소, 감소

4. 다음의 다이리스터 중 대칭성 스위칭 특성을 갖는 것은 어느 것인가?
(a) TRIAC (b) SCR (c) UJT
(d) DIAC (e) SCR과 UJT

5. 빛이 인가될 때 전압을 발생시키는 감광소자는 다음 중 어느 것인가?
(a) 광도전 셀 (b) 포토다이오드 (c) 광전지 (d) 포토트랜지스터

6. 다음 중 단색광원은 무엇인가?
(a) LED (b) 전구 (c) IRD
(d) LCD (e) (b)와 (c)

7. 다음 소자 중 어느 것이 동전이 슬롯에 삽입될 때 검출하기 가장 적합한가?
(a) 피에조 저항성 센서 (b) 홀효과 센서 (c) PTC 더미스터
(d) 인터럽터 광분리기 (e) (a)와 (c)

8. LED 표시기를 능가하는 액정 표시기의 장점은 무엇인가?
(a) 저전력 소비 (b) 판독 용이 (c) 이동용 응용에 이상적이다.
(d) (a)와 (c) (e) (a)와 (b)

9. 전류제한기로 직렬 연결되어 사용되는 소자는 무엇인가?
(a) 홀효과 센서 (b) 피에조 저항성 센서
(c) PTC 더미스터 (d) NTC 더미스터

10. 다이리스터 중 3단자 다이리스터가 아닌 것은 어느 것인가?
(a) SCR (b) GTO (c) LASCR (d) SCS

11. 2방향성 3단자 다이리스터의 대표적인 것은 어느 것인가?
(a) SCR (b) SSS (c) SCS (d) TRIAC

12. 다이리스터에서의 래칭 전류에 관한 설명으로 옳은 것은 어느 것인가?
(a) 게이트를 개방한 상태에서 다이리스터 도통상태를 유지하기 위한 최소의 순전류이다.
(b) 게이트 전압을 인가한 후 급히 제거한 상태에서 도통상태가 유지되는 최소의 순전류이다.

(c) 다이리스터의 게이트를 개방한 상태에서 전압이 상승하면 급격하게 증가되는 순전류이다.
(d) 다이리스터가 턴on되기 시작하는 순전류이다.

13. SCR을 구동시키기 위한 보통의 게이트 펄스는 몇 [mA]가 가장 적당한가?
(a) 10[mA] (b) 20[mA] (c) 50[mA] (d) 80[mA]

14. SCR의 애노드 전류가 20[A]로 흐르고 있을 때 게이트 전류를 절반으로 줄이면 애노드 전류의 크기는 어떻게 되는가?
(a) 10[A] (b) 20[A] (c) 50[A] (d) 80[A]

15. SCR의 특징이 아닌 것은 어느 것인가?
(a) 아크가 발생되지 않기 때문에 열의 발생이 적다.
(b) 과전압에 약하다.
(c) 게이트에 신호를 인가할 때부터 도통할 때까지의 시간이 짧다.
(d) 전류가 흐르고 있을 때 양극의 전압강하가 크다.

16. SCR과 관계가 있는 것은 어느 것인가?
(a) 유지전류 이상이 되면 순방향 저지상태가 된다.
(b) 래칭 전류는 항상 유지전류보다 작다.
(c) 브레이크 오버 전압이 되면 애노드 전류가 갑자기 커진다.
(d) 항복전압 이상이 되면 역방향으로 턴on 하게 된다.

17. 다이오드를 사용한 정류회로에서 과도한 부하전류로 인해서 다이오드가 파손될 우려가 있을 때의 조치로 가장 적당한 것은 무엇인가?
(a) 다이오드를 병렬로 추가한다.
(b) 다이오드를 직렬로 추가한다.
(c) 다이오드 양단에 적당한 크기의 저항을 추가한다.
(d) 다이오드 양단에 적당한 크기의 콘덴서를 추가한다.

18. [그림 14-26]에서 SCR의 기호로 옳은 것은 어느 것인가?

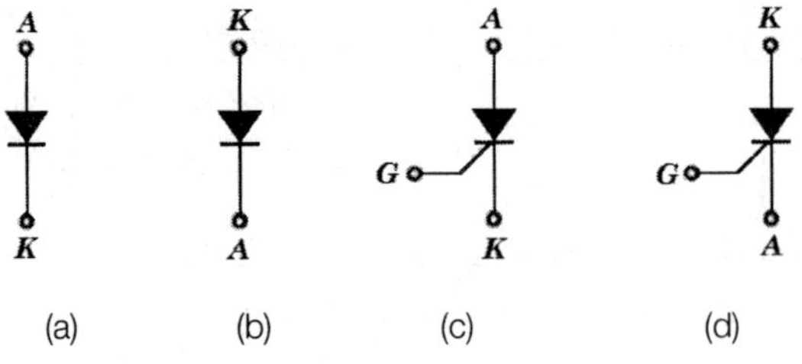

[그림 14-26]

19. [그림 14-27]에서 SBS(Silicon Bilateral Switch) 트리거 소자와 관계가 없는 것은 어느 것인가?

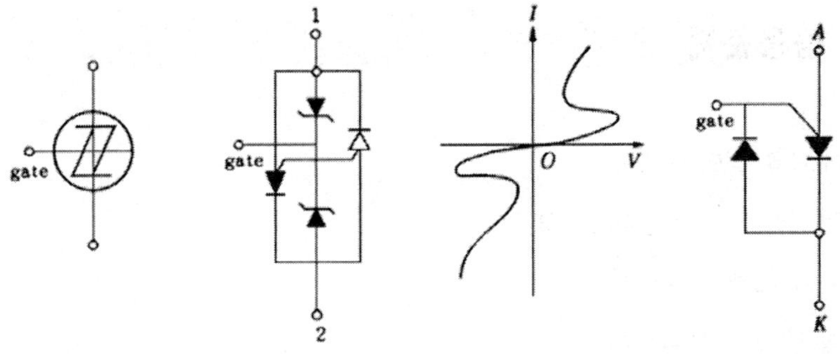

(a) (b) (c) (d)

[그림 14-27]

20. [그림 14-28]에서 PUT(Programmable Unijuction Transistor) 소자와 관계가 없는 것은 어느 것인가?

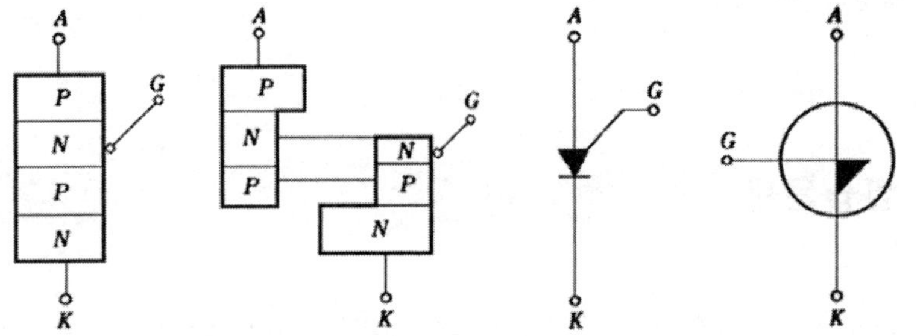

(a) (b) (c) (d)

[그림 14-28]

21. [그림 14-29]에서 TRIAC의 기호는 어느 것인가?

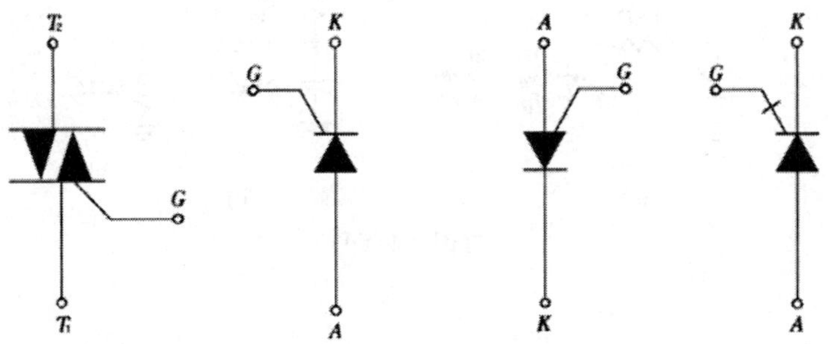

(a) (b) (c) (d)

[그림 14-29]

해답

1. (e) **2.** (a) **3.** (c) **4.** (d) **5.** (c) **6.** (c) **7.** (a) **8.** (d) **9.** (c) **10.** (d) **11.** (d) **12.** (d) **13.** (d) **14.** (b) **15.** (d) **16.** (c) **17.** (a) **18.** (c) **19.** (d) **20.** (d) **21.** (a)

응용문제

1. 이상적인 래치를 설명하시오.
2. 4층 다이오드에 대해서 설명하시오.
3. SCR의 특성에 대해서 설명하시오.
4. 포토 SCR에 대해서 설명하시오.
5. 게이트 제어 스위치에 대해서 설명하시오.
6. 다이악의 특성을 설명하시오.
7. UJT의 특성과 응용분야에 대해서 설명하시오.
8. LASCR을 설명하시오.

연습문제

1. [그림 14-30(a)]의 1N5160이 도통되고 있다. 만약 중단(dropout)점에서 다이오드 양단에 0.7[V]가 걸린다고 가정하면 저전력 중단(dropout)이 발생하는 V값은 얼마인가?

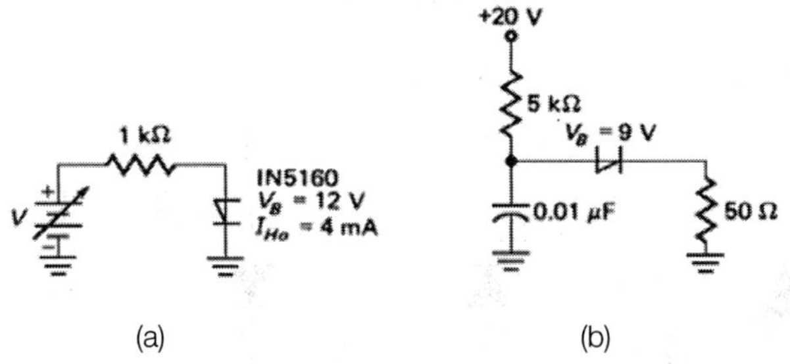

[그림 14-30]

2. [그림 14-30(b)]의 50[Ω] 저항을 통해서 흐르는 전류는 다이오드가 래치된 직후에 최대값을 가진다. 만약 래치된 다이오드 양단에 1[V]가 걸린다면 최대 전류는 얼마인가?
3. [그림 14-31]의 4층 다이오드가 10[V]의 항복전압을 가진다. SCR의 트리거 전류는 1[mA]이고 트리거 전압은 0.8[V]이다. 만약 4층 다이오드가 약 0.7[V]의 순방향 전압강하를 가진다면 다이오드가 항복하기 직전의 전류는 얼마인가? SCR이 도통한 후의 500[Ω] 저항을 통해서 흐르는 전류는 얼마인가?

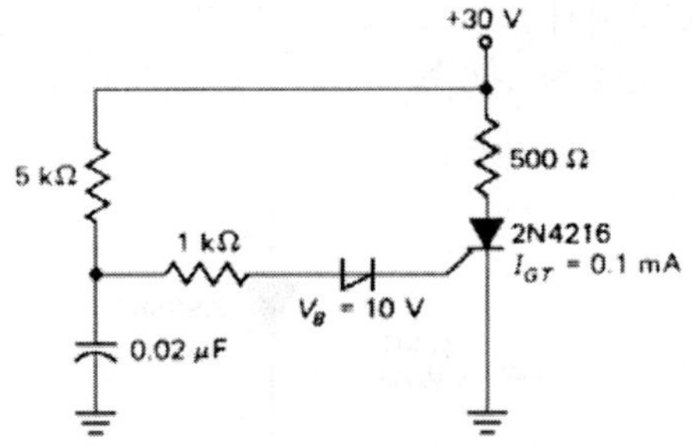

[그림 14-31]

4. [그림 14-32]의 구형파 주파수는 10[kHz]이다. 콘덴서가 다이악의 항복전압에 도달되는 시정수가 정확하다. 만약 MPT 32의 항복전압이 32[V]라면 다이악이 항복되는 순간 이상적인 게이트 전류는 얼마인가?

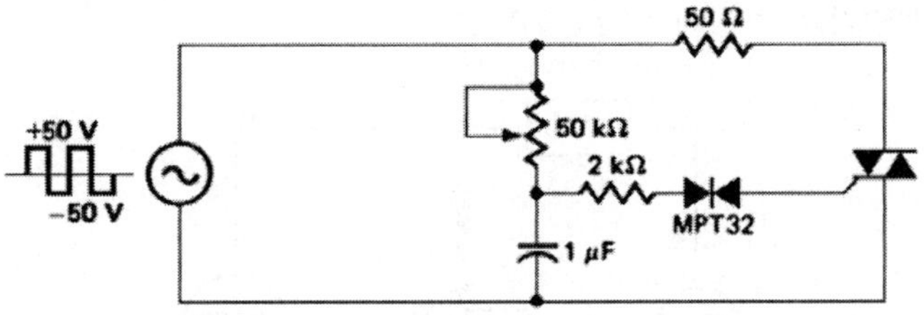

[그림 14-32]

5. [그림 14-33]의 UJT의 밸리 전류가 2[mA]이다. 만약 UJT가 래치되었다면 저전류 중단을 구하기 위해서 V를 감소시킬 수 있다. 이미터 다이오드 양단에 0.7[V]가 허용된다면 UJT가 개방되는 순간의 V는 얼마인가?

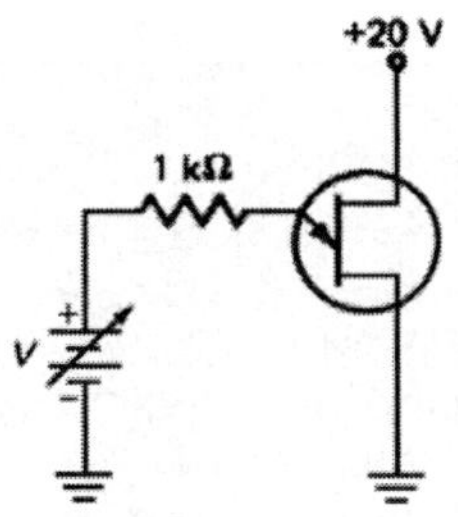

[그림 14-33]

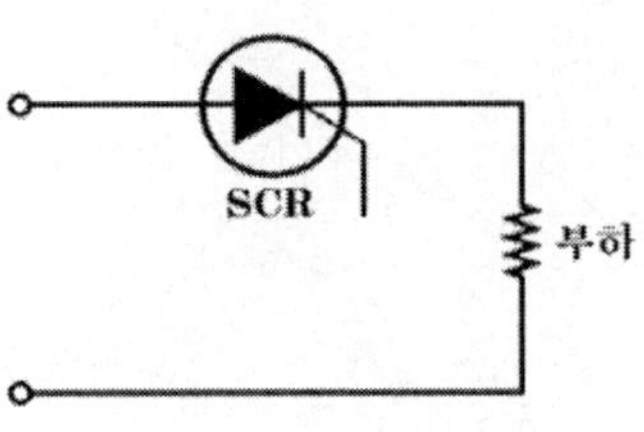

[그림 14-34]

6. [그림 14-34]에서 동작지연각이 30° 와 40° 일 때 어느 것이 평균 부하전류가 큰가?

7. SCR의 전도각이 90° 일 때보다 평균 부하전류를 배로 증가시킬 경우 필요한 전도각은 얼마인가? 단, 공급전원은 정현파이다.

8. [그림 14−35]에 표시된 회로에서 SCR을 동작시키려면 X점의 전압을 얼마로 하면 되는가? 2N3669를 동작시키는 데 필요한 게이트 전류는 정상상태에서는 20[mA]이다.

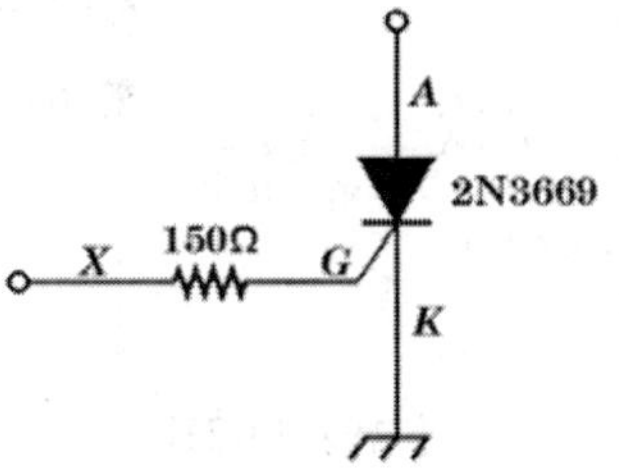

[그림 14-35] 게이트 단자에 150[Ω]의 저항이 연결된 SCR

9. [그림 14−36]에 표시된 회로에서 다이악의 브레이크 오버 전압이 32[V]이고 동작지연각이 75° 가 되도록 저항과 콘덴서 값이 결정되어 있다. 만약 32[V] 다이악을 28[V] 다이악으로 대체한다면 동작지연각은 어떻게 되겠는가?

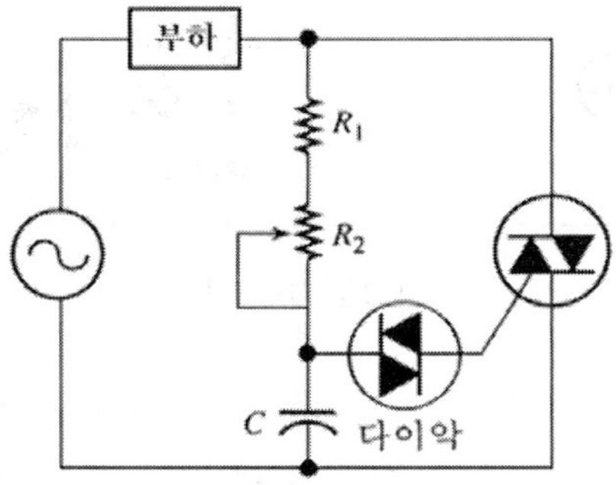

[그림 14-36]

해답

1. $V = V_B + I_{HO} R$
$= 0.7\text{V} + 4\times10^{-3}\text{A}\times10^{3}\Omega = 4.7[\text{V}]$

2. $I_{\max} = \dfrac{V_B - V_{BE}}{R} = \dfrac{9\text{V}-1\text{V}}{50\Omega} = 0.16[\text{A}]$

3. $I_{\max} = \dfrac{V_B - V_{BE}}{R} = \dfrac{10\text{V}-0.7\text{V}}{1000\Omega} = 9.3[\text{mA}]$,
500[Ω] 저항에 흐르는 전류는 60[mA]이다.

4. $I_g = \dfrac{V_B}{R} = 16[\text{mA}]$, $I_L = \dfrac{V}{R_L} = 1[\text{A}]$

5. $V = V + I_1 R_E = 2.7[\text{V}]$

6. 동작지연각이 작을수록 SCR의 on 상태 시간이 크기 때문에 평균 부하전류가 큰 것은 30° 일 때이다.

7. 정현파의 각이 180° 이기 때문에 이 경우에는 180° 의 1/2인 90° 이므로 전도각을 2배로 하면 부하전류도 2배가 된다. 그렇지만 일반적인 경우에는 전도각을 2배로 증가시킨다고 해서 평균전류도 2배가 되는 것은 아니다.

8. X점과 캐소드 사이의 전압은 G와 K 사이의 순방향 전압과 150Ω 저항에서의 전압강하를 고려해야 한다. 순방향 전압은 약 0.7[V]이고 $V_{XG} = 20\text{mA}\times150\Omega = 3[\text{V}]$이므로 전체 전압은 3.7[V]이다.

9. 32[V] 다이악을 28[V] 다이악으로 대체시키면 트라이악을 동작시키기 위해서는 콘덴서에 걸리는 전압은 32[V] 대신 28[V]가 되기만 하면 된다. 따라서 충전시간이 짧아지기 때문에 브레이크 오버 전압에 빨리 도달하게 되므로 동작지연각이 감소된다.

제15장

조정된 전력공급

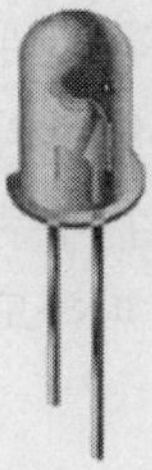

❑ 15-1 전압 레귤레이터 회로/554
❑ 15-2 3단자 IC조정기/559
❑ 15-3 함수발생기 회로/565
❑ 15-4 PLL 회로/567

1963년 페어차일드(Fairchild) 반도체사에서 최초의 상업용 IC 연산증폭기인 μA702를 개발했다. 연산증폭기의 능력을 다양한 응용 분야에 적용시키는 것이 실현되었다. National반도체가 이어서 1965년에 LM101 연산증폭기를 소개했다.

1967년 페어차일드사는 다시 한 번 오늘날까지도 가장 널리 사용되는 유명한 연산증폭기인 μA741을 개발함으로써 역사를 다시 쓰게 되었다. 이때부터 기술적인 개선이 연산증폭기를 개량시켰고 몇 개의 연산증폭기가 다른 회로와 내부적으로 포함되는 다양한 형태의 집적회로를 개발하게 되었다.

이런 IC 속에는 전압 레귤레이터(voltage regulators), 타이머(timer), 함수발생기(function generator), PLL(Phase-Locked Loops), A/D(Analog/Digital) 컨버터, D/A 컨버터, 샘플 홀드 증폭기(sample hold amplifier) 외에도 다양한 형태의 특수형 IC가 포함된다.

연산증폭기가 사용되는 이런 IC는 정확하게는 선형 집적회로라고 부르는데 그 이유는 그들이 선형 신호증폭을 제공하기 때문이다. 이에 비해 디지털 집적회로는 펄스 신호 프로세싱에서만 사용된다.

여러분들이 전자공학을 계속적으로 연구한다면 이런 회로들이 어떻게 다양한 회로응용에 사용될 수 있는지를 확인하게 될 것이다. 앞장에서 이미 가장 널리 사용되는 선형 IC인 연산증폭기에 대해서 알아본 바 있다.

그리고 연산증폭기가 비교기, 반전증폭기, 비반전증폭기, 신호 프로세서, 신호발생기, 능동필터에 어떻게 응용되는지를 설명했다. 이 장에서는 가장 널리 사용되는 IC의 형태인 전압 레귤레이터 IC, 함수발생기 IC(function generator IC), PLL IC의 응용과 동작에 대해서 고찰함으로써 선형회로의 적용범위를 계속 알아보도록 하자.

연산증폭기 IC를 사용하면 이런 선형 IC의 입출력 관계와 응용에 대해서 집중적으로 알아보도록 하자. 만약 선형 IC의 내부회로나 외부회로의 오동작을 분리시키기를 원한다면 이런 동작 특성은 중요하다. 여하튼 선형 IC의 내부적인 고장은 수리가 불가능하기 때문에 소자의 내부구조에 대한 상세한 설명은 피하도록 하자.

15-1 | 전압 레귤레이터 회로

이미 앞에서 직류전원 공급장치 회로의 동작에 대해서 고찰한 바 있다. 오늘날 대부분의 직류전원 공급장치 회로는 [그림 15-1]에 표시된 것처럼 선형 집적회로 전압 레귤레이터(voltage regulators)를 사용해서 만들어진다.

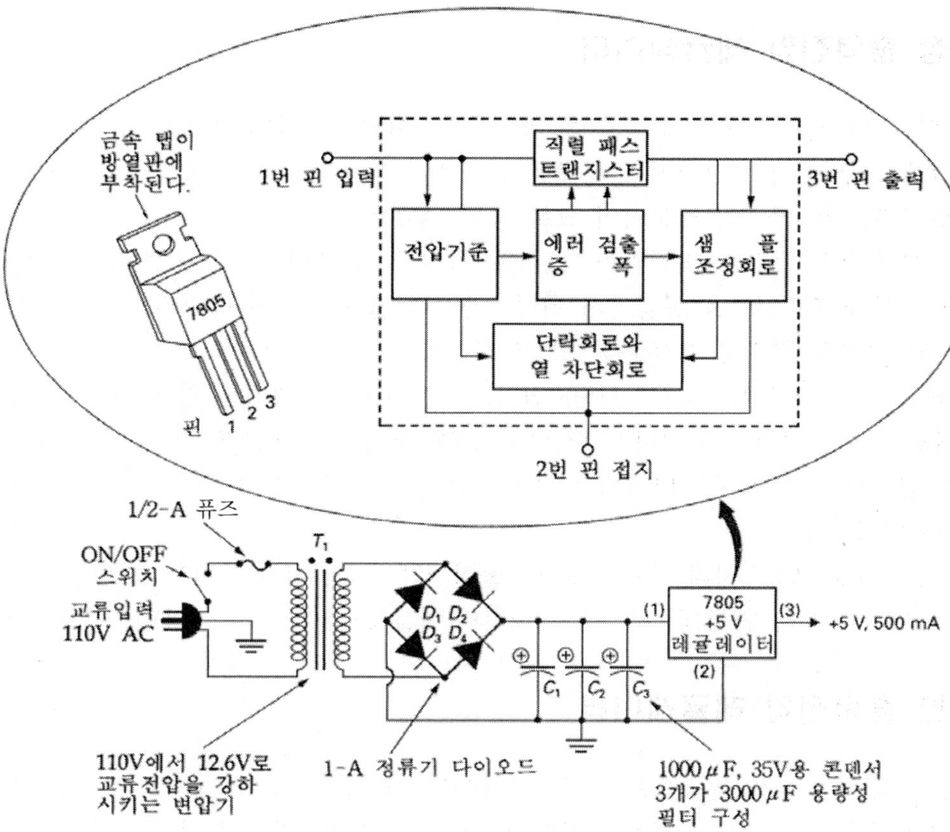

[그림 15-1] 직류 전원장치 회로 내에 사용되는 집적회로

이런 IC 레귤레이터에는 약 50개의 개별소자 혹은 이산소자들이 한 개의 실리콘 반도체 칩 속에 집적되어 있고, 3핀 패키지 속에 포장된다. [그림 15-1]에는 IC 전압 레귤레이터 내부회로의 기본적인 블록 다이어그램이 표시되어 있다.

조정기의 단락회로 보호와 열차단 내부회로는 부하전류가 정격전류를 초과하면(방열판이 너무 적거나, IC 전압 레귤레이터가 소비할 수 있는 것보다 빠르게 열을 발생시키면) turn off시킴으로써 IC조정기를 보호하게 된다.

전압 레귤레이터가 연산증폭기와 다른 이산소자를 사용해서 구성될 수 있기 때문에 완전한 IC 전압 레귤레이터는 비교적 저렴하고, 적고, 더욱 효과적으로 된다. 선형전압 레귤레이터 IC는 다음과 같은 3가지의 기본 그룹으로 분류할 수 있다.

- 고정 출력전압 레귤레이터
- 가변 출력전압 레귤레이터
- 스위칭 전압 레귤레이터

이제 3가지 형태의 전압 레귤레이터에 대해서 알아보도록 하자.

고정 출력전압 레귤레이터

이름이 의미하는 것처럼 고정 출력전압 레귤레이터는 변화하지 않는 조정된 출력전압을 발생시킨다. 이런 고정된 출력전압 레귤레이터는 positive 전압과 negative 전압을 발생시키는 두 가지의 기본적인 그룹으로 분류된다.

이런 레귤레이터들은 입력전압이 레귤레이터의 정격 출력전압보다 큰 것처럼 일정한 크기의 조정된 출력전압을 공급하게 된다. 만약 적절하게 열이 방열된다면 레귤레이터는 1.5[A] 크기의 최대 출력전류를 전달할 수 있다.

IC 조정기의 3단자에는 입력, 출력, 접지가 표시된다. 패키지는 일반적으로 78XX 혹은 79XX로 인식 코드를 표시하게 되는데 78XX 시리즈의 레귤레이터는 positive 출력전압을 공급하고 뒤의 두 디지트는 출력전압의 크기를 나타낸다(예를 들면 7805는 +5[V]를 의미한다).

이와는 반대로 79XX 시리즈는 negative 출력전압을 공급하기 위해서 사용된다. 마지막 두 디지트는 역시 출력전압의 크기를 표시한다(예를 들면 7912는 −12[V]를 의미한다).

가변 출력전압 레귤레이터

이름이 의미하는 것처럼 가변 출력전압 레귤레이터는 조정이 가능한 조정된 출력전압을 발생시킨다. 고정 출력전압 레귤레이터처럼 positive 가변 출력전압 레귤레이터와 negative 가변 출력전압 레귤레이터로 분류된다.

[그림 15-2]는 가장 널리 사용되는 positive 가변 출력전압 레귤레이터인 LM317을 표시하고 있다. [그림 15-2]에는 회로에 정상적으로 연결되는 LM317의 3단자인 V_{in}, V_{out}, ADJ가 표시되어 있다.

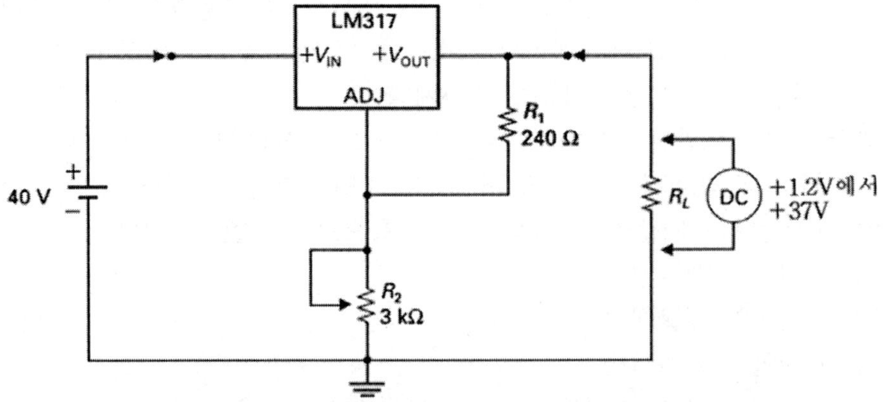

[그림 15-2] positive 가변전압 레귤레이터

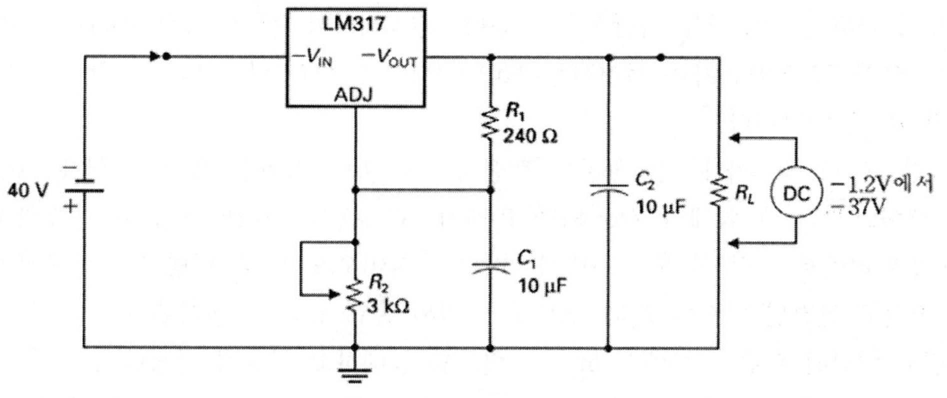

[그림 15-3] negative 가변전압 레귤레이터

저항 R_1과 R_2는 출력 양단에 걸리는 전압분배기를 구성한다. 이때 R_2는 뢰스테트처럼 연결된다. LM317의 출력전압은 R_2의 저항 변화에 의해서 조정된다. 따라서 전압이 레귤레이터의 ADJ 입력에 인가된다.

[그림 15-3]은 LM317과 반대극성의 전압을 제공하는 가장 널리 사용되는 negative 가변전압 레귤레이터인 LM337 시리즈가 표시되어 있다. 이런 레귤레이터는 LM317 소자처럼 동일한 전압과 전류 옵션을 가진다.

스위칭 전압 레귤레이터

고정 출력전압 레귤레이터와 가변 출력전압 레귤레이터는 입력전압과 부하 사이에 직렬로 연결된 내부 트랜지스터의 저항을 제어하기 때문에 직렬 소비 레귤레이터(series dissipative regulators)라고 부른다.

이런 레귤레이터의 종류는 직렬로 연결된 내부 트랜지스터의 저항이 일정하게 변화되기 때문에 열로 소비되는 입력전압이나 부하전류가 변하게 되므로 일정한 출력전압을 유지하게 된다. 직렬 소비 레귤레이터는 일반적으로 약 60[%]에서 70[%]의 낮은 변환효율을 가진다. 그리고 오직 낮은(low) 혹은 중간(medium) 크기의 부하전류 응용분야에만 사용된다.

이와 반대로 직렬 스위칭 레귤레이터(switching regulator)는 약 90[%]의 높은 효율을 가진다. 이런 형태의 레귤레이터 동작을 설명하기 위해서는 [그림 15-4(a)]에 표시된 것과 같은 간단한 회로를 참조해야 한다.

효율을 증가시키기 위해서 직렬로 연결된 패스 트랜지스터(pass transistor) Q_1은 가변저항이라기보다는 스위치처럼 동작한다. 이것은 트랜지스터 Q_1이 on, off로 스위칭된다는 것을 의미한다.

따라서 자신의 이미터를 통해서 컬렉터로 +12[V]의 입력을 스위칭시키거나 이미터를 통해서 통과되는 +12[V]를 차단시키게 된다. Q_1의 이미터에서 이런 +12[V]의 펄스는 콘덴서 C_1을 평균전압(이 예제에서는 +5[V])으로 충전시킨다. 그리고 이런 전압이 부하저항 R_L에 인가된다.

이것을 좀 더 상세하게 설명하자면 트랜지스터 Q_1이 스위칭 레귤레이터 IC로부터의 high 베이스 전압에 의해서 턴on되면 트랜지스터 Q_1의 이미터를 통해서 스위칭되는 Q_1의 컬렉터에서 조정 안 된 +12[V]는 베이스 다이오드 D_1을 역방향으로 바이어스시키고 직렬로 연결된 인덕터 L_1과 병렬로 연결된 콘덴서 C_1에 인가된다.

직렬로 연결된 L_1은 전류에서 on/off 변화를 방해하고 비교적 일정한 전류가 전압에서의 on/off 변화를 방해하는 C_1과 병렬 연결된 부하로 통과시키기 때문에 출력이 비교적 일정한 전압인 +5[V]로 고정되는 저역통과 필터로 동작한다.

Q_1이 스위칭 레귤레이터(조정기) IC의 low 베이스 전압에 의해서 턴off될 때 비조정된 +12[V]의 입력이 LC필터로부터 차단된다. 코일의 자기장은 소멸되고, 콘덴서 C_1에 의해서 충전되어 있던 +5[V]의 전하는 부하 양단에 걸려 있기 때문에 부하를 통해서 전류가 발생된다. 따라서 코일 L_1은 트랜지스터 Q_1의 on/off에 의해서 기인하는 출력 전류 변화를 매끄럽게 하는 반면 콘덴서는 출력전압의 변화를 매끄럽게 한다.

다음으로 가장 중요한 것은 이런 회로가 어떻게 레귤레이터 기능을 갖고, 출력전압을 일정하게 유지하는가 하는 질문이다. 그 해답은 스위칭 레귤레이터 IC에 의해서 제어되는 폐루프를 통한 감지(sence)와 조정(adjust) 시스템이다.

[그림 15-4(a)]에 표시된 것처럼 +5[V]의 출력으로부터 취해지는 감지입력을 내부의 고정 기준전압과 비교에 의해서 동작한다.

[그림 15-4(b)]에 표시된 파형을 참조하면 출력전압이 +5[V] 아래로 떨어질 때(time t_1에서 t_2) 스위칭 레귤레이터는 트랜지스터 Q_1의 베이스에 인가되는 positive 출력 펄스의 폭을 증가시킴으로써 응답한다.

이런 트랜지스터 Q_1의 on 타임 증가는 평균 출력전압을 상승시키고 출력을 +5[V]로 백업(back up)시키도록 배양시킨다.

다시 말하자면 출력전압이 +5[V] 이상 상승하면(time t_3에서 t_4 사이), 스위칭 레귤레이터는 트랜지스터 Q_1의 베이스에 인가되는 positive 출력 펄스의 폭을 감소시킴으로써 응답한다.

이런 트랜지스터 Q_1의 on 타임 감소는 평균 출력전압을 감소시키고 출력을 +5[V]로 백다운(back down)시키도록 배양시킨다. 이런 결과는 입력과 부하에서 변화가 발생한다고 해도 출력전압을 +5[V]로 고정시키게 된다. 따라서 스위칭 레귤레이터는 직류 입력전압을 효율적으로 조정된 직류 출력전압으로 제공하는 전압 레귤레이터로 약 20[kHz] 비율로 on/off 스위칭을 가진다.

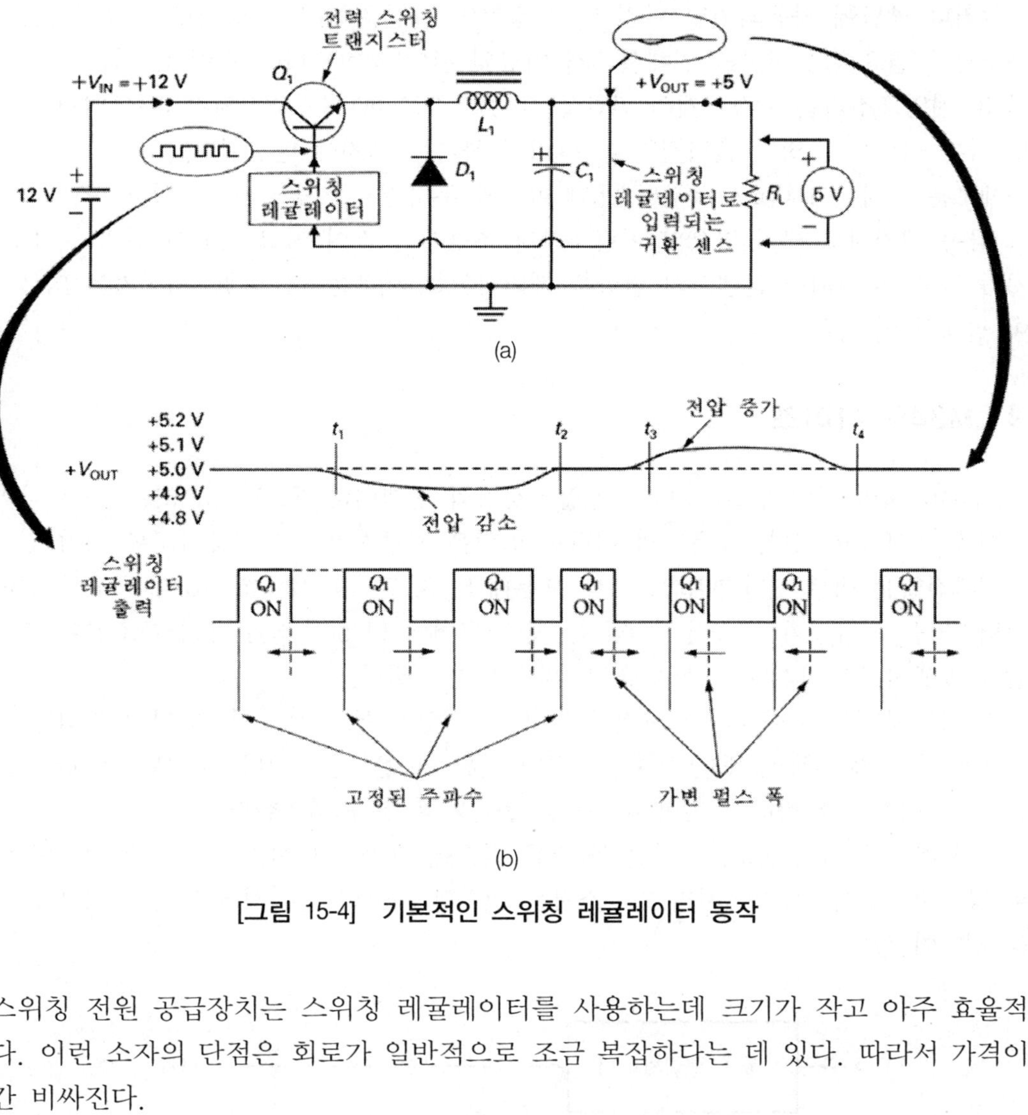

[그림 15-4] 기본적인 스위칭 레귤레이터 동작

스위칭 전원 공급장치는 스위칭 레귤레이터를 사용하는데 크기가 작고 아주 효율적이다. 이런 소자의 단점은 회로가 일반적으로 조금 복잡하다는 데 있다. 따라서 가격이 약간 비싸진다.

15-2 | 3단자 IC조정기

1960년대 말 IC제조업자는 한 개의 칩 위에서 전압조정기를 만들기 시작했다. 1세대 소자는 μA 723과 LM300으로 제너 다이오드, 높은 이득을 갖는 증폭기, 전류제한 등 기타 유용한 특성을 가지고 있었다.

그러나 옛날에 사용되었던 이런 IC 조정기의 단점은 최적의 동작을 위해서 많은 외부소자가 필요했고 연결을 위해서 8개 이상의 핀이 포함된다는 것이다. 최근에 만들어진 IC 전압조정기는 오직 3개의 핀만을 갖는 소자로 하나는 조정되지 않은 입력전압을, 또 다른 하나는 조정된 출력전압을, 나머지 하나는 접지에 연결된다.

새로운 소자는 100[mA]로부터 3[A] 이상의 부하전류를 공급할 수 있다. 플라스틱이나 금속 패키지로 싸여 있으며 이런 3단자 조정기는 값이 싸고 사용이 쉬워서 아주 인기가 있다. 바이패스 콘덴서의 결합을 제외하고는 새로운 3단자 IC 조정기는 외부성분이 필요치 않다.

LM340 시리즈

LM340 시리즈는 새로운 3단자 전압조정기의 형태이다. [그림 15-5]는 블록 다이어그램을 표시하고 있다. 증폭기의 비반전 입력은 기준전압으로 구동하도록 되어 있다.

귀환전압은 내부 전압분배기로부터 오는데 5, 6, 7, 10, 12, 15, 18, 24[V] 중 원하는 출력전압을 자유롭게 제공할 수 있다. 예를 들어서 LM340-5는 5[V]의 조정된 출력전압을 발생시킨다. LM340-18은 출력 18[V]가 발생된다.

칩 내부에 1.5[A] 이상의 부하전류를 다룰 수 있는 통과 트랜지스터가 포함되면 적당한 방열판이 제공된다. 또한 열차단장치와 전류제한을 갖고 있다. 열차단은 내부온도가 175℃ 이상으로 위험하게 되면 자동으로 동작되는 것을 의미한다.

이런 것은 주위의 온도, 방열판 등 다른 변수에 따라서 변화하는 과대 전력소비에 대한 방지회로로서 LM340 시리즈의 소자는 열차단 회로와 전류제한을 갖기 때문에 파괴될 위험이 없다.

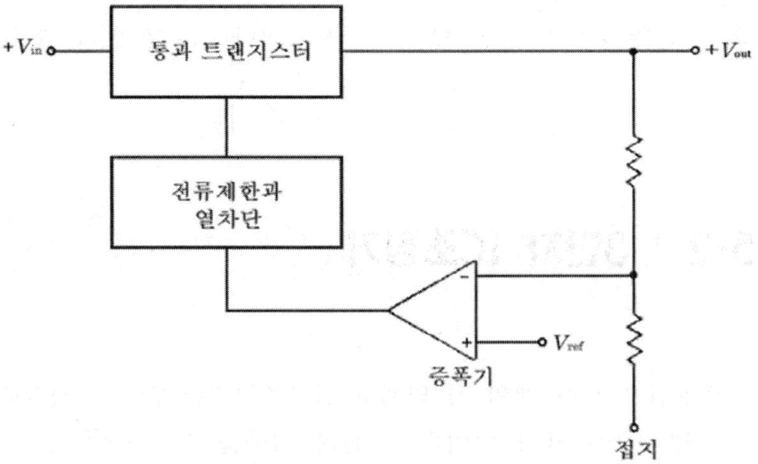

[그림 15-5] 3단자 IC 전압조정기의 기능 블록 다이어그램

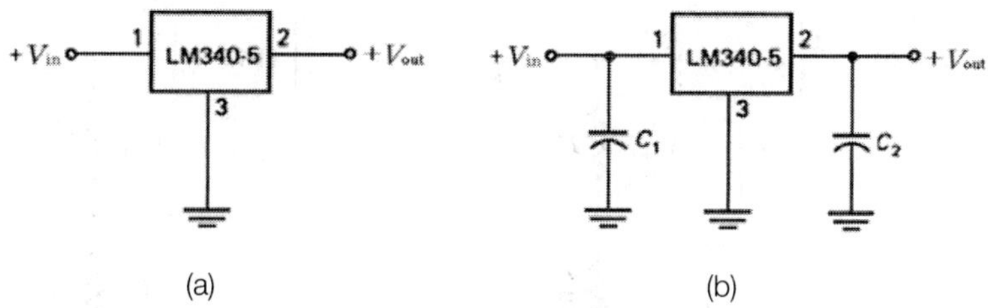

[그림 15-6] (a) 전압조정기처럼 연결된 LM340
(b) 발진을 방지하는 입력 바이패스 콘덴서와 천이응답을 개선하는 출력 바이패스 콘덴서

고정된 정류기

[그림 15-6(a)]는 고정된 전압조정기처럼 사용되는 LM340-5를 표시한 것이다. 1번은 입력, 2번 핀은 출력, 3번 핀은 접지이다. LM340-5는 +5[V] ±2[%]의 출력전압과 1.5[A]의 최대 부하전류, 10[mV]의 부하조정, 3[mV]의 전원조정, 80[dB]의 리플 제거를 가진다.

약 0.01[Ω]의 출력 임피던스를 갖는 LM340-5은 최대 전류정격 이내의 모든 부하에 대해서 아주 안정한 전압원이다. IC가 조정되지 않은 전원의 필터 콘덴서로부터 수인치 떨어졌다면 유도성 인덕턴스가 IC 내에서 발진을 발생시키므로 [그림 15-6(b)]에 표시한 것처럼 1번 핀에 바이패스 콘덴서 C_1을 연결한다.

조정된 출력전압의 천이응답을 개선하기 위해서 바이패스 콘덴서 C_2가 가끔 사용된다. 어떤 바이패스 콘덴서이든 간에 0.1[μF]에서 1[μF] 사이의 크기를 가진다(LM340의 데이터 시트에는 입력 콘덴서는 0.22[μF]이고, 출력 콘덴서는 0.1[μF]이다).

LM 시리즈에서 어떤 소자들은 조정된 출력전압보다 적어도 2[V]에서 3[V] 입력전압이 필요하다. 그렇지 않으면 조정을 멈춘다(때때로 Brownout이라 부른다). 게다가 과도한 소비전력 때문에 입력전압은 제한된다.

예를 들어서 LM340-5는 약 7[V]에서 20[V]의 입력범위에서 동작한다. 극단적인 경우 LM340-23 조정기는 27[V]에서 38[V]의 입력범위에서 동작한다는 것이다.

두 가지 이상의 응용

[그림 15-7(a)]는 출력전압을 조정할 수 있도록 LM340에 외부성분을 부가하는 것을 나타내고 있다. LM340의 공통단자는 접지되지 않는다. 그러나 R_2의 상단에 연결되어 있으므로 조정된 출력 V_{reg}가 R_1 양단에 걸리게 된다.

정지전류 I_Q는 저항 R_2와 3번 핀을 통해서 흐르게 된다. 따라서 2번 핀으로부터 접지까지의 출력전압은 식 (15–1)처럼 표시된다.

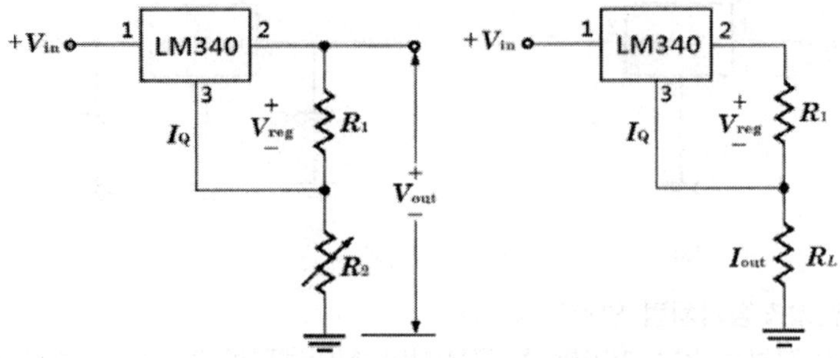

(a) 조절 가능한 출력전압 (b) 부하전류가 조절됨

[그림 15-7] LM340 시리즈

$$V_{\text{out}} = V_{reg} + \left(I_Q + \frac{V_{reg}}{R_1}\right)R_2 \tag{15-1}$$

I_Q는 부하와 선전압의 변화에 의해서 약간 변화를 하기 때문에 식 (15-1)은 V_{out}이 조정되고 조절이 가능하다는 것을 나타낸다(LM340 시리즈에서 I_Q는 8[mA]의 최대값을 가지며 모든 선전압과 부하의 변화에서 오직 1[mA]만 변한다).

[그림 15-7(b)]는 또 다른 응용으로 이것은 전류원(전류조정기)을 나타낸다. 부하저항 R_L은 저항 R_2를 대신해서 사용되고, 앞에서와 같은 정지전류 I_Q와 R_1 전류는 저항 R_L을 통해서 흐르게 되므로 부하전류는 식 (15-2)처럼 표시할 수 있다.

$$I_{\text{out}} = I_Q + \frac{V_{reg}}{R_1} \tag{15-2}$$

예를 들어서 $V_{reg} = 5\text{V}$, $R_1 = 10\Omega$이라고 가정하면 I_{out}은 약 500[mA]로 I_Q에서의 작은 변화를 스왐핑시킬 만큼 큰 전류이다. 다시 말하면 I_{out}은 R_L에 무관하며 항상 일정하다는 것으로 고정된 출력전류를 갖도록 R_L을 변화시킬 수 있음을 의미한다.

LM320 시리즈

LM320 시리즈는 −5, −6, −8, −12, −15, −18, −24[V]의 자유전압을 갖는 negative 전압조정기의 일종이다. 예를 들면 LM320-5는 조정된 −5[V]의 출력을 발생시키고 극단적인 예로 LM320-24는 −24[V]의 출력전압을 발생시킨다.

LM320 시리즈는 적당한 방열판을 갖는 약 1.5[A]의 부하전류 능력을 가진다. LM320 시리즈는 LM340 시리즈와 유사한 전류제한과 열차단, 우수한 리플 제거를 포함하고 있다. LM320과 LM340을 조합해서 [그림 15-8]에 표시된 분리된 출력을 조정할 수도 있다.

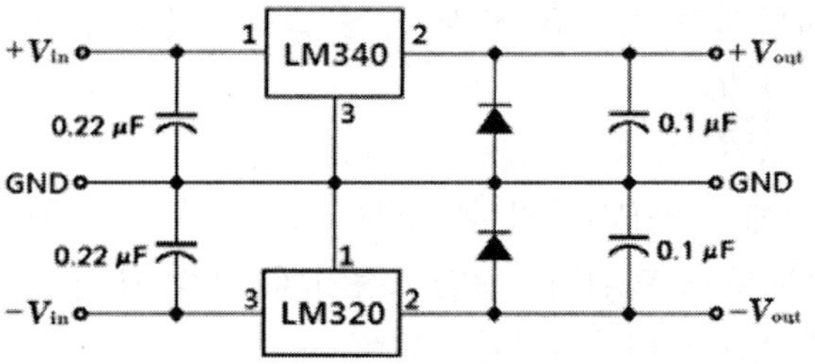

[그림 15-8] LM340과 LM320을 사용해서 분리된 공급전압을 발생시킨다.

LM340은 positive 출력을 조정하고 LM320은 negative 출력을 조정한다. 입력 측 콘덴서는 발진을 방지시키고 출력 콘덴서는 천이응답을 개선시킨다. 제조업자의 데이터 시트에는 부가된 2개의 다이오드가 설명된다. 그것은 그림에 표시한 것처럼 이런 다이오드 양쪽의 조정기가 모든 동작조건 아래서 도통될 수 있다는 것을 의미한다.

조절 가능한 정류기

IC조정기의 일종인 LM317, LM338, LM350은 조절이 가능하다. 이런 것들은 1.5[A]로부터 5[A]의 최대 부하전류를 가진다. 예를 들어서 LM317은 1.25[V]에서 37[V]의 조절 가능한 출력범위에서의 부하전류인 1.5[A]를 공급할 수 있는 3단자를 갖는 positive 전압조정기이다. 부하조정은 0.1[%]이다.

선전압 조정은 1[V]당 0.01[%]이므로 입력전압이 1[V] 변화할 때 출력전압은 오직 0.01[%]만 변한다는 것을 의미하며, 이 회로의 리플 제거는 80[dB]이므로 출력은 1/10,000로 감소된다.

[그림 15-9]는 일반적인 LM317 회로를 구동하는 조정되지 않은 전원을 표시하고 있다.

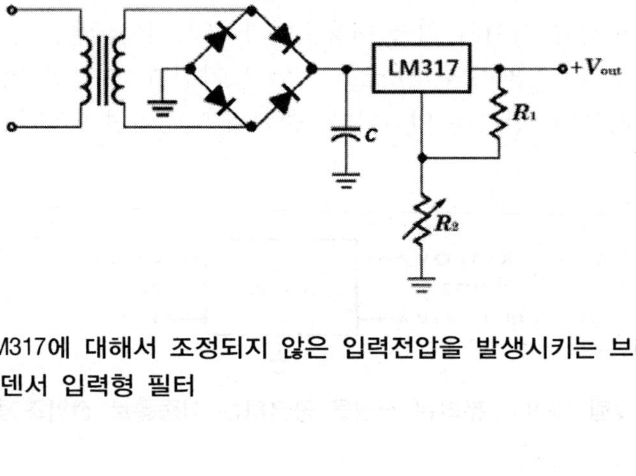

[그림 15-9] LM317에 대해서 조정되지 않은 입력전압을 발생시키는 브리지 정류기와 콘덴서 입력형 필터

LM317의 데이터 시트에는 식 (15-3)과 같은 출력전압의 공식이 제공된다.

$$V_{out} = 1.25\left(\frac{R_2}{R_1} + 1\right) \tag{15-3}$$

식 (15-3)은 1.25[V]에서 37[V]까지 유효하다. 일반적으로 필터 콘덴서는 약 10[%]의 피크-피크 리플을 갖도록 선택된다. 전압조정기의 리플 제거가 약 80[dB]이므로 최종 피크-피크 리플은 약 0.001[%]가 된다.

다시 말하자면 전압조정기는 입력 리플을 여과한다. 이것은 대부분의 전원공급장치에서 RC필터와 LC필터가 제거될 수 있다는 것을 의미한다.

이중통로 조정기

분리전원이 필요할 때 RC4194와 RC4195와 같은 이중통로 조정기가 편리하다. 이런 전압조정기는 동일한 positive 전압과 negative 전압을 제공한다.

RC4194는 ±0.05에서 ±32[V]까지 조절 가능하고, RC4195는 ±15[V]의 고정된 출력전압을 제공한다. 예를 들면 [그림 15-10]은 RC4195를 표시하고 있다.

조정되지 않은 2개의 입력전압이 필요한데 positive 입력은 +18[V]에서 +30[V], negative 입력은 −18[V]에서 −30[V]이다. 그림에 표시된 대로 2개의 출력은 ±15[V]이다.

RC4195의 데이터 시트에는 각 공급에서 150[mA]의 최대 출력전류가 표시되어 있다. 선전압 조정은 2[mV], 부하조정은 3[mV], 리플 제거는 75[dB]이다.

조정기 특성표

〈표 15-1〉은 IC 조정기의 데이터를 기록한 것이다. 예를 들면 LM309는 출력이 +5[V]인 고정된 positive 조정기로 최대 부하전류는 1[A], 부하조정은 15[mA], 전원조정은 4[mA], 리플 제거는 75[dB]를 가진다.

조절 가능한 조정기는 LR과 SR이 [mV]보다는 [%]로 표시된다. 표에는 dropout 전압과 입력전압과 출력전압 사이의 최소 허용오차가 표시되어 있다.

예를 들면 LM3405는 2.3[V]의 dropout 전압을 가진다. 이것은 입력전압이 출력전압보다 적어도 2.3[V] 커야 한다는 의미이다. 출력이 5[V]이면 입력은 적어도 7.3[V]이어야 한다.

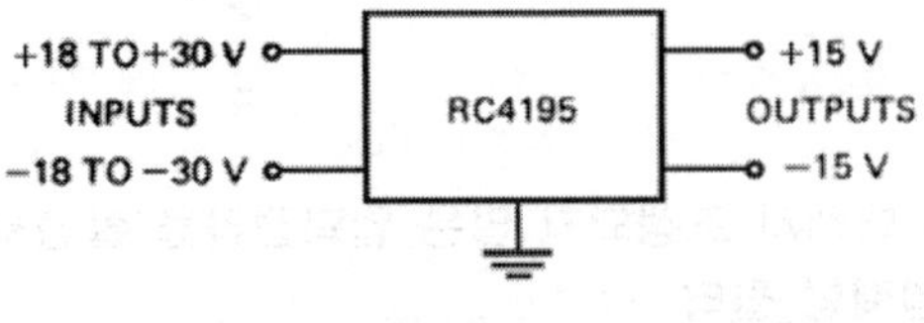

[그림 15-10] 분리된 전원을 공급하는 이중통로 전압조정기

〈표 15-1〉 IC 전압조정기

Number	V_{out} [V]	I_{max} [A]	LR[mV]	SR[mV]	RR[dB]	Dropout[V]	비 고
LM309	+5	1	15	4	75	2	+로 고정
LM317	–	1.5	0.1[%]	0.2[%]	65	2.5	조절가능 1.2~32[V]
LM320-5	−5	1.5	50	10	65	2	−로 고정
LM320-15	−15	1.5	30	5	80	2	−로 고정
LM338	–	5	0.1[%]	0.1[%]	60	2.7	조절가능 1.2~32[V]
LM340-5	+5	1.5	10	3	80	2.3	+로 고정
LM340-15	+15	1.5	10	3	80	2.5	+로 고정
LM350	–	3	0.1[%]	0.1[%]	65	2.5	조절가능 1.2~33[V]
RC4194	–	0.15	0.2[%]	0.2[%]	70	3	이중통로 0~32[V]
RC4195	±15	0.15	3	2	70	3	이중통로

15-3 | 함수발생기 회로

함수발생기는 주파수가 변화하는 다양한 출력파형을 전달하는 신호발생기 회로로 정의된다. 이 절에서는 함수발생기로 사용이 가능한 몇 종류의 선형 IC에 대해서 알아보도록 하자.

전압제어 발진기(VCO)

발진기 회로에서 반복되는 출력신호는 LC, RC, 수정회로망에 의해서 결정되었다. 다양한 통신회로 응용에서는 여하튼 입력 제어전압에 의해서 제어되는 주파수를 갖는 발진기가 필요하다.

이런 기능을 갖는 회로를 전압제어 발진기, VCO(Voltage Controlled Oscillator) 혹은 전압주파수 변환기라고 부른다. [그림 15-11]에 표시된 NE/SE566은 선형 IC VCO의 좋은 예이다. [그림 15-11]은 566이 구형파와 삼각파를 어떻게 발생시킬 수 있는지를 표시하고 있다.

발진주파수는 외부저항 R_1과 R_2, 5번 핀에 제어전압을 인가하는 콘덴서 C_1에 의해서 결정된다. 삼각파는 566의 내부전류원을 사용하는 외부 콘덴서 C_1의 선형적인 충전과 방전에 의해서 발생된다.

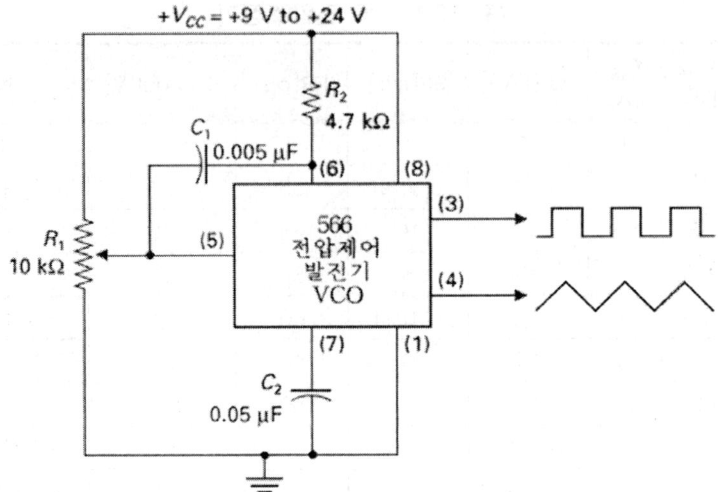

[그림 15-11] 전압제어 발진기(VCO)

충전과 방전 레벨은 구형파 출력을 발생시키기 위해서 사용되는 566의 내부 슈미트 트리거에 의해서 결정된다. 삼각파는 일반적으로 2.4VPK-PK의 진폭을 갖고 구형파는 일반적으로 5.4VPK-PK의 진폭을 가진다.

함수발생기 회로

함수발생기(function generator)는 입력을 회로에 주입하고 입력에 대한 자신의 응답을 관측하는 측정회로에 사용되는 계측장비이다. 예를 들면 구형파가 논리 게이트와 같은 디지털 측정회로에 간혹 사용되는 것처럼 사인파 신호는 항상 증폭기, 필터와 같은 선형회로 측정에 사용된다.

과거에는 함수발생기 회로가 이산소자에 의해서 구성되었지만 오늘날은 완전한 함수발생기 회로는 한 개의 선형 IC 속에 집적된다. [그림 15-12]는 이런 IC가 함수발생기를 구성하기 위해서 어떻게 사용되는지를 보여준다.

[그림 15-12]에서 8038 함수발생기 회로는 20[Hz]에서 100[kHz]의 사인파, 구형파, 삼각파 출력을 발생시킨다. 주파수 선택 스위치 SW_1은 원하는 주파수 범위를 선택하기 위해서 사용된다.

그리고 저항 R_4는 주파수 출력을 측정범위 내의 원하는 주파수로 조정하는 데 사용된다. 스위치 SW_2는 구형파, 삼각파, 사인파 중 하나를 선택하기 위해서 사용된다.

이런 출력 선택 스위치의 위치는 연산증폭기와 출력증폭기로 구성되는 출력증폭단에 인가되는 파형을 결정하게 된다. 구형파의 출력진폭은 저항 R_{11}에 의해서 가변된다. 그리고 구형파의 듀티비는 저항 R_3에 의해서 결정된다.

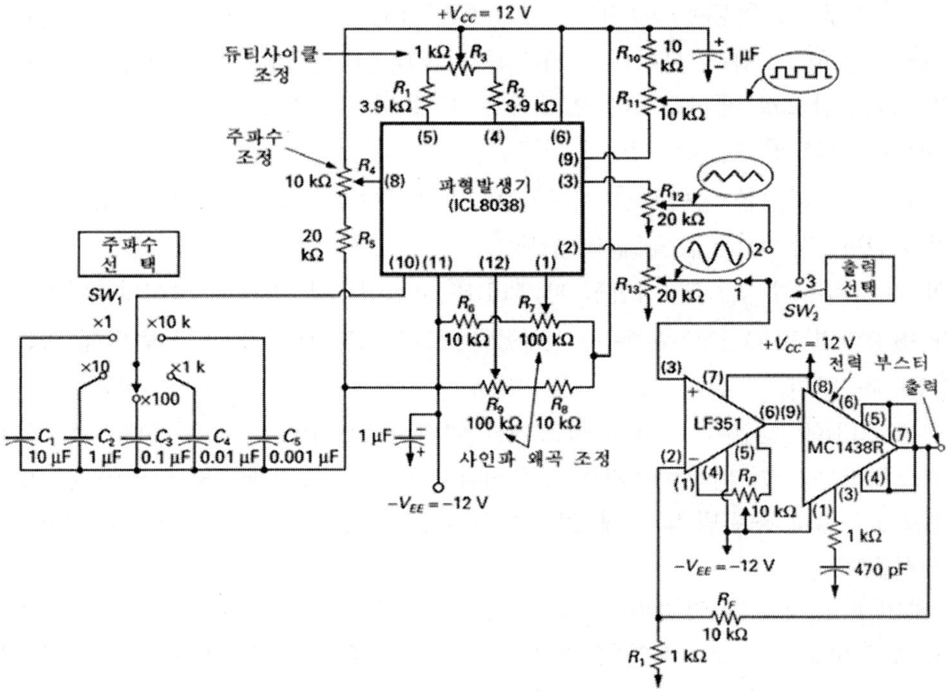

[그림 15-12] 함수발생기 회로

유사하게 삼각파의 출력진폭은 저항 R_{12}에 의해서 조정된다. 사인파의 출력진폭은 저항 R_{13}에 의해서 조정된다. 가변저항 R_7과 R_9는 최소한의 왜곡을 갖는 사인파 출력을 정확하게 동조시키기 위해서 포함된다.

15-4 | PLL 회로

집적회로 기술이 PLL(Phase-Locked Loop) 회로를 적절한 가격에 제조하게 되었고 결국 가장 널리 사용된다.

PLL 동작

PLL의 동작은 [그림 15-13]에 표시된 LM565 PLL 선형 IC의 블록도를 참조하면 쉽게 설명할 수 있다. 다이어그램에 표시된 것처럼 PLL 속에는 위상비교기(phase comparator), 증폭기(AMP)와 저역통과 필터(LPF), 전압제어 발진기(VCO)가 포함되어 있다.

입력주파수 f_{in}이 위상비교기의 한 입력에 인가되면 VCO의 출력주파수 f_{out}과 비교된다. 만약 두 비교 입력 사이에 주파수차가 존재한다면 비교기는 위상차를 검출하고 VCO의 입력전압으로 제어되도록 인가되기 전에 여파되고 증폭되는 오차(에러)전압을 발생시킨다. 만약 입력주파수 f_{in}과 VCO 출력주파수 f_{out}이 다르다면 오차전압은 입력주파수와 출력주파수를 정합시킬 때까지 VCO 주파수를 쉬프트시키는 위상비교기에 의해서 발생된다. 따라서 $f_{\text{in}} = f_{\text{out}}$이 된다.

f_{in}이 VCO 주파수 f_{out}과 정합될 때 PLL은 고정상태에 있다고 말한다. 만약 입력주파수가 변한다면 VCO 출력주파수는 f_{in}을 따르게 되고 PLL의 포획 범위에 있는 입력주파수를 제공한다.

[그림 15-13]에 삽입된 그림을 참조하면 여러분들은 PLL이 입력주파수를 포획하기 위해서 노력하는 동안 위상비교기의 오차전압이 어떻게 동작하는지 확인할 수 있다. 입력주파수가 PLL의 포획범위 밖에 있으면 VCO는 자유발진(free running/idle) 주파수를 발생시킨다.

요약하면 PLL 회로는 입력주파수와 VCO의 출력주파수를 비교하는 위상비교기로 구성된다. 위상비교기의 오차전압 출력은 증폭기를 경유해서 결합되고 저역통과 필터는 VCO의 입력을 동위상이 되도록 제어한다.

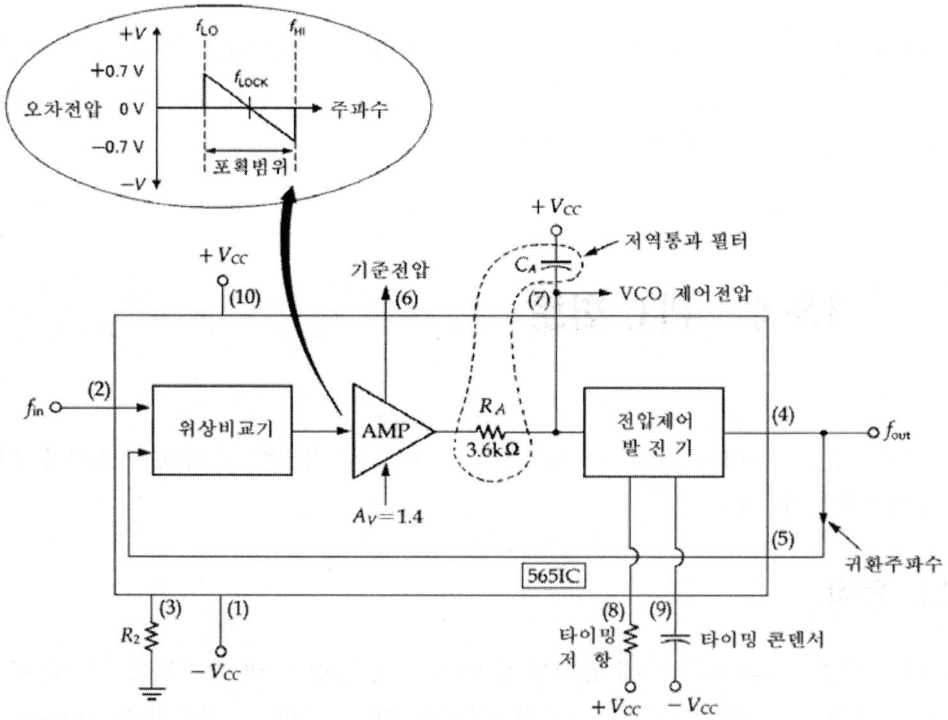

[그림 15-13] PLL 회로

따라서 입력주파수와 정확하게 일치된다. 이런 PLL 회로는 free running 상태, capture 상태, locked 상태로 동작된다.

PLL 회로 응용

PLL 회로는 FM 라디오 신호의 복조, 주파수 증폭, 분할, 신호 재발생과 같은 다양한 응용회로에 사용된다. 이런 회로 중의 대부분은 전자통신 과목에서 고찰하게 된다.

여하튼 지금은 PLL이 주파수 증배기 회로인 수정제어 발진기처럼 어떻게 사용될 수 있는가를 알아보도록 하자.

PLL 주파수 배율기 회로

몇 가지 안정한 출력주파수를 발생시키기 위해서는 [그림 15-14(a)]에 표시된 것 같은 수정제어 발진기를 가지고 있거나 [그림 15-14(b)]에 표시된 것처럼 입력주파수를 설정하기 위해서 주파수 배율기 회로를 가지고 있어야 한다.

[그림 15-14(a)]에 표시된 회로의 단점은 몇 개의 완전한 수정발진기 회로가 필요하다는 것이고, [그림 15-14(b)]에 표시된 회로의 단점은 주파수의 특성이 자주 조정이 필요한 LC 동조회로에 의존한다는 것이다.

[그림 15-14(c)]에 표시된 PLL 회로의 블록도에 관계되는 [그림 15-14(d)]에 표시된 회로도는 자주 LC 동조를 할 필요도 없고 몇 개의 수정발진기를 필요로 하지도 않으면서 수정발진기와 동일한 주파수 안정도를 갖는 몇 개의 출력주파수를 발생시킨다.

[그림 15-14(c)]에서 확인한 것처럼 수정발진기는 565PLL의 입력에 안정한 1[kHz]의 구형파를 인가한다. 스위치 1이 아래쪽 위치에 있으면 VCO의 출력은 직접 위상비교기로 귀환되고 회로는 [그림 15-14]와 동일한 방법으로 정확하게 동작하게 된다.

입력주파수의 트랙을 따라서 출력주파수를 발생시킨다. PLL이 고정 동작에 의해서 아주 안전한 1[kHz]의 주파수를 발생시킨다. 스위치 1이 중간 위치에 놓이게 되면 VCO의 출력과 위상비교기의 입력 사이에는 5로 분주하는 회로로 스위칭된다.

[그림 15-14(c)]에 표시된 파형을 참조하면 5로 분주하는 회로의 한 출력 사이클은 입력주파수의 5사이클마다 발생된다. 이것은 VCO의 귀환신호가 출력신호의 1/5만이 위상비교기에 인가된다는 것을 의미한다. 이런 신호는 수정발진기로부터 발생되는 1[kHz]의 신호와 동위상이 아니다. 따라서 위상비교기는 에러 전압을 발생시키고 VCO는 자신의 출력주파수를 5배만큼 증가시키게 된다.

VCO가 출력주파수를 5[kHz]로 발생시킬 때 5로 분주하는 회로는 수정발진기로부터 1[kHz]의 입력을 위상비교기에 정합시키는 위상비교기로 1[kHz]의 출력을 발생시킨다 ($5\text{kHz} \div 5 = 1\,[\text{kHz}]$). 그 결과 위상비교기로부터 발생되는 에러 전압은 0으로 되고 따라서 VCO 출력은 5[kHz]로 고정된다. [그림 15-14(d)]에 표시된 회로도는 이런 스위치의 위치가 표시되어 있다.

만약 [그림 15-14(c)]에 표시된 회로의 SW_1이 위쪽(upper)에 놓여 있다면 VCO의 출력과 위상비교기 입력 사이에는 10으로 분주되는 회로가 포함된다. 그 결과 PLL은 입력주파수의 10배에 해당되는 출력주파수를 발생시키게 된다($f_{out} = 10 \times f_{in} = 10 \times 1\text{kHz} = 10[\text{kHz}]$).

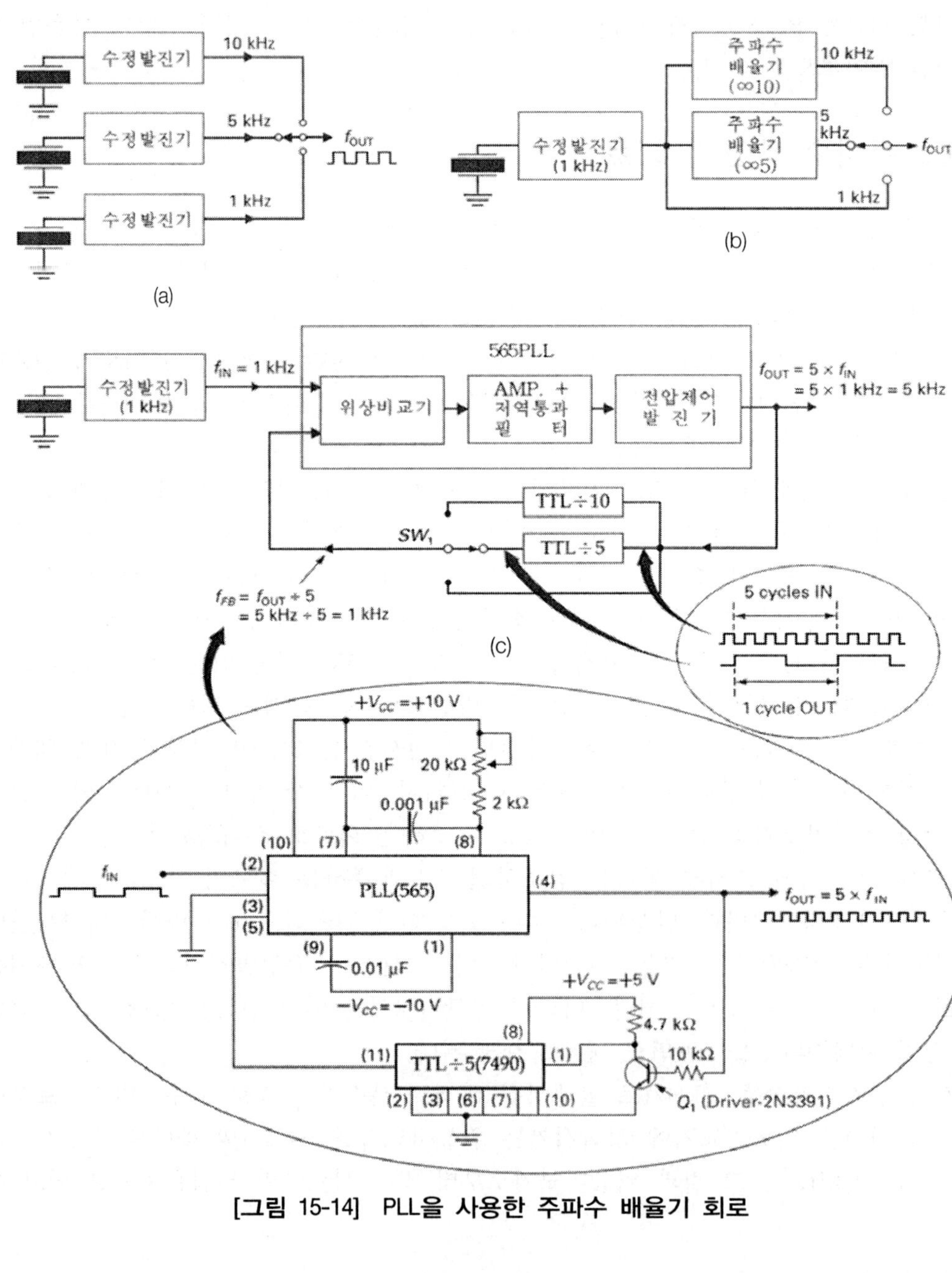

[그림 15-14] PLL을 사용한 주파수 배율기 회로

기초문제

1. 선형 집적회로를 4가지만 열거해 보시오.

2. 전압 레귤레이터는 (　　　)과 (　　　)의 변화에도 불구하고 일정한 출력전압을 발생시킨다.

3. 7800, 790, 317, 377 시리즈와 같은 직렬 소비 레귤레이터는 입력전압과 부하 사이에 연결되는 직렬저항을 가진다. 이런 내부저항이 (　　　　　)로 동작한다.

4. 직렬 스위칭 레귤레이터는 입력전압과 부하 사이에 직렬로 연결되는 내부 트랜지스터를 가진다. 여하튼 이런 트랜지스터는 (　　　　　　　)로 동작한다.

5. VCO IC는 자신의 입력에서 (　　　　　　　)에 의존하는 반복적인 출력파형을 발생시킨다.

6. 연산증폭기 IC에서 최초로 개발한 반도체 회사 이름은 무엇인가?
(a) National Semiconductor　(b) Motorola
(c) Fairchild　(d) Signetics

7. 다음 중 선형 IC가 아닌 것은 어느 것인가?
(a) 전압 레귤레이터　(b) 연산증폭기　(c) VCO　(d) NAND 게이트

8. 7818 전압 레귤레이터는 어떤 전압을 제공하는가?
(a) −8[V]　(b) +18[V]　(c) +12[V]에서 +37[V]　(d) −18[V]

9. 78XX와 79XX 전압 레귤레이터의 차이점은 무엇인가?
(a) 78XX는 가변출력을 가진다.　(b) 79XX는 +출력을 가진다.
(c) 78XX는 +출력을 가진다.　(d) 79XX는 가변출력을 가진다.

10. 고정 출력전압 레귤레이터는 다음 중 어느 것인가?
(a) 제너 레귤레이터　(b) 317 레귤레이터
(c) 7912 레귤레이터　(d) (a), (b), (c) 전체

11. 직렬 스위칭 전압 레귤레이터의 이점은 무엇인가?
(a) 회로의 간략화　(b) 변환효율

12. VCO의 주파수 출력은 (　　　　)에 의해서 결정된다.
(a) LC 회로망　(b) RC 회로망　(c) 제어전압　(d) 수정

13. PLL 회로 속에는 (a) 수정발진기 (b) 바이패스 필터 (c) VCO (d) VCR가 필요하다.

14. PLL 회로와 스위칭 전압 레귤러 사이의 유사성은 무엇인가?
(a) 둘다 일정한 출력전압을 발생시킨다.
(b) 둘다 제어동작에 의해서 귀환 메커니즘을 가진다.
(c) 둘다 고주파출력을 발생시킨다.
(d) 둘다 고주파 통과 필터이다.

15. 가장 널리 사용되는 IC는 무엇인가?
(a) 전압 레귤레이터 (b) 함수발생기 (c) 비교기 (d) 연산증폭기

16. 여러분의 회로를 인식하고 동작 능력을 개선하기 위해서 [그림 15-15]를 참조하고 다음의 질문에 답하시오.
(a) A, B, C, D점에서의 출력전압과 극성을 결정하시오.
(b) 고정 positive, 고정 negative, 가변 positive, 가변 negative 스위칭 형태로 사용되는 레귤레이터는 무엇인가?
(c) NE555는 사용목적이 무엇인가?

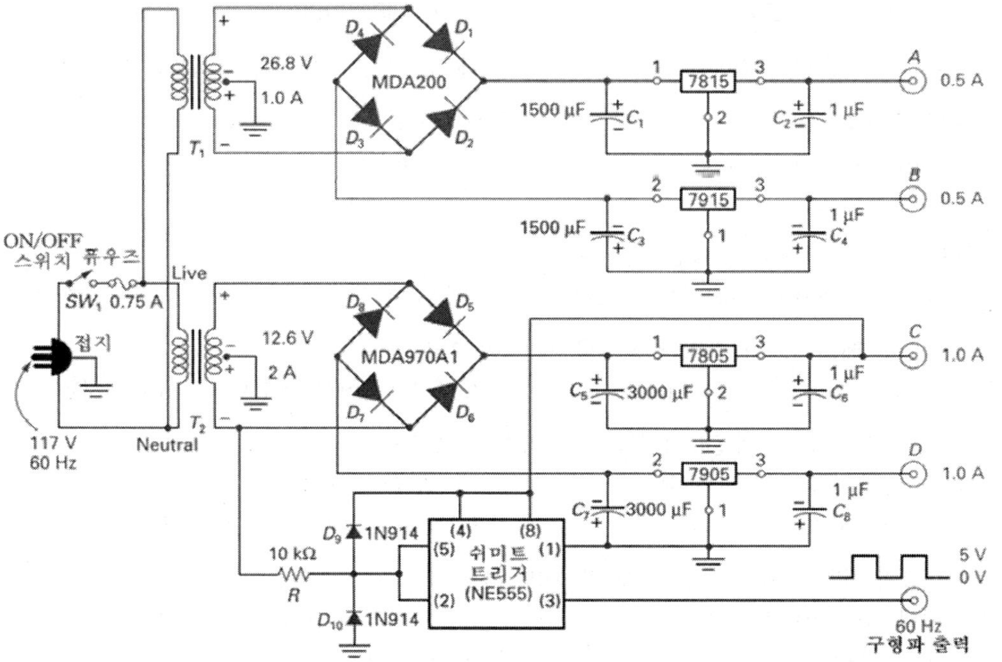

[그림 15-15]

해답

1. 전압 레귤레이터, 함수발생기, PLL IC, 연산증폭기
2. 입력전압, 부하전압 **3.** 귀환감지 입력 **4.** 패스 트랜지스터
5. 2.20[Hz]에서 100[kHz] 사이의 주파수 **6.** (c) **7.** (d) **8.** (b) **9.** (c) **10.** (c) **11.** (b)
12. (c) **13.** (c) **14.** (b) **15.** (d)
16. (a) ($A=+15$[V], $B=-15$[V], $C=+5$[V], $D=-5$[V]) (b) (고정 positive=78XX, 고정 negative=79XX, 가변 positive=LM317, 가변 negative=LM337) (c) (+5V의 구형파 발생)

응용문제

1. VCO의 원명을 표시하시오.
2. 8038 함수발생기 IC에 의해서 발생되는 세 가지 파형을 표시하시오.
3. [그림 15-12]를 참조하고 어떤 소자가 주파수를 조정하는지, 어떤 소자가 정밀주파수 조정에 사용되는지 설명하시오.
4. PLL 회로에 포함된 3가지의 기본 블록은 무엇인가?
5. PLL의 동작을 간단히 설명하시오.
6. PLL이 주파수 배율기에 사용될 때 PLL의 위상비교기와 VCO 사이의 귀환경로에는 무엇이 포함되는가?

연습문제

1. [그림 15-16]에 표시된 전압 귀환조정기에서 $R_1 = 1[\text{k}\Omega]$, $R_2 = 250[\Omega]$이 사용된다. $V_Z = 6.2[\text{V}]$라고 가정하고 조정된 출력전압을 구하시오.

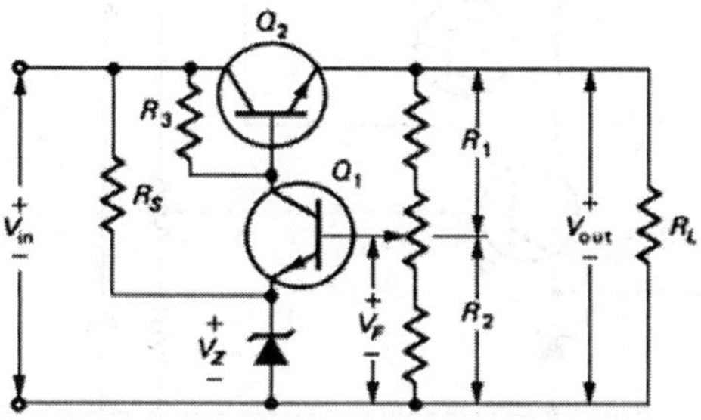

[그림 15-16]

2. 간혹 달링톤 쌍이 조정기에 직렬로 연결되는 통과 트랜지스터로 사용된다. 이것은 조정기가 작은 부하저항을 구동시키도록 허용한다. [그림 15-17]에서 최소 출력전압과 최대 출력전압은 얼마인가?
3. [그림 15-17]에서 $V_{\text{out}} = 10[\text{V}]$, $R_L = 5[\Omega]$이다. 만약 2N3055의 $\beta_{\text{dc}} = 50$이고 2N3904의 $\beta_{\text{dc}} = 100$이라고 가정하면 제너 다이오드를 통해서 흐르는 전류는 얼마인가?

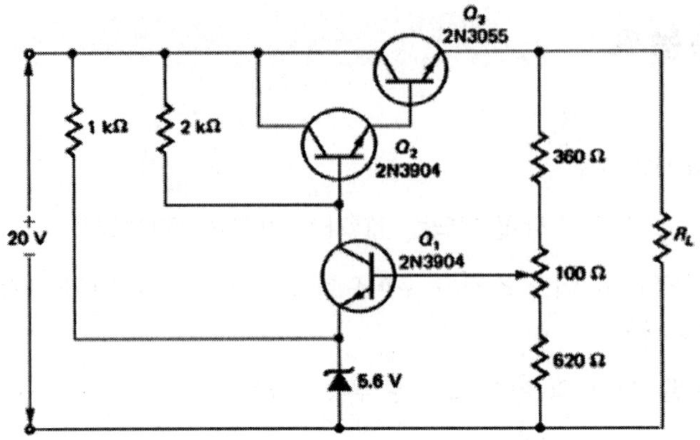

[그림 15-17]

4. [그림 15-18]에서 $V_{BE}=0.63$[V]라고 가정하면 Q_3가 도통된다. 최대 부하전류는 얼마인가?

5. [그림 15-18]에 표시된 조정기에서 귀환저항은 다음 값을 가진다(위에서 아래로). 4.7[kΩ], 5[kΩ], 전위차계, 6.8[kΩ]. 만약 $V_Z=5.6$[V]라면 출력전압의 조정범위는 얼마인가?

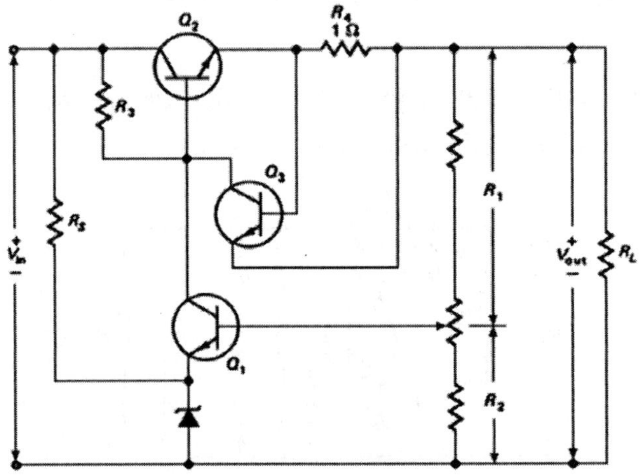

[그림 15-18]

6. [그림 15-19]에 표시된 회로에서 출력전압이 10[V]로 조정되었다. 만약 전류제한 트랜지스터의 V_{BE}가 0.7[V]라고 가정하면 단락된 전류와 최대 부하전류는 얼마인가?

7. [그림 15-19]에서 R_4가 0.3[Ω]으로 변하고 가변저항이 가장 아래에 있다고 가정하면 최대 부하전류는 얼마인가? 단락 부하전류는 얼마인가? 최대 부하전류와 단락 부하전류에서 통과 트랜지스터의 전력소비는 얼마인가?

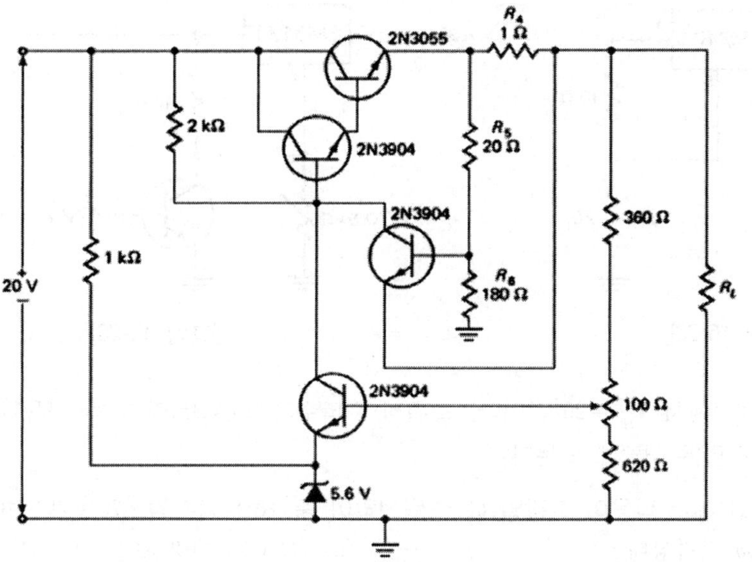

[그림 15-19]

8. [그림 15-20]에서 LM340K-18은 18[V]의 출력을 가진다. 만약 무부하로부터 부하까지 조정된 출력변화가 38[mV]라면 백분율 부하조정은 얼마인가?

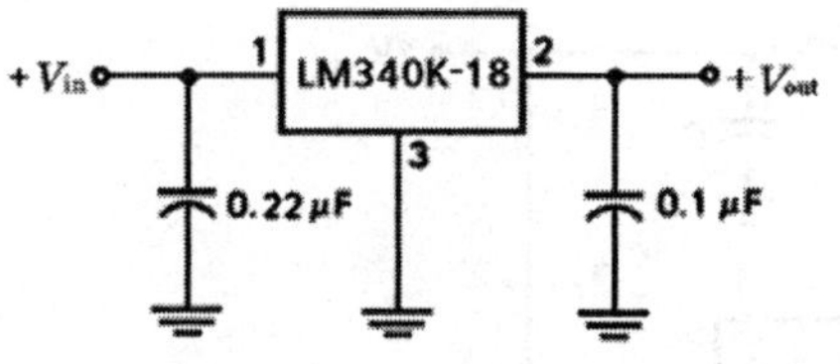

[그림 15-20]

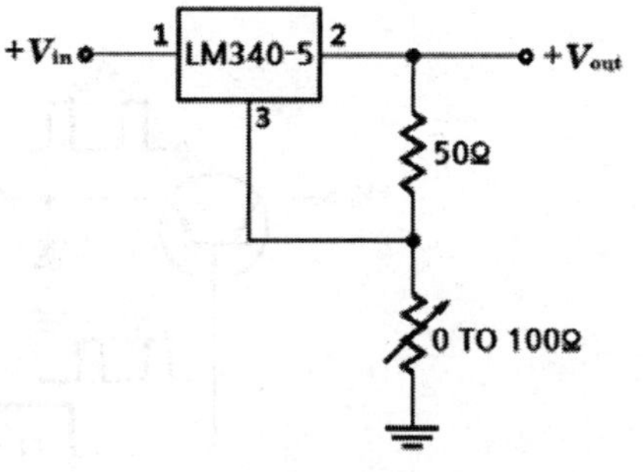

[그림 15-21]

9. [그림 15-21]에서 I_Q가 8[mA]라면 출력전압의 조정 가능한 범위는 얼마인가?

10. [그림 15-22]에서 I_Q가 8[mA]이다. R_L을 통해서 흐르는 전류는 얼마인가?

11. [그림 15-23]은 전자 shutdown을 갖는 LM317 조정기를 표시하고 있다. shutdown 전압이 0이면 트랜지스터는 차단되고 동작에 영향을 미치지 못한다. 그러나 shutdown 전압이 근사적으로 5[V]이면 트랜지스터는 포화된다. shutdown 전압이 0일 때 출력전압의 조정범위는 얼마인가? shutdown 전압이 5[V]일 때 출력전압의 조정범위는 얼마인가?

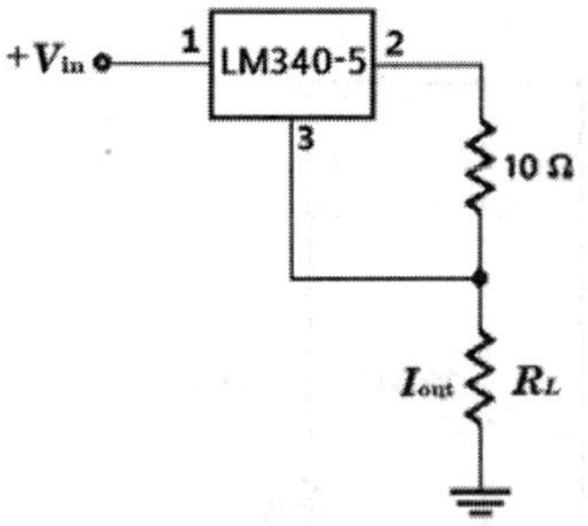

[그림 15-22]

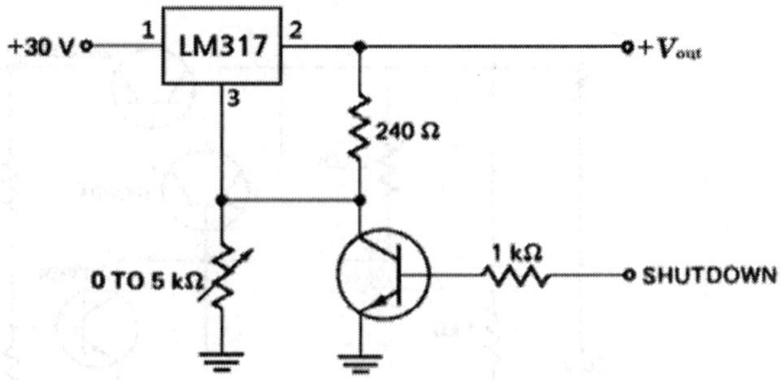

[그림 15-23]

12. [그림 15-24]에서 $V_{in} = 20$[V]이다. 스위칭 주파수가 20[kHz]라면 동작시간이 20[μs]일 때 직류 출력전압은 어떻게 되는가?

13. [그림 15-17]에서 다음이 고장일 때 출력전압이 증가하는가? 감소하는가? 변하지 않는가?

(a) 2N3055 단락상태 (b) 2N3055 개방상태

(c) 제너 다이오드 단락상태 (d) 제너 다이오드 개방상태

14. [그림 15-9]의 회로에서 출력전압은 다음의 각 고장에서 증가하는가? 감소하는가? 변하지 않는가?

(a) 한 개 다이오드 개방상태 (b) 필터 콘덴서 단락상태

(c) LM317 결함 (d) R_1 개방상태

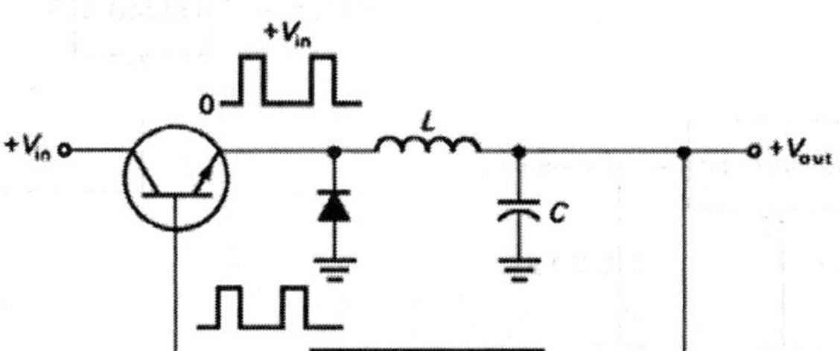

[그림 15-24]

해답

1. $B = \frac{R_2}{R_1 + R_2} = \frac{250\Omega}{1k\Omega + 250\Omega} = 0.2$,

$V_{out} = \frac{V_Z + V_{BE}}{B} = \frac{6.2V + 0.7V}{0.2} = 34.5[V]$

2. 페루프 전압이득이 $A_{CL} = \frac{R_1}{R_2} + 1$로 주어진다고 가정하고 시작한다. 만약 가변저항이 항상 높은 쪽으로 조정되어 있고 $R_1 = 360[\Omega]$, $R_2 = 720[\Omega]$이라면 페루프의 전압이득은 1.5이다.

$$A_{CL} = \frac{R_1}{R_2} + 1 = \frac{360\Omega}{720 + 1} = 1.5$$

조정된 출력전압은 9.45[V]이다.

$V_{out} = 1.5 \times (5.6V + 0.7V) = 9.45$

해답

반대로 가변저항이 항상 아주 낮은 쪽으로 조정되어 있고 $R_1 = 460[\Omega]$, $R_2 = 620[\Omega]$이라면 폐루프의 전압이득은 1.74가 된다.

$$A_{CL} = \frac{R_1}{R_2} + 1 = \frac{460\Omega}{620} + 1 = 1.74$$

따라서 출력전압은 11[V]가 된다.

$$V_{out} = 1.74 \times (5.6V + 0.7V) = 11[V]$$

조정된 출력전압은 9.45[V]와 11[V] 사이에 있게 된다.

3. 부하전류는 2[A]이다. $I_L = \frac{10V}{5\Omega} = 2[A]$. 그리고 전압분배기를 통해서 흐르는 전류는 9.26[mA]이다. $I \cong \frac{10V}{1080\Omega} = 9.26[mA]$. 이런 전류는 2[A]에 비하면 무시할 정도로 작다. 따라서 2N3055를 통해서 흐르는 전체적인 이미터 전류는 40[mA]이다. $I_B = \frac{2A}{50} = 40[mA]$. 따라서 2N3904의 베이스 전류가 0.4[mA]이다.
$I_B = \frac{40mA}{100} = 0.4[mA]$. 이런 두 개의 V_{BE} 전압강하 때문에 2[kΩ] 저항의 바닥에서의 전압은 11.4[V]가 된다. 2[kΩ] 저항을 통해서 흐르는 전류는 4.3[mA]이다. 이런 전류는 위쪽 2N3904의 베이스 전류와 아래쪽 2N3904의 컬렉터 전류로 분할된다. 따라서 2N3904의 컬렉터 전류는 3.9[mA]가 된다.
$I_C = 4.3mA - 0.4mA = 3.9[mA]$.
1[kΩ] 저항을 통해서 흐르는 전류는 14.4[mA]가 된다. $I = \frac{20V - 5.6V}{1k\Omega} = 14.4[mA]$.
제너 다이오드를 통해서 흐르는 전체 전류는 Q_1의 이미터 전류와 1[kΩ] 저항을 통해서 흐르는 전류의 합이다.
$I_Z = 14.4mA + 3.9mA = 18.3[mA]$

4. $I_{max} = \frac{V_{BE}}{R_4} = \frac{0.63V}{1\Omega} = 0.63[A]$

5. $V_{out} = \frac{V_Z + V_{BE}}{B} = A_{CL} = (V_Z + V_{BE})$,

$$A_{CL} = \frac{R_1}{R_2} + 1$$

$$V_{out1} = \left(1 + \frac{4.7k\Omega}{6.8k\Omega + 5k\Omega}\right) \times (5.6V + 0.7V) = 8.81[V]$$

$$V_{out1} = \left(1 + \frac{4.7k\Omega + 5k\Omega}{6.8k\Omega}\right) \times (5.6V + 0.7V) = 15.3[V]$$

6. 전류제한 전압분배기의 귀환율은 0.9가 구해진다.

$$K \cong \frac{R_6}{R_5 + R_6} = \frac{180\Omega}{20\Omega + 180\Omega} = 0.9$$

I_{SL}은 0.788A, $I_{Lmax} = 1.89[A]$로 구해진다.

$$I_{SL} = \frac{V_{BE}}{KR_4} = \frac{0.7V}{0.9 \times 1\Omega} = 0.788[A]$$

$$I_{max} = I_{SL} + \frac{(1-K) \times V_{out}}{KR_4}$$

$$= 0.788A + \frac{(1-0.9) \times 10V}{0.9 \times 1\Omega} = 1.89[A]$$

조정기는 1.189A의 최대 전류를 공급할 수 있다. 최소 부하저항은 5.29[Ω]이다. 만약 부하저항이 5.29[Ω]보다 작다면 부하전류는 1.89[A]보다 작아진다. 부하단자가 단락되면 부하전류는 0.778[A]까지 감소된다.

7. $I_{SL} = \frac{V_{BE}}{KR_4} = \frac{0.7V}{0.9 \times 0.3\Omega} = 2.59[A]$

$$I_{max} = I_{SL} + \frac{(1-K) \times V_{out}}{KR_4}$$

$$= 2.59A + \frac{(1-0.9) \times 11V}{0.9 \times 0.3\Omega} = 6.66[A]$$

$P_L = I_{SL}^2 R_L = 6.66A^2 \times 1.35\Omega = 59.9[W]$,
$P_{Lmin} = I_{SL}^2 R_L = (6.66A)^2 \times 0.53\Omega = 23.5[W]$

8. $\%LR = \frac{38mV}{18V} \times 100\% = 0.211[\%]$

9. $R_2 = 0[\Omega]$인 경우

$$V_{out} = V_{reg} + \left(I_Q + \frac{V_{reg}}{R_1}\right) \times R_2$$

$$= 5V + \left(8mA + \frac{5V}{50\Omega}\right) \times 0 = 5[V]$$

$R_2 = 100[\Omega]$인 경우

$$V_{out} = V_{reg} + \left(I_Q + \frac{V_{reg}}{R_1}\right) \times R_2$$

$$= 5V + \left(8mA + \frac{5V}{50\Omega}\right) \times 100\Omega = 15.8[V]$$

따라서 5[V]에서 15.8[V] 사이에서 변화한다.

10. $I_{out} = I_Q + \frac{V_{reg}}{R_1} = 8mA + \frac{5V}{10\Omega} = 0.508[A]$

11. $V_{out} = 1.25\left(\frac{R_2}{R_1} + 1\right)$, $R_2 = 0[\Omega]$에서 5[kΩ]까지 변화되기 때문에 $V_{out} = 1.25[V]$에서 27.3[V]까지 변한다.

12. $V_{out} = DV_{in} = \frac{W}{T}V_{in} = fWV_{in}$

$$= 20kHz \times 20\mu s \times 20V = 8[V]$$

13. (a) 증가 (b) 감소 (c) 감소 (d) 증가

14. (a) 변화없음 (b) 감소 (c) 감소 (d)감소

찾아보기

ㄱ

가변 출력전압 레귤레이터 556
가산증폭기 388
개선된 전압조정기 407
게이트 누설전류 318
게이트 바이어스 322
게이트-소스 차단전압 318
게이트 제어 스위치 537
결합용 커패시터 182
결합용 콘덴서 234
고입력 저항 318
고정된 정류기 561
고정 출력전압 레귤레이터 556
고차 필터 473
공유결합 18
공통 게이트 증폭기 335
공통 드레인 회로 334
공통 베이스 증폭기 213, 379
공통 소스 증폭기 333
공통 이미터 회로 130
공통 컬렉터 증폭기 204
공통 컬렉터 회로 135
공핍형 MOSFET의 공핍 모드 340
공핍형 MOSFET의 증가 모드 340
광결합 제어 545
교류접지 184

ㄴ

노멀리 off MOSFET 344
노멀리 on 스위치 342
능동 필터 454

ㄷ

다이리스터(thyristor) 526
다이악(DIAC) 538
다이오드 리미터(limiter) 98
다이오드 바이어스 260
단안정 동작 510
단위이득 버퍼 증폭기 386
단일 전원 바이어스 261
단접합 트랜지스터 540
달링턴 쌍 282
대역통과 능동 필터 467, 477
대칭적 제너 병렬 클리퍼 회로 103
도체 12
도핑 116
드레인 특성곡선 318, 340

ㄹ

램프 발생기 515

ㅁ

멀티플렉싱 337
미분과 적분 401

ㅂ

바이어스 된 푸시풀 증폭기 258
바이패스용 콘덴서 234
반도체 결정 18
반전가산기 388
반전 정밀정류기 424
반전증폭기 386, 387

반전층 343
반파전압 2배기 회로 90
반파정류기 69
발광 다이오드 52
백분율 리플 82
버터워스(butterworth) 필터 응답 460
베이스 바이어스 회로 155
베이스 확산저항 122
변압기 결합형 증폭기 245
변형 리미터 99
부도체 16
브리지 정류기 76
브리지 증폭기 263, 399
비교기 434
비반전가산기 393
비반전비교기 434
비반전 정밀정류기 423
비반전증폭기 386
비안정 동작 512

ㅅ

석영 수정 498
수동 1차 저역통과 필터 456
수동 필터 454
수정발진기 회로 497
수직 채널 증가형 MOSFET(VMOSFET) 347
순방향 바이어스 25, 119
슈미트 트리거 438
스왐핑된 증폭기 199
스위칭 전압 레귤레이터 557
실리콘 제어 스위치 537
실리콘 제어정류기 532
쌍극성 트랜지스터 116
쌍방향 다이리스터 538

ㅇ

아날로그 직렬 스위치 336
안정결합 183
암스트롱 발진기 490
역방향 바이어스 26
역전압이득 367
연산증폭기 554
완충증폭기 302, 338
용량성 필터 80
원소 15
원자가 16
원자구조 12
원자번호 15
위상변환(이상형) 발진기 504
위상분할기 263
이미터 귀환 바이어스 164
이미터 다이오드의 교류저항 188
이미터 바이어스 회로 157
이미터 접지 증폭기 191
이미터 폴로어의 교류 모델 208
이상적인 래치 526
이중통로 조정기 564
임계전압 344
입력 임피던스 366

ㅈ

자동차 점화장치 544
저역통과 능동 필터 458
저역통과 필터 455
저잡음 증폭기 338
전달 컨덕턴스 331
전달 컨덕턴스 특성곡선 320
전류 버퍼 297
전류이득 367
전압 레귤레이터 회로 554
전압분배기 바이어스 159, 328, 495
전압원 91, 120
전압 2배기 회로 90
전압제어 발진기 514, 565
전파전압 2배기 회로 93
전파정류기 73
절연체 16
접합형 전계효과 트랜지스터 316
정류기 420
정밀정류기 423
제너 다이오드 87

제너 다이오드 전압조정기 87
제너 레귤레이터 86
제너 병렬 클리퍼 회로 102
제너 전압조정기와 전류 버퍼 299
조정기 특성표 564
중간 탭 정류기 73
중첩의 원리 187
증가형 MOSFET 343
직류 부하선 127
직류전류 증폭률 156

ㅊ

차단점 156
차동증폭기 397
체비셰프 필터 460
출력 어드미턴스 368
출력전압 71
측로용 커패시터 182

ㅋ

캐스코드 증폭기 289
컬렉터 전류원 123
콜피츠 발진기 495
콜피츠 수정발진기 501
클램핑 회로 98
클리퍼(clipper) 회로 98

ㅌ

트라이악(TRIAC) 539
트랜지스터 전류원 137
트리거링 527

ㅍ

포토 SCR 536
포화점 156
피어스 수정발진기 502
필터(fillter) 454

ㅎ

하틀리 발진기 493
하틀리 수정발진기 501
함수발생기 회로 565, 566
항복 527
항복전압 29
활성영역 168

기타

0점 교차검출기 431
2차 필터 460
3단자 IC조정기 559
4층 다이오드 529
555 타이머 507
A급 증폭기 228, 239
B급 증폭기 228, 250
B급 증폭기의 왜곡 256
C급 증폭기 229, 264
G 파라미터 366
H 파라미터 365, 368
JFET 316
LC발진기 회로 488
LM320 시리즈 562
LM340 시리즈 560
N형 반도체 21
P형 반도체 21
PLL 동작 567
PLL 주파수 배율기 회로 569
PLL 회로 567
PN 접합형 다이오드 28
RC발진기 회로 503
RS 플립플롭 507
Sallen-Key 대역통과 필터 471
UJT 이상발진기 543
VCVS(전압제어-전압원) 461
Y 파라미터 365

실용전자회로

2020년 8월 30일 1판 4쇄 발행

저 자 서강수 · 이동원
기 획 경기과학기술대학교 대학력량강화센터
발행인 남 승 우

발행처 도서출판 상尚 학學 당堂
서울시 동작구 사당로9가길 6(사당동)
TEL : 02) 595-1692 ~ 4
FAX : 02) 595-1394
E-mail : namdoo6@unitel.co.kr
신고 : 2-155호 (1968. 11. 29)

정가 32,000원

ISBN 978-89-6587-047-0 93560

〈디자인〉 편집 이선경 / 표지 나아기획